U0184467

五金类实用手册大系

实用金属材料手册

（第 三 版）

祝燮权　主编

上海科学技术出版社

图书在版编目（CIP）数据

实用金属材料手册／祝燮权主编. —3 版. — 上海：上海
科学技术出版社，2008.9（2024.3 重印）
（五金类实用手册大系）
ISBN 978 - 7 - 5323 - 9245 - 2

Ⅰ. 实… Ⅱ. 祝… Ⅲ. 金属材料 - 手册 Ⅳ. TG14 - 62

中国版本图书馆 CIP 数据核字（2007）第 197458 号

实用金属材料手册（第三版）

祝燮权　主编

上海世纪出版（集团）有限公司
上海 科 学 技 术 出 版 社　出版、发行
（上海市闵行区号景路 159 弄 A 座 9F - 10F）
邮政编码 201101　　www.sstp.cn
常熟市兴达印刷有限公司印刷
开本 850×1168　1/64　印张 17.75
字数：947 千字
1993 年 10 月第 1 版　2000 年 9 月第 2 版
2008 年 9 月第 3 版　2024 年 3 月第 29 次印刷
印数：167 361 - 168 380
ISBN 978 - 7 - 5323 - 9245 - 2/TG·167
定价：68.00 元

内 容 提 要

《实用金属材料手册》初版于 1993 年，于 2002 年出版第二版。现根据我国金属材料的发展状况及新制订的有关金属材料方面的标准，对第二版进行修订并增加了部分内容出版第三版。

本手册介绍了有关金属材料的基本资料和基础知识，我国常见的黑色和有色金属材料的牌号、化学成分、力学性能、特性、用途以及品种、规格、尺寸、允许偏差和重量等资料，可供与金属材料有关的销售、采购、设计和生产等工作的人员了解和查寻资料。另外，还介绍了列入手册中常见的我国各种金属材料牌号与国际标准以及美国、日本、德国、英国、法国和俄罗斯标准牌号的对照。这项资料可供有关从事进出口贸易、技术交流和引进工作的人员参考。

第 三 版 前 言

　　金属材料是我国经济建设和人民生活中一类最常用的材料,其牌号、品种、规格繁多,性能、用途各异。为了便于广大从事金属材料的销售、采购、设计、生产等工作人员了解常用的金属材料的牌号、品种、规格、性能等知识,查寻有关资料,我们编写了这本《实用金属材料手册》(以下简称《手册》),供广大读者参考。由于《手册》具有简明实用和携带便利的特点,故自 1993 年 9 月出版以后,即受到了广大读者的欢迎。到 1999 年 9 月,《手册》就印刷了 7 次,总印数达 7 万余册。2002 年 1月,我们又编写、出版了《手册》第二版,继续受到了广大读者的欢迎。到 2006 年 9 月,两版《手册》累计印刷了 21 次,总印数达 15 万余册。

　　随着我国经济建设的继续发展和科学技术的不断进步,有关金属材料的标准不断更新,我们决定对《手册》第二版进行修订,编写了《手册》第三版。这次主要修订内容有:

　　一是大量内容更新标准。计有钢铁产品牌号表示方法、炼钢用和球墨铸铁用生铁、一般用途耐蚀钢铸件、碳素结构钢、优质碳素结构钢、冷镦和冷挤压用钢、合金结构钢、高碳铬轴承钢、合金工具钢、热轧圆钢(方钢、盘条)、热轧和冷轧钢板(钢带)、无缝钢管、加工用铜及铜合金、铜及铜合金板材(带材、拉制管)、镍及镍合金板材(管材)、铝锭、工业用铝及铝合金热挤压(拉制、冷轧)管材、铅及铅锑合金板材(管材)、硬质合金等。

　　二是增加新内容。例如:钢铁及合金产品统一数字代号体系、电工用铜线坯、铝及铝合金压型板(波纹板)以及连续挤压管(拉制、轧制管)等。

　　三是更正《手册》第二版中的差错与不妥之处。

　　四是更加突出原手册"简明实用"和"携带方便"的特点。

1

《手册》第三版内容共分七章。第一章和第二章，分别介绍有关金属材料的基本资料和基础知识。第三章和第五章，分别介绍常见的黑色金属材料和有色金属材料的牌号、化学成分、力学性能、特性和用途等资料。第四章和第六章，分别介绍常见的黑色金属材料和有色金属材料的品种、规格、尺寸和允许偏差、重量等资料。第七章，介绍列入手册中常见的我国各种金属材料牌号与国际标准以及俄罗斯、日本、美国、欧洲联盟、英国、德国和法国标准的金属材料牌号对照。这项资料可供从事有关进出口贸易、技术交流和技术引进工作的人员参考。

　　《手册》第三版的编写人员是祝燮权和张舜华（与前两版相同）。张舜华负责第二章（部分）、第三章和第四章的编写工作，祝燮权负责其余几章的编写工作，以及全书的主编工作。限于编者的水平，全书难免有疏漏之处，诚恳地欢迎广大读者给予批评、指正。

编　者

2007 年 11 月

目　录

第一章　基本资料

6

第四章 黑色金属材料
的尺寸及重量

第五章　有色金属材料的化学成分、力学性能及用途

第七章 常见金属材料中外牌号对照

3. 常见有色金属材料中外

第一章 基本资料

1. 字 母 及 符 号

(1) 汉语拼音字母及英语字母

大写	小写	字母名称		大写	小写	字母名称		大写	小写	字母名称	
		汉语	英语			汉语	英语			汉语	英语
A	a	啊	爱	J	j	捷	捷	S	s	爱司	爱司
B	b	倍	比	K	k	开	开	T	t	态	梯
C	c	猜	西	L	l	爱勒	爱尔	U	u	乌	由
D	d	歹	地	M	m	爱姆	爱姆	V	v	维	维
E	e	鹅	衣	N	n	乃	恩	W	w	蛙	勃留
F	f	爱富	爱富	O	o	喔	喔	X	x	希	克司
G	g	该	忌	P	p	排	批	Y	y	呀	歪
H	h	哈	去	Q	q	丘	扣乌	Z	z	再	谁
I	i	衣	阿爱	R	r	啊尔	啊				

注：1. 汉语拼音字母和英语字母是同源于拉丁字母，故也称拉丁字母。

2. 字母名称均是普通话近似注音，两字以上的注音须快速连读，下同。

(2) 希 腊 字 母

大写	小写	字母名称	大写	小写	字母名称
Α	α	阿耳法	Ν	ν	纽
Β	β	倍塔	Ξ	ξ	克西
Γ	γ	伽马	Ο	ο	奥米克隆
Δ	δ	迭耳塔	Π	π	派
Ε	ε	爱普西隆	Ρ	ρ	罗
Ζ	ζ	截塔	Σ	σ,ς	西格玛
Η	η	厄塔	Τ	τ	掏
Θ	θ,ϑ	西塔	Υ	υ	宇普西隆
Ι	ι	约塔	Φ	φ,ϕ	斐
Κ	κ	卡帕	Χ	χ	西
Λ	λ	兰姆达	Ψ	ψ	普西
Μ	μ	谬	Ω	ω	欧米伽

(3) 俄 语 字 母

大 写	小 写	字母名称	大 写	小 写	字母名称
А	а	啊	Р	р	爱耳
Б	б	勃埃	С	с	爱斯
В	в	弗埃	Т	т	台
Г	г	格埃	У	у	乌
Д	д	待埃	Ф	ф	爱富
Е	е	耶	Х	х	哈
Ё	ё	哟	Ц	ц	茨
Ж	ж	日	Ч	ч	切
З	з	兹	Ш	ш	沙
И	и	依	Щ	щ	夏
Й	й	伊(短音)	Ъ	ъ	(硬音符号)
К	к	克	Ы	ы	厄
Л	л	爱尔	Ь	ь	(软音符号)
М	м	爱姆	Э	э	埃
Н	н	恩	Ю	ю	由
О	о	喔	Я	я	雅
П	п	迫			

(4) 罗 马 数 字

罗马数字	表示意义	罗马数字	表示意义	罗马数字	表示意义
Ⅰ	1	Ⅶ	7	C	100
Ⅱ	2	Ⅷ	8	D	500
Ⅲ	3	Ⅸ	9	M	1000
Ⅳ	4	Ⅹ	10	$\overline{\text{X}}$	10000
Ⅴ	5	Ⅺ	11	$\overline{\text{C}}$	100000
Ⅵ	6	L	50	$\overline{\text{M}}$	1000000

例：XVI＝16，XL＝40，XC＝90，MDCCCXLⅡ＝1842，
MCMXCⅦ＝1997。

1.3

(5) 化学元素符号

原子序数	符 号	名 称	读 音	原子序数	符 号	名 称	读 音
1	H	氢	qīng	28	Ni	镍	niè
2	He	氦	hài	29	Cu	铜	tóng
3	Li	锂	lǐ	30	Zn	锌	xīn
4	Be	铍	pí	31	Ga	镓	jiā
5	B	硼	péng	32	Ge	锗	zhě
6	C	碳	tàn	33	As	砷	shēn
7	N	氮	dàn	34	Se	硒	xī
8	O	氧	yǎng	35	Br	溴	xiù
9	F	氟	fú	36	Kr	氪	kè
10	Ne	氖	nǎi	37	Rb	铷	rú
11	Na	钠	nà	38	Sr	锶	sī
12	Mg	镁	měi	39	Y	钇	yǐ
13	Al	铝	lǚ	40	Zr	锆	gào
14	Si	硅	guī	41	Nb	铌	ní
15	P	磷	lín	42	Mo	钼	mù
16	S	硫	liú	43	Tc	锝	dé
17	Cl	氯	lǜ	44	Ru	钌	liǎo
18	Ar	氩	yà	45	Rh	铑	lǎo
19	K	钾	jiǎ	46	Pd	钯	bǎ
20	Ca	钙	gài	47	Ag	银	yín
21	Sc	钪	kàng	48	Cd	镉	gé
22	Ti	钛	tài	49	In	铟	yīn
23	V	钒	fán	50	Sn	锡	xī
24	Cr	铬	gè	51	Sb	锑	tī
25	Mn	锰	měng	52	Te	碲	dì
26	Fe	铁	tiě	53	I	碘	diǎn
27	Co	钴	gǔ	54	Xe	氙	xiān

原子序数	符号	名称	读音	原子序数	符号	名称	读音
55	Cs	铯	sè	83	Bi	铋	bì
56	Ba	钡	bèi	84	Po	钋	pō
57	La	镧	lán	85	At	砹	ài
58	Ce	铈	shì	86	Rn	氡	dōng
59	Pr	镨	pǔ	87	Fr	钫	fāng
60	Nd	钕	nǚ	88	Ra	镭	léi
61	Pm	钷	pǒ	89	Ac	锕	ā
62	Sm	钐	shān	90	Th	钍	tǔ
63	Eu	铕	yǒu	91	Pa	镤	pú
64	Gd	钆	gá	92	U	铀	yóu
65	Tb	铽	tè	93	Np	镎	ná
66	Dy	镝	dī	94	Pu	钚	bù
67	Ho	钬	huǒ	95	Am	镅	méi
68	Er	铒	ěr	96	Cm	锔	jú
69	Tm	铥	diū	97	Bk	锫	péi
70	Yb	镱	yì	98	Cf	锎	kāi
71	Lu	镥	lǔ	99	Es	锿	āi
72	Hf	铪	hā	100	Fm	镄	fèi
73	Ta	钽	tǎn	101	Md	钔	mén
74	W	钨	wū	102	No	锘	nuò
75	Re	铼	lái	103	Lr	铹	láo
76	Os	锇	é	104	Rf	𬬻	lú
77	Ir	铱	yī	105	Db	𬭊	dú
78	Pt	铂	bó	106	Sg	𬭳	xǐ
79	Au	金	jīn	107	Bh	𬭛	bō
80	Hg	汞	gǒng	108	Hs	𬭶	hēi
81	Tl	铊	tā	109	Mt	鿏	māi
82	Pb	铅	qiān				

(6) 常用数学符号

(GB 3102.1、3102.11—1993)

符　号	意　　　　义	符　号	意　　　　义
＋	加、正号	//或‖	平行
－	减、负号	∠	［平面］角
±	加或减、正或负	△	三角形
∓	减或加、负或正	⊙	圆
×或·	乘($a×b=a·b$)	□ *	正方形
÷或/	除($a÷b=a/b$)	▱	平行四边形
∶	比($a∶b$)	∽	相　似
（　）	圆括号、小括号	≌	全　等
［　］	方括号、中括号	∞	无穷大
｛　｝	花括号、大括号	％	百分率
〈　〉	角括号	π	圆周率（≈3.1416）
＝	等于	e	自然对数的底
≃	渐近等于		（≈2.7183）
≠	不等于	°	度
≈	约等于	′	［角］分
≙	相当于	″	［角］秒
＜	小于	lg	常用对数（以 10 为底）
＞	大于	ln	自然对数（以 e 为底）
≪	远小于	sin	正　弦
≫	远大于	cos	余　弦
≤	小于或等于（不大于）	tan 或 tg	正　切
≥	大于或等于（不小于）	cot 或 ctg	余　切
∵	因为	sec	正　割
∴	所以	csc 或 cosec	余　割
a^2	a 的平方（二次方）	max	最　大
a^3	a 的立方（三次方）	min	最　小
a^n	a 的 n 次方	const	常　数
$\sqrt{a}$	a 的平方根	～	数字范围（自…至…）
$\sqrt[3]{a}$	a 的立方根	L 或 l	长　度
$\sqrt[n]{a}$	a 的 n 次方根	B 或 b	宽
$|a|$	a 的绝对值	H 或 h	高
$\overline{a}$ 或 $\langle a \rangle$	a 的平均值	d 或 δ	厚
$n!$	n 的阶乘	R 或 r	半　径
⊥	垂直	D、d 或 φ *	直　径

注：标有 * 者为习惯应用的符号。

1.6

2. 标 准 代 号

(1) 我国国家标准、行业标准、专业标准及部标准代号

代　号	意　义
GB	国家标准(强制性标准)
GB/T	国家标准(推荐性标准)
GBn	国家内部标准
GJB	国家军用标准
GBJ	国家工程建设标准
□□	□□行业标准(强制性标准)
□□/T	□□行业标准(推荐性标准)
BB	包装行业标准
CB	船舶行业标准
CH	测绘行业标准
CJ	城镇建设行业标准
CY	新闻出版行业标准
DA	档案工作行业标准
DB	地震行业标准
DL	电力行业标准
DZ	地质矿产行业标准
EJ	核工业行业标准
FZ	纺织行业标准
GA	公共安全行业标准
GH	供销合作行业标准
GY	广播电影电视行业标准
HB	航空行业标准
HG	化工行业标准
HJ	环境保护行业标准
HS	海关行业标准
HY	海洋行业标准
JB	机械行业标准(含机械、电工、仪器仪表等)
JC	建材行业标准
JG	建筑工业行业标准
JR	金融行业标准
JT	交通行业标准

代　号	意　　　义
JY	教育行业标准
LB	旅游行业标准
LD	劳动和劳动安全行业标准
LS	粮食行业标准
LY	林业行业标准
MH	民用航空行业标准
MT	煤炭行业标准
MZ	民政行业标准
NY	农业行业标准
QB	轻工行业标准
QC	汽车行业标准
QJ	航天行业标准
QX	气象行业标准
SB	商业行业标准
SC	水产行业标准
SH	石油化工行业标准
SJ	电子行业标准
SL	水利行业标准
SN	商检行业标准
SY	石油天然气行业标准
TB	铁路运输行业标准
TD	土地管理行业标准
TY	体育行业标准
WB	物资管理行业标准
WH	文化行业标准
WJ	兵工民品行业标准
WM	外经贸行业标准
WS	卫生行业标准
XB	稀土行业标准
YB	黑色冶金行业标准
YC	烟草行业标准
YD	通信行业标准
YS	有色冶金行业标准
YY	医药行业标准

代　　号	意　　义
YZ	邮政行业标准
ZY	中医药行业标准
ZB□	专业标准（强制性标准）：□□类
ZB/T□	专业标准（推荐性标准）：□□类
ZB A	专业标准：综合类
ZB B	专业标准：农业、林业类
ZB C	专业标准：医药、卫生、劳动保护类
ZB D	专业标准：矿业类
ZB E	专业标准：石油类
ZB F	专业标准：能源、核技术类
ZB G	专业标准：化工类
ZB H	专业标准：冶金类
ZB J	专业标准：机械类
ZB K	专业标准：电工类
ZB L	专业标准：电子基础、计算机与信息处理类
ZB M	专业标准：通信、广播类
ZB N	专业标准：仪器、仪表类
ZB P	专业标准：土木建筑类
ZB Q	专业标准：建材类
ZB R	专业标准：公路、水路运输类
ZB S	专业标准：铁路类
ZB T	专业标准：车辆类
ZB U	专业标准：船舶类
ZB V	专业标准：航空、航天类
ZB W	专业标准：纺织类
ZB X	专业标准：食品类
ZB Y	专业标准：轻工、文化与生活用品类
ZB Z	专业标准：环境保护类
CB、CB*	部标准：船舶工业部分
DJ	部标准：水利电力部分
DZ	部标准：地质矿产部分
EJ	部标准：核工业部分
FJ	部标准：纺织工业部分

代　号	意　　义
GN	部标准：公安部分
HB	部标准：航空工业部分
HG	部标准：化学工业部分
JB	部标准：机械工业部分
JC	部标准：建筑材料工业部分
JJ	部标准：城乡建设环境保护部分
JT	部标准：交通部分
JY	部标准：教育部分
LS	部标准：商业(粮食)部分
LY	部标准：林业部分
MT	部标准：煤炭工业部分
NJ	部标准：机械工业(农机)部分
NY	部标准：农业部分
QB	部标准：轻工业(第一)部分
QJ	部标准：航天工业部分
SB	部标准：商业部分
SC	部标准：水产部分
SD	部标准：水利电力部分
SG	部标准：轻工业(第二)部分
SJ	部标准：电子工业部分
SY	部标准：石油工业部分
TB	部标准：铁道部分
WJ	部标准：兵器工业部分
WM	部标准：对外贸易经济部分
WS	部标准：医药部分
YB	部标准：冶金工业部分
YB(T)	冶金工业部推荐性标准
YD	部标准：邮电部分
YS	部标准：有色金属工业部分
□□/Z	□□部指导性技术文件
FJ/C	纺织工业部参考性技术文件

注：1. 我国标准,早期分为国家标准、部标准和企业标准三级;自1984年起,改用专业标准代替部标准(部分)。自1989年起,根据我国标准化法规定,将我国的标准改分为国家标准、行业标准、地方标准和企业标准四级;另外,再按标准性质,将国家标准和行业标准分为强制性标准和推荐性标准两类。保障人体健康,人身、财产安全的标准和法律、行政法规规定执行的标准,均是强制性标准,其他标准是推荐性标准。1999年,我国有关部门对当时有效的国家标准、专业标准和部标准进行了整顿,废止专业标准和部标准,或将其转化为行业标准;对未标有"/T"符号而性质属于推荐性标准的国家标准和行业标准加注"/T"符号。

2. 强制性国家标准和行业标准以及旧部标准的标准号,是由该标准的代号和两组数字组成。国家标准、行业标准和旧部标准的代号,见上表。推荐性标准,则在强制性标准代号后面加上"/T"。代号后面的第一组数字为该标准的顺序号;第二组数字为该标准的年号(原为标准批准年份的缩写;自1993年起,一律改为标准批准年份的全称)。

   例：GB700—88,GB/T3190—1996,YS/T323—2002

3. 在国家标准和行业标准中,有的按其内容可以分为若干个独立部分,但为了保持该标准的完整性和方便使用,仍用同一标准顺序号发布;而每个独立部分的编号另用顺序数字表示,放在该标准顺序号之后,并用圆点予以分开。

   例：GB/T1.1—1993,GB/T1.2—1996,…

4. 在旧部标准中,有的因其专业较多,为了方便使用,在标准的代号和顺序号之间加上一组数字,并用横线隔开,以表示该标准的专业类别。

   例：HG4—405—75

5. 专业标准的标准号由两组代号和两组数字组成,第一组代号为"ZB",表示专业标准;第二组代号用一个字母表示标准分类的一级类目;代号后面第一组数字为五位数,左起前两位数字表示标准分类的二级类目,后三位数字表示二级类目的标准顺序号;第二组数字为该标准的年号(标准批准年份的缩写)。

   例：ZB H 62002—85

(2) 常见国际标准及外国标准代号

代　号	意　　　义
ISO	国际标准
ISO/DIS	国际标准草案
ISO/R	国际标准(推荐标准)(1972 年以前)
IEC	国际电工委员会标准
ANSI	美国国家标准
AISI	美国钢铁学会标准
ASME	美国机械工程师协会标准
ASTM	美国材料与试验协会标准
FS	美国联邦规格与标准
MIL	美国军用标准与规格
SAE	美国机动车工程师协会标准
UL	美国保险业者研究所标准
AS	澳大利亚标准
BDSI	孟加拉国标准
BS	英国标准
CSA	加拿大国家标准
DIN	德国标准
DS	丹麦标准
ELOT	希腊标准
EN	欧洲标准
ES	埃及标准
IRAM	阿根廷标准
I. S.	爱尔兰标准
IS	印度标准
ISIRI	伊朗标准
JIS	日本工业标准
JUS	前南斯拉夫标准
KS	韩国工业标准
MS	马来西亚标准
MSZ	匈牙利标准
NB	巴西标准
NBN	比利时标准

代　号	意　　义
NC	古巴标准
NCh	智利标准
NEN	荷兰标准
NF	法国标准
NI	印度尼西亚标准
NOM	墨西哥官方标准
NP	葡萄牙标准
NS	挪威标准
NSO	尼日利亚标准
NZS	新西兰标准
ÖNORM	奥地利标准
PN	波兰标准
PS	巴基斯坦标准
PS	菲律宾标准
PTS	菲律宾贸易标准
SABS	南非标准规格
SASO	沙特阿拉伯标准
SFS	芬兰标准协会标准
S. I.	以色列标准
SIS	瑞典标准
SLS	斯里兰卡标准
SNS	叙利亚国家标准
SN	瑞士标准
S. S.	新加坡标准
STAS	罗马尼亚标准
TCVN	越南国家标准
TIS	泰国工业标准
TS	土耳其标准
UBS	缅甸联邦标准
UNE	西班牙标准
UNI	意大利标准
БДС	保加利亚标准
ГОСТ	独联体国家标准(前苏联国家标准)
ГОСТР	俄罗斯国家标准

3. 我国法定计量单位

① 本节内容摘自《国务院关于在我国统一实行法定计量单位的命令》(国发[1984]28号文件),并根据GB3100－1993《国际单位制及其应用》作适当修订。

② 国际单位制的符号为"SI"。故国际单位制的基本单位、辅助单位和导出单位也可以写成SI基本单位、SI辅助单位和SI导出单位。

(1) 我国法定计量单位的内容

> 我国法定计量单位采用国际单位制,其内容包括:
> ① 国际单位制的基本单位
> ② 国际单位制的辅助单位
> ③ 国际单位制中具有专门名称的导出单位
> ④ 国家选定的非国际单位制单位
> ⑤ 由以上单位构成的组合形式的单位
> ⑥ 由词头和以上单位所构成的十进倍数和分数单位

(2) 国际单位制的基本单位

量 的 名 称	单 位 名 称	单 位 符 号
长　　　度	米	m
质　　　量	千克(公斤)	kg
时　　　间	秒	s
电　　　流	安[培]	A
热力学温度	开[尔文]	K
物质的量	摩[尔]	mol
发光强度	坎[德拉]	cd

注: 1. 人民生活和贸易中,"质量"习惯称为"重量"。
　　2. 单位名称栏中,方括号内的字是在不致混淆的情况下可以省略的字。例:"安培"可简称"安",也能作为中文符号使用。圆括号内的字,为前者的同义语。例:"千克"也可称为"公斤"。以下同。

(3) 国际单位制的辅助单位

量 的 名 称	单 位 名 称	单 位 符 号
平面角	弧 度	rad
立体角	球面度	sr

(4) 国际单位制中具有专门名称的导出单位

量 的 名 称	单位名称	单位符号	其 他 表示示例
频率	赫[兹]	Hz	s^{-1}
力	牛[顿]	N	$kg \cdot m/s^2$
压力,压强;应力	帕[斯卡]	Pa	N/m^2
能[量];功;热量	焦[耳]	J	$N \cdot m$
功率;辐[射能]通量	瓦[特]	W	J/s
电荷[量]	库[仑]	C	$A \cdot s$
电压;电动势,电位[电势]	伏[特]	V	W/A
电容	法[拉]	F	C/V
电阻	欧[姆]	Ω	V/A
电导	西[门子]	S	$Ω^{-1}$
磁通[量]	韦[伯]	Wb	$V \cdot s$
磁通[量]密度,磁感应强度	特[斯拉]	T	Wb/m^2
电感	亨[利]	H	Wb/A
摄氏温度	摄氏度	℃	
光通量	流[明]	lm	$cd \cdot sr$
[光]照度	勒[克斯]	lx	lm/m^2
[放射性]活度	贝可[勒尔]	Bq	s^{-1}
吸收剂量	戈[瑞]	Gy	J/kg
剂量当量	希[沃特]	Sv	J/kg

(5) 可与国际单位制单位并用的我国法定计量单位

量的名称	单位名称	单位符号	换算关系和说明
时　间	分 [小]时 日,(天)	min h d	$1min=60s$ $1h=60min=3600s$ $1d=24h=86400s$
平面角	[角]秒 [角]分 度	″ ′ °	$1''=(\pi/648000)rad$ （π 为圆周率） $1'=60''=(\pi/10800)rad$ $1°=60'=(\pi/180)rad$
旋转速度	转每分	r/min	$1r/min=(1/60)s^{-1}$
长　度	海　里	n mile	$1n\ mile=1852m$ （只用于航程）
速　度	节	kn	$1kn=1n\ mile/h$ $=(1852/3600)m/s$ （只用于航行）
质　量	吨 原子质量单位	t u	$1t=10^3kg$ $1u≈1.6605655×10^{-27}kg$
体　积	升	L,l	$1L=1dm^3=10^{-3}m^3$
能	电子伏	eV	$1eV≈1.6021892×10^{-19}J$
级　差	分　贝	dB	
线密度	特[克斯]	tex	$1tex=1g/km$
面　积	公顷	hm²	$1hm^2=10^4m^2$

注：1. 周、月、年(年的符号为 a)为一般常用的时间单位。
　　2. 角度单位度、分、秒的符号不处于数字后时用括号。
　　3. 升的两个单位符号属同等地位,可任意选用。
　　4. 公顷的国际通用符号为 ha。

1.16

(6) 国际单位制用于构成十进倍数和分数单位的词头

所表示的因数	词头名称	词头符号
10^{24} *	尧[它]	Y
10^{21} *	泽[它]	Z
10^{18}	艾[可萨]	E
10^{15}	拍[它]	P
10^{12}	太[拉]	T
10^{9}	吉[咖]	G
10^{6}	兆	M
10^{3}	千	k
10^{2}	百	h
10^{1}	十	da
10^{-1}	分	d
10^{-2}	厘	c
10^{-3}	毫	m
10^{-6}	微	μ
10^{-9}	纳[诺]	n
10^{-12}	皮[可]	p
10^{-15}	飞[母托]	t
10^{-18}	阿[托]	a
10^{-21} *	仄[普托]	z
10^{-24} *	幺[科托]	y

注：据《法定计量单位使用方法》，万（10^4）、亿（10^8）、万亿（10^{12}）等是我国习惯用的数词仍可使用，但不是词头，不应与词头混淆。如习惯使用的统计单位，万公里可记为"万 km"或"10^4km"；亿吨公里可记为"亿 t·km"或"10^8t·km"。

　* 是 GB3100－1993《国际单位制及其应用》中新增加的词头。

4. 长度单位及其换算

(1) 法定长度单位

单位名称	旧名称	符　号	对基本单位的比
微　　米	公　忽	μm	0.000001 米
毫　　米	公　厘	mm	0.001 米
厘　　米	公　分	cm	0.01 米
分　　米	公　寸	dm	0.1 米
米	公　尺	m	基本单位
十　　米	公　丈	dam	10 米
百　　米	公　引	hm	100 米
千米(公里)	公　里	km	1000 米

注：在工程技术和自然科学领域中,过去通用的米制又称公制,这是因为有些量的名称,常冠以"公"字,如公尺、公寸、公分等,根据现行的法定计量单位制,除考虑人民群众习惯,承认个别同义词(如公里)之外,其他均不再使用;同时,原通用的丝米(＝0.1mm)和忽米(＝0.01mm),因不符合法定计量单位制规定,也不再使用。

(2) 市制长度单位

1[市]里＝150[市]丈　　1[市]丈＝10[市]尺　　1[市]尺＝10[市]寸

1[市]寸＝10[市]分　　1[市]分＝10[市]厘　　1[市]厘＝10[市]毫

注：按国务院统一实行法定计量单位的命令,我国的市制计量单位已经予以废除。人民生活中采用的市制计量单位,在1990年底完成向法定计量单位过渡后,也已停止使用。

(3) 英制长度单位

> 1 英里(哩，mile)＝1760 码　　1 码(yd)＝3 英尺
> 1 英尺(呎，ft)＝12 英寸　　　 1 英寸(吋，in)＝8 英分 *
> 　　　　1 英寸＝1000 密耳(英丝，mil)

注：1. 哩、呎、吋等旧名称属一字多音特造汉字，自 1977 年 7 月
　　　起，国家规定予以淘汰不用。

　　2. 在书写中，英尺和英寸两单位也可用符号表示，如 3 英尺 4
　　　英寸，可写成 3′4″。

　*英分(1/8 英寸)是我国工厂习惯称呼，英制中无此长度计
　　量单位。

(4) 常用长度单位换算

米 (m)	厘 米 (cm)	毫 米 (mm)	[市]尺	英 尺 (ft)	英 寸 (in)
1	100	1000	3	3.28084	39.3701
0.01	1	10	0.03	0.032808	0.393701
0.001	0.1	1	0.003	0.003281	0.03937
0.333333	33.3333	333.333	1	1.09361	13.1234
0.3048	30.48	304.8	0.9144	1	12
0.0254	2.54	25.4	0.0762	0.083333	1

注：1. 1 密耳＝0.0254 毫米。

　　2. 1 码＝0.9144 米。

　　3. 1 英里＝5280 英尺＝1609.34 米。

　　4. 1[国际]海里(n mile)＝1.852 千米＝1.15078 英里。

1.19

(5) 英寸的分数、小数、习惯称呼与毫米对照

英寸分数 （in）		英寸小数 （in）	我国习惯称呼	毫　米 （mm）
1/64		0.015625	一厘二毫半	0.396875
	1/32	0.031250	二厘半	0.793750
3/64		0.046875	三厘七毫半	1.190625
	1/16	0.062500	半分	1.587500
5/64		0.078125	六厘二毫半	1.984375
	3/32	0.093750	七厘半	2.381250
7/64		0.109375	八厘七毫半	2.778125
	1/8	0.125000	一分	3.175000
9/64		0.140625	一分一厘二毫半	3.571875
	5/32	0.156250	一分二厘半	3.968750
11/64		0.171875	一分三厘七毫半	4.365625
	3/16	0.187500	一分半	4.762500
13/64		0.203125	一分六厘二毫半	5.159375
	7/32	0.218750	一分七厘半	5.556250
15/64		0.234375	一分八厘七毫半	5.953125
	1/4	0.250000	二分	6.350000
17/64		0.265625	二分一厘二毫半	6.746875
	9/32	0.281250	二分二厘半	7.143750
19/64		0.296875	二分三厘七毫半	7.540625
	5/16	0.312500	二分半	7.937500
21/64		0.328125	二分六厘二毫半	8.334375
	11/32	0.343750	二分七厘半	8.731250
23/64		0.359375	二分八厘七毫半	9.128125
	3/8	0.375000	三分	9.525000
25/64		0.390625	三分一厘二毫半	9.921875
	13/32	0.406250	三分二厘半	10.318750
27/64		0.421875	三分三厘七毫半	10.715625
	7/16	0.437500	三分半	11.112500
29/64		0.453125	三分六厘二毫半	11.509375
	15/32	0.468750	三分七厘半	11.906250
31/64		0.484375	三分八厘七毫半	12.303125
	1/2	0.500000	四分	12.700000

英寸分数 （in）		英寸小数 （in）	我国习惯称呼	毫　米 （mm）
33/64		0.515625	四分一厘二毫半	13.096875
	17/32	0.531250	四分二厘半	13.493750
35/64		0.546875	四分三厘七毫半	13.890625
	9/16	0.562500	四分半	14.287500
37/64		0.578125	四分六厘二厘半	14.684375
	19/32	0.593750	四分七厘半	15.081250
39/64		0.609375	四分八厘七毫半	15.478125
	5/8	0.625000	五分	15.875000
41/64		0.640625	五分一厘二毫半	16.271875
	21/32	0.656250	五分二厘半	16.668750
43/64		0.671875	五分三厘七毫半	17.065625
	11/16	0.687500	五分半	17.462500
45/64		0.703125	五分六厘二毫半	17.859375
	23/32	0.718750	五分七厘半	18.256250
47/64		0.734375	五分八厘七毫半	18.653125
	3/4	0.750000	六分	19.050000
49/64		0.765625	六分一厘二毫半	19.446875
	25/32	0.781250	六分二厘半	19.843750
51/64		0.796875	六分三厘七毫半	20.240625
	13/16	0.812500	六分半	20.637500
53/64		0.828125	六分六厘二毫半	21.034375
	27/32	0.843750	六分七厘半	21.431250
55/64		0.859375	六分八厘七毫半	21.828125
	7/8	0.875000	七分	22.225000
57/64		0.890625	七分一厘二毫半	22.621875
	29/32	0.906250	七分二厘半	23.018750
59/64		0.921875	七分三厘七毫半	23.415625
	15/16	0.937500	七分半	23.812500
61/64		0.953125	七分六厘二毫半	24.209375
	31/32	0.968750	七分七厘米半	24.606250
63/64		0.984375	七分八厘七毫半	25.003125
	1	1.000000	一英寸	25.400000

(6) 英寸与毫米对照

英寸整数(in)	英寸的分数(in)							
	0	1/8	1/4	3/8	1/2	5/8	3/4	7/8
	相当的毫米(mm)							
0	0	3.175	6.350	9.525	12.700	15.875	19.050	22.225
1	25.400	28.575	31.750	34.925	38.100	41.275	44.450	47.625
2	50.800	53.975	57.150	60.325	63.500	66.675	69.850	73.025
3	76.200	79.375	82.550	85.725	88.900	92.075	95.250	98.425
4	101.60	104.78	107.95	111.13	114.30	117.48	120.65	123.83
5	127.00	130.18	133.35	136.53	139.70	142.88	146.05	149.23
6	152.40	155.58	158.75	161.93	165.10	168.28	171.45	174.63
7	177.80	180.98	184.15	187.33	190.50	193.68	196.85	200.03
8	203.20	206.38	209.55	212.73	215.90	219.08	222.25	225.43
9	228.60	231.78	234.95	238.13	241.30	244.48	247.65	250.83
10	254.00	257.18	260.35	263.53	266.70	269.88	273.05	276.23
11	279.40	282.58	285.75	288.93	292.10	295.28	298.45	301.63
12	304.80	307.98	311.15	314.33	317.50	320.68	323.85	327.03
13	330.20	333.38	336.55	339.73	342.90	346.08	349.25	352.43
14	355.60	358.78	361.95	365.13	368.30	371.48	374.65	377.83
15	381.00	384.18	387.35	390.53	393.70	396.88	400.05	403.23
16	406.40	409.58	412.75	415.93	419.10	422.28	425.45	428.63
17	431.80	434.98	438.15	441.33	444.50	447.68	450.85	454.03
18	457.20	460.38	463.55	466.73	469.90	473.08	476.25	479.43
19	482.60	485.78	488.95	492.13	495.30	498.48	501.65	504.83
20	508.00	511.18	514.35	517.53	520.70	523.88	527.05	530.23
21	533.40	536.58	539.75	542.93	546.10	549.28	552.45	555.63
22	558.80	561.98	565.15	568.33	571.50	574.68	577.85	581.03
23	584.20	587.38	590.55	593.73	596.90	600.08	603.25	606.43
24	609.60	612.78	615.95	619.13	622.30	625.48	628.65	631.83

英寸整数(in)	英寸的分数(in)							
	0	1/8	1/4	3/8	1/2	5/8	3/4	7/8
	相当的毫米(mm)							
25	635.00	638.18	641.35	644.53	647.70	650.88	654.05	657.23
26	660.40	663.58	666.75	669.93	673.10	676.28	679.45	682.63
27	685.80	688.98	692.15	695.33	698.50	701.68	704.85	708.03
28	711.20	714.38	717.55	720.73	723.90	727.08	730.25	733.43
29	736.60	739.78	742.95	746.13	749.30	752.48	755.65	758.83
30	762.00	765.18	768.35	771.53	774.70	777.88	781.05	784.23
31	787.40	790.58	793.75	796.93	800.10	803.28	806.45	809.63
32	812.80	815.98	819.15	822.33	825.50	828.68	831.85	835.03
33	838.20	841.38	844.55	847.73	850.90	854.08	857.25	860.43
34	863.60	866.78	869.95	873.13	876.30	879.48	882.65	885.83
35	889.00	892.18	895.35	898.53	901.70	904.88	908.05	911.23
36	914.40	917.58	920.75	923.93	927.10	930.28	933.45	936.63
37	939.80	942.98	946.15	949.33	952.50	955.68	958.85	962.03
38	965.20	968.38	971.55	974.73	977.90	981.08	984.25	987.43
39	990.60	993.78	996.95	1000.1	1003.3	1006.5	1009.7	1012.8
40	1016.0	1019.2	1022.4	1025.5	1028.7	1031.9	1035.1	1038.2
41	1041.4	1044.6	1047.8	1050.9	1054.1	1057.3	1060.5	1063.6
42	1066.8	1070.0	1073.2	1076.3	1079.5	1082.7	1085.9	1089.0
43	1092.2	1095.4	1098.6	1101.7	1104.9	1108.1	1111.3	1114.4
44	1117.6	1120.8	1124.0	1127.1	1130.3	1133.5	1136.7	1139.8
45	1143.0	1146.2	1149.4	1152.5	1155.7	1158.9	1162.1	1165.2
46	1168.4	1171.6	1174.8	1177.9	1181.1	1184.3	1187.5	1190.6
47	1193.8	1197.0	1200.2	1203.3	1206.5	1209.7	1212.9	1216.0
48	1219.2	1222.4	1225.6	1228.7	1231.9	1235.1	1238.3	1241.4
49	1244.6	1247.8	1251.0	1254.1	1257.3	1260.5	1263.7	1266.8
50	1270.0	1273.2	1276.4	1279.5	1282.7	1285.9	1289.1	1292.2

（7）毫米与英寸对照

毫米 （mm）	英 寸 （in）	毫米 （mm）	英 寸 （in）	毫米 （mm）	英 寸 （in）	毫米 （mm）	英 寸 （in）
1	0.0394	26	1.0236	51	2.0079	76	2.9921
2	0.0787	27	1.0630	52	2.0472	77	3.0315
3	0.1181	28	1.1024	53	2.0866	78	3.0709
4	0.1575	29	1.1417	54	2.1260	79	3.1102
5	0.1969	30	1.1811	55	2.1654	80	3.1496
6	0.2362	31	1.2205	56	2.2047	81	3.1890
7	0.2756	32	1.2598	57	2.2441	82	3.2283
8	0.3150	33	1.2992	58	2.2835	83	3.2677
9	0.3543	34	1.3386	59	2.3228	84	3.3071
10	0.3937	35	1.3780	60	2.3622	85	3.3465
11	0.4331	36	1.4173	61	2.4016	86	3.3858
12	0.4724	37	1.4567	62	2.4409	87	3.4252
13	0.5118	38	1.4961	63	2.4803	88	3.4646
14	0.5512	39	1.5354	64	2.5197	89	3.5039
15	0.5906	40	1.5748	65	2.5591	90	3.5433
16	0.6299	41	1.6142	66	2.5984	91	3.5827
17	0.6693	42	1.6535	67	2.6378	92	3.6220
18	0.7087	43	1.6929	68	2.6772	93	3.6614
19	0.7480	44	1.7323	69	2.7165	94	3.7008
20	0.7874	45	1.7717	70	2.7559	95	3.7402
21	0.8268	46	1.8110	71	2.7953	96	3.7795
22	0.8661	47	1.8504	72	2.8346	97	3.8189
23	0.9055	48	1.8898	73	2.8740	98	3.8583
24	0.9449	49	1.9291	74	2.9134	99	3.8976
25	0.9843	50	1.9685	75	2.9528	100	3.9370

(8) 线规号码与线径(英寸、毫米)对照

线规	SWG		BWG		BG		AWG	
号码	英寸 (in)	毫米 (mm)	英寸 (in)	毫米 (mm)	英寸 (in)	毫米 (mm)	英寸 (in)	毫米 (mm)
7/0	0.500	12.700	—	—	0.6666	16.932	—	—
6/0	0.464	11.786	—	—	0.6250	15.875	0.5800	14.732
5/0	0.432	10.973	0.500	12.700	0.5883	14.943	0.5165	13.119
4/0	0.400	10.160	0.454	11.532	0.5416	13.757	0.4600	11.684
3/0	0.372	9.449	0.425	10.795	0.5000	12.700	0.4096	10.404
2/0	0.348	8.839	0.380	9.652	0.4452	11.308	0.3648	9.266
0	0.324	8.230	0.340	8.636	0.3964	10.069	0.3249	8.252
1	0.300	7.620	0.300	7.620	0.3532	8.971	0.2893	7.348
2	0.276	7.010	0.284	7.214	0.3147	7.993	0.2576	6.544
3	0.252	6.401	0.259	6.579	0.2804	7.122	0.2294	5.827
4	0.232	5.893	0.238	6.045	0.2500	6.350	0.2043	5.189
5	0.212	5.385	0.220	5.588	0.2225	5.652	0.1819	4.621
6	0.192	4.877	0.203	5.156	0.1981	5.032	0.1620	4.115
7	0.176	4.470	0.180	4.572	0.1764	4.481	0.1443	3.665
8	0.160	4.064	0.165	4.191	0.1570	3.988	0.1285	3.264
9	0.144	3.658	0.148	3.759	0.1398	3.551	0.1144	2.906
10	0.128	3.251	0.134	3.404	0.1250	3.175	0.1019	2.588
11	0.116	2.946	0.120	3.048	0.1113	2.827	0.0907	2.305
12	0.104	2.642	0.109	2.769	0.0991	2.517	0.0808	2.053
13	0.092	2.337	0.095	2.413	0.0882	2.240	0.0720	1.828
14	0.080	2.032	0.083	2.108	0.0785	1.994	0.0641	1.628
15	0.072	1.829	0.072	1.829	0.0699	1.775	0.0571	1.450
16	0.064	1.626	0.065	1.651	0.0625	1.588	0.0508	1.291
17	0.056	1.422	0.058	1.473	0.0556	1.412	0.0453	1.150
18	0.048	1.219	0.049	1.245	0.0495	1.257	0.0403	1.024
19	0.040	1.016	0.042	1.067	0.0440	1.118	0.0359	0.912
20	0.036	0.914	0.035	0.889	0.0392	0.996	0.0320	0.812
21	0.032	0.813	0.032	0.813	0.0349	0.887	0.0285	0.723

线规号码	SWG		BWG		BG		AWG	
	英寸(in)	毫米(mm)	英寸(in)	毫米(mm)	英寸(in)	毫米(mm)	英寸(in)	毫米(mm)
22	0.0280	0.711	0.028	0.711	0.03125	0.794	0.02535	0.644
23	0.0240	0.610	0.025	0.635	0.02782	0.707	0.02257	0.573
24	0.0220	0.559	0.022	0.559	0.02476	0.629	0.02010	0.511
25	0.0200	0.508	0.020	0.508	0.02204	0.560	0.01790	0.455
26	0.0180	0.457	0.018	0.457	0.01961	0.498	0.01594	0.405
27	0.0164	0.417	0.016	0.406	0.01745	0.443	0.01420	0.361
28	0.0148	0.376	0.014	0.356	0.01562	0.397	0.01264	0.321
29	0.0136	0.345	0.013	0.330	0.01390	0.353	0.01126	0.286
30	0.0124	0.315	0.012	0.305	0.01230	0.312	0.01003	0.255
31	0.0116	0.295	0.010	0.254	0.01100	0.279	0.00893	0.227
32	0.0108	0.274	0.009	0.229	0.00980	0.249	0.00795	0.202
33	0.0100	0.254	0.008	0.203	0.00870	0.221	0.00708	0.180
34	0.0092	0.234	0.007	0.178	0.00770	0.196	0.00630	0.160
35	0.0084	0.213	0.005	0.127	0.00690	0.175	0.00561	0.143
36	0.0076	0.193	0.004	0.102	0.00610	0.155	0.00500	0.127
37	0.0068	0.173	—	—	0.00540	0.137	0.00445	0.113
38	0.0060	0.152	—	—	0.00480	0.122	0.00396	0.101
39	0.0052	0.132	—	—	0.00430	0.109	0.00353	0.090
40	0.0048	0.122	—	—	0.00386	0.098	0.00314	0.080
41	0.0044	0.112	—	—	0.00343	0.087	0.00280	0.071
42	0.0040	0.102	—	—	0.00306	0.078	0.00249	0.063
43	0.0036	0.091	—	—	0.00272	0.069	0.00222	0.056
44	0.0032	0.081	—	—	0.00242	0.061	0.00198	0.050
45	0.0028	0.071	—	—	0.00215	0.055	0.00176	0.048
46	0.0024	0.061	—	—	0.00192	0.049	0.00157	0.040
47	0.0020	0.051	—	—	0.00170	0.043	0.00140	0.035
48	0.0016	0.041	—	—	0.00152	0.039	0.00124	0.032
49	0.0012	0.030	—	—	0.00135	0.034	0.00111	0.028
50	0.0010	0.025	—	—	0.00120	0.030	0.00099	0.025

注：SWG——英国标准线规；BWG——伯明翰线规；
　　BG——伯明翰板规；AWG——美国线规（布朗和夏甫规）。

5. 面积单位及其换算

(1) 法定面积单位

单位名称	旧名称	符　号	对主单位的比
平方米	平方公尺	m^2	主单位
平方厘米	平方公分	cm^2	0.0001 米^2
平方毫米	平方公厘	mm^2	0.000001 米^2
平方公里	平方公里	km^2	1000000 米^2
公　顷	公　顷	hm^2	10000 米^2

注：公顷、公亩(a)是国际计量大会认可的暂用单位。1992 年 11
月起,公顷列为我国法定单位;而公亩未选用。
1 公亩＝100 米^2,1 公顷＝100 公亩。

(2) 市制面积单位

> 1 平方[市]丈＝100 平方[市]尺　1 平方[市]尺＝100 平方[市]寸
>
> 1[市]亩＝10[市]分＝60 平方[市]丈＝6000 平方[市]尺
>
> 1[市]分＝10[市]厘＝600 平方[市]尺　1[市]厘＝60 平方[市]尺

注：土地面积原暂时允许使用的[市]亩等单位,自 1992 年 11 月
起废除不用。

(3) 英制面积单位

> 1 平方码(yd^2)＝9 平方英尺　1 平方英尺(ft^2)＝144 平方英寸(in^2)
>
> 1 英亩(acre)＝4840 平方码＝43560 平方英尺

（4）常用面积单位换算

平方米 （m²）	平方厘米 （cm²）	平方毫米 （mm²）	平方 ［市］尺	平方英尺 （ft²）	平方英寸 （in²）
1	10000	1000000	9	10.7639	1550
0.0001	1	100	0.0009	0.001076	0.155
0.000001	0.01	1	0.000009	0.000011	0.00155
0.111111	1111.11	111111	1	1.19599	172.223
0.092903	929.03	92903	0.836127	1	144
0.000645	6.4516	645.16	0.005806	0.006944	1

公 顷 （hm²）	公 亩 （a）	［市］亩	英 亩 （acre）
1	100	15	2.47105
0.01	1	0.15	0.024711
0.066667	6.6667	1	0.164737
0.404686	40.4686	6.07029	1

6. 体积单位及其换算
（1）法定体积单位

单位名称	旧名称	符　号	对主单位的比
毫 升	公 撮	mL	0.001 升
厘 升	公 勺	cL	0.01 升
分 升	公 合	dL	0.1 升
升	公 升	L 或 l	主单位
十 升	公 斗	daL	10 升
百 升	公 石	hL	100 升
千 升	公 秉	kL	1000 升

注：1. 1升＝1分米³（dm³）＝1000 厘米³。
　　2. 1毫升＝1厘米³（cm³, 旧时也写成 cc）。

（2）市制体积单位

1[市]石＝10[市]斗	1[市]斗＝10[市]升	1[市]升＝10[市]合
1[市]合＝10[市]勺	1[市]勺＝10[市]撮	1[市]升＝1升(法定单位)

（3）英制及美制体积单位

类别	单位名称	符号	进位	折合升或市升	
				英　制	美　制
干量	品脱	pt		0.568261	0.550610
	夸脱	qt	＝2品脱	1.13652	1.10122
	加仑	gal	＝4夸脱	4.54609	4.40488
	配克	pk	＝2加仑	9.09218	8.80976
	薄式耳	bu	＝4配克	36.3687	35.2391
液量	及耳	gi		0.142065	0.118294
	品脱	pt	＝4及耳	0.568261	0.473176
	夸脱	qt	＝2品脱	1.13652	0.946353
	加仑	gal	＝4夸脱	4.54609	3.78541

注：1. 1美制(石油)桶(符号 bbl)＝42美液量加仑＝158.987升(市升)。

2. 有时，在美制干量符号前面，加上"dry"符号；在美制液量符号前面，加上"liq"符号；在英制液量符号前面，加上"fl"符号。又有时，在各种美制符号前面，加上"US"符号；在各种英制符号前面，加上"UK"符号。

(4) 常用体积单位换算

立方米 （m³）	升（市升） （L）	立方英寸 （in³）	英加仑 （UKgal）	美加仑（液量） （USgal）
1	1000	61023.7	219.969	264.172
0.001	1	61.0237	0.219969	0.264172
0.000016	0.016387	1	0.003605	0.004329
0.004546	4.54609	277.420	1	1.20095
0.003785	3.78541	231	0.832674	1

7. 质量单位及其换算

(1) 法定质量单位

单 位 名 称	旧 名 称	符 号	对基本单位的比
毫　克	公　丝	mg	0.000001 千克
厘　克	公　毫	cg	0.00001 千克
分　克	公　厘	dg	0.0001 千克
克	公　分	g	0.001 千克
十　克	公　钱	dag	0.01 千克
百　克	公　两	hg	0.1 千克
千克（公斤）	公斤，千克	kg	基本单位
吨	公　吨	t	1000 千克

注：1. 人民生活和贸易中，"质量"习惯称为"重量"。

2. 旧单位公担（q，1q＝100 千克）因不符合法定单位规定，现已废除不用。

(2) 市制质量单位

1[市]担＝100[市]斤 　　1[市]斤＝10[市]两

1[市]两＝10[市]钱 　　1[市]钱＝10[市]分

1[市]分＝10[市]厘

(3) 英制及美制质量单位

1 英吨(长吨,ton)＝2240 磅 　1 美吨(短吨,shton)＝2000 磅

1 磅(lb)＝16 盎司(oz)＝7000 格令(gr)

(4) 常用质量单位换算

吨 (t)	千克 (kg)	[市]担	[市]斤	英吨 (ton)	美吨 (shton)	磅 (lb)
1	1000	20	2000	0.984207	1.10231	2204.62
0.001	1	0.02	2	0.000984	0.001102	2.20462
0.05	50	1	100	0.049210	0.055116	110.231
0.0005	0.5	0.01	1	0.000492	0.000551	1.10231
1.01605	1016.05	20.3209	2032.09	1	1.12	2240
0.907185	907.185	18.1437	1814.37	0.892857	1	2000
0.000454	0.453592	0.009072	0.907185	0.000446	0.0005	1

(5) 磅与千克对照

磅 (lb)	千克 (kg)	磅 (lb)	千克 (kg)	磅 (lb)	千克 (kg)	磅 (lb)	千克 (kg)
1	0.4536	26	11.793	51	23.133	76	34.473
2	0.9072	27	12.247	52	23.587	77	34.927
3	1.3608	28	12.701	53	24.040	78	35.380
4	1.8144	29	13.154	54	24.494	79	35.834
5	2.2680	30	13.608	55	24.948	80	36.287
6	2.7216	31	14.061	56	25.401	81	36.741
7	3.1751	32	14.515	57	25.855	82	37.195
8	3.6287	33	14.969	58	26.308	83	37.648
9	4.0823	34	15.422	59	26.762	84	38.102
10	4.5359	35	15.876	60	27.216	85	38.555
11	4.9895	36	16.329	61	27.669	86	39.009
12	5.4431	37	16.783	62	28.123	87	39.463
13	5.8967	38	17.237	63	28.576	88	39.916
14	6.3503	39	17.690	64	29.030	89	40.370
15	6.8039	40	18.144	65	29.484	90	40.823
16	7.2575	41	18.597	66	29.937	91	41.277
17	7.7111	42	19.051	67	30.391	92	41.731
18	8.1647	43	19.504	68	30.844	93	42.184
19	8.6183	44	19.958	69	31.298	94	42.638
20	9.0718	45	20.412	70	31.751	95	43.091
21	9.5254	46	20.865	71	32.205	96	43.545
22	9.9790	47	21.319	72	32.659	97	43.999
23	10.433	48	21.772	73	33.112	98	44.452
24	10.886	49	22.226	74	33.566	99	44.906
25	11.340	50	22.680	75	34.019	100	45.359

（6）千克与磅对照

千克 (kg)	磅 (lb)	千克 (kg)	磅 (lb)	千克 (kg)	磅 (lb)	千克 (kg)	磅 (lb)
1	2.2046	26	57.320	51	112.436	76	167.551
2	4.4092	27	59.525	52	114.640	77	169.756
3	6.6139	28	61.729	53	116.845	78	171.960
4	8.8185	29	63.934	54	119.050	79	174.165
5	11.023	30	66.139	55	121.254	80	176.370
6	13.228	31	68.343	56	123.459	81	178.574
7	15.432	32	70.548	57	125.663	82	180.779
8	17.637	33	72.752	58	127.868	83	182.983
9	19.842	34	74.957	59	130.073	84	185.188
10	22.046	35	77.162	60	132.277	85	187.393
11	24.251	36	79.366	61	134.482	86	189.597
12	26.455	37	81.571	62	136.686	87	191.802
13	28.660	38	83.776	63	138.891	88	194.007
14	30.865	39	85.980	64	141.096	89	196.211
15	33.069	40	88.185	65	143.300	90	198.416
16	35.274	41	90.389	66	145.505	91	200.620
17	37.479	42	92.594	67	147.710	92	202.825
18	39.683	43	94.799	68	149.914	93	205.030
19	41.888	44	97.003	69	152.119	94	207.234
20	44.092	45	99.208	70	154.324	95	209.439
21	46.297	46	101.413	71	156.528	96	211.644
22	48.502	47	103.617	72	158.733	97	213.848
23	50.706	48	105.822	73	160.937	98	216.053
24	52.911	49	108.026	74	163.142	99	218.257
25	55.116	50	110.231	75	165.347	100	220.462

8. 力、力矩、强度及压力单位换算

(1) 常用力单位换算

牛 （N）	千克力 （kgf）	克 力 （gf）	磅力 （lbf）	英吨力 （tonf）
1	0.101972	101.972	0.224809	0.0001
9.80665	1	1000	2.20462	0.000984
0.009807	0.001	1	0.002205	0.000001
4.44822	0.453592	453.592	1	0.000446
9964.02	1016.05	1016046	2240	1

注：1. 牛是法定单位，其余是非法定单位。
　　2. 我国过去也有将千克力（公斤力、kgf）、磅力（lbf）等单位的
　　　"力"（f）字省略，写成：千克（公斤、kg）、磅（lb）等。

(2) 力矩单位换算

牛·米 （N·m）	千克力·米 （kgf·m）	克力·厘米 （gf·cm）	磅力·英尺 （lbf·ft）	磅力·英寸 （lbf·in）
1	0.101972	10197.2	0.737562	8.85075
9.80665	1	100000	7.23301	86.7962
0.000098	0.00001	1	0.000072	0.000868
1.35582	0.138255	13825.5	1	12
0.112985	0.011521	1152.12	0.083333	1

注：牛·米是法定单位，其余是非法定单位。

(3) 强度(应力)及压力(压强)单位换算

牛/毫米² (N/mm²) 或兆帕 (MPa)	千克力/毫米² (kgf/mm²)	千克力/厘米² (kgf/cm²)	千磅力/英寸² (1000lbf/in²)	英吨力/英寸² (tonf/in²)
1	0.101972	10.1972	0.145038	0.064749
9.80665	1	100	1.42233	0.634971
0.098067	0.01	1	0.014223	0.006350
6.89476	0.703070	70.3070	1	0.446429
15.4443	1.57488	157.488	2.24	1

帕(Pa) 或牛/米² (N/m²)	千克力/厘米² (kgf/cm²)	磅力/英寸² (lbf/in²)	毫米水柱 (mmH₂O)	毫 巴 (mbar)
1	0.00001	0.000145	0.101972	0.01
98066.5	1	14.2233	10000	980.665
6894.76	0.070307	1	703.070	68.9476
9.80665	0.000102	0.001422	1	0.098067
100	0.001020	0.014504	10.1972	1

注：1. 牛/毫米²、帕是法定单位，其余是非法定单位。

2. 1帕＝1牛/米²(N/m²)；1兆帕(MPa)＝1牛/毫米²。

3. 1千克力/毫米²＝9.80665兆帕≈10兆帕。

4. 1巴(bar)＝0.1兆帕。巴在国际单位制中允许使用。

5. 1标准大气压(atm)＝101325帕≈0.1兆帕。

6. 1工程大气压(at)＝1千克力/厘米²＝0.0980665兆帕≈0.1兆帕。

7. "磅力/英寸²"符号也可以写成"psi"；"千磅力/英寸²"符号也可以写成"ksi"。

8. 1毫米汞柱(mmHg)＝133.322帕。

(4) 千克力/毫米² 与 牛/毫米²(兆帕)对照

千克力/毫米² $\left(\dfrac{kgf}{mm^2}\right)$	牛/毫米² $\left(\dfrac{N}{mm^2}\right)$	千克力/毫米² $\left(\dfrac{kgf}{mm^2}\right)$	牛/毫米² $\left(\dfrac{N}{mm^2}\right)$	千克力/毫米² $\left(\dfrac{kgf}{mm^2}\right)$	牛/毫米² $\left(\dfrac{N}{mm^2}\right)$	千克力/毫米² $\left(\dfrac{kgf}{mm^2}\right)$	牛/毫米² $\left(\dfrac{N}{mm^2}\right)$
1	9.807	26	254.97	51	500.14	76	745.31
2	19.613	27	264.78	52	509.95	77	755.11
3	29.420	28	274.59	53	519.75	78	764.92
4	39.227	29	284.39	54	529.56	79	774.73
5	49.033	30	294.20	55	539.37	80	784.53
6	58.840	31	304.01	56	549.17	81	794.34
7	68.647	32	313.81	57	558.98	82	804.15
8	78.453	33	323.62	58	568.79	83	813.95
9	88.260	34	333.43	59	578.59	84	823.76
10	98.067	35	343.23	60	588.40	85	833.57
11	107.87	36	353.04	61	598.21	86	843.37
12	117.68	37	362.85	62	608.01	87	853.18
13	127.49	38	372.65	63	617.82	88	862.99
14	137.29	39	382.46	64	627.63	89	872.79
15	147.10	40	392.27	65	637.43	90	882.60
16	156.91	41	402.07	66	647.24	91	892.40
17	166.71	42	411.88	67	657.05	92	902.21
18	176.52	43	421.69	68	666.86	93	912.02
19	186.33	44	431.49	69	676.66	94	921.83
20	196.13	45	441.30	70	686.47	95	931.63
21	205.94	46	451.11	71	696.27	96	941.44
22	215.75	47	460.91	72	706.08	97	951.25
23	225.55	48	470.72	73	715.89	98	961.05
24	235.36	49	480.53	74	725.69	99	970.86
25	245.17	50	490.33	75	735.50	100	980.67

注：1. 1牛/毫米² = 1兆帕(MPa)。

2. 力单位"千克力"与"牛"的对照,力矩单位"千克力·米"与"牛·米"的对照,也可利用本表进行对照换算。

(5) 牛/毫米²(兆帕)与千克力/毫米² 对照

牛/毫米²$\left(\dfrac{N}{mm^2}\right)$	千克力/毫米²$\left(\dfrac{kgf}{mm^2}\right)$	牛/毫米²$\left(\dfrac{N}{mm^2}\right)$	千克力/毫米²$\left(\dfrac{kgf}{mm^2}\right)$	牛/毫米²$\left(\dfrac{N}{mm^2}\right)$	千克力/毫米²$\left(\dfrac{kgf}{mm^2}\right)$	牛/毫米²$\left(\dfrac{N}{mm^2}\right)$	千克力/毫米²$\left(\dfrac{kgf}{mm^2}\right)$
1	0.1020	26	2.6513	51	5.2006	76	7.7498
2	0.2039	27	2.7532	52	5.3025	77	7.8518
3	0.3059	28	2.8552	53	5.4045	78	7.9538
4	0.4079	29	2.9572	54	5.5065	79	8.0558
5	0.5099	30	3.0591	55	5.6084	80	8.1577
6	0.6118	31	3.1611	56	5.7104	81	8.2597
7	0.7138	32	3.2631	57	5.8124	82	8.3617
8	0.8158	33	3.3651	58	5.9144	83	8.4636
9	0.9177	34	3.4670	59	6.0163	84	8.5656
10	1.0197	35	3.5690	60	6.1183	85	8.6676
11	1.1217	36	3.6710	61	6.2203	86	8.7696
12	1.2237	37	3.7729	62	6.3222	87	8.8715
13	1.3256	38	3.8749	63	6.4242	88	8.9735
14	1.4276	39	3.9769	64	6.5262	89	9.0755
15	1.5296	40	4.0789	65	6.6282	90	9.1774
16	1.6315	41	4.1808	66	6.7301	91	9.2794
17	1.7335	42	4.2828	67	6.8321	92	9.3814
18	1.8355	43	4.3848	68	6.9341	93	9.4834
19	1.9375	44	4.4868	69	7.0360	94	9.5853
20	2.0394	45	4.5887	70	7.1380	95	9.6873
21	2.1414	46	4.6907	71	7.2400	96	9.7893
22	2.2434	47	4.7927	72	7.3420	97	9.8912
23	2.3453	48	4.8946	73	7.4439	98	9.9932
24	2.4473	49	4.9966	74	7.5459	99	10.095
25	2.5493	50	5.0986	75	7.6479	100	10.197

注：力单位"牛"与"千克力"的对照,力矩单位"牛·米"与"千克力·米"的对照,也可利用本表进行对照换算。

9. 功、能、热量及功率单位换算

（1）常用功、能及热量单位换算

焦 （J）	瓦·时 （W·h）	千克力·米 （kgf·m）	磅力·英尺 （lbf·ft）	卡 （cal,cal$_{IT}$）	英热单位 （Btu）
1	0.000278	0.101972	0.737562	0.238846	0.000948
3600	1	367.098	2655.22	859.845	3.41214
9.80665	0.002724	1	7.23301	2.34228	0.009295
1.35582	0.000377	0.138255	1	0.323832	0.001285
4.1868	0.001163	0.426936	3.08803	1	0.003967
1055.06	0.293071	107.587	778.169	252.074	1

注：1. 焦、瓦·时是法定单位，其余是非法定单位。

2. 1焦=1牛·米（N·m）=10000000 尔格（erg）。

3. 1千瓦·时（kW·h）=3.6 兆焦（MJ），

1兆焦=0.277778 千瓦·时。

（2）功率单位换算

千瓦 （kW）	马力 （米制马力，PS）	英制马力 （hp）	千卡/时 （kcal/h）
1	1.35962	1.34102	859.845
0.735499	1	0.986320	632.415
0.74570	1.01387	1	641.186
0.001163	0.001581	0.00156	1

注：1. 瓦是法定单位，其余是非法定单位。

2. 1瓦（W）=1焦/秒（J/s）=10000000 尔格/秒（erg/s）。

10. 温 度 对 照

(1) 华氏温度与摄氏温度对照

华氏 (°F)	摄氏 (°C)	华氏 (°F)	摄氏 (°C)	华氏 (°F)	摄氏 (°C)	华氏 (°F)	摄氏 (°C)
−60	−51.11	40	4.44	92	33.33	600	315.56
−50	−45.56	42	5.56	94	34.44	650	343.33
−40	−40.00	44	6.67	96	35.56	700	371.11
−30	−34.44	46	7.78	98	36.67	750	398.89
−20	−28.89	48	8.89	100	37.78	800	426.67
−10	−23.33	50	10.00	110	43.33	850	454.44
0	−17.78	52	11.11	120	48.89	900	482.22
2	−16.67	54	12.22	130	54.44	950	510.00
4	−15.56	56	13.33	140	60.00	1000	537.78
6	−14.44	58	14.44	150	65.56	1100	593.33
8	−13.33	60	15.56	160	71.11	1200	648.89
10	−12.22	62	16.67	170	76.67	1300	704.44
12	−11.11	64	17.78	180	82.22	1400	760.00
14	−10.00	66	18.89	190	87.78	1500	815.56
16	−8.89	68	20.00	200	93.33	1600	871.11
18	−7.78	70	21.11	212	100.00	1700	926.67
20	−6.67	72	22.22	220	104.44	1800	982.22
22	−5.56	74	23.33	240	115.56	1900	1037.78
24	−4.44	76	24.44	260	126.67	2000	1093.33
26	−3.33	78	25.56	280	137.78	2100	1148.89
28	−2.22	80	26.67	300	148.89	2200	1204.44
30	−1.11	82	27.78	350	176.67	2300	1260.00
32	0	84	28.89	400	204.44	2400	1315.56
34	1.11	86	30.00	450	232.22	2500	1371.11
36	2.22	88	31.11	500	260.00	2600	1426.67
38	3.33	90	32.22	550	287.78	2700	1482.22

注：从华氏温度（°F）求摄氏温度（°C）的公式：

$$摄氏温度 ＝（华氏温度－32）×5/9$$

(2) 摄氏温度与华氏温度对照

摄氏 (℃)	华氏 (℉)	摄氏 (℃)	华氏 (℉)	摄氏 (℃)	华氏 (℉)	摄氏 (℃)	华氏 (℉)
−50	−58.0	17	62.6	44	111.2	220	428.0
−45	−49.0	18	64.4	45	113.0	240	464.0
−40	−40.0	19	66.2	46	114.8	260	500.0
−35	−31.0	20	68.0	47	116.6	280	536.0
−30	−22.0	21	69.8	48	118.4	300	572.0
−25	−13.0	22	71.6	49	120.2	320	608.0
−20	−4.0	23	73.4	50	122.0	340	644.0
−15	5.0	24	75.2	55	131.0	360	680.0
−10	14.0	25	77.0	60	140.0	380	716.0
−5	23.0	26	78.8	65	149.0	400	752.0
0	32.0	27	80.6	70	158.0	450	842.0
1	33.8	28	82.4	75	167.0	500	932.0
2	35.6	29	84.2	80	176.0	550	1022.0
3	37.4	30	86.0	85	185.0	600	1112.0
4	39.2	31	87.8	90	194.0	650	1202.0
5	41.0	32	89.6	95	203.0	700	1292.0
6	42.8	33	91.4	100	212.0	750	1382.0
7	44.6	34	93.2	110	230.0	800	1472.0
8	46.4	35	95.0	120	248.0	850	1562.0
9	48.2	36	96.8	130	266.0	900	1652.0
10	50.0	37	98.6	140	284.0	950	1742.0
11	51.8	38	100.4	150	302.0	1000	1832.0
12	53.6	39	102.2	160	320.0	1050	1922.0
13	55.4	40	104.0	170	338.0	1100	2012.0
14	57.2	41	105.8	180	356.0	1200	2192.0
15	59.0	42	107.6	190	374.0	1300	2372.0
16	60.8	43	109.4	200	392.0	1400	2552.0

注：从摄氏温度(℃)求华氏温度(℉)的公式：

华氏温度＝摄氏温度×9/5＋32

11. 黑色金属硬度与强度换算(GB/T1172—1999)

(1) 碳钢及合金钢硬度与强度换算

硬					度		
洛 氏		表 面 洛 氏			维 氏	布 氏 ($F/D^2 = 30$)	
HRC	HRA	HR15N	HR30N	HR45N	HV	HBS	HBW
20.0	60.2	68.8	40.7	19.2	226	225	—
20.5	60.4	69.0	41.2	19.8	228	227	—
21.0	60.7	69.3	41.7	20.4	230	229	—
21.5	61.0	69.5	42.2	21.0	233	232	—
22.0	61.2	69.8	42.6	21.5	235	234	—
22.5	61.5	70.0	43.1	22.1	238	237	—
23.0	61.7	70.3	43.6	22.7	241	240	—
23.5	62.0	70.6	44.0	23.3	244	242	—
24.0	62.2	70.8	44.5	23.9	247	245	—
24.5	62.5	71.1	45.0	24.5	250	248	—
25.0	62.8	71.4	45.5	25.1	253	251	—
25.5	63.0	71.6	45.9	25.7	256	254	—

硬 度	抗 拉 强 度 σ_b(N/mm²)							
洛氏	碳钢	铬钢	铬钒钢	铬镍钢	铬钼钢	铬镍钼钢	铬锰硅钢	超高强度钢	不锈钢
HRC								
20.0	774	742	736	782	747	—	781	—	740
20.5	784	751	744	787	753	—	788	—	749
21.0	793	760	753	792	760	—	794	—	758
21.5	803	769	761	797	767	—	801	—	767
22.0	813	779	770	803	774	—	809	—	777
22.5	823	788	779	809	781	—	816	—	786
23.0	833	798	788	815	789	—	824	—	796
23.5	843	808	797	822	797	—	832	—	806
24.0	854	818	807	829	805	—	840	—	816
24.5	864	828	816	836	813	—	848	—	826
25.0	875	838	826	843	822	—	856	—	837
25.5	886	848	837	851	831	850	865	—	847

(续)

硬　　　　　　　　　　度							
洛　　氏		表　面　洛　氏			维　氏	布氏 ($F/D^2=30$)	
HRC	HRA	HR15N	HR30N	HR45N	HV	HBS	HBW
26.0	63.3	71.9	46.4	26.3	259	257	—
26.5	63.5	72.2	46.9	26.9	262	260	—
27.0	63.8	72.4	47.3	27.5	266	263	—
27.5	64.0	72.7	47.8	28.1	269	266	—
28.0	64.3	73.0	48.3	28.7	273	269	—
28.5	64.6	73.3	48.7	29.3	276	273	—
29.0	64.8	73.5	49.2	29.9	280	276	—
29.5	65.1	73.8	49.7	30.5	284	280	—
30.0	65.3	74.1	50.2	31.1	288	283	—
30.5	65.6	74.4	50.6	31.7	292	287	—
31.0	65.8	74.7	51.1	32.3	296	291	—
31.5	66.1	74.9	51.6	32.9	300	294	—

硬　度	抗拉强度 σ_b(N/mm²)								
洛氏 HRC	碳钢	铬钢	铬钒钢	铬镍钢	铬钼钢	铬镍钼钢	铬锰硅钢	超高强度钢	不锈钢
26.0	897	859	847	859	840	859	874	—	858
26.5	908	870	858	867	850	869	883	—	868
27.0	919	880	869	876	860	879	893	—	879
27.5	930	891	880	885	870	890	902	—	890
28.0	942	902	892	894	880	901	912	—	901
28.5	954	914	903	904	891	912	922	—	913
29.0	965	925	915	914	902	923	933	—	924
29.5	977	937	928	924	913	935	943	—	936
30.0	989	948	940	935	924	947	954	—	947
30.5	1002	960	953	946	936	959	965	—	959
31.0	1014	972	966	957	948	972	977	—	971
31.5	1027	984	980	969	961	985	989	—	983

硬					度		
洛 氏		表 面 洛 氏			维 氏	布氏（$F/D^2 = 30$）	
HRC	HRA	HR15N	HR30N	HR45N	HV	HBS	HBW
32.0	66.4	75.2	52.0	33.5	304	298	—
32.5	66.6	75.5	52.5	34.1	308	302	—
33.0	66.9	75.8	53.0	34.7	313	306	—
33.5	67.1	76.1	53.4	35.3	317	310	—
34.0	67.4	76.4	53.9	35.9	321	314	—
34.5	67.7	76.7	54.4	36.5	326	318	—
35.0	67.9	77.0	54.8	37.0	331	323	—
35.5	68.2	77.2	55.3	37.6	335	327	—
36.0	68.4	77.5	55.8	38.2	340	332	—
36.5	68.7	77.8	56.2	38.8	345	336	—
37.0	69.0	78.1	56.7	39.4	350	341	—
37.5	69.2	78.4	57.2	40.0	355	345	—

硬 度	抗 拉 强 度 σ_b(N/mm^2)								
洛氏			铬钒	铬镍	铬钼	铬镍	铬锰	超高强	不锈
HRC	碳钢	铬钢	钢	钢	钢	钼钢	硅钢	度钢	钢
32.0	1039	996	993	981	974	999	1001	—	996
32.5	1052	1009	1007	994	987	1012	1013	—	1008
33.0	1065	1022	1022	1007	1001	1027	1026	—	1021
33.5	1078	1034	1036	1020	1015	1041	1039	—	1034
34.0	1092	1048	1051	1034	1029	1056	1052	—	1047
34.5	1105	1061	1067	1048	1043	1071	1066	—	1060
35.0	1119	1074	1082	1063	1058	1087	1079	—	1074
35.5	1133	1088	1098	1078	1074	1103	1094	—	1087
36.0	1147	1102	1114	1093	1090	1119	1108	—	1101
36.5	1162	1116	1131	1109	1106	1136	1123	—	1116
37.0	1177	1131	1148	1125	1122	1153	1139	—	1130
37.5	1192	1146	1165	1142	1139	1171	1155	—	1145

硬　　　　　　　　　　度							
洛　　氏		表　面　洛　氏			维　氏	布氏 ($F/D^2 = 30$)	
HRC	HRA	HR15N	HR30N	HR45N	HV	HBS	HBW
38.0	69.5	78.7	57.6	40.6	360	350	—
38.5	69.7	79.0	58.1	41.2	365	355	—
39.0	70.0	79.3	58.6	41.8	371	360	—
39.5	70.3	79.6	59.0	42.4	376	365	—
40.0	70.5	79.9	59.5	43.0	381	370	370
40.5	70.8	80.2	60.0	43.6	387	375	375
41.0	71.1	80.5	60.4	44.2	393	380	381
41.5	71.3	80.8	60.9	44.8	398	385	386
42.0	71.6	81.1	61.3	45.4	404	391	392
42.5	71.8	81.4	61.8	45.9	410	396	397
43.0	72.1	81.7	62.3	46.5	416	401	403
43.5	72.4	82.0	62.7	47.1	422	407	409

硬　　度	抗 拉 强 度 σ_b(N/mm^2)								
洛氏 HRC	碳钢	铬钢	铬钒钢	铬镍钢	铬钼钢	铬镍钼钢	铬锰硅钢	超高强度钢	不锈钢
38.0	1207	1161	1183	1159	1157	1189	1171	—	1161
38.5	1222	1176	1201	1177	1174	1207	1187	1170	1176
39.0	1238	1192	1219	1195	1192	1226	1204	1195	1193
39.5	1254	1208	1238	1214	1211	1245	1222	1219	1209
40.0	1271	1225	1257	1233	1230	1265	1240	1243	1226
40.5	1288	1242	1276	1352	1249	1285	1258	1267	1244
41.0	1305	1260	1296	1273	1269	1306	1277	1290	1262
41.5	1322	1278	1317	1293	1289	1327	1296	1313	1280
42.0	1340	1296	1337	1314	1310	1348	1316	1336	1299
42.5	1359	1315	1358	1336	1331	1370	1336	1359	1319
43.0	1378	1335	1380	1358	1353	1392	1357	1381	1339
43.5	1397	1355	1401	1380	1375	1415	1378	1404	1361

硬				度			
洛 氏		表 面 洛 氏			维 氏	布 氏（$F/D^2 = 30$）	
HRC	HRA	HR15N	HR30N	HR45N	HV	HBS	HBW
44.0	72.6	82.3	63.2	47.7	428	413	415
44.5	72.9	82.6	63.6	48.3	435	418	422
45.0	73.2	82.9	64.1	48.9	441	424	428
45.5	73.4	83.2	64.6	49.5	448	430	435
46.0	73.7	83.5	65.0	50.1	454	436	441
46.5	73.9	83.7	65.5	50.7	461	442	448
47.0	74.2	84.0	65.9	51.2	468	449	455
47.5	74.5	84.3	66.4	51.8	475	—	463
48.0	74.7	84.6	66.8	52.4	482	—	470
48.5	75.0	84.9	67.3	53.0	489	—	478
49.0	75.3	85.2	67.7	53.6	497	—	486
49.5	75.5	85.5	68.2	54.2	504	—	494

硬 度	抗 拉 强 度 σ_b（N/mm²）								
洛氏	碳钢	铬钢	铬钒钢	铬镍钢	铬钼钢	铬镍钼钢	铬锰硅钢	超高强度钢	不锈钢
HRC									
44.0	1417	1376	1424	1404	1397	1439	1400	1427	1383
44.5	1438	1398	1446	1427	1420	1462	1422	1450	1405
45.0	1459	1420	1469	1451	1444	1487	1445	1473	1429
45.5	1481	1444	1493	1476	1468	1512	1469	1496	1453
46.0	1503	1468	1517	1502	1492	1537	1493	1520	1479
46.5	1526	1493	1541	1527	1517	1563	1517	1544	1505
47.0	1550	1519	1566	1554	1542	1589	1543	1569	1533
47.5	1575	1546	1591	1581	1568	1616	1569	1594	1562
48.0	1600	1574	1617	1608	1595	1643	1595	1620	1592
48.5	1626	1603	1643	1636	1622	1671	1623	1646	1623
49.0	1653	1633	1670	1665	1649	1699	1651	1674	1655
49.5	1681	1665	1697	1695	1677	1728	1679	1702	1689

硬					度		
洛　氏		表 面 洛 氏			维　氏	布氏 ($F/D^2 = 30$)	
HRC	HRA	HR15N	HR30N	HR45N	HV	HBS	HBW
50.0	75.8	85.7	68.6	54.7	512	—	502
50.5	76.1	86.0	69.1	55.3	520	—	510
51.0	76.3	86.3	69.5	55.9	527	—	518
51.5	76.6	86.6	70.0	56.5	535	—	527
52.0	76.9	86.8	70.4	57.1	544	—	535
52.5	77.1	87.1	70.9	57.6	552	—	544
53.0	77.4	87.4	71.3	58.2	561	—	552
53.5	77.7	87.6	71.8	58.8	569	—	561
54.0	77.9	87.9	72.2	59.4	578	—	569
54.5	78.2	88.1	72.6	59.9	587	—	577
55.0	78.5	88.4	73.1	60.5	596	—	585
55.5	78.7	88.6	73.5	61.1	606	—	593

硬　度	抗 拉 强 度 σ_b(N/mm²)								
洛氏 HRC	碳钢	铬钢	铬钒钢	铬镍钢	铬钼钢	铬镍钼钢	铬锰硅钢	超高强度钢	不锈钢
50.0	1710	1698	1724	1724	1706	1758	1709	1731	1725
50.5	—	1732	1752	1755	1735	1788	1739	1761	—
51.0	—	1768	1780	1786	1764	1819	1770	1792	—
51.5	—	1806	1809	1818	1794	1850	1801	1824	—
52.0	—	1845	1839	1850	1825	1881	1834	1857	—
52.5	—	—	1869	1883	1856	1914	1867	1892	—
53.0	—	—	1899	1917	1888	1947	1901	1929	—
53.5	—	—	1930	1951	—	—	1936	1966	—
54.0	—	—	1961	1986	—	—	1971	2006	—
54.5	—	—	1993	2022	—	—	2008	2047	—
55.0	—	—	2026	2058	—	—	2045	2090	—
55.5	—	—	—	—	—	—	—	2135	—

硬　　　　　　度							
洛　　氏		表　面　洛　氏			维　氏	布氏（$F/D^2 = 30$）	
HRC	HRA	HR15N	HR30N	HR45N	HV	HBS	HBW
56.0	79.0	88.9	73.9	61.7	615	—	601
56.5	79.3	89.1	74.4	62.2	625	—	608
57.0	79.5	89.4	74.8	62.8	635	—	616
57.5	79.8	89.6	75.2	63.4	645	—	622
58.0	80.1	89.8	75.6	63.9	655	—	628
58.5	80.3	90.0	76.1	64.5	666	—	634
59.0	80.6	90.2	76.5	65.1	676	—	639
59.5	80.9	90.4	76.9	65.6	687	—	643
60.0	81.2	90.6	77.3	66.2	698	—	647
60.5	81.4	90.8	77.7	66.8	710	—	650
61.0	81.7	91.0	78.1	67.3	721	—	—
61.5	82.0	91.2	78.6	67.9	733	—	—
62.0	82.2	91.4	79.0	68.4	745	—	—

硬　度	抗　拉　强　度　σ_b（N/mm²）								
洛氏 HRC	碳钢	铬钢	铬钒钢	铬镍钢	铬钼钢	铬镍钼钢	铬锰硅钢	超高强度钢	不锈钢
56.0	—	—	—	—	—	—	—	2181	—
56.5	—	—	—	—	—	—	—	2230	—
57.0	—	—	—	—	—	—	—	2281	—
57.5	—	—	—	—	—	—	—	2334	—
58.0	—	—	—	—	—	—	—	2390	—
58.5	—	—	—	—	—	—	—	2448	—
59.0	—	—	—	—	—	—	—	2509	—
59.5	—	—	—	—	—	—	—	2572	—
60.0	—	—	—	—	—	—	—	2639	—
60.5	—	—	—	—	—	—	—	—	—
61.0	—	—	—	—	—	—	—	—	—
61.5	—	—	—	—	—	—	—	—	—
62.0	—	—	—	—	—	—	—	—	—

硬				度			
洛 氏		表 面 洛 氏			维 氏	布氏 ($F/D^2 = 30$)	
HRC	HRA	HR15N	HR30N	HR45N	HV	HBS	HBW
62.5	82.5	91.5	79.4	69.0	757	—	—
63.0	82.8	91.7	79.8	69.5	770	—	—
63.5	83.1	91.8	80.2	70.1	782	—	—
64.0	83.3	91.9	80.6	70.6	795	—	—
64.5	83.6	92.1	81.0	71.2	809	—	—
65.0	83.9	92.2	81.3	71.7	822	—	—
65.5	84.1	—	—	—	836	—	—
66.0	84.4	—	—	—	850	—	—
66.5	84.7	—	—	—	865	—	—
67.0	85.0	—	—	—	879	—	—
67.5	85.2	—	—	—	894	—	—
68.0	85.5	—	—	—	909	—	—

硬 度	抗 拉 强 度 σ_b(N/mm^2)							
洛氏 HRC	碳钢	铬钢	铬钒钢	铬镍钢	铬钼钢	铬镍钼钢	铬锰硅钢	超高强度钢	不锈钢
62.5	—	—	—	—	—	—	—	—
63.0	—	—	—	—	—	—	—	—
63.5	—	—	—	—	—	—	—	—
64.0	—	—	—	—	—	—	—	—
64.5	—	—	—	—	—	—	—	—
65.0	—	—	—	—	—	—	—	—
65.5	—	—	—	—	—	—	—	—
66.0	—	—	—	—	—	—	—	—
66.5	—	—	—	—	—	—	—	—
67.0	—	—	—	—	—	—	—	—
67.5	—	—	—	—	—	—	—	—
68.0	—	—	—	—	—	—	—	—

注：本表所列的各钢系换算值，适用于含碳量由低到高的钢种。

（2）碳钢硬度与强度换算

硬				度			抗 拉 强 度
洛氏	表 面 洛 氏			维氏	布 氏		σ_b
					HBS		
HRB	HR15T	HR30T	HR45T	HV	$F/D^2=10$	$F/D^2=30$	(N/mm²)
60.0	80.4	56.1	30.4	105	102	—	375
60.5	80.5	56.4	30.9	105	102	—	377
61.0	80.7	56.7	31.4	106	103	—	379
61.5	80.8	57.1	31.9	107	103	—	381
62.0	80.9	57.4	32.4	108	104	—	382
62.5	81.1	57.7	32.9	108	104	—	384
63.0	81.2	58.0	33.5	109	105	—	386
63.5	81.4	58.3	34.0	110	105	—	388
64.0	81.5	58.7	34.5	110	106	—	390
64.5	81.6	59.0	35.0	111	106	—	393
65.0	81.8	59.3	35.5	112	107	—	395
65.5	81.9	59.6	36.1	113	107	—	397
66.0	82.1	59.9	36.5	114	108	—	399
66.5	82.2	60.3	37.1	115	108	—	402
67.0	82.3	60.6	37.6	115	109	—	404
67.5	82.5	60.9	38.1	116	110	—	407
68.0	82.6	61.2	38.6	117	110	—	409
68.5	82.7	61.5	39.2	118	111	—	412
69.0	82.9	61.9	39.7	119	112	—	415
69.5	83.0	62.2	40.2	120	112	—	418
70.0	83.2	62.5	40.7	121	113	—	421
70.5	83.3	62.8	41.2	122	114	—	424
71.0	83.4	63.1	41.7	123	115	—	427
71.5	83.6	63.5	42.3	124	115	—	430
72.0	83.7	63.8	42.8	125	116	—	433
72.5	83.9	64.1	43.3	126	117	—	437
73.0	84.0	64.4	43.8	128	118	—	440

硬				度			抗 拉 强 度
洛氏	表 面 洛 氏			维氏	布	氏	
					HBS		σ_b
HRB	HR15T	HR30T	HR45T	HV	$F/D^2=10$	$F/D^2=30$	(N/mm²)
73.5	84.1	64.7	44.3	129	119	—	444
74.0	84.3	65.1	44.8	130	120	—	447
74.5	84.4	65.4	45.4	131	121	—	451
75.0	84.5	65.7	45.9	132	122	—	455
75.5	84.7	66.0	46.4	134	123	—	459
76.0	84.8	66.3	46.9	135	124	—	463
76.5	85.0	66.6	47.4	136	125	—	467
77.0	85.1	67.0	47.9	138	126	—	471
77.5	85.2	67.3	48.5	139	127	—	475
78.0	85.4	67.6	49.0	140	128	—	480
78.5	85.5	67.9	49.5	142	129	—	484
79.0	85.7	68.2	50.0	143	130	—	489
79.5	85.8	68.6	50.5	145	132	—	493
80.0	85.9	68.9	51.0	146	133	—	498
80.5	86.1	69.2	51.6	148	134	—	503
81.0	86.2	69.5	52.1	149	136	—	508
81.5	86.3	69.8	52.6	151	137	—	513
82.0	86.5	70.2	53.1	152	138	—	518
82.5	86.6	70.5	53.6	154	140	—	523
83.0	86.8	70.8	54.1	156	—	152	529
83.5	86.9	71.1	54.7	157	—	154	534
84.0	87.0	71.4	55.2	159	—	155	540
84.5	87.2	71.8	55.7	161	—	156	546
85.0	87.3	72.1	56.2	163	—	158	551
85.5	87.5	72.4	56.7	165	—	159	557
86.0	87.6	72.7	57.2	166	—	161	563
86.5	87.7	73.0	57.8	168	—	163	570

硬				度			抗 拉 强 度
洛氏	表 面 洛 氏			维氏	布	氏	σ_b
					HBS		
HRB	HR15T	HR30T	HR45T	HV	$F/D^2=10$	$F/D^2=30$	(N/mm²)
87.0	87.9	73.4	58.3	170	—	164	576
87.5	88.0	73.7	58.8	172	—	166	582
88.0	88.1	74.0	59.3	174	—	168	589
88.5	88.3	74.3	59.8	176	—	170	596
89.0	88.4	74.6	60.3	178	—	172	603
89.5	88.6	75.0	60.9	180	—	174	609
90.0	88.7	75.3	61.4	183	—	176	617
90.5	88.8	75.6	61.9	185	—	178	624
91.0	89.0	75.9	62.4	187	—	180	631
91.5	89.1	76.2	62.9	189	—	182	639
92.0	89.3	76.6	63.4	191	—	184	646
92.5	89.4	76.9	64.0	194	—	187	654
93.0	89.5	77.2	64.5	196	—	189	662
93.5	89.7	77.5	65.0	199	—	192	670
94.0	89.8	77.8	65.5	201	—	195	678
94.5	89.9	78.2	66.0	203	—	197	686
95.0	90.1	78.5	66.5	206	—	200	695
95.5	90.2	78.8	67.1	208	—	203	703
96.0	90.4	79.1	67.6	211	—	206	712
96.5	90.5	79.4	68.1	214	—	209	721
97.0	90.6	79.8	68.6	216	—	212	730
97.5	90.8	80.1	69.1	219	—	215	739
98.0	90.9	80.4	69.6	222	—	218	749
98.5	91.1	80.7	70.2	225	—	222	758
99.0	91.2	81.0	70.7	227	—	226	768
99.5	91.3	81.4	71.2	230	—	229	778
100.0	91.5	81.7	71.7	233	—	232	788

注：本表数值主要适用于低碳钢。

12. 铜合金硬度与强度换算（GB/T3771—1983）

硬度							抗拉性能 (MPa)							
布氏	维氏	洛氏	洛氏	表面洛氏	表面洛氏	表面洛氏	黄铜 板材	黄铜 棒材	铜 板	铜 铍材	铜 铍材	青铜 棒材	青铜 铜材	青铜 铜材
HB 30D²	HV	HRB	HRF	HR 15T	HR 30T	HR 45T	σ_b	σ_b	σ_b	$\sigma_{0.2}$	$\sigma_{0.01}$	σ_b	$\sigma_{0.2}$	$\sigma_{0.01}$
90.0	90.5	53.7	87.1	77.2	50.8	26.7	—	—	—	—	—	—	—	—
91.0	91.5	53.9	87.2	77.3	51.0	26.9	—	—	—	—	—	—	—	—
92.0	92.6	54.2	87.4	77.4	51.2	27.2	—	—	—	—	—	—	—	—
93.0	93.6	54.5	87.6	77.5	51.4	27.6	—	—	—	—	—	—	—	—
94.0	94.7	54.8	87.7	77.6	51.6	27.7	—	—	—	—	—	—	—	—
95.0	95.7	55.1	87.9	77.7	51.8	28.1	—	—	—	—	—	—	—	—
96.0	96.8	55.5	88.1	77.8	52.0	28.4	—	—	—	—	—	—	—	—
97.0	97.8	55.8	88.3	77.9	52.3	28.8	—	—	—	—	—	—	—	—
98.0	98.9	56.2	88.5	78.0	52.5	29.1	—	—	—	—	—	—	—	—
99.0	99.9	56.6	88.8	78.2	52.9	29.6	—	—	—	—	—	—	—	—
100.0	101.0	57.1	89.1	78.3	53.2	30.1	—	—	—	—	—	—	—	—
101.0	102.0	57.5	89.3	78.5	53.5	30.5	—	—	—	—	—	—	—	—
102.0	103.1	58.0	89.6	78.6	53.8	31.0	—	—	—	—	—	—	—	—
103.0	104.1	58.5	89.9	78.8	54.2	31.5	—	—	—	—	—	—	—	—
104.0	105.1	58.9	90.4	79.1	54.4	31.9	—	—	—	—	—	—	—	—
105.0	106.2	59.4	90.7	79.2	54.8	32.4	—	—	—	—	—	—	—	—
106.0	107.2	60.0	90.7	79.2	55.1	32.9	—	—	—	—	—	—	—	—
107.0	108.3	60.5	91.0	79.4	55.5	33.4	—	—	—	—	—	—	—	—
108.0	109.3	61.0	91.3	79.6	55.8	33.9	—	—	—	—	—	—	—	—
109.0	110.4	61.5	91.6	79.7	56.2	34.4	—	—	—	—	—	—	—	—

（MPa）

HB 30D²	HV	HRB	HRF	HR 15T	HR 30T	HR 45T	黄铜 板材 σb	黄铜 棒材 σb	铜 板材 σb	铍青铜 板材 σb	铍材 σ0.2	铍材 σ0.01	棒 σb	铜材 σ0.2	铜材 σ0.01
		洛氏		表面洛氏			抗拉性能								
布氏	维氏						黄铜		铜	铍青铜				铜材	
110.0	111.4	62.1	91.9	79.9	56.5	35.0	372	384	—	—	—	—	—	—	—
111.0	112.5	62.6	92.2	80.1	56.9	35.5	374	387	—	—	—	—	—	—	—
112.0	113.5	63.2	92.6	80.3	57.4	36.2	375	389	—	—	—	—	—	—	—
113.0	114.6	63.7	92.8	80.4	57.6	36.5	377	392	—	—	—	—	—	—	—
114.0	115.6	64.3	93.2	80.6	58.1	37.2	379	395	—	—	—	—	—	—	—
115.0	116.7	64.9	93.5	80.8	58.4	37.7	380	398	—	—	—	—	—	—	—
116.0	117.7	65.4	93.8	81.0	58.8	38.2	382	400	—	—	—	—	—	—	—
117.0	118.8	66.0	94.2	81.2	59.3	38.9	384	403	—	—	—	—	—	—	—
118.0	119.8	66.6	94.5	81.4	59.6	39.4	386	406	—	—	—	—	—	—	—
119.0	120.9	67.1	94.8	81.5	60.0	40.0	388	409	—	—	—	—	—	—	—
120.0	121.9	67.7	95.1	81.7	60.3	40.5	390	412	—	—	—	—	—	—	—
121.0	122.9	68.2	95.4	81.9	60.7	41.0	392	414	—	—	—	—	—	—	—
122.0	124.0	68.8	95.8	82.1	61.2	41.7	394	417	—	—	—	—	—	—	—
123.0	125.0	69.4	96.1	82.3	61.5	42.2	396	420	—	—	—	—	—	—	—
124.0	126.1	69.9	96.4	82.5	61.9	42.7	399	423	—	—	—	—	—	—	—
125.0	127.1	70.5	96.7	82.6	62.2	43.2	401	426	—	—	—	—	—	—	—
126.0	128.2	71.0	97.0	82.8	62.6	43.7	404	429	—	—	—	—	—	—	—
127.0	129.2	71.5	97.3	83.0	63.0	44.3	406	431	—	—	—	—	—	—	—
128.0	130.3	72.1	97.7	83.2	63.4	44.9	409	434	—	—	—	—	—	—	—
129.0	131.3	72.6	97.9	83.3	63.7	45.3	411	437	—	—	—	—	—	—	—

硬度							抗拉性能 (MPa)									
布氏	维氏	洛氏		表面洛氏			黄铜		板材			青铜 棒材			铜材	
HB 30D²	HV	HRB	HRF	HR 15T	HR 30T	HR 45T	板材 σ_b	棒材 σ_b	σ_b	$\sigma_{0.2}$	$\sigma_{0.01}$	σ_b	$\sigma_{0.2}$	$\sigma_{0.01}$	$\sigma_{0.2}$	$\sigma_{0.01}$
130.0	132.4	73.1	98.2	83.5	64.0	45.8	417	440	—	—	—	—	—	—	—	—
131.0	133.4	73.6	98.5	83.6	64.4	46.3	417	443	—	—	—	—	—	—	—	—
132.0	134.5	74.1	98.8	83.8	64.7	46.8	420	447	—	—	—	—	—	—	—	—
133.0	135.5	74.7	99.2	84.0	65.2	47.5	423	450	—	—	—	—	—	—	—	—
134.0	136.6	75.1	99.4	84.1	65.5	47.9	426	453	—	—	—	—	—	—	—	—
135.0	137.6	75.6	99.7	84.3	65.8	48.4	429	456	—	—	—	—	—	—	—	—
136.0	138.6	76.1	100.0	84.5	66.2	48.9	431	459	—	—	—	—	—	—	—	—
137.0	139.7	76.6	100.2	84.6	66.4	49.2	434	463	—	—	—	—	—	—	—	—
138.0	140.7	77.0	100.5	84.8	66.8	49.8	437	466	—	—	—	—	—	—	—	—
139.0	141.8	77.5	100.8	84.9	67.1	50.3	440	469	—	—	—	—	—	—	—	—
140.0	142.8	77.9	101.0	85.0	67.4	50.6	444	472	—	—	—	—	—	—	—	—
141.0	143.9	78.4	101.3	85.2	67.7	51.1	447	476	—	—	—	—	—	—	—	—
142.0	144.9	78.8	101.5	85.3	67.9	51.5	451	479	—	—	—	—	—	—	—	—
143.0	146.0	79.2	101.7	85.4	68.2	51.8	454	482	—	—	—	—	—	—	—	—
144.0	147.0	79.7	102.0	85.5	68.5	52.3	458	485	—	—	—	—	—	—	—	—
145.0	148.1	80.1	102.2	85.7	68.8	52.7	461	488	—	—	—	—	—	—	—	—
146.0	149.1	80.5	102.5	85.8	69.1	53.2	465	492	—	—	—	—	—	—	—	—
147.0	150.2	80.8	102.6	85.9	69.3	53.4	469	495	—	—	—	—	—	—	—	—
148.0	151.2	81.2	102.9	86.1	69.6	53.9	473	499	—	—	—	—	—	—	—	—
149.0	152.3	81.6	103.1	86.2	69.8	54.2	477	502	—	—	—	—	—	—	—	—

（MPa）

| 布氏 | 维氏 | 硬度 | | | | | 性能 | | | | | | | |
| HB 30D² | HV | 洛氏 | 洛氏 | 表面洛氏 | 表面洛氏 | 表面洛氏 | 抗拉 黄铜 | 抗拉 黄铜 | 拉 板材 | 拉 锻材 | 拉 锻材 | 拉 青铜 | 拉 铜材 | 拉 铜材 |
		HRB	HRF	HR15T	HR30T	HR45T	板材 σ_b	棒材 σ_b	σ_b	$\sigma_{0.2}$	$\sigma_{0.01}$	棒材 σ_b	$\sigma_{0.2}$	$\sigma_{0.01}$
150.0	153.3	82.0	103.3	86.3	70.1	54.6	480	506	—	—	—	—	—	—
151.0	154.4	82.3	103.5	86.4	70.3	54.9	483	509	—	—	—	—	—	—
152.0	155.4	82.7	103.7	86.6	70.6	55.3	488	513	—	—	—	—	—	—
153.0	156.4	83.0	103.9	86.7	70.8	55.6	492	516	—	—	—	—	—	—
154.0	157.5	83.3	104.1	86.8	71.0	56.0	496	520	—	—	—	—	—	—
155.0	158.5	83.7	104.3	86.9	71.3	56.3	500	524	—	—	—	—	—	—
156.0	159.6	84.0	104.5	87.0	71.5	56.6	504	527	—	—	—	—	—	—
157.0	160.6	84.3	104.7	87.1	71.7	57.0	509	530	—	—	—	—	—	—
158.0	161.7	84.6	104.8	87.2	71.9	57.2	513	534	—	—	—	—	—	—
159.0	162.7	84.9	105.0	87.3	72.1	57.5	518	537	—	—	—	—	—	—
160.0	163.8	85.2	105.2	87.4	72.3	57.9	522	541	—	—	—	—	—	—
161.0	164.8	85.5	105.3	87.5	72.5	58.0	527	545	—	—	—	—	—	—
162.0	165.9	85.8	105.5	87.6	72.7	58.4	531	549	—	—	—	—	—	—
163.0	166.9	86.0	105.6	87.6	72.8	58.5	535	553	—	—	—	—	—	—
164.0	168.0	86.3	105.8	87.7	73.1	58.9	540	556	—	—	—	—	—	—
165.0	169.0	86.6	106.0	87.8	73.3	59.2	545	560	—	—	—	—	—	—
166.0	170.1	86.8	106.1	87.9	73.4	59.4	550	564	—	—	—	—	—	—
167.0	171.1	87.1	106.3	88.0	73.7	59.7	555	568	—	—	—	—	—	—
168.0	172.1	87.4	106.4	88.1	73.8	59.9	560	572	—	—	—	—	—	—
169.0	173.2	87.6	106.5	88.1	73.9	60.1	565	576	—	—	—	—	—	—

（续）

| 硬度 | | | | | | | 抗拉性能（MPa） | | | | | | | |
布氏 HB 30D²	维氏 HV	洛氏 HRB	洛氏 HRF	表面洛氏度 HR 15T	表面洛氏度 HR 30T	表面洛氏度 HR 45T	黄铜板材 σb	铜棒材 σb	铍板 σb	铍板 σ0.2	铍板 σ0.01	青铜棒 σb	铜材 σ0.2	铜材 σ0.01
170.0	174.2	87.9	106.7	88.2	74.1	60.4	570	580	545	467	326	649	367	285
171.0	175.3	88.1	106.8	88.3	74.2	60.6	575	583	548	470	329	652	371	288
172.0	176.3	88.4	107.0	88.4	74.5	61.0	580	587	551	473	330	654	375	291
173.0	177.4	88.6	107.1	88.5	74.6	61.1	585	591	555	477	333	657	379	294
174.0	178.4	88.8	107.2	88.5	74.7	61.3	590	595	558	480	335	660	382	297
175.0	179.5	89.1	107.4	88.6	75.0	61.6	596	599	561	483	337	662	386	300
176.0	180.5	89.3	107.5	88.7	75.1	61.8	601	603	565	486	340	665	390	303
177.0	181.6	89.6	107.7	88.8	75.3	62.2	607	607	568	489	342	668	394	306
178.0	182.6	89.8	107.8	88.9	75.4	62.3	612	612	571	493	345	670	398	308
179.0	183.7	90.0	107.9	88.9	75.6	62.5	618	616	575	496	347	673	402	311
180.0	184.7	90.3	108.1	89.0	75.8	62.8	624	620	578	499	349	676	406	314
181.0	185.8	90.5	108.2	89.1	75.9	63.0	630	624	581	502	352	678	410	317
182.0	186.8	90.8	108.4	89.2	76.1	63.4	635	628	584	506	354	681	414	320
183.0	187.8	91.0	108.5	89.3	76.3	63.5	640	633	587	510	357	684	418	323
184.0	188.9	91.3	108.7	89.4	76.5	63.9	646	636	591	513	359	686	422	326
185.0	189.9	91.5	108.8	89.5	76.6	64.1	653	640	594	516	361	688	426	329
186.0	191.0	91.8	109.0	89.5	76.9	64.4	659	645	597	520	364	691	430	330
187.0	192.0	92.0	109.1	89.6	77.0	64.6	665	649	601	523	366	694	433	333
188.0	193.1	92.3	109.2	89.7	77.1	64.7	671	653	604	527	369	697	437	336
189.0	194.1	92.5	109.4	89.8	77.3	65.1	677	658	608	530	371	700	441	339

| 硬度 | | | | | | | 抗拉性能 （MPa） | | | | | | | |
| 布氏 | 维氏 | 洛氏 | | 表面洛氏 | | | 黄铜 | | 锡青铜 | | | 青铜棒 | | |
HB 30D²	HV	HRB	HRF	HR 15T	HR 30T	HR 45T	板材 σb	棒材 σb	板 σb	锻材 σ0.2	σ0.01	σb	σ0.2	σ0.01
190.0	195.2	92.8	109.5	89.8	77.5	65.3	684	662	611	533	373	703	445	342
191.0	196.2	93.1	109.7	89.9	77.7	65.6	689	667	614	536	376	705	449	345
192.0	197.3	93.3	109.8	90.0	77.8	65.8	696	671	618	539	378	708	453	348
193.0	198.3	93.6	110.0	90.1	78.0	66.1	702	676	621	542	380	711	457	351
194.0	199.4	93.9	110.2	90.2	78.3	66.5	709	680	625	546	382	714	461	353
195.0	200.4	94.2	110.4	90.3	78.4	66.6	715	685	628	549	384	717	465	356
196.0	201.5	94.4	110.6	90.3	78.5	66.8	722	688	631	553	387	720	469	359
197.0	202.5	94.7	110.8	90.4	78.8	67.2	729	693	634	556	389	723	473	362
198.0	203.5	95.0	110.8	90.6	79.0	67.5	735	698	637	559	392	726	477	365
199.0	204.6	95.3	111.0	90.7	79.2	67.8	742	702	641	563	394	729	481	368
200.0	205.6	95.6	111.1	90.7	79.4	68.0	749	707	644	566	396	732	484	371
201.0	206.7	95.9	111.3	90.9	79.6	68.4	—	—	648	570	399	735	488	374
202.0	207.7	96.2	111.5	90.9	79.8	68.7	—	—	651	573	401	737	492	376
203.0	208.8	96.5	111.7	91.1	80.1	69.0	—	—	654	576	404	740	496	378
204.0	209.8	96.8	111.8	91.2	80.2	69.2	—	—	658	580	406	743	500	381
205.0	210.9	97.2	112.1	91.3	80.5	69.7	—	—	661	583	408	746	504	384
206.0	211.9	97.5	112.2	91.3	80.7	69.9	—	—	665	586	411	749	508	387
207.0	212.9	97.8	112.4	91.5	80.9	70.2	—	—	668	589	413	752	512	390
208.0	214.0	98.1	112.6	91.6	81.1	70.6	—	—	672	592	416	755	516	393
209.0	215.0	98.4	112.7	91.7	81.3	70.8	—	—	675	596	418	758	520	396

硬度 · 拉性能 (MPa)

布氏 HB 30D²	维氏 HV	洛氏 HRC	洛氏 HRA	表面洛氏 HR15N	表面洛氏 HR30N	表面洛氏 HR45N	抗拉 黄铜板材 σ_b	抗拉 铜棒材 σ_b	铍材 板 σ_b	铍材 板 $\sigma_{0.2}$	铍材 板 $\sigma_{0.01}$	青铜棒材 σ_b	青铜棒材 $\sigma_{0.2}$	青铜棒材 $\sigma_{0.01}$
210.0	216.1	98.8	113.0	91.8	81.6	71.3	—	—	679	599	420	761	524	398
211.0	217.2	17.8	59.1	67.8	38.7	17.1	—	—	682	602	423	764	528	401
212.0	218.2	18.0	59.2	67.9	38.9	17.3	—	—	685	606	425	767	532	404
213.0	219.3	18.2	59.3	68.0	39.0	17.6	—	—	688	609	428	770	535	407
214.0	220.3	18.4	59.4	68.2	39.2	17.8	—	—	692	613	430	774	539	410
215.0	221.3	18.6	59.5	68.3	39.4	18.0	—	—	695	616	431	777	543	413
216.0	222.4	18.8	59.6	68.4	39.6	18.3	—	—	699	619	434	780	547	416
217.0	223.4	18.9	59.7	68.4	39.7	18.4	—	—	702	623	436	783	551	419
218.0	224.5	19.1	59.8	68.5	39.9	18.6	—	—	706	626	438	786	555	421
219.0	225.5	19.3	59.9	68.7	40.1	18.9	—	—	709	630	441	788	559	424
220.0	226.6	19.5	60.0	68.8	40.3	19.1	—	—	713	633	443	792	563	427
221.0	227.6	19.7	60.1	68.9	40.5	19.3	—	—	716	635	446	795	567	430
222.0	228.7	19.9	60.2	69.0	40.7	19.6	—	—	720	639	448	798	571	432
223.0	229.7	20.0	60.2	69.1	40.8	19.7	—	—	723	642	450	801	575	435
224.0	230.8	20.2	60.3	69.2	41.0	19.9	—	—	727	645	453	804	579	438
225.0	231.8	20.4	60.4	69.3	41.1	20.1	—	—	730	649	455	808	583	441
226.0	232.9	20.6	60.5	69.4	41.3	20.4	—	—	734	652	458	811	586	443
227.0	233.9	20.8	60.6	69.5	41.5	20.6	—	—	736	656	460	814	590	446
228.0	235.0	20.9	60.7	69.6	41.6	20.7	—	—	740	659	462	817	594	449
229.0	236.0	21.1	60.8	69.7	41.8	21.0	—	—	743	662	465	821	597	452

硬度							抗拉性能（MPa）							
布氏	维氏	洛氏		表面洛氏			黄铜		铍青铜					
							板材	棒材	板材			棒材		
HB 30D²	HV	HRC	HRA	HR 15N	HR 30N	HR 45N	σ_b	σ_b	σ_b	$\sigma_{0.2}$	$\sigma_{0.01}$	σ_b	$\sigma_{0.2}$	$\sigma_{0.01}$
230.0	237.0	21.3	60.9	69.8	42.0	21.2	—	—	747	666	467	824	601	455
231.0	238.1	21.5	61.0	69.9	42.2	21.4	—	—	750	669	470	827	605	458
232.0	239.1	21.7	61.1	70.0	42.4	21.6	—	—	754	673	472	831	609	461
233.0	240.2	21.8	61.2	70.1	42.5	21.8	—	—	757	676	474	834	613	464
234.0	241.2	22.0	61.3	70.2	42.6	22.0	—	—	761	679	477	837	617	466
235.0	242.2	22.2	61.4	70.3	42.8	22.2	—	—	764	683	479	840	621	469
236.0	243.3	22.4	61.5	70.4	43.0	22.5	—	—	768	685	482	843	625	472
237.0	244.4	22.5	61.5	70.5	43.1	22.6	—	—	772	689	483	846	629	475
238.0	245.4	22.7	61.6	70.6	43.3	22.8	—	—	775	692	485	850	633	478
239.0	246.5	22.9	61.7	70.7	43.5	23.0	—	—	779	695	488	853	636	481
240.0	247.5	23.0	61.8	70.8	43.6	23.2	—	—	782	699	490	857	640	483
241.0	248.6	23.2	61.9	70.9	43.8	23.4	—	—	786	702	493	860	644	486
242.0	249.6	23.4	62.0	71.0	44.0	23.7	—	—	788	705	495	863	648	488
243.0	250.7	23.6	62.1	71.1	44.2	23.9	—	—	792	709	497	867	652	491
244.0	251.7	23.7	62.1	71.1	44.3	24.0	—	—	796	712	500	870	656	494
245.0	252.7	23.9	62.2	71.2	44.4	24.2	—	—	799	716	502	874	660	497
246.0	253.8	24.1	62.2	71.3	44.6	24.4	—	—	803	719	505	877	664	500
247.0	254.8	24.2	62.4	71.4	44.7	24.6	—	—	806	722	507	881	668	503
248.0	255.9	24.4	62.5	71.5	44.9	24.8	—	—	810	726	509	884	672	506
249.0	256.9	24.6	62.6	71.6	45.1	25.0	—	—	814	729	512	888	676	509

（续）

布氏 HB 30D²	维氏 HV	洛氏 HRC	洛氏 HRA	表面洛氏度 HR15N	表面洛氏度 HR30N	表面洛氏度 HR45N	黄铜板材 σ_b	黄铜棒材 σ_b	铜板 σ_b	铜板 $\sigma_{0.2}$	铜板 $\sigma_{0.01}$	铜棒 σ_b	铜棒 $\sigma_{0.2}$	铜棒材 $\sigma_{0.01}$
250.0	258.0	24.7	62.6	71.7	45.2	25.1	—	—	817	733	514	890	680	510
251.0	259.0	24.9	62.7	71.8	45.4	25.4	—	—	821	735	517	894	684	514
252.0	260.1	25.1	62.8	71.9	45.6	25.6	—	—	824	738	519	897	687	517
253.0	261.1	25.2	62.9	72.1	45.7	25.7	—	—	828	742	521	901	691	520
254.0	262.2	25.4	63.0	72.2	46.1	26.0	—	—	832	745	524	904	695	523
255.0	263.2	25.6	63.1	72.3	46.2	26.2	—	—	836	748	526	908	699	526
256.0	264.3	25.7	63.1	72.4	46.3	26.3	—	—	838	752	529	911	703	529
257.0	265.3	25.9	63.2	72.4	46.4	26.5	—	—	842	755	531	915	707	532
258.0	266.4	26.0	63.3	72.4	46.6	26.7	—	—	845	759	533	918	711	533
259.0	267.4	26.2	63.4	72.5	46.6	26.9	—	—	849	762	535	922	715	536
260.0	268.5	26.4	63.5	72.6	46.8	27.1	—	—	852	765	537	925	719	539
261.0	269.5	26.5	63.5	72.7	46.9	27.2	—	—	856	769	540	929	723	542
262.0	270.5	26.7	63.6	72.8	47.1	27.4	—	—	860	772	542	933	727	545
263.0	271.6	26.8	63.7	72.9	47.2	27.6	—	—	863	776	544	936	731	548
264.0	272.6	27.0	63.8	73.1	47.4	27.8	—	—	867	779	547	939	735	551
265.0	273.7	27.2	63.9	73.2	47.6	28.0	—	—	871	782	549	942	738	554
266.0	274.7	27.3	64.0	73.2	47.7	28.2	—	—	874	786	551	946	742	556
267.0	275.8	27.5	64.1	73.3	47.9	28.4	—	—	878	788	554	950	746	559
268.0	276.8	27.6	64.1	73.3	48.0	28.6	—	—	882	792	556	953	750	562
269.0	277.9	27.8	64.2	73.4	48.1	28.8	—	—	885	795	559	957	754	565

1.60

（续）

布氏 HB 30D²	维氏 HV	洛氏 HRC	洛氏 HRA	表面洛氏 HR 15N	表面洛氏 HR 30N	表面洛氏 HR 45N	黄铜 板材 σ_b	黄铜 棒材 σ_b	铜 棒材 σ_b	铍青铜 板材 σ_b	铍青铜 板材 $\sigma_{0.2}$	铍青铜 板材 $\sigma_{0.01}$	铍青铜 棒材 σ_b	铍青铜 棒材 $\sigma_{0.2}$	铍青铜 棒材 $\sigma_{0.01}$
		硬度					抗拉性能 (MPa)								
270.0	278.9	27.9	64.3	73.5	48.2	28.9	—	—	—	888	758	568	961	798	561
271.0	280.0	28.1	64.4	73.6	48.4	29.1	—	—	—	892	762	571	964	802	563
272.0	281.0	28.2	64.4	73.7	48.5	29.2	—	—	—	895	766	574	968	805	566
273.0	282.1	28.4	64.5	73.8	48.7	29.4	—	—	—	899	770	577	972	808	568
274.0	283.1	28.6	64.6	73.9	48.9	29.6	—	—	—	903	774	580	975	812	571
275.0	284.2	28.7	64.7	74.0	49.0	29.8	—	—	—	907	778	582	979	815	573
276.0	285.2	28.9	64.8	74.1	49.2	30.0	—	—	—	910	782	584	983	819	575
277.0	286.2	29.0	64.8	74.1	49.3	30.1	—	—	—	914	786	587	986	822	578
278.0	287.3	29.2	64.9	74.2	49.5	30.3	—	—	—	918	789	590	989	825	580
279.0	288.3	29.3	65.0	74.3	49.6	30.5	—	—	—	921	793	593	993	829	583
280.0	289.4	29.5	65.1	74.4	49.8	30.7	—	—	—	925	797	596	997	832	584
281.0	290.4	29.6	65.1	74.5	49.9	30.9	—	—	—	929	801	599	1000	836	586
282.0	291.5	29.8	65.2	74.6	50.0	31.1	—	—	—	932	805	602	1004	838	589
283.0	292.5	29.9	65.3	74.6	50.1	31.2	—	—	—	936	809	604	1008	841	591
284.0	293.6	30.1	65.4	74.7	50.3	31.4	—	—	—	939	813	607	1012	845	594
285.0	294.6	30.2	65.4	74.8	50.4	31.6	—	—	—	943	817	610	1015	848	596
286.0	295.7	30.4	65.5	74.9	50.6	31.8	—	—	—	946	821	613	1019	851	598
287.0	296.7	30.5	65.6	75.0	50.7	31.9	—	—	—	950	825	616	1023	855	601
288.0	297.8	30.7	65.7	75.1	50.9	32.1	—	—	—	954	829	619	1027	858	603
289.0	298.8	30.8	65.7	75.1	51.0	32.3	—	—	—	958	832	622	1030	862	606

（续）

硬度							抗拉性能（MPa）							
布氏	维氏	洛氏		表面洛氏			黄铜		铍青铜					
							板材	棒材	板	铍材		青铜棒	铜材	
HB 30D²	HV	HRC	HRA	HR 15N	HR 30N	HR 45N	σ$_b$	σ$_b$	σ$_b$	σ$_{0.2}$	σ$_{0.01}$	σ$_b$	σ$_{0.2}$	σ$_{0.01}$
290.0	299.9	31.0	65.8	75.2	51.2	32.5	—	—	961	865	608	1034	836	625
291.0	300.9	31.1	65.9	75.3	51.3	32.6	—	—	965	868	610	1038	839	627
292.0	301.9	31.2	65.9	75.4	51.4	32.7	—	—	969	872	613	1041	843	630
293.0	303.0	31.4	66.0	75.5	51.6	32.9	—	—	973	875	615	1045	847	633
294.0	304.0	31.5	66.1	75.5	51.7	33.1	—	—	976	879	618	1049	851	635
295.0	305.1	31.7	66.2	75.6	51.8	33.3	—	—	980	882	620	1052	855	638
296.0	306.1	31.8	66.2	75.7	51.9	33.4	—	—	984	885	622	1056	859	642
297.0	307.2	32.0	66.3	75.8	52.1	33.6	—	—	988	888	625	1060	863	644
298.0	308.2	32.1	66.4	75.9	52.2	33.8	—	—	990	891	627	1064	867	647
299.0	309.3	32.3	66.5	76.0	52.4	34.0	—	—	994	895	630	1068	871	649
300.0	310.3	32.4	66.5	76.0	52.5	34.1	—	—	998	898	632	1072	875	652
301.0	311.4	32.5	66.6	76.1	52.6	34.2	—	—	1002	901	634	1075	879	657
302.0	312.4	32.7	66.7	76.2	52.8	34.4	—	—	1006	905	636	1079	883	658
303.0	313.5	32.8	66.8	76.3	52.9	34.6	—	—	1009	908	638	1083	887	661
304.0	314.5	33.0	66.9	76.4	53.1	34.8	—	—	1013	911	641	1087	890	664
305.0	315.6	33.1	66.9	76.5	53.2	34.9	—	—	1017	915	643	1090	894	667
306.0	316.6	33.2	67.0	76.5	53.3	35.0	—	—	1021	918	645	1094	898	670
307.0	317.7	33.4	67.1	76.6	53.5	35.2	—	—	1025	921	648	1098	902	672
308.0	318.7	33.5	67.1	76.7	53.6	35.4	—	—	1028	925	650	1102	906	675
309.0	319.7	33.7	67.2	76.8	53.7	35.6	—	—	1032	928	653	1105	910	678

1.62

(续)

硬度							抗拉性能 (MPa)							
布氏	维氏	洛氏		表面洛氏			黄铜		铜			铍青铜		
							板材	棒材	板			棒材		
HB 30D²	HV	HRC	HRA	HR 15N	HR 30N	HR 45N	σb	σb	σb	σ0.2	σ0.01	σb	σ0.2	σ0.01
310.0	320.8	33.8	67.3	76.8	53.8	35.7	—	—	1036	932	655	1109	914	681
311.0	321.8	33.9	67.3	76.9	53.9	35.9	—	—	1040	935	657	1113	918	684
312.0	322.9	34.1	67.4	77.0	54.1	36.1	—	—	1043	938	660	1117	922	686
313.0	323.9	34.2	67.5	77.1	54.2	36.2	—	—	1046	941	662	1121	926	689
314.0	325.0	34.3	67.5	77.1	54.3	36.3	—	—	1050	944	664	1125	930	692
315.0	326.0	34.5	67.6	77.2	54.5	36.5	—	—	1054	948	666	1129	934	694
316.0	327.1	34.6	67.7	77.3	54.6	36.7	—	—	1058	951	669	1133	938	697
317.0	328.1	34.8	67.7	77.4	54.8	36.9	—	—	1062	955	672	1137	941	700
318.0	329.2	34.9	67.8	77.4	54.9	37.0	—	—	1066	958	674	1140	945	703
319.0	330.2	35.0	67.9	77.5	55.0	37.2	—	—	1069	961	676	1144	949	706
320.0	331.3	35.2	68.0	77.6	55.2	37.4	—	—	1072	965	679	1148	953	709
321.0	332.3	35.3	68.0	77.6	55.3	37.5	—	—	1077	968	681	1152	957	712
322.0	333.4	35.4	68.1	77.7	55.4	37.6	—	—	1081	971	684	1156	961	715
323.0	334.4	35.5	68.2	77.8	55.5	37.8	—	—	1085	974	685	1160	965	717
324.0	335.4	35.7	68.2	77.9	55.7	38.0	—	—	1089	978	687	1164	969	720
325.0	336.5	35.8	68.3	78.0	55.7	38.1	—	—	1092	982	690	1168	973	723
326.0	337.5	36.0	68.4	78.0	55.9	38.3	—	—	1095	985	692	1172	977	726
327.0	338.6	36.1	68.4	78.1	56.0	38.4	—	—	1099	988	695	1176	981	729
328.0	339.6	36.2	68.5	78.2	56.1	38.5	—	—	1103	992	697	1180	985	732
329.0	340.7	36.4	68.6	78.3	56.3	38.8	—	—	1107	994	699	1183	989	735

（续）

硬度							抗拉性能（MPa）							
布氏	维氏	洛氏		表面洛氏			黄铜		铍青铜					
							板材	棒材	板			棒		
HB 30D²	HV	HRC	HRA	HR 15N	HR 30N	HR 45N	σ_b	σ_b	σ_b	$\sigma_{0.2}$	$\sigma_{0.01}$	σ_b	$\sigma_{0.2}$	$\sigma_{0.01}$
330.0	341.7	36.5	68.6	78.3	56.4	38.9	—	—	1111	988	702	1187	992	737
331.0	342.8	36.6	68.7	78.4	56.5	39.0	—	—	1115	1001	704	1191	996	739
332.0	343.8	36.7	68.7	78.5	56.6	39.1	—	—	1119	1004	707	1194	1000	742
333.0	344.9	36.9	68.8	78.6	56.8	39.4	—	—	1123	1008	709	1199	1004	745
334.0	345.9	37.0	68.9	78.6	56.9	39.5	—	—	1127	1011	711	1203	1008	748
335.0	347.0	37.1	68.9	78.7	57.0	39.6	—	—	1130	1014	714	1207	1012	751
336.0	348.0	37.3	69.0	78.8	57.1	39.8	—	—	1134	1018	716	1211	1016	754
337.0	349.1	37.4	69.1	78.8	57.2	39.9	—	—	1138	1021	719	1215	1020	757
338.0	350.1	37.5	69.1	78.9	57.3	40.1	—	—	1141	1025	721	1219	1024	760
339.0	351.1	37.7	69.2	79.0	57.5	40.3	—	—	1145	1028	723	1223	1028	762
340.0	352.2	37.8	69.3	79.1	57.6	40.4	—	—	1149	1031	726	1227	1032	765
341.0	353.2	37.9	69.3	79.1	57.7	40.5	—	—	1153	1035	728	1231	1036	768
342.0	354.3	38.0	69.4	79.2	57.8	40.6	—	—	1157	1038	731	1235	1040	771
343.0	355.3	38.2	69.5	79.3	58.0	40.9	—	—	1161	1041	733	1239	1043	774
344.0	356.4	38.3	69.5	79.3	58.1	41.0	—	—	1165	1044	735	1243	1047	777
345.0	357.4	38.4	69.6	79.4	58.2	41.1	—	—	1169	1047	737	1246	1051	780
346.0	358.5	38.5	69.7	79.5	58.3	41.2	—	—	1173	1051	739	1250	1055	783
347.0	359.5	38.7	69.7	79.6	58.5	41.5	—	—	1177	1054	742	1254	1059	785
348.0	360.6	38.8	69.8	79.6	58.6	41.6	—	—	1181	1058	744	1258	1063	787
349.0	361.6	38.9	69.9	79.7	58.7	41.7	—	—	1184	1061	746	1262	1066	790

（续）

布氏 HB 30D²	维氏 HV	硬度 洛氏 HRC	洛氏 HRA	表面洛氏 HR 15N	HR 30N	HR 45N	抗拉 黄铜 板材 σb	棒材 σb	拉 性 能 （MPa） 铍材 板 σb	σ0.2	σ0.01	青铜 棒 σb	σ0.2	σ0.01
350.0	362.7	39.0	69.9	79.8	58.8	41.8	—	—	1188	1064	749	1266	1070	793
351.0	363.7	39.2	70.0	79.9	58.9	42.0	—	—	1192	1068	751	1270	1074	796
352.0	364.8	39.3	70.1	79.9	59.0	42.2	—	—	1195	1071	754	1274	1078	799
353.0	365.8	39.4	70.1	80.0	59.1	42.3	—	—	1199	1074	756	1278	1082	802
354.0	366.9	39.5	70.2	80.1	59.2	42.4	—	—	1203	1078	758	1282	1086	805
355.0	367.9	39.8	70.3	80.2	59.5	42.7	—	—	1207	1081	761	1286	1090	807
356.0	368.9	39.9	70.4	80.2	59.6	42.9	—	—	1211	1085	763	1291	1093	810
357.0	370.0	40.0	70.4	80.3	59.6	43.0	—	—	1215	1088	766	1294	1097	813
358.0	371.0	40.2	70.5	80.4	59.7	43.2	—	—	1219	1090	768	1298	1101	816
359.0	372.1	40.3	70.6	80.5	60.0	43.3	—	—	1223	1094	770	1302	1105	819
360.0	373.1	40.4	70.6	80.5	60.1	43.4	—	—	1227	1097	773	1306	1109	822
361.0	374.2	40.5	70.7	80.6	60.2	43.5	—	—	1231	1101	775	1310	1113	825
362.0	375.2	40.6	70.7	80.7	60.3	43.7	—	—	1235	1104	777	1314	1117	828
363.0	376.3	40.8	70.8	80.7	60.5	43.9	—	—	1239	1107	780	1318	1121	830
364.0	377.3	40.9	70.9	80.8	60.6	44.0	—	—	1243	1111	782	1322	1125	833
365.0	378.4	41.0	70.9	80.9	60.7	44.1	—	—	1246	1114	785	1326	1129	836
366.0	379.4	41.1	71.0	80.9	60.8	44.2	—	—	1250	1117	786	1330	1133	838
367.0	380.5	41.2	71.0	81.0	60.8	44.4	—	—	1254	1121	788	1334	1137	841
368.0	381.5	41.3	71.1	81.0	60.9	44.5	—	—	1258	1124	791	1339	1141	844
369.0	382.6	41.4	71.1	81.1	61.0	44.6	—	—	1262	1128	793	1343	1144	847

(续)

(MPa)

布氏 HB 30D²	维氏 HV	硬度 洛氏 HRC	HRA	表面洛氏 HR15N	HR30N	HR45N	抗拉性能 黄铜 板材 σb	黄铜 棒材 σb	青铜 板材 σb	青铜 板材 σ0.2	青铜 板材 σ0.01	青铜 棒材 σb	青铜 棒材 σ0.2	青铜 棒材 σ0.01
370.0	383.6	41.5	71.2	81.1	61.1	44.7	—	—	1266	1131	796	1346	1148	850
371.0	384.6	41.6	71.2	81.2	61.2	44.8	—	—	1270	1134	798	1350	1152	852
372.0	385.7	41.7	71.3	81.3	61.3	44.9	—	—	1274	1138	800	1354	1156	855
373.0	386.7	41.9	71.4	81.4	61.5	45.2	—	—	1278	1141	803	1358	1160	858
374.0	387.8	42.0	71.4	81.4	61.6	45.3	—	—	1282	1144	805	1362	1164	861
375.0	388.8	42.1	71.5	81.5	61.7	45.4	—	—	1286	1147	808	1366	1168	864
376.0	389.9	42.2	71.5	81.5	61.8	45.5	—	—	1290	1150	810	1370	1172	867
377.0	390.9	42.3	71.6	81.6	61.9	45.6	—	—	1293	1154	812	1374	1176	870
378.0	392.0	42.4	71.6	81.7	62.0	45.8	—	—	1298	1157	815	1379	1180	872
379.0	393.0	42.6	71.7	81.8	62.2	46.0	—	—	1302	1161	817	1383	1184	875
380.0	394.1	42.7	71.8	81.8	62.3	46.1	—	—	1306	1164	820	1387	1188	878
381.0	395.1	42.8	71.8	81.9	62.4	46.2	—	—	1310	1167	822	1391	—	—
382.0	396.2	42.9	71.9	81.9	62.5	46.3	—	—	1314	1171	824	1395	—	—
383.0	397.2	43.0	71.9	82.0	62.6	46.5	—	—	1318	1174	827	1398	—	—
384.0	398.3	43.2	72.0	82.1	62.7	46.7	—	—	1322	1177	829	1402	—	—
385.0	399.3	43.3	72.1	82.2	62.8	46.8	—	—	1326	1181	832	1406	—	—
386.0	400.3	43.4	72.1	82.2	62.9	46.9	—	—	1330	1184	834	1410	—	—
387.0	401.4	43.5	72.2	82.3	63.0	47.0	—	—	1334	1188	836	1415	—	—
388.0	402.4	43.6	72.2	82.3	63.1	47.2	—	—	1338	1191	838	1419	—	—
389.0	403.5	43.7	72.3	82.4	63.2	47.3	—	—	1342	1193	840	1423	—	—

(续)

硬度							抗拉性能 (MPa)							
布氏	维氏	洛氏		表面洛氏			黄铜		铍材			青铜	铜材	
HB 30D²	HV	HRC	HRA	HR 15N	HR 30N	HR 45N	板材 σ_b	棒材 σ_b	板 σ_b	$\sigma_{0.2}$	$\sigma_{0.01}$	棒 σ_b	$\sigma_{0.2}$	$\sigma_{0.01}$
390.0	404.5	43.9	72.4	82.5	63.4	47.5	—	—	1345	1197	843	1427	—	—
391.0	405.6	44.0	72.4	82.6	63.5	47.6	—	—	1349	1200	845	1431	—	—
392.0	406.6	44.1	72.5	82.6	63.6	47.7	—	—	1354	1204	847	1435	—	—
393.0	407.7	44.2	72.6	82.7	63.7	47.9	—	—	1358	1207	850	1439	—	—
394.0	408.7	44.3	72.6	82.7	63.8	48.0	—	—	1362	1210	852	1443	—	—
395.0	409.8	44.4	72.7	82.8	63.9	48.1	—	—	1366	1214	855	1446	—	—
396.0	410.8	44.6	72.8	82.9	64.1	48.3	—	—	1370	1217	857	1451	—	—
397.0	411.9	44.7	72.8	82.9	64.2	48.4	—	—	1374	1220	859	1455	—	—
398.0	412.9	44.8	72.9	83.0	64.3	48.6	—	—	1378	1224	862	1459	—	—
399.0	414.0	44.9	72.9	83.1	64.4	48.7	—	—	1382	1227	864	1463	—	—
400.0	415.0	45.0	73.0	83.1	64.4	48.8	—	—	1386	1231	867	1467	—	—
401.0	416.0	45.1	73.0	83.2	64.5	48.9	—	—	1391	—	—	1471	—	—
402.0	417.1	45.3	73.1	83.3	64.7	49.1	—	—	1395	—	—	1475	—	—
403.0	418.1	45.4	73.2	83.3	64.8	49.3	—	—	1398	—	—	1479	—	—
404.0	419.2	45.5	73.2	83.4	64.9	49.4	—	—	1402	—	—	1483	—	—
405.0	420.2	45.6	73.3	83.5	65.0	49.5	—	—	1406	—	—	1488	—	—
406.0	421.3	45.7	73.3	83.5	65.1	49.6	—	—	1410	—	—	1492	—	—
407.0	422.3	45.8	73.4	83.6	65.2	49.7	—	—	1414	—	—	1496	—	—
408.0	423.4	45.9	73.4	83.6	65.3	49.8	—	—	1419	—	—	1499	—	—
409.0	424.9	46.0	73.5	83.7	65.4	50.0	—	—	1423	—	—	1503	—	—

(续)

硬度							抗拉性能 (MPa)							
布氏	维氏	洛氏		表面洛氏			黄铜		铍青铜					
							板材	棒材	板	铍材		棒	铜材	
HB 30D²	HV	HRC	HRA	HR 15N	HR 30N	HR 45N	σb	σb	σb	σ0.2	σ0.01	σb	σ0.2	σ0.01
410.0	425.5	46.2	73.6	83.8	65.6	50.2	—	—	1427	—	—	1507	—	—
411.0	426.5	46.3	73.6	83.8	65.7	50.3	—	—	1431	—	—	1511	—	—
412.0	427.6	46.4	73.7	83.9	65.8	50.4	—	—	1435	—	—	1515	—	—
413.0	428.6	46.5	73.7	84.0	65.9	50.5	—	—	1439	—	—	1519	—	—
414.0	429.7	46.6	73.8	84.0	66.0	50.7	—	—	1444	—	—	1523	—	—
415.0	430.7	46.7	73.8	84.1	66.1	50.8	—	—	1447	—	—	1528	—	—
416.0	431.8	46.8	73.9	84.1	66.2	50.9	—	—	1451	—	—	1532	—	—
417.0	432.8	46.9	73.9	84.2	66.3	51.0	—	—	1455	—	—	1536	—	—
418.0	433.8	47.0	74.0	84.3	66.4	51.1	—	—	1459	—	—	1540	—	—
419.0	434.9	47.2	74.1	84.4	66.5	51.3	—	—	1464	—	—	1544	—	—
420.0	435.9	47.3	74.1	84.4	66.6	51.5	—	—	1468	—	—	1547	—	—

注: 1. 本表只适用于黄铜(H62、HPb59-1等)和铍青铜。
2. 抗拉性能值是按 1kgf/mm² = 9.80665MPa 换算成法定单位值。

1.68

13. 铝合金硬度与强度换算(GBn166—1982)

(1) HB10D² 硬度与其他硬度、强度换算

| 硬度 | | | | | | | 抗拉强度 σb (MPa) | | | | | | |
| 布氏 | 维氏 | 洛氏 | | 表面洛氏 | | | 退火 | 淬火人工时效 | | | 淬火自然时效 | | 变形铝合金 |
HB 10D²	HV	HRB	HRF	HR 15T	HR 30T	HR 45T	2A11 2A12	2A14	7A04 2A50	2A14	2A11 2A12	2A50 2A14	
55.0	56.1	—	52.5	62.3	17.6	—	193	203	203	204	—	—	211
56.0	57.1	—	53.7	62.9	18.8	—	197	205	205	205	—	—	214
57.0	58.2	—	55.0	63.5	20.2	—	200	208	207	207	—	—	217
58.0	59.3	—	56.2	64.1	21.5	—	204	212	211	211	—	—	220
59.0	60.4	—	57.4	64.7	22.8	—	207	216	215	215	—	—	223
60.0	61.5	—	58.6	65.3	24.1	—	211	221	219	219	—	—	226
61.0	62.6	—	59.7	65.9	25.2	—	214	226	224	225	—	—	228
62.0	63.6	—	60.9	66.4	26.5	—	218	230	228	229	—	—	230
63.0	64.7	—	62.0	67.0	27.7	—	221	235	234	235	—	—	233
64.0	65.8	—	63.1	67.5	28.9	—	225	241	240	241	—	—	236
65.0	66.9	6.9	64.2	68.1	30.0	—	228	247	246	247	—	—	239
66.0	68.0	8.8	65.2	68.6	31.5	—	231	252	252	253	—	—	242
67.0	69.1	10.8	66.3	69.1	32.3	—	234	258	258	258	—	—	245
68.0	70.1	12.7	67.3	69.6	33.4	—	238	264	264	264	—	—	248
69.0	71.2	14.6	68.3	70.1	34.4	—	241	269	269	270	—	—	251
70.0	72.3	16.5	69.3	70.6	35.5	—	245	274	275	275	—	—	254
71.0	73.4	18.2	70.2	71.0	36.5	0.8	248	279	279	279	—	—	258

（续）

硬度							抗拉强度 σ_b （MPa）						变形
布氏	维氏	洛氏		表面洛氏			退火	淬火人工时效			淬火自然时效		铝合金
HB 10D²	HV	HRB	HRF	HR 15T	HR 30T	HR 45T	2A11 2A12	7A04	2A50	2A14	2A11 2A12	2A50 2A14	
72.0	74.5	20.0	71.1	71.5	37.4	2.3	252	283	285	284	—	—	261
73.0	75.6	21.9	72.1	72.0	38.5	3.9	255	288	289	289	—	—	264
74.0	76.7	23.4	72.9	72.3	39.3	5.2	259	292	294	293	—	—	267
75.0	77.7	25.1	73.8	72.8	40.3	6.7	262	296	299	297	—	—	270
76.0	78.8	26.8	74.7	73.2	41.3	8.2	266	300	303	301	—	—	273
77.0	79.9	28.3	75.5	73.6	42.1	9.5	269	304	306	304	—	—	276
78.0	81.0	29.8	76.3	74.0	43.0	10.8	273	307	310	308	—	—	279
79.0	82.1	31.3	77.1	74.4	43.8	12.1	276	310	313	311	—	—	282
80.0	83.2	32.9	77.9	74.8	44.7	13.4	279	313	316	313	—	—	285
81.0	84.2	34.2	78.6	75.2	45.4	14.6	282	316	319	316	—	—	288
82.0	85.3	35.5	79.3	75.5	46.2	15.7	286	319	321	318	—	—	292
83.0	86.4	36.9	80.0	75.8	46.9	16.9	289	321	323	320	—	—	295
84.0	87.5	38.2	80.7	76.2	47.7	18.0	293	324	325	322	—	—	298
85.0	88.6	39.5	81.4	76.5	48.4	19.2	296	326	327	324	—	—	301
86.0	89.7	40.8	82.1	76.9	49.2	20.3	300	328	328	326	—	—	305
87.0	90.7	42.0	82.7	77.2	49.8	21.3	303	330	330	328	—	—	308
88.0	91.8	43.1	83.3	77.5	50.4	22.3	307	330	330	329	—	—	311

(续)

硬度							抗拉强度 σ_b (MPa)						
布氏	维氏	洛氏		表面洛氏			退火	淬火人工时效			淬火自然时效		变形铝合金
HB 10D²	HV	HRB	HRF	HR 15T	HR 30T	HR 45T	2A11 2A12	7A04	2A50	2A14	2A11 2A12	2A50 2A14	
89.0	92.9	44.3	83.9	77.8	51.1	23.3	310	332	331	330	—	—	315
90.0	94.0	45.4	84.5	78.1	51.7	24.2	314	334	332	331	344	406	318
91.0	95.1	46.5	85.1	78.3	52.4	25.2	317	335	333	333	350	409	322
92.0	96.2	47.7	85.7	78.6	53.0	26.2	321	337	334	334	356	413	325
93.0	97.2	48.6	86.2	78.9	53.5	27.0	324	339	335	336	361	417	329
94.0	98.3	49.6	86.7	79.1	54.1	27.9	328	340	336	338	367	421	331
95.0	99.4	50.7	87.3	79.4	54.7	28.8	330	342	338	339	372	425	334
96.0	100.5	51.7	87.8	79.7	55.1	29.7	334	343	339	341	378	428	338
97.0	101.6	52.6	88.3	79.9	55.8	30.5	337	345	340	343	382	431	342
98.0	102.7	53.4	88.7	80.1	56.2	31.1	341	347	342	345	388	435	345
99.0	103.7	54.3	89.2	80.4	56.7	32.0	344	349	344	347	394	439	349
100.0	104.8	55.3	89.7	80.6	57.3	32.8	348	351	346	350	399	442	352
101.0	105.9	55.9	90.1	80.8	57.7	33.4	351	353	348	352	405	446	356
102.0	107.0	57.0	90.6	81.1	58.2	34.3	355	355	350	355	410	450	359
103.0	108.1	57.7	91.0	81.2	58.6	34.9	358	358	353	357	416	454	363
104.0	109.2	58.5	91.4	81.4	59.1	35.6	362	360	356	360	421	457	367
105.0	110.2	59.3	91.8	81.6	59.5	36.2	365	363	359	363	427	461	370

(续)

| 硬度 | | | | | | | 抗拉强度 σ_b (MPa) | | | | | |
| 布氏 | 维氏 | 洛氏 | | 表面洛氏 | | | 退火 | 淬火人工时效 | | 淬火自然时效 | | 变形铝合金 |
HB 10D²	HV	HRB	HRF	HR 15T	HR 30T	HR 45T	2A11 2A12	7A04	2A50 2A14	2A11 2A12	2A50 2A14	
106.0	111.1	60.0	92.2	81.8	59.9	36.9	369	365	363	432	465	373
107.0	112.4	60.8	92.6	82.0	60.4	37.5	372	368	366	437	470	378
108.0	113.5	61.5	93.0	82.2	60.8	38.2	376	371	370	443	473	380
109.0	114.6	62.3	93.4	82.4	61.2	38.8	379	374	375	448	476	384
110.0	115.7	63.1	93.8	82.6	61.6	39.5	382	376	379	454	480	388
111.0	116.7	63.6	94.1	82.8	62.0	40.0	385	380	383	459	483	392
112.0	117.8	64.4	94.5	83.0	62.4	40.7	389	383	388	465	487	395
113.0	118.9	65.0	94.8	83.1	62.7	41.1	392	387	394	470	490	399
114.0	120.0	65.7	95.2	83.3	63.1	41.8	396	391	399	476	494	403
115.0	121.1	66.3	95.5	83.5	63.5	42.3	399	395	405	482	498	407
116.0	122.2	67.0	95.9	83.7	63.9	43.0	403	399	411	486	502	411
117.0	123.2	67.6	96.2	83.8	64.2	43.4	406	403	417	492	506	414
118.0	124.3	68.2	96.5	84.0	64.5	43.9	410	407	424	497	509	418
119.0	125.4	68.8	96.8	84.1	64.8	44.4	413	411	429	503	513	422
120.0	126.5	69.3	97.1	84.2	65.2	44.9	417	415	435	509	517	426
121.0	127.6	69.9	97.4	84.4	65.5	45.4	420	419	442	514	521	430
122.0	128.7	70.6	97.8	84.6	65.9	46.1	424	423	448	520	524	433

1.72

（续）

<table>
<thead>
<tr><th colspan="7">硬 度</th><th colspan="7">抗 拉 强 度 σ_b（MPa）</th></tr>
<tr><th>布氏</th><th>维氏</th><th colspan="2">洛 氏</th><th colspan="3">表面洛氏</th><th colspan="4">退火、淬火人工时效</th><th colspan="2">淬火自然时效</th><th>变形铝合金</th></tr>
<tr><th>HB 10D²</th><th>HV</th><th>HRB</th><th>HRF</th><th>HR 15T</th><th>HR 30T</th><th>HR 45T</th><th>2A11 2A12</th><th>7A04</th><th>2A50 2A14</th><th>2A14</th><th>2A11 2A12</th><th>2A50 2A14</th><th></th></tr>
</thead>
<tbody>
<tr><td>123.0</td><td>129.7</td><td>71.2</td><td>98.1</td><td>84.7</td><td>66.2</td><td>46.6</td><td>427</td><td>427</td><td>455</td><td>428</td><td>525</td><td>528</td><td>437</td></tr>
<tr><td>124.0</td><td>130.8</td><td>71.6</td><td>98.3</td><td>84.8</td><td>66.4</td><td>46.9</td><td>431</td><td>431</td><td>461</td><td>431</td><td>530</td><td>532</td><td>441</td></tr>
<tr><td>125.0</td><td>131.9</td><td>72.2</td><td>98.6</td><td>85.0</td><td>66.8</td><td>47.4</td><td>433</td><td>435</td><td>466</td><td>435</td><td>535</td><td>535</td><td>445</td></tr>
<tr><td>126.0</td><td>133.0</td><td>72.7</td><td>98.9</td><td>85.1</td><td>67.1</td><td>47.9</td><td>437</td><td>439</td><td>473</td><td>439</td><td>541</td><td>539</td><td>449</td></tr>
<tr><td>127.0</td><td>134.1</td><td>73.3</td><td>99.2</td><td>85.3</td><td>67.4</td><td>48.4</td><td>440</td><td>443</td><td>479</td><td>443</td><td>547</td><td>542</td><td>453</td></tr>
<tr><td>128.0</td><td>135.2</td><td>73.9</td><td>99.5</td><td>85.4</td><td>67.7</td><td>48.9</td><td>444</td><td>448</td><td>483</td><td>446</td><td>552</td><td>546</td><td>457</td></tr>
<tr><td>129.0</td><td>136.2</td><td>74.4</td><td>99.8</td><td>85.6</td><td>68.0</td><td>49.3</td><td>447</td><td>452</td><td>488</td><td>450</td><td>558</td><td>550</td><td>461</td></tr>
<tr><td>130.0</td><td>137.3</td><td>74.8</td><td>100.1</td><td>85.7</td><td>68.3</td><td>49.7</td><td>451</td><td>456</td><td>493</td><td>454</td><td>563</td><td>554</td><td>465</td></tr>
<tr><td>131.0</td><td>138.4</td><td>75.4</td><td>100.3</td><td>85.8</td><td>68.6</td><td>50.2</td><td>454</td><td>460</td><td>497</td><td>458</td><td>569</td><td>—</td><td>469</td></tr>
<tr><td>132.0</td><td>139.5</td><td>76.0</td><td>100.6</td><td>86.0</td><td>68.9</td><td>50.7</td><td>458</td><td>464</td><td>501</td><td>462</td><td>574</td><td>—</td><td>473</td></tr>
<tr><td>133.0</td><td>140.6</td><td>76.3</td><td>100.8</td><td>86.1</td><td>69.1</td><td>51.0</td><td>461</td><td>468</td><td>504</td><td>465</td><td>580</td><td>—</td><td>477</td></tr>
<tr><td>134.0</td><td>141.7</td><td>76.9</td><td>101.1</td><td>86.2</td><td>69.4</td><td>51.5</td><td>465</td><td>471</td><td>507</td><td>469</td><td>585</td><td>—</td><td>482</td></tr>
<tr><td>135.0</td><td>142.7</td><td>77.3</td><td>101.3</td><td>86.3</td><td>69.6</td><td>51.8</td><td>468</td><td>475</td><td>509</td><td>474</td><td>590</td><td>—</td><td>485</td></tr>
<tr><td>136.0</td><td>143.8</td><td>77.9</td><td>101.6</td><td>86.5</td><td>70.0</td><td>52.3</td><td>472</td><td>479</td><td>511</td><td>478</td><td>596</td><td>—</td><td>489</td></tr>
<tr><td>137.0</td><td>144.9</td><td>78.2</td><td>101.8</td><td>86.6</td><td>70.2</td><td>52.6</td><td>475</td><td>482</td><td>512</td><td>482</td><td>601</td><td>—</td><td>493</td></tr>
<tr><td>138.0</td><td>146.0</td><td>78.8</td><td>102.1</td><td>86.7</td><td>70.5</td><td>53.1</td><td>479</td><td>485</td><td>513</td><td>486</td><td>607</td><td>—</td><td>497</td></tr>
<tr><td>139.0</td><td>147.1</td><td>79.2</td><td>102.3</td><td>86.8</td><td>70.7</td><td>53.5</td><td>482</td><td>488</td><td>—</td><td>491</td><td>—</td><td>—</td><td>502</td></tr>
</tbody>
</table>

（续）

| 硬 | | 度 | | | | | 抗 拉 强 度 σb (MPa) | | | | | |
| 布氏 | 维氏 | 洛 | 洛 | 表 | 面 洛 | 氏 | 退火 | 淬火、淬火人工时效 | | 淬火自然时效 | | 变 形 |
HB 10D²	HV	HRB	HRF	HR 15T	HR 30T	HR 45T	2A11 2A12	7A04 2A50	2A14	2A11 2A12	2A50 2A14	铝合金
140.0	148.2	79.8	102.6	87.0	71.0	53.9	485	492	496	—	—	506
141.0	149.2	80.1	102.8	87.1	71.2	54.3	488	495	501	—	—	510
142.0	150.3	80.5	103.0	87.2	71.5	54.6	492	499	507	—	—	514
143.0	151.4	81.1	103.3	87.3	71.8	55.1	495	502	514	—	—	519
144.0	152.5	81.5	103.5	87.4	72.0	55.4	499	505	520	—	—	523
145.0	153.6	81.9	103.7	87.5	72.2	55.7	502	509	528	—	—	527
146.0	154.7	82.2	103.9	87.6	72.4	56.1	506	512	535	—	—	532
147.0	155.7	82.6	104.1	87.7	72.6	56.4	509	516	544	—	—	535
148.0	156.8	83.0	104.3	87.8	72.8	56.7	513	519	553	—	—	539
149.0	157.9	83.4	104.5	87.9	73.1	57.1	516	523	564	—	—	544
150.0	159.0	83.9	104.8	88.0	73.4	57.6	520	527	575	—	—	548
151.0	160.1	84.3	105.0	88.1	73.6	57.9	523	531	—	—	—	—
152.0	161.2	84.7	105.2	88.2	73.8	58.2	527	534	—	—	—	—
153.0	162.2	85.1	105.4	88.3	74.0	58.5	530	539	—	—	—	—
154.0	163.3	85.5	105.6	88.4	74.2	58.9	533	543	—	—	—	—
155.0	164.4	85.8	105.8	88.5	74.4	59.2	536	548	—	—	—	—
156.0	165.5	86.2	106.0	88.6	74.7	59.5	540	553	—	—	—	—

（续）

硬度							变形铝合金 σb (MPa)					
布氏	维氏	洛氏		表面洛氏			退火	淬火人工时效			淬火自然时效	
HB 10D²	HV	HRB	HRF	HR 15T	HR 30T	HR 45T	2A11 2A12	2A50	7A04	2A14	2A11 2A12	2A50 2A14
157.0	166.6	86.6	106.2	88.7	74.9	59.9	543	—	559	—	—	—
158.0	167.7	86.8	106.3	88.8	75.0	60.0	547	—	565	—	—	—
159.0	168.7	87.2	106.5	88.9	75.2	60.3	550	—	571	—	—	—
160.0	169.8	87.5	106.7	89.0	75.4	60.7	554	—	577	—	—	—
161.0	170.9	87.9	106.9	89.1	75.6	61.0	—	—	583	—	—	—
162.0	172.0	88.3	107.1	89.2	75.8	61.3	—	—	590	—	—	—
163.0	173.1	88.7	107.3	89.3	76.0	61.7	—	—	598	—	—	—
164.0	174.2	89.3	107.6	89.4	76.4	62.1	—	—	605	—	—	—
165.0	175.2	89.6	107.8	89.5	76.6	62.5	—	—	613	—	—	—
166.0	176.3	90.0	108.0	89.6	76.8	62.8	—	—	622	—	—	—
167.0	177.4	90.4	108.2	89.7	77.0	63.1	—	—	631	—	—	—
168.0	178.5	90.8	108.4	89.8	77.2	63.5	—	—	638	—	—	—
169.0	179.6	91.3	108.7	90.0	77.5	64.0	—	—	647	—	—	—
170.0	180.7	91.7	108.9	90.1	77.8	64.3	—	—	656	—	—	—

注：本表有关说明，参见第 1.94 页本节（4）的注。

(2) HB30D² 硬度与其他硬度、强度换算

| 布氏 | 维氏 | 洛氏 | 氏 | 表面洛氏 | | | 退火、淬火人工时效 | | | 淬火自然时效 σ_b (MPa) | |
HB 30D²	HV	HRB	HRF	HR 15T	HR 30T	HR 45T	7A04	2A50	2A14	2A11 2A12	2A50 2A14
130.0	132.9	72.7	98.9	85.1	67.1	47.9	439	472	438	540	538
131.0	134.0	73.3	99.2	85.3	67.4	48.4	443	478	442	546	542
132.0	135.1	73.9	99.5	85.4	67.7	48.9	447	483	446	552	546
133.0	136.0	74.3	99.7	85.5	67.9	49.2	451	487	449	557	549
134.0	137.1	74.8	100.0	85.7	68.3	49.7	455	492	453	562	553
135.0	138.2	75.4	100.3	85.8	68.6	50.2	459	496	457	568	—
136.0	139.3	75.8	100.5	85.9	68.8	50.5	463	500	461	573	—
137.0	140.3	76.3	100.8	86.1	69.1	51.0	466	503	464	578	—
138.0	141.3	76.7	101.0	86.2	69.3	51.3	470	506	468	583	—
139.0	142.4	77.3	101.3	86.3	69.6	51.8	474	509	472	588	—
140.0	143.4	77.7	101.5	86.4	69.9	52.1	477	511	476	593	—
141.0	144.5	78.1	101.7	86.5	70.1	52.5	481	512	480	599	—
142.0	145.6	78.6	102.0	86.7	70.4	53.0	484	512	484	605	—
143.0	146.6	79.0	102.2	86.8	70.6	53.3	487	—	489	—	—
144.0	147.6	79.4	102.4	86.9	70.8	53.6	490	—	493	—	—
145.0	148.7	80.0	102.7	87.0	71.1	54.1	494	—	498	—	—

1.76

（续）

| | 硬 | 度 | | | | | | 抗 拉 强 度 σ_b （MPa） | | | | |
| 布氏 | 维氏 | 洛 | 氏 | 表面洛氏 | | | 退火，淬火人工时效 | | 淬火人工时效 | 淬火自然时效 | |
HB 30D²	HV	HRB	HRF	HR 15T	HR 30T	HR 45T	7A04	2A50	2A14	2A11 2A12	2A50 2A14
146.0	149.8	80.3	102.9	87.1	71.3	54.4	497	—	504	—	—
147.0	150.8	80.7	103.1	87.2	71.6	54.8	500	—	510	—	—
148.0	151.8	81.1	103.3	87.3	71.8	55.1	503	—	516	—	—
149.0	152.9	81.7	103.6	87.4	72.1	55.6	507	—	523	—	—
150.0	154.0	82.0	103.8	87.5	72.3	55.9	510	—	531	—	—
151.0	155.0	82.4	104.0	87.6	72.5	56.2	513	—	538	—	—
152.0	156.1	82.8	104.2	87.7	72.7	56.6	517	—	547	—	—
153.0	157.2	83.2	104.4	87.8	73.0	56.9	521	—	557	—	—
154.0	158.1	83.6	104.6	87.9	73.2	57.2	524	—	566	—	—
155.0	159.2	83.9	104.8	88.0	73.4	57.6	528	—	578	—	—
156.0	160.3	84.3	105.0	88.1	73.6	57.9	532	—	—	—	—
157.0	161.4	84.7	105.2	88.2	73.8	58.2	535	—	—	—	—
158.0	162.4	85.1	105.4	88.3	74.0	58.5	539	—	—	—	—
159.0	163.4	85.5	105.6	88.4	74.2	58.9	544	—	—	—	—
160.0	164.5	85.8	105.8	88.5	74.4	59.2	549	—	—	—	—
161.0	165.5	86.2	106.0	88.6	74.7	59.5	553	—	—	—	—

| 硬度 | | | | | | | σ_b （MPa） 抗拉强度 | | | | |
| 布氏 | 维氏 | 洛氏 | 氏 | 表面洛氏 | | | 退火、淬火人工时效 | | | 淬火自然时效 | |
HB 30D²	HV	HRB	HRF	HR 15T	HR 30T	HR 45T	7A04	2A50 2A14	2A14	2A11 2A12	2A50 2A14
162.0	166.6	86.6	106.2	88.7	74.9	59.9	556	—	—	—	—
163.0	167.7	86.8	106.3	88.8	75.0	60.0	565	—	—	—	—
164.0	168.6	87.2	106.5	88.9	75.2	60.3	570	—	—	—	—
165.0	169.7	87.5	106.7	89.0	75.4	60.7	576	—	—	—	—
166.0	170.8	87.9	106.9	89.1	75.6	61.0	583	—	—	—	—
167.0	171.9	88.3	107.1	89.2	75.8	61.3	589	—	—	—	—
168.0	172.9	88.7	107.3	89.3	76.0	61.7	596	—	—	—	—
169.0	173.9	89.1	107.5	89.4	76.3	62.0	604	—	—	—	—
170.0	175.0	89.4	107.7	89.5	76.5	62.3	612	—	—	—	—
171.0	176.0	89.8	107.9	89.6	76.7	62.6	619	—	—	—	—
172.0	177.1	90.2	108.1	89.7	76.9	63.0	628	—	—	—	—
173.0	178.2	90.8	108.4	89.8	77.2	63.5	636	—	—	—	—
174.0	179.3	91.2	108.6	89.9	77.4	63.8	645	—	—	—	—
175.0	180.2	91.5	108.8	90.0	77.6	64.1	653	—	—	—	—

注：有关本表的说明，参见第 1.94 页本节（4）的注。

(3) HV硬度与其他硬度、强度换算

维氏	布氏	洛氏		表面洛氏			抗拉强度 σ_b （MPa）					
							退火	淬火人工时效			淬火自然时效	
HV	HB 10D²	HRB	HRF	HR 15T	HR 30T	HR 45T	2A11 2A12	7A04	2A50	2A14	2A11 2A12	2A50 2A14
55.0	54.0	—	51.2	61.7	16.2	—	190	202	203	203	—	—
56.0	54.9	—	52.4	62.3	17.5	—	193	203	204	203	—	—
57.0	55.9	—	53.6	62.9	18.7	—	196	205	205	205	—	—
58.0	56.8	—	54.7	63.4	19.9	—	199	207	207	207	—	—
59.0	57.7	—	55.8	63.9	21.1	—	203	211	210	209	—	—
60.0	58.6	—	56.9	64.5	22.3	—	206	214	213	213	—	—
61.0	59.6	—	58.1	65.1	23.5	—	209	219	217	217	—	—
62.0	60.5	—	59.2	65.6	24.7	—	212	223	221	222	—	—
63.0	61.4	—	60.2	66.1	25.8	—	216	228	226	227	—	—
64.0	62.3	—	61.2	66.6	26.8	—	219	232	230	231	—	—
65.0	63.3	—	62.3	67.1	28.0	—	222	237	236	237	—	—
66.0	64.2	—	63.3	67.6	29.1	—	225	242	241	242	—	—
67.0	65.1	7.0	64.3	68.1	30.2	—	228	247	246	247	—	—
68.0	66.0	8.8	65.2	68.6	31.1	—	231	252	252	253	—	—
69.0	66.9	10.6	66.2	69.1	32.2	—	234	257	257	258	—	—
70.0	67.9	12.4	67.2	69.5	33.3	—	237	263	263	264	—	—
71.0	68.8	14.3	68.1	70.0	34.2	—	240	268	268	269	—	—
72.0	69.7	16.0	69.0	70.4	35.2	—	244	273	273	274	—	—

维氏	布氏	硬	洛 氏	度	表 面 洛 氏			抗 拉 强 度 σ_b　（MPa）				淬火自然时效	
								退火	淬火人工时效				
HV	HB 10D²	HRB	HRF		HR 15T	HR 30T	HR 45T	2A11 2A12	7A04	2A50	2A14	2A11 2A12	2A50 2A14
73.0	70.6	17.5	69.8		70.8	36.0	—	247	277	278	278	—	—
74.0	71.6	19.4	70.8		71.3	37.1	1.8	250	281	283	282	—	—
75.0	72.5	20.9	71.6		71.7	37.9	3.1	253	285	287	286	—	—
76.0	73.4	22.4	72.4		72.1	38.8	4.4	257	289	291	291	—	—
77.0	74.3	23.9	73.2		72.5	39.7	5.7	260	293	295	294	—	—
78.0	75.2	25.5	74.0		72.9	40.5	7.0	263	297	299	298	—	—
79.0	76.2	27.0	74.8		73.3	41.4	8.3	266	301	303	302	—	—
80.0	77.1	28.5	75.6		73.7	42.2	9.6	270	304	307	305	—	—
81.0	78.0	29.8	76.3		74.0	43.0	10.8	273	307	310	308	—	—
82.0	78.9	31.2	77.0		74.4	43.7	11.9	276	310	313	310	—	—
83.0	79.9	32.7	77.8		74.8	44.6	13.3	279	313	316	313	—	—
84.0	80.8	34.0	78.5		75.1	45.3	14.4	282	316	318	315	—	—
85.0	81.7	35.1	79.1		75.4	46.0	15.4	285	318	320	317	—	—
86.0	82.6	36.5	79.8		75.7	46.7	16.5	288	320	322	319	—	—
87.0	83.6	37.8	80.5		76.1	47.4	17.7	292	323	324	322	—	—
88.0	84.5	38.9	81.1		76.4	48.1	18.7	294	325	326	323	—	—
89.0	85.4	40.1	81.7		76.7	48.7	19.7	298	327	327	325	—	—
90.0	86.3	41.2	82.3		77.0	49.4	20.6	301	328	329	326	—	—

（续）

| 维氏 | 硬 | | | | | 度 | | 抗 拉 强 度 σ_b (MPa) | | | | | |
| | 布氏 | 洛 | 氏 | 表 | 面 洛 | 氏 | 退火 | 淬火人工时效 | | | 淬火自然时效 | |
HV	HB 10D²	HRB	HRF	HR 15T	HR 30T	HR 45T	2A11 2A12	7A04	2A50	2A14	2A11 2A12	2A50 2A14
91.0	87.2	42.2	82.8	77.2	49.9	21.5	304	330	330	328	—	—
92.0	88.2	43.3	83.4	77.5	50.5	22.4	307	331	330	330	—	—
93.0	89.1	44.4	84.0	77.8	51.2	23.4	311	332	331	330	—	—
94.0	90.0	45.4	84.5	78.1	51.7	24.2	314	334	332	331	344	406
95.0	91.0	46.5	85.1	78.3	52.4	25.2	317	335	333	333	350	409
96.0	91.9	47.5	85.6	78.6	52.9	26.1	320	337	334	334	355	413
97.0	92.8	48.4	86.1	78.8	53.4	26.9	324	338	335	336	360	416
98.0	93.7	49.4	86.6	79.1	54.0	27.7	327	340	336	337	365	420
99.0	94.6	50.3	87.1	79.3	54.5	28.5	330	341	337	339	370	423
100.0	95.6	51.3	87.6	79.6	55.0	29.3	332	343	338	341	376	427
101.0	96.5	52.0	88.0	79.8	55.4	30.0	335	344	340	342	380	430
102.0	97.4	53.0	88.5	80.0	56.0	30.8	339	346	341	344	385	433
103.0	98.3	53.8	88.9	80.2	56.4	31.5	342	348	342	346	390	436
104.0	99.2	54.5	89.3	80.4	56.8	32.1	345	349	344	348	395	439
105.0	100.2	55.5	89.8	80.7	57.4	32.9	348	351	346	350	400	443
106.0	101.1	56.2	90.2	80.9	57.8	33.6	352	353	348	352	405	447
107.0	102.0	57.0	90.6	81.1	58.2	34.3	355	355	350	355	410	450
108.0	102.9	57.7	91.0	81.2	58.6	34.9	358	357	353	357	415	453

(续)

| 维氏 | 布氏 | 硬 度 | | 表 面 洛 氏 | | | 抗 拉 强 度 σb (MPa) | | | | | |
| HV | HB 10D² | 洛 氏 | | | | | 退火 | 淬火人工时效 | | | 淬火自然时效 | |
		HRB	HRF	HR 15T	HR 30T	HR 45T	2A11 2A12	7A04	2A50	2A14	2A11 2A12	2A50 2A14
109.0	103.9	58.5	91.4	81.4	59.1	35.6	361	360	356	360	421	457
110.0	104.8	59.1	91.7	81.6	59.4	36.1	365	362	358	362	426	461
111.0	105.7	59.8	92.1	81.8	59.8	36.7	368	365	362	365	431	464
112.0	106.6	60.6	92.5	82.0	60.3	37.4	371	367	365	368	435	467
113.0	107.6	61.3	92.9	82.2	60.7	38.0	374	370	369	371	440	471
114.0	108.5	61.9	93.2	82.3	61.0	38.5	378	373	373	374	446	474
115.0	109.4	62.5	93.5	82.5	61.3	39.0	380	376	377	377	451	478
116.0	110.3	63.2	93.9	82.7	61.7	39.7	383	379	380	380	456	481
117.0	111.2	63.8	94.2	82.8	62.1	40.2	386	381	384	383	461	484
118.0	112.2	64.6	94.6	83.0	62.5	40.8	389	384	389	386	466	487
119.0	113.1	65.1	94.9	83.2	62.8	41.3	393	387	394	390	471	491
120.0	114.0	65.7	95.2	83.3	63.1	41.8	396	391	399	393	476	494
121.0	114.9	66.3	95.5	83.5	63.5	42.3	399	394	405	397	481	498
122.0	115.9	66.9	95.8	83.6	63.8	42.8	402	398	411	400	486	501
123.0	116.8	67.4	96.1	83.8	64.1	43.3	406	402	416	404	491	505
124.0	117.7	68.0	96.4	83.9	64.4	43.8	409	405	422	408	496	508
125.0	118.6	68.6	96.7	84.1	64.7	44.3	412	409	427	411	501	512
126.0	119.6	69.1	97.0	84.2	65.1	44.8	415	413	433	415	506	515

(续)

维氏	布氏	硬 度	洛 氏	表 面 洛 氏	度		抗 拉 强 度 σ_b (MPa)					
							退火	淬火人工时效			淬火自然时效	
HV	HB 10D²	HRB	HRF	HR 15T	HR 30T	HR 45T	2A11 2A12	7A04	2A50	2A14	2A11 2A12	2A50 2A14
127.0	120.5	69.7	97.3	84.3	65.4	45.2	419	417	439	419	511	519
128.0	121.4	70.3	97.6	84.5	65.7	45.7	422	421	444	422	516	522
129.0	122.3	70.6	97.8	84.6	66.1	46.1	425	425	450	426	521	526
130.0	123.2	71.2	98.1	84.7	66.2	46.6	428	428	456	429	526	529
131.0	124.2	71.8	98.4	84.9	66.5	47.1	431	432	462	432	532	533
132.0	125.1	72.4	98.7	85.0	66.9	47.5	434	435	468	435	536	535
133.0	126.0	72.7	98.9	85.1	67.1	47.9	437	439	473	439	541	539
134.0	126.9	73.3	99.2	85.3	67.4	48.4	440	443	478	442	546	542
135.0	127.9	73.9	99.5	85.4	67.7	48.9	443	447	483	446	552	546
136.0	128.8	74.3	99.7	85.5	67.9	49.2	447	451	487	449	557	549
137.0	129.7	74.8	100.0	85.7	68.3	49.7	450	454	492	453	562	554
138.0	130.6	75.2	100.2	85.8	68.5	50.0	453	458	496	456	567	—
139.0	131.5	75.6	100.4	85.9	68.7	50.3	456	462	499	460	572	—
140.0	132.5	76.2	100.7	86.0	69.0	50.8	460	466	503	464	577	—
141.0	133.4	76.5	100.9	86.1	69.2	51.2	463	469	506	467	582	—
142.0	134.3	77.1	101.2	86.3	69.5	51.6	466	472	508	470	586	—
143.0	135.2	77.5	101.4	86.4	69.7	52.0	467	476	510	474	591	—
144.0	136.2	77.9	101.6	86.5	70.0	52.3	473	479	511	478	597	—

(续)

维氏 HV	布氏 HB 10D²	洛氏 HRB	HRF	表面洛氏 HR 15T	HR 30T	HR 45T	抗拉强度 σb (MPa) 退火 2A11 2A12	淬火人工时效 7A04	淬火人工时效 2A50	淬火人工时效 2A14	淬火自然时效 2A11 2A12	淬火自然时效 2A50 2A14
145.0	137.1	78.4	101.9	86.6	70.3	52.8	476	482	512	482	602	—
146.0	138.0	78.8	102.1	86.7	70.5	53.1	479	485	513	486	607	—
147.0	138.9	79.2	102.3	86.8	70.7	53.5	482	488	—	490	—	—
148.0	139.9	79.6	102.5	86.9	70.9	53.8	484	492	—	495	—	—
149.0	140.8	80.0	102.7	87.0	71.1	54.1	488	495	—	500	—	—
150.0	141.7	80.5	103.0	87.2	71.5	54.6	491	498	—	505	—	—
151.0	142.6	80.9	103.2	87.2	71.7	54.9	494	501	—	511	—	—
152.0	143.5	81.3	103.4	87.3	71.9	55.3	497	504	—	517	—	—
153.0	144.5	81.7	103.6	87.4	72.1	55.6	501	507	—	524	—	—
154.0	145.4	82.0	103.8	87.5	72.3	55.9	504	510	—	531	—	—
155.0	146.3	82.4	104.0	87.6	72.5	56.2	507	513	—	538	—	—
156.0	147.2	82.8	104.2	87.7	72.7	56.6	510	517	—	546	—	—
157.0	148.2	83.2	104.4	87.8	72.9	56.9	514	520	—	556	—	—
158.0	149.1	83.6	104.6	87.9	73.1	57.2	517	524	—	564	—	—
159.0	150.0	83.9	104.8	88.0	73.3	57.6	520	527	—	574	—	—
160.0	150.9	84.1	104.9	88.1	73.5	57.7	523	531	—	—	—	—
161.0	151.9	84.5	105.1	88.2	73.7	58.0	527	534	—	—	—	—
162.0	152.8	84.9	105.3	88.3	73.9	58.4	530	538	—	—	—	—

1.84

（续）

硬 度							抗 拉 强 度 σ_b (MPa)						
维氏	布氏	洛 氏		表 面 洛 氏			退火	淬火人工时效			淬火自然时效		
HV	HB 10D²	HRB	HRF	HR 15T	HR 30T	HR 45T	2A11 2A12	7A04	2A50	2A14	2A11 2A12	2A50	2A14
163.0	153.7	85.3	105.5	88.4	74.1	58.7	533	542	—	—	—	—	—
164.0	154.6	85.6	105.7	88.5	74.3	59.0	535	546	—	—	—	—	—
165.0	155.5	86.0	105.9	88.6	74.6	59.4	538	551	—	—	—	—	—
166.0	156.5	86.4	106.1	88.7	74.8	59.7	542	553	—	—	—	—	—
167.0	157.4	86.6	106.2	88.7	74.9	59.9	545	561	—	—	—	—	—
168.0	158.3	87.0	106.4	88.8	75.1	60.2	548	566	—	—	—	—	—
169.0	159.2	87.4	106.6	88.9	75.3	60.5	551	572	—	—	—	—	—
170.0	160.2	87.7	106.8	89.0	75.5	60.8	555	578	—	—	—	—	—
171.0	161.1	88.1	107.0	89.1	75.7	61.2	—	584	—	—	—	—	—
172.0	162.0	88.3	107.1	89.2	75.8	61.3	—	590	—	—	—	—	—
173.0	162.9	88.7	107.3	89.3	76.0	61.7	—	597	—	—	—	—	—
174.0	163.9	89.1	107.5	89.4	76.3	62.0	—	605	—	—	—	—	—
175.0	164.8	89.4	107.7	89.5	76.5	62.3	—	612	—	—	—	—	—
176.0	165.7	89.8	107.9	89.6	76.7	62.6	—	619	—	—	—	—	—
177.0	166.6	90.2	108.1	89.7	76.9	63.0	—	627	—	—	—	—	—
178.0	167.5	90.6	108.3	89.8	77.1	63.3	—	634	—	—	—	—	—
179.0	168.5	91.0	108.5	89.9	77.3	63.6	—	643	—	—	—	—	—
180.0	169.4	91.5	108.8	90.0	77.6	64.1	—	651	—	—	—	—	—

注：本表有关说明，参见第 1.94 页本节（4）的注。

（4）HRB 硬度与其他硬度、强度换算

硬　度							抗　拉　强　度　σ_b（MPa）				
洛氏	洛氏	表面洛氏			维氏	布氏	退火	淬火人工时效		淬火自然时效	
HRB	HRF	HR 15T	HR 30T	HR 45T	HV	HB 10D²	2A11 2A12	7A04	2A50 2A14	2A11 2A12	2A50 2A14
20.0	71.1	71.5	37.4	2.3	74.4	71.9	251	283	284	—	—
20.5	71.4	71.6	37.7	2.8	74.8	72.3	253	284	286	—	—
21.0	71.7	71.8	38.1	3.2	75.1	72.6	254	286	288	—	—
21.5	71.9	71.9	38.3	3.6	75.4	72.8	254	287	289	—	—
22.0	72.2	72.0	38.6	4.1	75.8	73.2	256	289	290	—	—
22.5	72.4	72.1	38.8	4.4	76.0	73.4	257	289	291	—	—
23.0	72.7	72.2	39.1	4.9	76.3	73.7	258	291	293	—	—
23.5	73.0	72.4	39.4	5.4	76.8	74.1	259	292	295	—	—
24.0	73.2	72.5	39.7	5.7	77.0	74.3	260	293	295	—	—
24.5	73.5	72.6	40.0	6.2	77.3	74.6	261	295	297	—	—
25.0	73.8	72.8	40.3	6.7	77.7	75.0	262	296	299	—	—
25.5	74.0	72.9	40.5	7.0	78.0	75.2	263	297	299	—	—
26.0	74.3	73.0	40.8	7.5	78.4	75.6	264	299	301	—	—
26.5	74.5	73.1	41.0	7.8	78.6	75.8	265	299	302	—	—
27.0	74.8	73.3	41.4	8.3	79.0	76.2	266	301	303	—	—
27.5	75.1	73.4	41.7	8.8	79.4	76.5	267	302	305	—	—
28.0	75.3	73.5	41.9	9.2	79.7	76.8	268	303	306	—	—

（续）

硬度							抗拉强度 σb（MPa）					
洛氏	洛氏	表面洛氏			维氏	布氏	退火、淬火人工时效	淬火、淬火人工时效			淬火自然时效	淬火自然时效
HRB	HRF	HR 15T	HR 30T	HR 45T	HV	HB 10D²	2A11 2A12	7A04	2A50	2A14	2A11 2A12	2A50 2A14
28.5	75.6	73.7	42.2	9.6	80.0	77.1	270	304	307	305	—	—
29.0	75.9	73.8	42.5	10.1	80.4	77.5	271	306	308	306	—	—
29.5	76.1	73.9	42.7	10.5	80.8	77.8	272	307	309	307	—	—
30.0	76.4	74.1	43.1	11.0	81.1	78.1	273	308	310	308	—	—
30.5	76.7	74.2	43.4	11.4	81.5	78.5	274	309	311	309	—	—
31.0	76.9	74.3	43.6	11.8	81.9	78.8	276	310	312	310	—	—
31.5	77.2	74.5	43.9	12.3	82.2	79.1	277	311	313	311	—	—
32.0	77.4	74.6	44.1	12.6	82.5	79.4	278	312	314	312	—	—
32.5	77.7	74.7	44.5	13.1	82.9	79.8	279	313	315	312	—	—
33.0	78.0	74.9	44.8	13.6	83.4	80.2	280	314	316	315	—	—
33.5	78.2	75.0	45.0	13.9	83.7	80.5	280	315	317	315	—	—
34.0	78.5	75.1	45.3	14.4	84.1	80.9	282	316	318	316	—	—
34.5	78.8	75.2	45.6	14.9	84.6	81.3	283	317	319	317	—	—
35.0	79.0	75.3	45.8	15.2	84.8	81.5	284	318	320	317	—	—
35.5	79.3	75.5	46.2	15.7	85.3	82.0	286	319	321	318	—	—
36.0	79.5	75.6	46.5	16.2	85.8	82.4	287	320	322	319	—	—
36.5	79.8	75.7	46.7	16.5	86.1	82.7	288	321	322	320	—	—

（续）

硬度							抗拉强度 σb（MPa）					
洛氏	洛氏	表面洛氏			维氏	布氏	退火	淬火人工时效			淬火自然时效	
HRB	HRF	HR 15T	HR 30T	HR 45T	HV	HB 10D²	2A11 2A12	7A04	2A50	2A14	2A11 2A12	2A50 2A14
37.0	80.1	75.9	47.0	17.0	86.5	83.1	290	322	323	321	—	—
37.5	80.3	76.0	47.2	17.4	86.8	83.4	291	322	324	321	—	—
38.0	80.6	76.1	47.6	17.8	87.3	83.8	292	323	325	322	—	—
38.5	80.9	76.3	47.9	18.3	87.7	84.2	293	324	325	323	—	—
39.0	81.1	76.4	48.1	18.7	88.0	84.5	294	325	326	323	—	—
39.5	81.4	76.5	48.4	19.2	88.6	85.0	296	326	327	324	—	—
40.0	81.7	76.7	48.7	19.7	89.0	85.4	298	327	327	325	—	—
40.5	81.9	76.8	48.9	20.0	89.4	85.8	299	327	328	326	—	—
41.0	82.2	76.9	49.3	20.5	89.9	86.2	300	328	328	326	—	—
41.5	82.4	77.0	49.5	20.8	90.2	86.5	301	329	329	327	—	—
42.0	82.7	77.2	49.8	21.3	90.7	87.0	303	330	330	328	—	—
42.5	83.0	77.3	50.1	21.8	91.3	87.5	305	330	330	328	—	—
43.0	83.2	77.4	50.3	22.1	91.6	87.8	306	330	330	329	—	—
43.5	83.5	77.5	50.6	22.6	92.2	88.3	308	331	330	330	—	—
44.0	83.8	77.7	51.0	23.1	92.7	88.8	310	332	331	330	—	—
44.5	84.0	77.8	51.2	23.4	93.0	89.1	311	332	331	330	—	—
45.0	84.3	78.0	51.5	23.9	93.6	89.6	312	333	332	331	392	—

1.88

（续）

| 硬度 | | | | | | | 抗拉强度 σb (MPa) | | | | | |
| 洛氏 | | 表面洛氏 | | | 维氏 | 布氏 | 退火 | 淬火人工时效 | | | 淬火自然时效 | |
HRB	HRF	HR 15T	HR 30T	HR 45T	HV	HB 10D²	2A11 2A12	7A04	2A50	2A14	2A11 2A12	2A50 2A14
45.5	84.6	78.1	51.8	24.4	94.1	90.1	314	334	332	331	345	406
46.0	84.8	78.2	52.0	24.7	94.5	90.5	315	335	333	332	347	408
46.5	85.1	78.3	52.4	25.2	95.1	91.0	317	335	333	333	350	409
47.0	85.3	78.4	52.6	25.6	95.5	91.4	319	336	334	333	352	411
47.5	85.6	78.6	52.9	26.1	96.0	91.9	320	337	334	334	355	413
48.0	85.9	78.7	53.2	26.5	96.6	92.4	322	338	335	335	358	415
48.5	86.1	78.8	53.4	26.9	97.0	92.8	324	338	335	336	360	416
49.0	86.4	79.0	53.7	27.4	97.7	93.4	326	339	336	336	363	418
49.5	86.7	79.1	54.1	27.9	98.2	93.9	327	340	336	338	366	420
50.0	86.9	79.2	54.3	28.2	98.6	94.3	329	341	337	338	368	422
50.5	87.2	79.4	54.6	28.7	99.3	94.9	330	342	337	339	372	424
51.0	87.5	79.5	54.9	29.2	99.9	95.5	332	343	338	340	375	426
51.5	87.7	79.6	55.1	29.5	100.4	95.9	333	343	339	341	377	428
52.0	88.0	79.8	55.4	30.0	101.0	96.5	335	344	340	342	380	430
52.5	88.2	79.9	55.7	30.3	101.5	96.9	337	345	340	343	382	431
53.0	88.5	80.0	56.0	30.8	102.1	97.5	339	346	341	344	385	433
53.5	88.8	80.2	56.3	31.3	102.8	98.1	341	347	342	345	389	435

硬 度							抗 拉 强 度　σ_b　（MPa）					
洛 氏		表 面 洛 氏			维氏	布氏	退火	淬火人工时效			淬火自然时效	
HRB	HRF	HR 15T	HR 30T	HR 45T	HV	HB 10D²	2A11 2A12	7A04	2A50	2A14	2A11 2A12	2A50 2A14
54.0	89.0	80.3	56.5	31.6	103.2	98.5	342	348	343	346	391	437
54.5	89.3	80.4	56.8	32.1	104.0	99.2	345	349	344	348	395	439
55.0	89.6	80.6	57.2	32.6	104.6	99.8	347	351	345	349	398	442
55.5	89.8	80.7	57.4	32.9	105.1	100.3	349	353	346	350	401	444
56.0	90.1	80.8	57.7	33.4	105.8	100.9	351	354	348	352	404	446
56.5	90.4	81.0	58.0	33.9	106.6	101.6	353	356	349	353	408	448
57.0	90.6	81.1	58.2	34.3	107.1	102.1	355	357	350	355	411	450
57.5	90.9	81.2	58.5	34.7	107.9	102.8	358	358	352	357	415	453
58.0	91.1	81.3	58.8	35.1	108.3	103.2	359	360	353	358	417	454
58.5	91.4	81.4	59.1	35.6	109.2	104.0	362	362	356	360	421	457
59.0	91.7	81.6	59.4	36.1	109.9	104.7	364	363	358	362	425	460
59.5	91.9	81.7	59.6	36.4	110.5	105.2	366	365	360	363	428	462
60.0	92.2	81.8	59.9	36.9	111.2	105.9	368	367	362	366	431	465
60.5	92.5	82.0	60.3	37.4	112.1	106.7	371	369	365	368	435	468
61.0	92.7	82.1	60.5	37.7	112.6	107.2	373	371	367	370	438	470
61.5	93.0	82.2	60.8	38.2	113.5	108.0	376	373	370	372	443	473
62.0	93.2	82.3	61.0	38.5	114.1	108.5	378		373	374	446	474

硬度							抗拉强度 σb（MPa）					
洛氏		表面洛氏			维氏	布氏	退火	淬火人工时效			淬火自然时效	
HRB	HRF	HR 15T	HR 30T	HR 45T	HV	HB 10D²	2A11 2A12	7A04	2A50	2A14	2A11 2A12	2A50 2A14
62.5	93.5	82.5	61.3	39.0	114.9	109.3	380	375	376	378	450	478
63.0	93.8	82.6	61.6	39.5	115.8	110.1	382	378	380	380	454	481
63.5	94.0	82.7	61.9	39.8	116.3	110.6	384	380	381	380	457	482
64.0	94.3	82.9	62.2	40.3	117.3	111.5	387	382	386	384	462	485
64.5	94.6	83.0	62.5	40.8	118.1	112.3	390	385	390	387	467	488
65.0	94.8	83.1	62.7	41.1	118.8	112.9	392	387	393	389	470	490
65.5	95.1	83.3	63.0	41.6	119.8	113.8	395	390	398	392	475	494
66.0	95.4	83.4	63.3	42.1	120.6	114.6	398	393	403	395	479	497
66.5	95.6	83.5	63.6	42.5	121.3	115.2	400	395	406	398	482	499
67.0	95.9	83.7	63.9	43.0	122.3	116.1	403	399	412	401	487	502
67.5	96.1	83.8	64.1	43.3	122.9	116.7	405	401	415	404	490	504
68.0	96.4	83.9	64.4	43.8	124.0	117.7	409	405	422	408	496	508
68.5	96.7	84.1	64.7	44.3	125.0	118.6	412	409	427	411	501	512
69.0	96.9	84.2	64.9	44.6	125.6	119.2	414	411	431	413	504	514
69.5	97.2	84.3	65.3	45.1	126.7	120.2	417	416	438	417	510	518
70.0	97.5	84.4	65.6	45.6	127.8	121.2	421	420	443	421	515	521
70.5	97.7	84.5	65.8	45.9	128.4	121.8	423	422	447	424	519	524

（续）

σb (MPa)

洛氏	氏	硬度 表面洛氏			维氏	布氏	抗拉强度 退火	淬火人工时效			淬火自然时效	
HRB	HRF	HR 15T	HR 30T	HR 45T	HV	HB 10D²	2A11 2A12	7A04	2A50	2A14	2A11 2A12	2A50 2A14
71.0	98.0	84.7	66.1	46.4	129.5	122.8	427	427	453	428	524	528
71.5	98.2	84.8	66.3	46.7	130.3	123.5	429	430	458	430	528	530
72.0	98.5	84.9	66.7	47.2	131.4	124.5	432	433	464	433	533	533
72.5	98.8	85.1	67.0	47.7	132.6	125.6	435	438	471	437	539	537
73.0	99.0	85.2	67.2	48.0	133.3	126.3	438	440	475	440	543	540
73.5	99.3	85.3	67.5	48.5	134.4	127.3	441	445	480	444	548	544
74.0	99.6	85.5	67.8	49.0	135.6	128.4	445	449	485	448	554	548
74.5	99.8	85.6	68.0	49.3	136.4	129.1	448	452	489	451	558	550
75.0	100.1	85.7	68.4	49.8	137.5	130.2	452	457	494	455	564	554
75.5	100.4	85.9	68.7	50.3	138.8	131.4	456	461	499	459	571	—
76.0	100.6	86.0	68.9	50.7	139.6	132.1	458	464	501	462	575	—
76.5	100.9	86.1	69.2	51.2	140.9	133.3	462	469	505	467	582	—
77.0	101.1	86.2	69.4	51.5	141.7	134.0	465	471	507	469	585	—
77.5	101.4	86.4	69.7	52.0	143.0	135.2	469	476	510	474	591	—
78.0	101.7	86.5	70.1	52.5	144.3	136.4	473	480	512	479	598	—
78.5	101.9	86.6	70.3	52.8	145.1	137.2	476	482	—	482	602	—
79.0	102.2	86.8	70.6	53.3	146.5	138.5	481	487	—	488	610	—

(续)

								抗 拉 强 度 σ_b (MPa)					
洛 氏		表 面 洛 氏			维氏	布氏	退火	淬火，淬火人工时效				淬火自然时效	
HRB	HRF	HR 15T	HR 30T	HR 45T	HV	HB 10D²	2A11 2A12	7A04 2A12	2A50	2A14	2A11 2A12	2A50 2A14
79.5	102.5	86.9	70.9	53.8	147.8	139.7	484	491	—	494	—	—
80.0	102.7	87.0	71.1	54.1	148.8	140.6	487	494	—	499	—	—
80.5	103.0	87.2	71.5	54.6	150.2	141.9	492	498	—	507	—	—
81.0	103.3	87.3	71.8	55.1	151.6	143.2	496	503	—	515	—	—
81.5	103.5	87.4	72.0	55.4	152.6	144.1	499	506	—	521	—	—
82.0	103.8	87.5	72.3	55.9	154.1	145.5	504	511	—	532	—	—
82.5	104.0	87.6	72.5	56.2	155.1	146.4	507	514	—	538	—	—
83.0	104.3	87.8	72.8	56.7	156.6	147.8	512	519	—	552	—	—
83.5	104.6	87.9	73.2	57.2	158.2	149.3	517	524	—	567	—	—
84.0	104.8	88.0	73.4	57.6	159.2	150.2	521	528	—	578	—	—
84.5	105.1	88.2	73.7	58.0	160.8	151.7	526	534	—	—	—	—
85.0	105.4	88.3	74.0	58.5	162.5	153.2	530	540	—	—	—	—
85.5	105.6	88.4	74.2	58.9	163.5	154.2	534	544	—	—	—	—
86.0	105.9	88.6	74.6	59.4	165.2	155.7	539	552	—	—	—	—
86.5	106.1	88.7	74.8	59.7	166.3	156.7	542	557	—	—	—	—
87.0	106.4	88.8	75.1	60.2	168.0	158.3	548	566	—	—	—	—
87.5	106.7	89.0	75.4	60.7	169.6	159.8	553	576	—	—	—	—

（续）

硬　　度							σ_b（MPa）抗　拉　强　度				
洛　氏		表　面　洛　氏			维氏	布氏	退火	淬火人工时效		淬火自然时效	
HRB	HRF	HR 15T	HR 30T	HR 45T	HV	HB 10D²	2A11 2A12	7A04	2A50 2A14	2A11 2A12	2A50 2A14
88.0	106.9	89.1	75.6	61.0	170.7	160.8	—	583	—	—	—
88.5	107.2	89.2	75.9	61.5	172.3	162.3	—	592	—	—	—
88.5	107.5	89.4	76.3	62.0	173.9	163.8	—	604	—	—	—
89.5	107.7	89.5	76.5	62.0	174.9	164.7	—	611	—	—	—
89.5	108.0	89.6	76.8	62.8	176.4	166.1	—	623	—	—	—
90.0	108.3	89.8	77.1	63.3	177.8	167.4	—	634	—	—	—
90.5	108.5	89.9	77.3	63.6	178.8	168.3	—	641	—	—	—
91.0	108.8	90.0	77.6	64.1	180.1	169.5	—	652	—	—	—
91.5	109.0	90.1	77.9	64.5	181.0	170.3	—	659	—	—	—
92.0											

注：1. 本表适用于变形铝合金，主要是硬铝合金 2A11，2A12（LY11，LY12）、超硬铝合金 7A04（LC4）以及锻造铝合金 2A50，2A14（LD5，LD10）等。括号内为原标准中规定的铝合金旧牌号。

2. 对组织均匀一致的试件，按本表所得的换算值是精确的。当测量板材硬度按本表换算成硬度时，须考虑其加工特性。对换算值作适当的修正。

3. 对包铝层的试件，应去除包铝层后，再进行测试和换算。

4. 对一般精度要求的试件，使用第 1.69 页本节（1）表中"变形铝合金"栏内强度值进行换算。

5. 抗拉强度值是旧 1kgf/mm² = 9.80665MPa 换算成法定单位（MPa）值。

14. 常用计算公式及数值

（1）面积计算公式

A——面积；P——半周长；L——圆周长度；d——对角线长、直径；
D——直径；R——半径、外接圆的半径；r——半径、内切圆的半径；
l——弧长；a——边长、椭圆长半径；b——边长、椭圆短半径；c——边长、弦长；h——高度。

名　称	简　图	计　算　公　式
正方形		$A=a^2$；$a=0.7071d=\sqrt{A}$； $d=1.4142a=1.4142\sqrt{A}$
长方形		$A=ab=a\sqrt{d^2-a^2}=b\sqrt{d^2-b^2}$； $d=\sqrt{a^2+b^2}$；$a=\sqrt{d^2-b^2}=\dfrac{A}{b}$； $b=\sqrt{d^2-a^2}=\dfrac{A}{a}$
平　行四边形		$A=bh$；$h=\dfrac{A}{b}$；$b=\dfrac{A}{h}$
三角形		$A=\dfrac{bh}{2}=\dfrac{b}{2}\sqrt{a^2-\left(\dfrac{a^2+b^2-c^2}{2b}\right)^2}$； $P=\dfrac{1}{2}(a+b+c)$； $A=\sqrt{P(P-a)(P-b)(P-c)}$

1.95

名　称	简　图	计　算　公　式
梯形		$A = \dfrac{(a+b)h}{2} = \dfrac{2A}{a+b}$； $a = \dfrac{2A}{h} - b$；$b = \dfrac{2A}{h} - a$
正六角形		$A = 2.5981a^2 = 2.5981R^2$ $= 3.4641r^2$； $R = a = 1.1547r$； $r = 0.86603a = 0.86603R$
圆		$A = \pi r^2 = 3.1416r^2 = 0.7854d^2$； $L = 2\pi r = 6.2832r = 3.1416d$； $r = L/2\pi = 0.15915L = 0.56419\sqrt{A}$； $d = L/\pi = 0.31831L = 1.1284\sqrt{A}$
椭圆		$A = \pi ab = 3.1416ab$； 周长的近似值： $\qquad 2P = \pi\sqrt{2(a^2+b^2)}$； 比较精确的值： $\qquad 2P = \pi\left[1.5(a+b) - \sqrt{ab}\right]$

名　称	简　图	计　算　公　式
扇形		$A = \dfrac{1}{2}rl = 0.0087266\alpha r^2$; $l = 2A/r = 0.017453\alpha r$; $r = 2A/l = 57.296 l/\alpha$; $\alpha = \dfrac{180 l}{\pi r} = \dfrac{57.296 l}{r}$
弓形		$A = \dfrac{1}{2}\left[rl - c(r-h) \right]$; $r = \dfrac{c^2 + 4h^2}{8h}$; $l = 0.017453\alpha r$; $c = 2\sqrt{h(2r-h)}$; $h = r - \dfrac{\sqrt{4r^2 - c^2}}{2}$; $\alpha = \dfrac{57.296 l}{r}$
圆环		$A = \pi(R^2 - r^2) = 3.1416(R^2 - r^2)$ 　$= 0.7854(D^2 - d^2)$ 　$= 3.1416(D - S)S$ 　$= 3.1416(d + S)S$; $S = R - r = (D - d)/2$
环式扇形		$A = \dfrac{\alpha\pi}{360}(R^2 - r^2)$ 　$= 0.008727\alpha(R^2 - r^2)$ 　$= \dfrac{\alpha\pi}{4 \times 360}(D^2 - d^2)$ 　$= 0.002182\alpha(D^2 - d^2)$

1.97

(2) 体积及表面积计算公式

a、b——边长；r、r_1——半径；d——直径；h——高度；h_1——高度、斜边长；l——斜边长。

名　称	简　图	计 算 公 式	
		表面积 S、侧表面积 M	体 积 V
正立方体		$S=6a^2$	$V=a^3$
长立方体		$S=2(ah+bh+ab)$	$V=abh$
圆柱		$M=2\pi rh=\pi dh$	$V=\pi r^2 h$ $=\dfrac{\pi d^2 h}{4}$

名　称	简　图	计　算　公　式	
		表面积 S、侧表面积 M	体　积 V
空心圆柱（管）		$M =$ 内侧表面积 $+$ 外侧表面积 $= 2\pi h(r + r_1)$	$V = \pi h(r^2 - r_1^2)$
斜底截圆柱		$M = \pi r(h + h_1)$	$V = \dfrac{\pi r^2(h + h_1)}{2}$
正六角柱		$S = 5.1962a^2 + 6ah$	$V = 2.5981a^2 h$
正方角锥台		$S = a^2 + b^2 + 2(a + b)h_1$	$V = \dfrac{(a^2 + b^2 + ab)h}{3}$

| 名　称 | 简　图 | 计　算　公　式 ||
		表面积 S、侧表面积 M	体　积 V
球		$S = 4\pi r^2 = \pi d^2$	$V = \dfrac{4\pi r^3}{3} = \dfrac{\pi d^3}{6}$
圆锥		$M = \pi r l$ $= \pi r \sqrt{r^2 + h^2}$	$V = \dfrac{\pi r^2 h}{3}$
截头圆锥		$M = \pi l (r + r_1)$	$V = \dfrac{\pi h (r^2 + r_1^2 + r_1 r)}{3}$

1.100

(3) 型材理论质量(重量)计算公式
(a) 基 本 公 式

$$m = F \cdot L \cdot \rho / 1000$$

式中代号说明：

m——质量(kg)；

A——断面积(mm^2),详见下节各项公式；

L——长度(m)；

ρ——密度(g/cm^3),钢材一般取 7.85,其他材料参见第 1.102 页"常用材料的密度"。

(b) 钢材断面积的计算公式

项目	钢材类别	计 算 公 式	代 号 说 明
1	方钢	$A = a^2$	a—边宽
2	圆角方钢	$A = a^2 - 0.8584r^2$	a—边宽；r—圆角半径
3	钢板、扁钢、带钢	$A = a\delta$	a—宽度；δ—厚度
4	圆角扁钢	$A = a\delta - 0.8584r^2$	a—宽度；δ—厚度；r—圆角半径
5	圆钢、钢丝、圆盘条	$A = 0.7854d^2$	d—外径
6	六角钢	$A = 0.866a^2 = 2.598s^2$	a—对边距离；s—边宽
7	八角钢	$A = 0.8284a^2 = 4.8284s^2$	
8	钢管	$A = 3.1416\delta(D - \delta)$	D—外径；δ—壁厚
9	等边角钢	$A = d(2b - d)$ $+ 0.2146(r^2 - 2r_1^2)$	d—边厚；b—边宽；r—内面圆角半径；r_1—边端圆角半径
10	不等边角钢	$A = d(B + b - d)$ $+ 0.2146(r^2 - 2r_1^2)$	d—边厚；B—长边宽；b—短边宽；r—内面圆角半径；r_1—边端圆角半径
11	工字钢	$A = hd + 2t(b - d)$ $+ 0.8584(r^2 - r_1^2)$	h—高度；b—腿宽；d—腰厚；t—平均腿厚
12	槽钢	$A = hd + 2t(b - d)$ $+ 0.4292(r^2 - r_1^2)$	h—高度；b—腿宽；r—内面圆角半径；r_1—边端圆角半径

(4) 几种主要纯金属及非金属性能

名称	元素符号	密度 (g/cm³)	熔点 (℃)	线膨胀系数 (1/℃)	相对电导率 (%)	抗拉强度 σ_b (MPa)	伸长率 δ (%)	断面收缩率 ψ (%)	布氏硬度 (HB)	色泽
银	Ag	10.49	960.5	0.0000189	100	180	50	90	25	银白
铝	Al	2.70	660.2	0.0000236	60	80~110	32~40	70~90	25	银白
金	Au	19.32	1063	0.0000142	71	140	40	90	20	金黄
铍	Be	1.85	1285	0.0000115	27	310~450	2	—	120	钢灰
铋	Bi	9.8	271.2	0.0000134	1.4	5~20	0	—	9	白
镉	Cd	8.65	321	0.0000310	22	65	20	50	20	苍白
钴	Co	8.9	1492	0.0000125	26	250	5	—	125	钢灰
铬	Cr	7.19	1855	0.0000062	12	200~280	9~17	9~23	110	灰白
铜	Cu	8.9	1083	0.0000165	95	200~240	45~50	65~75	40	红
铁	Fe	7.87	1539	0.0000118	16	250~330	25~55	70~85	50	灰白
铱	Ir	22.4	2454	0.0000065	32	230	2	—	170	银白
镁	Mg	1.74	650	0.0000257	36	200	11.5	12.5	36	银白
锰	Mn	7.43	1244	0.0000230	0.9	700	脆	—	210	灰白
钼	Mo	10.2	2625	0.0000049	31	700	30	60	160	银白
铌	Nb	8.57	2468	0.0000071	12	300	28	80	75	钢灰
镍	Ni	8.9	1455	0.0000135	23	400~500	40	70	80	银白

注: 相对电导率是指其他金属的电导率与银的电导率之比。

（续）

名称	元素符号	密度 (g/cm³)	熔点 (℃)	线膨胀系数 (1/℃)	相对电导率 (%)	抗拉强度 σ_b (MPa)	伸长率 δ (%)	断面收缩率 ψ (%)	布氏硬度 (HB)	色泽
铅	Pb	11.34	327.4	0.0000293	7.7	15	45	90	5	苍灰
铂	Pt	21.45	1772	0.0000089	17	150	40	90	40	银白
锑	Sb	6.68	630.5	0.0000113	4.1	5~10	0	0	45	银白
锡	Sn	7.3	231.9	0.0000230	14	15~20	40	90	5	银白
钽	Ta	16.6	2996	0.0000065	12	350~450	25~40	86	85	钢灰
钛	Ti	4.51	1677	0.0000090	3.4	380	36	64	115	暗灰
钒	V	6.1	1910	0.0000083	6.4	220	17	75	264	淡灰
钨	W	19.3	3400	0.0000043	29	1100	—	—	350	钢灰
锌	Zn	7.14	419.5	0.0000395	27	120~170	40~50	60~80	35	青白
锆	Zr	6.49	1852	0.0000059	3.8	400~450	20~30	—	125	浅灰
砷	As	5.73	814	0.0000047	—	—	—	—	—	—
硼	B	2.34	2300	0.0000083	—	—	—	—	—	—
碳	C	2.25	3727	0.0000066	—	—	—	—	—	—
磷	P	1.83	44.1	0.0001250	—	—	—	—	—	—
硫	S	2.07	115	0.0000675	—	—	—	—	—	—
硅	Si	2.33	1412	0.0000042	—	—	—	—	—	—
硒	Se	4.81	221	0.0000370	—	—	—	—	—	—

1.103

(5) 常用材料的密度

材料名称	密度 (g/cm³)	材料名称	密度 (g/cm³)
灰铸铁(≤HT200)	7.2①	0Cr17Ni12Mo2	7.98④⑤
灰铸铁(≥HT250)	7.35①	0Cr17Ni12Mo2N	7.98⑤
可锻铸铁	7.35②	0Cr18Ni10Ti	7.95④
球墨铸铁	7.0~7.4	00Cr19Ni11	7.93⑤
白口铸铁	7.4~7.7	00Cr19Ni10	7.93④
工业纯铁	7.87	0Cr19Ni9	7.93⑤
铸钢	7.8	0Cr19Ni9N	7.93④
钢材	7.85③	1Cr18Ni12	7.93⑤
高速钢(含 W18%)	8.7	0Cr18Ni11Ti	7.93⑤
高速钢(含 W12%)	8.3~8.5	00Cr18Ni10N	7.93⑤
高速钢(含 W9%)	8.3	0Cr18Ni9	7.93④
高速钢(含 W6%)	8.16~8.34	1Cr18Ni9	7.93⑤
不锈钢			7.90④
0Cr18Ni12Mo3Ti	8.10④	1Cr18Ni9Si3	7.93⑤
1Cr18Ni12Mo3Ti	8.10④	1Cr18Mn8Ni5N	7.93⑤
0Cr18Ni16Mo5	8.00⑤	1Cr17Mn6Ni5N	7.93⑤
1Cr18Ni16Mo5	8.00⑤	1Cr17Ni8	7.93⑤
0Cr18Ni12Mo2Ti	8.00⑤	1Cr17Ni7	7.93⑤
1Cr18Ni12Mo2Ti	8.00④	0Cr17Ni7Al	7.93⑤
0Cr25Ni20	7.98④⑤	1Cr18Ni9Ti	7.90④
0Cr23Ni13	7.98④	0Cr26Ni5Mo2	7.80④⑤
	7.93⑤	0Cr18Ni13Si4	7.75⑤
00Cr19Ni13Mo3	7.98④⑤	00Cr18Mo2	7.75⑤
0Cr19Ni13Mo3	7.98④⑤	0Cr13	7.75⑤
00Cr18Ni14Mo2Cu2	7.98④⑤		7.70④
0Cr18Ni12Mo2Cu2	7.98④⑤	0Cr13Al	7.75⑤
0Cr18Ni11Nb	7.98④⑤	1Cr13	7.75⑤
00Cr17Ni14Mo2	7.98④⑤		7.70④
00Cr17Ni13Mo2N	7.98⑤	2Cr13	7.75⑤
0Cr17Ni13Mo2N	7.98⑤		7.70④

1.104

材料名称	密度 (g/cm³)	材料名称	密度 (g/cm³)
		HPb61-1	8.5
3Cr13	7.75⑤	HPb59-1	8.5
00Cr12	7.75⑤	HSn90-1	8.8
1Cr12	7.75⑤	HSn70-1	8.54
00Cr17	7.70⑤	HSn62-1	8.5⑧
00Cr17Mo	7.70⑤		8.45⑨
1Cr17	7.70④⑤	HSn60-1	8.45
1Cr17Mo	7.70⑤	HAl77-2	8.6
7Cr17	7.70⑤	HAl67-2.5	8.5⑨
3Cr16	7.70⑤	HAl66-6-2-3	8.5⑨
1Cr15	7.70⑤	HAl60-1-1	8.5⑨
00Cr27Mo	7.67⑤	HAl59-3-2	8.4
00Cr30Mo2	7.64⑤	HMn58-2	8.5⑧
纯铜	8.9⑥⑦	HMn57-3-1	8.5⑨
无氧铜	8.9	HMn55-3-1	8.5⑨
磷脱氧铜	8.89	HFe59-1-1	8.5
加工黄铜		HSi80-3	8.6
H96	8.8⑧	HNi65-5	8.5⑨
H90	8.8⑧	铸造黄铜	
H85	8.75	ZCuZn38	8.43
H80	8.5⑧	ZCuZn25Al6Fe3Mn3	7.70
H70	8.53	ZCuZn26Al4Fe3Mn3	7.83
H68	8.5⑧	ZCuZn31Al2	8.5
H68A	8.5	ZCuZn35Al2Mn2Fe1	8.5
H65	8.5	ZCuZn38Mn2Pb2	8.5
H62	8.5⑧	ZCu40Mn2	8.5
H59	8.5⑧	ZCuZn40Mn3Fe1	8.5
HPb63-3	8.5	ZCuZn33Pb2	8.55
HPb63-0.1	8.5	ZCuZn40Pb2	8.5

材料名称	密度 （g/cm³）	材料名称	密度 （g/cm³）
ZCuZn16Si4	8.32	ZCuSn5Pb5Zn5	8.83
加工青铜		ZCuSn10P1	8.76
QSn4-3	8.8①	ZCuSn10Pb5	8.85
QSn4-4-2.5	8.75⑫	ZCuSn10Zn2	8.73
QSn4-4-4	8.9⑫	ZCuPb10Sn10	8.9
QSn6.5-0.1	8.8⑪	ZCuPb15Sn8	9.1
QSn6.5-0.4	8.8⑪	ZCuPb17Sn4Zn4	9.2
QSn7-0.2	8.8	ZCuPb30	9.54
QSn4-0.3	8.8⑪	ZCuAl8Mn13Fe3Ni2	7.5
QBe2	8.3	ZCuAl9Mn2	7.6
QBe1.9	8.3	ZCuAl9Fe4Ni4Mn2	7.64
QAl5	8.2⑬	ZCuAl10Fe3	7.45
QAl7	7.8③	ZCuAl10Fe3Mn2	7.5
QAl9-2	7.6⑬	加工白铜	
QAl9-4	7.5⑬	B0.6	8.9
QAl10-3-1.5	7.5	B5	8.9⑱
QAl10-4-4	7.7	B10	8.9⑱
QSi3-1	8.4⑭	B19	8.9⑱
QSi1-3	8.6	B30	8.9⑲
QMn1.5	8.8⑮	BFe30-1-1	8.9
QMn5	8.6⑮	BMn3-12	8.4⑲
QZr0.2	8.9	BMn40-1.5	8.9
QZr0.4	8.9	BZn15-20	8.6⑳
QCr0.5	8.9⑯	BAl13-3	8.5㉑
QCr0.5-0.2-0.1	8.9⑯	BAl6-1.5	8.7㉑
QCd1	8.8⑰	加工镍及镍合金	
铸造青铜		N2	8.85
ZCuSn3Zn8Pb6Ni1	8.8	N4	8.85
ZCuSn3Zn11Pb4	8.64	N6	8.85㉒

材料名称	密度 （g/cm³）	材料名称	密度 （g/cm³）
N8	8.85	2A14(LD10)	2.8④
NY1～NY3	8.85③	2A16(LY16)	2.84④
NSi0.19	8.85②	2A17(LY17)	2.84
NCu40-2-1	8.85②	2A50(LD5)	2.75
NCu28-2.5-1.5	8.85②	2A70(LD7)	2.8
NCr10	8.7	2A80(LD8)	2.77
变形铝及铝合金*		2A90(LD9)	2.8
1070A(L1)	2.71④⑤	3A21(LF21)	2.73④
	2.7⑥	4A01(LT1)	2.68
1060(L2)	2.71	5A02(LF2)	2.68④⑤
	2.7⑥	5A03(LF3)	2.67④
1A50(LB2)	2.72	5A05(LF5)	2.65④
1035(L4)	2.71	5B05(LF10)	2.65
1A30(L4-1)	2.71	5A06(LF6)	2.64④
	2.7⑥	5A41(LF41)	2.68④
1100(L5-1)	2.71	5A43(LF43)	2.68④⑤
	2.7⑥	5A66(LT66)	2.68
1200(L5)	2.71④⑤	5056(LF5-1)	2.64
	2.7⑥	5083(LF4)	2.67④
2A01(LY1)	2.76	6A02(LD2)	2.7④
2A02(LY2)	2.75	6061(LD30)	2.7⑤
2A04(LY4)	2.76	6063(LD31)	2.7
2A06(LY6)	2.76④	7A01(LB1)	2.72
2A10(LY10)	2.8	7A03(LC3)	2.85
2A11(LY11)	2.8④	7A04(LC4)	2.85④
2B11(LY8)	2.8	7A09(LC9)	2.85④
2A12(LY12)	2.78④	8A06(L6)	2.71④⑥
2B12(LY9)	2.78④	LQ1	2.74④
		LQ2	2.74④

注：* 表中变形铝及铝合金牌号为新牌号，括号内为相应的旧牌号。

材料名称	密度 (g/cm³)	材料名称	密度 (g/cm³)
铸造铝合金		照相制版用微晶锌板	7.15
ZL101	2.68	胶印锌板	7.2[20]
ZL101A	2.68	ZnCu1.5	7.2
ZL102	2.65	铸造锌合金	
ZL104	2.63	ZZnAl10-5	6.3
ZL105	2.71	ZZnAl9-1.5	6.2
ZL105A	2.71	ZZnAl4-1	6.7
ZL106	2.73	ZZnAl4-0.5	6.7
ZL107	2.80	ZZnAl4	6.6
ZL108	2.68	加工铅、锡及其合金	
ZL109	2.71	Pb1～Pb3	11.34[20]
ZL110	2.89		11.33[20]
ZL114	2.68	PbSb0.5	11.32[20]
ZL116	2.66	PbSb2	11.25[20]
ZL201	2.78	PbSb4	11.15[20]
ZL201A	2.83	PbSb6	11.06[20]
ZL203	2.80	PbSb8	10.97[20]
ZL204A	2.81	Sn1～Sn3	7.3
ZL205A	2.82	轴承合金	
ZL207	2.80	ZSnSb12Pb10Cu4	7.4
ZL301	2.55	ZSnSb11Cu6	7.38
ZL303	2.60	ZSnSb8Cu4	7.3
ZL401	2.95	ZSnSb4Cu4	7.34
ZL402	2.81	ZPbSb16Sn16Cu2	9.29
加工锌及锌合金		ZPbSb15Sn5Cu3Cd2	9.6
Zn1、Zn2	7.15[20]	ZPbSb15Sn10	9.6
电池锌板	7.15	ZPbSb15Sn5	10.2
照相制版用普通锌板	7.15	ZPbSb10Sn6	10.5

材料名称	密度 （g/cm³）	材料名称	密度 （g/cm³）
ZCuSn15Pb5Zn5	8.7	YT5	12.4～13.2①
ZCuSn10P1	8.76	YT14	11.2～12.0①
ZCuPb10Sn10	8.9	YT15	11.0～12.7
ZCuPb15Sn8	9.1	YT30	9.3～9.7①
ZCuPb20Sn5	9.2	YN05	≥5.9
ZCuPb30	9.54	YN10	≥6.3①
ZCuAl10Fe3	7.5	YH1	14.2～14.4
硬质合金**		YH2	13.9～14.1
YG3	15.0～15.3	钢结硬质合金	
YG3X	15.0～15.3①	GT35	6.4～6.6
YG4C	14.9～15.2①	R5	6.35～6.45
YG6X	14.6～15.0①	R8	6.15～6.35
YG6A	14.6～15.0①	D1	6.9～7.1
YG6	14.6～15.0①	ST60	5.7～5.9
YG8N	14.5～14.9①	T1	6.6～6.8
YG8	14.5～14.9①	TM60	6.15～6.25
YG8C	14.5～14.9①	TM52	6.0～6.1
YG10C	14.3～14.6	其他金属及非金属	
YG11C	14.0～14.4①	锇	22.5
YG15	13.9～14.2①	铱	22.4
YG20	13.4～13.7	铂	21.45
YG20C	13.4～13.7	金	19.3
YG25	12.9～13.2	钨	19.3
YW1	12.6～13.5①	钽	16.69
YW2	12.4～13.5①	汞	13.55
YW3	12.7～13.5	钍	11.7
YW4	12.0～13.2	银	10.5
YT05	12.5～12.9	钼	10.2

注：**表中硬质合金为旧牌号的密度数值。

材料名称	密度 （g/cm³）	材料名称	密度 （g/cm³）
铋	9.8	钡	3.76
钴	8.9	铍	1.85
镉	8.64	镁	1.74
铌	8.57	钙	1.55
铬	7.22	钠	0.97
锰	7.2	钾	0.86
铈	6.9	碲	6.24
锑	6.69	砷	5.72
锆	6.49	硒	4.81
钒	6.1	硅	2.4
钛	4.5	硼	2.34

注：1. 密度栏中，密度数值后面的符号①、②、③、…表示该数值的引用标准的序号（参见下面"注4"）；密度数值后面无符号的，该数值摘自其他参考资料，供参考。

2. 本手册后面第四、第六两章中列出的各种金属材料的理论重量表，如材料的密度，与该表中计算理论重量的密度相同时，即可直接使用该表中的理论重量数值；如材料的密度与之不相同时，需要将该表中的理论重量数值乘上相应的"理论重量换算系数"。

3. 某材料的"理论重量换算系数"，等于"该材料的密度"与"表中计算理论重量的密度"的"比值"。

例：第6.64页"铝及铝合金板理论重量"，是按7804（超硬铝）的密度 $2.85g/cm^3$ 计算的。如需要计算厚度3mm，5A02（防锈铝）板的理论重量。首先查表，求得厚度3mm铝合金板的理论重量为 $8.55kg/m^2$；其次，计算密度为 $2.68g/cm^3$ 的5A02（防锈铝）的理论重量换算系数 K：

$$K=2.68/2.85=0.94$$

$8.55×0.94=8.037kg/m^2$，即为厚度3mm、5A02（防锈铝）板的理论重量。

4. 密度数值的引用标准的序号，以及标准号和名称，见下表。标有＊符号的标准已被新标准代替。由于在新标准中未列出密度数值，故仍将该标准中的密度数值列出，供参考。

序号	引用的标准号和名称
1	GB/T9439－1988　灰铸铁件
2	GB/T9440－1988　可锻铸铁件*
3	GB/T342－1997　冷拉圆钢丝尺寸、外形、重量及允许偏差
	GB/T702－2004　热轧圆钢和方钢尺寸、外形、重量及允许偏差
	GB/T704－1988　热轧扁钢尺寸、外形、重量及允许偏差
	GB/T705－1989　热轧六角钢和八角钢尺寸、外形、重量及允许偏差
	GB/T706－1988　热轧工字钢尺寸、外形、重量及允许偏差
	GB/T707－1988　热轧槽钢尺寸、外形、重量及允许偏差
	GB/T708－1988　冷轧钢板和钢带的尺寸、外形、重量及允许偏差
	GB/T2519－1981　热连轧钢板和钢带品种
	GB/T8162－1999　结构用无缝钢管
	GB/T9787－1988　热轧等边角钢尺寸、外形、重量及允许偏差
	GB/T9788－1988　热轧不等边角钢尺寸、外形、重量及允许偏差
	（以上仅列出部分钢材的引用标准，其余从略）
4	GB/T14975－2002　结构用不锈钢无缝钢管
	GB/T14976－2002　流体输送用不锈钢无缝钢管
5	GB/T4229－1994　不锈钢板重量计算方法
6	GB/T2040－1980　纯铜板*
	GB/T2056－1980　铜阳极板
	GB/T5187－1985　纯铜箔
7	GB/T2041－1980　黄铜板*
8	GB/T5188－1985　黄铜箔
9	GB/T2042－1980　复杂黄铜板*
10	GB/T2531－1981　热交换器固定板用黄铜板
11	GB/T2048－1980　锡青铜板*
	GB/T2066－1980　锡青铜带*
12	GB/T2049－1980　锡锌铅青铜板
	GB/T2067－1980　锡锌铅青铜带*
13	GB/T2043－1980　铝青铜板*

序号	引用的标准号和名称
	GB/T2062－1980　铝青铜带*
14	GB/T2047－1980　硅青铜板
	GB/T2065－1980　硅青铜带*
15	GB/T2046－1980　锰青铜板
	GB/T2064－1980　锰青铜带*
16	GB/T2045－1980　铬青铜板
17	GB/T2044－1980　镉青铜板
	GB/T2063－1980　镉青铜带*
18	GB/T2050－1980　普通白铜板*
	GB/T2068－1980　普通白铜带*
19	GB/T2052－1980　锰白铜板
	GB/T2070－1980　锰白铜带*
20	GB/T2053－1980　锌白铜板*
	GB/T2071－1980　锌白铜带*
21	GB/T2051－1980　铝白铜板*
	GB/T2069－1980　铝白铜带
22	GB/T2054－1980　镍及镍合金板
	GB/T2072－1980　镍及镍合金带*
23	GB/T2057－1980　镍阳极板*
24	GB/T3194－1982　铝及铝合金板材的尺寸及允许偏差*
25	GB/T3618－1989　铝及铝合金花纹板
26	GB/T3198－1982　工业用纯铝箔*
27	GB/T2058－1989　锌阳极板
28	GB/T3496－1983　胶印锌板
29	GB/T1470－1988　铅及铅锑合金板
	GB/T1472－1988　铅及铅锑合金管
	GB/T1473－1988　铅及铅锑合金棒
	GB/T1474－1988　铅及铅锑合金线
30	GB/T1471－1988　铅阳极板*
31	YS/T400－1994　硬质合金牌号*

第二章　金属材料的基本知识

1. 金属材料性能名词简介

(1) 金属材料物理性能名词简介

1) 密度 　　指金属材料单位体积的质量(重量)。符号为 ρ_0,单位为 kg/m^3(或 g/cm^3)
2) 熔点 　　指金属材料从固态向液态转变时的熔化温度。单位为℃
3) 导电性 　　指金属材料传导电流的性能。是衡量金属导电性能的指标,通常用电阻率和导电率来表示。电阻率的符号为 ρ_0,单位为 $\Omega \cdot m$;电导率的符号为 γ,单位为 S/m。电阻率和电导率的关系式:$\gamma = 1/\rho$
4) 导热性 　　指金属材料传导热量的性能。通常用热导率(导热系数)来衡量。符号为 λ(或 k),单位为 $W/(m \cdot K)$
5) 热膨胀性 　　指金属材料受热后产生长度或体积增大的性能。通常用线膨胀系数来表示。符号为 a_i,单位为 K^{-1}

(2) 金属材料化学性能名词简介

1) 耐腐蚀性 　　指金属材料抵抗各种介质(如大气、水蒸气、其他有害气体及酸、碱、盐等)侵蚀的能力
2) 抗氧化性 　　指金属材料在高温条件下抵抗氧化作用的能力
3) 化学稳定性 　　指金属材料耐腐蚀性和抗氧化性的总和。金属材料在高温下的化学稳定性又称热稳定性

(3) 金属材料力学(机械)性能名词简介

1) 极限强度

代号:见下;单位:MPa(或 N/mm²)。

简介:指金属材料抵抗外力破坏作用的能力。强度按外力作用形式的不同分为:

① 抗拉强度(抗张强度):代号 σ_b。指外力是拉力时的极限强度。

② 抗压强度:代号 σ_{bc}。指外力是压力时的极限强度。

③ 抗弯强度:代号 σ_{bb}。指外力与材料轴线垂直,并在作用后使材料呈弯曲时的极限强度。

④ 抗剪强度:代号 σ_τ。指外力与材料轴线垂直,并在材料呈剪切作用时的极限强度

2) 屈服点、规定残余伸长应力和规定非比例伸长应力

① 屈服点(物理屈服强度)

代号:σ_s;单位:MPa(或 N/mm²)。

简介:指金属材料在受外力作用到某一程度时,其变形(伸长)突然增加很大时的材料抵抗外力的能力。

② 规定残余伸长应力(屈服强度、条件屈服强度)

代号:σ_r;单位:MPa(或 N/mm²)。

简介:指金属材料在卸除拉力后,标距部分残余伸长率达到规定数值的应力;当规定数值为 0.2%时,其代号写成 $\sigma_{r0.2}$

③ 规定非比例伸长应力

代号:σ_p;单位:MPa(或 N/mm²)。

简介:指金属材料在受拉力过程中,标距部分非比例伸长率达到规定数值时的应力;当规定数值为 0.01%时,其代号写成 $\sigma_{p0.01}$

3) 弹性极限

代号:σ_e;单位:MPa(或 N/mm²)。

简介:金属材料在受外力(拉力)到某一极限时,若除去外力,其变形(伸长)即消失,恢复原状。弹性极限是指金属材料抵抗这一限度的外力的能力

4）伸长率（延伸率）

代号：δ；单位：%。

简介：指金属材料受外力（拉力）作用断裂时，伸长的长度与原来长度的百分比，伸长率按试棒长度的不同分为：

① 短试棒求得的伸长率，代号为 δ_5，试棒的标距等于 5 倍直径。

② 长试棒求得的伸长率，代号为 δ_{10}，试棒的标距等于 10 倍直径

5）断面收缩率（收缩率）

代号：ψ；单位：%。

简介：指金属材料受拉力作用断裂时，断面缩小的面积与原有断面积的百分比

6）硬度

简介：指材料抵抗硬的物体压入自己表面的能力。硬度按测定方法的不同分为以下几种：

① 布氏硬度

代号：HB；单位：无。

简介：以一定的负荷把一定直径的淬硬钢球（代号 HBS）或硬质合金球（代号 HBW）压于材料表面，保持规定时间后，卸除负荷，测量材料表面的压痕，按公式来计算硬度大小。

② 洛氏硬度

代号：HR；单位：无。

简介：以一定的负荷把淬硬钢球或顶角为 120°圆锥形金刚石压入器压入材料表面，然后以材料表面上凹坑的深度来计算硬度大小。洛氏硬度有多种标尺，常见的有：

ⓐ 标尺 C：代号 HRC，采用 1471.1N（150kgf）总负荷和金刚石压入器求得的硬度；它适用于调质钢、淬火钢等较硬材料的硬度测定。

ⓑ 标尺 A：代号 HRA，采用 588.4N（60kgf）总负荷和金刚石压入器求得的硬度；它适用于表面淬火钢、渗碳钢、硬质合金等较硬材料的硬度测定。

ⓒ 标尺 B：代号 HRB，采用 980.7N(100kgf)总负荷和以直径 1.588mm淬硬钢球为压入器求得的硬度；它适用于有色金属、退火钢、正火钢等较软材料的硬度测定。

ⓓ 标尺 F：代号 HRF，采用 588.4N(60kgf)总负荷和以直径为 1.588mm的淬硬钢球为压入器求得的硬度，它适用于薄钢板、退火铜合金等试件的硬度测定。

③ 表面洛氏硬度

代号：HR；单位：无。

简介：试验原理与洛氏硬度一样，它主要用于测定钢材表面经渗碳、氮化等处理的表面层硬度及薄小试件的硬度。表面洛氏硬度也有多种标尺：

ⓐ 标尺 15N：代号 HR15N，采用 147.1N(15kgf)总负荷和金刚石压入器求得的硬度。

ⓑ 标尺 30N：代号 HR30N，采用 294.2N(30kgf)总负荷和金刚石压入器求得的硬度。

ⓒ 标尺 45N：代号 HR45N，采用 441.3N(45kgf)总负荷和金刚石压入器求得的硬度。

ⓓ 标尺 15T：代号 HR15T，采用 147.1N(15kgf)总负荷和以直径 1.588mm淬硬钢球为压入器求得的硬度。

ⓔ 标尺 30T：代号 HR30T，采用 294.2N(30kgf)总负荷和以直径 1.588mm淬硬钢球为压入器求得的硬度。

ⓕ 标尺 45T：代号 HR45T，采用 441.3N(45kgf)总负荷和以直径 1.588mm淬硬钢球为压入器求得的硬度。

④ 维氏硬度

代号：HV；单位：无。

简介：以一定的负荷把 120°方锥形金刚石压入器压入材料表面，保持规定时间后卸除负荷，测量材料表面的压痕对角线平均长度，按公式来计算硬度大小

7）冲击吸收功和冲击韧性

① 冲击吸收功（冲击功）

代号：A_{KU}(A_{KV})；单位：J。

简介：指一定形状和尺寸的材料试样在冲击负荷作用下折断时所吸收的功

② 冲击韧性（冲击值）

代号：$a_{KU}(a_{KV})$；单位：J/cm^2。

简介：将冲击吸收功除以试样缺口底部处横截面积所得的商。

注：A_{KU} 和 a_{KU} 分别表示用夏比 U 形缺口试样求得的冲击功或冲击值，A_{KV} 和 a_{KV} 分别表示用夏比 V 形缺口求得的冲击功或冲击值

8) 新旧标准的性能名称和符号对照

金属材料力学性能指标中的抗拉强度、屈服点、伸长率、断面收缩率等金属材料试验方法，在新标准 GB/T228－2002《金属材料室温拉伸试验方法》中，对原标准 GB/T228－1987 作了一些修改和补充，其中使用的符号也作了一些改变。但在新标准实施前的金属材料标准中均为旧符号。为了让读者便于了解新旧标准中常用符号，现将新旧标准中有关的性能、名称和符号对照列于下表：

序号	新 标 准		旧 标 准	
	性能名称	符号	性能名称	符号
1	断面收缩率	Z	断面收缩率	ψ
2	断后伸长率	A $A_{11.5}$ A_{xmm}	断后伸长率	δ_5 δ_{10} δ_{xmm}
3	断裂总伸长率	A_t	—	—
4	最大总伸长率	A_{gt}	最大力下的总伸长率	δ_{gt}
5	最大非比例伸长率	A_g	最大力下的非比例伸长率	δ_g
6	屈服强度		屈服点	σ_s
7	上屈服点	R_{eH}	上屈服点	σ_{sU}
8	下屈服点	R_{eL}	下屈服点	σ_{sL}
9	规定非比例延伸强度	R_p 如 $R_{p0.2}$	规定非比例伸长应力	σ_p 如 $\sigma_{p0.2}$
10	规定总延伸强度	R_t 如 $R_{t0.5}$	规定总伸长应力	σ_t 如 $\sigma_{t0.5}$
11	规定残余延伸强度	R_r 如 $R_{r0.2}$	规定残余伸长应力	σ_r 如 $\sigma_{r0.2}$
12	抗拉强度	R_m	抗拉强度	σ_b

(4) 金属材料工艺性能名词简介

1) 铸造性(可铸性)

指金属材料用铸造的方法获得合格铸件的性能。铸造性主要包括流动性、收缩性和偏析。流动性是指液态金属充满铸模的能力；收缩性是指铸件凝固时，体积收缩的程度；偏析是指金属在冷却凝固过程中，因结晶先后差异而造成金属内部化学成分和组织的不均匀性

2) 可锻性

指金属材料在压力加工时，能改变形状而不产生裂纹的性能。它包括在热态或冷态下能够进行锤锻、轧制、拉伸、挤压等的加工性能。可锻性的好坏主要与金属材料的化学成分有关

3) 切削加工性(可切削性、机械加工性)

指金属材料被刀具切削加工后而成为合格工件的难易程度。切削性好坏常用加工后工件的表面粗糙度、允许的切削速度以及刀具的磨损程度来衡量。它与金属材料的化学成分、力学性能、导热性及加工硬化程度等诸多因素有关。通常是用硬度和韧性作切削加工性好坏的大致判断。一般讲，金属材料的硬度愈高愈难切削；硬度虽不高，但韧性大，切削也较困难

4) 焊接性(可焊性)

指金属材料对焊接加工的适应性能。主要是指在一定的焊接工艺条件下，获得优质焊接接头的难易程度。它包括两个方面的内容：一是结合性能，即在一定的焊接工艺条件下，一定的金属形成焊接缺陷的敏感性；二是使用性能，即在一定的焊接工艺条件下，一定的金属焊接接头对使用要求的适用性

5) 热处理

① 退火

指金属材料加热到适当温度，保持一定时间，然后缓慢冷却的热处理工艺。常见的退火工艺有：再结晶退火、去应力退火、球化退火、完全退火等。退火的目的：主要是降低金属材料的硬度，提高塑性，以利切削加工或压力加工；减少残余应力；提高组织和成分的均匀化；或为后道热处理作好组织准备等。

② 正火

指将钢材或钢件加热到 A_{c3} 或 A_{cm}（钢的上临界点温度）以上 $30\sim50$℃，保温适当时间后，在静止的空气中冷却的热处理工艺。

2.7

正火的目的：主要是提高低碳钢的力学性能，改善切削加工性；细化晶粒；消除组织缺陷；为后道热处理作好组织准备等。

③ 淬火

指将钢件加热到 A_{c3} 或 A_{c1}（钢的下临界点温度）以上某一温度，保持一定时间，然后以适当的冷却速度，获得马氏体（或贝氏体）组织的热处理工艺。常见的淬火工艺有盐浴淬火、马氏体分级淬火、贝氏体等温淬火、表面淬火和局部淬火等。淬火的目的：使钢件获得所需的马氏体组织，提高工件的硬度、强度和耐磨性；为后道热处理作好组织准备等。

④ 回火

指钢件经淬硬后，再加热到 A_{c1} 以下的某一温度，保温一定时间，然后冷却到室温的热处理工艺。常见的回火工艺有：低温回火、中温回火、高温回火和多次回火等。回火的目的：主要是消除钢件在淬火时所产生的应力；使钢件具有高的硬度和耐磨性外，并具有所需要的塑性和韧性等。

⑤ 调质

指将钢材或钢件进行淬火及回火的复合热处理工艺。适用于调质处理的钢称调质钢。它一般是指中碳结构钢和中碳合金结构钢，如 45、40Cr 钢等。

⑥ 化学热处理

指金属或合金工件置于一定温度的活性介质中保温，使一种或几种元素渗入它的表层，以改变其化学成分、组织和性能的热处理工艺。常见的化学热处理工艺有：渗碳、渗氮、碳氮共渗、渗铝、渗硼等。化学热处理的目的：主要是提高钢件表面的硬度、耐磨性、抗蚀性、抗疲劳强度和抗氧化性等。

⑦ 固溶处理

指将合金加热到高温单相区恒温保持，使过剩相充分溶解到固溶体中后快速冷却，以得到过饱和固溶体的热处理工艺。固溶处理的目的：主要是改善钢和合金的塑性和韧性；为沉淀硬化处理作好准备等。

⑧ 沉淀硬化（析出强化）

指金属在过饱和固溶体中溶质原子偏聚区和（或）由之脱溶出微粒弥散分布于基体中而导致硬化的一种热处理工艺。如奥氏体沉淀不锈钢在固溶处理后或经冷加工后，在 400～500℃ 或 700～

800℃进行沉淀硬化处理,可获得很高的强度。

⑨ 时效处理

指合金工件经固溶处理、冷塑性变形或铸造、锻造后,在较高的温度或室温放置或保持一段时间,其性能、形状、尺寸随而变化的热处理工艺。若采用将工件加热到较高温度,并较长时间进行时效处理的时效处理工艺,称为人工时效处理;若将工件放置在室温或自然条件下长时间存放而发生的时效现象,称为自然时效处理。时效处理的目的:消除工件的内应力、稳定组织和尺寸,改善机械性能等。

⑩ 淬透性

指在规定条件下,决定钢材淬硬深度和硬度分布的特性。钢材淬透性好与差,常用淬硬层深度来表示。淬硬层深度越大,则钢的淬透性越好。钢的淬透性主要取决于它的化学成分,特别是与含增大淬透性的合金元素及晶粒度、加热温度和保温时间等因素有关。淬透性好的钢材,可使钢件整个截面获得均匀一致的力学性能,并且可选用钢件淬火应力小的淬火剂,以减少变形和开裂。

⑪ 临界直径(临界淬透直径)

临界直径是指钢材在某种介质中淬冷后,心部得到全部马氏体或50%马氏体组织时的最大直径,一些钢的临界直径一般可以通过油中或水中的淬透性试验来获得。

⑫ 二次硬化

某些铁碳合金(如高速钢)须经多次回火后,才进一步提高其硬度。这种硬化现象,称为二次硬化,它是由于特殊碳化物析出和(或)由于残余奥氏体转变为马氏体或贝氏体所致。

⑬ 回火脆性

指淬火钢在某些温度区间回火或从回火温度缓慢冷却通过该温度区间时产生的脆化现象。回火脆性可分为第一类回火脆性和第二类回火脆性。第一类回火脆性又称不可逆回火脆性,主要发生在回火温度为250～400℃时,在重新加热脆性消失后,重复在此区间回火,不再发生脆性;第二类回火脆性又称可逆回火脆性,发生的温度为400～650℃,当重新加热脆性消失后,应迅速冷却,不能在400～650℃区间长时间停留或缓冷,否则会再次发生脆化现象。回火脆性的发生与钢中所含合金元素有关,如锰、铬、硅、镍会产生回火脆性倾向,而钼、钨有减弱回火脆性倾向

2. 金属材料分类

1) 按 组 成 成 分	① 纯金属(简单金属)——指由一种金属元素组成的物质。目前已知纯金属约有80多种,但工业上采用的为数甚少。 ② 合金(复杂金属)——指由一种金属元素(为主的)与另外一种(或几种)金属元素(或非金属元素)组成的物质。它的种类甚多,如工业上常用的生铁和钢,就是铁碳合金;黄铜就是铜锌合金……。由于合金的各项性能一般较优于纯金属,因此在工业上合金的应用比纯金属广泛
2) 按 实 用	① 黑色金属——指铁和铁的合金,如生铁、铁合金、铸铁和钢等。 ② 有色金属——又称非铁金属。指除黑色金属外的金属和合金,如铜、镍、锡、铅、锌、铝、钛、镁以及黄铜、青铜、镍合金、铝合金、锌合金、钛合金、镁合金和轴承合金等。另外在工业上还采用铬、镍、锰、钼、钴、钒、钨等,这些金属用作改善钢性能的合金元素,其中钨、钴还用于生产刀具用的硬质合金。所有上述有色金属,都称为工业用金属,以区别于贵金属(铂、金、银)与稀有金属(包括放射性的铀、镭等)。密度小于4.5g/cm³的有色金属称为轻金属,如铝、镁、钠、钾等纯金属及其合金;密度大于4.5g/cm³的有色金属称为重金属,如铜、镍、铅、锌、锡等纯金属及其合金

3. 生铁、铁合金及铸铁

1) 生 铁	① 来源——把铁矿石放到高炉中冶炼,产品即为生铁(液状)。把液状生铁浇铸于砂模或钢模中,即成块状生铁(生铁块)。 ② 组成成分——是含碳量在2%以上的一种铁碳合金,此外尚含有硅、锰、磷、硫等元素。 ③ 品种——有炼钢用、铸造用和球墨铸铁用生铁等
2) 铁 合 金	① 定义——铁与硅、锰、铬、钛等元素组成的合金的总称。铁与硅组成的合金,称为硅铁;铁与锰组成的合金,称为锰铁……。 ② 用途——供铸造或炼钢作还原剂或作合金元素添加剂用

3）铸铁	① 来源——把铸造生铁放到熔铁炉中熔炼，产品即为铸铁（液状）。再把液状铸铁浇铸成铸件，这种铸件称为铸铁件。 ② 品种——工业上常用的有灰口铸铁（灰铸铁、铁铁）、可锻铸铁（马铁、玛钢）、球墨铸铁和耐热铸铁等

4. 钢

（1）钢的来源及组成成分

① 来源——把炼钢用生铁放到炼钢炉内熔炼，即得到钢。钢的产品有钢锭、连铸坯（供再轧制成各种钢材）和直接铸成的各种钢铸件等。通常所讲的钢，一般是指轧制成各种钢材的钢。

② 组成成分——是含碳量低于 2% 的一种碳铁合金。此外尚含有硅、锰、磷、硫等元素，但这些元素的含量要比生铁中的少

（2）钢分类 （GB/T13304－1991）

（a）按化学成分分类

1）按化学成分分类[①②]								
① 非合金钢、② 低合金钢、③ 合金钢								
2）各类钢中元素规定含量界限值（%）								
合金元素	非合金钢<	低合金钢 ≥	＜	合金钢 ≥	合金元素	非合金钢<	低合金钢 ≥ ＜	合金钢 ≥
Al	0.10			0.10	Se	0.10		0.10
B	0.0005			0.0005	Si	0.50	0.50 0.90	0.90
Bi	0.10			0.10	Te	0.10		0.10
Cr[⑤]	0.30	0.30	0.50	0.50	Ti	0.05	0.05 0.13	0.13
Co	0.10			0.10	V	0.04	0.04 0.12	0.12
Cu[⑤]	0.10	0.10	0.50	0.50	W	0.10		0.10
Mn	1.00	1.00	1.40	1.40	Zr	0.05	0.05 0.12	0.12
Mo[⑤]	0.05	0.05	0.10	0.10	La 系每种元素[③]	0.02	0.02 0.05	0.05
Ni[⑤]	0.30	0.30	0.50	0.50				
Nb	0.02	0.02	0.06	0.06	其他规定元素[④]	0.05		0.05
Pb	0.40			0.40				

注：① 当标准、技术条件或订货单对钢的熔炼分析化学成分规定最低值或范围时，应以最低值作为规定含量进行分类；当规定最高值时，应以最高值的 0.7 倍作为规定含量进行分类；当无上述规定时，应按生产厂报出的熔炼分析值作为规定含量进行分类；当只有钢的成品分析值时，可按成品分析值作为规定含量进行分类，但当处在两类临界情况下，要考虑化学成分允许偏差的影响。

② 标准、技术条件或订货单中规定的或在钢中实际存在不作为合金元素有意加入钢中残余元素含量，不作为规定含量进行分类。

③ La 系元素"含量"，亦可为混合稀土含量总和。

④ 其他规定元素栏中，不包括 S、P、C、N 四种元素。

⑤ 当 Cr、Cu、Mo、Ni 四种元素，其中二种、三种或四种元素同时规定在钢中时，对于低合金钢，应同时考虑这些元素中每种元素的规定含量，其含量总和应不大于规定的二种、三种或四种元素中每种最高界限值总和的 70%。如果这些元素的规定含量总和大于规定的元素中每种最高界限值总和的 70%，即使这些元素每种规定含量低于规定的最高界限值，亦应列入合金钢。上述原则，也适用于 Nb、Ti、V、Zr 四种元素。

(b) 非合金钢分类

1) 分 类	① 按主要质量等级分： 　a. 普通质量非合金钢； 　b. 优质非合金钢； 　c. 特殊质量非合金钢。 ② 按主要性能及使用特性分： 　a. 以规定最高强度（硬度）为主要特性的非合金钢，如冷成型用薄钢板； 　b. 以规定最低强度为主要特性的非合金钢，如造船、压力容器、管道等用钢； 　c. 以限制 C 含量为主要特性的非合金钢（下述 d、e 两项包括的钢除外），如线材、调质用钢； 　d. 非合易切削钢，钢中 S 含量最低值、熔炼分析值≥0.070%，并（或）加入 Pb、Bi、Te、Se 或 P 等元素；

1) 分 类	e. 非合金工具钢; f. 具有专门规定磁性或电性能的非合金钢如无硅磁性薄板和带、电磁纯铁; g. 其他非合金钢,如原料纯铁等
2) 普 通 质 量 非 合 金 钢	指不规定生产过程中需要特别控制质量要求的,并应同时满足下列四项条件所有的钢种: ① 钢为非合金化的(即钢中各种元素含量符合上述"(a)按化学成分分类"中规定)。 ② 不规定热处理(退火、正火、消除应力及软化处理不作为热处理对待)。 ③ 如产品标准或技术条件中有规定,其特性值应符合下列条件: 　a. C 含量最高值≥0.10%; 　b. S 或 P 含量最高值≥0.045%; 　c. N 含量最高值≥0.007%; 　d. 抗拉强度最低值≤690MPa; 　e. 屈服点或屈服强度最低值≤360MPa; 　f. 伸长率最低值(δ_5)≤33%; 　g. 弯心直径最低值≥0.5×试样厚度; 　h. 冲击功最低值(20℃,V 形,纵向标准试样)≤27J; 　i. 洛氏硬度最高值(HRB)≥60。 注:力学性能的规定值指用厚度为 3~16mm 钢料做的纵向或横向试样测定的性能。 ④ 未规定其他质量要求
	主要包括钢种: ① 一般用途碳素结构钢,如 GB/T700 规定的 A、B 级钢。 ② 碳素钢筋钢,如 GB13031 规定的 Q235 钢。 ③ 铁道用一般碳素钢,如 GB/T11264、GB/T11265、GB/T2826 规定的轻轨和垫板用碳素钢。 ④ 一般钢板桩型钢

2）普通质量非合金钢	指除普通质量非合金钢和特殊质量非合金钢以外的非合金钢，在生产过程中需要特别控制质量（如控制晶粒度，降低 S、P 含量，改善表面质量或增加工艺控制等），以达到比普通质量非合金钢特殊的质量要求（如良好的抗脆断性能，良好的冷成型性等），但其生产控制又不如特殊质量非合金钢严格（如不控制淬透性）
3）优质非合金钢	主要包括钢种： ① 机械结构用优质碳素钢，如 GB/T699 规定的条钢（但 70～85 钢、65Mn、70Mn 钢除外）。 ② 工程结构用碳素钢，如 GB/T700 规定的 C、D 级钢。 ③ 冲压用低碳钢薄板，如 GB/T5213、GB/T3276 规定的优质碳素钢薄板。 ④ 镀层板（带）用碳素钢，如 GB/T2518、GB/T2520、GB/T4174、GB/T5065、GB/T5066 等规定的镀锡、镀锌、镀铝板（带）和原板。 ⑤ 锅炉和压力容器用碳素钢，如 GB713、GB3087、GB6653、GB6654 规定的碳素钢板（带、管）。 ⑥ 造船用碳素钢，如 GB/T712、GB/T5312、GB/T9945 规定的碳素钢板、钢管和型钢。 ⑦ 铁道用优质碳素钢，如 GB/T2585 规定的重轨用碳素钢。 ⑧ 焊条用碳素钢，如 GB/T1300 规定的碳素钢，但成品分析的 S、P≤0.025％的钢除外。 ⑨ 用于冷锻、冷挤压、冷冲击、冷拔的，对表面质量有特殊要求的非合金钢棒料和线材，如 GB/T715、GB/T5955、GB/T6478、GB/T5953 规定的非合金钢。 ⑩ 非合金易切削结构钢，如 GB/T8731 规定的易切削钢。 ⑪ 电工用非合金钢板（带），如 GB/T2521 规定的无硅钢板（带）。 ⑫ 优质铸造碳素钢，如 GB/T11352、GB/T7659 规定的铸造碳素钢

2.14

4）特殊质量非合金钢	指在生产过程中需要特别严格控制质量和性能（如控制淬透性和纯洁度）的非合金钢，并应符合下列条件：
	① 钢材要经热处理并至少具有一种特殊要求的非合金钢（包括易切削钢和工具钢）；
	  a. 要求淬火和回火或模拟表面硬化状态下的冲击性能；
	  b. 要求淬火或淬火和回火后的淬硬层深度或表面硬度；
	  c. 要求限制表面缺陷，比对冷镦和冷挤压用钢的规定更为严格；
	  d. 要求限制非金属夹杂物和（或）内部质量均匀性。
	② 钢材不进行热处理但至少具有下列一种特殊要求的非合金钢：
	  a. 要求限制非金属夹杂含量和（或）内部材质均匀性，如钢板抗层状撕裂性能；
	  b. 要求限制 S 和（或）P 含量最高值：熔炼分析值≤0.020%、成品分析值≤0.025%；
	  c. 要求限制残余元素最高含量（熔炼分析值）：Cu≤0.10%、Co≤0.05%、V≤0.05%；
	  d. 表面质量的要求比冷镦和冷挤压用钢更为严格。
	③ 具有规定的导电性能（≥9S/m）或磁性能（对于只规定最大磁损和最小磁感而不规定磁导率的磁性薄板和带除外）的钢

	主要包括钢种： ① 保证淬透性非合金钢，如 GB/T5216 规定的碳素钢。 ② 保证厚度方向性能非合金钢，如 GB/T5313 规定的非合金钢。 ③ 铁道用特殊非合金钢，如 GB/T5068、GB/T8601、GB/T8602 规定的车轴坯、车轮、轮箍钢。 ④ 航空、兵器等专用的非合金结构钢。 ⑤ 核能用非合金钢。 ⑥ 特殊焊条用非合金钢，如 GB/T1300 规定的 S、P 含量（成品分析）≤0.025% 的非合金钢。 ⑦ 碳素弹簧钢，如 GB/T1222 规定的非合金钢及 GB/T699 中规定的 70～85 钢，65Mn、70Mn 钢。 ⑧ 特殊盘条钢及钢丝，如 GB/T4355、GB/T4358 规定的琴钢丝用盘条及琴钢丝。 ⑨ 特殊易切削钢。 ⑩ 碳素工具钢和中空钢，如 GB/T1298、GB/T1301 规定的碳素工具钢和中空钢。 ⑪ 电磁纯铁，如 GB/T6983、GB/T6984、GB/T6985 规定的具有电磁性能的纯铁。 ⑫ 原料纯铁，如 GB/T9971 中规定的 S、P 含量极低的纯铁

(c) 低合金钢分类

1)
分
类
	① 按主要质量等级分:
	  a. 普通质量低合金钢;
	  b. 优质低合金钢;
	  c. 特殊质量低合金钢。
	② 按主要性能及使用特性分类:
	  a. 可焊接的低合金高强度结构钢;
	  b. 低合金耐候钢;
	  c. 低合金钢筋钢;
	  d. 铁道用低合金钢;
	  e. 矿用低合金钢;
	  f. 其他低合金钢

2)
普
通
质
量
低
合
金
钢
	指不规定生产过程中需要特别控制质量要求,供作一般用途的低合金钢,并应同时满足下列条件:
	  ① 合金含量较低(即钢中各种合金元素含量低,符合第2.11页"(a)按化学成分分类"中规定)。
	  ② 不规定热处理(退火、正火、消除应力及软化处理不作热处理对待)。
	  ③ 如产品标准或技术条件中有规定,其特性值应符合下列条件:
	    a. S 或 P 含量最高值 $\geqslant 0.045\%$;
	    b. 抗拉强度最低值 $\leqslant 690\text{MPa}$;
	    c. 屈服点和屈服强度最低值 $\leqslant 360\text{MPa}$;
	    d. 伸长率最低值 $\leqslant 26\%$;
	    e. 弯心直径最低值 $\geqslant 2 \times$ 试样厚度;
	    f. 冲击功最低值(20℃,V 形,纵向标准试样) $\leqslant 27\text{J}$。
	  注:力学性能的规定值指厚度 3~16mm 钢材取纵向或横向试样测定的性能。规定的抗拉强度、屈服点(屈服强度)特性值只适用于可焊接的低合金高强度结构钢。
	  ④ 未规定其他质量要求

	主要包括钢种:
	  ① 一般用途低合金结构钢,规定的屈服强度 $\leqslant 360\text{MPa}$,如 GB/T1591 规定的低合金钢(但不包括屈服强度 $>360\text{MPa}$ 的牌号)。
	  ② 低合金钢筋钢,如 GB1499 规定的低合金钢。
	  ③ 铁道用一般低合金钢,如 GB/T11264 规定的轻轨钢。
	  ④ 矿用一般低合金钢,如 GB/T3414 规定的低合金钢(进行调质处理的牌号除外)

3) 优质低合金钢	指除普通质量低合金钢和特殊质量低合金钢以外的低合金钢，在生产过程中需要特别控制特性（如降低 S、P 含量，控制晶粒度，改善表面质量，增加工艺控制等），以达到比普通质量低合金钢特殊的质量要求（如良好的抗脆断性能，良好的冷成型性等），但其生产控制和质量要求，不如特殊质量低合金钢严格。
	主要包括钢种： ① 可焊接的高强度结构钢，规定的屈服强度在 >360MPa～<420MPa 范围以内。 ② 锅炉和压力容器用低合金钢，如 GB713、GB6653～6655 等规定的低合金钢。 ③ 造船用低合金钢，如 GB712 规定的低合金钢。 ④ 汽车用低合金钢，如 GB/T3273 规定的低合金钢。 ⑤ 桥梁用低合金钢，如 YB/T168 等规定的低合金钢。 ⑥ 自行车用低合金钢，如 GB/T3646、GB/T3647 规定的低合金钢。 ⑦ 低合金耐候钢，如 GB/T4171、GB/T4172 规定的低合金钢。 ⑧ 铁道用低合金钢，如 GB2585、GB/T8603、GB/T8604 等规定的低合金钢轨钢、异型钢。 ⑨ 矿用低合金钢（普通质量低合金钢除外）。 ⑩ 输油、输气管线用低合金钢
4) 特殊质量低合金钢	指在生产过程中需要特别严格控制质量和性能（特别是严格控制 S、P 等杂质含量和纯洁度）的低合金钢，并应至少符合下列一种条件： ① 规定限制非金属夹杂物含量和（或）内部材质均匀性，如钢板抗层状撕裂性能。 ② 规定严格控制 P 和（或）S 含量最高值：熔炼分析值≤0.020%、成品分析值≤0.025%。 ③ 规定限制残余元素最高含量（熔炼分析值）：Cu≤0.10%、Co≤0.05%、V≤0.05%。 ④ 规定低温（低于-40℃）冲击性能。 ⑤ 可焊接的高强度钢，规定的屈服强度最低值≥420MPa。 注：指对厚度 3～16mm 钢材取纵向或横向试样测定的性能
	主要包括钢种： ① 核能用低合金钢。 ② 保证厚度方向性能低合金钢，如 GB/T5313 规定的低合金钢。 ③ 铁道用特殊低合金钢，如 GB/T8601 规定的车轮用低合金钢。 ④ 低温用低合金钢。 ⑤ 舰船、兵器等专用特殊低合金钢

(d) 合金钢分类

1) 分 类	按主要质量等级分类： ① 优质合金钢。 ② 特殊质量合金钢。 按主要性能及使用性能特性分类： ① 工程结构用合金钢，包括一般工程结构用合金钢、合金钢筋钢、压力容器用合金钢、地质石油钻探用钢、高锰耐磨钢等。 ② 机械结构用合金钢，包括调质处理合金结构钢、表面硬化合金结构钢、冷塑性成型（冷顶锻、冷挤压）合金结构钢、合金弹簧钢等（不锈、耐蚀和耐热钢、轴承钢除外）。 ③ 不锈、耐蚀和耐热钢，包括不锈钢、耐酸钢、抗氧化钢和热强钢等；按其金相组织可分为马氏体型钢、铁素体型钢、奥氏体型钢、奥氏体-铁素体型钢、沉淀硬化型钢等。 ④ 工具钢，包括合金工具钢、高速工具钢；合金工具钢又分为量具刃具用钢、耐冲击用工具钢、冷作模具钢、热作模具钢、无磁模具钢、塑料模具钢等；高速工具钢又分为钼系、钨系和钴系高速工具钢。 ⑤ 轴承钢，包括高碳铬轴承钢、渗碳轴承钢、不锈轴承钢和无磁轴承钢等。 ⑥ 特殊物理性能钢，包括软磁钢、永磁钢、无磁钢、高电阻钢和合金等。 ⑦ 其他如铁道用合金钢等
2) 优 质 合 金 钢	指在生产过程中需要特别控制质量和性能，但其生产控制和质量要求不如特殊质量合金钢严格的合金钢。 主要包括钢种： ① 一般工程结构用合金钢。 ② 合金钢筋钢，如 GB1499 规定的 40Si2MnV、45SiMnV、45Si2MnTi 钢等。 ③ 电工用硅（铝）钢（无磁导率要求），如 GB/T2521、GB/T2512 等规定的硅（铝）钢带（片）。 ④ 铁道用合金钢。 ⑤ 地质、石油钻探用合金钢，如 YB/T235、YB/T528 规定的地质、石油钻探用合金钢管（但经调质处理的钢除外）。 ⑥ S、P 含量 >0.035% 的耐磨钢和硅锰弹簧钢，如 GB/T5680 规定的高锰铸钢

2.18

	指在生产过程中需要特别严格控制质量和性能的合金钢,除优质合金钢以外的其他合金钢都为特殊质量合金钢 主要包括钢种: ① 压力容器用合金钢,如 GB6654 规定的 18MnMoNbR,GB713 规定的 14MnMoVg、18MnMoNbg,GB3531 规定的 09MnTiCuREDR、09Mn2VDR 等。 ② 经热处理的合金钢筋钢,如 GB 4463 规定的 40Si2Mn、48Si2Cr 等。 ③ 经热处理的地质石油钻探用合金钢,如 YB/T235、YB/T528 规定的合金钢。 ④ 合金结构钢,如 GB/T3077 规定的全部牌号。 ⑤ 合金弹簧钢,如 GB/T1222 规定的全部牌号。 ⑥ 不锈钢,如 GB/T1220、GB/T2100 等规定的全部牌号。 ⑦ 耐热钢,如 GB/T1221、GB/T8492 等规定的全部牌号。 ⑧ 合金工具钢,如 GB/T1299 规定的全部牌号。 ⑨ 高速工具钢,如 GB/T9943 规定的全部牌号。 ⑩ 轴承钢,如 GB/T3086、GB/T3203 等规定的高碳铬轴承钢、高碳铬不锈轴承钢、渗碳轴承钢、高温轴承钢、无磁轴承钢等。 ⑪ 高电阻电热钢和合金,如 GB/T1234 规定的合金钢和合金。 ⑫ 无磁钢,如铬镍奥氏体型钢(0Cr16Ni14)、高锰铝奥氏体型钢(45Mn17Al3)。 ⑬ 永磁钢,如变形永磁钢、铸造永磁钢和粉末烧结永磁钢
3) 特殊质量合金钢	

(e) 钢的其他习惯分类(非标准规定分类)

1) 按含碳量分:	① 低碳钢($C \leqslant 0.25\%$)。 ② 中碳钢($C0.25\% \sim 0.60\%$)。 ③ 高碳钢($C > 0.60\%$)
2) 按冶炼时脱氧程度分:	① 沸腾钢。 ② 镇静钢。 ③ 半镇静钢。 ④ 特殊镇静钢
3) 按炼钢炉别分:	① 平炉钢。 ② 转炉钢(主要是氧气顶吹转炉钢)。 ③ 电炉钢,又分电弧炉钢、电渣炉钢、感应炉钢和真空感应炉钢

(3) 钢材分类及有关钢材交货名词简介

1) 钢 材 分 类

棒钢 (条钢)	① 按轧制方法分热轧棒钢和冷拉棒钢；② 按断面形状分圆钢、扁钢、方钢、六角钢和八角钢(也有将棒钢并在型钢类)
型钢	按断面形状分等边角钢、不等边角钢、工字钢、槽钢、丁字钢和乙字钢等
钢板	① 按轧制方法分热轧钢板和冷轧钢板；② 按厚度分厚钢板(>3mm)和薄钢板(≤3mm 电工钢板除外)；③ 按用途分一般用钢板、锅炉用厚钢板、造船用钢板、汽车用厚钢板、镀锌薄钢板、镀锡薄钢板、彩色涂层钢板、日用搪瓷用钢板及其他专用钢板等
钢带	① 按轧制方法分热轧钢带和冷轧钢带；② 按用途分一般用钢带、镀锌钢带、彩色涂层钢带、电工钢带等
钢管	① 按制造方法分无缝钢管(又分热轧和冷拔两种)和焊接钢管；② 按用途分一般用钢管、水煤气用钢管、锅炉用钢管、石油用钢管及其他专用钢管等；③ 按表面状况分镀锌钢管和不镀锌钢管；④ 按管端结构分带螺纹钢管和不带螺纹钢管
钢丝	① 按加工方法分冷拉钢丝和冷轧钢丝；② 按用途分一般用途钢丝、架空通讯用钢丝、焊接用钢丝、弹簧钢丝及其他专用钢丝等；③ 按表面状况分抛光钢丝、磨光钢丝、酸洗钢丝、光面钢丝、镀锌钢丝及其他镀层钢丝等
钢丝绳	① 按绳(股)的断面形状分圆股钢丝绳、异型股钢丝绳等；② 按绳(股)数目分 6 股钢丝绳和 18 股钢丝绳等；③ 按绳(股)芯材料分纤维芯和钢芯；④ 按绳的钢丝表面状况分光面钢丝和镀锌钢丝；⑤ 按绳的捻制方法分右交互捻、左交互捻、右同向捻和左同向捻；⑥ 按用途分一般用钢丝绳、输送带用钢丝绳、操纵用钢丝绳及其他专用钢丝绳等
钢轨	轻轨、重轨、起重机钢轨等

2) 钢材交货名词简介①

① 交货状态：是指交货产品的最终塑性变形加工状态(如热轧、热锻、冷轧、冷拉等)或最终热处理状态(如正火、退火、调质或固溶处理等)。

② 交货长度：a. 通常长度(不定尺长度)，指钢材交货时，长度要在标准规定范围内；b. 定尺长度，指钢材按订货要求切成固定长度；c. 倍尺长度，指钢材按订货要求的单倍尺长度切成等于单倍尺长度的整数倍数；d. 短尺，指凡长度小于标准规定的通常长度，但不小于最小允许长度

注：① 有关钢材交货名词，也适用于有色金属材料。

5. 工业上常用的有色金属

纯金属	铜(纯铜、紫铜)、铝、镍、镁、钛、锌、铅、锡、铬等			
合金	铜合金	黄铜	压力加工用、铸造用	普通黄铜(铜锌合金)
				特殊黄铜(含有其他合金元素的黄铜):铝黄铜、硅黄铜、锰黄铜、铅黄铜、锡黄铜、铁黄铜、镍黄铜等
		青铜	压力加工用、铸造用	锡青铜(铜锡合金,一般尚含有磷、或锌、铅等合金元素)
				特殊青铜(含有除锌、锡、镍以外的其他合金元素的铜合金):铝青铜、硅青铜、锰青铜、铍青铜、锆青铜、铬青铜、镉青铜、镁青铜等
		白铜	压力加工用	普通白铜(铜镍合金)
				特殊白铜(含有其他合金元素的白铜):锰白铜、铁白铜、锌白铜、铝白铜等
	铝合金	压力加工用(变形用)		不可热处理强化的:防锈铝
				可热处理强化的:硬铝、锻铝、超硬铝、特殊铝等
		铸造用		铝硅合金、铝铜合金、铝镁合金、铝锌合金等
	镍合金	压力加工用		镍硅合金、镍锰合金、镍铬合金、镍铜合金、镍钨合金等
	锌合金	压力加工用		锌铜合金、锌铝合金
		铸造用		锌铝合金
	铅合金	压力加工用		铅锑合金、铅锡合金等
	镁合金	压力加工用		镁铝合金、镁锰合金、镁锌合金等
		铸造用		镁铝合金、镁锌合金、镁稀土合金等

合金	钛合金	压力加工用	α型钛合金、β型钛合金、α+β型钛合金
		铸造用	A型钛合金、B型钛合金、C型钛合金
	轴承合金	铅基轴承合金	铅锡轴承合金、铅锑轴承合金
		锡基轴承合金	锡锑轴承合金
		其他轴承合金	铜基轴承合金、铝基轴承合金
	印刷合金	铅基印刷合金	铅锑印刷合金
	硬质合金	钨钴硬质合金、钨钛钴硬质合金	
		铸造碳化钨	
		钢结硬质合金	

6. 常见元素对金属材料性能的主要影响

（1）常见元素对黑色金属材料性能的主要影响

1）铸铁	① 碳：在铸铁中大多呈自由碳（石墨），对铸铁有良好的减磨性、高的消振性、低的缺口敏感性及优良的切削加工性。铸铁的力学性能除基体组织外，主要取决于石墨的形状、大小、数量和分布等因素，如石墨的形状，灰铸铁呈片状，强度低；可锻铸铁呈团絮状，强度较高；球墨铸铁呈球状，强度高。 ② 硅：是强烈促进铸铁石墨化的元素，合适的含硅量是铸铁获得所需组织和性能的重要因素。 ③ 锰：是阻碍铸铁石墨化的元素，适量的锰有利于铸铁基体获得珠光体组织和铁素体组织，并能消除硫的有害影响。 ④ 硫：有害元素，它阻碍铸铁石墨化，不仅对铸造性能产生有害影响，并使铸件变脆。 ⑤ 磷：对铸铁石墨化不强烈的元素，并使铸铁基体中形成硬而脆的组织，使铸铁件脆性增加。 上述锰、硫、磷三元素在铸用生铁中，按它们的各自含量进行分组、分级和分类

2) 钢	① 碳：在钢中随着含碳量增加，可提高钢的强度和硬度，但降低塑性和韧性。碳和钢中某些合金元素化合形成各种碳化物，对钢的性能产生不同的影响。 ② 锰：提高钢的强度和显著提高钢的淬透性，能消除和减少硫对钢产生的热脆性，含锰量高的钢，经冷加工或冲击后具有高的耐磨性，但有促使钢的晶粒长大和增加第二类回火脆性的倾向，锰元素在结构钢、钢筋钢、弹簧钢中应用较多。 ③ 硅：提高钢的强度和回火稳定性，特别是经淬火、回火后能提高钢的屈服极限和弹性极限，含硅量高的钢，其磁性和电阻均明显提高，但硅有促进石墨化倾向，当钢中含硅量高的时候，影响更大。此外，对钢还有脱碳和存在第二类回火脆性倾向。硅元素在钢筋钢、弹簧钢和电工钢中应用较多。 ④ 铬：提高钢的强度、淬透性和细化晶粒，提高韧性和耐磨性的作用，但存在第二类回火脆性的倾向，含铬量高的钢，能增大抗腐蚀的能力，与镍元素等配合能提高抗氧化性和钢的热强性，并进一步提高抗腐蚀性。铬是结构钢、工具钢、轴承钢、不锈钢和耐热钢中应用很广的元素。 ⑤ 钨：提高钢的红硬性和耐磨性，有阻碍钢晶粒长大和防止回火脆性的作用，也能提高回火稳定性，是高速工具钢、合金工具钢中应用较多的元素之一。 ⑥ 钼：与钨有相似的作用，还能提高钢的淬透性，在高速工具钢中常以钼代钨，从而减轻含钨高速钢碳化物堆集的程度，提高了力学性能。 ⑦ 钒：能细化晶粒，提高钢的强度和韧性，提高钢的耐磨性和红硬性以及回火稳定性，在高速工具钢中经多次回火有二次硬化的作用。 ⑧ 钛：与钒有相似的作用，以钛为基的合金钢有较小的密度，较高的高温强度，在镍铬不锈钢中有减少晶间腐蚀的作用。 ⑨ 镍：提高钢的强度，而对塑性和韧性影响不大，含量高时与铬配合能显著提高钢的耐腐蚀性和耐热性。它应用广泛，特别是在不锈钢和耐热钢中。 ⑩ 铌：能细化晶粒，沉淀强化效果好，使钢的屈服点提高。

2) 钢	⑪ 铜：提高钢的耐腐蚀性，同时有固溶强化作用，提高了屈服极限，但钢的塑性、韧性下降，当含铜量超过 0.4%～0.5% 时，使钢件在热加工时表面容易产生裂纹。 ⑫ 铝：能细化晶粒，从而提高钢的强度和韧性，用铝脱氧的镇静钢，能降低钢的时效倾向，如冷轧低碳薄钢板，经精轧后可长期存放，不产生应变时效。 ⑬ 硼：微量的硼能显著提高钢的淬透性，但当含碳量增加时，使淬透性下降，因此硼加入含碳量<0.6% 的低碳或中碳钢中作用明显。 ⑭ 硫：增加钢中非金属夹杂物，使钢的强度降低，在热加工时，容易产生脆性（热脆性），但稍高的含硫量能改善低碳钢的切削加工性。 ⑮ 磷：增加钢中的非金属夹杂物，使钢的强度和塑性降低，特别是在低温时更严重（冷脆性），但稍高的含磷量能改善低碳钢的切削加工性

（2）常见元素对有色金属材料性能的主要影响

1) 铜	铜中杂质元素如氧、硫、铅、铋、砷、磷等，均不同程度降低铜的导电性、导热性和塑性变形能力；含氧的铜在与有氢气和一氧化碳等还原气氛中加热时会产生裂纹（氢病），无氧铜的含氧量≤0.003%
2) 黄 铜	① 锌：是黄铜的主要元素，当含锌量<32% 时，黄铜的强度和塑性，随含锌量增加而提高，当>32% 时，使塑性降低，脆性增加。 ② 铝：提高黄铜的强度、硬度和屈服极限，同时改善抗蚀性和铸造性，但会使焊接性能降低，压力加工困难。 ③ 硅：提高黄铜的强度、硬度和改善铸造性能，但当含硅量过高时，使黄铜的塑性降低。 ④ 锡：加入 1% 的锡，能显著提高黄铜抗海水和海洋大气的腐蚀性能，并能改善黄铜的切削加工性。 ⑤ 锰：提高黄铜的强度、弹性极限而不降低塑性，同时还可提高黄铜在海水和过热蒸汽中的抗腐蚀性。

2) 黄 铜	⑥ 铁:提高黄铜的力学性能及改善减磨性,铁与锰配合还可改善黄铜的抗腐蚀性。 ⑦ 铅:改善黄铜的切削加工性,提高对磨性。 ⑧ 镍:提高黄铜的力学性能,又能改善黄铜的压力加工性、抗腐蚀性和热强性
3) 青 铜	① 锡:是青铜中主要元素,当含锡量<7%时,青铜的强度随含锡量增加而提高,当含锡量>7%时,强度、塑性均下降,故压力加工用青铜,含锡量应<6%～7%;铸造用青铜,含锡量达10%～14%,但铸造性能也不理想,含锡的青铜在大气、海水和蒸汽中的抗腐蚀性均优于黄铜。 ② 磷:能提高青铜的强度、弹性极限、疲劳极限和耐磨性,也能改善青铜的铸造性,故磷常与铜、锡配合制成锡磷青铜。 ③ 铍:能提高青铜的强度、硬度和弹性极限、疲劳极限和耐磨性,有优良的抗腐蚀性和导电性,铍青铜工件受冲击时不产生火花,常用来制造防爆工具。 ④ 铝:能提高青铜的强度、硬度和弹性极限,并具有抗大气、海水腐蚀的能力,但在过热蒸汽中不稳定。 ⑤ 硅:能提高青铜的力学性能和抗腐蚀性,硅与锰的配制的青铜有良好的弹性,硅与镍配制的青铜有较好的耐磨性和良好的焊接性。 ⑥ 锰:能提高青铜的耐热强度,有良好的塑性和耐腐蚀性,如锰与铜锡配制的锰青铜。 ⑦ 铬:能提高青铜的导电性,并可通过热处理强化来提高强度,如铬与铜锡配制的铬青铜
4) 白 铜	① 镍:是白铜中的主要元素,能显著提高铜的强度、耐腐蚀性、电阻和热电势,并有优良的冷、热加工工艺性。 ② 铁:与锰配合使用,能细化晶粒,提高强度,并显著改善白铜的耐蚀性。 ③ 锌:能提高白铜的耐蚀性和通过固溶强化来提高力学性能,在锌白铜中添加少量铅能改善切削加工性。 ④ 铝:可进行热处理强化来提高力学性能,并有良好的耐蚀性、弹性和耐低温性。 ⑤ 锰:能提高电阻和有低的电阻温度系数,可提高塑性,进行冷热压力加工

5) 铝	铝中杂质元素主要是铁与硅,它会降低铝的塑性,并使耐腐蚀性和导电性变坏;其次是铜、镁、锰、钛等,均会降低铝的耐腐蚀性和导电性
6) 铝 合 金	① 镁:是铝中常见元素,也是铝镁防锈铝中的主要元素,能提高合金的耐腐蚀能力和有良好的焊接性能;当镁含量<5%时,随着含镁量增加,使合金的强度、塑性也能相应提高;当含量>5%时,会使合金的抗应力腐蚀和塑性降低。 ② 锰:是铝锰防锈铝中的主要元素,含锰量在1.0%~1.6%范围内,合金具有较高的强度、塑性、焊接性和优良的抗蚀性。 ③ 铜:它与镁配合有强烈的时效强化作用,经时效处理后的合金具有很高的强度和硬度,铜、镁含量低的硬铝(铝-铜-镁系合金)强度较低、塑性高,而铜、镁含量高的硬铝,则强度高、塑性低。 ④ 锌:它对铝有显著强化的效果,是超硬铝合金中的主要强化元素,加入铸造铝合金中能显著提高合金的强度,但耐腐蚀性差。 ⑤ 硅:是铸造铝合金中的常用元素,硅加入铝中有极好的流动性、小的铸造收缩性和良好的耐腐蚀性和力学性能;在加工铝合金中,硅与镁、铜、锰配合,可以改善热加工塑性和提高热处理强化效果,如常见的锻铝,即属铝-镁-硅-铜系合金
7) 镍	镍中的杂质元素,主要是碳、氧和硫;碳在镍中含量>2%,在退火后会以石墨形态从晶界析出,使镍产生冷脆性;氧在镍中溶解度极小,超过一定含量会形成NiO而沿晶界析出,也会使镍产生冷脆性;此外,含氧量较高的镍,在还原性气氛中,特别是在含氢气氛下退火时,会产生脆性(俗称氢病);故在含氧镍被视为有害杂质,但在阳极镍的生产中,氧却是有益的添加元素,这主要是氧能得到致密的铸锭组织,提高阳极镍的工艺性能,且这种镍不需要退火,所以这种氧无害;硫含量>0.003%时,会形成低熔点共晶体,在热压力加工过程中容易引起热脆性;其他杂质元素如铁、锰、硅、铅、铋等都会恶化镍的热电性能,砷、镉、磷则显著降低镍的工艺性能和力学性能

8) 镍 合 金	① 锰:提高镍合金的耐热性和耐腐蚀性。 ② 铜:镍中加入铜及少量的铁、锰是著名孟乃尔合金,它的强度高、塑性好,在 750℃ 以下的大气中,化学稳定性好,在 500℃ 时还保持足够的高温强度,在大气、盐或碱的水溶液及蒸汽和有机物中,耐腐蚀性也很好。 ③ 镁、硅:镍中加入少量的镁或硅,其性能与纯镍相似,在电气工业中多制成线材、棒材或带材使用。 ④ 铬:提高镍合金的热电势和电阻,铬与镍配制的镍铬合金常作为热电合金使用。 ⑤ 钨:钨与微量的钙等元素配合,能提高镍的高温强度和良好的电子发射性能,用这类合金制造的电子管氧化物阴极芯,在工作温度下,氧化层会有高的稳定性
9) 镁	镁中主要杂质元素是铁、镍、铜,会严重影响其耐蚀性能;硅、锌,对其耐蚀性能也有一些影响
10) 镁 合 金	① 锰:在镁锰合金中可提高合金的耐蚀性、高温塑性和焊接性能。 ② 铝和锌:在镁铝锌合金中可提高强度,可热处理强化,铸造性能也良好,但耐蚀性差。部分牌号(MB2、MB3)焊接性能良好;部分牌号(MB5)焊接性能差,部分牌号(MB7)需进行消除应力退火来提高焊接性能。 ③ 锌和锆:在镁锌锆合金中可提高强度,并具有良好的塑性和耐蚀性,无应力腐蚀倾向,可加工性能良好,但焊接性能差
11) 钛	分化学纯钛(又称碘化法钛)和工业纯钛两种。前者特点是化学性能稳定,强度低。后者的杂质含量较多,因此,其强度和硬度也稍高,可焊接性、可切削加工性能和耐蚀性也较好,抗氧化性和耐热性也较高
12) 钛 合 金	分 α 型、β 型和 α+β 型三种钛合金。 ① α 型钛合金:主要依靠固溶强化来提高力学性能,室温下,其强度低于后两种钛合金,但在 500~600℃ 高温时,其高温强度则优于后两种钛合金;组织稳定,抗氧化性和焊接性好,耐蚀性和切削加工性能尚好,但塑性较低,压力加工性能较差。

12) 钛合金	② β 型钛合金：可热处理强化，强度高，焊接性和压力加工性能良好，但性能不够稳定，熔炼工艺复杂。 ③ $\alpha + \beta$ 型钛合金：综合力学性能良好；部分牌号（TC1、TC2、TC7）不能热处理，其他牌号则可以热处理强化、可切削加工性能和压力加工性能好；室温强度高，在 $100 \sim 500{}^{\circ}\mathrm{C}$ 以下有较好的耐热性
13) 锌	锌中主要杂质元素是铅、镉、铁等，铅虽能增加锌的延展性，使它容易轧制成薄板和带，但当锌用来镀敷钢材表面时，会降低锌层的强度；镉和铁会增加锌的硬度和脆性，当含铁的锌用于镀敷钢材表面时，容易产生大量的锌滓，使锌层开裂
14) 锌合金	锌中加入少量铝（2%～6%）和铜（1%～5%）时，可提高其力学性能，但耐腐蚀性较差；在压铸锌合金件时，常添加铝、铜元素，可具有熔点低、流动性好的优点
15) 铅	铅中主要杂质元素是铜、锑、砷、锡、锌、铁等，在用纯铅制成的铅酸电池中容易产生气体，危害电池的密封性能
16) 铅合金	① 锑：在铅锑合金中，锑明显地提高合金的强度和硬度。 ② 银：在铅银合金中，银能提高合金的强度和蠕变能力，以及对硫酸的抗蚀性
17) 锡锑轴承合金	锡锑轴承合金是以锡锑为基的合金。部分锑溶于锡中形成固溶体，是合金的软质基体；其余的锑与锡形成化合物，是合金中的硬质点。由于锡锑密度不一样，合金容易产生密度偏析，性能不好，故常在锡锑合金中添加1.5%～10%的铜，不仅能减消合金的密度偏析，而且铜锡化合物还起到硬质点的作用，可提高轴承合金的耐磨性。
18) 铅锑轴承合金	铅锑轴承合金是以铅锑为基的合金。其室温组织为锑在铅中的固溶体和铅在锑中的固溶体。前者为软质基体，后者为硬脆相，且铅的密度比锑大得多，因此密度偏析严重，性能变坏。为了提高铅锑轴承合金的强度、硬度和耐磨性，一般加入6%～16%的锡，既提高了强度、硬度，又能形成金属间化合物的硬质点，提高了耐磨性，同时还改善了耐腐蚀性及合金与钢的结合强度

7. 钢铁产品牌号表示方法(GB/T221－2000)

(1) 简　　介

代表我国的钢铁及合金产品的名称、用途、冶炼和浇铸方法的牌号表示方法有两种：①产品牌号表示方法(按 GB/T221－2000《钢铁产品牌号表示方法》中的规定)，即在本节中介绍；②统一数字代号表示方法(按 GB/T17616－1998《钢铁及合金牌号统一数字代号体系》中规定)，将在下节中介绍。这两种方法(产品牌号和统一数字代号)均统一列入有关钢铁及合金产品的国家标准和行业标准中，相互对照，并均有效。

(2) 牌号表示方法总则

产品牌号表示方法：一般采用汉语拼音字母、化学元素符号和阿拉伯数字相结合。采用汉语拼音字母表示产品名称、用途、特性和工艺方法，一般从代表产品名称汉字的汉语拼音中选取第一个字母；当和另一产品所取名称重复时，改取第二个或第三个字母或同时选取两个汉字的第一个拼音字母。采用汉语拼音字母，原则上只取一个，一般不超过两个。

(3) 牌号中采用的表示产品名称、用途、特性、
工艺方法的汉字和符号

名　　称	汉字	符号	名　　称	汉字	符号
炼钢用生铁	炼	L	保证渗透性钢		H*
铸造用生铁	铸	Z	易切削非调质钢	易非	YF
球墨铸铁用生铁	球	Q	热锻用非调质钢	非	F
脱碳低磷生铁	脱炼	TL	易切削钢	易	Y
含钒生铁	钒	F	电工用热轧硅钢	电热	DR
耐磨生铁	耐磨	NM	电工用冷轧无取向硅钢	无	W**
灰铸铁	灰铁	HT	电工用冷轧取向硅钢	取	Q**
可锻铸铁	可铁	KT	电工用冷轧取向高磁感硅钢	取高	QG**
球墨铸铁	球铁	QT	(电讯用)取向高磁感硅钢	电高	DG
耐热铸铁	热铁	RT	电磁纯铁	电铁	DT
粉末及粉末材料	粉	F	碳素工具钢	碳	T
碳素结构钢	屈	Q	塑料模具钢	塑模	SM
低合金高强度钢	屈	Q	(滚珠)轴承钢	滚	G
耐候钢	耐候	NH*	焊接用钢	焊	H

名　　称	汉字	符号	名　　称	汉字	符号
钢轨钢	轨	U	机车车轴用钢	机轴	JZ
铆螺钢	铆螺	ML	管线用钢		S
锚链钢	锚	M	沸腾钢	沸	F*
地质钻探管用钢	地质	DZ	半镇静钢	半	b*
船用钢	(采用国际符号)		镇静钢	镇	Z*
汽车大梁用钢	梁	L*	特殊镇静钢	特镇	TZ*
矿用钢	矿	K*	质量等级		A*
压力容器用钢	容	R*			B*
桥梁用钢	桥	q*			C*
锅炉用钢	锅	g*			D*
焊接气瓶用钢	焊瓶	HP*			E*
车辆车轴用钢	辆轴	LZ			

注:1. 带标有 * 符号位于牌号尾部,标有 * * 符号位于牌号中部,其余符号均位于牌号头部。

2. 没有汉字及汉语拼音字母的,采用符号为英文字母。

(4) 产品牌号具体表示方法

牌 号 表 示 方 法

1) 生　铁

以符号和阿拉伯数字表示,其中阿拉伯数字表示平均含硅量,以千分之几计。含钒生铁和脱碳低磷粒铁,阿拉伯数字分别表示钒和碳的平均含量,均以千分之几计

2) 铁合金(GB/T7738—1987)

① 以产品工艺和特性符号,含铁元素的铁合金产品符号(Fe)、合金元素或化合物的化学元素符号及百分含量、主要杂质的化学元素符号及其最高百分含量或主要杂质组别符号(A、B、C)表示。

如无必要,可省略牌号中相应部分符号。

② 产品工艺和特性符号:高炉法—G(高)、电解法—D(电)、纯金属—J(金)、真空法—ZK(真空)、稀土元素—RE

牌 号 表 示 方 法

3) 铸铁（GB/T5612－1985）

① 灰铸铁以 HT 和一组数字（最低抗拉强度值）表示。

② 可锻铸铁以 KT 和两组数字（最低抗拉强度和最低伸长率数值）表示，黑心可锻铸铁、珠光体可锻铸铁和白心可锻铸铁可在代号后分别加注符号 H、Z、B，即 KTH、KTZ、KTB。

③ 球墨铸铁以"QT"和两组数字（最低抗拉强度和最低伸长率数值）表示。

④ 耐热铸铁以"RT"和合金元素符号以及它的含量百分之几表示

4) 铸 钢（GB/T5613－1995）

① 铸钢牌号：以强度表示和以化学成分表示两种。

② 铸钢牌号用"铸"和"钢"二字的汉语拼音字母"ZG"来表示；钢中主要合金元素符号用国际化学元素符号表示；名义含量及力学性能用阿拉伯数字表示。

③ 以强度表示的牌号：牌号"ZG"后面两组数字表示力学性能，第一组数字表示该牌号铸钢最低屈服强度值，第二组数字表示最低抗拉强度值，二组数字间用"－"隔开；强度单位为 MPa。

④ 化学成分表示的牌号：

　a. 牌号"ZG"后面的一组数字表示名义含碳量万分之几；平均含碳量>1%时，不标出其含量；平均含碳量<0.1%时，其第一位数字为"0"；只给出含碳量上限，未给出下限时，牌号中碳含量用上限表示。

　b. 含碳量后面排列各主要合金元素符号；每个元素后面用整数标出名义百分含量。

　锰元素的平均含量<0.9%时，在牌号中不标元素符号；平均含量为 0.9%～1.4%时，只标出符号不标含量。其他合金化元素含量为 0.9%～1.4%时，在该元素符号后标注数字"1"。

　d. 钼元素平均含量<0.15%，其他元素平均含量<0.5%时，在牌号中不标元素符号；钼元素的平均含量>0.15%～<0.9%时，在牌号中只标出元素符号，不标含量。

注：本节介绍的具体产品牌号表示方法中的铁合金、铸铁、铸钢的牌号表示方法摘自其他标准。

牌号表示方法

　　e. 钒钛元素平均含量<0.9%，铌、硼、氮、稀土等微量元素平均含量<0.5%时，在牌号中标注其元素符号，但不标含量。

　　f. 牌号中合金元素多于三种时，可以在牌号中只标前二种或前三种的元素含量。

　　g. 牌号中需标二种以上的合金元素时，各元素符号的标注顺序按它们的含量的递减顺序排列；若二种元素含量相同，则按元素符号的字母顺序排列。

　　h. 在特殊情况下，当同一牌号分几个品种时，可在牌号后用"—"隔开，用阿拉伯数字标注品种序号

5）碳素结构钢和低合金结构钢

　　这类钢分为通用钢和专用钢两类：

　　① 通用结构钢采用代表屈服点的拼音字母"Q"、屈服点数值（MPa）和规定的质量等级、脱氧方法等符号表示，按顺序号组成牌号。碳素结构钢牌号组成中，表示镇静钢的符号 Z 和表示特殊镇静钢的符号 TZ 可省略。

　　② 低合金高强度结构钢分为镇静钢和特殊镇静钢，在牌号中没有脱氧方法的符号。

　　③ 专用结构钢一般采用代表屈服点的符号"Q"、屈服点数值和规定代表产品用途的符号表示。

　　④ 根据需要，通用低合金高强度结构钢的牌号亦可采用平均含碳量万分之几的两位阿拉伯数字、规定的元素符号和顺序号表示，专用低合金高强度结构钢的牌号除增加代表产品用途的符号外，其余亦可采用低合金高强度结构钢牌号的表示方法

6）优质碳素结构钢和优质碳素弹簧钢

　　① 采用平均含碳量万分之几的两位阿拉伯数字和规定的元素符号表示，沸腾钢和半镇静钢在牌号尾部加注符号 F、b。

　　② 较高含锰量钢，在阿拉伯数字后加注 M。

　　③ 高级、优质钢和特级优质钢，在牌号尾部加注符号 A、E。

　　④ 专门用途钢的牌号以平均含碳量万分之几的阿拉伯数字和规定的符号表示

7）易切削钢

　　① 采用规定的符号和平均含碳量万分之几的阿拉伯数字表示。

　　② 较高含锰量钢或含铅、钙钢，在牌号尾部加注 Pb、Ca

牌 号 表 示 方 法

8) 合金结构钢和合金弹簧钢

① 采用平均含碳量万分之几的两位阿拉伯数字和规定的符号表示。

② 合金元素含量表示方法：平均含量<1.5％时，仅表明元素，不标含量；平均含量为 1.5％～2.49％、2.5％～3.49％、3.50％～4.49％、…时，在合金元素后相应成 2、3、4、…。

③ 高级优质钢和特级优质钢，在牌号尾部加注符号 A、E。

④ 专门用途钢，在牌号头部(或尾部)加注规定的代表产品用途的符号

9) 工具钢

这类钢分为碳素工具钢、合金工具钢和高速工具钢三类：

① 碳素工具钢：

　a. 以符号 T 和平均含碳量千分之几的阿拉伯数字表示；

　b. 较高含锰量和高级优质钢在牌号尾部分别加注 Mn 和 A。

② 合金工具钢和高速工具钢：

　a. 牌号表示方法和合金结构钢相同，一般不标明含碳量数字，但当含碳量<1％时，以一位阿拉伯数字表示平均含碳量千分之几；

　b. 低铬(平均含量<1％)合金工具钢，铬含量亦用千分之几表示，但在数字前加 0；

　c. 塑料模具钢在牌号头部加符号 SM，牌号表示方法与优质碳素结构钢和合金工具钢相同

10) 轴承钢

这类钢又分为高碳铬轴承钢、渗碳轴承钢、高碳铬不锈轴承钢和高温轴承钢四类：

① 高碳铬轴承钢，在牌号头部加符号 G，但不标明含碳量，铬含量用千分之几表示，其他合金元素按合金结构钢的合金含量表示。

② 渗碳轴承钢采用合金结构钢的牌号表示方法，仅在牌号头部加注符号 G；高碳优质渗碳轴承钢，在牌号尾部加注符号 A。

③ 高碳铬不锈轴承钢和高温轴承钢采用不锈钢和耐热钢的牌号表示方法，但牌号头部不加注符号 G

11) 不锈钢和耐热钢

采用规定的合金元素符号和阿拉伯数字表示，易切削不锈钢和耐热钢在牌号头部加注符号 Y。一般用阿拉伯数字表示平均含碳量

牌 号 表 示 方 法
千分之几;当平均含碳量≥1%时采用两位阿拉伯数字表示;当含碳量上限<1%时,以 0 表示含碳量;当含碳量上限≤0.03%,>0.01%时(超低碳),以 03 表示含碳量;当含碳量上限≤0.01%时(极低碳),以 01 表示含碳量;含碳量没有规定下限时采用阿拉伯数字表示含碳量的上限数字。合金元素表示方法同合金结构钢
12) 焊接用钢 　　这类钢包括焊接用碳素钢,焊接用合金钢和焊接用不锈钢等。其牌号表示方法,分别与优质碳素结构钢、合金结构钢和不锈钢相同,但在各类焊接用钢牌号头部加注符号 H。 　　高级优质钢在牌号尾部加注符号 A
13) 电工用硅钢 　　这类钢分为热轧硅钢和冷轧硅钢,冷轧硅钢又分为无取向硅钢和取向硅钢。 　　牌号采用规定的符号和阿拉伯数字表示。阿拉伯数字表示典型产品(某一厚度产品)的厚度和最大允许铁损值(W/kg)。 　　① 电工用热轧硅钢,在牌号头部加注符号 DR,之后表示最大允许铁损值 100 倍的阿拉伯数字,如在高频率 400Hz 下检验的铁损值后加注符号 G,不加 G 的表示在频率 50Hz 下检验的,在符号 G 后加一条横线,横线后为公称厚度(mm)100 倍的数字。 　　② 电工用冷轧无取向和取向硅钢,在牌号中间分别用符号 W 和 Q 来表示,在符号前为产品公称厚度(mm)100 倍的数字,符号后为铁损值 100 倍的数字。 　　③ 电讯用取向高磁感硅钢,牌号采用规定的符号和阿拉伯数字表示,数字表示电磁性能级别,电磁性能用 1~6 表示从低到高
14) 电磁纯铁 　　采用规定的符号和阿拉伯数字表示。阿拉伯数字表示不同牌号的顺序号,电磁性能不同,在牌号尾部加注质量等级 A、C、E
15) 高电阻电热合金 　　采用规定的化学元素符号和阿拉伯数字表示,其牌号表示方法与不锈钢和耐热钢相同(镍铬基合金不标出含碳量)

8. 钢铁及合金牌号统一数字代号体系(GB/T7616－1998)

(1) 总 则

统一数字代号由固定的六位符号组成,左边第一位用大写的拉丁字母作前辍(一般不使用 I 和 O),后接五位阿拉伯数字,每一个统一数字代号只适于一个产品牌号;反之,每个产品牌号只对应一个统一数字代号。当产品牌号取消后,一般情况下原对应的统一数字代号不再分配给另一个产品牌号。

(2) 统一数字代号体系的结构型式

统一数字代号的结构型式:

| 字母 | | 1 | 2 | 3 | 4 | 5 |

说明:1. 字母栏用大写拉丁字母代表不同的钢铁及合金类型。

2. 第一位阿拉伯数字代表各类型钢铁及合金细分类。

3. 第 2、3、4、5 位阿拉伯数字代表不同分类内的编组和同一编组内不同牌号的区别顺序号(各类型材料编组不同)。

(3) 钢铁及合金产品的类型与统一数字代号

钢铁及合金类型	前辍字母	统一数字代号
合金结构钢	A	A××××
轴承钢	B	B××××
铸铁、铸钢及铸造合金	C	C××××
电工用钢和纯铁	E	E××××
铁合金及生铁	F	F××××
高温合金及耐蚀合金	H	H××××
精密合金及其他特殊物理性能材料	J	J××××
低合金钢	L	L××××
杂类材料	M	M××××
粉末及粉末材料	P	P××××
快淬金属及合金	Q	Q××××
不锈耐蚀及耐热钢	S	S××××
工具钢	T	T××××
非合金钢	U	U××××
焊接用钢及合金	W	W××××

（4）钢铁及合金产品的细分类与统一数字代号

统一数字代号	细　分　类
1) 合金结构钢(包括合金弹簧钢)	
A0×××	Mn(X)、MnMo(X)系钢
A1×××	SiMn(X)、SiMnMo(X)系钢
A2×××	Cr(X)、CrSi(X)、CrMn(X)、CrV(X)、CrMnSi(X)系钢
A3×××	CrMn(X)、CrMoV(X)系钢
A4×××	CrNi(X)系钢
A5×××	CrNiMo(X)、CrNiW(X)系钢
A6×××	Ni(X)、NiMo(X)、NiCrMo(X)、Mo(X)、MoWV(X)系钢
A7×××	B(X)、MnB(X)、SiMnB(X)系钢
A8×××	(暂空)
A9×××	其他合金结构钢
2) 轴承钢	
B0×××	高碳铬轴承钢
B1×××	渗碳轴承钢
B2×××	高温不锈轴承钢
B3×××	无磁轴承钢
B4×××	石墨轴承钢
B5×××	(暂空)
B6×××	(暂空)
B7×××	(暂空)
B8×××	(暂空)
B9×××	(暂空)
3) 铸铁、铸钢及铸造合金	
C0×××	铸铁(包括灰口铸铁、球墨铸铁、黑心可锻铸铁、珠光体可锻铸铁、白心可锻铸铁、抗磨白口铸铁、中锰抗磨球墨铸铁、高硅耐蚀铸铁、耐热铸铁等)
C1×××	铸铁(暂空)
C2×××	非合金钢铸钢(一般非合金铸钢、含锰非合金铸钢,一般工程和焊接结构用非合金铸钢、特殊专用非合金铸钢等)
C3×××	低合金铸钢
C4×××	合金铸钢(不锈耐热铸钢、铸造永磁钢除外)
C5×××	不锈耐热铸钢

统一数字代号	细　　　分　　　类
3) 铸铁、铸钢及铸造合金	
C6××××	铸造永磁钢和合金
C7××××	铸造高温合金和耐蚀合金
C8××××	(暂空)
C9××××	(暂空)
4) 电工用钢和纯铁	
E0××××	电磁纯铁
E1××××	热轧硅钢
E2××××	冷轧无取向硅钢
E3××××	冷轧取向硅钢
E4××××	冷轧取向硅钢(高磁感)
E5××××	冷轧取向硅钢(高磁感,特殊检验条件)
E6××××	无磁钢
E7××××	(暂空)
E8××××	(暂空)
E9××××	(暂空)
5) 铁合金及生铁	
F0××××	生铁(包括炼钢生铁、铸造生铁、含钒生铁、球墨铸铁用生铁、铸造用磷铜钛低合金耐磨生铁、脱碳粒铁等)
F1××××	锰铁合金及金属锰(包括低碳锰铁、中碳锰铁、高炉锰铁、锰硅合金、铌锰铁合金、金属锰、电解金属锰等)
F2××××	硅铁合金(包括硅铁合金、硅铝铁合金、钙硅合金、硅钡合金、硅钡铝合金、硅钙钡铝合金等)
F3××××	铬铁合金及金属铬(包括微碳铬铁、低碳铬铁、中碳铬铁、高碳铬铁、氮化铬铁、金属铬、硅铬合金等)
F4××××	钒铁、铌铁及合金(包括钒铁、钒铝合金、钛铁、铌铁等)
F5××××	稀土铁合金(包括稀土硅铁合金、稀土镁硅铁合金等)
F6××××	钼铁、钨铁及合金(包括钼铁、钨铁等)
F7××××	硼铁、磷铁及合金
F8××××	(暂空)
F9××××	(暂空)

统一数字代号	细　分　类
	6) 高温合金和耐蚀合金
H0×××××	耐蚀合金(包括固溶强化型铁镍基合金、时效硬化型铁镍基合金、固溶强化型镍基合金、时效硬化型镍基合金)
H1×××××	高温合金(固溶强化型铁镍基合金)
H2×××××	高温合金(时效硬化型铁镍基合金)
H3×××××	高温合金(固溶强化型镍基合金)
H4×××××	高温合金(时效硬化型镍基合金)
H5×××××	高温合金(固溶强化型钴基合金)
H6×××××	高温合金(时效硬化型钴基合金)
H7×××××	(暂空)
H8×××××	(暂空)
H9×××××	(暂空)
	7) 精密合金及其他特殊物理性能材料
J0×××××	(暂空)
J1×××××	软磁合金
J2×××××	变形永磁合金
J3×××××	弹性合金
J4×××××	膨胀合金
J5×××××	热双金属
J6×××××	电阻合金(包括电阻电热合金)
J7×××××	(暂空)
J8×××××	(暂空)
J9×××××	(暂空)
	8) 低合金钢(焊接用低合金钢、低合金铸钢除外)
L0×××××	低合金一般结构钢(表示强度特性值的钢)
L1×××××	低合金专用结构钢(表示强度特性值的钢)
L2×××××	低合金专用结构钢(表示成分特性值的钢)
L3×××××	低合金钢筋钢(表示强度特性值的钢)
L4×××××	低合金钢筋钢(表示成分特性值的钢)
L5×××××	低合金耐候钢
L6×××××	低合金铁道专用钢
L7×××××	(暂空)
L8×××××	(暂空)
L9×××××	其他低合金钢

统一数字代号	细　分　类
9）杂类材料	
M0××××	杂类非合金钢（包括原料纯铁、非合金钢球钢等）
M1××××	杂类低合金钢
M2××××	杂类合金钢（包括锻制轧辊用合金钢、钢轨用合金钢等）
M3××××	冶金中间产品（包括钒渣、五氧化二钒、氧化钼铁、铌磷半钢等）
M4××××	铸铁产品用材料（包括灰铸铁管、球墨铸铁管、铸铁轧辊、铸铁焊丝、铸铁丸、铸铁砂等用铸铁材料）
M5××××	非合金铸钢产品用材料（包括一般非合金铸钢材料、含锰非合金铸钢材料、非合金铸钢丸材料及非合金铸钢砂材料等）
M6××××	合金铸钢产品用材料（包括 Mn 系、MnMo 系、Cr 系、CrCo 系、CrNiMo 系、Cr(Ni)MoSi 系铸钢材料等）
M7××××	（暂空）
M8××××	（暂空）
M9××××	（暂空）
10）粉末及粉末材料	
P0××××	粉末冶金结构材料（包括粉末烧结铁及铁基合金，粉末烧结非合金结构钢、粉末烧结合金结构钢等）
P1××××	粉末冶金摩擦材料和减摩材料（包括铁基摩擦材料和铁基减摩材料）
P2××××	粉末冶金多孔材料（包括铁及铁基合金多孔材料、不锈钢多孔材料）
P3××××	粉末冶金工具材料（包括粉末冶金工具钢等）
P4××××	（暂空）
P5××××	粉末冶金耐蚀材料和耐热材料（包括粉末冶金不锈耐蚀和耐热钢、粉末冶金高温合金和耐蚀合金等）
P6××××	（暂空）
P7××××	粉末冶金磁性材料（包括软磁铁氧体材料、永磁铁氧体材料、特殊磁性铁氧体材料、粉末冶金软磁合金、粉末冶金铝镍钴永磁合金、粉末冶金稀土钴永磁合金、粉末冶金钕铁硼永磁合金等）

统一数字代号	细 分 类
10) 粉末及粉末材料	
P8××××	(暂空)
P9××××	铁、锰等金属粉末(包括粉末冶金用还原铁粉、电焊条用还原铁粉、穿甲弹用铁粉、穿甲弹用锰粉等)
11) 快淬金属及合金	
Q0××××	(暂空)
Q1××××	快淬软磁合金
Q2××××	快淬永磁合金
Q3××××	快淬弹性合金
Q4××××	快淬膨胀合金
Q5××××	快淬热双合金
Q6××××	快淬电阻合金
Q7××××	快淬可焊合金
Q8××××	快淬耐蚀耐热合金
Q9××××	(暂空)
12) 不锈、耐蚀及耐热钢	
S0××××	(暂空)
S1××××	铁素体型钢
S2××××	奥氏体—铁素体型钢
S3××××	奥氏体型钢
S4××××	马氏体型钢
S5××××	沉淀硬化型钢
S6××××	(暂空)
S7××××	(暂空)
S8××××	(暂空)
S9××××	(暂空)
13) 工具钢	
T0××××	非合金工具钢(包括一般和含锰非合金工具钢)
T1××××	非合金工具钢(包括非合金塑料模具钢、非合金钎供钢等)
T2××××	合金工具钢(包括冷作、热作模具钢、合金塑料模具钢、无磁模具钢等)

统一数字代号	细　分　类
13）工具钢	
T3××××	合金工具钢（包括量具、刃具钢）
T4××××	合金工具钢（包括耐冲击工具钢、合金钎具钢等）
T5××××	高速工具钢（包括 W 系高速工具钢）
T6××××	高速工具钢（包括 W－Mo 系高速工具钢）
T7××××	高速工具钢（包括含 Co 高速工具钢）
T8××××	（暂空）
T9××××	（暂空）
14）非合金钢（非合金工具钢、电磁纯铁、 **焊接用非合金钢、非合金铸钢除外）**	
U0××××	（暂空）
U1××××	非合金一般结构及工程结构钢（表示强度特性值的钢）
U2××××	非合金机械结构钢（包括非合金弹簧钢、表示成分特性值的钢）
U3××××	非合金特殊专用结构钢（表示强度特性值的钢）
U4××××	非合金特殊专用结构钢（表示成分特性值的钢）
U5××××	非合金特殊专用结构钢（表示成分特性值的钢）
U6××××	非合金铁道专用钢
U7××××	非合金易切削钢
U8××××	（暂空）
U9××××	（暂空）
15）焊接用钢	
W0××××	焊接用非合金钢
W1××××	焊接用低合金钢
W2××××	焊接用合金钢（不含 Cr、Ni 钢）
W3××××	焊接用合金钢（W2××××、W4××××类除外）
W4××××	焊接用不锈钢
W5××××	焊接用高温合金和耐蚀合金
W6××××	钎焊合金
W7××××	（暂空）
W8××××	（暂空）
W9××××	（暂空）

9. 钢铁产品标记代号(GB/T15575-1995)

(1) 概　述

钢产品是钢坯料经塑性变形加工成形的各种钢材,如钢丝、钢板、钢带、型钢、钢管等。由于加工类别和加工过程中类别和特征较多,国家采用统一的钢产品标记代号的表示方法和常用标记代号。

(2) 钢产品标记代号表示方法总则

钢产品标记代号采用与类别名称相应的英文名称首位字母(大写)和阿拉伯数字组合表示:①英文字母代号是表示钢产品类别和特征两部分的标记代号。②阿拉伯数字是表示产品特征的标记代号。

(3) 钢产品类别及特征的标记代号

类别及特征	标记代号	类别及特征	标记代号
加工状态	W	表面种类	S
① 热轧(含热扩、热挤、热锻)	WH	① 酸洗(喷丸)	SA
② 冷轧(含冷挤压)	WC	② 剥皮	SF
③ 冷拉(拔)	WCD	③ 光亮	SL
尺寸精度	P	④ 磨光	SP
① 普通精度	PA	⑤ 抛光	SB
② 较高精度	PB	⑥ 麻面	SG
③ 高级精度	PC	⑦ 发兰	SBL
④ 厚度较高精度	PT	⑧ 热镀锌	SZH
⑤ 宽度较高精度	PW	⑨ 电镀锌	SZE
⑥ 厚度宽度较高精度	PTW	⑩ 热镀锡	SSH
边缘状态	E	⑪ 电镀锡	SSE
① 切边	EC	表面化学处理	ST
② 不切边	EM	① 纯化(铬酸)	STC
③ 磨边	ER	② 磷化	STP
表面质量	F	③ 锌合金化	STZ
① 普通级	FA		
② 较高级	FB		
③ 高级	FC		

类别及特征	标记代号	类别及特征	标记代号
软化程度	S	冲压性能	Q
① 半软	S½	① 普通冲压	CQ
② 软	S	② 深冲压	DQ
③ 特软	S2	③ 超深冲	DDQ
硬化程度	H	用途	U
① 低冷硬	H¼	① 一般用途	UG
② 半冷硬	H½	② 重要用途	UM
③ 冷硬	H	③ 特殊用途	US
④ 特硬	H2	④ 其他用途	UO
热处理	T	⑤ 压力加工用	UP
① 退火	TA	⑥ 切削加工用	UC
② 球化退火	TG	⑦ 顶锻用	UF
③ 光亮退火	TL	⑧ 热加工用	UH
④ 正火	TN	⑨ 冷加工用	UC
⑤ 回火	TT	注：其他用途可以指某	
⑥ 淬火＋回火	TQT	种专门用途，在"U"后加	
⑦ 正火＋回火	TNT	专用代号	
⑧ 固溶	TS	截面形状和型号	
力学性能	M	用表示产品截面形状的英文字	
① 低强度	MA	母为标记代号。例如：方型空心型	
② 普通强度	MB	钢的代号 QHS。如果产品有了型	
③ 较高强度	MC	号，应在表示产品形状特征的标记	
④ 高强度	MD	代号后加上型号	
⑤ 超高强度	ME		

10. 有色金属及合金产品牌号表示方法

（GB/T340－1976）

（1）总　则

有色金属及合金产品的牌号表示方法，分汉字牌号和汉语拼音字母代号两种。汉字牌号用汉字和阿拉伯数字表示,汉语拼音字母代号用符号(汉语拼音字母或化学元素符号)和阿拉伯数字表示。在标准中,牌号和代号同时列入,相互对照(注:以后在产品标准中,牌号主要采用汉语拼音字母代号表示,并把它称为牌号)。

牌号或代号中的汉字或符号表示:① 产品的名称、用途、状态、加工方法和产品特性等,用汉字或汉语拼音字母表示;② 产品中的主要元素,用中文名称或化学元素符号表示。

牌号或代号中的数字表示:① 产品的顺序号;② 产品中主要元素的含量。

(2) 纯金属产品牌号表示方法

1) 纯金属冶炼产品

① 工业纯度金属的牌号用顺序号加金属名称表示,高纯度金属的牌号用主成分的数字加金属名称表示。

② 工业纯度金属的代号用金属的化学元素符号加顺序号表示,其纯度随顺序号增加而降低,两者之间划一短横;高纯度金属的代号用金属的化学元素符号加表示主成分的数字表示,两者之间划一短横;表示成分的数字由两位数字组成,第一位数字是"0",表示"高纯",第二位数字表示主成分"9"的个数。

③ 举例　牌号:一号锌,99.999%高纯锡

代号:Zn-1,Sn-05

2) 纯金属加工产品

① 牌号表示方法与纯金属冶炼产品的牌号表示方法相同。

② 代号:铜、镍、铝、镁、钛的纯金属加工产品,分别用汉语拼音字母 T、N、L、M、T 加顺序号表示;其余纯金属加工产品用化学元素符号加顺序号表示。

③ 举例　牌号:一号铜(带),二号铝(板),一号锌(带)

代号:T1,L2,Zn1

(3) 合金加工产品与铸造产品牌号及代号表示方法

牌 号 及 代 号 表 示 方 法

1) 总 则

① 牌号：以合金主要成分含量（或含量的数字组）或顺序号加合金类别名称或组别名称表示。

② 代号：以合金的汉语拼音字母符号（适用于铜、镍、铝、镁、钛及其合金以及部分专用合金，如硬质合金、焊料合金、轴承合金、印刷合金），或合金主要成分的化学元素符号（适用于其余合金）加合金主要成分含量（或含量的数字组）或顺序号表示。

③ 主要成分的含量，均以百分之几计

2) 黄 铜

① 牌号：普通黄铜以基元素铜的含量加"黄铜"两字表示；三元以上黄铜以主要成分含量的数字组（包括基元素铜的含量以及除锌以外的主添加元素的含量）加合金组别名称表示。

② 代号：普通黄铜以符号"H"加基元素铜的含量表示；三元以上黄铜以符号"H"及除锌以外的第二个主添加元素符号，加主要成分含量的数字组（包括基元素铜的含量以及除锌以外的主添加元素的含量）表示。

③ 举例　牌号：62 黄铜，59-1 铅黄铜，57-3-1 锰黄铜
　　　　　代号：H62，HPb59-1，HMn57-3-1

3) 青 铜

① 牌号：以主要成分含量或含量数字组（基元素铜除外）加合金组别名称表示。

② 代号：以符号"Q"及第一个主添加元素符号加主要成分含量或含量数字组（基元素铜除外）表示。

③ 举例　牌号：4-4-4 锡青铜，9-4 铝青铜，2 铍青铜
　　　　　代号：QSn4-4-4，QAl9-4，QBe2

牌 号 及 代 号 表 示 方 法

4) 白　铜

① 牌号：以镍含量或主要成分含量数字组（基元素铜除外）加合金组别名称表示。

② 代号：普通白铜以符号"B"加镍含量表示，三元以上白铜以符号"B"和第二个主添加元素符号，加主要成分含量数字组（基元素铜除外）表示。

③ 举例　牌号：16 白铜，3-12 锰白铜

　　　　　代号：B16，BMn3-12

5) 镍　合　金

① 牌号：以主要成分含量或含量数字组（基元素镍除外）加合金组别名称表示。

② 代号：以符号"N"和第一个主添加元素符号，加主要成分含量或含量数字组（基元素镍除外）表示。

③ 举例　牌号：9 镍铬合金，28-2.5-1.5 镍铜合金

　　　　　代号：NCr9，NCu28-2.5-1.5

6) 铝、镁合金①

① 牌号：以顺序号加合金组别名称表示。

② 代号：以合金符号加顺序号表示。

各种合金的符号如下：防锈铝——LF；锻铝——LD；硬铝——LY；超硬铝——LC；特殊铝——LT；包覆铝——LB；镁合金（变形加工用）——MB。

③ 举例　牌号：一号防锈铝，三号硬铝，一号镁合金

　　　　　代号：LF1，LY3，MB1

注：① 铝合金加工产品的牌号表示方法，已被新标准（GB/T16474 —1996《变形铝及铝合金牌号表示方法》）规定的牌号表示方法代替，详见第 2.51 页。

牌 号 及 代 号 表 示 方 法

7) 锌、铅、锡、贵金属等及其合金

① 牌号：以主要成分含量数字组（基元素除外）加合金组别名称表示。

② 代号：以基元素和第一个主添加元素的符号加主要成分含量数字组（基元素除外）。

③ 举例　牌号：4-1 锌铝合金，2 铅锑合金，5 金铂合金

　　　　　代号：ZnAl4-1，PbSb2，AuPt5

8) 轴承合金、焊料合金及印刷合金

① 牌号：以主要成分含量数字组（第一个主元素除外）加合金名称表示。

② 代号：以合金符号和两个主元素符号加主要成分含量数字组（第一个主元素除外）表示。

各种合金的符号如下：轴承合金—Ch，焊料合金—Hl，印刷合金—I。

③ 举例　牌号：8-3 锡锑轴承合金，10 锡铅焊料合金，14-4 铅锑印刷合金

　　　　　代号：ChSnSb8-3，HlSnPb10，IPbSb14-4

9) 硬质合金②

① 牌号：以决定合金特性的主元素含量（铸造碳化钨以顺序号）加合金组别名称表示。

② 代号：以合金符号加决定合金特性主元素含量（铸造碳化钨以顺序号）表示；必要时，后面可加上表示产品性能、添加元素或加工方法的符号。

各种合金的符号如下：钨钴硬质合金—YG；钨钛钴硬质合金—YT；铸造碳化钨—YZ。

③ 举例　牌号：6 钨钴硬质合金，14 钨钛钴硬质合金，3 号铸造碳化钨

　　　　　代号：YG6，YT14，YZ3

注：② 在切削工具用硬质合金、地质矿山工具用硬质合金和耐磨零件用硬质合金的新标准（GB/T18376.1、18376.2、18376.3－2001）中的硬质合金牌号表示方法，与此处的硬质合金牌号表示方法不同，参见第 5.201 页。

牌 号 及 代 号 表 示 方 法

10）铸造合金③

① 牌号：按上述各种合金的牌号表示方法，并在合金名称前加注"铸"字；对于铸锭，则在合金名称后加"锭"字。

② 代号：除按上述各种合金的代号表示方法外，并冠以符号"Z"；对于铸锭，则在合金代号后面加上符号"D"。

③ 举例 牌号：80-3 铸硅黄铜，9-4 铸铝青铜锭 代号：ZH-Si80-3，ZQAl9-4D

11）铸造有色金属及其合金牌号表示方法（GB/T8063－1994）

① 适用范围：适用于铝、镁、钛、铜、镍、钴、锌、锡、铅等铸造有色金属及其合金的牌号表示（这里的牌号，实际相当于 GB340－1976 中的代号）。

② 铸造有色纯金属牌号：由"Z"和相应纯金属的化学元素符号及表明纯度百分含量的数字或用一短横加顺序号组成。

③ 铸造有色合金牌号：（a）由"Z"和基体金属的化学元素符号、主要合金化学元素符号（混合稀土元素统一用"RE"表示）以及表明合金化元素名义百分含量的数字组成；（b）当合金化元素多于两个时，牌号中应列出足以表明合金主要特性的元素符号及其名义百分含量的数字；（c）合金化元素按其名义百分含量递减的次序排列；当名义百分含量相等时，则按元素符号字母顺序排列；当需要表明决定合金类别的合金化元素首先列出时，不论其含量多少，该元素符号均应紧置于基体元素符号之后；（d）除基体元素的名义百分含量不标注外，其他合金化元素的名义百分含量均标注于该元素符号之后；当合金化元素含量规定为≥1%的范围时，采用其平均含量的修约化整值；必要时也可用小数数字标注；当合金化元素含量＜1%时，一般不标注，只有对合金性能起重大影响的合金化元素，才允许用一位小数标注其平均含量；（e）对具有相同主成分，需要控制低间隙元素的合金，在牌号的圆括弧内标注"ELI"；（f）对杂质质量要求严、性能高的优质合金，在牌号后面标注"A"，以表示优质。

④ 举例 ZAl 99.5（铸造纯铝），ZTi-1（铸造纯钛），ZMg-Zn4RE1Zr（铸造镁合金），ZCuSn3Zn8Pb6Ni1（铸造锡青铜），ZTiAl5Sn2.5（ELI）（铸造钛合金）

注：③ 本项产品牌号及代号表示方法，目前主要应用于合金铸锭方面；铸件方面改按"(11)铸造有色金属及其合金牌号表示方法"规定。

(4) 常用有色金属及合金符号

金属及合金 名　　称	符号	金属及合金 名　　称	符号	金属及合金 名　　称	符号
铜	Cu,T	黄　　铜	H	轴承合金	Ch
镍	Ni,N	青　　铜	Q	稀　　土③	Xt③
铝	Al,L	白　　铜	B	钨钴硬质合金	YG
镁	Mg,M	无氧铜	TU	钨钛钴硬质 合金	YT
锌	Zn	防锈铝	LF①	铸造碳化钨	YZ
铅	Pb	锻　　铝	LD①	碳化钛(铁)镍	YN
锡	Sn	硬　　铝	LY①	钼硬质合金	
镉	Cd	超硬铝	LC①	多用途(万能)	YW
银	Ag	特殊铝	LT①	硬质合金	
金	Au	硬钎焊铝	LQ	钢结硬质合金	YE
硅	Si	镁合金 (变形加工用)	MB	金属粉末	F
磷	P	阳极镍	NY	喷铝粉	FLP
锰	Mn	钛及钛合金	T②	涂料铝粉	FLU
铍	Be	电池锌板	XD	细铝粉	FLX
铁	Fe	印刷合金	I	特细铝粉	FLT
铬	Cr	印刷锌板	XI	炼钢、化工 用铝粉	FLG
锑	Sb	焊料合金	Hl	镁　　粉	FM
				铝镁粉	FLM

注：① 变形加工用铝及铝合金的符号已被新标准(GB/T16474—1996 变
　　　形铝及铝合金牌号表示方法)规定的符号代替,参见第2.51页。
　　② 钛及钛合金符号,除字母 T 外,还要加上表示金属或合金
　　　组织类型的字母 A、B、C(分别表示 α 型、β 型、α＋β 型钛合
　　　金)。例：TA、TB、TC。
　　③ 稀土符号现改为 RE。

(5) 有色金属及合金产品状态、特性符号

产品状态、特性名称	符 号	产品状态、特性名称	符 号
产 品 状 态		表面涂层硬质合金	U
热加工	R	添加碳化钽硬质合金	A
退火(焖火)	M	添加碳化铌硬质合金	N
淬火	C	细颗粒硬质合金	X
淬火后冷轧(冷作硬化)	CY	粗颗粒硬质合金	C
淬火(自然时效)	CZ	超细颗粒硬质合金	H
淬火(人工时效)	CS	产品状态、特性符号组合举例	
硬	Y	不包铝(热轧)	BR
3/4 硬	Y_1	不包铝(退火)	BM
1/2 硬	Y_2	不包铝(淬火、冷作硬化)	BCY
1/3 硬	Y_3	不包铝(淬火、优质表面)	BCO
1/4 硬	Y_4	不包铝(淬火、冷作硬化、	BCYO
特硬	T	优质表面)	
产 品 特 性		优质表面(退火)	MO
		优质表面淬火自然时效	CZO
优质表面	O	优质表面淬火人工时效	CSO
涂漆蒙皮板	Q	淬火后冷轧、人工时效	CYS
加厚包铝	J	热加工、人工时效	RS
不包铝	B	淬火、自然时效、冷作硬	CZYO
		化、优质表面	

注：1. 产品的状态、特性符号加在产品代号之后。

2. 变形铝及铝合金的状态符号(代号)，已被新标准(GB/
T16475－1996《变形铝及铝合金状态代号》)规定的代号代
替，详见第2.51页。

2.50

11. 变形铝及铝合金牌号和状态代号表示方法

(1) 变形铝及铝合金牌号表示方法

(GB/T16474—1996)

(a) 牌号命名的基本原则

变形铝及铝合金牌号有两种:

① 国际四位数字体系牌号(参见第 2.54 页"(d)国际四位数字体系牌号简介"),可直接引用。

② 四位字符体系牌号:未命名为国际四位数字体系牌号的变形铝及铝合金,应采用四位字符牌号(但试验铝及铝合金采用前缀 X 加四位字符牌号)命名,并按第 2.53 页"(c)四位字符体系牌号的变形铝及铝合金化学成分注册要求"中规定的要求注册化学成分。

(b) 四位字符体系牌号命名方法

① 牌号命名方法

四位字符体系牌号的第一、三、四位为阿拉伯数字,第二位为英文大写字母(C、I、L、N、O、P、Q、Z 字母除外)。牌号的第一位数字表示铝及铝合金的组别,如下表所示。除改型合金外,铝合金组别按主要合金元素($6\times\times\times$ 系按 Mg_2Si)来确定。主要合金元素指极限含量算术平均值为最大的合金元素。当有一个以上的合金元素极限含量算术平均值同为最大时,应按 Cu、Mn、Si、Mg、Mg_2Si、Zn、其他元素的顺序来确定合金组别。牌号的第二位字母表示原始纯铝或铝合金的改型情况。最后两位数字用以标识同一组中不同的铝合金或表示铝的纯度。

组　　　　　别	牌号系列
纯铝(铝含量不小于 99.00%)	$1\times\times\times$
以铜为主要合金元素的铝合金	$2\times\times\times$
以锰为主要合金元素的铝合金	$3\times\times\times$

组　别	牌号系列
以硅为主要合金元素的铝合金	4×××
以镁为主要合金元素的铝合金	5×××
以镁和硅为主要合金元素，并以 Mg_2Si 相为强化相的铝合金	6×××
以锌为主要元素的铝合金	7×××
以其他合金元素为主要合金元素的铝合金	8×××
备用合金组	9×××

② 纯铝的牌号命名方法

铝含量不低 99.00％时为纯铝，其牌号用 1××× 系列表示。牌号的最后两位数字表示最低铝百分含量。当最低铝百分含量精确到 0.01％时，牌号的最后两位数字就是最低铝百分含量中小数点后面的两位。牌号第二位的字母表示原始纯铝的改型情况。如果第二位的字母为 A，则表示为原始纯铝；如果是 B～Y 的其他字母（按国际规定用字母表的次序选用），则表示为原始纯铝的改型，与原始纯铝相比，其他元素含量略有改变。

③ 铝合金的牌号命名方法

铝合金的牌号用 2×××～8××× 系列表示。牌号的最后两位数字没有特殊意义，仅用来区分同一组中不同的铝合金。牌号的第二位字母表示原始合金的改型情况。如果牌号第二位的字母是 A，则表示为原始合金；如果是 B～Y 的其他字母（按国际规定用字母表的次序选用），则表示为原始合金的改型合金。改型合金与原始合金相比，化学成分的变化，仅限于下列任何一种或几种情况：

ⓐ 一个合金元素或一组组合元素形式的合金元素，极限含量算术平均值的变化量符合下表的规定。

2.52

原始合金中的极限含量 算术平均值范围(%)	极限含量算术平均值的变化量(%) ≤
≤1.0	0.15
>1.0～2.0	0.20
>2.0～3.0	0.25
>3.0～4.0	0.30
>4.0～5.0	0.35
>5.0～6.0	0.40
>6.0	0.50

注：改型合金中的组合元素极限含量的算术平均值，应与原始合金中相同组合元素的算术平均值或各相同元素(构成该组合元素的各单个元素)的算术平均值之和相比较。

ⓑ 增加或删除了极限含量算术平均值不超过 0.30% 的一个合金元素；增加或删除了极限含量算术平均值不超过 0.40% 的一组组合元素形式的合金元素。

ⓒ 为了同一目的，同一个合金元素代替了另一个合金元素。

ⓓ 改变了杂质的极限含量。

ⓔ 细化晶粒的元素含量有变化。

(c) 四位字符体系牌号的变形铝
及铝合金化学成分注册要求

四位字符体系牌号的变形铝及铝合金化学成分注册时应符合下列要求：

① 化学成分明显不同于其他已经注册的变形铝及铝合金。

② 各元素含量的极限值表示到如下位数：

| <0.001% | 0.000× |
| 0.001%～<0.01% | 0.00× |

0.01%～<0.1%

　　　用精炼法制得的纯铝　　　　　　　　0.0××

　　　用非精炼法制得的纯铝和铝合金　　　0.0×

　　0.1%～0.55%　　　　　　　　　　　0.×××

　　　(通常表示在0.30%～0.55%范围的极限值为0.×0或0.×5)

　　>0.55%　　　　　　　　　0.××，×.××，××.×

　　(但在1×××牌号中,组合元素Fe+Si的含量必须表示为
0.××或1.××)

　　③ 规定各元素含量的极限值按以下顺序排列:Si、Fe、Cu、Mn、
Mg、Cr、Ni、Zn、Ti、Zr、其他元素的单个和总量、Al。当还要规定其他的
有含量范围限制的元素时,应按化学符号字母表的顺序,将这些元素依
次插到Zn和Ti之间,或在角注中注明。

　　④ 纯铝的最低铝含量应有明确规定。对于用精炼法制取的纯铝,
其铝含量为100.00%与全部其他金属元素及硅(每种元素含量须≥
0.0010%)的总量之差值。在确定总量之前,每种元素要精确到小数点
后面第三位,作减法运算前应先将其总量修约到小数点后面第二位。
对于非精炼法制取的纯铝,其铝含量为100.00%与全部其他金属元素
及硅(每种元素含量须≥0.010%)的总量之差值。在确定总量之前,每
种元素要精确到小数点后面第二位。

　　⑤ 铝合金的铝含量要规定为余量。

(d) 国际四位数字体系牌号简介

　　变形铝及铝合金的国际四位数字体系牌号,是指按照1970年12
月制定的变形铝及铝合金国际牌号命名体系推荐方法命名的牌号。此
推荐方法是由承认变形铝及铝合金国际牌号协议宣言的世界各国团体
或组织提出,牌号及成分注册登记处设在美国铝业协会(AA)。

　　① 国际四位数字体系牌号组命的划分

　　国际四位数字体系牌号的第1位数字表示组别,如下所示:

　　ⓐ 纯铝(铝含量不小于99.00%)。　　　　　1×××

ⓑ 合金组别按下列主要合金元素划分。

Cu	2×××
Mn	3×××
Si	4×××
Mg	5×××
Mg＋Si	6×××
Zn	7×××
其他元素	8×××
备用组	9×××

② 国际四位数字体系 1×××牌号系列

1×××组表示纯铝(其铝含量≥99.00％),其最后两位数字表示最低铝百分含量中小数点后面的两位。

牌号的第 2 位数字表示合金元素或杂质极限含量的控制情况。如果第 2 位是 0,则表示杂质极限含量无特殊控制;如果是 1～9,则表示对一项或一项以上的单个杂质或合金元素极限含量有特殊控制。

③ 国际四位数字体系 2×××～8×××牌号系列

2×××～8×××牌号中的最后两位数字没有特殊意义,仅用来识别同一组中的不同合金,其第 2 位表示改型情况。如果第 2 位是 0,则表示为原始合金;如果是 1～9,则表示为改型合金。

④ 国际四位数字体系国家间相似铝及铝合金牌号

国家间相似铝及铝合金,表示某一国家新注册的与已注册的某牌号成分相似的纯铝或铝合金。国家间相似铝及铝合金采用与其成分相似的四位数字牌号后缀一个英文大写字母(按国际字母表的顺序,由 A 开始依次选用,但 I、O、Q 除外)来命名。

(2) 变形铝及铝合金状态代号

(GB/T16475－1996)

(a) 适用范围及表示方法

本状态代号适用于铝及铝合金加工产品。

状态代号由基础状态代号和细分状态代号两部分组成。基础状态代号用一个英文大写字母表示。细分状态代号用一位或多位阿拉伯数字表示,并跟在基础状态代号后面。

(b) 基础状态代号、名称及说明与应用

代号	名　称	说明与应用
F	自由加工状态	适用于在成型过程中,对于加工硬化和热处理条件无特殊要求的产品,该状态产品的力学性能不作规定
O	退火状态	适用于经完全退火获得最低强度的加工产品
H	加工硬化状态	适用于通过加工硬化提高强度的产品,产品在加工硬化后可经过(也可不经过)使强度有所降低的附加热处理。H 代号后面必须跟有两位或三位阿拉伯数字
W	固溶热处理状态	一种不稳定状态,仅适用于经固溶热处理后,室温下自然时效的合金,该状态代号仅表示产品处于自然时效阶段
T	热处理状态 (不同于 F、O、H 状态)	适用于热处理后,经过(或不经过)加工硬化达到稳定状态的产品。T 代号后必须跟有一位或多位阿拉伯数字

(c) 细分状态代号(一)——H 的细分状态代号

H 的细分状态代号用在字母 H 后添加两位数字(称作 H×× 状态)或三位数字(称作 H××× 状态)表示。

① H×× 状态

ⓐ H 后面的第一位数字,用于表示获得该状态的基本处理程序。其中:

H1——单纯加工硬化状态。适用于未经附加热处理,只经加工硬化即获得所需强度的状态。

H2——加工硬化及不完全退火的状态。适用于加工硬化程度超过成品规定要求后，经不完全退火，使强度降低到规定指标的产品。对于室温下自然时效软化的合金，H2 与对应的 H3 具有相同的最小极限抗拉强度值；对于其他合金，H2 与对应的 H1 具有相同的最小极限抗拉强度值，但延伸率比 H1 稍高。

H3——加工硬化及稳定化处理的状态。适用于加工硬化后经低温热处理或由于加工过程中的受热作用致使其力学性能达到稳定的产品。H3 状态仅适用于在室温下逐渐时效软化（除非经稳定化处理）的铝合金。

H4——加工硬化及涂漆处理的状态。适用于加工硬化后，经涂漆处理导致了不完全退火的产品。

ⓑ H 后面的第二位数字，用于表示产品的加工硬化程度。数字 8 表示硬状态。通常采用 O 状态的最小拉伸强度与表 1 规定的强度差值之和，来规定 H×8 状态的最小抗拉强度值。对于 O（退火）和 H×8 状态之间的状态，应在 H× 代号后分别添加从 1 到 7 的数字来表示；在 H× 后添加数字 9，表示比 H×8 加工硬化程度更大的超硬状态。各种 H×× 细分状态代号及对应的加工硬化程度，参见表 2。

表 1　H×8 状态与 O 状态的最小抗拉强度差值

O 状态的最小抗拉强度 （MPa）	H×8 状态与 O 状态的最小抗拉强度差值 （MPa）
≤40	55
45～60	65
65～80	75
85～100	85
105～120	90

O 状态的最小抗拉强度 （MPa）	H×8 状态与 O 状态的最小抗拉强度差值 （MPa）
125～160	95
165～200	100
205～240	105
245～280	110
285～320	115
≥325	120

表 2　HXX 细分状态代号与加工硬化程度

细分状态代号	加工硬化程度
H×1	抗拉强度极限为 O 与 H×2 状态的中间值
H×2	抗拉强度极限为 O 与 H×4 状态的中间值
H×3	抗拉强度极限为 H×2 与 H×4 状态的中间值
H×4	抗拉强度极限为 O 与 H×8 状态的中间值
H×5	抗拉强度极限为 H×4 与 H×6 状态的中间值
H×6	抗拉强度极限为 H×4 与 H×8 状态的中间值
H×7	抗拉强度极限为 H×6 与 H×8 状态的中间值
H×8	硬状态
H×9	超硬状态，最小抗拉强度极限值超过 H×8 状态至少 10MPa

注：当按上表确定的 H×1～H×8 状态的抗拉强度极限值，不是以 0 或 5 结尾时，应修约至以 0 或 5 结尾的相邻较大值。

② H×××状态

ⓐ H111——适用于最终退火后又进行了适量的加工硬化,但加工硬化程度又不及 H11 状态的产品。

ⓑ H112——适用于热加工成型的产品,该状态产品的力学性能有规定的要求。

ⓒ H116——适用于镁含量≥4.0％的 5××× 系合金制成的产品。这些产品具有规定的力学性能和抗剥落腐蚀性能要求。

ⓓ 花纹板的状态代号与压花前的板材状态代号对照,见下表。

花纹板的 状态代号	压花前的板 材状态代号	花纹板的 状态代号	压花前的板 材状态代号	花纹板的 状态代号	压花前的板 材状态代号
H114	O	H154	H14	H184	H17
H124	H11	H254	H24	H284	H27
H224	H21	H354	H34	H384	H37
H324	H31				
H134	H12	H164	H15	H194	H18
H234	H22	H264	H25	H294	H28
H334	H32	H364	H35	H394	H38
H144	H13	H174	H16	H195	H19
H244	H23	H274	H26	H295	H29
H344	H33	H374	H36	H395	H39

(d) 细分状态代号(二)——T 的细分状态代号

在字母 T 后面添加一位或多位数字,表示 T 的细分状态。

① T× 状态

在 T 后面添加 0～10 的数字,表示 T 的细分状态(称作 T× 状态)。T 后面的数字表示对产品的基本处理程序。T× 细分状态代号、说明与应用,参见下表。

状态代号	说明与应用
T0	固溶热处理后,经自然时效再通过冷加工状态。适用于经冷加工提高强度的产品
T1	由高温成型过程冷却,然后自然时效至基本稳定的状态。适用于由高温成型过程冷却后,不再进行冷加工(可进行矫直、矫平,但不影响力学性能极限)的产品
T2	由高温成型过程冷却,经冷加工后自然时效至基本稳定的状态。适用于由高温成型过程冷却后,进行冷加工、或矫直、矫平,以提高强度的产品
T3	固溶热处理后进行冷加工,再经自然时效至基本稳定的状态。适用于在固溶热处理后,进行冷加工,或矫直、矫平,以提高强度的产品
T4	固溶热处理后自然时效至基本稳定的状态。适用于固溶热处理后,不再进行冷加工(可进行矫直、矫平,但不影响力学性能极限)的产品
T5	由高温成型过程冷却,然后进行人工时效的状态。适用于由高温成型过程冷却后,不经过冷加工(可进行矫直、矫平,但不影响力学性能极限),予以人工时效的产品
T6	固溶热处理后进行人工时效的状态。适用于固溶热处理后,不再进行冷加工(可进行矫直、矫平,但不影响力学性能极限)的产品

状态代号	说明与应用
T7	固溶热处理后进行过时效的状态。适用于固溶热处理后，为获取某些重要特性，在人工时效时，强度在时效曲线上越过了最高峰点的产品
T8	固溶热处理后经冷加工，然后进行人工时效的状态。适用于经冷加工、或矫直、矫平，以提高强度的产品
T9	固溶热处理后人工时效，然后进行冷加工的状态。适用于经冷加工提高强度的产品
T10	由高温成型过程冷却后，进行冷加工，然后人工时效的状态。适用于经冷加工、或矫直、矫平，以提高强度的产品

注：某些6×××系的合金，无论是炉内固溶热处理，还是从高温成型过程急冷以保留可溶性组分在固溶体中，均能达到相同的固溶热处理效果，这些合金的T3、T4、T6、T7、T8和T9状态可采用上述两种处理方法的任一种。

② T××状态及T×××状态（消除应力状态除外）

在T×状态代号后面再添加一位数字（称作T××状态），或添加两位数字（称作T×××状态），表示经过了明显改变产品特性（如力学性能、抗腐蚀性能等）的特定工艺处理的状态。T××及T×××细分状态代号、说明与应用，参见下表。

状态代号	说明与应用
T42	适用于自O或F状态固溶热处理后，自然时效到充分稳定状态的产品，也适用于需方对任何状态的加工产品热处理后，力学性能达到了T42状态的产品

状态代号	说明与应用
T62	适用于自 O 或 F 状态固溶热处理后,进行人工时效的产品,也适用于需方对任何状态的加工产品热处理后,力学性能达到了 T62 状态的产品
T73	适用于固溶热处理后,经过时效以达到规定的力学性能和抗应力腐蚀性能指标的产品
T74	与 T73 状态定义相同。该状态的抗拉强度大于 T73 状态,但小于 T76 状态
T76	与 T73 状态定义相同。该状态的抗拉强度分别高于 T73、T74 状态,抗应力腐蚀断裂性能分别低于 T73、T74 状态,但其抗剥落腐蚀性能仍较好
T7×2	适用于自 O 或 F 状态固溶热处理后,进行人工时效处理,力学性能及抗腐蚀性能达到了 T7× 状态的产品
T81	适用于固溶热处理后,经 1% 左右的冷加工变形提高强度,然后进行人工时效的产品
T87	适用固溶热处理后,经 7% 左右的冷加工变形提高强度,然后进行人工时效的产品

③ 消除应力状态

在上述 T× 或 T×× 或 T××× 状态代号后面,添加"51"、或 "510"、"511"、"52"、"54",表示经过了消除应力处理的产品状态代号。消除应力状态代号、说明与应用,参见下表。

状态代号	说明与应用
T×51 T××51 T×××51	适用于固溶热处理或自高温成型过程冷却后,按规定量进行拉伸的厚板、轧制或冷精整的棒材以及模锻件、锻环或轧制环,这些产品拉伸后不再进行矫直。厚板的永久变形量为 1.5%~3%;轧制或冷精整棒材的永久变形量为 1%~3%;模锻件、锻环或轧制环的永久变形量为 1%~5%
T×510 T××510 T×××510	适用于固溶热处理或自高温成型过程冷却后,按规定量进行拉伸的挤制棒、型和管材,以及拉制管材,这些产品拉伸后不再进行矫直。挤制棒、型和管材的永久变形量为 1%~3%;拉制管材的永久变形量为 1.5%~3%
T×511 T××511 T×××511	适用于固溶热处理或自高温成型过程冷却后,按规定量进行拉伸的挤制棒、型和管材,以及拉制管材,这些产品拉伸后可略微矫直以符合标准公差。挤制棒、型和管材的永久变形量为 1%~3%;拉制管材的永久变形量为1.5%~3%
T×52 T××52 T×××52	适用于固溶热处理或自高温成型过程冷却后,通过压缩来消除应力,以产生 1%~5%的永久变形量的产品
T×54 T××54 T×××54	适用于在终锻模内通过冷整形来消除应力的模锻件

(e) 细分状态代号(三)——W 的消除应力状态

如同 T 的消除应力状态代号的表示方法,可在 W 状态后面,添加相同的数字(如 51、52、54),以表示不稳定的固溶热处理及消除应力状态。

(f) 新旧变形铝及铝合金状态代号对照

旧代号	新代号	旧代号	新代号
M	O	CYS	T×51、T×52 等
R	H112 或 F	CZY	T0
Y	H×8	CSY	T9
Y_1	H×6	MCZ	T42
Y_2	H×4	MCS	T62
Y_4	H×2	CGS1	T73
T	H×9	CGS2	T76
CZ	T4	CGS3	T74
CS	T6	RCS	T5

注：1. 新代号指本节（按 GB/T16475－1996 规定）中介绍的代号，旧代号指 GB/T340－1976《有色金属及合产品牌号表示方法》中规定的状态代号。

2. 原以 R 状态交货的，提供 CZ、CS 试样性能的产品，其状态可分别对应新代号 T42、T62。

第三章　黑色金属材料的化学成分、

性能及用途

1. 生　铁

(1) 炼钢用生铁的化学成分

(GB/T717－1998)

铁　种			炼　钢　用　生　铁		
牌号			L04 (炼04)	L08 (炼08)	L10 (炼10)
化学成分(%)	碳		≥3.50		
	硅		≤0.45	>0.45～0.85	>0.85～1.25
	锰	一组	≤0.40		
		二组	>0.40～1.00		
		三组	>1.00～2.00		
	磷	特级	≤0.100		
		一级	>0.100～0.150		
		二级	>0.150～0.250		
		三级	>0.250～0.400		
	硫	特级	≤0.020		
		一类	>0.020～0.030		
		二类	>0.030～0.050		
		三类	>0.050～0.070		

注：1. 牌号栏中括号内为旧牌号。

2. 各牌号的含碳量，均不作报废依据。

3. 采用铁矿石冶炼的单位经国家主管部门批准后，磷含量允许 ≤0.85％；采用铜矿石冶炼时，铜含量允许≤0.30％。

4. 需方对硅、砷含量有特殊要求时，由供需双方协商。

5. 各牌号生铁以铁块或铁水形态供应。以块状供应时，可以生产两种铁块：小块单重为 2～7kg，其中>7kg 及<2kg，两者比重之和由供需双方协商；对大块生铁，每块单重≤40kg，并有两个≤45mm 凹口；每批中<4kg 的碎块所占比重由供需双方商定。

（2）铸造用生铁和球墨铸铁用生铁的化学成分

铁 种			铸造用生铁					球墨铸铁用生铁	
标准号			GB/T718－2005					GB/T1412－2005	
牌号		Z14 (铸14)	Z18 (铸18)	Z22 (铸22)	Z26 (铸26)	Z30 (铸30)	Z34 (铸34)	Q10 (球10)	Q12 (球12)
化学成分（%）	碳		≥3.30						≥3.40	
	硅	大于 至	1.25 1.60	1.60 2.00	2.00 2.40	2.40 2.80	2.80 3.20	3.20 3.60	0.50 1.00	1.00 1.40
	锰	一组	≤0.50						≤0.20	
		二组	＞0.50～0.90						＞0.20～0.50	
		三组	＞0.90～1.30						＞0.50～0.80	
	磷	一级	≤0.060						≤0.050	
		二级	＞0.060～0.100						＞0.050～0.060	
		三级	＞0.100～0.200						＞0.060～0.080	
		四级	＞0.200～0.400						—	
		五级	＞0.400～0.900						—	
	硫	一类	≤0.030						≤0.020	
		二类	≤0.040						＞0.020～0.030	
		三类	≤0.050						＞0.030～0.040	
		四类	—						≤0.045	
	钛	一档	—						≤0.050	
		二档	—						＞0.050～0.080	

注：1. 牌号栏中括号内为旧牌号。2. 铸造用生铁：①适用于作生产各种铸铁件的基本原料。②当需方对硅、锰含量有特殊要求时，由供需双方商定；硫、磷含量界限值按 YB/T081 规定全数值比较法进行判定；生铁中砷、铅、锑等微量元素含量，可根据需方要求提供分析结果供需方参考，但不作判定依据。③交货状态及块重：各牌号生铁应以铁块或铁水形态供应。以块状供应时，每块单重 2～7kg，而＞7kg 与＜2kg 之和，每批中应≤10％。根据需方要求，可供应每块单重≤40kg 的铁块，同时铁块上应有 1～2 道深度不小于每块厚度 2/3 的凹槽。3. 球墨铸铁用生铁：①适用于作生产各种球墨铸铁件的基本原料。②需方对硅、锰含量有特殊要求；对硫、磷界限值的判定；对生铁中砷、铅、铋、锑等微量元素的要求以及交货状态和块重；均与铸造用生铁相同。

2. 铁 合 金

(1) 锰铁的产品分类和化学成分

(GB/T3795－2006)

(1) 锰铁的产品分类					
按冶炼方式		按含碳量分(%)			按硅、磷含量分
电炉锰铁	高炉锰铁	低碳类 ≤0.70	中碳类 >0.70～2.0	高碳类 >2.0～8.0	Ⅰ组 Ⅱ组

(2) 锰铁的化学成分(%)①							
牌　　号	化　学　成　分						
	锰	碳 ≤	硅≤		磷≤		硫
			Ⅰ	Ⅱ	Ⅰ	Ⅱ	
电炉低碳锰铁							
FeMn88C0.2	85.0～92.0	0.2	1.0	2.0	0.10	0.30	0.02
FeMn84C0.4	80.0～87.0	0.4	1.0	2.0	0.15	0.30	0.02
FeMn84C0.7	80.0～87.0	0.7	1.0	2.0	0.20	0.30	0.02
电炉中碳锰铁							
FeMn82C1.0	78.0～85.0	1.0	1.5	2.0	0.20	0.35	0.03
FeMn82C1.5	78.0～85.0	1.5	1.5	2.0	0.20	0.35	0.03
FeMn78C2.0	75.0～82.0	2.0	1.5	2.5	0.20	0.40	0.03
电炉高碳锰铁							
FeMn78C8.0	75.0～82.0	8.0	1.5	2.5	0.20	0.25	0.03
FeMn74C7.5	70.0～77.0	7.5	2.0	3.0	0.25	0.38	0.03
FeMn68C7.0	65.0～72.0	7.0	2.5	4.0	0.25	0.40	0.03
高炉(高碳)锰铁							
FeMn78	75.0～82.0	7.5	2.0		0.25	0.35	0.03
FeMn74	70.0～75.0	7.5	2.0		0.25	0.35	0.03
FeMn68	65.0～70.0	7.0	2.0		0.30	0.40	0.03
FeMn63	60.0～65.0	7.0	2.0		0.30	0.40	0.04

（3）锰铁的物理状态				
粒度级别	1	2	3	4②
粒度（mm）	20～250	50～150	10～50	0.097～0.45

注：① 需方对化学成分有特殊要求时，可由供需双方协商。

② 4 级为中碳锰铁，以粉状交货。

（2）硅铁的化学成分

（GB/T2272－1987）

牌　　号	化　学　成　分　（%）							
	硅	铝	钙	锰	铬	磷	硫	碳
						≤		
FeSi90Al1.5	87.0～95.0	1.5	1.5	0.4	0.2	0.04	0.02	0.2
FeSi90Al3	87.0～95.0	3.0	1.5	0.4	0.2	0.04	0.02	0.2
FeSi75Al0.5-A	74.0～80.0	0.5	1.0	0.4	0.3	0.035	0.02	0.1
FeSi75Al0.5-B	72.0～80.0	0.5	1.0	0.5	0.5	0.04	0.02	0.2
FeSi75Al1.0-A	74.0～80.0	1.0	1.0	0.4	0.3	0.035	0.02	0.1
FeSi75Al1.0-B	72.0～80.0	1.0	1.0	0.5	0.5	0.04	0.02	0.2
FeSi75Al1.5-A	74.0～80.0	1.5	1.0	0.4	0.3	0.035	0.02	0.1
FeSi75Al1.5-B	72.0～80.0	1.5	1.0	0.5	0.5	0.04	0.02	0.2
FeSi75Al2.0-A	74.0～80.0	2.0	1.0	0.4	0.3	0.035	0.02	0.1
FeSi75Al2.0-B	74.0～80.0	2.0	1.0	0.4	0.5	0.04	0.02	0.1
FeSi75Al2.0-C	72.0～80.0	2.0	—	0.5	0.5	0.04	0.02	0.2
FeSi75-A	74.0～80.0	—	—	0.4	0.3	0.035	0.02	0.1
FeSi75-B	74.0～80.0	—	—	0.4	0.5	0.04	0.02	0.1
FeSi75-C	72.0～80.0	—	—	0.5	0.5	0.04	0.02	0.2
FeSi65	65.0～<72.0	—	—	0.6	0.5	0.04	0.02	—
FeSi45	40.0～47.0	—	—	0.7	0.5	0.04	0.02	—

注：1. 硅铁的物理状态——硅铁的浇注厚度（mm）；FeSi75 系列
各牌号硅铁锭≤100；FeSi65 锭≤80。

2. 硅铁通常用于炼钢中作脱氧剂或钢中硅元素加入剂；生产
铸铁中作石墨化促进剂。

(3) 铬铁的化学成分

（GB/T5683—1987）

牌　号	化　学　成　分　（%）							
	铬	碳≤	硅≤		磷≤		硫≤	
			I	II	I	II	I	II
微　碳　铬　铁								
FeCr69C0.03	63.0～75.0	0.03	1.0	—	0.03	—	0.025	—
FeCr55C3 *	—	0.03	1.5	2.0	0.03	0.04	0.03	—
FeCr69C0.06	63.0～75.0	0.06	1.0	—	0.03	—	0.025	—
FeCr55C6 *	—	0.06	1.5	2.0	0.04	0.06	0.03	—
FeCr69C0.10	63.0～75.0	0.10	1.0	—	0.03	—	0.025	—
FeCr55C10 *	—	0.10	1.5	2.0	0.04	0.06	0.03	—
FeCr69C0.15	63.0～75.0	0.15	1.0	—	0.03	—	0.025	—
FeCr55C15 *	—	0.15	1.5	2.0	0.04	0.06	0.03	—
低　碳　铬　铁								
FeCr69C0.25	63.0～75.0	0.25	1.5	—	0.03	—	0.025	—
FeCr55C25 *	—	0.25	2.0	3.0	0.04	0.06	0.03	0.05
FeCr69C0.50	63.0～75.0	0.50	1.5	—	0.03	—	0.025	—
FeCr55C50 *	—	0.50	2.0	3.0	0.04	0.06	0.03	0.05
中　碳　铬　铁								
FeCr69C1.0	63.0～75.0	1.0	1.5	—	0.03	—	0.025	—
FeCr55C100 *	—	1.0	2.5	3.0	0.04	0.06	0.03	0.05
FeCr69C2.0	63.0～75.0	2.0	1.5	—	0.03	—	0.025	—
FeCr55C200 *	—	2.0	2.5	3.0	0.04	0.06	0.03	0.05
FeCr69C4.0	63.0～75.0	4.0	1.5	—	0.03	—	0.025	—
FeCr55C400 *	—	4.0	2.5	3.0	0.04	0.06	0.03	0.05
高　碳　铬　铁								
FeCr67C6.0	62.0～72.0	6.0	3.0	—	0.03	—	0.04	0.06
FeCr55C600 *	—	6.0	3.0	5.0	0.04	0.06	0.04	0.06
FeCr67C9.5	62.0～72.0	9.5	3.0	—	0.03	—	0.04	0.06
FeCr55C1000 *	—	10.0	3.0	5.0	0.04	0.06	0.04	0.06

注：1. 带＊符号的牌号的含铬量分为Ⅰ、Ⅱ组：Ⅰ组≥60.0%，Ⅱ组≥52.0%。

2. 铬铁的物理状态——成块状供应，每块重≤1.5kg。

3. 铬铁通常用于炼钢中作铬元素加入剂。

（4）钼铁的化学成分

（GB/T3649—1987）

牌　号	化　　学　　成　　分　（％）							
	钼	硅	硫	磷	碳	铜	锑	锡
		≤						
FeMo70	65.0～75.0	1.5	0.10	0.05	0.10	0.50	—	—
FeMo70Cu1	65.0～75.0	2.0	0.10	0.05	0.10	1.0	—	—
FeMo70Cu1.5	65.0～75.0	2.5	0.20	0.10	0.10	1.5	—	—
FeMo60-A	55.0～65.0	1.0	0.10	0.04	0.10	0.50	0.04	0.04
FeMo60-B	55.0～65.0	1.0	0.10	0.05	0.10	0.50	0.05	0.06
FeMo60-C	55.0～65.0	2.0	0.15	0.05	0.20	0.50	0.08	0.08
FeMo60	≥60.0	2.0	0.10	0.05	0.15	0.50	0.04	0.04
FeMo55-A	≥55.0	1.0	0.10	0.04	0.18	0.50	0.05	0.06
FeMo55-B	≥55.0	1.5	0.15	0.10	0.25	1.0	0.08	0.08

注：1. 钼铁的物理状态——产品以块状交货，块度范围为 10mm
　　～150mm。2. 钼铁通常用于炼钢中作钼元素加入剂。

（5）钒铁的化学成分

（GB/T4139—2004）

牌　号	化　　学　　成　　分　（％）						
	钒	碳	硅	磷	硫	铝	锰
		≤					
FeV40-A	38.0～45.0	0.60	2.0	0.08	0.06	1.5	—
FeV40-B	38.0～45.0	0.80	2.0	0.15	0.10	2.0	—
FeV50-A	48.0～55.0	0.40	2.0	0.06	0.04	1.5	—
FeV50-B	48.0～55.0	0.60	2.5	0.10	0.05	2.0	—
FeV60-A	58.0～65.0	0.40	2.0	0.06	0.04	1.5	—
FeV60-B	58.0～65.0	0.60	2.5	0.10	0.05	2.0	—
FeV80-A	78.0～82.0	0.15	1.5	0.05	0.04	1.5	0.50
FeV80-B	78.0～82.0	0.20	1.5	0.05	0.05	2.0	0.50

注：1. 经供需双方协商并在合同中注明，可供应其他化学成分钒铁。
　　2. 钒铁以块状交货，其粒度范围分为：10～50mm；10～100mm；
　　10～150mm。其粒度上下限：<10mm：≤3％，>50mm：≤7％。
　　经供需双方协商并在合同中注明，可供应其他粒度或粉状的钒
　　铁。3. 钒铁通常用于炼钢中作钒元素加入剂。

(6) 钨铁的化学成分

(GB/T3648－1996)

牌　号	化　学　成　分　（%）					
	钨	碳≤	磷≤	硫≤	硅≤	锰≤
FeW80-A	75.0～85.0	0.10	0.03	0.06	0.5	0.25
FeW80-B	75.0～85.0	0.30	0.04	0.07	0.7	0.35
FeW80-C	75.0～85.0	0.40	0.05	0.08	0.7	0.50
FeW70	≥70.0	0.80	0.06	0.10	1.0	0.60

牌　号	化　学　成　分　（%）（续）					
	铜≤	砷≤	铋≤	铅≤	锑≤	锡≤
FeW80-A	0.10	0.06	0.05	0.05	0.05	0.06
FeW80-B	0.12	0.08	—	—	0.05	0.08
FeW80-C	0.15	0.10	—	—	0.05	0.10
FeW70	0.18	0.10	—	—	0.05	0.10

注：1. 钨铁的物理状态——以块状交货，粒度范围为 10～130mm。

2. 钨铁主要用于炼钢中作钨元素加入剂。

(7) 锰硅合金的化学成分

(GB/T4008－1996)

牌　号	化　学　成　分　（%）		碳≤	磷≤			硫≤
	锰	硅		Ⅰ	Ⅱ	Ⅲ	
FeMn64Si27	60.0～67.0	25.0～28.0	0.5	0.10	0.15	0.25	0.04
FeMn67Si23	63.0～70.0	22.0～25.0	0.7	0.10	0.15	0.25	0.04
FeMn68Si22	65.0～72.0	20.0～23.0	1.2	0.10	0.15	0.25	0.04
FeMn64Si23	60.0～67.0	20.0～23.0	1.2	0.10	0.15	0.25	0.04
FeMn68Si18	65.0～72.0	17.0～20.0	1.8	0.10	0.15	0.25	0.04
FeMn64Si18	60.0～67.0	17.0～20.0	1.8	0.10	0.15	0.25	0.04
FeMn68Si16	65.0～72.0	14.0～17.0	2.5	0.10	0.15	0.25	0.05
FeMn64Si16	60.0～67.0	14.0～17.0	2.5	0.20	0.25	0.30	0.05

注：1. 锰硅合金的物理状态——等级/粒度范围(mm)：1/(20～300)，2/(10～150)，3/(10～100)，4/(10～50)。

2. 锰硅合金主要用于炼钢及铸造作合金剂、复合脱氧剂和脱硫剂，冶炼中低碳锰铁作还原剂。

3.8

3. 铸 铁 件

(1) 灰铸铁件的力学性能

(GB/T9439—1988)

1) 单铸试棒的抗拉强度						
牌　　号	HT100	HT150	HT200	HT250	HT300	HT350
抗拉强度 （MPa）	≥100	≥150	≥200	≥250	≥300	≥350

2) 附铸试棒（块）的抗拉强度						
牌　　号	铸件壁厚 （mm）	抗拉强度（MPa）≥				铸件 （参考）
		附铸试棒（mm）		附铸试块（mm）		
		$\phi 30$	$\phi 50$	R15	R25	
HT150	>20～40	130	—	120 *	—	120
	>40～80	115	115 *	110	—	105
	>80～150	—	105	—	100	90
	>150～300	—	100	—	90	80
HT200	>20～40	180	—	170 *	—	165
	>40～80	160	155 *	150	—	145
	>80～150	—	145	—	140	130
	>150～300	—	135	—	130	120
HT250	>20～40	220	—	210 *	—	205
	>40～80	200	190 *	190	—	180
	>80～150	—	180	—	170	165
	>150～300	—	165	—	160	150
HT300	>20～40	260	—	250 *	—	245
	>40～80	235	230 *	225	—	215
	>80～150	—	210	—	200	195
	>150～300	—	195	—	185	180
HT350	>20～40	300	—	290 *	—	285
	>40～80	270	265 *	260	—	255
	>80～150	—	240	—	230	225
	>150～300	—	215	—	210	205

注：1. 带 * 符号数值仅供铸件壁厚大于试样直径时使用。

　　2. 当铸件壁厚＞300mm 时,其力学性能由供需双方协商确定。

3) 不同壁厚铸件的抗拉强度(作参考或协商验收依据)

壁 厚 (mm)	牌 号					
	HT100	HT150	HT200	HT250	HT300	HT350
	抗拉强度(MPa) ≥					
>2.5~4	130	175	220	—	—	—
>4~10				270		
>10~20	100	145	195	240	290	340
>20~30	90	130	170	220	250	290
>30~50	80	120	160	200	230	260

4) 铸件的硬度牌号及硬度范围(可作协商验收依据)

硬度牌号	H145	H175	H195	H215	H235	H255
硬度范围 (HB)	≤170	150~ 200	170~ 220	190~ 240	210~ 260	230~ 280

5) 铸件的硬度和抗拉强度之间的经验关系式

$$\sigma_b = \frac{HB}{0.438RH} - 228.3 \quad (适用于 \sigma_b \geqslant 196MPa)$$

$$\sigma_b = \frac{HB}{0.724RH} - 60.77 \quad (适用于 \sigma_b < 196MPa)$$

式中： σ_b ——抗拉强度(MPa)；

HB——布氏硬度值(实际测定的)；

RH——相对硬度值,由供方提供,或采取有代表性铸件测定,其变化范围为 0.80~1.20

(2) 可锻铸铁件的力学性能

(GB/T9440—1988)

牌号和系列		试样直径 d (mm)	抗拉强度 (MPa)≥	屈服强度 (MPa)≥	伸长率 (%)≥ L_0 =3d	硬 度 HB
系列	牌 号					
1) 黑心可锻铸铁(KTH)和珠光体可锻铸铁(KTZ)						
A	KTH300-06		300	—	6	
B	KTH330-08		330	—	8	
A	KTH350-10	12	350	200	10	≤150
B	KTH370-12	或	370	—	12	
A	KTZ450-06	15	450	270	6	150～200
A	KTZ550-04		550	340	4	180～230
A	KTZ650-02		650	430	2	210～260
A	KTZ700-02		700	530	2	240～290
2) 白心可锻铸铁(KTB)						
—	KTB350-04	9	340	—	5	≤230
		12	350	—	4	
		15	360	—	3	
—	KTB380-12	9	320	170	15	≤200
		12	380	200	12	
		15	400	210	8	
—	KTB400-05	9	360	200	8	≤220
		12	400	220	5	
		15	420	230	4	
—	KTB450-07	9	400	230	10	≤220
		12	450	260	7	
		15	480	280	4	

注：1. 牌号 B 系列为过渡牌号。牌号 KTH300-06 适用于气密性零件。

2. 黑心和珠光体可锻铸铁直径 12mm 试样只适用于主要壁厚≤10mm 的铸件。

(3) 球墨铸铁件的力学性能

(GB/T1348－1988)

1) 单铸试块的力学性能

牌 号	抗拉强度 (MPa)≥	屈服强度 ≥	伸长率 (%) ≥	硬度 HB (供参考)	V形缺口 冲击值 (J)≥	主要金相组织
QT400-18	400	250	18	130～180	14/11(12/9)	铁
QT400-15	400	250	15	130～180	—	铁
QT450-10	450	310	10	160～210	—	铁
QT500-7	500	320	7	170～230	—	铁+珠
QT600-3	600	370	3	190～270	—	珠+铁
QT700-2	700	420	2	225～305	—	珠
QT800-2	800	480	2	245～335	—	珠或回
QT900-2	900	600	2	280～360	—	贝或马

2) 附铸试块的力学性能

牌 号	壁厚	抗拉强度 (MPa)≥	屈服强度	伸长率 (%) ≥	硬度 HB (供参考)	V形缺口 冲击值 (J)≥	主要金相组织
QT400-18A	①	390	250	18	130～180	14/11(12/9)	铁
	②	370	240	12	130～180	12/9(10/7)	铁
QT400-15A	①	390	250	15	130～180	—	铁
	②	370	240	12	130～180	—	铁
QT500-7A	①	450	300	7	170～240	—	铁+珠
	②	420	290	7	170～240	—	铁+珠
QT600-3A	①	600	360	3	180～270	—	珠+铁
	②	550	340	1	180～270	—	珠+铁
QT700-2A	①	700	400	2	220～320	—	珠
	②	650	380	1	220～320	—	珠

3）铸件的硬度牌号、硬度值、主要金相组织和力学性能
（可作协商验收依据）

牌　　号	硬　度 HB	主要金相组织	力学性能（供参考）		
			抗拉强度	屈服强度	伸长率
			（MPa）≥		（%）≥
QT-H330	280～360	贝或马	900	600	2
QT-H300	245～335	珠或回	800	480	2
QT-H265	225～305	珠	700	420	2
QT-H230	190～270	珠＋铁	600	370	3
QT-H200	170～230	铁＋珠	500	320	7
QT-H185	160～210	铁	450	310	10
QT-H155	130～180	铁	400	250	15
QT-H150	130～180	铁	400	250	15

注：1. 冲击值栏中，不带括号的是在室温 23℃±5℃ 条件下进行的，带括号的是在低温－20℃±2℃ 条件下进行的（这时牌号须改为 QT400-18L、QT400-18AL）；分子数值是三个试样平均值，分母数值是个别值。

2. 主要金相组织栏中，"铁"表示铁素体，"珠"表示珠光体，"回"表示回火组织，"贝"表示贝氏体，"马"表示回火马氏体。

3. 壁厚栏中，①表示壁厚＞30～60mm，②表示壁厚＞60～200mm。

（4）耐热铸铁件的化学成分及力学性能

（GB/T9437—1988）

牌 号	化 学 成 分 （%）					
	碳	硅	锰	磷	硫	铬
			≤			
RTCr	3.0～3.8	1.5～2.5	1.0	0.20	0.12	0.50～1.00
RTCr2	3.0～3.8	2.0～3.0	1.0	0.20	0.12	>1.00～2.00
RTCr16	1.6～2.4	1.5～2.2	1.0	0.10	0.05	15.00～18.00
RTSi5	2.4～3.2	4.5～5.5	0.8	0.10	0.03	0.50～1.00
RQTSi4	2.4～3.2	3.5～4.5	0.7	0.10	0.03	—
RQTSi4Mo	2.7～3.5	3.5～4.5	0.7	0.10	0.03	钼 0.3～0.7
RQTSi5	2.4～3.2	>4.5～5.5	0.7	0.10	0.03	—
RQTAl4Si4	2.5～3.0	3.5～4.5	0.5	0.10	0.02	铝 4.0～5.0
RQTAl5Si5	2.3～2.8	>4.5～5.2	0.5	0.10	0.02	铝>5.0～5.8
RQTAl22	1.6～2.2	1.0～2.0	0.7	0.10	0.02	铝 20.0～24.0

牌 号	室温力学性能		高温短时抗拉强度（参考）				
			在下列温度（℃）时				
	抗拉强度（MPa）≥	硬 度 HB	500	600	700	800	900
			抗拉强度（MPa）				
RTCr	200	180～288	225	144	—	—	—
RTCr2	150	207～288	243	166	—	—	—
RTCr16	340	400～450	—	—	—	144	88
RTSi5	140	160～270	—	—	41	27	—
RQTSi4	480	187～269	—	—	75	35	—
RQTSi4Mo	540	197～280	—	—	101	46	—
RQTSi5	370	228～302	—	—	67	30	—
RQTAl4Si4	250	285～341	—	—	—	82	32
RQTAl5Si5	200	302～363	—	—	—	167	75
RQTAl22	300	241～364	—	—	—	130	77

3.14

(5) 铸铁件的特性和用途

1) 灰 铸 铁 件

HT100——特性：属低强度铸铁件，铸造性能好，工艺简便，应力小，可不用人工时效处理，减振性优良。用途：适用于制造形状简单、对强度要求不高、摩擦及磨损无特殊要求的不重要的机械结构件，如盖、外罩、油盘、手轮、手架、底板及重锤等

HT150——特性：属中强度铸铁件，铸造性能好，工艺简便，应力小，可不用人工时效处理，有一定的机械强度及良好的减震性。用途：适用于制造承受中等应力的机械铸件，如支柱、底座、罩壳、齿轮箱、刀架及座、普通机床床身，以及其他如对强度要求不高，不允许有变形大又不能进行人工时效处理的部件、工作台，工作压力不大的管子配件以及壁厚≤30mm 的耐磨轴套等；此牌号还可制造在纯碱和染料等弱腐蚀介质工作的化工零件

HT200、HT250——特性：属较高强度铸铁件，强度、耐磨性、耐热性均较好，减震性也良好，铸造性能较好，需进行人工时效处理。用途：适用于制造承受较大弯曲应力（<2940N/cm²）和摩擦面间的单位面积压力≥49N/cm² 的部件以及一般机械制造中较为重要的铸件，如汽缸、齿轮、机座、金属切削机床床身及床面等；汽车、拖拉机的汽缸体、汽缸盖、活塞、刹车轮、联轴器盘、汽（柴）油机的活塞环；有测量平面的检验工件，如划线平板、水平仪等。此外，还适用于制造承受中等压力（<785N/cm²）和要有一定的耐腐蚀介质能力的油缸、泵体、阀件、容器等

HT300、HT350——特性：属高强度、高耐磨铸铁件，强度高、耐磨性好，但白口倾向大，铸造性能差，需进行人工时效处理。用途：适用于制造承受高弯曲应力（<4900N/cm²）及抗拉应力和摩擦面间的单位面积压力≥196N/cm² 的部件，如机床床身导轨、车床、冲床和其他重型机械等受力较大的机座、主轴箱、齿轮、凸轮等；大型发动机曲轴、汽缸体（盖）等；热锻模、冷冲模及需经表面处理的零件。此外，还可制造要求保持高气密性的高压泵体、阀体及液压缸等部件

2) 可锻铸铁件

① 黑心可锻铸铁件

KTH300-06——特性：有一定的韧性，适当的强度，气密性好。用途：适用于制造承受低动载荷和静载荷及要求气密性好的工作部件，如管道配件、中低压阀门及瓷瓶铁帽等

KTH330-08——特性：有一定的韧性、强度和气密性。用途：适用于制造承受中等动载荷和静载荷及要求气密性的工作部件，如农机上的犁刀、犁柱、车轮壳，机床上用的勾形扳手以及铁道扣扳和管道配件等

KTH350-10、KTH370-12——特性：具有较高的韧性和强度。用途：适用于制造承受较高的冲击、振动及扭转载荷下工作的部件，如汽车、拖拉机上前后轮壳、差速器壳、转向节壳，农机上的犁刀、犁柱，船用的电机壳、瓷瓶铁帽等

② 珠光体可锻铸铁件

KTZ450-06、KTZ550-04、KTZ650-02、KTZ700-02——特性：强度大、硬度较高、耐磨性好，可切削性也良好，但韧性较低，可代替部分低、中碳钢、低合金钢及有色合金制造承受较高的动、静载荷，要有一定的韧性，并要求在磨损条件下工作的部件，如曲轴、连杆、齿轮、摇臂、凸轮轴、万向接头、活塞环、轴套、犁刀及耙片等

③ 白心可锻铸铁件

KTB350-04、KTB380-12、KTB400-05、KTB450-07——特性：薄壁件仍有较好的韧性，有优良的焊接性，可与钢钎焊接，可切削性尚好，但工艺较复杂，生产周期长，强度及耐磨性较差。用途：适用于制造厚度<15mm的薄壁铸件和焊接后不需进行热处理的铸件（故在机械制造上应用较少）

3）球墨铸铁件

QT400-18、QT400-15——特性：具有良好的焊接性和切削性，常温时冲击韧性高，且脆性转变温度低，低温韧性也好。用途：适用于制造要求较高强度和韧性的零部件，如汽车、拖拉机上的牵引框、驱动桥壳体、离合器壳及拨叉、弹簧吊耳、汽车底盘悬挂件等；在通用机械制造中，如1.6～6.4MPa阀门的阀体、阀盖、支架、压缩机上承受一定温度的高低压汽缸及输气管；在农具制造中，如重型机引五铧犁、轻型二铧犁、犁托、犁侧板、牵引架以及收割机、割草机上导架、差速器壳、护刃器等；其他如铁路垫板、电动机壳、齿轮箱、气轮壳等

QT450-10——特性：焊接性、切削性均较好，塑性略低于牌号QT400-18，而强度与小能量冲击力优于QT400-18。用途：与牌号QT400-18相同

QT500-7——特性：具有中等强度和塑性，可切削性尚好。用途：适用于制造内燃机机油泵齿轮、汽轮机中温汽缸隔板、水轮阀门体、铁路机车车辆轴瓦、机器座架、传动轴、链轮、飞轮、电动机架、千斤顶座等

QT600-3——特性：具有中高强度、耐磨性较好，但塑性低。用途：适用于制造内燃机部件，如4～3000kW柴油机的曲轴、部分轻型柴油机和汽油机的凸轮轴、汽缸套、连杆及进排气门座；农机具上，如脚踏脱粒机齿条、轻载荷齿轮、畜力犁铧；机床上，如部分磨床、铣床、车床的主轴，通用机械部件，如空调机、气压机、冷冻机、制氧机及泵的曲轴、缸体、缸套等；冶金、矿山、起重机械方面，如球磨机齿轴、矿车轮、桥式起重机大小车滚轮等

QT700-2、QT800-2——特性：具有较高的强度和耐磨性，但韧性和塑性低。用途：与牌号QT600-3基本相同

QT900-2——具有高的强度和耐磨性，较高的弯曲疲劳强度、接触疲劳强度和一定的韧性。用途：适用于制造农机件上部件如犁铧、耙片、低速农用轴承套圈；汽车部件，如锥齿轮、转向节、传动轴等；拖拉机上的减速齿轮；内燃机上部件，如凸轮轴、曲轴等

4）耐热铸铁件

RTCr——特性：在空气炉中，耐热温度为 550℃。用途：适用于制造炉条、高炉支架式水箱、金属型玻璃模等

RTCr2——特性：在空气炉中，耐热温度为 600℃。用途：适用于制造煤气炉内灰盒、矿山烧结车挡板等

RTCr16——特性：在空气炉中，耐热温度为 900℃。用途：适用于制造退火炉、煤粉烧嘴、炉栅、水泥焙烧炉零件、化工机械零件等

RTSi5——特性：在空气炉中，耐热温度为 700℃。用途：适用于制造炉条、煤粉烧嘴、锅炉用梳形定位板、换热器针状管、二硫化碳反应甑等

RQTSi4——特性：在空气炉中，耐热温度为 650℃，其含硅量达上限时，可加到 750℃，力学性能、抗裂性能均较 RQTSi5 好。用途：适用于制造玻璃引上机墙板、加热炉两端管架等

RQTSi4Mo——特性：在空气炉中，耐热温度为 680℃，其含硅量达上限时，可到 780℃，高温力学性能好。用途：适用于制造罩式退火炉导向器、烧结机中后热筛板、加热炉吊梁等

RQTSi5——特性：在空气炉中，耐热温度为 800℃，含硅量达上限时可到 900℃。用途：适用于制造煤粉烧嘴、炉条、辐射管、烟道闸门、加热炉中间管架等

RQTAl4Si4——特性：在空气炉中，耐热温度为 900℃。用途：适用于制造烧结机篦条、炉用件等

RQTAl5Si5——特性：在空气炉中，耐热温度为 1050℃。用途：适用于制造焙烧机篦条、炉用件等

RQTAl22——特性：在空气炉中，耐热温度为 1100℃，抗高温硫蚀性好。用途：适用于制造锅炉用密封块、链式加热炉炉爪、黄铁矿焙烧零件等

4. 铸 钢 件

（1）一般工程用铸造碳钢件的化学成分

（GB/T11352－1989）

牌　号	化 学 成 分 （%） ≤					
	碳[①]	硅	锰[①]	硫	磷	残余元素
ZG 200-400	0.20	0.50	0.80	0.040	0.040	镍 0.30
ZG 230-450	0.30	0.50	0.90	0.040	0.040	铬 0.35
ZG 270-500	0.40	0.50	0.90	0.040	0.040	铜 0.30
ZG 310-570	0.50	0.60	0.90	0.040	0.040	钼 0.20
ZG 340-640	0.60	0.60	0.90	0.040	0.040	钒 0.05

注：残余元素总和≤1.00%。

[①]对上限每减少0.01%碳，允许增加0.04%锰。对ZG200-400，锰含量最高至1.00%，其余四个牌号锰含量最高至1.20%。

（2）一般工程用铸造碳钢件的力学性能、特性和用途

（GB/T11352－1989）

1）一般工程用铸造碳钢件的力学性能[①]

牌　号	室温下试样力学性能　≥				
	屈服点或屈服强度	抗拉强度	伸长率	收缩率[②]	（V形）冲击吸收功[②]
	（MPa）		（%）		A_{KV} (J)
ZG 200-400	200	400	25	40	30
ZG 230-450	230	450	22	32	25
ZG 270-500	270	500	18	25	22
ZG 310-570	310	570	15	21	15
ZG 340-640	340	640	12	18	10

注：[①]表列数值适用于厚度≤100mm的铸件；对于厚度＞100mm的铸件，仅屈服强度数值可供设计用。如需从经热处理的铸件上或从代表铸件的大型试块上切取试样时，其数值须由供需双方协商确定。

[②]对收缩率和冲击吸收功，如需方无要求，即由制造厂选择保证其中一项。

2) 一般工程用铸造碳钢件的特性和用途

ZG200—400——特性:具有良好的塑性,韧性和焊接性能。用途:适用于制造受力不大、要求韧性高的各种机械零件,如机座、变速箱壳体等

ZG230—450——特性:具有一定的强度和较好的塑性、韧性,焊接性能良好,可切削性尚好。用途:适用于制造受力不大,要求韧性较高的各种机械零件,如砧座、外壳、轴承盖、底座、阀体和犁柱等

ZG270—500——特性:具有较高的强度和较好的塑性,铸造性能良好,焊接性能尚好,可切削性也好。用途:适用于制造轧钢机机架、轴承座、连杆、箱体、曲轴、缸体等

ZG310—570——特性:强度和切削性良好,塑性、韧性较低。用途:适用于制造载荷较高的零件,如大齿轮、缸体、制动轮、辊子、机架等

ZG340—640——特性:具有高的强度、硬度和耐磨性,可切削性中等,焊接性较差,铸造流动性好,但裂纹敏感性较大。用途:适用于制造齿轮、棘轮、联结器、叉头等

(3) 一般用途耐蚀钢铸件的化学成分
(GB/T2100—2002)

序号	牌　　号	化　学　成　分　(%)				
		碳	硅	锰	磷	硫
1	ZG15Cr12	0.15	0.8	0.8	0.035	0.025
2	ZG20Cr13	0.15~0.24	1.0	0.6	0.035	0.025
3	ZG10Cr12NiMo	0.10	0.8	0.8	0.035	0.025
4	ZG06Cr12Ni4(QT1)	0.06	1.0	1.5	0.035	0.025
	ZG06Cr12Ni4(QT2)	0.06	1.0	1.5	0.035	0.025
5	ZG06Cr16Ni5Mo	0.06	0.8	0.8	0.035	0.025

序号	化　学　成　分　(%)(续)				
	铬	钼	镍	氮	其他
1	11.5~13.5	≤0.5	≤1.0	—	—
2	12.0~14.0			—	—
3	11.5~13.0	0.20~0.50	0.8~1.8	—	—
4	11.5~13.0	≤1.0	3.5~5.0	—	—
5	15.0~17.0	0.70~1.50	4.0~6.0	—	—

序号	牌　号	化　学　成　分　（%）　≤				
		碳	硅	锰	磷	硫
6	ZG03Cr18Ni10	0.03	1.5	1.5	0.040	0.030
7	ZG03Cr18Ni10N	0.03	1.5	1.5	0.040	0.030
8	ZG07Cr19Ni9	0.07	1.5	1.5	0.040	0.030
9	ZG08Cr19Ni10Nb	0.08	1.5	1.5	0.040	0.030
10	ZG03Cr19Ni11Mo2	0.03	1.5	1.5	0.040	0.030
11	ZG03Cr19Ni11Mo2N	0.03	1.5	1.5	0.040	0.030
12	ZG07Cr19Ni11Mo2	0.07	1.5	1.5	0.040	0.030
13	ZG08Cr19Ni11Mo2Nb	0.08	1.5	1.5	0.040	0.030
14	ZG03Cr19Ni11Mo3	0.03	1.5	1.5	0.040	0.030
15	ZG03Cr19Ni11Mo3N	0.03	1.5	1.5	0.040	0.030
16	ZG07Cr19Ni11Mo3	0.07	1.5	1.5	0.040	0.030
17	ZG03Cr26Ni5Cu3Mo3N	0.03	1.0	1.5	0.035	0.025
18	ZG03Cr26Ni5Mo3N	0.03	1.0	1.5	0.035	0.025
19	ZG03Cr14Ni14Si4	0.03	3.5～4.5	0.8	0.035	0.025

序号	化　学　成　分　（%）　（续）				
	铬	钼	镍	氮	其他
6	17.0～19.0	—	9.0～12.0	—	—
7	17.0～19.0	—	9.0～12.0	0.10～0.20	—
8	18.0～21.0	—	8.0～11.0	—	—
9	18.0～21.0	—	9.0～12.0	8×%碳≤铌≤1.00	—
10	17.0～20.0	2.0～2.5	9.0～12.0	—	—
11	17.0～20.0	2.0～2.5	9.0～12.0	0.10～0.20	—
12	17.0～20.0	2.0～2.5	9.0～12.0	—	—
13	17.0～20.0	2.0～2.5	9.0～12.0	8×%碳≤铌≤1.00	—
14	17.0～20.0	3.0～3.5	9.0～12.0	—	—
15	17.0～20.0	3.0～3.5	9.0～12.0	0.10～0.20	—
16	17.0～20.0	3.0～3.5	9.0～12.0	—	—
17	25.0～27.0	2.5～3.5	4.5～6.5	0.12～0.25	铜 2.4～3.5
18	25.0～27.0	2.5～3.5	4.5～6.5	0.12～0.25	—
19	13.0～15.0	—	13.0～15.0	—	—

(4) 一般用途耐蚀钢铸件的热处理（GB/T2100—2002）

序号	牌　号	热　处　理
1	ZG15Cr12	奥氏体化 950～1050℃，空冷；650～750℃回火，空冷
2	ZG20Cr13	950℃退火，1050℃，油淬，750～800℃，空冷
3	ZG10Cr12NiMo	奥氏体化 1000～1050℃，空冷；620～720℃回火，空冷或炉冷
4	ZG06Cr12Ni4（QT1）	奥氏体化 1000～1100℃，空冷；570～620℃回火，空冷或炉冷
5	ZG06Cr12Ni4（QT2）	奥氏体化 1000～1100℃，空冷；500～530℃回火，空冷或炉冷
	ZG06Cr16Ni5Mo	奥氏体化 1020～1070℃，空冷；580～630℃回火，空冷或炉冷
6	ZG03Cr18Ni10	1050℃固溶处理，淬火，随厚度增加，提高空冷速度
7	ZG03Cr18Ni10N	1050℃固溶处理，淬火，随厚度增加，提高空冷速度
8	ZG07Cr19Ni9	1050℃固溶处理，淬火，随厚度增加，提高空冷速度
9	ZG08Cr19Ni10Nb	1050℃固溶处理，淬火，随厚度增加，提高空冷速度
10	ZG03Cr19Ni11Mo2	1080℃固溶处理，淬火，随厚度增加，提高空冷速度
11	ZG03Cr19Ni11Mo2N	1080℃固溶处理，淬火，随厚度增加，提高空冷速度
12	ZG07Cr19Ni11Mo2	1080℃固溶处理，淬火，随厚度增加，提高空冷速度
13	ZG08Cr19Ni11Mo2Nb	1080℃固溶处理，淬火，随厚度增加，提高空冷速度
14	ZG03Cr19Ni11Mo3	1120℃固溶处理，淬火，随厚度增加，提高空冷速度
15	ZG03Cr19Ni11Mo3N	1120℃固溶处理，淬火，随厚度增加，提高空冷速度
16	ZG07Cr19Ni11Mo3	1120℃固溶处理，淬火，随厚度增加，提高空冷速度
17	ZG03Cr26Ni5Cu3Mo3N	1120℃固溶处理，水淬，固溶处理后，铸件可冷至1040～1010℃固溶处理，水淬前，以防止复杂形状铸件的开裂
18	ZG03Cr26Ni5Mo3N	1120℃固溶处理，水淬，固溶处理后，铸件可冷至1040～1010℃固溶处理，水淬前，以防止复杂形状铸件的开裂
19	ZG03Cr14Ni14Si4	1050～1100℃固溶，水淬

3.22

(5) 一般用途耐蚀钢铸件的力学性能

(GB/T2100—2002)

序号	牌　号	力　学　性　能　≥					最大厚度 (mm)
		$\sigma_{p0.2}$	$\sigma_{p1.0}$	σ_b	δ	A_{kv}	
		(MPa)			(%)	(J)	
1	ZG15Cr12	450	—	620	14	20	150
2	ZG20Cr13	440(σ_s)	—	610	16	58(A_{KU})	300
3	ZG10Cr12NiMo	440	—	590	15	27	300
4	ZG06Cr12Ni4(QT1)	550	—	750	15	45	300
	ZG06Cr12Ni4(QT2)	830	—	900	12	35	300
5	ZG06Cr16Ni5Mo	540	—	760	15	60	300
6	ZG03Cr18Ni10	—	180	440	30	80	150
7	ZG03Cr18Ni10N	—	230	510	30	80	150
8	ZG07Cr19Ni9	—	180	440	30	60	150
9	ZG08Cr19Ni10Nb	—	180	440	25	40	150
10	ZG03Cr19Ni11Mo2	—	180	440	30	80	150
11	ZG03Cr19Ni11Mo2N	—	230	510	30	80	150
12	ZG07Cr19Ni11Mo2	—	180	440	30	60	150
13	ZG08Cr19Ni11Mo2Nb	—	180	440	25	40	150
14	ZG03Cr19Ni11Mo3	—	180	440	30	80	150
15	ZG03Cr19Ni11Mo3N	—	230	510	30	80	150
16	ZG07Cr19Ni11Mo3	—	180	440	30	60	150
17	ZG03Cr26Ni5Cu3Mo3N	450	—	650	18	50	150
18	ZG03Cr26Ni5Mo3N	450	—	650	18	50	150
19	ZG03Cr14Ni14Si4	245(σ_s)	—	490	δ_5=60	270(A_{KU})	150

注：$\sigma_{p0.2}$为规定非比例伸长应力 $\sigma_{(p)}$ 的 0.2%试验应力。$\sigma_{p1.0}$ 的最低值高于 25MPa。

（6）一般用途耐蚀钢铸件的用途

序号	牌　号——用途
1	ZG15Cr12——通常用于制造常温下工作在腐蚀性介质不强的铸件，也可用于制作承受冲击载荷，要求韧性较高的铸件，如泵壳、阀、叶轮、水轮机转轮或叶片、螺旋桨等
2	ZG20Cr13——与牌号 ZG15Cr12 钢用途相同。它还可制作较高硬度的铸件，如热油泵铸件、阀门等
3	ZG10Cr12NiMo——通常用于制造转子、转子叶片、泵及阀门部件等
4	ZG06Cr12Ni4（QT1）、ZG06Cr12Ni4（QT2）——通常用于制造涡轮机外壳及管道等
5	ZG06Cr16Ni5Mo——通常用于制造涡轮机、压气机零部件、泵及主轴等
6 7	ZG03Cr18Ni10、ZG03Cr18Ni10N——通常用于制造耐晶间腐蚀性能优异的铸件
8	ZG07Cr19Ni9——通常用于制造转子、泵、离心机、搅拌装置上零部件等
9	ZG08Cr19Ni10Nb——通常用于制造食具、造纸及纺织行业用设备的铸件
10 12 16	ZG03Cr19Ni11Mo2、ZG07Cr19Ni11Mo2、ZG07Cr19Ni11Mo3——通常用于制造泵、搅拌器、过滤器、化工容器上的铸件
11 14	ZG03Cr19Ni11Mo2N、ZG03Cr19Ni11Mo3——通常用于制造耐晶间腐蚀性能优异的铸件
13	ZG08Cr19Ni11Mo2Nb——通常用于制造化工设备用转子、泵、搅拌器、容器上的铸件
17	ZG03Cr26Ni5Cu3Mo3N——通常用于制造非氧化气体介质中工作的铸件
18	ZG03Cr26Ni5Mo3N——通常用于制造工作温度小于 300℃的提升运输用的铸件和在海水或微咸水中使用的铸件
19	ZG03Cr14Ni14Si4——通常用于化工、轻工、纺织、医药、国防等行业，制造泵、阀及管接头等铸件

5. 碳素结构钢(GB/T700-2006)

(1) 碳素结构钢的化学成分

牌号	统一数字代号	等级	厚度（直径）(mm)	脱氧方式	化学成分(%)≤				
					碳	硅	锰	磷	硫
Q195	U11952	—	—	F、Z	0.12	0.30	0.50	0.035	0.040
Q215	U12152	A	—	F、Z	0.15	0.35	1.20	0.045	0.050
	U12155	B						0.045	0.045
Q235	U12352	A	—	F、Z	0.22	0.35	1.40	0.045	0.050
	U12355	B		F、Z	0.20			0.045	0.045
	U12358	C		Z	0.17			0.040	0.040
	U12359	D		TZ	0.17			0.035	0.035
Q275	U12752	A		F、Z	0.24	0.35	1.50	0.045	0.050
	U12755	B	≤0.40	Z	0.21			0.045	0.045
			>0.40	Z	0.22			0.045	0.045
	U12758	C		Z	0.20			0.045	0.040
	U12759	D		TZ	0.20			0.035	0.035

注：1. 表中为镇静钢、特殊镇静钢牌号的统一数字代号。沸腾钢牌号的统一数字代号：Q195F——U11950；Q215AF——U12150，Q215BF——U12153；Q235AF——U12350，Q235BF——U12353；Q275AF——U12750。

2. 经需方同意，Q235B的碳含量可≤0.22%。

3. D级钢应有足够的细化晶粒元素，并在质量证明书中注明细化晶粒元素的含量。当采用铝脱氧时，钢中酸溶铝含量应≥0.015%或总铝含量≥0.020%。

4. 钢中残余元素铬、镍、铜，应各≤0.30%；氮含量≤0.008%；如供方能保证，均可不做分析。

5. 氮含量允许超过0.008%的规定值，但氮每增加0.001%，磷的最大含量应减少0.005%，熔炼分析氮的最大含量应≤0.012%；如果钢中酸溶铝含量≥0.015%或总铝含量≥0.020%，氮含量的上限值可以不受限制。固定氮的元素应在质量证明书中注明。

6. 经需方同意，A级钢的铜含量可≤0.35%，此时供方应做铜含量分析,并在质量证明书中注明其含量。

7. 钢中砷含量应≤0.08%,用含砷矿冶炼生铁所冶炼的钢,砷含量由供需双方协议规定,如原料不含砷,可不做砷分析。
8. 在保证钢材力学性能符合标准规定的情况下,各牌号A级钢的碳、硅、锰含量可不作为交货条件,但其含量应在质量证明书中注明。
9. 在供应商品连铸坯、钢锭和钢坯时,为了保证轧制钢材各项性能达到标准要求,可以根据需要求规定各牌号的碳、锰含量下限。
10. 成品钢材连铸坯、钢坯的化学成分允许偏差应符合 GB/T222—2006 中规定。氮含量允许超过规定值但必须符合标准条件。
11. 成品分析氮含量的最大值应≤0.014%,如果钢中铝含量达到标准规定的含量,并在质量证明书中注明,氮含量上限值可不受限制。沸腾钢成品钢材和钢坯的化学成分偏差保证。
12. 钢由氧气转炉或电炉冶炼,除非需方有特殊要求,并在合同中注明,冶炼方法一般由供方自行选择。
13. 钢材一般以热轧、控轧或正火状态交货。

(2) 碳素结构钢的力学性能

牌号	等级	钢材厚度(直径)(mm)						抗拉强度 (N mm²)	钢材厚度(直径)(mm)				
		≤16	>16~40	>40~60	>60~100	>100~150	>150~200		≤40	>40~60	>60~100	>100~150	>150~200
		屈服强度(N/mm²)≥							断后伸长率(%)≥				
Q195	—	195	185	—	—	—	—	315~430	33	—	—	—	—
Q215	A B	215	205	195	185	175	165	335~450	31	30	29	27	26
Q235	A B C D	235	225	215	215	195	185	370~500	26	25	24	22	21
Q275	A B C D	275	265	255	245	225	215	410~540	22	21	20	18	17

牌号	等级	温度(℃)	V型冲击吸收功(纵向)(J)≥
Q195	—	—	—
Q215	A	—	—
	B	20	27
Q235	A	—	—
	B	20	27
	C	0	27
	D	−20	27
Q275	A	—	—
	B	20	27
	C	0	27
	D	−20	27

冷弯试验180°（试样宽度 B=2a）

牌号	试样方向	钢材厚度(直径)a(mm) ≤60	>60~100
		弯心直径 d	
Q195	纵	0	—
	横	0.5a	
Q215	纵	0.5a	1.5a
	横	a	2a
Q235	纵	a	2a
	横	1.5a	2.5a
Q275	纵	1.5a	2.5a
	横	2a	3a

注：1. 牌号 Q195 钢的屈服强度仅供参考，不作为交货条件。宽度＞100mm 的钢材，抗拉强度下限允许降低 20N/mm²，宽带钢（包括剪切钢板）抗拉强度上限不作为交货条件。厚度＜25mm 的 Q235 B级钢材，如供方能保证冲击吸收功合格，可不作检验。

2. 钢材厚度（直径）＞100mm 时，弯曲试验由双方协商确定。

3. 用 Q195 和 Q235B 级沸腾钢轧制的钢材，其厚度（直径）≤25mm。

4. 做拉伸和冷弯试验时，型钢和棒钢取纵向试样，钢板、钢带取横向试样，断后伸长率允许降低 2%（绝对值）。窄钢带取横向试样，如果受宽度限制时，可以取纵向试样。

5. 如果供方能保证冷弯试验符合规定，可不作检验。A 级钢冷弯试验合格时，抗拉强度上限可不作为交货条件。

6. 厚度≥12mm 或直径≥16mm 的钢材应做冲击试验，试样尺寸为 10mm×10mm×55mm，经供需双方协议，厚度为 6～12mm 或直径为 12～16mm 的钢材可以做冲击试验，试样尺寸为 10mm×7.5mm×55mm 或 10mm×5mm×55mm 或 10mm×产品厚度×55mm。

7. 夏比（V 型缺口）冲击吸收功值，按一组 3 个试样的算术平均值计算，允许其中 1 个试样的单值低于规定值，但不得低于规定值的 70%，如果没有满足条件，可从同一抽样产品上，再取 3 个试样进行试验，先后 6 个试样的平均值不得低于规定值，允许有 2 个试样低于规定值，但其中低于规定值 70% 的试样只允许 1 个。

(3) 碳素结构钢的特性和用途

牌号——主要特性和用途
Q195——特性：有较高的塑性，一定的强度和良好的压力加工性能。用途：适用于制造对强度要求不高，便于加工成形的坯件，如钢丝、钢钉、紧固件、建筑和日用小五金以及农业机械打谷机、压碎器、犁片及工业炉撑等
Q215——特性和用途与 Q195 基本相同，但强度稍高，塑性稍低
Q235——特性：有较高的强度和硬度，塑性稍低。此钢大多在热轧状态使用。用途：适用于制造建筑结构、桥梁等用的钢材，如角钢、槽钢、工字钢、钢筋钢等；在农业机械上，如犁、锄以及不重要的机械结构件，如拉杆、钩子、套环、轴连杆等
Q255——特性：强度高，有一定的耐磨性，但塑性低。此钢一般以热轧（包括控轧）状态下使用。用途：适用于制造要求有较高的强度和一定耐磨性的零部件，如机械制造上不重要的轴、车轮、钢轨、拖拉机犁等
Q275——特性和用途与 Q255 基本相同，但强度稍高

（4）低碳钢热轧圆盘条的化学成分及力学性能
（GB/T701—1997）

牌 号	化 学 成 分 （%）					脱氧方法
	碳	锰	硅	硫	磷	
				≤		
Q195	0.06～0.12	0.25～0.50		0.050	0.045	
Q195C	≤0.10	0.30～0.60		0.040	0.040	
Q215A	0.09～0.15	0.25～0.55		0.050	0.045	
Q215B	0.09～0.15	0.25～0.55	0.30	0.045	0.045	F、b、Z
Q215C	0.10～0.15	0.30～0.60		0.040	0.040	
Q235A	0.14～0.22	0.30～0.65		0.050	0.045	
Q235B	0.12～0.20	0.30～0.70		0.045	0.045	
Q235C	0.13～0.18	0.30～0.60		0.040	0.040	

分类	牌号	力 学 性 能 ≥			冷弯试验180° d＝弯心直径 a＝试样直径
		屈服点 σ_s （MPa）	抗拉强度 σ_b （MPa）	伸长率 δ_{10} （%）	
供建 筑用	Q215	215	375	27	$d＝0$
	Q235	235	410	23	$d＝0.5a$
供拉 丝用	Q195	—	390	30	$d＝0$
	Q215	—	420	28	$d＝0$
	Q235	—	490	23	$d＝0.5a$

注：1. 沸腾钢硅的含量≤0.07%，半镇静钢硅的含量≤0.17%，镇静钢硅的含量下限为 0.12%；钢中铬、镍、铜的残余含量分别≤0.30%；经需方同意，A 级钢的铜含量可≤0.35%；砷的残余含量≤0.080%。

2. 脱氧方法中符号：F——沸腾钢，b——半镇静钢，Z——镇静钢。

3. 经供需双方协议，供拉丝用盘条的力学性能应符合上表规定。

6. 优质碳素结构钢（GB/T699—1999）

(1) 优质碳素结构钢的化学成分

序号	统一数字代号	牌号	化 学 成 分 （%）					
			碳	硅	锰	铬	镍 ≤	铜
1	U20180	08F	0.05～0.11	≤0.03	0.25～0.50	0.10	0.30	0.25
2	U20100	10F	0.07～0.13	≤0.07	0.25～0.50	0.15	0.30	0.25
3	U20150	15F	0.12～0.18	≤0.07	0.25～0.50	0.25	0.30	0.25
4	U20082	08	0.05～0.11	0.17～0.37	0.35～0.65	0.10	0.30	0.25
5	U20102	10	0.07～0.13	0.17～0.37	0.35～0.65	0.15	0.30	0.25
6	U20152	15	0.12～0.18	0.17～0.37	0.35～0.65	0.25	0.30	0.25
7	U20202	20	0.17～0.23	0.17～0.37	0.35～0.65	0.25	0.30	0.25
8	U20252	25	0.22～0.29	0.17～0.37	0.50～0.80	0.25	0.30	0.25
9	U20302	30	0.27～0.34	0.17～0.37	0.50～0.80	0.25	0.30	0.25
10	U20352	35	0.32～0.39	0.17～0.37	0.50～0.80	0.25	0.30	0.25
11	U20402	40	0.37～0.44	0.17～0.37	0.50～0.80	0.25	0.30	0.25
12	U20452	45	0.42～0.50	0.17～0.37	0.50～0.80	0.25	0.30	0.25
13	U20502	50	0.47～0.55	0.17～0.37	0.50～0.80	0.25	0.30	0.25
14	U20552	55	0.52～0.60	0.17～0.37	0.50～0.80	0.25	0.30	0.25
15	U20602	60	0.57～0.65	0.17～0.37	0.50～0.80	0.25	0.30	0.25
16	U20652	65	0.62～0.70	0.17～0.37	0.50～0.80	0.25	0.30	0.25
17	U20702	70	0.67～0.75	0.17～0.37	0.50～0.80	0.25	0.30	0.25
18	U20752	75	0.72～0.80	0.17～0.37	0.50～0.80	0.25	0.30	0.25
19	U20802	80	0.77～0.85	0.17～0.37	0.50～0.80	0.25	0.30	0.25
20	U20852	85	0.82～0.90	0.17～0.37	0.50～0.80	0.25	0.30	0.25

（续）

序号	统一数字代号	牌号	化学成分（%）					
			碳	硅	锰	铬	镍≤	铜
21	U21152	15Mn	0.12~0.18	0.17~0.37	0.70~1.00	0.25	0.30	0.25
22	U21202	20Mn	0.17~0.23	0.17~0.37	0.70~1.00	0.25	0.30	0.25
23	U21252	25Mn	0.22~0.29	0.17~0.37	0.70~1.00	0.25	0.30	0.25
24	U21302	30Mn	0.27~0.34	0.17~0.37	0.70~1.00	0.25	0.30	0.25
25	U21352	35Mn	0.32~0.39	0.17~0.37	0.70~1.00	0.25	0.30	0.25
26	U21402	40Mn	0.37~0.44	0.17~0.37	0.70~1.00	0.25	0.30	0.25
27	U21452	45Mn	0.42~0.50	0.17~0.37	0.70~1.00	0.25	0.30	0.25
28	U21502	50Mn	0.48~0.56	0.17~0.37	0.70~1.00	0.25	0.30	0.35
29	U21602	60Mn	0.57~0.65	0.17~0.37	0.70~1.00	0.25	0.30	0.35
30	U21652	65Mn	0.63~0.70	0.17~0.37	0.90~1.20	0.25	0.30	0.35
31	U21702	70Mn	0.67~0.75	0.17~0.37	0.90~1.20	0.25	0.30	0.35

注：1. 按硫、磷含量组别分：优质钢——硫、磷分别为≤0.035%；高级优质钢——硫、磷含量分别为≤0.030%；特级优质钢——硫≤0.020%，磷≤0.025%。

2. 统一数字代号最后一位数字为 2 时，表示优质钢；高级优质钢改为 3，特级优质钢改为 6。沸腾钢改为 0，半镇静钢改为 1。

3. 使用废钢冶炼的钢允许含铜量 35～85 钢，铜含量为≤0.30%，热压力加工用钢，铜含量≤0.20%。

4. 铝镇静熔炼（浇铸脱）钢含量为≤0.15%；镇静钢含量为≤0.30%；硫、磷含量允许≤0.60%；铬含量≤0.10%，镍含量为≤0.20%，铜含量≤0.20%，锰含量为≤0.20%，镍含量应符合钢丝标准要求。

5. 用铝脱氧冶炼的 08 镇静钢，牌号为 08Al，其含锰下限 0.35%，含铝量 0.02%~0.07%。

6. 冷冲压用沸腾钢含硅量≤0.03%，经供需双方协商可供应 08b～25b 半镇静钢，其含硅量≤0.17%。

7. 氧气转炉冶炼的钢，其含氮量≤0.008%，若能方能保证合格时，可不做分析。

3.31

(2) 优质碳素结构钢的力学性能及硬度

序号	牌号	试样毛坯尺寸 (mm)	推荐热处理 (℃) 正火	淬火	回火	力学性能 σb (MPa)	σs≥	δ5≥ (%)	ψ≥	AKU2≥ (J)	钢材交货状态硬度 HBS≤ 未热处理	退火
1	08F	25	930	—	—	295	175	35	60	—	131	—
2	10F	25	930	—	—	315	185	33	55	—	137	—
3	15F	25	920	—	—	355	205	29	55	—	143	—
4	08	25	930	—	—	325	195	33	60	—	131	—
5	10	25	930	—	—	335	205	31	55	—	137	—
6	15	25	920	—	—	375	225	27	55	—	143	—
7	20	25	910	—	—	410	245	25	55	—	156	—
8	25	25	900	870	600	450	275	23	50	71	170	—
9	30	25	880	860	600	490	295	21	50	63	179	187
10	35	25	870	850	600	530	315	20	45	55	197	197
11	40	25	860	840	600	570	335	19	45	47	217	207
12	45	25	850	840	600	600	355	16	40	39	229	217
13	50	25	830	830	600	630	375	14	40	31	241	229
14	55	25	820	820	600	645	380	13	35	—	255	229
15	60	25	820	—	—	675	400	12	35	—	255	229
16	65	25	810	—	—	695	410	10	30	—	255	229
17	70	25	790	—	—	715	420	9	30	—	269	229
18	75	试样	—	820	480	1080	880	7	30	—	285	241
19	80	试样	—	820	480	1080	930	6	30	—	285	241
20	85	试样	—	820	480	1130	980	6	30	—	302	255
21	15Mn	25	920	—	—	410	245	26	55	—	163	—
22	20Mn	25	910	—	—	450	275	24	50	—	197	—

(续)

序号	牌号	试样毛坯尺寸(mm)	推荐热处理(℃)			力学性能					钢材交货状态硬度 HBS≤	
			正火	淬火	回火	σ_b (MPa)≥	σ_s≥	δ_5 (%)≥	ψ (%)≥	A_{KU2} (J)≥	未热处理	退火
23	25Mn	25	900	870	600	490	295	22	50	71	207	—
24	30Mn	25	880	860	600	540	315	20	45	63	217	187
25	35Mn	25	870	850	600	560	335	18	45	55	229	197
26	40Mn	25	860	840	600	590	355	17	45	47	229	207
27	45Mn	25	850	840	600	620	375	15	40	39	241	217
28	50Mn	25	830	830	600	645	390	13	40	31	255	217
29	60Mn	25	810	—	—	695	410	11	35	—	269	229
30	65Mn	25	830	—	—	735	430	9	30	—	285	229
31	70Mn	25	790	—	—	785	450	8	30	—	285	229

注： 1. 钢材通常以热轧或热锻状态交货。如需方有要求，并在合同中注明，也可以热处理（退火、正火或高温回火）状态或特殊表面处理状态的或材状态交货。以用正火处理的或材纵向力学性能（不包括冲击吸收功）应符合规定。

2. 热轧或热锻状态交货，如供方能保证力学性能可不进行试验。牌号 25～50、25Mn～50Mn 钢的冲击吸收功应符合规定。

3. 对于直径＜16mm 的圆钢和厚度＜12mm 的方钢、扁钢，不作冲击试验；直径或厚度＜25mm 的钢材，热处理是在成品截面尺寸＜80mm 的试样毛坯上进行。

4. 列力学性能仅适用于截面尺寸＜80mm 的钢材，对＞80mm 相同尺寸的钢材允许其伸长率、断面收缩率比表中规定的分别降低 2%及 5%（绝对值）。

5. 用尺寸＞80～120mm 和 120～250mm 的钢锻（轧）至 70～80mm 和 90～100mm 的试样取样检验，其结果应符合规定。

6. 切削加工和冷拔材用钢材交货状态硬度应符合规定。不退火钢的硬度保证合格时，可不作检验；高温回火正火后硬度，由供需双方协商确定。

7. 表列正火推荐保温时间≥30min，70、80 和 85 钢，淬火推荐保温时间≥30min，空冷；淬火推荐保温时间≥30min，油冷，其余钢水冷，回火推荐保温时间≥1h。

3.33

(3) 优质碳素结构钢的特性和用途

序号	牌号——主要特性和用途
1	08F——特性:强度、硬度很低,冷变形塑性很高,对深冲、压延等冷加性能和焊接性能都很好,但成分偏析倾向较大,时效敏感性较强(即钢经时效处理后,韧性下降),一般可经水韧处理和除应力处理来消除,适于轧制成薄钢板和钢带。用途:适用于制造需要深冲、压延的工件,如汽车车身、驾驶室、家用电器等外壳、翼子板及各类不承受载荷的覆盖件;也可用于对心部强度要求不高,表面要求耐磨的渗碳等表面处理的零件,如套筒、靠模、挡块等
2	10F——特性和用途与08F钢基本相似
3	15F——特性与15钢相近,但成分偏析较大,适于轧制成薄钢板和钢带。主要适用于制造钣金工件
4	08——特性:强度、硬度很低,塑性很高,具有很好的深冲、压延、弯曲、镦粗的冷加工性能和焊接性,但存在时效敏感性(比08F弱),淬硬性及淬透性极低,一般在热轧状态和正火后使用,可提高切削加工性,也适于轧制成薄钢板和钢带。用途:适用于制造汽车、拖拉机和一般机械制造业中只要求容易加工成形,不要求强度的深冲或深拉延覆盖件和焊接结构件;也可用于制造表面要求耐磨而对心部强度要求不高的渗碳的机械零件;经退火后,还可用于制造导磁良好、剩磁较少的软性电磁铁和电磁吸盘等
5	10——特性:强度稍高于08钢,塑性和韧性也很好,无回火脆性,在正火或冷拉状态下,其切削加工性较好,在冷态下容易模压、挤压成形,但淬硬性、淬透性低。用途:它可用弯曲、镦粗、热压、冷冲或压延、焊接等方法制成各种受力不大,要求韧性好的零件,如摩擦片、深冲器皿、炮弹弹壳、汽车车身、轴承保持架、各种搪瓷制品及容器和受力不大的焊接件以及螺钉、螺母等冷镦加工件;也可用于制造要求心部强度不高的渗碳等表面处理零件,经退火后,也可用于制造电磁铁等

序号	牌号——主要特性和用途
6	15——特性:强度稍高于10钢,有良好的塑性、韧性、焊接性和冷加工性,有回火脆性倾向,切削性差,可采用水韧处理和正火来改善。用途:适用于制造低载荷、形状简单的渗碳或碳氮共渗零件,如小轴、挡铁、小齿轮、仿形模板、滚子、销子、摩擦片、套筒以及轻载荷的H级球轴承套圈及滚子等;也可在热轧、冷轧供应状态或正火处理后,用于制造受力不大、形状简单以及韧性要求较高或焊接性较好的中小型构件,如拉杆、起重吊钩、焊接容器及紧固件等
7	20——特性与15钢基本相似,但强度稍高。用途:适用于制造汽车、拖拉机及一般机械制造业中不太重要的中小型渗碳、碳氮共渗等零件,如汽车上的手刹车蹄片、杠杆轴、变速箱变速叉、传动被动齿轮及拖拉机上凸轮轴、悬挂平衡器轴、平衡器内外衬套等;在热轧或正火状态下用于制造受力不大而要求韧性高的各种机械零件;在重、中型机械制造业中,用于锻制和压制拉杆、钩环、杠杆、套筒、夹具等;在汽轮机和锅炉制造业中多用于制造压力≤6N/mm²、温度≤450℃的非腐蚀介质中工作的管子、法兰、联箱及各种紧固件;在铁路、机车车辆上用于制造十字头、活塞等铸件
8	25——特性与20钢相近,强度稍高,含碳量介于低、中碳之间,故具有一定的强度,较好的塑性、韧性、焊接性及冷冲压性能,可切削性尚好,淬硬性、淬透性不高,但小截面零件,经淬火及低、中温回火后能获得较好的强度和韧性,无回火脆性,一般在热轧或正火后使用。用途:在一般机械制造业中适于制作焊接结构件以及经锻造、热冲压和机械加工而不受高应力的零件,如轴、辊子、连接器及紧固件等;在锅炉制造业中用于制作压力<600N/mm²、温度<450℃的锅炉上零件等

序号	牌号——主要特性和用途
9	30——特性：与低碳钢相比，强度、硬度均较高，具有较好的韧性、焊接性尚好，此钢大多在正火状态下使用，也可进行调质处理。用途：适用于采用热锻、热压及切削加工方法，制造截面较小，受力不大，工作温度≤150℃的零件，如丝杆、拉杆、轴键、吊环、齿轮、套筒等；切削性能良好，广泛用于制造自动机床上加工的螺栓、螺钉等；也适用于制造需冷顶锻零件及焊接件；还可用于制造渗碳、碳氮共渗等零件。
10	35——特性与30钢相近，有较好塑性和适当的强度，可切削性好，焊接性尚可（含碳量在上限时，焊接性差），冷变形塑性高，可在冷态下拉丝和局部镦粗，板材可进行冷冲压，钢的淬透性低，水中临界淬透直径一般在10～23mm，截面尺寸>50mm时，调质与正火状态的力学性能相近，故截面尺寸较大的零件常以正火处理作为最终处理；综合力学性能要求不高时，也可在热轧状态下使用，一般不作焊接件。用途：在机械制造业中广泛用来制造截面尺寸较小，承受较大载荷的零件，如曲轴、转轴、杠杆、连杆、横梁、轮圈以及自动机床上加工的螺栓、螺钉等；也可不经热处理制造载荷不大的紧固件，如锅炉中的温度<450℃的螺栓、螺母等
11	40——具有较高的强度和良好的可切削性，冷变形时塑性中等，焊接性不好，热处理时无回火脆性，但淬透性低，水中临界淬透直径一般为11～25mm；截面尺寸>60mm时，调质和正火状态的综合力学性能相近，因此，对大截面尺寸的零件，常以正火为最终热处理。形状复杂的零件，水淬时易开裂，一般在正火或调质或高频表面淬火下使用。用途：适用于制造承受载荷较大的小截面尺寸调质件或应力较小的大型正火零件以及对心强度要求不高，表面耐磨的表面淬火件，如曲轴、心轴、传动轴、活塞杆、丝杆、链轮等。此钢一般不适宜作焊接件，若要焊接，则焊前要预热至150℃，焊后应进行去应力退火

序号	牌号——主要特性和用途
12	45——特性:此钢是常用的调质结构钢,其特点是强度较高,塑性及韧性尚好,可切削性优良,经调质处理后,其综合力学性能要比其他中碳结构钢好,但淬透性较低,水中临界淬透直径为 12～17mm,水淬时有开裂倾向。当直径>80mm 时,经调质或正火后,其力学性能相近,对中小型零件进行调质处理后可获较高的强度和韧性,而大型零件,则以正火处理为恰当,所以此钢通常均在调质或正火状态下使用。但焊接性差,焊前需预热,焊后应进行去应力退火。用途:适用于制造强度要求较高,又要有一定硬度和韧性的零件,如透平机的叶轮,压缩机的泵和活塞,用于中、重型机械设备的齿轮、齿条、连接杆、蜗杆等;也可制造各种扳手等手工具;因适于表面淬火处理,所以可以代替渗碳钢用,如机床主轴、齿轮、曲轴、活塞销以及各种传动轴等
13	50——特性:此钢属高强度中碳结构钢,可切削性中等,冷变形塑性低,焊接性差,热处理时无回火脆性,但淬透性较低,水中临界直径为 13～30mm,且水淬时有开裂倾向。此钢通常在正火或淬火、回火或高频表面淬火等热处理后使用。用途:适用于制造耐磨性要求较高,动载荷及冲击作用不大的零件,如锻造齿轮、拉杆、轧辊轴、摩擦盘、机床主轴、发动机曲轴;在农业机械上用于制造掘土犁铧、重载荷心轴等;此外,也可用来制造较大载荷而较次要的减震弹簧等
14	55——特性:与 50 钢相近,经热处理后具有高的强度和硬度,但塑性、韧性差,水中临界淬透直径为 15～32mm,且水淬时有开裂倾向。此钢通常在正火或淬火、回火以及高频表面淬火等热处理后使用。用途:适用于制造要求较高强度和耐磨性或弹性的零件,如齿轮、连杆、轮箍、机车轮箍、扁弹簧及热轧轧辊等
15	60——特性:强度、硬度和弹性均高,但冷变形塑性低,可切削性较差,焊接性和淬透性也差,水中临界淬透直径为 15.5～33mm,且水淬时有开裂倾向,因此仅对小型零件才进行淬火,大型件多经正火后使用。用途:适用于制造强度要求较高和要求耐磨,一定弹性的零件,如轧辊、轴、偏心轴、各种减震弹簧、离合器及钢丝绳等

3.37

序号	牌号——主要特性和用途
16	65——特性:此钢是常用的碳素弹簧钢,在经过适当的热处理和冷拔硬化后,可获得较高的强度和弹性,但焊接性差,开裂倾向大,一般不适用焊接;其可切削性差,冷变形塑性低,淬透性不好,直径>7~18mm 的工件,油淬淬不透,水淬时有开裂倾向,一般采用油淬,截面尺寸较大时,采用水淬油冷或正火处理。此钢主要经淬火并中温回火后使用。用途:适用于制造截面尺寸较小(≤15mm)、形状简单、受力不大的扁形弹簧和螺旋形弹簧以及其他弹簧零件,如汽车弹簧、弹簧环、U 形卡等;也可在正火状态下用于制造要求耐磨性较高的零件,如轧辊、轴、凸轮和钢丝绳等
17	70——特性:与 65 钢相近,但其强度及弹性稍好,淬透性也不高,油中临界淬透直径为 8~20mm。用途:适用于制造截面尺寸不大,承受强度不太高的各种扁形弹簧和螺旋形弹簧,以及在磨损条件下工作的机械零件等
18 19	75、80——特性:与 65、70 钢相近,但强度略高,弹性稍低,淬透性也不高,通常在淬火、回火状态下使用。用途:适用于制造截面尺寸不大,承受强度不太高的各种扁形和螺旋形弹簧,以及在磨损条件下工作的机械零件等
20	85——特性:强度、硬度比其他高碳结构钢要高,但弹性略低,其他性能与 65、70、75、80 钢均相似,淬透性也不高,在油中临界淬透直径为 9~23mm。用途:适用于制造截面尺寸不大与承受强度不太高的振动弹簧,如铁道车辆、汽车、拖拉机及一般机械上的扁形弹簧和圆形螺旋弹簧,以及其他用途的弹簧钢丝和钢带
21	15Mn——特性:与 15 钢相似,但强度、塑性、可切削性和淬透性均稍高,且渗碳与淬火时表面形成软点也少。用途:通常用于制作表面要求耐磨而心部力学性能要求较高的渗碳及碳氮共渗零件,如齿轮、活塞销、凸轮轴、曲柄轴等零件;可不经渗碳而采用正火或热轧状态下,制造应力不大而要求韧性好的机械零件,如支架、铰链、螺钉、螺母及各种铆焊结构件等;此钢尚有良好的焊接性和低温冲击韧性,通常轧制成薄钢板和钢带,用于制造寒冷地区使用的容器

3.38

序号	牌号——主要特性和用途
22	20Mn——特性和用途与15Mn相似，但其强度与淬透性略高
23	25Mn——特性和用途与20Mn、25钢相似，但强度稍高。用途：适用于制造各种渗碳及焊接件，如凸轮轴、连杆、联轴器及齿轮等
24	30Mn——特性：与30钢相比，具有较高的强度和淬透性，在油中临界淬透直径为5～13mm，冷变形塑性尚好，焊接性中等，切削性良好，但热处理时有回火脆性倾向和过热敏感性，故锻后应立即进行回火。此钢一般在正火或调质状态下使用。用途：适用于制造低载荷零件，如拉杆、杠杆、小轴、刹车踏板、螺栓、螺母，以及在高应力下工作的冷拉钢制造的细小零件，如农业机械中的钩环链的链、刀片、横向刹车机齿轮等
25	35Mn——特性：强度和淬透性比30Mn略高，在油中临界淬透直径为5～15mm，冷变形塑性中等，切削性好，但焊接性较差。此钢多经调质处理后使用。用途：适用于制造承受中等载荷的转轴、啮合杆、螺栓、螺母等；也可淬火、回火后用于制作受磨损的心轴、齿轮、叉等
26	40Mn——特性：淬透性比40钢略高，在油中临界淬透直径为6～16.5mm，热处理强度、硬度、韧性均匀稍高，冷变形塑性中等，切削性好，但焊接性差。热处理时存在过热敏感性和回火脆性和水淬时的开裂倾向。用途：此钢可在正火、调质或淬火、回火后使用，经调质可代替40Cr制造截面尺寸较大，承受疲劳载荷的零件，如曲轴、连杆、辊子，以及在高应力下工作的螺栓、螺母等
27	45Mn——特性：经调质后具有良好的综合力学性能，与45钢相比，淬透性、强度、韧性均较高，在油中临界淬透直径为7～18mm，可切削性尚好，但冷变形塑性低，焊接性差，热处理时有回火脆性倾向。通常在调质状态下使用。用途：在机械制造中，主要用于截面尺寸较大，载荷较高和在磨损条件下工作的零件，如各类轴、连杆、制动杠杆、啮合杆、齿轮、离合器盘以及螺栓、螺母等

序号	牌号——主要特性和用途
28	50Mn——特性和用途与50钢相近，但淬透性较高，在油中临界淬透直径为8～20mm，热处理后强度、硬度和韧性均稍高，但焊接性差，热处理时有过热敏感性和回火脆性倾向。多在淬火、回火后使用。用途：适用于制造高载荷和重磨损条件下工作的零件，如齿轮、齿轮轴、摩擦盘和截面尺寸<80mm的心轴、平板弹簧等；也可作高频淬火用钢，用于制造汽车曲轴、火车轴、蜗杆、连杆等
29	60Mn——特性：强度、硬度、弹性和淬透性均比60钢稍高，在油中临界淬透直径为10～23mm；退火后，可切削性良好，但冷变形塑性及焊接性差；热处理脱碳倾向小，但有过热敏感性和回火脆性倾向，水淬时易开裂。用途：此钢一般在淬火、回火后，用于制造尺寸较大的螺旋弹簧、板簧及其他各种弹簧零件；也宜于制造直径<7mm的冷拉钢丝和发条等
30	65Mn——特性：它是用途较广的碳素弹簧钢，与65钢相比，具有较高的强度、硬度、弹性和淬透性，临界淬透直径：水中一般为30～50mm；油中一般为16～32mm；热处理时有过热敏感性和回火脆性倾向，水淬时易开裂，一般采用油淬，截面尺寸>80mm的宜水淬油冷；退火时切削性尚好，但冷变形塑性低，焊接性差。此钢一般经淬火、中温回火后使用。用途：适用于制造厚度在5～15mm，受中等载荷的板弹簧和直径在7～20mm的螺旋形弹簧及其他弹簧零件；也可作淬火、低温回火或调质、表面淬火后使用，用于制造要求高耐磨、高强度、高弹性的机械零件，如机床主轴、弹簧卡头、精密机床的丝杆、受摩擦的农机零件、铁道钢轨，也可用来制造木工用锯条等
31	70Mn——特性和用途与70钢相近，但淬透性稍高，在油中临界淬透直径为16.5～40mm；热处理后的强度、硬度、弹性均好，但热处理时存在过热敏感性、回火脆性和水淬时易开裂的倾向；冷变形塑性低，焊接性差。此钢一般在淬火、回火状态下使用。用途：适用于制造机械设备上受力较大、在磨损条件下工作的各种弹簧零件、止推环、锁紧圈、离合器盘等

7. 易切削结构钢 (GB/T8731—1988)

(1) 易切削钢的化学成分

化 学 成 分 (%)

牌 号	碳	硅	锰	硫	磷
Y12	0.08~0.16	0.15~0.35	0.70~1.00	0.10~0.20	0.08~0.15
Y12Pb	0.08~0.16	≤0.15	0.70~1.00	0.15~0.25	0.05~0.10
Y15	0.10~0.18	≤0.15	0.80~1.20	0.23~0.33	0.05~0.10
Y15Pb	0.10~0.18	≤0.15	0.80~1.20	0.23~0.33	0.05~0.10
Y20	0.17~0.25	0.15~0.35	0.70~1.00	0.08~0.15	≤0.06
Y30	0.27~0.35	0.15~0.35	0.70~1.00	0.08~0.15	≤0.06
Y35	0.32~0.40	0.15~0.35	0.70~1.00	0.08~0.15	≤0.06
Y40Mn	0.37~0.45	0.15~0.35	1.20~1.55	0.20~0.30	≤0.05
Y45Ca	0.42~0.50	0.20~0.40	0.60~0.90	0.04~0.08	≤0.04

注: 1. Y12Pb 和 Y15Pb 钢中, 铅含量均为 0.15%~0.35%。
　　2. Y45Ca 钢中, 钙含量 0.002%~0.006%, 残余元素镍、铬、铜含量各为≤0.25%, 供热
　　　压力加工用时, 铜含量≤0.20%。

(2) 易切削结构钢的力学性能

牌号	屈服点	抗拉强度 （MPa）	伸长率 δ_5 （%）≥	收缩率 （%）≥	冲击吸收 功(J)≥	硬度 HB≤
1) 热轧状态交货条钢和盘条的纵向力学性能和硬度						
Y12	—	390～540	22	36	—	170
Y12Pb	—	390～540	22	36	—	170
Y15	—	390～540	22	36	—	170
Y15Pb	—	390～540	22	36	—	170
Y20	—	450～600	20	30	—	175
Y30	—	510～655	15	25	—	187
Y35	—	510～655	14	22	—	187
Y40Mn	—	590～735	14	20	—	207
Y45Ca	—	600～745	12	26	—	241
2) 直径＞16mm 钢材经热处理毛坯试样的力学性能①						
Y45Ca	≥355	≥600	16	40	39	—

牌号	钢材尺寸(mm)			伸长率 δ_5 （%）≥	收缩率 （%）≥	硬度 HB
	8～20	＞20～30	＞30			
	抗拉强度（MPa）					
3) 冷拉状态交货条钢的纵向力学性能和硬度②						
Y12	530～755	510～735	490～685	7.0	—	152～217
Y12Pb	530～755	510～735	490～685	7.0	—	152～217
Y15	530～755	510～735	490～685	7.0	—	152～217
Y15Pb	530～755	510～735	490～685	7.0	—	152～217
Y20	570～785	530～765	510～705	7.0	—	167～217
Y30	600～825	560～765	540～735	6.0	—	174～223
Y35	625～845	590～785	570～765	6.0	—	176～229
Y45Ca	695～920	655～855	635～835	6.0	—	196～255
4) 冷拉条钢高温回火状态力学性能和硬度						
Y40Mn	590～785			17		179～229

注：① 拉力试样毛坯，直径 25mm，正火，加热温度 830～850℃，
保温不小于 30min；冲击试样毛坯，直径 15mm，调质处理，
淬火温度（840±20）℃，水冷，回火温度建议 600℃。

② 直径＜8mm 钢丝的力学性能和硬度，由供需双方协商。

(3) 易切削结构钢的特性和用途

牌号——主要特性和用途
Y12——特性:为碳—磷复合低碳易切削钢,可切削性较 15 钢有明显改善,切削速度可达 48m/min;表面粗糙度 ≤ R_a6.3;内孔攻丝性能差,易发生粘牙、乱牙和丝锥易折断;由于含磷量高,冷拉时易开裂,常在气温较低或为取得所需强度而加大冷拉减缩率时更易产生,在寒冷季节应注意调节温度;热加工性能差,一般以采取较高温度或慢速轧制方法。用途:适用于在自动机床上制造螺栓等紧固件及轴、火花塞外壳等
Y12Pb——特性:为铅系易切削钢,钢中同时加入铅和硫,切削效果更好,故称超易切削钢。用途:与 Y12 钢基本相同,也适宜于制造精密、细小的轴、销及螺钉等
Y15——特性:可切削性优于 Y12 钢,正常切削速度为 60m/min 以上,表面粗糙度一般为 ≤ R_a3.2,生产效率可提高 30%～50%,其他特性和用途与 Y12 钢相同
Y15Pb——特性与用途与 Y12Pb 基本相同,但强度稍高
Y20——特性:具有较高的力学性能,可切削性与相应的 20 钢相比,生产效率可提高 30%～40%,但低于 Y12 钢;有热脆和冷脆倾向,工艺上应注意防止。用途:适用于制造强度要求较高的螺栓等紧固件;也可进行渗碳处理用于制造要求表面硬、心部韧的耐磨零件
Y30——特性:有较高的力学性能,可切削性优于 30 钢,生产效率可提高 30%～40%;有热脆和冷脆倾向,工艺上应注意防止。用途:适用于制造高载荷下工作又难于切削加工的零件
Y35——特性:切削加工性能与 Y30 钢相近,其强度略高于 Y30 钢,但韧性略低。用途:适用于制作要求机械强度较高的部件,一般以冷拉状态使用
Y40Mn——特性:有良好的力学性能和可切削性,与 45 钢相比,生产效率提高 30%左右,刀具寿命提高 4 倍,表面粗糙度为 R_a0.8。用途:适用于制造要求刚性好的机械零件,如机床上丝杠、光杆和花键轴等
Y45Ca——特性:加钙改变了钢中非金属夹杂物,从而具有优良的可切削性,适于高速切削,正常切削速度可达 150m/min,比 45 钢提高一倍以上,热处理后有良好的力学性能。用途:适用于制造较重要的机器零件,如齿轮轴、花键轴等;也常用于制造在自动机床上切削的高强度螺栓等紧固件

8. 非调质机械结构钢(GB/T15712—1995)

(1) 非调质机械结构钢的化学成分

序号	牌 号	化 学 成 分 （%）						
		碳	硅	锰	硫	磷≤	钒	氮≥
1	YF35V	0.32～0.39	0.20 ～ 0.40	0.60 ～ 1.00	0.035	0.035	0.06 ～ 0.13	—
2	YF40V	0.37～0.44						
3	YF45V	0.42～0.49						
4	YF35MnV	0.32～0.39	0.30 ～ 0.60	1.00 ～ 1.50	～ 0.075			
5	YF40MnV	0.37～0.44						
6	YF45MnV	0.42～0.49						
7	F45V	0.42～0.49	0.20 ～ 0.40	0.60～ 1.00	≤ 0.035			—
8	F35MnVN	0.32～0.39		1.00～ 1.50				0.009
9	F40MnV	0.37～0.44						—

注：1. 非调质机械结构钢是在中碳钢中添加微量合金元素（如钒、氮等），通过控温轧制（锻制）、控温冷却，在铁素体和珠光体中析出碳（氮）化合物的强化相，使之在轧（锻）制后，不经调质处理，即可获得碳素结构钢和合金结构钢经调质处理后达到的力学性能的新钢种。

2. 牌号中"YF"表示易切削非调质机械结构钢，"F"表示热锻用非调质机械结构钢。

3. 钢应采用电炉、平炉或转炉冶炼，也可用能满足本标准要求的其他冶炼方法；钢中允许含有≤0.30%的铬、镍、铜；热压力加工用钢中允许含有≤0.20%的铜。

(2) 非调质机械结构钢的力学性能

序号	牌　号	抗拉强度 σ_b (MPa) ≥	屈服点 σ_s (MPa) ≥	伸长率 δ_5 (%) ≥	收缩率 ψ (%) ≥	冲击功 A_K (J) ≥	硬度 HB ≤
\multicolumn{8}{} 1) 直径或边长≤40mm 易切削非调质机械结构钢								
1	YF35V	590	390	18	40	47	229
2	YF40V	640	420	16	35	37	255
3	YF45V	685	440	15	30	35	257
4	YF35MnV	735	460	17	33	37	257
5	YF40MnV	785	490	15	33	33	275
6	YF45MnV	835	510	13	28	28	285
2) 直径或边长>40~≤60mm 易切削非调质机械结构钢								
4	YF35MnV	710	440	15	33	35	257
5	YF40MnV	760	470	13	30	28	265
6	YF45MnV	810	490	12	28	25	275
3) 热锻用非调质机械结构钢[①]								
7	F45V	685	440	15	40	32	257
8	F35MnVN	785	490	15	40	39	269
9	F40MnV	785	490	15	40	36	275

注：1. 钢材以热轧（锻制）状态交货。

2. 尺寸>60mm 的钢材，其力学性能和硬度值由供需双方协议。

① 直径或边长≤80mm 的热锻用非调质机械结构钢是直径 25mm 试样毛坯，经（950±20）℃，保温 30min，正火处理后的力学性能和硬度值；尺寸>80mm 的钢材，其试样的力学性能和硬度值由供需双方协定。

(3) 非调质机械结构钢的特性和用途

序号	牌号——主要特性和用途
1	YF35V——具有比35钢更高的强度、更好的切削加工性和冷塑性变形。用途：适用于制造承受比35钢高的载荷零件，如曲轴、转轴、连杆等以及在自动机床上加工的螺栓、螺母和不经热处理的紧固件
2	YF40V——具有与YF35V钢相同的特性，但强度更高。用途：与YF35V钢基本相同
3	YF45V——属于机械制造中常用的调质机械钢，但强度比调质处理后的45钢高，切削加工性能好。用途：适用于制造要求有较好综合力学性能的零部件，如汽车发动机上的曲轴、连杆，机械制造业上生产的轴类、蜗杆等零件，以及自动机床上制造的重要紧固件
4	YF35MnV——综合力学性能优于YF35V钢，强度比45钢高，切削加工性好。用途：主要用于制造性能比YF35V钢更高的曲轴、连杆等零件，它可替代60、65、70钢制造的零件
5	YF40MnV——强度比YF40V钢更高，切削加工性优于40Cr、40MnB钢。用途：主要适用于制造汽车、拖拉机和机床等零部件
6	YF45MnV——是非机械调质机械结构钢中强度最高的，与YF45V钢相比较，含碳量相对较高，故耐磨性好。用途：主要适用机械制造中生产轴类等重要零部件
7	F45V——性能与YF45V钢基本相同，但韧性稍高，切削加工性较差。用途：主要适用于制造要求锻制的轴、连杆等
8	F35MnVN——具有比YF35MnV钢更高的综合力学性能，其加工性能与45、40Cr钢相同。用途：主要适用于制造汽车发动机连杆及其他零部件
9	F40MnV——除具有YF40MnV钢的综合力学性能外，其韧性更好，但切削加工差。用途：主要用于制造要求锻制的机械零部件。如汽车和拖拉机上的轴类等

9. 冷镦和冷挤压用钢 (GB/T6478—2000)

(1) 冷镦和冷挤压用钢的化学成分

序号	统一数字代号	牌号	碳	硅	锰	硼	全铝量 ≥
					化 学 成 分 (%)		
				1) 非热处理型			
1	U40048	ML04Al	≤0.06	≤0.10	0.20～0.40	—	0.020
2	U40088	ML08Al	0.05～0.10	≤0.10	0.30～0.60	—	0.020
3	U40108	ML10Al	0.08～0.13	≤0.10	0.30～0.60	—	0.020
4	U40158	ML15Al	0.13～0.18	≤0.10	0.30～0.60	—	0.020
5	U40152	ML15	0.13～0.18	0.15～0.35	0.30～0.60	—	—
6	U40208	ML20Al	0.18～0.23	≤0.10	0.30～0.60	—	0.020
7	U40202	ML20	0.18～0.23	0.15～0.35	0.30～0.60	—	—
				2) 表面硬化型			
8	U41188	ML18Mn	0.15～0.20	≤0.10	0.60～0.90	—	0.020
9	U41228	ML22Mn	0.18～0.23	≤0.10	0.70～1.00	—	0.020
10	U40204	ML20Cr	0.17～0.23	≤0.30	0.60～0.90	铬 0.90～1.20	0.020
				3) 调质型			
11	U40252	ML25	0.22～0.29	≤0.20	0.30～0.60	—	—
12	U40302	ML30	0.27～0.34	≤0.20	0.30～0.60	—	—
13	U40352	ML35	0.32～0.39	≤0.20	0.30～0.60	—	—

（续）

| 序号 | 统一数字代号 | 牌号 | 化　学　成　分（%） | | | | | |
			碳	硅	锰	铬	硼	全铝量≥
			3) 调质型（续）					
14	U40402	ML40	0.37~0.44	≤0.20	0.30~0.60	—	—	—
15	U40452	ML45	0.42~0.50	≤0.20	0.30~0.60	—	—	—
16	U20158	ML15Mn	0.14~0.20	0.20~0.40	1.20~1.60	—	—	—
17	U41252	ML25Mn	0.22~0.29	≤0.25	0.60~0.90	—	—	—
18	U41302	ML30Mn	0.27~0.34	≤0.25	0.60~0.90	—	—	—
19	U41352	ML35Mn	0.32~0.39	≤0.25	0.60~0.90	—	—	—
20	A40374	ML37Cr	0.34~0.41	≤0.30	0.60~0.90	铬 0.90~1.20	—	—
21	A20404	ML40Cr	0.38~0.45	≤0.30	0.60~0.90	铬 0.90~1.20	—	—
22	A30304	ML30CrMo	0.26~0.34	≤0.30	0.60~0.90	铬 0.80~1.10 钼 0.15~0.25	—	—
23	A30354	ML35CrMo	0.32~0.40	≤0.30	0.60~0.90	铬 0.80~1.10 钼 0.15~0.25	—	—
24	A30424	ML42CrMo	0.38~0.45	≤0.30	0.60~0.90	铬 0.90~1.20 钼 0.15~0.25	—	—
			4) 调质型（含硼钢）					
25	A70204	ML20B	0.17~0.24	≤0.40	0.50~0.80	—	0.0005~0.0035	0.02
26	A70284	ML28B	0.25~0.32	≤0.40	0.60~0.90	—	0.0005~0.0035	0.02
27	A70354	ML35B	0.32~0.39	≤0.40	0.50~0.80	—	0.0005~0.0035	0.02

3.48

(续)

4) 调质型(含硼钢)(续)

序号	统一数字代号	牌号	化学成分(%)				
			碳	硅	锰	硼	全铝量≥
28	A71154	ML15MnB	0.14~0.20	≤0.30	1.20~1.60	0.0005~0.0035	0.02
29	A71204	ML20MnB	0.17~0.24	≤0.40	0.80~1.20	0.0005~0.0035	0.02
30	A71354	ML35MnB	0.32~0.39	≤0.40	1.10~1.40	0.0005~0.0035	0.02
31	A20378	ML37CrB	0.34~0.41	≤0.40	0.50~0.80	铬 0.20~0.40 0.0005~0.0035	0.02
32	A74204	ML20MnTiB	0.19~0.24	≤0.30	1.30~1.60	钛 0.04~0.10 0.0005~0.0035	0.02
33	A73154	ML15MnVB	0.13~0.18	≤0.30	1.20~1.60	钒 0.07~0.12 0.0005~0.0035	0.02
34	A73204	ML20MnVB	0.19~0.24	≤0.30	1.20~1.60	钒 0.07~0.12 0.0005~0.0035	0.02

注：1. 非热处理型钢中序号 3、4、5、6、7 五个牌号也适用于表面硬化型钢。

2. 全铝量符号 Alt，测定酸溶铝含量应≥0.015%。

3. 钢中残余含铬、镍、铜各≤0.20%，全铝量均≥0.0035%。

4. 钢中含硫量均≤0.035%；含磷量除表面硬化型钢序号 8、9 为≤0.030%外，其余序号均≤0.035%。

5. 非热处理型的铝镇静钢采用碱性电炉冶炼时，钢中含氮量应≤0.17%。

6. 根据需方要求，并在合同中注明，可供应碳量为 0.12%~0.18%的 ML15MnB 钢（序号 28）。

(2) 冷镦和冷挤压用钢的力学性能

序号	牌号	抗拉强度 σb (MPa) ≥	断面收缩率 ψ(%) ≥
1a) 非热处理型 (热轧状态)			
1	ML04Al	440	60
2	ML08Al	470	60
3	ML10Al	490	55
4	ML15Al	530	50
5	ML15	530	50
6	ML20Al	580	45
7	ML20	580	45
1b) 非热处理型 (退火状态)			
3	ML10Al	450	65
4	ML15Al	470	64
5	ML15	470	64
6	ML20Al	490	63
7	ML20	490	63

序号	牌号	抗拉强度 σb (MPa) ≥	断面收缩率 ψ(%) ≥
2) 表面硬化型 (退火状态)			
10	ML20Cr	560	60
3) 调质型 (退火状态)			
17	ML25Mn	540	60
18	ML30Mn	550	59
19	ML35Mn	560	58
20	ML37Cr	600	60
21	ML40Cr	620	58
4) 调质型 (含硼钢) (退火状态)			
25	ML20B	500	64
26	ML28B	530	62
27	ML35B	570	62
29	ML20MnB	520	62
30	ML35MnB	600	60
31	ML37CrB	600	60

注：1. 钢材一般以热轧状态交货。经供需双方协议，也可以退火状态交货，经供需双方协议，并在合同中注明。热轧状态不做力学性能检验。如果需方要求，经供需双方协议，并在合同中注明，热处理试样的力学性能，可参考 GB/T6478—2000《冷镦和冷挤压用钢》的要求。

2. 钢材直径≤12mm 时，断面收缩率可降低 2%。直径 5～40mm 的钢材应进行冷顶锻试验。顶锻前后高度之比：普通级为 1/3；较高级为 1/2；高级为 1/4。

3.50

(3) 冷镦和冷挤压用钢的特性和用途

序号	牌号——主要特性和用途
	1) 非热处理型
1 2	ML04Al、ML08Al——热轧状态下强度低，塑性高，冷塑性好。用途：主要适用于制造小规格铆钉、螺母、螺钉
3	ML10Al——热轧状态下，塑性较好，强度比 ML08Al 高，退火状态下，冷变形塑性更好。用途：主要适用于制造小规格铆钉、普通螺栓、螺钉、螺母、开口销、垫圈等
4 5	ML15Al、ML15——热轧状态下塑性中等，强度比 ML10Al 钢高，退火状态下，冷塑性好。用途：主要适用于制造普通螺栓、螺钉、螺母、开口销、垫圈等
6 7	ML20Al、ML20——热轧状态下，强度比 ML15Al 高，退火状态下，冷变形塑性好。用途：主要适用于制造要有一定强度的螺栓、螺钉、螺母、圆柱销等
	2) 表面硬化型
10	ML20Cr——退火状态下，强度比 ML20 钢高，淬透性好，冷变形塑性好，热处理后有良好的综合力学性能。用途：主要适用于制造热处理后表面要求耐磨、心部要有一定强度的耐冲击螺栓、螺母、螺柱等。
	3) 调质型
17	ML25Mn——退火状态下，强度比 ML20Cr 钢稍低，淬透性比 ML20 钢好，冷塑性变形好。用途：主要适用于制造要有一定强度的螺栓、螺钉、螺母等
18 19	ML30Mn、ML35Mn——退火状态下，冷塑性变形好，淬透性好，切削加工性也好，但有过热敏感性和回火脆性倾向。用途：主要适用于制造要求强度较高的螺栓、螺钉、螺母等
20 21	ML37Cr、ML40Cr——退火状态下，强度比 ML35Mn 钢高，冷变形塑性好，经调质处理后有良好的综合力学性能。用途：主要适用于制造表面耐磨、心部要有一定强度的高强度螺栓、圆柱销等

序号	牌号——主要特性和用途
	4）调质型（含硼钢）
25	ML20B——退火状态下,强度与 ML20 钢相近,冷塑性变形好,淬透性好。用途:经调质处理后适用于制造心部要求强度高的螺栓、销轴等
26 27	ML28B、ML35B——退火状态下,冷变形塑性好,淬透性好。用途:经调质处理后适用于制造心部强度要求高的高强度螺栓等紧固件
29	ML20MnB——退火状态下,强度比 ML20B 钢高,冷塑性变形好,淬透性好。用途:经调质处理后适用于制造汽车拖拉机上重要的螺栓和螺母等
30 31	ML35MnB、ML37CrB——退火状态下,特性与 ML37Cr 钢相近,但淬透性更好,经调质处理后有良好的综合力学性能。用途:主要适用于制造要求心部强度高的重要紧固件,如汽缸盖、螺栓等

10. 标准件用碳素钢热轧圆钢（GB/T715-1989）

牌号	化学成分（%）			σ_s	σ_b	δ_5	冷顶锻
	碳	锰	硅≤	（MPa）		（%）	试验
BL2	0.09～0.15	0.25～0.55	0.07	≥215	335～410	≥38	X=0.4
BL3	0.14～0.22	0.30～0.60	0.07	≥235	370～460	≥28	X=0.5

注: 1. 钢中磷含量≤0.040%,硫含量≤0.040%,铜含量≤0.25%。

2. σ_s——屈服点;σ_b——抗拉强度;δ_5——伸长率。

3. X 为冷顶锻顶锻试验前后的高度（h_1/h）比。

4. 圆钢应进行热顶锻试验,顶锻后试样高度应为顶锻前 $\frac{1}{3}$ 的高度。

5. 圆钢应进行热或冷状态下铆钉头锻平试验。顶头直径为圆钢直径的 2.5 倍。

11. 钢筋混凝土用钢筋

(1) 钢筋的化学成分

| 牌　号 | 化　学　成　分　(%)③④ | | | |
	碳	硅	锰	其 他
1) 钢筋混凝土用热轧光圆钢筋(GB13013－1991)⑤⑥⑦				
(表面形状:光圆;钢筋级别:Ⅰ;强度级别代号①:R235)				
Q235	0.14～0.22	0.12～0.30	0.30～0.65	—
2) 钢筋混凝土用热轧带肋钢筋(GB1499.2－2007)②⑧⑨				
(表面形状:月牙肋)				
HRB335	≤0.25	≤0.80	≤1.60	Ceq≤0.52
HRBF335	≤0.25	≤0.80	≤1.60	Ceq≤0.52
HRB400	≤0.25	≤0.80	≤1.60	Ceq≤0.54
HRBF400	≤0.25	≤0.80	≤1.60	Ceq≤0.54
HRB500	≤0.25	≤0.80	≤1.60	Ceq≤0.55
HRBF500	≤0.25	≤0.80	≤1.60	Ceq≤0.55
3) 钢筋混凝土用余热处理钢筋(GB13014－1991)				
(表面形状:月牙肋;钢筋级别:Ⅲ;强度级别代号①:KL400)				
20MnSi	0.17～0.25	0.40～0.80	1.20～1.60	—
4) 预应力混凝土用热处理钢筋(GB4463－1984)⑩				
(表面形状:月牙肋;强度级别代号①:RB150)				
40Si2Mn	0.36～0.45	1.40～1.90	0.80～1.20	—
48Si2Mn	0.44～0.53	1.40～1.90	0.80～1.20	—
45Si2Cr	0.41～0.51	1.55～1.95	0.40～0.70	Cr 0.30～0.50

注: ① 强度级别代号表示意义:R——热轧,RL——热轧带肋,
　　KL——控制(余热处理),数字表示屈服点最低值(MPa);
　　RB(旧代号)——表示热处理钢筋,将数字乘以"9.8MPa",
　　其积即表示抗拉强度最低值。
　② 牌号表示意义:HRB——普通热轧钢筋;HRBF——细晶粒
　　热轧钢筋;数字表示屈服强度特征值。

③ 各牌号的磷、硫含量应分别≤0.045%。

④ 钢(热轧带肋钢筋及热处理钢筋钢除外)的铬、镍、铜残余含量应分别≤0.30%,总量应≤0.60%;经需方同意,铜残余含量可≤0.35%。各种热处理钢筋的铜残余含量与45Si2Cr钢的镍残余含量应分别≤0.30%;40Si2Mn、48Si2Mn的镍、铬残余含量应分别≤0.20%。

⑤ 氧气转炉钢的氮含量应≤0.008%,用吹氧吹氮复合工艺冶炼的钢(热轧光圆钢筋除外)的氮含量可≤0.012%。

⑥ 热轧光圆钢筋钢的砷残余含量,应≤0.080%,用含砷矿冶炼生铁所炼的钢,其砷含量由供需双方协议确定。

⑦ 在保证热轧光圆、等肋钢筋性能合格的条件下,其碳、硅、锰含量的下限不作交货条件。

⑧ "Ceq"为碳当量的代号,其值可按下式计算:
$$Ceq(\%) = C + Mn/6 + (Cr + V + Mo)/5 + (Cu + Ni)/15$$

⑨ 钢的氮含量应≤0.012%,供方如能保证,可不作分析。钢中如有足够数量的氮结合元素,氮含量的限制可适当放宽。

⑩ 热处理钢筋不适用于钢筋需要进行焊接和点焊的场合。

(2) 钢筋的力学性能和工艺性能

牌号或强度级别代号	公称直径 (mm)	屈服强度	抗拉强度	伸长率 δ_5	最大力总伸长率	冷弯(d=弯心直径,a=钢筋公称直径)
		(MPa) ≥		(%)≥		
1) 钢筋混凝土用热轧光圆钢筋(GB13013−1991)						
R235	3~20	235	370	25	—	180° $d=a$
2) 钢筋混凝土用热轧带肋钢筋(GB1499.2−2007)①②③④						
HRB335 HRBF335	6~25 28~40 >40~50	335	455	17	7.5	180° $d=3a$ 180° $d=4a$ 180° $d=5a$
HRB400 HRBF400	6~25 28~40 >40~50	400	540	16	7.5	180° $d=4a$ 180° $d=5a$ 180° $d=6a$

牌号或强度级别代号	公称直径（mm）	屈服强度	抗拉强度	伸长率 δ_5	最大力总伸长率	冷弯（$d=$弯心直径，$a=$钢筋公称直径）
		（MPa）$\geqslant$		（%）$\geqslant$		
2）钢筋混凝土用热轧带肋钢筋（GB1499.2—2007）[①②③④]（续）						
HRB500 HRBF500	6～25 28～40 >40～50	500	630	15	7.5	180° $d=6a$ 180° $d=7a$ 180° $d=8a$
3）钢筋混凝土用余热处理钢筋（GB13014—1991）						
KL400	8～25 28～40	440	600	14	—	180° $d=3a$ 180° $d=4a$
4）钢筋混凝土用热处理钢筋（GB4463—1984）[⑤]						
RB150	6～10	1325	1470	6（δ_{10}）	—	—

注：① 钢筋用各牌号的屈服强度、抗拉强度、伸长率和最大力总伸长率等力学性能特征值，可作为交货检验的最小特征值。直径 28～40mm 各牌号钢筋的伸长率可降低 1%；直径 > 40mm 各牌号钢筋的伸长率可降低 2%。

② 有较高要求的抗震结构用钢筋牌号为：在表中已有牌号后加 E。例：HRB400E、HRBF400E。这类钢筋牌号除应满足以下三项要求外，其他要求与相对应的已有牌号钢筋相同。ⓐ钢筋实测"抗拉强度与实测屈服强度之比"应 $\geqslant$1.25；ⓑ钢筋实测"屈服强度与规定屈服强度特征值之比"应 $\leqslant$1.30；ⓒ钢筋最大力总伸长率应 $\geqslant$9%。

③ 对于没有明显屈服强度的钢，屈服强度特征值（R_{eL}）应采用规定非比例延伸强度（$R_{p0.2}$）。

④ 根据供需双方协议，伸长率类型可从伸长率（A）或最大力总伸长率（A_{gt}）中选定。如伸长率类型未经协议确定，则伸长率采用 A，仲裁检验时采用 A_{gt}。

⑤ RB150 钢筋，根据需方要求，供方在质量保证产品的 10 小时松弛值应 $\leqslant$1.5%。

12. 低合金高强度结构钢(GB/T1591—1994)

(1) 低合金高强度结构钢的化学成分

牌　号	质量等级	化　学　成　分　（%）					
		碳≤	锰	硅≤	磷≤	硫≤	铝≥
Q295	A	0.16	0.80～1.50	0.55	0.045	0.045	—
	B	0.16	0.80～1.50	0.55	0.040	0.040	—
Q345	A	0.20	1.00～1.60	0.55	0.045	0.045	—
	B	0.20	1.00～1.60	0.55	0.040	0.040	—
	C	0.20	1.00～1.60	0.55	0.035	0.035	0.015
	D	0.18	1.00～1.60	0.55	0.030	0.030	0.015
	E	0.18	1.00～1.60	0.55	0.025	0.025	0.015
Q390	A	0.20	1.00～1.60	0.55	0.045	0.045	—
	B	0.20	1.00～1.60	0.55	0.040	0.040	—
	C	0.20	1.00～1.60	0.55	0.035	0.035	0.015
	D	0.20	1.00～1.60	0.55	0.030	0.030	0.015
	E	0.20	1.00～1.60	0.55	0.025	0.025	0.015

牌　号	质量等级	化　学　成　分　（%）（续）			铬≤	镍≤
		钒	铌	钛		
Q295	A	0.02～0.15	0.015～0.060	0.02～0.20	—	—
	B	0.02～0.15	0.015～0.060	0.02～0.20	—	—
Q345	A	0.02～0.15	0.015～0.060	0.02～0.20	—	—
	B	0.02～0.15	0.015～0.060	0.02～0.20	—	—
	C	0.02～0.15	0.015～0.060	0.02～0.20	—	—
	D	0.02～0.15	0.015～0.060	0.02～0.20	—	—
	E	0.02～0.15	0.015～0.060	0.02～0.20	—	—
Q390	A	0.02～0.20	0.015～0.060	0.02～0.20	0.30	0.70
	B	0.02～0.20	0.015～0.060	0.02～0.20	0.30	0.70
	C	0.02～0.20	0.015～0.060	0.02～0.20	0.30	0.70
	D	0.02～0.20	0.015～0.060	0.02～0.20	0.30	0.70
	E	0.02～0.20	0.015～0.060	0.02～0.20	0.30	0.70

牌　号	质量等级	化　学　成　分　（%）					
		碳≤	锰	硅≤	磷≤	硫≤	铝≥
Q420	A	0.20	1.00～1.70	0.55	0.045	0.045	—
	B	0.20	1.00～1.70	0.55	0.040	0.040	—
	C	0.20	1.00～1.70	0.55	0.035	0.035	0.015
	D	0.20	1.00～1.70	0.55	0.030	0.030	0.015
	E	0.20	1.00～1.70	0.55	0.025	0.025	0.015
Q460	C	0.20	1.00～1.70	0.55	0.035	0.035	0.015
	D	0.20	1.00～1.70	0.55	0.030	0.030	0.015
	E	0.20	1.00～1.70	0.55	0.025	0.025	0.015

牌　号	质量等级	化　学　成　分　（%）（续）				
		钒	铌	钛	铬≤	镍≤
Q420	A	0.02～0.20	0.015～0.060	0.02～0.20	0.40	0.70
	B	0.02～0.20	0.015～0.060	0.02～0.20	0.40	0.70
	C	0.02～0.20	0.015～0.060	0.02～0.20	0.40	0.70
	D	0.02～0.20	0.015～0.060	0.02～0.20	0.40	0.70
	E	0.02～0.20	0.015～0.060	0.02～0.20	0.40	0.70
Q460	C	0.02～0.20	0.015～0.060	0.02～0.20	0.70	0.70
	D	0.02～0.20	0.015～0.060	0.02～0.20	0.70	0.70
	E	0.02～0.20	0.015～0.060	0.02～0.20	0.70	0.70

注：1. 铝为全铝含量，如化验酸溶铝时，其含量应≥0.010%。
　　2. Q295 钢的含碳量为 0.18%，也可交货。Q345 钢的含锰量上限可提高到 1.70%。不加钒、铌、钛的 Q295 钢，当含碳量≤0.12% 时，含锰量上限可提高到 1.80%。
　　3. 厚度≤6mm 的钢板（带）和厚度≤16mm 的热连轧钢板（带）的含锰量下限可降低到 0.20%。
　　4. 在保证钢材力学性能符合规定的情况下，用铌作细化晶粒元素时 Q345、Q390 钢的含锰量下限可低于规定的下限含量。
　　5. 除各牌号 A、B 级钢外，表中规定的细化晶粒元素（钒、铌、钛、铝），钢中至少含有其中的一种，如这些元素同时使用则至少应有一种元素的含量不低于规定的最小值。
　　6. 为改善钢的性能，各牌号 A、B 级钢可加入钒或铌或钛等细化晶粒元素，其含量应符合规定。如不作为合金元素加入时，其下限含量不受限制。

7. 当钢中不加入细化晶粒元素时,不进行该元素含量的分析,也不予保证。
8. 型钢和棒钢的铌含量下限为 0.005%。
9. 各牌号钢中的铬、镍、铜残余元素含量均≤0.30%,供方如能保证可不作分析。
10. 经供需双方协商,Q420 钢可加入氮元素,其熔炼分析含量为 0.010%～0.020%。
11. 为改善钢的性能,各牌号钢可加入稀土元素,其加入量按 0.02%～0.20%计算;对 Q390、Q420、Q460 钢可加入少量钼元素。
12. 供应商品钢锭、连铸坯、钢坯时,为保证钢材力学性能符合规定,其碳、硅元素含量的下限,可根据需方要求另订协议。

(2) 低合金高强度结构钢的力学性能

牌　号	质量等级	厚度(直径、边长)(mm)				抗拉强度 σ_b (MPa)
		≤16	>16～35	>35～50	>50～100	
		屈服点 σ_s (MPa) ≥				
Q295	A	295	275	255	235	390～570
	B	295	275	255	235	390～570
Q345	A	345	325	295	275	470～630
	B	345	325	295	275	470～630
	C	345	325	295	275	470～630
	D	345	325	295	275	470～630
	E	345	325	295	275	470～630

牌　号	质量等级	伸长率 δ_5 (%)	试验温度(℃)				180°弯曲试验 d—弯心直径 a—试样厚度(直径)	
			+20	0	-20	-40	钢材厚度(直径)(mm)	
			冲击功 A_{KV} (纵向) (J) ≥				≤16	>16～100
Q295	A	23	—	—	—	—	$d=2a$	$d=3a$
	B	23	34	—	—	—	$d=2a$	$d=3a$
Q345	A	21	—	—	—	—	$d=2a$	$d=3a$
	B	21	34	—	—	—	$d=2a$	$d=3a$
	C	22	—	34	—	—	$d=2a$	$d=3a$
	D	22	—	—	34	—	$d=2a$	$d=3a$
	E	22	—	—	—	27	$d=2a$	$d=3a$

牌　号	质量等级	厚度（直径、边长）（mm）				抗拉强度 σ_b（MPa）
		≤16	>16～35	>35～50	>50～100	
		屈服点 σ_s（MPa）≥				
Q390	A	390	370	350	330	490～650
	B	390	370	350	330	490～650
	C	390	370	350	330	490～650
	D	390	370	350	330	490～650
	E	390	370	350	330	490～650
Q420	A	420	400	380	360	520～680
	B	420	400	380	360	520～680
	C	420	400	380	360	520～680
	D	420	400	380	360	520～680
	E	420	400	380	360	520～680
Q460	C	460	440	420	400	550～720
	D	460	440	420	400	550～720
	E	460	440	420	400	550～720

牌　号	质量等级	伸长率 δ_5（%）≥	试验温度（℃）				180°弯曲试验 d—弯心直径 a—试样厚度（直径）	
			+20	0	−20	−40	钢材厚度（直径）(mm)	
			冲击功 A_{KV}（纵向）（J）≥				≤16	>16～100
Q390	A	19	—	—	—	—	$d=2a$	$d=3a$
	B	19	34	—	—	—	$d=2a$	$d=3a$
	C	20	—	34	—	—	$d=2a$	$d=3a$
	D	20	—	—	34	—	$d=2a$	$d=3a$
	E	20	—	—	—	27	$d=2a$	$d=3a$
Q420	A	18	—	—	—	—	$d=2a$	$d=3a$
	B	18	34	—	—	—	$d=2a$	$d=3a$
	C	19	—	34	—	—	$d=2a$	$d=3a$
	D	19	—	—	34	—	$d=2a$	$d=3a$
	E	19	—	—	—	27	$d=2a$	$d=3a$
Q460	C	17	—	34	—	—	$d=2a$	$d=3a$
	D	17	—	—	34	—	$d=2a$	$d=3a$
	E	17	—	—	—	27	$d=2a$	$d=3a$

注：1. 进行拉伸和弯曲试验时，钢板（带）应取横向试样；宽度
＜600mm的钢带、型钢和棒钢应取纵向试样。

2. 钢板（带）的伸长率值允许比表中规定降低1%（绝对值）。

3. Q345钢其厚度＞35mm的钢板的伸长率值允许比表中规
定降低1%（绝对值）。

4. 边长或直径＞50～100mm的方、圆钢，其伸长率允许比表
中规定降低1%（绝对值）。

5. 宽钢带（卷状）的抗拉强度上限值不作交货条件。

6. A级钢应进行弯曲试验。其他质量等级钢，如供方能保证
弯曲试验结果符合表中规定，可不作检验。

7. 夏比（V形缺口）冲击试验的冲击功值和试验温度应符合表
规定。冲击功值按一组三个试样算术平均值计算，允许其中一
个试样单值低于表中规定值，但不得低于规定值的70%。

8. 当采用5×10×55（mm）小尺寸试样做冲击试验时，其试
验结果应不小于规定值的50%。

9. 表列牌号以外的钢材性能，由供需双方协商确定。

10. Q460和各牌号D、E级钢，一般不供应型钢、棒钢。

11. 钢一般应以热轧、控轧、正火及正火加回火状态交货。
Q420、Q460的C、D、E级钢也可按淬火加回火状态交货。

(3) 低合金高强度结构钢的特性和用途

牌号——主要特性和用途

Q-295——特性：钢中只有极少量的合金元素，强度不高，但有良好
的塑性、冷弯、焊接及耐蚀性能。用途：主要适用于制造建筑结构、工
业厂房、低压锅炉、低中压化工容器、油罐、管道、起重机、拖拉机、车
辆及对强度要求不高的一般工程结构中的部件。

Q345、Q390——特性：综合力学性能好，焊接性、冷热加工性能和
耐蚀性均好，C、D、E级钢具有良好的低温韧性。用途：主要适用于桥
梁、船舶、压力容器等承受较高载荷的工程和焊接结构件。

Q420——特性：强度高，特别是在正火或正火加回火状态有较高的
综合力学性能。用途：主要适用于制造大型船舶、桥梁、电站设备、中高
压锅炉、高压容器、机车车辆、起重机械及其他大型焊接结构中的部件。

Q460——特性：强度最高，在正火、正火加回火或淬火加回火状态
有很高的综合力学性能，全部用铝补充脱氧，质量等级为C、D、E级，
可保证钢的良好韧性。用途：备用钢种，主要适用于制造各种大型工
程结构及要求强度高，载荷大的轻型结构中的部件

13. 合金结构钢(GB/T3077—1999)

(1) 合金结构钢的化学成分

钢 组	序号	统一数字代号	牌 号	化学成分(%)	
				碳	硅
Mn	1	A00202	20Mn2	0.17~0.24	0.17~0.37
	2	A00302	30Mn2	0.27~0.34	0.17~0.37
	3	A00352	35Mn2	0.32~0.39	0.17~0.37
	4	A00402	40Mn2	0.37~0.44	0.17~0.37
	5	A00452	45Mn2	0.42~0.49	0.17~0.37
	6	A00502	50Mn2	0.47~0.55	0.17~0.37
MnV	7	A01202	20MnV	0.17~0.24	0.17~0.37
SiMn	8	A10272	27SiMn	0.24~0.32	1.10~1.40
	9	A10352	35SiMn	0.32~0.40	1.10~1.40
	10	A10422	42SiMn	0.39~0.45	1.10~1.40
SiMnMoV	11	A14202	20SiMn2MoV	0.17~0.23	0.90~1.20
	12	A14262	25SiMn2MoV	0.22~0.28	0.90~1.20

序号	化 学 成 分 (%) (续)				
	锰	钼	铬	硼	钒
1	1.40~1.80	—	—	—	—
2	1.40~1.80	—	—	—	—
3	1.40~1.80	—	—	—	—
4	1.40~1.80	—	—	—	—
5	1.40~1.80	—	—	—	—
6	1.40~1.80	—	—	—	—
7	1.30~1.60	—	—	—	0.07~0.12
8	1.10~1.40	—	—	—	—
9	1.10~1.40	—	—	—	—
10	1.10~1.40	—	—	—	—
11	2.20~2.60	0.30~0.40	—	—	0.05~0.12
12	2.20~2.60	0.30~0.40	—	—	0.05~0.12

钢 组	序号	统一数字代号	牌 号	化学成分（%）	
				碳	硅
SiMnMoV	13	A14372	37SiMn2MoV	0.33～0.39	0.60～0.90
B	14	A70402	40B	0.37～0.44	0.17～0.37
	15	A70452	45B	0.42～0.49	0.17～0.37
	16	A70502	50B	0.47～0.55	0.17～0.37
MnB	17	A71402	40MnB	0.37～0.44	0.17～0.37
	18	A71452	45MnB	0.42～0.49	0.17～0.37
MnMoB	19	A72202	20MnMoB	0.16～0.22	0.17～0.37
MnVB	20	A73152	15MnVB	0.12～0.18	0.17～0.37
	21	A73202	20MnVB	0.17～0.23	0.17～0.37
	22	A73402	40MnVB	0.37～0.44	0.17～0.37
MnTiB	23	A74202	20MnTiB	0.17～0.24	0.17～0.37
	24	A74252	25MnTiBRE	0.22～0.28	0.20～0.45

序号	化 学 成 分 （%）（续）				
	锰	钼	钛	硼	钒
13	1.60～1.90	0.40～0.50	—	—	0.05～0.12
14	0.60～0.90	—	—	0.0005～0.0035	—
15	0.60～0.90	—	—	0.0005～0.0035	—
16	0.60～0.90	—	—	0.0005～0.0035	—
17	1.10～1.40	—	—	0.0005～0.0035	—
18	1.10～1.40	—	—	0.0005～0.0035	—
19	0.90～1.20	0.20～0.30	—	0.0005～0.0035	—
20	1.20～1.60	—	—	0.0005～0.0035	0.07～0.12
21	1.20～1.60	—	—	0.0005～0.0035	0.07～0.12
22	1.20～1.60	—	—	0.0005～0.0035	0.07～0.10
23	1.30～1.60	—	0.04～0.10	0.0005～0.0035	—
24	1.30～1.60	—	0.04～0.10	0.0005～0.0035	—

3.62

钢　组	序号	统一数字代号	牌　号	化学成分（%）	
				碳	硅
Cr	25	A20152	15Cr	0.12～0.18	0.17～0.37
	26	A20153	15CrA	0.12～0.17	0.17～0.37
	27	A20202	20Cr	0.18～0.24	0.17～0.37
	28	A20302	30Cr	0.27～0.34	0.17～0.37
	29	A20352	35Cr	0.32～0.39	0.17～0.37
	30	A20402	40Cr	0.37～0.44	0.17～0.37
	31	A20452	45Cr	0.42～0.49	0.17～0.37
	32	A20502	50Cr	0.47～0.54	0.17～0.37
CrSi	33	A21382	38CrSi	0.35～0.43	1.00～1.30
CrMo	34	A30122	12CrMo	0.08～0.15	0.17～0.37
	35	A30152	15CrMo	0.12～0.18	0.17～0.37
	36	A30202	20CrMo	0.17～0.24	0.17～0.37

序号	化　学　成　分　（%）（续）				
	锰	钼	铬	硼	钒
25	0.40～0.70	—	0.70～1.00	—	—
26	0.40～0.70	—	0.70～1.00	—	—
27	0.50～0.80	—	0.70～1.00	—	—
28	0.50～0.80	—	0.80～1.10	—	—
29	0.50～0.80	—	0.80～1.10	—	—
30	0.50～0.80	—	0.80～1.10	—	—
31	0.50～0.80	—	0.80～1.10	—	—
32	0.50～0.80	—	0.80～1.10	—	—
33	0.30～0.60	—	1.30～1.60	—	—
34	0.40～0.70	0.40～0.55	0.40～0.70	—	—
35	0.40～0.70	0.40～0.55	0.80～1.10	—	—
36	0.40～0.70	0.15～0.25	0.80～1.10	—	—

钢 组	序号	统一数字代号	牌 号	化学成分（%）	
				碳	硅
CrMo	37	A30302	30CrMo	0.26～0.34	0.17～0.37
	38	A30303	30CrMoA	0.26～0.34	0.17～0.37
	39	A30352	35CrMo	0.32～0.40	0.17～0.37
	40	A30422	42CrMo	0.38～0.45	0.17～0.37
CrMoV	41	A31122	12CrMoV	0.08～0.15	0.17～0.37
	42	A31352	35CrMoV	0.30～0.38	0.17～0.37
	43	A31132	12Cr1MoV	0.08～0.15	0.17～0.37
	44	A31253	25Cr2MoVA	0.22～0.29	0.17～0.37
	45	A31263	25Cr2Mo1VA	0.22～0.29	0.17～0.37
CrMoAl	46	A33382	38CrMoAl	0.35～0.42	0.20～0.45
CrV	47	A23402	40CrV	0.37～0.44	0.17～0.37
	48	A23503	50CrVA	0.47～0.54	0.17～0.37

序号	化 学 成 分 （%）（续）				
	锰	钼	铬	钒	铝
37	0.40～0.70	0.15～0.25	0.80～1.10	—	—
38	0.40～0.70	0.15～0.25	0.80～1.10	—	—
39	0.40～0.70	0.15～0.25	0.80～1.10	—	—
40	0.50～0.80	0.15～0.25	0.90～1.20	—	—
41	0.40～0.70	0.25～0.35	0.30～0.60	0.15～0.30	
42	0.40～0.70	0.20～0.30	1.00～1.30	0.10～0.20	
43	0.40～0.70	0.25～0.35	0.90～1.20	0.15～0.30	
44	0.40～0.70	0.25～0.35	1.50～1.80	0.15～0.30	
45	0.50～0.80	0.90～1.10	2.10～2.50	0.30～0.50	
46	0.30～0.60	0.15～0.25	1.35～1.65	—	0.70～1.10
47	0.50～0.80	—	0.80～1.10	0.10～0.20	—
48	0.50～0.80	—	0.80～1.10	0.10～0.20	—

3.64

钢　组	序号	统一数字代号	牌　号	化学成分（%）	
				碳	硅
CrMn	49	A22152	15CrMn	0.12～0.18	0.17～0.37
	50	A22202	20CrMn	0.17～0.23	0.17～0.37
	51	A22402	40CrMn	0.37～0.45	0.17～0.37
CrMnSi	52	A24202	20CrMnSi	0.17～0.23	0.90～1.20
	53	A24252	25CrMnSi	0.22～0.28	0.90～1.20
	54	A24302	30CrMnSi	0.27～0.34	0.90～1.20
	55	A24303	30CrMnSiA	0.28～0.34	0.90～1.20
	56	A24353	35CrMnSiA	0.32～0.39	1.10～1.40
CrMnMo	57	A34202	20CrMnMo	0.17～0.23	0.17～0.37
	58	A34402	40CrMnMo	0.37～0.45	0.17～0.37
CrMnTi	59	A26202	20CrMnTi	0.17～0.23	0.17～0.37
	60	A26302	30CrMnTi	0.24～0.32	0.17～0.37

序号	化　学　成　分　（%）（续）				
	锰	钼	铬	硼	钛
49	1.10～1.40	—	0.40～0.70	—	—
50	0.90～1.20	—	0.90～1.20	—	—
51	0.90～1.20	—	0.90～1.20	—	—
52	0.80～1.10	—	0.80～1.10	—	—
53	0.80～1.10	—	0.80～1.10	—	—
54	0.80～1.10	—	0.80～1.10	—	—
55	0.80～1.10	—	0.80～1.10	—	—
56	0.80～1.10	—	1.10～1.40	—	—
57	0.90～1.20	0.20～0.30	1.10～1.40	—	—
58	0.90～1.20	0.20～0.30	0.90～1.20	—	—
59	0.80～1.10	—	1.00～1.30	—	0.04～0.10
60	0.80～1.10	—	1.00～1.30	—	0.04～0.10

钢 组	序号	统一数字代号	牌 号	化学成分（%）	
				碳	硅
CrNi	61	A40202	20CrNi	0.17～0.23	0.17～0.37
	62	A40402	40CrNi	0.37～0.44	0.17～0.37
	63	A40452	45CrNi	0.42～0.49	0.17～0.37
	64	A40502	50CrNi	0.47～0.54	0.17～0.37
	65	A41122	12CrNi2	0.10～0.17	0.17～0.37
	66	A42122	12CrNi3	0.10～0.17	0.17～0.37
	67	A42202	20CrNi3	0.17～0.24	0.17～0.37
	68	A42302	30CrNi3	0.27～0.34	0.17～0.37
	69	A42372	37CrNi3	0.34～0.41	0.17～0.37
	70	A43122	12Cr2Ni4	0.10～0.16	0.17～0.37
	71	A43202	20Cr2Ni4	0.17～0.23	0.17～0.37
CrNiMo	72	A50202	20CrNiMo	0.17～0.23	0.17～0.37

序号	化 学 成 分 （%）（续）				
	锰	钼	铬	硼	镍
61	0.40～0.70	—	0.45～0.75	—	1.00～1.40
62	0.50～0.80	—	0.45～0.75	—	1.00～1.40
63	0.50～0.80	—	0.45～0.75	—	1.00～1.40
64	0.50～0.80	—	0.45～0.75	—	1.00～1.40
65	0.30～0.60	—	0.60～0.90	—	1.50～1.90
66	0.30～0.60	—	0.60～0.90	—	2.75～3.15
67	0.30～0.60	—	0.60～0.90	—	2.75～3.15
68	0.30～0.60	—	0.60～0.90	—	2.75～3.15
69	0.30～0.60	—	1.20～1.60	—	3.00～3.50
70	0.30～0.60	—	1.25～1.65	—	3.25～3.65
71	0.30～0.60	—	1.25～1.65	—	3.25～3.65
72	0.60～0.95	0.20～0.30	0.40～0.70	—	0.35～0.75

3.66

钢 组	序号	统一数字代号	牌 号	化学成分（%）	
				碳	硅
CrNiMo	73	A50403	40CrNiMoA	0.37～0.44	0.17～0.37
CrMnNiMo	74	A50183	18CrNiMnMoA	0.15～0.21	0.17～0.37
CrNiMoV	75	A51453	45CrNiMoVA	0.42～0.49	0.17～0.37
CrNiW	76	A52183	18Cr2Ni4WA	0.13～0.19	0.17～0.37
	77	A52253	25Cr2Ni4WA	0.21～0.28	0.17～0.37

序号	化 学 成 分 （%）（续）				
	锰	钼	铬	钨	镍
73	0.50～0.80	0.15～0.25	0.60～0.90	—	1.25～1.65
74	1.10～1.40	0.20～0.30	1.00～1.30	—	1.00～1.30
75	0.50～0.80	0.20～0.30	0.80～1.10	钒 0.10～0.20	1.30～1.80
76	0.30～0.60	—	1.35～1.65	0.80～1.20	4.00～4.50
77	0.30～0.60	—	1.35～1.65	0.80～1.20	4.00～4.50

注：1. 钢按使用加工分：压力加工用钢（UP）和切削加工用钢（UC）。压力加工用钢又分为热压力加工钢（UHP），顶锻用钢（UP），冷拔坯料（UCD）。

2. 钢中硫、磷和残余铜、铬、镍含量（%）应符合下列规定。

钢 类	磷	硫	铜	铬	镍	钼
优质钢	0.035	0.035	0.30	0.30	0.30	0.15
高级优质钢（牌号后加 A）	0.025	0.025	0.25	0.30	0.30	0.10
特级优质钢（牌号后加 E）	0.025	0.015	0.25	0.30	0.30	0.10

3. 钢中残钨、钒、钛含量应作分析，并记入质量保证书中，根据需方要求，可对含量加以限制。

4. 根据需方要求，可对表中各牌号（指不带 A）按高级优质或特级优质钢（全部牌号）订货，只需对各牌号后加符号 A 或 E（对有 A 符号应去掉 A），也可对各牌号化学成分提出特殊订货要求。

5. 统一数字代号（最后一位数字），高级优质钢改为 3；特级优质钢改为 6。

6. 热压力加工用钢的铜含量≤0.20%，稀土成分按 0.05% 计算量加入，成品分析结果供参考。

（2）合金结构钢的力学性能

序号	牌 号	试样毛坯尺寸（mm）	淬火 温度（℃） 第1次	淬火 温度（℃） 第2次	淬火 冷却剂	回火 温度（℃）	回火 冷却剂
1	20Mn2	15	850	—	水、油	200	水、空
			880	—	水、油	440	水、空
2	30Mn2	25	840	—	水	500	水
3	35Mn2	25	840	—	水	500	水
4	40Mn2	25	840	—	水、油	540	水、油
5	45Mn2	25	840	—	油	550	水、油
6	50Mn2	25	820	—	油	550	水、油
7	20MnV	15	880	—	水、油	200	水、油
8	27SiMn	25	920	—	水	450	水、油
9	35SiMn	25	900	—	水	570	水、油
10	42SiMn	25	880	—	水	590	水
11	20SiMn2MoV	试样	900	—	油	200	水、空
12	25SiMn2MoV	试样	900	—	油	200	水、空
13	37SiMn2MoV	25	870	—	水、油	650	水、空

序号	牌 号	抗拉强度（MPa）	屈服点（MPa）	伸长率（%）	收缩率（%）	冲击吸收功 A_{KU2}（J）	退火或高温回火供应状态硬度 HB ≤
1	20Mn2	785	590	10	40	47	187
		785	590	10	40	47	187
2	30Mn2	785	635	12	45	63	207
3	35Mn2	835	685	12	45	55	207
4	40Mn2	885	735	12	45	55	217
5	45Mn2	885	735	10	45	47	217
6	50Mn2	930	785	9	40	39	229
7	20MnV	785	590	10	40	55	187
8	27SiMn	980	835	12	40	39	217
9	35SiMn	885	735	15	45	47	229
10	42SiMn	885	735	15	40	47	229
11	20SiMn2MoV	1380	—	10	45	55	269
12	25SiMn2MoV	1470	—	10	40	47	269
13	37SiMn2MoV	980	835	12	50	63	269

序号	牌　号	试样毛坯尺寸(mm)	热　处　理					
			淬　火			回　火		
			温度(℃)		冷却剂	温度(℃)	冷却剂	
			第1次	第2次				
14	40B	25	840	—	水	550	水	
15	45B	25	840	—	水	550	水	
16	50B	20	840	—	油	600	空	
17	40MnB	25	850	—	油	500	水、油	
18	45MnB	25	840	—	油	500	水、油	
19	20MnMoB	15	880	—	油	200	油、空	
20	15MnVB	15	860	—	油	200	水、空	
21	20MnVB	15	860	—	油	200	水、空	
22	40MnVB	25	850	—	油	520	水、油	
23	20MnTiB	15	860	—	油	200	水、空	
24	25MnTiBRE	试样	860	—	油	200	水、空	
25	15Cr	15	880	780～820	水、油	200	水、空	
26	15CrA	15	880	780～820	水、油	180	油、空	

序号	牌　号	力学性能(纵向)≥					退火或高温回火供应状态硬度HB ≤
		抗拉强度	屈服点	伸长率	收缩率	冲击吸收功 A_{KU2}	
		(MPa)		(%)		(J)	
14	40B	785	635	12	45	55	207
15	45B	835	685	12	45	47	217
16	50B	785	540	10	45	39	207
17	40MnB	980	785	10	45	47	207
18	45MnB	1030	835	9	40	39	217
19	20MnMoB	1080	885	10	50	55	207
20	15MnVB	885	635	10	45	55	207
21	20MnVB	1080	885	10	45	55	207
22	40MnVB	980	785	10	45	55	207
23	20MnTiB	1130	930	10	45	55	187
24	25MnTiBRE	1380		10	40	47	229
25	15Cr	735	490	11	45	55	179
26	15CrA	685	490	12	45	55	179

序号	牌 号	试样毛坯尺寸 (mm)	热 处 理					
			淬 火			回 火	
			温度(℃)		冷却剂	温度(℃)	冷却剂
			第1次	第2次			
27	20Cr	15	880	780~820	水、油	200	水、空
28	30Cr	25	860	—	油	500	水、油
29	35Cr	25	860	—	油	500	水、油
30	40Cr	25	850	—	油	520	水、油
31	45Cr	25	840	—	油	520	水、油
32	50Cr	25	830	—	油	520	水、油
33	38CrSi	25	900	—	油	600	水、油
34	12CrMo	30	900	—	空	650	空
35	15CrMo	30	900	—	空	650	空
36	20CrMo	15	880	—	水、油	500	水、油
37	30CrMo	25	880	—	水、油	540	水、油
38	30CrMoA	15	880	—	油	540	水、油
39	35CrMo	25	850	—	油	550	水、油

序号	牌 号	力学性能（纵向）≥					退火或高温回火供应状态硬度 HB ≤
		抗拉强度	屈服点	伸长率	收缩率	冲击吸收功 A_{KU2}	
		(MPa)		(%)		(J)	
27	20Cr	835	540	10	40	47	179
28	30Cr	885	685	11	45	47	187
29	35Cr	930	735	11	45	47	207
30	40Cr	980	785	9	45	47	207
31	45Cr	1030	835	9	45	39	217
32	50Cr	1080	930	9	40	39	229
33	38CrSi	980	835	12	50	55	255
34	12CrMo	410	265	24	60	110	179
35	15CrMo	440	295	25	60	94	179
36	20CrMo	885	685	12	50	78	197
37	30CrMo	930	785	12	50	63	229
38	30CrMoA	930	735	12	50	71	229
39	35CrMo	980	835	12	45	63	229

序号	牌　号	试样毛坯尺寸(mm)	热　处　理				
			淬　火			回　火	
			温度(℃)		冷却剂	温度(℃)	冷却剂
			第1次	第2次			
40	42CrMo	25	850	—	油	560	水、油
41	12CrMoV	30	970	—	空	750	空
42	35CrMoV	25	900	—	油	630	水、油
43	12Cr1MoV	30	970	—	空	750	空
44	25Cr2MoVA	25	900	—	油	640	空
45	25Cr2Mo1VA	25	1040	—	空	700	空
46	38CrMoAl	30	940	—	水、油	640	水、油
47	40CrV	25	880	—	油	650	水、油
48	50CrVA	25	860	—	油	500	水、油
49	15CrMn	15	880	—	油	200	水、空
50	20CrMn	15	850	—	油	200	水、空
51	40CrMn	25	840	—	油	550	水、油

序号	牌　号	力学性能(纵向)≥					退火或高温回火供应状态硬度HB ≤
		抗拉强度	屈服点	伸长率	收缩率	冲击吸收功 A_{KU2}	
		(MPa)		(%)		(J)	
40	42CrMo	1080	930	12	45	63	217
41	12CrMoV	440	225	22	50	78	241
42	35CrMoV	1080	930	10	50	71	241
43	12Cr1MoV	490	245	22	50	71	179
44	25Cr2MoVA	930	780	14	55	63	241
45	25Cr2Mo1VA	735	590	16	50	47	241
46	38CrMoAl	980	835	14	50	71	229
47	40CrV	885	735	10	50	71	241
48	50CrVA	1280	1130	10	40	—	255
49	15CrMn	785	590	12	50	47	179
50	20CrMn	930	735	10	45	47	187
51	40CrMn	980	835	9	45	47	229

序号	牌　号	试样毛坯尺寸（mm）	热　处　理					
			淬　火			回　火	
			温度（℃）		冷却剂	温度（℃）	冷却剂
			第1次	第2次			
52	20CrMnSi	25	880	—	油	480	水、油
53	25CrMnSi	25	880	—	油	480	水、油
54	30CrMnSi	25	880	—	油	520	水、油
55	30CrMnSiA	25	880	—	油	540	水、油
56	35CrMnSiA	试样	加热到 880，于 280～310 等温淬火			—	—
		试样	950	890	油	230	空、油
57	20CrMnMo	15	850	—	油	200	水、空
58	40CrMnMo	25	850	—	油	600	水、空
59	20CrMnTi	15	880	870	油	200	水、空
60	30CrMnTi	试样	880	850	油	200	水、空
61	20CrNi	25	850	—	水、油	460	水、油
62	40CrNi	25	850	—	油	500	水、油
63	45CrNi	25	820	—	油	530	水、油

序号	牌　号	力学性能（纵向）≥					退火或高温回火供应状态硬度 HB ≤
		抗拉强度	屈服点	伸长率	收缩率	冲击吸收功 A_{KU2}	
		（MPa）		（%）		（J）	
52	20CrMnSi	785	635	12	45	55	207
53	25CrMnSi	1080	885	10	40	39	217
54	30CrMnSi	1080	885	10	45	39	229
55	30CrMnSiA	1080	835	10	45	39	229
56	35CrMnSiA	1620	1280	9	40	31	241
		1620	1280	9	40	31	241
57	20CrMnMo	1180	885	10	45	55	217
58	40CrMnMo	980	785	10	45	63	217
59	20CrMnTi	1080	850	10	45	55	217
60	30CrMnTi	1470	—	9	40	47	229
61	20CrNi	785	590	10	50	63	197
62	40CrNi	980	785	10	45	55	241
63	45CrNi	980	785	10	45	55	255

序号	牌　　号	试样毛坯尺寸 (mm)	热　　处　　理				
			淬　火			回　火	
			温度（℃）		冷却剂	温度（℃）	冷却剂
			第1次	第2次			
64	50CrNi	25	820	—	油	500	水、油
65	12CrNi2	15	860	780	水、油	200	水、空
66	12CrNi3	15	860	780	油	200	水、空
67	20CrNi3	25	830	—	水、油	480	水、油
68	30CrNi3	25	820	—	水、油	500	水、油
69	37CrNi3	25	820	—	水、油	500	水、油
70	12Cr2Ni4	15	860	780	油	200	水、空
71	20Cr2Ni4	15	860	780	油	200	水、空
72	20CrNiMo	15	850	—	油	200	空
73	40CrNiMoA	25	850	—	油	600	水、油
74	18CrMnNiMoA	15	830	—	油	200	空
75	45CrNiMoVA	试样	860	—	油	460	油

序号	牌　　号	力学性能（纵向）≥					退火或高温回火供应状态硬度 HB ≤
		抗拉强度	屈服点	伸长率	收缩率	冲击吸收功 A_{KU2}	
		（MPa）		（%）		（J）	
64	50CrNi	1080	835	8	40	39	255
65	12CrNi2	785	590	12	50	63	207
66	12CrNi3	930	685	11	50	71	217
67	20CrNi3	930	735	11	55	78	241
68	30CrNi3	980	785	9	45	63	241
69	37CrNi3	1130	980	10	50	47	269
70	12Cr2Ni4	1080	835	10	50	71	269
71	20Cr2Ni4	1180	1080	10	50	63	269
72	20CrNiMo	980	785	9	40	47	197
73	40CrNiMoA	980	835	12	55	78	269
74	18CrMnNiMoA	1180	885	10	45	71	269
75	45CrNiMoVA	1470	1330	7	35	31	269

序号	牌　号	试样毛坯尺寸（mm）	热　　处　　理				
			淬　　火			回　火	
			温度（℃）		冷却剂	温度（℃）	冷却剂
			第1次	第2次			
76	18Cr2Ni4WA	15	950	850	油	200	水、空
77	25Cr2Ni4WA	25	850	—	油	550	水、油

序号	牌　号	力学性能（纵向）≥					退火或高温回火供应状态硬度HB≤
		抗拉强度	屈服点	伸长率	收缩率	冲击吸收功 A_{KU2}	
		（MPa）		（%）		（J）	
76	18Cr2Ni4WA	1180	835	10	45	78	269
77	25Cr2Ni4WA	1080	930	11	45	71	269

注：1. 表列力学性能适用截面尺寸≤80mm的钢材；对尺寸
　　＞80mm的钢材，其伸长率、收缩率及冲击吸收功，允许较ま
　　中规定降低；尺寸＞80～100mm分别降低（绝对值）1%、5%
　　及5%；尺寸＞100～150mm分别降低（绝对值）2%、10%及
　　10%；尺寸＞150～200mm分别降低（绝对值）3%、15%及15%。
　2. 钢材尺寸小于试样毛坯尺寸时，用原钢材尺寸进行热处
　　理。直径＜16mm的圆钢和厚度≤12mm的方钢、扁钢不
　　作冲击试验；尺寸＞80mm的钢材允许将取样坯改（锻）轧
　　成截面70～80mm后取样。检验结果应符合规定。
　3. 钢材通常以热轧或热处理状态交货。如需要求，并在合同中
　　注明，也可以热处理（退火、正火或高温回火）状态交货。
　　根据需方要求，供应以淬火和回火状态交货的钢材，其测
　　定力学性能用试样不再进行热处理，力学性能指标由供需
　　双方协商确定。
　4. 表列热处理温度范围允许调整：淬火±15℃，低温回火
　　±20℃，高温回火±50℃。
　5. 硼钢在淬火前可先经正火。铬锰钛钢第一次淬火可用正
　　火代替。
　6. 拉伸试验时，试样钢上不能发现屈服，无法测定屈服点 σ_s
　　情况下，可以规定残余伸长应力 $\sigma_{r0.2}$。
　7. 热顶锻用钢（须在合同中注明）应作热顶锻试验，热顶锻后
　　的试样高度为原试样高度的 1/3。

(3) 合金结构钢的特性和用途

序号	牌号——主要特性和用途
1	20Mn2——特性:具有中等强度、冷变形塑性高、低温性能良好、焊接性及可切削性尚好,与相应含碳量的碳钢相比,其淬透性高,在油中临界淬透直径约4～15mm,但热处理时有过热、脱碳敏感性及回火脆性倾向。用途:适用于制造表面和心部性能要求不高、截面尺寸(直径<50mm)的渗碳件,如汽车、拖拉机及在机械制造中代替20Cr钢制造小齿轮、小轴、低要求的活塞销、十字销头、柴油机套筒、气门顶杆、变速箱操纵杆等;此外,在热轧或正火状态下,还可用于制造铆焊件及螺钉、螺母等
2	30Mn2——特性:冷变形塑性中等,可切削性和可焊性尚可(但焊前需将焊件预热到200℃以上);拉丝及冷镦、热处理工艺性均良好,淬透性较高,在油中临界淬透直径约为6.5～18mm;淬火变形小,但存在过热、脱碳敏感性和回火脆性倾向;此钢经调质后具有高的强度、韧性和耐磨性,而且静强度及疲劳强度均良好。此钢大多在调质状态下使用。用途:适用于汽车、拖拉机及一般机械制造中制造冲压件(4～11mm钢板),如汽车上大梁、横梁以及变速箱齿轮、轴、冷镦螺栓及较大截面尺寸的调质件;此外,还可用于制造心部强度要求较高的渗碳件,如矿山起重机上轴和轴颈等
3	35Mn2——特性:冷变形塑性中等,可切削性尚好,但焊接性差;与30Mn2钢相比,具有更高的强度、耐磨性和淬透性,在油中临界淬透直径约为7.5～20mm,但塑性稍有降低,且有白点敏感性及过热和回火脆性倾向,水淬时有开裂倾向。此钢一般在调质或正火状态下使用。用途:在重型和中型机械制造中主要用于制造连杆、各种轴及冷镦螺栓等应力要求较高的零件;在制造小截面(直径<20mm)的零件时可代替40Cr钢使用

序号	牌号——主要特性和用途
4	40Mn2——特性：强度、塑性和耐磨性均较高，可切削性和热处理工艺性能也好，临界淬透直径：油中约为 8.5～23mm，水中约为 20～42mm，但存在过热敏感性和回火脆性倾向，以及白点敏感性；冷变形塑性不高和焊接性差（需预热到 100～450℃后方可焊接）；一般在调质状态下使用。用途：适用于制造重载荷条件下工作的各种零件，如各类轴、杆、有载荷的螺栓、螺钉、加固环弹簧等；还可用于直径<50mm 的小截面重要零件；此钢的静强度和疲劳性能均与 40Cr 钢相当，故可代替 40Cr 钢使用
5	45Mn2——特性：与 40Cr 钢属同一级，钢的强度、耐磨性和淬透性均较高，临界淬透直径：油中约为 10～25mm，水中约为 22～45mm；调质后具有良好的综合力学性能，可切削性尚好；但热处理时水淬易开裂，并存在过热敏感性和回火脆性倾向，同时还存在白点敏感性以及焊接性和冷变形塑性较低等缺点；此钢一般在调质状态下使用，也可在正火状态下使用。用途：适用于制造在较高应力与耐磨条件下工作的零件；当直径<60mm 时，性能与 40Cr 钢相当；在汽车、拖拉机和普通机械制造中，适用于制造万向接头轴、车轴、连杆盖、摩擦盘、蜗杆、齿轮轴、蒸汽机轴、重载荷机架以及冷拉状态中的螺栓、螺母等
6	50Mn2——特性：具有高的强度、弹性和耐磨性，淬透性也较高，临界淬透直径：油中约为 10～28mm，水中约为 24～49mm；可切削性尚好，调质后具有较高的综合力学性能，但热处理时水淬易开裂，并有过热敏感性及回火脆性倾向，且有白点敏感性、焊接性差及冷变形塑性低等缺点；一般在调质状态下使用。用途：适用于制造在高应力及磨损条件下工作的零件，制造直径<80mm 的零件，使用性能与 45Cr 钢相近；也可在正火及高温回火后使用，用于制造中等载荷、截面尺寸较大的零件，如重型机械上的滚动轴承中主轴及心轴，一般机械上的齿轮、蜗杆、齿轮轴、曲轴、连杆等；此外，还可用于制造板弹簧及平弹簧等

序号	牌号——主要特性和用途
7	20MnV——特性:强度、塑性、韧性及淬透性均比 20Mn2 钢为好,并具有一定的热强性,焊接性能也好,钢在油中临界淬透直径约为 7～14mm;可切削性尚好,渗碳时晶粒长大倾向小,但热处理时有回火脆性倾向;在渗碳后可直接淬火,不需经二次淬火来改善心部组织,可代替 20Cr、20CrNi 钢使用。用途:可在 450～475℃ 条件下用来制作锅炉、高压容器、大型高压管道等较高载荷下工作的焊接件;还可用于制造冷拉、冷冲压的零件,如活塞销、齿轮等
8	27SiMn——特性:性能优于 30Mn2 钢,淬透性较高,在水中临界淬透直径约为 8～22mm,可切削性良好,冷变形塑性及焊接性中等;钢在热处理时韧性降低不多,但却有相当高的强度和耐磨性,水淬后仍有较高的韧性;对白点敏感性大,并有回火脆性和过热敏感性倾向;一般在调质状态下使用,也可在正火或热轧状态下使用。用途:适用于制造要求较高的韧性和耐磨性的热冲压件
9	35SiMn——特性:淬透性好,临界淬透直径:水中约为 24～47.5mm;油中约为 11～27.5mm;调质后具有高的强度和耐磨性,具有良好的韧性和耐疲劳强度;可切削性较好,冷变形塑性中等;焊接性差,热处理时有回火脆性和稍有脱碳倾向,并有白点和过热敏感性;此钢与 40Cr 钢相比,凡截面<60mm 的调质件,除了低温(-20℃)冲击值稍差外,其余性能均相当;主要在调质状态下使用。用途:适用于制造中速度、中载荷下工作的零件,也可用于制造截面尺寸较大及需要表面淬火的零件;在一般机械制造中,用于制造传动齿轮、连杆、蜗杆、飞轮和各种轴以及大小锻件;在汽轮机制造中用于制造工作温度<400℃、直径≤250mm 的主轴和轮毂≤170mm 的叶轮以及各种重要的紧固件;在农业机械上多用于制造锄铲柄、犁辕等耐磨的零部件;还可用于制造薄壁无缝钢管,此钢完全可以代替 40Cr 钢作调质钢,亦可部分代替 40CrNi 钢

序号	牌号——主要特性和用途
10	42SiMn——特性:性能与35SiMn钢基本相同,但其强度、耐磨性及淬透性稍高,临界淬透直径:水中约为27.5～50mm;油中约为13～30mm。用途:适用于作表面淬火件,在高频淬火及中温回火状态下用于制造中等速度和中等载荷的齿轮等零件;在调质后高频淬火、低温回火状态下用于制造表面硬度要求高、耐磨性要好的较大截面尺寸的零件,如主轴、轴及齿轮等;在淬火及低、中温状态下用于制造中等速度、高载荷的零件,如齿轮、主轴、液压泵转子、滑块等;此钢还可代替40CrNi钢使用
11	20SiMn2MoV——特性:一种新型的高强度、高韧性的低碳马氏体淬火的结构钢,有较高的淬透性,油中完全淬透直径约为60～80mm,水中约为110～130mm(均为95%的马氏体);热处理工艺性良好,在油中淬火变形开裂或脱碳倾向均低;锻造工艺性能也良好,但对形状复杂的零件,焊前应预热至300℃以上,焊后缓冷,可切削性差;通常在淬火及低温回火后使用;与35CrMo钢相比,其塑性韧性大体相同,但强度显著提高,其中强度极限提高50%左右;与40Cr钢相比,在-60℃时低温冲击值高5倍;其静载荷缺口敏感性与一般调质钢相近。用途:在机械业中用于制造截面尺寸较大、载荷较重、应力状态复杂及低温下长期运作的机件,在石油机械业中用于制造钻井提升系统的轻型吊环、吊卡及射孔器等
12	25SiMn2MoV——特性和用途与20SiMn2MoV钢相似,但强度略高,韧性稍低
13	37SiMn2MoV——特性:一种综合性能良好的高级调质钢,临界淬透直径:水中约为180mm;油中约为110～114mm;钢的冶炼、锻造、热处理工艺性能均良好,淬裂敏感性小,回火稳定性高,回火脆性倾向极微;低温韧性好,高温强度高,调质后具有高的强度和韧性;此钢通常在调质状态下使用。使用温度范围为-20～520℃。用途:适用于制造大截面尺寸、承受重载荷的机械零件,如重型机器上的轴类、齿轮、转子、连杆及高压无缝钢管等;在石油化工业中用于制造高压容器、大螺栓等;可制造工作温度≤450℃的大螺栓,也可代替35CrMo、40CrNiMo钢使用;此外,经淬火及低温回火后可作超高强度钢使用

序号	牌号——主要特性和用途
14	40B——特性：与40钢相比，淬透性较高，临界淬透直径：水中约为17～32mm；油中约为7～16mm；在油淬时硬度、韧性及断面收缩率均较高；通常在调质状态下使用。用途：适用于制造比40钢截面尺寸大，性能要求稍高的零件，如齿轮、转向拉杆、拖拉机曲轴等零件；此外，也可代替40Cr钢制造性能要求不高的小尺寸零件
15	45B——特性：与45钢相比，有较高的硬度、强度、耐磨性和淬透性，临界淬透直径：水中约为17～30mm，油中约为7～15mm；通常在调质状态下使用。用途：适用于制造截面尺寸比45钢制件稍大，性能要求较高的零件，如拖拉机上的曲轴柄和其他类似的零件；此外，在制造小尺寸性能要求不高的零件时，可代替40Cr钢使用
16	50B——特性：此钢与50钢相比，有更高的淬透性，临界淬透直径：水中约为21～37mm，油中约为9～20mm；钢在正火状态下硬度偏低，切削加工时，表面粗糙度较高，但用较高的温度加热，出炉用散开空冷的方法进行正火，可得到均匀细片状珠光体—铁素体组织，从而改善了切削加工性能；通常在调质状态下使用，其综合力学性能比50钢好。用途：适用于代替50钢制造要求淬透性较高的零件
17	40MnB——特性：具有较高的强度、硬度、耐磨性及良好的韧性，其淬透性比40Cr钢稍高，在油中临界淬透直径约为18～33mm；正火后切削性能良好，冷拔、滚丝、攻丝和锻造、热处理工艺性能都较好，在高温下晶粒长大、脱碳及淬火变形倾向均较小，但有回火脆性倾向，回火稳定性比40Cr钢稍差；一般在调质状态下使用，使用温度范围为−20～425℃。用途：用于代替40Cr钢制造中、小截面尺寸的调质零件，如汽车半轴、转向轴、蜗杆、花键轴和机床主轴、齿轮等；也可制造直径250～320mm卷扬机中间轴等较大截面尺寸的零件；当制造尺寸较小的零件时，还可代替40CrNi钢使用

序号	牌号——主要特性和用途
18	45MnB——特性:具有良好的淬透性,在油中临界淬透直径约为 17～31mm;与 40Cr 钢比较,强度高,塑性稍低,缺口敏感性大,缺口疲劳差;可切削性良好,锻造与热处理工艺性能较好,加热时晶粒长大、氧化、脱碳及热处理变形倾向均较小;一般在调质状态下使用。用途:可代替 40Cr 钢或 45Cr 钢制造中、小截面尺寸的调质件,如机床上的齿轮、钻床主轴,拖拉机上的拐轴、曲轴及惰轮等
19	20MnMoB——特性:淬火及低温回火后有良好的综合力学性能,低温冲击韧性好,淬透性与 12CrNi2A 钢相近;渗碳前和渗碳后的疲劳强度和静弯曲强度都较高,正火后硬度为 HB170～217,其可切削性与 20CrMnTi 钢相同;正火加高温回火后为 HB170,切削性比 20CrMnTi 钢稍好,切削后表面粗糙度一般为 $R_a 1.6 \sim 3.2$;渗碳速度中等,表面不易过高富集碳,渗碳后浓度变化平缓,焊后性能良好。用途:可代替 20CrMnTi 和 12CrNi3 钢制造心部强度要求较高的中等载荷的汽车、拖拉机上使用的齿轮及载荷大的机床齿轮等,也常用于制造活塞销等零件
20	15MnVB——特性:具有优良的冷成形性和焊接性,热处理时脱碳倾向及淬火变形均较小,在油中完全淬透直径约为 12～18mm(＞95％的马氏体);静载荷、疲劳及多次冲击载荷下,其缺口敏感性和过载敏感性均较低;一般作为低碳马氏体钢使用,在淬火及低温回火后,不但有高强度及良好的塑性、韧性相结合的特点,同时还具有低的冷脆化温度。用途:可用来代替 40Cr 钢,制造要求高强度的重要螺栓,如汽车上的连杆螺栓、气缸盖螺栓和半轴螺栓等

序号	牌号——主要特性和用途
21	20MnVB——特性：与20CrMnTi及20CrNi相近，具有高的强度、耐磨性及淬透性，在油中临界淬透直径约为27～53mm；钢的可切削性、渗碳及热处理工艺性能均良好，在高温长时间渗碳时无晶粒长大倾向，而且沿渗碳层中碳浓度分布下降平缓，不会引起组织和性能的较大突变，可在渗碳后直接淬火；与20CrMnTi钢相比，其缺点是淬火变形较大，脱碳倾向也大。用途：可作20CrMnTi、20Cr、20CrNi钢代用钢，用于制造模数较大、载荷较大的中、小型渗碳件，如重型机床上的齿轮、轴，汽车上的后桥主、被动齿轮等
22	40MnVB——具有高的强度、塑性、韧性及良好的淬透性，在油中临界淬透直径为27.5～43.5mm；热处理时过热敏感性小，对冷拔、滚丝、攻丝等工艺性能也均优良，其综合性能比40Cr好，大多经调质后使用。用途：一般多用来代替40Cr或42CrMo钢，用于制造汽车、拖拉机和机床上的重要调质件，如轴、齿轮等；此外，在制造截面尺寸不大的零件时，还可代替40CrNi钢使用
23	20MnTiB——特性：可代替20CrMnTi钢，具有良好的力学性能和工艺性能，在油中临界淬透直径约为14～27mm；正火后可切削性良好，热处理后的疲劳强度、变形量和渗碳后的弯曲载荷下的缺口敏感性均不亚于20CrMnTi钢；渗碳时晶粒长大倾向较小，故在渗碳后可以降温（≥800℃）淬火，但热处理时变形量比20CrMnTi钢稍大。用途：广泛应用于制造汽车、拖拉机上截面尺寸较小、中等载荷的齿轮和其他渗碳件
24	25MnTiBRE——特性：综合力学性能优于20CrMnTi钢，并具有良好的工艺性能，钢的淬透性较好，在油中临界淬透直径约为17～27mm；冷热加工性能较好，锻造温度较宽，氧化皮疏松，容易清除；正火后可获得较均匀的珠光体和铁素体组织，可切削性良好，渗碳后碳份分布平缓，淬火后表面金相组织理想；低温冲击韧性较高，缺口敏感性较低，但热处理变形，一般比铬钢稍大。用途：主要用来代替20CrMnTi、20CrMo钢等制造承受中等载荷的拖拉机渗碳齿轮，其使用性能优于20CrMnTi钢

序号	牌号——主要特性和用途
25 26	15Cr、15CrA——特性:常用的合金渗碳钢,渗碳时显著地增加表面含碳量和渗碳层深度,但渗碳时有晶粒长大及形成网状碳化物倾向;对形状简单,性能要求不高的零件,渗碳后可直接淬火,但热处理后变形较大,又有回火脆性;钢的淬透性较 15 钢为高,临界淬透直径:油中约为 2~15mm,水中约为 6~29mm;钢的冷变形塑性高,焊接性良好,在退火状态下可切削性甚好。用途:适用于制造工作速度较高,而断面尺寸≤30mm,心部要求较高强度及韧性的表面耐磨渗碳件,如齿轮、凸轮、滑阀、活塞、衬套、曲柄销、活塞环、联轴节及轴承圈等;也可用作低碳马氏体淬火钢,制造对变形要求不严,但要求强度、韧性高的零件
27	20Cr——特性:与 15Cr 钢相比,有较高的强度及淬透性,临界淬透直径:油中约为 4~22mm,水中为 11~40mm,韧性较差,渗碳时有晶粒长大倾向,降温直接淬火,对冲击韧性影响较大,所以需二次淬火以提高心部的韧性,无回火脆性倾向;钢的冷变形塑性高,可在冷态下拉丝,可切削性在高温正火或调质状态下良好,但退火后较差;焊接性能较好,焊后一般不需热处理,但对厚度>15mm 的零件,焊前应预热到 100~150℃。用途:大多用作渗碳钢,适用于制造心部强度要求较高,表面承受摩擦,截面尺寸在 30mm 以下或形状复杂而载荷不大的渗碳件(油淬),如机床变速箱齿轮、齿轮轴、凸轮、蜗杆、活塞销、爪形离合器等;对要求热处理变形小和高耐磨性的零件,渗碳后可进行高频表面淬火,如模数≤3mm 的齿轮、轴和花键轴等;此外,也可在调质状态下使用,用于制造工作速度较大并承受中等冲击载荷的零件

序号	牌号——主要特性和用途
28	30Cr——特性:强度及淬透性均比 30 钢为高,临界淬透直径:油中约为 8～34mm,水中约为 19～56mm;钢的冷变形塑性及焊接性能中等,退火及高温回火后可切削性良好,通常在调质状态下使用,也可在正火后使用。用途:于制造在摩擦条件下或在很大冲击载荷下工作的较重要零件,如轴、平衡杠杆、插杆、连杆、螺栓、齿轮和各种滚子等;还可用作高频表面淬火用钢,用于制造要求较高的表面硬度和耐磨损的零件
29	35Cr——特性:与 30Cr 钢同属强度和韧性较高的中碳合金调质钢,强度极限比 35 钢高 20%,淬透性比 30Cr 钢稍高,其他工艺性能和用途与 30Cr 钢相近
30	40Cr——特性:最常用的合金调质钢,抗拉强度、屈服强度及淬透性均比 40 钢高,临界淬透直径:油中约为 15～40mm,水中约为 28～60mm;断面尺寸在<50mm 时,油淬无自由铁素体析出,故有较高的疲劳强度;当含碳量在下限时,经淬火和回火后,除能获得较高的强度外,还有良好的韧性;水淬时,形状复杂的零件容易形成开裂,在 450～680℃ 回火时,有第二类回火脆性倾向,但可随着截面尺寸的减小而减弱;白点敏感性较大,所以锻后宜缓冷;冷变形塑性中等,冷顶锻前最好予以球化处理;正火或调质后,可切削性很好,退火后可切削性也较好;钢的焊接性较差,有开裂倾向,而以焊前需预热到 100～150℃;一般经调质处理后使用。用途:适用于制造中等载荷和中等速度工作的零件,如汽车的转向节、后半轴及机床上的齿轮、轴、蜗杆、花键轴等;经淬火及中温回火后可用于制造高载荷、冲击及中速工作的零件,如齿轮、主轴、油泵转子、套环等,也可用于制造各种扳手;经淬火及低温回火后,可用于制造重载荷、低冲击及要求有耐磨性、截面尺寸(厚度)<25mm 的零件,如蜗杆、主轴、套环等;经调质并高频表面淬火后,可制作要求较高的表面硬度及耐磨性而无很大冲击的零件,如齿轮、套筒、轴、销子、连杆、进汽阀等;此外,还适用于进行碳氮共渗处理制造各种传动零件,如直径较大和低温韧性好的齿轮和轴等

序号	牌号——主要特性和用途
31	45Cr——特性：强度、耐磨性及淬透性均比40Cr钢高，临界淬透直径：油中约为12~45mm，水中约为26~71mm；韧性较低，钢的其他特性与40Cr钢相近。用途：与40Cr钢相近，还可用于制造较重要的调质件，也可经高频表面淬火后制作耐磨性要求较高的零件
32	50Cr——特性：淬透性较好，临界淬透直径：油中约为14~19mm，水中约为28~77mm；在油中淬火及回火后能获得很高的硬度和强度，但水淬时有开裂倾向；在500~650℃回火时存在第二类回火脆性倾向，热加工时有白点敏感性；经正火或调质后可切削性良好，退火后可切削性也较好；钢的冷变形塑性低，焊接时有开裂倾向，所以焊前需预热到200℃左右，焊后应消除应力；一般在淬火及回火或调质状态下使用。用途：适用于制造受重载荷及受摩擦的零件，如直径<600mm的轧辊、减速器轴、齿轮、传动轴、止推环、拖拉机离合器齿轮、柴油机连杆以及重型矿山机械上要求高强度与耐磨的零件等；也可用来制造要求表面高硬度及耐磨损的高频表面淬火件以及中等弹性的弹簧件等
33	38CrSi——特性：具有高的强度和中等韧性；淬透性比40Cr钢好，油中淬透直径约为25~83.5mm；可切削性尚好，但热处理时有回火脆性倾向，且冷变形塑性低，焊接性差；一般在淬火及回火后使用。用途：适用于制造直径为30~40mm要求强度较高的零件，如轴、主轴、拖拉机上的进气阀、内燃机上的油泵齿轮以及其他要求高的强度和耐磨性的零件；也可制作冷作的冲击工具，如铆钉枪压头等

序号	牌号——主要特性和用途
34	12CrMo——特性：属珠光体型热强钢，具有一定的热强性和稳定性，且无热脆性和石墨化敏感性，也无空淬倾向；冷变形塑性和可切削性均良好，但焊前应预热至200～300℃，焊后应消除应力；一般在正火及高温回火后使用。用途：适用于锅炉及汽轮机制造业中制作蒸汽参数达510℃的主汽管，540℃以下的过热器管道及相应的锻件；也可在淬火、回火状态下使用，尤其是在450℃时具有较高的松弛稳定性，所以可以制造在高温下工作的各种弹性元件
35	15CrMo——特性：属珠光体型耐热钢，与12CrMo钢相比，具有更高的强度，但韧性稍低；与钼钢相比，在500～550℃以下时，有较高的持久强度，但在较高温度时，会产生剧烈的氧化，当温度>500℃时，其蠕变强度显著降低；在500～550℃温度下长时间保温会产生碳化物球化现象，其强度会下降，但在450℃时，松弛稳定性仍很好；冷变形塑性和可切削性均良好，焊接性尚可，但焊前应预热至300℃，焊后应消除应力；一般在正火及高温回火状态下使用。用途：适用于锅炉及汽轮机制造业中制作蒸汽参数达530℃的高温锅炉中的过热器、中高压蒸汽导管及联箱等；也可在淬火、回火后使用，用于制造常温下工作的重要零件
36	20CrMo——特性：广泛使用的一种铬钼钢，淬透性较高，在油中临界淬透直径约为8～53mm；此钢属本质细晶粒钢，热处理可在较高温度下进行而不产生晶粒粗大现象，无回火脆性，焊接性良好，冷裂倾向很小；可切削性和冷变形塑性良好，并具有较高的热强性，可以在500～520℃工作，超过此温度范围时，高温强度显著降低，但在应力较低时，也可在>550℃使用；一般在调质或渗碳淬火后使用。用途：在锅炉、汽轮机制造业中用作隔板、叶片及其他锻件；在化工工业中常用于制造非腐蚀性介质及工作温度<250℃、含有氮、氢混合物的介质中工作的高压管和各种紧固件；在机器制造业中，一般用于制造较高级的渗碳件，如齿轮、轴等，还可代替1Cr13钢用于制造中压以下的汽轮机处在过热蒸汽区压力级工作的叶片

序号	牌号——主要特性和用途
37 38	30CrMo、30CrMoA——特性：具有高的强度和韧性；淬透性较高，在油中临界淬透直径约为 15～70mm；热强性也较好，在500℃以下工作具有足够的强度，但到550℃时，强度显著下降；当合金元素含量接近上限时，焊接性中等，故在焊前应预热至175℃以上；可切削性良好，冷变形塑性中等；热处理时在300～350℃有第一类回火脆性，并有形成白点的倾向；一般在调质状态下使用，当含碳量在下限时，也可用于制造心部强度要求较高的渗碳件。用途：在中型机械制造业中，适用于制造截面尺寸较大、在高应力条件下工作的调质件，如轴、主轴以及受重载荷的操纵轮、螺栓、齿轮等；在化工制造业中，一般用来制造焊接零件、板材和管板构成的焊接结构件和在含有氮、氢介质中，工作温度<250℃的高压导管；在汽轮机、锅炉制造业中多用于制造<450℃工作温度的紧固件，<500℃的受高压的法兰和螺母，尤其适用于制造在 300MPa、<400℃工作的导管
39	35CrMo——特性：有很高的静力强度、冲击韧性及较高的疲劳强度；淬透性较 40Cr 钢高，在油中临界淬透直径约为16～78mm；在高温下有较高的蠕变强度和持久强度，长期工作温度可达 500℃，钢的低温韧性也较好，可在—110℃工作；热处理时无过热倾向，淬火变形小，但有第一类回火脆性倾向；可切削性尚好，冷变形塑性中等，焊接性差，焊前需预热至 150～400℃方可焊接，焊后应消除应力；一般用作调质件，也可经高、中频表面淬火或淬火和低、中温回火后使用。用途：适用于制造在重载荷下工作的重要结构件，特别是受冲击、震动、弯曲和扭转载荷的机件，如车轴、发动机传动机件、大电机轴、锤杆、连杆、紧固件以及石油工业的穿孔器等；在锅炉制造业中，用于制造工作温度<400℃的螺栓、<510℃的螺母；在化工设备中用于制造非腐蚀性介质中工作的、工作温度在 450～500℃的厚壁无缝的高压导管；还可代替 40CrNi 钢制作大截面尺寸的齿轮和高载荷传动轴、汽轮发电机转子、直径<500mm 的反承轴等

序号	牌号——主要特性和用途
40	42CrMo——特性和用途与30CrMo钢相近，但强度及淬透性较高，临界淬透直径：油中约为26～107mm，水中约为46～145mm；水淬时有开裂倾向，易形成白点，无回火脆性。用途：可制造较35CrMo钢强度更高或断面尺寸更大的调质锻件，如机车牵引用的大齿轮、增压器传动齿轮、后轴、发动机汽缸、受载荷很大的连杆及弹簧夹等零件；也可用于制作1200～2000mm的石油深井钻杆接头、打捞工具，还可代替含镍量较高的调质钢
41	12CrMoV——特性：属珠光体型耐热钢，在高温长期使用时具有高的组织稳定性和热强性；热处理时过热敏感性低，无回火脆性倾向，钢的冷变形塑性高，可切削性一般，对厚壁零件需预热至200～300℃，焊后应消除应力；此钢一般在高温正火及高温回火状态下使用，使用温度为—40～560℃。用途：适用于制造汽轮机中蒸汽参数达540℃的主导管、转向导叶片、汽轮机隔板、隔板外环以及管子温度≤570℃的各种过热器管、导管和相应的锻件
42	35CrMoV——特性：有较高的强度，较好的淬透性，在油中临界淬透直径约为25～108mm；热处理时有轻微的回火脆性，冷变形塑性低，焊接性差，一般经调质处理后使用。用途：在重型和中型机械制造业中，常用来制造在高应力下工作的重要零件，如长期在500～520℃下工作的汽轮机叶轮、高级涡轮鼓风机和压缩机的转子、盖盘、轴盘、效力不大的发电机轴以及强力发动机的零件等
43	12Cr1MoV——特性：与12CrMoV钢相比，具有更高的抗氧化性及热强性，蠕变极限和持久强度值很接近，并在持久拉伸情况下具有高的塑性；工艺性良好，但焊接时焊前需预热至300℃，焊后应消除应力；一般在正火及高温回火后使用。用途：适用于制造高压设备中工作温度在570～585℃的过热钢管、蛇形管以及其他相应的锻件等

序号	牌号——主要特性和用途
44	25Cr2MoVA——特性：属珠光体型中碳耐热钢，在室温的强度和韧性均高，淬透性较好，在<500℃时，具有良好的高温性能和松弛稳定性，无热脆倾向；可切削性及冷变形塑性均尚可，但有回火脆性倾向，对回火温度较敏感，焊接性也差，焊后应消除应力；一般在调质状态下使用，也可在正火及高温回火下使用。用途：适用于制造汽轮机整体转子、套筒、主汽阀、调节阀，蒸汽参数可达535℃，受热在550℃、公称压力≤1520MPa的螺母及受热在<535℃的螺栓，以及长期工作温度在510℃左右的紧固件；还可用作氮化钢，用于制造阀杆、齿轮等
45	25Cr2Mo1VA——特性：与25Cr2MoVA钢相比，具有更高的高温强度和耐热性能，淬透性较好；钢的冷热加工性能良好，但有回火脆性倾向，经长期运行后容易脆化，缺口敏感性也较大，应慎重考虑热处理工艺；在蒸汽介质中耐蚀性较差，表面必须加以保护；一般在调质或正火及高温回火后使用。用途：适用于制造汽轮机中蒸汽参数达560℃的前汽缸、阀杆螺栓以及其他紧固件
46	38CrMoAl——特性：传统使用的高级氮化钢，有很好的氮化性能和强度，氮化处理后有高的表面硬度、耐磨性及高的耐腐蚀性；淬透性不高，在油中淬透深度为25mm；热处理时脱碳倾向大，热加工时容易产生条状及层片组织而增大性能方向性的差别；可切削性尚可，但冷变形塑性低，焊接性差；须在调质及氮化处理后使用。用途：适用于制造要求高的耐磨性、高疲劳强度和相当大的强度、热处理后尺寸要求精确的氮化零件，如搪锟、磨床主轴、自动车床主轴、蜗杆、精密齿轮和丝杆、阀杆、量规、汽缸套、压缩机活塞杆、汽轮机上调速器以及橡胶塑料挤压机上的各种耐磨件等；不适宜制造尺寸较大的零件

序号	牌号——主要特性和用途
47	40CrV——特性:属合金调质钢,在油中临界淬透直径约为 17～45mm,但淬火温度较低时,淬透性也较低;经调质后具有高的强度和屈服点,性能优于 40Cr 钢,可切削性尚可,冷变形塑性中等,热处理时过热敏感性小,但有回火脆性倾向及白点敏感性;一般在调质状态下使用。用途:在机械制造业中主要用于制造承受高应力及动载荷的重要零件,如曲轴、齿轮、推杆、受强力的双头螺栓、螺钉、机车连杆、螺旋桨、轴套支架及横梁等;也可用于制造氮化处理的零件,如小轴、各种齿轮和销子;还可用于制造截面尺寸<300mm 的高压锅炉给水泵轴,高温、高压(420℃,30MPa)下工作的螺栓,以及钢板、钢管和高压汽缸等
48	50CrVA——特性:一种常用的合金弹簧钢,特性和用途可参见第 3.101 页弹簧钢中该牌号的介绍
49	15CrMn——特性:属合金渗碳钢,淬透性较高,在油中临界淬透直径约为 5～27.5mm;可切削性良好,对较大截面尺寸的零件热处理后能得到满意的表面硬度和耐磨性;不易产生软点,且低温冲击值较高,但心部强度和屈服点提高不多;一般经渗碳淬火后使用。用途:适用于制造齿轮、蜗轮、塑料模具和汽轮机密封轴套等;此外,还可代替 15CrMo 钢使用
50	20CrMn——特性:属合金渗碳钢,但也可用作调质钢,淬透性与 20CrNi 钢相近,在油中临界淬透直径约为 13.5～46.5mm;热处理性能比 20Cr 钢好,淬火变形小,其过热敏感性比锰钢小;低温韧性好,但硬度适中时可切削性好,但焊接性差;通常在渗碳淬火或调质后使用。用途:适用于制造截面尺寸不大的渗碳零件和截面尺寸较大的高载荷调质件,如齿轮、轴、蜗杆、调速器的套筒及变速装置的摩擦轮等;可代替 20CrNi 钢用于截面尺寸不大、受中等压力又无大冲击载荷等零件

序号	牌号——主要特性和用途
51	40CrMn——特性:强度高,可切削性良好,淬透性比40Cr钢大,与40CrNi钢相近,在油中临界淬透直径约为27.5~74.5mm;热处理时淬火变形小,但形状复杂的零件,淬火易开裂,回火脆性倾向严重,缺口敏感值稍低,白点敏感性比铬镍钢稍低;一般在调质状态下使用。用途:适用于制造在高速与弯曲载荷下工作的轴、连杆和高速、高载荷的无强力冲击载荷的齿轮轴、齿轮、水泵转子、离合器、小轴、心轴等;在化工业中可制造直径<100mm,而强度要求超过785MPa的高压容器盖板上的螺栓等;在运输和农业机械制造业中多用于制造不重要的零件;在制造工作温度不太高的零件时可以和40CrMo、40CrNi钢互换使用,以制作大型调质件
52	20CrMnSi——特性:强度和韧性均较高,冷变形塑性好,冲击性能良好,焊接性较好,可切削性尚可;淬透性较低,回火脆性倾向较大,除个别情况外,一般不适宜用于渗碳或其他热处理。用途:适用于制造强度较高和工作应力较高、高韧性的零件和厚度<4mm的薄板冲压件等;在制造小截面尺寸的零件时,它的性能不低于铬钼钢,所以在某些情况下可以互换使用
53	25CrMnSi——特性:与20CrMnSi钢相比,强度较高,韧性稍差,在退火状态下塑性好,在硬度适中时,切削性尚好,焊接性尚可;淬透性较低,且有回火脆性倾向;经淬火后,无论是高温回火或低温回火都可得到强度、韧性和塑性三者之间的良好配合。用途:适用于制造受力较大的零件,如拉杆等,也可不经热处理制造重要焊接件和冲压件
54 55	30CrMnSi、30CrMnSiA——特性:常用的高强度调质结构钢,淬透性较高,临界淬透直径:水淬约为40~60mm(95%的马氏体),油淬约为25~40mm(95%马氏体);热处理后具有高的强度和足够的韧性,在正火状态下冷变形塑性中等,在退火状态下可切削性好,但有回火脆性倾向,且横向冲击值很低;焊接性良好,但厚度>3mm需预热方可焊接;一般经调质处理后使用。用途:适用于制造重要用途的零件,如高速载荷的砂轮轴、齿轮、链轮、轴、离合器、轴套等;也可用于制造工作在振动载荷下的焊接结构和铆接结构件

序号	牌号——主要特性和用途
56	35CrMnSiA——特性：属低合金超高强度钢，淬透性较高，在油中临界淬透直径约为53～114mm；热处理后具有很高的强度和一定的韧性；加工成型性能和焊接性均较好，但焊前需预热至150℃；第一、第二类的回火脆性倾向均较明显，因此对截面尺寸较小（<25mm）时，采用等温淬火为宜；耐腐蚀性和抗氧化性均差，该钢常采用低温回火，故使用温度一般<200℃；通常在等温淬火并低温回火后使用。用途：适用于制造重载荷、中等圆周速度及要求高强度的零件，如高压鼓风机叶轮、飞机上的起落架等；在一般机械制造业中，可部分代替铬钼钢和铬镍钢，用于制造中、小截面尺寸的重要零件
57	20CrMnMo——特性：力学性能和淬透性均超过20CrMnTi钢，在油中临界淬透直径约为40～114mm；渗碳时表面易形成网状碳化物，要采用较低的渗碳温度和弱渗碳剂，渗碳后磨削加工时易产生裂纹。用途：适用于制造要求强度和韧性较高、截面尺寸较大的重要渗碳零件，如齿轮、齿轮轴、凸轮轴以及其他高强度的耐磨零件，有时也可代替12Cr2Ni4钢使用
58	40CrMnMo——特性：性能接近40CrNiMoA钢，具有良好的淬透性，油淬时可淬透直径约为80mm；经调质处理后具有高的力学性能，回火稳定性高，但存在白点敏感性；一般在调质状态下使用。用途：适用于制造截面尺寸较大而又需高强度和高韧性的零件，如8吨载重车的后桥半轴、轴、偏心轴、齿轮轴、齿轮、连杆以及汽轮机有关部件；也可代替40CrNiMoA钢使用
59	20CrMnTi——特性：一种性能良好的渗碳钢，淬透性较高，在油中临界淬透直径约为12～30mm；经渗碳淬火后表面硬而耐磨，心部有韧性，并有较高的低温冲击韧性；焊接性能中等；正火后可切削性良好；热处理时过热敏感性小，渗碳速度快，过渡层平缓，且渗碳后可直接（<800℃）淬火，因而变形很小；主要用作渗碳钢，有时也可作调质钢使用。用途：在汽车、拖拉机制造业中主要用于制造截面尺寸<30mm、承受高速、中、重载荷以及冲击、摩擦条件下工作的重要渗碳零件，如齿轮轴、齿圈、滑动轴承的主轴、十字轴、爪形离合器、蜗杆等；钢的含碳量在上限时，也可用于制造截面尺寸<40mm、模数>10的渗碳齿轮；有时也可代替20MnTiB钢互换使用

序号	牌号——主要特性和用途
60	30CrMnTi——特性:强度和淬透性均比 20CrMnTi 钢高,在油中临界淬透直径约为 16~38mm;冲击韧性较差,可切削性很好,表面粗糙度比 20CrMnTi 钢低,经渗碳及淬火后具有高的静力强度及耐磨性;渗碳后可直接淬火,且变形极小,但淬火温度不宜过高,高温回火时有回火脆性倾向;主要用作渗碳钢。用途:适用于制造截面尺寸<60mm、心部强度要求特别高的高速、高载荷下工作的渗碳件,如齿轮、齿轮轴、蜗杆等;此钢也可作调质钢使用
61	20CrNi——特性:具有高的强度、韧性和良好的淬透性,在油中临界淬透直径约为 4~28mm;经渗碳及淬火后,表面具有很高的硬度,但心部仍有韧性,小截面尺寸的零件在渗碳时中心部分发脆;有回火脆性倾向,在冷变形时塑性中等,可切削性尚好,但焊接性差,焊前需预热至 100~150℃;一般经渗碳及淬火后使用。用途:适用于制造较重载荷下工作的大型重要的渗碳件,如齿轮、键、对轴、活塞销、花键轴等;也可用于制造具有高冲击韧性的调质件
62	40CrNi——属高强度、高韧性的中碳合金调质结构钢,具有高的淬透性,临界淬透直径:油中约为 10~52mm,水中为 23~82mm;有回火脆性倾向,水淬易开裂,热加工时对白点敏感性较高,故锻后应缓冷;主要在调质状态下使用。用途:适用于制造截面尺寸较大的热锻和热冲压的重要零件,如轴、齿轮、连杆、曲轴、圆盘等
63	45CrNi——特性:特性和用途与 40CrNi 钢相近,但强度及淬透性稍高,临界淬透直径:油中约为 12~56mm;水中约为 25~88mm。用途:适用于制造重要调质件,如内燃机曲轴,汽车及拖拉机的主轴、变速箱曲轴、连杆等
64	50CrNi——特性:属高级合金调质结构钢,具有较高的淬透性,临界淬透直径:油中约为 110mm,水中约为 93mm;具有高的强度时,又有高的塑性和韧性,热处理后可得到均匀一致的力学性能。用途:适用于制造截面尺寸较大的和重要的调质件,如内燃机曲轴,拖拉机、汽车和重型机床中的主轴、齿轮、螺栓等。此钢对回火脆性很敏感,锻件易产生白点,应在工艺中注意防止

序号	牌号——主要特性和用途
65	12CrNi2——特性：属高强度、高韧性的低碳合金渗碳钢，其淬透性高，在油中临界淬透直径约为 2～29mm；在热加工时有白点敏感性，热处理有轻微的回火脆性倾向；冷变形塑性中等，可切削性和焊接性均尚好。用途：适用于制造重要渗碳件（为使渗碳件心部具有高的强度，渗碳前可先行正火，后调质处理），如大尺寸的渗碳齿轮、花键轴、大型压缩机上的活塞销等
66	12CrNi3——特性：与 15Cr、20Cr 钢相比，其强度、韧性、淬透性均高，油中临界淬透直径约为 6～50mm；冷变形塑性中等，可切削性和焊接性尚好，有白点敏感性倾向，渗碳后一般采用二次淬火，特殊要求需作冷处理。用途：在机械制造业中，适用于制造重载荷条件下工作的、要求高强度、高硬度和高韧性的主轴，要求心部韧性高或承受冲击载荷、表面耐磨、热处理变形小的轴、杆，以及在高速及冲击载荷下工作的要求强度大、韧性好、表面硬度高的各种重要传动齿轮、活塞胀圈、调节螺钉、油泵转子、重要连接螺钉及万向节十字头、凸轮轴等
67	20CrNi3——特性：经调质或淬火、低温回火后均有良好的综合力学性能，低温冲击韧性也较好，但有白点敏感性倾向和在高温回火有回火脆性倾向；油中淬透直径约为 50～70mm（半马氏体硬度），可切削性良好，焊接性中等。用途：适用于制造在高载荷条件下工作的齿轮、轴、蜗杆及螺钉、销子等
68	30CrNi3——特性：具有较高的强度和韧性，很好的淬透性，在油中临界淬透直径约为 30～84mm；有白点敏感性和回火脆性倾向；冷变形塑性低、焊接性差、可切削性尚好；一般在调质状态下使用。用途：适用于制造受扭转载荷，并要淬透的大型重要零件，如传动轴、前轴、传动轴、曲轴、齿轮、蜗杆等；也可用于制造热锻或热冲中承受大的动、静载荷的零件，如轴、连杆、键、螺钉及其他高强度零件
69	37CrNi3——特性：有高韧性和高淬透性，在油中淬透对直径150mm 的零件可完全淬透；在 450℃时抗蠕变性能稳定，低温冲击韧性也很好，但在 450～550℃ 时有第二类回火脆性倾向，热加工时易形成白点；可用正火及高温回火以改善切削加工性；大多在调质状态下使用。用途：适用于制造截面尺寸较大的高载荷零件、受冲击载荷的零件，以及在低温条件下工作并承受冲击载荷的零件；也可用于制造热锻和热冲压的零件，如汽轮机叶轮、转子轴、紧固件等

序号	牌号——主要特性和用途
70	12CrNi4——特性：属强度高、韧性好的合金渗碳钢，淬透性良好，在油中临界淬透直径约为 20～100mm；经渗碳淬火后表面硬度及耐磨性都很高，冷变形塑性中等，可切削性尚好；但有白点敏感性和回火脆性倾向；焊接性差，焊前需预热；大多经渗碳和二次淬火及低温回火后使用。用途：适用于制造高载荷、交变应力下工作的大型渗碳件，如各种齿轮、蜗杆、蜗轮、轴、方向接头叉等；也可不经渗碳而在淬火及低温状态下使用，如制造高强度和高韧性的机械零件
71	20Cr2Ni4——特性：性能与 12Cr2Ni4 钢相近，但强度，韧性及淬透性均高，在油中临界淬透直径约为 32～114mm；经渗碳后不能直接淬火而应在淬火前进行一次高温回火，以减少大量的残余奥氏体；冷变形塑性中等，可切削性一般，焊接性差，焊前需预热到 150℃ 左右，热加工时白点敏感性大，并存在回火脆性倾向。用途：适用于制造比 12Cr2Ni4 钢性能要求更高的大截面尺寸渗碳零件，如大型齿轮、轴等；也用于制造高强度、高韧性的调质件
72	20CrNiMo——特性：淬透性与 20CrNi 钢相近，但强度要高。用途：适用于制造中小型汽车、拖拉机的发动机和传动系统中的齿轮，也可代替 12CrNi3 钢用于制造心部要求性能较高的渗碳件、碳氮共渗件，如石油钻探和冶金露天矿用的牙轮钻头的牙爪和牙轮体等
73	40CrNiMoA——特性：有高的强度、韧性和良好的淬透性，而淬硬到半马氏体（HRC45），临界淬透直径：水中为≥100mm，油中为≥70mm，当淬硬到 90% 的马氏体时，临界淬透直径：水中为 80～90mm，油中为 55～65mm；有抗过热的稳定性，但白点敏感性高，有回火脆性倾向；焊接性差，焊前需预热，焊后应消除应力；一般经调质处理后使用。用途：适用于制造要求塑性好、强度高及大截面尺寸的重要零件，如重型机械中高载荷的轴类、叶片、传动件、紧固件、曲轴、齿轮等零件；可制造工作温度>400℃ 的转子轴和叶片等；还可进行氮化处理，用于制造特殊性能的重要零件
74	18CrNiMnMoA——特性：经渗碳处理后，表面耐磨性高，淬透性好，心部强度和韧性也较好，属较高级合金渗碳钢，但有白点敏感性倾向和在冷却过程容易产生裂纹，所以要掌握好冷却速度。用途：主要适用于制造表面要求耐磨、心部要求强度和韧性较高的零件，如大型拖拉机后传动轴轴、石油钻机牙轮钻头等

序号	牌号——主要特性和用途
75	45CrNiMoVA——特性:属低合金超高强度钢,淬透性好,油中临界淬透直径为 60mm(95% 马氏体),在淬火和回火后可获得很高的强度和一定的韧性;冷变形塑性低、焊接性差、抗腐蚀性也较差;受回火温度的影响,使用温度不宜过高;通常在淬火及低温(或中温)回火后使用。用途:适用于制造飞机发动机曲轴、大梁、起落架、压力容器和中小型火箭壳体等高强度的结构零部件;在重型机器制造业中,用于制造重载荷的扭力轴、变速箱轴、摩擦离合器轴等
76	18Cr2Ni4WA——特性:属高强度、高韧性、高淬透性的高级中合金渗碳结构钢,在油淬时,截面尺寸<200mm 可完全淬透,空冷淬火时全部淬透直径为 110～130mm;钢经渗碳、淬火及低温回火后表面硬度及耐磨性均高,心部强度和韧性也都很高,是渗碳钢中力学性能最好的钢种;但淬碳后需进行二次淬火,且淬前需进行一次高温回火或冷处理,以减少残余奥氏体量;钢的工艺性能差,热加工易产生白点,锻造时变形阻力较大,氧化皮不易清理;可切削性也差,不能用一般退火来降低硬度,应采用正火及长时间回火,钢在冷变形时塑性和焊接性也较差;主要用做渗碳钢使用。用途:适用于制造截面尺寸较大、载荷较重、又要求良好韧性和低缺口敏感性的重要零件,如大截面齿轮、传动轴、曲轴、花键轴、活塞销及精密机床上控制进刀的蜗轮等;进行调质处理,还可用于制造承受重载荷和振动工作的零件,如重型和中型机械制造业中的连杆、齿轮、曲轴、减速器轴及内燃机车、柴油机上受重载荷的螺栓等;调质后再经氮化处理,还可制作高速大功率发动机曲轴等
77	25Cr2Ni4WA——特性:属合金调质结构钢,与其他同类钢相比,有优良的低温冲击韧性和淬透性,在油淬时,对截面尺寸<200mm 的零件可淬透;在油中或空气中淬火,再经高温回火后获得很好的强度和韧性,良好的力学性能;此钢的其他工艺性能与 18Cr2Ni4W 相似。用途:适用于制造大截面尺寸、高载荷的重要调质件,如汽轮机主轴、叶轮等

14. 合金结构钢丝(GB/T3079－1993)

(1) 合金结构钢丝的化学成分

序号	牌　　号	参见序号	序号	牌　　号	参见序号
1	15CrA	25	10	18Cr2Ni4WA	76
2	38CrA	—	11	25Cr2Ni4WA	77
3	40CrA	30	12	30SiMn2MoVA	—
4	12CrNi3A	66	13	30CrMnSiNi2A	—
5	20CrNi3A	67	14	30CrNi2MoVA	—
6	30CrMnSiA	54	15	35CrMnSiA	56
7	30CrNi3A	68	16	38CrMoAlA	46
8	30CrMnMoTiA	—	17	40CrNiMoA	73
9	12Cr2Ni4A	70	18	50CrVA	48

序号	牌　　号	化　学　成　分（%）			
		碳	硅	锰	铜≤
2	38CrA	0.34～0.42	0.17～0.37	0.50～0.80	0.25
8	30CrMnMoTiA	0.28～0.34	0.17～0.37	0.80～1.10	0.25
12	30SiMn2MoVA	0.27～0.33	0.40～0.60	1.60～1.85	0.25
13	30CrMnSiNi2A	0.27～0.34	0.90～1.20	1.00～1.30	0.25
14	30CrNi2MoVA	0.26～0.34	0.17～0.37	0.30～0.60	0.25

序号	化　学　成　分（%）（续）					
	铬	镍	钼	钒	硫≤	磷≤
2	0.80～1.10	≤0.40	—		0.025	0.025
8	1.00～1.30	≤0.25	0.20～0.30	钛 0.04～0.10	0.025	0.025
12	≤0.25	≤0.25	0.40～0.60	0.15～0.25	0.025	0.025
13	0.90～1.20	1.40～1.80	—		0.025	0.025
14	0.60～0.90	2.00～2.50	0.20～0.30	0.15～0.30	0.025	0.025

注：1. "参见序号"指参见第3.61页"合金结构钢"中的序号,如想了解某序号合金结构钢丝的化学成分,即可参见该"参见序号"合金结构钢牌号的化学成分。

2. 表列出为高级优质钢(牌号后加"A")的磷、硫含量,特级优质钢(牌号后加"E")的磷≤0.025%、硫≤0.015%。

3. 钢丝按用途分为：Ⅰ类钢丝——特殊用途钢丝；Ⅱ类钢丝——一般用途钢丝。

（2）合金结构钢丝的力学性能

I类钢丝交货状态的力学性能

序号	冷作状态 抗拉强度 σb≤ (MPa)	冷作状态 硬度 HB≤	退火状态 抗拉强度 σb≤ (MPa)	退火状态 硬度 HB≤
1~6	1080	302	785	229
7~8	1080	302	835	241
9~18	由供需双方协商确定		930	269

I类钢丝（直径≥2.0mm）热处理制度及试样经淬火、回火后的力学性能

序号	牌号	推荐热处理制度（℃） 淬火 第一次	淬火 第二次	淬火 冷却剂	回火 温度	回火 冷却剂	力学性能 抗拉强度 σb≥ (MPa)	屈服点 σs (MPa)	伸长率 δ5≥ (%)	收缩率 ψ≥ (%)
1	15CrA	860	780~810	油	150~170	空	590	390	15	45
2	38CrA	860	—	油	500~590	油或水	885 930	785	12	50
3	40CrA	850±20	—	油	500±50	水或油	980	—	9	—
4	12CrNi3A	860	780~810	油	150~170	空	980 885	685 635	11 12	55
5	20CrNi3A	820~840	—	油或水	400~500	油或水	980	835	10	55
6	30CrMnSiA	870~890	—	油	510~570	油	1080	835	10	45
7	30CrNi3A	820±20	—	油	530±20	水或油	980	—	9	—
8	30CrMnMoTiA	870±20	—	油	200±20	—	1520	—	9	—
9	12Cr2Ni4A	780~810	—	油	150~170	空	1030	785	12	55

Ⅰ类钢丝（直径≥2.0mm）热处理制度及试样经淬火、回火后的力学性能

序号	牌号	淬火 第一次	淬火 第二次	淬火 冷却剂	回火 温度	回火 冷却剂	抗拉强度 σ_b（MPa）	屈服点 σ_s（MPa）	伸长率 δ_5（%）	收缩率 ψ（%）
10	18Cr2Ni4WA	950	860~870 / 850~860	空①油	525~575 / 150~170	空	1030 / 1130	785 / 835	12 / 11	50 / 45
11	25Cr2Ni4WA	850±20	—	油	560±50	油	1080	—	11	—
12	30SiMn2MoVA	870±20	—	油	650±50	空或油	885	—	(10)	—
13	30CrMnSiNi2A	890~900	—	油	200~300	空	1570	—	9	45
14	30CrNi2MoVA	860±20	—	油	680±50	水或油	885	—	(10)	—
15	35CrMnSiA②						1620	—	9	—
16	38CrMoAlA	930~950		油	600~670	油或温水	930 / 980	785 / 835	15	50
17	40CrNiMoA	850 / 840~860		油	550~650	水或空	1080 / 980	930 / 835	12	50 / 55
18	50CrVA	860	—	油	460~520 / 400~500	油	1275	1080	10	45

Ⅱ类钢丝

Ⅱ类钢丝——冷拉状态（代号L）交货：抗拉强度 σ_b≤1080MPa；退火状态（代号T）交货：抗拉强度 σ_b≤930MPa。

Ⅱ类钢丝<2.0mm 钢丝的力学性能由供需双方协商确定；直径<5.0mm 钢丝，只检验抗拉强度和伸长率，伸长率的符号为 δ_{10}。

注：① 冷却剂"空"表示第一次、"油"表示第二次的淬火冷却剂；② 35CrMnSiA 的推荐热处理制度⑫在温度为280~310℃的硝酸盐混合液中自880℃开始等温淬火。

15. 熔化焊用钢丝的化学成分

(GB/T14957－1994)

钢种	序号	牌 号	化学成分（%）碳	锰	硅	铬≤	镍≤	钼	钛	硫≤	磷≤
碳素结构钢	1	H08A	≤0.10	0.30～0.55	≤0.03	0.20	0.30	—	—	0.030	0.030
	2	H08E	≤0.10	0.30～0.55	≤0.03	0.20	0.30	—	—	0.020	0.020
	3	H08C	≤0.10	0.30～0.55	≤0.03	0.10	0.10	—	—	0.015	0.015
	4	H08MnA	≤0.10	0.80～1.10	≤0.07	0.20	0.30	—	—	0.030	0.030
	5	H15A	0.11～0.18	0.35～0.65	≤0.03	0.20	0.30	—	—	0.030	0.030
	6	H15Mn	0.11～0.18	0.80～1.10	≤0.03	0.20	0.30	—	—	0.035	0.035
合金结构钢	7	H10Mn2	≤0.12	1.50～1.90	≤0.07	0.20	0.30	—	—	0.035	0.035
	8	H08Mn2Si	≤0.11	1.70～2.10	0.65～0.95	0.20	0.30	—	—	0.035	0.035
	9	H08Mn2SiA	≤0.11	1.80～2.10	0.65～0.95	0.20	0.30	—	—	0.030	0.030
	10	H10MnSi	≤0.14	0.80～1.10	0.60～0.90	0.20	0.30	—	—	0.035	0.035
	11	H10MnSiMo	≤0.14	0.90～1.20	0.70～1.10	0.20	0.30	0.15～0.25	—	0.035	0.035
	12	H10MnSiMoTiA	0.08～0.12	1.00～1.30	0.40～0.70	0.20	0.20～0.40	0.20～0.40	0.05～0.15	0.025	0.030
	13	H08MnMoA	≤0.10	1.20～1.60	≤0.25	0.20	0.30	0.30～0.50	0.15(加入量)	0.030	0.030
	14	H08Mn2MoA	0.06～0.11	1.60～1.90	≤0.25	0.20	0.30	0.50～0.70	0.15(加入量)	0.030	0.030

钢种	序号	牌　号	化　学　成　分　（%）		
			碳	锰	硅
合金结构钢	15	H10Mn2MoA	0.08～0.13	1.70～2.00	≤0.40
	16	H08Mn2MoVA	0.06～0.11	1.60～1.90	≤0.25
	17	H10Mn2MoVA	0.08～0.13	1.70～2.00	≤0.40
	18	H08CrMoA	≤0.10	0.40～0.70	0.15～0.35
	19	H13CrMoA	0.11～0.16	0.40～0.70	0.15～0.35
	20	H18CrMoA	0.15～0.22	0.40～0.70	0.15～0.35
	21	H08CrMoVA	≤0.10	0.40～0.70	0.15～0.35
	22	H08CrNi2MoA	0.05～0.10	0.50～0.85	0.10～0.30
	23	H30CrMnSiA	0.25～0.35	0.80～1.10	0.90～1.20
	24	H10MoCrA	≤0.12	0.40～0.70	0.15～0.35

序号	化　学　成　分　（%）（续）				硫≤	磷≤
	铬	镍	钼	钛		
15	≤0.20	≤0.30	0.60～0.80	0.15（加入量）	0.030	0.030
16	≤0.20	≤0.30	0.50～0.70	0.15（加入量） 钒 0.06～0.12	0.030	0.030
17	≤0.20	≤0.30	0.60～0.80	0.15（加入量） 钒 0.06～0.12	0.030	0.030
18	0.80～1.10	≤0.30	0.40～0.60	—	0.030	0.030
19	0.80～1.10	≤0.30	0.40～0.60	—	0.030	0.030
20	0.80～1.10	≤0.30	0.15～0.25	—	0.025	0.030
21	1.00～1.30	≤0.30	0.50～0.70	钒 0.15～0.35	0.030	0.030
22	0.70～1.00	1.40～1.80	0.20～0.40	—	0.025	0.025
23	0.80～1.10	≤0.30	—	—	0.025	0.025
24	0.45～0.65	≤0.30	0.40～0.60	—	0.030	0.030

注： 1. 根据供需双方协议，H08A、H08E、H08C 非沸腾钢允许含硅量≤0.10%。

　　 2. 各牌号的残余含铜量≤0.20%；如供方能保证，钢中残余元素铬、镍、铜含量可不作成品分析，按熔炼分析成分在质量证明书上注明。

　　 3. 根据供需双方协议，可供给其他牌号的钢丝。

16. 气体保护焊用钢丝(GB/T14958—1994)

(1) 气体保护焊用钢丝的化学成分

序号	牌　　号	化　学　成　分　(%)		
		碳	锰	硅
1	H08MnSi	≤0.11	1.20～1.50	0.40～0.70
2	H08Mn2Si	≤0.11	1.70～2.10	0.65～0.95
3	H08Mn2SiA	≤0.11	1.80～2.10	0.65～0.95
4	H11MnSi	0.07～0.15	1.00～1.50	0.65～0.95
5	H11Mn2SiA	0.07～0.15	1.40～1.85	0.85～1.15

序号	化　　学　　成　　分　　(%) (续)						
	铬≤	镍≤	钼≤	钒≤	铜≤	硫≤	磷≤
1	0.20	0.30	—		0.20	0.035	0.035
2	0.20	0.30	—		0.20	0.035	0.035
3	0.20	0.30	—		0.20	0.030	0.030
4	—	0.15	0.15	0.05	—	0.035	0.025
5	—	0.15	0.15	0.05	—	0.025	0.025

注：1. 根据供需双方协商,可供给其他牌号的钢丝。
　　2. 钢丝按表面状态分镀铜(代号 DT)和未镀铜两种。镀铜钢丝的最大含铜量≤0.50％。
　　3. 若供方能保证钢中残余元素铬、镍、钼、铜的含量,可不做成品分析,按冶炼分析成分,在质量保证书中注明。

(2) 气体保护焊用钢丝熔敷金属的力学性能

序号	牌　　号	抗拉强度 σ_b (MPa)	条件屈服应力 $\sigma_{0.2}$ (MPa)	伸长率 δ_5 (%)≥	室温冲击功 A_{KV} (J)≥
1	H08MnSi	420～520	320	22	27
2	H08Mn2Si	≥500	420	22	27
3	H08Mn2SiA	≥500	420	22	47
4	H11MnSi	≥500	420	22	—
5	H11Mn2SiA	≥500	420	22	27

注：根据需方要求,经供需双方协商,可进行熔敷金属的力学性能试验。

(3) 气体保护焊用钢丝的使用参考

使用要求和牌号使用参考

1) 使用要求参考

① 焊接金属很大程度上取决于填充金属尺寸、焊接电流、板厚、接头几何形状、预热和层间温度、表面条件、基体金属化学成分、熔敷金属化学成分、熔敷率、保护气体。

② 化学成分在标准规定范围内的填充金属熔敷时,当采用 $Ar-O_2$ 作保护气体,焊缝金属化学成分与填充金属相比不会有很大的不同;但当用 CO_2 作保护气体时,锰、硅和其他脱氧元素将大大降低。用 CO_2 作保护气体时,合金元素的降低将导致焊缝拉伸强度和屈服强度的降低,但其值不能低于标准规定的最小值

2) 牌号使用参考

前三个牌号为标准规定正式使用的钢丝牌号。后两个牌号为标准推荐使用的钢丝牌号,用户可视需要选用。

H08MnSi——填充金属采用 CO_2 或 $Ar-O_2$ 作为保护气体。主要用于单道焊,也可用于多道焊,特别是当焊接镇静钢或半镇静钢时,对于小直径钢丝。当采用 $Ar-O_2$ 混合气体或 CO_2 作保护气体时,可用于全位置焊接或短路型过渡。它用于 400MPa 级结构件。

H08Mn2Si、H08Mn2SiA——用于 500MPa 级结构件。H08Mn2SiA 钢可用于比 H08Mn2Si 钢要求更高的构件。其余与 H08MnSi 钢相同。

H11MnSi——主要用于 CO_2 气体保护焊,同时采用较长电弧或其他条件而需要比 H08MnSi 钢能提供更多脱氧剂的情况。焊缝金属拉伸强度比 H08MnSi 钢高,不需要进行冲击性能试验。

H11Mn2SiA——由于锰和硅总量最高,即使沸腾钢,也可使用大电流和 CO_2 气体保护焊。它可用于焊接需平焊道的金属板,以及有一定程度铁锈或二次铁磷的钢,焊缝质量取决于表面污染的程度。此钢也可采用短路型过渡进行全位置焊接

17. 弹 簧 钢(GB/T1222—2007)

(1) 弹簧钢的化学成分

序号	统一数字代码	牌 号	化 学 成 分 （%）		
			碳	硅	锰
1	U20652	65	0.62～0.70	0.17～0.37	0.50～0.80
2	U20702	70	0.62～0.75	0.17～0.37	0.50～0.80
3	U20852	85	0.82～0.90	0.17～0.37	0.50～0.80
4	U21653	65Mn	0.62～0.70	0.17～0.37	0.90～1.20
5	A77552	55SiMnVB	0.52～0.60	0.70～1.00	1.00～1.30
6	A11602	60Si2Mn	0.56～0.64	1.50～2.00	0.70～1.00
7	A11603	60Si2MnA	0.56～0.64	1.60～2.00	0.70～1.00
8	A21603	60Si2CrA	0.56～0.64	1.40～1.80	0.40～0.70
9	A28603	60Si2CrVA	0.56～0.64	1.40～1.80	0.40～0.70
10	A21553	55SiCrA	0.51～0.59	1.20～1.60	0.50～0.80
11	A22553	55CrMnA	0.52～0.60	0.17～0.37	0.65～0.95
12	A22603	60CrMnA	0.56～0.64	0.17～0.37	0.70～1.00
13	A22503	50CrVA	0.46～0.54	0.17～0.37	0.50～0.80

序号	化 学 成 分 （%） （续）						
	铬	钒	钨	镍≤	铜≤	磷≤	硫≤
1	≤0.25	—	—	0.25	0.25	0.035	0.035
2	≤0.25	—	—	0.25	0.25	0.035	0.035
3	≤0.25	—	—	0.25	0.25	0.035	0.035
4	≤0.25	—	—	0.25	0.25	0.035	0.035
5	≤0.35	0.08～0.16	—	0.35	0.25	0.035	0.035
6	≤0.35	—	—	0.35	0.25	0.035	0.035
7	≤0.35	—	—	0.35	0.25	0.025	0.025
8	0.70～1.00	—	—	0.35	0.25	0.025	0.025
9	0.90～1.20	0.10～0.20	—	0.35	0.25	0.025	0.025
10	0.50～0.80	—	—	0.35	0.25	0.025	0.025
11	0.65～0.95	—	—	0.35	0.25	0.025	0.025
12	0.70～1.00	—	—	0.35	0.25	0.025	0.025
13	0.80～1.10	0.10～0.20	—	0.35	0.25	0.025	0.025

序号	统一数字代码	牌　号	化　学　成　分　（％）		
			碳	硅	锰
14	A22613	60CrMnBA	0.56～0.64	0.17～0.37	0.70～1.00
15	A27303	30W4Cr2VA	0.26～0.34	0.17～0.37	≤0.40
16	A76282	28MnSiB	0.24～0.32	0.60～1.00	1.20～1.60

序号	化　学　成　分　（％）（续）			镍≤	铜≤	磷≤	硫≤
	铬	钒	钨				
14	0.70～1.00	—	—	0.35	0.25	0.025	0.025
15	2.00～2.50	0.50～0.80	4.00～5.00	0.35	0.25	0.025	0.025
16	≤0.25	—	—	0.35	0.25	0.035	0.035

注：1. 牌号 55SiMnVB 和 28MnSiB 含硼量为 0.0005～0.0035；牌号 60CrMnBA 含硼量为 0.0005～0.0040；牌号 28MnSiB 的成分摘自 GB/T1222-2007 的附录 B。

　　2. 根据需方要求，并在合同中注明，钢中残余含铜量应≤0.20%。

　　3. 除非合同中有规定，冶炼方法由生产厂选择。

（2）弹簧钢的力学性能

序号	牌　号	热　处　理　制　度			力　学　性　能	
		淬火温度（℃）	淬火介质	回火温度（℃）	抗拉强度 R_m	屈服强度 R_{eL}
					(N/mm²)	
1	65	840	油	500	980	785
2	70	830	油	480	1030	835
3	85	820	油	480	1130	980
4	65Mn	830	油	540	980	785

序号	力　学　性　能　≥			交　货　硬　度	
	断后伸长率		断面收缩率	交货状态	布氏硬度 HBW≤
	A(%)	$A_{11.3}$(%)	Z(%)		
1	—	9	35	热轧	285
2	—	8	30		
3	—	6	30		302
4	—	8	30		

序号	牌 号	热 处 理 制 度			力 学 性 能	
		淬火温度（℃）	淬火介质	回火温度（℃）	抗拉强度 R_m	屈服强度 R_{eL}
					（N/mm²）	
5	55SiMnVB	860	油	460	1375	1225
6	60Si2Mn	870	油	480	1275	1180
7	60Si2MnA	870	油	440	1570	1375
8	60Si2CrA	870	油	420	1765	1570
9	60Si2CrVA	850	油	410	1860	1665
10	55SiCrA	860	油	450	1450～1750	1300($R_{p0.2}$)
11	55CrMnA	830～860	油	460～510	1225	1080($R_{p0.2}$)
12	60CrMnA	830～860	油	460～520	1225	1080($R_{p0.2}$)
13	50CrVA	850	油	500	1275	1130
14	60CrMnBA	830～860	油	460～520	1225	1080($R_{p0.2}$)
15	30W4Cr2VA	1050～1100	油	600	1470	1325
16	28SiMnB	900	水或油	1180	1275	1180

序号	力 学 性 能 ≥			交 货 硬 度	
	断后伸长率		断面收缩率 Z(%)	交货状态	布氏硬度 HBW≤
	A(%)	$A_{11.3}$(%)			
5	—	5	30		
6	—	5	25	热轧	321
7	—	5	20		
8	6	—	20		供需双方协商
9	6	—	20		
10	6	—	25	热轧＋热处理	
11	9	—	20		
12	9	—	20	热轧	321
13	10	—	40		
14	9	—	20		供需双方协商
15	7	—	40	热轧＋热处理	321
16		5	25	热轧	302
所 有 牌 号				冷拉＋热处理	321
				冷拉	供需双方协商

注：1. 表中力学性能名称和符号，是采用 GB/T228－2000 新标准中的规定，部分内容可参见第 2.6 页。

2. 力学性能测试采用 φ10mm 的比例试样，留有一定余量的试样毛坯(尺寸一般为 11～12mm)，经热处理并去除加工余量后测定钢材纵向力学性能。

3. 对于直径或边长＜11mm 的棒材，用原尺寸进行热处理；对于厚度＜8mm 的扁钢，允许采用短形试样，但断后伸长率作验收依据。

4. 除规定热处理温度上、下限外，表中热处理温度允许偏差为：淬火，±20℃；回火，±50℃。根据需方特殊要求，回火温度可按±30℃进行，牌号 28MnSiB 钢回火温度允许偏差为±30℃。

5. 序号 11,12,13 各牌号钢材，其试样可采用下列试样中的一种：标距为 50mm，平行长度 60mm，直径 14mm，肩部半径＞15mm；标距为 $4\sqrt{S_0}$(S_0 表示平行长度的原始截面积，mm^2)，平行长度 1.2 倍标距长度，肩部半径＞15mm。若按 GB/T228 规定作拉伸试验时，所测断后伸长率仅供参考。

6. 牌号 30W4Cr2VA 钢，除抗拉强度外，其他力学性能检验结果仅供参考，不作交货依据。

7. 表中力学性能适用直径或边长≤80mm 的棒材，以及厚度≤40mm 的扁钢。直径或厚度＞80mm 的棒材、厚度＞40mm 的扁钢，允许其断后伸长率、断面收缩率较表中规定分别降低 1%(绝对值)及 5%(绝对值)。

8. 直径或边长＞80mm 的棒材，允许将试样用坯改锻(轧)成直径或边长为 70～80mm 后取样，检验结果应符合表中规定。

9. 盘条通常不检验力学性能，如果需方有要求，则具体指标由供需双方协商确定。

10. 淬透性试验：若供方能保证淬透性合格，可不作该项试验。

牌　　号	热处理制度(℃)		在距末端9mm处
	正　火	端　淬	HRC ≥
55SiMnB	900～930	860±5	52
28MnSiB	880～920	900±20	40

(3) 弹簧钢的特性和用途

序号	牌号——主要特性和用途
1~4	65、70、85、65Mn——均参见第 3.30 页优质碳素结构钢相同的牌号
5	55SiMnVB——特性:强度、韧性及塑性及淬透性均比 60Si2MnA 钢高,油中临界淬透直径约为 50~107mm;热加工性能良好,热处理时表面脱碳倾向小,回火稳定性好。用途:适用于制造中型截面尺寸的板弹簧和螺旋形弹簧,可代替 60Si2MnA 钢使用
6 7	60Si2Mn、60Si2MnA——与 55Si2Mn 钢相比,强度和弹性极限均稍高(其中 60Si2MnA 更好),淬透性也较好,在油中临界淬透直径约为 37~73mm,其他性能相同;主要使用状态为淬火并中温回火下使用。用途:此钢应用广泛,适用于制造铁道车辆、汽车、拖拉机等工业上制造承受较大载荷的扁弹簧或直径≤30mm 的螺旋形弹簧,如汽车、火车车厢下部承受应力和振动用板弹簧、安全阀和止回阀上弹簧以及工作温度＜250℃非腐蚀性介质中的耐热弹簧;用于承受交变载荷和高应力下工作的大型重要卷制弹簧和承受剧烈磨损的机械零件
8	60Si2CrA——特性:与 60Si2MnA 钢相比,塑性相近,但抗拉强度和屈服点均较高;热处理过热敏感性和脱碳倾向小,淬透性高,油中临界淬透直径约为 37~114mm,但有回火脆性倾向;一般在淬火并中温回火下使用。用途:适用于制造承受高应力及工作温度＜300℃条件下工作的弹簧,如调速器弹簧、汽轮机气封弹簧、高压力水泵碟形弹簧及冷凝器支承弹簧
9	60Si2CrVA——特性和用途与 60Si2CrA 钢相近,但弹性极限和高温力学性能更好。用途:适用于制造工作温度在低于 300~350℃条件下使用的耐热弹簧及承受冲击性应力和高载荷的重要弹簧
10	55SiCrA——特性:与 60Si2CrA 钢比较,抗拉强度和屈服点稍低,但塑性尚好,亦有回火脆性倾向,一般在中温回火后使用。用途:适用于制造承受较高应力条件下工作和截面尺寸不大的弹簧,如调速器弹簧,压力不大的水泵蝶形弹簧等

序号	牌号——主要特性和用途
11 12	55CrMnA、60CrMnA——特性:具有较高的强度、塑性、焊接性差、可切削性尚可;淬透性比硅锰或硅铬弹簧钢好,油中临界淬透直径约为50～80mm;过热敏感性比锰钢小,但比硅锰钢高,脱碳倾向比硅锰钢低,回火脆性倾向较大,故应选择合适的回火温度和冷却速度;一般在淬火并中温回火状态下使用。用途:适用于制造汽车、拖拉机等工业上制造较大载荷和应力条件下工作的板弹簧和直径较大(可达50mm)的螺旋形弹簧
13	50CrVA——特性:有较高的韧性、强度和弹性极限、疲劳强度,较低的弹性模量、较高的屈强比和淬透性,直径在30～45mm的圆棒试样,油中可淬透;热处理时过热和脱碳倾向小,回火稳定性好,切削性也佳,无石墨化现象,缺口敏感性低,低温冲击韧性也良好;但焊接性差,冷变形塑性低,热加工时具有形成白点的敏感性;主要在淬火并中温回火后使用。用途:适用于制造大截面的高载荷重要弹簧及工作温度低于300℃的阀门弹簧、活塞弹簧等;也可用于非腐蚀性介质中、工作温度<400℃的其他大截面的重要调质零件
14	60CrMnBA——特性:性能与60CrMnA钢基本相似,但有更好的淬透性,在油中临界淬透直径约为100～150mm。用途:适用于制造大型弹簧,如推土机上的叠板弹簧、船舶上的大型螺旋弹簧和扭力弹簧
15	30W4Cr2VA——特性:一种高强度的耐热弹簧钢,有良好的室温和高温力学性能,特别高的淬透性;回火稳定性甚佳,热加工性良好,适宜在调质状态下使用。用途:适用于制造温度≤500℃条件下工作的热弹簧,如锅炉主要安全弹簧、汽轮机上气封弹簧片等

3.108

18. 弹 簧 钢 丝

(1) 碳素弹簧钢丝(GB/T4357—1989)

直径 (mm)	抗拉强度(MPa)			直径 (mm)	抗拉强度(MPa)		
	B 级	C 级	D 级		B 级	C 级	D 级
0.08	2400~2800	2740~3140	2840~3240	1.20	1620~1960	1910~2250	2250~2550
0.09	2350~2750	2690~3090	2840~3240	1.40	1620~1910	1860~2210	2150~2450
0.10	2300~2700	2650~3040	2790~3190	1.60	1570~1860	1810~2160	2110~2400
0.12	2250~2650	2600~2990	2740~3140	1.80	1520~1810	1760~2110	2010~2300
0.14	2250~2650	2550~2940	2740~3140	2.00	1470~1760	1710~2010	1910~2200
0.16	2200~2600	2500~2890	2690~3090	2.20	1470~1710	1660~1960	1810~2110
0.18	2150~2550	2500~2840	2690~3090	2.50	1420~1710	1660~1960	1760~2060
0.20	2150~2550	2450~2790	2690~3090	2.80	1420~1710	1620~1910	1760~2010
0.22	2100~2500	2400~2750	2690~3090	3.00	1370~1670	1570~1860	1710~2010
0.25	2060~2450	2350~2700	2640~3040	3.20	1320~1620	1570~1810	1710~1960
0.28	2010~2400	2300~2700	2640~3040	3.50	1320~1620	1570~1810	1660~1910
0.30	2010~2400	2300~2700	2640~3040	4.00	1320~1620	1520~1760	1660~1910
0.32	1960~2350	2250~2650	2600~2990	4.50	1320~1570	1520~1760	1620~1860
0.35	1960~2350	2250~2650	2600~2990	5.00	1320~1570	1470~1710	1620~1860
0.40	1910~2300	2250~2650	2600~2990	5.50	1270~1520	1470~1710	1570~1810
0.45	1860~2260	2200~2600	2550~2940	6.00	1220~1520	1420~1660	1570~1810
0.50	1860~2260	2200~2600	2550~2940	6.50	1220~1470	1420~1660	1520~1760
0.55	1810~2210	2150~2550	2500~2890	7.00	1170~1420	1370~1570	—
0.60	1760~2160	2110~2500	2450~2840	8.00	1170~1420	1370~1570	—
0.63	1760~2160	2110~2500	2450~2840	9.00	1130~1320	1320~1520	—
0.70	1710~2110	2060~2450	2450~2840	10.00	1130~1320	1320~1520	—
0.80	1710~2060	2010~2400	2400~2840	11.00	1080~1270	1270~1470	—
0.90	1710~2060	2010~2350	2350~2750	12.00	1080~1270	1270~1470	—
1.00	1660~2010	1960~2300	2300~2690	13.00	1030~1220	1220~1420	—

钢丝的级别和用途

钢丝级别	B		C		D
用途	用于低应力弹簧		用于中等应力弹簧		用于高应力弹簧

扭转试验

钢丝直径(mm)	≤2.0	>2.0～3.0	>3.0～4.0	>4.0～5.0	>5.0～6.0
扭转次数 ≥ B,C级	20	15	12	10	8
扭转次数 ≥ D级	18	13	8	5	3

弯曲试验

试样两端向不同方向沿着 $R=10mm$ 的圆弧弯曲 90°，弯曲后试样表面不得产生裂纹和断裂

钢丝直径>6mm

缠绕试验（缠绕圈数 2 圈）

钢丝级别	B,C级	D级
钢丝直径(mm)	≤4.0	>4.0
芯棒直径(mm)	等于钢丝直径	等于 2 倍钢丝直径

钢丝的制造材料

钢丝级别	B,C级	D级
钢丝直径(mm)	≤6.0	>4.0
芯棒直径(mm)	等于钢丝直径	等于 2 倍钢丝直径

钢丝采用 GB/T1354《优质碳素钢盘条》中规定的牌号与 GB/T699《优质碳素结构钢》中规定的牌号（25～80，40Mn～70Mn 钢）相同，但化学成分中含碳量范围应比规定的下限分别减少 0.01%。用于 B、C 级钢丝的，其磷 ≤ 0.030%，硫 ≤ 0.020%，铬 ≤ 0.10%，镍 ≤ 0.15%，铜 ≤ 0.20%

(2) 重要用途碳素弹簧钢丝（GB/T4358—1995）

1) 重要用途碳素弹簧钢丝的化学成分（%）

牌号	碳	锰	硅	铬≤	镍≤	硫≤	磷≤	铜≤
65Mn	0.62~0.69	0.70~1.00	0.17~0.37	0.10	0.15	0.020	0.025	0.20
70	0.67~0.74	0.30~0.60	0.17~0.37	0.10	0.15	0.020	0.025	0.20
T9A	0.85~0.93	≤0.40	≤0.35	0.10	0.12	0.020	0.025	0.20
T8MnA	0.80~0.89	0.40~0.60	≤0.35	0.10	0.12	0.020	0.025	0.20

注：1. 重要用途碳素弹簧钢丝在被代替的标准（GB/T4358—1984）中称为"琴钢丝"。
  2. 在保证力学性能的前提下，65Mn、70号钢的含锰量可分别调整为0.90%~1.20%、0.50%~0.80%。
  3. 经供需双方协议，可选用相当质量的其他牌号制造。

2) 重要用途碳素弹簧钢丝的力学性能

直径 (mm)	抗拉强度 (MPa)			直径 (mm)	抗拉强度 (MPa)		
	E 组	F 组	G 组		E 组	F 组	G 组
0.08	2330~2710	2710~3060	—	0.28	2220~2600	2600~2950	—
0.09	2320~2700	2700~3050	—	0.30	2210~2600	2600~2950	—
0.10	2310~2690	2690~3040	—	0.32	2210~2590	2590~2940	—
0.12	2300~2680	2680~3030	—	0.35	2210~2590	2590~2940	—
0.14	2290~2670	2670~3020	—	0.40	2200~2580	2580~2930	—
0.16	2280~2660	2660~3010	—	0.45	2190~2570	2570~2920	—
0.18	2270~2650	2650~3000	—	0.50	2180~2560	2560~2910	—
0.20	2260~2640	2640~2990	—	0.55	2170~2550	2550~2900	—
0.22	2240~2620	2620~2970	—	0.60	2160~2540	2540~2890	—
0.25	2220~2600	2600~2950	—	0.63	2140~2520	2520~2870	—

2) 重要用途碳素弹簧钢丝的力学性能

直径 (mm)	抗拉强度 (MPa)		
	E组	F组	G组
0.70	2120~2500	2500~2850	—
0.80	2110~2490	2490~2840	—
0.90	2060~2390	2390~2690	—
1.00	2020~2350	2350~2650	1850~2110
1.20	1920~2270	2270~2570	1820~2080
1.40	1870~2200	2200~2500	1780~2040
1.60	1830~2140	2160~2480	1750~2010
1.80	1800~2130	2060~2360	1700~1960
2.00	1760~2090	1970~2230	1670~1910
2.20	1720~2060	1920~2130	1670~1880
2.50	1680~1960	1770~2030	1620~1860
2.80	1630~1910	1720~1980	1570~1810
3.00	1610~1890	1690~1950	1570~1810
3.20	1560~1840	1670~1930	1470~1710
3.50	1520~1750	1620~1840	1470~1710
4.00	1480~1710	1570~1790	1470~1710
4.50	1410~1640	1500~1720	1420~1660
5.00	1380~1610	1480~1700	1420~1660
5.50	1330~1660	1440~1660	1400~1640
6.00	1320~1660	1420~1660	1350~1590

注：4. 中间尺寸钢丝的抗拉强度按相邻较大尺寸的规定执行，并在合同中注明，亦可按相邻较小尺寸的规定执行。

(3) 重要用途碳素弹簧钢丝的工艺性能

直径 (mm)		≤2.00	>2.00~3.00	>3.00~4.00	>4.00~5.00	>5.00~6.00
扭转试验(次)≥	E组	25	20	16	12	8
	F组	18	13	10	6	4
	G组	20	18	15	10	6
缠绕试验 (D—芯棒直径，d—钢丝直径)		d<4mm,D=d，缠绕5圈 d≥4mm,D=2d，缠绕5圈		注：缠绕试验，若供方能保证时，可以不做。		

注：5. 根据需方要求，直径>1.00mm的钢丝应进行弯曲试验。试验方法：试样两端向同方向弯曲90°，弯曲半径R：直径≤4mm，R=5mm，直径>4mm，R=10mm。

19. 轴 承 钢

(1) 高碳铬轴承钢的化学成分及硬度

(GB/T18254—2002)

序号	统一数字代号	牌 号	化 学 成 分 （%）				
			碳	硅	锰	铬	钼
1	B00040	GCr4	0.95～1.05	0.15～0.30	0.15～0.30	0.35～0.50	≤0.08
2	B00150	GCr15	0.95～1.05	0.15～0.35	0.25～0.45	1.40～1.65	≤0.05
3	B01150	GCr15SiMn	0.95～1.05	0.45～0.75	0.95～1.25	1.40～1.65	≤0.10
4	B03150	GCr15SiMo	0.95～1.05	0.65～0.85	0.20～0.40	1.40～1.70	0.30～0.40
5	B02180	GCr18Mo	0.95～1.05	0.20～0.40	0.25～0.40	1.65～1.95	0.15～0.25

序号	化 学 成 分 （%） ≤ （续）							球化或软化退火状态硬度 HBW
	磷	硫	镍	铜	镍+铜	氧		
						模注钢	连铸钢	
1	0.025	0.020	0.25	0.20	—	$15×10^{-6}$	$12×10^{-6}$	179～207
2	0.025	0.025	0.30	0.25	0.50	$15×10^{-6}$	$12×10^{-6}$	179～207
3	0.025	0.025	0.30	0.25	0.50	$15×10^{-6}$	$12×10^{-6}$	179～217
4	0.027	0.020	0.30	0.25	—	$15×10^{-6}$	$12×10^{-6}$	179～217
5	0.025	0.020	0.25	0.25	—	$15×10^{-6}$	$12×10^{-6}$	179～207

注：1. 根据需方要求，并在合同中注明，供方应分析锡、砷、钛、锑、铅、铝等残余元素。具体指标由供需双方协商确定。

2. 钢管用钢的残余含铜量（熔炼分析）应≤0.20%；盘条用钢的含硫量（熔炼分析）应≤0.020%。

3. 钢材按加工用途分：热压力加工用钢（热压加）；冷压力加工用钢（冷压加）；切削加工用钢（切削）。具体用途应在合同中注明，经供需双方协商，并在合同中注明，也可以其他加工要求交货。

4. 供热加工用热轧不退火钢材,需方有硬度要求时,其硬度值应≥302HBW。

5. 当需方要求以"退火+磷化+镟拔"或"退火+镟拔"交货的冷拉钢(直条或盘状),其硬度应≤229HBW。

6. 经供需双方协商,并在合同中注明,钢材的硬度可另行规定。

7. 钢材按以下交货状态提供具体交货状态,应在合同中注明。

交　货　状　态	代　号
热轧和热锻不退火圆钢(简称:热轧、热锻)	WHR
热轧和热锻软化退火圆钢(简称:热轧软退、热锻软退)	WHSTAR
热轧球化退火圆钢(简称:热轧球退)	WHTGR
热轧球化退火剥皮圆钢(简称:热轧球剥)	WHTGSFR
热轧和热锻软化退火剥皮圆钢(简称:热轧(锻)软剥)	WHSTASFR
冷拉(轧)圆钢	WCR
冷拉(轧)磨光圆钢	WCSPR
热轧钢管	WHT
热轧退火剥皮钢管	WHTASFT
冷拉(轧)钢管	WCT
盘条(热轧或球化退火)	WHWY

8. 经供需双方协商,并在合同中注明,可供应其他冷拉钢材,如"退火+磷化+微拔"、"退火+微拔"代号分别为 TASTPWCD 和 TAWCD。

9. 钢材长度和盘重:
钢材长度:热轧圆钢为 3～7m;锻制圆钢为 2～4m;冷拉(轧)圆钢为 3～6m;钢管为 3～5m。盘条的盘重应≥500kg。

10. 供镟锻和冲压用热轧、锻制不退火钢及冷拉钢须进行顶锻试验。直径≤60mm 的热轧、锻制钢进行热顶锻试验;直径≤30mm 的冷拉钢须进行冷顶锻试验。供方若能保证时,可不进行顶锻试验。

3.114

(2) 渗 碳 轴 承 钢

(GB/T3203－1982)

(a) 渗碳轴承钢的化学成分

序号	牌　　号	化　学　成　分　（%）			
		碳	硅	锰	铬
1	G20CrMo	0.17～0.23	0.20～0.35	0.65～0.95	0.35～0.65
2	G20CrNiMo	0.17～0.23	0.15～0.40	0.60～0.90	0.35～0.65
3	G20CrNi2Mo	0.17～0.23	0.40～0.70	0.40～0.70	0.35～0.65
4	G20Cr2Ni4	0.17～0.23	0.15～0.40	0.30～0.60	1.25～1.75
5	G10CrNi3Mo	0.08～0.13	0.15～0.40	0.40～0.70	1.00～1.40
6	G20Cr2Mn2Mo	0.17～0.23	0.15～0.40	1.30～1.60	1.70～2.00

序号	化　学　成　分　（%）（续）				
	镍	钼	铜≤	硫≤	磷≤
1	—	0.08～0.15	0.25	0.030	0.030
2	0.40～0.70	0.15～0.30	0.25	0.030	0.030
3	1.60～2.00	0.20～0.30	0.25	0.030	0.030
4	3.25～3.75	—	0.25	0.030	0.030
5	3.00～5.00	0.08～0.15	0.25	0.030	0.030
6	≤0.30	0.20～0.30	0.25	0.030	0.030

注：当按高级优质钢供货时,其硫、磷含量应≤0.020%,并在牌号后面标以字母"A"。

(b) 渗碳轴承钢的热处理制度

序号	牌　　号	试样毛坯直径（mm）	淬火温度（℃）		冷却剂	回火温度（℃）	冷却剂
			第一次	第二次			
2	G20CrNiMo	15	880±20	790±20	油	150～200	空
3	G20CrNi2Mo	25	880±20	800±20		150～200	
4	G20Cr2Ni4	15	870±20	790±20		150～200	
5	G10CrNi3Mo	15	880±20	790±20		180～200	
6	G20Cr2Mn2Mo	15	880±20	810±20		180～200	

(c) 渗碳轴承钢的力学性能

序号	牌　　号	抗拉强度 σ_b（MPa）	伸长率 δ_5（%）	收缩率 ψ（%）	冲击值 α_K（J/cm²）
		淬火、回火后的力学性能			
		≥			
2	G20CrNiMo	120	9	45	8
3	G20CrNi2Mo	100	13	45	8
4	G20Cr2Ni4	120	10	45	8
5	G10CrNi3Mo	110	9	45	8
6	G20Cr2Mn2Mo	130	8	45	7

注：1. 力学性能适用于截面尺寸≤80mm 的钢材；尺寸 81～100mm 的钢材，允许其伸长率、收缩率及冲击值分别按规定降低 1 个单位、1 个单位及 5%；尺寸 101～150mm 的钢材，允许其伸长率、收缩率及冲击值分别按规定降低 3 个单位、15 个单位及 15%。

2. 用尺寸>80mm 的钢材改轧或改锻成 70～80mm 的试棒取样检验时，其结果应符合规定。

3. 交货状态：热轧或锻制钢材以热轧（锻）状态或退火状态交货，冷拉钢材应以退火（或回火）状态交货。

4. 以退火状态交货的钢材，其硬度：G20Cr2Ni4（A）≤241HB；其余钢号≤229HB。

(3) 高碳铬不锈轴承钢的化学成分

（GB/T3086－1982）

牌　　号	化　学　成　分　（%）				
	碳	硅≤	锰≤	铬	钼
9Cr18	0.90～1.00	0.80	0.80	17.0～19.0	—
9Cr18Mo	0.95～1.10	0.80	0.80	16.0～18.0	0.40～0.70

注：1. 钢的含硫量≤0.030%，磷≤0.035%；钢的残余元素含量：镍≤0.30%，铜≤0.25%，镍+铜≤0.50%。

2. 钢材交货状态及代号：热轧（锻制）退火钢丝——RT；冷拉退火圆钢和钢丝——LT；冷拉磨光圆钢和钢丝——LM。

3. 直径>16mm 的钢材退火状态的硬度为 197～241HB。

4. 直径≤16mm 的圆钢和钢丝退火状态的抗拉强度应为 590～785MPa。

（4）轴承钢的特性和用途

牌号——主要特性和用途
1）高碳铬轴承钢
GCr4——特性:具有较好的冷塑性变形,有白点敏感性和低温回火脆性倾向,一般经淬火和低温回火后使用,耐磨性比相同含碳量的碳素工具钢高。用途:主要适用于制造小尺寸的钢球、滚子等
GCr15——一种最常用的轴承钢,有高的淬透性,在油中临界淬透直径约为 18～40mm(50%马氏体);热处理后可获得高而均匀的硬度和耐磨性;疲劳寿命长,冷变形塑性中等,切削一般,焊接性差,对白点形成敏感,有回火脆性,一般经淬火及低温回火后使用。用途:适用于制造高转速、高载荷的大型机械上使用的轴承钢球、滚子和套圈;也可用于制造承受较大载荷、高耐磨、高弹性极限和高接触疲劳强度的机械零件以及各种精密量具、冷冲模、一般刀具等;经碳氮共渗处理后可用于制造高耐磨、耐热及要求尺寸稳定和使用寿命高的零件
GCr15SiMn——特性:比 GCr15 钢有更高的耐磨性和淬透性,在油中临界淬透直径约为 90～110mm(50%马氏体),其他特性相似,一般经淬火及低温回火后使用。用途:适用于制造大型或特大型轴承的钢球、滚子和套圈,也可用于制造要求高硬度、高耐磨的机械零件和刀具
GCr15SiMo——特性:钢中加钼可进一步提高耐磨性,并减少白点敏感性和回火脆性,故性能优于 GCr15SiMn 钢。用途:主要适用于制造大尺寸钢球、滚子等,还可适用于制造模具、刀具等
GCr18Mo——特性:该钢在 GCr15 基础上提高了铬含量,加入了钼元素,从而提高了淬透性和耐磨性,又减少了白点和回火脆性倾向。用途:主要适用于制造承受较大负荷轴承的钢球、滚子,套圈,也可用于制造模具、刀具等要求高硬度、高耐磨的工具

牌号——主要特性和用途

2）渗碳轴承钢

G20CrMo——特性：属本质细晶粒钢，热处理可以在较高温度下进行，而不使晶粒过热；淬透性较高，无回火脆性倾向；经渗碳及淬火处理后表面有高的硬度和耐磨性，心部有足够的韧性。用途：适用于制造有冲击载荷的中小型渗碳轴承零件

G20CrNiMo——特性：淬透性较高，经渗碳及淬火处理后表面有高的硬度、耐磨性，并有较高接触疲劳强度，心部有足够的韧性和一定的强度和硬度。用途：适用于制造在汽车、拖拉机上使用的承受冲击的轴承

G20CrNi2Mo——特性和用途与 G20CrNiMo 钢基本相同

G20Cr2Ni4——特性：是常用的合金渗碳钢，淬透性良好，冷变形塑性中等，可切削性尚好，但有白点敏感和回火脆性倾向；经渗碳及淬火后表面有相当高的硬度、耐磨性和接触疲劳强度，心部还有良好的韧性，能耐强烈的冲击载荷。用途：一般适用于制造耐冲击载荷的大型轴承，如轧钢机轴承等

G20Cr2Mn2Mo——特性：为渗碳用合金轴承钢，其强度、韧性、塑性及工艺性能均与 G20Cr2Ni4 钢相似，但渗碳速度快，表面碳浓度易饱和，渗碳层较易形成粗大的碳化物，不易扩散消除。用途：适用于制造高冲击载荷条件下工作的特大型和大、中型轴承零件，如轧钢机轴承的套圈和滚动体

3）高碳铬不锈轴承钢

9Cr18——特性：为高碳高铬马氏体不锈轴承钢。淬火后具有高的硬度和耐磨性，较高的耐高温、低温的尺寸稳定性；可锻、可焊性能差，冷加工性尚好，退火后可进行切削加工，抛光性好，但易形成不均匀碳化物，影响寿命，热加工时应注意适当的加工比。一般经淬火和低温回火后使用。用途：适用于制造在海水、河水、硝酸、蒸汽以及海洋性等腐蚀性介质中工作的轴承，如船舶、潜水泵部件中的轴承，石油和化工机械中的轴承，航海仪表轴承等；也可用于－253～350℃的条件下工作耐低温及耐高温的轴承

9Cr18Mo——特性和用途基本与 9Cr18 钢相同，但淬火后具有更高的硬度和抗回火稳定性，钼还可增加不锈钢的钝化作用

20. 碳素工具钢（GB/T1298—1986）

(1) 碳素工具钢的化学成分及硬度

| 序号 | 牌号 | 化学成分（%） | | | | | 硬度 | | |
		碳	锰	硅	硫 ≤	磷 ≤	退火后 HB ≤	试样淬火温度（℃）及冷却剂	试样淬火后 HRC≥
1	T7	0.65～0.74	≤0.40	0.35	0.030	0.035	187	800～820,水	62
2	T8	0.75～0.84	≤0.40	0.35	0.030	0.035	187	780～800,水	62
3	T8Mn	0.80～0.90	0.40～0.60	0.35	0.030	0.035	187	780～800,水	62
4	T9	0.85～0.94	≤0.40	0.35	0.030	0.035	192	760～780,水	62
5	T10	0.95～1.04	≤0.40	0.35	0.030	0.035	197	760～780,水	62
6	T11	1.05～1.14	≤0.40	0.35	0.030	0.035	207	760～780,水	62
7	T12	1.15～1.24	≤0.40	0.35	0.030	0.035	207	760～780,水	62
8	T13	1.25～1.35	≤0.40	0.35	0.030	0.035	217	760～780,水	62

注：1. 高级优质钢（牌号后加"A"）：硫含量≤0.020%，磷含量≤0.030%。

    2. 平炉钢的硫含量，优质钢≤0.035%，高级优质钢≤0.025%。

    3. 钢中允许残余元素含量：铬含量≤0.25%，铜≤0.20%，镍≤0.20%；供制造铅浴淬火钢丝时，钢中残余元素含量：铬≤0.10%，镍≤0.12%，铜≤0.20%，三者之和应≤0.40%。

（2）碳素工具钢的特性和用途

序号	牌号——主要特性和用途
1	T7——特性:有一定的硬度和较高的强度、韧性,但热硬性低、淬透性差,淬火变形大。用途:适用于制造受振动和冲击,并在硬度适中的情况下,有比较高的韧性,但不要求有高的切削速度的各种工具,如凿子、冲头、小尺寸风动工具的工作头、木工用锯和凿,锻模、压模、铆钉冲模、车床上活顶针;剪铁皮用剪刀、钻头、镰刀、钢印以及手用锤子、泥工用镘刀等;也可制造承受冲击、耐磨,而韧性要求又不大的机械零件,如杆、销轴、弹簧片等
2	T8——特性:有较高的硬度,一定的韧性和耐磨性,但热硬性低、淬透性差,淬火时易过热变形大,塑性和强度较低。用途:适用于制造要求较高硬度,一定的耐磨性和韧性的各种工具,如形状简单的模子和冲头,切削软金属的刀具、打眼工具;木工用斧刃、钻、凿、锯以及钳工用装配工具、铆钉冲模、钢凿等。也可制造销子、弹簧片、止动圈等机械零件
3	T8Mn——特性与用途与 T8 钢相似,但淬透性较好,故还可用于制造较大截面尺寸的工具,如采煤工具及修石子凿等
4	T9——特性与用途与 T8 钢相似,但硬度和耐磨性稍高。用途:适用于制造要求有较高硬度、一定的韧性,而不受剧烈震动冲击的工具,如冲模、冲头、木材用切削刀具、农机切割刀片等
5	T10——特性:硬度和耐磨性比 T9 钢高,韧性尚可,但热硬性和淬透性差、淬火变形大。用途:适用于制造切削速度不高,不受突然的冲击而要求有一定耐磨性和韧性的刀具,如车刀、刨刀、钻头、丝锥、锯条、切纸刀、拉丝模、小尺寸切边模及冲模;一般的量具以及不受较大冲击的耐磨机械零件,如小轴、滑轮轴等
6	T11——特性和用途与 T10 钢基本相近,但硬度、耐磨性稍高,对过热和形成网状碳化物均较小
7 8	T12、T13——特性:有较高的硬度和耐磨性,但韧性低、红硬性及淬透性均较差,淬火变形大。用途:适用于制造不受冲击、切削速度不高而需要高硬度和耐磨性的工具,如车刀、锉刀、铰刀、丝锥、刮刀、切烟叶刀及小尺寸的冷切边模、冲模、量规;也适用于制造不受冲击,要求硬度高的机械零件

3.120

21. 合金工具钢 (GB/T1299－2000)

(1) 合金工具钢的化学成分

序号	统一数字代号	牌 号	化 学 成 分 (%)	
			碳	硅
钢组 1：量具刃具用钢				
1-1	T30100	9SiCr	0.85～0.95	1.20～1.60
1-2	T30000	8MnSi	0.75～0.85	0.30～0.60
1-3	T30060	Cr06	1.30～1.45	≤0.40
1-4	T30201	Cr2	0.95～1.10	≤0.40
1-5	T30200	9Cr2	0.80～0.95	≤0.40
1-6	T30001	W	1.05～1.25	≤0.40
钢组 2：耐冲击工具用钢				
2-1	T40124	4CrW2Si	0.35～0.45	0.80～1.10
2-2	T40125	5CrW2Si	0.45～0.55	0.50～0.80
2-3	T40126	6CrW2Si	0.55～0.65	0.50～0.80
2-4	T40100	6CrMnSi2Mo1V	0.50～0.65	1.75～2.25
2-5	T40300	5Cr3Mn1SiMo1V	0.45～0.55	0.20～1.00

序号	化 学 成 分 (%) (续)				
	锰	铬	钼	钒	钨
1-1	0.30～0.60	0.95～1.25	—	—	—
1-2	0.80～1.10	—	—	—	—
1-3	≤0.40	0.50～0.70	—	—	—
1-4	≤0.40	1.30～1.65	—	—	—
1-5	≤0.40	1.30～1.70	—	—	—
1-6	≤0.40	0.10～0.30	—	—	0.80～1.20
2-1	≤0.40	1.00～1.30	—	—	2.00～2.50
2-2	≤0.40	1.00～1.30	—	—	2.00～2.50
2-3	≤0.40	1.10～1.30	—	—	2.20～2.70
2-4	0.60～1.00	0.10～0.50	0.20～1.35	0.15～0.35	—
2-5	0.20～0.90	3.00～3.50	1.30～1.80	≤0.35	—

（续）

序号	统一数字代号	牌 号	化 学 成 分 （%）	
			碳	硅
钢组3：冷作模具用钢				
3-1	T21200	Cr12	2.00~2.30	≤0.40
3-2	T21202	Cr12Mo1V1	1.40~1.60	≤0.60
3-3	T21201	Cr12MoV	1.45~1.70	≤0.40
3-4	T20503	Cr5Mo1V	0.95~1.05	≤0.50
3-5	T20000	9Mn2V	0.85~0.95	≤0.40
3-6	T20111	CrWMn	0.90~1.05	≤0.40
3-7	T20110	9CrWMn	0.85~0.95	≤0.40
3-8	T20421	Cr4W2MoV	1.12~1.25	0.40~0.70
3-9	T20432	6Cr4W3Mo2VNb	0.60~0.70	≤0.40
3-10	T20465	6W6Mo5Cr4V	0.55~0.65	≤0.40
3-11	T20104	7CrSiMnMoV	0.65~0.75	0.85~1.15
钢组4：热作模具用钢				
4-1	T20102	5CrMnMo	0.50~0.60	0.25~0.60
4-2	T20103	5CrNiMo	0.50~0.60	≤0.40
4-3	T20280	3Cr2W8V	0.30~0.40	≤0.40

序号	化 学 成 分 （%）（续）				
	锰	铬	钼	钒	钨
3-1	≤0.40	11.50~13.00	—	—	—
3-2	≤0.60	11.00~13.00	0.70~1.20	0.50~1.10	钴≤1.00
3-3	≤0.40	11.00~12.50	0.40~0.60	0.15~0.30	—
3-4	≤1.10	4.75~5.50	0.90~1.40	0.15~0.50	—
3-5	1.70~2.00	—	—	0.10~0.25	—
3-6	0.80~1.10	0.90~1.20	—	—	1.20~1.60
3-7	0.90~1.20	0.50~0.80	—	—	0.50~0.80
3-8	≤0.40	3.50~4.00	0.80~1.20	0.80~1.10	1.90~2.60
3-9	≤0.40	3.80~4.40	1.80~2.50	0.80~1.20	2.50~3.50 铌0.20~0.30
3-10	≤0.60	3.70~4.30	4.50~5.50	0.70~1.10	6.00~7.00
3-11	0.65~1.05	0.90~1.20	0.20~0.50	0.25~0.30	—
4-1	1.20~1.60	0.60~0.90	0.15~0.30	—	—
4-2	0.50~0.80	0.50~0.80	0.15~0.30	—	镍1.40~1.80
4-3	≤0.40	2.20~2.70	—	0.20~0.50	7.50~9.00

序号	统一数字代号	牌 号	化 学 成 分 （%）	
			碳	硅
钢组4：热作模具用钢（续）				
4-4	T20403	5Cr4Mo3SiMnVAl	0.47～0.57	0.80～1.10
4-5	T20323	3Cr3Mo3W2V	0.32～0.42	0.60～0.90
4-6	T20452	5Cr4W5Mo2V	0.40～0.50	≤0.40
4-7	T20300	8Cr3	0.75～0.85	≤0.40
4-8	T20101	4CrMnSiMoV	0.35～0.45	0.80～1.10
4-9	T20303	4Cr3Mo3SiV	0.35～0.45	0.80～1.20
4-10	T20501	4Cr5MoSiV	0.33～0.43	0.80～1.20
4-11	T20502	4Cr5MoSiV1	0.32～0.45	0.80～1.20
4-12	T20520	4Cr5W2VSi	0.32～0.42	0.80～1.20
钢组5：无磁模具用钢				
5-1	T23152	7Mn15Cr2Al3V2-WMo	0.65～0.75	≤0.8 铝 2.30～3.30
钢组6：塑料模具用钢				
6-1	T22020	3Cr2Mo	0.28～0.40	0.20～0.80
6-2	T22024	3Cr2MnNiMo	0.32～0.40	0.20～0.80

序号	化 学 成 分 （%） （续）				
	锰	铬	钼	钒	钨
4-4	0.80～1.10	3.80～4.30	2.80～3.40	0.80～1.20	铝 0.30～0.70
4-5	≤0.65	2.80～3.30	2.50～3.00	0.80～1.20	1.20～1.80
4-6	≤0.40	3.40～4.40	1.50～2.10	0.70～1.10	4.50～5.30
4-7	≤0.40	3.20～3.80	—	—	—
4-8	0.80～1.10	1.30～1.50	0.40～0.60	0.20～0.40	—
4-9	0.25～0.70	3.00～3.75	2.00～3.00	0.25～0.75	—
4-10	0.20～0.50	4.75～5.50	1.10～1.60	0.30～0.60	—
4-11	0.20～0.50	4.75～5.50	1.10～1.75	0.80～1.20	—
4-12	≤0.40	4.50～5.50	—	0.60～1.00	1.60～2.40
5-1	14.50～16.50	2.00～2.50	0.50～0.80	1.50～2.00	0.50～0.80
6-1	0.60～1.00	1.40～2.00	0.30～0.55	—	—
6-2	1.10～1.50	1.70～2.00	0.25～0.40	—	镍 0.85～1.15

注：1. 钢中磷、硫含量分别≤0.030%。

    2. 钢中残余铜含量应≤0.30%，铜＋镍含量应≤0.55%。

    3. 牌号 5CrNiMo 钢经供需双方同意，钒含量＜0.20%。

(2) 合金工具钢的硬度

序号	牌　号	交货硬度 HBW	试　样　淬　火		
			淬火温度(℃)	冷却剂	硬度HRC≥
1-1	9SiCr	241～197	820～860	油	62
1-2	8MnSi	≤229	800～820	油	60
1-3	Cr06	241～187	780～810	水	64
1-4	Cr2	229～179	830～860	油	62
1-5	9Cr2	217～179	830～850	油	62
1-6	W	229～187	800～830	水	62
2-1	4CrW2Si	217～179	860～900	油	53
2-2	5CrW2Si	255～207	860～900	油	55
2-3	6CrW2Si	285～229	860～900	油	57
2-4	6CrMnSi2Mo1V	≤229	(677±15)℃预热，885℃(盐浴)或900℃(炉控气氛)±6℃加热，保温 5～15min 油冷，58～204℃回火		58
2-5	5Cr3Mn1SiMo1V	—	(677±15)℃预热，941℃(盐浴)或955℃(炉控气氛)±6℃加热，保温 5～15min 空冷，56～204℃回火		56
3-1	Cr12	269～217	950～1000	油	60
3-2	Cr12Mo1V1	≤255	(820±15)℃预热，1000℃(盐浴)或1010℃(炉控气氛)±6℃加热，保温 10～20min 空冷，(200±6)℃回火		59

序号	牌　　号	交货硬度 HBW	试　样　淬　火		
			淬火温度(℃)	冷却剂	硬度HRC≥
3-3	Cr12MoV	255～207	950～1000	油	58
3-4	Cr5Mo1V	≤255	(790±15)℃预热，940℃(盐浴)或950℃(炉控气氛)±6℃加热,保温 5～15min 空冷,(2000±6)℃回火		60
3-5	9Mn2V	≤229	780～810	油	62
3-6	CrWMn	225～207	800～830	油	62
3-7	9CrWMn	241～197	800～830	油	62
3-8	Cr4W2MoV	≤269	960～980	油	60
			1020～1040	油	60
3-9	6Cr4W3Mo2VNb	≤255	1100～1160	油	60
3-10	6W6Mo5Cr4V	≤269	1180～1200	油	60
3-11	7CrSiMnMoV	≤235	淬火 870～900 回火 150±10	油冷或空冷 空冷	60
4-1	5CrMnMo	241～197	820～850	油	—
4-2	5CrNiMo	241～197	830～860	油	—
4-3	3Cr2W8V	≤255	1075～1125	油	—
4-4	5Cr4Mo3SiMnVAl	≤255	1090～1120	油	—
4-5	3Cr3Mo3W2V	≤255	1060～1130	油	—
4-6	5Cr4W5Mo2V	≤269	1100～1150	油	—
4-7	8Cr3	255～207	850～880	油	—
4-8	4CrMnSiMoV	241～197	870～930	油	—
4-9	4Cr3Mo3SiV	≤229	(790±15)℃预热，1010℃(盐浴)或1020℃(炉控气氛)±6℃加热,保温 5～15min 空冷,550±6(℃)回火		—

序号	牌　　号	交货硬度 HBW	试　样　淬　火		硬度HRC≥
			淬火温度(℃)	冷却剂	
4-10	4Cr5MoSiV	≤235	（790±15)℃预热，1000℃(盐浴)或1010℃(炉控气氛)±6℃加热，保温 5～15min 空冷，(550±6)℃回火		—
4-11	4Cr5MoSiV1	≤235	（790±15)℃预热，1000℃(盐浴)或1010℃(炉控气氛)±6℃加热，保温 5～15min 空冷，(550±6)℃回火		—
4-12	4Cr5W2VSi	≤229	1030～1050	油或空	—
5-1	7Mn15Cr2Al3-V2WMo	—	1170～1190 固溶 650～700 时效	水 空	45
6-1	3Cr2Mo	—	—	—	—
6-2	3Cr2MnNiMo	—	—	—	—

注：1. 保温时间是指试样达到加热温度后保持的时间。

    （1）试样在盐浴中进行，在该温度保持时间为 5min，对 Cr12Mo1V1 钢是10min。

    （1）试样在炉控气氛中进行，在该温度保持时间为 5～15min，对 Cr2Mo1V1 钢是 10～20min。

  2. 回火温度 200℃时，应一次回火 2h，550℃时应二次回火，每次 2h。

  3. 7Mn15Cr2Al3V2WMo 钢，可以热轧状态供应，不作交货硬度。

  4. 钢材以退火状态交货，根据需方要求，7Mn15Cr2Al3V2-WMo、3Cr2Mo 及 3Cr2MnNiMo 钢可以按预硬状态交货。

  5. 根据需方要求，经双方协议，制造螺纹刃具用退火状态交货的 9SiCr 钢，其硬度为 187～229HBW。

  6. 供方按能保证试样淬火硬度值符合规定时，可不作检验。

3.126

(3) 合金工具钢的特性和用途

序号	牌号——主要特性和用途
	钢组1：量具刃具用钢
1-1	9SiCr——特性：一种常用的合金工具钢，具有高的淬硬性和淬透性，直径40～50mm的工件可在油中淬透；有较高的回火稳定性，适于分级和等温淬火，热处理变形较小，但脱碳倾向较大。用途：适用于制造形状复杂、要求变形小、耐磨性高的低速切削刀具，如板牙、丝锥、铰刀、搓丝板、滚丝轮等；也可用于制造机用冲模、打印模等模具以及冷轧辊、校正规等细长工件
1-2	8MnSi——特性：淬透性比T8钢高。用途：适用于制造木工工具、凿子、锯条及其他一般刀具；也可用于制造盘锯、镶片刀具的刀体等
1-3	Cr06——特性：有较高的硬度和耐磨性，但性较脆，淬透性不高，一般冷轧成薄钢带后使用。用途：适用于制造低载荷操作的，要求锋利刃口的刀具，如外科手术刀、刮胡须刀片等；也可用于制作刮刀、雕刻刀、羊毛剪刀等手动和机动刀具
1-4	Cr2——特性：成分与GCr15钢相当，因此其硬度、耐磨性和淬透性都比碳素工具钢高。用途：适用于制造拉丝模、冷锻模等冷作模具，各种量具（如样板、卡板、量规、块规、环规、螺纹塞规、样柱等）；也可用于制造切削硬度不太高材料的低速切削刀具及冷轧辊等工件
1-5	9Cr2——特性：性能与Cr2钢相似。用途：通常用来制造冷作模具，如冲压模冲头、凹模、压印模等；也可用于制造冷轧辊、压延辊以及木工工具等
1-6	W——特性：有较高的硬度（HRC64～66）和耐磨性，过热敏感性较碳素工具钢低；热处理淬裂和变形倾向小，回火稳定性较好，但淬透性较低。用途：适用于制造截面尺寸不大的工具，厚度在10～15mm的零件，如小规格钻头、切削速度不大的丝锥、板牙、手用铰刀、锯条、辊式刀具等

序号	牌号——主要特性和用途
	钢组 2：耐冲击工具用钢
2-1	4CrW2Si——特性：有一定的淬透性和高温强度,适宜的回火温度能获得较好的韧性。用途：适用于制造高冲击载荷下操作的工具,如风动工具工作头、錾子、冲裁切边复合模、冲模、冷却用剪刀以及部分小型热作模具(如中应力热锻模、受热温度不高的压铸模)
2-2	5CrW2Si——特性：与4CrW2Si钢性能相近,但热处理后硬度可达41～43HRC,对脱碳、变形和开裂敏感性不大。用途：冷作加工用钢时,适用于制造手动或风动工具的錾子、空气锤和铆钉工具、冷冲裁和切边的凹模以及连续使用的木工工具等;作热加工用钢时,可用于制造冲孔或穿孔工具的剪切模、热锻模、易熔合金的压铸模以及热剪和热剪用刀片等
2-3	6CrW2Si——特性：与5CrW2Si钢性能相近,但有稍高的硬度和高温强度,在650℃时硬度可达43～45HRC。用途：适用于制造承受冲击载荷,而又要求耐磨性高的工具,如风动工具、工作头、錾子和重载荷下工作的冲击模具、冷剪机刀片、冲裁切边用凹模、空气锤用工具等
2-4	6CrMnSi2Mo1V——特性：热处理后硬度高,铬、锰、硅均使钢的淬透性和强度提高,钼、钒均细化晶粒。防止过热倾向。用途：主要适用于制造在冲击载荷下,又要求耐磨性高的工具的风铲、风凿,以及冷冲模中的切边模、冲孔模等
2-5	5Cr3Mn1SiMoV——特性：淬透性、强度和回火稳定性均比6CrMnSi2Mo1V钢好,但热处理后硬度稍低,回火脆性倾向稍大。用途：与6CrMnSi2Mo1V钢相近
	钢组 3：冷作模具用钢
3-1	Cr12——特性：一种广泛应用的冷作模具钢,有高的强度、较好的淬透性和良好的耐磨性,淬火变形小,但冲击韧性差。用途：适用于制造承受冲击载荷较小,要求高耐磨性的工件,如冷冲模冲头、冷剪切刀、钻套、量规、拉丝模、压印模、搓丝板、拉延模等

序号	牌号——主要特性和用途
	钢组 3：冷作模具用钢
3-2	Cr12Mo1V1——特性和用途与 Cr12MoV 钢相似，但晶粒细化效果好，故淬透性和韧性均比 Cr12MoV 钢好，能空淬淬硬，可与 Cr12MoV 钢互换使用
3-3	Cr12MoV——特性：与 Cr12 钢同属高碳高铬的莱氏体钢，但它的淬透性、硬度、耐磨性、强度均比 Cr12 钢高；热处理时体积变形小，并有较好的热加工性，碳化物分布均匀。用途：适用于制造截面尺寸较大，形状复杂，工作条件繁重的各种冷冲模具和工具，如冲孔凹模、切边模、滚边模、钢板深拉伸模、螺纹滚丝模、冷切剪刀及量规等
3-4	Cr5Mo1V——特性：碳化物细小均匀，有较高的空淬性能，截面尺寸≤100mm 的工件可完全淬透，且变形小，韧性比 Cr12 钢高，耐磨性稍低。用途：适用于制造需要耐磨，同时要求韧性的冷作模具钢；也可代替 CrWMn、9Mn2W 钢制作小型冷冲裁模、下料模、成形模和冲头等
3-5	9Mn2V——特性：具有较高的硬度和耐磨性，淬火时变形较小，淬透性也较好，且热敏感性小，碳化物不均匀性较CrWMn钢低。用途：适用于制造小型冷作模具，特别适宜制作各种要求变形小、耐磨性高的精密量具（如样板、块规、量规等）、精密丝杆、磨床主轴；也可用于制造丝锥、板牙、铰刀等切削速度不高的刀具以及压铸轻金属和合金的推入装置等
3-6	CrWMn——特性：一种应用较为广泛的冷作模具钢，有较高的淬透性，一定的硬度和耐磨性，较好的韧性，淬火后变形和扭曲较小，但形成网状碳化物较敏感，使刀具刃口有剥落的危险，热加工时应严格控制工艺。用途：适用于制造要求变形小的细而长和形状复杂的刀具和量具，以及截面尺寸不大而形状复杂的高精度冷冲模等

序号	牌号——主要特性和用途
	钢组 3：冷作模具用钢
3-7	9CrWMn——特性和用途与 CrWMn 钢相近，但碳化物偏析小，故力学性能较好而硬度稍低
3-8	Cr4W2MoV——特性：性能较稳定，与 Cr12 钢相比，制造模具的使用寿命有较大提高；共晶碳化物颗粒细小均匀，有较高的淬透性和淬硬性，较好的耐磨性和尺寸稳定性。用途：可代替 Cr12 钢制作电器硅钢片冲裁模，可冲裁厚度为 1.5～6mm 的弹簧钢板，使用寿命一般比 Cr12 和 Cr12MoV 钢提高一倍以上；也可用于制造冷镦模、落料模、冷挤凹模等
3-9	6Cr4W3Mo2VNb——特性：有高的硬度和强度，较好的韧性和疲劳强度；较好的冷热加工性和热处理工艺范围。用途：适用于制造形状复杂、承受冲击载荷的各种冷作模具、冷镦模具及螺钉冲头等，模具使用寿命可明显提高
3-10	6W6Mo5Cr4V——特性：淬透性好，并具类似高速钢的高硬度和高耐磨性等良好的综合力学性能；但热加工温度范围较窄，变形抗力较大，容易脱碳，应在工艺上予以注意。用途：适用于制造冷挤压凹模、上下冲头等模具
3-11	7CrSiMnMoV——特性：具有较高的强度、硬度和耐磨性，淬透性和回火稳定性良好，热处理变形较小。用途：主要适用于制造大型镶块模具的冲压模、冲切模和下料模等
	钢组 4：热作模具用钢
4-1	5CrMnMo——特性：性能与 5CrNiMo 钢相近，但在高温下强度、韧性和耐热疲劳强度亦均逊于 5CrNiMo 钢。用途：适用于制造边长≤400mm 的中型锤锻模等
4-2	5CrNiMo——特性：是传统使用的锤锻热模钢，具有良好的韧性、强度和耐磨性；在室温和在 500～600℃ 时力学性能几乎相同，当加热到 500℃ 时硬度仍能保持在 300HB 以上；对回火脆性不敏感，从 600℃ 缓冷，冲击韧性稍低；淬透性良好，300mm×300mm×400mm 的工件可完全淬透；要注意这钢有形成白点倾向，需严格控制冶炼及锻轧后的冷却制度。用途：适用于制造形状复杂、冲击载荷重的各种大、中型锤锻模等

3.130

序号	牌号——主要特性和用途
	钢组 4：热作模具用钢
4-3	3Cr2W8V——特性：一种常用的压铸模具钢，具有较高的韧性、良好的导热性，在高温下有较高的强度和硬度，650℃时仍为 300HB；钢的相变温度较高，耐热疲劳性好，且有较高的淬透性，钢材截面尺寸＜80mm 可完全淬透，但其韧性、塑性较差。用途：适用于制造在高温、高应力下，但不受冲击载荷的凹凸模，如压铸模、热挤压模、精锻模及有色金属成型模等
4-4	5Cr4Mo3SiMnVAl——特性：有较高的强韧性、抗回火稳定性、耐冷热疲劳性、淬硬性和淬透性，工艺性能也好，可用于制造冷作模具，代替 3Cr2W8V 和 Cr12MoV 钢和高速钢制造热挤压冲头、槽用螺栓、热锻模、冷镦模、冲孔凹模及冲击钻头等
4-5	3Cr3Mo3W2V——特性：冷、热加工性能良好，热处理温度范围宽；有较高的热强性、抗冷热疲劳性、耐磨性和抗回火稳定性等；淬透性和淬火不变形性较好，耐冲击韧性中等。用途：适用于制造轴承环毛坯、热镦锻模和连杆、热辊锻模等，其使用寿命比 3Cr2W8V，5CrMnMo 钢优越
4-6	5Cr4W5Mo2V——特性：有高的热强性和热稳定性以及较高的耐磨性。用途：适用于制造中小型精锻模、平锻模、热切边模等，使用寿命较高，也可代替 3Cr2W8V 钢使用，制作某些热挤压模
4-7	8Cr3——特性：有较好的淬透性，一定的室温和高温强度，且能形成细小而均匀分布的碳化物颗粒。用途：适用于制造冲击载荷不大，在＜500℃，和磨损条件下工作的热作模具，如热切边模、螺栓热顶锻模、热弯和热剪切的成型冲模等
4-8	4CrMnSiMoV——特性：有良好的高温性能、抗回火稳定性以及高的耐热疲劳性，冲击韧性稍低，但由于强度高、耐热性好，模具使用寿命仍比 5CrNiMo 钢高。用途：适用于制造大、中型锤锻模和压力机锤模，也可用于校正模和弯曲模等

序号	牌号——主要特性和用途
	钢组 4：热作模具用钢
4-9	4Cr3Mo3SiV——特性：有好的淬透性，小的截面尺寸工件可获得全部马氏体，有很好的韧性和高温强度，在450～550℃回火后，可获得二次硬化的最佳点。用途：可代替 3Cr2W8V 钢用于制造热冲模、热锻模、热滚锻模和塑压模等
4-10	4Cr5MoSiV——特性：在中温（～600℃）下，具有较好的热强度、高的韧性和耐磨性，在工作温度下有较好的耐冷热疲劳性能；热处理变形小，使用寿命比 3Cr2W8V 钢高。用途：适用于制造铝合金压铸模、压力机锻模、高精度锻模、塑压模及热挤压和穿孔用的工具与芯棒等；该钢具有好的中温强度，也被用于制造飞机、火箭等耐 400～500℃工作温度的结构零件
4-11	4Cr5MoSiV1——特性和用途与 4Cr5MoSiV 钢基本相同，但其中温（～600℃）时性能要好一些
4-12	4Cr5W2VSi——特性：在中温下有较高的热强度、硬度以及较高的耐磨性和韧性，在工作温度下有较好的冷热疲劳性能。用途：适用于制造热挤压模和芯棒，铝及锌等有色金属的压铸模、热顶锻结构钢和耐热钢用的工具；也有用于制造高能高速锤用的模具等
	钢组 5：无磁模具用钢
5-1	7Mn15Cr2Al3V2WMo——特性：具有高强度、高硬度、低导磁率和高耐磨性等优点的无磁钢；冷加工硬化现象严重，可采用高温退火以改善其切削加工性；采用气体氮化，表面硬度可达 68～70HRC。用途：适用于制造无磁模具、无磁轴承以及其他强磁场下产生磁感应的结构零件；也可用于制造在 700～800℃温度下使用的热作模具等
	钢组 6：塑料模具用钢
6-1	3Cr2Mo——特性：有良好的切削加工性和镜面研磨性能，经机加工成型后，不需作高温热处理，也可作表面渗碳或氮化处理。用途：适用于制造塑料模和压铸低熔点金属的模具等
6-2	3Cr2MnNiMo——特性：比 3Cr2Mo 钢有更好的淬透性和综合力学性能。用途：主要适用于制造形状较复杂的塑料模具和低熔点金属模具等

3.132

22. 高速工具钢棒 (GB/T9943—1988)

(1) 高速工具钢棒的化学成分及交货硬度

序号	牌号	碳	铬	锰	钼	硅	钒	钴	磷 ≤	硫 ≤	钨	退火 ≤	其他加工方法 ≤
		化学成分 (%)				化学成分 (%)（续）						交货硬度 HB	
1	W18Cr4V	0.70~0.80	3.80~4.40	0.10~0.40	≤0.30	0.20~0.40	1.00~1.40	—	0.030	0.030	17.50~19.00	255	269
2	W18Cr4VCo5	0.70~0.80	3.75~4.50	0.10~0.40	0.40~1.00	0.20~0.40	0.80~1.20	4.25~5.75	0.030	0.030	17.50~19.00	269	285
3	W18Cr4V2Co8	0.75~0.85	3.75~5.00	0.20~0.40	0.50~1.25	0.20~0.40	1.80~2.40	7.00~9.50	0.030	0.030	17.50~19.00	285	302
4	W12Cr4V5Co5	1.50~1.60	3.75~5.00	0.15~0.40	≤1.00	0.15~0.40	4.50~5.25	4.75~5.25	0.030	0.030	11.75~13.00	277	293
5	W6Mo5Cr4V2	0.80~0.90	3.80~4.40	0.15~0.40	4.50~5.50	0.20~0.45	1.75~2.20	—	0.030	0.030	5.50~6.75	255	262
6	CW6Mo5Cr4V2	0.95~1.05	3.80~4.40	0.15~0.40	4.50~5.50	0.20~0.45	1.75~2.20	—	0.030	0.030	5.50~6.75	255	269
7	W6Mo5Cr4V3	1.00~1.10	3.75~4.50	0.15~0.40	4.75~6.50	0.20~0.45	2.25~2.75	—	0.030	0.030	5.00~6.75	255	269
8	CW6Mo5Cr4V3	1.15~1.25	3.75~4.50	0.15~0.40	4.75~6.50	0.20~0.45	2.75~3.25	—	0.030	0.030	5.00~6.75	255	269

(续)

序号	牌号	碳	锰	硅	铬	钼	钒	钴	磷≤	硫≤	钨	交货硬度 HB 退火≤	其他加工方法≤
9	W2Mo9Cr4V2	0.97~1.05	0.15~0.40	0.20~0.55	3.50~4.00	8.20~9.20	1.75~2.25	—	0.030	0.030	1.40~2.10	255	269
10	W6Mo5Cr4V2Co5	0.80~0.90	0.15~0.40	0.20~0.45	3.75~4.50	4.50~5.50	1.75~2.25	4.50~5.50	0.030	0.030	5.50~6.50	269	285
11	W7Mo4Cr4V2Co5	1.05~1.15	0.20~0.60	0.15~0.50	3.75~4.50	5.00~5.25	1.75~2.25	4.75~5.75	0.030	0.030	6.25~7.00	269	285
12	W2Mo9Cr4VCo8	1.05~1.15	0.15~0.40	0.15~0.65	3.50~4.25	9.00~10.00	0.95~1.35	7.75~8.75	0.030	0.030	1.15~1.85	269	285
13	W9Mo3Cr4V	0.77~0.87	0.20~0.40	0.20~0.40	3.80~4.40	2.70~3.30	1.30~1.70	—	0.030	0.030	8.50~9.50	255	269
14	W6Mo5Cr4V2Al	1.05~1.20	0.15~0.40	0.20~0.60	3.80~4.40	4.50~5.50	1.75~2.20	铝0.80~1.20	0.030	0.030	5.50~6.75	269	285

注: 1. 根据双方协议可供应钒含量为1.60%~2.20%的W6Mo5Cr4V2钢。
　　2. 钢中残余铜含量应≤0.25%,残余镍含量应≤0.30%。
　　3. 根据需方要求,为改善钢的切削加工性能,其含硫量可规定为0.06%~0.15%。
　　4. 在钨高速钢中,钼含量允许以1.0%。钨钼二者关系,当钼含量超过0.30%时,钨含量应减少0.30%的部分,每1%的钼代替2%的钨,在这种情况下,在钢号的后面加注"Mo"。
　　5. 电渣钢号的硅含量下限不限。

3.134

(2) 高速工具钢的试样热处理制度及淬回火硬度

序号	牌 号	预热温度(℃)	淬火温度(℃) 盐浴炉	淬火温度(℃) 箱式炉	淬火剂	回火温度(℃)	硬度 HRC≥
1	W18Cr4V	820~870	1270~1285	1270~1285	油	550~570	63
2	W18Cr4VCo5	820~870	1270~1290	1280~1300	油	540~560	63
3	W18Cr4V2Co8	820~870	1270~1290	1280~1300	油	540~560	63
4	W12Cr4V5Co5	820~870	1220~1240	1230~1250	油	530~550	65
5	W6Mo5Cr4V2	730~840	1210~1230	1210~1230	油	540~560	63(箱式炉) 64(盐浴炉)
6	CW6Mo5Cr4V2	730~840	1190~1210	1200~1220	油	540~560	65
7	W6Mo5Cr4V3	730~840	1190~1210	1200~1220	油	540~560	64
8	CW6Mo5Cr4V3	730~840	1190~1210	1200~1220	油	540~560	64
9	W2Mo9Cr4V2	730~840	1190~1210	1200~1220	油	540~560	65
10	W6Mo5Cr4V2Co5	730~840	1190~1210	1200~1220	油	540~560	64
11	W7Mo4Cr4V2Co5	730~840	1180~1200	1190~1210	油	530~550	66
12	W2Mo9Cr4VCo8	730~840	1170~1190	1180~1200	油	530~550	66
13	W9Mo3Cr4V	820~870	1210~1230	1220~1240	油	540~560	63(箱式炉) 64(盐浴炉)
14	W6Mo5Cr4V2Al	820~870	1230~1240	1230~1240	油	540~560	65

注: 回火温度为 550~570℃时,回火 2 次,每次 1h;回火温度为 540~560℃时,回火 2 次,每次 2h;回火温度为 530~550℃时,回火 3 次,每次 2h。

(3) 高速工具钢的特性和用途

序号	牌号——主要特性和用途
1	W18Cr4V——特性：为钨系高速钢，也是应用最广泛的一个高速钢牌号；热处理温度范围宽，淬火不易过热，易于磨削加工；热加工时不易氧化，在 500～600℃ 时硬度仍可保持在 52～58HRC；碳化物不均匀性、高温塑性均较钼系高速钢差，不适宜制造大型及热塑成型的刀具；对有些硬性材料，满足不了刀具硬度和红硬性的要求。用途：适用于制造加工中等硬度材料(300～320HB)，工作温度在 <600℃ 仍要保持切削性能的一般刀具和复杂刀具，如车刀、铣刀、刨刀、钻头、铰刀、齿轮刀具及机用丝锥、板牙、锯条等；也可用于制造高温耐磨的机械零件，如高温轴承、高温弹簧等
2	W18Cr4VCo5——特性：为一般含钴型钨系高速钢，与W18Cr4V 钢相比，钢的红硬性和高温硬度有所提高，但韧性有所下降，钢在淬火后表面硬度可达 63～68HRC。用途：适用于制造高速切削刀具和切削较高强度的材料
3	W18Cr4V2Co8——特性和用途与 W18Cr4VCo5 钢基本相同，但其红硬性和高温硬度及耐磨性均稍高，而韧性降低。用途：适用于制造加工材料硬度在 400HB 以上、重载条件下工作的车刀、铣刀、滚刀等
4	W12Cr4V5Co5——特性：为高碳高钒含钴钨系高速钢，提高了耐磨性、红硬性和高温硬度以及抗回火稳定性，故可在较高工作温度下使用，耐用度为一般高速钢的 2 倍以上。用途：适用于制造钻削刀具、螺纹梳刀、车刀、铣刀、成形刀具、刮刀片等及冷模具；也可用于制造需加工中、高强度的钢、铸造合金钢、低合金超高强度钢等难加工材料的刀具；此钢磨削性能差，不宜制造高精度形状复杂的刀具；此外，它的强度和韧性也较差

序号	牌号——主要特性和用途
5	W6Mo5Cr4V2——特性:为钨钼系高速钢类,具有碳化物颗粒细小且分布均匀、韧性高、耐磨性好、热塑性好等优点;硬度、红硬性稍低;高温硬度与W18Cr4V相当。用途:适用于制造各种需要承受冲击力较大的刀具,如插齿刀、锥齿刨刀和一般高速切削刀具;也可用于制造大型和热塑成型刀具以及在高载荷下耐磨损的机件
6	CW6Mo5Cr4V2——特性:含碳量比W6Mo5Cr4V2钢高,硬度可达67~68HRC,当600℃时,高温硬度可提高HRC 5个单位,红硬性和耐磨性也提高;由于该钢增加了残余奥氏体,因而需增加多次回火,从而使强度和冲击韧性降低,故不能承受大的冲击,同时也恶化了碳化物不均匀性,使晶粒粗化,降低了热塑性和力学性能,增加了热加工时的过热敏感性,故使用该钢应严格控制加热温度。用途:适用于制造对切削性能要求较高的刀具;由于磨削性好,故又特别适用于制造刃口圆弧半径很小的刀具,如拉刀、铰刀等
7	W6Mo5Cr4V3——特性:能获得细小而均匀的碳化物颗粒,提高了耐磨性和韧性、塑性等,但磨削性下降,易氧化脱碳。用途:适用于制造各种类型的一般刀具,也可制造需加工中、高强度钢、高温合金钢等难加工材料的刀具,但不宜制造高精度、复杂刀具
8	CW6Mo5Cr4V3——特性:具有CW6Mo5Cr4V2和W6Mo5Cr4V3钢二者的特性,由于碳、钒增加,从而使细小均匀的碳化物和二次硬化效果更佳,既有一定的强度和韧性,又有更高的硬度、红硬性和耐磨性。用途与W6MoCr4V3钢基本相同
9	W2Mo9Cr4V2——特性:具有易热处理、较耐磨、热硬性和韧性较高、密度较小和可切削性优良等优点;此钢在切削一般硬度材料时有良好的效果,但易于氧化、脱碳,应严格控制热处理和热加工规范。用途:适用于制造钻头、铣刀、刀片、成形刀具、车削及剃削刀具、丝锥、板牙、锯条及各种冷冲模具等

序号	牌号——主要特性和用途
10	W6Mo5Cr4V2Co5——特性：为一般含钴型钨、钼系高速钢，红硬性和高温硬度比 W6Mo5Cr4V2 钢高，但韧性下降，硬度为 63～66HRC。用途：适用于制造高速切削刀具及切削较高强度材料的刀具
11	W7Mo4Cr4V2Co5——特性：具有很高的耐磨性、高的硬度和回火稳定性；有高的红硬性和高温硬度，耐用度超过一般高速钢 2 倍以上。用途：适用于制造钻削工具、螺纹梳刀、车刀、铣刀、成型刀具、滚刀、刮刀片等；可用于制造需加工中高强度钢、冷轧钢、铸造合金钢、低合金超高强度钢等难加工材料的刀具以及冷作模具等。但该钢强度和韧性较低，磨削性能差，不宜制作高精度及形状复杂的刀具
12	W2Mo9Cr4VCo8——特性：为高碳含钴超硬型钨钼系高速钢，有高的硬度（70HRC）和高温硬度、红硬性和易磨削等优点。用途：适用于制造高精度和形状复杂的刀具，如成型铣刀、精密拉刀以及专用钻头，各种高硬度刀头、刀片等，可加工铁基高温变形合金、铸造高温合金、钛合金及超高强度钢等，但韧性稍差，淬火温度宜采用中、下限
13	W9Mo3Cr4V——是一种新牌号高速钢，综合性能优于 W6Mo5Cr4V2 钢，成本较低，适用性强
14	W6Mo5Cr4V2Al——特性：为以铝代钴的钨钼系型超硬型高速钢，硬度可达 68～69HRC，耐磨性、高温硬度及红硬性高，热塑性也好；耐用度比 W18Cr4V 钢高 1～2 倍，韧性优于含钴高速钢，且易进行碳氮共渗、氮化等表面处理；但磨削性差（可用单晶刚玉和锆钕刚玉砂轮磨削）、过热敏感性较大，氧化、脱碳倾向也大，应严格控制热加工和热处理工艺

3.138

23. 不 锈 钢 棒（GB/T1220－1992）

（1）不锈钢棒的化学成分

序号	牌　　号	化　学　成　分　（%）				
		碳≤	硅≤	锰	磷≤	硫≤
1）奥 氏 体 型 钢						
1	1Cr17Mn6Ni5N	0.15	1.00	5.50～7.50	0.060	0.030
2	1Cr18Mn8Ni5N	0.15	1.00	7.50～10.00	0.060	0.030
3	1Cr18Mn10Ni5Mo3N	0.10	1.00	8.50～12.00	0.060	0.030
4	1Cr17Ni7	0.15	1.00	≤2.00	0.035	0.030
5	1Cr18Ni9	0.15	1.00	≤2.00	0.035	0.030
6	Y1Cr18Ni9	0.15	1.00	≤2.00	0.20	≥0.15
7	Y1Cr18Ni9Se	0.15	1.00	≤2.00	0.20	0.060
8	0Cr18Ni9	0.07	1.00	≤2.00	0.035	0.030
9	00Cr19Ni10	0.030	1.00	≤2.00	0.035	0.030
10	0Cr19Ni9N	0.08	1.00	≤2.00	0.035	0.030
11	0Cr19Ni10NbN	0.08	1.00	≤2.00	0.035	0.030
12	00Cr18Ni10N	0.030	1.00	≤2.00	0.035	0.030

序号	化　学　成　分　（%）（续）				
	镍	铬	钼[①]	氮	其　他
1	3.50～5.50	16.00～18.00	—	≤0.25	—
2	4.00～6.00	17.00～19.00	—	≤0.25	—
3	4.00～6.00	17.00～19.00	2.8～3.5	0.20～0.30	—
4	6.00～8.00	16.00～18.00	—	—	—
5	8.00～10.00	17.00～19.00	—	—	—
6	8.00～10.00	17.00～19.00	*	—	—
7	8.00～10.00	17.00～19.00	—	—	硒≥0.15
8	8.00～11.00	17.00～19.00	—	—	—
9	8.00～12.00	18.00～20.00	—	—	—
10	7.00～10.50	18.00～20.00	—	0.10～0.25	—
11	7.50～10.50	18.00～20.00	—	0.15～0.30	铌≤0.15
12	8.50～11.50	17.00～19.00	—	0.12～0.22	—

序号	牌号	化　学　成　分　（%）				
		碳≤	硅≤	锰≤	磷≤	硫≤
	1）奥　氏　体　型　钢					
13	1Cr18Ni12	0.12	1.00	2.00	0.035	0.030
14	0Cr23Ni13	0.08	1.00	2.00	0.035	0.030
15	0Cr25Ni20	0.08	1.00	2.00	0.035	0.030
16	0Cr17Ni12Mo2	0.08	1.00	2.00	0.035	0.030
17	1Cr18Ni12Mo2Ti⑥	0.12	1.00	2.00	0.035	0.030
18	0Cr18Ni12Mo2Ti	0.08	1.00	2.00	0.035	0.030
19	00Cr17Ni14Mo2	0.030	1.00	2.00	0.035	0.030
20	0Cr17Ni12Mo2N	0.08	1.00	2.00	0.035	0.030
21	00Cr17Ni13Mo2N	0.030	1.00	2.00	0.035	0.030
22	0Cr18Ni12Mo2Cu2	0.08	1.00	2.00	0.035	0.030
23	00Cr18Ni14Mo2Cu2	0.030	1.00	2.00	0.035	0.030
24	0Cr19Ni13Mo3	0.08	1.00	2.00	0.035	0.030
25	00Cr19Ni13Mo3	0.030	1.00	2.00	0.035	0.030
26	1Cr18Ni12Mo3Ti⑥	0.12	1.00	2.00	0.035	0.030
27	0Cr18Ni12Mo3Ti	0.08	1.00	2.00	0.035	0.030

序号	化　学　成　分　（%）（续）			
	镍	铬	钼①	钛
13	10.50～13.00	17.00～19.00	—	—
14	12.00～15.00	22.00～24.00	—	—
15	19.00～22.00	24.00～26.00	—	—
16	10.00～14.00	16.00～18.50	2.00～3.00	—
17	11.00～14.00	16.00～19.00	1.80～2.50	5×（碳—0.02）～0.80
18	11.00～14.00	16.00～19.00	1.80～2.50	5×碳～0.70
19	12.00～15.00	16.00～18.00	2.00～3.00	—
20	10.00～14.00	16.00～18.00	2.00～3.00	氮 0.10～0.22
21	10.50～14.50	16.00～18.50	2.00～3.00	氮 0.12～0.22
22	10.00～14.50	17.00～19.00	1.20～2.75	铜 1.00～2.50
23	12.00～16.00	17.00～19.00	1.20～2.75	铜 1.00～2.50
24	11.00～15.00	18.00～20.00	3.00～4.00	—
25	11.00～15.00	18.00～20.00	3.00～4.00	—
26	11.00～14.00	16.00～19.00	2.50～3.50	5×（碳—0.02）～0.80
27	11.00～14.00	16.00～19.00	2.50～3.50	5×碳～0.70

序号	牌 号	化 学 成 分 （%）				
		碳≤	硅≤	锰≤	磷≤	硫≤
1) 奥 氏 体 型 钢						
28	0Cr18Ni16Mo5	0.040	1.00	2.00	0.035	0.030
29	1Cr18Ni9Ti⑥	0.12	1.00	2.00	0.035	0.030
30	0Cr18Ni10Ti	0.08	1.00	2.00	0.035	0.030
31	0Cr18Ni11Nb	0.08	1.00	2.00	0.035	0.030
32	1Cr18Ni9Cu3	0.12	1.00	2.00	0.035	0.030
33	0Cr18Ni13Si4	0.08	3.00～5.00	2.00	0.035	0.030
2) 奥氏体—铁素体型钢						
34	0Cr26Ni5Mo2	0.08	1.00	1.50	0.035	0.030
35	1Cr18Ni11Si4AlTi	0.10～0.18	3.40～4.00	0.80	0.035	0.030
36	00Cr18Ni5Mo3Si2	0.030	1.30～2.00	1.00～2.00	0.035	0.030
3) 铁 素 体 型 钢						
37	0Cr13Al	0.08	1.00	1.00	0.035	0.030
38	00Cr12	0.030	1.00	1.00	0.035	0.030
39	1Cr17	0.12	0.75	1.00	0.035	0.030
40	Y1Cr17	0.12	1.00	1.25	0.060	≥0.15

序号	化 学 成 分 （%）（续）			
	镍③	铬	钼①	钛②
28	15.00～17.00	16.00～19.00	4.00～6.00	5×（碳－0.02）～0.80
29	8.00～11.00	17.00～19.00	—	5×（碳－0.02）～0.80
30	9.00～12.00	17.00～19.00	—	≥5×碳
31	9.00～13.00	17.00～19.00	—	铌≥10×碳
32	8.50～10.50	17.00～19.00	—	铜 3.00～4.00
33	11.50～15.00	15.00～17.00	—	＊＊
34	3.00～6.00	23.00～28.00	1.00～3.00	＊＊
35	10.00～12.00	17.50～19.50	铝 0.10～0.30	0.40～0.70
36	4.50～5.50	18.00～19.50	2.50～3.00	—
37	＊＊＊	11.50～14.50	—	铝 0.10～0.30
38	＊＊＊	11.00～13.00	—	—
39	＊＊＊	16.00～18.00	—	—
40	＊＊＊	16.00～18.00	＊	—

序号	牌　　号	化　学　成　分　(%)				
		碳≤	硅≤	锰≤	磷≤	硫≤
	3) 铁　素　体　型　钢					
41	1Cr17Mo	0.12	1.00	1.00	0.035	0.030
42	00Cr30Mo2⑤	0.010	0.40	0.40	0.030	0.020
43	00Cr27Mo⑤	0.010	0.40	0.40	0.030	0.020
	4) 马　氏　体　型　钢					
44	1Cr12	0.15	0.50	1.00	0.035	0.030
45	1Cr13	0.15	1.00	1.00	0.035	0.030
46	0Cr13	0.08	1.00	1.00	0.035	0.030
47	Y1Cr13	0.15	1.00	1.25	0.060	≥0.15
48	1Cr13Mo	0.08~0.18	0.60	1.00	0.035	0.030
49	2Cr13	0.16~0.25	1.00	1.00	0.035	0.030
50	3Cr13	0.26~0.35	1.00	1.00	0.035	0.030
51	Y3Cr13	0.26~0.40	1.00	1.25	0.060	≥0.15
52	3Cr13Mo	0.28~0.35	0.80	1.00	0.035	0.030
53	4Cr13	0.36~0.45	0.60	0.80	0.035	0.030
54	1Cr17Ni2	0.11~0.17	0.80	0.80	0.035	0.030

序号	化　学　成　分　(%)　(续)				
	镍③	铬	钼①	铜	其他
41	＊＊＊	16.00~18.00	0.75~1.25	—	—
42	—	28.50~32.00	1.50~2.50	≤0.015	—
43	—	25.00~27.50	0.75~1.50	≤0.015	—
44	＊＊＊	11.50~13.00	—		
45	＊＊＊	11.50~13.50	—		
46	＊＊＊	11.50~13.50	—		
47	＊＊＊	12.00~14.00	＊		
48	＊＊＊	11.50~14.00	0.30~0.60		
49	＊＊＊	12.00~14.00	—		
50	＊＊＊	12.00~14.00	—		
51	＊＊＊	12.00~14.00	＊		
52	＊＊＊	12.00~14.00	0.50~1.00		
53	＊＊＊	12.00~14.00	—		
54	1.50~2.50	16.00~18.00	—		

序号	牌 号	化 学 成 分 （%）				
		碳	硅≤	锰≤	磷≤	硫≤
4) 马 氏 体 型 钢						
55	7Cr17	0.60～0.75	1.00	1.00	0.035	0.030
56	8Cr17	0.75～0.95	1.00	1.00	0.035	0.030
57	9Cr18	0.90～1.00	0.80	0.80	0.035	0.030
58	11Cr17	0.95～1.20	1.00	1.00	0.035	0.030
59	Y11Cr17	0.95～1.20	1.00	1.25	0.060	≥0.15
60	9Cr18Mo	0.95～1.10	0.80	0.80	0.035	0.030
61	9Cr18MoV	0.85～0.95	0.80	0.80	0.035	0.030
5) 沉 淀 硬 化 型 钢						
62	0Cr17Ni4Cu4Nb	≤0.07	1.00	1.00	0.035	0.030
63	0Cr17Ni7Al	≤0.09	1.00	1.00	0.035	0.030
64	0Cr15Ni7Mo2Al	≤0.09	1.00	1.00	0.035	0.030

序号	化 学 成 分 （%） （续）				
	镍③	铬	钼④	铜	其他
55	＊＊＊	16.00～18.00	＊＊＊＊	—	—
56	＊＊＊	16.00～18.00	＊＊＊＊	—	—
57	＊＊＊	17.00～19.00	＊＊＊＊	—	—
58	＊＊＊	16.00～18.00	＊＊＊＊	—	—
59	＊＊＊	16.00～18.00	＊＊＊＊	—	—
60	＊＊＊	16.00～18.00	0.40～0.70	—	—
61	＊＊＊	17.00～19.00	1.00～1.30	—	钒 0.07～0.12
62	3.00～5.00	15.50～17.50	—	3.00～5.00	铌 0.15～0.45
63	6.50～7.75	16.00～18.00	—	≤0.50	铝 0.75～1.50
64	6.50～7.50	14.00～16.00	2.00～3.00	—	铝 0.75～1.50

注：① 带有＊符号的可加入≤0.60%钼。
② 带有＊＊符号的必要时，可添加表中以外的合金元素。
③ 带有＊＊＊符号的允许加≤0.60%镍。
④ 带有＊＊＊＊符号的可加入≤0.75%钼。
⑤ 允许有≤0.50%镍和≤0.20%铜，而镍＋铜≤0.50%；必要时，可添加表中以外的合金元素。
⑥ 此牌号除专用外，一般情况下不推荐使用。

(2) 其他不锈钢产品的化学成分

序号	牌 号	化 学 成 分（%）				
		碳≤	硅≤	锰≤	磷≤	硫≤
1) 奥 氏 体 型 钢						
65	2Cr13Mn9Ni4	0.15～0.25	1.00	8.00～10.00	0.060	0.030
66	1Cr17Ni8	0.08～0.12	1.00	2.00	0.035	0.030
67	1Cr18Ni9Si3	0.15	2.00～3.00	2.00	0.035	0.030
68	0Cr19Ni9	0.08	1.00	2.00	0.035	0.030
69	00Cr19Ni11	0.03	1.00	2.00	0.035	0.030
70	0Cr18Ni11Ti	0.08	1.00	2.00	0.035	0.030
71	ML0Cr16Ni18	0.08	1.00	2.00	0.035	0.030
72	ML0Cr18Ni12	0.08	1.00	2.00	0.035	0.030
2) 奥氏体—铁素体型钢						
73	1Cr21Ni5Ti	0.09～0.14	0.80	0.80	0.035	0.030
74	00Cr24Ni6Mo3N	0.03	1.00	1.50	0.040	0.030

序号	化 学 成 分 （%）（续）			
	镍	铬	氮≤	其 他
65	3.70～5.00	12.00～14.00	—	—
66	7.00～9.00	16.00～18.00	—	—
67	8.00～10.00	17.00～19.00	—	—
68	8.00～10.00	18.00～20.00	—	—
69	9.00～13.00	18.00～20.00	—	—
70	9.00～13.00	17.00～19.00		钛≥5×碳
71	17.00～19.00	15.00～17.00	—	—
72	11.00～13.50	16.50～19.00	—	—
73	4.80～5.30	20.00～22.00	—	钛 5（碳—0.02）～0.80
74	4.50～7.50	22.00～26.00	0.08～0.30	钼 2.50～4.00

序号	牌　　号	化　学　成　分　（%）					
		碳≤	硅≤	锰≤	磷≤	硫≤	镍≤
	3）铁　素　体　型　钢						
75	1Cr15	0.120	1.00	1.00	0.035	0.030	—
76	00Cr17	0.030	0.75	1.00	0.035	0.030	—
77	00Cr17Mo	0.025	1.00	1.00	0.035	0.030	—
78	00Cr18Mo2	0.025	1.00	1.00	0.035	0.030	—
	4）马　氏　体　型　钢						
79	3Cr16	0.25～0.40	1.00	1.00	0.035	0.030	0.60

序号	化　　学　　成　　分　　（%）　（续）				
	铬	钼	钛	铌	锆	其　他
75	14.00～16.00	—	—			—
76	16.00～18.00		钛或铌 0.10～1.00			
77	16.00～19.00	0.75～1.25	钛、铌、锆或之和：8(碳＋氮)～0.80			氮≤0.025
78	17.00～20.00	1.75～2.50	钛、铌、锆或之和：8(碳＋氮)～0.80			氮≤0.025
79	15.00～17.00	—	—			—

注：1. 其他不锈钢产品的牌号很多，其多数牌号与第3.139页
　　　"不锈钢棒"的牌号相同。如想了解这些牌号的化学成分，
　　　可参阅"不锈钢棒"中的规定。少数牌号与之不同，其化学
　　　成分即列于本表中。
　　2. 本表包括的不锈钢产品的标准名称和标准号，及其包括的
　　　不锈钢牌号序号如下：
　　　(1) 不锈钢冷轧钢板(GB/T32080－1992)：牌号序号为65
　　　　～67、73、75～79；
　　　(2) 不锈钢热轧钢带(YB/T5090－1993)：牌号序号为66、
　　　　68、70、75～79；
　　　(3) 不锈钢和耐热钢冷轧钢带(GB/T4239－1991)：牌号
　　　　序号为65～67、74～79；
　　　(4) 不锈钢丝(GB/T4240－1993)：牌号序号为69、70(摘
　　　　自已被代替的GB1220－84)；
　　　(5) 冷顶锻用不锈钢丝(GB/T4232－1993)：牌号序号为
　　　　71、72(牌号开头加注"ML"表示该种钢丝适用于冷顶
　　　　锻工艺)；其余牌号的化学成分与相应不锈钢棒牌号
　　　　的化学成分仍相同。

(3) 不锈钢棒的热处理制度

序 号	牌 号	热 处 理 (℃)
	1) 奥 氏 体 型 钢	
1	1Cr17Mn6Ni5N	固溶 1010~1120 快冷
2	1Cr18Mn8Ni5N	固溶 1010~1120 快冷
3	1Cr18Mn10Ni5Mo3N	固溶 1100~1150 快冷
4	1Cr17Ni7	固溶 1010~1150 快冷
5	1Cr18Ni9	固溶 1010~1150 快冷
6	Y1Cr18Ni9	固溶 1010~1150 快冷
7	Y1Cr18Ni9Se	固溶 1010~1150 快冷
8	0Cr18Ni9	固溶 1010~1150 快冷
9	00Cr19Ni10	固溶 1010~1150 快冷
10	0Cr19Ni9N	固溶 1010~1150 快冷
11	0Cr19Ni10NbN	固溶 1010~1150 快冷
12	00Cr18Ni10N	固溶 1010~1150 快冷
13	1Cr18Ni12	固溶 1010~1150 快冷
14	0Cr23Ni13	固溶 1030~1150 快冷
15	0Cr25Ni20	固溶 1030~1180 快冷
16	0Cr17Ni12Mo2	固溶 1010~1150 快冷
17	1Cr18Ni12Mo2Ti①	固溶 1000~1100 快冷
18	0Cr18Ni12Mo2Ti①	固溶 1000~1100 快冷
19	00Cr17Ni14Mo2	固溶 1010~1150 快冷
20	0Cr17Ni12Mo2N	固溶 1010~1150 快冷
21	00Cr17Ni13Mo2N	固溶 1010~1150 快冷
22	0Cr18Ni12Mo2Cu2	固溶 1010~1150 快冷
23	00Cr18Ni14Mo2Cu2	固溶 1010~1150 快冷
24	0Cr19Ni13Mo3	固溶 1010~1150 快冷
25	00Cr19Ni13Mo3	固溶 1010~1150 快冷
26	1Cr18Ni12Mo3Ti①	固溶 1000~1100 快冷
27	0Cr18Ni12Mo3Ti①	固溶 1000~1100 快冷
28	0Cr18Ni16Mo5	固溶 1030~1180 快冷
29	1Cr18Ni9Ti①	固溶 920~1150 快冷
30	0Cr18Ni10Ti①	固溶 920~1150 快冷
31	0Cr18Ni11Nb①	固溶 980~1150 快冷
32	0Cr18Ni9Cu3	固溶 1010~1150 快冷
33	0Cr18Ni13Si4	固溶 1010~1150 快冷

序号	牌　　号	热　处　理（℃）		
		退　火	淬　　火	回　火
		2）奥氏体—铁素体型钢		
34	0Cr26Ni5Mo2	固溶 950～1100 快冷		
35	1Cr18Ni11Si4-AlTi	固溶 930～1050 快冷		
36	00Cr18Ni5Mo3-Si2	固溶 920～1150 快冷		
		3）铁　素　体　型　钢		
37	0Cr13Al	退火 780～830 空冷或缓冷		
38	00Cr12	退火 700～820 空冷或缓冷		
39	1Cr17	退火 780～850 空冷或缓冷		
40	Y1Cr17	退火 680～820 空冷或缓冷		
41	1Cr17Mo	退火 780～850 空冷或缓冷		
42	00Cr30Mo2	退火 900～1050 快冷		
43	00Cr27Mo	退火 900～1050 快冷		
		4）马　氏　体　型　钢		
44	1Cr12	800～900 缓冷或约 750 快冷	950～1000 油冷	700～750 快冷
45	1Cr13			
46	0Cr13			
47	Y1Cr13			
48	1Cr13Mo	830～900 缓冷或约 750 快冷	970～1020 油冷	650～750 快冷
49	2Cr13	800～900 缓冷或约 750 快冷	920～980 油冷	600～750 快冷
50	3Cr13			
51	Y3Cr13			
52	3Cr13Mo	800～900 缓冷或约 750 快冷	1025～1075 油冷	200～300 油、水、空冷
53	4Cr13	800～900 缓冷或约 750 快冷	1050～1100 油冷	200～300 空冷
54	1Cr17Ni2	680～700 高温回火空冷	950～1050 油冷	275～350 空冷
55	7Cr17	800～920 缓冷	1010～1070 油冷	100～180 快冷
56	8Cr17			

序号	牌号	热 处 理 （℃）		
		退 火	淬 火	回 火
4) 马 氏 体 型 钢				
57	9Cr18	800～920 缓冷	1000～1050 油冷	200～300 油、空冷
58 59	11Cr17 Y11Cr17	800～920 缓冷	1010～1070 油冷	100～180 快冷
60	9Cr18Mo	800～900 缓冷	1000～1050 油冷	200～300 空冷
61	9Cr18MoV	800～920 缓冷	1050～1075 油冷	100～200 空冷
5) 沉 淀 硬 化 型 钢				
		种 类	条 件	
62	0Cr17Ni4Cu4Nb	固 溶	1020～1060 快冷	
		480 时效	经固溶处理后，470～490 空冷	
		550 时效	经固溶处理后，540～560 空冷	
		580 时效	经固溶处理后，570～590 空冷	
		620 时效	经固溶处理后，610～630 空冷	
63 64	0Cr17Ni7Al 0Cr15Ni7Mo2Al	固 溶	1000～1100 快冷	
		565 时效	经固溶处理后，于 760 ± 15 保持 90min，在 1h 内冷却到 15 以下，保持 30min，再加热到 565 ± 10，保持 90min，空冷	
		510 时效	经固溶处理后，于 955 ± 10 保持 10min，空冷到室温，在 24h 内冷却到 -73 ± 6，保持 8h，再加热到 510 ± 10，保持 60min，空冷	

注：序号 17 与 18、26 与 27、29 与 30 的牌号，每对牌号的力学性能指标是一致的，需方可根据耐腐蚀性能的差别来选用。

① 根据需方要求，并在合同中注明，可进行稳定化处理（850～930℃）。

(4) 不锈钢棒经热处理后的力学性能

序号	牌　　　号	$\sigma_{0.2}$	σ_b	δ_5	ψ	硬度试验≤		
		(MPa)≥		(%)≥		HB	HRB	HV
	1) 奥氏体型钢(经固溶处理)							
1	1Cr17Mn6Ni5N	275	520	40	45	241	100	253
2	1Cr18Mn8Ni5N	275	520	40	45	207	95	218
3	1Cr18Mn10Ni5Mo3N	345	685	45	65	—	—	—
4	1Cr17Ni7	205	520	40	60	187	90	200
5	1Cr18Ni9	205	520	40	60	187	90	200
6	Y1Cr18Ni9	205	520	40	50	187	90	200
7	Y1Cr18Ni9Se	205	520	40	50	187	90	200
8	0Cr18Ni9	205	520	40	60	187	90	200
9	00Cr19Ni10	177	480	40	60	187	90	200
10	0Cr19Ni9N	275	550	35	50	217	95	220
11	0Cr19Ni10NbN	345	685	35	50	250	100	260
12	00Cr18Ni10N	245	550	40	50	217	95	220
13	1Cr18Ni12	177	480	40	60	187	90	200
14	0Cr23Ni13	205	520	40	60	187	90	200
15	0Cr25Ni20	205	520	40	50	187	90	200
16	0Cr17Ni12Mo2	205	520	40	60	187	90	200
17	1Cr18Ni12Mo2Ti	205	530	40	55	187	90	200
18	0Cr18Ni12Mo2Ti	205	530	40	55	187	90	200
19	00Cr17Ni14Mo2	177	480	40	60	187	90	200
20	0Cr17Ni12Mo2N	275	550	35	50	217	95	220
21	00Cr17Ni13Mo2N	245	550	40	50	217	95	220
22	0Cr18Ni12Mo2Cu2	205	520	40	60	187	90	200
23	00Cr18Ni14Mo2Cu2	177	400	40	60	187	90	200
24	0Cr19Ni13Mo3	205	520	40	60	187	90	200
25	00Cr19Ni13Mo3	177	480	40	60	187	90	200
26	1Cr18Ni12Mo3Ti	205	530	40	55	187	90	200
27	0Cr18Ni12Mo3Ti	205	530	40	55	187	90	200
28	0Cr18Ni16Mo5	177	480	40	45	187	90	200
29	1Cr18Ni9Ti	205	520	40	50	187	90	200
30	0Cr18Ni10Ti	205	520	40	50	187	90	200
31	0Cr18Ni11Nb	205	520	40	50	187	90	200
32	0Cr18Ni9Cu3	177	480	40	60	187	90	200
33	0Cr18Ni13Si4	205	520	40	60	207	95	218

序号	牌　　号	$\sigma_{0.2}$	σ_b	δ_5	ψ	A_K	硬度试验≤		
		(MPa)≥		(%)≥		(J)≥	HB	HRC	HV
2) 奥氏体—铁素体型钢（经固溶处理）									
34	0Cr26Ni5Mo2	390	590	18	40	—	277	29	292
35	1Cr18Ni11Si4AlTi	440	715	25	40	63	—	—	—
36	00Cr18Ni5Mo3Si2	390	590	20	40	—	—	30	300
3) 铁素体型钢（经退火处理）									
37	0Cr13Al	177	410	20	60	78	183	—	—
38	00Cr12	196	265	22	60	—	183	—	—
39	1Cr17	205	450	22	50	—	183	—	—
40	Y1Cr17	205	450	22	50	—	183	—	—
41	1Cr17Mo	205	450	22	60	—	183	—	—
42	00Cr30Mo2	295	450	20	45	—	228	—	—
43	00Cr27Mo	245	410	20	45	—	219	—	—

序号	牌　　号	$\sigma_{0.2}$	σ_b	δ_5	A_K	硬度试验		
		(MPa)		(%)	(J)	淬回火≥		退火≤
		≥				HB	HRC	HB
4) 马氏体型钢（经淬回火处理）								
44	1Cr12	390	590	25	55	118	170	—	200
45	1Cr13	345	540	25	55	78	159	—	200
46	0Cr13	345	490	24	60	—	—	—	183
47	Y1Cr13	345	540	25	55	78	159	—	200
48	1Cr13Mo	490	685	20	60	78	192	—	200
49	2Cr13	440	635	20	50	63	192	—	223
50	3Cr13	540	735	12	40	24	217	—	235
51	Y3Cr13	540	735	12	40	24	217	—	235
52	3Cr13Mo	—	—	—	—	—	—	50	207
53	4Cr13	—	—	—	—	—	—	50	201
54	1Cr17Ni2	—	1080	10	—	39	—	—	285
55	7Cr17	—	—	—	—	—	—	54	255
56	8Cr17	—	—	—	—	—	—	56	255

3.150

序号	牌 号	$\sigma_{0.2}$	σ_b	δ_5	ψ	A_K	硬度试验		
		(MPa)		(%)		(J)	淬回火≥		退火≤
		≥					HB	HRC	HB
4) 马氏体型钢(经淬回火处理)									
57	9Cr18	—	—	—	—	—	—	55	255
58	11Cr17	—	—	—	—	—	—	58	269
59	Y11Cr17	—	—	—	—	—	—	58	269
60	9Cr18Mo	—	—	—	—	—	—	55	269
61	9Cr18MoV	—	—	—	—	—	—	55	269

序号	牌 号	热处理 (℃)	$\sigma_{0.2}$	σ_b	δ_5	ψ	硬度试验≥	
			(MPa)≥		(%)≥		HB	HRC
5) 沉淀硬化型钢(经固溶或时效处理)								
62	0Cr17Ni14Cu4Nb	固 溶	—	—	—	—	≤363	≤38
		480 时效	1180	1310	10	40	375	40
		550 时效	1000	1060	12	45	331	35
		580 时效	865	1000	13	45	302	31
		620 时效	725	930	16	50	277	28
63	0Cr17Ni7Al	固 溶	≤380	≤1030	20	—	≤229	
		565 时效	960	1140	5	25	363	
		510 时效	1030	1230	4	10	388	
64	0Cr15Ni7Mo2Al	固 溶	—	—	—	—	≤269	
		565 时效	1100	1210	7	25	375	
		510 时效	1210	1320	6	20	388	

注: 1. 力学性能栏中: $\sigma_{0.2}$——屈服强度, σ_b——抗拉强度, δ_5——伸长率, ψ——收缩率, A_K——冲击功。

2. 各类钢的屈服强度和奥氏体、奥氏体—铁素体、铁素体型钢的硬度, 仅当需方要求, 并在合同中注明时才进行测定。

3. 如马氏体型钢棒采用750℃左右回火时, 其硬度由供需双方协商规定。

4. 表中所列力学性能数值适用钢棒尺寸(mm): 奥氏体型钢≤180, 其他类型钢≤75。

（5）不锈钢的特性和用途

（a）不锈钢棒牌号的特性和用途

序号	牌号——特性和用途
	1）奥氏体型钢
1	1Cr17Mn6Ni5N——属节镍钢种，可代替1Cr17Ni7钢，冷加工后有磁性。适用于制造铁道车辆中部分部件
2	1Cr18Mn8Ni5N——属节镍钢种，可代替1Cr18Ni9钢使用。用途与1Cr18Ni9钢基本相同
3	1Cr18Mn10Ni5Mo3N——对尿素有良好的耐蚀性。适用于作尿素耐蚀设备中的部件等
4	1Cr17Ni7——经冷加工后有高的强度。适用于制造铁道车辆中部分部件及传送带上要求有防蚀性的螺栓、螺母等
5	1Cr18Ni9——此牌号应用很广，它具有良好的在硝酸、大部分有机酸和无机酸水溶液、磷酸、碱及煤气等介质中的耐蚀性。经冷加工后有高的强度，但伸长率比1Cr17Ni7钢稍差。适用于作建筑用的装饰部件、不锈耐酸外壳及容器、阀、管道等
6	Y1Cr18Ni9——比1Cr18Ni9钢提高可切削性、耐烧蚀性。适用于作在自动车床上加工的螺栓、螺母等
7	Y1Cr18Ni9Se——性能和用途与Y1Cr18Ni9钢相似
8	0Cr18Ni9——它广泛作为不锈耐热钢使用。适用于作食品工业上用设备，一般化工设备和原子工业设备上的部件
9	00Cr19Ni10——耐晶间腐蚀性优越。适用于作焊接后可不进行热处理的部件类
10	0Cr19Ni9N——此钢在0Cr18Ni9钢上添加氮，强度提高，塑性不降低。适用于作需要一定强度的结构件
11	0Cr19Ni10NbN——此钢在0Cr18Ni9钢上添加氮和铌，可消除晶间腐蚀。用途与0Cr19Ni9N钢相似

3.152

序号	牌号——特性和用途
	1）奥 氏 体 型 钢
12	00Cr18Ni10N——此钢在牌号00Cr19Ni10钢上添加氮，耐晶间腐蚀性更好。用途与0Cr19Ni9N钢相同
13	1Cr18Ni12——与0Cr19Ni9钢相比，加工硬化性低。适用于制造旋压加工、特殊拉拔及冷镦用等部件
14	0Cr23Ni13——高温抗氧化性和高温强度均较0Cr19Ni9钢好。适用于制造工业炉上用的耐热材料
15	0Cr25Ni20——抗氧化性比0Cr23Ni13钢好。实际多作为耐热钢制造的各种零件
16	0Cr17Ni12Mo2——在海水和硫酸、盐酸、某些有机酸等介质中，耐腐蚀性比0Cr18Ni9钢好。适用于制造耐点腐蚀类零件
17	1Cr18Ni12Mo2Ti——有良好的耐晶间腐蚀性。适用于制造抗硫酸、盐酸和某些有机酸等设备和部件
18	0Cr18Ni12Mo2Ti——特性和用途与1Cr18Ni12Mo2Ti钢相同
19	00Cr17Ni14Mo2——含碳量比0Cr17Ni12Mo2钢更低，抗晶间腐蚀性更好。适用于在化工、化纤、化肥等工业上用作重要耐腐蚀材料
20	0Cr17Ni12Mo2N——此钢在0Cr17Ni12Mo2钢中加氮，提高强度，不降低塑性。适用于制造要求耐腐蚀性较好、强度较高的部件
21	00Cr17Ni13Mo2N——此钢在00Cr17Ni14Mo2钢中加氮，具有与该钢同样的特性，而耐晶间腐蚀性更好。用途相同
22	0Cr18Ni12Mo2Cu2——耐腐蚀性和耐点腐蚀性比0Cr17Ni12Mo2钢好。适用于在化工、化纤、化肥等工业上用作耐硫酸材料

序号	牌号——特性和用途
	1) 奥 氏 体 型 钢
23	00Cr18Ni14Mo2Cu2——含碳量比 0Cr18Ni12Mo2Cu2 钢更低,耐晶间腐蚀性更好。用途基本相同
24	0Cr19Ni13Mo3——耐点腐蚀性比 0Cr17Ni2Mo 钢好。适用于作染色设备材料等
25	00Cr19Ni13Mo3——含碳量比 0Cr19Ni13Mo3 钢更低,耐晶间腐蚀性更好。用途基本相同
26	1Cr18Ni12Mo3Ti——有良好的耐晶间腐蚀性。适用于制造在硫酸、磷酸、蚁酸和醋酸设备上的部件
27	0Cr18Ni12Mo3Ti——特性和用途与 1Cr18Ni12Mo3Ti 钢基本相同
28	0Cr18Ni16Mo5——用于 00Cr17Ni14Mo2 和 00Cr17Ni13Mo3 钢不能适用的环境中,制造吸取含氯离子溶液的热交换器、醋酸设备、磷酸设备以及漂白装置等
29	1Cr18Ni9Ti——是不锈钢中使用最广泛的钢种之一,因在 1Cr18Ni9 钢中添加钛,所以保留了 1Cr18Ni9 钢的特性,并具有良好的耐晶间腐蚀性。适用于制造焊条芯、抗磁仪表、医疗器械、耐酸容器及设备衬里、输送管道等设备和部件
30	0Cr18Ni10Ti——它比 1Cr18Ni9Ti 钢有更好的耐蚀性。不推荐用作装饰材料
31	0Cr18Ni11Nb——含铌,提高了耐晶间腐蚀性。可用于制造焊接镍铬钢用焊条芯等
32	0Cr18Ni9Cu3——在 0Cr18Ni9 钢中添加铜,提高了冷加工性。适用于制造冷镦等零件

序号	牌号——特性和用途

	1) 奥 氏 体 型 钢
33	0Cr18Ni13Si4——在 0Cr18Ni9 钢中增加镍和添加硅，可提高耐应力腐蚀的断裂性。适用于制造含氯离子环境工作的部件

	2) 奥氏体—铁素体型钢
34	0Cr26Ni5Mo2——具有双相组织，抗氧化性和耐点腐蚀性好，高的强度。适用于制作耐海水用部件等
35	1Cr18Ni11Si4AlTi——具有较高的抗高温浓硝酸的性能。适用于作抗高浓硝酸介质的部件和设备
36	00Cr18Ni5Mo3Si2——具有双相组织，耐应力腐蚀性能好，耐点腐蚀性与00Cr17Ni13Mo 钢相当，并有较高的强度。适用于制造含氯离子环境工作的部件，如在炼油、化肥、造纸、石油、化工等工业中使用的热交换器和冷凝器等

	3) 铁 素 体 型 钢
37	0Cr13Al——在高温下冷却不产生显著硬化。适于作汽轮机材料和复合钢材等，适于制造淬火用部件等
38	00Cr12——含碳量比 0Cr13 低，焊接部位的弯曲性能、加工性能、耐高温氧化性能均好。适用于制造汽车排气处理装置、锅炉燃烧室、喷嘴等
39	1Cr17——有抗氧化性介质腐蚀的能力，但有晶间腐蚀倾向。适用于制作建筑内装饰、重油燃烧器部件、家庭用具、家用电器部件及食品工厂设备等
40	Y1Cr17——切削性能比 1Cr17 钢好。适用于制造在自动车床上加工的螺栓等
41	1Cr17Mo——比 1Cr17 钢抗盐溶液性强。适宜作为汽车外装材料使用等
42	00Cr30Mo2——耐腐蚀性能很好，它能耐卤离子应力腐蚀破裂和耐点腐蚀。适用于制造与乙酸、乳酸等有机酸有关设备以及苛性碱等设备和部件等
43	00Cr27Mo——特性和用途与00Cr30Mo2 钢类似

序号	牌号——特性和用途
	4) 马 氏 体 型 钢
44	1Cr12——具有较高的强度和一定的耐腐蚀性能,是汽轮机叶片及高应力部件等良好的不锈耐热钢材料
45	1Cr13——具有一定的硬度、塑性和韧性,良好的耐腐蚀性和机械加工性,在高温下具有耐盐水溶液、硝酸和某些浓度不高的有机酸等介质的能力。适用于制造要求有较高韧性和受冲击的零件,如汽轮机叶片,一般用刀具及其他用途等不锈部件
46	0Cr13——特性与1Cr13钢基本相似,但硬度稍低。它可用于制造结构架、不锈设备、衬里及汽轮机叶片等
47	Y1Cr13——是不锈钢中切削性能最好的钢种。适用于制造在自动车床上加工的零件,如螺栓、螺钉等
48	1Cr13Mo——强度、耐蚀性均比1Cr13钢强。适用于制作汽轮机叶片及高温部件等
49	2Cr13——淬火状态下具有较高的硬度,耐蚀性良好。适用作汽轮机叶片和一般刀具等
50	3Cr13——淬火后硬度比2Cr13钢高。适用于制造较高硬度、一定耐磨性的刃具及喷嘴、阀座、阀门及医疗器械等
51	Y3Cr13——是改善3Cr13钢切削性的钢种
52	3Cr13Mo——硬度、耐磨性均优于3Cr13钢。适用于制造热油泵轴、阀片、阀门、轴承、医疗器械、弹簧零件等
53	4Cr13——具有较高的硬度和耐磨性,一定的耐蚀性。用途与3Cr13Mo钢基本相同
54	1Cr17Ni2——具有较高的强度和耐硝酸和有机酸的性能。适用于制造这方面耐腐蚀的零件、容器和设备
55	7Cr17——硬化状态下硬度高,但比8Cr17、11Cr17钢韧性好。适用于制造刃具、量具、轴承等
56	8Cr17——硬化状态下,硬度比7Cr17钢高,韧性比11Cr17钢好。适用于制造刃具、阀门及手术刀片等

序号	牌号——特性和用途

4）马 氏 体 型 钢

序号	牌号——特性和用途
57	9Cr18——有高的硬度和耐磨性。适用于制造不锈切片、机械刃具、剪切刀具、手术刀片、高耐磨要求的部件等
58	11Cr17——是不锈钢、耐热钢中硬度最高的钢种。适用于制造喷嘴、轴承等
59	Y11Cr17——是 11Cr17 钢提高切削性的钢种。适用于制造在自动车床上加工的零件
60	9Cr18Mo——是制造轴承套圈及滚动体用的高碳铬不锈钢
61	9Cr18MoV——有高的硬度和耐磨性。适用于制造不锈切片、机械刃具、剪切刀具、手术刀片及高耐磨部件等

5）沉 淀 硬 化 型 钢

序号	牌号——特性和用途
62	0Cr17Ni4Cu4Nb——是添加铜的沉淀硬化型钢。适用于制造轴类、汽轮机部件等
63	0Cr17Ni7Al——是添加铝的沉淀硬化型钢。适用作弹簧、垫圈及机器部件等
64	0Cr15Ni7Mo2Al——用于制造要求有一定耐腐蚀性及高强度的零件及结构件

（b）其他不锈钢产品牌号的特性和用途

序号	牌号——主要特性和用途

奥 氏 体 型 钢

序号	牌号——主要特性和用途
65	2Cr13Mn9Ni4——适用于制造有一定耐蚀要求的冲压件及结构材料，可作 1Cr18Ni9 钢代用品
66	1Cr17Ni8——切削加工性和弯曲加工性比 0Cr19Ni9 钢好，加工硬化性处于 0Cr19Ni9 钢与 1Cr17Ni7 钢之间。适用于制造弹簧、卷曲物、建筑车辆等
67	1Cr18Ni9Si3——耐氧化性比 1Cr18Ni9 钢好，900℃ 以下，与 0Cr25Ni20 钢具有相同的耐氧化性和强度。适用于制造汽车排气净化装置、工业炉等高温装置部件

序号	牌号——主要特性和用途
1) 奥 氏 体 型 钢	
68	0Cr19Ni9——广泛作为不锈耐热钢使用。适用于制造食品用设备、一般化工设备、原子能工业用
69	00Cr19Ni11——含碳量比 0Cr19Ni9 钢更低,耐晶间腐蚀性优越。适用于制造焊接后不进行热处理的部件类
70	0Cr18Ni11Ti——含钛提高了耐晶间腐蚀性,不推荐作装饰材料
71	ML0Cr16Ni18——主要用于制造冷顶锻(包括温顶锻)螺钉、螺栓、攻丝螺钉、铆钉等要求耐腐蚀的紧固件
72	ML0Cr18Ni12——主要用途与 ML0Cr16Ni18 钢相同
2) 奥氏体—铁素体型钢	
73	1Cr21Ni5Ti——适用于制造化学工业、食品工业的耐酸腐蚀的容器及设备
74	00Cr24Ni6Mo3N——与 0Cr26Ni5Mo2 钢比较,含碳量低,含钼量高。适用于制造耐海水腐蚀部件类
3) 铁 素 体 型 钢	
75	1Cr15——为代替 1Cr17 钢,改善其焊接性的钢种
76	00Cr17——在 1Cr17 钢中加入钛或铌,并降低含碳量,以改善其加工性、焊接性能。适用于制造温水槽、热水供应器、卫生器具、家用电用机、自行车轮缘等
77	00Cr17Mo——在 1Cr17Mo 钢中降低碳和氮,并单独或复合加入钛、铌或锆,以改善其加工性和焊接性能。适用于制造建筑内外装饰、车辆部件、厨房用具、餐具等
78	00Cr18Mo2——含钼量比 00Cr17Mo 钢高,提高耐蚀性,并耐应力腐蚀破裂。适用于制造贮水槽、太阳能温水器、热交换器、食品机器、染色机械等
4) 马 氏 体 型 钢	
79	3Cr16——适用于制造要求耐磨性和耐蚀性的零、部件,如摩托车闸、盘等

24. 不锈钢热轧钢板(GB/T4237－1992)

(1) 不锈钢热轧钢板的牌号

序号	牌　　号	参见序号	序号	牌　　号	参见序号
1) 奥氏体型钢			**1) 奥氏体型钢**		
1	1Cr17Mn6Ni5N	1	21	0Cr18Ni12Mo2Cu2③	22
2	1Cr18Mn8Ni5N	2	22	00Cr18Ni14Mo2Cu2	23
3	1Cr18Ni9	5	23	0Cr19Ni13Mo3	24
4	1Cr18Ni9Si3	67	24	00Cr19Ni13Mo3④	25
5	0Cr18Ni9	8	25	0Cr18Ni16Mo5	28
6	00Cr19Ni10	9	26	1Cr18Ni9Ti	29
7	0Cr19Ni9N	10	27	0Cr18Ni10Ti	30
8	0Cr19Ni10NbN①	11	28	0Cr18Ni11Nb	31
9	00Cr18Ni10N	12	29	0Cr18Ni13Si4	33
10	1Cr18Ni12	13	**2) 奥氏体—铁素体型钢**		
11	0Cr23Ni13	14	30	0Cr26Ni5Mo2	34
12	0Cr25Ni20	15	31	00Cr18Ni5Mo3Si2⑤	36
13	0Cr17Ni12Mo2	16	**3) 铁素体型钢**		
14	00Cr17Ni14Mo2	19	32	0Cr13Al	37
15	0Cr17Ni12Mo2N	20	33	00Cr12	38
16	00Cr17Ni13Mo2N②	21	34	1Cr15	75
17	(1Cr18Ni12Mo2Ti)	18	35	1Cr17	39
18	0Cr18Ni12Mo2Ti	17	36	1Cr17Mo	41
19	(1Cr18Ni12Mo3Ti)	26	37	00Cr17Mo	77
20	0Cr18Ni12Mo3Ti	27	38	00Cr18Mo2⑥	78

序号	牌　　　号	参见序号	序号	牌　　　号	参见序号
3）铁素体型钢			**4）马氏体型钢**		
39	(00Cr30Mo2)⑦	42	45	3Cr13	50
40	(00Cr27Mo)	43	46	4Cr13⑧	53
4）马氏体型钢			47	3Cr16	79
41	1Cr12	44	48	7Cr17	55
42	0Cr13	46	**5）沉淀硬化型钢**		
43	1Cr13	45	49	0Cr17Ni7Al⑨	63
44	2Cr13	49			

注：1. "参见序号"指参见第 3.139 页中相同的不锈钢牌号的序号。如想了解本表中某一牌号的化学成分，即可参见该"参见序号"不锈钢牌号的化学成分。

　　2. 括号内牌号除专用外，不推荐使用。

　　　① 序号 8 的含锰量≤2.50%，其余化学成分同"参见序号"11；

　　　② 序号 16 的含铬量为 16.50%～18.50%，其余化学成分同"参见序号"21；

　　　③ 序号 21 的含镍量为 10.00%～14.00%，其余化学成分同"参见序号"22；

　　　④ 序号 25 的含锰量≤2.50%，其余化学成分同"参见序号"28；

　　　⑤ 序号 31 的含磷量≤0.030%，其余化学成分同"参见序号"36；

　　　⑥ 序号 33 的含铬量为 11.00%～13.50%，其余化学成分同"参见序号"38；

　　　⑦ 序号 39 的含铬量为 28.50%～32.00%，其余化学成分同"参见序号"42；

　　　⑧ 序号 46 的含硅量≤0.80%，其余化学成分同"参见序号"53；

　　　⑨ 序号 49 未规定含铜量，其余化学成分同"参见序号"63。

(2) 不锈钢热轧钢板的热处理制度

序号	牌　　　号	热　处　理　(℃)
	1) 奥 氏 体 型 钢	
1	1Cr17Mn6Ni5N	固溶 1010～1120 快冷
2	1Cr18Mn8NiN	固溶 1010～1120 快冷
3	1Cr18Ni9	固溶 1010～1150 快冷
4	1Cr18Ni9Si3	固溶 1010～1150 快冷
5	0Cr18Ni9	固溶 1010～1150 快冷
6	00Cr19Ni10	固溶 1010～1150 快冷
7	0Cr19Ni9N	固溶 1010～1150 快冷
8	0Cr19Ni10NbN	固溶 1010～1150 快冷
9	00Cr18Ni10N	固溶 1010～1150 快冷
10	1Cr18Ni12	固溶 1010～1150 快冷
11	0Cr23Ni13	固溶 1030～1180 快冷
12	0Cr25Ni20	固溶 1030～1150 快冷
13	0Cr17Ni12Mo2	固溶 1010～1150 快冷
14	00Cr17Ni14Mo2	固溶 1010～1150 快冷
15	0Cr17Ni12Mo2N	固溶 1010～1150 快冷
16	00Cr17Ni13Mo2N	固溶 1010～1150 快冷
17	1Cr18Ni12Mo2Ti	固溶 1050～1100 快冷
18	0Cr18Ni12Mo2Ti	固溶 1050～1100 快冷
19	1Cr18Ni12Mo3Ti	固溶 1050～1100 快冷
20	0Cr18Ni12Mo3Ti	固溶 1050～1100 快冷
21	0Cr18Ni12Mo2Cu2	固溶 1010～1150 快冷
22	00Cr18Ni12Mo2Cu2	固溶 1010～1150 快冷
23	0Cr19Ni13Mo3	固溶 1010～1150 快冷
24	00Cr19Ni13Mo3	固溶 1010～1150 快冷
25	0Cr18Ni16Mo5	固溶 1030～1180 快冷
26	1Cr18Ni9Ti	固溶 　920～1150 快冷
27	0Cr18Ni10Ti	固溶 　920～1150 快冷
28	0Cr18Ni11Nb	固溶 　980～1150 快冷
29	0Cr18Ni13Si4	固溶 1010～1150 快冷

序号	牌　　　号	热　处　理　（℃）
2）奥氏体—铁素体型钢		
30	0Cr26Ni5Mo2	固溶 950～1100 快冷
31	00Cr18Ni5Mo3Si2	固溶 950～1050 水冷
3）铁　素　体　型　钢		
32	0Cr13Al	退火 780～830 快冷或缓冷
33	00Cr12	退火 700～820 快冷或缓冷
34	1Cr15	退火 780～850 快冷或缓冷
35	1Cr17	退火 780～850 快冷或缓冷
36	1Cr17Mo	退火 780～850 快冷或缓冷
37	00Cr17Mo	退火 800～1050 快冷
38	00Cr18Mo2	退火 800～1050 快冷
39	00Cr30Mo2	退火 900～1050 快冷
40	00Cr27Mo	退火 900～1050 快冷
4）马　氏　体　型　钢		
41	1Cr12	退火约 750 快冷或 800～900 缓冷
42	0Cr13	退火约 750 快冷或 800～900 缓冷
43	1Cr13	退火约 750 快冷或 800～900 缓冷
44	2Cr13	退火约 750 快冷或 800～900 缓冷
45	3Cr13	退火约 750 快冷或 800～900 缓冷
46	4Cr13	退火约 750 快冷或 800～900 缓冷
47	3Cr16	退火约 750 快冷或 800～900 缓冷
48	7Cr17	退火约 750 快冷或 800～900 缓冷

注：为了得到规定的力学性能，可用淬火及回火代替退火

序号	牌　号	热　处　理　（℃）	
		种类	条　件
5）沉　淀　硬　化　型　钢①			
49	0Cr17Ni7Al	固溶	1000～1100 快冷
		560 时效	固溶处理后，760±15 保持 90min，在 1h 冷却到 15 以下，保持 30min，565±10 保持 90min后空冷
		510 时效	固溶处理后，955±10 保持 10min，空冷到室温，在 24h 内冷却到-73±6 保持 8h，而加热到 510±10 保持 60min 后空冷

注：① 需方应在合同中注明钢板及试样热处理的种类，如未注明，则按固溶状态交货。

3.162

(3) 不锈钢热轧钢板的力学性能

序号	牌　　号	拉伸试验			硬度试验		
		屈服强度 $\sigma_{0.2}$	抗拉强度 σ_b	伸长率 δ_5 (%)≥	HB	HRB	HV
		(MPa)≥			≤		
1) 奥氏体型钢(经固溶处理)							
1	1Cr17Mn6Ni5N	245	635	40	241	100	253
2	1Cr18Mn8Ni5N	245	590	40	207	95	218
3	1Cr18Ni9	205	520	40	187	90	200
4	1Cr18Ni9Si3	205	502	40	207	95	218
5	0Cr18Ni9	205	520	40	187	90	200
6	00Cr19Ni10	177	480	40	187	90	200
7	0Cr19Ni9N	275	550	35	217	95	220
8	0Cr19Ni10NbN	345	685	35	250	100	260
9	00Cr18Ni10N	245	550	40	217	95	220
10	1Cr18Ni12	177	480	40	187	90	200
11	0Cr23Ni13	205	520	40	187	90	200
12	0Cr25Ni20	205	520	40	187	90	200
13	0Cr17Ni12Mo2	205	520	40	187	90	200
14	0Cr17Ni14Mo2	177	480	40	187	90	200
15	0Cr17Ni12Mo2N	275	550	35	217	95	220
16	00Cr17Ni13Mo2N	245	550	40	217	95	220
17	1Cr18Ni12Mo2Ti	205	530	37	187	90	200
18	0Cr18Ni12Mo2Ti	205	530	37	187	90	200
19	1Cr18Ni12Mo3Ti	205	530	35	187	90	200
20	0Cr18Ni12Mo3Ti	205	530	35	187	90	200
21	0Cr18Ni12Mo2Cu2	205	520	35	187	90	200
22	00Cr18Ni14Mo2Cu2	177	480	35	187	90	200
23	0Cr19Ni13Mo3	205	520	35	187	90	200
24	00Cr19Ni13Mo3	177	480	35	187	90	200
25	0Cr18Ni16Mo5	177	480	35	187	90	200

序号	牌　　号	拉伸试验			硬度试验		
		屈服强度 $\sigma_{0.2}$	抗拉强度 σ_b	伸长率 δ_5	HB	HRB	HV
		（MPa）≥		（%）≥	≤		
1) 奥氏体型钢（经固溶处理）　（续）							
26	1Cr18Ni9Ti	205	520	40	187	90	200
27	0Cr18Ni9Ti	205	520	40	187	90	200
28	0Cr18Ni11Nb	205	520	40	187	90	200
29	0Cr18Ni13Si4	205	520	40	187	95	218
2) 奥氏体—铁素体型钢（经固溶处理）							
30	0Cr26Ni5Mo2	390	590	18	277	29 HRC	292
31	00Cr18Ni5Mo3Si2	390	590	20	—	30 HRC	—

序号	牌　　号	拉伸试验			硬度试验			180°弯曲试验 （d—弯心直径 a—钢板厚度）
		屈服强度 $\sigma_{0.2}$	抗拉强度 σ_b	伸长率 δ_5	HB	HRB	HV	
		（MPa）≥		（%）≥	≤			
3) 铁素体型钢（经退火处理）								
32	0Cr13Al	177	410	20	183	88	200	a<8mm　d=a a≥8mm　d=2a
33	00Cr12	196	370	22	183	88	200	d=2a
34	1Cr15	205	450	22	183	88	200	d=2a
35	1Cr17	205	450	22	183	88	200	d=2a
36	1Cr17Mo	205	450	22	183	88	200	d=2a
37	00Cr17Mo	245	410	20	217	96	230	d=2a
38	00Cr18Mo2	245	410	20	217	96	230	d=2a
39	00Cr30Mo2	295	450	22	209	95	220	d=2a
40	00Cr27Mo	245	410	22	190	90	220	d=2a

序号	牌号	拉伸试验			硬度试验			180°弯曲试验 (d—弯心直径 a—钢板厚度)
		屈服强度 $\sigma_{0.2}$ (MPa) ≥	抗拉强度 σ_b	伸长率 δ_5 (%) ≥	HB	HRB	HV ≤	

		4）马氏体型钢（经退火处理）						
41	1Cr12	205	440	20	200	93	210	$d=2a$
42	0Cr13	205	410	20	183	88	200	$d=2a$
43	1Cr13	225	440	20	200	93	210	$d=2a$
44	2Cr13	225	520	18	223	97	234	—
45	3Cr13	225	540	18	235	99	247	—
46	4Cr13	—	590	15	—	—	—	—
47	3Cr16	225	520	18	241	100	253	—
48	7Cr17	245	590	15	255	25 HRC	269	—

序号	牌号	热处理 (℃)	拉伸试验			硬度试验			
			屈服强度 $\sigma_{0.2}$ (MPa)	抗拉强度 σ_b	伸长率 δ_5 (%)	HB ≤	HRC ≥	HRB ≤	HV ≤

			5）沉 淀 硬 化 型 钢						
		固溶	≤380	≤1030	≥20	190	—	92	200
49	0Cr17Ni7Al	560 时效	≥960	≥1140	厚度≤3mm ≥3 厚度>3mm ≥5	—	35		≥345
		510 时效	≥1030	≥1230	厚度≤3mm 不规定 厚度>3mm ≥4	—	40		≥392

注：1. 各类钢的屈服强度、硬度及弯曲试验，仅当需方要求时，并
在合同中注明才进行测定；对于几种硬度试验，可根据钢
板的不同状态，按其中一种方法检验。

2. 序号 17、18、19、20、26、31 钢板厚度>25mm 时，力学性能
由供需双方商定。

25. 不锈钢冷轧钢板（GB/T3280－1992）

（1）不锈钢冷轧钢板的牌号

序号	牌　　　号	参见序号	序号	牌　　　号	参见序号
1) 奥氏体型钢			1) 奥氏体型钢		
1	1Cr17Mn6Ni5N	1	20	0Cr18Ni12Mo2Ti	18
2	1Cr18Mn8Ni5N	2	21	1Cr18Ni12Mo2Ti	17
3	2Cr13Mn9Ni4	65	22	0Cr18Ni12Mo2Cu2	22
4	1Cr17Ni7	4	23	00Cr18Ni14Mo2Cu2	23
5	1Cr17Ni8	66	24	0Cr18Ni12Mo3Ti	27
6	1Cr18Ni9	5	25	1Cr18Ni12Mo3Ti	26
7	1Cr18Ni9Si3	67	26	0Cr19Ni13Mo3	24
8	0Cr18Ni9	8	27	00Cr19Ni13Mo3[2]	25
9	00Cr19Ni10	9	28	0Cr18Ni16Mo5	28
10	0Cr19Ni9N	10	29	0Cr18Ni10Ti	30
11	0Cr19Ni10NbN	11	30	1Cr18Ni9Ti	29
12	00Cr18Ni10N	12	31	0Cr18Ni11Nb	31
13	1Cr18Ni12	13	32	0Cr18Ni13Si4	33
14	0Cr23Ni13[1]	14	2) 奥氏体—铁素体型钢		
15	0Cr25Ni20	15	33	00Cr18Ni5Mo3Si2[3]	36
16	0Cr17Ni12Mo2	16	34	1Cr18Ni11Si4AlTi	35
17	00Cr17Ni14Mo2	19	35	1Cr21Ni5Ti	73
18	0Cr17Ni12Mo2N	20	36	0Cr26Ni5Mo2	34
19	00Cr17Ni13Mo2N	21			

序号	牌　　号	参见序号	序号	牌　　号	参见序号
3）铁素体型钢			4）马氏体型钢		
37	0Cr13Al	37	47	1Cr12	44
38	00Cr12④	38	48	0Cr13	46
39	1Cr15	75	49	1Cr13	45
40	1Cr17	39	50	2Cr13	49
41	00Cr17	76	51	3Cr13	50
42	1Cr17Mo	41	52	4Cr13	53
43	00Cr17Mo	77	53	3Cr16	79
44	00Cr18Mo2	78	54	7Cr17	55
45	00Cr30Mo2	42	55	1Cr17Ni12	54
46	00Cr27Mo	43	5）沉淀硬化型钢		
			56	0Cr17Ni7Al⑤	63

注："参见序号"指参见第 3.139 页中相同的不锈钢棒牌号的序
号。如想了解本表中某一牌号的化学成分，即可参见该"参
见序号"不锈钢牌号的化学成分。

① 序号 14 的含硅量≤1.5％，其余化学成分同"参见序号"
14。

② 序号 27 的含锰量≤2.5％，其余化学成分同"参见序号"
25。

③ 序号 33 的含磷量≤0.030％，其余化学成分同"参见序号"
36。

④ 序号 38 的含铬量为 11.00％～13.50％，其余化学成分同
"参见序号"38。

⑤ 序号 56 未规定含铜量，其余化学成分同"参见序号"63。

(2) 不锈钢冷轧钢板的热处理制度

序号	牌　　　号	热 处 理 (℃)
1) 奥 氏 体 型 钢		
1	1Cr17Mn6Ni5N	固溶 1010～1120 快冷
2	1Cr18Mn8Ni5N	固溶 1010～1120 快冷
3	2Cr13Mn9Ni4	固溶 1080～1130 快冷
4	1Cr17Ni7	固溶 1010～1150 快冷
5	1Cr17Ni8	固溶 1010～1150 快冷
6	1Cr18Ni9	固溶 1010～1150 快冷
7	1Cr18Ni9Si3	固溶 1010～1150 快冷
8	0Cr18Ni9	固溶 1010～1150 快冷
9	00Cr19Ni10	固溶 1010～1150 快冷
10	0Cr19Ni9N	固溶 1010～1150 快冷
11	0Cr19Ni10NbN	固溶 1010～1150 快冷
12	00Cr18Ni10N	固溶 1010～1150 快冷
13	1Cr18Ni12	固溶 1010～1150 快冷
14	0Cr23Ni13	固溶 1030～1150 快冷
15	0Cr25Ni20	固溶 1030～1180 快冷
16	0Cr17Ni12Mo2	固溶 1010～1150 快冷
17	00Cr17Ni14Mo2	固溶 1010～1150 快冷
18	0Cr17Ni12Mo2N	固溶 1010～1150 快冷
19	00Cr17Ni13Mo2N	固溶 1010～1150 快冷
20	0Cr18Ni12Mo2Ti	固溶 1050～1100 快冷
21	1Cr18Ni12Mo2Ti	固溶 1050～1100 快冷
22	0Cr18Ni12Mo2Cu2	固溶 1010～1150 快冷
23	00Cr18Ni14Mo2Cu2	固溶 1010～1150 快冷
24	0Cr18Ni12Mo3Ti	固溶 1050～1100 快冷
25	1Cr18Ni12Mo3Ti	固溶 1050～1100 快冷
26	0Cr19Ni13Mo3	固溶 1010～1150 快冷

3.168

序号	牌　　号	热　处　理　（℃）
1）奥 氏 体 型 钢 （续）		
27	00Cr19Ni13Mo3	固溶 1010～1150 快冷
28	0Cr18Ni16Mo5	固溶 1030～1180 快冷
29	0Cr18Ni10Ti	固溶　920～1150 快冷
30	1Cr18Ni9Ti	固溶　920～1150 快冷
31	0Cr18Ni11Nb	固溶　980～1150 快冷
32	0Cr18Ni13Si4	固溶 1010～1150 快冷
2）奥氏体—铁素体型钢		
33	00Cr18Ni15Mo3Si2	固溶　950～1050 快冷
34	1Cr18Ni11Si4AlTi	固溶 1000～1050 快冷
35	1Cr21Ni5Ti	固溶　950～1050 快冷
36	0Cr26Ni5Mo2	固溶　950～1100 快冷
3）铁 素 体 型 钢		
		退火处理
37	0Cr13Al	780～830 快冷或缓冷
38	00Cr12	700～820 快冷或缓冷
39	1Cr15	780～850 快冷或缓冷
40	1Cr17	780～850 快冷或缓冷
41	00Cr17	780～950 快冷或缓冷
42	1Cr17Mo	780～850 快冷或缓冷
4）铁 素 体 型 钢		
43	00Cr17Mo	固溶 800～1050 快冷
44	00Cr18Mo2	固溶 800～1050 快冷
45	00Cr30Mo2	固溶 800～1050 快冷
46	00Cr27Mo	固溶 900～1050 快冷

序号	牌号	热　处　理　（℃）		
		退　火	淬　火	回　火
5）马 氏 体 型 钢				
47	1Cr12	约 750 快冷 或 800～900 缓冷	—	—
48	0Cr13		—	—
49	1Cr13		—	—
50	2Cr13		—	—
51	3Cr13		980～1040 快冷	150～400 空冷
52	4Cr13		1050～1100 油冷	200～300
53	3Cr16		—	—
54	7Cr17		1010～1070 快冷	150～400 空冷
55	1Cr17Ni2	—	970～1030 油冷	275～350

序号	牌号	热处理种类及条件（℃）
6）沉 淀 硬 化 型 钢		
56	0Cr17Ni7Al	固溶处理：1000～1100 快冷
		565 时效处理：固溶处理后，于 760±15 保持 90min，在 1h 内冷却到 15 以下保持 30min，再加热到 565±10 保持 90min 空冷
		510 时效处理：固溶处理后，955±10 保持 10min，空冷到室温，在 24h 内冷却到−73±6保持 8h，再加热到 510±10 保持 60min 空冷

3.170

(3) 不锈钢冷轧钢板的力学性能

序号	牌号	拉伸试验			硬度试验		
		屈服强度 $\sigma_{0.2}$	抗拉强度 σ_b	伸长率 δ_5 (%) $\geqslant$	HB	HRB	HV
		(MPa) $\geqslant$			$\leqslant$		
1) 奥氏体型钢(经固溶处理)							
1	1Cr17Mn6Ni5N	245	635	40	241	100	253
2	1Cr18Mn8Ni5N	245	590	40	207	95	218
3	2Cr13Mn9Ni4	—	635	42	—	—	—
4	1Cr17Ni7	205	520	40	187	90	200
5	1Cr17Ni8	205	570	45	187	90	200
6	1Cr18Ni9	205	520	40	187	90	200
7	1Cr18Ni9Si3	205	520	40	207	95	218
8	0Cr18Ni9	205	520	40	187	90	200
9	00Cr19Ni10	177	480	40	187	90	200
10	0Cr19Ni9N	275	550	35	217	95	220
11	0Cr19Ni10NbN	345	685	35	250	100	260
12	00Cr18Ni10N	245	550	40	217	95	220
13	1Cr18Ni12	177	480	40	187	90	200
14	0Cr23Ni13	205	520	40	187	90	200
15	0Cr25Ni20	205	520	40	187	90	200
16	0Cr17Ni12Mo2	205	520	40	187	90	200
17	00Cr17Ni14Mo2	177	480	40	187	90	200
18	0Cr17Ni12Mo2N	275	550	35	217	95	220
19	00Cr17Ni13Mo2N	245	550	40	217	95	220
20	0Cr18Ni12Mo2Ti	205	530	35	187	90	200
21	1Cr18Ni12Mo2Ti	205	530	35	187	90	200
22	0Cr18Ni12Mo2Cu2	205	520	40	187	90	200
23	00Cr18Ni14Mo2Cu2	177	480	40	187	90	200
24	0Cr18Ni12Mo3Ti	205	530	35	187	90	200
25	1Cr18Ni12Mo3Ti	205	530	35	187	90	200
26	0Cr19Ni13Mo3	205	520	40	187	90	200
27	00Cr19Ni3Mo3	177	480	40	187	90	200
28	0Cr18Ni16Mo5	177	480	40	187	90	200

序号	牌　号	拉伸试验			硬度试验		
		屈服强度 $\sigma_{0.2}$	抗拉强度 σ_b	伸长率 δ_5 (%)	HB	HRB	HV
		(MPa)≥			≤		
1) 奥氏体型钢（经固溶处理）（续）							
29	0Cr18Ni10Ti	205	520	40	187	90	200
30	1Cr18Ni9Ti①	205	520	40	187	90	200
31	0Cr18Ni11Nb	205	520	40	187	90	200
32	0Cr18Ni13Si4	205	520	40	207	95	218

序号	牌　号	状态符号②	拉　伸　试　验				
			屈服强度 $\sigma_{0.2}$	抗拉强度 σ_b	厚　度（mm）		
					≤0.4	>0.4～<0.8	≥0.8
			(MPa)≥		伸长率 δ_5（%）≥		
1) 奥氏体型钢（不同冷作硬化状态）							
3	2Cr13Mn9Ni4	TY	—	980	15		
4	1Cr17Ni7	DY	510	865	25	25	25
		BY	755	1030	9	10	10
		Y	930	1210	3	5	7
		TY	960	1270	3	4	5

序号	牌　号	拉伸试验			硬度试验		
		屈服强度 $\sigma_{0.2}$	抗拉强度 σ_b	伸长率 δ_5 (%)	HB	HRC	HV
		(MPa)≥			≤		
2) 奥氏体－铁素体型钢（经固溶处理）							
33	00Cr18Ni5Mo3Si2	390	590	20	—	30	300
34	1Cr18Ni11Si4AlTi	—	715	30	—	—	—
35	1Cr21Ni5Ti	—	635	20	—	—	—
36	0Cr26Ni5Mo2	390	590	18	277	29	292

序号	牌号	拉伸试验			硬度试验			180°弯曲试验（d—弯心直径 a—试样厚度）
		屈服强度 $\sigma_{0.2}$	抗拉强度 σ_b	伸长率 δ_5	HB	HRB	HV	
		(MPa)≥		(%)≥	≤			
3）铁素体型钢（经退火处理）								
37	0Cr13Al	175	410	20	183	88	200	$a{\leqslant}8mm$ $d=a$ $a>8mm$ $d=2a$
38	00Cr12	190	365	22	183	88	200	$d=2a$
39	1Cr15	205	450	22	183	88	200	$d=2a$
40	1Cr17	205	450	22	183	88	200	$d=2a$
41	00Cr17	175	365	22	183	88	200	$d=2a$
42	1Cr17Mo	205	450	22	183	88	200	$d=2a$
43	00Cr17Mo	245	410	20	217	96	230	$d=2a$
44	00Cr18Mo2	245	410	20	217	96	230	$d=2a$
45	00Cr30Mo2	295	450	20	209	95	220	$d=2a$
46	00Cr27Mo	245	410	22	190	90	200	$d=2a$
4a）马氏体型钢（经退火处理）								
47	1Cr12	205	440	20	200	93	210	$d=a$
48	0Cr13	205	440	20	200	93	210	$d=a$
49	1Cr13	205	440	20	183	88	200	$d=2a$
50	2Cr13	225	520	18	223	97	234	—
								淬火回火后 HRC 硬度
51	3Cr13	225	540	18	235	99	247	≥40
52	4Cr13	225	590	15	—	—	—	≥40
53	3Cr16	225	520	18	241	100	253	—
54	7Cr17	245	590	15	255	≤25 HRC	269	≥40
55	1Cr17Ni2[③]	—	1080	10				

（续）

4b) 马氏体型钢硬度（经淬火回火处理）								
序号	牌号	热处理种类（℃）	拉伸试验			硬度试验		
			屈服强度 $\sigma_{0.2}$	抗拉强度 σ_b	伸长率 δ_5（%）	HB ≤	HRC ≥	HV ≤
			（MPa）≥					
5) 沉淀硬化型钢④								
56	0Cr17Ni7Al	固溶	≤380	≤1030	≥20	190	≤92HRB	200
		565时效	≥960	≥1140	≥3（a≤3）⑤ ≥5（a>3）	—	35	345
		510时效	≥1030	≥1230	不作规定（a≤3） ≥4（a>3）	—	40	392

注：① 序号 30 的硬度值，经征得需方同意，允许 ≤197HB。

② 状态符号"DY、BY、Y、TY"分别表示低冷作硬化、半冷作硬化、冷作硬化、特别冷作硬化；以冷作硬化状态交货的力学性能及硬度，由供需双方协商。

③ 序号 55 为淬火回火状态的拉伸性能，对其硬度有要求时，由供需双方协商规定。

④ 沉淀硬化型钢的时效处理时的试样力学性能，在需方有要求时才作规定。

⑤ a 为钢板厚度（mm）。

26. 不锈钢热轧钢带(YB/T5090—1993)

(1) 不锈钢热轧钢带的牌号

序号	牌 号	参见序号	序号	牌 号	参见序号
	1) 奥氏体型钢			**1) 奥氏体型钢**	
1	1Cr17Mn6Ni5N	1	29	0Cr18Ni11Ti	70
2	1Cr18Mn8Ni5N	2	30	0Cr18Ni11Nb	31
3	1Cr17Ni7	4	31	0Cr18Ni13Si4	33
4	1Cr17Ni8	66		**2) 奥氏体—铁素体型钢**	
5	1Cr18Ni9	5	32	0Cr26Ni5Mo2	34
6	1Cr18Ni9Si3	67	33	00Cr18Ni5Mo3Si2	36
7	0Cr19Ni9	68		**3) 铁素体型钢**	
8	00Cr19Ni11	69	34	0Cr13Al	37
9	0Cr19Ni9N	10	35	00Cr12	38
10	0Cr19Ni10NbN	11	36	1Cr15	75
11	00Cr18Ni10N	12	37	1Cr17	39
12	1Cr18Ni12	13	38	00Cr17	76
13	0Cr23Ni13	14	39	1Cr17Mo	41
14	0Cr25Ni20	15	40	00Cr17Mo	77
15	0Cr17Ni12Mo2	16	41	00Cr18Mo2	78
16	00Cr17Ni14Mo2	19	42	00Cr30Mo2	42
17	0Cr17Ni12Mo2N	20	43	00Cr27Mo2	43
18	00Cr17Ni13Mo2N	21		**4) 马氏体型钢**	
19	(1Cr18Ni12Mo2Ti)	17	44	1Cr12	44
20	(0Cr18Ni12Mo2Ti)	18	45	1Cr13	45
21	(1Cr18Ni12Mo3Ti)	26	46	0Cr13	46
22	(0Cr18Ni12Mo3Ti)	27	47	2Cr13	49
23	0Cr18Ni12Mo2Cu2	22	48	3Cr13	79
24	00Cr18Ni14Mo2Cu2	23	49	3Cr16	79
25	0Cr19Ni13Mo3	24	50	7Cr17	55
26	00Cr19Ni13Mo3	25		**5) 沉淀硬化型钢**	
27	0Cr18Ni16Mo5	28	51	0Cr17Ni7Al	63
28	(1Cr18Ni9Ti)	29			

注：括号内牌号不推荐使用。"参见序号"指参见第 3.139 页中相同的不锈钢牌号的序号。如想了解本表中某一牌号的化学成分，即可参见该"参见序号"不锈钢牌号的化学成分。

(2) 不锈钢热轧钢带的热处理制度

序号	牌号	固溶处理（℃）
1) 奥氏体型钢		
1	1Cr17Mn6Ni5N	1010~1120 快冷
2	1Cr18Mn8Ni5N	—
3	1Cr17Ni7	1010~1150 快冷
4	1Cr17Ni8	1010~1150 快冷
5	1Cr18Ni9	1010~1150 快冷
6	1Cr18Ni9Si3	1010~1150 快冷
7	0Cr19Ni9	1010~1150 快冷
8	00Cr19Ni11	1010~1150 快冷
9	0Cr19Ni9N	1010~1150 快冷
10	0Cr19Ni10NbN	1010~1150 快冷
11	00Cr18Ni10N	1010~1150 快冷
12	0Cr18Ni12	1010~1150 快冷
13	0Cr23Ni13	1030~1150 快冷
14	0Cr25Ni20	1030~1180 快冷
15	0Cr17Ni12Mo2	1010~1150 快冷
16	00Cr17Ni14Mo2	1010~1150 快冷
17	0Cr17Ni12Mo2N	1010~1150 快冷
18	00Cr17Ni13Mo2N	1010~1150 快冷
19	0Cr18Ni12Mo2Ti	1050~1100 快冷
20	1Cr18Ni12Mo2Ti	1050~1100 快冷
21	1Cr18Ni12Mo3Ti	1050~1100 快冷
22	0Cr18Ni12Mo3Ti	1050~1100 快冷
23	0Cr18Ni12Mo2Cu2	1010~1150 快冷
24	00Cr18Ni14Mo2Cu2	1010~1150 快冷
25	0Cr19Ni13Mo3	1010~1150 快冷
26	00Cr19Ni13Mo3	1010~1150 快冷
27	0Cr18Ni16Mo5	1030~1180 快冷
28	(1Cr18Ni9Ti)	1000~1080 快冷
29	0Cr18Ni11Ti*	920~1150 快冷
30	0Cr18Ni11Nb*	980~1150 快冷
31	0Cr18Ni13Si4	1010~1150 快冷
2) 奥氏体—铁素体型钢		
32	0Cr26Ni5Mo2	950~1100 快冷
33	0Cr18Ni5Mo3Si2	950~1050 快冷
3) 铁素体型钢		退火处理
34	0Cr13Al	780~830 快冷或缓冷
35	00Cr12	780~820 快冷或缓冷
36	1Cr15	780~850 快冷或缓冷
37	1Cr17	780~850 快冷或缓冷
38	00Cr17	780~950 快冷或缓冷
39	1Cr17Mo	780~850 快冷或缓冷
40	00Cr17Mo	800~1050 快冷
41	00Cr18Mo2	800~1050 快冷
42	00Cr30Mo2	900~1050 快冷
43	00Cr27Mo2	900~1050 快冷

序号	牌　号	热　处　理　（℃）		
		退　火	淬　火	回　火
4）马　氏　体　型　钢				
44	1Cr12	约 750 快冷 或 800～900 缓冷	—	—
45	1Cr13		—	—
46	0Cr13		—	—
47	2Cr13		—	—
48	3Cr13		980～1040 快冷	150～400 空冷
49	3Cr16		—	
50	7Cr17		1010～1070 快冷	150～400 空冷

序号	牌　号	热处理种类及条件（℃）
5）沉　淀　硬　化　型　钢		
51	0Cr17Ni7Al	固溶处理：1000～1100 快冷
		565 时效处理：固溶处理后，于 760±15 保持 90min，在 1h 内冷却到 15 以下，保持 30min，再加热到 565±10 保持 90min 后空冷
		510 时效处理：固溶处理后，于 955±10 保持 10min，空冷到室温，在 24h 内冷却到－73±6 保持 8h，再加热到 510±10 保持 60min 后空冷

注：1. 牌号 0Cr18Ni11Ti 及 0Cr18Ni11Nb，当需方指定进行稳定化处理时，热处理的温度为 850～930℃。

2. 钢带经热轧后按表中热处理制度进行热处理，并进行酸洗或类似的处理。但对于沉淀硬化型钢的热处理，需方应明确钢带及试样的种类，如未指明时，则按固溶处理状态交货。

(3) 不锈钢热轧钢带的力学性能

1) 奥氏体型钢（经固溶处理）

序号	牌号	屈服强度 $\sigma_{0.2}$ (MPa) ≥	抗拉强度 σ_b (MPa) ≥	伸长率 δ_5 (%) ≥	硬度试验		
					HB	HRB ≤	HV
1	1Cr17Mn6Ni5N	245	635	40	241	100	253
2	1Cr18Mn8Ni5N	245	590	40	207	95	218
3	1Cr17Ni7	205	520	40	187	90	200
4	1Cr17Ni8	205	570	45	187	90	200
5	1Cr18Ni9	205	520	40	187	90	200
6	1Cr18Ni9Si3	205	520	40	207	95	218
7	0Cr19Ni9	205	520	40	187	90	200
8	00Cr19Ni11	175	480	40	187	90	200
9	0Cr19Ni9N	275	550	35	217	95	220
10	0Cr19Ni10NbN	345	685	35	250	100	220
11	00Cr18Ni10N	245	550	40	217	95	220
12	1Cr18Ni12	175	480	40	187	90	200
13	0Cr23Ni13	205	520	40	187	90	200
14	0Cr25Ni20	205	520	40	187	90	200
15	0Cr17Ni12Mo2	205	480	40	187	90	200
16	00Cr17Ni14Mo2	175	480	40	187	90	200
17	0Cr17Ni12Mo2N	275	550	35	217	95	220
18	00Cr17Ni13Mo2N	245	550	40	217	95	220
19	1Cr18Ni12Mo2Ti	205	530	37	187	90	200
20	0Cr18Ni12Mo2Ti	205	530	37	187	90	200

3.178

序号	牌号	屈服强度 $\sigma_{0.2}$ (MPa)≥	抗拉强度 σ_b (MPa)≥	伸长率 δ_5 (%)≥	硬度试验		
					HB	HRB ≤	HV
1) 奥氏体型钢（经固溶处理）							
21	1Cr18Ni12Mo3Ti	205	530	35	187	90	200
22	0Cr18Ni12Mo3Ti	205	530	35	187	90	200
23	0Cr18Ni12Mo2Cu2	205	520	40	187	90	200
24	00Cr18Ni14Mo2Cu2	175	480	40	187	90	200
25	0Cr19Ni13Mo3	205	520	40	187	90	200
26	00Cr19Ni13Mo3	175	480	40	187	90	200
27	0Cr18Ni16Mo5	175	480	40	187	90	200
28	1Cr18Ni9Ti	205	540	40	187	90	200
29	0Cr18Ni11Ti	205	520	40	187	90	200
30	0Cr18Ni11Nb	205	520	40	187	90	200
31	0Cr18Ni13Si4	205	520	40	207	95	218

序号	牌号	屈服强度 $\sigma_{0.2}$ (MPa)≥	抗拉强度 σ_b (MPa)≥	伸长率 δ_5 (%)≥	硬度试验		
					HB	HRC ≤	HV
2) 奥氏体－铁素体型钢（经固溶处理）							
32	0Cr26Ni5Mo2	390	590	18	227	29	292
33	00Cr18Ni5Mo3Si2	390	590	20	—	30	300

(续)

3) 铁素体型钢 (退火状态)

序号	牌号	屈服强度 σ0.2 (MPa) ≥	抗拉强度 σb (MPa) ≥	伸长率 δ5 (%) ≥	硬度试验 HB ≤	HRB ≤	HV	180°弯曲试验 d—弯心直径 a—钢带厚度
34	0Cr13Al	175	410	20	183	88	200	a<8mm d=a a≥8mm d=2a
35	00Cr12	195	365	22	183	88	200	d=2a
36	1Cr15	205	450	22	183	88	200	
37	1Cr17	205	450	22	183	88	200	
38	00Cr17	175	365	22	183	88	200	
39	1Cr17Mo	205	450	22	183	88	200	
40	00Cr17Mo	245	410	20	217	96	230	
41	00Cr18Mo2	245	410	20	217	96	230	
42	00Cr30Mo2	295	450	22	209	95	220	
43	00Cr27Mo2	245	410	22	190	90	200	

4) 马氏体型钢 (退火状态)

序号	牌号	屈服强度 σ0.2 (MPa) ≥	抗拉强度 σb (MPa) ≥	伸长率 δ5 (%) ≥	硬度试验 HB ≤	HRB ≤	HV	180°弯曲试验 d—弯心直径 a—钢带厚度
44	1Cr12	205	440	20	200	93	210	d=2a
45	1Cr13	205	440	20	200	93	210	
46	0Cr13	205	410	20	183	88	200	
47	2Cr13	225	520	18	223	97	234	

3.180

5) 马氏体型钢（退火状态）

序号	牌号	屈服强度 $\sigma_{0.2}$ (MPa) ≥	抗拉强度 σ_b (MPa) ≥	伸长率 δ_5 (%) ≥	硬度试验 HB ≤	硬度试验 HRB ≤	硬度试验 HV ≤	180°弯曲试验 d—弯芯直径 a—钢带厚度
48	3Cr13	225	540	18	235	99	247	—
49	3Cr16	225	520	18	241	100	253	淬火回火后 HRC硬度 ≥40
50	7Cr17	245	590	15	255	25HRC	269	≥40

6) 沉淀硬化型钢

序号	牌号	热处理种类	屈服强度 $\sigma_{0.2}$ (MPa)	抗拉强度 σ_b (MPa)	伸长率* δ_5 (%)	硬度试验 HRC	硬度试验 HRB	硬度试验 HV
51	0Cr17Ni7Al	固溶	≤380	≤1030	≤20	—	≤92	≤200
		565℃时效	≥960	≥1135	≥3(a≤3) ≥5(a>3)	≥35	—	≤345
		510℃时效	≥1030	≥1225	不规定(a≤3) ≥4(a>3)	≥40	—	≤392

注：
1. 力学性能中，对于屈服强度，仅当需方要求（在合同中注明）才进行测定。
2. 对几种硬度试验，可根据钢带的不同状态，按其中一种方法检验。
3. 对沉淀硬化型钢的时效处理的试样力学性能，是根据需方要求才作保证。

27. 不锈钢和耐热钢冷轧钢带

(GB/T4239-1991)

(1) 不锈钢和耐热钢冷轧钢带的牌号

序号	牌　　　号	参见序号	序号	牌　　　号	参见序号
1) 奥氏体型钢				1) 奥氏体型钢(续)	

序号	牌　　　号	参见序号	序号	牌　　　号	参见序号
	1) 奥氏体型钢			**1) 奥氏体型钢(续)**	
1	1Cr17Mn6Ni5N	1	27	0Cr18Ni11Nb	31
2	1Cr18Mn8Ni5N	2	28	0Cr18Ni13Si4	33
3	2Cr13Mn9Ni4	65		**2) 奥氏体—铁素体型钢**	
4	1Cr17Ni7	3	29	0Cr26Ni5Mo2	34
5	1Cr17Ni8	66	30	00Cr24Ni6Mo3N	74
6	1Cr18Ni9	4		**3) 铁素体型钢**	
7	1Cr18Ni9Si3	69	31	0Cr13Al	37
8	0Cr18Ni9	8	32	00Cr12	38
9	00Cr19Ni10	9	33	1Cr15	75
10	0Cr19Ni9N	10	34	1Cr17	39
11	0Cr19Ni10NbN	11	35	00Cr17	76
12	00Cr18Ni10N	12	36	1Cr17Mo	41
13	1Cr18Ni12	13	37	0Cr17Mo	77
14	0Cr23Ni13	14	38	0Cr18Mo2	78
15	0Cr25Ni20	15	39	00Cr30Mo2	42
16	0Cr17Ni12Mo2	16	40	00Cr27Mo2	43
17	00Cr17Ni14Mo2	19		**4) 马氏体型钢**	
18	0Cr17Ni12Mo2N	20	41	1Cr12	44
19	00Cr17Ni13Mo2N	21	42	0Cr13	46
20	0Cr18Ni12Mo2Cu2	22	43	1Cr13	45
21	00Cr18Ni14Mo2Cu2	23	44	2Cr13	49
22	0Cr19Ni13Mo3	24	45	3Cr13	50
23	00Cr19Ni13Mo3	25	46	3Cr16	79
24	0Cr18Ni16Mo5	28	47	7Cr17	55
25	1Cr18Ni9Ti	29		**5) 沉淀硬化型钢**	
26	0Cr18Ni10Ti	30	48	0Cr17Ni7Al	63

注: "参见序号"指参见第 3.139 页中相同的不锈钢牌号的序号。
　　如想了解本表中某一牌号的化学成分,可参见该"参见序号"
　　不锈钢牌号的化学成分。

（2）不锈钢和耐热钢冷轧钢带的热处理制度

序号	牌　　号	固溶处理（℃）	序号	牌　　号	固溶处理（续）
	1) 奥氏体型钢			**1) 奥氏体型钢**	
1	1Cr17Mn6Ni5N	1010~1120 快冷	23	00Cr19Ni13Mo3	1010~1150 快冷
2	1Cr18Mn8Ni5N	1010~1120 快冷	24	0Cr18Ni6Mo5	1030~1180 快冷
3	2Cr13Mn9Si4	1000~1150 快冷	25	1Cr18Ni9Ti	1000~1100 快冷
4	1Cr17Ni7	1010~1150 快冷	26	0Cr18Ni10Ti*	920~1150 快冷
5	1Cr17Ni8	1010~1150 快冷	27	0Cr18Ni11Nb*	980~1150 快冷
6	1Cr18Ni9	1010~1150 快冷	28	0Cr18Ni13Si4	1010~1150 快冷
7	1Cr18Ni9Si3	1010~1150 快冷		**2) 奥氏体－铁素体型钢**	
8	0Cr18Ni9	1010~1150 快冷	29	0Cr26Ni5Mo2	950~1100 快冷
9	00Cr19Ni10	1010~1150 快冷	30	00Cr24Ni6Mo3N	950~1100 快冷
10	0Cr19Ni9N	1010~1150 快冷		**3) 铁素体型钢**	退火处理（℃）
11	0Cr19Ni10NbN	1010~1150 快冷	31	0Cr13Al	780~830 快冷或缓冷
12	00Cr18Ni10N	1010~1150 快冷	32	0Cr12	700~820 快冷或缓冷
13	1Cr18Ni12	1010~1150 快冷	33	1Cr15	780~850 快冷或缓冷
14	0Cr23Ni13	1030~1150 快冷	34	1Cr17	780~850 快冷或缓冷
15	0Cr25Ni20	1030~1180 快冷	35	00Cr17	780~850 快冷或缓冷
16	0Cr17Ni12Mo2	1010~1150 快冷	36	1Cr17Mo	780~850 快冷或缓冷
17	00Cr17Ni14Mo2	1010~1150 快冷	37	00Cr17Mo	800~1050 快冷
18	0Cr17Ni12Mo2N	1010~1150 快冷	38	00Cr18Mo2	800~1050 快冷
19	00Cr17Ni13Mo2N	1010~1150 快冷	39	00Cr30Mo2	900~1050 快冷
20	0Cr18Ni12Mo2Cu2	1010~1150 快冷	40	00Cr27Mo2	900~1050 快冷
21	00Cr18Ni14Mo2Cu2	1010~1150 快冷			
22	0Cr19Ni13Mo3	1010~1150 快冷			

序号	牌号	热 处 理 （℃）		
		退 火	淬 火	回 火
		4) 马 氏 体 型 钢[①]		
41	1Cr12	约 750 快冷或 800～900 缓冷	—	—
42	0Cr13	800～900 缓冷		
43	1Cr13			
44	2Cr13	约 750 空冷或 800～900 缓冷	—	—
45	3Cr13	800～900 缓冷	980～1040 快冷	150～400 空冷
46	3Cr16		—	—
47	7Cr17		1010～1070 快冷	150～400 空冷

序号	牌号	热处理种类及条件（℃）
		5) 沉 淀 硬 化 型 钢[②]
48	0Cr17Ni7Al	固溶处理：1000～1100 快冷
		565 时效处理：固溶处理后，于 760±15 保持 90min，在 1h 内冷却到 15 以下保持 30min，再加热到 565±10 保持 90min 后空冷
		510 时效处理：固溶处理后，于 955±10 保持 10min，空冷到室温，在 24h 内冷却到－73±6 保持 8h，再加热到 510±10 保持 60min 后空冷

注：1. 牌号 0Cr18Ni10Ti、0Cr18Ni11Nb，当需方指定进行稳定化处理时，热处理的温度为 850～930℃。

2. 钢带经冷轧后按表中热处理制度进行热处理，并进行酸洗或类似的处理。进行光亮热处理后可不进酸洗。

① 对马氏体型钢，当需方要求时，可采用淬火、回火处理；可用淬火回火代替退火，以满足力学性能要求。

② 对沉淀硬化型钢的热处理，需方应指明热处理种类，并应说明是对钢带还是对试样的热处理。

3.184

（3）不锈钢和耐热钢冷轧钢带的力学性能

序号	牌　　号	屈服强度 $\sigma_{0.2}$	抗拉强度 σ_b	伸长率 δ_5	硬度试验	
		(MPa)≥	(MPa)≥	(%)≥	HRB	HV
					≤	≤
1a) 奥氏体型钢(经固溶处理)						
1	1Cr17Mn6Ni5N	245	635	40	100	253
2	1Cr18Mn8Ni5N	245	590	40	95	218
3	2Cr13Mn9Ni4	—	590	40	—	
4	1Cr17Ni7	205	520	40	90	200
5	1Cr17Ni8	205	570	45	90	200
6	1Cr18Ni9	205	520	40	90	200
7	1Cr18Ni9Si3	205	520	40	95	218
8	0Cr18Ni9	205	520	40	90	200
9	00Cr19Ni10	175	480	40	90	200
10	0Cr19Ni9N	275	550	35	95	220
11	0Cr19Ni10NbN	345	685	35	100	260
12	00Cr18Ni10N	245	550	40	95	220
13	1Cr18Ni12	175	480	40	90	200
14	0Cr23Ni13	205	520	40	90	200
15	0Cr25Ni20	205	520	40	90	200
16	0Cr17Ni12Mo2	205	520	40	90	200
17	00Cr17Ni14Mo2	175	480	40	90	200
18	0Cr17Ni12Mo2N	275	550	35	95	220
19	00Cr17Ni13Mo2N	245	550	40	95	220
20	0Cr18Ni12Mo2Cu2	205	520	40	90	200
21	00Cr18Ni14Mo2Cu2	175	480	40	90	200
22	0Cr19Ni13Mo3	205	520	40	90	200
23	00Cr19Ni13Mo3	175	480	40	90	200
24	0Cr18Ni16Mo5	175	480	40	90	200
25	1Cr18Ni9Ti	205	540	40	90	200
26	0Cr18Ni10Ti	205	520	40	90	200
27	0Cr18Ni11Nb	205	520	40	90	200
28	0Cr18Ni13Si4	205	520	40	95	218

序号	牌号	状态符号①	屈服强度 $\sigma_{0.2}$ (MPa)≥	抗拉强度 σ_b (MPa)≥	伸长率 δ_5（%）≥ 厚度(mm) <0.4	≥0.4～0.8	>0.8
1b）奥氏体型钢（不同冷作硬化状态）							
3	2Cr13Mn9Ni4	BY	—	785	20		
		Y		980	15		
		TY		1130	8		
4	1Cr17Ni7	DY	510	865	25	25	25
		BY	755	1030	9	10	10
		Y	930	1205	3	5	7
		TY	960	1275	3	4	5
6	1Cr18Ni9	BY	—	785	20		
		Y		980	10		
		TY		1130	5		
25	1Cr18Ni9Ti	BY	—	735	20		
		Y		885	7		

序号	牌号	屈服强度 $\sigma_{0.2}$ (MPa)≥	抗拉强度 σ_b (MPa)≥	伸长率 δ_5（%）≥	硬度试验 HRC ≤	硬度试验 HV ≤
2）奥氏体—铁素体型钢（经固溶处理）						
29	0Cr26Ni5Mo2	390	590	18	29	292
30	00Cr24Ni6Mo3N	450	620	18	32	320

序号	牌号	屈服强度 $\sigma_{0.2}$ (MPa)≥	抗拉强度 σ_b (MPa)≥	伸长率 δ_5（%）≥	硬度试验 HRB ≤	硬度试验 HV ≤	180°弯曲试验 d—弯心直径 a—钢带厚度
3）铁素体型钢（退火状态）							
31	0Cr13Al	175	410	20	88	200	$d=a$
32	00Cr12	195	365	22	88	200	$d=2a$

序号	牌　号	屈服强度 $\sigma_{0.2}$	抗拉强度 σ_b	伸长率 δ_5 (%)≥	硬度试验		180°弯曲试验 d—弯心直径 a—钢带厚度
		（MPa）≥			HRB	HV	
					≤		
3）铁素体型钢（退火状态）							
33	1Cr15	205	450	22	88	200	
34	1Cr17	205	450	22	88	200	
35	00Cr17	175	365	22	88	200	
36	1Cr17Mo	205	450	22	88	200	$d=2a$
37	00Cr17Mo	245	410	20	96	230	
38	00Cr18Mo2	245	410	20	96	230	
39	00Cr30Mo2	295	450	22	95	220	
40	00Cr27Mo2	245	410	22	90	200	

序号	牌　号	屈服强度 $\sigma_{0.2}$	抗拉强度 σ_b	伸长率 δ_5 (%)≥	硬度试验		180°弯曲试验 d—弯心直径 a—钢带厚度
		（MPa）≥			HRB	HV	
					≤		
4）马氏体型钢（退火状态）							
41	1Cr12	205	440	20	93	210	$d=2a$
42	0Cr13	205	410	20	88	200	
43	1Cr13	205	440	20	93	210	
44	2Cr13	225	520	18	97	234	—
							淬火回火后 HRC 硬度
45	3Cr13	225	540	18	99	247	≥40
46	3Cr16	225	520	18	100	253	—
47	7Cr17	245	590	15	HRC25	269	≥40

序号	牌　　号	热处理种类	屈服强度 $\sigma_{0.2}$	抗拉强度 σ_b	伸长率 δ_5（％）	硬度试验		
			(MPa)			HRC	HRB	HV
		5）沉 淀 硬 化 型 钢						
48	0Cr17Ni7Al	固溶	≤380	≤1030	≥20	—	≤92	≤200
		565℃时效	≥960	≥1140	≥3 (a≤3)[②] ≥5 (a>3)	≥35	—	≥345
		510℃时效	≥1030	≥1225	不规定 (a≤3) ≥4 (a>3)	≥40	—	≥392

注：1. 对于力学性能中的屈服强度，仅当需方要求时（在合同中注明）才测定；当几种硬度试验并列时，可根据钢带的不同尺寸和状态，按其中一种方法检验。

　　2. 沉淀硬化型钢的时效处理的试样力学性能是根据需方有要求时，才作保证。

　　3. 软态加平整的钢带，伸长率允许比规定值降低 5％（绝对值）。

①状态符号"DY、BY、Y、TY"分别表示低冷作硬化、半冷作硬化、冷作硬化、特别冷作硬化。

28. 弹簧用不锈钢冷轧钢带(GB/T4231—1993)

(1) 弹簧用不锈钢冷轧钢带的牌号

类 型	牌 号	相应的不锈钢牌号的序号	
奥氏体型钢	1Cr17Ni7	4	如想了解某一钢带的化
奥氏体型钢	0Cr18Ni9	8	学成分,可参阅第3.139
马氏体型钢	3Cr13	50	页中"相应序号"不锈钢
沉淀硬化型钢	0Cr17Ni7Al	63	牌号的化学成分

注:根据需方要求,并经供需双方协议,可供应其他牌号的钢带。

(2) 弹簧用不锈钢冷轧钢带的力学性能和工艺性能

牌　号	交货状态[①]	冷轧、固溶处理或退火状态			沉淀硬化处理状态	
		硬度 HV≥	弯曲试验[②]		热处理(℃)	硬度 HV≥
			V 形	W 形		
1Cr17Ni7	DY	310	$d=4a$	$d=5a$	—	—
	BY	370	$d=5a$	$d=6a$		
	Y	430	—	—		
	TY	490	—	—		
0Cr18Ni9	DY	250	$d=4a$	$d=4a$ ($a≤0.5$) $d=5a$ ($a>0.5$)	—	—
	BY	310	$d=5a$	$-d=6a$		
	Y	370	—	—		
3Cr13	退火	≤210			—	—
0Cr17Ni7Al	固溶	≤200	$d=a$	$d=2a$	固溶+565 时效 固溶+510 时效	345 392
	DY	350	$d=3a$	$d=4a$	DY+475 时效	380
	BY	400	—	—	BY+475 时效	450
	Y	450	—	—	Y+475 时效	530

注:1. 钢带厚度<0.4mm 时,可用抗拉强度值代替硬度值。

　　① 交货状态栏中:DY、BY、Y、TY 分别表示低硬钢带、半硬钢
　　　带、冷硬钢带、特硬钢带。

　　② d 为弯心直径(mm),a 为钢带厚度(mm)。

牌　　　号	交货状态*	冷轧或固溶状态			沉淀硬化处理状态		
		屈服强度 $\sigma_{0.2}$	抗拉强度 σ_b	伸长率 δ_5	热处理	屈服强度 $\sigma_{0.2}$	抗拉强度 σ_b
		(MPa)≥		(%)≥	(℃)	(MPa)≥	
1Cr17Ni7	DY	510	930	10			
	BY	745	1130	5			
	Y	1030	1320	—			
	TY	1275	1570	—			
0Cr18Ni9	DY	470	780	6			
	BY	665	930	3			
	Y	880	1130	—			
0Cr17Ni7Al	固溶	—	≤1030	20	固溶 565 时效	960	1140
					固溶 510 时效	1030	1230
	DY	—	1080	5	DY+475 时效	880	1230
	BY		1180	—	BY+475 时效	1080	1420
	Y		1420	—	Y+475 时效	1320	1720

注：2. 弯曲试验栏中，弯曲角度为90°；根据需方要求，可用 W 形弯曲来代替 V 形弯曲试验；钢带宽度＜30mm 和厚度＞1.0mm者，进行 V 形弯曲试验；钢带宽度＞30mm 和厚度＞0.8mm 者，不进行 W 形弯曲试验。

　　3. 根据需方要求，厚度≥30mm 的钢带以拉伸试验代替表中硬度和弯曲试验时，钢带的屈服强度、抗拉强度和伸长率应符合表中的规定。

　　4. 钢带交货状态为固溶处理时，其热处理制度为：565℃时效于(760±15)℃保温 90min，此后在 1h 时冷却到 15℃以下保温 30min，再于(565±10)℃，保温 60min 后空冷；510℃时效，于(955±10)℃保温 10min，空冷到室温，在 24h 内于(−73±6)℃保温 8h，再于(510±10)℃保温 60min 后空冷。

　　5. 钢带交货状态为 DY、BY、Y 冷作硬化状态，按不同程度冷轧后于(475±10)℃保温 1h 后空冷。

29．结构用和流体输送用不锈钢无缝钢管

(GB/T14975、14976－2002)

(1) 结构用和流体输送用不锈钢无缝钢管的牌号

序号	牌　　号	参见序号 结构用	参见序号 输送用	序号	牌　　号	参见序号 结构用	参见序号 输送用
1) 奥氏体型钢				**1) 奥氏体型钢**			
1	0Cr18Ni9	8	8	17	0Cr19Ni13Mo3	24	24
2	1Cr18Ni9	5	5	18	00Cr19Ni13Mo3	25	25
3	00Cr19Ni10	9	9	19	1Cr18Ni12Mo3Ti	26	26
4	0Cr19Ni9N	10	10	20	0Cr18Ni12Mo3Ti	27	27
5	0Cr19Ni10NbN	—	11	21	1Cr18Ni9Ti	29	29
6	00Cr18Ni10N	12	12	22	0Cr18Ni10Ti	30	30
7	0Cr23Ni13	—	14	23	0Cr18Ni11Nb	31	31
8	0Cr25Ni20	—	15	**2) 奥氏体—铁素体型钢**			
9	0Cr17Ni12Mo2	16	16	24	0Cr26Ni5Mo2	—	34
10	1Cr18Ni12Mo2Ti	17	17	25	00Cr18Ni5Mo3Si2	36	36
11	0Cr18Ni12Mo2Ti	18	18	**3) 铁素体型钢**			
12	00Cr17Ni14Mo2	19	19	26	1Cr17	39	39
13	0Cr17Ni12Mo2N	20	20	**4) 马氏体型钢**			
14	00Cr17Ni13Mo2N	21	21	27	0Cr13	46	46
15	0Cr18Ni12Mo2Cu2	—	22	28	1Cr13	45	45
16	00Cr18Ni14Mo2Cu2	—	23	29	2Cr13	49	49

注：1．"参见序号"指参见第 3.139 页中相同的不锈钢牌号的序号。如想了解表中某一用途牌号（结构用或输送用）的化学成分，可参见该"参见序号"不锈钢牌号的化学成分。

　　2．钢管分热轧（挤、扩）和冷拔（轧）两种。具体规格（外径和壁厚）可参见第 4.97 页～第 4.100 页。

(2) 结构用和流体输送用不锈钢无缝钢管的热处理制度、力学性能和密度

序号	牌号	推荐热处理制度（℃）	抗拉强度 σ_b (MPa)≥	非比例伸长应力 $\sigma_{p0.2}$ (MPa)≥	伸长率 δ_5 (%)≥	密度 $\left(\dfrac{kg}{dm^3}\right)$
		1）奥氏体型钢				
1	0Cr18Ni9	1010～1150,急冷	520	205	35	7.93
2	1Cr18Ni9	1010～1150,急冷	520	205	35	7.90
3	00Cr19Ni10	1010～1150,急冷	480	175	35	7.93
4	0Cr19Ni9N	1010～1150,急冷	550	275	35	7.90
5	0Cr19Ni10NbN	1010～1150,急冷	685	345	35	7.98
6	00Cr18Ni10N	1010～1150,急冷	550	245	40	7.90
7	0Cr23Ni13	1030～1150,急冷	520	205	40	7.98
8	0Cr25Ni20	1030～1180,急冷	520	205	40	7.98
9	0Cr17Ni12Mo2	1010～1150,急冷	520	205	35	7.98
10	1Cr18Ni12Mo2Ti	1000～1100,急冷	530	205	35	8.00
11	0Cr18Ni12Mo2Ti	1000～1100,急冷	530	205	35	8.00
12	00Cr17Ni14Mo2	1010～1150,急冷	480	175	35	7.98
13	0Cr17Ni12Mo2N	1010～1150,急冷	550	275	35	7.80
14	00Cr17Ni13Mo2N	1010～1150,急冷	550	245	40	8.00
15	0Cr18Ni12Mo2Cu2	1010～1150,急冷	520	205	35	7.98
16	00Cr18Ni14Mo2Cu2	1010～1150,急冷	480	180	35	7.98
17	0Cr19Ni13Mo3	1010～1150,急冷	520	205	35	7.98
18	00Cr19Ni13Mo3	1010～1150,急冷	480	175	35	7.98

3.192

(续)

序号	牌号	推荐热处理制度 (℃)	力学性能			密度 (kg/dm³)
			抗拉强度 σ_b (MPa)≥	非比例伸长应力 $\sigma_{p0.2}$ (MPa)≥	伸长率 δ_5 (%)≥	
	1) 奥 氏 体 型 钢					
19	1Cr18Ni12Mo3Ti	1000~1100,急冷	530	205	35	8.10
20	0Cr18Ni12Mo3Ti	1000~1100,急冷	530	205	35	8.10
21	1Cr18Ni9Ti	1000~1100,急冷	520	205	35	7.90
22	0Cr18Ni10Ti	920~1150,急冷	520	205	35	7.95
23	0Cr18Ni11Nb	980~1150,急冷	520	205	35	7.98
	2) 奥 氏 体—铁 素 体 型 钢					
24	0Cr26Ni5Mo2	≥950,急冷	590	390	18	7.80
25	00Cr18Ni5Mo3Si2	920~1150,急冷	590	390	20	7.98
	3) 铁 素 体 型 钢					
26	1Cr17	780~850 空冷或缓冷	410	245	20	7.70
	4) 马 氏 体 型 钢					
27	0Cr13	800~900,缓冷 或 750 快冷	370	180	22	7.70
28	1Cr13	800~900,缓冷	410	205	20	7.70
29	2Cr13	800~900,缓冷	470	215	19	7.70

注：热桥压管的抗拉强度 σ_b 允许降低 20MPa，根据需方要求，并在合同中注明，可测定钢管的非比例伸长应力 $\sigma_{p0.2}$；奥氏体型冷拔(轧)钢管也可以冷加工状态交货，其力学性能等项目，由供需双方协议。

3.193

30. 不 锈 钢 丝 (GB/T4240-1993)

(1) 不锈钢丝的牌号

序号	牌　　号	交货状态	参见序号	序号	牌　　号	交货状态	参见序号
1) 奥氏体型钢				13	0Cr23Ni13	Q 或 R	14
				14	0Cr25Ni20		15
1	0Cr17Ni12Mo2	L	16	**2) 铁素体型钢**			
2	1Cr18Ni9	、	5				
3	1Cr18Ni9Ti	Q	29	15	1Cr17	Q	39
4	0Cr18Ni9	或	8	16	Y1Cr17		40
5	0Cr19Ni9N	R	10	**3) 马氏体型钢**			
6	00Cr17Ni14Mo2		19	17	1Cr13		45
7	Y1Cr18Ni9		6	18	Y1Cr13	Q	47
8	Y1Cr18Ni9Se	Q	7	19	2Cr13		49
9	1Cr18Ni12	或	13	20	3Cr13		50
10	0Cr18Ni11Ti	R	70	21	4Cr13		53
11	0Cr18Ni11Nb		11	22	1Cr17Ni2	R	54
12	00Cr19Ni11		69	23	9Cr18		57

注：1. "参见序号"指参见第 3.139 页中相同的不锈钢牌号的化
　　　学成分序号。如想了解表中某一牌号的化学成分，可参见
　　　该"参见序号"不锈钢牌号的化学成分。

　　2. 钢丝的交货状态简介：

　　　冷拉——代号 L，钢丝进行热处理后进行常规拉拔；

　　　轻拉——代号 Q，钢丝进行热处理后进行小变形程度拉
　　　　　　拔；

　　　软态——代号 R，钢丝进行光亮处理或热处理后进行酸洗
　　　　　　或类似处理。

(2) 不锈钢丝的力学性能

钢丝直径 (mm)	抗拉强度 (MPa)	伸长率 (%) ≥	钢丝直径 (mm)	抗拉强度 (MPa)	伸长率 (%) ≥
软态(R) (适用钢丝牌号序号1~14)①			轻拉(Q) (适用钢丝牌号序号1~14)		
0.05~0.10	690~1030	15	0.50~1.00	830~1180	—
>0.10~0.30	640~980	20	>1.00~3.00	780~1130	—
>0.30~0.60	590~930	20	>3.00~6.00	730~1080	—
>0.60~1.00	540~880	25	>6.00~14.0	730~1080	—
>1.00~3.00	490~830	25	轻拉(Q) (适用钢丝牌号序号15、17)		
>3.00~6.00	490~830	30			
>6.00~14.0	490~790	30	0.50~6.00	540~790	—
软态(R) (适用钢丝牌号序号21~23)			>6.00~14.0	590~740	—
0.05~14.0	590~830	—	轻拉(Q) (适用钢丝牌号序号16、18~20)		
冷拉(L) (适用钢丝牌号序号1~5)					
0.50~1.00	1180~1520	—	0.50~3.00	640~930	—
>1.00~3.00	1130~1470	—	>3.00~6.00	590~880	—
>3.00~6.00	1080~1420	—	>6.00~14.0	590~840	—

注: 1. 直条钢丝和银亮钢丝的力学性能上下限允许有10%波动。

2. 根据需方要求，可提供力学性能在特定范围内的钢丝。

① 表中所列伸长率不适用于序号7、8两个牌号。

31. 冷顶锻用不锈钢丝（GB/T4232－1993）

（1）冷顶锻用不锈钢丝的牌号

序号	牌　号	交货状态	参见序号	序号	牌　号	交货状态	参见序号
	1）奥氏体型钢			6	ML0Cr18Ni12	R、Q	72
1	ML0Cr16Ni18		71		**2）铁素体型钢**		
2	ML1Cr18Ni9Ti	R、Q	29	7	ML1Cr17	R、Q	39
3	ML0Cr18Ni9		8		**3）马氏体型钢**		
4	ML0Cr18Ni9Cu3		32	8	ML1Cr13	Q	45
5	ML1Cr18Ni12		13	9	ML1Cr17Ni12		54

注：1. "参见序号"指参见第 3.139 页中相同的不锈钢牌号的化学成分的序号。如想了解某一钢丝的化学成分，即可参见该"参见序号"不锈钢牌号的化学成分。

2. 序号 8 含碳量下限 ≥0.08％，其余同参见序号 45。

3. 钢丝交货状态简介：

软态（R）：钢丝进行光亮热处理或热处理后进行酸洗或类似处理。

轻拉（Q）：钢丝热处理后进行很小程度的拉拔。

（2）冷顶锻用不锈钢丝的力学性能

序号	抗拉强度 σ_b（MPa）	伸长率 δ_5（％）≥	断面收缩率 ψ（％）≥	序号	抗拉强度 σ_b（MPa）	伸长率 δ_5（％）≥	断面收缩率 ψ（％）≥
软态（钢丝直径 1.0～3.0mm）				软态（钢丝直径 1.0～3.0mm）			
1	490～640	30	—	6	510～660	30	—
2	620～770	25	—	7	440～640	15	—
3	590～740	30	—	8	440～640	15	—
4	490～640	30	—	9	590～790	15	—
5	540～690	30	—				

序号	抗拉强度 σ_b (MPa)	伸长率 δ_5	断面收缩率 ψ	序号	抗拉强度 σ_b (MPa)	伸长率 δ_5	断面收缩率 ψ
		(%)≥				(%)≥	
软态（钢丝直径＞3.0～6.0mm）				轻拉（钢丝直径 1.0～3.0mm）			
1	440～590	40	65	6	560～710	20	—
2	580～730	30	60	7	540～740	10	—
3	540～690	40	65	8	540～740	10	—
4	440～590	40	65	9	640～840	10	—
5	510～660	40	65	轻拉（钢丝直径＞3.0～14.0mm）			
6	490～640	40	65	1	470～650	25	55
7	400～600	15	60	2	610～760	20	55
8	400～600	15	60	3	560～740	25	55
9	590～790	15	60	4	470～650	25	55
轻拉（钢丝直径 1.0～3.0mm）				5	560～710	25	55
1	540～690	20	—	6	510～590	25	55
2	650～800	15	—	7	460～640	10	55
3	640～790	20	—	8	460～640	10	55
4	540～690	20	—	9	640～840	10	55
5	590～740	20	—				

注：钢丝应进行冷顶锻试验，冷顶锻至原试样高度的 1/2，试样表面不得有裂纹和裂口；根据供需双方协商，也可锻至原试样高度的 1/3。

32. 焊接用不锈钢盘条的化学成分(GB/T4241-1984)

类别	序号	牌号	化学成分（%）碳≤	硅	锰
奥氏体型	1	H0Cr21Ni10	0.06	≤0.60	1.00～2.50
	2	H00Cr21Ni10	0.03	≤0.60	1.00～2.50
	3	H1Cr24Ni13	0.12	≤0.60	1.00～2.50
	4	H1Cr24Ni13Mo2	0.12	≤0.60	1.00～2.50
	5	H1Cr26Ni21	0.15	0.20～0.59	1.00～2.50
	6	H0Cr26Ni21	0.08	≤0.60	1.00～2.50
	7	H0Cr19Ni12Mo2	0.08	≤0.60	1.00～2.50
	8	H00Cr19Ni12Mo2	0.03	≤0.60	1.00～2.50
	9	H00Cr19Ni12Mo2Cu2	0.03	≤0.60	1.00～2.50
	10	H0Cr20Ni14Mo3	0.06	≤0.60	1.00～2.50

序号	化学成分（%）（续）磷≤	硫≤	镍	铬	其他
1	0.030	0.020	9.00～11.00	19.50～22.00①	—
2	0.030	0.020	9.00～11.00	19.50～22.00①	—
3	0.030	0.020	12.00～14.00	23.00～25.00	—
4	0.030	0.020	12.00～14.00	23.00～25.00	钼 2.00～3.00
5	0.030	0.020	20.00～22.50	25.00～28.00	—
6	0.030	0.020	20.00～22.50	25.00～28.00	—
7	0.030	0.020	11.00～14.00	18.00～20.00	钼 2.00～3.00
8	0.030	0.020	11.00～14.00	18.00～20.00	钼 2.00～3.00
9	0.030	0.020	11.00～14.00	18.00～20.00	钼 2.00～3.00 铜 1.00～2.50
10	0.030	0.020	13.00～15.00	18.50～20.50	钼 3.00～4.00

类别	序号	牌　号	化　学　成　分　（%）		
			碳≤	硅	锰
奥氏体型	11	H0Cr20Ni10Ti	0.06	≤0.06	1.00～2.50
	12	H0Cr20Ni10Nb	0.08	≤0.60	1.00～2.50
	13	H1Cr21Ni10Mn6	0.10	0.20～0.60	5.00～7.00
铁素体型	14	H0Cr14	0.06	0.30～0.70	0.30～0.70
	15	H1Cr17	0.10	≤0.50	≤0.60
马氏体型	16	H1Cr13	0.12	≤0.50	≤0.60
	17	H1Cr5Mo	0.12	0.15～0.35	0.40～0.70

序号	化　学　成　分　（%）（续）				
	磷≤	硫≤	镍	铬	其他
11	0.030	0.020	9.00～10.50	18.50～20.50	钛 9×碳～1.00
12	0.030	0.020	9.00～11.00	19.00～21.50	铌 10×碳～1.00
13	0.030	0.020	9.00～11.00	20.00～22.00	—
14	0.030	0.030	≤0.60	13.00～15.00	—
15	0.030	0.030	—	15.50～17.00	—
16	0.030	0.030	—	11.50～13.50	—
17	0.030	0.030	≤0.30	4.00～6.00	—

注：1. 根据需方要求，序号 1、2、12 的含铬量可规定：Cr≥（1.9×镍）。

2. 序号 15 允许含镍量≤0.60%。

3. 序号 16 允许含镍量≤0.60%，含钼量≤0.60%。

33. 耐 热 钢 棒 (GB/T1221—1992)

(1) 耐热钢棒的化学成分

类别	序号	牌号	化 学 成 分 (%) 碳	钼	钒	硅	锰	磷≤	硫≤	镍	铬	氮	其他
奥氏体型钢	1	5Cr21Mn9Ni4N	0.48~0.58	—	—	≤0.35	8.00~10.00	0.040	0.030	3.25~4.50	20.00~22.00	0.35~0.50	—
	2	2Cr21Ni12N	0.15~0.28	—	—	0.75~1.25	1.00~1.60	0.035	0.030	10.50~12.50	20.00~22.00	0.15~0.30	—
	3	2Cr23Ni13	≤0.20	—	—	≤1.00	≤2.00	0.035	0.030	12.00~15.00	22.00~24.00	—	—
	4	2Cr25Ni20	≤0.25	—	—	≤1.50	≤2.00	0.035	0.030	19.00~22.00	24.00~26.00	—	—
	5	1Cr16Ni35	≤0.15	—	—	≤1.50	≤2.00	0.035	0.030	33.00~37.00	14.00~17.00	—	—
	6	0Cr15Ni25Ti2MoAlVB	≤0.08	1.00~1.50	0.10~0.50	≤1.00	≤2.00	0.035	0.030	24.00~27.00	13.50~16.00	—	钛 1.90~2.35 硼 0.001~0.010 铝<0.35
	7	0Cr18Ni9	≤0.07	—	—	≤1.00	≤2.00	0.035	0.030	8.00~11.00	17.00~19.00	—	—
	8	0Cr23Ni13	≤0.08	—	—	≤1.00	≤2.00	0.035	0.030	12.00~15.00	22.00~24.00	—	—
	9	0Cr25Ni20	≤0.08	—	—	≤1.50	≤2.00	0.035	0.030	19.00~22.00	24.00~26.00	—	—

类别	序号	牌号	化学成分（%）								磷 ≤	硫 ≤	其他
			碳	铬	镍	钼	钒	硅	锰	氮			
奥氏体型钢	10	0Cr17Ni12Mo2	≤0.08	16.00~18.00	10.00~14.00	2.00~3.00	—	≤1.00	≤2.00	—	0.035	0.030	—
	11	4Cr14Ni4W2Mo	0.40~0.50	13.00~15.00	13.00~15.00	0.25~0.40	—	≤0.80	≤0.70	—	0.035	0.030	钨 2.00~2.75
	12	3Cr18Mn12Si2N	0.22~0.30	17.00~19.00	—	—	—	1.40~2.20	10.50~12.50	0.22~0.33	0.060	0.030	—
	13	2Cr20Mn9Ni2Si2N	0.17~0.26	18.00~21.00	2.00~3.00	—	—	1.80~2.70	8.50~11.00	0.20~0.30	0.060	0.030	—
	14	0Cr19Ni13Mo3	≤0.08	17.00~20.00	11.00~15.00	3.00~4.00	—	≤1.00	≤2.00	—	0.035	0.030	—
	15	1Cr18Ni9Ti*	≤0.12	17.00~19.00	8.00~11.00	—	—	≤1.00	≤2.00	钛 5×（碳-0.02）~0.80	0.035	0.030	—
	16	0Cr18Ni10Ti	≤0.08	17.00~19.00	9.00~12.00	—	—	≤1.00	≤2.00	—	0.035	0.030	钛≥（5×碳）
	17	0Cr18Ni11Nb	≤0.08	17.00~19.00	9.00~13.00	—	—	≤1.00	≤2.00	—	0.035	0.030	铌≥（10×碳）①
	18	0Cr18Ni13Si4	≤0.08	15.00~20.00	11.50~15.00	—	—	3.00~5.00	≤2.00	—	0.035	0.030	—
	19	1Cr20Ni14Si2	≤0.20	19.00~22.00	12.00~15.00	—	—	1.50~2.50	≤1.50	—	0.035	0.030	—
	20	1Cr25Ni20Si2	≤0.20	24.00~27.00	10.00~21.00	—	—	1.50~2.50	≤1.50	—	0.035	0.030	—

（续）

类别	序号	牌号	化 学 成 分（%）										
---	---	---	碳	硅	锰	磷≤	硫≤	镍	铬	钼	钒	氮	其他②
铁素体型钢	21	2Cr25N	≤0.20	≤1.00	≤1.50	0.040	0.030	—	23.00~27.00	—	—	≤0.25	—
	22	0Cr13Al	≤0.08	≤1.00	≤1.00	0.040	0.030	—	11.50~14.50	—	—	—	铝 0.10~0.30
	23	00Cr12	≤0.030	≤1.00	≤1.00	0.040	0.030	—	11.00~13.00	—	—	—	—
	24	1Cr17	≤0.12	≤0.75	≤1.00	0.040	0.030	—	16.00~18.00	—	—	—	—
马氏体型钢	25	1Cr5Mo	≤0.15	≤0.50	≤0.60	0.035	0.030	≤0.60	4.00~6.00	0.45~0.60	—	—	—
	26	4Cr9Si2	0.35~0.50	2.00~3.00	≤0.70	0.035	0.030	≤0.60	8.00~10.00	—	—	—	—
	27	4Cr10Si2Mo	0.35~0.45	1.90~2.60	≤0.70	0.035	0.030	≤0.60	9.00~10.50	0.70~0.90	—	—	—
	28	8Cr20Si2Ni	0.75~0.85	1.75~2.25	0.20~0.60	0.030	0.030	1.15~1.65	19.00~20.50	—	—	—	—
	29	1Cr11MoV	0.11~0.18	≤0.50	≤0.60	0.035	0.030	0.30~0.60	10.00~11.50	0.50~0.70	0.25~0.40	—	—
	30	1Cr12Mo	0.10~0.15	≤0.50	0.30~0.50	0.035	0.030	⑦	11.50~13.00	0.30~0.60	—	—	—
	31	2Cr12MoVNbN	0.15~0.20	≤0.50	0.50~1.00	0.035	0.030	0.30~0.60	11.00~13.00	0.30~0.90	0.25~0.40	0.05~0.10	铌 0.20~0.60

3.202

（续）

类别	序号	牌号	碳	硅	锰	磷≤	硫≤	镍	铬	钼	钒	氮	其他
马氏体型钢	32	1Cr12WMoV	0.12～0.18	≤0.50	0.50～0.90	0.035	0.030	0.40～0.80	11.00～13.00	0.50～0.70	0.18～0.30	—	钨0.70～1.10
	33	2Cr12NiMoWV	0.20～0.25	≤0.50	0.50～1.00	0.035	0.030	0.50～1.00	11.00～13.00	0.75～1.25	0.20～0.40	—	钨0.70～1.25
	34	1Cr13	≤0.15	≤1.00	≤1.00	0.035	0.030	—	11.50～13.50	—	—	—	—
	35	1Cr13Mo	0.08～0.18	≤0.60	≤1.00	0.035	0.030	—	11.50～13.00	—	—	—	—
	36	2Cr13Mo	0.16～0.25	≤1.00	≤1.00	0.035	0.030	—	12.00～14.00	—	—	—	—
	37	1Cr17Ni2	0.11～0.17	≤0.80	≤0.80	0.035	0.030	1.50～2.50	16.00～18.00	—	—	—	—
	38	1Cr11Ni2W2MoV	0.10～0.16	≤0.60	≤0.60	0.035	0.030	1.40～1.80	10.50～12.00	0.35～0.50	0.18～0.30	—	钨1.50～2.00
沉淀硬化型钢	39	0Cr17Ni4Cu4Nb	≤0.07	≤1.00	≤1.00	0.035	0.030	3.00～5.00	15.50～17.50	—	—	铜3.00～5.00	铌0.15～0.45
	40	0Cr17Ni7Al	≤0.09	≤1.00	≤1.00	0.035	0.030	6.50～7.75	16.00～18.00	—	—	铜≤0.50	铝0.75～1.50

注：1. 带＊符号的牌号，除专用外，一般情况下不推荐使用。
 2. 化学成分栏中，①——必要时，可添加表中以外的合金元素；②——允许含有 ≤0.30%的铜；③——允许含有≤0.60%的镍。

(2) 耐热钢棒的热处理制度

序号	1) 奥氏体型钢的热处理制度		
	牌　号	固溶处理(℃)	时效处理(℃)
1	5Cr21Mn9Ni4N	1100~1200 快冷	730~780 空冷
2	2Cr21Ni12N	1050~1150 快冷	750~800 空冷
3	2Cr23Ni13	1030~1050 快冷	
4	2Cr25Ni20	1030~1180 快冷	
5	1Cr16Ni35	1030~1180 快冷	
6	0Cr15Ni25Ti2MoAlVB	885~ 915 或 965~ 995 快冷	700~760,16h 空冷或缓冷
7	0Cr18Ni9	1010~1150 快冷	
8	0Cr23Ni13	1030~1150 快冷	
9	0Cr25Ni20	1030~1180 快冷	
10	0Cr17Ni12Mo2	1010~1150 快冷	
11	4Cr14Ni14W2Mo	退火 820~850 快冷	
12	3Cr18Mn12Si2N	1100~1150 快冷	
13	2Cr20Mn9Ni2Si2N	1100~1150 快冷	
14	0Cr19Ni13Mo3	1010~1150 快冷	
15	1Cr18Ni9Ti[①]	920~1150 快冷	
16	0Cr18Ni10Ti[①]	920~1150 快冷	
17	0Cr18Ni11Nb[①]	980~1150 快冷	
18	0Cr18Ni13Si4	1010~1150 快冷	
19	1Cr20Ni14Si2	1080~1130 快冷	
20	1Cr25Ni20Si2	1080~1130 快冷	

序号	2) 铁素体型钢的热处理制度	
	牌　号	退火处理(℃)
21	2Cr25N	780~880 快冷
22	0Cr13Al	780~830 空冷或缓冷
23	00Cr12	700~820 空冷或缓冷
24	1Cr17	780~850 空冷或缓冷

3.204

序号	3）马氏体型钢的热处理制度			
	牌　号	退火（℃）	淬火（℃）	回火（℃）
25	1Cr5Mo	—	900～950 油冷	600～700 空冷
26	4Cr9Si2	—	1020～1040 油冷	700～780 油冷
27	4Cr10Si2Mo	—	1010～1040 油冷	720～760 空冷
28	8Cr20Si2Ni	800～900 缓冷 或约 720 空冷	1030～1080 油冷	700～800 快冷
29	1Cr11MoV	—	1050～1100 空冷	720～740 空冷
30	1Cr12Mo	800～900 缓冷 或约 750 快冷	950～1000 油冷	700～750 快冷
31	2Cr12MoVNbN	850～950 缓冷	1100～1170 油冷 或空冷	600 以上空冷
32	1Cr12WMoV	—	1000～1050 油冷	680～700 空冷
33	2Cr12NiMoWV	830～900 缓冷	1020～1070 油冷 或空冷	600 以上空冷
34	1Cr13	800～900 缓冷 或约 750 快冷	950～1000 油冷	700～750 快冷
35	1Cr13Mo	830～900 缓冷 或约 750 快冷	970～1020 油冷	650～750 快冷
36	2Cr13	800～900 缓冷 或约 750 快冷	920～980 油冷	600～750 快冷
37	1Cr17Ni12	—	950～1050 油冷	275～350 空冷
38	1Cr11Ni2W2MoV		1 组 1000～1020 正火 1000～1020 油冷 或空冷 2 组 1000～1020 正火 1000～1020 油冷 或空冷	660～710 油冷 或空冷 540～600 油冷 或空冷

序号	4）沉淀硬化型钢的热处理制度		
	牌　号	种　类	条　件
39	0Cr17Ni14Cu4Nb	固溶 480℃时效 550℃时效 580℃时效 620℃时效	1020～1060℃快冷 经固溶处理后，470～490℃空冷 经固溶处理后，540～560℃空冷 经固溶处理后，570～590℃空冷 经固溶处理后，610～630℃空冷
40	0Cr17Ni7Al	固溶 565℃时效 510℃时效	1000～1100℃快冷 经固溶处理后，(760±15)℃保持90min，在1h冷却到15℃以下，保持30min，再加热到(565±10)℃，保持70min，空冷 经固溶处理后，(955±10)℃保持10min，空冷到室温，在24h冷却到(-73±6)℃，保持8h，再加热到(510±10)℃，保持60min后空冷

注：1. 钢棒一般应参照上表热处理，其热处理种类在合同中注明；未注明者，按不热处理交货。

2. 切削加工用奥氏体型钢棒应进行固溶处理，如需方提出，也可不处理；热压力加工用钢棒不进行固溶处理。

3. 铁素体型钢棒，如需方提出或经需方同意，可以不进行热处理。

4. 马氏体型钢棒应进行退火处理，如需方提出，可以不进行处理。

5. 沉淀硬化型钢棒应进行固溶处理，如需方提出或经需方同意，可以不进行处理。

① 根据需方要求，可进行稳定化处理，其热处理温度为850～930℃。

(3) 耐热钢棒经热处理后的力学性能

序号	牌　　号	热处理状态	屈服强度 $\sigma_{0.2}$ (MPa) ≥	抗拉强度 σ_b (MPa) ≥	伸长率 δ_5 (%) ≥	收缩率 ψ (%) ≥	硬度试验 HB≤	性能适用钢棒尺寸≤ (mm)
1) 奥氏体型钢（固溶—固溶处理；固时—固溶处理＋时效处理）								
1	5Cr21Mn9Ni4N	固时	560	885	8	—	≥302	25
2	2Cr21Ni12N	固时	430	820	26	20	269	25
3	2Cr23Ni13	固溶	205	560	45	50	201	180
4	2Cr25Ni20	固溶	205	590	40	50	201	180
5	1Cr16Ni35	固溶	205	560	40	50	201	180
6	0Cr15Ni25Ti2MoAlVB	固时	590	900	15	18	≥248	180
7	0Cr18Ni9	固溶	205	520	40	60	187	180
8	0Cr23Ni13	固溶	205	520	40	60	187	180
9	0Cr25Ni20	固溶	205	520	40	60	187	180
10	0Cr17Ni12Mo2	固溶	205	520	40	60	187	180
11	4Cr14Ni14W2Mo	退火	315	705	20	35	248	180
12	3Cr18Mn12Si2N	固溶	390	685	35	45	248	180
13	2Cr20Mn9Ni2Si2N	固溶	390	635	35	45	248	180
14	0Cr19Ni13Mo3	固溶	205	540	40	60	187	180
15	1Cr18Ni9Ti	固溶	205	520	40	50	187	180
16	0Cr18Ni10Ti	固溶	205	520	40	50	187	180
17	0Cr18Ni10Nb	固溶	205	520	40	50	187	180
18	0Cr18Ni13Si4	固溶	205	520	40	60	207	180
19	1Cr20Ni14Si2	固溶	295	590	35	50	187	180
20	1Cr25Ni20Si2	固溶	295	590	35	50	187	180
2) 铁　素　体　型　钢								
21	2Cr25N	退火	275	510	20	40	201	75
22	0Cr13Al	退火	177	410	20	60	≥183	75
23	00Cr12	退火	196	365	22	60	≥183	75
24	1Cr17	退火	205	450	22	50	≥183	75

3）马氏体型钢（性能适用钢棒尺寸≤75mm）

序号	牌　号	经淬回火的力学性能						退火后的硬度 HB≤
		屈服强度 $\sigma_{0.2}$	抗拉强度 σ_b	伸长率 δ_5	收缩率 ψ	冲击吸收功 A_K（J）≥	硬度试验 HB≥	
		（MPa）≥		（%）≥				
25	1Cr5Mo	390	590	18	—	—	—	200
26	4Cr9Si2	590	885	19	50	—	—	269
27	4Cr10Si2Mo	685	885	10	35	—	—	269
28	8Cr20Si2Ni	685	885	10	15	8	262	321
29	1Cr11MoV	490	685	16	55	47	—	200
30	1Cr12Mo	550	685	18	60	78	217～248	255
31	2Cr12MoVNbN	685	835	15	30	—	≤321	269
32	1Cr12WMoV	585	735	15	45	47	—	—
33	2Cr12NiMoWV	735	885	10	25	—	≤341	269
34	1Cr13	345	540	25	55	78	159	200
35	1Cr13Mo	490	685	20	60	78	192	200
36	2Cr13	440	635	20	50	63	192	223
37	1Cr17Ni12	—	1080	10	—	39	—	285
38	1Cr11Ni2W2MoV	1组						
		735	885	15	55	71	269～321	269
		2组						
		885	1080	12	50	55	311～388	269

序号	牌　　号	热处理种类（℃）	屈服强度 $\sigma_{0.2}$	抗拉强度 σ_b	伸长率 δ_5	收缩率 ψ	硬度试验 HB/HRC $\geqslant$
			(MPa)$\geqslant$		(%)$\geqslant$		
39	0Cr17Ni14Cu4Nb	固溶	—	—	—	—	$\leqslant$363/$\leqslant$38
		480 时效	1180	1310	10	40	375/40
		550 时效	1000	1060	12	45	331/35
		580 时效	865	1000	13	45	302/31
		620 时效	725	930	16	50	277/28
40	0Cr17Ni7Al	固溶	380	1030	20	—	$\leqslant$229/—
		565 时效	960	1140	5	25	363/—
		510 时效	1030	1230	4	10	388/—

4）沉淀硬化型钢（性能适用钢棒尺寸≤75mm）

注：1. 各类钢的屈服强度和奥氏体型、铁素体型钢的硬度，仅当需方要求并在合同中注明时才进行测定。

2. 1Cr18Ni9Ti 与 0Cr18Ni10Ti 钢（序号 15、16）的力学性能指标是一致的，需方可根据耐腐蚀性的差别进行选用。

3. 一个牌号有两种以上硬度指标时，供方可根据尺寸或状态任选一种方法测定。

4. 马氏体型钢棒，如采用 750℃左右回火时，其硬度由供需双方协议规定。

5. 超出表列适用尺寸范围的钢棒，其力学性能按供需双方协议规定。

(4) 耐热钢棒的特性和用途

序号	牌号——主要特性和用途
1	5Cr21Mn9Ni4N——适用于制作承受高温强度为主的汽油及柴油机用排气阀等
2	2Cr21Ni12N——适用于制作以抗氧化为主的汽油及柴油机用的排气阀等
3	2Cr23Ni13——能承受<980℃反复加热的抗氧化钢。适用于制作热炉炉部件、重油燃烧器等
4	2Cr25Ni20——能承受<1035℃反复加热的抗氧化钢。适用于制作加热炉部件、喷嘴和燃烧室等
5	1Cr16Ni35——是抗渗碳、氮化性大的钢种，能在<1035℃时反复加热。适用于制作炉用件、石油裂解装置等
6	0Cr15Ni25Ti2MoAlVB——适用于制作耐700℃高温的汽轮机转子、螺栓、叶片及轴等
7	0Cr18Ni9——适用于作承受<870℃反复加热的通用抗氧化钢
8	0Cr23Ni13——比0Cr18Ni9钢耐氧化性好，可承受<980℃反复加热。适用于作炉用材料
9	0Cr25Ni20——比0Cr23Ni13钢抗氧化性好，可承受1035℃加热。适用于作炉用材料等
10	0Cr17Ni12Mo2——高温具有优良的蠕变强度。适用于制作热交换部件、高温耐蚀螺栓等
11	4Cr14Ni14W2Mo——有较高的热强性。适用于制作内燃机重载荷排气阀等
12	3Cr18Mn12Si2N——有较高的高温强度和一定的抗氧化性，并有较好的抗硫及抗增碳性。适用于制作吊挂支架、渗碳炉构件、加热炉传送带、料盘及炉爪等

序号	牌号——主要特性和用途
13	2Cr20Mn9Ni2Si2N——特性与用途与 3Cr18Mn12Si2N 钢基本相同。也可用制作盐浴坩埚、加热炉管道等
14	0Cr19Ni13Mo3——高温具有良好的蠕变强度。适用于制作热交换用部件等
15	1Cr18Ni9Ti——有良好的耐热性和抗蚀性。适用于制作加热炉管燃烧室筒体、退火炉罩等
16	0Cr18Ni10Ti——适用于制作在 400～900℃ 腐蚀条件下使用的部件，高温用焊接结构部件
17	0Cr18Ni11Nb——特性和用途与 0Cr18Ni10Ti 钢相同
18	0Cr18Ni13Si4——具有与 0Cr25Ni20 钢相当的抗氧化性。适用于作汽车排气净化装置等用材料
19	1Cr20Ni14Si2——具有较高的高温强度及抗氧化性，对含硫气氛较敏感，在 600～800℃ 有析出相的脆化倾向。适用于制作承受应力的各种炉用构件
20	1Cr25Ni20Si2——特性和用途与 1Cr20Ni14Si2 钢相同
21	2Cr25N——耐高温腐蚀性强，在 <1082℃ 时不产生剥落的氧化皮。适用于制作燃烧室等
22	0Cr13Al——冷却硬化少。适用于制作燃气透平压缩机叶片、退火箱及淬火架等
23	00Cr12——能耐高温氧化。适用于制作要求焊接的部件、汽车排气阀净化装置、锅炉燃烧室及喷嘴等
24	1Cr17——适用于制作 <900℃ 耐氧化部件、散热器、炉用部件、喷油嘴等
25	1Cr5Mo——能抗石油裂化过程中产生的腐蚀。适用于制作再热蒸汽管、石油裂解管、锅炉吊架、蒸汽轮机气缸衬套泵的零件、阀、活塞杆、高压加氢设备部件、紧固件等

序号	牌号——主要特性和用途
26	4Cr9Si2——有较高的热强性。适用于制作内燃机进气阀、轻载荷发动机的排气阀等
27	4Cr10Si2Mo——特性和用途与4Cr9Si2钢相同
28	8Cr20Si2Ni——适用于制作耐磨性为主的吸气、排气阀、阀座等
29	1Cr11MoV——有较高的热强性、良好的减振性及组织稳定性。适用于制作透平叶片及导向叶片等
30	1Cr12Mo——适用于制作汽轮机叶片等
31	2Cr12MoVNbN——适用于制作汽轮机叶片、盘叶轮轴及螺栓等
32	1Cr12WMoV——有较高的热强性,良好的减震性和组织稳定性。适用于制作透平叶片、紧固件、转子及轮盘等
33	2Cr12NiMoWV——适用于制作高温结构部件、汽轮机叶片、盘、叶轮轴等
34	1Cr13——适用于制作<800℃耐氧化用部件
35	1Cr13Mo——适用于制作汽轮机叶片、高温、高压蒸汽用机械部件
36	2Cr13——淬火状态下硬度高,耐蚀性良好,适用于制作汽轮机叶片等
37	1Cr17Ni12——适用于制作较高程度的耐硝酸及有机酸腐蚀的零件、容器和设备等
38	1Cr11Ni2W2MoV——具有良好的韧性和抗氧化性能,在淡水和湿空气中有较好的耐蚀性,并有较高的热强性。适用于制作在<600℃条件下工作的叶片、轮盘、轴和压缩弹簧等
39	0Cr17Ni4Cu4Nb——适用于制作燃气透平压缩机叶片以及用作燃气发动机绝缘材料等
40	0Cr17Ni7Al——适用于制作高温弹簧、膜片、固定器、波纹管等

第四章　黑色金属材料的尺寸及重量

1. 型　钢

(1) 圆钢、方钢、六角钢和八角钢的理论重量

d 或 a (mm)	理论重量 (kg/m) 圆钢	理论重量 (kg/m) 方钢	d 或 a (mm)	理论重量 (kg/m) 圆钢	理论重量 (kg/m) 方钢	d 或 a (mm)	理论重量 (kg/m) 圆钢	理论重量 (kg/m) 方钢
3.0	0.0555	0.0706	17	1.78	2.27	50	15.45*	19.63
3.2	0.0631	0.0804	18	2.00	2.54	53	17.32	22.05
3.5	0.0755	0.0962	19	2.23	2.83	55	18.65*	23.74
4.0	0.0986	0.126	20	2.47	3.14	56	19.33	24.62
4.5	0.125	0.159	21	2.72	3.46	58	20.74	26.41
5.0	0.154	0.196	22	2.98	3.80	60	22.19	28.26
5.5	0.187*	0.237	23	3.26	4.15	63	24.47	31.15
6.0	0.222	0.283	24	3.55	4.52	65	26.05	33.17
6.3	0.245	0.312	25	3.85	4.91	67	27.68	35.24
6.5	0.260	0.332	26	4.17	5.31	68	28.51	36.30
7.0	0.302	0.385	27	4.49	5.72	70	30.21	38.46
7.5	0.347	0.442	28	4.83	6.15	75	34.68	44.16
8.0	0.395	0.502	30	5.18	6.60	80	39.46	50.24
8.5	0.445	0.567	30	5.55	7.06	85	44.54	56.72
9.0	0.499	0.636	31	5.92	7.54	90	49.94	63.59
9.5	0.556	0.708	32	6.31	8.04	95	55.64	70.85
10.0	0.617	0.785	33	6.71	8.55	100	61.65	78.50
10.5	0.680	0.865	34	7.13	9.07	105	67.98	86.55
11.0	0.746	0.950	35	7.55*	9.62	110	74.60	95.00
11.5	0.815	1.04	36	7.99	10.17	115	81.54	103.8
12	0.888	1.13	38	8.90	11.34	120	88.78	113.0
13	1.04	1.33	40	9.86*	12.56	125	96.34	122.7
14	1.21	1.54	42	10.87*	13.85	130	104.2	132.7
15	1.39	1.77	45	12.48	15.90	135	112.4	143.0
16	1.58	2.01	48	14.21	18.09	140	120.8	153.9

注：1. 本章以下各节介绍的各种钢材，其牌号的化学成分及性能方面的要求，除在该节内容中作了专门介绍外，还请参见第三章"黑色金属的化学成分及力学性能"中有关该节内容的介绍。

d 或 a (mm)	理论重量 (kg/m)		d 或 a (mm)	理论重量 (kg/m)		d 或 a (mm)	理论重量 (kg/m)	
	圆钢	方钢		圆钢	方钢		圆钢	方钢
145	129.6	165.0	180	200.0	254.3	220	298.4	—
150	138.7	176.6	190	222.6	283.4	230	326.2	415.3
160	157.8	201.0	200	246.6	314.0	240	355.1	452.2
170	178.2	226.9	210	271.9	346.2	250	385.3	—

s (mm)	理论重量 (kg/m)		s (mm)	理论重量 (kg/m)		s (mm)	理论重量 (kg/m)	
	六角钢	八角钢		六角钢	八角钢		六角钢	八角钢
3.0	0.0612	—	16	1.74	1.66	40	10.88*	10.40
3.2	0.0696	—	17	1.96	—	42	11.99	—
3.5	0.0813	—	18	2.20	2.16	45	13.77	—
4.0	0.109	—	19	2.45	—	48	15.66	—
4.5	0.138	—	20	2.72	2.60	50	17.00	—
5.0	0.170	—	21	3.00	—	53	19.10	—
5.5	0.206	—	22	3.29	3.15	55	20.57	—
6.0	0.245	—	23	3.60	—	56	21.32	—
6.3	0.270	—	24	3.92	—	58	22.87	—
7.0	0.333	—	25	4.25	4.06	60	24.48	—
8.0	0.435	—	26	4.60	—	63	26.98	—
9.0	0.551	—	27	4.96	—	65	28.72	—
10	0.680	—	28	5.33	5.10	68	31.43	—
11	0.823	—	30	6.12	5.85	70	33.31	—
12	0.979	—	32	6.96	6.66	75	38.24	—
13	1.15	—	34	7.86	7.51	80	43.51	—
14	1.33	—	36	8.81	8.42			
15	1.53	—	38	9.82	9.39			

注：2. d——圆钢直径；a——方钢边宽；s——六角钢或八角钢对边距离。

3. 理论重量按钢的密度 7.85g/cm³ 计算。高合金钢（如高铬不锈钢）的密度与之不同，应将该理论重量数值再乘以相应的理论重量换算系数，参见第 4.46 页"不锈钢板（钢带）的密度和理论重量换算系数"。

4. 本表是根据热轧、冷拉和锻制的圆钢、方钢、六角钢和八角钢的有关标准资料整理而成，其中个别规格的数值不一致，经编者重新核算后，使其一致，并标以 * 符号。

(2) 热轧圆钢和方钢(GB/T702-2004)

1) 热轧圆钢							
公称直径 d (mm)	5.5、6、6.5、7、8、9、10、11、12、13、14、15、16、17、18、19、20、21、22、23、24、25、26、27、28、29、30、31、32、33、34、35、36、38、40、42、45、48、50、53、55、56、58、60、63、65、68、70、75、80、85、90、95、100、105、110、115、120、125、130、140、150、160、170、180、190、200、210、220、230、240、250						

d (mm)	精度级别			d (mm)	精度级别		
	1组	2组	3组		1组	2组	3组
	允许偏差(mm)				允许偏差(mm)		
5.5~7	±0.20	±0.30	±0.40	>80~110	±0.90	±1.00	±1.10
>7~20	±0.25	±0.35	±0.40	>110~150	±1.20	±1.30	±1.40
>20~30	±0.30	±0.40	±0.50	>150~200	±1.60	±1.80	±2.00
>30~50	±0.40	±0.50	±0.60	>200~250	±1.0%	±1.2%	±1.3%
>50~80	±0.60	±0.70	±0.80				

2) 热轧方钢							
公称边长 a (mm)	5.5、6、6.5、7、8、9、10、11、12、13、14、15、16、17、18、19、20、21、22、23、24、25、26、27、28、29、30、31、32、33、34、35、36、38、40、42、45、48、50、53、55、56、58、60、63、65、68、70、75、80、85、90、95、100、105、110、115、120、125、130、140、150、160、170、180、190、200						

a (mm)	精度等级			a (mm)	精度等级		
	1组	2组	3组		1组	2组	3组
	允许偏差(mm)				允许偏差(mm)		
0.55~7	±0.20	±0.30	±0.40	>50~80	±0.60	±0.70	±0.80
>7~20	±0.25	±0.35	±0.40	>80~110	±0.90	±1.00	±1.10
>20~30	±0.30	±0.40	±0.50	>110~150	±1.20	±1.30	±1.40
>30~50	±0.40	±0.50	±0.60	>150~200	±1.60	±1.80	±2.00

3) 热轧圆钢和方钢长度

① 通常长度
  a. 普通质量钢:直径或边长≤25mm 为 4~10m;>25mm 为 3~9m。
  b. 优质或特殊质量钢:各种直径或边长(工具钢除外)为 2~7m;
     工具钢>25mm 为 1~6m。
② 定尺和倍尺长度应在合同中注明,其允许偏差为+50mm

4.4

(3) 热轧六角钢与八角钢(GB/T705－1989)

1) 热轧六角钢
对边距离 s(mm)：8、9、10、11、12、13、14、15、16、17、18、19、20、21、23、24、25、26、27、28、30、32、34、36、38、40、42、45、48、50、53、56、58、60、63、65、68、70

2) 热轧八角钢
对边距离 s(mm)：16、18、20、22、25、28、30、34、36、38、40、65

3) 热轧六角和八角钢的尺寸精度						
s (mm)	精度级别			s (mm)	精度级别		
	1组	2组	3组		1组	2组	3组
	允许偏差(mm)				允许偏差(mm)		
8～20	±0.25	±0.35	±0.40	32～50	±0.40	±0.50	±0.60
21～30	±0.30	±0.40	±0.50	53～70	±0.60	±0.70	±0.80

注：根据需方要求，并经供需双方协议，可按正偏差轧制的允许偏差，应为表中所列该尺寸的六角钢和八角钢的公差

4) 热轧六角钢和八角钢的长度
通常长度：普通钢为 3～8m；优质钢为 2～6m

(4) 冷拉圆钢、方钢和六角钢(GB/T905－1994)

1) 冷拉圆钢
直径 d(mm)：3.0、3.2、3.5、4.0、4.5、5.0、5.5、6.0、7.0、7.5、8.0、8.5、9.0、9.5、10.0、10.5、11.0、11.5、12、13、14、15、16、17、18、19、20、21、22、24、25、26、28、30、32、34、35、38、40、42、45、48、50、53、56、60、63、67、70、75、80

2) 冷拉方钢
边宽 b(mm)：3.0、3.2、3.5、4.0、4.5、5.0、5.5、6.0、7.0、7.5、8.0、8.5、9.0、9.5、10.0、10.5、11.0、11.5、12、13、14、15、16、17、18、19、20、21、22、24、25、26、28、30、32、34、35、38、40、42、45、48、50、53、56、60、67、70、75、80

3) 冷拉六角钢

对边距离 s(mm):3.0、3.2、3.5、4.0、4.5、5.0、5.5、6.0、6.3、7.0、8.0、9.0、10、11、12、13、14、15、16、17、18、19、20、22、24、25、26、28、30、33、34、36、38、40、42、45、48、50、52、55、60、65、70、75、80

注:对供应中间尺寸的冷拉圆钢,方钢和六角钢,由供需双方协议

4) 冷拉圆钢、方钢和六角钢的尺寸精度

尺寸 d、b、s (mm)	允许偏差级别					
	8(h8)	9(h9)	10(h10)	11(h11)	12(h12)	13(h13)
	允许偏差(mm)					
3	0 −0.014	0 −0.025	0 −0.040	0 −0.060	0 −0.10	0 −0.14
>3～6	0 −0.018	0 −0.030	0 −0.048	0 −0.075	0 −0.12	0 −0.18
>6～10	0 −0.022	0 −0.030	0 −0.058	0 −0.090	0 −0.15	0 −0.22
>10～18	0 −0.027	0 −0.043	0 −0.070	0 −0.11	0 −0.18	0 −0.27
>18～30	0 −0.033	0 −0.052	0 −0.084	0 −0.13	0 −0.21	0 −0.33
>30～50	0 −0.039	0 −0.062	0 −0.10	0 −0.16	0 −0.25	0 −0.39
>50～80	0 −0.046	0 −0.074	0 −0.12	0 −0.19	0 −0.30	0 −0.46

适用允许偏差级别:圆钢为 8～12 级;方钢和六角钢为 10～13 级

5) 冷拉圆钢、方钢和六角钢的长度和形状

长度	通常长度为 2～6m,经供需双方协议可供应长度>6m。 定尺和倍尺长度交货的钢材,在合同中注明,其长度允许偏差+50mm
形状	钢材以直条交货,经供需双方协议,可以成盘交货,其盘径和盘重由双方商定。 根据需方要求可以供应不圆度≤直径公差 50％的圆钢。 对方钢、六角钢的顶角圆弧半径和对角线有特殊要求时,由供需双方协商

（5）热 轧 扁 钢 （GB/T704—1988）

宽度 (mm)	厚　　度(mm)								
	3	4	5	6	7	8	9	10	11
	理　论　重　量　（kg/m）								
10	0.24	0.31	0.39	0.47	0.55	0.63			
12	0.28	0.38	0.47	0.57	0.66	0.75			
14	0.33	0.44	0.55	0.66	0.77	0.88			
16	0.38	0.50	0.63	0.75	0.88	1.00	1.15	1.26	
18	0.42	0.57	0.71	0.85	0.99	1.13	1.27	1.41	
20	0.47	0.63	0.78	0.94	1.10	1.26	1.41	1.57	1.73
22	0.52	0.69	0.86	1.04	1.21	1.38	1.55	1.73	1.90
25	0.59	0.78	0.98	1.18	1.37	1.57	1.77	1.96	2.16
28	0.66	0.88	1.10	1.32	1.54	1.76	1.98	2.20	2.42
30	0.71	0.94	1.18	1.41	1.65	1.88	2.12	2.36	2.59
32	0.75	1.00	1.26	1.51	1.76	2.01	2.26	2.55	2.76
35	0.82	1.10	1.37	1.65	1.92	2.20	2.47	2.75	3.02
40	0.94	1.26	1.57	1.88	2.20	2.51	2.83	3.14	3.45
45	1.06	1.41	1.77	2.12	2.47	2.83	3.18	3.53	3.89
50	1.18	1.57	1.96	2.36	2.75	3.14	3.53	3.93	4.32
55		1.73	2.16	2.59	3.02	3.45	3.89	4.32	4.75
60		1.88	2.36	2.83	3.30	3.77	4.24	4.71	5.18
65		2.04	2.55	3.06	3.57	4.08	4.59	5.10	5.61
70		2.20	2.75	3.30	3.85	4.40	4.95	5.50	6.04
75		2.36	2.94	3.53	4.12	4.71	5.30	5.89	6.48
80		2.51	3.14	3.77	4.40	5.02	5.65	6.28	6.91
85			3.34	4.00	4.67	5.34	6.01	6.67	7.34
90			3.53	4.24	4.95	5.65	6.36	7.07	7.77
95			3.73	4.47	5.22	5.97	6.71	7.46	8.20
100			3.92	4.71	5.50	6.28	7.07	7.85	8.64
105			4.12	4.95	5.77	6.59	7.42	8.24	9.07
110			4.32	5.18	6.04	6.91	7.77	8.64	9.50
120			4.71	5.65	6.59	7.54	8.48	9.42	10.36
125				5.89	6.87	7.85	8.83	9.81	10.79
130				6.12	7.14	8.16	9.18	10.20	11.23
140					7.69	8.79	9.89	10.99	12.09
150					8.24	9.42	10.60	11.78	12.95

（续）

宽度	厚　度(mm)							
(mm)	12	14	16	18	20	22	25	28
	理　论　重　量　(kg/m)							
20	1.88							
22	2.07							
25	2.36	2.75	3.14					
28	2.64	3.08	3.53					
30	2.83	3.30	3.77	4.24	4.71			
32	3.01	3.52	4.02	4.52	5.02			
35	3.30	3.85	4.40	4.95	5.50	6.04	6.87	7.69
40	3.77	4.40	5.02	5.65	6.28	6.91	7.85	8.79
45	4.24	4.95	5.65	6.36	7.07	7.77	8.83	9.89
50	4.71	5.50	6.28	7.07	7.85	8.64	9.81	10.99
55	5.18	6.04	6.91	7.77	8.64	9.50	10.79	12.09
60	5.65	6.59	7.54	8.48	9.42	10.36	11.78	13.19
65	6.12	7.14	8.16	9.18	10.20	11.23	12.76	14.29
70	6.59	7.69	8.79	9.89	10.99	12.09	13.74	15.39
75	7.07	8.24	9.42	10.60	11.78	12.95	14.72	16.18
80	7.54	8.79	10.05	11.30	12.56	13.82	15.70	17.58
85	8.01	9.34	10.68	12.01	13.34	14.68	16.68	18.68
90	8.48	9.89	11.30	12.72	14.13	15.54	17.66	19.78
95	8.95	10.44	11.93	13.42	14.92	16.41	18.64	20.88
100	9.42	10.99	12.56	14.13	15.70	17.27	19.62	21.98
105	9.89	11.54	13.19	14.84	16.48	18.13	20.61	23.08
110	10.36	12.09	13.82	15.54	17.27	19.00	21.59	24.18
120	11.30	13.19	15.07	16.96	18.84	20.72	23.55	26.38
125	11.78	13.74	15.70	17.66	19.62	21.58	24.53	27.48
130	12.25	14.29	16.33	18.37	20.41	22.45	25.51	28.57
140	13.19	15.39	17.58	19.78	21.98	24.18	27.48	30.77
150	14.13	16.48	18.84	21.20	23.55	25.90	29.44	32.97

注：1. 理论重量按钢的密度 7.85g/cm³ 计算。
　　2. 扁钢按理论重量分组：第一组≤19kg/m，通常长度为3～9m；第2组＞19kg/m，通常长度为3～7m。

4.8

宽度 （mm）	厚 度（mm）							
	30	32	36	40	45	50	56	60
	理 论 重 量 （kg/m）							
45	10.60	11.30	12.72					
50	11.78	12.56	14.13					
55	12.95	13.82	15.54					
60	14.13	15.07	16.96	18.84	21.20			
65	15.31	16.33	18.37	20.41	22.96			
70	16.49	17.58	19.78	21.98	24.73			
75	17.66	18.34	21.20	23.56	26.49			
80	18.84	20.10	22.61	25.12	28.26	31.40	35.17	
85	20.02	21.35	24.02	26.69	30.03	33.36	37.37	40.04
90	21.20	22.61	25.43	28.26	31.79	35.32	39.56	42.39
95	22.37	23.86	26.85	29.83	33.56	37.29	41.76	44.74
100	23.55	25.12	28.26	31.40	35.32	39.25	43.96	47.10
105	24.73	26.38	29.67	32.97	37.09	41.21	46.16	49.46
110	25.90	27.63	31.09	34.54	38.86	43.18	48.36	51.31
120	28.26	30.14	33.91	37.68	42.39	47.10	52.75	56.52
125	29.44	31.40	35.32	39.25	44.16	49.06	54.95	58.88
130	30.62	32.66	36.74	40.82	45.92	51.02	57.15	61.23
140	32.97	35.17	39.56	43.96	49.49	54.95	61.54	65.94
150	35.32	37.68	42.39	47.10	52.99	58.88	65.94	70.65

截面尺寸允许偏差（mm）							
项　　目	宽　　度				厚　　度		
尺　　寸	10～ 50	>50 ～75	>75 ～100	>100 ～150	3～16	>16 ～60	
允许 偏差	普通级	+0.5 −1.0	+0.6 −1.3	+0.9 −1.8	+1.0% −2.0%	+0.3 −0.5	+1.5% −3.0%
	较高级	+0.3 −0.9	+0.4 −1.2	+0.7 −1.7	+0.8% −1.8%	+0.2 −0.4	+1.0% −2.5%

注：3. 在同一截面任意两点的厚度公差不得大于厚度公差的
50%。

（6）热轧等边角钢

（GB/T9787—1988）

b—边宽　d—边厚

型号	尺寸（mm）		理论重量（kg/m）	型号	尺寸（mm）		理论重量（kg/m）
	b	d			b	d	
2	20	3	0.889	5.6	56	3	2.624
		4	1.145			4	3.446
						5	4.251
2.5	25	3	1.124			8	6.568
		4	1.459				
				6.3	63	4	3.907
3	30	3	1.373			5	4.822
		4	1.786			6	5.721
						8	7.469
3.6	36	3	1.656			10	9.151
		4	2.163				
		5	2.654	7	70	4	4.372
						5	5.397
4	40	3	1.852			6	6.406
		4	2.422			7	7.398
		5	2.976			8	8.373
4.5	45	3	2.088	7.5	75	5	5.818
		4	2.736			6	6.905
		5	3.369			7	7.976
		6	3.985			8	9.030
						10	11.089
5	50	3	2.332	8	80	5	6.211
		4	3.059			6	7.376
		5	3.770			7	8.525
		6	4.465			8	9.658
						10	11.874

型号	尺寸 （mm）		理论重量	型号	尺寸 （mm）		理论重量
	b	d	（kg/m）		b	d	（kg/m）
9	90	6	8.350	12.5	125	12	22.696
		7	9.656			14	26.193
		8	10.946	14	140	10	21.488
		10	13.476			12	25.522
		12	15.940			14	29.490
10	100	6	9.366			16	33.393
		7	10.830	16	160	10	24.729
		8	12.276			12	29.391
		10	15.120			14	33.987
		12	17.898			16	38.518
		14	20.611	18	180	12	33.159
		16	23.257			14	38.383
11	110	7	11.928			16	43.542
		8	13.532			18	48.634
		10	16.690	20	200	14	42.894
		12	19.782			16	48.680
		14	22.809			18	54.401
12.5	125	8	15.504			20	60.056
		10	19.133			24	71.168

注：1. 等边角钢按理论重量或实际重量交货。理论重量按钢的密度 7.85g/cm³ 计算。

2. 等边角钢的通常长度：2～9 号，长 4～12m；10～14 号，长4～19m；16～20 号，长 6～19m。

4.11

(7) 热轧不等边角钢

（GB/T9788—1988）

B—长边宽 *b*—短边宽 *d*—边厚

型号	尺 寸 (mm)			理论重量 (kg/m)	型号	尺 寸 (mm)			理论重量 (kg/m)
	B	*b*	*d*			*B*	*b*	*d*	
2.5/1.6	25	16	3	0.912	7/4.5	70	45	4	3.570
			4	1.176				5	4.403
								6	5.218
3.2/2	32	20	3	1.171				7	6.011
			4	1.522					
4/2.5	40	25	3	1.484	(7.5/5)	75	50	5	4.808
			4	1.936				6	5.699
								8	7.431
4.5/2.8	45	28	3	1.687				10	9.098
			4	2.203					
5/3.2	50	32	3	1.908	8/5	80	50	5	5.005
			4	2.494				6	5.935
								7	6.848
5.6/3.6	56	36	3	2.153				8	7.745
			4	2.818					
			5	3.466	9/5.6	90	56	5	5.661
6.3/4	63	40	4	3.185				6	6.717
			5	3.920				7	7.756
			6	4.638				8	8.779
			7	5.339					

型号	尺 寸（mm）			理论重量（kg/m）	型号	尺 寸（mm）			理论重量（kg/m）
	B	b	d			B	b	d	
10/6.3	100	63	6	7.550	14/9	140	90	8	14.160
			7	8.722				10	17.475
			8	9.878				12	20.724
			10	12.142				14	23.908
10/8	100	80	6	8.350	16/10	160	100	10	19.872
			7	9.656				12	23.592
			8	10.946				14	27.247
			10	13.476				16	30.835
11/7	110	70	6	8.350	18/11	180	110	10	22.273
			7	9.656				12	26.464
			8	10.946				14	30.589
			10	13.476				16	34.649
12.5/8	125	80	7	11.066	20/12.5	200	125	12	29.761
			8	12.551				14	34.436
			10	15.474				16	39.045
			12	18.330				18	43.588

注：1. 括号内型号不推荐使用。

2. 不等边角钢按理论重量或实际重量交货。理论重量按钢的密度 7.85g/cm³ 计算。

3. 不等边角钢的通常长度：2.5/1.6～9/5.6 号，长 4～12m；10/6.3～14/9 号，长 4～19m；16/10～20/12.5 号，长 6～19m。

(8) 热轧工字钢

(GB/T706-1988)

斜度：1:16

h—高度 b—宽度 d—厚度

型号	尺　寸(mm)			理论重量 （kg/m）	型号	尺　寸(mm)			理论重量 （kg/m）
	h	b	d			h	b	d	
10	100	68	4.5	11.261	32c	320	134	13.5	62.765
12	120	74	5.0	13.987	36a	360	136	10.0	60.037
12.6	126	74	5.0	14.223	36b	360	138	12.0	65.689
14	140	80	5.5	16.890	36c	360	140	14.0	71.341
16	160	88	6.0	20.513	40a	400	142	10.5	67.598
18	180	94	6.5	24.143	40b	400	144	12.5	73.878
20a	200	100	7.0	27.929	40c	400	146	14.5	80.158
20b	200	102	9.0	31.069	45a	450	150	11.5	80.420
22a	220	110	7.5	33.070	45b	450	152	13.5	87.485
22b	220	112	9.5	36.524	45c	450	154	15.5	94.550
24a*	240	116	8.0	37.477	50a	500	158	12.0	93.654
24b*	240	118	10.0	41.245	50b	500	160	14.0	101.504
25a	250	116	8.0	38.105	50c	500	162	16.0	109.354
25b	250	118	10.0	42.030	55a*	550	166	12.5	105.355
27a*	270	122	8.5	42.825	55b*	550	168	14.5	113.970
27b*	270	124	10.5	47.084	55c*	550	170	16.5	122.605
28a	280	122	8.5	43.492	56a	560	166	12.5	106.316
28b	280	124	10.5	47.888	56b	560	168	14.5	115.108
30a*	300	126	9.0	48.084	56c	560	170	16.5	123.900
30b*	300	128	11.0	52.794	63a	630	176	13.0	121.407
30c*	300	130	13.0	57.504	63b	630	178	15.0	131.298
32a	320	130	9.5	52.717	63c	630	180	17.0	141.189
32b	320	132	11.5	57.741					

注：1. 带＊符号的型号，须经供需双方协议供应。

2. 工字钢按理论重量或实际重量交货。理论重量按钢的密度 7.85g/cm³ 计算。

3. 工字钢通常长度：10～18 号为 5～19m；20～63 号为 6～9m。

（9）热轧槽钢

（GB/T707—1988）

斜度：1：10

h—高度　　b—宽度　　d—厚度

型号	尺　寸（mm）			理论重量（kg/m）	型号	尺　寸（mm）			理论重量（kg/m）
	h	b	d			h	b	d	
5	50	37	4.5	5.438	25b	250	80	9.0	31.335
6.3	63	40	4.8	6.634	25c	250	82	11.0	35.260
6.5*	65	40	4.8	6.709	27a*	270	82	7.5	30.838
8	80	43	5.0	8.045	27b*	270	84	9.5	35.077
10	100	48	5.3	10.007	27c*	270	86	11.5	39.316
12*	120	53	5.5	12.059	28a	280	82	7.5	31.427
12.6	126	53	5.5	12.318	28b	280	84	9.5	35.823
14a	140	58	6.0	14.535	28c	280	86	11.5	40.219
14b	140	60	8.0	16.753	30a*	300	85	7.5	34.463
16a	160	63	6.5	17.240	30b*	300	87	9.5	39.173
16	160	65	8.5	19.752	30c*	300	89	11.5	43.833
18a	180	68	7.0	20.174	32a	320	88	8.0	38.083
18	180	70	9.0	23.000	32b	320	90	10.0	43.107
20a	200	73	7.0	22.637	32c	320	92	12.0	48.131
20	200	75	9.0	25.777	36a	360	96	9.0	47.814
22a	220	77	7.0	24.999	36b	360	98	11.0	53.466
22	220	79	9.0	28.453	36c	360	100	13.0	59.118
24a	240	78	7.0	26.860	40a	400	100	10.5	58.928
24b	240	80	9.0	30.628	40b	400	102	12.5	65.204
24c	240	82	11.0	34.996	40c	400	104	14.5	71.488
25a	250	78	7.0	27.410					

注：1. 带 * 符号的型号，须经供需双方协议供应。

　2. 槽钢按理论重量或实际重量交货。理论重量按钢的密度7.85g/cm³ 计算。

　3. 槽钢的通常长度：5～8 号，为 5～12m；10～18 号，为 5～19m；20～40 号，为 6～19m。

(10) 钢筋混凝土用钢筋

月牙肋　　　　　　　　　等高肋

热轧带肋、余热处理钢筋

带纵肋　　　　　　　　　无纵肋

热处理钢筋

品　　　种	标准号 (GB)	表面形状	公称直径 (mm)	长度(m)或 重量(kg)
钢筋混凝土用 热轧光圆钢筋	13013－1991	光　圆	8～20 (无8.2)	直条,长度 3～12.5
钢筋混凝土用 热轧带肋钢筋	1499.2－2007	月牙肋 (带纵肋)	6～50 (无8.2)	*
钢筋混凝土用 余热处理钢筋	13014－1991	月牙肋 (带纵肋)	8～40 (无8.2)	直条,长度 3～12.5

（续）

品　种	标准号 (GB)	表面形状	公称直径 d₀ (mm)	公称截面积 (mm²)	内径 d(d₁/d₂) (mm) 月牙肋	内径 d(d₁/d₂) (mm) 等高肋	公称重量 (kg/m)
预应力混凝土用热处理钢筋	4463—1984	月牙肋	6①	28.27	—	8.0/8.3	0.230
			8.2①	52.81	7.9/8.5	8.5	0.424
			8.2②	52.81	8.0/8.3	8.3	0.437
			10②	78.54	9.6/9.6	—	0.617
			8	50.27	7.7	7.5	0.395
			10	78.54	9.6	9.3	0.617
			12	113.1	11.5	11.3	0.888
			(14)	153.9	13.4	13.0	1.21
			16	201.1	15.4	15.0	1.58

公称直径 (mm) 6、8.2 无纵肋 / 8.2、10 带纵肋	公称直径 d₀ (mm)	公称截面积 (mm²)	内径 d(d₁/d₂) (mm) 月牙肋	内径 d(d₁/d₂) (mm) 等高肋	长度(m)或重量(kg) 盘状，重量 ≥60	公称重量 (kg/m)
	(18)	254.5	17.3	17.0		2.00
	20	314.2	19.3	19.0		2.47
	(22)	380.1	21.3	21.0		2.98
	25	490.9	24.2	24.0		3.85
	(28)	615.8	27.2	26.5		4.83
	32	804.2	31.0	30.5		6.31
	(36)	1018	35.0	—		7.99
	40	1257	38.7	—		9.87
	(50)	1964	—	—		15.42

注：
1. 带＊符号的热轧带肋钢筋，长度通常按定尺长度交货，具体长度应在合同中注明；如以盘卷交货时，其盘重和盘径由供需双方协商确定。
2. 公称直径栏内，带符号①、②的公称直径，分别适用于无纵肋和有纵肋热处理钢筋。无纵肋公称直径适用于其余钢筋。推荐使用不带括号的公称直径。
3. 带①、②符号的热处理钢筋的内径栏内，分子为垂直内径 d₁，分母为水平内径 d₂。

4.17

(11) 冷轧带肋钢筋(GB13788—2000)

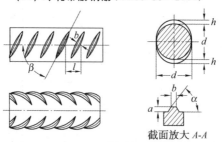

二面肋钢筋

截面放大 A-A

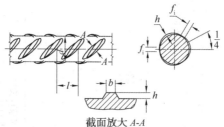

截面放大 A-A

三面肋钢筋

α—横肋斜角   β—横肋与钢筋轴线夹角   h—横肋中点高度
l—横肋间距   b—横肋顶宽 f_i—横肋间隙   d—钢筋公称直径

1) 钢筋的尺寸和重量						
公称直径 d(mm)	4	4.5	5	5.5	6	6.5
公称横截面积(mm²)	12.6	15.9	19.6	23.7	28.3	33.2
理论重量(kg/m)	0.099	0.125	0.154	0.186	0.222	0.261
公称直径 d(mm)	7	7.5	8	8.5	9	9.5
公称横截面积(mm²)	38.5	44.2	50.3	56.7	63.6	70.8
理论重量(kg/m)	0.302	0.347	0.395	0.445	0.499	0.556

1) 钢筋的尺寸和重量					
公称直径 d(mm)	10	10.5	11	11.5	12
公称横截面积(mm²)	78.5	86.5	95.0	103.8	113.1
理论重量(kg/m)	0.617	0.679	0.746	0.815	0.888

注：1. 公称直径相当横截面积相等的光圆钢筋的公称直径。
　　2. 横肋 1/4 处高，横肋顶宽供孔型设计用，二面肋钢筋允许高度 ≤0.5h 的横肋。
　　3. 钢筋通常按盘状交货，牌号 CRB550 也可按直条交货，其长度允许偏差按供需双方协商确定。
　　4. 盘条钢筋的重量 ≥100kg。每米弯曲度 ≤4mm，总弯曲度 ≤0.4%

2) 钢筋的力学性能和工艺性能						
钢筋 牌号	抗拉 强度 σ_b (MPa)≥	伸长率 (%)≥		弯曲 试验 180°	反复 弯曲 次数	松弛率①(%) 初始应力 $\sigma_{con}=0.7\sigma_b$	
		δ_{10}	δ_{100}			1000h	10h
CRB550	550	8.0	—	$D=3d$	—	—	—
CRB650	650	—	4.0	—	3	8	5
CRB800	800	—	4.0	—	3	8	5
CRB970	970	—	4.0	—	3	8	5
CRB1170	1170	—	4.0	—	3	8	5

注：1. 伸长率中 δ_{100} 为试棒定标尺长度。
　　2. 弯曲试验中 D 为弯心直径，d 为钢筋公称直径。
　　3. 反复弯曲试验的钢筋公称直径/弯曲半径(mm)：4/10、5/15、6/15。
　　4. 钢筋规定非比例伸长应力 $\sigma_{p0.2}$ 值应不小于公称抗拉强度的 80%，$\sigma_b/\sigma_{p0.2}$ 比值应 ≥1.05。
　　5. 供方能保证松弛率合格的基础上，试验可按 10h 应力松弛试验进行。
　　6. 钢筋按冷加工状态供货，允许冷轧后进行回火处理
　　① 松弛率是指松弛应力与初始应力之比的百分率

3) 冷轧带肋钢筋用的盘条牌号				
钢筋牌号	CRB550	CRB650	CRB800	CRB970	CRB1170
盘条牌号	Q215	Q235	24MnTi 20MnSi	41MnSiV 60	70Ti 70

4) 冷轧带肋钢筋用的盘条化学成分					
盘条牌号	化 学 成 分 （%）				
	碳	硅	锰	硫≤	磷≤
Q215	0.09～0.15	≤0.30	0.25～0.55	0.050	0.045
Q235	0.14～0.22	≤0.30	0.30～0.65	0.050	0.045
24MnTi	0.19～0.27	0.17～0.37	1.20～1.60	0.045	0.045
				钛 0.01～0.05	
20MnSi	0.17～0.25	0.40～0.80	1.20～1.60	0.045	0.045
41MnSiV	0.37～0.45	0.60～1.10	1.00～1.40	0.045	0.045
				钒 0.05～0.12	
60	0.57～0.65	0.17～0.37	0.50～0.80	0.035	0.035
70Ti	0.66～0.70	0.17～0.37	0.60～0.80	0.045	0.045
				钛 0.01～0.05	
70	0.67～0.75	0.17～0.37	0.50～0.80	0.035	0.045

（12）热轧盘条的尺寸、重量及允许偏差（GB/T14981-2004）

1) 盘条的直径、横截面积及每米理论重量								
直径 （mm）	横截 面积 （mm²）	每米理 论重量 （kg）	直径 （mm）	横截 面积 （mm²）	每米理 论重量 （kg）	直径 （mm）	横截 面积 （mm²）	每米理 论重量 （kg）
5.0	19.63	0.154	7.0	38.48	0.302	9.0	63.62	0.499
5.5	23.76	0.187	7.5	44.18	0.347	9.5	70.85	0.556
6.0	28.27	0.222	8.0	50.26	0.395	10.0	78.54	0.617
6.5	33.18	0.260	8.5	56.73	0.445	10.5	86.59	0.680

1) 盘条的直径、横截面积及每米理论重量

直径 (mm)	横截 面积 (mm²)	每米理 论重量 (kg)	直径 (mm)	横截 面积 (mm²)	每米理 论重量 (kg)	直径 (mm)	横截 面积 (mm²)	每米理 论重量 (kg)
11.0	95.03	0.746	18	254.5	2.00	30	706.9	5.55
11.5	103.9	0.815	19	283.5	2.23	31	754.8	5.92
12.0	113.1	0.888	20	314.2	2.47	32	804.2	6.31
12.5	122.7	0.963	21	346.3	2.72	33	855.3	6.71
1.30	132.7	1.04	22	380.1	2.98	34	907.9	7.13
1.35	143.1	1.12	23	415.5	3.26	35	962.1	7.55
1.40	153.9	1.21	24	452.4	3.55	36	1018	7.99
1.45	165.1	1.30	25	490.9	3.85	37	1075	8.44
1.50	170.7	1.39	26	530.9	4.17	38	1134	8.90
1.55	188.7	1.48	27	572.6	4.49	39	1195	9.38
16	201.1	1.58	28	615.7	4.83	40	1257	9.87
17	227.0	1.78	29	660.5	5.18			

2) 盘条直径的允许偏差及不圆度的精度级别

直径 (mm)	允许偏差(mm)			不圆度(mm) ≤		
	A 级	B 级	C 级	A 级	B 级	C 级
5.0～10.0	±0.30	±0.25	±0.15	0.50	0.40	0.24
10.5～15.0	±0.40	±0.30	±0.20	0.60	0.48	0.32
15.5～25.0	±0.50	±0.35	±0.25	0.70	0.56	0.40
26～40	±0.60	±0.40	±0.30	0.80	0.64	0.48

注：1. 盘条的直径允许偏差；若在合同中注明，公称直径在 5～10mm，其允许偏差≤0.40mm 也可交货；根据需方要求，经供需双方协议，可供应其他直径的盘条，其允许偏差按相邻较小规格的规定。

2. 盘条的直径允许偏差和不圆度精度级别，应在相应的产品标准或合同中注明，未注明的按 A 级精度执行。

3. 盘条按每盘重量不同分Ⅰ、Ⅱ组，Ⅰ组为 100～1000kg，Ⅱ组为 >1000kg，重量组别应在合同中注明。

4. 允许每批盘条中有 5% 的盘数(不足 2 盘允许有 2 盘)由两根盘条组成，Ⅱ组盘条应有明确标识。

(13) 低碳钢热轧圆盘条(GB/T701—1997)

按用途分类：L——供拉丝用盘条；

　　　　　　J——供建筑和其他一般用途的盘条。

尺寸、重量及允许偏差：按第4.20页"GB/T14981—2004 热轧盘条的尺寸、重量及允许偏差"的规定。

牌号、化学成分及力学性能：按第3.29页"GB/T701—1997 低碳钢热轧圆盘条的化学成分及力学性能"的规定。

每批盘条应由同一牌号、同一炉(罐)号、同一尺寸的盘条组成，其重量不得大于60t。允许同一牌号的A级钢(包括Q195)和B级钢，同一冶炼和浇铸方法、不同炉罐号的钢轧成的盘条组成混合批。但每批不得多于6个炉罐号，各炉罐号含碳量之差不得大于0.02%,含锰量之差不得大于0.15%

(14) 优质碳素钢热轧盘条(GB/T4354—1994)

用途：适用于制造碳素弹簧钢丝、油淬回火碳素弹簧钢丝、预应力钢丝、高强度优质碳素结构钢丝、镀锌钢丝、镀锌铰线及钢丝绳等。

尺寸、重量及允许偏差：按第4.20页"GB/T14981—2004 热轧盘条的尺寸、重量及允许偏差"的规定。

牌号及化学成分：按第3.30页"GB/T699—1999 优质碳素结构钢"的规定。

其他要求：

① 脱碳层：60(60Mn)及其以上钢的盘条应进行脱碳层深度检验，盘条一边总脱碳层(铁素体+过渡层)的深度：一组≤2%D,二组≤2.5%D,三组≤3%D(D——盘条公称直径)。要求一、三组脱碳层者应在合同中注明。根据需方要求，可对30(30Mn)或其以上钢的盘条进行脱碳层深度检验。

② 高倍组织：盘条不得有淬火组织(马氏体和屈氏体区域)

4.22

2. 钢板和钢带

(1) 钢板(钢带)理论重量

厚度 (mm)	理论重量 $\left(\dfrac{kg}{m^2}\right)$	厚度 (mm)	理论重量 $\left(\dfrac{kg}{m^2}\right)$	厚度 (mm)	理论重量 $\left(\dfrac{kg}{m^2}\right)$	厚度 (mm)	理论重量 $\left(\dfrac{kg}{m^2}\right)$
0.20	1.570	2.0	15.70	15	117.8	70	549.5
0.25	1.963	2.2	17.27	16	125.6	75	588.8
0.30	2.355	2.5	19.63	17	133.5	80	628.0
0.35	2.748	2.8	21.98	18	141.5	85	667.3
0.40	3.140	3.0	23.55	19	149.2	90	706.5
0.45	3.533	3.2	25.12	20	157.0	95	745.8
0.50	3.925	3.5	27.48	21	164.9	100	785.0
0.55	4.318	3.8	29.83	24	188.4	105	824.3
0.56	4.396	3.9	30.62	25	196.3	110	863.5
0.60	4.710	4.0	31.40	26	204.1	120	942.0
0.65	5.103	4.2	32.97	28	219.8	125	981.3
0.70	5.495	4.5	35.33	30	235.5	130	1021
0.75	5.888	4.8	37.68	32	251.2	140	1099
0.80	6.280	5.0	39.25	34	266.9	150	1178
0.90	7.065	5.5	43.18	36	282.6	160	1256
1.0	7.850	6.0	47.10	38	298.3	165	1295
1.1	8.635	6.5	51.03	40	314.0	170	1335
1.2	9.420	7.0	54.95	42	329.7	180	1413
1.3	10.21	8.0	62.80	45	353.3	185	1452
1.4	10.99	9.0	70.65	48	376.8	190	1492
1.5	11.78	10	78.50	50	392.5	195	1531
1.6	12.56	11	86.35	52	408.2	200	1570
1.7	13.35	12	94.20	55	431.8		
1.8	14.13	13	102.1	60	471.0		
1.9	14.92	14	109.9	65	510.3		

注：理论重量按钢的密度 7.85g/cm³ 计算。高合金钢(如高铬不锈钢)与之不同，应将该理论重量数值再乘以相应的理论重量换算系数。参见第 4.46 页"不锈钢板(钢带)的密度和理论重量换算系数"。

(2) 热轧钢板和钢带(GB/T709—2006)

1) 钢板的分类和代号

① 按边缘状态分:切边(代号 EC),不切边(代号 EM)
② 按厚度偏差种类分:N 类偏差——正偏差和负偏差相等;A 类偏差——按公差厚度规定负偏差;B 类偏差——固定偏差为 0.3mm;C 类偏差——固定偏差为零,按公称厚度规定正偏差
③ 按厚度精度分:普通厚度精度(代号 PT. A),较高厚度精度(代号 PT. B)

2) 钢板和钢带的尺寸(mm)

① 钢板和钢带的尺寸范围:单轧钢板公称厚度 3~400,公称宽度 600~4800;钢板公称长度 2000~20000;钢带(包括连轧钢板)公称厚度 0.8~25.4,公称宽度 600~2200;纵切钢带公称宽度 120~900
② 钢板和钢带(标准规定范围内)推荐公称尺寸:单轧钢板厚度 <30 的钢板按 0.5 倍数的任何尺寸,厚度 ≥30 的钢板按 1 倍数的任何尺寸;钢带(包括连轧钢板)的公称厚度按 0.1 倍数的任何尺寸;公称宽度按 10 倍数的任何尺寸;钢带公称宽度按 50 或 100 倍数的任何尺寸;钢板长度按 50 或 100 倍数的任何尺寸。根据需方要求,经供需双方协议,可以供应推荐尺寸以外的其他尺寸的钢板和钢带

3) 钢板和钢带的尺寸允许偏差

① 单轧钢板的厚度允许偏差(N 类)(mm)

公称厚度	钢 板 宽 度			
	≤1500	>1500~2500	>2500~4000	>4000~4800
	厚度允许偏差			
3.00~5.00	±0.45	±0.55	±0.65	—
>5.00~8.00	±0.50	±0.60	±0.75	—
>8.00~15.0	±0.55	±0.65	±0.80	±0.90
>15.0~25.0	±0.65	±0.75	±0.90	±1.10
>25.0~40.0	±0.70	±0.80	±1.00	±1.20
>40.0~60.0	±0.80	±0.90	±1.10	±1.30
>60.0~100	±0.90	±1.10	±1.30	±1.50
>100~150	±1.20	±1.40	±1.60	±1.80
>150~200	±1.40	±1.60	±1.80	±1.90
>200~250	±1.60	±1.80	±2.00	±2.20
>250~300	±1.80	±2.00	±2.20	±2.40
>300~400	±2.00	±2.20	±2.40	±2.60

② 单轧钢板的厚度允许偏差（A 类）(mm)			
	钢　　板　　宽　　度		
公称厚度	≤1500	>1500～2500	>2500～4000	>4000～4800
	厚度允许偏差			
3.00～5.00	+0.55 −0.35	+0.70 −0.40	+0.85 −0.45	—
>5.00～8.00	+0.65 −0.35	+0.75 −0.45	+0.95 −0.55	—
>8.00～15.0	+0.70 −0.40	+0.85 −0.45	+1.05 −0.55	+1.20 −0.60
>15.0～25.0	+0.85 −0.45	+1.00 −0.50	+1.15 −0.65	+1.50 −0.70
>25.0～40.0	+0.90 −0.50	+1.05 −0.55	+1.30 −0.70	+1.60 −0.80
>40.0～60.0	+1.05 −0.55	+1.20 −0.60	+1.45 −0.75	+1.70 −0.90
>60.0～100	+1.20 −0.60	+1.50 −0.70	+1.75 −0.85	+2.00 −1.00
>100～150	+1.60 −0.80	+1.90 −0.90	+2.15 −1.05	+2.40 −1.20
>150～200	+1.90 −0.90	+2.20 −1.00	+2.45 −1.15	+2.50 −1.30
>200～250	+2.20 −1.00	+2.40 −1.20	+2.70 −1.30	+3.00 −1.40
>250～300	+2.40 −1.20	+2.70 −1.30	+2.95 −1.45	+3.20 −1.60
>300～400	+2.70 −1.30	+3.00 −1.40	+3.25 −1.55	+3.50 −1.70

（续）

③ 单轧钢板的厚度允许偏差（B类）(mm)

公称厚度	钢 板 宽 度			
	≤1500	>1500~2500	>2500~4000	>4000~4800
	厚度允许偏差			
3.00~5.00	+0.60	+0.80	+1.00	—
>5.00~8.00	+0.70	+0.90	+1.20	—
>8.00~15.0	+0.80	+1.00	+1.30	+1.50
>15.0~25.0	+1.00	+1.20	+1.50	+1.90
>25.0~40.0	+1.10	+1.30	+1.70	+2.10
>40.0~60.0	+1.30	+1.50	+1.90	+2.30
>60.0~100	−0.30 +1.50	−0.30 +1.80	−0.30 +2.30	−0.30 +2.70
>100~150	+2.10	+2.50	+2.90	+3.30
>150~200	+2.50	+2.90	+3.30	+3.50
>200~250	+2.90	+3.30	+3.70	+4.10
>250~300	+3.30	+3.70	+4.10	+4.50
>300~400	+3.70	+4.10	+4.50	+4.90

（各栏下偏差均为 −0.30）

④ 单轧钢板的厚度允许偏差（C类）(mm)

公称厚度	钢 板 宽 度			
	≤1500	>1500~2500	>2500~4000	>4000~4800
	厚度允许偏差			
3.00~5.00	+0.90	+1.10	+1.30	—
>5.00~8.00	+1.00	+1.20	+1.50	—
>8.00~15.0	+1.10	+1.30	+1.60	+1.80
>15.0~25.0	+1.30	+1.50	+1.80	+2.20
>25.0~40.0	+1.40	+1.60	+2.00	+2.40
>40.0~60.0	0 +1.60	0 +1.80	0 +2.20	0 +2.60
>60.0~100	+1.80	+2.20	+2.60	+3.00
>100~150	+2.40	+2.80	+3.20	+3.60
>150~200	+2.80	+3.20	+3.60	+3.80
>200~250	+3.20	+3.60	+4.00	+4.40
>250~300	+3.60	+4.00	+4.40	+4.80
>300~400	+4.00	+4.40	+4.80	+5.20

（各栏下偏差均为 0）

4.26

⑤ 钢带（包括连轧钢板）的厚度允许偏差(mm)							
公称厚度	钢带厚度允许偏差						
	普通精度 PT.A				较高精度 PT.B		
	公称宽度				公称宽度		
	600~1200	>1200~1500	>1500~1800	>1800	600~1200	>1200~1500	>1500~1800	>1800
0.8~1.5	±0.15	±0.17	—		±0.10	±0.12	—	
>1.5~2.0	±0.17	±0.19	±0.21		±0.13	±0.14	±0.14	—
>2.0~2.5	±0.18	±0.21	±0.23	±0.25	±0.14	±0.15	±0.17	±0.20
>2.5~3.0	±0.20	±0.22	±0.24	±0.26	±0.15	±0.17	±0.19	±0.21
>3.0~4.0	±0.22	±0.24	±0.26	±0.27	±0.17	±0.18	±0.21	±0.22
>4.0~5.0	±0.24	±0.26	±0.28	±0.29	±0.19	±0.21	±0.22	±0.23
>5.0~6.0	±0.26	±0.28	±0.29	±0.31	±0.21	±0.22	±0.23	±0.25
>6.0~8.0	±0.29	±0.31	±0.32	±0.33	±0.23	±0.24	±0.25	±0.28
>8.0~10.0	±0.32	±0.33	±0.34	±0.40	±0.25	±0.26	±0.27	±0.32
>10.0~12.5	±0.35	±0.36	±0.37	±0.43	±0.28	±0.29	±0.30	±0.36
>12.5~15.0	±0.37	±0.38	±0.40	±0.46	±0.30	±0.31	±0.33	±0.39
>15.0~25.4	±0.40	±0.42	±0.45	±0.50	±0.32	±0.34	±0.37	±0.42

注：规定最小屈服强度≥345MPa 的钢带，厚度偏差应增加10%

⑥ 切边单轧钢板的宽度允许偏差(mm)					
公称厚度	公　称　宽　度				
	≤1500	>1500	≤2000	>2000~3000	>3000
	宽度允许偏差				
3~16	+10	+15	—	—	—
>16	—	—	+20	+25	+30

⑦ 不切边钢带（包括连轧钢板）的宽度允许偏差(mm)
钢带宽度：≤1500 为 +20；钢带宽度：>1500 为 +25
注：不切边单轧钢板的宽度允许偏差由供需双方协商

⑧ 切边钢带（包括连轧钢板）的宽度允许偏差(mm)		
公称宽度	≤1200	>1200~1500	>1500
允许偏差	+3	+5	+6

注：切边钢带（包括连轧钢板）的宽度允许偏差，经供需双方协议，可以供应较高宽度精度的钢带。

⑨ 纵切钢带的宽度允许偏差(mm)					
	公称厚度		≤4.0	>4.0~8.0	>8.0
公称宽度	120~250	允许偏差	+1	+2	+2.5
	>250~900		+2	+2.5	+3

⑩ 单轧钢板长度允许偏差							
公称长度(m)	2~4	>4~6	>6~8	>8~10	>10~15	>15~20	>20
长度允许偏差(mm)	+20	+30	+40	+50	+75	+100	由供需双方协议

⑪ 连轧钢板长度允许偏差		
公称长度(m)	2~8	>8
长度允许偏差(mm)	+0.5‰×公称长度	+40

4）钢板和钢带的重量及其他要求

① 重量：钢板按理论重量或实际重量交货，钢带按实际重量交货。钢板按理论重量计算时，碳钢的密度为 $7.85g/cm^3$，其他钢种按相应标准规定，钢板的厚度允许偏差为限定的负偏差或正偏差时，理论重量所采用的厚度为允许偏差的最大厚度和最小厚度的平均值，理论重量计算方法可查阅 1.101 页。

② 其他要求：钢板的不平度、切斜、镰刀弯及钢带的镰刀弯、塔形可参见 GB/T709—2006 中规定

(3) 冷轧钢板和钢带(GB/T708－2006)

1) 钢板和钢带的分类和代号

① 按边缘状态分：切边(代号 EC)，不切边(代号 EM)。

② 按尺寸精度分：普通厚度精度(PT. A)，较高厚度精度(代号 PT. B)；普通宽度精度(代号 PW. A)，较高宽度精度(代号 PW. B)；普通长度精度(代号 PL. A)，较高长度精度(PL. B)。

③ 按不平度精度分：普通不平度精度(代号 PF. A)，较高不平度精度(PF. B)。

④ 产品形态、边缘状态所对应尺寸精度的分类如下：

产品形态	边缘状态	分类							
		厚度精度		宽度精度		长度精度		不平度精度	
		普通	较高	普通	较高	普通	较高	普通	较高
钢带	不切边	×	×	×	×	—	—	×	×
	切边	×	×	×	×	—	—	×	×
钢板	不切边	×	×	×	×	×	×	×	×
	切边	×	×	×	×	×	×	×	×
纵切钢带	切边	×	×	×	×	—	—	—	—

注："×"表示对应的尺寸精度

2) 钢板和钢带的尺寸(mm)

① 钢板和钢带的尺寸范围：钢板和钢带(包括纵切钢带)的公称厚度 0.30～4.00；钢板和钢带的公称宽度 600～2050；钢板的公称长度 1000～6000。

② 钢板和钢带(在标准范围内)推荐的公称尺寸：钢板和钢带(包括纵切钢带)公称厚度<1 的钢板和钢带按 0.05 倍数的任何尺寸，

4.29

公称厚度＞1按0.1倍数的任何尺寸;钢板和钢带(包括纵切钢带)的公称宽度按10倍数的任何尺寸;钢板公称长度按50倍数的任何尺寸。

③ 根据需方要求,经供需双方协商,可供应其他尺寸的钢板和钢带

3) 钢板和钢带的尺寸允许偏差

① 钢板和钢带的厚度允许偏差(mm)

公称厚度	厚度允许偏差					
	普通精度			较高精度		
	公称宽度			公称宽度		
	≤1200	＞1200 ~1500	＞1500	≤1200	＞1200 ~1500	＞1500
≤0.4	±0.04	±0.05	±0.06	±0.025	±0.035	±0.045
＞0.4~0.6	±0.05	±0.06	±0.07	±0.035	±0.045	±0.050
＞0.6~0.8	±0.06	±0.07	±0.08	±0.040	±0.050	±0.050
＞0.8~1.0	±0.07	±0.08	±0.09	±0.045	±0.060	±0.060
＞1.0~1.2	±0.08	±0.09	±0.10	±0.055	±0.070	±0.070
＞1.2~1.6	±0.10	±0.11	±0.11	±0.070	±0.080	±0.080
＞1.6~2.0	±0.12	±0.13	±0.13	±0.080	±0.090	±0.090
＞2.0~2.5	±0.14	±0.15	±0.15	±0.100	±0.110	±0.110
＞2.5~3.0	±0.16	±0.17	±0.17	±0.110	±0.120	±0.120
＞3.0~4.0	±0.17	±0.19	±0.19	±0.140	±0.150	±0.150

注:1. 钢板和钢带的厚度允许偏差是指规定的最小屈服强度＜280MPa的允许偏差;最小屈服强度为280~＜360MPa可按规定增加20%;最小屈服强度≥360MPa可按规定增加40%。

2. 钢板和钢带的厚度允许偏差:距钢带焊缝处15m内和距钢带两端各15m内按规定增加60%

② 钢板和钢带的宽度允许偏差（mm）			
公 称 宽 度	≤1200	>1200～1500	>1500
宽度允许偏差 普通精度	+4	+5	+6
较高精度	+2	+2	+3

注：不切边钢板和钢带的宽度允许偏差由供需双方协商确定

③ 纵切钢带的宽度允许偏差（mm）						
公 称 宽 度		≤125	>125～250	>250～400	>400～600	>600
公称厚度	≤0.40	宽度允许偏差	+0.3	+0.6	+1.0	+1.5	+2.0
	>0.40～1.0		+0.5	+0.8	+1.2	+1.5	+2.0
	>1.0～1.8		+0.7	+1.0	+1.5	+2.0	+2.5
	>1.8～4.0		+1.0	+1.3	+1.7	+2.0	+2.5

④ 钢板的长度允许偏差（mm）		
公 称 长 度	≤2000	>2000
长度允许偏差 普通精度	+6	+3
较高精度	+0.30％×公称长度	+0.15％×公称长度

4）钢板和钢带的重量及其他要求

① 重量：钢板按理论重量或实际重量交货，钢带按实际重量交货。钢板按理论重量交货时，钢的密度按 7.85g/cm³，其他钢按相应标准规定，理论重量计算方法可查阅第 1.101 页

② 其他要求：钢板的不平度、切斜、钢带的塔形、钢板和钢带的镰刀弯，具体内容可参见 GB/T708－2006 中规定

（4）碳素结构钢和低合金结构钢热轧钢带

（GB/T3524－2005）

1）钢带的产品分类、交货状态和尺寸
① 钢带的边缘状态分：切边钢带（代号 EC）、不切边钢带（代号 EM）。 ② 钢带以热轧状态交货。 ③ 钢带尺寸（mm）：厚度≤12；宽度 50～600；长度≥5000

2）钢带的牌号和化学成分
钢带采用碳素结构钢轧制，其化学成分应符合 GB/T700 的规定；钢带采用低合金结构钢轧制的，化学成分应符合 GB/T1591 或相应标准规定

3）钢带的力学性能

牌号	下屈服强度 （N/mm²）≥	抗拉强度 （N/mm²）	断后伸长率 （%）≥	180°冷弯试验 （a—试样厚度 d—弯心直径）
Q195	(195)	315～430	35	$d=0$
Q215	215	335～450	31	$d=0.5a$
Q235	235	375～500	26	$d=a$
Q255	255	410～550	24	—
Q275	275	490～630	20	—
Q295	295	390～570	23	$d=2a$
Q345	345	470～630	21	$d=2a$

注：1. 进行拉伸和弯曲试验时，钢带应取纵向试样。
　　2. 钢带采用碳素结构钢和低合金结构钢的 A 级钢轧制时，冷弯试验合格，抗拉强度上限可不作交货条件；采用 B 级钢轧制时抗拉强度可以超过表中规定的上限 50N/mm²。
　　3. 力学性能栏中下屈服强度是指试样在屈服期间不计初始瞬时的最低应力。
　　4. 牌号 Q195 的屈服点仅供参考，不作交货条件

4）钢板厚度允许偏差（mm）								
钢带 宽度	钢　　带　　厚　　度							
	≤1.5	>1.5 ~2.0	>2.0 ~4.0	>4.0 ~5.0	>5.0 ~6.0	>6.0 ~8.0	>8.0 ~10	>10 ~12
	钢带厚度允许偏差							
50~100	0.13	0.15	0.17	0.18	0.19	0.20	0.21	—
>100~600	0.15	0.18	0.19	0.20	0.21	0.22	0.24	0.30

注：表中规定的数值不适用于卷带两端7m以内没有切头的钢带

5）钢带宽度允许偏差（mm）					
钢带宽度	≤200	>200~300	>300~350	>350~400	>400~600
允许 偏差	不切边	+2.00 −1.00	+2.50 −1.00	+3.00 −2.00	±4.00	±5.00
	切边 厚度	≤3	±0.5	±0.7	±0.7	±0.7	±0.9
		>3	±0.6	±0.8	±0.8	±0.8	±1.1

注：1. 表中规定的数值不适用于卷带两端7m以内没有切头的钢带。
　　2. 经协商同意，钢带可以只按正偏差的规定，但表中正偏差数值应增加一倍

6）钢带厚度三点差—指同一截面的中间部分和两边部分测量的 厚度之间最大差值（mm）					
钢带宽度	≤100	>100~150	>150~200	>200~350	>350~600
三点差≤	0.10	0.12	0.14	0.15	0.17

（5）碳素结构钢冷轧钢带（GB/T716−1991）

1）钢带的分类和代号								
分类	制造精度				表面质量		边缘状态	
	普通 精度	宽度较 高精度	厚度较 高精度	宽度、厚度 较高精度	普通 精度	较高 精度	切 边	不 切边
代号	P	K	H	KH	Ⅰ	Ⅱ	Q	BQ

2）钢带的力学性能				
类别	代号	抗拉强度（MPa）	伸长率（%）≥	维氏硬度 HV
软	R	275～440	23	≤130
半软	BR	370～490	10	105～145
硬	Y	490～785	—	130～140

3）钢带的尺寸和卷重
厚度 0.10～3.0mm；　宽度 10～250mm 钢带应成卷交货，卷重≤ 2t

注：1. 钢带的牌号和化学成分应符合 GB/T700 中的规定。

2. 钢带的具体尺寸，参见第 4.29 页 GB/T708 中的规定。

（6）碳素结构钢和低合金结构钢热轧薄钢板和钢带

（GB/T912－1988）

1	尺寸	钢板和钢带的尺寸及其允许偏差，按第 4.29 页"厚度≤4mm 热轧钢板和钢带（GB/T709）"中的规定
2	化学成分	参见第 3.25 页"碳素结构钢（GB/T700）"和第 3.56 页"低合金高强度结构钢（GB/T1591）"中的规定
3	交货状态	钢板和钢带以退火状态交货；经供需双方协议，也可以以其他热处理状态交货，此时的力学性能由供需双方协议规定
4	力学性能	① 厚度为 2～4mm 的钢板和钢带的抗拉强度和伸长率应符合上述标准中的规定，但伸长率允许有降低值（绝对值），厚度（mm）/伸长率降低值（%）：2～3/5，>3～3.5/4，>3.5～4/3。② 根据需方要求，屈服点可按上述标准中的规定
5	工艺性能	① 钢板和钢带应做 180°弯曲试验，弯心直径应符合上述标准中的规定。② 经需方要求，对冷冲压用碳素结构钢中的牌号 Q235 或低合金结构钢钢板和钢带可进行弯心直径 d 等于试样厚度 a 的弯曲试验

（7）碳素结构钢和低合金结构钢冷轧薄钢板和钢带

（GB/T11253—1989）

1	尺寸	钢板和钢带的尺寸及其允许偏差，按第 4.29 页"冷轧钢板和钢带（GB/T708）"标准中的规定
2	化学成分	参见第 3.25 页"碳素结构钢（GB/T700）"和第3.56页"低合金高强度结构钢（GB/T1591）"中的规定
3	交货状态	钢板和钢带以退火状态交货，经供需双方协议，也可以以其他热处理状态交货，此时的力学性能由供需双方协议规定
4	力学性能	① 碳素结构钢和低合金结构钢抗拉强度和伸长率应符合上述标准中的规定，但伸长率允许有降低值（绝对值），厚度（mm）/伸长率降低值（%）：≤3/3，>3～3.5/2，>3.5～4/1。②根据需方要求，经供需双方协议，钢板和钢带的屈服点可按上述标准中的规定
5	工艺性能	① 钢板和钢带应做 180°弯曲试验，弯心直径应符合上述标准中的规定。②根据需方要求，冷冲压用碳素结构钢中的牌号 Q235 和低合金结构钢的钢板和钢带可进行弯心直径 d 等于试样厚度 a 的弯曲试验

（8）优质碳素结构钢热轧薄钢板和钢带（GB/T710—1991）

尺 寸	钢板和钢带的尺寸及其允许偏差，按第 4.24 页"厚度≤4mm 热轧钢板和钢带（GB/T709）"标准中的规定				
分 类	表面质量		拉延级别		
	较高级精整表面	普通级精整表面	最深拉延级	深拉延级	普通拉延级
代 号	I	II	Z	S	P

牌　　号	拉　延　级　别				
	Z	S 和 P	Z	S	P
	抗拉强度（MPa）		伸长率 δ_{10}（%）≥		
08F	275~365	275~380	30	29	27
08、08Al、10F	275~390	275~410	28	27	25
10	295~410	295~430	27	26	24
15F	315~430	315~450	27	26	24
15	335~450	335~470	26	25	24
20	355~490	355~500	25	24	24
25	—	390~540	—	23	22
30	—	440~590	—	21	20
35	—	490~635	—	19	18
40	—	510~650	—	—	17
45	—	530~685	—	—	15
50	—	540~715	—	—	13

注：1. 各牌号的化学成分按第 3.30 页"优质碳素结构钢（GB/T699）"中的规定，但牌号 08Al 钢的化学成分应符合 08 钢要求外，含酸溶铝量为 0.015%~0.065%，碳、锰含量下限不限，含硅量≤0.03%。

    2. 冷弯试验，Z 级全部牌号和 S 级、15F、15、20、25 四个牌号应作 180°弯曲试验；厚度≤2mm，$d=0$；＞2mm 的 $d=a$（d 为弯心直径，a 为试样厚度）

	各牌号及拉延级别的冲压深度									
厚度 (mm)	08F、08、 08Al、10F			10、15F 15、20		厚度 (mm)	08F、08、 08Al、10F			10、15F 15、20
	Z	S	P	Z	S		Z	S	P	Z	S
	冲压深度(mm)≥						冲压深度(mm)≥				
0.5	9.0	8.4	8.0	8.0	7.6	1.3	11.2	10.8	10.6		
0.6	9.4	8.9	8.5	8.4	7.8	1.4	11.3	11.0	10.8		
0.7	9.7	9.2	8.9	8.6	8.0	1.5	11.5	11.2	11.0		
0.8	10.0	9.5	9.3	8.8	8.2	1.6	11.6	11.4	11.2	不 作	
0.9	10.3	9.9	9.6	9.0	8.4	1.7	11.8	11.6	11.4	试 验	
1.0	10.5	10.1	9.9	9.2	8.6	1.8	11.9	11.7	11.5		
1.1	10.8	10.4	10.2	不作试验		1.9	12.0	11.8	11.7		
1.2	11.0	10.6	10.4			2.0	12.1	11.9	11.8		

(9) 深冲用冷轧薄钢板和钢带(GB/T5213—2004)

1) 钢板(带)的分类和符号

① 按拉延级别(适用于牌号 SC1)分:
用于冲制拉延最复杂零件(ZF)
用于冲制拉延很复杂零件(HF)
用于冲制复杂零件(F)
② 按边缘状态分:切边(EC)、不切边(EM)
③ 按尺寸精度分:普通厚度等级(PT. A)、高级厚度等级(PT. C)
④ 按表面结构分:
麻面(D)——其特征为轧辊磨床加工后喷丸处理
光亮表面(B)——其特征为轧辊经磨床精加工处理
⑤ 按表面质量分:较高级精整表面(FB),高级精整表面(FC)

2) 钢板(带)的尺寸及重量

厚度和宽度范围

牌 号	公称厚度(mm)	公称宽度(mm)
SC1	0.30～3.5	≥600
SC2、SC3	0.70～0.79	700～1500
	0.80～0.91	700～1620
	0.92～1.50	700～1600

注：1. 钢板(带)的牌号由代表"深冲"的汉语拼音字母"SC"和代表冲压级别顺序号的"1、2、3"表示。例：SC1、SC2、SC3。其中 SC1 为深冲压用钢板(带)，SC2、SC3 为超深冲压用钢板(带)。

2. 钢板(带)的尺寸范围，按第 4.29 页"冷轧钢板和钢带"中规定。经供需双方协商，也可供应其他规格的钢板(带)。

3. 钢板按实际重量或理论重量交货。理论重量按钢的密度 7.85g/cm³ 计算。钢带按实际重量交货

3) 钢板(带)的厚度允许偏差(mm)

公称厚度	普通精度(PT. A)			高级精度(PT. C)		
	公称宽度			公称宽度		
	≤1200	>1200 ~1500	>1500	≤1200	>1200 ~1500	>1500
0.30～0.40	±0.04	±0.05	—	±0.025	±0.035	—
>0.40～0.60	±0.05	±0.06	±0.07	±0.035	±0.045	±0.05
>0.60～0.80	±0.06	±0.07	±0.08	±0.040	±0.05	±0.05
>0.80～1.00	±0.07	±0.08	±0.09	±0.045	±0.06	±0.06
>1.00～1.20	±0.08	±0.09	±0.09	±0.055	±0.06	±0.07
>1.20～1.60	±0.10	±0.11	±0.11	±0.07	±0.07	±0.08
>1.60～2.00	±0.12	±0.13	±0.13	±0.08	±0.08	±0.09
>2.00～2.50	±0.14	±0.15	±0.15	±0.10	±0.11	±0.11
>2.50～3.00	±0.16	±0.17	±0.17	±0.11	±0.12	±0.12
>3.00～3.50	±0.17	±0.18	±0.19	±0.14	±0.14	±0.15

4) 钢板(带)的宽度及长度偏差(mm)

公称宽度		≤1200	>1200	公称长度	≤2000	>2000
允许偏差 (+)	切边	4	5	允许偏差 (+)	10	15
	不切边	8	8			

5) 钢板(带)的化学成分(熔炼分析)(%)

牌号	碳	硅	锰	磷	硫	酸溶铝	钛
SC1	≤0.08	≤0.03	≤0.40	≤0.020	≤0.025	0.02～0.07	—
SC2	≤0.03	≤0.03	≤0.30	≤0.020	≤0.020	—	≤0.20
SC3	≤0.03	≤0.03	≤0.30	≤0.020	≤0.020	—	≤0.20

注:1. 根据需要,牌号 SC1 可适当添加钛、铌等合金元素,此时对酸溶铝不作要求;牌号 SC2、SC3 可适当添加铌等合金元素。

　　2. 钢中残余元素含量:铬≤0.08%,镍≤0.10%,铜≤0.15%;如供方保证,可不作分析,当钢中含铜>0.15%时,由供需双方协商处理

6) 钢板(带)的力学性能

牌号	公称厚度 (mm)	σ_s (MPa)	σ_b (MPa)	δ ($b_0=20mm, L_0=80mm$)	n	r
SC1	<0.50	≤240	270～350	≥34	n_{90} ≥0.18	r_{90} ≥1.6
	>0.50~≤0.70	≤240		≥36		
	>0.70	≤210		≥38		
SC2	0.70～1.50	≤180	270～330	≥40	n_{90} ≥0.20	r_{90} ≥1.9
SC3	0.70～1.50	≤180	270～350	≥38	$\bar{n}$ ≥0.22	$\bar{r}$ ≥1.8

注:1. σ_b 为抗拉强度;σ_s 为屈服点,σ_s 也可以改为 $\sigma_{p0.2}$(规定非比例伸长应力);δ 为伸长率;拉伸试验取横向试样;b_0 为试样宽度;L_0 为试样长度。

　　2. n 为拉伸应比变化,r 为塑性应变比。n_{90}、r_{90} 值适用于厚度≥0.50mm的情况,当厚度>2mm 时,n 允许降低 0.2。

　　3. 经供需双方协议,并在合同中规定,牌号 SC1 也可做 n,r 值试验,其数值可参考表中规定。

　　4. 厚度>2mm 的钢板(带)在冷状态下做 180°弯曲试验,其弯心直径 $d=0$。

　　5. $\bar{n}=(n_0+2n_{45}+n_{90})/4,\bar{r}=(r_{90}+2r_{45}+r_{90})/4$

7) 钢板(带)的杯突试验(mm)

钢板厚度		0.50	0.60	0.70	0.80	0.90	1.00	1.10	1.20
拉延级别	SF	9.5	9.8	10.3	10.6	10.8	11.2	11.3	11.5
	HF	9.3	9.6	10.1	10.4	10.7	10.8	11.0	11.2
	F	9.1	9.4	9.9	10.2	10.5	10.7	10.9	11.1

(冲压深度)

钢板厚度		1.30	1.40	1.50	1.60	1.70	1.80	1.90	2.00
拉延级别	SF	11.7	11.8	12.0	—	—	—	—	—
	HF	11.3	11.4	11.6	11.8	12.0	12.1	12.2	12.3
	F	11.3	11.4	11.5	11.7	11.9	12.0	12.1	12.2

(冲压深度)

注:1. 厚度在 0.5～2.0mm 范围内未列中间规格,其杯突值按表列数值内插求得,修约至小数点后一位。

　　2. 经供需双方协议,并在合同中注明,可用 n,r 值代替杯突值

(10) 不锈钢热轧钢板（GB/T4237－1992）

不锈钢热轧钢板的尺寸及其允许偏差，按第4.24页"热轧钢板和钢带"中的钢板部分的尺寸及允许偏差的规定；钢板的牌号、化学成分及力学性能参见第3.159页"不锈钢热轧钢板"中的规定

(11) 不锈钢冷轧钢板（GB/T3280－1992）

不锈钢冷轧钢板的尺寸及其允许偏差，按第4.29页"冷轧钢板和钢带"中的钢板部分的尺寸及允许偏差的规定；钢板的牌号、化学成分及力学性能参见第3.166页"不锈钢冷轧钢板"中的规定

(12) 不锈钢热轧钢带（YB/T5090－1993）

1) 钢带的标准厚度（mm）					
2.0、2.5、3.0、3.5、4.0、4.5、5.0、6.0、7.0、8.0					

2) 钢带的厚度及宽度允许偏差					
钢带宽度 （mm）	钢 带 厚 度 （mm）				
	≤2.0 ～<2.5	≥2.5 ～<3.0	≥3.0 ～<4.0	≥4.0 ～<5.0	≥5.0 ～<6.0	≥6.0 ～<8.0
	厚度允许偏差（mm）				
<1.0	±0.25	±0.30	±0.35	±0.40	±0.50	±0.60
>1.0～<1.25	±0.30	±0.35	±0.40	±0.45	±0.55	±0.65
>1.25～<1.6	—	±0.40	±0.45	±0.50	±0.60	±0.70

2）钢带的厚度及宽度允许偏差							
钢带厚度（mm）	钢　带　宽　度　（mm）						
	<100	≥100～<160	>160～<250	≥250～<400	≥400～<630	≥630～<1000	≥1000
	宽度允许偏差（mm）						
	钢带边缘状态——不切边						
—	±1	±2	±2	±5	+20	+25	+30
	钢带边缘状态——切边						
<6	+5	+5	+5	+5	+10	+10	+10
≥6	+10	+10	+10	+10	+10	+10	+15

注：1. 根据需方要求，钢带的厚度和宽度允许偏差值，可以限制在正或负值的一边，但此时的公差值与表中规定的公差值相等

3）钢带的厚度与宽度允许偏差（高级）					
钢带宽度（m）	钢　带　厚　度　（mm）				
	≤2.0～<2.5	≥2.5～<3.0	≥3.0～<4.0	≥4.0～<5.0	≥5.0～<6.0
	厚度允许偏差（mm）				
<0.25	±0.16	±0.18	±0.20	±0.22	±0.25
>0.25～<0.40	±0.17	±0.19	±0.21	±0.24	±0.27
>0.40～<0.63	±0.18	±0.20	±0.23	±0.26	±0.29
>0.63～<0.80	±0.20	±0.23	±0.26	±0.29	±0.32

钢带厚度（mm）	钢　带　宽　度　（mm）		
	<160	≥160～<250	≥250～<630
	宽度允许偏差（mm）		
<3.0	±0.3	±0.4	±0.5
>3.0～<6.0	±0.5	±0.5	±0.5

注：2. 根据需方要求，并在合同中注明，可供应高级的厚度或宽度允许偏差的钢带

4）钢带的牌号、化学成分及力学性能
参见第 3.175 页"不锈钢热轧钢带"中的规定

(13) 不锈钢和耐热钢冷轧钢带(GB/T4239—1991)

1) 钢带的标准厚度、宽度、分类和符号

① 标准厚度(mm):0.3、0.4、0.5、0.6、0.7、0.8、0.9、1.0、1.1、1.2、1.5、2.0、2.5、3.0、3.5。

② 宽度(mm):20~1250。

③ 按钢带的热处理状态分类和符号:软钢带(R),低冷作硬化钢带(DY),半冷作硬化钢带(BY),冷作硬化钢带(Y),特殊冷作硬化钢带(TY)。

④ 按钢带边缘状态分类和符号:切边钢带(Q),不切边钢带(BQ)。

⑤ 按钢带(宽度>600mm)的宽度精度等级分类和符号:较高精度(A),一般精度(B)。

⑥ 按钢带的宽度精度等级分类和符号:高级精度(K),普通精度(P)

2) 钢带(宽度≤600mm)的厚度允许偏差(mm)

厚 度		0.05~0.15	>0.15~0.25	>0.25~0.45	>0.45~0.65	>0.65~0.90	>0.90~1.20
宽度	20~150	±0.01	+0.01 −0.02	±0.02	+0.02 −0.03	±0.03	+0.03 −0.04
	>150~250	±0.01	+0.01 −0.02	±0.02	厚度允许偏差 ±0.03		±0.04
	>250~400		+0.01 −0.02	±0.02	+0.02 −0.03	±0.03	+0.03 −0.04
	>400~600		±0.02	+0.02 −0.03	±0.03		+0.04 −0.05

厚 度		>1.20~1.50	>1.50~1.80	>1.80~2.00	>2.00~2.50	>2.50~3.10	>3.10~<4.00
宽度	20~150	+0.04 −0.05	±0.06	±0.06	±0.07	±0.08	±0.09
	>150~250	±0.05	+0.06 −0.07	±0.06	±0.07	±0.08	±0.09
	>250~400	±0.05	+0.06 −0.07	±0.07	±0.08	±0.09	+0.10 −0.11
	>400~600	+0.05 −0.06	±0.07	±0.08	±0.09	±0.10	±0.11

3) 钢带(宽度>600mm)的厚度允许偏差(mm)						
厚　度			0.05~0.25	>0.25~0.45	>0.45~0.65	>0.65~0.90
宽度	>600~1000 >1000~1250	厚度允许偏差	较高精度(A)	—	±0.04 ±0.04	±0.04 ±0.04	±0.05 ±0.05
	>600~1250		一般精度(B)	—	±0.04	±0.05	±0.06
厚　度			>0.90~1.20	>1.20~1.50	>1.50~1.80	>1.80~2.00
宽度	>600~1000 >1000~1250	厚度允许偏差	较高精度(A)	±0.05 ±0.06	±0.06 ±0.07	±0.07 ±0.08	±0.09 ±0.10
	>600~1250		一般精度(B)	±0.08	±0.11	±0.12	±0.13
厚　度			>2.00~2.30	>2.30~2.50	>2.50~3.10	>3.10~<4.00
宽度	>600~1000 >1000~1250	厚度允许偏差	较高精度(A)	±0.10 ±0.11	±0.10 ±0.11	±0.11 ±0.12	±0.12 ±0.13
	>600~1250		一般精度(B)	±0.14	±0.14	±0.16	±0.18

注：1. 钢带宽度允许偏差：对于宽度>600mm 的钢带应在合同中注明精度等级，如果未注明时，按 B 级精度规定；如在合同中注明，钢带厚度允许偏差值可以限制在正值或负值的一边。但公差值应与表中规定的公差值相等。
　　2. 对宽度>1250mm 的钢带厚度允许偏差值可按第 4.29 页"冷轧钢板和钢带的尺寸、外形、重量及允许偏差（GB/T708)"中的规定。
　　3. 酸洗状态交货钢带的厚度允许偏差可以超过表中规定的负偏差，厚度：<0.9 加 0.01；>0.9 加 0.02

4) 钢带宽度普通精度的允许偏差(mm)								
钢带宽度			20~50	>50~150	>150~250	>250~400	>400~600	>600~1000	>1000~1250
边缘状态	切边	宽度允许偏差	+1 0	+2 0	+3 0	+4 0	+5 0	+5 0	+5 0
	不切边		+2 -1	+3 -2	+6 -2	+7 -3	+20 0	+25 0	+30 0

5）切边钢带宽度高级精度的允许偏差（mm）

钢带宽度		20～150	>150～250	>250～400	>400～600	>600～1000
厚度	0.05～0.50	±0.15	±0.20	±0.25	±0.30	±0.50
	>0.50～1.00	±0.20	±0.25	±0.25	±0.30	±0.50
	>1.00～1.50	±0.20	±0.30	±0.30	±0.40	±0.60
	>1.50～2.50	±0.25	±0.35	±0.35	±0.50	±0.70
	>2.50～4.00	±0.30	±0.40	±0.40	±0.50	±0.80

（中间列标注：宽度允许偏差）

注：4. 钢带宽度允许偏差：钢带宽度的允许偏差按普通精度（P）的规定；如在合同中注明，也可按高级精度（K）的规定；根据需要要求，并在合同中注明，钢带宽度允许偏差值可以限制在正值或负值的一边，但公差值为表中规定的公差值相等；对宽度>1250mm 的钢带允许偏差值按"GB/T708《冷轧钢板和钢带尺寸、外形、重量及允许偏差》"中规定（参见第4.29页）

6）钢带的加工等级与表面加工要求

加工等级	表 面 加 工 要 求
No.1	冷轧表面
No.2	冷轧后进行热处理、酸洗或相应处理
No.2D	冷轧后进行热处理、酸洗或类似处理，最后经毛面辊轻度冷平整
No.2B	冷轧后进行热处理、酸洗或类似处理，最后经冷轧获得适当表面粗糙度
No.3	用 GB/T2477 规定的粒度为 100#～200# 研磨材料抛光精整
No.4	用 GB/T2477 规定的粒度为 150#～180# 研磨材料抛光精整
No.5	用 GB/T2477 规定的粒度为 240# 研磨材料抛光精整
No.6	用 GB/T2477 规定的粒度为 W63 研磨材料抛光精整
No.7	用 GB/T2477 规定的粒度为 W50 研磨材料抛光精整
No.9	冷轧后进行光亮热处理
No.10	用适当粒度的研磨材料抛光，表面呈连续磨纹

注：GB/T2477 为《磨料粒度及其组成》国家推荐标准

(14) 弹簧用不锈钢冷轧钢带（GB/T4231－1993）

推荐采用厚度（mm）			推荐采用宽度（mm）		
0.10、0.12、0.15、0.20、0.25、0.28、0.30、0.35、0.40、0.45、0.50、0.55、0.60、0.70、0.80、0.90、1.00、1.20、1.40、1.60			10、13、16、20、25、32、40、50、63、80、100、125、160、200、250		

制造精度	厚度普通精度	厚度较高精度	边缘状态	切边	不切边
代　　号	P	H	代　　号	Q	BQ

软硬程度	软钢带	低硬钢带	半硬钢带	冷硬钢带	特硬钢带
代　　号	R	DY	BY	Y	TY

制造精度			普通精度		较高精度	
宽　　度（mm）			<150	≥150～250	<80	≥80～250
厚度（mm）	0.10～0.15	厚度允许偏差（mm）	+0.01 −0.02	±0.02	±0.01	±0.01
	>0.15～0.25		±0.02	+0.02 −0.03	±0.01	+0.01 −0.02
	>0.25～0.45		+0.02 −0.03	±0.03	+0.01 −0.02	±0.02
	>0.45～0.65		±0.03	±0.04	±0.02	+0.02 −0.03
	>0.65～0.90		±0.04	±0.04	+0.02 −0.03	±0.03
	>0.90～1.20		±0.04	±0.05	±0.03	+0.03 −0.04
	>1.20～1.50		±0.05	±0.05	+0.03 −0.04	±0.04
	>1.50～1.60		±0.06	±0.07	±0.04	+0.04 −0.05

宽　　度（mm）			<80	80～<150	150～250
厚度（mm）	≤0.50	宽度允许偏差（mm）	±0.10	±0.15	±0.20
	>0.50～1.00		±0.15	±0.20	±0.25
	>1.00～1.50		±0.20	±0.20	±0.30

注：根据需方要求，并在合同中注明，钢带允许偏差，可以限制在正值或负值一边，此时公差值应与表中规定的公差值相等。

（15）不锈钢板(钢带)的密度和理论重量换算系数

序号	牌　号	密度/换算系数	序号	牌　号	密度/换算系数
28	0Cr18Ni16Mo5	$\dfrac{8.00}{1.019}$	67 69 70	1Cr18Ni9Si3 00Cr19Ni11 0Cr18Ni11Ti	$\dfrac{7.93}{1.010}$
15 16 19 20 21 22 23 24 25 31	0Cr25Ni20 0CrNi12Mo2 00Cr17Ni14Mo2 0Cr17Ni12Mo2N 00Cr17Ni13Mo2N 0Cr18Ni12Mo2Cu2 00Cr18Ni14Mo2Cu2 0Cr19Ni13Mo3 00Cr19Ni13Mo3 0Cr18Ni11Nb	$\dfrac{7.98}{1.017}$	34	0Cr26Ni5Mo2	$\dfrac{7.80}{0.9936}$
			33 37 38 44 45 46 49 50 78	0Cr18Ni13Si4 0Cr13Al 00Cr12 1Cr12 1Cr13 0Cr13 2Cr13 3Cr13 00Cr18Mo2	$\dfrac{7.75}{0.9873}$
1 2 4 5 8 10 12 13 14 63 66	1Cr17Mn6Ni5N 1Cr18Mn8Ni5N 1Cr17Ni7 1Cr18Ni9 0Cr18Ni9 0Cr19Ni9N 0Cr18Ni10N 1Cr18Ni12 0Cr23Ni13 0Cr17Ni7Al 1Cr17Ni8	$\dfrac{7.93}{1.010}$	39 41 55 76 77 79	1Cr17 1Cr17Mo 7Cr17 00Cr17 0Cr17Mo 3Cr16	$\dfrac{7.70}{0.9809}$
			43	00Cr27Mo	$\dfrac{7.67}{0.9771}$
			42	00Cr30Mo2	$\dfrac{7.64}{0.9732}$

注：1. 本表根据"不锈钢板的重量计算方法(GB/T4229)"的资料
　　整理而成,规定适用于"不锈钢热轧钢板和冷轧钢板(GB/
　　T4237、3280)"。表中的"序号"与第3.139页"不锈钢的化
　　学成分"表中的序号相同。
　　2. 密度的单位为 g/cm³。理论重量换算系数的计算公式如
　　下：

　　　　　换算系数＝不锈钢密度/钢密度(7.85)
　　将某一牌号不锈钢换算系数乘上 4.23 页"钢板(钢带)的
　　理论重量"即可求得该牌号不锈钢板(钢带)的理论重量。

(16) 单张热镀锌薄钢板（GB/T5066－1985）

钢板厚度 （mm）	0.35、0.40、0.45、0.50、0.55、0.60、0.65、0.70、0.75、 0.80、0.90、1.0、1.1、1.2、1.3、1.4、1.5
钢板宽度 ×长度 （mm）	710×1420，750×750，750×1500，750×1800， 800×800，800×1200，800×1600，850×1700，900× 900，900×1800，900×2000，1000×2000

镀锌钢板原板采用 Q195、Q215、Q235 碳素结构钢（GB/T700）制造；原板的厚度和宽度的允许偏差，按第 4.29 页"冷轧钢板和钢带（GB/T708）"中的规定（冷成型用钢板厚度允许偏差按 B 级精度）

（一般用途用） 钢板厚度（mm）	0.35 ～0.45	>0.45 ～0.70	>0.70 ～0.80	>0.80 ～1.0	>1.0 ～1.25	>1.25 ～1.5
反复弯曲次数≥	8	7	6	5	4	3

钢板类别及代号		冷成型用（L）			一般用途用（Y）	
钢　板　厚　度　（mm）		0.35 ～0.80	>0.80 ～1.2	>1.2 ～1.5	0.35 ～0.80	>0.80 ～1.5
镀锌强度（锌层脱落）弯曲试验 （d—弯心直径，a—试样厚度）		$d=0$ 180°角	$d=a$ 180°角	弯曲 90°角	$d=a$ 180°角	弯曲 90°角

（冷成型用）钢板标突试验

		钢板厚度 （mm）	0.35	0.40 0.45	0.50 0.55	0.60 0.65	0.70 0.75	0.80	0.90	1.0 1.1	1.2	1.3 1.4	1.5
深冲级别	Z	标突深度 （mm）≥	7.2	7.5	8.0	8.5	8.9	9.3	9.6	9.9	10.2	10.4	11.0
	S		6.2	6.5	6.9	7.2	7.5	7.8	8.2	8.6	8.8	9.0	9.2
	P		5.9	6.2	6.6	6.6	7.2	7.5	7.9	8.3	8.5	8.7	8.9

镀锌钢板表面质量组别	A 组，B 组（具体指标参见 GB/T5066）
钢板两面镀锌层重量	≥275g/m²
镀锌钢板交货状态	涂油或钝化处理，经钝化处理的镀锌钢板表面允许有轻微的钝化色

（17）连续热镀锌钢板（带）和钢带（GB/T2518—2004）

1) 钢板（带）的性能级别 代号和适用范围

性能级别	普通用途	机械咬合	冲压	深冲	特殊镇静钢深冲	无时效超深冲	结 构
性能级别代号	01	02	03	04	05	06	220，250，280，320，350，400，450，550
适用范围	—	镀锌层重量代号≤Z350	厚度范围≥0.4mm 镀锌层重量代号≤Z275				厚度＜0.4mm 钢板不处理 适用于220~320级

2) 钢板（带）基板种类和代号

基板种类	冷轧卷板	热轧酸洗卷板
代号	—	H

3) 钢板（带）的表面处理分类

表面处理	钝化	涂油	漆封	磷化	不处理
符号	C	O	L	P	U

4) 钢板（带）的镀层种类和镀层重量等级和代号

镀锌

镀层代号①	镀层重量②③（g/m²）三点试验平均值≥ 双面	单点试验最低值≥ 双面	单点试验最低值≥ 单面
（Z60）	（60）	（51）	（24）
Z80	80	68	32
Z100	100	85	40
Z120	120	102	48
Z150	150	128	60
Z180	180	153	72
Z200	200	170	80
Z220	220	187	88
Z250	250	213	100
Z275	275	234	110
Z350	350	298	140
Z450	450	383	180
Z600	600	510	240

镀锌铁合金

镀层代号①	镀层重量②③（g/m²）三点试验平均值≥ 双面	单点试验最低值≥ 双面	单点试验最低值≥ 单面
（ZF40）	（40）	（34）	（16）
ZF60	60	51	24
ZF80	80	68	32
ZF100	100	85	40
ZF120	120	102	48
ZF150	150	128	60
（ZF180）	（180）	（153）	（72）

注：① 带括号镀层代号的数值，须供需双方协议。

② 表列为双面等厚镀层的重量。如需差厚镀层可按表列重量之半分别表示上、下表面不同的镀层重量。例 Z40/90 或 ZF30/50。

③ 低镀锌层重量表面外观可能不同于高镀锌层表面外观

5）镀层表面及光整表面的分类、代号和特征④

表面结构	正常锌花	小锌花	无锌花	锌铁合金
不光整　代	N	M	F	ZF
光整　　号	NS	MS	FS	ZFS
特　征	表面具有明显锌花形貌的镀层	表面形成尽可能细小的锌花镀层	不具有面视可见的锌花形貌，镀层表面均匀一致	镀层外观呈暗灰色，没有金属光泽，适用于除一般情况外，不用进一步处理，即可直接涂漆的镀层

6）钢板(带)的表面质量级别、代号和特征⑤

级别	普通级表面	较高级表面	高级表面
代号	FA	FB	FC
特征	允许存在小腐蚀点、大小不均匀的锌花暗斑、轻微划伤和压痕、气刀条纹、小钝化斑等，可以有拉伸矫直和锌流纹	不得有腐蚀点，但允许有轻微的不完美表面，如拉伸矫直痕、光整压痕、划痕、压印、锌花纹、锌流纹、轻微的钝化缺陷等	其较优一面不得对优质涂漆层的均匀一致外观产生不利影响；对其另一面的要求应不低于表面级别 FB

7) 钢板（带）的化学成分（熔炼分析）（%）⑥

性能级别	碳≤	锰≤	磷≤	硫≤	钛≤
01	0.15	0.80	0.035	0.035	—
02	0.12	0.60	0.035	0.035	—
03	0.12	0.50	0.030	0.030	—
04	0.10	0.45	0.025	0.025	—
05	0.08	0.45	0.020	0.020	—
06	0.02	0.25	0.010	0.020	0.30
结构级	0.25	1.70	0.050	0.035	—

注：④ 光整是对镀锌钢板所进行的一种微小变形的冷轧加工，如改善镀锌钢板表面外观或适合于装饰涂层；或使成品部件加工时产生的滑移线或折纹的现象暂时减至最小等。
⑤ 以热轧酸洗卷板为基材的钢板（带）的表面质量只能有 FA 级

8a) 01～06 级钢板（带）的力学性能

性能等级	镀层代号	$R_{p0.2}$	R_m	A_{80mm}（%）	r_{90}	n_{90}	钢基 180°冷弯直径（d 横向）板厚 a(mm)	
		(N/mm²)			≥		<3	≥3
01		—	—	—	—	—	$1a$	$2a$
02		—	270～500	22	—	—	0	$1a$
03		140～300	270～420	26	—	—	0	0
04	Z ZF	140～260	270～380	30	—	—		
05		140～270	270～350	$\frac{36}{34}$	$\frac{1.6}{1.4}$	0.18		
06		140～280	270～350	$\frac{39}{37}$	$\frac{1.9}{1.7}$	$\frac{0.21}{0.20}$		

4.50

8b) 结构钢板（带）的力学性能

性能级别		220	250	280	320	350	400	500	550
$R_{p0.2}$	(N/mm^2)	220	250	280	320	350	400	500	550
R_m	$\geqslant$	300	330	360	390	420	470	530	560
$A_{80mm}(\%)\geqslant$		20	19	18	17	16	—	—	—
钢基180°冷弯 直径(d 横向) 板厚 a(mm)	<3	1a	1a	2a	3a				
	>3	2a	2a	3a					

9) 钢板（带）的主要尺寸

厚度 0.20~0.50mm；宽度 600~1800mm；长度分别参照第4.29页 GB/T708(冷轧钢板和钢带)和第4.24页 GB/T709(热轧钢板和钢带)的规定

注：⑥ 05级基材也可以添加适量的钛、铌或钒；06级的钛可全部或部分用铌或钛代替，其碳和氮应完全固化；350级以上结构钢的磷含量应≤0.20%。
⑦ 力学性能栏中指标名称：$R_{p0.2}$——规定非比例伸长应力；R_m——抗拉强度；A_{80mm}——断面伸长率；r_{90}——塑性应比；n_{90}——应比硬化指数。
⑧ 部分力学性能指标的详细注解。参阅 GB/T2518-2004(连续热镀锌钢板和钢带)

(18) 宽度小于 700mm 连续热镀锌钢带(GB/T15392-1994)

1) 钢带的分类和符号

镀层种类	锌		锌铁合金	尺寸精度	普通精度	较高精度
符 号	Z		ZT	符 号	P	J
表面质量	Ⅰ组	Ⅱ组	表面处理	铬酸钝化	涂油	铬酸钝化加涂油
符 号	Ⅰ	Ⅱ	符 号	L	T	LT
加工性能	普通用途	机械咬合	深冲	超深冲耐时效		结构
符 号	PT	JY	SC	CS		JG

1）钢带的分类和符号（续）			
表面结构	符号	特　　征	用　　途
正常锌花	Z	按正常冷却速度结晶而获得的锌花	一般用途
小锌花	X	冷却速度经特殊控制，锌花尺寸小于正常锌花	适于涂漆和正常锌花达不到要求的其他用途
光整锌花	GZ	小锌花经光整	适于深冲和超深冲及表面粗糙度要求高的用途
锌铁合金	XT	在基体金属上的镀层是由锌铁合金组成的，无锌花，一般无光泽	适于直接涂漆的某些用途，涂漆前不需进行预处理（通常的清洗除外）

2）加工性能与表面结构组合的产品						
加工性能		PT	JY	SC	CS	JG
表面结构（表中符号△表示有产品）	正常锌花 Z	△	△	△		△
	小锌花 X	△	△	△		△
	光整锌花 GZ			△	△	
	锌铁合金 XT	△	△			△

3）钢带的尺寸			
名　　称	厚　　度	宽　　度	卷内径
公称尺寸（mm）	0.25～0.50	10～<700	200～450
	>0.50～2.50		400～610

4a）钢带的宽度允许偏差（mm）					
公称厚度		公称宽度			
		<125	125～<250	250～<400	400～<700
≥	<	宽度允许偏差			
0.25	0.40	+0.3	+0.6	+1.0	+1.5
0.40	1.00	+0.5	+0.8	+1.2	+1.5
1.00	1.75	+0.7	+1.0	+1.5	+2.0
1.75	2.50	+1.0	+1.3	+1.7	+2.5

4b) 钢带的厚度允许偏差					
公称厚度 (mm)	PT、JY、JG		SC、CS		
	普通精度(P)		普通精度(P)		较高精度(J)
	公称宽度(mm)				
	≤250	>250~<700	≤250	>250~<700	≤250	>250~<700
	厚度允许偏差(mm)				
≤0.40	±0.05	±0.06	±0.03	±0.04	±0.02	±0.03
0.50、0.60	±0.06	±0.07	±0.04	±0.05	±0.03	±0.04
0.70、0.80	±0.07	±0.08	±0.05	±0.06	±0.04	±0.05
0.90	±0.08	±0.09	±0.06	±0.07	±0.05	±0.06
1.00	±0.08	±0.09	±0.06	±0.07	±0.05	±0.07
1.20	±0.09	±0.10	±0.07	±0.08	±0.06	±0.07
1.50	±0.11	±0.12	±0.09	±0.10	±0.07	±0.08
2.00	±0.13	±0.14	±0.11	±0.12	±0.08	±0.09
2.50	±0.15	±0.16	±0.13	±0.14	±0.10	±0.11

5) 钢带的力学性能						
加工性能	锌层		钢层			
	锌层符号	180°弯曲试验①	抗拉强度 σ_b (MPa)	屈服点 σ_s	伸长率 $\delta(\%)$	180°弯曲试验①
PT	001、90、100、120、180、200、275、350	$d=a$	—	—	—	$d=a$
	450、600	$d=2a$				
JY	001、90、100、120、180、200、275、350	$d=0$	270~500	—	—	$d=0$
SC、CS	001、100、200、275	$d=0$	270~380	—	≥30	—
JG②	001、90、100、120、180、200、275、300	$d=a$	≥370	≥240	≥18	—
	450、600	$d=2a$				

注：① d——弯心直径；a——试样厚度。

② 加工性能 JG 的抗拉强度仅供参考，其最小值可按双方协议
供应

6）钢带的杯突试验冲压深度（mm）③

公称厚度	加工性能		公称厚度	加工性能		公称厚度	加工性能	
	SC	CS		SC	CS		SC	CS
	冲压深度			冲压深度			冲压深度	
0.5	7.4	8.1	1.1	9.2	9.8	1.7	10.1	10.7
0.6	7.8	8.5	1.2	9.4	10.0	1.8	10.3	10.9
0.7	8.1	8.8	1.3	9.6	10.2	1.9	10.4	11.0
0.8	8.4	9.1	1.4	9.7	10.3	2.0	10.5	11.0
0.9	8.7	9.3	1.5	9.9	10.5			
1.0	9.0	9.6	1.6	10.0	10.6			

注：③ 根据需方要求，供应表中公称厚度的中间规格时，其杯突试
验冲压深度按相邻小尺寸的规定。

7）钢带的镀（锌、锌铁合金）层重量（g/m²）

镀层种类	锌							锌铁合金			
符　　号	001	100	200	275	350	450	600	001	90	120	180
三点试验平均值（双面）　≥	—	100	200	275	350	450	600	—	90	120	180
三点试验最低值　双面	—	85	170	235	300	385	510	—	76	102	153
单面	—	34	68	94	120	154	204	—	30	41	61

注：④ 001 号镀层重量小于 100g/m²，具体数值按供需双方协议。

⑤ 需方对镀层重量无具体要求时，除锌铁合金镀层按 120g/m²
供货外，锌镀层均按 275g/m² 供货。

⑥ 经供需双方协议，可供应差厚镀层钢带

(19) 连续电镀锌冷轧钢板和钢带(GB/T15675-1995)

1) 钢板和钢带的分类与符号

单面锌层厚度(μm)	1.4	2.8	4.2	5.6	7.0	8.4	9.8	11.2	12.6	14.0
代　　号	14	28	42	56	70	84	98	112	126	140

镀锌层分类	表　示　方　法
双面等厚镀	钢板上表面镀锌量/钢板下表面镀锌量　(如 28/28) 钢带外表面镀锌量/钢带内表面镀锌量　(如 42/42)
双面差厚镀	钢板上表面镀锌量/钢板下表面镀锌量　(如 28/42) 钢带外表面镀锌量/钢带内表面镀锌量　(如 42/56)
单面镀	钢板上表面镀锌量/钢板下表面镀锌量　(如 42/0) 钢带外表面镀锌量/钢带内表面镀锌量　(如 56/0)

轧制精度分类	高级精度	普通精度	表面处理分类	磷酸盐处理	铬酸处理	涂油	耐指纹处理
代　　号	A	B	代　号	P	C	O	N

注：1. 按 GB/T15675-1995 规定，其尺寸允许偏差应符合 GB/T708、GB/T15391 的规定。根据这两个标准的规定，本标准的"高级精度"拟是"较高精度"之误(编者注)。

　　2. 耐指纹处理是指对电镀锌钢板和钢带进行表面特殊处理，以防止在触摸产品时，留下指纹及其他痕迹

2) 钢板和钢带的尺寸和重量

尺寸名称	钢板及钢带宽度(mm)	
	600～1500	<600
纵切钢带宽度	120～<600	≥20
钢卷内径	610	500
厚度与优先厚度	0.4～3.0；优先：0.4，0.5，0.6，0.7，0.8，0.9，1.00，1.10，1.20，1.50，1.75，2.00，2.50，3.00	
钢板长度	1000～6000	
重　量(t)	钢板捆重≤10，钢带卷重≤6	

注：3. 宽度<600mm 钢带钢卷内径，也可由供需双方另行商定

3) 宽度≥600mm 钢板和钢带的尺寸允许偏差

参见第 4.30 页"冷轧钢板和钢带(GB/T708)"的"3)钢板和钢带厚度允许偏差"、"4)钢板和钢带宽度允许偏差"、"5)纵切钢带宽度允许偏差"和"6)钢板长度允许偏差"的规定

4) 宽度＜600mm 钢带的尺寸允许偏差（mm）

厚　度	宽　度			
	＜250		≥250～＜600	
	厚　度　允　许　偏　差			
	P(A)	J(B)	P(A)	J(B)
0.40	±0.020	±0.015	±0.035	±0.025
＞0.40～0.70	±0.025	±0.020	±0.040	±0.030
＞0.70～1.00	±0.035	±0.025	±0.050	±0.035
＞1.00～1.50	±0.045	±0.035	±0.060	±0.045
＞1.50～2.50	±0.060	±0.045	±0.080	±0.060
＞2.50～3.00	±0.075	±0.060	±0.090	±0.070

厚　度	（切边钢带）宽度					
	≤125		＞125～250		＞250～＜600	
	厚　度　允　许　偏　差					
	P(A)	J(B)	P(A)	J(B)	P(A)	J(B)
≤0.50	+0.25	+0.15	+0.45	+0.25	+0.60	+0.40
＞0.50～1.00	+0.35	+0.25	+0.55	+0.35	+0.80	+0.60
＞1.00～3.00	+0.50	+0.40	+0.70	+0.50	+1.10	+1.00

轧制精度	（不切边钢带）宽度			
	≤125	＞125～＜250	250～＜400	400～＜600
	宽　度　允　许　偏　差			
P(A)	±1.50	±2.00	±2.50	±3.00
J(B)	±1.00	±1.50	±2.00	±2.50

注：3. 本表内容根据"GB/T15391 宽度＜600mm 冷轧钢带的尺寸、外形及允许偏差"的规定整理而成

5) 钢板和钢带的牌号与化学成分

牌　号	用途分类	碳	硅	锰	磷	硫	脱氧方式
		（%）≤					
DX1	商品级	0.12	—	0.50	0.035	0.035	—
DX2	冲压级	0.10	0.05	0.45	0.030	0.035	镇静或特殊镇静
DX3	深冲级	0.08	0.03	0.40	0.025	0.030	特殊镇静
DX4	结构级	0.24	—	0.70	0.035	0.035	—

5）钢板和钢带的牌号与化学成分 （续）

注：4. 牌号中的"DX"由"电、锌"二字的汉语拼音字母第一位组成。

　　5. 各牌号的残余元素铜、铬、镍的含量均分别≪0.15%。DX1的含氮量≪0.007%，DX3的酸溶铝(Al₁)含量为0.020%～0.070%。

　　6. DX2的脱氧方式，若用户未指明时，按镇静钢供应。

　　7. 钢板和钢带的牌号与化学成分，经供需双方商定，可由用户指定的牌号，但其力学性能应符合原板的相应标准的规定

6）钢板和钢带的力学性能

牌　　号	屈服强度	抗拉强度	厚度(mm)		冷弯试验
			≪1	≫1	(d—弯心直径 a—试样厚度)
	(MPa)		伸长率(%)≫		
DX1	—	270～410	26	28	d＝0
DX2	—	270～390	32	34	d＝0
DX3	—	270～370	36	38	d＝0
DX4	≫215	360～510	19	21	d＝0.5a

7）厚度≪2mm 钢板和钢带的杯突试验

牌　　号	各厚度的杯突值											
	0.4	0.5	0.6	0.7	0.8	1.0	1.2	1.4	1.6	1.8	2.0
DX2	7.8	8.4	8.9	9.2	9.7	10.1	10.6	11.0	11.3	11.6	11.8
DX3	8.5	9.1	9.5	9.9	10.3	10.5	10.7	11.1	11.4	11.6	11.8	12.0

8）钢板和钢带的镀锌层重量

镀层代号	镀锌层重量(g/m²)			镀层代号	镀锌层重量(g/m²)		
	标准重量(单面)	最小重量(单面)			标准重量(单面)	最小重量(单面)	
		等厚	差厚			等厚	差厚
14	10	8.5	8	84	60	51	48
28	20	17	16	98	70	59.5	56
42	30	25.5	24	112	80	68	64
56	40	34	32	126	90	76.5	72
70	50	42.5	40	140	100	85	80

注：8. 本产品(钢板、钢带)适用于汽车、电子、家电等行业；除耐指纹处理产品外，若未经进一步进行表面涂层，则不宜直接在露天使用

（20）冷轧电镀锡钢板（GB/T2520—2000）

1）镀锡钢板的尺寸(mm)

公称厚度	0.005mm 的倍数 一次冷轧镀锡板为 0.17～0.55 二次冷轧镀锡板为 0.14～0.29	公称宽度	≥500

卷板内径：420、450、508；外径或板卷重量（最小值）由供需双方商定

2）镀锡钢板的分类和表示方法

成品形状	镀锡板	镀锡卷板	钢基	超深冲耐时效用	高耐蚀性用	绝大多数食品包装及其他用
表示方法	P	C	表示方法	D	L	MR

钢级	表 示 方 法		
一次冷轧镀锡板	TH50＋SE TH57＋SE	TH52＋SE TH61＋SE	TH55＋SE TH65＋SE
二次冷轧镀锡板	T550＋SE T660＋SE	T580＋SE T690＋SE	

表面外观	光亮表面	石纹表面	银光表面	无光表面
表示方法	B	SE	S	M
特 征	用较高程度抛光的轧辊平整的钢板表面,镀锡层软熔或不软熔	工作轧辊抛光程度较低镀锡层软熔,表面呈现方向性条纹	用经过喷丸处理的工作轧辊平整的钢板表面,镀锡层软熔	用经过喷丸处理的工作轧辊平整的钢板表面,镀锡层不软熔

表面质量	Ⅰ级镀锡板	Ⅱ级镀锡板	钝化种类	阴极电化学钝化	化学钝化	低铬钝化
表示方法	Ⅰ	Ⅱ	表示方法	CE	CP	LCr

镀锡量	表 示 方 法	
双面等厚镀镀锡板	1.0/1.0、1.5/1.5、2.0/2.0、2.8/2.8、4.0/4.0、5.0/5.0、5.6/5.6、8.4/8.4、11.2/11.2	
双面差厚镀镀锡板	D5.6/2.8、D8.4/2.8、D8.4/5.6、D11.2/2.8、D11.2/5.6、D11.2/8.4	

退火方法/表示方法：箱式退火/BA，连续退火/CA

4.58

注：1. 一次冷轧是基板通过冷轧减薄到要求的厚度，随后进行退火平整，对表面类别通常按需方选定；二次冷轧是基板通过一次冷轧退火后再进行一次较大压下量的冷轧减薄。对表面外观按石纹面加工。

2. 钢板表面通常采用碱金属重铬酸盐的阴极电化学钝化处理。低铬钝化表面钝化膜含铬量的目标应控制在$<1.5 mg/m$。涂油后适用于食品罐头。通常用 DOS 油。

3. 镀锌量标记方法，差厚镀由供需双方协商规定。如订货时未作规定，则在厚镀层面用暗色平行直线标记，线距 75mm。根据需方指定，也可在薄层面标记。标记方法示例：

   D2.8/5.6：标记面为薄镀层(2.8)面，对钢板，标记面为上表面；卷板，标记面为外表面。

   D5.6/2.8：标记面为厚镀层(5.6)面，对钢板，标记面为上表面；卷板，标记面为内表面。

   2.8/5.6D：标记面为厚镀层(5.6)面，对钢板，标记面为下表面；卷板，标记面为内表面。

   5.6/2.8D：标记面为薄镀层(2.8)面，对钢板，标记面为下表面；卷板，标记面为内表面。

   也可选用表中的标记系统，代替以上标记方法：

代　号	D5.6/2.8	D8.4/2.8	D8.4/5.6
线距(mm)	12.5	25	25,12.5 交替
线宽(mm)	<1		

代　号	D8.4/11.2	D11.2/2.8	D11.2/5.6
线距(mm)	25,37.5 交替	37.5	37.5,12.5 交替
线宽(mm)	<1		

4. 钢的化学成分不作交货条件。如需方有要求，经双方协议，生产厂可提供化学成分。化学成分可参见 GB/T2520—2000 规定

3) 镀锡钢板的力学性能					
钢 板	①一次冷轧板的硬度(HR30Tm)平均值				
	公称值	平均值范围	公称值	平均值范围	公称值	平均值范围
TH50＋SE	53max	≤53	52max	≤52	51max	≤51
TH52＋SE	53		52		51	
TH55＋SE	56		55		54	
TH57＋SE	58	±4	57	±4	56	±4
TH61＋SE	62		61		60	
TH65＋SE	65		65		64	

钢 板	② 二次冷轧板的规定非比例伸长应力($\sigma_{p0.2}$)平均值	
	公称值(N/mm²)	平均值(N/mm²)
T550＋SE	550	480～620
T580＋SE	580	510～650
T620＋SE	620	550～690
T660＋SE	660	590～730
T690＋SE	690	620～760

注：5. 硬度(HR30Tm)表示允许试样背面有压痕，HR30Tm 可与 HR15T 换算。
　　6. 伸长率日常检验可用回弹试验法代替。
　　7. HR30Tm 换算和回弹试验法，可参见 GB/T2520—2000 规定

4) 镀锡钢板的镀锡量及允许偏差（单面 g/m²）					
代 号	1.0/1.0	1.5/1.5	2.0/2.0	2.8/2.8	4.0/4.0
公称镀锡量	1.0/1.0	1.5/1.5	2.0/2.0	2.8/2.8	4.0/4.0
代 号	5.0/5.0	5.6/5.6	8.4/8.4	11.2/11.2	D5.6/2.8
公称镀锡量	5.0/5.0	5.6/5.6	8.4/8.4	11.2/11.2	5.6/2.8
代 号	D8.4/2.8	D8.4/5.6	D11.2/8.4	D11.2/5.6	D11.2/8.4
公称镀锡量	8.4/2.8	8.4/5.6	11.2/8.4	11.2/5.6	11.2/8.4

镀锡量（m）范围 （单面 g/m²）	试样平均镀锡量对镀锡量 的允许偏差（单面 g/m²）
1.0≤m<1.5	-0.25
1.5≤m<2.8	-0.30
2.8≤m<4.1	-0.35
4.1≤m<7.6	-0.50
7.6≤m<10.1	-0.65
m≥10.1	-0.90
注:8. 根据供需双方协议,可供应其他类别的镀锡量	

(21) 彩色涂层钢板和钢带（GB/T12754-2006）

1) 术语和定义

彩涂板——为彩色涂层钢板和钢带的简称,指在经过表面预处理后的基板上连续涂覆有机涂料(正面至少二层),然后进行烘烤固化而成的产品。

基板——用于涂覆涂料的钢带。

正面——通常指彩涂板的两个表面中的颜色、涂层性能、表面质量等较高要求的一个表面。

反面——彩涂板相对于正面的另一个表面。

建筑外用——受外部大气环境影响的用途。

建筑内用——受内部气氛影响的用途。

硬度——涂层抵抗擦划伤、摩擦、碰撞、压入等机械作用的能力。

柔韧性——涂层与基板共同变形而不发生破坏的能力。

附着力——涂层间或涂层与基板间结合的牢固程度。

使用寿命——从生产结束时开始,到原始涂层性能的下降,到必须对其进行大修才能维持其对基板的保护作用时的间隔时间。

耐久性——涂层达到规定使用寿命的能力。

老化——涂层在使用环境的影响下性能逐渐发生变化的现象

2) 彩涂板的牌号表示方法

彩涂板的牌号由彩涂代号、基板特性代号和基板类型代号三个部分组成。其中基板特性代号和基板类型代号之间用加号（＋）连接。

彩涂板的牌号表示方法如下:

1	2	3	4	5	＋	6

说明：

1——彩涂代号，用涂字汉语拼音字母的第一个字母"T"表示。

2、3、4、5——基板特性代号，其中：

2——冷成形用钢用字母"D"表示。结构钢用字母"S"表示；

3——冷成形用钢，轧制条件为冷轧用字母"C"表示；结构钢用3位数字(250、280、300、320、350、550)表示钢板规定的最小屈服强度（单位为 MPa）；

4——冷成形用钢用数字表示序号；电镀基板有 3 组数字(01、03、04)，热镀基板有 4 组数字(51、52、53、54)结构钢用字母"G"表示热处理；

5——冷成形用钢的热镀基板和结构钢用字母"D"表示热镀；电镀基板无代号。

6——基板类型代号：字母"Z"表示热镀锌基板，"ZF"表示热镀锌铁合金基板，"AZ"表示热镀铝锌合金基板，"ZA"表示热镀锌铝合金基板，"ZE"表示电镀锌基板。

牌号标记示例：

TDC51D＋Z 表示冷轧，1组热镀锌基板的冷成形彩涂板。

TS280GD＋ZF 表示热处理，最小屈服强度为 280MPa，热镀锌铁合金基板的结构用彩涂板。

TDC03＋ZE 表示冷轧，结构用 2 组电镀锌的冷成形彩涂板

3) 彩涂板的分类和代号

用途	建筑外用	建筑内用	家电	其他	涂层表面状态	彩涂板	压花板	印花板
代号	JW	JN	JD	QT	代号	TC	YA	YI

面漆种类	聚酯	硅改性聚酯	高耐久性聚酯	聚偏氟乙烯
代 号	PE	SMP	HDP	PVDF

4.62

3）彩涂板的分类和代号					
涂层结构	正面二层反面一层	正面二层反面二层	热镀锌基板表面结构	光整小锌花	光整无锌花
代号	2/1	2/2	代号	MS	FS

注：1. 如需表中以外的用途、基板类型、涂层表面状态、面漆种类、涂层结构和热镀锌基板表面结构的彩涂板,应在订货时协商

4）彩涂板的牌号和用途		
序号	热镀锌基板牌号	热镀锌铁合金基板牌号	热镀铝锌合金基板牌号

序号	热镀锌基板牌号	热镀锌铁合金基板牌号	热镀铝锌合金基板牌号
1	TDC51D＋Z	TDC51D＋ZF	TDC51D＋AZ
2	TDC52D＋Z	TDC52D＋ZF	TDC52D＋AZ
3	TDC53D＋Z	TDC53D＋ZF	TDC53D＋AZ
4	TDC54D＋Z	TDC54D＋ZF	TDC54D＋AZ
5	TS250GD＋Z	TS250GD＋ZF	TS250GD＋AZ
6	TS280GD＋Z	TS280GD＋ZF	TS280GD＋AZ
7	—	—	TS300GD＋AZ
8	TS320GD＋Z	TS320GD＋ZF	TS320GD＋AZ
9	TS350GD＋Z	TS350GD＋ZF	TS350GD＋AZ
10	TS550GD＋Z	TS550GD＋ZF	TS550GD＋AZ

序号	热镀锌铝合金基板牌号	电镀锌基板牌号	各种彩涂板用途
11	TDC51D＋ZA	TDC01＋ZE	序号 1、11 为一般用,
12	TDC52D＋ZA	TDC03＋ZE	序号 2、12 为冲压用,
13	TDC53D＋ZA	TDC04＋ZE	序号 3、13 为深冲压
14	TDC54D＋ZA	—	用,其余序号均为结构
15	TS250GD＋ZA		用
16	TS280GD＋ZA		
17	TS300GD＋ZA		
18	TS320GD＋ZA		
19	TS350GD＋ZA		
20	TS550GD＋ZA		

5）彩涂板的尺寸、精度等级和重量

① 尺寸(mm)：公称厚度 0.20～2.0；公称宽度 600～1600；钢板公称长度 1000～6000；钢卷内径 450、508 或 610。

② 尺寸、不平度的精度和代号：厚度分普通精度(PT. A)和高级精度(PT. B)；宽度分普通精度(PW. A)和高级精度(PW. B)；长度分普通精度(PL. A)和高级精度(PL. B)；不平度分普通精度(PP. A)和高级精度(PP. B)。

③ 重量：彩涂板按实际重量交货

6a）热镀基板的力学性能

序号	牌　　　号	屈服强度	抗拉强度	断后伸长率（%）≥	
		（MPa）≥		公称厚度	
				≤0.70	>0.70
1	TDC51D+Z(ZF、AZ、ZA)		275～500	20	22
2	TDC52D+Z(ZF、AZ、ZA)	140～300	270～420	24	26
3	TDC53D+Z(ZF、AZ、ZA)	140～260	270～380	28	30
4	TDC54D+Z(AZ、ZA)	140～220	270～350	34	36
	TDC54DZ(ZF)	140～220	270～350	32	34
5	TS250GD+Z(ZF、AZ、ZA)	250	330	17	19
6	TS280GD+Z(ZF、AZ、ZA)	280	360	16	18
7	TS300GD+AZ	300	380	16	18
8	TS320GD+Z(ZF、AZ、ZA)	320	390	15	17
9	TS350GD+Z(ZF、AZ、ZA)	350	420	14	16
10	TS550GD+Z(ZF、AZ、ZA)	550	560	—	—

注：2. 拉伸试验试样的方向为横向（垂直轧制方向）。
　　3. 断后伸长率试样尺寸 $L_0=80$mm，$b=20$mm。
　　4. 括号内的牌号：ZF 为 TDC51D+ZF 的缩写，AZ 为 TDC51D+AZ 的缩写，ZA 为 TDC51D+ZA 的缩写，其余类推

6b）电镀锌基板的力学性能

序号	牌　号	屈服强度（MPa）	抗拉强度（MPa）≥	断后伸长率（%）≥		
				公称厚度（mm）		
				≤0.50	>0.5～0.70	>0.70
11	TDC01+ZE	140～280		24	26	28
12	TDC03+ZE	140～240	270	30	32	34
13	TDC04+ZE	140～220		33	35	37

7）彩涂板的镀层重量			
基 板 类 型	使用环境的腐蚀性		
	低	中	高
	公称镀层重量（g/m²）		
热镀锌	40/40	125/125	140/140
热镀锌铁合金	60/60	75/75	90/90
热镀铝锌合金	50/50	60/60	75/75
热镀锌铝合金	65/65	90/90	110/110
电镀锌	40/40	60/60	—

注：5. 除电镀锌基板外，其余类型应进行光整处理，其中热镀锌基
　　　板的表面结构为小锌花或无锌花。
　　6. 使用环境腐蚀性很低或很高时，镀层重量由供需双方订货
　　　时协商。
　　7. 镀层重量每面三个试样平均值应不小于相应公称镀层重量
　　　的85％

8）彩涂板的正面涂层性能

　① 涂料种类：面漆种类见第4.62页，如需其他种类的面漆应在
订货时协商。底漆由供方确定，需方如有要求，应在订货时协商。
　② 涂层厚度：漆层厚度为初漆层和精漆层厚度之和，漆层厚度应≥
20μm，如＜20μm在订货时协商。漆层厚度为三个试样的平均值，
单个试样不小于规定值的90％。
　③ 涂层色差：通常由供方确定，需方如有要求，应在订货时协商。
　④ 涂层光泽：

级别（代号）	低（A）	中（B）	高（C）
光泽度	≤40	＞40～70	＞70

注：8. 涂层光泽度使用60°镜面光泽。
　　9. 光泽度三个试样平均值应符合表中规定。每批产品光泽度差
　　　值应≤10个光泽单位。

　⑤ 涂层硬度：

面漆种类	聚酯	硅改性聚酯	高耐久性聚酯	聚偏氟乙烯
铅笔硬度		F		HB

8）彩涂板的正面涂层性能

注：10. 涂层硬度通常用铅笔硬度试验，如需使用耐摩擦、耐划伤作进一步评价和对铅笔硬度有特殊要求时，应在订货时协商。

⑥ 涂层耐久性/附着力：

弯曲试验	级别（代号）	低（A）	中（B）	高（C）
	T 弯值≤	5T	3T	1T
反向冲击试验	级别（代号）	低（A）	中（B）	高（C）
	冲击功（J）≥	6	9	12

注：11. 弯曲试验中"T 弯值"栏中"T"表示钢板厚度，"T"前数字表示弯曲处所夹钢板的层数。

12. 弯曲试验和反向冲击试验均取三个试样的平均值应符合表中规定。

13. 弯曲试验的彩涂板厚度≤0.80mm 或规定最小屈服强度≥550MPa 时对 T 弯值不作要求，T 弯值通常按最低级别供货，需中高级别时应在合同中注明。

14. 反向冲击试验的彩涂板厚度＜0.4mm 或最小屈服强度≥550MPa，对反向冲击不作要求时，应在订货时协商。

⑦ 涂层耐久性：

耐中性盐雾试验				
面漆种类	聚酯	硅改性聚酯	高耐久性聚酯	聚偏氟乙烯
耐中性盐雾试验时间(h)≥	480	600	720	960

紫外灯加速老化试验				
面漆种类		聚酯	硅改性聚酯	高耐久性聚酯	聚偏氟乙烯
DVA 340	试验时间(h)≥	600	720	960	1800
DVA 313		400	480	600	1000

8）彩涂板的正面涂层性能

注：15. 耐中性盐雾试验和紫外灯加速老化试验均按"GB/T13448"的试验方法以及根据表中规定的时间内进行试验，并按"GB/T1766"进行评价。具体内容可查阅"GB/T12754－2006"规定。
　　16. 供方如能保证，可不做耐中性盐雾试验和紫外灯加速老化试验。

⑧ 其他性能：如对耐有机涂料、耐酸碱、耐污染、耐沸水和耐干热等性能有要求时，应在订货时协商。

9）彩涂板的反面涂层性能

① 涂层厚度：涂层为一层时，其厚度差≥5μm，涂层为二层时，厚度差≥12μm，如＜12μm应在订货时协商。

② 其他性能：涂料种类、涂层色差、涂层光泽、涂层硬度、涂层柔韧性/附着力、涂层耐久性等性能，通常由供方确定，需方如有要求应在订货时协商。

10）彩涂板的表面质量

① 钢板表面不应有气泡、缩孔、漏涂等对使用有害的缺陷，对于钢卷，由于没有机会切除缺陷部分，因此钢卷允许带缺陷交货，但有缺陷部分，应不超过每卷总长的5%。

② 彩涂板在使用过程中，如对发生老化、出现失光、变色、粉化、起泡、开裂、裂落和生锈等缺陷有要求时，应在订货时协商

11）印花板和压花板

① 印花板涂层性能，由供需双方在订货时协商，其他技术要求应符合"GB/T12754"中规定。

② 压花板的技术要求，供需方在订货时协商，供方应在印花前的彩涂板符合"GB/T12754"中规定

12）彩涂板的使用寿命和耐久性

使用寿命/使用寿命等级	耐久性/耐久性等级	使用年限（年）
短/L1	低/D1	≤5
中/L2	中/D2	＞5～10
较长/L3	较高/D3	＞10～15
长/L4	高/D4	＞15～20
很长/L5	很高/D5	＞20

(22) 日用搪瓷用冷轧薄钢板和钢带

（GB/T13790—1992）

1) 钢板和钢带的公称尺寸(mm)

厚度：0.30～2.00；宽度：600～1850

长度：钢板，1500～4000；钢带卷内径 450 或 610

2) 钢板和钢带的化学成分(%)

牌号	碳≤	锰≤	硅≤	磷≤	硫≤	铝	备 注
RT1	0.008	0.05	0.03	0.040	0.040	0.02～0.07	镇静钢、外沸内镇钢
RT2	0.07	0.35	0.03	0.030	0.030	0.02～0.07	镇静钢、外沸内镇钢
RT3	0.08	0.40	0.03	0.035	0.035	—	镇静钢、外沸内镇钢
RT4	0.08	0.40	0.03	0.035	0.035	—	沸腾钢

3) 钢板和钢带的力学性能

牌号	屈服点 σ_s	抗拉强度 σ_b	厚　　　度　(mm)				
			<0.40	0.40～<0.60	0.60～<1.00	1.00～<1.60	1.60～2.00
	(MPa)		伸长率 δ_5 (%)≥				
RT1	—	255～385	36	36	36	36	36
RT2	≤210	255～385	36	38	40	41	42
RT3	—	275～380	32	34	36	37	38
RT4	—	275～380	32	34	36	37	38

4) 钢板和钢带的杯突试验(mm)

公称厚度	冲压深度 RT1 RT3 RT4	RT2	公称厚度	冲压深度 RT1 RT3 RT4	RT2	公称厚度	冲压深度 RT1 RT3 RT4	RT2
0.50	8.80	9.00	0.9	9.60	10.60	1.50	10.50	11.50
0.60	9.00	10.00	1.00	9.80	10.80	1.60	10.60	11.60
0.70	9.20	10.20	1.20	10.10	11.10	1.80	10.80	11.80
0.80	9.40	10.40	1.40	10.40	11.40	2.00	11.10	12.10

5) 钢板和钢带的尺寸允许偏差

尺寸允许偏差：参见第 4.29 页"厚度≤4mm 冷轧钢板和钢带"（GB/T708）中的规定

注：1. 可供应钢板宽度为 120～<600mm 的纵切钢带。
　　2. 牌号中的"RT"是由"日搪"二字汉语拼音第一个字母组成。

3. 化学成分中铝是指酸溶铝（Al$_s$），根据需方要求，供方可提供酸溶铝含量≤0.03%的RT3钢。表中牌号RT1钢是指成品分析。钢中残余元素的含量应≤0.15%。氧气转炉冶炼的钢，其含氮量应≤0.008%。
4. 力学性能中试样标距 $L_0=50$mm，标距宽度 $b_0=25$mm。
5. 杯突试验中厚度 0.5～2.0mm 的钢板和钢带应在交货状态下进行。三个测量点的平均冲压深度应不小于表中规定的中间厚度，其杯突试验值按表中相邻规定值以内插法求得，修约至小数点下一位。

（23）热轧花纹钢板和钢带

菱形

扁豆形

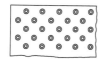

圆豆形

组合形

1) 钢板（带）的分类和代号
① 按边缘状态分：切边（EC），不切边（EM）。 ② 按花纹形状分：菱形（CX），扁豆形（BD），圆豆形（YD），组合形（ZH）

2) 钢板（带）的尺寸、厚度允许偏差和纹高（mm）					
基板厚度	宽　　度	长　　　　　度			
2.0～10.0	600～1500	钢板：2000～12000；钢带：未规定			
基本厚度	2.0、2.5	3.0、3.5	4.0、4.5	5.0、5.5	6.0、7.0	8.0、10.0
允许偏差	±0.25	±0.30	±0.40	+0.40 -0.50	+0.40 -0.50	+0.50 -0.70

2）钢板（带）的尺寸、厚度允许偏差和纹高（mm）（续）					
基本厚度	2.0	2.5	3.0	3.5	4.0	4.5
纹高≥	0.4	0.4	0.5	0.5	0.6	0.6
基本厚度	5.0	5.5	6.0	7.0	8.0	10.0
纹高≥	0.6	0.7	0.7	0.7	0.9	1.0

注：1. 本节内容摘自 GB/T3277-200×《热轧花板钢板和钢带》新标
准报批稿，供参考。
2. 钢板（带）公称厚度的中间尺寸的允许偏差按相邻的较大允许
偏差规定，中间尺寸的纹高按相邻较小允许偏差规定。
3. 经供需双方协议，可供应规定尺寸以外的钢板。
4. 钢板（带）通常以不切边状态供应。根据需方要求，并在合同
中注明，也可以切边状态交货。

3）钢板（带）的化学成分和交货状态

① 钢的牌号和化学成分（熔炼分析），应符合 GB/T700（碳素结构
钢），GB712（船体用结构钢）或 GB/T4171（高耐候性结构钢）的规定。
经供需双方协议，也可用其他牌号的钢板（带）。
② 钢板（带）以热轧状态交货，如需方要求，并在合同中注明，可对
钢板（带）进行拉伸、弯曲试验。性能指标应符合 GB/T700、GB712 或
GB/T4171 的规定或按双方协议

4）钢板（带）的理论重量（参考）

基板厚度（mm）	理论重量（kg/m²）				基板厚度（mm）	理论重量（kg/m²）			
	菱形	圆豆形	扁豆形	组合形		菱形	圆豆形	扁豆形	组合形
2.0	17.7	16.1	16.8	16.5	5.0	42.2	39.8	40.1	40.3
2.5	21.6	20.4	20.7	20.4	5.5	46.6	43.8	44.9	44.4
3.0	25.9	24.0	24.8	24.5	6.0	50.5	47.7	48.8	48.4
3.5	29.9	27.9	28.8	28.4	7.0	58.4	55.6	56.7	56.2
4.0	34.4	31.9	32.8	32.4	8.0	67.1	63.6	64.9	64.4
4.5	38.3	35.9	36.7	36.4	10.0	83.2	79.3	80.8	80.27

注：5. 钢板（带）以实际重量交货。根据需方要求，也可按表中理论
重量交货

(24) 冷轧晶粒取向、无取向磁性钢带(片)

(GB/T2521－1996)

(a) 取向钢带(片)磁特性和工艺特性

牌 号	公称厚度(mm)	50Hz 最大铁损 $P_{1.7}$ (W/kg)	50Hz 最小磁感 B_{800} (T)	弯曲次数 ≥	叠装系数 (%)≥	理论密度 ($\frac{kg}{dm^3}$)
27QG100		1.00	1.85			
27QG110		1.10	1.85			
27QG120	0.27	1.20	1.78	1	95	7.65
27QG130		1.30	1.78			
27QG140		1.40	1.75			
30QG110		1.10	1.85			
30QG120		1.20	1.85			
30QG130	0.30	1.30	1.85	1	95.5	7.65
30Q130		1.30	1.78			
30Q140		1.40	1.78			
30Q150		1.50	1.75			
35QG125		1.25	1.85			
35QG135		1.35	1.85			
35Q135	0.35	1.35	1.78	1	96	7.65
35Q145		1.45	1.78			
35Q155		1.55	1.78			
35Q165		1.65	1.76			

注: 1. 磁性钢带(片)分取向和无取向两大类。每类又按最大铁损和材料的公称厚度分成不同牌号。

2. 磁性钢带(片)的牌号由四个部分组成。在起第一部分为数字,用钢带(片)的公称厚度值的 100 倍表示;第二部分为字母,用 Q 表示取向、用 W 表示无取向磁性钢带(片);第三部分为字母 G,表示取向钢中的高磁感材料;第四部分为数字,用铁损值的 100 倍表示。

3. $P_{1.7}$ 和 $P_{1.5}$ 分别表示取向钢和无取向钢在磁感为 1.7 和 1.5T[特(斯拉)],频率为 50Hz 时,规定的最大铁损值(单位为 W/kg);B_{800} 和 B_{5000} 分别表示取向钢和无取向钢在 800 和 5000A/m 交变磁场(峰值)频率为 50Hz 时,规定的最小磁感值(峰值)。

4. 弯曲次数是用肉眼观察到的基体金属上第一次出现裂纹前反复弯曲次数。取向钢带(片)为纵向试样弯曲次数,无取向钢带(片)为横向试样弯曲次数。

5. 理论密度值是测量钢带(片)的磁性和叠装系数的参数。

6. 各牌号钢带(片)均应涂敷绝缘涂层,绝缘涂层应能耐绝缘漆、变压器油、机器油等的侵蚀,附着性良好。

7. 取向钢的绝缘涂层应能经受住消除应力退火,消除应力退火前后所测钢板的绝缘涂层电阻最小值尽可能符合供需双方所订协议。

(b) 无取向钢带(片)磁特性和工艺特性

| 牌　　号 | 公称厚度(mm) | 50Hz | | 弯曲次数≥ | 叠装系数(%)≥ | 理论密度($\frac{kg}{dm^3}$) |
		最大铁损$P_{1.5}$(W/kg)	最小磁感B_{5000}(T)			
35W230		2.30	1.60	2		7.60
35W250		2.50	1.60	2		7.60
35W270		2.70	1.60	3		7.65
35W300		3.00	1.60	3		7.65
35W330	0.35	3.30	1.60	3	95	7.65
35W360		3.60	1.61	5		7.65
35W400		4.00	1.62	5		7.65
35W440		4.40	1.64	5		7.70
50W230		2.30	1.60	2		7.60
50W250		2.50	1.60	2		7.60
50W270		2.70	1.60	2		7.60
50W290		2.90	1.60	2		7.60
50W310		3.10	1.60	5		7.65
50W330		3.30	1.60	5		7.65
50W350	0.50	3.50	1.60	5	97	7.65
50W400		4.00	1.61	5		7.65
50W470		4.70	1.62	10		7.70
50W540		5.40	1.65	10		7.70
50W600		6.00	1.65	10		7.75
50W700		7.00	1.68	10		7.80

4.72

牌　号	公称厚度（mm）	50Hz 最大铁损 $P_{1.5}$（W/kg）	50Hz 最小磁感 B_{5000}（T）	弯曲次数 ≥	叠装系数（%）≥	理论密度 $\left(\dfrac{kg}{dm^3}\right)$
50W800		8.00	1.68	10		7.80
50W1000	0.50	10.00	1.69	10	97	7.85
50W1300		13.00	1.69	10		7.85
65W600		6.00	1.64	10		7.75
65W700		7.00	1.65	10		7.75
65W800		8.00	1.68	10		7.80
65W1000	0.65	10.00	1.68	10	97	7.80
65W1300		13.00	1.69	10		7.85
65W1600		16.00	1.69	10		7.85

(c) 无取向钢带(片)的力学性能

牌　号	抗拉强度 σ_b（MPa） ≥	伸长率（%） ≥	牌　号	抗拉强度 σ_b（MPa） ≥	伸长率（%） ≥
35W230	450	10	50W350	420	11
35W250	440	10	50W400	400	14
35W270	430	11	50W470	380	16
35W300	420	11	50W540	360	16
35W330	410	14	50W600	340	21
35W360	400	14	50W700	320	22
35W400	390	16	50W800	300	22
35W440	380	16	50W1000	290	22
50W230	450	10	65W600	340	22
50W250	450	10	65W700	320	22
50W270	450	10	65W800	300	22
50W290	440	10	65W1000	290	22
50W310	430	11	65W1300	290	22
50W330	425	11	65W1600	290	22

注：1. 根据需方要求，经供需双方协议，无取向钢带(片)的力学性能应符合表中规定。

2. 钢带(片)厚度小于 0.50mm 时，伸长率为 δ_{50}（定标距试样长度为 50mm）；钢带(片)厚度大于等于 50mm 时，伸长率为 δ_5。

(d) 钢带(片)的尺寸允许偏差

公称宽度 （mm）	厚　度（mm）			宽　度	长　度
	公称	允许偏差	横向厚度差	允许偏差（mm）	
取向钢带(片)的尺寸允许偏差					
≤150 >150～400 >400～750 >750	0.27 0.30 0.35	+0.03	≤0.02 ≤0.02 ≤0.03 ≤0.03	+0.2 +0.3 +0.5 +0.6	+10
无取向钢带(片)的尺寸允许偏差					
≤150	0.35 0.50 0.65	±0.04 ±0.04 ±0.05	≤0.02 ≤0.03 ≤0.03	+0.3	+10
>150～500	0.35 0.50 0.65	±0.04 ±0.04 ±0.05	≤0.02 ≤0.03 ≤0.03	+0.5	+10
>500～1000	0.35 0.50 0.65	±0.04 ±0.04 ±0.05	≤0.02 ≤0.03 ≤0.04	+1.50	+10
>1000	0.35 0.50 0.65	±0.04 ±0.04 ±0.05	≤0.03 ≤0.03 ≤0.04	+1.50	+10

注：1. 钢带测量厚度，须离边部不小于15mm处进行。
2. 钢带应剪边交货，根据用户要求，经供需双方协议，无取向钢带亦可不剪边交货。
3. 长度是指钢带剪切成的钢片长度，一般为2000mm，经供需双方协议，也可是宽度的倍数。
4. 钢片的不平度，取向钢不大于1.5%，无取向钢不大于20%。
5. 钢带的镰刀弯，每2000mm不大于1.0mm。
6. 钢带以箱供货，钢带以卷供货。箱卷重量应符合订货协议，协议中无特殊要求时，箱卷重不大于3t，钢卷内径为(510±20)mm。
7. 每卷钢带原则上由一条钢带组成，个别卷允许由同一牌号、同一尺寸的2条以上钢带卷成一卷，每条长不小于200mm，中间接头采用对接，且要有明显标志。

(25) 包装用钢带（YB/T025－2002）

1) 钢带的分类、符号及力学性能

制造精度	厚　　度		镰　刀　弯	
	普通精度	较高精度	普通精度	较高精度
符　号	PT. A	PT. B	PS. A	PS. B
表面状态	发　蓝		涂　漆		镀　锌
符　号	SBL		SPA		SZE

力学性能	Ⅰ组	Ⅱ组	Ⅲ组	Ⅳ组	Ⅴ组	Ⅵ组	Ⅶ组
	低强度		中强度		高强度		
抗拉强度 σ_b(MPa)≥	590	685	735	785	880	930	980
伸长率 δ_5（%）≥	5	5	5	6	8	8	12
反复弯曲次数（$R=5mm$）≥	4	4	4	6	8	8	10

2) 钢带的尺寸及允许偏差（mm）

宽度	8	9.5(10)	12.7(13)	16	19	25	31.75(32)	40	51
厚度 自	0.25	0.25	0.25	0.30	0.40	0.60	0.80	1.00	1.00
范围 至	0.36	0.50	0.56	0.60	1.20	1.20	1.50	1.60	1.60

厚度系列	≤0.40	>0.40～0.70	>0.70～1.00	>1.00～1.30	1.30
长度（m）	≥400	≥250	≥200	≥150	≥100

厚　　度		≤0.40	>0.40～0.70	>0.70～1.30	>1.30
精度	PT. A 厚度允	±0.020	±0.025	±0.035	±0.040
	PT. B 许偏差	±0.015	±0.020	±0.025	±0.035
宽度允许偏差		宽度≤31.75 为±0.10；宽度>31.75 为±0.13			

3) 钢带的重量及允许偏差（mm）

宽度（mm）	8	9.5	12.7	16	19	25	31.75	40	51
每卷重量	15	17	25	30	35	45	55	70	90
允许偏差	±2	±2	±3	±3	±4	±4	±5	±7	±8

注: 1. 钢带厚度不包括涂层、镀锌层厚度。钢带宽度优先采用不带括号。
　　2. 根据需方要求，可按上述公差带厚度或宽度为负偏差钢带供应。
　　3. 短钢带厚度>0.5mm 的允许有一个接头，厚度<0.5mm 的允许有 2 个接头。短钢带应单独交货。
　　4. 钢带采用碳结钢、低锰钢和低合金制造。钢带的牌号和化学成分应符合 GB/T700、1591 中的规定。

3. 钢 管

(1) 无缝钢管(GB/T17395-1998)

1) 无缝钢管品种			
① 普通钢管品种(mm)			
外径系列	壁　　厚	外径系列	壁　　厚
6②	0.25～2.0	48(48.3)①	1.0～12(12.5)
7②	0.25～2.5(2.6)	51②	1.0～12(12.5)
8②	0.25～2.5(2.6)	54③	1.0～12(14.2)
9②	0.25～2.8	57②	1.0～12(14.2)
10(10.2)①	0.25～3.5(3.6)	60(60.3)①	1.0～16
11②	0.25～3.5(3.6)	63(63.5)②	1.0～16
12②	0.25～4.0	65②	1.0～16
(12.7)13②	0.25～4.0	68②	1.0～16
13.5①	0.25～4.0	70②	1.0～17(17.5)
14③	0.25～4.0	73③	1.0～19
16②	0.25～5.0	76(76.1)①	1.0～20
17(17.2)①	0.25～5.0	77②	1.4～20
18③	0.25～5.0	80②	1.4～20
19②	0.25～6.0	(82.5)83③	1.4～22(22.2)
20②	0.25～6.0	85②	1.4～22(22.2)
21(21.8)①	0.40～6.0	(88.9)89②	1.4～24
22③	0.40～6.0	95②	1.4～24
25②	0.40～7.0(7.1)	(101.6)102②	1.4～28
25.4③	0.40～7.0(7.1)	108③	1.4～30
(26.9)27①	0.40～7.0(7.1)	114(114.3)①	1.5～30
28②	0.40～7.0(7.1)	121②	1.5～32
30②	0.40～8.0	127②	1.8～32
(31.8)32②	0.40～8.0	133②	2.5(2.6)～36
(33.7)34①	0.40～8.0	(139.7)140①	(2.9)3.0～36
35③	0.40～8.8(9.0)	(141.3)142③	(2.9)3.0～36
38②	0.40～10	146②	(2.9)3.0～40
40②	0.40～10	152(152.4)②	(2.9)3.0～40
42(42.4)①	1.0～10	159③	3.5(3.6)～45
(44.5)45③	1.0～12(12.5)		

① 普通钢管品种(mm)			
外径系列	壁　厚	外径系列	壁　厚
168(168.3)①	3.5(3.6)~45	406(406.4)①	(8.8)9.0~65
(177.8)180③	3.5(3.6)~50	426②	(8.8)9.0~65
(193.7)194③	3.5(3.6)~50	450②	(8.8)9.0~65
203	3.5(3.6)~55	457②	(8.8)9.0~65
219(219.1)①	6.0~55	480②	(8.8)9.0~65
(244.5)245③	6.0~65	500②	(8.8)9.0~65
273①	6.3(6.5)~65	508①	(8.8)9.0~65
299②	7.5~65	530②	(8.8)9.0~65
(323.9)325①	7.5~65	(559)560③	(8.8)9.0~65
(339.7)340②	8.0~65	610①	(8.8)9.0~65
351②	8.0~65	630	(8.8)9.0~65
(355.6)356①	(8.8)9.0~65	660	(8.8)9.0~65
377	(8.8)9.0~65		
402	(8.8)9.0~65		

壁厚系列	0.25、0.30、0.40、0.50、0.60、0.80、1.0、1.2、1.4、1.5、1.6、1.8、2.0、2.2(2.3)、2.5(2.6)、2.8、2.9(3.0)、3.2、3.5(3.6)、4.0、4.5、5.0、5.4(5.5)、6.0、6.3(6.5)、7.0(7.1)、7.5、8.0、8.5、(8.8)9.0、9.5、10、11、12(12.5)、13、14(14.3)、15、16、17(17.5)、18、19、20、22(22.2)、24、25、26、28、30、32、34、36、38、40、42、45、48、50、55、60、65

② 精密钢管品种(mm)					
外径系列	壁　厚	外径系列	壁　厚	外径系列	壁　厚
4②	0.5~(1.2)	14③	0.5~(3.5)	30③	0.5~8.0
5②	0.5~(1.2)	16②	0.5~4.0	32③	0.5~8.0
6②	0.5~2.0	18②	0.5~(4.5)	35③	0.5~8.0
8②	0.5~2.5	20②	0.5~5.0	38②	0.5~10
10②	0.5~2.5	22②	0.5~5.0	40②	0.5~10
12②	0.5~3.0	25②	0.5~6.0	42②	(0.8)~10
12.7②	0.5~3.0	28③	0.5~8.0	45③	(0.8)~12.5

② 精密钢管品种（mm）					
外径系列	壁 厚	外径系列	壁 厚	外径系列	壁 厚
48②	1.0～12.5	90③	(1.2)～(22)	170③	(3.5)～25
50②	(0.8)～12.5	100②	(1.2)～25	180③	5～25
55②	(0.8)～(14)	110③	(1.2)～25	190②	(5.5)～25
60②	(0.8)～16	120②	(1.8)～25	200②	6～25
63②	(0.8)～16	130②	(1.8)～25	220③	(7)～25
70②	(0.8)～16	140②	(1.8)～25	240②	(7)～25
76②	(0.8)～16	150②	(1.8)～25	260③	(7)～25
80②	(0.8)～18	160②	(1.8)～25		
壁厚系列	0.5、(0.8)、1.0、(1.2)、1.5、(1.8)、2.0、(2.2)、2.5、(2.8)、3.0、(3.5)、4、(4.5)、5、(5.5)、6、(7)、8、(9.0)、10、(11)、12.5、(14)、16、18、20、(22)、25				

③ 不锈钢管品种（mm）			
外径系列	壁 厚	外径系列	壁 厚
6②	1.0～1.2	25②	1.0～6.0
7②	1.0～1.2	25.4③	1.0～6.0
8②	1.0～1.2	(26.9)27①	1.0～6.0
9②	1.0～1.2	30①	1.0～(6.3)6.5
10(10.2)①	1.0～2.0	(31.8)32②	1.0～(6.3)6.5
12②	1.0～2.0	(33.7)34①	1.0～(6.3)6.5
12.7②	1.0～3.2	35②	1.0～(6.3)6.5
13(13.5)①	1.0～3.2	38②	1.0～(6.3)6.5
14③	1.0～3.5(3.6)	40②	1.0～(6.3)6.5
16②	1.0～4.0	42(42.4)①	1.0～7.5
17(17.2)①	1.0～4.0	(44.5)45③	1.0～8.5
18③	1.0～4.5	48(48.3)①	1.0～8.5
19②	1.0～4.5	51②	1.0～(8.8)9.0
20②	1.0～4.5	54③	1.6～10
21(21.3)①	1.0～5.0	57②	1.6～10
22③	1.0～5.0	60(60.3)①	1.6～10
24②	1.0～5.0	(63.5)64②	1.6～10

③ 不锈钢管品种(mm)			
外径系列	壁　厚	外径系列	壁　厚
68②	1.6～12(12.5)	194②	2.0～5.5(5.6)
70②	1.6～12(12.5)		(6.3)6.5～18
73②	1.6～12(12.5)	219(219.1)①	2.0～5.5(5.6)
76(76.1)①	1.6～12(12.5)		(6.3)6.5～28
(82.5)83③	1.6～14(14.2)	245②	2.0～5.5(5.6)
(88.9)89①	1.6～14(14.2)		(6.3)6.5～28
95②	1.6～14(14.2)	273①	2.0～5.5(5.6)
(101.6)102②	1.6～14(14.2)		(6.3)6.5～28
108②	1.6～14(14.2)	(323.9)325①	2.5(2.6)～5.5(5.6)
114(114.3)①	1.6～14(14.2)		(6.3)6.5～28
127②	1.6～16	351②	2.5(2.6)～5.5(5.6)
133②	1.6～16		(6.3)6.5～28
(139.7)140①	1.6～16	(355.6)356①	2.5(2.6)～5.5(5.6)
146②	1.6～16		(6.3)6.5～28
152②	1.6～16	377②	2.5(2.6)～5.5(5.6)
159③	1.6～16		(6.3)6.5～28
168(168.3)①	1.6～18	406(406.4)①	2.5(2.6)～28
180②	2.0～18	426②	3.2～20

壁厚系列	1.0、1.2、1.4、1.5、1.6、2.0、2.2(2.3)、2.5(2.6)、2.8(2.9)、3.0、3.2、3.5(3.6)、4.0、4.5、5.0、5.5(5.6)、6.0、(6.3)6.5、7.0(7.1)、7.5、8.0、8.5、(8.8)9.0、10、11、12(12.5)、14(14.2)、15、16、17(17.5)、18、20、22(22.2)、24、25、26、28。

注：1. 外径系列中①②③分别表示钢管外径的第一系列(标准化钢管)、第二系列(非标准化为主的钢管)、第三系列(特殊用途钢管)。

2. 括号内尺寸表示相应的英制尺寸。通常应采用公制尺寸，不推荐使用英制尺寸。

3. 钢管的理论重量查阅第4.81页"钢管重量计算公式"进行计算或查阅 GB/T17395

2) 钢管的尺寸允许偏差

① 外径允许偏差（mm）

偏差等级	标准化外径允许偏差	偏差等级	非标准化外径允许偏差
D1	±1.5%，最小±0.75	ND1	+1.25 −1.50
D2	±1.0%，最小±0.50		
D3	±0.75%，最小±0.30	ND2	±1.25
		ND3	+1.25 −1.0
D4	±0.50%，最小±0.10	ND4	±0.8

注：特殊用途钢和冷拔（轧）钢管允许偏差，可采用绝对偏差

② 壁厚允许偏差（mm）
（a）标准化壁厚允许偏差

偏差等级		壁厚/外径比值			
		≤0.025	>0.025~0.05	>0.05~0.10	>0.10
S1		±1.5%，最小±0.60			
S2	A	±1.25%，最小±0.40			
	B	+（正偏差取决于重量要求） −12.5%			
S3	A	±10%，最小±0.20			
	B	±10%	±12.5%	±15%	
		最小±0.40			
	C	+（正偏差取决于重量要求） −10%			
S4	A	±7.5%，最小±0.15			
	B	±7.5%	±10%	±12.5%	±15%
		最小±0.20			
S5		±5%，最小±0.10			

（b）非标准化壁厚允许偏差

偏差等级	NS1	NS2	NS3	NS4
允许偏差（%）	+15 −12.5	+15 −10	+12.5 −10	+12.5 −7.5

注：特殊用途的钢管和冷拔（轧）钢管壁厚允许偏差可采用绝对偏差。

③ 钢管的长度及允许偏差（mm）

通常长度：

钢管一般以通常长度交货，热轧（扩）管为 3000～12000；冷拔（轧）管为 2000～10500。

热轧（扩）管短尺长度≥2000；冷拔（轧）管短尺长度≥1000

定尺和倍尺长度应在通常长度范围内，全长允许偏差分为 3 级：L1 为 0～20；L2 为 0～10；L3 为 0～5。

每个倍尺长度应留有规定的切口余量：

外径≤15 为 5～10；外径＞159 为 10～15

注：特殊用途的钢管，如不锈耐酸钢极薄壁钢管，小直径钢管等长度要求可另行规定。

3）钢管的重量及允许偏差

钢管按实际重量交货，也可按理论重量交货，实际重量交货可分为单根重量或每批重量两种。

钢管每米理论重量计算公式：

$$W = \frac{\pi}{1000} \rho (D - S) S$$

式中：W ——钢管理论重量（kg/m）；

ρ ——钢管的密度（g/cm³）；

D ——钢管公称外径（mm）；

S ——钢管公称壁厚（mm）。

钢管按理论重量交货时，单根钢管理论重量与实际重量允许偏差分为五级：

重量允许偏差等级	W1	W2	W3	W4	W5
单根钢管重量 允许偏差（%）	±10	±7.5	+10 −5	+10 −3.5	+6.5 −3.5

注：按理论重量交货的钢管，每批≥10t 钢管的理论重量与实际重量允许偏差为±7.5%或±5.0%

（2）结构用无缝钢管（GB/T8162－1999）

1）钢管的化学成分、制造方法、交货状态和尺寸、重量

① 钢管由表中规定的牌号制造，化学成分应符合第 3.30 页 GB/T699 和第 3.56 页 GB/T1591 或第 3.61 页 GB/T3077 规定。

② 钢管的制造方法：热轧（挤压、扩）和冷拔（轧）制造。需方指定某一方法制造时，应在合同中注明。

③ 钢管的交货状态：热轧（挤压、扩）管以热轧或热处理状态交货；冷拔（轧）管以热处理状态交货，根据需方要求，经供需双方协商，也可以冷拔（轧）状态交货。

④ 钢管的尺寸精度分普通级和高级。

⑤ 钢管的外径、壁厚和理论重量：外径和壁厚查阅第 4.76 页 GB/T17395 规定；理论重量查阅第 1.102 页"钢管重量计算"进行计算或查阅 GB/T17395

2）钢管的尺寸允许偏差
① 外径和壁厚允许偏差（mm）

钢管外径		热轧（挤压、扩）管		冷拔（轧）管			
		<50	≥50	6～10	>10～30	30～50	>50
允许偏差	普通级	±0.50	±1%	±0.20	±0.40	±0.45	±1.0%
	高级	±0.40	±0.75%	±0.10	±0.20	±0.25	±0.5%

钢管壁厚		热轧（挤压、扩）管			冷拔（轧）管		
		<4	≥4～20	>20	≤1	>1～3	>3
允许偏差	普通级	±12.5% 最小值 ±0.40	+15% −12.5%	±12.5%	±0.15	+15% −10%	+12.5% −10%
	高级	±10% 最小值 ±0.30	±10%	±10%	±0.12	±10%	±10%

注：1. 对外径≥351mm 的热扩管，壁厚允许偏差为±18%。

2. 当需方事先未在合同中注明钢管尺寸允许偏差时，钢管外径和壁厚的允许偏差按普通级交货

② 长度允许偏差(mm)

通常长度:热轧(挤压、扩)管　　3000～12000

　　　　　冷拔(轧)管　　　　　2000～10500

定尺和倍尺长度:

钢管的定尺长度应在通常长度范围内,其长度允许偏差:长度≤6000为+10;长度>6000为+15。

钢管的倍尺长度应在通常长度范围内,全长允许偏差为+20。每个倍尺长度应留下切口余量,外径<159为5～10;外径>159为10～15。

范围长度应在通常长度范围内

3) 钢管的力学性能
① 优质钢、低合金钢的纵向力学性能

序号	牌号	抗拉强度(MPa)≥	屈服点 σ_s(MPa)≥			伸长率 δ_5(％)≥	压扁试验平板距离 H(mm)
			钢管壁厚(mm)				
			≤16	>16～30	>30		
1	10	335	205	195	185	24	2/3D
2	20	390	245	235	225	20	2/3D
3	35	510	305	295	285	17	—
4	45	590	335	325	315	14	—
5	Q345	490	325	315	305	21	7/8D

注: 1. 表列力学性能指标系钢管在热轧或热处理(正火或回火)状态。

　　2. 压扁试验的平板间距 H 的最小值应是钢管壁厚的 5 倍,D 为钢管外径

② 合金钢管的力学性能

序号	牌号	热 处 理 (℃)					力 学 性 能			退火或高温回火供应状态 HB ≤
		淬火			回火		抗拉强度	屈服点	伸长率	
		第一次	第二次	冷却剂	温度	冷却剂	(MPa) ≥		δ_5 (%) ≥	
1	40Mn2	840	—	水、油	540	水、油	885	785	12	217
2	45Mn2	840	—	水、油	550	水、油	885	785	10	217
3	27SiMn	920	—	水	450	水、油	980	835	12	217
4	40MnB	850	—	油	500	水、油	980	785	10	207
5	45MnB	840	—	油	500	水、油	1030	835	9	217
6	20Mn2B	880②	—	油	200	水、空	980	785	10	187
7	20Cr	880②	800	水、油	200	水、空	835①	540①	10①	179
							785①	490①	10①	179
8	30Cr	860	—	油	500	水、油	885	685	11	187
9	35Cr	860	—	油	500	水、油	930	785	11	207
10	40Cr	850	—	油	520	水、油	980	785	9	207
11	45Cr	840	—	油	520	水、油	1030	835	9	217
12	50Cr	830	—	油	520	水、油	1080	930	9	229
13	38CrSi	900	—	油	600	水、油	980	835	12	255
14	12CrMo	900	—	空	650	空	410	265	24	179
15	15CrMo	900	—	空	650	空	440	295	22	179

4.84

(续)

② 合金钢管的力学性能

| 序号 | 牌号 | 热处理 | | | | | 力学性能 | | | 退火或高温回火供应状态 HB ≤ |
| | | 淬火 | | | 回火 | | 抗拉强度 (MPa) ≥ | 屈服点 (MPa) ≥ | 伸长率 δ5 (%) ≥ | |
		第一次	第二次	冷却剂	温度 (℃)	冷却剂				
16	20CrMo	880②	—	水、油	500	水、油	885② 845②	685② 635②	11① 12②	197 197
17	35CrMo	850	—	油	550	水、油	980	835	12	229
18	42CrMo	850	—	油	560	水、油	1080	930	12	217
19	12CrMoV	970	—	空	750	空	440	225	22	241
20	12Cr1MoV	970	—	空	750	空	440	245	22	179
21	38CrMoAl	940	—	水、油	640	水、油	980① 930①	835① 785①	12① 14①	229 229
22	50CrVA	860	—	油	500	油	1275	1130	10	255
23	20CrMn	850	—	油	200	空	930	735	10	187
24	20CrMnSi	880②	—	油	480	水、空	785	635	12	207
25	30CrMnSi	880②	—	油	520	水、油	1080① 980①	885① 835①	8① 10①	229 229
26	35CrMnSiA	880②	—	油	230	水、空	1620	—	9	229
27	20CrMnTi	880②	870	油	200	水、空	1080	835	10	217
28	30CrMnTi	880②	850	油	200	水、空	1470	—	9	229

（续）

② 合金钢管的力学性能

序号	牌号	热处理					力学性能			退火或高温回火供应状态 HB≤
		淬火			回火（℃）		抗拉强度	屈服点	伸长率 δ_s	
		第一次	第二次	冷却剂	温度	冷却剂	(MPa)≥	(MPa)≥	(%)≥	
29	12CrNi2	860	780	水、油	200	水、空	785	590	12	207
30	12CrNi3	860	780	油	200	水、空	930	685	11	217
31	12CrNi4	860	780	油	200	水、空	1080	835	10	269
32	40CrNiMoA	850		油	600	水、油	980	835	12	269
33	45CrNiMoVA	860		油	460	油	1470	1325	7	269

注：1. 钢管的力学性能，可根据需方要求，经供需双方协商，并在合同中注明，外径>57mm，壁厚≥14mm的钢管可做室温 V 型冲击试验，其冲击功应填入质量保证书。合金结构钢钢管可提供试样热处理后的断面收缩率，其值应符合 GB/T3077—1994 规定。

2. 热轧状态或热处理正火或回火状态交货的优质碳钢、低合金结构钢、合金结构钢管的纵向力学性能和钢管正火或高温回火供应状态布氏硬度应符合表中规定；合金结构钢用热处理毛坯制成试样测出的纵向力学性能或应符合合表中规定。

3. 热处理温度允许调整范围：淬火±20℃，低温回火±30℃，高温回火±50℃。

4. 硼钢在淬火前可先正火，铬锰钛钢第一次淬火可用正火代替。

5. 对壁厚≤50mm 的钢管不做布氏硬度试验。 ① 可按其中一种数据交货；② 于 280～320℃等温淬火。

4.86

4）钢管的工艺性能

① 压扁试验：

由 10、20、Q345 钢制造的钢管，对于外径＞22～400mm 并且壁厚与外径比值≤10% 的钢管应进行压扁试验，其平板间距 H 值应符合表中规定。压扁试验后，试样应无裂缝和裂口。

② 扩口试验：

根据需方要求，经供需双方协商，并在合同中注明，对壁厚≤8mm 的钢管可做扩口试验，顶心锥度为 30°、45°、60° 中的一种，扩口试验后，试样不得出现裂缝和裂口。

扩口试样外径的扩口率：

钢 种		内径/外径（mm）		
		＜0.6	＞0.6～0.8	＞0.8
优质钢	扩口率	10	12	17
低合金钢	（%）	8	10	15

③ 弯曲试验：

根据需方要求，经供需双方协商，并在合同注明，外径≤22mm 的钢管可做弯曲试验，弯曲角度为 90°，弯心半径为钢管外径的 6 倍，弯曲处不得出现裂缝和裂口

（3）输送流体用无缝钢管（GB/T8163—1999）

1）钢管的化学成分、制造方法、交货状态和尺寸重量

① 钢管由表中规定的牌号制造，化学成分应符合第 3.30 页 GB/T699 和第 3.56 页 GB/T1591 规定。

② 钢管的制造方法、交货状态、尺寸精度、钢管的外径、壁厚和理论重量，可参见第 4.82 页"结构用无缝钢管"

2）钢管的尺寸允许偏差

① 外径和壁厚允许偏差（mm）

钢管外径		热轧（挤压、扩）管	冷拔（轧）管			
		全部	6～10	＞10～30	＞30～50	＞50
允许偏差	普通级	±1%，最小值±0.50	±0.20	±0.40	±0.45	±1%
	高级		±0.15	±0.20	±0.30	±0.8%

① 外径和壁厚允许偏差(mm)					
钢管壁厚	热轧(挤压、扩)管	冷拔(轧)管			
	全部	≤1	>1～3	>3	
允许偏差	普通级	$+15\%$ -12.5%，最小值$+0.45$ -0.40	±0.15	$+15\%$ -10%	$+12.5\%$ -10%
	高　级	—	±0.12	$+12.5\%$ -10%	±10%

② 长度允许偏差

参见第 4.82 页"结构用无缝钢管"

3) 钢管的纵向力学性能

序号	牌　号	抗拉强度 σ_b (MPa)	屈服点 σ_s(MPa)		断后伸长率 δ_5(%)
			壁厚≤16mm	壁厚>16mm	
			≥		
1	10	335～475	205	195	24
2	20	410～550	245	235	20
3	Q295	430～610	295	285	22
4	Q345	490～665	325	315	21

4) 钢管的工艺性能

① 压扁试验:对于外径>22～400mm，并且壁厚与外径比值≤10%的钢管应压扁试验，其平板间距 H 值按下列公式计算:

$$H=\frac{(M+a)s}{a+s/D}$$

式中:s——钢管的公称壁厚;

　　　D——钢管的公称外径;

　　　a——单位长度变形系数(10 钢为 0.09,20 钢为 0.07,Q295、Q345 钢为 0.08)。

压扁试验后,试样无裂缝和裂口。

② 扩口试验、弯曲试验,可参见第 4.82 页"结构用无缝钢管"。

③ 液压试验:钢管应逐根进行液压试验,试验压力按下式计算,最高压力≤19MPa。

$$P=\frac{2sR}{D}$$

式中:P——试验压力(MPa);

　　　s——钢管公称壁厚;

　　　D——钢管公称外径;

　　　R——允许应力,规定屈服点的 60%(MPa)。

在试验压力下,应保证耐压时间≥5s,钢管不得出现渗漏现象供方可用超声探伤、涡流探伤或漏磁探伤代替液压试验

(4) 冷拔或冷轧精密无缝钢管(GB/T3639－2000)

1) 钢管的用途、分类、代号和交货状态

用途:钢管适用于机械结构、液压设备、汽车用具上要求特殊尺寸精度和表面质量要求高的管道系统。

钢管的交货状态和代号:

① 冷加工/硬——代号 BK,钢管经最后冷加工后不进行热处理,从而管子只能进行很小的变形。

② 冷加工/软——代号 BKW,钢管经最后热处理后进行小变形量的冷加工,对钢管再加工时,允许有限的冷变形(如弯曲、扩口)。

③ 冷加工后消除应力退火——代号 BKS,钢管最后冷加工后进行 Ac_1 点(指钢加热时所有珠光体都转变为奥氏体的温度)以下的退火,以消除冷加工应力。

④ 退火——代号 GBK,钢管经最后冷加工后,在保护气体下进行的完全退火。

⑤ 正火——代号 NBK,钢管经最后冷加工后,在保护气体下进行正火

2) 钢管的尺寸及允许偏差

尺寸(mm):外径 4～200,壁厚 0.50～12.5,内径 3～188,通常长度 2000～7000,定尺和倍尺长度在通常长度范围内。

外径/外径允许偏差(mm):4～30/±0.10,32～40/±0.15,42～50/±0.20,55,60/±0.25,63,70/±0.30,76,80/±0.35,90/±0.40,100/±0.45,110,120/±0.50,130,140/±0.65,150/±0.75,160/±0.80,170/±0.85,180/±0.90,190/±0.95,200/±1.0

壁厚允许偏差:±10%(最小值±0.12mm),内径允许偏差见下节规定。

定尺和倍尺长度允许偏差(mm):全长<5000^{+5},全长>5000^{+10};倍尺长度钢管,每个倍尺长度钢管每个倍尺应留下切口余量,外径 ≤159 为 5～10,外径>159 为 10～15。

热处理状态钢管外径和内径允许偏差:

壁厚/外径比值	允 许 偏 差
≥1/20	按表中规定值
<1/20～≥1/40	按表中规定值的 1.5 倍
<1/40	按表中规定值的 2 倍

外径	壁 厚							
	0.5	(0.8)	1.0	1.2	1.5	(1.8)	2	(2.2)
	内径允许偏差(内径＝外径－2倍壁厚)							
4	±0.30	±0.30	±0.30	—	—	—	—	—
5	±0.30	±0.30	±0.30	—	—	—	—	—
6	±0.25	±0.25	±0.25	±0.30	—	—	—	—
8	±0.20	±0.20	±0.20	±0.30	±0.30	±0.35	±0.35	±0.40
10	±0.15	±0.15	±0.20	±0.25	±0.25	±0.30	±0.30	±0.35
12	±0.15	±0.15	±0.15	±0.20	±0.20	±0.25	±0.25	±0.30
(13)	±0.15	±0.15	±0.15	±0.20	±0.20	±0.25	±0.25	±0.30
14	±0.10	±0.10	±0.10	±0.15	±0.15	±0.20	±0.20	±0.25
16	±0.10	±0.10	±0.10	±0.10	±0.10	±0.15	±0.15	±0.20
18	±0.10	±0.10	±0.10	±0.10	±0.10	±0.10	±0.10	±0.15
20	±0.10	±0.10	±0.10	±0.10	±0.10	±0.10	±0.10	±0.15
22	±0.10	±0.10	±0.10	±0.10	±0.10	±0.10	±0.10	±0.10
25	±0.10	±0.10	±0.10	±0.10	±0.10	±0.10	±0.10	±0.10
(26)	±0.10	±0.10	±0.10	±0.10	±0.10	±0.10	±0.10	±0.10
28	±0.10	±0.10	±0.10	±0.10	±0.10	±0.10	±0.10	±0.10
30	±0.10	±0.10	±0.10	±0.10	±0.10	±0.10	±0.10	±0.10
32	±0.15	±0.15	±0.15	±0.15	±0.15	±0.15	±0.15	±0.15
35	±0.15	±0.15	±0.15	±0.15	±0.15	±0.15	±0.15	±0.15
38	±0.15	±0.15	±0.15	±0.15	±0.15	±0.15	±0.15	±0.15
40	±0.15	±0.15	±0.15	±0.15	±0.15	±0.15	±0.15	±0.15
42	—	—	±0.20	±0.20	±0.20	±0.20	±0.20	±0.20
45	—	—	±0.20	±0.20	±0.20	±0.20	±0.20	±0.20
48	—	—	±0.20	±0.20	±0.20	±0.20	±0.20	±0.20
50	—	—	±0.20	±0.20	±0.20	±0.20	±0.20	±0.20
55	—	—	±0.25	±0.25	±0.25	±0.25	±0.25	±0.25
60	—	—	±0.25	±0.25	±0.25	±0.25	±0.25	±0.25
63	—	—	±0.30	±0.30	±0.30	±0.30	±0.30	±0.30
70	—	—	±0.30	±0.30	±0.30	±0.30	±0.30	±0.30
76	—	—	±0.35	±0.35	±0.35	±0.35	±0.35	±0.35
80	—	—	±0.35	±0.35	±0.35	±0.35	±0.35	±0.35
90	—	—	—	—	±0.40	±0.40	±0.40	±0.40

3) 钢管的具体规格和内径允许偏差(mm)

3) 钢管的具体规格和内径允许偏差（mm）							
外径	壁　　　厚						
	0.5	(0.8)	1.0	1.2	1.5	(1.8)	2	(2.2)
	内径允许偏差（内径＝外径－2倍壁厚）							
100	—	—	—	—	—	±0.45	±0.45	±0.45
110	—	—	—	—	—	—	±0.50	±0.50
120	—	—	—	—	—	—	±0.50	±0.50

外径	壁　　　厚						
	2.5	(2.8)	3.0	(3.5)	4	(4.5)	5	5.5
	内径允许偏差（内径＝外径－2倍壁厚）							
8	±0.40	—	—	—	—	—	—	—
10	±0.35	—	—	—	—	—	—	—
12	±0.30	±0.40	±0.40	—	—	—	—	—
(13)	±0.30	±0.40	±0.40	—	—	—	—	—
14	±0.25	±0.30	±0.30	—	—	—	—	—
16	±0.20	±0.30	±0.30	±0.35	±0.35	—	—	—
18	±0.20	±0.20	±0.20	±0.35	±0.35	—	—	—
20	±0.15	±0.15	±0.20	±0.30	±0.35	±0.35	±0.35	—
22	±0.15	±0.15	±0.15	±0.20	±0.30	±0.35	±0.35	—
25	±0.15	±0.15	±0.15	±0.15	±0.20	±0.20	±0.30	—
(26)	±0.10	±0.15	±0.15	±0.15	±0.15	±0.15	±0.30	±0.30
28	±0.10	±0.10	±0.15	±0.15	±0.15	±0.15	±0.20	±0.30
30	±0.15	±0.10	±0.10	±0.15	±0.15	±0.15	±0.15	±0.30
32	±0.15	±0.15	±0.15	±0.15	±0.15	±0.15	±0.15	±0.35
35	±0.15	±0.15	±0.15	±0.15	±0.15	±0.15	±0.15	±0.20
38	±0.15	±0.15	±0.15	±0.15	±0.15	±0.15	±0.15	±0.15
40	±0.15	±0.15	±0.15	±0.15	±0.15	±0.15	±0.15	±0.15
42	±0.20	±0.20	±0.20	±0.20	±0.20	±0.20	±0.20	±0.20
45	±0.20	±0.20	±0.20	±0.20	±0.20	±0.20	±0.20	±0.20
48	±0.20	±0.20	±0.20	±0.20	±0.20	±0.20	±0.20	±0.20
50	±0.20	±0.20	±0.20	±0.20	±0.20	±0.20	±0.20	±0.20
55	±0.25	±0.25	±0.25	±0.25	±0.25	±0.25	±0.25	±0.25
60	±0.25	±0.25	±0.25	±0.25	±0.25	±0.25	±0.25	±0.25
63	±0.30	±0.30	±0.30	±0.30	±0.30	±0.30	±0.30	±0.30

3）钢管的具体规格和内径允许偏差（mm）

外径	壁　　厚							
	2.5	(2.8)	3.0	(3.5)	4	(4.5)	5	(5.5)
	内径允许偏差（内径＝外径－2倍壁厚）							
70	±0.30	±0.30	±0.30	±0.30	±0.30	±0.30	±0.30	±0.30
76	±0.35	±0.35	±0.35	±0.35	±0.35	±0.35	±0.35	±0.35
80	±0.35	±0.35	±0.35	±0.35	±0.35	±0.35	±0.35	±0.35
90	±0.40	±0.40	±0.40	±0.40	±0.40	±0.40	±0.40	±0.40
100	±0.45	±0.45	±0.45	±0.45	±0.45	±0.45	±0.45	±0.45
110	±0.50	±0.50	±0.50	±0.50	±0.50	±0.50	±0.50	±0.50
120	±0.50	±0.50	±0.50	±0.50	±0.50	±0.50	±0.50	±0.50
130	—	—	±0.65	±0.65	±0.65	±0.65	±0.65	±0.65
140	—	—	±0.65	±0.65	±0.65	±0.65	±0.65	±0.65
150	—	—	—	±0.75	±0.75	±0.75	±0.75	±0.75
160	—	—	—	—	±0.80	±0.80	±0.80	±0.80
170	—	—	—	—	±0.85	±0.85	±0.85	±0.85
180	—	—	—	—	—	—	±0.90	±0.90

外径	壁　　厚						
	6	(7)	8	(9)	10	11	12.5
	内径允许偏差（内径＝外径－2倍壁厚）						
(26)	±0.30	—	—	—	—	—	—
28	±0.30	—	—	—	—	—	—
30	±0.30	—	—	—	—	—	—
32	±0.35	—	—	—	—	—	—
35	±0.20	±0.20	—	—	—	—	—
38	±0.15	±0.20	±0.25	—	—	—	—
40	±0.15	±0.20	±0.25	—	—	—	—
42	±0.20	±0.20	±0.20	±0.20	±0.30	—	—
45	±0.20	±0.20	±0.20	±0.20	±0.25	—	—
48	±0.20	±0.20	±0.20	±0.20	±0.20	—	—
50	±0.20	±0.20	±0.20	±0.20	±0.20	—	—
55	±0.25	±0.25	±0.25	±0.25	±0.25	±0.25	±0.25
60	±0.25	±0.25	±0.25	±0.25	±0.25	±0.25	±0.25
63	±0.30	±0.30	±0.30	±0.30	±0.30	±0.30	±0.30

3) 钢管的具体规格和内径允许偏差（mm）

外径	壁 厚						
	6	(7)	8	(9)	10	11	12.5
	内径允许偏差（内径＝外径－2倍壁厚）						
70	±0.30	±0.30	±0.30	±0.30	±0.30	±0.30	±0.30
76	±0.35	±0.35	±0.35	±0.35	±0.35	±0.35	±0.35
80	±0.35	±0.35	±0.35	±0.35	±0.35	±0.35	±0.35
90	±0.40	±0.40	±0.40	±0.40	±0.40	±0.40	±0.40
100	±0.45	±0.45	±0.45	±0.45	±0.45	±0.45	±0.45
110	±0.50	±0.50	±0.50	±0.50	±0.50	±0.50	±0.50
120	±0.50	±0.50	±0.50	±0.50	±0.50	±0.50	±0.50
130	±0.65	±0.65	±0.65	±0.65	±0.65	±0.65	±0.65
140	±0.65	±0.65	±0.65	±0.65	±0.65	±0.65	±0.65
150	±0.75	±0.75	±0.75	±0.75	±0.75	±0.75	±0.75
160	±0.80	±0.80	±0.80	±0.80	±0.80	±0.80	±0.80
170	±0.85	±0.85	±0.85	±0.85	±0.85	±0.85	±0.85
180	±0.90	±0.90	±0.90	±0.90	±0.90	±0.90	±0.90
190	±0.95	±0.95	±0.95	±0.95	±0.95	±0.95	±0.95
200	±1.0	±1.0	±1.0	±1.0	±1.0	±1.0	±1.0

4) 钢管的力学性能

交货状态	力学性能项目	单位	牌 号			
			10	20	30	45
冷加工/硬（BK）	抗拉强度 $\sigma_b \geqslant$ 伸长率 $\delta_5 \geqslant$	(MPa) (%)	410 6	510 5	590 4	645 4
冷加工/软（BKW）	抗拉强度 $\sigma_b \geqslant$ 伸长率 $\delta_5 \geqslant$	(MPa) (%)	375 10	450 8	550 6	630 5
冷加工后消除应力退火（BKS）	抗拉强度 $\sigma_b \geqslant$ 伸长率 $\delta_5 \geqslant$	(MPa) (%)	335 12	430 10	520 8	610 7
退火（GBK）	抗拉强度 $\sigma_b \geqslant$ 伸长率 $\delta_5 \geqslant$	(MPa) (%)	335 24	390 20	510 17	590 14
正火（NBK）	抗拉强度 $\sigma_b \geqslant$ 屈服点 $\sigma_s \geqslant$ 伸长率 $\delta_5 \geqslant$	(MPa) (MPa) (%)	335 205 24	410 245 20	530 315 17	600 355 14

注：外径≤30mm 和壁厚＞3mm 的钢管，其最小屈服点可降低 10MPa。各牌号的化学成分按 GB/T699 的规定

5）钢管的重量

钢管的交货重量应符合第 4.76 页 GB/T17395 的规定。钢的密度为 7.85g/cm³。钢管按理论重量交货时，根据需方要求，经供需双方协商，并在合同中注明，交货重量的实际重量与理论重量的允许偏差：单根钢管 $^{+10}_{-8}$%；每批最少为 10t 的钢管±7.5%

（5）低中压锅炉用无缝钢管（GB3087－1999）

1）钢管的用途、制造方法、交货状态、尺寸和重量

① 用途：适用于制造低、中压锅炉及机车锅炉和中压锅炉过热蒸气管。

② 制造方法和交货状态：钢管采用热轧（挤压、扩）和冷拔（轧）无缝方法制造。需方指定某一方法时，应在合同中注明。钢管应以热轧或热处理状态交货，热轧状态交货的钢管终轧温度应≥Ar₃（亚共析钢高温奥氏体后冷却时，铁素体开始析出的温度）。

③ 尺寸和重量：钢管的外径、壁厚及重量应符合第 4.76 页 GB/T17395 的规定。钢管按理论重量交货时，钢的密度按7.85g/cm³ 计算

2）钢管的外径和壁厚允许偏差

钢管种类	热轧（挤、扩）管		冷拔（轧）管		
外径（mm）	≤159	＞159	10～30	＞30～50	＞50
外径允许偏差 普通级	±1.0% （最小±0.50）	±1.0%	±0.40	±0.45	±1.0
外径允许偏差 高级	±0.75% （最小±0.40）	±0.90%	±0.20	±0.25	±0.75
壁厚（mm）*	≤20	＞20	1.5～3.0		＞3.0
壁厚允许偏差（%）普通级	+15.0（最小+0.45mm） −12.5（最小−0.35mm）	±12.5	+15 −10		+12.5 −10
壁厚允许偏差（%）高级	±10（最小±0.30mm）	±10	±10		±10

注：经供需双方协商，并在合同中注明，可生产表中以外偏差的钢管。带 * 符号的外径≥351mm 热扩钢管的壁厚允许偏差为±15%

3) 钢管的长度和允许偏差

① 通常长度（mm）：

热轧（挤、扩）管为 4000～12000；冷拔（轧）管为 4000～10500。

经供需双方协商，可交付长度＞3000 的钢管，但其重量不超过该批交货重量的 5%。

② 定尺和倍尺长度（mm）：

定尺和倍尺长度应在通常长度范围内，全长允许偏差为＋20。每个倍尺长度应留下切口余量：外径≤159 为 5～10；外径＞159 为 10～15。

③ 范围长度应在通常长度范围内。

4) 钢管的纵向力学性能和扩口试验（外径扩口率）

牌号	壁厚（mm）	抗拉强度 σ_b	屈服点 $\sigma_s \geqslant$	伸长率 δ_5（%）≥	牌号	内径/外径比值		
						≤0.6	＞0.6～0.8	＞0.8
		（MPa）				外径扩口率（%）		
10	全部	335～475	145	24	10	12	15	19
20	＜15	410～550	245	20	20	10	12	17
20	≥15	410～550	225	20				

5) 中压锅炉过热蒸气管用钢管高温瞬时性能

牌号	试样状态	温 度 （℃）					
		200	250	300	350	400	450
		最小屈服点 $\sigma_{0.2}$（MPa）≥					
10	供货状态	165	145	122	117	109	107
20		188	170	149	137	134	132

注：1. 需方在合同中应注明用途。

2. 根据需方要求，经供需双方协商，并在合同中注明，供方可提供钢管的高温瞬时性能数据

6) 钢管的工艺性能

① 液压试验：

钢管应逐根进行液压试验，10 号钢最大试验压力为 7MPa，20 最大试验压力为 10MPa，稳压时间≥5s。在试验压力下，钢管不得出现渗漏。试验压力计算公式：

$$P=\frac{2SR}{D}$$

6）钢管的工艺性能

式中：P ——试验压力（MPa）；

　　S ——钢管公称壁厚（mm）；

　　D ——钢管公称外径（mm）；

　　R ——允许应力，按纵向力学性能表中规定的屈服点的 60%（MPa）。

　② 压扁试验：

　外径≥22mm，并且壁厚＜10mm 的钢管进行压扁试验，钢管压扁后平板间距 H 计算公式：

$$H = \frac{(1+a)S}{\alpha + S/D}$$

式中：H ——平板间距（mm）；

　　S ——钢管的公称壁厚（mm）；

　　D ——钢管的公称外径（mm）；

　　α ——单位长度变形系数为 0.08，当 $S/D \geqslant 1.25$ 时为 0.07，压扁试验后试样上不得出现裂缝和裂口。

　③ 卷边试验：

　根据需方要求，经供需双方协商，并在合同中注明，用 10 号钢制造的钢管可进行卷边试验。

　卷边宽度（由内壁量起）不得小于公称内径的 12%，也不得小于公称壁厚的 1.5 倍，卷边角为 90°，卷边后试样卷边处不得出现裂缝和裂口。

　④ 扩口试验（外径扩口率见表中规定）：

　根据需方要求，经供需双方协商，并在合同中注明，壁厚＜8mm 的钢管可进行扩口试验，顶心锥度为 30°、45°或 60°中的一种。扩口后试样上不得出现裂缝和裂口。

　⑤ 弯曲试验：

　外径≤22mm 的钢管应进行弯曲试验，弯曲角度为 90°，弯心半径为钢管外径的 6 倍，弯曲处不得出现裂缝和裂口。

　根据需方要求，经供需双方协商，并在合同中注明，机车锅炉用钢管可进行弯曲试验，弯曲角度和弯心半径由供需双方协商

　注：钢管的表面质量要求，参见 GB/T3087—1999 中的规定。

4.96

(6) 结构用不锈钢无缝钢管(GB/T14975—2002)

1) 钢管的用途、分类、代号和交货状态

① 用途:供一般结构和机械结构用。

② 分类和代号:按制造方法分热轧(挤、扩)钢管(WH)、冷拔(轧)钢管(WC);按尺寸精度分普通级(PA)、高级(PC)。需方要求某一种制造方法应在合同中注明。

③ 交货状态:钢管经热处理并酸洗交货。奥氏体热挤压管凡在(GB/T14975—2002)表中规定热处理范围内淬火均可视为经过了成品热处理。凡经整体磨、镗或经保护气氛热处理的钢管以及供机械加工用的钢管可不经酸洗交货。根据需方要求,并在合同中注明,奥氏体型和奥氏体一铁素体型冷拔(轧)钢管也可冷加工状态交货。钢管弯曲度、力学性能、压扁试验等由供需双方协议。

2) 钢管的尺寸及允许偏差

① 钢管的外径、壁厚应符合第4.76页(GB/T17395)规定

② 钢管的外径、壁厚允许偏差,见下表:

尺　寸		热轧(挤、扩)管			
		外径 D (mm)		壁厚 S (mm)	
		68～159	>159～426	<15	≥15
允许偏差 (mm)	普通级	±1.25% D	±1.5% D	+15% S −12.5% S	+20% S −15% S
	高级	±1.0% D		±12.5% S	

尺　寸		冷拔(轧)管				
		外径 D (mm)			壁厚 S (mm)	
		10～30	>30～50	>50	≤3	>3
允许偏差 (mm)	普通级	±0.30	±0.40	±0.9% D	±14% S	+12.5% S −10% S
	高级	±0.20	±0.30	±0.8% D	+12.5% S −10% S	±10% S

③ 钢管长度:一般以通常长度交货。

通常长度:热轧(挤、扩)管 2000～12000mm;冷拔(轧)管 1000～2000mm。

定尺和倍尺长度应在通常长度范围内,全长允许偏差分为 3 级:L_1——0～20mm;L_2——0～10mm;L_3——0～5mm。如合同中未注明全长允许偏差级别,则以 L_1 级执行。每根倍尺长度应留下切口余量;外径≤159mm 为 3～10mm;外径>159mm 为 10～15mm

3) 钢管的工艺性能

① 压扁试验:壁厚≤10mm 的冷拔(轧)钢管进行压扁试验,压扁后试样弯曲处外侧不得有裂缝和裂口。根据需方要求,并在合同中注明,壁厚≤10mm 的热轧(挤、扩)钢管可进行压扁试验,压扁后的试样不得有裂缝和裂口。钢管压扁后平板间距 H(mm)计算公式:

$$H=\frac{(1+\alpha)S}{\alpha+S/D}$$

式中:S —— 钢管公称壁厚(mm);

  D —— 钢管公称外径(mm);

  α —— 单位长度变形系数,奥氏体型钢管为 0.09,其他为 0.07。

② 扩口试验:根据需方要求,并在合同中注明,壁厚≤10mm 的可进行扩口试验。扩口试验的顶心锥度为 30°、45°或 60°中的一种,扩口后外径的扩大倍数为 10%,扩口后试样不得出现裂缝和裂口。

③ 液压试验:根据需方要求,并在合同中注明,钢管应逐根进行液压试验,试验压力按公式计算,钢管最大试验压力为 ≤14MPa,计算公式:

$$P=2SR/D$$

式中:P —— 试验压力(MPa);

  S —— 钢管公称壁厚(mm);

  D —— 钢管公称外径(mm);

  R —— 允许应力(MPa),规定为抗拉强度的 40%。

在试验压力下,应保证耐压时间≥5s,钢管不得出现漏水或渗漏。供方可用超声波检验或涡流检验代替液压试验

4) 钢管的交货重量

钢管按实际重量交货。根据需方要求,并在合同中注明,也可按理论重量交货。钢管理论重量计算公式:

$$W=\frac{\pi}{1000}\rho S(D-S)$$

式中:W —— 钢管理论重量(kg/m);

  ρ —— 钢的密度(g/cm³),钢的各牌号密度可查阅第 1.104 页"常用材料的密度";

  S —— 钢管公称壁厚(mm);

  D —— 钢管公称外径(mm)。

钢管按理论重量交货时,供需双方协商重量允许偏差,并在合同中注明

注: 1. 钢管化学成分、力学性能参见第 4.97 页"结构用和流体输送用不锈钢无缝钢管"。

  2. 钢管的晶间腐蚀试验、表面质量查阅 GB/T14975—2002 规定。

(7) 流体输送用不锈钢无缝钢管(GB/T14976－2002)

1) 钢管的用途、分类、代号和交货状态

① 用途:适用于流体输送。

② 分类和代号:钢管按制造方法分热轧(挤、扩)钢管(WH)、冷拔(轧)钢管(WC);按尺寸精度分普通级(PA),高级(PC)。需方要求某一种方法制造时,应在合同中注明。

③ 交货状态:钢管经热处理并酸洗交货。奥氏体型热挤压管在GB/T14976－2002规定范围内的热处理温度进行淬火,则应认为已符合钢管热处理要求。凡经磨、镗或经保护气氛热处理的钢管,可不经酸洗交货。根据需方要求,在合同中注明,奥氏体型和奥氏体－铁素体型冷拔(轧)钢管,也可以冷加工状态交货,其弯曲度、力学性能和压扁试验等由供需双方协议

2) 钢管的尺寸及允许偏差

① 钢管的外径、壁厚应符合第 4.76 页 GB/T17395－1998 规定。

② 钢管的外径、壁厚允许偏差,见下表:

尺 寸		热轧(挤、扩)管			
		外径 D (mm)		壁厚 S (mm)	
		68～159	＞159～426	＜15	≥15
允许偏差 (mm)	普通级	±1.25% D	±1.5% D	+15% S −12.5% S	+20% S −15% S
	高 级	±1.0% D		±12.5% S	

尺 寸		冷拔(轧)管					
		外径 D (mm)				壁厚 S (mm)	
		6～10	＞10～30	＞30～50	＞50	≤3	＞3
允许偏差 (mm)	普通级	±0.20	±0.30	±0.40	±0.9% D	±14% S	+12.5% S −10% S
	高 级	±0.15	±0.20	±0.30	±0.8% D	+12.5% S −10% S	±10% S

③ 钢管长度:一般以通常长度交货。通常长度:热轧(挤、扩)管2000～12000mm;冷拔(轧)管 1000～10500mm。

定尺和倍尺长度应在通常长度范围内,全长允许偏差分为 3 级:L_1——0～20mm;L_2——0～10mm;L_3——0～5mm。如合同中未注明全长允许偏差级别,则以 L_1 执行。每根倍尺长度应留下切口余量;外径≤159mm 为 3～10mm;外径＞159mm 为 10～15mm

3) 钢管的工艺性能

① 液压试验:钢管应逐根进行液压试验,试验压力按公式计算,钢管的最大试验压力≤20MPa。计算公式:

$$P = 2SR/D$$

式中:P ——试验压力(MPa);
　　S ——钢管公称壁厚(mm);
　　D ——钢管公称外径(mm);
　　R ——允许应力(MPa),规定为抗拉强度的40%。

在试验压力下,应保证耐压时间≥5s,钢管不得出现漏水或渗漏。供方可用超声波检验或涡流检验代替液压试验。

② 压扁试验:根据需方要求,并在合同中注明,壁厚≤10mm的钢管可进行压扁试验,压扁后试样弯曲外侧不得有裂缝和裂口。钢管压扁后平板间距 H(mm)计算公式:

$$H = \frac{(1+\alpha)S}{\alpha + S/D}$$

式中:P ——试验压力(MPa);
　　S ——钢管公称壁厚(mm);
　　D ——钢管公称外径(mm);
　　α ——单位长度变形系数,奥氏体型钢管为0.09,其他为0.07。

③ 扩口试验:根据需方要求,并在合同中注明,壁厚≤10mm的钢管可进行扩口试验。扩口试验的顶心锥度为30°、45°或60°中的一种,扩口后外径的扩大值为10%,扩口后试样不得出现裂缝和裂口

4) 钢管的交货重量

钢管按实际重量交货。根据需方要求,并在合同中注明,也可按理论重量交货。钢管每米理论重量计算公式:

$$W = \frac{\pi}{1000}\rho S(D-S)$$

式中:W ——钢管理论重量(kg/m);
　　S ——钢管公称壁厚(mm);
　　D ——钢管公称外径(mm);
　　ρ ——钢的密度(g/cm³),钢的各牌号密度可查阅 GB/T14976。

钢管按理论重量交货时,经供需双方协商重量允许偏差,并在合同中注明

注:1. 钢管的化学成分、力学性能参见第4.82页"结构用和流体输送用不锈钢无缝钢管"。
　　2. 钢管的晶间腐蚀试验、表面质量见 GB/T14975-2002规定。

（8）石油裂化用无缝钢管（GB9948－1988）

1）钢管的用途和分类

　　用途：钢管供石油精炼厂作炉管、热交换器管和管道管用，其中炉管和热交换器管的规格（外径和壁厚）按下表中的规定。管道管的规格应按 GB/T8163"输送流体用无缝钢管"（参见第 4.87 页中）中的规定。

　　分类：按制造方法分热轧（扩）钢管和冷拔（轧）钢管。需方指定某一种方法制造时，应在合同中注明

2）钢管的外径和壁厚（mm）

外径	壁厚	外径	壁厚	外径	壁厚	外径	壁厚
10	1～2	32	2.5～4	83	6～12	141	6～16
14	1～2.5	38	3～4	89	6～12	152	6～16
18	2～2.5	45	3～5	102	6～16	168	6～16
19	2～2.5	57	4～6	114	6～16	219	6～16
25	2～3	60	4～10	127	6～16	273	12～20

壁厚系列：壁厚≤4，按 0.5 进给；壁厚≥5，按 2 进给

3）钢管的尺寸允许偏差和长度

热　轧　钢　管		冷　拔　钢　管		
尺寸(mm)	允许偏差(mm)	尺寸(mm)		允许偏差(mm)
外径 ≤159	±1.0	外径	≤30	±0.20
>159	±1.25		>30～50	±0.30
			>50	±0.08%
壁厚 ≤20	±12.5	壁厚	≤3	+12%　　−10%
>20	±10.0		>3	±10%

　　通常长度：热轧钢管为 4～12m，冷拔钢管为 3～10.5m。

　　定尺和倍尺长度：应在通常长度范围内，全长允许偏差为 +20mm；每个倍尺长度应留出下列切口余量：

　　　外径≤159mm 为 5～10mm；外径>159mm 为 10～15mm

4) 钢管的化学成分、力学性能和交货状态

序号	牌 号	化 学 成 分 （%）			
		碳	锰	硅	钼
1	10	0.07～0.14	0.35～0.65	0.17～0.37	—
2	20	0.17～0.24	0.35～0.65	0.17～0.37	—
3	12CrMo	0.08～0.15	0.40～0.70	0.17～0.37	0.40～0.55
4	15CrMo	0.12～0.18	0.40～0.70	0.17～0.37	0.40～0.55
5	1Cr2Mo	≤0.15	0.30～0.60	0.50～1.00	0.45～0.65
6	1Cr5Mo	≤0.15	≤0.60	≤0.50	0.45～0.60
7	1Cr19Ni9	0.04～0.10	≤2.00	≤1.00	—
8	1Cr19Ni11Nb	0.04～0.10	≤2.00	≤1.00	—

序号	化 学 成 分 （%）（续）			
	铬	镍	硫	磷	铌＋钽≥
1	≤0.15	≤0.25	0.035	0.035	—
2	≤0.25	≤0.25	0.035	0.035	—
3	0.40～0.70	≤0.30	0.035	0.035	—
4	0.80～1.10	≤0.30	0.035	0.035	—
5	2.15～2.85		0.03	0.035	—
6	4.00～6.00	≤0.60	0.03	0.035	—
7	18.00～20.00	8.00～11.00	0.03	0.035	—
8	17.00～20.00	9.00～13.00	0.03	0.035	8 碳%～1.00%

序号	牌 号	抗拉强度 σ_b	屈服点 σ_s≥	伸长率 δ_5	冲击功 A_{KU}	硬度值 HB
		（MPa）		（%）≥	（J）≥	≤
1	10	330～349	205	24	—	—
2	20	410～550	245	21	39	—
3	12CrMo	410～560	205	21	55	156
4	15CrMo	440～640	235	21	47	170
5	1Cr2Mo	≥390	175	22	92	179
6	1Cr5Mo	≥390	195	22	92	187
7	1Cr19Ni9	≥520	205	35	—	—
8	1Cr19Ni11Nb	≥520	205	35	—	—

4）钢管的化学成分、力学性能和交货状态	
序号（牌号）	交　货　状　态
1,2	热轧钢管终轧，冷拔钢管正火
3,4,5	热轧钢管终轧＋回火，冷拔钢管正火＋回火
6	退火
7	固溶处理：固溶温度≥1040℃
8	固溶处理：热轧钢管固溶温度≥1050℃ 冷拔钢管固溶温度≥1095℃

注：1. 残余含铜量≤0.25%。

　　2. 用纯氧顶吹转炉制造的钢，氮含量≤0.008%。

　　3. 10,20号钢中，酸溶铝≤0.010%，暂不作交货依据，但应填入质量证明书中。

　　4. 当壁厚＞16mm时，屈服点允许降低10MPa。

　　5. 外径≥57mm，壁厚≥14mm的钢管应做纵向冲击试验。

　　6. 允许一个试样冲击值比表中数值低8J，但一组三个试样的算术平均值不小于表中规定值。

　　7. 作V型缺口冲击试验时，其冲击功要填入质量证明书中，不作交货依据。

　　8. 1Cr2Mo钢的力学性能指标不作交货依据，但数值应填入质量证明书中。

　　9. 钢管的弯曲度、椭圆度和壁厚不均及表面质量等要求，参见 GB/T9948 中规定

5）钢管的工艺性能

① 水压试验：钢管应逐根进行水压试验。试验压力 P（MPa）可按下列公式进行计算：

$$P=2SR/D$$

式中：S——钢管公称壁厚（mm）；

　　　D——钢管公称外径（mm）；

　　　R——允许应力（MPa），优质碳素钢和合金钢按表中规定的屈服点80%，不锈钢和耐热钢按表中规定的屈服点的70%。

最大试验压力为20MPa，稳压时间不小于10s。可用涡流检验或超声波检验代替水压试验。用超声波检验代替水压试验时，标准样块的人工伤为 C_8。

5）钢管的工艺性能

② 压扁试验：外径＞22～400mm 钢管须做压扁试验。试验后两平板间距离为 h（mm），按下列公式计算：

$$h = \frac{(1+\alpha)S}{\alpha + S/D}$$

式中：S——钢管公称壁厚（mm）；

D——钢管公称外径（mm）；

α——单位变形系数，优质碳素钢采用 0.08，耐热钢采用 0.07，不锈钢采用 0.09。

③ 扩口试验：壁厚≤8mm，外径≤159mm 的优质碳素钢和不锈钢钢管须做扩口试验。合金钢和耐热钢钢管，根据需方要求，经供需双方协议，也可做扩口试验，试验在冷状态下进行，顶心锥度为 30°、45°或 60°中的一种。扩口试样外径的扩大值应符合下表规定（单位：mm）：

钢 种			优质碳素钢	合金钢	耐热钢	不锈钢
内径	≤0.6	外径	10	8	6	9
	＞0.6～0.8	扩大值	12	10	8	15
外径	＞0.8	（%）	17	15	10	17

④ 无损检验：钢管应逐根进行超声波检验，其标准样块的人工伤为 C_8。

6）钢管的交货重量

钢管按实际重量交货，也可按理论重量交货。

理论重量可参见 GB/T17395 中的规定

(9) 低压流体输送用焊接钢管 (GB/T3091—2001)

1) 钢管的外径、壁厚和理论重量

① 钢管的公称外径 (≤168.3mm)、壁厚和理论重量

公称口径 (mm)	公称外径 (mm)	普通钢管		加厚钢管	
		壁厚 (mm)	理论重量 (kg/m)	壁厚 (mm)	理论重量 (kg/m)
6	10.2	2.0	0.40	2.5	0.47
8	13.5	2.5	0.68	2.8	0.74
10	17.2	2.5	0.91	2.8	0.99
15	21.3	2.8	1.28	3.5	1.54
20	26.9	2.8	1.66	3.5	2.02
25	33.7	3.2	2.41	4.0	2.93
32	42.4	3.5	3.36	4.0	3.79
40	48.3	3.5	3.87	4.5	4.86
50	60.3	3.8	5.29	4.5	6.19
65	76.1	4.0	7.11	4.5	7.95
80	88.0	4.0	8.38	5.0	10.35
100	114.3	4.0	10.88	5.0	13.48
125	139.7	4.0	13.39	5.5	18.20
150	168.3	4.5	18.18	6.0	24.02

② 钢管的公称外径 (>168.3mm)、壁厚和理论重量

公称外径 (mm)	壁 厚 (mm)									
	4.0	4.5	5.0	5.5	6.0	6.5	7.0	8.0	9.0	10.0
	理 论 重 量 (kg/m)									
177.8	17.14	19.23	21.31	23.37	25.42	—	—	—	—	—
193.7	18.71	21.00	23.27	25.53	27.77	—	—	—	—	—
219.1	21.22	23.82	26.40	28.97	31.53	34.08	36.61	41.65	46.63	51.57
244.5	23.72	26.63	29.53	32.42	35.29	38.15	41.00	46.66	52.27	57.83
273.0	—	—	33.05	36.28	38.51	42.72	45.92	52.28	58.60	64.86
323.9	—	—	39.32	4.19	47.04	50.88	54.71	62.32	69.89	77.41
355.6	—	—	—	47.49	51.73	55.96	60.18	68.60	76.93	85.23
406.4	—	—	—	54.34	59.25	64.10	68.96	78.60	88.20	97.76
457.2	—	—	—	61.27	66.76	72.25	77.72	88.62	99.48	110.34
508	—	—	—	68.16	74.28	80.39	86.49	98.65	110.75	122.81

② 钢管的公称外径（＞168.3mm）、壁厚和理论重量						
公称外径（mm）	壁 厚 （mm）					
	5.5	6.0	6.5	7.0	8.0	9.0	10.0
	理 论 重 量 （kg/m）						
559	75.08	81.83	88.57	95.29	108.71	122.07	135.39
610	81.99	89.37	96.74	104.10	118.77	133.39	147.97
660	—	96.77	104.76	112.73	128.63	144.49	160.30
711	—	104.32	112.93	121.53	138.70	155.81	172.88
762	—	111.86	121.11	130.84	148.76	167.13	185.45
813	—	119.41	129.28	139.14	158.82	178.45	198.03
864	—	126.96	137.46	147.94	168.88	189.77	210.61
914	—	134.36	145.47	156.58	178.45	200.87	222.94
1016	—	149.45	161.82	174.18	198.87	223.51	248.09
1067	—	157.00	170.00	182.99	208.93	234.83	260.37
1118	—	164.54	178.17	191.79	218.99	246.15	273.25
1168	—	171.94	186.19	200.42	228.86	257.24	285.58
1219	—	179.49	194.36	209.23	238.92	268.56	298.16
1321	—	194.58	210.71	226.84	259.04	291.20	323.31
1422	—	209.52	226.90	244.27	278.97	313.62	348.22
1524	—	224.62	243.25	261.88	299.09	336.26	373.38
1626	—	239.71	259.61	279.49	319.22	358.90	398.53

公称外径（mm）	壁 厚 （mm）						
	11.0	12.5	13.0	14.0	15.0	16.0	18.0	19.0
	理 论 重 量 （kg/m）							
323.9	84.88	95.99	—	—	—	—	—	—
355.6	93.48	105.77	—	—	—	—	—	—
406.4	107.26	121.43	—	—	—	—	—	—
457.2	121.04	137.09	—	—	—	—	—	—
508	134.82	152.75	—	—	—	—	—	—
559	148.66	168.47	—	188.17	201.24	214.26	—	—
610	163.49	184.19	—	205.78	220.10	234.38	—	—
660	176.06	—	207.43	223.04	238.60	254.11	284.99	300.35
711	189.89	—	223.78	240.65	257.47	274.24	307.63	324.25
762	203.73	—	240.13	258.26	276.33	294.36	330.27	348.15

② 钢管的公称外径(>168.3mm)、壁厚和理论重量							
公称	壁　　　厚　　　(mm)						
外径	11.0	12.5	13.0	14.0	15.0	16.0	18.0	19.0
(mm)	理　　论　　重　　量　　(kg/m)						
813	217.56	—	256.48	275.86	295.20	314.48	352.91	372.04
864	231.40	—	272.83	293.47	314.06	334.61	375.55	395.94
914	244.96	—	288.86	310.71	332.56	354.34	397.74	419.37
1016	272.63	—	321.56	345.95	370.29	394.58	443.02	467.16
1067	286.47	—	337.91	363.56	389.16	414.71	465.66	491.06
1118	300.30	—	354.26	381.17	408.02	434.83	488.30	514.96
1168	313.87	—	370.29	398.43	426.52	454.56	510.49	538.39
1219	327.70	—	386.64	416.04	445.39	474.68	533.13	562.28
1321	355.37	—	419.34	451.26	483.12	514.93	578.41	610.08
1422	382.77	—	451.72	486.13	520.48	554.79	623.25	657.40
1524	410.44	—	484.43	521.34	558.21	595.03	668.52	705.20
1626	438.11	—	517.15	556.56	595.95	635.28	713.80	752.99

公称	壁　　厚　　(mm)			公称	壁　　厚　　(mm)		
外径	20	22	25	外径	20	22	25
(mm)	理论重量(kg/m)			(mm)	理论重量(kg/m)		
660	315.67	346.15	391.50	1118	541.57	594.64	673.88
711	340.82	373.82	422.94	1168	566.23	621.77	704.70
762	365.98	401.49	454.39	1219	591.38	649.44	736.15
813	391.13	429.16	485.83	1321	641.69	704.78	799.03
864	416.29	456.83	517.27	1422	691.51	759.57	861.30
914	440.95	483.96	548.10	1524	741.82	814.91	924.19
1016	491.26	539.30	610.99	1626	792.13	870.26	987.08
1067	516.41	566.97	642.43				

注：1. 钢管牌号的化学成分应符合 GB/T700 中 Q215A、Q215B、Q235A、Q235B(参见第 3.25 页)和 GB/T1591 中 Q295A、Q295B、Q345A、Q345B(参见第 3.56 页)的规定。

2. 钢管的公称口径表示近似的内径参考尺寸，它不等于外径减 2 倍壁厚之差，其外径决定于圆锥管螺纹的尺寸(参见 JB/T9996—1995 和 JB/T8364.2—1996 的规定)。

注：3. 钢管的交货状态：未镀锌和管端加工的钢管，按原制造状态交货；公称外径≤323.9mm的钢管可镀锌交货，经供需双方协议，并在合同中注明，钢管管端可加工螺纹

2）钢管的外径和壁厚允许偏差

公称外径(mm)		≤48.3	>48.3 ~168.3	>168.3 ~508	>508
允许偏差(mm)	管体外径	±0.50%	±1.0%	±0.75%	±1.0%
	管端外径（距管端100mm范围内）	—	—	+2.4 −0.8	+3.0 −0.8

3）钢管的长度和允许偏差

① 通常长度：电阻焊（ERW）钢管为 4000～12000mm；埋弧焊（SAW）钢管为 3000～12000mm。

② 定尺和倍尺长度：钢管的定尺和倍尺长度应在通常长度范围内。其允许偏差均为+20，倍尺长度应留下 5～10mm 切口余量

4）钢管的力学性能

牌 号	抗拉强度 (MPa) ≥	屈服点 (MPa) ≥	伸长率 δ₅(%) ≥	
			D≤168.3mm	D>168.3mm
Q215A，Q215B	335	215	15	20
Q235A，Q235B	375	235	15	20
Q295A，Q295B	390	295	13	18
Q345A，Q345B	510	345	13	18

注：1. 采用其他牌号钢管的力学性能，由供需双方协商。

   2. 钢管的屈服点，公称外径≤114.3mm 不测定；>114.3mm 值供参考，不作交货条件。

5）钢管的工艺性能

① 弯曲试验：

公称外径≤60.3mm 的电阻焊钢管应进行弯曲试验，弯曲试验时不带填充物，未镀锌钢管，弯曲半径为公称外径的 6 倍，镀锌钢管弯曲半径为公称外径的 8 倍，弯曲角为 90°，焊缝位于弯曲方向的侧面。试验后试样上不应出现裂缝。镀锌钢管不应有镀层剥落现象

② 压扁试验：

公称外径>60.3mm 的电阻焊钢管应进行压扁试验，公称外径≤168.3mm 的电阻焊钢管，当两压平板间距离为钢管公称径的 3/4 时，焊缝应不出现裂纹，两压平板间距离为 3/5 时，焊缝以外的其他部位应不出现裂纹；公称外径>168.3mm 的电阻焊钢管，当两压平板间距离为钢管公称外径的 2/3 时，焊缝处不应出现裂纹；两压平板距离为公称外径的 1/3 时，焊缝以外的其他部位不应出现裂纹。

③ 液压试验：

钢管应逐根进行液压试验，试验压力应符合下表中规定。在试验压力下钢管应不渗漏，制造厂也可用涡流探伤或超声波探伤代替液压试验。

钢管公称外径(mm)	≤168.3	>168.3～323.9	>323.9～508	>508
试验压力(MPa)	3	5	3	2.5
试验时间(s)		≥5		≥10

注：钢管的其他要求，如表面质量、埋弧焊对接质量及镀锌层质量等参见 GB/T3091—2001 规定

6) 钢管的重量

未镀锌钢管和镀锌钢管以实际重量交货，也可按理论重量交货，钢管每米理论重量按公式计算(钢的密度为 7.85g/cm³)，修约到最邻近的 0.01kg/m。

未镀锌钢管每米理论重量计算公式：$W=0.0246615(D-S)S$。

镀锌钢管每米理论重量计算公式：$W=C[0.0246615(D-S)S]$。

式中：W ——钢管每米理论重量(kg/m)；

D ——钢管的公称外径(mm)；

S ——钢管的公称壁厚(mm)；

C ——镀锌钢管比未镀锌钢管增加的重量系数。

壁厚(mm)	2.0	2.5	2.8	3.2	3.5	3.8	4.0	4.5
C	1.064	1.051	1.045	1.040	1.036	1.034	1.032	1.028
壁厚(mm)	5.0	5.5	6.0	6.5	7.0	8.0	9.0	10.0
C	1.025	1.023	1.021	1.020	1.018	1.016	1.014	1.013

（10）普通碳素钢电线套管（GB/T3640—1988）

序号	钢管公称口径	钢管外径	钢管壁厚	理论重量（kg/m）	钢管和管接头螺纹(mm)		
		(mm)			每25.4mm牙数	螺距	钢管螺纹有效长度
1	13	12.70±0.20	1.60±0.15	0.438	18	1.411	12～16
2	16	15.88±0.20	1.60±0.15	0.581	18	1.411	12～16
3	19	19.05±0.25	1.80±0.20	0.766	16	1.588	16～20
4	25	25.40±0.25	1.80±0.20	1.048	16	1.588	16～20
5	32	31.75±0.25	1.80±0.20	1.329	16	1.588	18～22
6	38	38.10±0.25	1.80±0.20	1.611	14	1.814	22～26
7	51	50.80±0.30	2.00±0.24	2.407	14	1.814	24～28
8	64	63.50±0.30	2.50±0.30	3.760	11	2.309	22～36
9	76	76.20±0.30	3.20±0.35	5.761	11	2.309	22～36

序号	口径	螺纹部位	钢管或管接头牙形角55°圆柱管螺纹直径(mm)					
			大径		中径		小径	
			最小	最大	最小	最大	最小	最大
1	13	钢管	12.430	12.700	11.571	11.796	10.534	10.893
		接头	12.800	13.159	11.896	12.255	10.993	11.352
2	16	钢管	15.606	15.875	14.764	14.971	13.709	14.068
		接头	15.975	16.334	15.071	15.430	14.168	14.527
3	19	钢管	18.764	19.050	17.795	18.033	16.635	17.016
		接头	19.150	19.531	18.133	18.514	17.116	17.497
4	25	钢管	25.114	25.400	24.145	24.383	22.985	23.366
		接头	25.500	25.881	24.483	24.864	23.466	23.847
5	32	钢管	31.464	31.750	30.495	30.733	29.335	29.716
		接头	31.850	32.231	30.833	31.214	29.816	30.197
6	38	钢管	37.795	38.100	36.738	36.938	35.370	35.777
		接头	38.200	38.607	37.038	37.445	35.877	36.284
7	51	钢管	50.495	50.800	49.383	49.638	48.070	48.477
		接头	50.900	51.307	49.738	50.145	48.577	48.984
8	64	钢管	63.155	63.500	61.734	62.021	60.083	60.543
		接头	63.600	64.060	62.121	62.581	60.643	61.103
9	76	钢管	75.855	76.200	74.434	74.721	72.783	73.243
		接头	76.300	76.760	74.821	75.281	73.343	73.803

注：1. 钢管用"GB/T3091 焊接用管用钢带"制造。2. 钢管通常长度为3～9m。3. 交货时每根钢管带一个接头，表中重量未计管接头。4. 钢管表面分不镀锌、镀锌和其他涂层三种。带镀(涂)层钢管的理论重量允许比表中重1%～6%。

4.110

4. 钢 丝

(1) 冷拉钢丝的理论重量(GB/T342—1997)

规格 (mm)	理论重量 $\left(\dfrac{kg}{km}\right)$	规格 (mm)	理论重量 $\left(\dfrac{kg}{km}\right)$	规格 (mm)	理论重量 $\left(\dfrac{kg}{km}\right)$	规格 (mm)	理论重量 $\left(\dfrac{kg}{km}\right)$
1) 冷拉圆钢丝							
0.050	0.0154	0.25	0.385	1.0	6.17	4.5	124.8
0.055	0.0186	0.28	0.483	1.1	7.46	5.0	154.1
0.063	0.0245	0.30*	0.555	1.2	8.88	5.5	186.5
0.070	0.0302	0.32	0.631	1.4	12.08	6.0*	222.0
0.080	0.0395	0.35	0.755	1.6	15.78	6.3	244.7
0.090	0.0499	0.40	0.986	1.8	19.98	7.0	302.1
0.10	0.0617	0.45	1.248	2.0	24.66	8.0	394.6
0.11	0.0746	0.50	1.541	2.2	29.84	9.0	499
0.12	0.0888	0.55	1.865	2.5	38.53	10	617
0.14	0.121	0.60*	2.220	2.8	48.34	11	746
0.16	0.158	0.63	2.447	3.0*	55.49	12	888
0.18	0.200	0.70	3.021	3.2	63.13	14	1208
0.20	0.247	0.80	3.95	3.5	75.53	16	1578
0.22	0.298	0.90	4.99	4.0	98.65		
2) 冷拉方钢丝							
0.50	1.9625	1.1	9.4985	2.8	61.544	6.0*	282.6
0.55	2.3746	1.2	11.304	3.0*	70.65	6.3	311.5665
0.60*	2.8260	1.4	15.386	3.2	80.384	7.0	384.65
0.63	3.1157	1.6	20.096	3.5	96.1625	8.0	502.4
0.70	3.8465	1.8	25.434	4.0	125.6	9.0	635.85
0.80	5.024	2.0	31.4	4.5	158.9625	10	785
0.90	6.3585	2.2	37.994	5.0	196.25		
1.0	7.85	2.5	49.0625	5.5	237.4625		

规格 （mm）	理论重量 $\left(\dfrac{kg}{km}\right)$	规格 （mm）	理论重量 $\left(\dfrac{kg}{km}\right)$	规格 （mm）	理论重量 $\left(\dfrac{kg}{km}\right)$	规格 （mm）	理论重量 $\left(\dfrac{kg}{km}\right)$
			3）冷拉六角钢丝				
1.6	17.40	2.8	53.30	4.5	137.66	7.0	333.11
1.8	22.03	3.0*	61.18	5.0	169.95	8.0	435.08
2.0	27.20	3.2	69.61	5.5	205.64	9.0	550.64
2.2	32.90	3.5	83.28	6.0*	244.73	10.0	679.81
2.5	42.49	4.0	108.77	6.3	267.82		

注：1. 规格：圆钢丝指直径，方钢丝指边长，六角钢丝指对边距离。
   2. 理论重量是按钢的密度 7.85g/cm³ 计算。对特殊合金钢（如高合金钢）钢丝，在计算理论重量时，应采用相应牌号的密度。
   3. 表中的钢丝规格采用 R20 优先系数，其中带 * 符号的规格是采用 R40 优先系数中的优先系数。

（2）冷拉钢丝的尺寸允许偏差（GB/T342—1997）

直径、边长 或对边距离 （mm）	钢丝尺寸允许偏差级别					
	8	9	10	11	12	13
	钢丝的尺寸允许偏差(1)　（mm）					
0.05～0.10	±0.002	±0.005	±0.006	±0.010	±0.015	±0.020
＞0.10～0.30	±0.003	±0.006	±0.009	±0.014	±0.022	±0.029
＞0.30～0.60	±0.004	±0.008	±0.013	±0.018	±0.030	±0.038
＞0.60～1.0	±0.005	±0.011	±0.016	±0.023	±0.035	±0.045
＞1.0～3.0	±0.007	±0.015	±0.022	±0.030	±0.050	±0.060
＞3.0～6.0	±0.009	±0.020	±0.028	±0.040	±0.062	±0.080
＞6.0～10	±0.011	±0.025	±0.035	±0.050	±0.075	±0.100
＞10～16	±0.013	±0.030	±0.045	±0.060	±0.090	±0.120

直径、边长或对边距离（mm）	钢丝尺寸允许偏差级别					
	8	9	10	11	12	13
	钢丝的尺寸允许偏差(2)　(mm)					
0.05～0.10	−0.004	−0.010	−0.012	−0.020	−0.030	−0.040
>0.10～0.30	−0.006	−0.012	−0.018	−0.028	−0.044	−0.058
>0.30～0.60	−0.008	−0.018	−0.026	−0.036	−0.060	−0.076
>0.60～1.0	−0.010	−0.022	−0.036	−0.046	−0.070	−0.090
>1.0～3.0	−0.014	−0.030	−0.044	−0.060	−0.100	−0.120
>3.0～6.0	−0.018	−0.040	−0.056	−0.080	−0.124	−0.160
>6.0～10	−0.022	−0.050	−0.070	−0.100	−0.150	−0.200
>10～16	−0.026	−0.060	−0.090	−0.120	−0.180	−0.240

注：1. 钢丝尺寸（直径、边长或对边距离）允许偏差有(1)和(2)两种，其具体要求采用(1)或(2)应在相应的技术条件或合同中注明。

2. 钢丝尺寸允许偏差级别的适用范围：

钢丝截面形状	圆形	方形	六角形
适用级别	8～12	10～13	10～13

3. 钢丝中间尺寸的允许偏差按相邻较大规格钢丝的规定。

4. 圆钢丝不圆度应不大于直径公差之半；方钢丝的对角线差不得大于相应级别边长的0.7倍。

5. 钢丝以盘状交货。经供需双方协商，并在合同中注明，可以直条交货。直条钢丝的通常长度为2～4m，允许供应长度≥1.5m的短尺钢丝，但其重量不得超过该批重量的15%。

（3）一般用途低碳钢丝（GB/T343－1994）

1）钢丝的分类、代号和用途								
分类代号	按交货状态分			按用途分			按锌层重量分		
	冷拉	退火	镀锌	普通用	制钉用	建筑用	D级	E级	F级
代号	WCD	TA	SZ	Ⅰ类	Ⅱ类	Ⅲ类	D	E	F

注：1. GB/T 343－1994 代替了原 GB/T343－1982 一般用途低碳钢丝、GB/T3081－1982 一般用途热镀锌低碳钢丝和 GB/T9972－1988 一般用途电镀锌低碳钢丝。在 GB/T343－1994 中镀锌钢丝不分热镀锌钢丝或电镀锌钢丝，仅需要注明钢丝的锌层重量级别，如需方未在合同中注明锌层级别时，由供方确定。钢丝的交货状态和用途应在合同中注明

2) 钢丝的尺寸允许偏差（mm）						
直　　径	≤0.30	>0.30 ~1.0	>1.0 ~1.6	>1.6 ~3.0	>3.0 ~6.0	>6.0
直径允 许偏差 镀锌钢丝	±0.02	±0.04	±0.05	±0.06	±0.07	±0.08
其他钢丝	±0.01	±0.02	±0.03	±0.04	±0.05	±0.06

注：2. 其他钢丝指冷拉普通用钢丝、制钉用钢丝、建筑用钢丝和退火钢丝
　　3. 钢丝也可按英制线规号（规格）交货，其直径允许偏差按本表规定。常见的英制线规号有英国 BWG 线规号（伯明翰线规号）、SWG 线规号（英国标准线规号）和 AWG（美国线规号）（参见第 1.25 页）
　　4. 钢丝的不圆度不得超过直径公差之半

3) 钢丝的力学性能							
直　径 （mm）	抗拉强度 （MPa）			180°弯曲试验 （次）		伸长率 δ_{10} （%）	
	冷拉 普通用	制钉用	建筑 用	冷拉 普通用	建筑 用	建筑 用	镀锌 钢丝
≤0.8	≤980	—	—	*	—	—	10
>0.80~1.2	≤980	880~1320	—				
>1.2~1.8	≤1060	785~1220	—	6	—	—	12
>1.8~2.5	≤1010	735~1170	—				
>2.5~3.5	≤960	685~1120	≥550				
>3.5~5.0	≤890	590~1030	≥550	≥4	≥4	≥2	12
>5.0~6.0	≤790	540~930	≥550				
>6.0	≤690	—	—	—	—	—	

注：5. 退火钢丝和镀锌钢丝的抗拉强度均为 295~540MPa。
　　6. 带 * 符号的直径≤0.8mm 的冷拉普通用钢丝，可用打结拉伸试验代替弯曲试验，其打结拉力应不低于破断拉力的 50%。
　　7. 力学性能经双方协议，也可按用户要求组织生产。
　　8. 钢丝可选用 GB/T701—1997 低碳钢热轧圆盘条或其他钢盘条制造，其牌号由供方确定

4）镀锌钢丝的锌层重量、硫酸铜试验和缠绕试验

直 径 （mm）	锌层重量 （g/m²）≥			直 径 （mm）	锌层重量 （g/m²）≥		
	D 级	E 级	F 级		D 级	E 级	F 级
≤0.25	15	12	5	>2.20～2.50	55	40	25
>0.25～0.40	20	12	5	>2.50～2.80	65	45	25
>0.40～0.50	20	15	8	>2.80～3.00	70	45	25
>0.50～0.60	20	15	8	>3.00～3.20	80	50	25
>0.60～0.80	20	15	10	>3.20～3.60	80	50	30
>0.80～1.20	25	18	10	>3.60～4.00	85	60	30
>1.20～1.40	25	18	14	>4.00～4.40	95	70	35
>1.40～1.60	35	30	20	>4.40～5.20	95	70	40
>1.60～1.80	40	30	20	>5.20～6.00	100	80	50
>1.80～2.00	45	30	20	>6.00～7.50	—	—	—
>2.00～2.20	50	40	25	>7.50～10.00	—	—	—

直 径 （mm）	硫酸铜试验（浸置次数）≥					
	D 级		E 级		F 级	
	60S	30S	60S	30S	60S	30S
≤1.40	—	—	—	—	—	—
>1.40～2.50	—	1	—	1	—	—
>2.50～2.80	—	1	—	1	—	1
>2.80～3.60	1	—	—	1	—	1
>3.60～4.00	1	1	—	1	—	1
>4.00～6.00	1	1	1	—	—	1
>6.00	—	—	—	—	—	—

缠绕试验 （D—芯棒直径 d—钢丝直径）	直 径 （mm）	≤0.30	>0.30 ～1.00	>1.00 ～2.00	>2.00 ～7.50	>7.50 ～10.0
	D/d	1	4	5	7	＊＊
	缠绕圈数	≥6				

注：9. 镀锌钢丝的锌层重量、硫酸铜试验和缠绕试验的数据，摘
自 GB/T 15393—1994《钢丝镀锌层》。

10. 带 ＊＊ 符号的钢丝试样应绕芯棒至少弯曲 90°，芯棒直径
为钢丝直径的 5 倍

5）钢丝的重量							
直径（mm）	≤0.30	>0.30 ~0.50	>0.50 ~1.00	>1.00 ~1.20	>1.20 ~3.00	>3.00 ~4.50	>4.50 ~6.00
标准捆 捆重（kg）	5	10	25	25	50	50	50
标准捆 每捆根数≤	6	5	4	3	3	3	2
标准捆 单根最低重量（kg）	0.2	0.5	1	2	3	4	4
非标准捆重量（kg）	0.5	1	2	2.5	3.5	6	8

注：11. 按标准捆交货时应在合同中注明。未注明者，由供方确定。

　　12. 标准捆钢丝每捆重量允许有不超过规定重量＋1%的上偏差和－0.4%的下偏差，但每捆交货重量不允许负偏差。

　　13. 根据需方要求，标准捆也可由一根钢丝组成。镀锌钢丝成品接头处应用局部电镀的方法或用银漆覆涂。镀锌钢丝及其他各类钢丝电接处应对正锉平，且不作质量检验依据，接头数量不得超过表中规定。

　　14. 非标准捆的钢丝应由一根钢丝组成，重量由双方协议确定或由供方确定，但最低重量应符合表中规定

6）镀锌低碳钢丝的常见英制规格（BWG）与米制规格对照					
英制规格	相应米制规格（mm）	英制规格	相应米制规格（mm）	英制规格	相应米制规格（mm）
BWG线规号	相当mm值	BWG线规号	相当mm值	BWG线规号	相当mm值
33	0.20	0.20	23	0.64	—	13	2.41	2.50
32	0.23	0.22	22	0.71	0.70	12	2.77	2.80
31	0.25	0.25	21	0.81	0.80	11	3.05	3.0
—	—	0.28	20	0.89	0.90	10	3.40	3.5
30	0.31	0.30	—	—	1.00	9	3.76	—
29	0.33	—	19	1.07	—	8	4.19	4.0
28	0.36	0.35	18	1.25	1.2	7	4.57	4.5
27	0.41	0.40	17	1.47	1.4	6	5.16	5.0
26	0.46	0.45	16	1.65	1.6	5	5.59	5.5
25	0.51	0.50	15	1.83	1.8	4	6.05	6.0
24	0.56	0.55	—	—	2.0			
—	—	0.60	14	2.11	2.2			

(4) 通讯线用镀锌低碳钢丝(GB/T346—1984)

1) 钢丝的分类和代号

① 按锌层表面状态分:钝化处理(代号 DH)和未经钝化处理。钝化处理是将钢丝镀锌层表面浸入铬酸、硫酸及硝酸的混合液中进行钝化,使镀层表面形成一层钝化保护膜以提高锌层耐蚀性。

② 按锌层重量分:Ⅰ组和Ⅱ组。

③ 按钢丝用钢的含铜量分:含铜钢丝(代号 Cu)和普通钢丝

2) 钢丝的尺寸、力学性能、捆重和理论重量

公称直径(mm)	直径允许偏差(mm)	力学性能		锌层重量(g/m²)≥		浸硫酸铜溶液次数≥			
		抗拉强度(MPa)	伸长率(%)	Ⅰ组	Ⅱ组	Ⅰ组		Ⅱ组	
						60S	30S	60S	30S
1.2	+0.06 −0.04	353~539		120	—	2			
1.5				150	230	2		2	1
2.0	+0.08 −0.04		≥12	210	240	2		3	1
2.5				230	260	2		3	1
3.0				230	275	3		3	1
4.0	+0.10 −0.04	353~490		245	290	3		3	1
5.0				245	290	3		3	1
6.0				245	290	3		3	1

公称直径(mm)	缠绕试验(缠绕6圈)(D—芯棒直径 d—钢丝直径)	50kg 标准捆		非标准捆		理论重量(kg/km)
		每捆钢丝根数≤		配捆单根钢丝重量(kg)≥	单根钢丝重量(kg)≥	
		正常的	配捆的		正常的	最低重量	
1.2		1	4	2	10	3	8.88
1.5	D=4d	1	3	3	30	5	13.9
2.0		1	3	5	20	8	24.7
2.5		1	3	5	20	10	38.5
3.0		1	2	10	25	12	55.5
4.0	D=5d	1	2	10	40	15	98.6
5.0		1	2	15	50	20	154
6.0		1	2	15	60	20	222

注： 1. 钢丝用"GB/T701－1997 低碳钢热轧圆盘条"中规定的牌号制造。其中含铜量：普通钢≤0.2%，含铜钢 0.2%～0.4%。

    2. 钢丝 20°电阻系数（$\Omega \cdot mm^2/m$）：普通钢≤0.132；含铜钢≤0.146。

（5）铠装电缆用低碳镀锌钢丝（GB/T3082－1984）

分类	按锌层重量分：Ⅰ组和Ⅱ组。 按锌层表面状态分：钝化处理（代号 DH）和未经钝化处理						
公称直径（mm）	1.6	2.0	2.5	3.15	4.0	5.0	6.0
直径允许偏差（mm）	±0.05	±0.08		±0.10		±0.13	
抗拉强度 σ_b（MPa）	343～490						
伸长率 δ(%)≥	10						
伸长率 标距(mm)	160	200	250	250			
扭转试验 次数≥	37	30	24	19	15	12	10
扭转试验 标距(mm)	150						
锌层重量 （g/m²） Ⅰ组	150	190	210	240	270		
锌层重量 （g/m²） Ⅱ组	220	240	260	275	290		
浸入硫酸 铜溶液 次 数 Ⅰ组 60S	2			3			
浸入硫酸 铜溶液 次 数 Ⅰ组 30S	—						
浸入硫酸 铜溶液 次 数 Ⅱ组 60S	2		3				
浸入硫酸 铜溶液 次 数 Ⅱ组 30S	1			1			
缠绕试验 （D—芯棒直径 d—钢丝直径）	$D=4d(d \leqslant 3.15)$ 或 $D=5d(d \geqslant 4)$						
	缠绕圈数≥6						
每盘重量(kg)≥ （由 1 根钢丝组成）	30		45		50	60	
钢丝　牌号	按 GB/T701－1997《低碳钢热轧圆盘条》中规定的牌号制造						

（6）棉花打包用镀锌低碳钢丝（YB/T5033－1993）

公称直径（mm）	直径允许偏差（mm）	力 学 性 能			锌层重量 $\left(\dfrac{g}{m^2}\right) \geqslant$	硫酸铜浸置试验（次）	
		抗拉强度（MPa）	伸长率（%）≥	反复弯曲试验次数		60S	30S
2.2					50	2	—
2.5	±0.05	382～461	15	14	57	2	—
2.8					65	2	1

公称直径（mm）	包型尺寸（mm）	最 大 适 用 范 围		
		棉花等级（锯齿棉）	捆绑根数（根）	棉包密度（kg/m³）
2.2			10	350
			12	400
2.5	长800×宽400×高600	3～4（含水率8%～10%）	10	400
			12	500
2.8			10	450
			12	500

注：1. 经供需双方协议，可生产中间直径的钢丝。

2. 生产钢丝用盘条按 GB/T701－1997《低碳钢热轧圆盘条》中规定的牌号（参见第 4.22 页）。其他化学成分应符合 GB/T700－1988《碳素结构钢》中的 Q195、Q215 的要求（参见第 3.25 页）。

3. 钢丝的缠绕试验：芯棒直径为钢丝直径的 7 倍，缠绕圈数 ≥6 圈。

4. 棉包的套扣式结扣，如棉花等级高，含水率低于规定，应适当降低棉包密度或增加捆绑根数；棉花等级低，含水率高或为皮辊棉时，可适当提高棉包密度或减少捆绑根数。其他包型可适当增减。

5. 每捆钢丝重量为 50kg，允许重量偏差为 +1%。每捆由 1～2 根钢丝组成，其中最小单根钢丝重量应 ≥3kg。

6. 钢丝的镀锌方法，可以是热镀锌或电镀锌。

(7) 重要用途低碳钢丝（YB/T5032－1993）

按表面情况分类	Ⅰ类——镀锌钢丝,代号 Zd			
	Ⅱ类——光面钢丝,代号 Zg			

公称直径(mm)	0.3～0.6	0.8～1.6	1.8～3.0	3.5～6.0
允许偏差(mm) 光面钢丝	±0.02	±0.04	±0.06	±0.07
允许偏差(mm) 镀锌钢丝	+0.04 −0.02	+0.06 −0.02	+0.08 −0.06	+0.09 −0.07

公称直径(mm)	抗拉强度(MPa)≥ 光面	抗拉强度(MPa)≥ 镀锌	360°扭转试验(次)≥	180°弯曲试验(次)	锌层重量(g/m²)≥	镀锌钢丝缠绕试验	每盘重量(kg)≥
0.3,0.4			30	*	5		0.3
0.5,0.6			30	*	8		0.5
0.8			30	*	15		1.0
1.0			25	22	24	芯棒直径	1.0
1.2			25	18	24		5.0
1.4			20	14	24	等于 5 倍	5.0
1.6	392	363	20	12	41		5.0
1.8			18	12	41	钢丝直径	10
2.0			18	10	41		10
2.3			15	10	59	缠绕 20 圈	10
2.6			15	8	59		10
3.0,3.5			12	10	75		10
4.0,4.5			10	8	95		20
5.0			8	6	110		20
6.0			—	—	110		20

注：1. 钢丝制造材料按 GB/T699－1999《优质碳素结构钢》中的规定(参见第 3.30 页)，牌号由生产厂确定。
　　2. 钢丝的椭圆度，镀锌钢丝不得超出直径公差，光面钢丝不得超出直径公差之半。
　　3. 带 * 符号的直径 0.3～0.8mm 钢丝的打结拉力试验的抗拉强度(MPa)：光面钢丝≥226；镀锌钢丝≥186。
　　4. 每盘钢丝应由一根钢丝组成。

(8) 碳素弹簧钢丝（GB/T4357-1989）

级别	用　途	钢丝直径范围(mm)	直径允许偏差
B	用于低应力弹簧	0.08～13.00	11(h11)级
C	用于中等应力弹簧	0.08～13.00	11(h11)级
D	用于高应力弹簧	0.08～6.00	11(h11)级

钢丝直径 (mm)	≤0.10	>0.10 ～0.20	>0.20 ～0.30	>0.30 ～0.80	>0.8 ～1.20
每盘最小重量(kg)	0.1	0.2	0.4	0.5	1.0

钢丝直径 (mm)	>1.20 ～1.80	>1.80 ～3.00	>3.00 ～5.00	>5.00 ～8.00	>8.00 ～13.00
每盘最小重量(kg)	2.0	5.0	8.0	10	20

注：钢丝的直径系列和允许偏差，按 GB/T342-1997《冷拉圆钢丝的尺寸允许偏差》中的规定（参见第 4.111 页）。每盘钢丝应由一根钢丝组成。钢丝的制造材料和力学性能，参见第 3.109 页"碳素弹簧钢丝"。

(9) 重要用途碳素弹簧钢丝（GB/T4358-1995）

组别	钢丝的直径范围(mm)	直径允许偏差
E	0.08～6.00	10(h10)级
F	0.08～6.00	11(h11)级
G	1.00～6.00	11(h11)级

钢丝直径 (mm)	≤0.10	>0.10 ～0.20	>0.20 ～0.30	>0.30 ～0.80
每盘最小重量(kg)	0.10	0.20	0.40	0.50

钢丝直径 (mm)	>0.80 ～1.80	>1.80 ～3.00	>3.00 ～6.00
每盘最小重量(kg)	2.0	5.0	6.0

注：每盘钢丝应由一根钢丝组成，不允许有焊接头存在。钢丝的制造材料，当用户没有指定牌号要求时，由钢丝生产厂选择牌号。钢丝的化学成分和力学性能，参见第 3.111 页"重要用途碳素弹簧钢丝"。

（10）合金结构钢丝（GB/T3079—1993）

① 分类

按品种分:冷拉圆钢丝、冷拉方钢丝和冷拉六角钢丝;

按用途分:Ⅰ类——特殊用途钢丝,Ⅱ类——一般用途钢丝;

按交货状态分:冷拉钢丝(代号 L)、退火钢丝(代号 T)。

如用途和交货状态未在合同中注明时,则按Ⅱ类和冷拉状态交货。

② 规格、尺寸允许偏差和理论重量

冷拉圆钢丝:规格(直径)≤10mm;允许偏差按 GB/T342—1997《冷拉圆钢丝》中的 11 级的规定。

冷拉方钢丝:规格(边长)2~8mm;允许偏差按 GB/T342—1997《冷拉方钢丝》中的 11 级的规定。

冷拉六角钢丝:规格(对边距离)2~8mm;允许偏差按 GB/T342—1997《冷拉六角钢丝》中的 11 级的规定。

各种钢丝的具体规格及其允许偏差,参见第 4.112 页"冷拉钢丝的尺寸允许偏差";理论重量参见第 4.111 页"冷拉钢丝的理论重量"。

③ 每盘钢丝应由一根钢丝组成,每盘重量应符合下表规定。允许每批交付每盘重量不小于 50% 规定盘重、总重量不大于 10% 批重量的钢丝。

规格(mm)	≤3.00	>3.00	马氏体及半马氏体钢丝
每盘重量(kg)	≥10	≥15	≥10

④ 钢丝的牌号、化学成分和力学性能,参见第 3.96 页"合金结构钢丝"。

⑤ 钢丝的其他要求(低倍组织、晶粒度、脱碳层、非金属夹杂物和表面质量等),参见 GB/T3079—1993《合金结构钢丝》中的规定

(11) 不 锈 钢 丝 (GB/T4240-1993)

① 钢丝按交货状态分类：软态钢丝(代号 R)、轻拉钢丝(代号 Q)、冷拉钢丝(代号 L)。

② 钢丝直径(mm)：软态 0.05～14.0，轻拉 0.5～14.0，冷拉钢丝 0.50～6.0。

③ 钢丝直径系列和允许偏差：应符合 GB/T342-1997 中的 11 级的规定，参见第 4.112 页"冷拉钢丝"中的"冷拉圆钢丝"部分。

④ 钢丝的不圆度：不得大于直径公差之半。

⑤ 钢丝盘内径应符合下表规定。

钢丝直径(mm)	0.05～0.45	>0.45～1.40	>1.40～2.00	>2.00～6.00	>6.00～14.00
钢丝盘内径(mm) ≥	线轴或100	150	200	400	600

注：根据需方要求，可提供直条钢丝和银亮钢丝。

⑥ 钢丝的牌号、化学成分和力学性能，参见第 3.194 页"不锈钢丝"。

⑦ GB/T4240-1993 规定的不锈钢丝，不适用于弹簧、冷顶锻和焊接用钢丝

(12) 冷顶锻用不锈钢丝 (GB/T4232-1993)

① 钢丝按交货状态分类：软态钢丝(代号 R)、轻拉钢丝(代号 Q)。

② 钢丝直径(mm)：软态钢丝 1.0～6.0，轻拉钢丝 1.0～14.0。

③ 钢丝直径系列和允许偏差：应符合 GB/T342-1997 中的 11(h11)级或 10(h10)级的规定，其中要求 10 级者须在合同中注明，参见第 4.112 页"冷拉钢丝的尺寸允许偏差"中的"冷拉圆钢丝"部分。

④ 钢丝椭圆度不得大于直径公差之半。

⑤ 钢丝的牌号、化学成分和力学性能，参见第 3.196 页"冷顶锻用不锈钢丝"。

⑥ 本标准规定的钢丝，适用于螺栓、螺钉和铆钉

(13) 熔化焊用钢丝（GB/T14957-1994）

公称直径（mm）		1.6,2.0,2.5,3.0	3.2,4.0,5.0,6.0
允许偏差 （mm）	普通精度	-0.10	-0.12
	较高精度	-0.06	-0.08

公称直径 （mm）	捆（盘）的 内径 （mm） ≥	每捆（盘）重量（kg）≥			
		碳素结构钢		合金结构钢	
		一般	最小	一般	最小
1.6～3.0	350	30	15	10	5
3.2～6.0	400	40	20	15	8

注：1. 钢丝的不圆度不大于公称直径之半。
　　2. 每批供货时最小钢丝捆（盘），不得超过每批总重量的10%。
　　3. 钢丝的牌号、化学成分，参见第3.99页"熔化焊用钢丝的化学成分"。
　　4. 钢丝适用于电弧焊、埋弧自动焊和半自动焊、电渣焊和气焊等

(14) 气体保护焊用钢丝（GB/T14958-1994）

分类	按表面状态分：镀铜钢丝（代号 DT）、半镀铜钢丝（无代号） 按交货状态分：捆（盘）状（代号 KZ）、缠轴（代号 CZ）			
公称直径（mm）		0.6	0.8,1.0,1.2,1.6	2.0,2.2
允许偏差 （mm）	普通精度	$+0.01$ -0.05	$+0.01$ -0.09	$+0.01$ -0.09
	较高精度	$+0.01$ -0.03	$+0.01$ -0.04	$+0.01$ -0.06
公称直径（mm）		0.6,0.8	1.0,1.2	1.6,2.0,2.2
钢丝捆（盘）内径（mm）≥		250	300	300
每捆（盘）重量（kg）≥		4	10	15

注：1. 钢丝的不圆度不大于直径公差之半。
　　2. 缠轴钢丝应紧密地缠绕在钢丝轴上，尾端应明显，易拆解。每轴钢丝重量一般应为 15～20kg。
　　3. 钢丝的牌号和化学成分参见第3.101页"气体保护焊用钢丝"。
　　4. 钢丝适用于低碳钢、低合金钢和合金钢等的气体保护焊

(15) 焊接用不锈钢丝(GB/T4242－1984)

① 按交货状态分类:冷拉钢丝(代号 L)、软态钢丝(代号 R)。需要软态钢丝者,须在合同中注明。
② 钢丝直径和允许偏差:直径为 0.40～9.00mm,直径允许偏差按GB/T342－1997 中的 12(h12)级规定,参见第 4.112 页"冷拉钢丝的尺寸允许偏差"中的"冷拉圆钢丝"部分。
③ 钢丝的椭圆度不得超过直径公差之半。
④ 钢丝的牌号、化学成分,按第 3.198 页"焊接用不锈钢盘条的化学成分"的规定。
⑤ 钢丝盘的内径和每盘重量应符合下列规定:

钢丝内径 (mm)	≤0.60	>0.60 ～0.80	>0.80 ～1.20	>1.20 ～2.00	>2.00 ～3.50	>3.50 ～6.00	>6.00 ～9.00
钢丝盘内径 (mm)≥	150	150	150	250	350	500	500
每盘重量 (kg)≥	1.0	2.0	5.0	6.0	8.0	10	12

(16) 混凝土制品用冷拔冷轧低碳螺纹钢丝(JC/T540－1994)

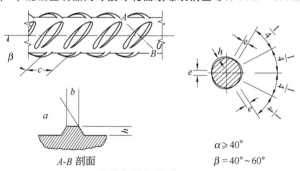

$\alpha \geqslant 40°$
$\beta = 40°～60°$

冷轧螺纹钢丝外形图

代 号	混凝土制品用冷拔冷轧低碳螺纹钢丝,简称冷轧螺纹钢丝,代号 CRS

（续）

分　类	① 按公称强度分:甲级(又分Ⅰ组、Ⅱ组)、乙级。② 按肋高分:浅螺纹钢丝(代号 S)——适用于预应力混凝土制品;深螺纹钢丝(代号 O)——适用于钢筋混凝土用制品		

公称直径 ϕ^z (mm)	公称横截面积 F (mm²)	公称重量 W (kg/m)	实际重量与公称重量的允许偏差
4.0	12.6	0.099	
5.0	19.6	0.154	±4%
6.0	28.3	0.222	

	公称直径 ϕ^z (mm)	肋高 a (mm)		肋顶宽 b (mm)		肋中心距 c (mm)	横肋末端间隙总和 Σ_e (mm)≤
		公称尺寸	允许偏差	公称尺寸	允许偏差		
浅螺纹钢丝	4.0	0.15	+0.05	0.40	±0.10	3.50～4.50	2.50
	5.0	0.16	+0.05	0.50	±0.10	3.50～4.50	3.10
	6.0	0.20	+0.05	0.60	±0.10	4.25～5.57	3.80

	公称直径 ϕ^z (mm)	肋高 a (mm)		肋顶宽 b (mm)		肋中心距 c (mm)	横肋末端间隙总和 Σ_e (mm)≤
		公称尺寸	允许偏差	公称尺寸	允许偏差		
深螺纹钢丝	4.0	0.30	−0.05	0.40	±0.10	3.50～4.50	2.50
	5.0	0.32	−0.05	0.50	±0.10	3.50～4.50	3.10
	6.0	0.40	−0.05	0.60	±0.10	4.25～5.57	3.80

级　别	公称直径 ϕ^z (mm)	抗拉强度 (MPa)≥		伸长率 δ_{100} (%)≥	反复弯曲 (次)
		Ⅰ组	Ⅱ组		
甲　级	4.0	700	650	2.5	4
	5.0	650	600	3.0	4
	6.0	650	600	3.5	4
乙　级	4.0～6.0	550		4.0	4

注: 1. 钢丝的牌号和化学成分应符合"GB/T700－1988 碳素结构钢"或"GB/T701－1997 普通低碳钢无扭控冷热轧圆盘条"中的规定。
　　2. 甲级冷轧螺纹钢丝用于非抗震的预应力混凝土中小制品时,可不要求反复弯曲指标。
　　3. 乙级冷轧螺纹钢丝用于焊接骨架、箍筋和构造筋时,伸长率 δ_{100}(试样标距长度规定是 100mm)不低于 2%即可。

4.126

5. 钢 丝 绳 简 介

(1) 钢丝绳分类 (GB/T8706-1988)

1) 钢丝绳总分类

① 圆钢丝绳
② 编织钢丝绳
③ 扁钢丝绳

2) 圆钢丝绳分类

① 按结构分
    a. 单捻(股)钢丝绳,又分:
      ⅰ 普通单股钢丝绳——由一层或多层圆钢丝螺旋状缠绕在一根芯上捻制而成的钢丝绳。
      ⅱ 半密封钢丝绳——中心钢丝周围螺旋状缠绕着一层或多层圆钢丝,在外层是由异形丝和圆形丝相间捻制而成的钢丝绳。
      ⅲ 密封钢丝绳——中心钢丝周围螺旋状缠绕着一层或多层圆钢丝,其外面由一层或数层异形钢丝捻制而成的钢丝绳。
    b. 双捻(多股)钢丝绳——由一层或多层股绕着一根绳芯呈螺旋状捻制而成的单层多股或多层股钢丝绳。
    c. 三捻钢丝绳(钢缆)——多根多股钢丝绳围绕一根纤维芯或钢绳芯捻制而成的钢丝绳。
② 按直径分
    a. 细直径钢丝绳——直径<8mm 的钢丝绳。
    b. 普通直径钢丝绳——直径≥8~≤60mm 的钢丝绳。
    c. 粗直径钢丝绳——直径>60mm 的钢丝绳。
③ 按用途分
    a. 一般用途钢丝绳(含钢绞线)　　g. 预应力混凝土用钢绞线
    b. 电梯用钢丝绳　　　　　　　　h. 渔业用钢丝绳
    c. 航空用钢丝绳　　　　　　　　i. 矿井提升用钢丝绳
    d. 钻深井设备用钢丝绳　　　　　j. 轮胎用钢帘线
    e. 架空索道及缆车用钢丝绳　　　k. 胶带用钢丝绳
    f. 起重用钢丝绳
④ 按捻制特性分:点接触钢丝绳、线接触钢丝绳、面接触钢丝绳。
⑤ 按表面状态分:光面钢丝绳、镀锌钢丝绳、涂塑钢丝绳。
⑥ 按股的断面形状分:圆股钢丝绳、异型股钢丝绳(三角形股、扁形股、椭圆形股)

3) 按钢丝绳捻法分类

钢丝绳按捻法分：右交互捻（代号 ZS）、左交互捻（SZ）、右同向捻（ZZ）和左同向捻（SS）四种。代号中左起第一个字母表示绳的捻向，第二个字母表示股的捻向；Z 表示右向捻，S 表示左向捻。参见下图：

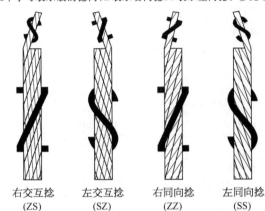

| 右交互捻
(ZS) | 左交互捻
(SZ) | 右同向捻
(ZZ) | 左同向捻
(SS) |

第 4.135 页的第（1）节中：1～7 组钢丝绳可为交互捻和同向捻，其中 6 组和 7 组多层圆股钢丝绳的内层绳捻法，由生产厂确定。

6×37(b)组、8 组和 12 组钢丝绳仅为交互捻。

9～11 组和 13 组异型股钢丝绳为同向捻。13 组钢丝绳的内层绳与外层绳捻向应相反，且内层绳为同向捻。

注：如用户对捻法无明确要求，则由生产厂自行决定

4) 钢丝绳的绳芯分类

钢丝绳的绳芯分：

① 纤维芯（代号 FC）——应用天然纤维（如剑麻、棉纱，代号 NF）、合成纤维（代号 SF）及其他符合性能要求的纤维制成；

② 钢芯——又分独立的钢丝绳芯（代号 IWR）和钢丝股芯（代号 IWS）

（2）钢丝绳的标记代号（GB/T8707—1988）

1）钢丝绳的有关名称和代号

代　号	名　　称	代　号	名　　称
① 钢丝绳		④ 钢丝表面状态	
—	圆形钢丝绳	NAT	光面钢丝
Y	编织钢丝绳	ZAA	A 级镀锌钢丝
P	扁形钢丝绳	ZAB	AB 级镀锌钢丝
T	面接触钢丝绳	ZBB	B 级镀锌钢丝
S[①]	西鲁式钢丝绳	⑤ 绳（股）芯	
W[①]	瓦林吞式钢丝绳	FC	纤维芯（天然或合成的）
WS[①]	瓦林吞—西鲁钢丝绳	NF	天然纤维芯
Fi[①]	填充钢丝绳	SF	合成纤维芯
② 股（横截面）		IWR	金属丝绳芯
—	圆形股	IWS	金属丝股芯
V	三角形股	⑥ 捻向	
R	扁形股	Z	右向捻
Q	椭圆形股	S	左向捻
③ 钢丝		ZZ	右同向捻
—	圆形钢丝	SS	左同向捻
V	三角形钢丝	ZS	右交互捻
R	矩形或扁形钢丝	SZ	左交互捻
T	梯形钢丝	⑦ 其他	
Q	椭圆形钢丝	R_0	钢丝公称抗拉强度
H	半密封钢丝（或钢轨形钢丝）与圆形钢丝搭配	F_0	钢丝绳最小破断拉力
		M	单位长度重量
Z	Z 形钢丝	d	公称直径

注：① 是标记中常用的简称代号。

2) 钢丝绳的标记

① 钢丝绳的标记分全称标记和简化标记两种。

② 钢丝绳的全称标记图示：

| 1 | 2 | 3+4 | 5 | 6 | 7 | 8 | 9 |

说明：1　钢丝绳的公称直径。

2　钢丝绳的表面状态。

3+4　钢丝绳的结构型式。

5　钢丝公称抗拉强度(MPa)。

6　钢丝绳捻向。

7　钢丝绳的最小破断拉力(kN)。

8　单位长度重量(kg/100m)。

9　产品标准编号。

钢丝绳全称标记示例：

18 NAT 6(9+9+1)+NF 1770 SS 189 117 GB/T8918

说明：1　钢丝绳公称直径为18mm。

2　钢丝表面为光面钢丝。

3+4　西鲁钢丝绳+天然纤维芯。

5　钢丝公称抗拉强度为1770MPa。

6　钢丝绳捻向为左同向捻。

7　钢丝绳的最小破断拉力为189kN。

8　单位长度重量为117kg/100m。

9　钢丝绳的产品标准编号为GB/T8918。

③ 钢丝绳的简化标记图示：

| 1 | 2 | 3+4 | 5 | 6 | 7 |

说明：1~7——与全称标记说明相同，其中第3项予以简化。

上述钢丝绳简化标记示例：

18　NAT　6×19S+NF　1770 SS 189

说明：除6×19S为上述6(9+9+1)的简化标记外，其余同上

4.130

(3) 钢丝绳的主要用途推荐（GB/T8918—1996）

用　途	钢丝绳名称	钢　丝　绳　结　构
立井提升	三角股钢丝绳	6V×37S　6V×36　6V×33　6V×30 6V×43　6V×21
	线接触钢丝绳	6×19S　6×19W　6×25Fi　6×29Fi 6×26SW　6×31SW　6×36SW　6×41SW （均推荐同向捻）
	多层股钢丝绳	18×7　17×7　6Q×19+6V×21 6Q×33+6V×21 （均用于钢丝绳罐道的立井）
开凿立井提升（建井用）	多层股钢丝绳及异型股钢丝绳	6Q×33+6V×21　17×7　18×7 34×7　36×7　6Q×19+6V×21 4V×39S　4V×48S
立井平衡绳	扁钢丝绳	6×4×7　8×4×7　8×4×9 8×4×19
	钢丝绳	6×37　6×37S　6×36SW 及 4V×39S 4V×48S （均仅适用于交互捻）
	多层股钢丝绳	17×7　18×7　34×7　36×7 （均仅适用于交互捻）
斜井卷扬（绞车）	三角股钢丝绳	6V×18
	钢丝绳	6T×7 （见面接触钢丝绳） 6×7　6×9W （均推荐同向捻）
高炉卷扬	三角股钢丝绳	6V×37S　6V×36　6V×30　6V×33 6V×43
	线接触钢丝绳	6×19S　6×25Fi　6×29Fi　6×26SW 6×31SW　6×36SW　6×41SW

用　途	钢丝绳名称	钢　丝　绳　结　构
立井罐道及索道承重	密封钢丝绳	(见密封钢丝绳标准)
	三角股钢丝绳	6V×18
	多层股钢丝绳	18×7　17×7 (均推荐同向捻)
	钢丝绳	6×7　(推荐同向捻)
露天斜坡卷扬	三角股钢丝绳	6V×37S　6V×36　6V×30　6V×33 6V×43
	线接触钢丝绳	6×36SW　6×37SW　6×41SW　6×49SWS 6×55SWS　(均推荐同向捻)
石油钻井	线接触钢丝绳	6×19S　6×19W　6×25Fi　6×29Fi 6×26SW　6×31SW　6×36SW (均也可采用钢芯)
胶带运输机及索道牵引缆车	线接触钢丝绳	6×19S　6×19W　6×25Fi　6×29Fi 6×26SW　6×31SW　6×36SW 6×41SW　(均推荐同向捻)
挖掘机(电铲卷扬)	线接触钢丝绳及三角股钢丝绳	6×19S+IWR　6×25Fi+IWR 6×19W+IWR　6×29Fi+IWR 6×26SW+IWR　6×31SW+IWR 6×36SW+IWR　6×55SWS+IWR 6×49SWS+IWR　6V×30 6V×33　6V×36　6V×37 6V×43　(均推荐同向捻)

4.132

用　　　途		钢丝绳名称	钢　丝　绳　结　构
起重机	大型浇注吊车	三角股钢丝绳	6V×37S　6V×36　6V×43 （① 指同规格左捻与右捻绳成对使用条件下；② 受热大时，也可选择加 7×7 金属绳芯者）
		线接触钢丝绳	6×19S+IWR　6×19W+IWR 6×25Fi+IWR　6×36SW+IWR 6×41SW+IWR
	港口装卸和建筑用塔式起重机	多层股钢丝绳	18×19　18×19S　18×19W　34×7 36×7
		四股扇形股钢丝绳	4V×39S　4V×48S
	其他用途	线接触钢丝绳	6×19S　6×19W　6×25Fi　6×29Fi 6×26SW　6×31SW　6×36SW 6×37S　6×41SW　6×49SWS 6×55SWS　8×19S　8×19W 8×25Fi　8×26SW　8×31SW 8×36SW　8×41SW　8×49SWS 8×55SWS
		点接触钢丝绳	6×19　6×37
		四股扇形股钢丝绳	6V×39S　4V×48S
热移钢机（轧钢厂推钢台）		线接触钢丝绳	6×19S+IWR　6×19W+IWR 6×25Fi+IWR　6×29Fi+IWR 6×31SW+IWR　6×37S+IWR 6×36SW+IWR
		点接触钢丝绳	6×19+IWR

用　　途	钢丝绳名称	钢　丝　绳　结　构
船舶装卸	线接触钢丝绳	6×24S　6×24W　6×19S　6×19W 6×25Fi　6×29Fi　6×31SW　6×36SW 6×37S　（均镀锌）
	点接触钢丝绳	6×19　6×37 （均镀锌）
拖船货网浮运木材	钢丝绳	6×24　6×24S　6×24W　6×37 6×31SW　6×36SW　6×37S　（均镀锌）
船舶张拉桅杆及吊桥	钢丝绳	6×7+IWR　6×19+IWS 6×19S+IWR　（均镀锌）
打捞沉船	钢丝绳	6×37　6×37S　6×36SW　6×41SW 6×49SWS　6×31SW　8×19S　8×19W 8×31SW　8×36SW　8×41SW 8×49SWS　（均镀锌）
渔业拖网	钢丝绳	6×24　6×24S　6×24W　6×19　6×19S 6×19W　6×31SW　6×36SW 6×37　6×37S　（均镀锌）
捆　　绑	钢丝绳	6×24　6×24S　6×24W

注：1. 腐蚀是主要报废原因时，应采用镀锌钢丝绳。
　　2. 钢丝绳工作时，终端不能自由旋转或虽有反拔力，但不能相互纠合在一起工作，应采用同向捻钢丝绳。

4.134

6. 一般用途钢丝绳(GB/T20118－2006)

(1) 一般用途钢丝绳用途

一般用途钢丝绳适于用作机械、建筑、船舶、渔业、林业、矿业、货运索道等行业使用的各种圆股钢丝绳

(2) 一般用途钢丝绳分类

1) 一般用途钢丝绳组别、类别和分类原则

组别	类别	分 类 原 则
1	单股钢丝绳	1个圆股,每层外层丝可到18根,中心丝外捻制3～4层钢丝
2	6×7	6个圆股,每股外层丝可到7根,中心丝(或无)外捻制1～2层钢丝,每股等捻距
3	6×19(a)	6个圆股,每股外层丝8～12根,中心丝外捻制2～3层钢丝等捻距
	6×19(b)	6个圆股,每股外层丝12根,中心丝外捻制2层钢丝
4	6×37(a)	6个圆股,每股外层丝14～18根,中心丝外捻制3～4层钢丝,钢丝等捻距
	6×37(b)	6个圆股,每股外层丝18根,中心丝外捻制3层钢丝
5	6×61	6个圆股,每股外层丝24根,中心丝外捻制4层钢丝
6	8×19	8个圆股,每股外层丝8～12根,中心丝外捻制2～3层钢丝,钢丝等捻距
7	8×37	8个圆股,每股外层丝14～18根,中心丝外捻制3～4层钢丝,钢丝等捻距
8	18×7	钢丝绳中有17或18个圆股,在纤维芯或钢芯外捻制2层股,外层10～12个股,每股外层丝4～7根,中心丝外捻制一层钢丝
9	18×9	钢丝绳中有17或18个圆股,在纤维芯或钢芯外捻制2层股,外层10～12个股,每股外层丝8～12根,中心丝外捻制2～3层钢丝
10	34×7	钢丝绳中有34～36个圆股,在纤维芯或钢芯外捻制3层股,外层17～18个股,每股外层丝4～8根,中心丝外捻制一层钢丝
11	35W×7	钢丝绳中有24～40个圆股,在钢芯外捻制2～3层股,外层12～18个股,每股外层丝4～8根,中心丝外捻制一层钢丝

组别	类别	分 类 原 则
12	6×12	6个圆股,每股外层钢丝12根,股纤维芯外捻制一层钢丝
13	6×24	6个圆股,每股外层钢丝12~16根,股纤维芯外捻制2层钢丝
14	6×15	6个圆股,每股外层钢丝15根,股纤维芯外捻制一层钢丝
15	4×19	4个圆股,每股外层钢丝8~12根,中心丝外捻制2~3层钢丝,钢丝等捻距
16	4×37	4个圆股,每股外层钢丝14~18根,中心丝外捻制3~4层钢丝,钢丝等捻距

注: 1. (a)类为线接触,(b)类为点接触。
　　2. 3组和4组内推荐(a)类钢丝绳。
　　3. 12组~14组仅为纤维芯,其余组别的钢丝绳可由需方指定纤维芯或钢芯。

2) 钢丝绳的结构和直径范围

组别	类型	典 型 结 构		直径范围（mm）
		钢丝绳	股	
1	单股钢丝绳	1×7	(1+6)	0.6~12
		1×19	(1+6+12)	1~16
		1×37	(1+6+12+18)	1.4~22.5
2	6×7	6×7	(1+6)	1.8~36
		6×9W	(3+3/3)	14~36
3	6×19(a)	6×19S	(1+9+9)	6~36
		6×19W	(1+6+6/6)	6~40
		6×25Fi	(1+6+6F+12)	8~44
		6×26WS	(1+5/5+10)	13~40
		6×31WS	(1+6+6/6+12)	12~46
	6×19(b)	6×19	(1+6+12)	3~46
4	6×37(a)	6×29Fi	(1+7+7F+14)	10~44
		6×36WS	(1+7+7/7+14)	12~60
		6×37S(点线接触)	(1+6+15+15)	10~60
		6×41WS	(1+8+8/8+16)	32~60
		6×49SWS	(1+8+8+8/8+16)	36~60
		6×55SWS	(1+9+9+9/9+18)	36~60
	6×37(b)	6×37	(1+6+12+18)	5~60

组别	类型	典型结构		直径范围 (mm)
		钢丝绳	股	
5	6×61	6×61	(1+6+12+18+24)	40～60
6	8×19	8×19S	(1+9+9)	11～44
		8×19W	(1+6+6/6)	10～48
		8×25Fi	(1+6+6F+12)	18～52
		8×26WS	(1+5+5/5+10)	16～48
		8×31WS	(1+6+6/6+12)	14～56
7	8×37	8×36WS	(1+7+7/7+14)	10～60
		8×41WS	(1+8+8/8+16)	40～60
		8×49SWS	(1+8+8+8/8+16)	44～60
		8×55SWS	(1+9+9+9/9+18)	44～60
8	18×7	17×7	(1+6)	6～44
		18×7	(1+6)	6～44
9	18×19	18×19W	(1+6+6/6)	14～44
		18×19S	(1+9+9)	14～44
		18×19	(1+6+12)	10～44
10	34×7	34×7	(1+6)	16～44
		36×7	(1+6)	16～44
11	35W×7	35W×7	(1+6)	12～50
		24W×7	(1+6)	12～50
12	6×12	6×12	(FC+12)	8～32
13	6×24	6×24	(FC+9+15)	8～40
		6×24S	(FC+12+12)	10～44
		6×24W	(FC+8+8/8)	10～44
14	6×15	6×15	(FC+15)	10～32
15	4×19	4×19S	(1+9+9)	8～28
		4×25Fi	(1+6+6F+12)	12～34
		4×26WS	(1+5+5/5+10)	12～34
		4×31WS	(1+6+6/6+12)	12～26
16	4×37	4×36WS	(1+7+7/7+14)	14～42
		4×41WS	(1+8+8/8+16)	26～46

注: 1. (a)为线接触,(b)为点接触。
    2. 3组和4组内推荐用(a)类钢丝绳。
    3. 12～14组仅为纤维芯,其余组别的钢丝绳可由需方指定纤维芯或钢芯

(3) 钢丝绳材料

① 制绳用钢丝——应符合 GB/T8919 中一般用途钢丝绳用钢丝的规定。它包括中心丝、填充丝和钢芯钢丝。

② 绳芯材料——见第 4.128 页(绳芯分类)中规定。除需方另有要求,纤维芯应用防腐、防锈润滑油浸透。

③ 钢丝绳用油脂——应符合 SH/T0387 或其他技术要求的规定。麻芯脂应符合 SH/T0388 或其他有关技术要求的规定

(4) 钢丝绳技术要求

① 钢丝绳、股的捻距——用捻距倍数给出(捻距倍数为钢丝绳或股的直径倍数),应符合下表规定。

类 别		钢丝绳	单股钢丝绳	四股钢丝绳	股
捻距倍数 ≤	点接触	8	10.5	—	10.8
	线接触 (点线接触)	7.25	—	9	10

② 钢丝绳的捻制质量——股应捻制均匀、紧密。钢芯和股纤维芯的尺寸应具有足够的支撑作用,以使外层包绕的钢丝能均匀捻制,股相邻钢丝之间允许有较均匀的缝隙。用同直径钢丝制成的股,其中心钢丝应适当加大。

钢丝绳应捻制均匀、紧密、不松散,在展开和无负荷情况下,钢丝绳不得呈波浪,绳内钢丝不得有交错、折弯和断丝等缺陷,但允许有变形工卡具压紧造成的钢丝、压扁现象存在。

③ 钢丝绳的涂油——除非用户另有要求,钢丝绳应均匀地涂敷防锈、润滑油脂;需方要求钢丝绳增摩性能时,钢丝绳应涂增摩油脂。钢丝绳表面不应有未涂上油脂的地方。

④ 钢丝绳的直径允许偏差和不圆度——钢丝绳直径范围为 0.6 ～6.0mm。

钢丝绳公称直径 D（mm）	直径允许偏差（% D）		不圆度（% D）≤	
	股全部为钢丝的钢丝绳	带纤维股芯的钢丝绳	股全部为钢丝的钢丝绳	带纤维股芯的钢丝绳
0.6～<4	+8	—	7	—
4～<6	+7	—	6	—
6～<8	+6	—	5	—
≥8	+6	+7	4	4

⑤ 钢丝绳的长度和允许偏差——钢丝绳按订货长度订货。允许偏差：长度≤400mm 为+5%；>400～1000mm 为+20m；>1000mm 为+2%。

⑥ 钢丝绳单位重量——计钢丝绳单位重量时，用钢丝绳的净重量除以钢丝绳实测长度。钢丝绳的实测单位重量用 kg/100m 表示。

⑦ 钢丝绳的破断拉力——钢丝绳破断拉力测定值应不低于第 4.141 页至第 4.152 页中的规定。

⑧ 钢丝绳的钢丝表面状态、抗拉强度和允许低值：

表面状态	公称抗拉强度（MPa）						
光面和 B 级镀锌	—	1570	1670	1770	1870	1960②	2160②
AB 级镀锌	—	1570	1670	1770	1870	1960②	
A 级镀锌	1470①	1570	1670	1770	1870	—	—
最低抗拉强度（MPa） 甲	1420	1520	1620	1720	1820	1910	2110
乙	1290	1380	1470	1560	1650	1720	1900

注：①1470 仅适用于 6×12、6×15、6×24、6×24S 和 6×24W 结构的钢丝绳。

②适用于 1960MPa 和 2160MPa 抗拉强度级别的钢丝绳，其性能由生产厂自定，但应确保钢丝绳性能满足规定要求。

⑨ 钢丝绳的反复弯曲次数和扭转次数——应不低于 GB/T20118－2006 中的规定。

⑩ 钢丝绳的钢丝打结拉伸试验——对于直径<0.5mm 的钢丝反复弯曲和扭转试验，由钢丝打结拉伸试验代替，试验钢丝数中，至少 95% 的钢丝打结拉力不小于公称抗拉强度 50% 的拉力

⑪ 钢丝绳的钢丝镀锌层：

钢　　丝 公称直径 （mm）	镀锌钢丝最小锌 层重量（kg/m²）			钢　　丝 公称直径 （mm）	镀锌钢丝最小锌 层重量（kg/m²）		
	B 级	AB 级	A 级		B 级	AB 级	A 级
0.15～<0.20	10	—	—	1.0～<1.2	76	104	142
0.20～<0.25	14	—	—	1.2～<1.5	86	114	157
0.25～<0.40	19	—	—	1.5～<1.9	95	124	171
0.40～<0.50	28	57	71	1.9～<2.5	104	142	195
0.50～<0.60	38	66	86	2.5～<3.2	119	157	218
0.60～<0.70	48	81	104	3.2～<4	128	180	238
0.70～<0.80	57	81	114	4～4.4	142	190	247
0.80～<1.0	66	90	124				

注：1. 试验钢丝数中，至少 95％的钢丝镀锌重量应符合规定。
　　2. 如果镀层重量不符合规定，而其他性能符合光面钢丝绳的
　　　要求时，则可按光面钢丝绳交货。
⑫ 钢丝绳允许低值钢丝根数——允许有少数钢丝的抗拉强度、反
复弯曲次数、扭转次数、实测直径、打拉伸和镀锌层重量，如果要了
解具体内容可参见 GB/T20118－2006 中的规定

（5）钢丝绳的直径测量

钢丝绳的直径测量——钢丝绳直径应
用带有宽钳口的游标卡尺测量，钳口的
宽度要足以跨越两个相邻的股，测量应
在无张力的情况下，于距钢丝端头 15m
外的直线部位上进行，在相距至少 1m 的
两截面上测取两个数值。四个测量结果
的算术平均值作为钢丝绳的实测直径

钢丝绳直径测量方法

（6）部分钢丝绳的公称直径、参考重量和力学性能

（a）第1组 单股绳类 1×7

1×7

钢丝绳公称直径（mm）	参考重量（$\frac{kg}{100m}$）	钢丝绳公称抗拉强度（MPa）			
		1570	1670	1770	1870
		钢丝绳最小破断拉力（kN）			
0.6	0.19	0.31	0.32	0.34	0.36
1.2	0.75	1.22	1.30	1.38	1.45
1.5	1.17	1.91	2.03	2.15	2.27
1.8	1.69	2.75	2.92	3.10	3.27
2.1	2.30	3.74	3.98	4.22	4.45
2.4	3.01	4.88	5.19	5.51	5.82
2.7	3.80	6.18	6.57	6.07	7.36
3	4.70	7.63	8.12	8.60	9.09
3.3	5.68	9.23	9.82	10.4	11.0
3.6	6.77	11.0	11.7	12.4	13.1
3.9	7.94	12.9	13.7	14.5	15.4
4.2	9.21	15.0	15.9	16.9	17.8
4.5	10.6	17.2	18.2	19.4	20.4
4.8	12.0	19.5	20.8	22.0	23.3
5.1	13.6	22.1	23.5	24.9	26.3
5.4	15.2	24.7	26.3	27.9	29.4
6	18.8	30.5	32.5	34.4	36.4
6.6	22.7	36.9	39.3	41.6	44.0
7.2	27.1	43.9	46.7	49.5	52.3
7.8	31.8	51.6	54.9	58.2	61.4
8.4	36.8	59.8	63.6	67.4	71.3

钢丝绳 公称直径 （mm）	参考重量 （$\frac{kg}{100m}$）	钢丝绳公称抗拉强度（MPa）			
		1570	1670	1770	1870
		钢丝绳最小破断拉力（kN）			
9	42.3	68.7	73.0	77.4	81.8
9.6	48.1	78.1	83.1	88.1	93.1
10.5	57.6	93.5	99.4	105	111
11.5	69.0	112	119	126	134
12	75.2	122	130	138	145

注：最小钢丝破断拉力总和＝钢丝绳最小破断拉力×1.111。

（b）第 2 组　6×7 类

6×7＋FC　　6×7＋IWS　　6×7＋IWR　6×9W＋FC　6×9W＋IWR

钢丝绳 公称 直径 （mm）	参考重量 （kg/100m）			钢丝绳公称抗拉强度（MPa）							
				1570		1670		1770		1870	
				钢丝绳最小破断拉力（kN）							
	天然 纤维 芯	合成 纤维 芯	钢芯	纤维 芯	钢芯	纤维 芯	钢芯	纤维 芯	钢芯	纤维 芯	钢芯
1.8	1.14	1.11	1.25	1.69	1.83	1.80	1.94	1.90	2.06	2.01	2.18
2	1.40	1.38	1.55	2.08	2.25	2.22	2.40	2.35	2.54	2.48	2.69
3	3.16	3.10	3.48	4.69	5.07	4.99	5.40	5.29	5.72	5.59	6.04
4	5.62	5.50	6.19	8.34	9.02	8.87	9.59	9.40	10.2	9.93	10.7
5	8.78	8.60	9.68	13.0	14.1	13.9	15.0	14.7	15.9	15.5	16.8
6	12.6	12.4	13.9	18.8	20.3	20.0	21.6	21.2	22.9	22.4	24.2
7	17.2	16.9	19.0	25.5	27.6	27.2	29.4	28.8	31.1	30.4	32.9
8	22.5	22.0	24.8	33.4	36.1	35.5	38.4	37.6	40.7	39.7	43.0
9	28.4	27.9	31.3	42.2	45.7	44.9	48.6	47.6	51.5	50.3	54.4

钢丝绳公称直径(mm)	参考重量(kg/100m)			钢丝绳公称抗拉强度(MPa)							
				1570		1670		1770		1870	
	天然纤维芯	合成纤维芯	钢芯	钢丝绳最小破断拉力(kN)							
				纤维芯	钢芯	纤维芯	钢芯	纤维芯	钢芯	纤维芯	钢芯
10	35.1	34.4	38.7	52.1	56.4	55.5	60.0	58.8	63.5	62.1	67.1
11	42.5	41.6	46.8	63.1	68.2	67.1	72.5	71.1	76.9	75.1	81.2
12	50.5	49.5	55.7	75.1	81.2	79.8	86.3	84.6	91.5	89.4	96.7
13	59.3	58.1	65.4	88.1	95.3	93.7	101	99.3	107	105	113
14	68.8	67.4	75.9	102	110	109	118	115	125	122	132
16	89.9	88.1	99.1	133	144	142	153	150	163	159	172
18	114	111	125	169	183	180	194	190	206	201	218
20	140	138	155	208	225	222	240	235	254	248	269
22	170	166	187	252	273	268	290	284	308	300	325
24	202	198	223	300	325	319	345	338	366	358	358
26	237	233	262	352	381	375	405	397	429	420	454
28	275	270	303	409	442	435	470	461	498	487	526
30	316	310	348	469	507	499	540	529	572	559	604
32	359	352	396	534	577	568	614	602	651	636	687
34	406	398	447	603	652	641	693	679	735	718	776
36	455	446	502	676	730	719	777	762	824	805	870

注：1. 钢芯分为独立的钢丝绳芯(代号 IWR)和钢丝股芯(代号 IWS)，下同。

2. 6×7+FC 纤维芯钢丝绳、6×7+IWS 钢丝股芯钢丝绳和 6×7+IWR 钢丝绳芯钢丝绳公称直径为 1.8～36mm；6×9W+FC 瓦林吞式纤维芯钢丝绳、6×9W+IWR 瓦林吞式钢丝绳芯钢丝绳公称直径为 14～36mm。

3. 最小钢丝破断拉力总和＝钢丝绳最小破断拉力×1.134（纤维芯）或 1.214（钢芯）。

(c) 第3组 6×19(a)类

6×19S+FC   6×19S+IWR   6×19W+FC   6×19W+IWR

钢丝绳公称直径(mm)	参考重量(kg/100m)			钢丝绳公称抗拉强度(MPa)			
				1570		1670	
	天然纤维芯	合成纤维芯	钢芯	钢丝绳最小破断拉力(kN)			
				纤维芯	钢芯	纤维芯	钢芯
6	13.3	13.0	14.6	18.7	20.1	19.8	21.4
7	18.1	17.6	19.9	25.4	27.4	27.0	29.1
8	23.6	23.0	25.9	33.2	35.8	35.3	38.0
9	29.9	29.1	32.8	42.0	45.3	44.6	48.2
10	36.9	36.0	40.6	51.8	55.9	55.1	59.5
11	44.6	43.5	49.1	62.7	67.6	66.7	71.9
12	53.1	51.8	58.4	74.6	80.5	79.4	85.6
13	62.3	60.8	68.5	87.6	94.5	93.1	100
14	72.2	70.5	79.5	102	110	108	117
16	94.4	92.1	104	133	143	141	152
18	119	117	131	168	181	179	193
20	147	144	162	207	224	220	238
22	178	174	196	251	271	267	288
24	212	207	234	298	322	317	342
26	249	243	274	350	378	373	402
28	289	282	318	406	438	432	466
30	332	324	365	466	503	496	535
32	377	369	415	531	572	564	609
34	426	416	469	599	646	637	687
36	478	466	525	671	724	714	770
38	532	520	585	748	807	796	858
40	590	576	649	829	894	882	951

钢丝绳公称直径（mm）	钢丝绳公称抗拉强度（MPa）（续）							
	1770		1870		1960		2160	
	钢丝绳最小破断拉力（kN）							
	纤维芯	钢芯	纤维芯	钢芯	纤维芯	钢芯	纤维芯	钢芯
6	21.0	22.7	22.2	24.0	23.3	25.1	25.7	27.7
7	28.6	30.9	30.2	32.6	31.7	34.2	34.9	37.7
8	37.4	40.3	39.5	42.6	41.4	44.6	45.6	49.2
9	47.3	51.0	50.0	53.9	52.4	56.5	57.7	62.3
10	58.4	63.0	61.7	66.6	64.7	69.8	71.3	76.9
11	70.7	76.2	74.7	80.6	78.3	84.4	86.2	93.0
12	84.1	90.7	88.9	95.9	93.1	100	103	111
13	98.7	106	104	113	109	118	120	130
14	114	124	121	130	127	137	140	151
16	150	161	158	170	166	179	182	197
18	189	204	200	216	210	226	231	249
20	234	252	247	266	259	279	285	308
22	283	305	299	322	313	338	345	372
24	336	363	355	383	373	402	411	443
26	395	426	417	450	437	472	482	520
28	458	494	484	522	507	547	559	603
30	526	567	555	599	582	628	642	692
32	598	645	632	682	662	715	730	787
34	675	728	713	770	748	807	824	889
36	757	817	800	863	838	904	924	997
38	843	910	891	961	934	1010	1030	1110
40	935	1010	987	1070	1030	1120	1140	1230

注：1. 6×19S＋FC 西鲁式纤维芯钢丝绳和 6×19S＋IWR 西鲁
　　式钢丝绳芯钢丝绳公称直径为 6～36mm；6×19W＋FC 瓦
　　林吞式纤维芯钢丝绳和 6×19W＋IWR 瓦林吞式钢丝绳
　　芯钢丝绳公称直径为 6～40mm。

　　2. 最小钢丝绳破断拉力总和＝钢丝绳最小破断拉力×1.214
　　（纤维芯）或 1.308（钢芯）。

(d) 第 3 组　6×19(b)类

6×19+FC

6×19+IWS

6×19+IWR

钢丝绳公称直径（mm）	参考重量（kg/100m）			钢丝绳公称抗拉强度（MPa）							
				1570		1670		1770		1870	
	天然纤维芯	合成纤维芯	钢芯	钢丝绳最小破断拉力（kN）							
				纤维芯	钢芯	纤维芯	钢芯	纤维芯	钢芯	纤维芯	钢芯
3	3.16	3.10	3.60	4.34	4.69	4.61	4.99	4.89	5.29	5.17	5.59
4	5.62	5.50	6.40	7.71	8.34	8.20	8.87	8.69	9.40	9.19	9.93
5	8.78	8.60	10.0	12.0	13.0	12.8	13.9	13.6	14.7	14.4	15.5
6	12.6	12.4	14.4	17.4	18.8	18.5	20.0	19.6	21.2	20.7	22.4
7	17.2	16.9	19.6	23.6	25.5	25.1	27.2	26.6	28.8	28.1	30.4
8	22.5	22.0	25.6	30.8	33.4	32.8	35.5	34.8	37.6	36.7	39.7
9	28.4	27.9	32.4	39.0	42.2	41.6	44.9	44.0	47.6	46.5	50.3
10	35.1	34.4	40.0	48.2	52.1	51.3	55.4	54.4	58.8	57.4	62.1
11	42.5	41.6	48.4	58.3	6.31	62.0	67.1	65.8	71.1	69.5	75.1
12	50.5	50.0	57.6	69.4	75.1	73.8	79.8	78.2	84.6	82.7	89.4
13	59.3	58.1	67.6	81.5	88.1	86.6	93.7	91.8	99.3	97.0	105
14	68.8	67.4	78.4	94.5	102	100	109	107	115	113	122
16	89.9	88.1	102	123	133	131	142	139	150	147	159

钢丝绳公称直径(mm)	参考重量(kg/100m)			钢丝绳公称抗拉强度(MPa)							
				1570		1670		1770		1870	
	天然纤维芯	合成纤维芯	钢芯	钢丝绳最小破断拉力(kN)							
				纤维芯	钢芯	纤维芯	钢芯	纤维芯	钢芯	纤维芯	钢芯
18	114	111	130	156	169	166	180	176	190	186	201
20	140	138	160	193	208	205	222	217	235	230	248
22	170	166	194	233	252	248	268	263	284	278	300
24	202	198	230	278	300	295	319	313	338	331	358
26	237	233	270	326	352	346	375	367	397	388	420
28	275	270	314	378	409	402	435	426	461	450	487
30	316	310	360	434	469	461	499	489	529	517	559
32	359	352	410	494	534	525	568	557	602	588	636
34	406	398	462	557	603	593	641	628	679	664	718
36	455	446	518	625	676	664	719	704	762	744	805
38	507	497	578	696	753	740	801	785	849	829	896
40	562	550	640	771	834	820	887	869	940	919	993
42	619	607	706	850	919	904	978	959	1040	1010	1100
44	680	666	774	933	1010	993	1070	1050	1140	1110	1200
46	743	728	846	1020	1100	1080	1170	1150	1240	1210	1310

注：1. 6×19+FC纤维芯钢丝绳、6×19+IWS钢丝股芯钢丝绳和6×19+IWR钢丝绳钢芯钢丝绳公称直径3～46mm。

2. 最小钢丝破断拉力总和＝钢丝绳最小破断拉力×1.226（纤维芯）或1.321（钢芯）。

(e) 第 4 组 6×37(a)类

6×29Fi+FC

6×37S+FC

6×37S+IWR

6×41WS+FC

6×41WS+IWR

6×49SWS+FC

6×49SWS+IWR

6×55SWS+FC

6×55SWS+IWR

6×36WS+IWR

6×36WS+FC

6×29Fi+IWR

钢丝绳公称直径(mm)	参考重量(kg/100m)			钢丝绳公称抗拉强度(MPa)			
				1570		1670	
	天然纤维芯	合成纤维芯	钢芯	钢丝绳最小破断拉力(kN)			
				纤维芯	钢芯	纤维芯	钢芯
10	38.0	37.1	41.8	51.8	55.9	55.1	59.5
12	54.7	53.4	60.2	74.6	80.5	79.4	85.6
13	64.2	62.7	70.6	87.6	94.5	93.1	100
14	74.5	72.7	81.9	102	110	108	117
16	97.3	95.0	107	133	143	141	152
18	123	120	135	168	181	179	193
20	152	148	167	207	224	220	238

4.148

钢丝绳公称直径(mm)	参考重量(kg/100m)			钢丝绳公称抗拉强度(MPa)			
				1570		1670	
	天然纤维芯	合成纤维芯	钢芯	钢丝绳最小破断拉力(kN)			
				纤维芯	钢芯	纤维芯	钢芯
22	184	180	202	251	271	267	288
24	219	214	241	298	322	317	342
26	257	251	283	350	378	373	402
28	298	291	328	406	438	432	466
30	342	334	376	466	503	496	535
32	389	380	428	531	572	564	609
34	439	429	483	599	646	637	687
36	492	481	542	671	724	714	770
38	549	536	604	748	807	796	858
40	608	594	669	829	894	882	951
42	670	654	737	914	986	972	1050
44	736	718	809	1000	1080	1070	1150
46	804	785	884	1100	1180	1170	1260
48	876	855	963	1190	1290	1270	1370
50	950	928	1040	1300	1400	1380	1490
52	1030	1000	1130	1400	1510	1490	1610
54	1110	1080	1220	1510	1630	1610	1730
56	1190	1160	1310	1630	1750	1730	1860
58	1280	1250	1410	1740	1880	1850	2000
60	1370	1340	1500	1870	2010	1980	2140

钢丝绳公称直径(mm)	钢丝绳公称抗拉强度(MPa)(续)							
	1770		1870		1960		2160	
	钢丝绳最小破断拉力(kN)							
	纤维芯	钢芯	纤维芯	钢芯	纤维芯	钢芯	纤维芯	钢芯
10	58.4	63.0	61.7	66.6	64.7	69.8	71.3	76.9
12	84.1	90.7	88.9	95.9	93.1	100	103	111
13	98.7	106	104	113	109	118	120	130
14	114	124	121	130	127	137	140	151

4.149

钢丝绳公称直径（mm）	钢丝绳公称抗拉强度（MPa）（续）							
	1770		1870		1960		2160	
	钢丝绳最小破断拉力（kN）							
	纤维芯	钢芯	纤维芯	钢芯	纤维芯	钢芯	纤维芯	钢芯
16	150	161	158	170	166	179	182	197
18	189	204	200	216	210	226	231	249
20	234	252	247	266	259	279	285	308
22	283	305	299	322	313	338	345	372
24	336	363	355	383	373	402	411	443
26	395	426	417	450	437	472	482	520
28	458	494	484	522	507	547	559	603
30	526	567	555	599	582	628	642	692
32	598	645	632	682	662	715	730	787
34	675	728	713	770	748	807	824	889
36	757	817	800	863	838	904	924	997
38	843	910	891	961	934	1010	1030	1110
40	935	1010	987	1070	1030	1120	1140	1230
42	1030	1110	1090	1170	1140	1230	1260	1360
44	1130	1220	1190	1290	1250	1350	1380	1490
46	1240	1330	1310	1410	1370	1480	1510	1630
48	1350	1450	1420	1530	1490	1610	1640	1770
50	1460	1580	1540	1660	1620	1740	1780	1920
52	1580	1700	1670	1800	1750	1890	1930	2080
54	1700	1840	1800	1940	1890	2030	2080	2240
56	1830	1980	1940	2090	2030	2190	2240	2410
58	1960	2120	2080	2240	2180	2350	2400	2590
60	2100	2270	2220	2400	2330	2510	2570	2770

注：1. 6×29Fi＋FC 填充纤维芯钢丝绳，6×29Fi＋IWR 填充钢丝绳芯钢丝绳，公称直径为 10～44mm；6×36WS＋FC 瓦林吞—西鲁纤维芯钢丝绳，6×36WS＋IWR 瓦林吞—西鲁钢丝绳芯钢丝绳，公称直径为 12～60mm；6×37S＋FC 西鲁纤维芯钢丝绳，6×37S＋IWR 西鲁钢丝绳芯钢丝绳，公称直径为 10～60mm；6×41WS＋FC 瓦林吞—西鲁纤维芯钢丝绳，6×41WS＋IWR 瓦林吞—西鲁钢丝绳芯钢

绳,公称直径为 32～60mm;6×49SWS＋FC 左向捻瓦林吞－西鲁纤维芯钢丝绳,6×49SWS＋IWR 左向捻瓦林吞－西鲁钢丝绳芯钢丝绳,6×55SWS＋FC 左向捻瓦林吞－西鲁钢丝绳芯钢丝绳,6×55SWS＋IWR 左向捻瓦林吞－西鲁纤维芯钢丝绳,公称直径为 36～60mm。

2. 最小钢丝绳破断拉力总和＝钢丝绳最小破断拉力×1.220（纤维芯）或 1.321（钢芯）。其中 6×37S 纤维芯为 1.191,钢芯为 1.283。

(f) 第 4 组　6×37(b)类

6×37＋FC　　　　　　6×37＋IWR

钢丝绳公称直径(mm)	参考重量(kg/100m)			钢丝绳公称抗拉强度(MPa)							
				1570		1670		1770		1870	
	天然纤维芯	合成纤维芯	钢芯	钢丝绳最小破断拉力(kN)							
				纤维芯	钢芯	纤维芯	钢芯	纤维芯	钢芯	纤维芯	钢芯
5	8.65	8.43	10.0	11.6	12.5	12.3	13.3	13.1	14.1	13.8	14.9
6	12.5	12.1	14.4	16.7	18.0	17.7	19.2	18.8	20.3	19.9	21.5
7	17.0	16.5	19.6	22.7	24.5	24.1	26.1	25.6	27.7	27.0	29.2
8	22.1	21.6	25.6	29.6	32.1	31.5	34.1	33.4	36.1	35.3	38.2
9	28.0	27.3	32.4	37.5	40.6	39.9	43.2	42.3	45.7	44.7	48.3
10	34.6	33.7	40.0	46.3	50.1	49.3	53.2	52.2	56.5	55.2	59.7
11	41.9	40.8	48.4	56.0	60.6	59.6	64.5	63.2	68.3	66.7	72.2
12	49.8	48.5	57.6	66.6	72.1	70.9	76.7	75.2	81.3	79.4	85.9
13	58.5	57.0	67.6	78.3	84.6	83.3	90.0	88.2	94.5	93.2	101
14	67.8	66.1	78.4	90.8	98.2	96.6	104	102	111	108	117
16	88.6	86.3	102	119	128	126	136	134	145	141	153

钢丝绳公称直径(mm)	参考重量(kg/100m)			钢丝绳公称抗拉强度(MPa)							
				1570		1670		1770		1870	
	天然纤维芯	合成纤维芯	钢芯	钢丝绳最小破断拉力(kN)							
				纤维芯	钢芯	纤维芯	钢芯	纤维芯	钢芯	纤维芯	钢芯
18	112	109	130	150	162	160	173	169	183	179	193
20	138	135	160	185	200	197	213	209	226	221	239
22	167	163	194	224	242	238	258	253	273	267	289
24	199	194	230	267	288	284	307	301	325	318	344
26	234	228	270	313	339	333	360	353	382	373	403
28	271	264	314	363	393	386	418	409	443	432	468
30	311	303	360	417	451	443	479	470	508	496	537
32	354	345	410	474	513	504	546	535	578	565	611
34	400	390	462	535	579	570	616	604	653	638	690
36	448	437	518	600	649	638	690	677	732	715	773
38	500	487	578	669	723	711	769	754	815	797	861
40	554	539	640	741	801	788	852	835	903	883	954
42	610	594	706	817	883	869	940	921	996	973	1050
44	670	652	774	897	970	954	1030	1010	1090	1070	1150
46	732	713	846	980	1060	1040	1130	1100	1190	1170	1260
48	797	776	922	1070	1150	1140	1230	1200	1300	1270	1370
50	865	843	1000	1160	1250	1230	1330	1300	1410	1380	1490
52	936	911	1080	1250	1350	1330	1440	1410	1530	1490	1610
54	1010	983	1170	1350	1460	1440	1550	1520	1650	1610	1740
56	1090	1060	1250	1450	1570	1540	1670	1640	1770	1730	1870
58	1160	1130	1350	1560	1680	1660	1790	1760	1900	1860	2010
60	1250	1210	1440	1670	1800	1770	1910	1880	2030	1990	2150

注: 1. 6×37＋FC 纤维芯钢丝绳和 6×37＋IWR 钢丝绳芯钢丝绳公称直径为 5～60mm。

2. 钢丝绳最小破断拉力总和＝钢丝绳最小破断拉力×1.249（纤维芯）或 1.336（钢芯）。

7. 窗框用热轧型钢(GB/T2597—1994)

1) 窗框用热轧型钢型号、尺寸和重量

截面型号	截面形状	用途	窗框钢型号	截面主要尺寸 (mm)			理论重量 (kg/m)
				高度	宽度	壁厚	
01		门窗外框	2501	25	28.5	3	1.538
			3201	32	31	4	2.296
			4001	40	34.5	4.5	3.007
			4001b	40	50	4.5	3.550
02		门窗开启扇	2502	25	32	3	1.394
			3202	32	31	4	1.996
			4002	40	34.5	4.5	2.669
03		门窗开启扇	2503	25	32	3	1.394
			3203	32	31	4	1.996
			4003	40	34.5	4.5	2.669
04		单面或双面开启的中框	2504a	25	32	3	1.394
			2504b	25	40	3	1.771
			3204	32	31	4	1.996
			4004	40	34.5	4.5	2.669
05		双面开启的中框	2505	25	42	3	2.028
			3205	32	47	4	2.962
			4005	40	56	4.5	4.212

1) 窗框用热轧型钢型号、尺寸和重量 （续）

截面型号	截面形状	用途	窗框钢型号	截面主要尺寸（mm）			理论重量（kg/m）
				高度	宽度	壁厚	
06		内外活动纱窗框	2506	25	22	3	1.092
07		门窗玻璃分格窗芯	2207	22	19	3	0.898
			2507a	25	19	3	0.969
			2507b	25	25	3	1.110
			3507a	35	20	3	1.228
			3507b	35	35	3.5	1.823
			5007	50	22	4	2.209
08		披 水	3208	32	10.5	2.5	0.799
09		天窗、百叶窗、固定纱窗、密封窗柜	2009	20	10	2.5	0.690
			5509	55	25	4	3.051
10		组窗的横竖拼窗	6810	68	19	5	2.770

注：1. 窗框用热轧型钢由四位数字组成。左边两位数字表示截面
　　　高度（mm），右边两位数字表示截面形状，若在同一型号中
　　　形状大体一致，而尺寸略有不同时，则在数字后加注 a 或 b。

　　2. 钢按理论重量交货，亦可按实际重量交货，但应在合同中注
　　　明（理论重量按密度为 7.85g/cm³ 计算）。

　　3. 通常长度为 3～8m；定尺和倍尺长度由供需双方协议，并在
　　　合同中注明

2）窗框用热轧型钢的化学成分

牌　号	化　学　成　分（%）≤					脱氧方法
	碳	锰	硅	硫	磷	
CK335	0.22	0.65	0.30	0.050	0.045	F、b、Z

注：4. 牌号由汉语拼音字母和阿拉伯数字组成，C、K 分别为"窗"、
　　　"框"汉语拼音第一个字母，后面三位数字表示强度等级，采
　　　用沸腾钢（F）或半镇静钢（b）应在牌号末尾分别加"F"或
　　　"b"，镇静钢（Z）不予标出。

　　5. 沸腾钢含硅量≤0.07%；半镇静钢含硅量≤0.17%；镇静钢
　　　含硅量下限为 0.12%。

　　6. 钢中残余含铜量应≤0.35%，铬、镍含量各≤0.30%，如供
　　　方能保证，均可不做分析

3）窗框用热轧型钢的力学性能

牌　　号	抗拉强度 （MPa）≥	伸长率 δ_5 （%）≥	180°弯曲试验 $\left(\begin{array}{c}d—弯心直径\\a—试样厚度\end{array}\right)$
CK335	335	26	$d = 0.5a$

注：7. 窗框用热轧型钢弯曲试验，在需方有要求时才进行

8. 铁 道 用 钢

(1) 钢 轨

A—轨高 B—底宽 C—头宽 D—腰厚

规 格 (型号)	截面尺寸(mm)				理论重量 ($\frac{kg}{m}$)	长 度 (m)
	A	B	C	D		
轻 轨(GB/T11264—1989)						
9kg/m	63.50	63.50	32.10	5.90	8.94	5～7
12kg/m	69.85	69.85	38.10	7.54	12.20	6～10
15kg/m	79.37	79.37	42.86	8.33	15.20	6～10
22kg/m	93.66	93.66	50.80	10.72	22.30	7～10
30kg/m	107.95	107.95	60.33	12.30	30.10	7～10
重 轨(GB/T181～183—1963)						
38kg/m	134	114	68	13	38.73	12.5,25
43kg/m	140	114	70	14.5	44.65	12.5,25
50kg/m	152	132	70	15.5	51.51	12.5,25
60kg/m	176	150	73	16.5	60.64	12.5,25
起重机钢轨(YB/T5055—1993)						
QU 70	120	120	70	28	52.80	9,9.5,10, 10.5,11,11.5, 12,12.5
QU 80	130	130	80	32	63.69	
QU 100	150	150	100	38	88.96	
QU 120	170	170	120	44	118.10	

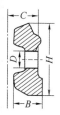

（2）钢轨用接头夹板（鱼尾板）

H—高度　B—厚度　D—孔径
C—侧面与钢轨中心线距离

规　　格	主要尺寸(mm)				每块加工后重量(kg)	长　度(mm)
	H	B	C	D		
轻轨用接头夹板(GB/T11265－1989)						
9kg/m	43.13	8	16.05	18	0.81	385
12kg/m	46.50	12	19.05	—	1.39	409
15kg/m	53.54	17	21.43	20	2.20	409
22kg/m	61.73	22	30.15	24	3.80	510
30kg/m	71.48	24	35.17	28	5.54	561
重轨用鱼尾板(GB/T184～185－1963)						
38kg/m	94.03	40	51	24	15.57	790
43kg/m	94.03	40	51	24	15.57	790
50kg/m	104.22	46	59	26	18.72	820

第五章　有色金属材料的化学成分、力学性能及用途

1. 铜(纯铜)

(1) 阴极铜(GB/T467—1997)

1) 高纯阴极铜(牌号 Cu-CATH-1)的化学成分[①②]

元素组	杂质元素	含量(%)≤	元素组总含量(%)≤	
1	硒	0.00020	0.00030	0.0003
	碲	0.00020		
	铋	0.00020		
2	铬	—	0.0015	
	锰	—		
	锑	0.0004		
	镉	—		
	砷	0.0005		
	磷	—		
3	铅	0.0005	0.0005	
4	硫[③]	0.0015	0.0015	
5	锡	—	0.0020	
	镍	—		
	铁	0.0010		
	硅	—		
	锌	—		
	钴	—		
6	银	0.0025	0.0025	
杂质元素总含量			0.0065	

2) 标准阴极铜(牌号 Cu-CATH-2)的化学成分[①②④]

化学成分(%):铜+银≥99.95;杂质:砷≤0.0015,锑≤0.0015,铋≤0.0006,铁≤0.0025,铅≤0.002,锡≤0.001,镍≤0.002,锌≤0.002,硫≤0.0025,磷≤0.001

注:① 需方如对产品中氧含量有特殊要求,由供需双方协商确定。

② 阴极铜(旧称电解铜)以整块供应;经供需双方协商,也可以供应切块。单块阴极铜的重量应≥15kg,或中心部位

③ 高纯阴极铜中的硫，需在铸样上测定。

④ 供方需按批测定标准阴极铜中的铜、砷、锑和铋含量，并保证其他杂质含量符合标准的规定。

（2）电工用铜线锭（GB/T468－1997）

① 化学成分（%）：铜＋银≥99.90；杂质：砷≤0.002，锑≤0.002，铋≤0.001，铁≤0.005，铅≤0.005，锡≤0.002，镍≤0.002，锌≤0.004，硫≤0.004，磷≤0.05，总和≤0.10。

② 拉制铜线退火后，长 1m，直径 2mm 的 20℃ 电阻率为 0.017241Ω·mm²/m。

③ 尺寸（长×宽×高，mm）/重量（kg）：1190×95×84/60±5，1330×98×96/85±5，1360×110×110/110±5

（3）电工用铜线坯（GB/T3952－1998）

1）电工用铜线坯的牌号、状态、规格和用途

牌　号	状　态	规格（直径）(mm)	用　　途
T1、T2、T3	热(R)	6.0~35.0	用于制造导电铜线和其他电工用铜导体
TU1、TU2	热(R)		
	硬(Y)	6.0~12.0	

2）电工用铜线坯的化学成分

T1、TU1 的化学成分，参见第 5.2 页"高纯阴极铜"的化学成分规定①

T2、TU2 的化学成分（%）：铜＋银≥99.95，砷≤0.0015，锑≤0.0015，铋≤0.0006，铁≤0.0025，锡≤0.001，镍≤0.002，锌≤0.002，硫≤0.0025，磷≤0.001

T3 的化学成分（%）：铜＋银≥99.0，砷≤0.002，锑≤0.001，铋≤0.001，铁≤0.005，铅≤0.005，锡≤0.002，镍≤0.002，锌≤0.004，硫≤0.004，磷≤0.001

注：① T1、TU1 的氧含量应分别≤0.045% 和≤0.0010%。

(4) 加工铜的化学成分和产品形状(GB/T5231—2001)

组别	序号	牌号①	化学成分(%)②				
			铜+银≥	磷≤	铋≤	锑≤	砷≤
纯铜	1	T1	99.95	0.001	0.001	0.002	0.002
	2	T2③	99.90	—	0.001	0.002	0.002
	3	T3	99.70	—	0.002		
无氧铜	4	TU0	铜99.99	0.0003	0.0001	0.0004	0.0005
			银≤0.0025;硒≤0.0003;碲≤0.0002				
			锰≤0.00005;镉≤0.0001				
	5	TU1	99.97	0.002	0.001	0.002	0.002
	6	TU2	99.95	0.002	0.001	0.002	0.002
磷脱氧铜	7	TP1	99.90	0.004~0.012	—	—	—
	8	TP2	99.90	0.015~0.040	—	—	—
银铜	9	TAg0.1	铜99.5	银0.06~0.12	0.002	0.005	0.01

序号	牌号①	化学成分(%)≤②(续)						
		铁	镍	铅	锡	硫	锌	氧
1	T1	0.005	0.002	0.003	0.002	0.005	0.005	0.02
2	T2	0.005	—	0.005	—	0.005		
3	T3	—	—	0.01				
4	TU0	0.0010	0.0010	0.0005	0.0002	0.0015	0.0001	0.000
5	TU1	0.004	0.002	0.003	0.002	0.004	0.003	0.002
6	TU2	0.004	0.002	0.004	0.002	0.004	0.003	0.003
7	TP1							
8	TP2							
9	TAg0.1	0.05	0.2		0.01	0.01		0.1

牌号——产品形状	牌号——产品形状
T1——板、带、箔、管	TU0——板、带、箔、管、棒、线
T2——板、带、箔、管、棒、线、型	TU1——板、带、箔、管、棒、线
T3——板、带、箔、管、棒、线	TU2——板、带、箔、管、棒、线
TP1、TP2——板、带、管	TAg0.1——板、管、线

注：① 每个牌号有"名称"和"代号"两种表示方法。表中为牌号的"代号"表示方法。牌号的"名称"表示方法举例如下。T1的名称为"一号铜"；TU0的名称为"0号无氧铜"；TP1的名称为"一号脱氧铜"；TAg0.1的名称为"0.1银铜"，余类推。

② 经双方协商，可限制表中未规定的元素，或要求严加限制表中规定的元素。

③ 经双方协商，可供应磷≤0.001%的导电用T2铜。

(5) 加工铜产品的标准号和名称

序　号	加工铜产品的标准号和名称
1a	GB/T4423—1992 铜及铜合金拉制棒——纯铜棒
1b	GB/T13808—1992 铜及铜合金挤制棒——纯铜棒
2	GB/T13809—1992 铜及铜合金矩形棒——纯铜矩形棒
3	GB/T2040—2002 纯铜板
4	GB/T2529—2005 铜导电板
5	GB/T2056—2005 铜阳极板
6	GB/T2530—1989 照相制版用铜板
7	GB/T2059—2000 铜及铜合金带材——纯铜带
8	GB/T5187—1985 纯铜箔
9	GB/T5230—1995 电解铜箔
10a	GB/T1527—2006 铜及铜合金拉制管——铜拉制管
10b	GB/T1528—1997 铜及铜合金挤制管——铜挤制管
11	GB/T1531—1994 铜及铜合金毛细管——铜毛细管
12	GB/T14953—1994 纯铜线
13	GB/T14956—1994 专用铜及铜合金线——专用纯铜线
14	GB/T3114—1994 铜及铜合金扁线——纯铜扁线

注：本表中的序号，与下节"(6)加工铜产品的力学性能"表中的序号相同。

(6) 加工铜产品的力学性能

牌号	制造方法和状态[1]		规　格[2]（mm）	抗拉强度 $\sigma_b \geqslant$（MPa）	伸长率[3]（%）$\geqslant$		硬度 HB
					δ_{10}	δ_5	
1) 铜及铜合金拉制棒（GB/T4423－1992）、							
挤制棒（GB/T13808－1992）——纯铜棒							
T2 T3	拉制	Y	5～40 >40～60 >60～80	275 245 210	5 8 13	10 12 16	— — —
		M	5～80	200	35	40	—
	挤制	R	30～120	186	30	40	—
TU1 TU2 TP2	拉制		5～80	—	—	—	—
	挤制	R	16～120				
2) 铜及铜合金矩形棒（GB/T13809－1992）——纯铜矩形棒							
T2	拉制	M	(3～75)× (4～80)	196	30	36	—
		Y		245	6	9	
	挤制	R	(20～80)× (30～120)	186	30	40	—

注：① 状态栏中：R——（热）挤制、热轧；M——软；Y_8——1/8 硬；
Y_4——1/4 硬；Y_2——1/2 硬（半硬）；Y——硬；T——特硬。
② 规格栏中：圆棒（线）指直径；方、六角、八角棒（线）指内切圆
直径；矩形棒指厚度×宽度；板、带、箔指厚度；管材指外径。
③ 伸长率指标如有 δ_{10} 和 δ_5 两种时，仲裁时以 δ_{10} 为准。

5.6

牌号	制造方法和状态①		规格②(mm)	抗拉强度 $\sigma_b \geq$ (MPa)	伸长率③(%)≥		硬 度 HB
					δ_{10}	δ_5	
3) 纯铜板(GB/T2040—2002)④							
T2 T3	热轧	R	4～14	195	30	—	
TP1 TP2 TU1 TU2	冷轧	M Y₄ Y₂ Y	0.3～10	205 215～275 245～345 295	30 25 8 —	—	55～100 75～120 ≥80
T2	热轧	R	10～60	195	30	—	
	冷轧	M Y₈ Y₂ Y	3～30	195 215～275 245～335 295	35 25 10 3	—	—/50 71～120/80 80/65
4) 铜导电板(GB/T2529—2005)④⑤							
T2	热轧	R	5～15	195	30	—	
	冷轧	M Y	5～10	195 295	30 3	—	
5) 铜阳极板(GB/T2056—2005)							
T2、T3	热轧	R	6.0～20	—	—	—	
	冷轧	Y	2.0～15	—	—	—	
6) 照箱制版用铜板(GB/T2530—1989)							
TAg0.1		Y	0.7～2.0				≥95

注：④ 需方如有要求，并在合同中注明，热轧板和冷轧板可做弯曲
　　 试验以及20℃时的导电率，具体要求分别参见 GB/T2040、
　　 2529—2005 中的规定。

　　 ⑤ 硬度栏中的数值是分数：分子是 HV 值，分母是 HRF 值。

牌号	制造方法和状态①	规格② (mm)	抗拉强度③ $\sigma_b \geqslant$ (MPa)	伸长率③ (%)≥		硬度 HV
				δ_{10}	δ_5	

7) 纯铜带(GB/T2059－2000)⑥

牌号	制造方法和状态①	规格② (mm)	σ_b	δ_{10}	δ_5	HV
T2、T3、TP1、TP2	M	0.05～3.0	205	30	—	—
	Y_4		215～275	25	—	55～110
	Y_2		245～345	8	—	75～120
	Y		295	3	—	80
TU1 TU2	M	0.05～3.0	195	35	—	—
	Y_4		215～275	25	—	55～120
	Y_2		245～345	10	—	75～120
	Y		275	—	—	80

8) 纯铜箔(GB/T5187－1985)

牌号	制造方法和状态①	规格② (mm)	σ_b			
T1、T2、T3	Y	0.008～0.050	315			
	M	0.030～0.050				

9) 电解铜箔(GB/T5230－1995)⑦

		名义厚度 (µm)	标准箔/高延箔		质量电阻率
未经表面处理的铜箔含量：铜＋银≥99.8%	按表面处理分：经处理、未经处理；按精度等级分：标准箔、高延箔	5.0	—	—	0.181
		9.0	—	—	0.171
		12.0	—	—	0.170
		18.0	205/103	2/5	0.166
		25.0	235/156	2.5/7.5	0.164
		35.0	275/205	3/10	0.162
		≥69.0	275/205	3/15	0.162

注：⑥ 厚度≥0.3mm带材的拉伸试验和硬度试验结果应符合表中规定。另有杯突试验和弯曲试验,参见 GB/T2059－2000 中的规定。

　　⑦ 电解铜箔的规格为"单位面积质量",单位为"g/m²"。表中的规格为"每一单位面积质量"相应的"名义厚度"。质量电阻率(20℃)的单位为"Ω·g/m²。"

牌号	状态[1]	规格[2] （mm）	抗拉强度 $R_m \geqslant$ （MPa）	伸长率 $A \geqslant$ （%）	硬　　度	
					HV[8]	HB
10a) 铜拉制管（GB/T1527—2006）						
T2、T3 TU1、 TU2 TP1、 TP2	软（M） 轻软（M₂） 半硬（Y₂）	（壁厚） 所有	200 220 250	40 40 20	40～65 45～75 70～100	35～60 40～70 65～95
	硬（Y）	≤5 >6～10 >10～15	290 265 250	— — —	92～120 75～110 70～100	90～115 70～105 65～95
	特硬（T）[9]	所有	360	—	≥110	≥105

牌号	制造方法 和状态[1]	规　格[2] （mm）	抗拉强度 $\sigma_b \geqslant$ （MPa）	伸长率[3] （%）$\geqslant$		硬度 HB
				δ_{10}	δ_5	
10b) 铜挤制管（GB/T1528—1997）						
T2、T3 TP2	挤制 R	（壁厚） 5～30	185	35	42	—
11）铜毛细管（GB/T1531—1994）						
T2 TP1、 TP2	软（M） 半硬（Y2） 硬（Y）	（外径） 0.5～3.0	205 245～370 345	35 — —	— — —	— — —

注：⑧ 维氏硬度试验负荷由供需双方协商确定。软（M）状态的
　　维氏硬度仅适用于壁厚≥1mm的管材。布氏硬度仅适用
　　于壁厚≥3mm的管材。

　　⑨ 特硬（T）的抗拉强度仅适用于壁厚≤3mm的管材；壁厚＞
　　3mm的管材，其性能由供需双方协商确定。

牌号	制造方法和状态①	规　格② （mm）	抗拉强度 $\sigma_b \geqslant$ （MPa）	伸长率⑩ δ （%）$\geqslant$
12) 纯铜线（GB/T14953—1994）⑩⑪				
T2、T3	M	0.1～0.3	196	15
		＞0.3～1.0	196	20
		＞1.0～2.5	205	25
		＞2.5～6.0	205	30
	Y	0.1～0.25	380	—
		＞0.25～4.0	365	—
		＞4.0～6.0	365	—
TU1、TU2	M、Y	0.05～6.0		
13) 专用纯铜线（GB/T14956—1994）⑫				
T2、T3	Y_2	1.0～6.0	335	15
14) 纯铜扁线（GB/T3114—1994）				
T2	M	（宽度）	175	25
	Y	0.5～15.0	325	—

注：⑩ 各种铜线的伸长率采用 $l_0=100mm$ 的试样。

⑪ T2 线材在 20℃ 时的电阻系数（$\Omega \cdot mm^2/m$）：软线≤0.01800；硬线≤0.01820。

⑫ T2、T3 专用纯铜线适用于制造铆钉。

(7) 加工铜的主要特性及用途

代号	主要特性及用途
T1 T2	特性：有良好的导电、导热、耐蚀和加工性能，可以焊接和钎焊；含降低导电、导热的杂质较少，微量的氧对导电、导热和加工性能的影响不大，但易引起"氢病"，不宜在高温（如＞370℃）还原性气氛中加工（退火、焊接等）和使用。用途：用作导电、导热、耐蚀器材，如电线、电缆、导电螺钉、爆破用雷管、化工用蒸发器、贮藏器、各种管道等

代号	主要特性及用途
T3	特性:有较好的导电、导热、耐蚀和加工性能,可以焊接和钎焊;但含降低导电、导热性杂质较多,含氧量更高,更易引起"氢病",不能在高温还原性气氛中加工和使用。用途:用于制作一般铜材,如电气开关、垫圈、垫片、铆钉、管嘴、油管、其他管道等
TU1 TU2	特性:纯度高,导电、导热性极好,无"氢病"或极少"氢病",加工性能和焊接、耐蚀、耐寒性均好。用途:主要用于制作电真空仪器、仪表器件
TP1 TP2	特性:焊接性能和冷弯性能好,一般无"氢病"倾向,可在还原性气氛中加工、使用;TP1的残留磷量比TP2少,故其导电、导热性较TP2高。用途:主要以管材供应,也可以板、带或棒、线材供应;用于制作汽油或气体输送管、排水管、冷凝管、水雷用管、蒸发器、热交换器、火车箱零件
TAg0.1	特性:铜中加入少量的银,可显著提高软化温度(再结晶温度)和蠕变强度,而很少降低铜的导电、导热性和塑性;实用的银铜其时效硬化的效果不显著,一般采用冷作硬化来提高强度;它具有很好的耐磨性、电接触性和耐蚀性,如制成电车线时,使用寿命比一般硬铜高 2~4 倍。用途:用于制作耐热、导电器材,如电机换向器片、发电机转子用导体、点焊电极、通信线、引线、导线、电子管材料等

2. 黄 铜

(1) 加工黄铜的化学成分（GB/T5231−2001）

序号	牌号①	化学成分（%）（余量为锌）							
		铜	铁②	铅	铝	锰	锡	镍④	杂质和
		1) 普通黄铜							
1	H96	95.0～97.0	≤0.10	≤0.03	—	—	—	≤0.5	≤0.2
2	H90	88.0～91.0	≤0.10	≤0.03	—	—	—	≤0.5	≤0.2
3	H85	84.6～86.0	≤0.10	≤0.03	—	—	—	≤0.5	≤0.3
4	H80③	79.0～81.0	≤0.10	≤0.03	—	—	—	≤0.5	≤0.3
5	H70③	68.5～71.5	≤0.10	≤0.03	—	—	—	≤0.5	≤0.3
6	H68	67.0～70.0	≤0.10	≤0.03	—	—	—	≤0.5	≤0.3
7	H65	63.5～68.0	≤0.10	≤0.03	—	—	—	≤0.5	≤0.3
8	H63	62.0～65.0	≤0.15	≤0.08	—	—	—	≤0.5	≤0.5
9	H62	60.5～63.5	≤0.15	≤0.08	—	—	—	≤0.5	≤0.5
10	H59	57.0～60.0	≤0.3	≤0.5	—	—	—	≤0.5	≤1.0

序号	牌号①	化学成分（%）（余量为锌）			
		铜	铁②	铅	铝
		2) 镍黄铜			
11	HNi65-3	64.0～67.0	≤0.15	≤0.03	—
12	HNi56-3	54.0～58.0	0.15～0.5	≤0.2	0.3～0.5
		3) 铁黄铜			
13	HFe59-1-1	57.0～60.0	0.6～1.2	≤0.20	0.1～0.5
14	HFe58-1-1	56.0～58.0	0.7～1.3	0.7～1.3	—

序号	牌号①	化学成分（%）（续）			
		锰	锡	镍	杂质和
11	HNi65-5	—	—	5.0～6.5	≤0.3
12	HNi56-5	—	—	2.0～3.0	≤0.6
13	HFe59-1-1	0.5～0.8	0.3～0.7	≤0.5	≤0.5
14	HFe58-1-1	—	—	≤0.5	≤0.5

注：① 每个牌号有"名称"和"代号"两种表示方法。表中为"代号"的表示方法。"名称"的表示方法举例：H96 的名称为"96 黄铜"；HNi65-3 的名称为"65-3 镍黄铜"；HFe59-1-1 的名称为"59-1-1 铁黄铜"；余类推。

序号	牌号[①]	化学成分(%)（余量为锌）			
		铜	铁[②]	铅	铝
		4）铅黄铜			
15	HPb89-2	87.5~90.5[⑥]	≤0.10	1.3~2.5	—
16	HPb66-0.5	65.0~68.0[⑥]	≤0.07	0.25~0.7	—
17	HPb63-3	62.0~65.0	≤0.10	2.4~3.0	—
18	HPb63-0.1	61.5~63.5	≤0.15	0.05~0.3	—
19	HPb62-0.8	60.0~63.0	≤0.2	0.05~1.2	—
20	HPb62-3	60.0~63.0[⑦]	≤0.35	2.5~3.7	—
21	HPb62-2	60.0~63.0[⑦]	≤0.15	1.5~2.5	—
22	HPb61-1	58.0~62.0[⑦]	≤0.15	0.6~1.2	—
23	HPb60-2	58.0~61.0[⑦]	≤0.30	1.5~2.5	—
24	HPb59-3	57.5~59.5	≤0.50	2.0~3.0	—
25	HPb59-1	57.0~60.0	≤0.5	0.8~1.9	—

序号	牌号[①]	化学成分(%)（续）			
		锰	锡	镍[④]	杂质和
15	HPb89-2	—	—	≤0.7	
16	HPb66-0.5	—	—	—	
17	HPb63-3	—	—	≤0.5	≤0.75
18	HPb63-0.1	—	—	≤0.5	≤0.5
19	HPb62-0.8	—	—	≤0.5	≤0.75
20	HPb62-3	—	—	—	
21	HPb62-2	—	—	—	
22	HPb61-1	—	—	—	
23	HPb60-2	—	—	—	
24	HPb59-3	—	—	≤0.5	≤1.2
25	HPb59-1	—	—	≤1.0	≤1.0

注：② 抗磁用黄铜的铁含量不大于 0.030%。

③ 特殊用黄铜的 H80、H70 的杂质最大含量：铁为 0.07%；
锑为 0.002%；磷为 0.005%；砷为 0.005%；硫为 0.002%；
杂质和为 0.20%

序号	牌号①	化学成分（%）（余量为锌）			
		铜	铁②	铅	铝
5）铝黄铜					
26	HAl77-2	76.0～79.0⑦	≤0.06	≤0.07	1.8～2.5
		砷 0.02～0.06			
27	HAl67-2.5	66.0～68.0	≤0.6	≤0.5	2.0～3.0
28	HAl66-6-3-2	64.0～68.0	2.0～4.0	≤0.5	6.0～7.0
29	HAl61-4-3-1	59.0～62.0	0.3～1.3	—	3.5～4.5
		硅 0.5～1.5；钴 0.5～1.0			
30	HAl60-1-1	58.0～61.0	0.70～1.50	≤0.40	0.70～1.50
31	HAl59-3-2	57.0～60.0	≤0.50	≤0.10	2.5～3.5
6）锰黄铜					
32	HMn62-2-3-0.7	60.0～63.0	≤0.1	≤0.05	2.4～3.4
		硅 0.5～1.5			
33	HMn58-2⑤	57.0～60.0	≤1.0	≤0.1	—
34	HMn57-3-1⑤	55.0～58.5	≤1.0	≤0.2	0.5～1.5
35	HMn55-3-1⑤	53.0～58.0	0.5～1.5	≤0.5	—

序号	牌号①	化学成分（%）（续）			
		锰	锡	镍④	杂质和
26	HAl77-2	—	—	≤0.5	≤1.5
27	HAl67-2.5	—	—	≤0.5	≤1.5
28	HAl66-6-3-2	1.5～2.5	—	≤0.5	≤1.5
29	HAl61-4-3-1	—	—	2.5～4.0	≤0.7
30	HAl60-1-1	0.1～0.6	—	≤0.5	≤0.7
31	HAl59-3-2	—	—	2.0～3.0	≤0.9
32	HMn62-2-3-0.7	2.7～3.7	≤0.1	≤0.5	≤1.2
33	HMn58-2⑤	1.0～2.0	—	≤0.5	≤1.2
34	HMn57-3-1⑤	2.5～3.5	—	≤0.5	≤1.3
35	HMn55-3-1⑤	3.0～4.0	—	≤0.5	≤1.5

注：④ 无对应外国牌号的黄铜（镍为主成分者除外）的镍含量计
入铜中。

序号	牌号①	化学成分（%）（余量为锌）				
		铜	铁	铅	铝	锰
		7）锡黄铜				
36	HSn90-1	88.0～91.0	≤0.10	≤0.03	—	—
37	HSn70-1	69.0～71.0	≤0.10	≤0.05	—	—
38	HSn62-1	61.0～63.0	≤0.10	≤0.10	—	—
39	HSn60-1	59.0～61.0	≤0.10	≤0.30	—	—
		8）加砷黄铜				
40	H85A	84.0～86.0		≤0.03		
41	H70A	68.5～71.5⑧	≤0.05	≤0.05		
42	H68A	67.0～70.0	≤0.10	≤0.03		
		9）硅黄铜				
43	HSi80-3	79.0～81.0	≤0.6	≤0.1		

序号	牌号①	化学成分（%）（续）			
		锡	砷	镍④	杂质和
36	HSn90-1	0.25～0.75	—	≤0.5	≤0.2
37	HSn70-1	0.8～1.3	0.03～0.6	≤0.5	≤0.3
38	HSn62-1	0.7～1.1		≤0.5	≤0.3
39	HSn60-1	1.0～1.5		≤0.5	≤1.0
40	H85A	—	0.02～0.08	≤0.5	≤0.3
41	H70A	—	0.02～0.08	—	—
42	H68A	—	0.03～0.06	≤0.5	≤0.3
43	HSi80-3	硅 2.5～4.0		≤0.5	≤1.5

注：⑤供异型铸造和热锻用的 HMn57-3-1 和 HMn58-2 中的磷含量不大于 0.03%。供特殊使用的 HMn55-3-1 中的铝含量不大于 0.1%。

⑥铜加所列元素总和不小于 99.6%。

⑦铜加所列元素总和不小于 99.5%。

⑧铜加所列元素总和不小于 99.7%

(2) 加工黄铜的牌号和产品形状 (GB/T5231—2001)

序号	牌号——产品形状	序号	牌号——产品形状
1	H96——板、带、管、线	23	HPb60-2——板、带
2	H90——板、带、棒、线、管、箔	24	HPb59-3——板、带、管、棒、线
3	H85——管	25	HPb59-1——板、带、管、棒、线
4	H80——板、带、管、棒、线		
5	H70——板、带、管、棒、线	26	HAl77-2——管
6	H68——板、带、箔、管、棒、线	27	HAl67-2.5——板、棒
7	H65——板、带、线、管、箔	28	HAl66-6-3-2——板、棒
8	H63——板、带、管、棒、线	29	HAl61-4-3-1——管
9	H62——板、带、管、棒、线、型、箔	30	HAl60-1-1——板、棒
10	H59——板、带、线、管	31	HAl59-3-2——板、管、棒
11	HNi65-5——板、棒	32	HMn62-3-3-0.7——管
12	HNi56-3——棒	33	HMn58-2——板、带、棒、线、管
		34	HMn57-3-1——板、棒
13	HFe59-1-1——板、棒、管	35	HMn55-3-1——板、棒
14	HFe58-1-1——棒		
		36	HSn90-1——板、带
15	HPb89-2——棒	37	HSn70-1——管
16	HPb66-0.5——管	38	HSn62-1——板、带、棒、线、管
17	HPb63-3——板、带、棒、线	39	HSn60-1——线、管
18	HPb63-0.1——管、棒		
19	HPb62-0.8——线	40	H85A——管
20	HPb62-3——棒	41	H70A——管
21	HPb62-2——板、带、棒、线	42	H68A——管
22	HPb61-1——板、带、棒、线	43	HSi80-3——棒

(3) 加工黄铜产品的标准号和名称

序号	加工黄铜产品的标准号和名称
1a	GB/T4423－1992 铜及铜合金拉制棒——黄铜棒
1b	GB/T13808－1992 铜及铜合金挤制棒——黄铜棒
2	GB/T13809－1992 铜及铜合金矩形棒——黄铜矩形棒
3	GB/T13812－1992 黄铜磨光棒
4	GB/T2040－2002 铜及铜合金板材——黄铜板
5	GB/T5231－1981 热交换器固定板用黄铜板
6	GB/T2059－2000 铜及铜合金带材——黄铜带
7	YS/T29－1992 电容器专用黄铜带
8	GB/T5188－1985 黄铜箔
9	GB/T1527－2006 铜及铜合金拉制管——拉制黄铜管
10	GB/T1528－1997 铜及铜合金挤制管——挤制黄铜管
11	GB/T8890－1998 热交换器用铜合金无缝管——黄铜无缝管
12	GB/T8010－1987 气门嘴用 HPb63-0.1 铅黄铜管
13	GB/T1531－1994 铜及铜合金毛细管——黄铜毛细管
14a	GB/T14954－1994 黄铜线——制锁、钟用零件线材
14b	GB/T14954－1994 黄铜线——抗蚀零件及焊条用线材
14c	GB/T14954－1994 黄铜线——其他用途线材
15	GB/T14956－1994 专用铜及铜合金线——专用黄铜线
16	GB/T3114－1994 铜及铜合金扁线——黄铜扁线

（4）加工黄铜产品的力学性能

牌号	制造方法和状态[①]		规格[②]（mm）	抗拉强度 $\sigma_b \geqslant$（MPa）	伸长率[③]（%）$\geqslant$		硬度 HB
					δ_{10}	δ_5	
1）铜及铜合金拉制棒（GB/T4423－1992）、挤制棒（GB/T13808－1992）——黄铜棒[④]							
H96	拉制	Y	5～40	265	4	—	
			>40～60	245	6	—	
			>60～80	205	10	—	
		M	5～80	200	35	—	
	挤制	R	16～80	196	30	—	
			>80～120	—	—	—	
H80	拉制	Y	5～40	390			
		M		275	45	—	
	挤制	R	16～120				
H68	拉制	Y_2	5～12	370	15	18	
			>12～40	315	25	30	
			>40～80	295	30	34	
		M	13～35	295	45	50	

注：① 状态：TM——特软；M——软（退火）；Y_4——1/4 硬；
Y_3——1/3 硬；Y_2——1/2 硬（半硬）；Y_1——3/4 硬；
Y——硬；T——特硬；R——热加工（热挤、热轧）。

② 规格：圆棒（线）指直径，方、六角棒（线）指内切圆直径，矩
形棒指厚度×宽度，板、带、箔材指厚度，管材指外径。

③ 伸长率如有 δ_{10} 和 δ_5 两个指标，仲裁时以 δ_{10} 为准。

④ 除牌号 H96 外，Y 和 T 状态的拉制棒应进行消除应力退
火。

牌号	制造方法和状态①	规　格②（mm）		抗拉强度σb≥（MPa）	伸长率③（%）≥		硬度HB
					δ₁₀	δ₅	
1) 铜及铜合金拉制棒（GB/T4423－1992）、 挤制棒（GB/T13808－1992）——黄铜棒④							
H68	挤制	R	16～80	295	40	45	—
			>80～120	—	—	—	—
H65	拉制	Y	5～40	390	—	—	—
		M		295	40	—	—
H63	拉制	Y₂	5～20	370	15	18	—
			>20～40	340	18	21	—
H62	拉制	Y₂	5～40	370	15	18	—
			>40～80	335	20	24	—
	挤制	R	10～160	295	30	35	—
H59	挤制	R	16～120	—	—	—	—
HPb59-1	拉制	Y₂	5～20	420	10	12	—
			>20～40	390	12	14	—
			>40～80	370	16	19	—
	挤制	R	10～160	365	18	21	—
HPb63-0.1	拉制	Y₂	与牌号 H63 相同				
HPb63-3	拉制	Y	5～15	490	3	4	—
			>15～20	450	8	9	—
			>20～30	410	10	12	—
		Y₂	5～20	390	10	12	—
			>20～60	360	14	16	—

牌号	制造方法和状态[1]		规格[2] （mm）	抗拉强度 $\sigma_b \geqslant$ （MPa）	伸长率[3] （%）$\geqslant$		硬度 HB
					δ_{10}	δ_5	
1）铜及铜合金拉制棒（GB/T4423－1992）、 挤制棒（GB/T13808－1992）——黄铜棒[4]							
HSn62-1	拉制	Y	5～40	390	15	17	—
			＞40～60	360	20	23	—
	挤制	R	10～120	365	20	22	—
			＞120～160	—	—	—	—
HSn70-1	挤制	R	10～75	245	40		—
			＞75～160	—	—		—
HMn55-3-1	挤制	R	10～75	490	15		—
			＞75～160	—	—		—
HMn57-3-1	挤制	R	10～70	490	15	16	—
			＞70～160	—	—	—	—
HMn58-2	拉制	Y	5～12	440	20	24	—
			＞12～40	410	20	24	—
			＞40～60	390	25	29	—
	挤制	R	10～120	395	25	29	—
			＞120～160	—	—	—	—
HFe58-1-1	拉制	Y	5～40	440	10		—
			＞40～60	390	12		—
	挤制	R	10～120	295	20		—
			＞120～160	—	—		—

牌号	制造方法和状态①		规　格② （mm）	抗拉强度 $\sigma_b \geq$ （MPa）	伸长率③ （%）$\geq$		硬度 HB
					δ_{10}	δ_5	
1）铜及铜合金拉制棒（GB/T4423－1992）、 **挤制棒（GB/T13808－1992）——黄铜棒④**							
HFe59-1-1	拉制	Y	5～12	490	15	17	—
			＞12～40	440	17	19	—
			＞40～60	410	20	22	—
	挤制	R	10～120	430	28	31	—
			＞120～160	—	—	—	—
HAl60-1-1	挤制	R	10～120	440	18		—
			＞120～160	—	—		—
HAl66-6-3-2	挤制	R	10～75	735⑤	7		—
			＞75～160	—	—		—
HAl67-2.5	挤制	R	10～75	395	15		—
			＞75～160	—	—		—
HAl77-2	挤制	R	10～75	245	40		—
			＞75～160	—	—		—
HNi56-3	挤制	R	10～75	440	25		—
			＞75～160	—	—		—
HSi80-3	挤制	R	10～75	295	25		—
			＞75～160	—	—		—

注：⑤ 标准原文为"＞35"，拟是"735"之误（编者）。

牌号	制造方法和状态[①]		规 格[②] (mm)	抗拉强度 $\sigma_b \geqslant$ (MPa)	伸长率[③] (%) $\geqslant$		硬度 HB
					δ_{10}	δ_5	
2) 黄铜矩形棒（GB/T13809—1992）[⑥]							
H62	拉制	Y_2	$(3\sim75)\times$ $(4\sim80)$	335 335	15 20	17 23	—
	挤制	R	$(5\sim40)\times$ $(8\sim50)$	295	30	35	—
HPb59-1	拉制	Y_2	$(3\sim75)\times$ $(4\sim80)$	390 375	10 15	12 18	—
	挤制	R	$(5\sim40)\times$ $(8\sim50)$	340	15	17	—
HPb63-3	拉制	Y_2	$(3\sim75)\times$ $(4\sim80)$	380 385	12 16	14 19	—
3) 黄铜磨光棒（GB/T13812—1992）[⑥]							
H62	拉制	Y Y_2	$5\sim19$	390 370	10 15	12 17	—
HPb59-1	拉制	Y Y_2	$5\sim19$	430 390	10 10	12 12	—
HPb63-3	拉制	Y Y_2	$5\sim19$	430 350	4 12	5 14	—
4) 黄铜板（GB/T2040—2002）[⑦]							
H96	冷轧	M Y	$0.3\sim10$	215 320	30 3	— —	—
H90	冷轧	M Y_2 Y	$0.3\sim10$	245 $330\sim440$ 390	35 5 3	— — —	—

注：⑥ 拉制棒材和棒材磨光前，应进行消除内应力处理。

5.22

牌号	制造方法和状态[1]	规格[2] (mm)	抗拉强度[2] $\sigma_b \geqslant$ (MPa)	伸长率[3] (%) $\geqslant$ δ_{10}	δ_5	硬度 HB
4) 黄铜板(GB/T2040－2002)[7]						
H80	冷轧	M	0.3～10	265	50	—
		Y		390	3	
H68	热轧	R	4.0～14	290	40	—
H70 H68 H65	冷轧	M	0.3～10	290	40	—
		Y_4		325～410	35	75～215
		Y_2		340～460	25	85～145
		Y		390～530	10	105～175
		T		490	3	$\geqslant$145
H62	热轧	R	4～14	290	30	—
	冷轧	M	0.3～10	290	35	—
		Y_2		350～470	20	85～145
		Y		410～630	10	105～175
		T		585	2.5	$\geqslant$145
H59	热轧	R	4～14	290	25	—
	冷轧	M	0.3～10	290	10	—
		Y		410	5	$\geqslant$130

注：⑦ 需方如有要求，并在合同中注明，可对板材进行弯曲试验和对软状板材进行晶粒度检验。具体要求，参见 GB/T2040－2002 中的规定。

牌号	制造方法和状态[①]		规格[②]（mm）	抗拉强度 $\sigma_b \geqslant$（MPa）	伸长率[③]（%）$\geqslant$		硬度 HB
					δ_{10}	δ_5	
4）黄铜板（GB/T2040—2002）[⑦]							
HPb59-1	热轧	R	4～14	370	18	—	
	冷轧	M	0.3～10	340	25	—	
		Y_2		390～490	12	—	
		Y		440	5	—	
HSn62-1	热轧	R	4～14	340	20	—	
	冷轧	M	0.3～10	295	35	—	
		Y_2		350～400	15	—	
		Y		390	5	—	
HMn57-3-1	热轧	R	4～8	440	10	—	
HMn55-3-1			4～15	490	15	—	
HAl60-1-1			4～15	440	15	—	
HAl67-2.5			4～15	390	15	—	
HAl66-6-3-2			4～8	685	3	—	
HNi65-5			4～15	290	35	—	
5）热交换器固定板用黄铜板（GB/T2531—1981）							
HSn621-1	热轧	R	9～60	345	20	—	—
6）黄铜带（GB/T2059—2000）[⑧]							
H96		M	0.05～3.00	215	30	—	—
		Y		320	3	—	—
H90		M	0.05～3.00	245	35	—	—
		Y_2		330～440	5	—	—
		Y		390	5	—	—

牌号	制造方法和状态①	规格②（mm）	抗拉强度 $\sigma_b \geqslant$（MPa）	伸长率③（%）≥		硬度 HB
				δ_{10}	δ_5	
6）黄铜带（GB/T2059—2000）⑧						
H80	M Y	0.05～3.0	265 390	50 3	— —	— —
H70 H68 H65	M Y₄ Y₂ Y T	0.05～3.0	200 325～410 340～460 390～530 490	40 35 25 13 4	— — — — —	— 75～125 85～145 107～175 ≥145
H62	M Y₂ Y T	0.05～3.0	290 350～470 410～630 585	35 20 10 2.5	— — — —	— 85～145 105～175 ≥145
H59	M Y	0.05～3.0	290 410	10 5	— —	— ≥130
HPb59-1	M Y₂ Y	0.05～2.0	340 390～490 440	25 12 5	— — —	— — —
HMn58-2	M Y₂ Y	0.05～2.0	380 440～610 585	30 25 3	— — —	— — —
HSn62-1	Y	0.05～2.0	390	5	—	—
7）电容器专用黄铜带（YS/T29—1992）⑨						
H62	Y₂ Y	0.10～1.00	372 412	20 10	— —	— —
8）黄铜箔（GB/T5188—1985）						
H62、H68	M Y	0.030～0.050 0.010～0.050	— —	— —	— —	— —

注：⑧ 黄铜带的性能要求与厚度有关，其具体厚度范围以及其他
技术要求（如杯突试验、弯曲试验、电性能、晶粒度等），参
见 GB/T2059—2000 中的规定。
⑨ 当需方有要求，并在合同中注明，才做拉伸试验。

牌号	状态①	规格② （mm）	抗拉强度 $R_m \geqslant$ （MPa）	伸长率 $A \geqslant$ （%）	硬度	
					HV	HB
9）拉制黄铜管（GB/T1527－2006）⑩						
H96	M M₂ Y₂ Y	圆形 3～200 方形 3～100	205 220 260 320	42 35 18 —	45～70 50～75 75～105 ≥95	40～65 45～70 70～100 ≥90
H90	M M₂ Y₂ Y	圆形 3～200 方形 3～100	220 240 300 360	42 35 18 —	45～75 50～80 75～105 ≥100	40～70 45～75 70～100 ≥95
H85 H85A	M M₂ Y₂ Y	圆形 3～200 方形 3～100	240 260 310 370	43 35 18 —	45～75 50～80 80～110 ≥105	40～70 45～75 75～105 ≥100
H80	M M₂ Y₂ Y	圆形 3～200 方形 3～100	240 260 320 390	43 40 25 —	45～75 55～85 85～120 ≥115	40～70 50～80 80～115 ≥110
H70、H70A H68、H68A	M M₂ Y₂ Y	圆形 3～100 方形 3～100	280 350 370 420	43 25 18 —	55～85 85～120 95～125 ≥115	50～80 80～115 90～120 ≥110

注：⑩ HV 试验负荷由供需双方商定；M 状态的 HV 硬度仅适用于壁厚≥0.5mm 的管材。HB 硬度仅适用于壁厚≥3mm 的管材。需方有要求并在合同中注明，可选择 HV 或 HB 硬度试验，但选择硬度试验后，拉伸试验结果仅供参考。

牌号	状态①	规格② （mm）	抗拉强度 $R_m \geqslant$ （MPa）	伸长率 $A \geqslant$ （%）	硬度	
					HV	HB
9) 拉制黄铜管(GB/T1527—2006)⑩						
H65、H65A HPb66-0.5	M M₂ Y₂ Y	圆形 3～200 方形 3～100	290 360 370 430	43 25 18 —	55～95 80～115 90～120 ≥110	50～80 75～110 85～115 ≥105
H63、H62	M M₂ Y₂ Y	圆形 3～200 方形 3～100	300 360 370 440	43 25 18 —	60～90 75～110 85～120 ≥115	55～85 70～105 80～115 ≥110
H59 HPb59-1	M M₂ Y₂ Y	圆形 方形 3～100	340 370 410 470	36 20 15 —	75～105 85～115 100～130 ≥125	70～100 80～110 95～125 ≥120
HSn70-1	M M₂ Y₂ Y	圆形 3～200 方形 3～100	295 320 370 455	40 35 20 —	60～90 70～100 85～110 ≥110	55～85 65～95 80～105 ≥105
HSn62-1	M M₂ Y₂ Y	圆形 3～200 方形 3～100	295 335 370 455	35 30 20 —	60～90 75～105 85～110 ≥110	55～85 70～100 80～105 ≥105
HPb63-0.1	Y₂ Y₃	圆 18～31 圆 8～31	353 —	20 —	— —	110～165 70～125
10) 挤制黄铜管(GB/T1528—1997)						
H96 H62 HPb59-1 HPb59-1-1	R	21～280	186 295 390 430	δ_{10}/δ_5 35/42 38/43 20/24 28/31	— — — —	— — — —

牌号	制造方法和状态①	规格②(mm)	抗拉强度(MPa)≥	伸长率③(%)≥		硬度HRB
				δ_{10}	δ_5	
11) 热交换器用黄铜无缝管(GB/T8890—1998)⑪						
HAl77-2	M	10～35	345	45	—	—
	Y_2		370	40	—	—
HSn70-1	M	10～35	295	38	—	—
	Y_2		320	35	—	—
H68	与牌号 HSn70—1 相同					
H85A	M	10～35	245	25	—	—
	Y_2		295	20	—	—
12) 气门嘴用铅黄铜管(GB/T8010—1987)⑪						
HPb63-0.1	Y_3	8.0～8.5	353	20	—	40～70
		18～31	—	—	—	
	Y_2	18～31	—	—	—	64～86
13) 黄铜毛细管(GB/T1531—1994)						
H96	M	0.5～30	205	35	—	—
	Y		295	—	—	—
H68、H62	M	0.5～30	295	35	—	—
	Y_2		345	30	—	—
	Y		390	—	—	—

注：⑪ 半硬态热交换器用管和气门嘴用管，均应进行消除内应力
处理。

牌号	制造方法和状态[①]	规格[②]（mm）	抗拉强度（MPa）≥	伸长率 δ[⑫]（%）≥	硬度 HV
14a) 黄铜线——制锁、钟用零件线材(GB/T14954－1994)[⑬][⑭]					
H62	Y₁	1.0～3.0	345～540	8	—
HPb63-3	Y T	0.5～6.0	540～685 690～735	— —	160～180 180～200
HPb59-1	Y₂ Y T	0.5～6.0	390～590 540～685 590～735	6 — —	140～160 160～180 180～200
14b) 黄铜线——抗蚀零件及焊条用线材(GB/T14954－1994)					
HSn60-1 HSn62-1	M、Y	0.5～6.0	—	—	—
14c) 黄铜线——其他用途线材(GB/T14954－1994)[⑬][⑮]					
H68	M	0.05～0.25 ＞0.25～1.0 ＞1.0～2.0 ＞2.0～4.0 ＞4.0～6.0	375 355 335 315 295	18 25 30 35 40	— — — — —

注：⑫ 黄铜线的伸长率符号为 δ，采用 $l_0 = 100mm$ 试样。

⑬ 硬和特硬线材应进行残余应力热处理。牌号 H68、H65、H62 的硬度线材的反复弯曲次数应分别不少于 6 次、5 次、4 次。

⑭ 硬度值(HV)仅作为钟用黄铜线的参考值。

⑮ 其他用途线材指制造各种零件等用的线材。

牌号	制造方法和状态①	规格② （mm）	抗拉强度 （MPa） ≥	伸长率 δ⑫ （%）≥	硬度 HV
14c) 黄铜线——其他用途线材(GB/T14954—1994)⑬⑮					
H68(续)	Y₂	0.05～0.25	410	—	—
		＞0.25～1.0	390	5	—
		＞1.0～2.0	375	10	—
		＞2.0～4.0	355	12	—
		＞4.0～6.0	345	14	—
	Y₁	0.05～0.25	540～735	—	—
		＞0.25～1.0	490～685	—	—
		＞1.0～2.0	440～635	—	—
		＞2.0～4.0	390～590	—	—
		＞4.0～6.0	345～540	—	—
	Y	0.05～0.25	735～930	—	—
		＞0.25～1.0	685～885	—	—
		＞1.0～2.0	635～835	—	—
		＞2.0～4.0	590～785	—	—
		＞4.0～6.0	540～735	—	—
H65	M	0.05～0.25	335	18	—
		＞0.25～1.0	325	24	—
		＞1.0～2.0	315	28	—
		＞2.0～4.0	305	32	—
		＞4.0～6.0	295	35	—
	Y₂	0.05～0.25	410	—	—
		＞0.25～1.0	400	4	—
		＞1.0～2.0	390	7	—
		＞2.0～4.0	380	10	—
		＞4.0～6.0	375	13	—

牌号	制造方法和状态①	规格② (mm)	抗拉强度 (MPa) ≥	伸长率 δ⑫ (%)≥	硬度 HV

14c) 黄铜线——其他用途线材(GB/T14954-1994)⑬⑭

牌号	制造方法和状态①	规格② (mm)	抗拉强度 (MPa) ≥	伸长率 δ⑫ (%)≥	硬度 HV
H65(续)	Y_1	0.05~0.25	540~735	—	—
		>0.25~1.0	490~685	—	—
		>1.0~2.0	440~635	—	—
		>2.0~4.0	390~590	—	—
		>4.0~6.0	375~570	—	—
	Y	0.05~0.25	685~885	—	—
		>0.25~1.0	635~835	—	—
		>1.0~2.0	590~785	—	—
		>2.0~4.0	540~735	—	—
		>4.0~6.0	490~685	—	—
H62	M	0.05~0.25	345	18	—
		>0.25~1.0	335	22	—
		>1.0~2.0	325	26	—
		>2.0~4.0	315	30	—
		>4.0~6.0	315	34	—
	Y_2	0.05~0.25	430	—	—
		>0.25~1.0	410	4	—
		>1.0~2.0	390	7	—
		>2.0~4.0	375	10	—
		>4.0~6.0	355	12	—
	Y_1	0.05~0.25	590~785	—	—
		>0.25~1.0	540~735	—	—
		>1.0~2.0	490~685	—	—
		>2.0~4.0	440~635	—	—
		>4.0~6.0	390~590	—	—

牌号	制造方法和状态①	规格②(mm)	抗拉强度(MPa)≥	伸长率δ⑫(%)≥	硬度HV
14c) 黄铜线——其他用途线材(GB/T14954-1994)⑭⑮					
H62(续)	Y	0.05~0.25	785~980	—	—
		>0.25~1.0	685~885	—	—
		>1.0~2.0	635~835	—	—
		>2.0~4.0	590~785	—	—
		>4.0~6.0	540~735	—	—
HSn62-1 HSn60-1	M	0.5~2.0	315	15	—
		>2.0~4.0	305	20	—
		>4.0~6.0	295	25	—
	Y	0.5~2.0	590~835	—	—
		>2.0~4.0	540~785	—	—
		>4.0~6.0	490~735	—	—
HPb63-3	M	0.5~2.0	305	32	—
		>2.0~4.0	295	35	—
		>4.0~6.0	285	35	—
	Y₁	0.5~2.0	390~610	3	—
		>2.0~4.0	390~600	4	—
		>4.0~6.0	390~590	4	—
	Y	0.5~6.0	570~735	—	—
HPb59-1	M	0.5~2.0	345	25	—
		>2.0~4.0	335	28	—
		>4.0~6.0	325	30	—
	Y₁	0.5~4.0	390~590	—	—
		>4.0~6.0	375~570	—	—
	Y	0.5~2.0	490~735	—	—
		>2.0~4.0	490~685	—	—
		>4.0~6.0	440~635	—	—

牌号	制造方法和状态①	规格②（mm）	抗拉强度（MPa）≥	伸长率 δ② （%）≥	硬度 HV
15）专用黄铜线（GB/T14956－1994）⑯					
H68	Y_2	1.0～3.0 ＞3.0～6.0	390～670 370～540	8 16	— —
H⸍⸍	M Y_2 Y_1	1.0～6.0 1.0～2.0 1.0～2.0	370 390～470 440～540	18 — —	— — —
HPb62-0.8	Y_2	3.8～6.0	390～540	15	—
HPb59-1	Y_2	2.0～3.0 ＞3.0～6.0	390～590 410～510	10 —	— —
	Y	2.0～3.0	490～685	5	—
16）黄铜扁线（GB/T3114－1994）					
H68、H65	M Y_2 Y	厚度×宽度（0.5～6.0）×（0.5～12.0）	245 295 440	28 12 —	— — —
H62	M Y_2 Y	（0.5～6.0）×（0.5～12.0）	295 345 410	25 12 —	— — —

注：⑯ H68 用于制作冷镦螺钉等紧固件；H62 用于制作铆钉、气门芯等；HPb62-0.8 用于制作自行车条母等；HPb59-1 用于制作圆珠笔芯、气门芯等。除铆钉用线材外，其他用途线材应进行消除残余应力的热处理。

(5) 加工黄铜的主要特性及用途

代　　号	主要特性及用途
1) 普通黄铜及加砷黄铜	
H96	特性:强度是普通黄铜中最低的,但比纯铜(紫铜)高,导热、导电性好,在大气和淡水中有高的耐蚀性,且有良好的塑性,易于冷、热压力加工,易于焊接和镀锡,无应力腐蚀破裂倾向。用途:在一般机械制造中用于制造导管、冷凝管、散热器管、散热片、汽车水箱带以及导电零件等
H90	特性:性能和 H96 相似,但强度稍高,可镀金属及涂敷珐琅。用途:制造供水及排水管、奖章、艺术品、水箱带以及双金属片等
H85	特性:具有较高的强度,塑性好,能很好地承受冷、热压力加工,焊接和耐蚀性能也都良好。用途:制造冷凝和散热用管、虹吸管、蛇形管、冷却设备制件
H80	特性:性能和 H85 近似,但强度较高,塑性也较好,在大气、淡水和海水中有较高的耐蚀性。用途:制造造纸网、薄壁管、皱纹管及房屋建筑用品
H70 H68 H68A	特性:有极为良好的塑性(是黄铜中最佳者),较高的强度,可切削性好,易焊接,对一般腐蚀非常稳定,但易产生腐蚀开裂;H68A 中加有微量的砷,可防止黄铜脱锌,并提高黄铜的耐蚀性。用途:制造复杂的冷冲件和深冲件,如散热器外壳、导管、波纹管、弹壳、垫片、雷管等;其中 H68 是普通黄铜中应用最为广泛的一个品种

牌　号	主要特性及用途

1）普通黄铜及加砷黄铜

牌　号	主要特性及用途
H65	特性:性能介于 H68 和 H62 之间,价格比 H68 便宜,也有较高的强度和塑性,能良好地承受冷、热压力加工,有腐蚀破裂倾向。用途:制造小五金、日用品、小弹簧、螺钉、铆钉和机器零件等
H63 H62	特性:有良好的力学性能,热态下塑性良好,冷态下塑性也可以,可切削性好,易钎焊和焊接,耐蚀,易产生腐蚀破裂(季裂),价格便宜,是应用广泛的一个普通黄铜品种。用途:制造需要深引伸和弯折的各种受力零件,如销钉、铆钉、垫圈、螺母、导管、气压表弹簧、筛网、散热器零件等
H59	特性:强度、硬度高而塑性差,但在热态下仍能很好地承受压力加工,耐蚀性一般,其他性能和 H62 相近,价格更便宜。用途:制造一般机器零件、焊接件、热冲和热轧零件

2）镍　黄　铜

牌　号	主要特性及用途
HNi65-5	特性:有高的耐蚀性和减摩性,良好的力学性能,极好的冷、热压力加工性能,对脱锌和腐蚀破裂比较稳定,导热导电性低,因镍的价格较贵,故一般用的不多。用途:制造压力表管、造纸网、船舶用冷凝管等,可用作锡磷青铜和 BZn15-20 锌白铜的代用品

3）铁　黄　铜

牌　号	主要特性及用途
HFe59-1-1	特性:具有高的强度、韧性,减摩性能良好,在大气、海水中的耐蚀性高,但有腐蚀破裂倾向,热态下塑性良好。用途:制造在摩擦和受海水腐蚀条件下工作的结构零件

牌　　号	主要特性及用途
3) 铁　黄　铜	
HFe58-1-1	特性:强度、硬度高,可切削性好,但塑性下降,只能在热态下压力加工,耐蚀性尚好,有腐蚀破裂倾向。用途:适用于制造用热压和切削加工方法制作的高强度耐蚀零件
4) 铅　黄　铜	
HPb63-3	特性:含铅高的铅黄铜,不能热态加工,可切削性极为优良,并有高的减摩性能,其他性能和 HPb59-1 相似。用途:主要用于制造要求可切削性极高的钟表结构零件和汽车、拖拉机零件
HPb63-0.1 HPb62-0.8	特性:可切削性较 HPb63-3 低,其他性能和 HPb63-3 相似。用途:制造一般机器结构零件
HPb61-1	特性:有好的可切削性和较高的强度,其他性能和 HPb59-1 相似。用途:制造高强、高切削性结构零件
HPb59-1	特性:应用较广的铅黄铜,可切削性好,良好的力学性能,能承受冷、热压力加工,易钎焊和焊接,对一般腐蚀有良好的稳定性,但有腐蚀破裂倾向。用途:适用于制造以热冲压和切削加工制造的各种结构零件,如螺钉、垫圈、垫片、衬套、螺母、喷嘴等
5) 铝　黄　铜	
HAl77-2	特性:典型的铝黄铜,有高的强度和硬度,塑性良好,可在热态和冷态下进行压力加工,对海水和盐水有良好的耐蚀性,耐冲击腐蚀,但有脱锌和腐蚀破裂倾向。用途:制造船舶和海滨热电站中的冷凝管以及其他耐蚀零件
HAl67-2.5	特性:在冷态和热态下能良好地承受压力加工,耐磨性好,对海水的耐蚀性尚可,对腐蚀破裂敏感,钎焊和镀锡性能不好。用途:制造海船抗蚀零件

代 号	主要特性及用途
5) 铝 黄 铜	
HAl60-1-1	特性:具有高的强度,在大气、淡水和海水中耐蚀性好,但对腐蚀破裂敏感,在热态下压力加工性好,冷态下可塑性低。用途:制造要求耐蚀的结构零件,如齿轮、蜗轮、衬套、轴等
HAl59-3-2	特性:具有高的强度,耐蚀性是所有黄铜中最好的,腐蚀破裂倾向不大,冷态下塑性低,热态下压力加工性好。用途:制造发动机和船舶业以及其他在高温下工作的高强度耐蚀件
HAl66-6-3-2 HAl61-4-3-1	特性:属耐磨合金,具有高的强度、硬度和耐磨性,耐蚀性也较好,但有腐蚀破裂倾向,塑性较差,为铸造黄铜的移植品种。用途:制造重负荷下工作的固定螺钉的螺母和大型蜗杆;可作 QAl10-4-4 铝青铜的代用品
6) 锰 黄 铜	
HMn58-2	特性:在海水和过热蒸汽、氯化物中有高的耐蚀性,但有腐蚀破裂倾向,力学性能良好,导热、导电性低,热态下易进行压力加工,冷态下压力加工性尚可,是应用较广泛的黄铜品种。用途:制造腐蚀条件下工作的重要零件和弱电流工业用零件
HMn57-3-1	特性:强度、硬度高,塑性低,只能在热态下进行压力加工,在大气、海水、过热蒸汽中的耐蚀性比一般黄铜好,但有腐蚀破裂倾向。用途:制造耐腐蚀结构零件
HMn55-3-1	特性:性能和 HMn57-3-1 接近,为铸造黄铜移植的品种。用途:制造耐腐蚀结构零件

代　　号	主要特性及用途
7) 锡黄铜	
HSn90-1	特性:力学性能和工艺性能极似于 H90 普通黄铜,但有高的耐蚀性和减摩性,目前只有这种锡黄铜可作为耐磨合金使用。用途:制造汽车、拖拉机弹性套管及其他耐蚀减摩零件
HSn70-1	特性:典型的锡黄铜,在大气、蒸汽、油类和海水中有高的耐蚀性,且有良好的力学性能,可切削性尚可,易焊接和钎焊,但有腐蚀破裂倾向。用途:制造海轮上的耐蚀零件(如冷凝器管),与海水、蒸汽、油类接触的导管,热工设备零件
HSn62-1	特性:在海水中有高的耐蚀性,良好的力学性能,冷加工时有冷脆性,只适于热压力加工,可切削性好,易焊接和钎接,但有腐蚀破裂倾向。用途:制造与海水或汽油接触的船舶零件或其他零件
HSn60-1	特性:性能与 HSn62-1 相似,主要产品为线材。用途:制造船舶焊接结构用的焊条
8) 硅黄铜	
HSi80-3	特性:有良好的力学性能,耐蚀性高,无腐蚀破裂倾向,耐磨性亦好,在冷态、热态下压力加工性好,易焊接和钎焊,可切削性好,导热、导电性是黄铜中最低的。用途:制造船舶零件、蒸汽管和水管配件

（6）铸造黄铜的化学成分 (GB/T1176—1987)

序号	合金名称	合金牌号	主要化学成分(%)	
			铜	铝
1	38 黄铜	ZCuZn38	60.0～63.0	—
2	25-6-3-3 铝黄铜	ZCuZn25Al6Fe3Mn3	60.0～66.0	4.5～7.0
3	26-4-3-3 铝黄铜	ZCuZn26Al4Fe3Mn3	60.0～66.0	2.5～5.0
4	31-2 铝黄铜	ZCuZn31Al2	66.0～68.0	2.0～3.0
5	35-2-2-1 铝黄铜	ZCuZn35Al2Mn2Fe1	57.0～65.0	0.5～2.5
6	38-2-2 锰黄铜	ZCuZn38Mn2Pb2	57.0～60.0	—
7	40-2 锰黄铜	ZCuZn40Mn2	57.0～60.0	—
8	40-3-1 锰黄铜	ZCuZn40Mn3Fe1	53.0～58.0	—
9	33-2 铅黄铜	ZCuZn33Pb2	63.0～67.0	—
10	40-2 铅黄铜	ZCuZn40Pb2	58.0～63.0	0.2～0.8
11	16-4 硅黄铜	ZCuZn16Si4	79.0～81.0	—

序号	合金牌号	主要化学成分(%)(续)			
		铁	锰	铅	锌
1	ZCuZn38	—	—	—	其余
2	ZCuZn25Al6Fe3Mn3	2.0～4.0	1.5～4.0	—	其余
3	ZCuZn26Al4Fe3Mn3	1.5～4.0	1.5～4.0	—	其余
4	ZCuZn31Al2	—	—	—	其余
5	ZCuZn35Al2Mn2Fe1	0.5～2.0	0.1～3.0	—	其余
6	ZCuZn38Mn2Pb2	—	1.5～2.5	1.5～2.5	其余
7	ZCuZn40Mn2	—	1.0～2.0	—	其余
8	ZCuZn40Mn3Fe1	0.5～1.5	3.0～4.0	—	其余
9	ZCuZn33Pb2	—	—	1.0～3.0	其余
10	ZCuZn40Pb2	—	—	0.5～2.5	其余
11	ZCuZn16Si4	硅 2.5～4.5		—	其余

注：1. 序号 8 的 40-3-1 锰黄铜用于船舶螺旋桨,铜含量允许为 55.0%～59.0%。

序号	合金牌号	杂质限量（%）≤				
		铁	锑	铋	锰	铝
1	ZCuZn38	0.8	0.10	0.002	—	0.5
2	ZCuZn25Al6Fe3Mn3	—	—	—	—	—
3	ZCuZn26Al4Fe3Mn3	—	—	—	—	—
4	ZCuZn31Al2	0.8	—	—	0.5	—
5	ZCuZn35Al2Mn2Fe1	锑＋磷＋砷 0.40				—
6	ZCuZn38Mn2Pb2	0.8	0.1	—	—	1.0*
7	ZCuZn40Mn2	0.8	0.1	—	—	1.0*
8	ZCuZn40Mn3Fe1	—	0.1	—	—	1.0*
9	ZCuZn33Pb2	0.8	—	—	0.2	0.1
10	ZCuZn40Pb2	0.8	—	—	0.5	0.1
11	ZCuZn16Si4	0.8	0.1	—	0.5	0.1

序号	合金牌号	杂质限量（%）≤（续）				
		硅	锡	铅	镍	总和
1	ZCuZn38	—	1.0*	磷 0.1		1.5
2	ZCuZn25Al6Fe3Mn3	0.10	0.2	0.2	3.0*	2.0
3	ZCuZn26Al4Fe3Mn3	0.10	0.2	0.2	3.0*	2.0
4	ZCuZn31Al2	—	1.0*	1.0*	—	1.5
5	ZCuZn35Al2Mn2Fe1	0.10	1.0*	0.5	3.0*	2.0
6	ZCuZn38Mn2Pb2	—	2.0*	—	—	2.0
7	ZCuZn40Mn2	—	1.0	—	—	2.0
8	ZCuZn40Mn3Fe1	—	0.5	0.5	—	1.5
9	ZCuZn33Pb2	0.05	1.5*	磷 0.1	1.0*	1.5
10	ZCuZn40Pb2	0.05	1.0*	—	1.0*	1.5
11	ZCuZn16Si4	—	0.3	—	—	2.0

注：2. 带 * 符号的元素，不计入杂质总和。

3. 未列出的杂质元素，计入杂质总和。

（7）铸造黄铜的力学性能（GB/T1176－1987）

序号	合金牌号	铸造方法	力学性能≥			
			抗拉强度（MPa）	屈服强度（MPa）	伸长率 δ_5（％）	硬度 HB[①]
1	ZCuZn38 （ZH62）	S J	295 295	— 	30 30	590 685
2	ZCuZn25Al6Fe3Mn3 （ZHAl66-6-3-2）	S J Li,La	725 740 740	380 (400) 400	10 7 7	(1570) (1665) (1665)
3	ZCuZn26Al4Fe3Mn3	S J Li,La	600 600 600	300 300 300	18 18 18	(1175) (1275) (1275)
4	ZCuZn31Al2 （ZHAl67-2.5）	S J	295 390	— —	12 15	785 885
5	ZCuZn35Al2Mn2Fe1 （ZHFe59-1-1）	S J Li,La	450 475 475	170 200 200	20 18 18	(980) (1080) (1080)
6	ZCuZn38Mn2Pb2 （ZHMn58-2-2）	S J	245 345	 	10 18	685 785
7	ZCuZn40Mn2 （ZHMn58-2）	S J	345 390	 	20 15	785 885
8	ZCuZn40Mn3Fe1 （ZHMn55-3-1）	S J	440 490	 	18 15	980 1080
9	ZCuZn33Pb2	S	180	(70)	12	(490)
10	ZCuZn40Pb2 （ZHPb59-1）	S J	220 280	 (120)	15 15	(785) (885)
11	ZCuZn16Si4 （ZHSi80-3）	S J	345 390	 	15 20	885 980

注：1. 括号内的合金牌号为 GB1176－74 旧标准所用的牌号。

2. S——砂型铸造；J——金属型铸造；La——连续铸造；Li——离心铸造。

3. 带括号的数据为参考值。

① 表中硬度 HB 数值，因其为试验力，单位是牛，按 GB/T231－1984 规定，应用时须将表中数值乘以系数 0.102。例：表中 HB≥590，将 590×0.102≈60，即其 HB 应≥60。

(8) 铸造黄铜的主要特性及用途

序号	合金牌号、主要特性及用途
1	ZCuZn38——特性:具有优良的铸造性能和较高的力学性能,可切削性好,可以焊接,耐蚀性较好,有应力腐蚀开裂倾向。用途:制造一般结构件和耐蚀零件,如法兰、阀座、支架、手柄和螺母等
2	ZCuZn25Al6Fe3Mn3——特性:有较高的力学性能,铸造性能良好,耐蚀性较好,有应力腐蚀开裂倾向,可以焊接。用途:适用于制造高强、耐蚀的零件,如桥梁支承板、螺母、螺杆、耐磨板、滑板和蜗轮等
3	ZCuZn26Al4Fe3Mn3——特性:有较高的力学性能,铸造性能良好,在空气、淡水和海水中耐蚀性较好,可以焊接。用途:制造要求强度高、耐蚀的零件
4	ZCuZn31Al2——特性:铸造性能良好,在空气、淡水、海水中耐蚀性较好,易切削,可以焊接。用途:适用于制造压力铸造零件,如电机、仪表等压铸件,以及造船和机械制造业的耐蚀件
5	ZCuZn35Al2Mn2Fe1——特性:具有高的力学性能和良好的铸造性能,在大气、淡水、海水中有较好的耐蚀性,可切削性好,可以焊接。用途:制造管路配件和要求不高的耐磨件
6	ZCuZn38Mn2Pb2——特性:有较高的力学性能和耐蚀性,可切削性良好。用途:制造一般用途的结构件,船舶、仪表等使用的外形简单的铸件,如套筒、衬套、轴瓦、滑块等

序号	合金牌号、主要特性及用途
7	ZCuZn40Mn2——特性:有较高的力学性能和耐蚀性,铸造性能好,受热时组织稳定。用途:制造在空气、淡水、海水、蒸汽(300℃以下)和各种液体燃料中工作的零件和阀体、阀杆、泵、管接头,以及需要浇注巴氏合金和镀锡零件等
8	ZCuZn40Mn3Fe1——特性:有高的力学性能,良好的铸造性能和可切削性,在空气、淡水、海水中耐蚀性较好,有应力腐蚀开裂倾向。用途:制造耐海水腐蚀的零件,以及在300℃以下工作的管配件、船舶螺旋桨等大型铸件
9	ZCuZn33Pb2——特性:结构材料,给水温度为90℃时抗氧化性能好,电导率约为10～14MS/m。用途:制造煤气和给水设备的壳体,机械制造业、电子技术、精密仪器和光学仪器的部分构件、配件
10	ZCuZn40Pb2——特性:有好的铸造性和耐磨性,可切削性好,耐蚀性较好,在海水中有应力腐蚀开裂倾向。用途:制造一般用途的耐磨、耐蚀零件,如轴套、齿轮等
11	ZCuZn16Si4——特性:具有高的力学性能和良好的耐蚀性,铸造性能好,流动性高,铸件组织密,气密性好。用途:制造接触海水工作的管配件、水泵、叶轮、旋塞,和压力为4.5MPa和225℃以下的蒸汽中工作的铸件等

(9) 压铸铜合金 (GB/T15116-1994)

合 金 牌 号	主要成分(%,余量为锌)					
	铜	铅	铝	硅	锰	铁
YZCuZn40Pb	58.0~63.0	0.5~1.5	0.2~0.5	—	—	—
YZCuZn16Si4	79.0~81.0	—	—	2.5~4.5	—	—
YZCuZn30Al3	66.0~68.0	—	2.0~3.0	—	—	—
YZCuZn35Al2Mn2Fe	57.0~65.0	—	0.5~2.5	—	0.1~3.0	0.5~2.0

合 金 牌 号	杂质含量(%),≤								
	硅	镍	锡	铅	铁	锑	锰	铝	总和
YZCuZn40Pb	0.05	—	—	—	0.8	1.0	0.5	—	1.5
YZCuZn16Si4	—	—	0.3	0.5	0.6	0.1	0.5	0.1	2.0
YZCuZn30Al3	—	—	1.0	1.0	0.8	—	0.5	—	3.0
YZCuZn35Al2Mn2Fe	0.1	3.0	1.0	0.5	锑+铅+砷 0.4				2.0①

合 金 牌 号	合金代号	力学性能 ≥		
		抗拉强度 σ_b (MPa)	伸长率 δ_5 (%)	硬度 HB
YZCuZn40Pb	YT40-1 铅黄铜	300	6	85
YZCuZn16Si4	YT16-4 硅黄铜	345	25	85
YZCuZn30Al3	YT30-3 铝黄铜	400	15	110
YZCuZn35Al2Mn2Fe	YT35-2-2-1 铝锰铁黄铜	475	3	130

注: ① 杂质总和中不包括镍。

5.44

3. 青　铜

(1) 加工青铜的化学成分 (GB/T5231-2001)

序号	牌号①	化学成分(%)(余量为铜)			
		锡	锌	铅	磷
	1) 锡青铜①⑥				
1	QSn1.5-0.2②	1.0~1.7	≤0.30	≤0.30	0.03~0.35
2	QSn4-0.3②	3.5~4.9	≤0.30	≤0.05	0.03~0.35
3	QSn4-3	3.5~4.5	2.7~3.3	≤0.02	≤0.03
4	QSn4-4-2.5	3.0~5.0	3.0~5.0	1.5~3.5	≤0.03
5	QSn4-4-4	3.0~5.0	3.0~5.0	3.5~4.5	≤0.03
6	QSn6.5-0.1	6.0~7.0	≤0.3	≤0.02	0.10~0.25
7	QSn6.5-0.4	6.0~7.0	≤0.3	≤0.02	0.26~0.40
8	QSn7-0.2	6.0~8.0	≤0.3	≤0.02	0.10~0.25
9	QSn8-0.3②	7.0~9.0	≤0.20	≤0.05	0.03~0.35

序号	化学成分(%)(续)						
	铝	铍	硅	锰	镍	铁	杂质和
1					≤0.2	≤0.10	
2					≤0.2	≤0.10	
3	≤0.002				≤0.2	≤0.05	≤0.2
4	≤0.002				≤0.2	≤0.05	≤0.2
5	≤0.002				≤0.2	≤0.05	≤0.2
6	≤0.002				≤0.2	≤0.05	≤0.1
7	≤0.002				≤0.2	≤0.05	≤0.1
8	≤0.01				≤0.2	≤0.05	≤0.15
9					≤0.2	≤0.10	

注：① 每个牌号有"名称"和"代号"两种表示方法。表中为牌号的代号表示方法。牌号的名称表示方法如下：QSn4-3 的名称为"4-3 锡青铜"；QAl9-2 的名称为"9-2 铝青铜"；QBe2 的名称为"2 铍青铜"；QCr1 的名称为"1 铬青铜"；余类推。

② 铜＋所列元素总和≥99.5%。

序号	牌号①	化学成分（%）（余量为铜）			
		铝	锌	镍	锡
		2）铝青铜⑥			
10	QAl5	4.0～6.0	≤0.5	≤0.5	≤0.1
11	QAl7	6.0～8.5	≤0.2	≤0.5	—
12	QAl9-2	8.0～10.0	≤1.0	≤0.5	≤0.1
13	QAl9-4	8.0～10.0	≤1.0	≤0.5	≤0.1
14	QAl9-5-1-1	8.0～10.0	≤0.3	4.0～6.0	≤0.1
15	QAl10-3-1.5③	8.5～10.0	≤0.5	≤0.5	≤0.1
16	QAl10-4-4⑤	9.5～11.0	≤0.5	3.5～5.5	≤0.1
17	QAl10-5-5	8.0～11.0	≤0.5	4.0～6.0	≤0.2
18	QAl11-6-6	10.0～11.5	≤0.6	5.0～6.0	≤0.2
		3）铍青铜			
19	QBe2	≤0.15	—	0.2～0.5	—
20	QBe1.9	≤0.15	钛 0.10～0.25	0.2～0.4	—
21	QBe1.9-0.1	≤0.15	钛 0.10～0.25	0.2～0.4	—

序号	化学成分（%）（续）						
	铁	铍	锰	硅	铅	磷	杂质和
10	≤0.5	—	≤0.5	≤0.1	≤0.03	≤0.01	≤1.6
11	≤0.50	—	—	≤0.10	≤0.02	—	—
12	≤0.5	镁 0.07～0.13	1.5～2.5	≤0.1	≤0.03	≤0.01	≤1.7
13	2.0～4.0	—	≤0.5	≤0.1	≤0.01	≤0.01	≤1.7
14	0.5～1.5	砷⑦≤0.01	0.5～1.5	≤0.1	≤0.01	≤0.01	≤0.6
15	2.0～4.0	—	1.0～2.0	≤0.1	≤0.03	≤0.01	≤0.75
16	3.5～5.5	—	≤0.3	—	≤0.02	≤0.01	≤1.0
17	4.0～6.0	≤0.10	0.5～2.5	≤0.25	≤0.05	—	≤1.2
18	5.0～6.5	—	0.5～2.5	≤0.2	≤0.05	≤0.1	≤1.5
19	≤0.15	1.80～2.1	—	≤0.15	≤0.005	—	≤0.5
20	≤0.15	1.85～2.1	—	≤0.15	≤0.005	—	≤0.5
21	≤0.15	1.85～2.1	—	≤0.15	≤0.005	—	≤0.5

注：③ 非耐磨材料用 QAl10-3-1.5，其锌可≤1%，但杂质和应
≤1.25%。

序号	牌号①	化学成分（%）（余量为铜）			
		铍	镍	硅	锡
3) 铍青铜					
22	QBe1.7	1.6～1.85	0.2～0.4	≤0.15	—
23	QBe0.6-2.5	0.40～0.7		≤0.20	—
24	QBe0.4-1.8	0.20～0.6	1.4～2.2	≤0.20	—
25	QBe0.3-1.5	0.25～0.50	—	≤0.20	—
4) 硅青铜⑦					
26	QSi3-1④	—	≤0.2	2.7～3.5	≤0.25
27	QSi1-3		2.4～3.4	0.6～1.1	≤0.10
28	QSi3.5-3-1.5	锑≤0.02 砷≤0.002	≤0.2	3.0～4.0	≤0.25
5) 锰青铜⑦					
29	QMn1.5	锑≤0.002	≤0.1	≤0.1	≤0.05
30	QMn2	锑≤0.005	硫≤0.01	≤0.1	≤0.05
31	QMn5	锑≤0.005	铋≤0.002	≤0.1	≤0.1

序号	化学成分（续）						
	锰	锌	铁	铝	铅	磷	杂质和
22	钛 0.10～0.25	≤0.15	≤0.15		铅≤0.005		≤0.5
23	钴 2.4～2.7	≤0.10	≤0.20				
24	钴≤0.30	≤0.10	≤0.20				
25	钴 1.40～1.70	≤0.10	≤0.20		银 0.90～1.10		
26	1.0～1.5	≤0.5	≤0.3	—	≤0.03		≤1.1
27	0.1～0.4	≤0.2	≤0.1	≤0.02	0.15		≤0.5
28	0.5～0.9	2.5～3.5	1.2～1.8	—	≤0.03	≤0.03	≤1.1
29	1.20～1.80	铬≤0.1	≤0.1	≤0.07	≤0.01		≤0.3
30	1.5～2.5	砷≤0.01	≤0.1	≤0.07	≤0.01		≤0.5
31	4.5～5.5	≤0.4	≤0.35		≤0.03	≤0.01	≤0.9

注：④ 抗磁用锡青铜的铁含量不大于 0.020%；QSi3－1 的铁含量不大于 0.030%。

⑤ 经双方协议，焊接或特殊要求的 QAl10-4-4 的锌含量不大于 0.2%。

序号	牌号①	化学成分（%）（余量为铜）			
		锆	铬	镁	锡
6）锆青铜⑦					
32	QZr0.2	0.15～0.30	锑≤0.005	铋≤0.002	≤0.05
33	QZr0.4	0.30～0.50	锑≤0.005	铋≤0.002	≤0.05
7）铬青铜					
34	QCr0.5	—	0.4～1.1	—	
35	QCr0.5-0.2-0.1	—	0.4～1.0	0.01～0.25	
36	QCr0.6-0.4-0.05	0.3～0.6	0.4～0.8	0.04～0.08	
37	QCr1②	—	0.6～1.2	—	
8）镉青铜					
38	QCd1②	镉 0.6～1.2		—	
9）镁青铜⑦					
39	QMg0.8	铋≤0.002	锑≤0.005	0.70～0.85	≤0.002
10）铁青铜					
40	QFe2.5	铜≥97.0		—	
11）碲青铜					
41	QTe0.5	铜≥99.90（包括碲＋锡），碲 0.40～0.70			

序号	化学成分（%）（续）					
	磷	锌	铁	铅	镍	杂质和
32	—	硫≤0.01	≤0.05	≤0.01	≤0.02	≤0.5
33	—	硫≤0.01	≤0.05	≤0.01	≤0.02	≤0.5
34	—	—	≤0.1	—	≤0.05	≤0.5
35	铝 0.1～0.25	—	—	—	—	≤0.5
36	≤0.01	硅≤0.05	≤0.05	—	—	≤0.5
37	—	硅≤0.10	≤0.10	0.05	—	—
38	—	—	—	≤0.02	—	—
39	硫≤0.005	≤0.005	≤0.005	≤0.005	≤0.006	≤0.3
40	0.015～0.15	0.05～0.20	2.1～2.6	≤0.03	—	—
41	0.004～0.012	—	—	—	—	—

注：⑥ 锡青铜和铝青铜的杂质镍含量计入铜含量中。

⑦ 硅青铜、锰青铜、锆青铜和镁青铜中砷、铋、锑的含量可不分析，但供方必须保证其含量不大于规定值。

（2）加工青铜的牌号和产品形状（GB/T5231−2001）

序号	牌号——产品形状	序号	牌号——产品形状
1	QSn1.5-0.2——管	21	QBe1.9-0.1——带
2	QSn4-0.3——管	22	QBe1.7——板、带
3	QSn4-3——板、带、箔、棒、线	23	QBe0.6-2.5——板、带
4	QSn4-4-2.5——板、带	24	QBe0.4-1.8——带
5	QSn4-4-4——板、带	25	QBe0.3-1.5——板、带
6	QSn6.5-0.1——板、带、箔、棒、线、管	26	QSi3-1——板、带、箔、棒、线、管
7	QSn6.5-0.4——板、带、箔、棒、线、管	27	QSi1-3——棒
8	QSn7-0.2——板、带、箔、棒、线	28	QSi3.5-3-1.5——管
9	QSn8-0.3——板、带	29	QMn1.5——板、带
10	QAl5——板、带	30	QMn2——板、带
11	QAl7——板、带	31	QMn5——板、带
12	QAl9-2——板、带、箔、棒、线	32	QZr0.2——棒
13	QAl9-4——管、棒	33	QZr0.4——棒
14	QAl9-5-1-1——棒	34	QCr0.5——板、棒、线、管
15	QAl10-3-1.5——管、棒	35	QCr0.5-0.2-0.1——板、棒、线
16	QAl10-4-4——管、棒	36	QCr0.6-0.4-0.05——棒
17	QAl10-5-5——棒	37	QCr1——棒、线、管
18	QAl11-6-6——棒	38	QCd1——板、带、棒、线
19	QBe2——板、带、棒	39	QMg0.8——线
20	QBe1.9——板、带	40	QFe2.5——带
		41	QTe0.5——棒

(3) 加工青铜产品的标准号和名称

序号	加工青铜产品的标准号和名称
1a	GB/T4423－1992 铜及铜合金拉制棒——青铜棒
1b	GB/T13808－1992 铜及铜合金挤制棒——青铜棒
2	YS/T334－1995 铍青铜棒
3	GB/T2040－2002 锡青铜板
4	GB/T2049－1980 锡锌铅青铜板
5	GB/T2040－2002 铝青铜板
6	GB/T2047－1980 硅青铜板
7	GB/T2046－1980 锰青铜板
8	GB/T2045－1980 铬青铜板
9	GB/T2044－1980 镉青铜板
10	GB/T2059－2000 铜及铜合金带材——青铜带
11	YS/T323－2002 铍青铜条和带
12	GB/T5189－1985 青铜箔
13	GB/T1528－1997 铜及铜合金挤制管——青铜管
14	GB/T8892－1988 压力表用锡青铜管
15	GB/T1531－1994 铜及铜合金毛细管——青铜毛细管
16	GB/T14955－1994 青铜线
17	GB/T14956－1994 专用铜及铜合金线——青铜线
18	GB/T3134－1982 铍青铜线
19	GB/T3114－1994 铜及铜合金扁线——青铜扁线

注：本表中的序号，与下节"(4)加工青铜产品的力学性能"表中的
　　序号相同。

（4）加工青铜产品的力学性能

牌号	制造方法和状态[1]		规格[2] (mm)	抗拉强度 $\sigma_b \geqslant$ (MPa)	伸长率[3] (%) $\geqslant$		硬度 HB
					δ_{10}	δ_5	
1）铜及铜合金拉制棒（GB/T4423－1992）、							
挤制棒（GB/T13808－1992）——青铜棒部分[4]							
QSn4-0.3	拉制	Y	5～12	410	8	10	—
			>12～25	390	10	13	—
			>25～40	355	12	15	—
QSn4-3	拉制	Y	5～12	430	10	14	—
			>12～25	370	15	21	—
			>25～35	335	16	23	—
			>35～40	315	16	23	—
	挤制	R	40～120	275	20	30	—
QSn6.5-0.1 QSn6.5-0.4	拉制	Y	5～12	470	11	13	—
			>12～25	440	13	15	—
			>25～40	410	15	18	—
	挤制	R	30～40	355	50	55	—
			>40～100	345	55	60	—
			>100～120	305	58	—	—

注：① 状态：M——软（退火）；Y₄——1/4 硬；Y₃——1/3 硬；
Y₂——1/2 硬（半硬）；Y₁——3/4 硬；Y——硬；T——特
硬；D——锻造；R——热加工（热轧、热挤）；TF00——固
溶热处理＋沉淀热处理；TH04——固溶热处理＋冷加工
＋沉淀热处理。

牌号	制造方法和状态①	规　格②（mm）	抗拉强度$\sigma_b \geqslant$（MPa）	伸长率③（%）$\geqslant$		硬度HB$\geqslant$
				δ_{10}	δ_5	
1) 铜及铜合金拉制棒（GB/T4423－1992）、						
挤制棒（GB/T13808－1992）——青铜棒④						
QSn7-0.2	拉制 Y T	5～40	440 —	15 —	19 —	130～200 180
	挤制 R	40～120	355	55	64	70
QAl9-2	拉制 Y	5～40	540	13	16	—
	挤制 R	10～45	490	15	18	—
		>45～120	470	20	24	—
		>120～160	—	—	—	—
QAl9-4	拉制 Y	5～40	580	12	13	—
	挤制 R	10～120	540	15	17	110～190
		>120～160	450	12	13	110～190
QAl10-3-1.5⑤	拉制 Y	5～40	630	6	8	—
	挤制 R	10～16	610	8	9	130～190
		>16～160	590	12	13	130～190

注：② 规格：圆棒（线）指直径，方、六角棒（线）指内切圆直径（或平行对边距离），板、带、箔材指厚度，圆形管材指外径，椭圆形、扁圆形管材指外径（长轴）。

③ 伸长率如有 δ_{10} 和 δ_5 两个指标，仲裁时以 δ_{10} 为准。

④ 直径小于 10mm 的拉制棒或小于 16mm 的挤制棒，不做硬度试验。

⑤ 直径大于 50mm 的 QAl10-3-1.5 棒材，当伸长率 δ_{10} 不小于 15% 时，其抗拉强度可不小于 540MPa。

牌号	制造方法和状态①	规　格②（mm）	抗拉强度σ_b≥（MPa）	伸长率③（%）≥		硬度HB
				δ_{10}	δ_5	
1) 铜及铜合金拉制棒（GB/T4423—1992）、挤制棒（GB/T13808—1992）——青铜棒④						
QAl10-4-4	挤制 R	10～29	690	4	5	170～240
		>29～120	635	5	6	170～240
		>120～160	590	5	6	170～240
QAl11-6-6	挤制 R	10～28	690	4	—	—
		>28～50	635	5	—	—
		>50～160	—	—	—	—
QSi3-1	拉制 Y	5～12	490	10	13	—
		>12～40	470	15	19	—
	挤制 R	20～100	345	20	23	—
		>100～160	—	—	—	—
QSi1-3	挤制 R	20～80	490	10	—	—
		>80～100	—	—	—	—
QSi3.5-3-1.5	挤制 R	40～120	—	—	—	—
QCr0.5	拉制 Y	5～40	390	5	—	—
	M		230	38	—	—
	挤制 R	18～160	—	—	—	—
QCd1	拉制 Y	5～60	370	4	—	≥100
	M		215	35	—	≤75
	挤制 R	20～120	196	35	—	≤75

牌号	制造方法和状态①	规 格②（mm）	抗拉强度≥σ_b（MPa）	伸长率③（%）≥		硬度HB≥
				δ_{10}	δ_5	
2a) YS/T 334－1995 铍青铜棒④⑥						
QBe2 QBe1.9 QBe1.9-0.1 QBe1.7	锻造 D	35～100	500～660	—	8	HRB 78
	挤制 R	20～120	400		20	—
	拉制	M 5～40	400		30	100
		Y₂ 5～40	500～660		2	HRB 78
		Y 5～10	660～900		2	150
		>10～25	620～860		2	150
		>25～40	590～830		2	150
QBe0.6-2.5 QBe0.4-1.8 QBe0.3-1.5	拉制	M 5～40	240		20	HRB ≤50
		Y	450		2	HRB 60
2b) YS/T 334－1995 铍青铜棒（时效热处理后）④⑥⑦						
QBe2 QBe1.9 QBe1.9-0.1 QBe1.7	TF00	5～40	1000～1380	—	2	HRC 30～40
	TH04	5～10	1200～1500		1	35～45
		>10～25	1150～1450		1	35～44
		>25～40	1100～1400		1	35～44

注：⑥ 硬度试验须在合同中注明，方予进行。

⑦ 棒材的时效工艺：QBe2、QBe1.9、QBe1.9-0.1、QBe1.7 等牌号为(320±5)℃×3h(TH04 状态，直径 5～10mm 棒材为 2h)；QBe0.6-2.5、QBe0.4-1.8、QBe0.3-1.5 等牌号为(480±5)℃×3h(TH04 状态棒材为 2h)。

（续）

牌号	制造方法和状态①	规格②(mm)	抗拉强度 σ_b≥ (MPa)	伸长率③(%)≥ δ_{10}	δ_5	硬度 HV ≥
2b) YS/T 334－1995 铍青铜棒(时效热处理后)④⑥⑦						HRB
QBe0.6-2.5			690～895	—		92～100
QBe0.4-1.8	TF00	5～40			6	
QBe0.3-1.5	TH04		760～965	—	3	95～102
3) 锡青铜板(GB/T2040－2002)⑧						
	热轧 R	9～14	290	38	—	
QSn6.5-0.1	冷轧 M	0.2～1.2	290	40	—	—
	Y₄		390～510	35	—	100～160
	Y₂		440～570	8	—	150～205
	Y		540～690	3	—	180～230
	T		640	1	—	200
QSn6.5-0.4	冷轧 M	0.2～12	295	40	—	—
QSn7-0.2	Y		540～690	3	—	—
	T		665	1	—	—
QSn4-3	冷轧 M	0.2～12	290	40	—	—
QSn4-0.3	Y		540～690	3	—	—
	T		635	1	—	—
4) 锡锌铅青铜板(GB/T2049－1980)						HRB
QSn4-4-2.5	冷轧 M	0.8～5.0	295	35	—	—
QSn4-4-4	Y₃		390～490	10	—	65～85
	Y₂		420～510	9	—	70～90
	Y		510	5	—	—

注：⑧ 厚度超出规定范围的板材,其性能由供需双方商定。

牌号	制造方法和状态①		规　格② （mm）	抗拉强度 $\sigma_b \geqslant$ （MPa）	伸长率③ （%）$\geqslant$		硬度 HB $\geqslant$
					δ_{10}	δ_5	
5）铝青铜板（GB/T2040—2002）							
QAl5	冷轧	M Y	0.4～12	275 585	33 2.5	— 	—
QAl7	冷轧	Y_2 Y	0.4～12	585～740 635	10 5	— 	—
QAl9-2	冷轧	M Y	0.4～12	440 585	18 5	— 	—
QAl9-4	冷轧	Y	0.4～12	585	—	—	—
6）硅青铜板（GB/T2047—1980）							
QSi3-1	冷轧	M Y T	0.5～10.0	345 590～735 685	40 3 1	— 	—
7）锰青铜板（GB/T2046—1980）⑨							
QMn1.5	冷轧	M	0.5～5.0	205	30	—	—
QMn5	冷轧	M Y	0.5～5.0	295 440	30 3	— 	—
8）铬青铜板（GB/T2045—1980）							
QCr 0.5-0.2-0.1	冷轧	Y	0.5～15.0	—	—	—	110
9）镉青铜板（GB/T2044—1980）							
QCd1	冷轧	Y	0.5～10.0	390	—	—	—

注：⑨ QMn1.5 的电气性能试验结果应符合下列规定：电阻系数 $\rho(20℃\pm1.0℃)\leqslant0.087\Omega\cdot mm^2/m$；0～100℃电阻温度系数 $\alpha\leqslant0.9\times10^{-3}\Omega/℃$。

牌号	制造方法和状态[①]	规格[②] （mm）	抗拉强度 $\sigma_b \geqslant$ （MPa）	伸长率[③] （%）$\geqslant$		硬度 HV
				δ_{10}	δ_5	

10）铜及铜合金带材——青铜带（GB/T2059－2000）[⑩]

牌号	制造方法和状态	规格 （mm）	抗拉强度	δ_{10}	δ_5	硬度 HV
QAl5	M Y	0.05～1.20	275 585	33 2.5	— —	
QAl7	Y_2 Y	0.05～1.20	585～740 635	10 5	— —	
QAl9-2	M Y T	0.05～1.20	440 585 880	18 5 —	— — —	
QAl9-4	Y	0.05～1.20	635			
QSn6.5-0.1	M Y_4 Y_2 Y T	0.05～2.0	290 390～510 440～570 540～690 640	40 35 10 8 5	— — — — —	 100～160 150～205 180～230 200
QSn7-0.2 QSn6.5-0.4	M Y T	0.05～2.0	295 540～690 655	40 8 2	— — —	— — —
QSn4-3 QSn4-0.3	M Y T	0.05～2.0	290 540～690 635	40 3 2	— — —	— — —
QSn4-4-2.5	M Y_3	0.80～1.00	290 390～490	35 10	— —	HRB 65～85
QSn4-4-4	Y_2 Y	1.00～1.20	420～510 490	9 5	— —	HRB 70～90 —

牌号	制造方法和状态[①]	规 格[②]（mm）	抗拉强度 $\sigma_b \geqslant$（MPa）	伸长率[③]（%）$\geqslant$ δ_{10}	δ_5	硬度 HV
10）铜及铜合金带材——青铜带（GB/T2059-2000）[⑩]						
QCd1	Y	0.05～1.20	390	—	—	—
QMn1.5	M	0.10～1.20	205	30	—	—
QMn5	M	0.10～1.20	290	30	—	—
	Y		440	3	—	—
QSi3-1	M	0.05～1.20	370	45	—	—
	Y		635～785	5	—	—
	T		735	2	—	—
11）铍青铜板材和带材（YS/T323-2002）[⑪][⑫][⑬]						
QBe2 QBe1.9	C		390～590	30	—	≤140
QBe2 QBe1.9	CY[④]	板材 0.45～6.0 带材 0.05～1.0	520～630	10	—	120～220
QBe2 QBe1.9 QBe1.7	CY[②]		570～695	6	—	140～240
QBe2 QBe1.9 QBe1.7	CY		635 635 590	2.5 2.5 2.5	— — —	≥170 ≥160 ≥250

注：⑩ 青铜带的性能与带的厚度有关。带的厚度低于规定范围
　　的性能由供需双方商定。带的规定厚度，以及带的其他性
　　能要求（杯突试验、弯曲试验、电性能等），参见 GB/T2059
　　-2000 中的规定。
　　⑪ 厚度≤0.25mm 的带材，对其抗拉强度、伸长率不做规定。
　　⑫ 厚度≤0.25mm 的 C、CY[④]、CY[②] 态带材，对其硬度不作规定。
　　⑬ 需方如有需要，并在合同中注明，可进行硬度试验，其结果
　　应符合表中规定。

牌号	制造方法和状态①	规　格②（mm）	抗拉强度 $\sigma_b \geqslant$（MPa）	伸长率③（%）$\geqslant$		硬度HV
				δ_{10}	δ_5	
11）铍青铜板材和带材（YS/T323—2002）⑪⑫⑬						
QBe2	CS		1125	2.0	—	≥320
QBe1.9						≥350
QBe2	CY₄S		1135	2.0	—	320～420
QBe1.9		板材0.45～6.0带材0.05～1.0				
QBe2	CY₂S		1145	1.5	—	340～440
QBe1.9			1145			
QBe1.7			1030	2.0	—	
QBe2	CYS		1175	1.5	—	≥360
QBe1.9			1175	1.5	—	≥370
QBe1.7			1080	2.0	—	≥340
12）青铜箔（GB/T5189—1985）⑭						
QSn6.5-0.1	Y	0.005～0.050	590	—	—	—
QSi3-1						
13）铜及铜合金挤制管（GB/T1528—1997）——挤制铝青铜管⑥⑮						
QAl9-2	R	壁厚3～50	470	15	—	—
QAl9-4	R	壁厚3～50	490	15	17	110～190

注：⑭ 厚度为0.030～0.050mm的箔材抗拉强度应符合表中规定。

⑮ 外径为200mm以上的管材一般不做拉伸试验，但必须保证。

牌号	制造方法和状态①	规格② (mm)	抗拉强度 $\sigma_b \geqslant$ (MPa)	伸长率③ (%)≥		硬度 HB
				δ_{10}	δ_5	
13）铜及铜合金挤制管（GB/T1528—1997）						
——挤制铝青铜管⑥⑮						
QAl10-3-1.5	R	壁厚<20	590	12	14	140～200
		壁厚≥20	540	13	15	135～200
QAl10-4-4	R	壁厚 3～50	635	5	6	170～230
14）压力表用锡青铜管（GB/T8892—1988）						
QSn4-0.3 QSn6.5-0.1	M	圆管 4～25 椭圆管 5～15	323～480	35	—	—
	Y	扁管 7.5～20	490～637	2	—	—
15）铜及铜合金毛细管——青铜毛细管（GB/T1531—1994）						
QSn4-0.3 QSn6.5-0.1	M	0.5～3.0	325	30	—	—
	Y		490	—	—	—
16）青铜线（GB/T14955—1994）⑯						
QCd1⑰	M	0.1～6.0	275	20		
	Y	0.1～0.5	590～880	—	—	—
		>0.5～4.0	490～735	—	—	—
		>4.0～6.0	470～685	—	—	—

注：⑯ 青铜线的伸长率符号为 δ，采用 $l_0=100$mm 试样。

⑰ 镉青铜线在 $20℃ \pm 10℃$ 时的电阻率 $\rho(\mu\Omega \cdot m)$：软态 ≤0.028，硬态≤0.030；这项试验仅根据用户要求，并在交货合同中注明时予以进行。

⑱ 硬态锡青铜线和硅青铜线应进行消除残余应力处理。

牌号	制造方法和状态[①]	规　格[②]（mm）	抗拉强度$\sigma_b \geqslant$（MPa）	伸长率[③]（%）$\geqslant$ δ_{10}	δ_5	硬度HB
**16) 青铜线**（GB/T14955－1994）[⑰]						
QSn6.5-0.1 QSn6.5-0.4 QSn7-0.2	M	0.1～1.0 >1.0～6.0	350 350	35 45		— —
QSi3-1 QSn4-3 QSn6.5-0.1 QSn6.5-0.4 QSn7-0.2	Y[⑱]	0.1～1.0 >1.0～2.0 >2.0～4.0 >4.0～6.0	880～1130 860～1060 830～1030 780～980	— — — —		— — — —
**17) 专用铜及铜合金线**（GB/T14956－1994）——**青铜线**[⑲]						

		优选尺寸	最大力$F_b(10^{-2}\text{N})$			
QSn6.5-0.1	M	0.030 0.035 0.040 0.045 0.050 0.060 0.070	24.5 34.5 53.0 63.5 80.5 118 162	24 26 28 29 30 32 34		— — — — — — —

牌号	制造方法和状态①	规　格② （mm）	抗拉强度 $\sigma_b \geqslant$ （MPa）	伸长率③ （%）$\geqslant$		硬度 HB
				δ_{10}	δ_5	
18) 铍青铜线（GB/T3134－1982）						
硬化调质前						
QBe2	M	0.03～6.0	375～570	—	—	
	Y_2	＞0.5～6.0	540～785	—	—	
	Y	0.03～6.0	＞785	—	—	
硬化调质后⑳						
QBe2	M	0.03～6.0	＞1030	—	—	
	Y_2	＞0.5～6.0	＞1177	—	—	
	Y	0.03～6.0	＞1275	—	—	
19) 铜及铜合金扁线（GB/T3114－1994）——青铜扁线						
QSn6.5-0.1 QSn6.5-0.4	M	对边距离 0.5～12.0	370	30		
	Y_2		390	10		
	Y		540	—		
QSn4-3 QSi3-1	Y	对边距离 0.5～12.0	735			

注：⑲ 锡青铜线供织网和编织等用。

⑳ 硬化调质工艺——温度：均为 315℃±15℃；时间（min）：软态180，半硬态120，硬态60。

(5) 加工青铜的主要特性及用途

代 号	主要特性及用途
1) 锡 青 铜	
QSn4-3	特性:含锌的锡青铜,有高的耐磨性和弹性,抗磁性良好,能很好地承受热态或冷态压力加工,在硬态下,可切削性好,易焊接和钎焊,在大气、淡水和海水中耐蚀性好。用途:制作扁、圆弹簧及其他弹性元件,化工设备上的耐蚀零件以及耐磨零件(如衬套、圆盘、轴承等)和抗磁零件,造纸工业用的刮刀
QSn4-4-2.5 QSn4-4-4	特性:含锌、铅的锡青铜,有高的减摩性和良好的可切削性,易于焊接和钎焊,在大气、淡水中具有良好的耐蚀性,只能在冷态下进行压力加工(因含铅,热压力加工易引起热脆)。用途:制作在摩擦条件下工作的轴承、卷边轴套、衬套、圆盘以及衬套的内垫等;QSn4-4-4 的使用温度可达 300℃ 以下,是一种热强性较好的锡青铜
QSn6.5-0.1	特性:含磷的锡青铜(又称磷青铜),有高的强度、弹性、耐磨性和抗磁性,在热态和冷态下压力加工性良好,对电火花有较高的抗燃性,可焊接和钎焊,可切削性好,在大气和淡水中耐蚀。用途:制作弹簧和导电性好的弹簧接触片,精密仪器中的耐磨零件和抗磁零件,如齿轮、电刷盒、振动片、接触器
QSn6.5-0.4	特性:磷青铜,性能和用途与 QSn6.5-0.1 相似,因含磷量较高,其抗疲劳强度较高,弹性和耐磨性较好,只能冷压力加工(因在热加工时有热脆性)。用途:除制作弹簧和耐磨零件外,主要制作造纸工业中耐磨的铜网和单位负荷 <981MPa、圆周速度 <3 m/s 条件下工作的零件

代　　号	主要特性及用途
	**1）锡　青　铜**
QSn7-0.2 QSn8-0.3	特性：磷青铜，强度高，弹性和耐磨性好，易焊接和钎焊，在大气、淡水和海水中耐蚀性好，可切削性良好，适于热压力加工。用途：制造中等负荷、中等滑动速度下承受摩擦的零件，如抗磨垫圈、轴承、轴套、蜗轮等，还可制作弹簧、簧片等
QSn1.5-0.2 QSn4-0.3	特性：磷青铜，有高的力学性能、耐蚀性和弹性，能很好地承受冷态压力加工，也可以在热态下进行压力加工。用途：主要制造压力计弹簧用的各种尺寸的管材
	**2）铝　青　铜**
QAl5	特性：不含其他元素的铝青铜，有较高的强度、弹性和耐磨性，在大气、淡水、海水和某些酸中耐蚀性高，可电焊、气焊，不易钎焊，能很好地承受冷态或热态下压力加工，不能淬火回火强化。用途：制造弹簧和其他要求耐蚀的弹性元件，齿轮摩擦轮，涡轮传动机构等；作为 QSn6.5-0.4、QSn4-3 和 QSn4-4-4 的代用品
QAl7	性能及用途与 QAl5 相似，因含铝量高，其强度较高
QAl9-2	特性：含锰的铝青铜，具有较高的强度，在大气、淡水和海水中抗蚀性很好，可电焊、气焊，不易钎焊，在热态或冷态下压力加工性均好。用途：制造高强度耐蚀零件以及在 250℃ 以下蒸汽介质中工作的管配件和海轮上零件

代　　号	主要特性及用途
	2）铝　青　铜
QAl9-4	特性:含铁的铝青铜,有高的强度和减摩性,良好的耐蚀性,热态下压力加工性良好,可电焊、气焊,但钎焊性不好,可用作高锡耐磨青铜的代用品。用途:制作在高负荷下工作的抗磨、耐蚀零件,如轴承、轴套、齿轮、蜗轮、阀座等,也用于制造双金属耐磨零件
QAl9-5-1-1 QAl10-3-1.5	特性:含铁、锰的铝青铜,有高的强度和耐磨性,经淬火回火后可提高硬度,有良好的耐蚀性和抗氧化性,在大气、淡水和海水中抗蚀性很好,可切削性尚可,可焊接,不易钎焊,热态下压力加工性良好。用途:制作高温条件下工作的耐磨零件和各种标准件,如齿轮、轴承、衬套、圆盘、导向摇杆、飞轮、固定螺母等,可代替高锡青铜制作重要机件
QAl10-4-4 QAl10-5-5	特性:含铁、镍的铝青铜,属于高强度耐热青铜,高温(400℃)下力学性能稳定,有良好的减摩性,在大气、淡水和海水中抗蚀性很好,热态下压力加工性好,可热处理强化,可焊接,不易钎焊,可切削性好。用途:制作高强度的耐磨零件和高温下(400℃)工作的零件,如轴衬、轴套、齿轮、球形座、螺母、法兰盘、滑座等各种重要的耐蚀耐磨零件
QAl11-6-6	特性:成分、性能与QAl10-4-4相近。用途:制作高强度耐磨零件和500℃下工作的高温抗蚀耐磨零件

代　　号	主要特性及用途
3) 铍　青　铜	
QBe2	特性:含有少量镍的铍青铜,是力学、物理、化学综合性能良好的一种合金;经淬火调质后,具有高的强度、硬度、弹性、耐磨性、疲劳极限和耐热性,同时还具有高的导电性、导热性和耐寒性,无磁性,碰击时无火花,易焊接和钎焊,在大气、淡水和海水中抗蚀性极好。用途:制作各种精密仪表、仪器中的弹簧和弹性元件,各种耐磨零件以及在高速、高压和高温下工作的轴承、衬套,矿山和炼油厂用的冲击时不产生火花的工具以及各种深冲零件
QBe1.7 QBe1.9	特性:含有少量镍、钛的铍青铜,具有与 QBe2 相近的特性,但其优点是:弹性迟滞小、疲劳强度高,温度变化时弹性稳定,性能对时效温度变化的敏感性小,价格较低廉,而强度和硬度比 QBe2 降低甚少。用途:制作各种重要用途的弹簧、精密仪表的弹性元件、敏感元件以及承受高变向载荷的弹性元件,可作 QBe2 的代用品
QBe1.9-0.1	特性:性能同 QBe1.9,但因加入微量镁,能细化晶粒,并提高强化相(γ_2 相)的弥散度和分布均匀性,从而大大提高合金的力学性能,提高合金时效后的弹性极限和力学性能的稳定性。用途:同 QBe1.9

5.66

代　号	主要特性及用途
4）硅青铜	
QSi3-1	特性：含锰的硅青铜，有高的强度、弹性和耐磨性；塑性好，低温下仍不变脆；能良好地与青铜、钢和其他合金焊接，特别是钎焊性好；在大气、淡水和海水中的耐蚀性高，对于苛性钠及氯化物的作用也非常稳定；能很好地承受冷、热压力加工，不能热处理强化，通常在退火和加工硬化状态下使用，此时有高的屈服极限和弹性。用途：制作在腐蚀介质中工作的各种零件、弹簧和弹簧零件，以及蜗轮、蜗杆、齿轮、轴套、制动销和杆类耐磨零件；也用于制作焊接结构中的零件；可代替重要的锡青铜，甚至铍青铜
QSi1-3	特性：含锰、镍的硅青铜，有高的强度、相当好的耐蚀性；能热处理强化，淬火回火后强度和硬度大大提高；在大气、淡水和海水中有较高的耐蚀性；焊接性和可切削性良好。用途：制作在 300℃ 以下、润滑不良、单位压力不大的工作条件下的摩擦零件（如发动机排气和进气门的导向套），以及在腐蚀介质中工作的结构零件
QSi3.5-3-1.5	特性：含锌、铁、锰等的硅青铜，性能同 QSi3-1，但耐热性较好，棒材、线材存放时自行开裂的倾向较小。用途：主要用作在高温工作的轴套材料
5）锰青铜	
QMn5	特性：含锰量较高的锰青铜，有较高的强度、硬度和良好的塑性，能很好地承受热态或冷态下压力加工，有良好的耐蚀性和高的热强性，400℃ 下还能保持其力学性能。用途：制作蒸汽机零件和锅炉的各种管接头、蒸汽阀门等高温耐蚀零件

代　　　号	主要特性及用途
5）锰青铜	
QMn1.5 QMn2	特性：与 QMn5 比较，含锰量较低，强度、硬度也较低，但塑性较高，其他性能相似；QMn2 的力学性能稍高于 QMn1.5。用途：制造电子仪表零件，也可制作蒸汽锅炉的管配件和接头等
6）锆青铜	
QZr0.2 QZr0.4	特性：有高的导电率，能承受冷态或热态下压力加工，时效后有高的硬度、强度和耐热性；QZr0.4 的强度和耐热性比 QZr0.2 更高，但电导率稍低。用途：用作电阻焊接材料以及高导电、高强度电极材料，如：工作温度在 350℃ 以下的电机换向器片、开关零件、导线、点焊电极等
7）铬青铜	
QCr0.5	特性：在常温及较高温度下（<400℃）具有较高的强度和硬度，导电性和导热性好，耐磨性和减摩性也很好，经时效硬化处理后，强度、硬度、导电性和导热性均显著提高；易于焊接和钎焊，在大气和淡水中具有良好的抗蚀性，高温抗氧化性好，能很好地在冷态和热态下承受压力加工；但其缺点是对缺口的敏感性较强，在缺口和尖角处造成应力集中，容易引起机械损伤，故不宜于作换向器片。用途：制造工作温度 350℃ 以下的电焊机电极，以及其他各种在高温下工作的、要求有高的强度、硬度、导电性和导热性的零件，还可以双金属的形式用于制造制动盘和圆盘

代　号	主要特性及用途
7）铬　青　铜	
QCr0.5-0.2-0.1	特性:加有少量镁、铝的铬青铜,与 QCr0.5 相比,不仅进一步提高了耐热性和耐蚀性,而且可改善缺口敏感性;其他性能和 QCr0.5 相似。用途:制作点焊、滚焊机上的电极等
QCr0.6-0.4-0.05	特性:加有少量锆、镁的铬青铜,与 QCr0.5 相比,可进一步提高合金的强度、硬度和耐热性,同时还有好的导电性。用途:同 QCr0.5
8）镉　青　铜	
QCd1	特性:有高的导电性和导热性,良好的耐磨性和减摩性,抗蚀性好,压力加工性能良好,时效硬化效果不显著,一般采用冷作硬化来提高强度。用途:制作工作温度 250℃下的电机换向器片、电车触线和电话用软线,以及电焊机的电极等
9）镁　青　铜	
QMg0.8	特性:微量的镁(0.7%~0.85%)对铜的导电性降低较少,但对铜有脱氧作用,还可提高铜的高温抗氧化性;实际应用的镁青铜,其含镁量一般小于 1%,过高则压力加工性能急剧变坏;这种合金只能加工硬化,不能热处理强化。用途:主要制作电缆线芯及其他导线材料
10）铁　青　铜	
QFe2.5	特性:强度好,高温性能也好,电导率高,易成形,可软钎焊、硬钎焊和气体钨弧焊,适用于要求冷热加工性能良好和电导率高的场合。用途:制造断路器元件、接触弹簧、电气用夹具、弹簧端子、挠性软管、保险丝夹、垫圈、插头、冷凝焊管、集成电路引线框架、电缆屏蔽等

(6) 铸造青铜的化学成分（GB/T1176—1987）

序号	合金名称	合金牌号	主要化学成分（%，余量为铜）			
			锡	锌	铅	铝
1	3-8-6-1锡青铜	ZCuSn3Zn8Pb6Ni1	2.0~4.0	6.0~9.0	4.0~7.0	镍 0.5~1.5
2	3-11-4锡青铜	ZCuSn3Zn11Pb4	2.0~4.0	9.0~13.0	3.0~6.0	—
3	5-5-5锡青铜	ZCuSn5Pb5Zn5	4.0~6.0	4.0~6.0	4.0~6.0	—
4	10-1锡青铜	ZCuSn10Pb1	9.0~11.5	—	—	磷 0.5~1.0
5	10-5锡青铜	ZCuSn10Pb5	9.0~11.0	—	4.0~6.0	—
6	10-2锡青铜	ZCuSn10Zn2	9.0~11.0	1.0~3.0	—	—
7	10-10铅青铜	ZCuPb10Sn10	9.0~11.0	—	8.0~11.0	—
8	15-8铅青铜	ZCuPb15Sn8	7.0~9.8	—	13.0~17.0	—
9	17-4-4铅青铜	ZCuPb17Sn4Zn4	3.5~5.0	2.0~6.0	14.0~20.0	—
10	20-5铅青铜	ZCuPb20Sn5	4.0~6.0	—	18.0~23.0	—
11	30铅青铜	ZCuPb30	—	—	27.0~33.0	—
12	8-13-3铝青铜	ZCuAl8Mn13Fe3	锰 12.0~14.5	—	铁 2.0~4.0	7.0~9.0
13	8-13-3-2铝青铜	ZCuAl8Mn13Fe3Ni2	锰 11.5~14.0	镍 1.8~2.5	铁 2.5~4.0	7.0~8.5
14	9-2铝青铜	ZCuAl9Mn2	锰 1.5~2.5	—	—	8.0~10.0
15	9-4-4-2铝青铜	ZCuAl9Fe4Ni4Mn2	锰 0.8~2.5	镍 4.0~5.0	铁 4.0~5.0	8.5~10.0
16	10-3铝青铜	ZCuAl10Fe3	—	—	铁 2.0~4.0	8.5~11.0
17	10-3-2铝青铜	ZCuAl10Fe3Mn2	锰 1.0~2.0	—	铁 2.0~4.0	9.0~11.0

注：1. 序号13铝青铜，用于金属型铸造和离心铸造，铝含量为6.8%～8.5%；序号16铝青铜，用于金属型铸造，铁含量允许为1.0%～4.0%。

（续）

序号	合金牌号	铁	铝	锑	硅	磷	硫	镍	锡	锌	铅	锰	总和
						杂质限量（%）≤							
1	ZCuSn3Zn8Pb6Ni1	0.4	0.02	0.3	0.02	0.05	—	—	—	—	—	—	1.0
2	ZCuSn3Zn11Pb4	0.5	0.02	0.3	0.02	0.05	—	—	—	—	—	—	1.0
3	ZCuSn5Pb5Zn5	0.3	0.01	0.25	0.01	0.05	0.10	—	—	—	—	—	1.0
4	ZCuSn10Pb1	0.1	0.01	0.05	0.02	—	0.05	2.5*	—	0.05	0.25	0.05	0.75
5	ZCuSn10Pb5	0.3	0.02	0.3	—	0.05	0.10	—	—	1.0*	—	—	1.0
6	ZCuSn10Zn2	0.25	0.01	0.3	0.01	0.05	0.10	2.0*	—	—	—	0.2	1.5
7	ZCuPb10Sn10	0.25	0.01	0.5	0.01	0.05	0.10	2.0*	—	2.0*	1.5*	0.2	1.0
8	ZCuPb15Sn8	0.25	0.01	0.5	0.01	0.10	0.10	2.0*	—	2.0*	—	0.2	1.0
9	ZCuPb17Sn4Zn4	0.4	0.05	0.3	0.02	0.05	—	—	—	—	—	—	0.75
10	ZCuPb20Sn5	0.25	0.01	0.75	0.01	0.10	0.10	2.5*	—	2.0*	—	0.2	1.0
11	ZCuPb30	0.5	0.01	0.2	0.02	0.08	砷0.10	铋0.005*	1.0*	—	—	0.3	1.0
12	ZCuAl8Mn13Fe3	—	—	—	0.15	—	—	碳0.10	—	0.3*	0.02	—	1.0
13	ZCuAl8Mn13Fe3Ni2	—	—	—	0.15	—	—	碳0.10	—	0.3*	0.02	—	1.0
14	ZCuAl9Mn2	—	—	0.05	0.20	0.10	砷0.05	—	0.2	1.5*	0.1	—	1.0
15	ZCuAl9Fe4Ni4Mn2	—	—	—	0.15	—	—	碳0.10	—	—	0.02	—	1.0
16	ZCuAl10Fe3	—	—	—	0.20	—	—	3.0*	0.3	0.4*	0.2	1.0*	1.0
17	ZCuAl10Fe3Mn2	—	—	0.05	0.20	砷0.01	—	—	0.1	0.5*	0.3	—	0.75

注：2. 带有＊符号的元素不计入杂质总和。未列出的杂质元素，计入杂质总和。
3. 经需方认可，序号3、6锡青铜和序号7、8、10铅青铜，用于离心铸造和连续铸造和连续铸造中磷含量允许增加到1.5%，并不计入杂质总和。

(7) 铸造青铜的力学性能(GB/T1176-1987)

序号	合金牌号	铸造方法	力学性能≥			
			抗拉强度(MPa)	屈服强度(MPa)	伸长率 δ_5 (%)	硬度 HB[①]
1	ZCuSn3Zn8Pb6Ni1 (ZQSn3-7-5-1)	S	175	—	8	590
		J	215	—	10	685
2	ZCuSn3Zn11Pb4 (ZQSn3-12-5)	S	175	—	8	590
		J	215	—	10	590
3	ZCuSn5Pb5Zn5 (ZQSn5-5-5)	S,J	200	90	13	(590)
		Li,La	250	(100)	13	(635)
4	ZCuSn10Pb1 (ZQSn10-1)	S	220	130	3	(785)
		J	310	170	2	(885)
		Li	330	(170)	4	(885)
		La	360	(170)	6	(885)
5	ZCuSn10Pb5 (ZQSn10-5)	S	195	—	10	685
		J	245	—	10	685
6	ZCuSn10Zn2 (ZQSn10-2)	S	240	120	12	(685)
		J	245	(140)	6	(685)
		Li,La	270	140	7	(785)
7	ZCuPb10Sn10 (ZQPb10-10)	S	180	80	7	(635)
		J	220	140	5	(685)
		Li,La	220	110	6	(685)
8	ZCuPb15Sn8 (ZQPb12-8)	S	170	80	5	(590)
		J	200	100	6	(635)
		Li,La	220	100	8	(635)
9	ZCuPb17Sn4Zn4 (ZQPb17-4-4)	S	150	—	5	540
		J	175	—	7	590

序号	合金牌号	铸造方法	力学性能≥			硬度 HB①
			抗拉强度 (MPa)	屈服强度 (MPa)	伸长率 δ₅ (%)	
10	ZCuPb20Sn5 (ZQPb25-5)	S	150	60	5	440
		J	150	(70)	6	(540)
		La	180	(80)	7	(540)
11	ZCuPb30 (ZQPb30)	J	—	—	—	245
12	ZCuAl8Mn13Fe3	S	600	(270)	15	1570
		J	650	(280)	10	1665
13	ZCuAl8Mn13Fe3Ni2 (ZQAl12-8-3-2) *	S	645	280	20	1570
		J	670	(310)	18	1665
14	ZCuAl9Mn2 (ZQAl9-2)	S	390	—	20	835
		J	440	—	20	930
15	ZCuAl9Fe4Ni4Mn2 (ZQAl9-4-4-2) *	S	630	250	16	1570
16	ZCuAl10Fe3 (ZQAl9-4)	S	490	180	13	(980)
		J	540	200	15	(1080)
		Li,La	540	200	15	(1080)
17	ZCuAl10Fe3Mn2 (ZQAl10-3-1.5)	S	490	—	15	1080
		J	540	—	20	1175

注：1. 括号内为 GB/T1176－1974 所用的牌号。带 * 符号的为 CB883－1983 所用的牌号。

2. S——砂型铸造；J——金属型铸造；La——连续铸造；Li——离心铸造。

3. 带括号的数据为参考值。

① 表中硬度 HB 数值引自 GB/T1176－1987，因其为试验力，单位是牛，按 GB/T231－1984 规定，应用时须将表中的数值乘以系数 0.102。例：表中 HB≥1570，将 1570×0.102 ≈160，即其 HB 应≥160。

(8) 铸造青铜的主要特性及用途

序号	合金牌号、主要特性及用途
1	ZCuSn3Zn8Pb6Ni1——特性:耐磨性较好,易加工,铸造性能好,气密性较好,耐腐蚀,可在流动海水中工作。用途:制造在各种液体燃料及海水、淡水和蒸汽(<225℃)中工作的零件,以及压力≤2.5MPa的阀门和管配件
2	ZCuSn3Zn11Pb4——特性:铸造性能好,易加工,耐腐蚀。用途:制造在海水、淡水、蒸汽中工作,压力≤2.5MPa的管配件
3	ZCuSn5Pb5Zn5——特性:耐磨性和耐蚀性好,易加工,铸造性能和气密性较好。用途:制造在较高负荷、中等滑动速度下工作的耐磨、耐蚀零件,如轴瓦、衬套、缸套、活塞、离合器、泵件压盖、蜗轮等
4	ZCuSn10Pb1——特性:硬度高,耐磨性极好,不易产生咬死现象,有较好的铸造性能和可切削性,在大气和淡水中有良好的耐蚀性。用途:可制造高负荷(20MPa以下)和高滑动速度(8m/s)下工作的耐磨零件,如连杆、衬套、轴瓦、齿轮、蜗轮等
5	ZCuSn10Pb5——特性:耐腐蚀,特别对稀硫酸、盐酸和脂肪酸的耐蚀性高。用途:制作耐蚀、耐酸的配件以及破碎机的衬套、轴瓦
6	ZCuSn10Zn2——特性:耐蚀性、耐磨性和可切削性好,铸造性能也好,铸件致密性较高,气密性较好。用途:制造在中等及较高负荷和小滑动速度下工作的重要管配件,以及阀门、旋塞、泵体、齿轮、叶轮和蜗轮等
7	ZCuPb10Sn10——特性:润滑性、耐磨性和耐蚀性较好,适合用作双金属铸造材料。用途:制造表面压力高,又存在侧压力的滑动轴承,如轧辊、车辆轴承、负荷峰值达60MPa的受冲击的零件,和最高峰值达100MPa的内燃机双金属轴瓦,以及活塞销套、摩擦片等

序号	合金牌号、主要特性及用途
8	ZCuPb15Sn8——特性：在缺乏润滑剂和用水质润滑剂条件下，滑动性和自润滑性能好，易切削，铸造性能差，对稀硫酸耐蚀性能好。用途：制造表面压力高、又存在侧压力的轴承，冷轧机的铜冷却管，耐冲击负荷达 50MPa 的零件，内燃机的双金属轴承，最大负荷达 70MPa 的活塞销套，耐酸配件
9	ZCuPb17Sn4Zn4——特性：耐磨性和自润滑性能好，易切削，铸造性能差。用途：制造一般耐磨件，高滑动速度的轴承等
10	ZCuPb20Sn5——特性：有较高的滑动性能，在缺乏润滑介质和以水为介质时有特别好的自润滑性能，适用于双金属铸造材料，耐硫酸腐蚀，易切削，铸造性能差。用途：制造高滑动速度的轴承及破碎机、水泵、冷轧机轴承，负荷达 40MPa 的零件，抗腐蚀零件，双金属轴承，负荷达 70MPa 的活塞销套
11	ZCuPb30——特性：有良好的自润滑性，易切削，铸造性能差，易产生比重偏析。用途：制造要求高滑动速度的双金属轴瓦、减摩零件等
12	ZCuAl8Mn13Fe3——特性：具有很高的硬度和强度，良好的耐磨性能和铸造性能，合金致密性高，耐蚀性好，作为耐磨件工作温度不大于 400℃，可以焊接，不易钎焊。用途：适用于制造重型机械用轴套，以及要求强度高、耐磨、耐压零件，如衬套、法兰、阀体、泵体等

序号	合金牌号、主要特性及用途
13	ZCuAl8Mn13Fe3Ni2——特性：有很高的力学性能，在大气、淡水和海水中有良好的耐蚀性能，腐蚀疲劳强度高，铸造性能好，合金组织致密，气密性好，可以焊接，不易钎焊。用途：制造要求强度高、耐腐蚀的重要铸件，如船舶螺旋桨、高压阀体、泵体，以及耐压、耐磨零件，如蜗轮、齿轮、法兰、衬套等
14	ZCuAl9Mn2——特性：有高的力学性能，在大气、淡水和海水中耐蚀性好，铸造性能好，组织致密，气密性高，耐磨性好，可以焊接，不易钎焊。用途：制造耐蚀、耐磨零件，形状简单的大型铸件（如衬套、齿轮、蜗轮），以及在250℃以下工作的管配件和要求气密性高的铸件（如增压器内气封）
15	ZCuAl9Fe4Ni4Mn2——特性：有很高的力学性能，在大气、淡水和海水中有优良的耐蚀性，腐蚀疲劳强度高，耐磨性良好，在400℃以下具有耐热性，可以热处理，焊接性能好，不易钎焊，铸造性能尚好。用途：制造要求强度高、耐蚀性好的重要铸件，是制造船舶螺旋桨的主要材料之一；也可制造耐磨和在400℃以下工作的零件，如轴承、齿轮、蜗轮、螺母、法兰、阀体、导向套管等
16	ZCuAl10Fe3——特性：具有高的力学性能，耐磨性和耐蚀性好，可以焊接，不易钎焊，大型铸件自700℃空冷可以防止变脆。用途：制造要求强度高、耐磨、耐蚀的重型铸件，如轴套、螺母、蜗轮，以及在250℃以下工作的管配件
17	ZCuAl10Fe3Mn2——特性：具有高的力学性能和耐磨性，可热处理，高温下耐蚀性和抗氧化性能好，在大气、淡水和海水中耐蚀性好，可以焊接，不易钎焊，大型铸件自700℃空冷可以防止变脆。用途：制造要求强度高、耐磨、耐蚀的零件，如齿轮、轴承、衬套、管嘴，以及耐热管配件等

4. 白 铜

(1) 加工白铜的化学成分(GB/T5231-2001)

序号	牌 号[①]	化学成分(%)[②]			
		镍+钴	铁	锰	锌
		1) 普通白铜			
1	B0.6	0.57~0.63	0.005	—	—
2	B5	4.4~5.0	0.20	—	—
3	B19[④]	18.0~20.0	0.5	0.5	0.3
4	B25	24.0~26.0	0.5	0.5	0.3
5	B30	29~33	0.9	1.2	—
		2) 铁白铜			
6	BFe5-1.5-0.5	4.8~6.2	1.3~1.7	0.30~0.8	1.0
7	BFe10-1-1	9.0~11.0	1.0~1.5	0.5~1.0	0.3
8	BFe30-1-1	29.0~32.0	0.5~1.0	0.5~1.2	0.3
		3) 锰白铜			
9	BMn3-12[⑤]	2.0~3.5	0.20~0.50	11.5~13.5	—
10	BMn40-1.5[⑤]	39.0~41.0	≤0.50	1.0~2.0	—
11	BMn43-0.5[⑤]	42.0~44.0	≤0.15	0.10~1.0	—

序号	化学成分[②](续)								
	铅	铝	硅	磷	硫	碳	镁	锡	铜	杂质总和
1	0.005	—	0.002	0.002	0.005	0.002	—	—	余量	0.1
2	0.01	—	—	0.01	0.01	0.03	—	—	余量	0.5
3	0.005	—	0.15	0.01	0.01	0.05	0.05	—	余量	1.8
4	0.005	—	0.15	0.01	0.01	0.05	0.05	0.03	余量	1.8
5	0.05	—	0.15	0.006				—	余量	
6	0.05	—						—	余量	
7	0.02	—	0.15				—	0.03	余量	0.7
8	0.02	—	0.15				—	0.03	余量	0.7
9	0.020	0.2	0.1~0.3	0.005	0.020	0.05	0.03	—	余量	0.5
10	0.005	—	0.10	0.005	0.02	0.10	0.05	—	余量	0.9
11	0.002	—	0.10	0.002	0.01	0.10	0.05	—	余量	0.6

序号	牌号①	化学成分（%）②				
		镍＋钴	铁	锰	铅	锌
		4）锌白铜				
12	BZn18-18	16.5～19.5	0.25	0.50	0.05	余量
13	BZn18-26	16.5～19.5	0.25	0.50	0.05	余量
14	BZn15-20	13.5～16.5	0.5	0.3	0.02	余量
15	BZn15-21-1.5	14.0～16.0	0.3	0.5	1.5～2.0	余量
16	BZn15-24-1.5	12.5～15.5	0.25	0.05～0.5	1.4～1.7	余量
		5）铝白铜				
17	BAl13-3	12.0～15.0	1.0	0.50	0.003	—
18	BAl6-1.5	5.5～6.5	0.50	0.20	0.003	—

序号	化学成分（%）②（续）							
	铝	硅	磷	硫	碳	其他	铜	杂质总和
12	—	—	—	—	—		63.5～66.5⑤	—
13	—	—	—	—	—		53.5～56.5⑤	—
14	—	0.15	0.005	0.01	0.03	镁 0.05 铋 0.002③ 砷 0.010③ 锑 0.002③	62.0～65.0	0.9
15	—	0.15	—	—	—		60.0～63.0	0.9
16	—	—	0.02	0.005	—		58.0～60.0	0.75
17	2.3～3.0	—	0.01	—	—		余量	1.9
18	1.2～1.8	—	—	—	—		余量	1.1

注：① 每个牌号有"名称"和"代号"两种表示方法。表中为牌号的代号表示方法。牌号的名称表示方法如下：BFe10-1-1的名称为"10-1-1 铁白铜"；BAl13-3 的名称为"13-3 铝白铜"；余类推。

② 化学成分栏中的单个数字，表示该元素的最高含量（%）。

③ 铋、砷、锑的含量可不分析，但供方必须保证其含量不超过

其最高含量。

④ 特殊用途的 B19 白铜带,可供应硅的含量≤0.05％的材料。

⑤ BMn3-12 合金、作热电偶用的 BM40-1.5 和 BMn43-0.5 合金,为保证电气性能,对规定有最大值和最小值的化学成分,允许略微超出表中的规定数值。

⑥ 铜＋所列出元素总和≥99.5％。

(2) 加工白铜的牌号和产品形状 (GB/T5231-2001)

序号	牌号——产品形状
1	B0.6——线
2	B5——管、棒
3	B19——板、带
4	B25——板
5	B30——板、管、线
6	BFe5-1.5-0.5——管
7	BFe10-1-1——板、管
8	BFe30-1-1——板、管
9	BMn3-12——板、带、线
10	BMn40-1.5——板、带、箔、棒、线、管
11	BMn43-0.5——线
12	BZn18-18——板、带
13	BZn18-26——板、带
14	BZn15-20——板、带、箔、管、棒、线
15	BZn15-21-1.8——棒
16	BZn15-24-1.5——棒
17	BAl13-3——棒
18	BAl6-1.5——板

(3) 加工白铜产品的标准号和名称

序号	加工白铜产品的标准号和名称
1a	GB/T4423-1992 铜及铜合金拉制棒——白铜棒
1b	GB/T13808-1992 铜及铜合金挤制棒——白铜棒
2	GB/T2040-2002 铜及铜合金板材——白铜板
3	GB/T2052-1980 锰白铜板
4	GB/T2059-2000 铜及铜合金带——白铜带
5	GB/T2069-1980 铝白铜带
6	GB/T5190-1985 白铜箔
7	GB/T1527-2006 铜及铜合金拉制管——白铜拉制管
8	GB/T8890-1988 热交换器用铜合金管——铁白铜管
9	GB/T1531-1994 铜及铜合金毛细管——锌白铜毛细管
10	GB/T3125-1994 白铜线

注：本表中的序号，与下节"(4)加工白铜产品的力学性能"表中的
序号相同。

（4）加工白铜产品的力学性能

牌号	制造方法和状态①		规　格② （mm）	抗拉强度 $\sigma_b \geqslant$ （MPa）	伸长率 （%）$\geqslant$		硬度 HB
					δ_{10}	δ_5	
1) 铜及铜合金拉制棒（GB/T4423－1992）、挤制棒（GB/T13808－1992）——白铜棒③							
BFe30-1-1	拉制	M	16～50	345	—	25	—
		Y		490			
	挤制	R	40～80	345	25		—
			＞80～120	—			
BMn40-1.5	拉制	Y	7～20	540	5		
			＞20～30	490	7		
			＞30～40	440	10		
	挤制	R	40～80	345	25		
			＞80～120	—			
BZn15-20	拉制	M	5～40	295	30		
		Y	5～12	440	5		
			＞12～25	390	7		
			＞25～40	345	12		
	挤制	R	25～80	295	30		
			＞80～120	—			

注：① 状态：M——软（退火）；Y₂——1/2 硬（半硬）；Y——硬；
　　　T——特硬；R——热加工（热轧、热挤）；CS——热处理。
　　② 规格：圆棒（线）指直径，方、六角棒（线）指内切圆直径（或
　　　平行对边距离），板、带材指厚度，圆形管材指外径。
　　③ 锌白铜拉制棒应进行消除内应力处理。

牌号	制造方法和状态①	规格② (mm)	抗拉强度 $\sigma_b \geqslant$ (MPa)	伸长率 (%)≥ δ_{10}	δ_5	硬度 HB
1) 铜及铜合金拉制棒（GB/T4423－1992）、						
挤制棒（GB/T13808－1992）——白铜棒③（续）						
BZn15-24-1.5	拉制 M	5～18	295	—	30	
	Y		440	—	5	
	T		590	—	3	
BAl13-3	挤制 R	40～80	685	6	—	
		＞80～120	—	—	—	
2) 铜及铜合金板材（GB/T2040－2002）——白铜板④						
B5	热轧 R	7～14	215	20	—	
	冷轧 M	0.5～10	215	30	—	
	Y		370	10	—	
B19	热轧 R	7～14	295	20	—	
	冷轧 M	0.5～10	290	25	—	
	Y		390	3	—	
BFe10-1-1	热轧 R	7～14	275	20	—	
	冷轧 M	0.5～10	275	28	—	
	Y		370	3	—	
BFe30-1-1	热轧 R	7～14	345	15	—	
	冷轧 M	0.5～10	370	20	—	
	Y		530	3	—	

注：④ 经供需双方协议，可以供应其他规格的板材。厚度超出规定范围的板材，其性能由供需双方商定。

牌号	制造方法和状态①	规　格② (mm)	抗拉强度 $\sigma_b \geqslant$ (MPa)	伸长率（%）$\geqslant$ δ_{10}	δ_5	硬度 HB
2）铜及铜合金板材（GB/T2040-2002）——白铜板④⑤						
BZn15-20	冷轧	M Y₂ Y T	0.5~10	340 440~570 540~690 540	35 5 1.5 1	— — — —	
BAl6-1.5 BAl13-3	冷轧	Y CS	0.5~12	535 635	3 5	— —	
3）锰白铜板（GB/T2052-1980）⑥⑦						
BMn3-12	冷轧	M	0.5~10	355	25	—	
BMn40-1.5	冷轧	M Y	0.5~10	390~590 590	实测 实测	—	

注：⑤ 软态板材可经酸洗后供应。

　　⑥ 板材的供应状态，须在合同中注明，否则按硬态供应。软态板材可经酸洗后供应。

　　⑦ 板材的电气性能应符合下列规定：

牌　号	电阻率 ρ (20℃±1℃) ($\Omega \cdot mm^2/m$)	电阻温度系数 $\alpha(0~100℃)$ (1/℃)	与铜的热电动势 $e(0~100℃)$ ($\mu V/℃$)
BMn3-12 BMn40-1.5	0.42~0.52 0.43~0.53	±6×10⁻⁵	≤1

　　⑧ 厚度 0.3mm 的带材拉伸试验结果应符合表中规定。厚度超出规定范围的带材，其性能由供需双方商定。

　　⑨ 白铜带材的弯曲试验应符合下表规定。

牌　号	状态	厚度(mm)	弯曲角度	内侧半径
BZn15-20	Y、T	≥0.06	90°	2 倍带厚
BMn40-1.5	M Y	≥1.0	180° 90°	1 倍带厚

牌号	制造方法和状态①		规格②（mm）	抗拉强度 $\sigma_b \geqslant$（MPa）	伸长率（%）$\geqslant$		硬度 HB
					δ_{10}	δ_5	
4) 铜及铜合金带（GB/T2059—2000）——白铜带⑧⑨⑩							
B5	冷轧	M Y	0.05～1.20	215 370	32 10	— —	— —
B19	冷轧	M Y	0.05～1.20	290 390	25 3	— —	— —
BFe10-1-1	冷轧	M Y	0.05～1.20	275 370	28 3	— —	— —
BFe30-1-1	冷轧	M Y	0.05～1.20	370 540	23 3	— —	— —
BMn3-12	冷轧	M	0.05～1.20	350	25	—	—
BMn40-1.5	冷轧	M Y	0.05～1.20	390～590 635	实测 实测	— —	— —
BZn15-20	冷轧	M Y_2 Y T	>0.05～1.20	340 440～570 540～690 640	35 5 1.5 1	— — — —	— — — —

注：⑩ 锰白铜带材的电气性能应符合下列规定。

牌号	电阻率 $\rho(20℃\pm1℃)$（$\Omega \cdot mm^2/m$)	电阻温度系数 $\alpha(0\sim100℃)$（$1/℃$）	与铜的热电势 $e(0\sim100℃)$（$\mu V/℃$）
BMn3-12	0.42～0.52	$\pm6\times10^{-5}$	$\leqslant1$
BMn40-1.5	0.45～0.51		

⑪ 厚度≤0.3mm 的带材，不做拉力试验。

⑫ HV 硬度试验负荷由供需双方商定；M 状态的 HV 硬度仅适用于壁厚≥0.5mm 的管材；HB 硬度仅适用于壁厚≥3mm管材；需方有要求并在合同中注明时，可选择 HV 或 HB 硬度试验；选择硬度试验后，拉伸试验仅供参考。

牌号	制造方法和状态[①]	规格[②]（mm）	抗拉强度 $R_m \geqslant$（MPa）	伸长率 $A \geqslant$（%）	硬度	
					HV	HB
5) 铝白铜带（GB/T2069—1980）[⑩]						
BAl6-1.5 BAl13-3	冷轧	Y YC	0.05～1.20	σ_b 570	δ_{10} 5	—	—
6) 白铜拉制管（GB/T1527—2006）[⑫]						
BZn15-20	M M$_2$ Y	4～40	295 390 490	35 20 8	— 	—
BFe10-1-1	M Y$_2$ Y	8～160	290 310 480	30 12 8	75～110 105 150	70～105 100 145
BFe30-1-1	M Y$_2$	8～80	370 480	35 12	135 85～120	130 80～115

牌号	制造方法和状态[①]	规格[②]（mm）	抗拉强度 $\sigma_b \geqslant$（MPa）	伸长率（%）$\geqslant$		硬度HB
				δ_{10}	δ_5	
7) 热交换器用白铜无缝管（GB/T8890—1998）[⑬]						
BFe10-1-1	M Y$_2$	10～35	300 345	25 8	—	—
BFe30-1-1	M Y$_2$	10～35	370 490	25 6	—	—
8) 锌白铜毛细管（GB/T1531—1994）[⑭]						
BZn15-20	M Y	0.5～3.0	325 490	30 —	—	—

注：⑬ 热交换器用白铜无缝管的液压试验、压扁试验和扩口试验
的具体要求，参见 GB/T8890—1998 中的规定。

⑭ 外径与内径之差<0.30mm 的毛细管，不做拉力试验。有
特殊要求者，由供需双方协商解决。

牌号	制造方法和状态①	规格②（mm）	抗拉强度 $\sigma_b \geqslant$（MPa）	伸长率 $\delta \geqslant$（%）	硬度 HB
9）白铜线（GB/T3125—1994）⑮⑯					
B19	M	0.10～0.50	295	20	—
		>0.50～6.0	295	25	—
	Y	0.10～0.50	590～880	20	—
		>0.50～6.0	490～780	25	—
BFe30-1-1	M	0.10～0.50	345	20	—
		>0.50～6.0	345	25	—
	Y	0.10～0.50	685～980	—	—
		>0.50～6.0	590～880	—	—
BMn3-12	M	0.10～1.0	440	12	—
		>1.0～6.0	390	20	—
	Y	0.10～1.0	785	—	—
		>1.0～6.0	685	—	—
BMn40-1.5	M	0.05～0.20	390	15	—
		>0.20～0.50	390	20	—
		>0.50～6.0	390	25	—
	Y	0.05～0.20	685～980	—	—
		>0.20～0.50	685～880	—	—
		>0.50～6.0	635～835	—	—
BZn15-20	M	0.10～0.20	345	15	—
		>0.20～0.50	345	20	—
		>0.50～2.0	345	25	—
		>2.0～6.0	345	30	—
	Y₂	0.10～0.20	—	—	—
		>0.20～0.50	490～785	—	—
		>0.50～2.0	440～685	—	—
		>2.0～6.0	440～635	—	—

注：⑮ 白铜线的伸长率，采用 l_0=100mm 试样。

牌号	制造方法和状态[①]	规格[②] (mm)	抗拉强度 $\sigma_b \geqslant$ (MPa)	伸长率 $\delta_{10} \geqslant$ (%)	硬度 HB
	**9) 白铜线**（GB/T3125—1994）[⑮][⑯]				
BZn15—20	Y_2	0.10~0.20 >0.20~0.50 >0.50~2.0 >2.0~6.0	490~735 440~685 440~635	— — — —	— — — —
	Y	0.10~0.20 >0.20~0.50 >0.50~2.0 >2.0~6.0	735~980 735~930 635~880 540~785	— — — —	— — — —

注：⑯ 锰白铜线的电气性能试验结果应符合下列规定：其中
BMn3－12线材的一次电阻温度系数 α 的级别须在订货
合同中注明，否则按Ⅱ级供货；其二次电阻温度系数 β 以
及与铜的热电动势 E，仅根据用户特殊要求，并在订货合
同中，方予进行。

试验项目		状态	牌号	
			BMn3-12	BMn40-1.5
电阻率 $\rho(20+10℃)$ $(10^{-6}\ \Omega \cdot m)$		M	0.42~0.52	0.45~0.48
		Y	0.43~0.53	0.46~0.52
电阻温度 系数 $(0\sim100℃)$	α $(10^{-6}/℃)$	M	Ⅰ级 $-5\sim+10$ Ⅱ级 $-12\sim+20$	—
	β $(10^{-6}/℃)$		$-0.7\sim0$	
与铜的热电动势 E $(\mu V/℃,0\sim100℃)$		M	$\leqslant1$	—

(5) 加工白铜的主要特性及用途

代　号	主要特性及用途
1) 普 通 白 铜	
B0.6	特性：为电工白铜，温差电动势小，最大工作温度为 100℃。用途：制造特殊温差电偶（铂-铂铑热电偶）的补偿导线
B5	特性：为结构白铜，强度和耐蚀性比铜高，无腐蚀破裂倾向。用途：制造船舶耐蚀零件
B19	特性：为结构白铜，有高的耐蚀性和良好的力学性能，在热态和冷态下压力加工性良好，在高温和低温下仍能保持高的强度和塑性，可切削性不好。用途：制造在蒸汽、淡水和海水中工作的精密仪表零件、金属网和抗化学腐蚀的化工机械零件，以及医疗器具、钱币
B25	特性：为含镍量较高的结构白铜，有高的力学性能和耐蚀性，在热态和冷态下压力加工性良好。用途：制造在蒸汽和海水中工作的抗蚀零件，以及在高温、高压下工作的金属管和冷凝管等
2) 铁 白 铜	
BFe30-1-1	特性：为含镍量较高的结构白铜，有良好的力学性能，在海水、淡水和蒸汽中有高的耐蚀性，但可切削性较差。用途：制造海船制造业中的高温、高压和高速条件下工作的冷凝器和恒温器的管材

代　　号	主要特性及用途
2) 铁　白　铜	
BFe10-1-1	特性:为含镍量较低的结构白铜,和 BFe10-1-1 相比,其强度、硬度较低,但塑性较高,耐蚀性相似。用途:主要用于船舶业中代替 BFe30-1-1 制造冷凝器及其他抗蚀零件
3) 锰　白　铜	
BMn3-12	特性:为电工白铜,俗称锰铜,具有高的电阻率和低的电阻温度系数,电阻长期稳定性高,对铜的热电动势小。用途:广泛用于制造工作温度在 100℃ 以下的电阻仪器以及精密电工测量仪器
BMn40-1.5	特性:为电工白铜,通常称为康铜,具有几乎不随温度而改变的高电阻率和高的热电动势,耐热性和抗蚀性好,而且有高的力学性能和变形能力。用途:为制造热电偶(900℃ 以下)的良好材料,工作温度在 500℃ 以下的加热器(电炉的电阻丝)和变阻器
BMn43-0.5	特性:为电工白铜,通常称为考铜,在电工白铜中具有最大的温差电动势,并有高的电阻率和低的电阻温度系数,耐热性和抗蚀性也比 BMn40-1.5 好,同时具有高的力学性能和变形能力。用途:广泛用于制造高温测量中的补偿导线和热电偶的负极以及工作温度不超过 600℃ 的电热仪器

代　号	主要特性及用途
4) 锌 白 铜	
BZn15-20	特性：为结构白铜，因其外表具有美丽的银白色，俗称德银（应称中国银），具有高的强度和耐蚀性，可塑性好，在热态和冷态下均能很好地承受压力加工，可切削性不好，焊接性差，弹性优于 QSn6.5-0.1（锡青铜）。用途：用于制造潮湿条件下和强腐蚀介质中工作的仪表零件以及医疗器械、工业器皿、艺术品、电讯工业零件、蒸汽配件和水道配件、日用品以及弹簧管和簧片等
BZn15-21-1.8 BZn15-24-1.5	特性：为加有铅的结构白铜，性能和 BZn15-20 相似，但其可切削性较好，而且只能在冷态下进行压力加工。用途：用于制造手表工业中的精细零件
5) 铝 白 铜	
BAl13-3	特性：为结构白铜，可以热处理，除具有高的强度（是白铜中强度最高的）和耐蚀性外，还具有高的弹性和抗寒性，在低温（90K）下力学性能不但不降低，反而有些提高，这是其他铜合金所没有的性能。用途：用于制造高强度耐蚀零件
BAl6-1.5	特性：为结构白铜，可以热处理强化，有较高的强度和良好的弹性。用途：用于制造重要用途的扁弹簧

5. 镍 及 镍 合 金

(1) 电解镍的化学成分 (GB/T6516—1997)

牌号	相应旧品号	镍+钴 ≥	其中钴 ≤	化学成分(%) 杂质 ≤						
				碳	硅	磷	硫	铁	铜	锌
Ni9999	零号镍	99.99	0.005	0.005	0.001	0.001	0.001	0.002	0.0015	0.001
Ni9996	—	99.96	0.02	0.01	0.002	0.001	0.001	0.01	0.01	0.0015
Ni9990	一号镍	99.90	0.08	0.01	0.002	0.001	0.001	0.03	0.02	0.002
Ni9950	二号镍	99.50	0.15	0.02	—	0.003	0.003	0.20	0.04	0.005
Ni9920	三号镍	99.20	0.50	0.10	—	0.02	0.02	0.50	0.15	—

牌号	化学成分(%)——杂质 ≤ (续)								
	砷	镉	锡	锑	铅	铋	铝	锰	镁
Ni9999	0.0008	0.0003	0.0003	0.0003	0.0003	0.0003	0.001	0.001	0.001
Ni9996	0.0008	0.0003	0.0003	0.0003	0.001	0.0003	—	—	0.001
Ni9990	0.001	0.0008	0.0008	0.0008	0.001	0.0008	—	—	0.002
Ni9950	0.002	0.002	0.0025	0.0025	0.002	0.0025	—	—	—
Ni9920	—	—	—	0.005	0.005	—	—	—	—

注：1. 电解镍的牌号以符号 Ni 及其含"镍+钴"最低含量的 100 倍表示。

2. 旧品号指被代替的旧标准（GB6516—1986）中规定的品号。

3. 牌号 Ni9999～Ni9990 电解镍的平均厚度应≥3mm；牌号 Ni9920 电解镍为不定形。

4. 电解镍供制造合金钢、合金、电镀等工业采用。

(2) 加工镍及镍合金的化学成分及产品形状 (GB/T5235—1985

组别	牌号	代号	主要化学成分(%)	
			镍+钴	硅
纯镍	二号镍	N2	≥99.98	—
	四号镍	N4	≥99.9	—
	—	N5①	≥99.0	—
	六号镍	N6	≥99.5	—
	—	N7①	≥99.0	—
	八号镍	N8	≥99.0	—
	电真空镍②	DN	≥99.35	0.02～0.10
阳极镍	一号阳极镍	NY1	≥99.7	—
	二号阳极镍	NY2	≥99.4	铜 0.01～0.10
	三号阳极镍	NY3	≥99.0	—
镍锰合金	3镍锰合金	NMn3	余量	锰 2.30～3.30
	5镍锰合金	NMn5	余量	锰 4.60～5.40

代号	主要化学成分(%)(续)		产品形状
	碳	硫	
N2	—	—	板、带、箔
N4	—	—	板、带、箔
N5	—	—	板
N6	—	—	板、带、箔、管、棒、线
N7	—	—	板
N8	—	—	板、带、棒、线
DN	0.02～0.10	镁 0.02～0.10	板、带、管、棒、线
NY1	—	—	板、棒
NY2	氧 0.03～0.3	0.002～0.01	板、棒
NY3	—	—	板
NMn3	—	—	线
NMn5	—	—	线

注：1. 各牌号的杂质含量，参见第 5.94 页。

2. 作为热电偶用的合金，为保证电气性能，对规定有最大值和最小值的元素，允许略微超出表中的规定。

组别	牌　号	代　号	主要化学成分（%）	
			镍＋钴	铜
镍铜合金	—	NCu30①	≥63.0	28.0～34.0
	40-2-1 镍铜合金	NCu40-2-1	余量	38.0～42.0
	28-2.5-1.5 镍铜合金	NCu28-2.5-1.5	余量	27.0～29.0
电子用镍合金	0.1 镍镁合金	NMg0.1	≥99.6	镁 0.07～0.15
	0.19 镍硅合金	NSi0.19	≥99.4	—
	4-0.15 镍钨钙合金	NW4-0.15	余量	钙 0.07～0.17
	4-0.1 镍钨锆合金	NW4-0.1	余量	锆 0.08～0.14
	4-0.07 镍钨镁合金	NW4-0.07	余量	镁 0.05～0.1
热电合金	3 镍硅合金	NSi3	镍余量	钴 0.05～0.6
	10 镍铬合金	NCr10	镍余量	钴 0.1～1.2

代　号	主要化学成分（%）（续）		产品形状
	锰	硅	
NCu30	—	—	板
NCu40-2-1	1.25～2.25	铁 0.2～1.0	板、带、管、棒、线
NCu28-2.5-1.5	1.2～1.8	铁 2.0～3.0	板、带、管、棒、线
NMg0.1	—	—	板、棒
NSi0.1	—	0.15～0.25	带、管
NW4-0.15	钨 3.0～4.0	—	带、线
NW4-0.1	钨 3.0～4.0	—	带
NW4-0.07	钨 3.5～4.5	—	带
NSi3	0.05～0.7	2～3	线
NCr10	0.01～0.2 铬 9.0～10.0	0.05～0.6	线

注：① 摘自 GB/T2054－2005《镍及镍合金板》。

　　② 经供需双方协商，可供应"镍＋钴＋镁＋碳"不小于
　　　 99.65％的 DN 镍硅镁合金。

代 号	杂质(%) ≤							
	铜	硅	锰	碳	镁	硫	磷	铁
N2	0.001	0.003	0.002	0.005	0.003	0.001	0.001	0.007
N4	0.015	0.03	0.002	0.01	0.01	0.001	0.001	0.04
N5	0.25	0.30	0.35	0.02	—	0.01	—	0.30
N6	0.06	0.10	0.05	0.10	0.10	0.005	0.002	0.10
N7	0.25	0.30	0.35	0.15	—	0.01	—	0.30
N8	0.15	0.15	0.20	0.20	0.10	0.015	—	0.30
DN	0.06	—	0.05	—	—	0.005	0.002	0.10
NY1	0.1	0.10	—	0.02	0.10	0.005	—	0.10
NY2	0.1	0.10	—	—	0.10	—	—	0.10
NY3	0.15	0.2	—	0.1	0.10	0.005	—	0.25
NMn3	0.50	0.30	—	0.30	0.10	0.03	0.010	0.65
NMn5	0.50	0.30	—	0.30	0.10	0.03	0.020	0.65

代 号	杂质(%) ≤ (续)						
	铅	铋	砷	锑	锌	镉	锡	总和
N2	0.0003	0.003	0.001	0.0003	0.002	0.0003	0.001	0.02
N4	0.001	0.001	0.001	0.001	0.005	0.001	0.001	0.1
N5	—	—	—	—	—	铬 0.2	—	—
N6	0.002	0.002	0.002	0.002	0.007	0.002	0.002	0.5
N7	—	—	—	—	—	铬 0.2	—	—
N8	—	—	—	—	—	—	—	1.0
DN	0.002	0.002	0.002	0.002	—	0.002	0.002	0.35
NY1	—	—	—	—	—	—	—	0.3
NY2	—	—	—	—	—	—	—	0.6
NY3	—	—	—	—	—	—	—	1.0
NMn3	0.002	0.002	0.030	0.002	—	—	—	1.5
NMn5	0.002	0.002	0.030	0.002	—	—	—	2.0

注：3. 非电子用 N6 镍的含铜量可达 0.10%。

　　4. 铋、锑和砷可不分析，但供方必须保证不大于规定值。

　　5. 如需方要求限制表中未规定的元素，可经双方商定。

代　　号	杂质（%） ≤							
	铜	硅	锰	碳	镁	硫	磷	铁
NCu30	—	0.5	2.0	0.30	—	0.024	—	2.5
NCu40-2-1	—	0.15	—	0.30	—	0.02	0.005	—
NCu28-2.5-1.5	—	0.10	—	0.20	0.10	0.02	0.005	—
NMg0.1	0.05	0.02	0.05	0.05	—	0.005	0.002	0.07
NSi0.19	0.05	—	0.05	0.10	0.05	0.005	0.002	0.07
NW4-0.15	0.02	0.01	0.005	0.01	0.01	0.003	0.002	0.03
NW4-0.1	0.005	0.005	0.005	0.01	0.005	0.001	0.001	0.03
NW4-0.07	0.02	0.01	0.005	0.01	—	0.001	0.002	0.03
NSi3	—	—	—	0.05	—	0.02	0.002	0.10
NCr10	—	—	—	0.05	—	0.02	0.002	0.10

代　　号	杂质（%） ≤（续）							
	铅	铋	砷	锑	锌	镉	锡	总和
NCu30	—	—	—	—	—	—	—	—
NCu40-2-1	0.006	—	—	—	—	—	—	0.6
NCu28-2.5-1.5	0.003	0.002	0.010	0.002	—	—	—	0.6
NMg0.1	0.002	0.002	0.002	0.002	0.007	0.002	0.002	0.40
NSi0.19	0.002	0.002	0.002	0.002	0.007	0.002	0.002	0.50
NW4-0.15	0.002	0.002	0.002	0.002	0.003	0.002	0.002	0.15
	铝 0.01							
NW4-0.1	0.001	0.001	—	0.001	0.003	0.001	0.001	0.12
	铝 0.005		钛 0.005					
NW4-0.07	0.002	0.002	0.002	0.002	0.005	0.002	0.002	0.2
	铝 0.001							
NSi3	—	—	—	—	—	—	—	—
NCr10	—	—	—	—	—	—	—	—

(3) 加工镍及镍合金产品的标准号和名称

序号	加工镍及镍合金产品的标准号和名称
1	GB/T4435—1984 镍及镍铜合金棒
2	GB/T2056—2005 镍阳极板
3	GB/T2054—2005 镍及镍合金板
4	GB/T2072—1993 镍及镍合金带
5	GB/T11088—1989 电真空器件用镍及镍合金带
6	GB/T2882—2005 镍及镍合金管
7	GB/T3120—1982 镍线
8	GB/T3121—1982 电真空器件用镍及镍合金线

注：本表中的序号，与下节"(4)加工镍及镍合金产品的力学性能表中的序号相同。

(4) 加工镍及镍合金产品的力学性能

牌号	制造方法和状态[①]		规格[②] (mm)	抗拉强度 $\sigma_b \geqslant$ (MPa)	伸长率 (%)≥ δ_{10}	δ_5	硬度 HB
\multicolumn{8}{c	}{1) 镍及镍铜合金棒(GB/T4435—1984)}
N6	拉制	Y	5～20	590	5	—	—
			>20～30	540	6	—	—
			>30～40	510	6	—	—
		M	5～30	390	30	—	—
			>30～40	345	30	—	—
	挤制	R	32～50	345	25	—	—
			>50～60	345	20	—	—

5.96

牌号	制造方法和状态①		规格② （mm）	抗拉强度 $\sigma_b \geqslant$ （MPa）	伸长率 （%）$\geqslant$		硬度 HB
					δ_{10}	δ_5	
1）镍及镍铜合金棒（GB/T4435—1984）							
NCu 28-2.5-1.5	拉制	Y	5～15	665	4	—	—
			>15～30	635	6	—	—
			>30～40	590	6	—	—
		Y_2	5～20	590	10	—	—
			>20～30	540	12	—	—
		M	5～40	440	20	—	—
	挤制	R	32～60	390	25	—	—
NCu40-2-1	拉制	Y	5～20	635	4	—	—
			>20～30	590	5	—	—
		M	5～30	390	25	—	—
	挤制	R	32～50	实测	实测	—	—
2）镍阳极板（GB/T2056—2005）							
NY_1 NY_2 NY_3	热轧	R	6～20	—	—	—	—
	热轧 后淬火	C	4～20				
	软	M					

注：① 状态：M——软（退火）；Y_2——1/2 硬（半硬）；Y——硬；
C——热轧后淬火；R——热加工（热挤、热轧）。

② 规格：圆棒（线）指直径，方、六角棒（线）指内切圆直径，矩
形棒指厚度×宽度，板、带、箔材指厚度，管材指外径。

牌号	交货状态①	厚度（mm）	抗拉强度 R_m	规定非比例延伸强度 $R_{p0.2}$	断后伸长率 A_{50mm}	硬度 HV HRB
			（MPa）≥		（％）≥	
3) 镍及镍合金板（GB/T2054－2005）③						
N4、N5 NW4-0.15 NW4-0.1 NW4-0.07	M	≤1.5④	350	85	35	—
		＞1.5	350	85	40	
	R⑤	＞4	350	85	30	
	Y	≤2.5	490	85	2	
N6、N7、DN NSi0.19 NMg0.1	M	≤1.5④	380	105	35	—
		＞1.5	380	105	40	
	R	＞4	380	130	30	
	Y⑥	＞1.5	620	480	2	$\dfrac{188\sim215}{90\sim95}$
		≤1.5④	540	—	2	—
	Y₂⑥	＞1.5	490	290	20	$\dfrac{147\sim170}{79\sim85}$
NCu 28-2.5-1.5	M	—	440	160	25	
	R⑤	＞4	440		25	—
	Y₂⑥	—	570		6.5	$\dfrac{157\sim188}{82\sim90}$
NCu30	M		480	195	30	
	R⑤	＞4	510	275	25	
	Y₂⑥	—	550	300	25	$\dfrac{157\sim188}{82\sim90}$

注：③ 厚度≤0.5mm 的板材不提供规定非比例延伸强度。
　　④ 厚度＜1.0mm 用于成型换热器的 N4、N6 薄板提供实测数据。
　　⑤ 热轧板材可在最终热轧前做一次热处理。
　　⑥ 硬态（Y）及半硬态（Y₂）供货的板材性能，以硬度作为验收依据。需方要求时，可提供拉伸性能，提供拉伸性能时，不再进行硬度测试。

牌号	制造方法和状态[1]	规格[2] （mm）	抗拉强度 $\sigma_b \geqslant$ （MPa）	伸长率 （%）$\geqslant$		硬度 HB
				δ_{10}	δ_5	
4）镍及镍合金带（GB/T2072－1993）[7][8]						
N6、NSi0.19、 NMg0.1	冷轧	M Y_2 Y	0.05～1.2	390 — 540	30 — 2	— — —
NCu 28-2.5-1.5	冷轧	M Y_2 Y	0.05～1.2	440 570 —	25 6.5 —	— — —
5）电真空器件用镍及镍合金带（GB/T11088－1989）[9]						
N6、DN、 NSi0.19 NMg0.1	冷轧	M Y	0.06～1.2	390 540	30 2	—
N4 NW4-0.15 NW4-0.1 NW4-0.07	冷轧	带 0.06～1.2 板>1.2～2.5	345 490	30 —		—
6）镍及镍铜合金管（GB/T2882－1981）[10]						
N6	M Y		6～40	375 520	35 5	—
NCu 28-2.5-1.5 NCu40-2-1	M Y		6～40	440 570	20 2	—

注：⑦ 厚度<0.5mm 的带材不做拉伸试验。
　　⑧ NCu40-2-1 的各种状态（M、Y_2、Y）带材提供实测数据。
　　⑨ 厚度<0.3mm 的带材不做拉伸试验。软态（M）电真空器件用镍及镍合金带的杯突试验，参见 GB/T11088－1989 的规定。

牌号	制造方法和状态[①]	规　格[②]（mm）	抗拉强度 $\sigma_b \geqslant$（MPa）	伸长率（%）$\geqslant$		硬度 HB
				δ_{10}	δ_5	
7）镍及镍合金无缝薄壁管（GB/T8011—1987）						
N2、N4、N6、DN	M	0.35～18	390	35	—	—
	Y		540	—	—	—
NCu 28-2.5-1.5 NCu40-2-1 NSi0.19 NMn0.1	M	0.35～18	440	20	—	—
	Y_2		540	6	—	—
	Y		590	—	—	—
8）镍线（GB/T3120—1982）[①][②]						
$\dfrac{N4}{N6、N8}$	M	0.03～0.20	375/420	15	—	—
		0.21～0.48	345/390	20	—	—
		0.50～1.00	315/375	20	—	—
		1.05～6.00	295/345	25	—	—
	Y_2	0.10～0.50	$\dfrac{685\sim885}{785\sim980}$	—	—	—
		0.53～1.00	$\dfrac{590\sim785}{655\sim835}$	—	—	—
		1.05～5.00	$\dfrac{490\sim635}{540\sim685}$	—	—	—
	Y	0.03～0.09	$\dfrac{785\sim1275}{885\sim1325}$	—	—	—
		0.10～0.50	$\dfrac{735\sim980}{835\sim1080}$	—	—	—
		0.53～1.00	$\dfrac{685\sim885}{735\sim980}$	—	—	—
		1.05～6.00	$\dfrac{540\sim835}{635\sim885}$	—	—	—

5.100

牌号	制造方法和状态①	规　格②（mm）	抗拉强度 $\sigma_b \geqslant$（MPa）	伸长率（%）≥ δ_{10}	伸长率（%）≥ δ_5	硬度 HB
\multicolumn{7}{c}{9）电真空器件用镍及镍合金线（GB/T3121−1982）⑪}						
	M	0.03～0.20	435	15		—
		0.21～0.48	390	20		—
		0.50～1.00	375	20		—
		1.05～6.00	345	25		—
DN NSi0.19 NMg0.1	Y₂	0.10～0.50	785～980	—		—
		0.53～1.00	685～835	—		—
		1.05～5.00	540～685	—		—
	Y	0.03～0.09	885～1325	—		—
		0.10～0.50	835～1080	—		—
		0.53～1.00	735～980	—		—
		1.05～6.00	635～885	—		—

注：⑩ 供农用飞机作喷头用的 NCu28-2.5-1.5Y 状态管材，其抗拉强度 $\sigma_b \geqslant 645$MPa，伸长率 $\delta_{10} \geqslant 2\%$。

　⑪ 镍及镍合金线材的伸长率的符号为 δ，采用 $l_0 = 100$mm 的试样。

　⑫ 牌号 N4/N6、N8 的抗拉强度栏中分数数据，分子适用于牌号 N4，分母适用于牌号 N6、N8。

(5) 加工镍及镍合金的主要特性及用途

牌　号	主要特性及用途
纯　镍	
N2 N4 N6 N8	特性:熔点高(1455℃),力学性能和冷、热压力加工性能好,特别是耐蚀性优良,是耐浓碱溶液腐蚀的最好材料,耐中性和微酸性溶液以及有机溶液,且耐果酸,在大气、淡水和海水中化学性稳定,但不耐氧化性酸和高温含硫气体的腐蚀,无毒。用于:用于制造机械、化工设备耐蚀结构件、精密仪器结构件、电子管和无线电设备零件、医疗器械及食品工业餐具器皿等
DN	特性:为电真空用镍,除具有纯镍的一般特性外,由于加有少量的硅、镁元素,还有高的电真空性能。用途:用于制造电子管阴极芯子及其他零件
阳　极　镍	
NY1 NY2 NY3	特性:为电解镍,质地纯净,且有去钝化作用。因为电镀用的阳极镍要求在电镀过程中溶解均匀,产生的阳极泥少,能保证镀层表面光洁、分布均匀、与基体金属结合牢固,故要求有害杂质含量少,在电镀中不发生钝化现象,否则将达不到上述要求。用途:用于电镀镍中作阳极用。其中NY1适用于pH小,不易钝化的条件;NY2适用于pH范围大,电镀形状复杂的条件,NY3适用于一般的电镀条件
镍　锰　合　金	
NMn3 NMn5	特性:具有较高的室温和高温强度,耐热性、耐蚀性好,加工性能优良;在温度较高的含硫气氛中的耐蚀性比纯镍高,热稳定性和电阻率也比纯镍高。用途:用于制造内燃机火花塞电极、电阻灯泡灯丝、电子管的栅极等

牌　号	主要特性及用途
镍　铜　合　金	
NCu40-2-1	特性:耐蚀性高,无磁性。用途:用于制造抗磁性零件
NCu28-2.5-1.5	特性:又称蒙乃尔合金,耐蚀性与镍铜相似,但在一般情况下更优越些,特别是对氢氟酸的耐蚀性非常好;合金强度比纯镍高,并具有良好的加工工艺性能;耐高温性能好,在 750℃ 以下的大气中是稳定的,在 500℃ 时还有足够的强度。用途:用于制造高强度、高耐蚀零件,高压充油电缆,供油槽、加热设备和医疗器械零件
电　子　用　镍　合　金	
NMg0.1 NSi0.19	特性:高的电真空性能,耐蚀性好,但制造的氧化物阴极芯,在电子管工作过程中,氧化物层与芯金属接触面上往往产生一层高电阻的化合物,因而降低阴极的发射能力,缩短电子管的寿命。用途:主要用于制造无线电真空管氧化物阴极芯,但不适于制造长寿命、高性能电子管的阴极芯
NW4-0.15 NW4-0.1 NW4-0.07	特性:有好的高温强度和耐震强度,还有优良的电子发射性能;用这类合金制造的电子管氧化物阴极芯,在工作温度下有一定的稳定性。用途:主要用于制造要求长寿命、高性能的无线电真空管氧化物阴极芯及其他零件
热　电　合　金	
NSi3	特性:在 600~1250℃ 范围内有足够大的热电势和热电势率,抗蚀性高。用途:用作热电偶负极材料
NCr10	特性:在 0~1200℃ 范围内有足够大的热电势和热电势率,测温比较灵敏、准确,且互换性强,便于更换使用,辐照效应小,电势比较稳定,制造简易,成本低;测温范围宽,电阻率化;此外,还有电阻率高、电阻温度系数小、耐腐蚀性好等特点。用途:用于制造热电偶正极和高电阻仪器,是目前最典型、最基本的热电偶材料之一

6. 铝及铝合金

(1) 重熔用铝锭的化学成分 (GB/T1196-2002)

牌　号	铝(%)≥	杂质 (%) ≤							
		铁	硅	铜	镓	镁	锌	其他每种	总和
Al 99.90	99.90	0.07	0.05	0.005	0.020	0.01	0.025	0.010	0.10
Al 99.85	99.85	0.12	0.08	0.005	0.030	0.02	0.030	0.015	0.15
Al99.70A	99.70	0.20	0.10	0.01	0.03	0.02	0.03	0.03	0.30
Al 99.70	99.70	0.20	0.12	0.01	0.03	0.03	0.03	0.03	0.30
Al 99.60	99.60	0.25	0.16	0.01	0.03	0.03	0.03	0.03	0.40
Al 99.50	99.50	0.30	0.22	0.02	0.03	0.05	0.05	0.03	0.50
Al 99.00	99.00	0.50	0.42	0.02	0.05	0.05	0.05	0.05	1.00

注：1. 铝含量为 100.00% 与含量等于或大于 0.010% 的所有杂质总和的差值。

2. 表中未规定的杂质，如锰、钛、钒，供方可不做常规分析，但应定期分析，每年至少两次。

3. 用于食品、卫生工业用的重熔用铝锭，其杂质铅、砷、镉的含量均不大于 0.01%。

4. 对于表中未规定的其他杂质元素的含量，如需方有特殊要求时，可由供需双方另行协议。

5. 每块铝锭重量为 20 或 15kg(±2kg)。

6. 铝锭用于制造各种铝合金和其他合金，以及导电器材、铝箔、铝粉、铝制器具及日用品等。

(2) 重熔用精铝锭的化学成分 (GB/T8644-2000)

牌　号	铝(%)≥	杂质 (%) ≤						
		铁	硅	铜	锌	钛	其他每种	总和
Al 99.996	99.996	0.0010	0.0010	0.0015	0.001	0.001	0.001	0.004
Al 99.993	99.993	0.0015	0.0013	0.0030	0.001	0.001	0.001	0.007
Al 99.99	99.99	0.0030	0.0030	0.0050	0.002	0.002	0.001	0.01
Al 99.95	99.95	0.02	0.02	0.01	0.005	0.002	0.005	0.05

注：1. 铝含量按 100% 与杂质铁、硅、铜、锌和钛含量总和(百分

数)之差来计算。

2. 表中未列其他杂质元素，如需方有特殊要求，可由供需双方协商。

3. 精铝锭重量为 10kg±1kg。

4. 精铝锭上应有下列的颜色标记：特级——一个蓝色 T 字；一级——一道蓝色纵线；二级——二道蓝色纵线。

5. 精铝锭在生产包装铝箔、各种食品容器和化工容器、电解电容器等产品；在低温电工技术、低温电磁构件和电子学领域内也有重要用途。

(3) 高纯铝的化学成分（YS/T275-1994）

牌 号	铝 (%)≥	杂质（ppm=0.0001%）≤										
		硅	铁	铜	铅	锌	镓	钛	镉	银	铟	总量
Al-05	99.999	2.8	2.8	2.8	0.5	1.0	0.5	1.0	0.2	0.2	0.2	10.0
Al-055	99.9995	硅＋铁＋铜＋锌＋钛＋镓										5.0

注：1. 用于制造合金的高纯铝，杂质元素作为合金组分者，经供需双方协商，其杂质含量提供实测数据。

2. 产品以半圆锭（重量≤45kg）或长板锭（重量≤25kg）供货。

3. 高纯铝（锭）供电子工业、高纯合金和激光材料等用。

(4) 重熔用电工铝锭的化学成分（GB/T12768-1991）

牌 号	铝 (%)≥	杂 质 （%） ≤				
		硅	铁	铜	钒＋铬＋锰＋钛	总和
Al 99.70E	99.70	0.08	0.20	0.005	0.01	0.30
Al 99.65E	99.65	0.10	0.25	0.01	0.01	0.35

注：1. 铝含量以 100.00% 减杂质总和来确定。

2. 钒、铬、锰、钛不做常规分析，但必须保证符合表中规定；需方有要求时可提供数据。铁硅比≥1.3。

3. 每块电工铝锭重量为 15 或 20kg（±2kg）。

4. 电工铝锭上的颜色标志：Al99.70E——一道绿色竖线；Al99.65E——二道绿色竖线。

5. 电工铝锭用于制造电线、电缆等导电材料。

(5) 变形铝及铝合金的化学成分(GB/T3190—1996)

序号	牌号	化学成分(%)①					
		铝	硅	铁	铜	锰	镁
1	1A99	99.99	0.003	0.003	0.005	—	—
2	1A97	99.97	0.015	0.015	0.005	—	—
3	1A95	99.95	0.030	0.030	0.010	—	—
4	1A93	99.93	0.040	0.040	0.010	—	—
5	1A90	99.90	0.060	0.060	0.010	—	—
6	1A85	99.85	0.08	0.10	0.01	—	—
7	1080	99.80	0.15	0.15	0.03	0.02	0.02
8	1080A	99.80	0.15	0.15	0.03	0.02	0.02
9	1070	99.70	0.20	0.25	0.04	0.03	0.03
10	1070A	99.70	0.20	0.25	0.03	0.03	0.03
11	1370	99.70	0.10	0.25	0.02	0.01	0.02

序号	化学成分(%)(续)							其 他	
	铬	锌	钙	钒	钛	钒+钛	硼	单个	合计
1	—	—	—	—	—	—	—	0.002	
2	—	—	—	—	—	—	—	0.005	
3	—	—	—	—	—	—	—	0.005	
4	—	—	—	—	—	—	—	0.007	
5	—	—	—	—	—	—	—	0.01	
6	—	—	—	—	—	—	—	0.01	
7	—	0.03	0.03	0.05	0.03	—	—	0.02	
8	—	0.06	0.03	—	0.02	—	—	0.02	
9	—	0.04	—	0.05	0.03	—	—	0.03	
10	—	0.07	—	0.05	0.03	—	—	0.03	
11	0.01	0.04	0.03	—	—	0.02	0.02	0.02	0.10

注：① 元素仅有单个值的，除铝为含量最小值外，其余为该元素的含量最大值。

序号	牌号	化学成分(%)[1]				
		铝	硅	铁	硅+铁	铜
12	1060	99.60	0.25	0.35	—	0.05
13	1050	99.50	0.25	0.40	—	0.05
14	1050A	99.50	0.25	0.40	—	0.05
15	1A50	99.50	0.30	0.30	0.45	0.01
16	1350	99.50	0.10	0.40	—	0.05
17	1145	99.45	—	—	0.55	0.05
18	1035	99.35	0.35	0.6	—	0.10
19	1A30	99.30	0.10~0.20	0.15~0.30	—	0.05
20	1100	99.00	—	—	0.95	0.05~0.20
21	1200	99.00	—	—	1.00	0.05
22	1235	99.35	—	—	0.65	0.05

序号	化学成分(%)(续)									其他	
	锰	镁	铬	镍	锌	钒	钛	钒+钛	硼	钙	单个	合计
12	0.03	0.03	—	—	0.05	0.05	0.03	—	—	—	0.03	—
13	0.05	0.05	—	—	0.05	0.05	0.03	—	—	—	0.03	—
14	0.05	0.05	—	—	0.07	—	0.05	—	—	—	0.03	—
15	0.05	0.05	—	—	0.03	—	—	—	—	—	0.03	—
16	0.01	—	0.01	—	0.05	—	—	0.02	0.05	0.03	0.03	0.10
17	0.05	0.05	—	—	0.05	0.05	0.03	—	—	—	0.03	—
18	0.05	0.05	—	—	0.10	0.05	0.03	—	—	—	0.03	—
19	0.01	0.01	—	0.01	0.02	—	0.02	—	—	—	0.03	—
20	0.05	—	—	—	0.10	—	—	—	铍 0.0008[2]		0.05	0.15
21	0.05	—	—	—	0.10	—	—	—	—	—	0.05	0.15
22	0.05	0.05	—	—	0.10	0.05	0.06	—	—	—	0.03	—

注：[2] 仅适用于电焊条和堆焊用。

序号	牌　号	化学成分（%）①				
		硅	铁	铜	锰	镁
23	2A01	0.50	0.50	2.2～3.0	0.20	0.20～0.50
24	2A02	0.30	0.30	2.6～3.2	0.45～0.7	2.0～2.4
25	2A04	0.30	0.30	3.2～3.7	0.50～0.8	2.1～2.6
26	2A06	0.50	0.50	3.8～4.3	0.50～1.0	1.7～2.3
27	2A10	0.25	0.20	3.9～4.5	0.30～0.50	0.15～0.30
28	2A11	0.7	0.7	3.8～4.8	0.40～0.8	0.40～0.8
29	2B11	0.50	0.50	3.8～4.5	0.40～0.8	0.40～0.8
30	2A12	0.50	0.50	3.8～4.9	0.30～0.9	1.2～1.8
31	2B12	0.50	0.50	3.8～4.5	0.30～0.7	1.2～1.6
32	2A13	0.7	0.6	4.0～5.0	—	0.30～0.50
33	2A14	0.6～1.2	0.7	3.9～4.8	0.40～1.0	0.40～0.8

序号	化学成分（%）（续）					其　他		铝
	镍	铁＋镍	锌	钛	铍	单个	合计	
23	—	—	0.10	0.15	—	0.05	0.10	余量
24	—	—	0.10	0.15	—	0.05	0.10	余量
25	—	—	0.10	0.05～0.40	0.001～0.01③	0.05	0.10	余量
26	—	—	0.10	0.03～0.15	0.001～0.005③	0.05	0.10	余量
27	—	—	0.10	0.15	—	0.05	0.10	余量
28	0.10	0.7	0.30	0.15	—	0.05	0.10	余量
29	—	—	0.10	0.15	—	0.05	0.10	余量
30	0.10	0.50	0.30	0.15	—	0.05	0.10	余量
31	—	—	0.10	0.15	—	0.05	0.10	余量
32	—	—	0.6	0.15	—	0.05	0.10	余量
33	0.10	—	0.30	0.15	—	0.05	0.10	余量

注：③ 铍含量按规定量加入，可不作分析。

序号	牌号	化学成分(%)(余量为铝)①				
		硅	铁	铜	锰	锌
34	2A16	0.30	0.30	6.0～7.0	0.40～0.8	0.10
35	2B16	0.25	0.30	5.8～6.8	0.20～0.40	—
36	2A17	0.30	0.30	6.0～7.0	0.40～0.8	0.10
37	2A20	0.20	0.30	5.8～6.8	—	0.10
38	2A21	0.20	0.20～0.6	3.0～4.0	0.05	0.20
39	2A25	0.06	0.06	3.6～4.2	0.50～0.7	—
40	2A49	0.25	0.8～1.2	3.2～3.8	0.30～0.6	—
41	2A50	0.7～1.2	0.7	1.8～2.6	0.40～0.8	0.30
42	2B50	0.7～1.2	0.7	1.8～2.6	0.40～0.8	0.30
43	2A70	0.35	0.9～1.5	1.9～2.5	0.20	0.30
44	2B70	0.25	0.9～1.4	1.8～2.7	0.20	0.15

序号	化学成分(%)(续)				其他	
	镁	镍	钛	锆	单个	合计
34	0.05	—	0.10～0.20	0.20	0.05	0.10
35	0.05	—	0.08～0.20	0.10～0.25	0.05	0.10
	钒 0.05～0.15					
36	0.25～0.45	—	0.10～0.20	—	0.05	0.10
37	0.02	—	0.07～0.16	0.10～0.25	0.05	0.15
	钒 0.05～0.15			硼 0.001～0.01		
38	0.8～1.2	1.8～2.3	0.05	—	0.05	0.15
39	1.0～1.5	0.06	—	—	0.05	0.10
40	1.8～2.2	0.8～1.2	0.08～0.12	—	0.05	0.10
41	0.40～0.8	0.10	0.15	铁+镍 0.7	0.05	0.10
42	0.40～0.8	0.10	0.02～0.10	铁+镍 0.7	0.05	0.10
	铬 0.01～0.20					
43	1.4～1.8	0.9～1.5	0.02～0.10	—	0.05	0.10
44	1.2～1.8	0.8～1.4	0.10	钛+锆 0.20	0.05	0.15
	铅 0.05	锡 0.05				

序号	牌号	硅	铁	铜	锰	镁	铬	镍	锌	钛	锆	钛+锆	其他 单个	其他 合计	铝
45	2A80	0.50~1.2	1.0~1.6	1.9~2.5	0.20	1.4~1.8	—	0.9~1.5	0.30	0.15	—	—	0.05	0.10	余量
46	2A90	0.50~1.0	0.50~1.0	3.5~4.5	0.20	0.40~0.8	—	1.8~2.3	0.30	0.15	—	—	0.05	0.10	余量
47	2004	0.20	0.20	5.5~6.5	0.10	0.50	—	—	0.10	0.05	0.30~0.50	—	0.05	0.15	余量
48	2011	0.40	0.7	5.0~6.0	铋 0.20~0.6		铅 0.20~0.6	—	0.30	—		—	0.05	0.15	余量
49	2014	0.50~1.2	0.7	3.9~5.0	0.40~1.2	0.20~0.8	0.10	—	0.25	0.15	—	④	0.05	0.10	余量
50	2014A	0.50~0.9	0.50	3.9~5.0	0.40~1.2	0.20~0.8	0.10	0.10	0.25	0.15	—	0.20	0.05	0.15	余量
51	2214	0.50~1.2	0.30	3.9~5.0	0.40~1.2	0.20~0.8	0.10	—	0.25	0.15	—	④	0.05	0.15	余量
52	2017	0.20~0.8	0.7	3.5~4.5	0.40~1.0	0.20~0.8	0.10	—	0.25	0.15	—	④	0.05	0.15	余量
53	2017A	0.20~0.8	0.7	3.5~4.5	0.40~1.0	0.40~1.0	0.10	—	0.25	—	—	0.25	0.05	0.15	余量
54	2117	0.8	0.7	2.2~3.0	0.20	0.20~0.50	0.10	—	0.25	—	—	—	0.05	0.15	余量
55	2218	0.9	1.0	3.5~4.5	0.20	1.2~1.8	0.10	1.7~2.3	0.25	—	—	—	0.05	0.15	余量

注：④ 仅在供需双方商定时，对挤压和锻造产品，限定钛＋锆含量≤0.20%。

序号	牌号	化学成分（%）①				
		硅	铁	铜	锰	镁
56	2618	0.10～0.25	0.9～1.3	1.9～2.7	—	1.3～1.8
57	2219	0.20	0.30	5.8～6.8	0.20～0.40	0.02
58	2024	0.50	0.50	3.8～4.9	0.30～0.9	1.2～1.8
59	2124	0.20	0.30	3.8～4.9	0.30～0.9	1.2～1.8
60	3A21	0.6	0.7	0.20	1.0～1.6	0.05
61	3003	0.6	0.7	0.05～0.20	1.0～1.5	—
62	3103	0.50	0.7	0.10	0.9～1.5	0.30
63	3004	0.30	0.7	0.25	1.0～1.5	0.8～1.3
64	3005	0.6	0.7	0.30	1.0～1.5	0.20～0.6
65	3105	0.6	0.7	0.30	0.30～0.8	0.20～0.8
66	4A01	4.5～6.0	0.6	0.20	—	—

序号	化学成分（%）（续）					其他		铝
	铬	镍	锌	钛	锆	单个	合计	
56	—	0.9～1.2	0.10	0.04～0.10	—	0.05	0.15	余量
57	钒 0.05～0.15		0.10	0.02～0.10	0.10～0.25	0.05	0.15	余量
58	0.10	—	0.25	0.15	④	0.05	0.15	余量
59	0.10	—	0.25	0.15	④	0.05	0.15	余量
60	—	—	0.10⑤	0.15	—	0.05	0.15	余量
61	—	—	0.10	—	—	0.05	0.15	余量
62	0.10	—	0.20	钛＋锆 0.10		0.05	0.10	余量
63	—	—	0.25	—	—	0.05	0.15	余量
64	0.10	—	0.25	0.10	—	0.05	0.15	余量
65	0.20	—	0.40	0.10	—	0.05	0.15	余量
66	—	锌＋锡 0.10		0.15	—	0.05	0.15	余量

注：⑤ 用于制造铆钉线材用的 3A21 合金的锌含量应≤0.03％。

序号	牌号	化学成分(%)①			
		硅	铁	铜	锰
67	4A11	11.5～13.5	1.0	0.50～1.3	0.20
68	4A13	6.8～8.2	0.50	铜＋锌 0.15	0.50
69	4A17	11.0～12.5	0.50	铜＋锌 0.15	0.50
70	4004	9.0～10.5	0.8	0.25	0.10
71	4032	11.5～13.5	1.0	0.50～1.3	—
72	4043	4.5～6.0	0.8	0.30	0.05
73	4043A	4.5～6.0	0.6	0.30	0.15
74	4047	11.0～13.0	0.8	0.30	0.15
75	4047A	11.0～13.0	0.6	0.30	0.15
76	5A01	硅＋铁 0.40		0.10	0.30～0.7
77	5A02	0.40	0.40	0.10	或铬 0.15～0.40

序号	化学成分(%)(续)							铝
	镁	镍	锌	钛	铬	其 他		
						单个	合计	
67	0.8～1.3	0.50～1.3	0.25	0.15	0.10	0.05	0.15	余量
68	0.05	钙 0.10	—	0.15	—	0.05	0.15	余量
69	0.05	钙 0.10	—	0.15	—	0.05	0.15	余量
70	1.0～2.0	—	0.20	—	—	0.05	0.15	余量
71	0.8～1.3	0.50～1.3	0.25	—	0.10	0.05	0.15	余量
72	0.05	铍 0.0008②	0.10	0.20	—	0.05	0.15	余量
73	0.20	铍 0.0008②	0.10	0.15	—	0.05	0.15	余量
74	0.10	铍 0.0008②	0.20	—	—	0.05	0.15	余量
75	0.10	铍 0.0008②	0.20	0.15	—	0.05	0.15	余量
76	6.0～7.0	锆 0.10～0.20	0.25	0.15	0.10～0.20	0.05	0.15	余量
77	2.0～2.8	硅＋铁 0.6	—	0.15		0.05	0.15	余量

序号	牌号	化学成分(%)(余量为铝)①					
		硅	铁	铜	锰	镁	镍
78	5A03	0.50～0.8	0.50	0.10	0.30～0.6	3.2～3.8	—
79	5A05	0.50	0.50	0.10	0.30～0.6	4.8～5.5	—
80	5B05	0.40	0.40	0.20	0.20～0.6	4.7～5.7	—
81	5A06	0.40	0.40	0.10	0.50～0.8	5.8～6.8	—
82	5B06	0.40	0.40	0.10	0.50～0.8	5.8～6.8	—
83	5A12	0.30	0.30	0.05	0.40～0.8	8.3～9.6	0.10
84	5A13	0.30	0.30	0.05	0.40～0.8	9.2～10.5	0.10
85	5A30	硅＋铁 0.40		0.10	0.50～1.0	4.7～5.5	—
86	5A33	0.35	0.35	0.10	0.10	6.0～7.5	—
87	5A41	0.40	0.40	0.10	0.30～0.6	6.0～7.0	—
88	5A43	0.40	0.40	0.10	0.15～0.40	0.6～1.4	—

序号	化学成分(%)(续)					其 他	
	锌	钛	锆	铍	锑	单个	合计
78	0.20	0.15	—	—	—	0.05	0.10
79	0.20	—	—	—	—	0.05	0.10
80	—	0.15	—	硅＋铁 0.6	—	0.05	0.10
81	0.20	0.02～0.10	—	0.0001～0.005③	—	0.05	0.10
82	0.20	0.10～0.30	—	0.0001～0.005③	—	0.05	0.10
83	0.20	0.05～0.15	—	0.005	0.004～0.05	0.05	0.10
84	0.20	0.05～0.15	—	0.005	0.004～0.05	0.05	0.10
85	0.25	0.03～0.15	—	铬 0.05～0.20	—	0.05	0.10
86	0.50～1.5	0.05～0.15	0.10～0.30	0.0005～0.005③	—	0.05	0.10
87	0.20	0.02～0.10	—	—	—	0.05	0.10
88	—	0.15	—	—	—	0.05	0.15

序号	牌号	化学成分(%)①					
		硅	铁	铜	锰	镁	锌
89	5A66	0.005	0.01	0.005	—	1.5～2.0	—
90	5005	0.30	0.7	0.20	0.20	0.50～1.1	0.25
91	5019	0.40	0.50	0.10	0.10～0.6	4.5～5.6	0.20
92	5050	0.40	0.7	0.20	0.10	1.1～1.8	0.25
93	5251	0.40	0.50	0.15	0.10～0.50	1.7～2.4	0.15
94	5052	0.25	0.40	0.10	0.10	2.2～2.8	0.10
95	5154	0.50	0.40	0.10	0.10	3.1～3.9	0.20
96	5154A	0.50	0.50	0.10	0.50	3.1～3.9	0.20
97	5454	0.25	0.40	0.10	0.50～1.0	2.4～3.0	0.25
98	5554	0.25	0.40	0.10	0.50～1.0	2.4～3.0	0.25
99	5754	0.40	0.40	0.10	0.50	2.6～3.6	0.20

序号	化学成分(%)(续)				其他		铝
	铬	锰+铬	钛	铍	单个	合计	
89	—	—	—	—	0.005	0.01	余量
90	0.10	—	—	—	0.05	0.15	余量
91	0.20	0.10～0.6	0.20	—	0.05	0.15	余量
92	0.10	—	—	—	0.05	0.15	余量
93	0.15	—	0.15	—	0.05	0.15	余量
94	0.15～0.35	—	—	—	0.05	0.15	余量
95	0.15～0.35	—	0.20	0.0008②	0.05	0.15	余量
96	0.25	0.10～0.50	0.20	0.0008②	0.05	0.15	余量
97	0.05～0.20	—	0.20	—	0.05	0.15	余量
98	0.05～0.20	—	0.05～0.20	0.0008②	0.05	0.15	余量
99	0.30	0.10～0.6	0.15	—	0.05	0.15	余量

序号	牌号	化学成分（%）①				
		硅	铁	铜	锰	镁
100	5056	0.30	0.40	0.10	0.05～0.20	4.5～5.6
101	5356	0.25	0.40	0.10	0.05～0.20	4.5～5.5
102	5456	0.25	0.40	0.10	0.50～1.0	4.7～5.5
103	5082	0.20	0.35	0.15	0.15	4.0～5.0
104	5182	0.20	0.35	0.15	0.20～0.50	4.0～5.0
105	5083	0.40	0.40	0.10	0.40～1.0	4.0～4.9
106	5183	0.40	0.40	0.10	0.50～1.0	4.3～5.2
107	5086	0.40	0.50	0.10	0.20～0.7	3.5～4.5
108	6A02	0.50～1.2	0.50	0.20～0.6	或铬 0.15～0.35	0.45～0.9
109	6B02	0.7～1.1	0.40	0.10～0.40	0.10～0.30	0.40～0.8
110	6A51	0.50～0.7	0.50	0.15～0.35	—	0.45～0.6
111	6101	0.30～0.7	0.50	0.10	0.03	0.10
112	6101A	0.30～0.7	0.40	0.05	—	—

序号	化学成分（%）（续）				其他		铝
	铬	锌	钛	铍	单个	合计	
100	0.05～0.20	0.10	—	—	0.05	0.15	余量
101	0.05～0.20	0.10	0.06～0.20	0.0008②	0.05	0.15	余量
102	0.05～0.20	0.25	0.20	—	0.05	0.15	余量
103	0.15	0.25	0.10	—	0.05	0.15	余量
104	0.10	0.25	0.10	—	0.05	0.15	余量
105	0.05～0.25	0.25	0.15	—	0.05	0.15	余量
106	0.05～0.25	0.25	0.15	0.0008②	0.05	0.15	余量
107	0.05～0.25	0.25	0.15	—	0.05	0.15	余量
108	—	0.20	0.15	—	0.05	0.10	余量
109	—	0.15	0.01～0.04	—	0.05	0.15	余量
110	—	0.25	0.01～0.04	锡 0.15～0.35	0.05	0.15	余量
111	0.35～0.8	0.03	硼 0.6	—	0.03	0.10	余量
112	0.40～0.9	—	—	—	0.03	0.10	余量

序号	牌号	化学成分(%)①				
		硅	铁	铜	锰	锌
113	6005	0.6～0.9	0.35	0.10	0.10	0.10
114	6005A	0.50～0.9	0.35	0.30	0.50	0.20
115	6351	0.7～1.3	0.50	0.10	0.40～0.8	0.20
116	6060	0.30～0.6	0.10～0.30	0.10	0.10	0.15
117	6061	0.40～0.8	0.7	0.15～0.40	0.15	0.25
118	6063	0.20～0.6	0.35	0.10	0.10	0.10
119	6063A	0.30～0.6	0.15～0.35	0.10	0.15	0.15
120	6070	1.0～1.7	0.50	0.15～0.40	0.40～1.0	0.25
121	6181	0.8～1.2	0.45	0.10	0.15	0.20
122	6082	0.10	0.40～1.0	0.6～1.2	0.25	0.50
123	7A01	0.01	—	—	—	0.30
124	7A03	1.8～2.4	0.10	1.2～1.6	0.05	0.20
125	7A04	1.4～2.0	0.20～0.6	1.8～2.8	0.10～0.25	0.50

序号	化学成分(%)(续)				其他		铝
	镁	铬	锰＋铬	钛	单个	合计	
113	0.40～0.6	0.10	—	0.10	0.05	0.15	余量
114	0.40～0.7	0.30	0.12～0.50	0.10	0.05	0.15	余量
115	0.40～0.8	—	—	0.20	0.05	0.15	余量
116	0.35～0.6	0.05	—	0.10	0.05	0.15	余量
117	0.8～1.2	0.04～0.35	—	0.15	0.05	0.15	余量
118	0.45～0.9	0.10	—	0.10	0.05	0.15	余量
119	0.6～0.9	0.05	—	0.15	0.05	0.15	余量
120	0.50～1.2	0.10	—	0.15	0.05	0.15	余量
121	0.6～1.0	0.10	—	0.10	0.05	0.15	余量
122	0.7～1.3	0.20	0.10	—	0.05	0.15	余量
123	0.30	0.9～1.3	硅＋铁 0.45	—	0.03	—	余量
124	0.20	6.0～6.7	0.02～0.08	—	0.05	0.10	余量
125	0.50	5.0～7.0	—	—	0.05	0.10	余量

5.116

序号	牌号	化学成分(%)①				
		铜	锰	镁	铬	铁
126	7A05	0.20	0.15～0.40	1.1～1.7	0.05～0.15	0.25
127	7A09	1.2～2.0	0.15	2.0～3.0	0.16～0.30	0.50
128	7A10	0.50～1.0	0.20～0.35	3.0～4.0	0.10～0.20	0.30
129	7A15	0.50～1.0	0.10～0.40	2.4～3.0	0.10～0.30	0.50
130	7A19	0.08～0.30	0.30～0.50	1.3～1.9	0.10～0.20	0.40
131	7A31	0.10～0.40	0.20～0.40	2.5～3.3	0.10～0.20	0.6
132	7A33	0.25～0.55	0.05	2.2～2.7	0.10～0.20	0.30
133	7A52	0.25	0.30	0.05～0.20	0.20～0.50	2.0～2.8
134	7003	0.30	0.35	0.20	0.30	0.50～1.0
135	7005	0.35	0.10		0.20～0.7	1.0～1.5
136	7020	0.35	0.40	0.20	0.05～0.50	1.0～1.4
137	7022	0.50	0.50	0.50～1.0	0.10～0.40	2.6～3.7
138	7050	0.12	0.15	2.0～2.6	0.10	1.9～2.6

序号	化学成分(%)(续)				其他		铝
	硅	锌	钛	锆	单个	合计	
126	0.25	4.4～5.0	0.02～0.06	0.10～0.25	0.05	0.15	余量
127	0.50	5.1～6.1	0.10	—	0.05	0.10	余量
128	0.30	3.2～4.2	0.10	—	0.05	0.10	余量
129	0.50	4.4～5.4	0.05～0.15	—	0.05	0.15	余量
		铍 0.005～0.01					
130	0.30	4.5～5.3	—	0.08～0.20	0.05	0.15	余量
		铍 0.0001～0.004③					
131	0.30	3.6～4.5	0.02～0.10	0.08～0.25	0.05	0.15	余量
		铍 0.0001～0.004③					
132	0.25	4.6～5.4	0.05	—	0.05	0.10	余量
133	0.15～0.25	4.0～4.8	0.05～0.18	0.05～0.15	0.05	0.15	余量
134	0.20	5.2～6.5	0.20	0.05～0.25	0.05	0.15	余量
135	0.06～0.20	4.0～5.0	0.01～0.06	0.08～0.20	0.05	0.15	余量
136	0.10～0.35	4.0～5.0	—	0.08～0.20	0.05	0.15	余量
			锆+钛 0.08～0.25				
137	0.10～0.30	4.3～5.2	锆+钛 0.20		0.05	0.15	余量
138	0.04	5.7～6.7	0.06	0.08～0.15	0.05	0.15	余量

(续)

序号	牌号	化学成分（%）①				
		硅	铁	铜	锰	镁
139	7075	0.40	0.50	1.2～2.0	0.30	2.1～2.9
140	7475	0.10	0.12	1.2～1.9	0.06	1.9～2.6
141	8A06	0.55	0.50	0.10	0.10	0.10
142	8011	0.50～0.9	0.6～1.0	0.10	0.20	0.05
143	8090	0.20	0.30	1.0～1.6	0.10	0.6～1.3
144	3104⑦	0.6	0.8	0.05～0.25	0.8～1.4	0.8～1.4
145	5042⑦	0.20	0.35	0.15	0.2～0.50	3.0～4.0
146	8006⑧	0.04	1.2～2.0	0.03	0.03～1.0	0.10
147	8011A⑧	0.40～0.8	0.50～1.0	0.10	0.10	0.10
148	8079	0.05～0.30	0.7～1.3	0.05	—	—

序号	化学成分（%）（续）				其他		铝
	铬	锌	钛	锆	单个	合计	
139	0.18～0.28	5.1～6.1	0.20	⑥	0.05	0.15	余量
140	0.18～0.25	5.2～6.2	0.06	—	0.05	0.15	余量
141	铁＋硅 1.0	0.10	—	—	0.05	0.15	余量
142	0.05	0.10	0.08	—	0.05	0.15	余量
143	0.10	0.25	0.10	0.04～0.16	0.05	0.15	余量
	锂 2.2～2.7						
144	钒 0.05	0.25	0.10	镓 0.05	0.05	0.15	余量
145	0.10	0.25	0.10	—	0.05	0.15	余量
146	—	0.10	—	—	0.05	0.15	余量
147	0.10	0.10	0.05	—	0.05	0.15	余量
148	—	0.10	—	—	0.05	0.15	余量

注：⑥ 仅在供需双方商定，对挤压和锻造产品限定钛＋锆含量≤
　　0.25%。

　　⑦ 序号 144 和 145 的化学成分摘自 YS/T431－2000《铝及铝
　　合金彩色涂层板、带材》。食品包装用的涂层板、带材的基
　　材中的有害元素砷、镉、铅的含量各不大于 0.01%。

　　⑧ 序号 146～148 的化学成分摘自 GB/T3198－2003《一般用
　　途的铝及铝合金箔》。食品医药包装用箔材的有害元素、
　　砷、镉、铅的含量各不大于 0.01%。

5.118

（6）变形铝及铝合金的新旧牌号对照

新牌号	旧牌号	新牌号	旧牌号	新牌号	旧牌号
1A99	原 LG5	1235		2A70	原 LD7
1A97	原 LG4	2A01	原 LY1	2B70	曾用 LD7-1
1A95		2A02	原 LY2	2A80	原 LD8
1A93	原 LG3	2A04	原 LY4	2A90	原 LD9
1A90	原 LG2	2A06	原 LY6	2004	
1A85	原 LG1	2A10	原 LY10	2011	
1080		2A11	原 LY11	2014	
1080A		2B11	原 LY8	2014A	
1070		2A12	原 LY12	2214	
1070A	代 L1	2B12	原 LY9	2017	
1370		2A13	原 LY13	2017A	
1060	代 L2	2A14	原 LD10	2117	
1050		2A16	原 LY16	2218	
1050A	代 L3	2B16	曾用 LY16-1	2618	
1A50	原 LB2	2A17	原 LY17	2219	曾用 LY19、
1350		2A20	曾用 LY20		147
1145		2A21	曾用 214	2024	
1035	代 L4	2A25	曾用 225	2124	
1A30	原 L4-1	2A49	曾用 149	3A21	原 LF21
1100	代 L5-1	2A50	原 LD5	3003	
1200	代 L5	2B50	原 LD6	3103	

注：1. 新牌号指新标准（GB/T3190－1996）中列出的牌号。

2. 旧牌号中："原"是指化学成分与新牌号等同，且都符合旧标准（GB/T3190－1982）中规定的牌号；"代"是指与新牌号的化学成分相近似，且符合旧标准（GB/T3190－1982）中规定的牌号；"曾用"是指已经鉴定，工业生产时曾经用过的旧牌号，但没有收入旧标准（GB/T3190－1982）中。

新牌号	旧牌号	新牌号	旧牌号	新牌号	旧牌号
3004		5005		6070	原LD2-2
3005		5019		6181	
3104		5042		6082	
3105		5050		7A01	原LB1
4A01	原LT1	5251		7A03	原LC3
4A11	原LD11	5052		7A04	原LC4
4A13	原LT13	5154		7A05	曾用705
4A17	原LT17	5154A		7A09	原LC9
4004		5454		7A10	原LC10
4032		5554		7A15	曾用LC15、
4043		5056	原LF5-1		157
4043A		5356		7A19	曾用919、
4047		5456			LC19
4047A		5082		7A31	曾用183-1
5A01	曾用2101、	5182		7A33	曾用LB733
	LF15	5083	原LF4	7A52	曾用LC52、
5A02	原LF2	5183			5210
5A03	原LF3	5086		7003	原LC12
5A05	原LF5	6A02	原LD2	7005	
5B05	原LF10	6B02	原LD2-1	7020	
5A06	原LF6	6A51	曾用651	7022	
5B06	原LF14	6101		7050	
5A12	原LF12	6101A		7075	
5A13	原LF13	6005		7475	
5A30	曾用2103、	6005A		8A06	原L6
	LF16	6351		8006	
5A33	原LF33	6060		8011	曾用LT98
5A41	原LT41	6061		8011A	
5A43	原LF43	6063	原LD30	8079	
5A66	原LT66	6063A	原LD31	8090	

(7) 旧标准(GB/T3091－1982)中铝及铝合金
加工产品的分组和牌号

序号	牌号	序号	牌号	序号	牌号	序号	牌号	序号	牌号
工业高纯铝组		包覆铝组		防锈铝组		锻铝组		超硬铝组	
		14	LB1	28	LF43	42	LD2	56	LC9
1	LG5	15	LB2	29	LF21	43	LD2-1	57	LC10
2	LG4	防锈铝组		硬铝组		44	LD2-2	58	LC12
3	LG3	16	LF2	30	LY1	45	LD5	特殊铝组	
4	LG2	17	LF3	31	LY2	46	LD6	59	LT1
5	LG1	18	LF4	32	LY4	47	LD7	60	LT13
工业纯铝组		19	LF5	33	LY6	48	LD8	61	LT17
6	L1	20	LF5-1	34	LY8	49	LD9	62	LT41
7	L2	21	LF6	35	LY9	50	LD10	63	LT62
8	L3	22	LF10	36	LY10	51	LD11	64	LT66
9	L4	23	LF11	37	LY11	52	LD30	65	LT75
10	L4-1	24	LF12	38	LY12	53	LD31	钎焊铝组	
11	L5	25	LF13	39	LY13	超硬铝组		66	LQ1
12	L5-1	26	LF14	40	LY16	54	LC3	67	LQ2
13	L6	27	LF15	41	LY17	55	LC4		

旧标准中部分无相应新牌号的铝合金加工产品化学成分

序号	牌号	化学成分（%）				
		铝≥	铜≤	镁	锰	锌≤
23	LF11	余量	0.10	4.8～5.5	0.30～0.6	0.20
63	LT62	99.95	0.01	—	—	—
65	LT75	99.93	0.01	—	—	—
66	LQ1	心板材料代号为LF21，包覆层材料代号为LT17				
67	LQ2	心板材料代号为LF21，包覆层材料代号为LT13				

序号	牌号	化学成分（%）（续）			其他杂质	
		铁≤	硅≤	其他	单个	合计
23	LF11	0.50	0.50	钛或钒0.02～0.15	0.05	0.10
63	LT62	0.01	0.01	—	0.005	0.01
65	LT75	0.02	0.01	铈0.004～0.01	0.005	0.01

(8) 常见变形铝及铝合金产品的标准号和名称

序号	标准号和名称
1	GB/T3191—1998 铝及铝合金挤压棒材
2	YS/T439—2001 铝及铝合金挤压扁棒
3	GB/T6892—2000 工业用铝及铝合金挤压型材
4	GB/T5237—2000 铝合金建筑型材
5	GB/T3880.2—2006 一般工业用铝及铝合金板、带材——第2部分:力学性能
6	YS/T212—1994 可热处理强化的铝合金板
7	YS/T213—1994 不可热处理强化的铝合金板
8	YS/T214—1994 可热处理强化的铝合金大规格板
9	YS/T215—1994 不可热处理强化的铝合金大规格板
10	YS/T242—2000 表盘及装饰用纯铝板
11	GB/T3618—2006 铝及铝合金花纹板
12	GB/T6891—2006 铝及铝合金压型板
13	GB/T4438—2006 铝及铝合金波纹板
14	YS/T91—1995 瓶盖用铝及铝合金板、带材
15	YS/T69—1993 钎接用铝合金板
16	YS/T431—2000 铝及铝合金彩色涂层板、带材
17	GB/T16501—1996 铝及铝合金热轧带材
18	GB/T8544—1997 铝及铝合金冷轧带材
19	GB/T3198—2003 一般用途的铝及铝合金箔
20	GB/T3615—1999 电解电容器用铝箔
21	GB/T3616—1999 电力电容器用铝箔
22	YS/T95.1—2001 空调散热片用素铝箔
23	YS/T95.2—2001 空调散热片用亲水铝箔
24	YS/T430—2000 电缆用铝箔
25	GB/T4437.1—2000 铝及铝合金热挤压无缝圆管
26	GB/T20250—2006 铝及铝合金连续挤压管
27	GB/T6893—2000 铝及铝合金拉(轧)制无缝管
28	GB/T10571—1989 铝及铝合金焊接管
29	GB/T3195—1997 导电用铝线
30	GB/T3196—2001 铆钉用铝及铝合金线材
31	GB/T3197—1982 焊条用铝及铝合金线材

注:本表中的序号与下节"(9)常见变形铝及铝合金产品的力学性能"表中的序号相同。

(9) 常见变形铝及铝合金产品的力学性能

牌 号	供应状态[①]	试样状态[①]	直径(方、六角棒内切圆直径)(mm)	抗拉强度 σ_b	规定非比例伸长应力 $\sigma_{p0.2}$	伸长率 δ_5 (%)
				(MPa)≥		≥
1a) 铝及铝合金挤压棒材(GB/T3191—1998)[②③]						
1060	O H122	O H112	≤150	60～95 60	15 15	22 22
1070A 1050A 1200	H112	H112	≤150	55 65 75	15 20 20	— — —
1035、8A06	O、H112	O、H112	≤150	≤120	—	25
3003	O H112	O H112	≤150	95～130 90	35 30	22 22
3A21 5A02 5A03 5A05 5A06 5A12	O H112	O H112	≤150	≤165 ≤225 175 265 315 370	 80 120 155 185	20 10 13 15 15 15
5052	H112 O	H112 O	≤150	175 175～245	70 70	— 20
2A11	H112 T4	T42 T4	≤150	370	215	12
2A12			≤22 >22～150	390 420	255 275	12 10
2A13			≤22 >22～150	315 345	— —	4 4
2A02 2A16	H112 T6	T62 T6	≤150	430 355	275 285	10 8
2A06			≤22 >22～100 >100～150	430 440 430	285 295 285	10 9 9
6A02 2A50			≤150	295 355	— —	12 12

牌　号	供应状态[①]	试样状态[①]	直径(方、六角棒内切圆直径)(mm)	抗拉强度 σ_b	规定非比例伸长应力 $\sigma_{p0.2}$	伸长率 δ_5 (%)
				(MPa)≥		≥
1a) 铝及铝合金挤压棒材(GB/T3191—1998)[②③]						
2A70,2A80 2A90	H112 T6	T62 T6	≤150	355	—	8
2A14			≤22	440	—	10
			>22～150	450	—	10
6061	T4	T4	≤150	260	240	9
				180	110	14
6063	T6	T6	≤25	205	170	9
	T5	T5	≤12.5	150	110	7
			>12.5～25	145	105	7
7A04,7A09	H112 T6	T62 T6	≤22	490	370	7
			>22～150	530	400	6
1b) 高强度铝合金棒材室温纵向力学性能(GB/T3191—1998)						
2A11	H112	T42	20～120	390	245	8
2A12	T4	T4		440	305	8
6A02 2A50 2A14	H112 T6	T62 T6	20～120	305	—	8
				380	—	10
				410	—	8
7A04,7A09			20～100	550	450	6
			>100～120	630	430	6

1c) 铝合金棒材高温持久纵向力学性能(GB/T3191—1998)			
牌　号	温度(℃)	应力(MPa)	保持时间(h)
2A02[④]	270±3	64	100
		78	50
2A16	300±3	69	100

注：① 供应(试样)状态符号的意义,参见2.55页。② 要求退火状态交货的非热处理强化铝合金棒材,若热挤压状态性能符合退火状态,可不退火。③ 直径大于150mm棒材及表中未列牌号合金棒材的性能应附实测结果。④ 2A02合金棒材,应力在78MPa、50h不合格时,则以64MPa、100h试验结果为最终依据。

牌　号	供应状态①	试样状态①	厚度(mm)	截面积(cm²) ≤	抗拉强度 σ_b	规定非比例伸长应力 $\sigma_{p0.2}$	伸长率 δ_5 (%)
					(MPa) ≥		≥
2) 铝及铝合金挤压扁棒(YS/T439－2001)⑤							
1070A,1070					55	15	—
1060					60	15	22
1050A,1050	H112	H112	≤120	200	65	20	
1035					70	20	
1100,1200					75	20	
2A11	H112、T4	T4	≤120	170	370	215	12
2A12					390	255	12
2A50					355	—	12
2A70 2A80 2A90	H112、T6	T6	≤120	170	355	—	8
2A14					430	—	8
2017			≤120	200	345	215	12
2024	T4	T4	≤6	12	390	295	12
			>6~10	76	410	305	12
			>10~38	120	450	315	10
3A21	H112	H112	≤120	170	90	30	22
3003					175	70	

注：⑤ 尺寸超出表中规定的范围时，其力学性能附实测结果，或按双方协议。

牌　号	供应状态[①]	试样状态[①]	厚度(mm)	截面积(cm²)≤	抗拉强度 σ_b	规定非比例伸长应力 $\sigma_{p0.2}$	伸长率 δ_5 (%) ≥
					(MPa)≥		
2）铝及铝合金挤压扁棒（YS/T439—2001）[⑤]							
5052					175	70	—
5A02					≤225	—	10
5A03	H112	H112	≤120	170	175	80	13
5A05					265	120	15
5A06					315	155	15
5A12					370	185	15
6A02	H112、T6	T6	≤120	170	295	—	12
6A61			≤120	170	260	240	9
6063			≤25	100	205	170	9
6101	T6	T6	≤12.5	38	200	172	—
7A04	H112、T6	T6	≤22	100	490	370	7
7A09			>22～120	200	530	400	6
7075			≤6.3	12	540	485	6
			>6.3～12.5	30	560	505	6
			>12.5～50	130	560	495	6
8A06	H112	H112	≤150	200	70	—	10

牌　号	状态[①]	试样厚度(mm)	抗拉强度 σ_b	规定非比例伸长应力 $\sigma_{p0.2}$	伸长率 (%) ≥
			(MPa)≥		
3）工业用铝及铝合金热挤压型材（GB/T6892—2000）[⑤][⑥][⑦][⑧]					
1060	O	所有	80～95	15	22
	H112		60	15	22
	F		—	—	—

牌　　号	状态①	试样厚度（mm）	抗拉强度 σ_b	规定非比例伸长应力 $\sigma_{p0.2}$	伸长率（%）
			(MPa)≥		≥
3) 工业用铝及铝合金热挤压型材（GB/T6892－2000）⑤⑥⑦⑧					
1100	O	所有	75～105	20	22
	H112		75	20	22
	F		—	—	—
2A11	T4	≤10.0	335	190	12
		>10.0～20.0	335	200	10
		>20.0	365	210	10
	O	所有	≤245	—	12
	F		—	—	—
2A12	T4	≤5.0	390	295	10
		5.1～10.0	410	295	10
		10.1～20.0	420	305	10
		>20.0	440	315	10
	O	所有	≤245	—	12
	F		—	—	—
2017	O	0.35～3.2	≤220	≤140	13
		>3.2～12	≤225	≤145	13
	T4	所有	390	245	15
2024	O	所有	240	130	12
	F		—	—	—
3A21	O、H112	所有	≤185	—	16
	F		—	—	—
3003	O	所有	95～130	35	22
	H112		90	30	22
	F		—	—	—

牌 号	状态[①]	试样厚度 (mm)	抗拉强度 σ_b (MPa)≥	规定非比 例伸长应 力 $\sigma_{p0.2}$	伸长率 (%) ≥
3) 工业用铝及铝合金热挤压型材(GB/T6892-2000)[⑤⑥⑦⑧]					
5A02	O、H112 F	所有	≤245 —	— —	12 —
5A03	O、H112 F	所有	180 —	80 —	12 —
5A05	O、H112 F	所有	235 —	130 —	15 —
5A06	O、112 F	所有	315 —	160 —	15 —
5052	O F	所有	170～240 —	70 —	14 —
6A02	T4 T6 F	所有	180 295 —	— 230 —	12 10 —
6005	T5	≤3.2 ＞3.2～25.0	260 260	240 240	8 10
	F	所有	—	—	—
6060	T5 F	≤3.2 所有	150 —	110 —	8 —
6061	T4	≤16	180	110	16
	T6	≤6.3 ＞6.3	265 265	245 245	8 9
	F	所有	—	—	—
6063	T4 T5 T6 F	所有	130 160 205 —	65 110 180 —	12 8 8 —

牌　号	状态①	试样厚度 (mm)	抗拉强度 σ_b	规定非比 例伸长应 力 $\sigma_{p0.2}$	伸长率 (%)
			(MPa) ≥		≥
3) 工业用铝及铝合金热挤压型材（GB/T6892－2000）⑤⑥⑦⑧					
6063A	T4	所有	150	90	10
	T5	≤10 ＞10	200 190	160 150	5 5
	T6	≤10 ＞10	230 220	190 180	5 4
	F	所有	—	—	—
6082	T4 T6	所有	205 310	110 260	14 10
7A04	T6	≤10.0 ＞10.0～20.0 ＞20.0	500 530 560	430 440 460	6 6 6
	O F	所有	≤245 —		10 —
7075	T6	≤6.3 ＞6.3～12.5 ＞12.5～70.0 ＞70.0～111.0 ＞110.0～130.0	540 560 560 540 540	485 505 495 485 470	7 6 6 5 5
	O F	所有	≤275 —	≤165 —	10 —

注：⑤ H122 状态交货的 1060、1100、3A21、5A02 合金型材力学
性能不合格时，允许供方退火；O 状态交货的上述牌号型
材，当 H112 状态力学性能合格时，供方可不退火。
⑥ 需方要求硬度时，由供需双方协商处理。但室温纵向力学
性能和硬度，只能要求其中一项。
⑦ 型材壁厚≤1.6mm 的伸长率一般不要求，如需方要求，由
供需双方协商处理。

牌 号	状态①	壁 厚 （mm）	抗拉强度 σ_b	规定非比例伸长应力 $\sigma_{p0.2}$	伸长率（%）
			（MPa）≥		≥
4）铝合金建筑型材（GB/T5237.1～5—2000）⑨⑩⑪⑫					
6063	T5 T6	所有	160 205	110 180	8 8
6063A	T5	≤10 >10	200 190	160 150	5 5
	T6	≤10 >10	230 220	190 180	5 4
6061	T4 T6	所有	180 265	110 245	16 8

注：⑧ 型材的室温纵向力学性能应符合表中规定（截面外接圆直径大于 250mm 型材的室温纵向力学性能由供需双方确定）。H112 状态交货的 2A11、2A12、2017、2024、6A02、6061、6063、6063A、6082、7A04、7075 合金型材，只检查 T4或 T62 状态的室温纵向力学性能，且力学性能附试验结果。

⑨ 6063 和 6063A 合金型材的硬度试验如下：

牌 号	状态	硬 度 试 验		
		试样厚度（mm）	维氏硬度 HV	韦氏硬度 HW
6063	T5 T6	0.8	58 —	8 —
6063A	T5 T6	0.8	65 —	10 —

⑩ 型材取样部位的实测壁厚小于 1.2mm 时，不测定伸长率。

⑪ 淬火自然时效的型材室温力学性能是常温时效 1 个月的数值。常温时效不足 1 个月进行拉伸试验时，试样应进行快速时效处理，其室温纵向力学性能应符合表中的规定。

⑫ 维氏硬度、韦氏硬度和拉伸试验，只做一项；仲裁试验为拉伸试验。

牌号①	供应状态①	试样状态①	厚度⑬ (mm)	抗拉强度 R_m⑭ (MPa)≥	规定非比例延伸强度 $R_{p0.2}$⑭ (MPa)≥	断后伸长率（%）≥ A_{50mm}	$A_{5.65}$⑮	弯曲半径⑯ ≥
5）一般工业用铝及铝合金板、带材（GB/T3880.2—2006）								
1A97	H112		>4.50～80.0	附实测数值				—
1A93	F	—	>4.50～150	—				—
1A90	H112		>4.50～12.5	60	—	21	—	
			>12.5～20.0			—	19	
1A85			>20.0～80.0	附实测数值				
	F	—	>4.50～150	—				
1235	H12 H22		>0.20～0.30	95～130	—	2		
			>0.30～0.50			3		
			>0.50～1.50			5		
			>1.50～3.00			8		
			>3.00～4.50			9		
	H14 H24		>0.20～0.30	115～150		1		
			>0.30～0.50			2		
			>0.50～1.50			3		
			>1.50～3.00			4		
	H16 H26		>0.20～0.50	130～165		1		
			>0.50～1.50			2		
			>1.50～4.00			3		
	H18		>0.20～0.50	145		1		
			>0.50～1.50			2		
			>1.50～3.00			3		

注：⑬ 厚度>14mm 的板材，表中数值仅供参考。当需方要求时，供方提供中心层试样的实测结果。

⑭ 1070、1060、1050、1235、1145、1100、8A06 合金的抗拉强度上限值及规定非比例延伸强度极限值对 H22、H24、H26 状态的材料不适用。

5.131

牌号	供应状态①	试样状态①	厚度⑬ (mm)	抗拉强度 R_m⑭ (MPa)≥	规定非比例延伸强度 $R_{p0.2}$⑭ (MPa)≥	断后伸长率（%）≥		弯曲半径⑯ ≥
						A_{50mm}	$A_{5.65}$⑮	
1070	O		>0.20~0.30	55~95	—	15	—	0t
			>0.30~0.50			20	—	0t
			>0.50~0.80			25	—	0t
			>0.80~1.50		15	30	—	0t
			>1.50~6.00			35	—	0t
			>6.00~12.0			35	—	—
			>12.0~50.0			—	30	—
	H12 H22		>0.20~0.30	70~100	—	2	—	0t
			>0.30~0.50			3	—	0t
			>0.50~0.80			4	—	0t
			>0.80~1.50		55	6	—	0t
			>1.50~3.00			8	—	0t
			>3.00~6.00			9	—	0t
	H14 H24		>0.20~0.30	85~120	—	1	—	0.5
			>0.30~0.50			2	—	0.5
			>0.50~0.80			3	—	0.5
			>0.80~1.50		65	4	—	1.0
			>1.50~3.00			5	—	1.0
			>3.00~6.00			6	—	1.0
	H16 H26		>0.20~0.50	100~135	—	1	—	1.0
			>0.50~0.80			2	—	1.0
			>0.80~1.50		75	3	—	1.5
			>1.50~4.00			4	—	1.5

> **5）一般工业用铝及铝合金板、带材**（GB/T3880.2—2006）

注：⑮ $A_{5.65}$表示原始标距为 $5.65\sqrt{S_0}$ 的断后伸长率。
　　⑯ 3105、3102、5182 板、带材弯曲 180°，其他板、带材弯曲 90°。t 为板或带材的厚度。

牌号①	供应状态①	试样状态①	厚度⑬(mm)	抗拉强度 R_m⑭ (MPa)≥	规定非比例延伸强度 $R_{p0.2}$⑭ (MPa)≥	断后伸长率(%)≥ A_{50mm}	断后伸长率(%)≥ $A_{5.65}$⑮	弯曲半径⑯≥
\multicolumn{9}{l}{5）一般工业用铝及铝合金板、带材(GB/T3880.2—2006)}

牌号①	供应状态①	试样状态①	厚度⑬(mm)	抗拉强度 R_m⑭ (MPa)≥	规定非比例延伸强度 $R_{p0.2}$⑭ (MPa)≥	A_{50mm}	$A_{5.65}$⑮	弯曲半径⑯≥
1070	H18		>0.20~0.50	120	—	1	—	—
			>0.50~0.80			2	—	—
			>0.80~1.50			3	—	—
			>1.50~3.00			4	—	—
	H12		>4.50~6.00	75	35	13	—	—
			>6.00~12.5	70	35	15	—	—
			>12.5~25.0	60	25	—	20	—
			>25.0~75.0	65	15	—	25	—
	F	—	>2.50~150			—		
1060	O		>0.20~0.30	60~100	15	15	—	—
			>0.30~0.50			18	—	—
			>0.50~1.50			23	—	—
			>1.50~6.00			25	—	—
			>6.00~80.0			25	22	—
	H12 H22		>0.50~1.50	80~120	60	6	—	—
			>1.50~6.00			12	—	—
	H14 H24		>0.20~0.30	95~135	70	1	—	—
			>0.30~0.50			2	—	—
			>0.50~0.80			2	—	—
			>0.80~1.50			4	—	—
			>1.50~3.00			6	—	—
			>3.00~6.00			10	—	—

牌号	供应状态①	试样状态①	厚度⑬(mm)	抗拉强度 R_m⑭ (MPa)≥	规定非比例延伸强度 $R_{p0.2}$⑭ (MPa)≥	断后伸长率(%)≥ A_{50mm}	$A_{5.65}$	弯曲半径⑯ ≥
5) 一般工业用铝及铝合金板、带材(GB/T3880.2－2006)								
1060	H16 H26		>0.20~0.30	110~155	75	1	—	—
			>0.30~0.50			2	—	—
			>0.50~0.80			2	—	—
			>0.80~1.50			3	—	—
			>1.50~4.00			5	—	—
	H18		>0.20~0.30	125	85	1	—	—
			>0.30~0.50			2	—	—
			>0.50~1.50			3	—	—
			>1.50~3.00			4	—	—
	H112		>4.50~6.00	75	—	10	—	—
			>6.00~12.5	75		10	—	—
			>12.5~40.0	70		—	18	—
			>40.0~80.0	60		—	18	—
	F	—	>2.50~150	—				
1050	O		>0.20~0.50	60~100	—	15	—	0t
			>0.50~0.80			20	—	0t
			>0.80~1.50		20	25	—	0t
			>1.50~6.00			30	—	0t
			>6.00~50.00			28	28	—
	H12 H22		>0.20~0.30	80~120	—	2	—	0t
			>0.30~0.50			3	—	0t
			>0.50~0.80			4	—	0t
			>0.80~1.50			6	—	0.5t
			>1.50~3.00		65	8	—	0.5t
			>3.00~6.00			9	—	0.5t

牌号①	供应状态①	试样状态①	厚度⑬（mm）	抗拉强度 R_m⑭ (MPa)≥	规定非比例延伸强度 $R_{p0.2}$⑭ (MPa)≥	断后伸长率（%）≥ A_{50mm}	断后伸长率（%）≥ $A_{5.65}$⑮	弯曲半径⑮ ≥
	**5) 一般工业用铝及铝合金板、带材（GB/T3880.2－2006）**							
1050	H14 H24		>0.20～0.30	95～130	—	1	—	0.5t
			>0.30～0.50			2	—	0.5t
			>0.50～0.80			3	—	0.5t
			>0.80～1.50		75	4	—	1.0t
			>1.50～3.00			5	—	1.0t
			>3.00 6.00			6	—	1.0t
	H16 H26		>0.20～0.50	120～150	—	1	—	2.0t
			>0.50～0.80		85	2	—	2.0t
			>0.80～1.50			3	—	2.0t
			>1.50～4.00			4	—	2.2t
	H18		>0.20～0.50	130	—	1	—	2.0t
			>0.50～0.80			2	—	
			>0.80～1.50			3	—	
			>1.50～3.00			4	—	
	H112		>4.50～6.00	85	45	10	—	
			>6.00～12.5	80	45	10	—	
			>12.5～25.0	70	35	—	16	
			>25.0～50.0	65	30	—	22	
			>50.0～75.0	65	30	—	22	
	F	—	>2.50～150	—				
1050A	O		>0.20～0.50	>65～95	20	20	—	0t
			>0.50～1.50			22	—	0t
			>1.50～3.00			26	—	0t
			>3.00～6.00			29	—	0.5t
			>6.00～12.5			35	—	
			>12.5～50.0			—	32	

牌号	供应状态①	试样状态①	厚度⑬ (mm)	抗拉强度 R_m④ (MPa)≥	规定非比例延伸强度 $R_{p0.2}$④ (MPa)≥	断后伸长率 (%)≥ A_{50mm}	$A_{5.65}$⑮	弯曲半径⑯ ≥
1050A		H12	>0.20～0.50 >0.50～1.50 >1.50～3.00 >3.00～6.00	>85 ～125	65	2 4 5 7	— — — —	0t 0t 0.5t 1.0t
		H22	>0.20～0.50 >0.50～1.50 >1.50～3.00 >3.00～6.00	>65 ～125	55	4 5 6 11	— — — —	0t 0t 0.5t 1.0t
		H14	>0.20～0.50 >0.50～1.50 >1.50～3.00 >3.00～6.00	>105 ～145	85	2 3 4 5	— — — —	0t 0.5t 1.0t 1.5t
		H24	>0.20～0.50 >0.50～1.50 >1.50～3.00 >3.00～6.00	>105 ～145	75	3 4 5 8	— — — —	0t 0.5t 1.0t 1.5t
		H16	>0.20～0.50 >0.50～1.50 >1.50～4.00	>120 ～160	100	1 2 3	— — —	0.5t 1.0t 1.5t
		H26	>0.20～0.50 >0.50～1.50 >1.50～4.00	>120 ～160	90	2 3 4	— — —	0.5t 1.0t 1.5t
		H18	>0.20～0.50 >0.50～1.50 >1.50～3.00	140	120	1 2 2	— — —	1.0t 2.0t 3.0t

5）一般工业用铝及铝合金板、带材（GB/T3880.2－2006）

牌号	供应状态①	试样状态①	厚度⑬ (mm)	抗拉强度 R_m⑭ (MPa)≥	规定非比例延伸强度 $R_{p0.2}$⑭ (MPa)≥	断后伸长率 (%)≥ A_{50mm}⑮	$A_{5.65}$⑮	弯曲半径⑯ ≥
			5）一般工业用铝及铝合金板、带材（GB/T3880.2—2006）					
1050A	H112		>4.5～12.5	75	30	20	—	—
			>12.5～75.0	70	25	—	20	—
	F	—	>2.50～150	—			—	—
1145	O		>0.20～0.50	60～100	20	15	—	—
			>0.50～0.80			20	—	—
			>0.80～1.50			25	—	—
			>1.50～6.00			30	—	—
			>6.00～10.0			28	—	—
	H12 H22		>0.20～0.30	80～120	65	2	—	—
			>0.30～0.50			3	—	—
			>0.50～0.80			4	—	—
			>0.80～1.50			6	—	—
			>1.50～3.00			8	—	—
			>3.00～4.50			9	—	—
	H14 H24		>0.20～0.30	95～125	75	1	—	—
			>0.30～0.50			2	—	—
			>0.50～0.80			3	—	—
			>0.80～1.50			4	—	—
			>1.50～3.00			5	—	—
			>3.00～4.50			6	—	—
	H16 H26		>0.20～0.50	120～145	85	1	—	—
			>0.50～0.80			2	—	—
			>0.80～1.50			3	—	—
			>1.50～4.50			4	—	—

牌号	供应状态①	试样状态①	厚度⑬ (mm)	抗拉强度 R_m⑭ (MPa)≥	规定非比例延伸强度 $R_{p0.2}$⑭ (MPa)≥	断后伸长率 (%)≥ A_{50mm}⑮	$A_{5.65}$⑮	弯曲半径⑯ ≥
5) 一般工业用铝及铝合金板、带材(GB/T3880.2—2006)								
1145	H18		>0.20~0.50	125	—	1	—	
			>0.50~0.80			2	—	
			>0.80~1.50			3	—	
			>1.50~4.50			4	—	
	H112		>4.50~6.50	85	45	10	—	
			>6.50~12.5	85	45	10	—	
			>12.5~25.0	70	35	—	15	
	F	—	>2.50~150	—				
1100	O		>0.20~0.30	75~105	25	15	—	0t
			>0.30~0.50			17	—	0t
			>0.50~1.50			22	—	0t
			>1.50~6.00			30	—	0t
			>6.00~80.0			28	25	0t
	H12 H22		>0.20~0.50	95~130	75	3	—	0t
			>0.50~1.50			5	—	0t
			>1.50~6.00			8	—	0t
	H14 H24		>0.20~0.30	110~145	95	1	—	0t
			>0.30~0.50			2	—	0t
			>0.50~1.50			3	—	0t
			>1.50~4.00			5	—	0t
	H16 H26		>0.20~0.30	130~165	115	1	—	2t
			>0.30~0.50			2	—	2t
			>0.50~1.50			3	—	2t
			>1.50~4.00			4	—	2t

牌号	供应状态①	试样状态①	厚度⑬ (mm)	抗拉强度 R_m⑭	规定非比例延伸强度 $R_{p0.2}$⑭	断后伸长率 (%) ≥ A_{50mm}	$A_{5.65}$⑮	弯曲半径⑯ ≥
				(MPa)≥				
5）一般工业用铝及铝合金板、带材（GB/T3880.2－2006）								
1100	H118		>0.20～0.50	150	—	1	—	—
			>0.50～1.50			2	—	—
			>1.50～3.00			4	—	—
	H112		>6.00～12.5	90	50	9	—	—
			>12.5～40.0	85	40	—	12	—
			>40.0～80.0	80	30	—	18	—
	F	—	>2.50～150					
1200	O H111		>0.20～0.50	75～105	25	19	—	0t
			>0.50～1.50			21	—	0t
			>1.50～3.00			14	—	0t
			>3.00～6.00			28	—	0.5t
			>6.00～12.5			33	—	1.0t
			>12.5～50.0			—	30	—
	H12		>0.20～0.50	95～135	75	2	—	0t
			>0.50～1.50			4	—	0t
			>1.50～3.00			5	—	0.5t
			>3.00～6.00			6	—	1.0t
	H14		>0.20～0.50	115～155	95	2	—	0t
			>0.50～1.50			3	—	0.5t
			>1.50～3.00			4	—	1.0t
			>3.00～6.00			5	—	1.5t
	H16		>0.20～0.50	130～170	115	1	—	0.5t
			>0.50～1.50			2	—	1.0t
			>1.50～4.00			3	—	1.5t

牌号①	供应状态①	试样状态①	厚度⑬ (mm)	抗拉强度 R_m⑭ (MPa) ≥	规定非比例延伸强度 $R_{p0.2}$⑭ (MPa) ≥	断后伸长率 (%) ≥ A_{50mm}	断后伸长率 (%) ≥ $A_{5.65}$⑮	弯曲半径⑯ ≥
5）一般工业用铝及铝合金板、带材（GB/T3880.2－2006）								
1200	H18		>0.20～0.50	150	130	1	—	1.0t
			>0.50～1.50			2	—	2.0t
			>1.50～3.00			3	—	3.0t
	H22		>0.20～0.50	95～135	65	4	—	0t
			>0.50～1.50			5	—	0t
			>1.50～3.00			6	—	0.5t
			>3.00～6.00			10	—	1.0t
	H24		>0.20～0.50	115～155	90	3	—	0t
			>0.50～1.50			4	—	0.5t
			>1.50～3.00			5	—	1.0t
			>3.00～6.00			7	—	1.5t
	H26		>0.20～0.50	130～170	105	2	—	0.5t
			>0.50～1.50			3	—	1.0t
			>1.50～4.00			4	—	1.5t
	H112		>6.00～12.5	85	35	16	—	—
			>12.5～8.0	80	30	—	16	—
	F	—	>2.5～150	—				
2017 正常 包铝 或 工艺 包铝	O	O	>0.50～1.50	≤215	≤110	12	—	0.5t
			>1.50～3.00					1.0t
			>3.00～6.00					1.5t
			>6.00～25.00			—	12	
		T42⑰	>0.50～1.50	355	195	15	—	
			>1.50～3.00			17	—	
			>3.00～6.50			15	—	
			>6.50～12.5	335	185	12	—	
			>12.5～25.0			—	12	

注：⑰ 2×××、6×××、7×××系合金以 O 状态供货时，其 T42、T62 状态性能仅供参考。

牌号①	供应状态①	试样状态①	厚度⑬ (mm)	抗拉强度 R_m⑭	规定非比例延伸强度 $R_{p0.2}$⑭	断后伸长率(%)≥		弯曲半径⑯ ≥
				(MPa)≥		A_{50mm}⑮	$A_{5.65}$⑮	
5）一般工业用铝及铝合金板、带材（GB/T3880.2—2006）								
2017 正常包铝 或 工艺包铝		T3	>0.50～1.50	375	215	15	—	2.5t
			>1.50～3.00			17	—	3t
			>3.00～6.00			15	—	3.5t
		T4	>0.50～1.50	355	195	15	—	2.5t
			>1.50～3.00			17	—	3t
			>3.00～6.00			15	—	3.5t
	H112	T42	>4.50～6.50	355	195	15	—	—
			>6.50～12.5		185	12	—	—
			>12.5～25.0		185	—	12	—
			>25.0～40.0	330	195	—	8	—
			>40.0～70.0	310	195	—	6	—
			>70.0～80.0	285	195	—	4	—
	F	—	>4.50～150	—				
2A11 正常包铝 或 工艺包铝	O	O	>0.50～3.00	≤225	—	12	—	—
			>3.00～10.0	≤235	—	12	—	—
		T42⑰	>0.50～3.00	350	185	15	—	—
			>3.00～10.0	355	195	15	—	—
	T3		>0.50～1.50	375	215	15	—	—
			>1.50～3.00			17	—	—
			>3.00～10.0			15	—	—
	T4		>0.50～3.00	360	185	15	—	—
			>3.00～10.0	370	195	15	—	—

牌号	供应状态①	试样状态①	厚度⑬（mm）	抗拉强度R_m⑭（MPa）≥	规定非比例延伸强度$R_{p0.2}$⑭（MPa）≥	断后伸长率（%）≥		弯曲半径⑯≥
						A_{50mm}	$A_{5.65}$⑮	
5）一般工业用铝及铝合金板、带材（GB/T3880.2－2006）								
2A11 正常包铝或工艺包铝	H112	T42	>4.50～10.0	355	195	15	—	—
			>10.0～12.5	370	215	11	—	—
			>12.5～25.0	370	215	—	11	—
			>25.0～40.0	330	195	—	8	—
			>40.0～70.0	310	195	—	6	—
			>70.0～80.0	285	195	—	4	—
	F	—	>4.50～150	—				—
2014 工艺包铝或不包铝	O	O	>0.50～12.5	≤220	≤110	16	—	—
			>12.5～25.0	≤220		—	9	—
		T62⑰	>0.50～1.00	440	395	6	—	—
			>1.00～6.00	455	400	7	—	—
			>6.00～12.5	460	405	7	—	—
			>12.5～25.0	460	405	—	5	—
		T42⑰	>0.50～12.5	400	235	14	—	—
			>12.5～25.0	400	235	—	12	—
		T6	>0.50～1.00	440	395	6	—	—
			>1.00～6.00	455	400	7	—	—
			>6.00～12.5	460	405	7	—	—
		T4	>0.50～6.00	405	240	14	—	—
			>6.00～12.5	400	250	14	—	—
		T3	>0.50～1.00	405	240	14	—	—
			>1.00～6.00	405	250	14	—	—
	F	—	>4.50～150	—				—

牌号①	供应状态①	试样状态①	厚度⑬（mm）	抗拉强度R_m⑭	规定非比例延伸强度$R_{p0.2}$⑭	断后伸长率（％）≥		弯曲半径⑯≥
				（MPa）≥		A_{50mm}⑮	$A_{5.65}$⑮	

5）一般工业用铝及铝合金板、带材（GB/T3880.2—2006）

牌号①	供应状态①	试样状态①	厚度⑬（mm）	抗拉强度R_m⑭	规定非比例延伸强度$R_{p0.2}$⑭	A_{50mm}⑮	$A_{5.65}$⑮	弯曲半径⑯≥
2014 正常 包铝	O		>0.50～12.5	≤95		16	1	—
			>12.5～25.0	≤25		—	9	—
	O	T62⑰	>0.50～1.00	425	370	7	—	—
			>1.00～12.5	440	395	8	—	—
			>12.5～25.0	460	405	—	5	—
		T42⑰	>0.50～1.00	370	215	14	—	—
			>1.00～12.5	395	235	15	—	—
			>12.5～25.0	400	234	—	12	—
	T6		>0.50～1.00	425	370	7	—	—
			>1.00～12.5	440	395	8	—	—
	T4		>0.50～1.00	370	215	14	—	—
			>1.00～6.00	395	235	15	—	—
			>6.00～12.5	395	250	15	—	—
	T3		>0.50～1.00	380	235	14	—	—
			>1.00～6.00	395	240	15	—	—
	F	—	>4.50～150		—			—
2024 不 包铝	O		>0.50～12.5	≤220	≤95	12	—	—
			>12.5～45.0	≤220		—	10	—
	O	T42⑰	>0.50～6.00	425	260	15	—	—
			>6.00～12.5	425	260	12	—	—
			>12.5～25.0	420	260	—	7	—
		T62⑰	>0.50～12.5	440	345	5	—	—
			>12.5～25.0	435	345	—	4	—
	T3		>0.50～6.00	435	290	12	—	—
			>6.00～12.5	440	290	15	—	—

牌号	供应状态①	试样状态①	厚度⑬(mm)	抗拉强度 R_m⑭ (MPa)≥	规定非比例伸伸强度 $R_{p0.2}$⑭ (MPa)≥	断后伸长率(%)≥		弯曲半径⑯≥
						A_{50mm}	$A_{5.65}$⑮	
5）一般工业用铝及铝合金板、带材（GB/T3880.2－2006）								
2024 不包铝	T4		>0.50～6.00	425	275	15	—	
	F	—	>4.50～150	—				
2024 正常包铝 或 工艺 包铝	O	O	>0.50～1.50	≤205	≤95	12	—	
			>1.50～12.5	≤220	≤95	12	—	
			>12.5～45.0	220	—	—	10	
		T42⑰	>0.50～1.50	395	235	15	—	
			>1.50～6.00	445	250	15	—	
			>6.00～12.5	415	250	12	—	
			>12.5～25.0	420	260	—	7	
			>25.0～40.0	415	260	—	6	
		T62⑰	>0.50～1.50	415	325	5	—	
			>1.50～12.5	425	335	5	—	
		T3	>0.50～1.50	405	270	15	—	
			>1.50～6.00	420	275	15	—	
			>6.00～12.5	425	275	12	—	
		T4	>0.50～1.50	400	245	15	—	
			>1.50～6.00	420	275	15	—	
	F	—	>4.50～150	—				
3003	O		>0.20～0.50	95～140	35	15	—	0t
			>0.50～1.50			17	—	0t
			>1.50～3.00			20	—	0t
			>3.00～6.00			23	—	1.0t
			>6.00～12.5			24	—	1.5t
			>12.5～50.0			—	23	

5.144

牌号①	供应状态①	试样状态①	厚度⑬(mm)	抗拉强度 R_m⑭	规定非比例延伸强度 $R_{p0.2}$⑭	断后伸长率(%)≥		弯曲半径⑯≥
				(MPa)≥	(MPa)≥	A_{50mm}	$A_{5.65}$⑮	
5) 一般工业用铝及铝合金板、带材（GB/T3880.2—2006）								
3003	H12		>0.20~0.50	120~160	90	3	—	0t
			>0.50~1.50			4	—	0.5t
			>1.50~3.00			5	—	1.0t
			>3.00~6.00			6	—	1.0t
	H14		>0.20~0.50	145~195	125	2	—	0.5t
			>0.50~1.50			2	—	1.0t
			>1.50~3.00			3	—	1.0t
			>3.00~6.00			4	—	2.0t
	H16		>0.20~0.50	170~210	150	1	—	1.0t
			>0.50~1.50			2	—	1.5t
			>1.50~4.00			2	—	2.0t
	H18		>0.20~0.50	190	170	1	—	1.5t
			>0.50~1.50			2	—	2.5t
			>1.50~4.00			2	—	3.0t
	H22		>0.20~0.50	120~160	80	6	—	0t
			>0.50~1.50			7	—	0.5t
			>1.50~3.00			8	—	1.0t
			>3.00~6.00			9	—	1.0t
	H24		>0.20~0.50	145~195	115	4	—	0.5t
			>0.50~1.50			4	—	1.0t
			>1.50~3.00			5	—	1.0t
			>3.00~6.00			6	—	2.0t
	H26		>0.20~0.50	170~210	140	2	—	1.0t
			>0.50~1.50			3	—	1.0t
			>1.50~4.00			3	—	2.0t

牌号	供应状态①	试样状态①	厚度⑬(mm)	抗拉强度 R_m⑭ (MPa)≥	规定非比例延伸强度 $R_{p0.2}$⑭ (MPa)≥	断后伸长率（%）≥ A_{50mm}	断后伸长率（%）≥ $A_{5,65}$⑮	弯曲半径⑯≥
5）一般工业用铝及铝合金板、带材（GB/T3880.2—2006）								
3003		H28	>0.20~0.50	190	160	2	—	1.5t
			>0.50~1.50			3	—	2.5t
			>1.50~3.00			3	—	3.0t
		H112	>6.00~12.5	115	70	10	—	—
			>12.5~80.0	100	40	—	18	—
		F	—	>12.5~150	—			
3004 3104		O H111	>0.20~0.50	155~200	60	13	—	0t
			>0.50~1.50			14	—	0t
			>1.50~3.00			15	—	0t
			>3.00~6.00			16	—	1.0t
			>6.00~12.5			16	—	2.0t
			>12.5~50.0			—	14	—
		H12	>0.20~0.50	190~240	155	2	—	0t
			>0.50~1.50			3	—	0.5t
			>1.50~3.00			4	—	1.0t
			>3.00~6.00			5	—	1.5t
		H14	>0.20~0.50	220~265	180	1	—	0.5t
			>0.50~1.50			2	—	1.0t
			>1.50~3.00			2	—	1.5t
			>3.00~6.00			3	—	2.0t
		H16	>0.20~0.50	240~285	200	1	—	1.0t
			>0.50~1.50			1	—	1.5t
			>1.50~3.00			2	—	2.5t
		H18	>0.20~0.50	260	230	1	—	1.5t
			>0.50~1.50			1	—	2.5t
			>1.50~3.00			2	—	

牌号	供应状态①	试样状态①	厚度⑬ (mm)	抗拉强度 R_m⑭ (MPa)≥	规定非比例延伸强度 $R_{p0.2}$⑭ (MPa)≥	断后伸长率 (%)≥		弯曲半径⑯ ≥
						A_{50mm}	$A_{5.65}$⑮	
5) 一般工业用铝及铝合金板、带材（GB/T3880.2－2006）								
3004 3104	H22 H32		>0.20~0.50	190~240	145	4	—	0t
			>0.50~1.50			5	—	0.5t
			>1.50~3.00			6	—	1.0t
			>3.00~6.00			7	—	1.5t
	H24 H34		>0.20~0.50	220~265	170	3	—	0.5t
			>0.50~1.50			4	—	1.0t
			>1.50~3.00			4	—	1.5t
	H26 H36		>0.20~0.50	240~285	190	3	—	1.0t
			>0.50~1.50			3	—	1.5t
			>1.50~3.00			3	—	2.5t
	H28 H38		>0.20~0.50	260	220	2	—	1.5t
			>0.50~1.50			3	—	2.5t
	H112		>6.00~12.5	160	60	7	—	—
			>12.5~40.0			—	6	—
			>40.0~80.0			—	6	—
	F	—	>2.50~80.0				—	—
3005	O H111		>0.20~0.50	115~165	45	12	—	0t
			>0.50~1.50			14	—	0t
			>1.50~3.00			16	—	0.5t
			>3.00~6.00			19	—	1.0t
	H12		>0.20~0.50	145~195	125	3	—	0t
			>0.50~1.50			4	—	0.5t
			>1.50~3.00			4	—	1.0t
			>3.00~6.00			5	—	1.5t

牌号①	供应状态①	试样状态①	厚度⑬ (mm)	抗拉强度 R_m⑭ (MPa)≥	规定非比例延伸强度 $R_{p0.2}$⑭ (MPa)≥	断后伸长率（%）≥ A_{50mm}	断后伸长率（%）≥ $A_{5.65}$⑮	弯曲半径⑯ ≥
3005								
	H14		>0.20～0.50 >0.50～1.50 >1.50～3.00 >3.00～6.00	170～215	150	1 2 2 3	— — — —	0.5t 1.0t 1.5t 2.0t
	H16		>0.20～0.50 >0.50～1.50 >1.50～4.00	195～240	175	1 2 2	— — —	1.0t 1.5t 2.5t
	H18		>0.20～0.50 >0.50～1.50 >1.50～3.00	220	200	1 2 2	— — —	1.5t 2.5t —
	H22		>0.20～0.50 >0.50～1.50 >1.50～3.00 >3.00～6.00	145～195	110	5 5 6 7	— — — —	0t 0.5t 1.0t 1.5t
	H24		>0.20～0.50 >0.50～1.50 >1.50～3.00	170～215	130	4 4 4	— — —	0.5t 1.0t 1.5t
	H26		>0.20～0.50 >0.50～1.50 >1.50～3.00	195～240	160	3 3 3	— — —	1.0t 1.5t 2.5t
	H28		>0.20～0.50 >0.50～1.50 >1.50～3.00	220	190	2 2 3	— — —	1.5t 2.5t —

5）一般工业用铝及铝合金板、带材（GB/T3880.2－2006）

牌号	供应状态①	试样状态①	厚度⑬ (mm)	抗拉强度 R_m⑭ (MPa)≥	规定非比例延伸强度 $R_{p0.2}$⑭	断后伸长率 (%)≥		弯曲半径⑯ ≥
					(MPa)≥	A_{50mm}⑮	$A_{5.65}$⑮	
5) 一般工业用铝及铝合金板、带材(GB/T3880.2—2006)								
3105	O H111		>0.20~0.50 >0.50~1.50 >1.50~3.00	100~155	40	14 15 17	— — —	0t 0t 0.5t
	H12		>0.20~0.50 >0.50~1.50 >1.50~3.00	130~180	105	3 4 4	— — —	1.5t 1.5t 1.5t
	H14		>0.20~0.50 >0.50~1.50 >1.50~3.00	150~200	120	2 2 2	— — —	2.5t 2.5t 2.5t
	H16		>0.20~0.50 >0.50~1.50 >1.50~3.00	175~225	160	1 2 2	— — —	— — —
	H18		>0.20~3.00	195	180	1	—	—
	H22		>0.20~0.50 >0.50~1.50 >1.50~3.00	130~180	105	6 6 7	— — —	— — —
	H24		>0.20~0.50 >0.50~1.50 >1.50~3.00	150~200	120	4 4 4	— — —	2.5t 2.5t 2.5t
	H26		>0.20~0.50 >0.50~1.50 >1.50~3.00	175~225	150	3 3 3	— — —	— — —
	H28		>0.20~1.50	195	170	2	—	—
3102	H18		>0.20~0.50 >0.50~3.00	160	—	3 2	— —	— —

牌号	供应状态①	试样状态①	厚度⑬ (mm)	抗拉强度 R_m⑭	规定非比例延伸强度 $R_{p0.2}$⑭	断后伸长率 (%) ≥		弯曲半径⑯ ≥
						A_{50mm}	$A_{5.65}$⑮	
				(MPa)≥				
5) 一般工业用铝及铝合金板、带材（GB/T3880.2—2006）								
5182	O H111		>0.20～0.50 >0.50～1.50 >1.50～3.00	255～315	110	11 12 13	— — —	1.0t 1.0t 1.0t
	H19		>0.20～0.50 >0.50～1.50	380	320	1 1	— —	— —
5A03	O		>0.50～4.50	190	100	16	—	—
	H14、H24、H34		>0.50～4.50	225	195	8	—	—
	H112		>4.50～10.0 >10.0～12.5 >12.5～25.0 >25.0～50.0	185 175 175 165	80 70 70 60	16 13 — —	— — 13 12	— — — —
	F	—	>4.50～150	—				—
5A05	O		0.50～4.50	275	145	16	—	—
	H112		>4.50～10.0 >10.0～12.5 >12.5～25.0 >25.0～50.0	275 265 265 255	125 115 115 105	16 14 — —	— — 14 13	— — — —
	F	—	>4.50～150	—				—
5A06 工艺 包铝	O		0.50～4.50	315	155	16	—	—
	H112		>4.50～10.0 >10.0～12.5 >12.5～25.0 >25.0～50.0	315 305 305 295	155 145 145 135	16 12 — —	— — 12 6	— — — —
	F	—	>4.50～150	—				—

5.150

牌号	供应状态①	试样状态①	厚度⑬ (mm)	抗拉强度 R_m⑭ (MPa) ≥	规定非比例延伸强度 $R_{p0.2}$⑭ (MPa) ≥	断后伸长率 (%) ≥ A_{50mm}	断后伸长率 (%) ≥ $A_{5.65}$⑮	弯曲半径⑯ ≥
5) 一般工业用铝及铝合金板、带材（GB/T3880.2－2006）								
5082	H18、H38		>0.20～0.50	335	—	1	—	—
	H19、H39		>0.20～0.50	355	—	1	—	—
	F	—	>4.50～150		—			—
5005	O H111		>0.20～0.50	100～145	35	15	—	0t
			>0.50～1.50			19	—	0t
			>1.50～3.00			20	—	0t
			>3.00～6.00			22	—	1.0t
			>6.00～12.5			24	—	1.0t
			>12.5～50.0			—	20	—
	H12		>0.20～0.50	125～165	95	2	—	0t
			>0.50～1.50			2	—	0.5t
			>1.50～3.00			4	—	1.0t
			>3.00～6.00			5	—	1.0t
	H14		>0.20～0.50	145～185	120	2	—	0.5t
			>0.50～1.50			2	—	1.0t
			>1.50～3.00			3	—	1.0t
			>3.00～6.00			4	—	2.0t
	H16		>0.20～0.50	165～205	145	1	—	1.0t
			>0.50～1.50			2	—	1.5t
			>1.50～3.00			3	—	2.0t
			>3.00～4.00			3	—	2.5t

牌号	供应状态①	试样状态①	厚度⑬ (mm)	抗拉强度 R_m⑭	规定非比例延伸强度 $R_{p0.2}$⑭	断后伸长率 (%) ≥		弯曲半径⑯ ≥
				(MPa) ≥		A_{50mm}	$A_{5.65}$⑮	

5）一般工业用铝及铝合金板、带材（GB/T3880.2－2006）

牌号	供应状态①	试样状态①	厚度⑬ (mm)	抗拉强度 R_m⑭ (MPa) ≥	规定非比例延伸强度 $R_{p0.2}$⑭ (MPa) ≥	A_{50mm}	$A_{5.65}$⑮	弯曲半径⑯ ≥
5005	H18		>0.20～0.50	185	165	1	—	1.5t
			>0.50～1.50			2	—	2.5t
			>1.50～3.00			2	—	3.0t
	H22 H32		>0.20～0.50	125～165	80	4	—	0t
			>0.50～1.50			5	—	0.5t
			>1.50～3.00			6	—	1.0t
			>3.00～6.00			8	—	1.0t
	H24 H34		>0.20～0.50	145～185	110	3	—	0.5t
			>0.50～1.50			4	—	1.0t
			>1.50～3.00			5	—	1.0t
			>3.00～6.00			6	—	2.0t
	H26 H36		>0.20～0.50	165～205	135	2	—	1.0t
			>0.50～1.50			3	—	1.5t
			>1.50～3.00			4	—	2.0t
			>3.00～4.00			4	—	2.5t
	H28 H38		>0.20～0.50	185	160	1	—	1.5t
			>0.50～1.50			2	—	2.5t
			>1.50～3.00			3	—	3.0t
	H112		>6.00～12.5	115		8	—	—
			>12.5～40.0	105	—	—	10	—
			>40.0～80.0	100		—	16	—
	F	—	>2.50～150		—			

5.152

牌号	供应状态①	试样状态①	厚度⑬ (mm)	抗拉强度 R_m⑭ (MPa)≥	规定非比例延伸强度 $R_{p0.2}$⑭ (MPa)≥	断后伸长率 (%) ≥ A_{50mm}	断后伸长率 (%) ≥ $A_{5.65}$⑮	弯曲半径⑯ ≥

5) 一般工业用铝及铝合金板、带材(GB/T3880.2—2006)

牌号	供应状态①	试样状态①	厚度⑬ (mm)	抗拉强度 R_m⑭ (MPa)≥	规定非比例延伸强度 $R_{p0.2}$⑭ (MPa)≥	A_{50mm}	$A_{5.65}$⑮	弯曲半径⑯ ≥
5052	O H111		>0.20~0.50	170~215	65	12	—	0t
			>0.50~1.50			14	—	0t
			>1.50~3.00			16	—	0.5t
			>3.00~6.00			18	—	1.0t
			>6.00~12.5			19	—	2.0t
			>12.5~50.0			—	18	—
	H12		>0.20~0.50	210~260	160	4	—	—
			>0.50~1.50			5	—	—
			>1.50~3.00			6	—	—
			>3.00~6.00			8	—	—
	H14		>0.20~0.50	230~280	180	3	—	—
			>0.50~1.50			3	—	—
			>1.50~3.00			4	—	—
			>3.00~6.00			4	—	—
	H16		>0.20~0.50	250~300	210	2	—	—
			>0.50~1.50			3	—	—
			>1.50~3.00			4	—	—
			>3.00~4.00			5	—	—
	H18		>0.20~0.50	270	240	1	—	—
			>0.50~1.50			2	—	—
			>1.50~3.00			2	—	—
	H22 H32		>0.20~0.50	210~260	130	5	—	0.5t
			>0.50~1.50			6	—	1.0t
			>1.50~3.00			7	—	1.5t
			>3.00~6.00			10	—	1.5t

牌号①	供应状态①	试样状态①	厚度⑬ (mm)	抗拉强度 R_m⑭ (MPa)≥	规定非比例延伸强度 $R_{p0.2}$⑭	断后伸长率 (%)≥ A_{50mm}	$A_{5.65}$⑮	弯曲半径⑯ ≥
					(MPa)≥			

5）一般工业用铝及铝合金板、带材（GB/T3880.2－2006）

牌号	供应状态	厚度(mm)	抗拉强度	规定非比例	A_{50mm}	$A_{5.65}$	弯曲半径
5052	H24 H34	>0.20~0.50	230~280	150	4	—	0.5t
		>0.50~1.50			5	—	1.5t
		>1.50~3.00			6	—	2.0t
		>3.00~6.00			7	—	2.5t
	H26 H36	>0.20~0.50	250~300	180	3	—	1.5t
		>0.50~1.50			4	—	2.0t
		>1.50~3.00			5	—	3.0t
		>3.00~4.00			6	—	3.5t
	H38	>0.20~0.50	270	210	3	—	—
		>0.50~1.50			3	—	—
		>1.50~3.00			4	—	—
	H112	>6.00~12.5	190	80	7	—	—
		>12.5~40.0	170	70	—	10	—
		>40.0~80.0	170	70	—	14	—
	F	>2.50~150	—				—
5083	O H111	>0.20~0.50	275~350	125	11	—	0.5t
		>0.50~1.50			12	—	1.0t
		>1.50~3.00			13	—	1.0t
		>3.00~6.00			15	—	1.5t
		>6.00~12.5			16	—	2.5t
		>12.5~50.0			—	15	—
		>50.0~80.0	270~345	115	—	14	—

5.154

牌号①	供应状态①	试样状态①	厚度⑬ (mm)	抗拉强度 R_m⑭ (MPa)≥	规定非比例延伸强度 $R_{p0.2}$⑭	断后伸长率 (%)≥ A_{50mm}	$A_{5.65}$⑮	弯曲半径⑯ ≥
5083	5) 一般工业用铝及铝合金板、带材（GB/T3880.2—2006）							
	H12		>0.20~0.50	315~375	250	3	—	—
			>0.50~1.50			4	—	—
			>1.50~3.00			5	—	—
			>3.00~6.00			6	—	—
	H14		>0.20~0.50	340~400	280	2	—	—
			>0.50~1.50			3	—	—
			>1.50~3.00			3	—	—
			>3.00~6.00			3	—	—
	H16		>0.20~0.50	360~420	300	1	—	—
			>0.50~1.50			2	—	—
			>1.50~3.00			2	—	—
			>3.00~4.00			2	—	—
	H22 H32		>0.20~0.50	305~380	215	5	—	0.5t
			>0.50~1.50			6	—	1.5t
			>1.50~3.00			7	—	2.0t
			>3.00~6.00			8	—	2.5t
	H24 H34		>0.20~0.50	340~400	250	4	—	1.0t
			>0.50~1.50			5	—	2.0t
			>1.50~3.00			6	—	2.5t
			>3.00~6.00			7	—	3.5t
	H26 H36		>0.20~0.50	360~420	280	2	—	—
			>0.50~1.50			3	—	—
			>1.50~3.00			3	—	—
			>3.00~4.00			3	—	—

牌号	供应状态①	试样状态①	厚度⑬ (mm)	抗拉强度 R_m⑭	规定非比例延伸强度 $R_{p0.2}$⑭	断后伸长率 (%) ≥		弯曲半径⑯ ≥
				(MPa) ≥		A_{50mm}	$A_{5.65}$⑮	
(5) 一般工业用铝及铝合金板、带材(GB/T3880.2—2006)(续)								
5083	H112		>6.00~12.5	275	125	12	—	—
			>12.5~40.0	275	125	—	10	—
			>40.0~50.0	270	115	—	10	—
	F	—	>4.50~150					
5086	O H111		>0.20~0.50	240~310	100	11	—	0.5t
			>0.50~1.50			12	—	1.0t
			>1.50~3.00			13	—	1.0t
			>3.00~6.00			15	—	1.5t
			>6.00~12.5			17	—	2.5t
			>12.5~80.0			—	16	
	H12		>0.20~0.50	275~335	200	3	—	—
			>0.50~1.50			4	—	—
			>1.50~3.00			5	—	—
			>3.00~6.00			6	—	—
	H14		>0.20~0.50	300~360	240	2	—	—
			>0.50~1.50			3	—	—
			>1.50~3.00			3	—	—
			>3.00~6.00			3	—	—
	H16		>0.20~0.50	325~385	270	1	—	—
			>0.50~1.50			2	—	—
			>1.50~3.00			2	—	—
			>3.00~4.00			2	—	—
	H18		>0.20~0.50	345	290	1	—	—
			>0.50~1.50			1	—	—
			>1.50~3.00			1	—	—

牌号①	供应状态①	试样状态①	厚度⑬ (mm)	抗拉强度 R_m⑭ (MPa)≥	规定非比例延伸强度 $R_{p0.2}$⑭ (MPa)≥	断后伸长率 (%) ≥		弯曲半径⑯ ≥
						A_{50mm}	$A_{5.65}$⑮	
5) 一般工业用铝及铝合金板、带材(GB/T3880.2—2006)								
5086		H22 H32	>0.20~0.50	275~335	185	5	—	0.5t
			>0.50~1.50			6	—	1.5t
			>1.50~3.00			7	—	2.0t
			>3.00~6.00			8	—	2.5t
		H24 H34	>0.20~0.50	300~360	220	4	—	1.0t
			>0.50~1.50			5	—	2.0t
			>1.50~3.00			6	—	2.5t
			>3.00~6.00			7	—	3.0t
		H26 H36	>0.20~0.50	325~385	250	2	—	—
			>0.50~1.50			3	—	—
			>1.50~3.00			3	—	—
			>3.00~4.00			3	—	—
		H112	>6.00~12.5	250	105	8	—	—
			>12.5~40.0	240	105	—	9	—
			>40.0~50.0	240	100	—	11	—
		F	>4.50~150					
6061	O	O	0.40~1.50	≤150	≤85	14	—	0.5t
			>1.50~3.00			16	—	1.0t
			>3.00~6.00			19	—	1.0t
			>6.00~12.5			16	—	2.0t
			>12.5~25.0			—	16	—
		T42⑰	0.40~1.50	205	95	12	—	1.0t
			>1.50~3.00			14	—	1.5t
			>3.00~6.00			16	—	3.0t
			>6.00~12.5			18	—	4.0t
			>12.5~40.0			—	15	—

牌号①	供应状态①	试样状态①	厚度⑬(mm)	抗拉强度R_m⑭ (MPa)≥	规定非比例延伸强度$R_{p0.2}$⑭ (MPa)≥	断后伸长率(%)≥ A_{50mm}	$A_{5.65}$⑮	弯曲半径⑯ ≥
5) 一般工业用铝及铝合金板、带材（GB/T3880.2—2006）								
6061	O	T62⑰	0.40～1.50	290	240	6	—	2.5t
			＞1.50～3.00			7	—	3.5t
			＞3.00～6.00			10	—	4.0t
			＞6.00～12.5			9	—	5.0t
			＞12.5～40.0			—	8	
	T4		0.40～1.50	205	110	12	—	1.0t
			＞1.50～3.00			14	—	1.5t
			＞3.00～6.00			16	—	3.0t
			＞6.00～12.5			18	—	4.0t
	T6		0.40～1.50	290	240	6	—	2.5t
			＞1.50～3.00			7	—	3.5t
			＞3.00～6.00			10	—	4.0t
			＞6.00～12.5			9	—	5.0t
	F	—	＞2.50～150	—				
6063	O	O	0.50～5.00	≤130	—	20	—	
			＞5.00～12.5			15	—	
			12.5～20.0			—	15	
		T62⑰	0.50～5.00	230	180	—	8	
			＞5.00～12.5	220	170	—	6	
			12.5～20.0	220	170	6		
	T4		0.50～5.00	150	—	10	—	
			＞5.00～10.0	130	—	10		
	T6		0.50～5.00	240	190	8		
			＞5.00～10.0	230	180	8		

牌号	供应状态①	试样状态①	厚度⑬(mm)	抗拉强度 R_m⑭ (MPa)≥	规定非比例延伸强度 $R_{p0.2}$⑭ (MPa)≥	断后伸长率(%)≥ A_{50mm}	$A_{5.65}$⑮	弯曲半径⑯ ≥
5) 一般工业用铝及铝合金板、带材(GB/T3880.2-2006)								
6A02	O	O	>0.50~4.50	≤145	—	21	—	—
			>4.50~10.0			16	—	—
		T62⑰	>0.50~4.50	295	—	11	—	—
			>4.50~10.0			8	—	—
		T4	>0.50~0.80	195	—	19	—	—
			>0.80~3.00			21	—	—
			>3.00~4.50			19	—	—
			>4.50~10.0	175		17	—	—
		T6	>0.50~4.50	295	—	11	—	—
			>4.50~10.0			8	—	—
	H112	T62⑰	>4.50~12.5	295	—	8	—	—
			>12.5~25.0	295		—	7	—
			>25.0~40.0	285		—	6	—
			>40.0~80.0	275		—	6	—
		T42⑰	>4.50~12.5	175	—	17	—	—
			>12.5~25.0	175		—	14	—
			>25.0~40.0	165		—	12	—
			>40.0~80.0	165		—	10	—
	F	—	>4.50~150	—		—	—	—
6082	O	O	0.40~1.50	≤150	≤85	14	—	0.5t
			>1.50~3.00			16	—	1.0t
			>3.00~6.00			18	—	1.5t
			>6.00~12.5			17	—	2.5t
			>12.5~25.0	155		—	16	—

牌号①	供应状态①	试样状态①	厚度⑬(mm)	抗拉强度 R_m⑭ (MPa)≥	规定非比例延伸强度 $R_{p0.2}$⑮ (MPa)≥	断后伸长率(%)≥		弯曲半径⑯ ≥
						A_{50mm}	$A_{5.65}$⑮	
5) 一般工业用铝及铝合金板、带材（GB/T3880.2—2006）								
6082	O	T42⑰	0.40~1.50	205	95	12	—	1.5t
			>1.50~3.00			14	—	2.0t
			>3.00~6.00			15	—	3.0t
			>6.00~12.5			14	—	4.0t
			>12.5~25.0			—	13	
		T62⑰	0.40~1.50	310	260	6	—	2.5t
			>1.50~3.00			7	—	3.5t
			>3.00~6.00			10	—	4.5t
			>6.00~12.5	300	255	9	—	6.0t
			>12.5~25.0	295	240	—	8	
		T4	0.40~1.50	205	110	12	—	1.5t
			>1.50~3.00			14	—	2.0t
			>3.00~6.00			15	—	3.0t
			>6.00~12.5			14	—	4.0t
		T6	0.40~1.50	310	260	6	—	2.5t
			>1.50~3.00			7	—	3.5t
			>3.00~6.00			10	—	4.5t
			>6.00~12.5	300	255	9	—	6.0t
	F	—	>4.50~150	—	—	—	—	
7075 正常包铝	O	O	>0.50~1.50	≤250	≤140	10		
			>1.50~4.00	≤260	≤140	10		
			>4.00~12.5	≤270	≤145	10		
			>12.5~25.0	≤275	—		9	

牌号①	供应状态①	试样状态①	厚度⑬ (mm)	抗拉强度 R_m⑭ (MPa)≥	规定非比例延伸强度 $R_{\mathrm{p0.2}}$⑭ (MPa)≥	断后伸长率 (%)≥ $A_{50\mathrm{mm}}$⑮	$A_{5.65}$⑮	弯曲半径⑯ ≥
			5）一般工业用铝及铝合金板、带材（GB/T3880.2－2006）					
7075 正常 包铝	O	T62⑰	>0.50～1.00	485	415	7	—	—
			>1.00～1.50	495	425	8	—	—
			>1.50～4.00	505	435	8	—	—
			>4.00～6.00	515	440	8	—	—
			>6.00～12.5	515	445	9	—	—
			>12.5～25.0	540	470	—	6	—
		T6	>0.50～1.00	485	415	7	—	—
			>1.00～1.50	495	425	8	—	—
			>1.50～4.00	505	435	8	—	—
			>4.00～6.00	515	440	8	—	—
	F	—	>6.00～100					—
7075 不包 铝或 工艺 包铝	O	O	>0.50～12.5	≤275	≤145	10	—	—
			>12.5～50.0	≤275	≤145	—	9	—
		T62⑰	>0.50～1.00	525	460	7	—	—
			>1.00～3.00	540	470	8	—	—
			>3.00～6.00	540	475	8	—	—
			>6.00～12.5	540	460	9	—	—
			>12.5～25.0	540	470	—	6	—
			>25.0～50.0	530	460	—	5	—
		T6	>0.50～1.00	525	460	7	—	—
			>1.00～3.00	540	470	8	—	—
			>3.00～6.00	540	475	8	—	—
	F	—	>6.00～150					—

牌号①	供应状态①	试样状态①	厚度⑬ (mm)	抗拉强度 R_m⑭ (MPa)≥	规定非比例延伸强度 $R_{p0.2}$⑭ (MPa)≥	断后伸长率（%）≥		弯曲半径⑯ ≥
						A_{50mm}	$A_{5.65}$⑮	
5) 一般工业用铝及铝合金板、带材（GB/T3880.2－2006）								
8A06	O		>0.20～0.30	≤110	—	16	—	—
			>0.30～0.50			21	—	—
			>0.50～0.80			26	—	—
			>0.80～10.0			30	—	—
	H14 H24		>0.20～0.30	100	—	1	—	—
			>0.30～0.50			3	—	—
			>0.50～0.80			4	—	—
			>0.80～1.00			5	—	—
			>1.00～4.50			6	—	—
	H18		>0.20～0.30	135	—	1	—	—
			>0.30～0.80			2	—	—
			>0.80～4.50			3	—	—
	H112		>4.50～10.0	70		19	—	—
			>10.0～12.5	80		19	—	—
			>12.5～25.0	80		—	19	—
			>25.0～80.0	65		—	16	—
	F	—	>2.5～150		—			—
8011A	O H111		>0.20～0.50	80～130	30	19	—	—
			>0.50～1.50			21	—	—
			>1.50～3.00			24	—	—
	H14		>0.20～0.50	125～165	110	2	—	—
			>0.50～3.00			3	—	—
	H24		>0.20～0.50	125～165	110	3	—	—
			>0.50～1.50			4	—	—
			>1.50～3.00			5	—	—
	H18		>0.20～0.50	165	145	1	—	—
			>0.50～3.00			2	—	—

牌号	状态①	厚　度 (mm)	抗拉强度 σ_b (MPa)≥	屈服强度 $\sigma_{0.2}$ (MPa)≥	伸长率 δ_{10} (%)≥
6a) 可热处理强化的铝合金板（YS/T212－1994）⑱					
6A02	O	0.3～5.0	≤145	—	20
		>5.0～10.0			15
	T4	0.3～0.6	195		18
		>0.6～3.0	195		20
		>3.0～5.0	195		18
		>5.0～10.0	175		16
	T6	0.3～5.0	295	—	10
		>5.0～10.0			18
7A04	O	0.5～10.0	≤245	—	10
	T6	0.2～2.5	480	400	7
		>2.5～10.0	490	410	7
	T9	1.2～6.5	520	450	6
7A09	O	0.5～10.0	≤245	—	10
	T6	0.2～2.5	480	410	7
		>2.5～10.0	490	420	7
	T9	1.2～6.5	520	460	6
2A06	O	0.3～1.5	≤225		10
		>1.5～10.0	≤235		10
2A11	T4	0.3～0.7	360	230	13
		>0.7～1.5	405	270	13
		>1.5～2.5	420	275	12
		>2.5～6.0	425	275	11
		>6.0～10.0	425	275	10
	T0	1.5	425	330	10
		>1.5～2.5	456	340	8
		>2.5～6.5	455	350	8
	T9	1.5～2.5	500	400	10
		>2.5～6.5	510	410	9

注：⑱ 这类板材适用于飞机、导弹、火箭、雷达等工业。表中的力学性能数值，均指室温横向力学性能。

牌号	状态①	厚　度 （mm）	抗拉强度 σ_b （MPa）≥	屈服强度 $\sigma_{0.2}$ （MPa）≥	伸长率 δ_{10} （%）≥
6a) 可热处理强化的铝合金板（YS/T212—1994）⑱					
2A11	O	0.3～2.5	≤225	—	12
		＞2.5～10.0	≤235	—	12
	T4	0.3～2.5	365	185	15
		＞2.5～10.0	375	195	15
2A12⑲	O	0.3～4.0	≤215	—	14
		＞4.0～10.0	≤235	—	12
	O(不包铝)	0.3～3.0	≤235	—	12
		＞3.0～10.0	≤235	—	11
	O(加厚包铝)	0.5～4.0	≤225	—	10
	O(变断面)	1.0～2.5	≤225	—	10
		＞2.5	≤235	—	10
	T4 (包括变 断面板)	0.3～2.5	405	270	13
		＞2.5～6.0	425	280	11
		＞6.0～10.0	425	280	11
	T4(不包铝)	0.3～1.5	440	290	13
		＞1.5～6.0			11
		＞6.0～10.0			10
	T4(加厚包铝)	0.5～4.0	365	230	13
	T0	1.5～2.5	425	330	10
		＞2.5～6.5	455	340	8
	T0(不包铝)	1.5～3.0	475	355	10
		＞3.0～6.5			8
2A16	O	0.3～10.0	≤235	—	15
	T4		275	—	12
	T6		375	275	8

注：⑲ 对于变断面板，表中的厚度指薄端厚度。

牌号	状态①	厚　度 （mm）	抗拉强度 σ_b （MPa）≥	屈服强度 $\sigma_{0.2}$ （MPa）≥	伸长率 δ_{10} （%）≥
6b) 可热处理强化的铝合金板(淬火时效后)(YS/T212—1994)⑧					
7A04	T62	0.5～2.5 ＞2.5～10.0	470 480	390 400	7
7A09	T62	0.5～2.5 ＞2.5～10.0	470 480	400 410	7
6A02	T62	0.3～5.0 ＞5.0～10.0	280	—	10 8
2A06	T42	0.3～0.7 ＞0.7～1.5 ＞1.5～2.5 ＞2.5～6.0 ＞6.0～10.0	345 390 405 410 410	215 255 260 260 260	13 13 12 11 10
2A11	T42	0.3～2.5 ＞2.5～10.0	350	185 195	15
2A12	T42	0.3～0.8 ＞0.8～2.5 2.5～10.0	390 390 410	245 255 265	15 15 12
	T42(不包铝)	0.3～10.0	425	275	10
	T42(加厚包铝)	0.5～4.0	345	220	13
2A16	T62	0.3～10.0	370	265	8
7) 不可热处理强化的铝及铝合金板(YS/T213—1994)⑧					
1070A 1060	O	＞0.3～0.5 ＞0.5～0.9 ＞0.9～10.0	≤110	—	20 25 28
1050A 1035 1200 8A06	H×4	0.3～0.4 ＞0.4～0.7 ＞0.7～1.0 ＞1.0～4.0	100		3 4 5 6
	H×8	0.3～0.4 ＞0.4～6.0	140 130		3 4

牌号	状态①	厚　度 （mm）	抗拉强度 σ_b	屈服强度 $\sigma_{0.2}$	伸长率 δ_{10}
			（MPa）≥		（%）≥
7) 不可热处理强化的铝及铝合金板（YS/T213—1994）⑬					
5A02	O	0.3～1.0 >1.0～10.0	165～225	—	10 18
	H×4	0.3～1.0 >1.0～10.0	235		4 6
	H×8	0.3～1.0 >1.0～10.0	265		3 4
5A03	O H×4	0.5～4.5	195 225	109 195	15 8
5A05	O	0.5～4.5	275	145	15
5A06	O⑳	0.5～4.5	315	155	15
3A21	O	0.3～3.0 >0.3～10.0	100～145	—	22 20
	H×4	0.3～6.5	145～215		6
	H×8	0.3～0.5 >0.5～0.8 >0.8～1.2 >1.2～6.0	185		1 2 3 4
8a) 可热处理强化的铝合金大规格板（YS/T214—1994）⑬					
6A02	不包铝 板材	O	0.5～5.0 >5.0～10.0	≤145		20 15
		T4	0.5～0.6 >0.6～3.0 >3.0～5.0 >5.0～10.0	195 195 195 175	—	18 20 18 16
		T6	0.5～5.0 >5.0～10.0	295		10 8

注：⑳ 对 5A06 合金板材，允许每面有厚度不超过板材总厚度
　　　1.5%的工艺包覆层，工艺包覆层采用 1A50 合金。

牌号	状态①	厚度 (mm)	抗拉强度 σ_b	屈服强度 $\sigma_{0.2}$	伸长率 δ_{10}
			（MPa）≥		（%）≥
8a) 可热处理强化的铝合金大规格板（YS/T214—1994）⑱					
7A04	包铝板材	O	0.5～10.0	≤245	—	10
		T6	0.5～2.5 ＞2.5～10.0	480 490	400 410	7
		T9	1.2～10.0	520	450	6
7A09	包铝板材	O	0.5～10.0	≤245	—	10
		T6	0.5～2.5 ＞2.5～10.0	480 490	410 420	7
2A11	包铝板材	O	0.5～2.5 ＞2.5～10.0	≤225 ≤235		12
		T4	0.5～2.5 ＞2.5～10.0	365 375	185 195	15
2A12	包铝板材	O	0.5～4.0 ＞4.0～10.0	≤215 ≤235		14 12
		T4	0.5～2.5 ＞2.5～6.0 ＞6.0～10.0	405 425 425	270 275 275	13 11 10
		T0	1.5～2.5 ＞2.5～7.5	425 455	335 345	10 8
	加厚包铝板材	O	0.5～4.0	≤225	—	10
		T4	0.5～4.0	365	290	13
	工艺包铝板材	O (不包铝)	0.5～3.0 ＞3.0～10.0	≤235	—	12 11
		T4 (不包铝)	0.5～1.5 ＞1.5～6.0 ＞6.0～10.0	440	290	13 11 10
		T0 (不包铝)	1.5～3.0 ＞3.0～7.5	475	360	10 8

牌号	状态①	厚　度 （mm）	抗拉强度 σ_b	屈服强度 $\sigma_{0.2}$	伸长率 δ_{10}
			（MPa）≥		（%）≥
8a) 可热处理强化的铝合金大规格板（YS/T214－1994）⑱					
2A06	包铝 板材	O	0.5～1.5 >1.5～10.0	≤225 ≤235	— 	10
		T4	0.5～0.7 >0.7～1.5	365 405	230 270	13 13
			>1.5～2.5 >2.5～6.0 >6.0～10.0	420 425 425	275	12 11 20
		T0	1.5 >1.5～2.5 >2.5～6.5	425 450 455	335 345 355	10 8 8
		T9	1.5～2.5 >2.5～6.5	500 510	400 410	10 9
2A16	包铝 板材	O T4 T6	0.5～10.0	≤235 275 375	— — 275	15 12 8
8b) 可热处理强化的铝合金大规格板（淬火时效后）（YS/T214－1994）⑱					
2A11	T42		0.5～2.5 >2.5～10.0	355	185 195	15
2A12	T42		0.5～0.8 >0.8～2.5 >2.5～10.0	390 390 410	245 255 265	15 15 15
	T42(不包铝)		0.5～10.0	425	275	10
	T42(加厚包铝)		0.5～4.0	350	220	13

牌号	状态①	厚度 （mm）	抗拉强度 σ_b （MPa）≥	屈服强度 $\sigma_{0.2}$	伸长率 δ_{10} （%）≥
8b) 可热处理强化的铝合金大规格板(淬火时效后)(YS/T214—1994)⑬					
2A06	T42	0.5～0.7 ＞0.7～1.5 ＞1.5～2.5 ＞2.5～6.0 ＞6.0～10.0	350 390 405 410 410	215 255 260 260 260	13 13 12 10 10
2A16	T62	0.5～4.0	375	265	8
7A04	T62	0.5～2.0 ＞2.0～10.0	470 480	390 400	7
6A02	T62	0.5～5.0 ＞5.0～10.0	280	—	10 8
7A09	T62	0.5～2.5 ＞2.5～4.0	470 480	390 400	7
9) 不可热处理强化的铝合金大规格板(YS/T215—1994)⑬					
1070A 1060	O	0.5 ＞0.5～0.9 ＞0.9～10.0	≤110	—	20 25 28
1050A 1035 1200 8A06	H×4	0.5～0.7 ＞0.7～1.0 ＞1.0～4.0	100	—	4 5 6
	H×8	0.5～4.0 ＞4.0～6.0	140 130	—	3 4
5A02	O	0.5～1.0 ＞1.0～10.0	165～225	—	16 18
	H×4	0.5～1.0 ＞1.0～6.5	235	—	4 6

牌号	状态①	厚 度 (mm)	抗拉强度 σ_b (MPa)≥	屈服强度 $\sigma_{0.2}$	伸长率 δ_{10} (%)≥
9) 不可热处理强化的铝合金大规格板（YS/T215—1994）⑱					
5A02	H×8	0.5～1.0 ＞1.0～4.0	265	—	3 4
5A03	O H×4	0.5～4.5	195 225	100 195	15 8
5A05	O	0.5～4.5	275	145	15
5A06	O	0.5～4.5	315	155	15
3A21	O	0.5～3.0 ＞3.0～10.0	100～145	—	22 20
	H×4	0.5～65	145～215	—	6
	H×8	0.5 ＞0.5～0.8 ＞0.8～1.2 ＞1.2～6.0	185	—	1 2 3 4
10) 表盘及装饰用纯铝板（YS/T242—2000）					
1070A 1060	O	＞0.3～0.5 ＞0.5～0.8 ＞0.8～1.3 ＞1.3～4.0	55～95	—	20 25 30 35
	H14 H24	＞0.3～0.5 ＞0.5～0.8 ＞0.8～1.3 ＞1.3～4.0	85～120	—	2 3 4 5
	H18	＞0.3～0.5 ＞0.5～0.8 ＞0.8～1.3 ＞1.3～2.0	120	—	1 2 3 4

牌号	状态[1]	厚 度 (mm)	抗拉强度 σ_b (MPa)≥	屈服强度 $\sigma_{0.2}$	伸长率 δ_{10} (%)≥
	**10) 表盘及装饰用纯铝板(YS/T242—2000)**					
1050A	O	>0.3~0.5 >0.5~0.8 >0.8~1.3 >1.3~4.0	60~100	—	15 20 25 30
	H14 H24	>0.3~0.5 >0.5~0.8 >0.8~1.3 >1.3~4.0	95~125	—	2 3 4 5
	H18	>0.3~0.5 >0.5~0.8 >0.8~1.3 >1.3~2.0	125	—	1 2 3 4
1035 1100 1200	O	>0.3~0.5 >0.5~0.8 >0.8~1.3 >1.3~4.0	75~110	—	15 20 25 30
	H14 H24	>0.3~0.5 >0.5~0.8 >0.8~1.3 >1.3~4.0	120~145	—	2 3 4 5
	H18	>0.3~0.5 >0.5~0.8 >0.8~1.3 >1.3~2.0	155	—	1 2 3 4

牌号	花纹代号	状态①	厚度(mm)	抗拉强度 R_m (MPa)≥	规定非比例延伸强度 $R_{p0.2}$ (MPa)≥	断后伸长率 A_{50} (%)≥	弯曲系数⑯ ≥
11）铝及铝合金花纹板（GB/T3618－2006）							
2A12	1、9	T4	各号花纹板的厚度参见第6.88页"（29）铝及铝合金花纹板"中的规定	405	255	10	—
2A11	2、4、6、9	H234、H194		215	—	3	—
3003	4、8、9	H114、H234		120	—	4	4
		H194		140	—	3	8
1×××	3、4、5、8、9	H114		80	—	4	2
		H194		100	—	3	8
5A02	3、7	O		≤150	—	14	3
5052	2、3	H114		180	—	3	3
	2、4、7、8、9	H194		195	—	3	8
5A43	3	O		≤100	—	15	2
		H114		120	—	3	—
6061	7	O		≤150	—	12	—

牌号	状态①	厚度(mm)	抗拉强度 R_m (MPa)≥	规定非比例延伸强度 $R_{p0.2}$ (MPa)≥	断后伸长率 A_{50} (%)≥	弯曲半径⑯ ≥
12）铝及铝合金压型板（GB/T6891－2006）						
1050A、1050、1060、1070A、1100、1200、3003、5005	H16 H18	0.6～1.2	各牌号的力学性能，参见第5.131页"（5）一般工业用铝及铝合金板、带材（GB/T3880.2－2006）"中的规定			

牌号	状态[①]	坯料厚度（mm）	抗拉强度 R_m	规定非比例延伸强度 $R_{p0.2}$	断后伸长率（%）≥		弯曲半径[⑯]
			（MPa）≥		A_{50mm}	$A_{5.65}$	
13）铝及铝合金波纹板（GB/T4438－1984）							
1050A、1050、1060、1070A、1100、1200、3003	H18	0.60～1.00	各牌号的力学性能参见第5.131页"（5）一般工业用铝及铝合金板、带材（GB/T3880.2－2006）"中的规定				

牌号	状态[①]	厚度（mm）	抗拉强度 σ_b	规定非比例伸长应力 $\sigma_{p0.2}$	伸长率 δ（%）≥
			（MPa）≥		50mm
14）瓶盖用铝及铝合金板、带材（GB/T91－1995）					
1100	H14 H16 H18	0.2～0.3	100～145 130～165 150	—	2 1 1
8011	H14 H16 H18	0.2～0.3	125～155 145～180 155	—	2 2 1
3003	H14 H16 H18	0.2～0.3	140～180 165～205 180	—	1 1 1
3105	H14 H16 H18	0.2～0.3	150～200 170～220 191	—	1 1 1

牌号	状态[①]	厚　度 （mm）	抗拉强度 σ_b	规定非比 例伸长应 力 $\sigma_{p0.2}$	伸长率 δ （%）$\geqslant$
			（MPa）$\geqslant$		50mm
15）钎接用铝合金板（YS/T69－1993）					
板材类别 LQ1 板	O、H×4	所有	附力学性能实测数据		
LQ2 板	O	0.8～1.3 ＞1.3～4.0	≤147	—	18 20
	H×4	0.8～1.3 ＞1.3～4.0	137		3 5
16）铝及铝合金彩色涂层板、带材（YS/T431－2000）[④][②]					
1050	H18	0.2～0.5 ＞0.5～0.8 ＞0.8～1.3 ＞1.3～1.6	125	—	1 2 3 4
	H16 H26	0.2～0.5 ＞0.5～0.8 ＞0.8～1.3 ＞1.3～1.6	120～145	— — 85 85	1 2 3 4
	H14 H24	0.2～0.3 ＞0.3～0.5 ＞0.5～0.8 ＞0.8～1.3 ＞1.3～1.6	95～125	— — 75 75 75	1 2 3 4 5
	H12 H22	0.2～0.3 ＞0.3～0.5 ＞0.5～0.8 ＞0.8～1.3 ＞1.3～1.6	80～120	— — — 65 65	2 3 4 6 8

牌号	状态①	厚　度 （mm）	抗拉强度 σ_b （MPa）≥	规定非比 例伸长应 力 $\sigma_{p0.2}$	伸长率 δ （%）≥ 50mm
	**16）铝及铝合金彩色涂层板、带材（YS/T431—2000）②①②②**				
1100	H18	0.2～0.3 >0.3～0.5 >0.5～0.8 >0.8～1.3 >1.3～1.6	155	—	1 2 3 3 4
	H16 H26	0.2～0.5 >0.5～0.8 >0.8～1.3 >1.3～1.6	130～165	— — 120 120	1 2 3 4
	H14 H24	0.2～0.3 >0.3～0.5 >0.5～0.8 >0.8～1.3 >1.3～1.6	120～145	— — 95 95 95	1 2 3 4 5
	H12 H22	0.2～0.3 >0.3～0.5 >0.5～0.8 >0.8～1.3 >1.3～1.6	95～125	— — 75 75 75	2 3 4 6 8

注：② 牌号 3104、5042 的力学性能，附实测结果交货。

　　② 用作瓶盖用的涂层板、带材的基材制耳率不大于 3%（供方
　　　工艺保证）。

牌号	状态①	厚 度 (mm)	抗拉强度 σ_b	规定非比例伸长应力 $\sigma_{p0.2}$	伸长率 δ (%)≥
			(MPa)≥		50mm
16）铝及铝合金彩色涂层板、带材（YS/T431－2000）②②					
3003	H18	0.2～0.5	185	165	1
		>0.5～0.8			2
		>0.8～1.3			3
		>1.3～1.6			4
	H16 H26	0.2～0.3	165～205	145	1
		>0.3～0.5			2
		>0.5～0.8			3
		>0.8～1.3			3
		>1.3～1.6			4
	H14 H24	0.2～0.3	140～180	—	1
		>0.3～0.5		—	2
		>0.5～0.8		—	3
		>0.8～1.3		120	4
		>1.3～1.6		120	5
	H12 H22	0.2～0.3	120～155	—	2
		>0.3～0.5		—	3
		>0.5～0.8		—	4
		>0.8～1.3		85	5
		>1.3～1.6		85	6
3004	H18	0.2～1.6	260	215	2
	H19		275	255	
5052	H18	0.2～0.8	275	—	3
		>0.8～1.6		225	4

5.176

牌号	状态[1]	厚 度（mm）	抗拉强度 σ_b	规定非比例伸长应力 $\sigma_{p0.2}$	伸长率 δ（%）$\geqslant$
			(MPa)$\geqslant$		50mm
16）铝及铝合金彩色涂层板、带材（YS/T431－2000）[20][21]					
5052	H16 H26	0.2～0.8	255～305	—	3
		＞0.8～1.6		205	4
	H14 H24	0.2～0.3	235～285	—	3
		＞0.3～0.5		—	4
		＞0.5～0.8		175	4
		＞0.8～1.3		175	6
		＞1.3～1.6		175	7
	H12 H22	0.2～0.3	215～265	—	3
		＞0.3～0.5		—	4
		＞0.5～0.8		—	5
		＞0.8～1.3		155	5
		＞1.3～1.6		155	7
5005	H18	0.2～0.8	175	—	1
		＞0.8～1.3			2
		＞1.3～1.6			3
	H16 H26	0.2～0.8	155～195	—	1
		＞0.8～1.3		125	2
		＞1.3～1.6		125	3
	H14 H24	0.2～0.8	135～175	—	1
		＞0.8～1.3		110	2
		＞1.3～1.6		110	3
	H12 H22	0.2～0.8	120～155	—	3
		＞0.8～1.3		85	4
		＞1.3～1.6		85	6

牌号	状态①	厚 度 (mm)	抗拉强度 σ_b	规定非比例伸长应力 $\sigma_{p0.2}$	伸长率 δ (%)≥
			(MPa)≥		50mm
16）铝及铝合金彩色涂层板、带材（YS/T431—2000）②②					
5050	H18	0.2～0.6	200	—	1
	H16 H26	0.2～0.4 >0.4～0.6 >0.6～1.6	185～230	150	2 2 3
	H14 H24	0.2～0.4 >0.4～0.6 >0.6～1.6	170～215	140	3 3 4
	H12 H22	0.2～0.4 >0.4～0.6 >0.6～1.6	150～195	110	4 4 5
5182	H18 H19	0.2～1.6	330 340	285 295	5 5
5082	H19	0.2～1.6	350	310	5
8011	H18	0.2～0.4 >0.4～0.6 >0.6～1.6	160	—	1 2 3
	H16 H26	0.2～0.4 >0.4～0.6 >0.6～1.6	145～180	—	2 2 4
	H14 H24	0.2～0.4 >0.4～0.6 >0.6～1.6	125～160	—	2 3 5
	H12 H22	0.2～0.4 >0.4～0.6 >0.6～1.6	105～140	—	3 4 6

5.178

牌号	状态①	厚度 (mm)	抗拉强度 σ_b	规定非比 例伸长应 力 $\sigma_{p0.2}$	伸长率 δ (%) ≥
			(MPa)≥		50mm
17）铝及铝合金热轧带材（GB/T16501—1996）					
1070、1070A 1060、1050 1050A、1035 1200、1100 8A06、3A21 3003、3004 5A02、5005 5052	F	2.5～8.0	—	—	—
18）铝及铝合金冷轧带材（GB/T8544—1997）㉓㉔					
1070 1060	O	>0.2～0.3 >0.3～0.5 >0.5～0.8 >0.8～1.3 >1.3～6.0	55～95	—	15 20 25 30 35
	H12 H22	>0.2～0.3 >0.3～0.5 >0.5～0.8	70～110	—	2 4 5
		>0.5～1.3 >1.3～2.9 >2.9～4.5		755	6 8 9

注：㉓ 对于表中未规定（室温）拉伸性能者，需方要求做拉伸试验
时，由供需双方协商决定，并在合同中注明。

㉔ 抗拉强度的上限值和规定非比例伸长应力不适用于状态
为 H22、H24、H26 的带材。

牌号	状态[①]	厚　度 （mm）	抗拉强度 σ_b	规定非比 例伸长应 力 $\sigma_{p0.2}$	伸长率 δ （%）≥
			（MPa）≥		50mm
18）铝及铝合金冷轧带材（GB/T8544－1997）[③][④]					
1070 1060	H14 H24	>0.2～0.3 >0.3～0.5 >0.5～0.8	85～120	—	1 2 3
		>0.8～1.3 >1.3～2.9 >2.9～4.0		>65	4 5 6
	H16 H26	>0.2～0.5 >0.5～0.8	100～135	—	1 2
		>0.8～1.3 >1.3～3.0		>75	3 4
	H18	>0.2～0.5 >0.5～0.8 >0.8～1.3 >1.3～1.5	120	—	1 2 3 4
1050	O	>0.2～0.5 >0.5～0.8 >0.8～1.3 >1.3～6.0	60～100	—	15 20 25 30
	H12 H22	>0.2～0.3 >0.3～0.5	80～120	—	2 3
		>0.5～0.8	80～120	—	4
		>0.8～1.3 >1.3～2.9 >2.9～4.5		>65	6 8 9

牌号	状态①	厚 度 (mm)	抗拉强度 σ_b	规定非比例伸长应力 $\sigma_{p0.2}$	伸长率 δ (%) ≥
			(MPa) ≥		50mm
18) 铝及铝合金冷轧带材(GB/T8544-1997)㉒㉓					
1050(续)	H14 H24	>0.2~0.3	95~125	—	1
		>0.3~0.5			2
		>0.5~0.8			3
		>0.8~1.3		>75	4
		>1.3~2.9			5
		>2.9~4.0			6
	H16 H26	>0.2~0.5	120~145	—	1
		>0.5~0.8			2
		>0.8~1.3		>85	3
		>1.3~3.0			4
	H18	>0.2~0.5	125	—	1
		>0.5~0.8			2
		>0.8~1.3			3
		>1.3~1.5			4
1100 1200	O	>0.2~0.5	75~110	—	15
		>0.5~0.8			20
		>0.8~1.3			25
		>1.3~6.0			30
	H12 H22	>0.2~0.3	95~125	—	2
		>0.3~0.5			3
		>0.5~0.8			4
		>0.8~1.3		>75	6
		>1.3~2.9			8
		>2.9~4.5			9

5.181

牌号	状态①	厚　度（mm）	抗拉强度 σ_b	规定非比例伸长应力 $\sigma_{p0.2}$	伸长率 δ（%）≥
			(MPa)≥		50mm
18) 铝及铝合金冷轧带材（GB/T8544-1997）③④					
1100 1200	H14 H24	>0.2～0.3 >0.3～0.5 >0.5～0.8	120～145	—	1 2 3
		>0.8～1.3 >1.3～2.9 >2.9～4.0		>95	4 5 6
	H16 H26	>0.2～0.5 >0.5～0.8	135～165	—	1 2
		>0.8～1.3 >1.3～3.0		>120	3 4
	H18	>0.2～0.5 >0.5～0.8 >0.8～1.3 >1.3～1.5	155	—	1 2 3 4
2017	O	0.4～0.5 >0.5～6.0	≤215	— ≤110	12
2024	O	0.4～0.5 >0.5～6.0	≤215	— ≤95	12
3003	O	>0.2～0.3 >0.3～0.8	95～120	—	18 20
		>0.8～1.3 >1.3～6.0		35	23 25

牌号	状态①	厚 度 (mm)	抗拉强度 σ_b	规定非比例伸长应力 $\sigma_{p0.2}$	伸长率 δ (%) ≥
			(MPa) ≥		50mm
18) 铝及铝合金冷轧带材(GB/T8544－1997)③④					
3003 (续)	H12 H22	>0.2～0.3 >0.3～0.5 >0.5～0.8	120～155	—	2 3 4
		>0.8～1.3 >1.3～2.9 >2.9～4.5		85	5 6 7
	H14 H24	>0.2～0.3 >0.3～0.5 >0.5～0.8	135～175	—	1 2 3
		>0.8～1.3 >1.3～2.9 >2.9～4.0		120	4 5 6
	H16 H26	>0.2～0.5 >0.5～0.8	165～205	—	1 2
		>0.8～1.3 >1.3～3.0		145	3 4
	H18	>0.2～0.5 >0.5～0.8	185	—	1 2
		>0.8～1.3 >1.3～1.5		165	3 4
3004	O	>0.2～0.5 >0.5～0.8	155～195	—	10 14
		>0.8～1.3 >1.3～6.0		60	16 18

牌号	状态①	厚　度 （mm）	抗拉强度 σ_b	规定非比 例伸长应 力 $\sigma_{p0.2}$	伸长率 δ （%）⩾
			（MPa）⩾		50mm
18）铝及铝合金冷轧带材（GB/T8544—1997）㉒㉓					
3004 （续）	H12 H32	>0.5～0.8 >0.8～1.3 >1.3～4.5	195～245	— 145 145	3 4 5
	H14 H34	>0.2～0.5 >0.5～0.8 >0.8～1.3 >1.3～4.0	225～265	— 175	1 3 3 4
	H16 H36	>0.2～0.5 >0.5～0.8 >0.8～1.3 >1.3～3.0	245～285	— 195	1 2 3 4
	H18 H38	>0.2～0.5	265	215	1
3105	O	>0.2～0.5 >0.5～0.8 >0.8～1.3 >1.3～3.0	95～145	35	16 19 20 20
	H12 H22	0.3～0.8 >0.8～1.6	125～175	— 110	1 2
	H14 H24	0.3～0.8 >0.8～1.6	155～195	125	1 2
	H16 H26	0.3～0.8 >0.8～1.6	175～225	145	1 2
	H18	>0.2～0.8 >0.8～1.6	190	165	1 2

5.184

牌号	状态[1]	厚　度（mm）	抗拉强度 σ_b	规定非比例伸长应力 $\sigma_{p0.2}$	伸长率 δ（%）≥
			(MPa)≥		50mm
18）铝及铝合金冷轧带材（GB/T8544－1997）[3][4]					
5005	O	0.5～0.8	110～145	—	18
		>0.8～1.3		35	20
		>1.3～2.9			21
		>2.9～6.0			22
	H12 H22 H32	0.5～0.8	120～135	—	3
		>0.8～1.3		85	4
		>1.3～2.9			6
		>2.9～4.0			7
	H14 H24 H34	0.5～0.8	135～175	—	1
		>0.8～1.3		110	2
		>1.3～2.9			3
		>2.9～4.0			5
	H16 H26 H36	0.5～0.8	155～195	—	1
		>0.8～1.3		125	2
		>1.3～4.0			3
	H18 H38	0.5～0.8	175	—	1
		>0.8～1.3			2
		>1.3～3.0			3
5052	O	>0.2～0.3	175～215	—	14
		>0.3～0.5			15
		>0.5～0.8			16
		>0.8～1.3		65	18
		>1.3～2.9			19
		>2.9～4.0			20
	H12 H22 H32	>0.2～0.3	215～265	—	3
		>0.3～0.5			4
		>0.5～0.8			5

牌号	状态[①]	厚　度（mm）	抗拉强度 σ_b	规定非比例伸长应力 $\sigma_{p0.2}$	伸长率 δ（%）$\geqslant$
			（MPa）$\geqslant$		50mm
18）铝及铝合金冷轧带材（GB/T8544－1997）[②][③]					
5052（续）	H12 H22 H32	>0.8～1.3	215～265	155	5
		>1.3～2.9			7
		>2.9～4.5			9
	H14 H24 H34	>0.2～0.5	235～285	175	3
		>0.5～0.8			4
		>0.8～1.3			4
		>1.3～2.9			6
		>2.9～4.0			7
	H16 H26 H36	>0.2～0.8	255～305	—	3
		>0.8～4.0		205	4
	H18 H38	>0.2～0.8	275	—	3
		>0.8～3.0		225	4
	H19 H39	>0.2～0.5	285	—	1
5082	H18 H38	>0.2～0.5	335	—	1
	H19 H39	>0.2～0.5	355	—	1
5083	O	0.5～0.8	275～355	—	16
		>0.8～4.0		125	16
	H22 H32	0.5～0.8	315～375	235～305	8
		>0.8～2.9			8
		>2.9～4.0	305～380	215～295	12
6061	O	0.4～0.5	≤145	≤85	14
		>0.5～2.9			16

牌号	状态①	厚　度 （mm）	抗拉强度 σ_b	规定非比 例伸长应 力 $\sigma_{p0.2}$	伸长率 δ （%）≥
			（MPa）≥		
\multicolumn{6}{l}{19) 一般用途的铝及铝合金箔(GB/T3198—2003)②③}
1100 1200	O	0.006～0.009	40～105	—	0.5
		0.010～0.024	40～105		1
		0.025～0.040	50～105		3
		0.041～0.089	55～105		6
		0.090～0.139	60～115		10
		0.140～0.200	60～115		14
	H22	0.006～0.009	—	—	—
		0.010～0.024	—		—
		0.025～0.040	90～135		2
		0.041～0.089	90～135		3
		0.090～0.139	90～135		4
		0.140～0.200	90～135		6
	H24	0.006～0.009	—	—	—
		0.010～0.024	—		—
		0.025～0.040	110～160		2
		0.041～0.089	110～160		3
		0.090～0.139	110～160		4
		0.140～0.200	110～160		5
	H26	0.006～0.009	—	—	—
		0.010～0.024	—		—
		0.025～0.040	125～180		1
		0.041～0.089	125～180		1
		0.090～0.139	125～180		2
		0.140～0.200	125～180		2
	H18	0.006～0.200	140	—	—
	H19	0.006～0.200	150	—	—

牌号	状态[①]	厚度 (mm)	抗拉强度 σ_b (MPa)≥	规定非比 例伸长应 力 $\sigma_{p0.2}$	伸长率 δ (%)≥
	**19) 一般用途的铝及铝合金箔（GB/T3198-2003）[㉕][㉖]**				
其他 1××× 系	O	0.006～0.009 0.010～0.024 0.025～0.040 0.041～0.089 0.090～0.139 0.140～0.200	35～100 40～100 45～100 45～100 50～100 50～100	—	0.5 1 2 4 6 10
	H18	0.006～0.200	135	—	—
2A11	O	0.030～0.049 0.050～0.200	≤195	—	1.5 3
	H18	0.030～0.049 0.050～0.200	205 215	—	—
2024 2A12	O	0.030～0.049 0.050～0.200	≤195 ≤205	—	1.5 3.0
	H18	0.030～0.049 0.050～0.200	225 245	—	—
3003	O	0.030～0.099 0.100～0.200	100～140	—	10 13
	H14/24 H16/26 H18	0.050～0.200 0.100～0.200 0.020～0.200	140～170 180 185	—	1 — —
5A02	O	0.030～0.049 0.050～0.200	≤195	—	— 4
	H16/26 H18	0.100～0.200 0.020～0.200	255 265	—	—

注：㉕ 4A13、5082、5083 的力学性能由供需双方协商决定，并在合同中注明。

㉖ 1×××、8×××的 H14、H16 的力学性能，由供需双方协商。

牌号	状态①	厚　度 （mm）	抗拉强度 σ_b	规定非比 例伸长应 力 $\sigma_{p0.2}$	伸长率 δ （%）$\geqslant$
			（MPa）$\geqslant$		
19）一般用途的铝及铝合金箔(GB/T3198—2003)㉙㉚					
5052	O H14/H24 H16/H26 H18	0.030～0.200 0.050～0.200 0.100～0.200 0.050～0.200	175～225 250～300 270 275	—	
8011 8011A 8079	O	0.006～0.009 0.010～0.024 0.025～0.040 0.041～0.089 0.090～0.139 0.140～0.200	45～100 50～105 55～110 60～110 60～110 60～110	—	0.5 1 4 8 13 16
	H22	0.035～0.040 0.041～0.089 0.090～0.139 0.140～0.200	90～150	—	2 4 5 6
	H24	0.035～0.040 0.041～0.089 0.090～0.139 0.140～0.200	120～170	—	2 3 4 5
	H26	0.035～0.040 0.041～0.089 0.090～0.139 0.140～0.200	140～190	—	1 1 2 2
	H18 H19	0.035～0.200 0.035～0.200	160 170	—	

牌号	状态①	厚　度 （mm）	抗拉强度 σ_b （MPa）≥	规定非比 例伸长应 力 $\sigma_{p0.2}$	伸长率 δ （%）≥
19）一般用途的铝及铝合金箔（GB/T3198—2003）⑳㉒					
8006	O	0.006～0.009	80～135	—	1
		0.010～0.024	85～140		2
		0.025～0.040	85～140		6
		0.041～0.089	90～140		10
		0.090～0.139	90～140		15
		0.140～0.200	90～140		15
	H18	0.006～0.200	≥170		
19）电缆用铝箔的纵向室温力学性能（GB/T3198—2003）（续）					
1145、1235 1060、1050A 1A97、1A99	O	0.100～0.150	60～95	—	15
		＞0.150～0.200	70～110		20
8011	O	＞0.150～0.200	80～110	—	23
20）电解电容器用铝箔（GB/T3615—1999）					
阳极用： 1A85、1A90 1A93、1A95 1A97、1A99	O、 H19	0.05～0.20	需方要求测定力学性能时，应在合同中注明"测定力学性能"字样。测定的力学性能为参考值		
阴极用： 1070A、2003	O、 H19	0.02～0.08			
21）电力电容器用铝箔（GB/T3616—1999）㉗					
1070A、1060 1050、1035 1145、1235	O、H18	0.006～0.007	—	—	—
	O	＞0.007～0.01	30	—	0.5
		＞0.01～0.016			1.0
	H18	＞0.007～0.01	100	—	—
		＞0.01～0.016	110		0.5

注：㉗ 铝箔的(纵向)力学性能一般不做检验，但应保证表中规定。
　　需方要求测定力学性能时，应在合同中注明"检查性能"字样。

牌号	状态①	厚　度 （mm）	抗拉强度 σ_b （MPa）≥	规定非比例伸长应力 $\sigma_{p0.2}$	伸长率 δ （%）≥
22）空调散热片用素铝箔（YS/T95.1－2001）⊗					
1100 1200 8011	O H22 H24 H26 H18	0.08～0.20	80～110 100～130 115～145 135～165 160	20 16 12 6 1	6.0 5.5 5.0 4.0
23）空调散热片用亲水铝箔（YS/T95.2－2001）⊗					
1100 1200 8011	铝箔的状态、厚度和力学性能，按上节"素铝箔"的规定。亲水铝箔的涂层性能要求，参见 YB/T95.2－2001 的规定。				
24）电缆用铝箔（YS/T430－2000）⊗					
1145、1235 1060、1050A 1035、1200 1100	O	＞0.100～0.150	60～95	－	15
		＞0.150～0.200	70～95		20
8011		＞0.150～0.200	80～110		23
25）铝及铝合金热挤压无缝圆管（GB/T4437.1－2000）⊗					
	供应状态	试样状态	壁　厚 （mm）		50 mm	δ
1070A、 1060	O H112	所有	60～95 60	－	25	22
1050A、1035	O	所有	60～100	－	25	23

注：⊗ 用户对素铝箔有特殊要求时，由供需双方协商，并在合同中注明。

牌号	供应状态①	试样状态①	壁 厚 (mm)	抗拉强度 σ_b	规定非比例伸长应力 $\sigma_{p0.2}$	伸长率 (%)≥	
				(MPa)≥		50 mm	δ

25）铝及铝合金热挤压无缝圆管（GB/T4437.1—2000）㉙

牌号	供应状态①	试样状态①	壁 厚 (mm)	抗拉强度 σ_b (MPa)≥	规定非比例伸长应力 $\sigma_{p0.2}$ (MPa)≥	伸长率 50 mm	伸长率 δ
1100、1200	O H112		所有	75～105 75	—	25	22
2A11	O H112		所有	≤245 350	— 195	—	10
2017	O	O	所有	≤245	≤125	—	16
	H112 T4	T4	所有	345	215	—	12
2A12	O	O	所有	≤245	—	—	10
	H112 T4	T4	所有	390	255	—	10
2017	O	O	所有	≤245	≤130	12	10
	H112	T4	≤18 >18	395	260	12 —	10 9
3A21	H112	H112	所有	≤165	—	—	—
3003	O H112	H112	所有	95～130 95	—	25	22
5A02	H112	H112	所有	≤225	—	—	—
5052	O	O	所有	170～240	70	—	—
5A03	H112	H112	所有	175	70	—	15
5A05	H112	H112	所有	225	110	—	15

注：㉙ 牌号 5A05 的规定非比例伸长应力仅供参考，不作为验收依据。又外径 185～300mm，其壁厚大于 32.5mm 的管材，其室温纵向力学性能由供需双方另行协议或附试验结果。

牌号	供应状态①	试样状态①	壁 厚 (mm)	抗拉强度 σ_b (MPa)≥	规定非比例伸长应力 $\sigma_{p0.2}$	伸长率(%)≥	
						50 mm	δ
25) 铝及铝合金热挤压无缝圆管(GB/T4437.1—2000)②							
5A06	O H112	O H112	所有	315	145	—	5
5083	O H112	O H112	所有	270～350 270	110	14 12	12 20
5454	O H112	O H112	所有	215～285 215	85	14 12	12 10
5086	O H112	O H112	所有	240～315 240	95	14 12	12 10
6A02	O	O	所有	≤145	—	—	17
	T4	T4	所有	205	—	—	14
	H112 T6	T6	所有	295	—	—	8
6061	T4	T4	所有	180	110	16	4
	T6	T6	≤6.3 >6.3	260	240	8 10	— 9
6063	T4	T4	≤12.5 >12.5～25	130 125	70 60	14 12	12 12
	T6	T6	所有	205	170	10	12
7A04 7A09	H112 T6	T6	所有	530	400	—	5
7075	H112 T6	T6	≤6.3 >6.3～12.5 >12.5	540 560 560	485 505 495	7 7 6	— 6 6
7A15	H112 T6	T6	所有	470	420	—	6
8A06	H112	H112	所有	≤120	—	—	20

牌号	状态①	壁 厚 (mm)		抗拉强度 σ_b	规定非比例伸长应力 $\sigma_{p0.2}$	伸长率(%)≥	
						全截面试样 标距50mm	其他试样 50mm定标距 δ_5
				(MPa)≥			

26) 铝及铝合金连续挤压管(GB/T20250—2006)

牌号	状态①	壁厚 (mm)		R_m		A_{50}	硬度 HV
1070 1070A 1060 1050	H112	0.35～2.00		60	—	27	20
1100 3003	H112	0.35～2.00		75 95		28 25	25 30

27) 铝及铝合金拉(轧)制无缝管(GB/T6893—2000)③④

牌号	状态①	壁厚 (mm)		σ_b	$\sigma_{p0.2}$	全截面试样 标距50mm	其他试样 50mm定标距 δ_5
1035 1050A 1050	O	所有		60～95	—		
	H14	所有		95	—		
1060 1070A 1070	O	所有		60～95	—		
	H14	所有		85	—		
1100 1200	O	所有		75～110	—		
	H14	所有		110	—		
2A11	O	所有		≤245	—		10
	T4	外径 ≤22	壁厚≤1.5	375	195		13
			>1.5～2.0				14
			>2.0～5.0				—
		>22 ～50	≤1.5	390	225		12
			>1.5～5.0				13
		>50	所有				11

5.194

牌号①	状态①	壁厚 (mm)	抗拉强度 σ_b (MPa)≥	规定非比例伸长应力 $\sigma_{p0.2}$ (MPa)≥	伸长率(%)≥ 全截面试样 标距50mm	伸长率(%)≥ 其他试样 50mm定标距	伸长率(%)≥ 其他试样 δ_5
**27) 铝及铝合金拉(轧)制无缝管(GB/T6893—2000)㉙㉚**							
2017	O	所有	≤245	≤125	17	16	16
	T4		375	215	13	12	12
2A12	O	所有	≤245	—		10	
	T4	外径≤22 壁厚≤2.0	410	255		13	
	T4	外径≤22 >2.0~5.0				—	
	T4	>22~50 所有	420	275		12	
	T4	>50 所有	420	275		12	
2024	O	所有	≤220	≤100		10	
	T4	0.63~1.20	440	290	12	10	—
	T4	>1.20~5.00			14	10	—
3003	O	0.63~1.20	95~130	—	30	20	
	O	>1.20~5.00		—	35	25	
	H14	0.63~1.20	140	115	5	3	
	H14	>1.20~5.00			8	4	
3A21	O	所有	≤135	—		—	
	H14	所有	135	—		—	
5A02	O	所有	≤225	—			
	H14	外径≤55,壁厚≤2.5,其他所有	225 / 195				
5A03	O	所有	175	80		15	
	H14	所有	215	125		8	

注：㉚ 表中未列入的牌号、状态、规格、力学性能，由供需双方协商或附力学性能试验的结果。但该结果不能作为验收依据。

牌号	状态①	壁厚 (mm)	抗拉强度 σb	规定非比例伸长应力 σp.2	伸长率(%)≥ 全截面试样 标距50mm	其他试样 50mm定标距	δ5
			(MPa)				
27) 铝及铝合金拉(轧)制无缝管(GB/T6893－2000)㉚㉛							
5A05	O H32	所有	215 245	90 145	15 18		
5A06	O	所有	315	145	15		
5052	O H14	所有	170~240 235	70 180			
5056	O H14	所有	≤315 305	100 —			
5083	O H32	所有	270~355 315	110 235	14 5	12 5	12 5
6A02	O T4 T6	所有	≤155 205 305			14 14 8	
6061	O	所有	≤150	≤95	15	15	3
	T4	0.63~1.20 >1.20~5.00	205	100 110	16 18	14 16	
	T6	0.63~1.20 >1.20~5.00	290	240	10 10	8 10	
6063	O	所有	≤130	—	—	—	—
	T6	0.63~1.20 >1.20~5.00	230	195	12 14	8 10	
8A06	O H14	所有	≤120 100	—		20 5	

注：㉛ 表中 5A03、5A05、5A06 的规定非比例伸长应力仅供参考，不作为验收依据；矩形管的 TX 和 HX 状态的伸长率低于表中规定的 2 个百分率。

牌号	状态①	壁　厚（mm）	抗拉强度 σ_b	规定非比例伸长应力 $\sigma_{p0.2}$	伸长率 δ_{10}
			(MPa) ≥		(%) ≥

28）铝及铝合金焊接管（GB/T10571－1989）②

牌号	状态①	壁厚（mm）	抗拉强度	规定非比例伸长应力	伸长率
1070A、1060、1050A、1035、1200、8A06	O	1.0～3.0	≤108	—	28
	HX4	0.8～1.0 ＞1.0～3.0	98	—	5 6
	HX8	0.5～3.0	137	—	3
5A02	O	0.8～1.0 ＞1.0～3.0	167～225	—	16 18
	HX4	0.8～1.0 ＞1.0～3.0	235	—	4 6
	HX8	0.8～1.0 ＞1.0～3.0	265	—	3 4
3A21	O	1.0～3.0	98～147	—	22
	HX4	0.8～3.0	147～216	—	6
	HX8	0.5 ＞0.5～0.8 ＞0.8～1.2 ＞1.2～3.0	186	—	1 2 3 4

注：② 焊缝的抗拉强度应不低于基本材料的 80%，此值是保证值。需方有要求时，才做试验。

牌号	状态①	直 径 (mm)	抗拉强度 σ_b (MPa) ≥	抗剪强度 τ (MPa) ≥	伸长率 δ_{10} (%) ≥
29) 导电用铝线(GB/T3195—1997)③③					
1A50	O	0.8~1.0 >1.0~2.0 >2.0~3.0 >3.0~5.0	74	—	10 12 15 18
	H19	0.8~1.0 >1.0~1.5 >1.5~3.0 >3.0~4.0 >4.0~5.0	162 157 157 147 147	—	1.0 1.2 1.5 1.5 2.0
30a) 铆钉用铝及铝合金线材(热处理不可强化)(GB/T3196—2001)⑤					
1035	H18 H14	1.6~3.0 3.41~10.0	—	— 60	—
5A02 5A06 5B05 3A21	H14 H12 H12 H14	1.6~10.0	—	115 165 155 80	—

注：③ H19 状态铝线的反复弯曲次数:直径 1.5~4.0mm 应不小于 2
　　 次;直径 4.0~5.0mm 应不小于 6 次。

　　 ④ 铝线在温度 20℃、横截面积 1mm²、长度 1m 时的有效电阻
　　 (Ω):普通级应不大于 0.0295;较高级应不大于 0.0282。

　　 ⑤ 铆钉用线材还有"铆接试验的试样突出高度与直径之比"的技
　　 术要求。具体要求参见 GB/T3196—2001 中的规定。

牌号	状态①	直 径 (mm)	抗拉强度 σ_b	抗剪强度 τ	伸长率 δ_{10}
			(MPa) ≥		(%) ≥
30b) 铆钉用铝及铝合金线材(热处理可强化)(GB/T3196－2001)③⑥					
2A01	T4	所有	—	185	—
2A04	T4	≤6.0 >6.0		275 265	
2B11 2B12	T4	所有		235 265	
2A10	T4	≤8.0 >8.0		245 235	
7A03	T6	所有		285	
31) 焊条用铝及铝合金线材(GB/T3197－2001)					
1070A、1060 1050A、1035	H18、O	0.80～10.0	—	—	—
1200、8A06	H14、O	>3.00～10.0	—	—	—
2A14、2A16 3A21、4A01 5A02、5A03	H18、O	>0.80～10.0	—	—	—
	H14、O	>0.80～10.0	—	—	—
	H12、O	>7.00～10.0	—	—	—
5A05、5B05 5A06、5B06 5A33、5183	H18、O H14、O	0.80～7.00	—	—	—
	H12、O	>7.00～10.0	—	—	—

注：⑯ 因为牌号 2B11、2B12 的铆钉在变形时会破坏其时效过程，
设计使用时，其抗剪强度按下列数据计算：2B11 为
215MPa；2B12 为 245MPa。

（10）部分变形铝及铝合金的牌号、主要特性及用途

牌号——主要特性及用途

1）工业高纯铝组

1A99、1A97、1A93、1A90、1A85——一组工业高纯铝，性能与工业纯铝相同，但杂质含量较工业纯铝少，产品有板、带、箔、管等，主要用于科学研究、化学工业及其他特殊用途

2）工业纯铝组

1070A、1060、1050A、1035、1200、8A06——一组工业纯铝，共同特性是：具有高的可塑性、耐蚀性、导电性和导热性，但强度低、热处理不能强化，可切削性不好；可气焊、氢原子焊和接触焊，不易钎焊，易承受压力加工和引伸、弯曲。产品有板、带、箔、棒、线、管、型材。用于不承受载荷，但要求具有某种特性，如高的可塑性、良好的焊接性、高的耐蚀性或高的导电、导热性的结构元件，如铝箔用于制作垫片和电容器，其他半成品用于制作电子管隔离管、电线保护套管、电缆电线线芯、飞机通风系统零件等

1A30——与1035不同之处，加严控制铁、硅含量，工艺和热处理条件特殊，保证有一个窄的抗拉强度范围，主要产品为用于航天和兵器工业的纯铝膜片用的板材

1100——与1200不同之处是杂质含量不同，主要产品有板、带材，最适宜制作各种深冲制品

3）防锈铝组

3A21——铝锰系防锈铝，是应用最广的一种防锈铝，其强度不高（仅稍高于工业纯铝），不能热处理强化，故常采用冷加工方法来提高其力学性能；在退火状态下有高的塑性，在半冷作硬化时塑性尚好，在冷作硬化时塑性低；耐蚀性好，焊接性良好，可切削性不良。主要产品有板、箔、棒、线、管、型材。用于制造要求高的可塑性和良好的焊接性、在液体或气体中工作的低载荷零件，如油箱、汽油或润滑油导管、各种液体容器和其他深拉制作的小载荷零件；线材用于制作铆钉

牌号——主要特性及用途

3) 防锈铝组

5A02——铝镁系防锈铝，与 3A21 相比，5A02 强度较高，尤其具有较高的疲劳强度；塑性与耐蚀性高（与 3A21 相似）；热处理不能强化，用接触焊和氢原子焊焊接性良好，氩弧焊时有形成结晶裂纹的倾向；在冷作和半冷作硬化状态下可切削性较好，退火状态下可切削性不良；可抛光；产品有板、带、箔、棒、线、管、型材、锻件；用于焊接在液体中工作的容器和构件（如油箱、汽油润滑油导管）、车辆船舶的内部装饰件等；线材用于制作焊条和铆钉

5A03——铝镁系防锈铝，性能与 5A02 相似，因含镁量略高，且加入了少量的硅，故其焊接性比 5A02 好，用气焊、氩弧焊、点焊和滚焊的焊接性能都很好，其他性能则无大差异；产品有板、棒、管、型材；用于制作在液体下工作的中等强度焊接件，冷冲压的零件和骨架等

5083、5056——含镁量高的铝镁系防锈铝，在不可热处理合金中属强度、耐蚀性和可切削性良好一类合金，阳极化处理后表面美观，电弧焊性能也良好；5083 主要产品有板、带材，用于制作自行车的瓦盖和挡泥板等；5056 主要产品为管材，用于制作自行车的车把、大梁等结构件；这两个牌号也广泛应用于船舶、汽车、飞机、导弹等方面

5A05、5B05——含镁量高的铝镁系防锈铝，强度与 5A03 相当，不能热处理强化；退火状态塑性高，半冷作硬化时塑性中等；用氢原子焊、点焊、气焊、氩弧焊时焊接性尚好；抗腐蚀性高；可切削性在退火状态时低劣，在半冷作硬化时尚好；制造铆钉时需进行阳极化处理。5A05 产品有板、棒、管材；5B05 产品有线材。5A05 用于制作在液体中工作的焊接零件、管道和容器，以及其他零件；5B05 用于制作铆接铝合金和镁合金结构的铆钉，铆钉在退火状态下铆入结构

牌号——主要特性及用途

3) 防锈铝组

5A06——含镁量高的铝镁系防锈铝，具有较高的强度和腐蚀稳定性，在退火和挤压状态下塑性尚好；用氩弧焊的焊缝气密性和焊缝塑性尚可，气焊和点焊时其焊接接头强度为基体强度的 90%～95%；可切削性能良好。产品有板、棒、管、型材、锻件及模锻件。用于制作焊接容器、受力零件、飞机蒙皮及骨架零件

5A12——含镁量高达 9% 的铝镁系防锈铝，并加入适量的钛、铍、锑等合金元素，具有中上等强度，主要产品为航天和无线电工业用的原板、型材和棒材

5B06、5A13、5A33——均属含镁量高的铝镁系防锈铝，并加入适量的钛、铍、锆、锑等合金元素，以提高其焊接性能。主要用于生产各种焊条线，其中 5B06 是 5A05、5056、5A06 合金的理想焊条线用合金；5A13 是 5A12 合金的配套焊条线用合金；5A33 是 7A10、7003 合金的理想焊条线用合金

5A43——含量低的铝镁锰系防锈铝，主要产品为民用冲制品用的板材，用于制作各种铝锅、铝盒、铝勺等

4) 硬铝组

2A01——为低合金、低强度硬铝，是铆接铝合金结构用的铆钉主要制造材料，其特点是：α-固溶体的过饱和程度较低，不溶性的第二相较少，故在淬火和自然时效后的强度较低，但具有很高的塑性和良好的工艺性能（热态下塑性高，冷态下塑性尚好），焊接性与 2A11 相同，可切削性尚可，耐蚀性不高；铆钉在淬火和时效后进行铆接，在铆接过程中不受热处理后时间限制；主要产品为线材；广泛用作铆钉制造材料，用于中等强度和工作温度不超过 100℃ 的结构用铆钉，因耐蚀性低，铆钉铆入结构时应在硫酸中经过阳极氧化处理，再重铬酸钾填充氧化膜

牌号——主要特性及用途

4) 硬铝组

2A02——硬铝中强度较高的一种合金,特点是:常温时有高的强度,同时也有较高的热强性,属于耐热硬铝;在热变形时塑性高,在挤压半成品时,有形成粗晶环的倾向,可热处理强化,在淬火及人工时效状态下使用;与2A70、2A80耐热锻铝相比,腐蚀稳定性较好,但有应力腐蚀破裂倾向;可焊性比2A70略好,可切削性良好。主要产品有棒、带、冲压叶片。用于制作温度为200～300℃的涡轮喷气发动机轴向压缩机叶片,以及其他在高温下工作,而合金性能又能满足结构要求的模锻件;一般用作主要承力结构材料

2A04——铆钉用硬铝,具有较高的剪切强度和耐热性能;压力加工性能、可切削性能和耐蚀性,与2A12相同;在150～250℃内形成晶间腐蚀倾向较2A12小;可热处理强化,在退火和刚淬火状态下塑性尚好,铆钉应在刚淬火状态下进行铆接(在2～6h内,按铆钉直径而定)。主要产品为线材。用于制作工作温度为125～250℃的结构铆钉

2A06——高强度硬铝,压力加工性能、可切削性能和一般腐蚀稳定性,与2A12相同;在退火和刚淬火状态下塑性尚好;可以进行淬火和时效处理;加热至150～250℃时,形成晶间腐蚀的倾向较2A12为小;点焊焊接性能,与2A12、2A16相同,氩弧焊较2A12好,但比2A16差。主要产品为板材,可用在150～250℃条件下工作的结构板材,但淬火自然时效和冷作硬化的板材,不宜在200℃长期下使用

2B11——铆钉用硬铝,具有中等剪切强度,在退火、刚淬火和热态下塑性尚好;可以热处理强化;铆钉必须在淬火后2h内铆接。主要产品为线材。用于制作中等强度的铆钉

牌号——主要特性及用途

4）硬铝组

2B12——铆钉用硬铝，剪切强度与 2A04 相当，其他性能和 2B11 相似，但铆钉必须在淬火后 20min 内铆接，故工艺困难，应用范围受到限制；主要产品为线材；用于制作强度要求较高的铆钉

2A10——铆钉用硬铝，具有较高的剪切强度；在退火、刚淬火、时效和热态下，均具有足够的铆接铆钉所需的可塑性；用经淬火和时效处理过程的铆钉铆接，铆接过程不受热处理后的时间限制，这是它比 2B12、2A11 和 2A12 优越之处；可焊性与 2A11 相同，铆钉的腐蚀稳定性与 2A01、2A11 相同；由于耐蚀性不高，铆钉铆入结构时，须在硫酸中经过阳极氧化处理，再用重铬酸钾填充氧化膜。主要产品为线材。用于制作强度要求较高的铆钉，但加热超过 100℃ 时产生晶间腐蚀倾向，故铆钉的工作温度不宜超过 100℃，可代替 2A11、2A12、2B12 和 2A01 等合金制作铆钉

2A11——应用最广的一种硬铝，一般称为标准硬铝，具有中等强度，在退火、刚淬火和热态下的可塑性尚好，可热处理强化，在淬火和自然时效下使用；点焊焊接性良好，用 2A11 作焊料进行气焊和氩弧焊时有裂纹倾向；包铝板材有良好的腐蚀稳定性，不包铝的则抗蚀性不高，在加热超过 100℃ 有产生晶间腐蚀倾向；表面阳极化和涂漆能可靠地保护挤压与锻造零件免于腐蚀；可切削性在淬火时效状态下尚好，在退火状态下不良。主要产品有板、棒、型材和锻件。用于制作各种中等强度的零件和构件，冲压的连接部件，空气螺旋桨叶片，局部镦粗的零件，如螺栓、铆钉等，铆钉应在淬火后 2h 内铆入结构上

2A12——一种高强度硬铝，可进行热处理强化，在退火和刚淬火状态下塑性中等，点焊焊接性良好，用气焊和氩弧焊时有形成晶间裂纹的倾向；在淬火和冷作硬化后的可切削性良好，退火后可切削性低；抗蚀性不高，常采用阳极氧化处理或涂漆方法或表面加包铝层以提高其抗腐蚀能力。主要产品有板、箔、棒、线、管、型材。用于制作各种高载荷的零件和构件(但不包括冲压件和锻件)，如飞机上的骨架零件、蒙皮、隔框、翼肋、翼梁、铆钉等在 150℃ 以下工作的零件；在制作高载荷零件时有被 7A04 取代的趋势

牌号——主要特性及用途

4) 硬铝组

2A16——一种耐热硬铝，特点是：在常温下强度并不高，但在高温下却有较高的蠕变强度（与2A02相当）；在热态下有较高的塑性，无挤压效应。可热处理强化；点焊、滚焊和氩弧焊的焊接性能良好，形成裂纹的倾向并不显著，焊缝气密性尚好；焊接腐蚀稳定性较低，包铝板材的腐蚀稳定性尚好，挤压半成品的抗蚀性不高；为防止腐蚀，应采用阳极氧化处理或涂漆保护。可切削性尚好。主要产品有板、棒、型材及锻件。用于制作在250～350℃下工作的零件，如轴向压缩机叶片、圆盘；板材用于制作常温和高温下工作的焊接件，如容器、气密舱等

2A17——成分与2A16相似，只是加入了少量的镁，两者性能大致相同，但2A17在室温下的强度和在高温（225℃）下的持久强度超过2A16（只是在300℃下低于2A16）；此外，2A17的可焊性不好，不能焊接。主要产品有板、棒材和锻件。用于制作在200～300℃下要求高强度的锻件和模压件

5) 锻铝组

6A02——工业上应用较为广泛的一种锻铝，特点是：具有中等强度（但低于其他锻铝）；在退火状态下可塑性高，在淬火和自然时效后可塑性尚好，在热态下可塑性很高，易于锻造、冲压；在淬火和自然时效状态下抗蚀性能与3A21、5A02一样良好，人工时效状态下具有晶间腐蚀倾向，含铜量<0.1%的合金在人工时效状态下的耐蚀性高；易于点焊和氢原子焊，气焊尚好；可切削性在淬火时效后尚可，在退火状态下不好。主要产品有板、棒、管、型材和锻件。用于制作要求有高塑性和高耐蚀性、并且承受中等载荷的零件、形状复杂的锻件和模锻件，如气冷式发动机曲轴箱、直升飞机桨叶

6B02——主要产品为板材，用于制造电子工业的装箱板和各种壳体

牌号——主要特性及用途

5) 锻铝组

6070——其特点是耐蚀性较好，焊接性良好。可用作大型焊接构件、机器零件导管、高级跳水板用型材等

2A50——高强度锻铝，在热态下具有高的可塑性，易于锻造、冲压；可以热处理强化，在淬火及人工时效后的强度与硬铝相似，工艺性能较好，但有挤压效应，故纵向和横向性能可能有差别；抗蚀性尚好，但有晶间腐蚀倾向；可切削性良好；接触焊、点焊和滚焊性能良好，电弧焊和气焊性能不好。主要产品为棒材和锻件。用于制造形状复杂和中等强度的锻件、冲压件

2B50——高强度锻铝，成分、性能与2A50接近，可互相通用，但在热态下可塑性比2A50高；主要产品为锻件；用于制造形状复杂的锻件和模锻件，如压气机叶轮和风扇叶轮等

2A70——耐热锻铝，成分与2A80相同，但另加入了微量的钛，故其组织比2A80细化，又因含硅量较少，故其热强性比2A80较高；可热处理强化，工艺性能比2A80稍好，热态下具有高的可塑性；由于不含锰、铬，因而无挤压效应；接触焊、点焊和滚焊性能良好，电弧焊和气焊性能差；耐蚀性尚可，可切削性能尚好。主要产品有棒、板材、锻件和模锻件。用于制造内燃机活塞和在高温工作的锻件，如压气机叶轮、鼓风机叶轮等；板材可用作高温下工作的结构材料，用途比2A80更为广泛

2A80——耐热锻铝，热态下可塑性稍低，可热处理强化，高温强度高，无挤压效应；焊接性能与2A70相同，耐腐蚀性尚好，但有应力腐蚀倾向，可切削性尚可。主要产品为棒材、锻件和模锻件。用于制作内燃机活塞，压气机叶片、叶轮和圆盘，以及其他在高温下工作的发动机零件

2A90——应用较早的一种耐热锻铝，有较好的热强性，在热态下可塑性尚可，可热处理强化，耐蚀性、焊接性和可切削性与2A70、2A80接近；主要产品为棒材、锻件和模锻件；用途与2A70、2A80相同，目前已被热强性很高、而且热态下可塑性很好的2A70、2A80所取代

牌号——主要特性及用途

5）锻铝组

2A14——从其成分和性能来看，它与2A50相近，也可属于硬铝。它与2A50不同之处：含铜量较高，故强度较高，热强性较好，但在热态下的塑性不如2A50好。可切削性良好；接触焊、点焊和滚焊性能也良好，电弧焊性能差；可热处理强化，有挤压效应，故其纵向横向性能有所差别；耐蚀性不高，在人工时效状态时有晶间腐蚀倾向和应力腐蚀破裂倾向。主要产品为棒材、锻件和模锻件。用于制作承受高载荷和形状简单的锻件和模锻件，因热压力加工困难，限制了它的应用

4A11——是一种锻、铸两用合金，具有热膨胀系数小和抗磨性能好的优点；主要产品为棒材，用于制造各种蒸汽机的活塞和气缸

6061——一种应用很广泛的铝镁硅系锻铝，特点是：中等强度，良好的塑性和优良的可焊性和抗蚀性，特别是应力腐蚀开裂倾向；可阳极氧化着色，也可涂漆，上珐琅，适合作建筑装饰材料；其镁、硅含量比6063的稍高，并含有少量铜，因而强度也高于6063，但淬火敏感性也比6063高，挤压后不能实现风淬，需重新固溶处理和淬火时效，才能获得较高强度。产品主要有板、棒、线、管、型材和锻件。用于制作建筑型材，需要良好耐蚀性能的大型构件、汽车、船舶、铁道车辆结构件、导管、家具等

6063——也是一种应用很广泛铝镁硅系合金，特点是：热处理后具有中等强度，冲击韧性高，对缺口不敏感；有极好的热塑性，可以高速挤压成结构复杂、薄壁、中空的各种型材或锻造成复杂的锻件；淬火温度范围宽，淬火敏感性低，挤压或锻造脱膜后，只要温度高于淬火温度，可用喷水或穿水方法淬火，薄壁件（≤3mm）还可以实行风淬；合金阳极氧化性能好，不仅可以增加其外表美观，还可以提高其耐蚀性。产品主要为挤压棒材、型材、管材。用于制作建筑结构材料（如门框、窗框、货柜、家具、升降梯等）以及各种装饰材料）

牌号——主要特性及用途

6）超硬铝组

7A03——铆钉用超硬铝，在淬火和人工时效的塑性，足以使铆钉铆入结构件中，可以热处理强化，常温时抗剪强度较高，耐蚀性尚好，可切削性尚可；铆接铆钉时不受热处理后时间的限制。产品主要为线材。用于制作受力结构的铆钉；当工作温度≤125℃时，可作为2A10的代用品

7A04——一种最常用的高强度超硬铝，在退火和刚淬火状态下可塑性中等，可热处理强化，通常在淬火、人工时效状态下使用，这时的强度比一般硬铝高得多，但塑性较低；截面不太厚的挤压半成品和包铝板有良好的耐蚀性；有应力集中的倾向，故所有转接部位应圆滑过渡，减少偏心率等；点焊焊接性良好，气焊不良；可切削性，热处理后良好，退火状态下较差。产品主要为板、棒、型、管材和锻件。用于制作承力构件和高载荷零件，如飞机上的大梁、桁条、加强框、蒙皮、翼肋、接头、起落架零件等；通常用以取代2A12

7A09——高强度超硬铝，在退火和刚淬火状态下的塑性稍低于同样状态的2A12，但稍优于7A04；在淬火和人工时效后的塑性显著下降；板材的静疲劳、缺口敏感、应力腐蚀性能稍优于7A04，棒材与7A04相当。产品主要为棒、管和型材。用于制作飞机蒙皮等结构件和主要受力零件

7A10——与7A09相比，强度略低，而塑性、韧性和耐蚀性较好。产品主要为板、管和锻件。用于制作纺织经编机盘片，也用于制作某些高强度结构零件

7003——产品主要为型材。用于制作各种自行车的车圈

牌号——主要特性及用途

7) 特殊铝组

4A01——含硅量 5% 的铝硅系合金,强度不高,但抗蚀性很好,压力加工性也良好,产品主要为线材,用作焊条,用于焊接铝合金制品

4A13、4A17——含硅量分别为 7.5% 和 11.5% 的铝硅系合金,主要产品为板材,分别用于制作 LQ2 和 LQ1 钎焊铝板的包覆板,也用于制作钎焊用焊条

5A11——含镁量 6.5% 的铝镁系合金,主要用于制造飞机座舱的防弹板

5A66——一种高纯度的铝镁系合金,含镁量略低于 5A02,但严格控制其杂质含量,成形性和抗蚀性优良,抛光和阳极氧化性能也良好;产品主要为板材,用于制作高级笔套、装饰品和各种高级标牌等

8) 钎焊铝组

LQ1、LQ2——一组钎接合金材料牌号,其板芯材料均为 3A21,其包覆层材料分别为 4A17 和 4A13;产品主要为板、带、箔材,用于制作制冷机上的散热材料

9) 包覆铝组

7A01、1A50——一组用于超硬铝板和硬铝板的包铝板合金,其中7A01 用于超硬铝板的包覆,1A50 用于硬铝板的包覆

(11) 铸造铝合金的化学成分（GB/T1173—1995）

序号	合金牌号	合金代号	化学成分（%）（余量为铝）①②			
			硅	铜	镁	锌
1	ZAlSi7Mg	ZL101	6.5~7.5	—	0.25~0.45	—
2	ZAlSi7MgA	ZL101A	6.5~7.5	—	0.25~0.45	—
3	ZAlSi12	ZL102	10.0~13.0	—	—	—
4	ZAlSi9Mg	ZL104	8.0~10.5	—	0.17~0.35	—
5	ZAlSi5Cu1Mg	ZL105	4.5~5.5	1.0~1.5	0.4~0.6	—
6	ZAlSi5Cu1MgA	ZL105A	4.5~5.5	1.0~1.5	0.4~0.55	—
7	ZAlSi8Cu1Mg	ZL106	7.5~8.5	1.0~1.5	0.3~0.5	—
8	ZAlSi7Cu4	ZL107	6.5~7.5	3.5~4.5	—	—
9	ZAlSi12Cu2Mg1	ZL108	11.0~13.0	1.0~2.0	0.4~1.0	—

序号	合金代号	化学成分（%）（续）					杂质总和≤	
		锰	钛	镍	铍	锑	S	J
1	ZL101	—	—	—	—	③	1.1	1.5
2	ZL101A	—	0.08~0.20	—	—	—	0.7	0.7
3	ZL102	—	—	—	—	—	2.0	2.2
4	ZL104	0.2~0.5	—	—	—	③	1.1	1.4
5	ZL105	—	—	—	—	—	1.1	1.4
6	ZL105A	—	0.10~0.25	—	—	—	0.5	0.5
7	ZL106	0.3~0.5	—	—	—	—	0.9	1.0
8	ZL107	—	—	—	—	—	1.0	1.0
9	ZL108	0.3~0.9	—	—	—	—	1.0	1.2

注：① S——砂型铸造；J——金属型铸造。熔模、壳型铸造的杂质含量按金属型铸造的规定。
② 杂质的具体含量，见第5.213页、第5.219页。
③ 杂质的含义，见第5.219页。

5.210

序号	合金牌号	合金代号	化学成分（%）（余量为铝）①②			
			硅	铜	镁	锌
10	ZAlSi12Cu1Mg1Ni1	ZL109	11.0~13.0	0.5~1.5	0.8~1.3	—
11	ZAlSi5Cu6Mg	ZL110	4.6~6.0	5.0~8.0	0.2~0.5	—
12	ZAlSi9Cu2Mg	ZL111	8.0~10.0	1.3~1.8	0.4~0.6	—
13	ZAlSi7Mg1A	ZL114A	6.5~7.5	—	0.45~0.60	—
14	ZAlSi5Zn1Mg	ZL115	4.8~6.2	—	0.4~0.65	1.2~1.8
15	ZAlSi8MgBe	ZL116	6.5~8.5	—	0.35~0.55	—
16	ZAlCu5Mn	ZL201	—	4.5~5.3	—	—
17	ZAlCu5MnA	ZL201A	—	4.8~5.3	—	—
18	ZAlCu4	ZL203③	—	4.0~5.0	—	—
19	ZAlCu5MnCdA	ZL204A	—	4.6~5.3	—	—

序号	合金代号	化学成分（%）（续）					杂质总和④	
		锰	钛	镉	铍	镍	S	J
10	ZL109	—	—	—	—	0.8~1.5	—	1.2
11	ZL110	—	—	—	—	—	—	2.7
12	ZL111	0.10~0.35	—	—	—	0.1~0.25	1.0	1.0
13	ZL114A	—	0.10~0.35	—	0.04~0.07④	—	0.75	0.75
14	ZL115	—	0.10~0.20	—	—	—	0.8	1.0
15	ZL116	—	—	—	0.15~0.40	—	1.0	1.0
16	ZL201	0.6~1.0	0.10~0.30	—	—	—	1.0	1.0
17	ZL201A	0.6~1.0	0.15~0.35	—	—	⑤	0.4	1.0
18	ZL203	—	0.15~0.35	—	—	⑤	2.1	2.1
19	ZL204A	0.6~0.9	0.15~0.25	0.15~0.25	—	—	0.4	—

注: ② 与食品接触的制品，不得含铍；砷≤0.015%，镉≤0.3%，铅≤0.15%。

序号	合金牌号	合金代号	化学成分（%）（余量为铝）①②			
			硅	铜	镁	锌
20	ZAlCu5MnCdVA	ZL205A	—	4.6~5.3	0.05~0.3	—
21	ZAlRE5Cu3Si2	ZL207	1.6~2.0	3.0~3.4	0.15~0.25	—
22	ZAlMg10	ZL301	—	—	9.5~11.0	—
23	ZAlMg5Si1	ZL303	0.8~1.3	—	4.5~5.5	—
24	ZAlMg8Zn1	ZL305	—	—	7.5~9.0	1.0~1.5
25	ZAlZn11Si7	ZL401	6.0~8.0	—	0.1~0.3	9.0~13.0
26	ZAlZn6Mg	ZL402	—	—	0.5~0.65	5.0~6.5

序号	合金代号	锰	钛	化学成分（%）（续）			杂质总和≤	
				镉	镍	混合稀土	S	J
20	ZL205A	0.3~0.5	0.15~0.35	0.15~0.25	0.05~0.2	硼 0.005~0.06	0.3	0.3
21	ZL207	0.9~1.2	—	0.2~0.3	0.15~0.25	4.4~5.0⑥	0.8	0.8
22	ZL301	—	—	—	—	—	1.0	1.0
23	ZL303	0.1~0.4	—	—	—	—	0.7	0.7
24	ZL305	—	0.1~0.2	—	—	铍 0.03~0.1	0.9	—
25	ZL401	—	—	—	—	—	1.8	2.0
26	ZL402	—	0.15~0.25	—	—	铬 0.4~0.6	1.35	1.65

注：③ 为提高合金力学性能，ZL101，ZL102 中允许含钇 0.08%～0.20%；ZL203 中允许含铍 0.08%～0.20%；此时它们的铁应≤0.3%。
④ 在保证合金力学性能前提下，可以不加镍。
⑤ ZL201、ZL201A 用于制作高温条件下工作的零件时，应加入铍 0.05%～0.20%。
⑥ 混合稀土（RE）中含各种稀土总量应≥98%，其中含铈量约 45%。

（续）

序号	合金牌号	合金代号	杂质含量（%）≤				
			铁		硅	铜	镁
			S	J			
1	ZAlSi7Mg	ZL101	0.5	0.9	—	0.2①	—
2	ZAlSi7MgA	ZL101A	0.2	0.2	—	0.1	—
3	ZAlSi12	ZL102	0.7	1.0	—	0.30	0.10
4	ZAlSi9Mg	ZL104	0.6	0.9	—	0.1	0.25
5	ZAlSi5Cu1Mg	ZL105	0.6	1.0	—	—	—
6	ZAlSi5Cu1MgA	ZL105A	0.2	0.2	—	—	—
7	ZAlSi8Cu1Mg	ZL106	0.6	0.8	—	—	—
8	ZAlSi7Cu4	ZL107	0.5	0.6	—	—	—
9	ZAlSi12Cu2Mg1	ZL108	—	0.7	—	—	0.1

序号	合金代号	杂质含量（%）≤（续）										
		锌	锰	钛	锆	钛+锆		铍	镍	锡	铅	杂质总和①
						S	J					S	J
1	ZL101	0.3	0.35	—	—	0.25	—	—	—	0.01	0.05	1.1	1.5
2	ZL101A	0.1	0.10	0.20	0.20	—	—	0.1	—	0.01	0.03	0.7	0.7
3	ZL102	0.1	0.5	—	—	—	—	—	—	—	—	2.0	2.2
4	ZL104	0.25	0.5⑧	—	—	0.15	0.15	—	—	0.01	0.05	1.1	1.4
5	ZL105	0.3	—	—	—	0.15	0.15	—	—	0.01	0.05	1.1	1.4
6	ZL105A	0.1	0.1	—	—	—	—	0.1	—	0.01	0.05	0.5	0.5
7	ZL106	0.2	—	—	—	—	—	—	—	0.01	0.05	0.9	1.0
8	ZL108	0.3	0.5	0.20	—	—	—	—	—	0.01	0.05	1.0	1.0
9	ZL109	0.2	—	—	—	—	—	—	0.3	0.01	0.05	—	1.2

注：① 在海洋环境中使用时，ZL101中铜含量≤0.1%。

5.213

序号	合金牌号	合金代号	杂质含量（%）≤				
			铁		硅	铜	镁
			S	J			
10	ZAlSi12Cu1Mg1Ni1	ZL109	—	0.7	—	—	—
11	ZAlSi5Cu6Mg	ZL110	—	0.8	—	—	—
12	ZAlSi9Cu2Mg	ZL111	0.4	0.4	—	—	—
13	ZAlSi7Mg1A	ZL114A	0.2	0.2	—	—	0.1
14	ZAlSi5Zn1Mg	ZL115	0.3	0.3	—	—	—
15	ZAlSi8MgBe	ZL116	0.60	0.60	—	—	—
16	ZAlCu5Mn	ZL201	0.25	0.3	0.3	0.1	0.05
17	ZAlCu5MnA	ZL201A	0.15	—	—	0.3	0.05
18	ZAlCu4	ZL203	0.8	0.8	1.2②	—	0.05

序号	合金代号	杂质含量（%）≤（续）									杂质总和⑩	
		锌	锰	钛	钴	钛+锆	铍 硼	镍	锡	铅	S	J
10	ZL109	0.2	0.2	0.20	—	—	—	—	0.01	0.05	—	1.2
11	ZL110	0.6	0.5	—	—	—	—	—	0.01	0.05	—	2.7
12	ZL111	0.1	0.1	0.1	—	—	—	—	0.01	0.03	1.0	1.0
13	ZL114A	—	0.1	—	—	0.20	—	—	0.01	0.03	0.75	0.75
14	ZL115	—	—	—	—	—	—	—	0.01	0.05	0.8	1.0
15	ZL116	0.3	0.1	—	0.20	—	0.10	—	0.01	0.05	1.0	1.0
16	ZL201	0.2	—	0.20	0.2	—	—	0.1	—	—	1.0	1.0
17	ZL201A	0.1	—	—	0.15	—	—	0.05	—	—	0.4	1.0
18	ZL203	0.25	0.1	0.20	0.1	—	—	—	0.01	0.05	2.1	2.1

注：⑧ ZL105中，当铁含量＞0.4%时，锰含量应大于铁含量的一半。

5.214

(续)

序号	合金牌号	合金代号	杂质含量（%）≤					
			铁		镍	硅	铜	镁
			S	J				
19	ZAlCu5MnCdA	ZL204A	0.15	0.15	—	0.06	—	0.05
20	ZAlCu5MnCdVA	ZL205A	0.15	0.15	—	0.06	—	0.05
21	ZAlRE5Cu3Si2	ZL207	0.6	0.6	—	—	—	—
22	ZAlMg10	ZL301	0.3	0.3	0.05	0.30	0.10	—
23	ZAlMg5Si	ZL303	0.5	0.5	—	—	0.10	—
24	ZAlMg8Zn1	ZL305	0.3	0.8	0.05	0.2	0.1	—
25	ZAlZn11Si7	ZL401	0.7	1.2	—	—	0.6	—
26	ZAlZn6Mg	ZL402	0.5	0.8	—	0.3	0.25	—

序号	合金代号	杂质含量（%）≤（续）									杂质总和[⑩]	
		锌	锰	钛	铬	钛+锆	铍	镍	锡	铅	S	J
19	ZL204A	0.1	—	—	0.15	—	—	0.05	—	—	0.4	—
20	ZL205A	0.2	—	—	—	0.15	0.07	—	0.01	—	0.3	0.3
21	ZL207	0.15	0.15	0.15	0.20	—	—	0.05	—	—	0.8	0.8
22	ZL301	0.2	—	0.2	—	—	—	—	0.01	0.05	1.0	1.0
23	ZL303	—	0.1	—	—	—	—	—	—	—	0.7	0.7
24	ZL305	—	—	—	—	—	—	—	—	—	0.9	—
25	ZL401	—	0.5	—	—	—	—	—	—	—	1.8	2.0
26	ZL402	—	0.1	—	—	—	—	—	0.01	—	1.35	1.65

注：⑨ 用金属型铸造时，ZL203中硅含量允许达 3.0%。

⑩ 当用杂质总和表示杂质含量时，其中每一种未列出的元素含量 ≤0.05%。

(12) 铸造铝合金的力学性能(GB/T1173-1995)

序号	合金代号	铸造方法	合金状态	力学性能 ≥		
				抗拉强度(MPa)	伸长率 δ_5(%)	布氏硬度 HB
1	ZL101	S、R、J、K	F	155	2	50
		S、R、J、K	T2	135	2	45
		JB	T4	185	4	50
		S、R、K	T4	175	4	50
		J、JB	T5	205	2	60
		S、R、K	T5	195	2	60
		SB、RB、KB	T5	195	2	60
		SB、RB、KB	T6	225	1	70
		SB、RB、KB	T7	195	2	60
		SB、RB、KB	T8	155	3	55
2	ZL101A	S、R、K	T4	195	5	60
		J、JB	T4	225	5	60
		S、R、K	T5	235	4	70
		SB、RB、KB	T5	265	4	70
		JB、J	T5	265	4	70
		SB、RB、KB	T6	275	2	80
		JB、J	T6	295	3	80
3	ZL102	SB、JB、RB、KB	F	145	4	50
		J	F	155	2	50
		SB、JB、RB、KB	T2	135	4	50
		J	T2	145	3	50
4	ZL104	S、J、R、K	F	145	2	50
		J	T1	195	1.5	65
		SB、RB、KB	T6	225	2	70
		J、JB	T6	235	2	70

序号	合金代号	铸造方法	合金状态	力学性能 ≥		
				抗拉强度（MPa）	伸长率 δ_5（%）	布氏硬度 HB
5	ZL105	S、J、R、K	T1	155	0.5	65
		S、R、K	T5	195	1	70
		J	T5	235	0.5	70
		S、R、K	T6	225	0.5	70
		S、J、R、K	T7	175	1	65
6	ZL105A	SB、R、K	T5	275	1	80
		J、JB	T5	295	2	80
7	ZL106	SB	F	175	1	70
		JB	T1	195	1.5	70
		SB	T5	235	2	60
		JB	T5	255	2	70
		SB	T6	245	1	80
		JB	T6	265	2	70
		SB	T7	225	2	60
		J	T7	245	2	60
8	ZL107	SB	F	165	2	65
		SB	T6	245	2	90
		J	F	195	2	70
		J	T6	275	2.5	100
9	ZL108	J	T1	195	—	85
		J	T6	255	—	90
10	ZL109	J	T1	195	0.5	90
		J	T6	245	—	100

序号	合金代号	铸造方法	合金状态	力学性能 ≥		
				抗拉强度（MPa）	伸长率 δ_5（%）	布氏硬度 HB
11	ZL110	S	F	125	—	80
		J	F	155	—	80
		S	T1	145	—	90
		J	T1	165	—	90
12	ZL111	J	F	205	1.5	80
		SB	T6	255	1.5	90
		J、JB	T6	315	2	100
13	ZL114A	SB	T5	290	2	85
		J、JB	T5	310	3	90
14	ZL115	S	T4	225	4	70
		J	T4	275	6	80
		S	T5	275	3.5	90
		J	T5	315	5	100
15	ZL116	S	T4	255	4	70
		J	T4	275	6	80
		S	T5	295	2	85
		J	T5	335	4	90
16	ZL201	S、J、R、K	T4	295	8	70
		S、J、R、K	T5	335	4	90
		S	T7	315	2	80
17	ZL201A	S、J、R、K	T5	390	8	100
18	ZL203	S、R、K	T4	195	6	60
		J	T4	205	6	60
		S、R、K	T5	215	3	70
		J	T5	225	3	70

序号	合金代号	铸造方法	合金状态	力学性能 ≥		
				抗拉强度（MPa）	伸长率 δ₅（%）	布氏硬度 HB
19	ZL204A	S	T5	440	4	100
20	ZL205A	S	T5	440	7	100
		S	T6	470	3	120
		S	T7	460	2	100
21	ZL207	S	T1	165	—	75
		J	T1	175	—	75
22	ZL301	S、J、R	T4	280	10	60
23	ZL303	S、J、R、K	F	145	1	55
24	ZL305	S	T4	290	8	90
25	ZL401	S、R、K	T1	195	2	80
		J	T1	245	1.5	90
26	ZL402	J	T1	235	4	70
		S	T1	215	4	65

注：1. 合金代号：ZL 表示铸铝合金；左起第一位数字，1、2、3、4 分别表示铝硅、铝铜、铝镁、铝锌系列合金；第二、三位数字表示顺序号；A 表示优质合金。

2. 铸造方法：S——砂型铸造；J——金属型铸造；R——熔模铸造；K——壳型铸造；B——变质处理。

3. 合金状态：F——铸态；T1——人工时效；T2——退火；T4——固溶处理加自然时效；T5——固溶处理加不完全人工时效；T6——固溶处理加完全人工时效；T7——固溶处理加稳定化处理；T8——固溶处理加软化处理。

(13) 铸造铝合金的热处理工艺规范(GB/T1173－1995)

序号	合金代号	合金状态	热处理工艺规范(参考)[①]			
			固溶处理		时效	
			温度(℃)	时间(h)	温度(℃)	时间(h)
2	ZL101A	T4	535	6～12		
		T5	535	6～12	室温	≥8
					再155	2～12
		T6	535	6～12	室温	≥8
					再180	3～8
6	ZL105A	T5	525	4～12	160	3～5
13	ZL114A	T5	535	10～14	室温	≥8
					再160	4～8
14	ZL115	T4	540	10～12		
		T5	540	10～12	150	3～5
15	ZL116	T4	535	10～14		
		T5	535	10～14	175	6
17	ZL201A	T5	535	7～9	160	6～9
			再545	7～9		
19	ZL204A	T5	530	9	175	3～5
			再540	9		
20	ZL205A	T5	538	10～18	155	8～10
		T6	538	10～18	175	4～5
		T7	538	10～18	190	2～4
21	ZL207	T1			200	5～10
24	ZL305	T4	435	8～10		
			再490	6～8		

注：① 温度允许偏差：±5℃。

5.220

(14) 铸造铝合金的主要特性及用途

1) 铝硅系合金

① ZL101——铝镁硅三元合金。特性:铸造性能良好,流动性高,无热裂倾向,线收缩小,气密性高,但稍有产生集中缩孔和气孔的倾向;耐蚀性相当高,与 ZL102 相近;可经热处理强化,淬火后有自然时效能力,因而具有较高的强度和塑性;易于焊接,可切削加工性中等;耐热性不高;铸件可经变质或不变质处理。用途:适用于铸造形状复杂、承受中等载荷的零件,也可用于铸造要求高的气密性、耐蚀性和良好的焊接性能零件,但工作温度应≤200℃,如水泵和传动装置壳体、水冷发动机气缸体、抽水机壳体、仪表外壳、汽化器等

② ZL101A——特性:成分、性能与 ZL101 基本相同,但杂质含量低,并加入了少量的钛,以细化晶粒,故其力学性能比 ZL101 有较大程度的提高。用途:同 ZL101,主要用于铸造高强度零件

③ ZL102——典型的铝硅二元合金,是应用最早的一种普通硅铝合金。特性:铸造性能和 ZL101 一样好,但在铸件的断面厚大处容易产生集中缩孔,吸气倾向性也较大;耐蚀性高,能经受住湿的大气、海水、二氧化碳、浓硝酸、氨、硫、过氧化氢的腐蚀作用;不能热处理强化,力学性能不高,但随铸件壁厚增加,强度的降低程度小;焊接性能良好,但可切削性差,耐热性不高;铸件须经变质处理。用途:常在铸态或退火状态下使用,适用于铸造形状复杂、承受较低载荷的薄壁零件,以及要求高的耐蚀性和气密性、工作温度≤200℃的零件,如仪表壳体、机器罩、盖子、船舶零件等

1）铝硅系合金

④ ZL104——铝硅镁锰四元合金。特性：铸造性能良好，流动性高，无热裂倾向，气密性良好，线收缩小，但吸气性倾向大，易于形成针孔；可经热处理强化，室温力学性能良好，但高温性能较差；耐蚀性能好，但比 ZL102 低；可切削加工性和焊接性能一般；铸件须经变质处理。用途：适用于铸造形状复杂、薄壁、耐腐蚀以及承受较高静载荷和冲击载荷的大型零件，如水冷式发动机的曲轴箱、滑块、气缸盖、气缸体以及其他重要零件，但不宜用于工作温度＞200℃的场所

⑤ ZL105——铝硅铜镁四元合金。特性：铸造性能良好，流动性高，收缩率较低，吸气倾向小，气密性良好，热裂倾向小，熔炼工艺简单，不需采用变质处理和在压力下结晶等工艺措施；可热处理强化，室温强度较高，但塑性和韧性较低；高温力学性能良好；焊接性能和可切削加工性良好；耐蚀性尚可。用途：适用于铸造形状复杂、承受较高静载荷的零件，以及要求焊接性能良好、气密性高、或工作温度≤225℃以下的零件，如水冷发动机的气缸体、气缸头、气缸盖，空冷发动机头和发动机曲轴等；这种合金在航空工业中应用相当广泛

⑥ ZL105A——特性：与 ZL105 基本相同，但其杂质铁的含量较低，并且加入少量的钛，以细化晶粒，故其强度高于 ZL105。用途：与 ZL105 相同，主要用于铸造高强度零件

⑦ ZL106——铝硅铜镁锰多元合金。特性：铸造性能良好，流动性大，气密性高，无热裂倾向，线收缩小，产生缩孔及气孔的倾向也较小；可经热处理强化，室温下具有较高的力学性能，高温力学性能也较好；焊接性能和可切削加工性良好；耐蚀性能接近 ZL101。用途：适用于铸造形状复杂、承受高静载荷的零件，也用于铸造要求高气密性或工作温度≤225℃的零件，如泵体、水冷发动机气缸头等

1) 铝硅系合金

⑧ ZL107——铝硅铜三元合金。特性：铸造流动性和抗热裂倾向均较 ZL101、ZL102、ZL104 差，但比铝铜合金、铝镁合金要好得多；吸气倾向比 ZL101、ZL102 小；可热处理强化，在 20～250℃ 的温度范围内，力学性能较 ZL104 高；可切削加工性良好，耐蚀性不高；铸件（砂型）需进行变质处理。用途：适用于铸造形状复杂、壁厚不均、承受较高载荷的零件，如机架、柴油发动机的附件、汽化器的零件、电气设备外壳等

⑨ ZL108——铝硅铜镁锰多元合金，是我国目前常用的一种活塞铝合金。特性：密度小，热膨胀系数低，导热率高，耐热性能好，但可切削加工性差；铸造性能良好，流动性高，无热裂倾向，气密性高，线收缩小，但易于形成集中缩孔，且有较大的吸气倾向；可经热处理强化，室温和高温力学性能都较高；在熔炼中需要进行变质处理，一般在金属硬模中铸造，可以得到尺寸精确的零件，节省了加工时间。用途：主要用于铸造汽车、拖拉机的发动机活塞和其他在 250℃ 以下高温中工作的零件；当要求热膨胀系数小、强度高、耐磨性高时，也可以采用这种合金

⑩ ZL109——加有少量镍的铝硅铜镁多元合金，和 ZL108 一样，也是一种常用的活塞铝合金，故性能也和 ZL108 相似，加镍的目的在于提高其高温性能，但实际效果似不显著。用途：同 ZL108

1) 铝硅系合金

⑪ ZL110——铝硅铜镁四元合金。特性:铸造性能尚好,流动性和气密性良好(但比 ZL108、ZL109 差),易产生分散性气孔和热裂倾向,吸气倾向小;可经热处理强化,塑性低,硬度高,高温性能良好;与 ZL108、ZL109 比较,其热膨胀系数高,相对密度大,耐磨性低,但焊接性能和可切削性尚好;铸件不需经变质处理。用途:主要用于铸造内燃发动机活塞和其他在高温下工作的零件

⑫ ZL111——铝硅铜镁锰钛多元合金。特性:铸造性能良好,流动性好,充型能力优良,一般无热裂倾向,线收缩小,气密性高,可经受住高压气体或液体的作用;在熔炼中需经变质处理,可经热处理强化,在铸态或热处理后的力学性能是铝硅系合金中最好的一种,可与高强度铸造铝合金 ZL201 相媲美,且高温性能也较好;焊接性能和可切削加工性良好,耐蚀性较差。用途:主要用于铸造形状复杂、承受高载荷、高气密性的大型零件,以及在高压气体和液体中长期工作的大型零件,如转子发动机的缸体、缸盖、水泵叶轮和军事工业中的大型壳体等重要零件

⑬ ZL114A——成分和性能与 ZL101A 相近似的铝硅镁系合金,由于其含镁量较 ZL101A 高,而且加入了少量的铍以消除杂质铁的作用,故在保持 ZL101A 的优良铸造性能和耐蚀性的同时,显著地提高了合金的强度,是铝硅系合金中高强度品种之一。用途:主要用于铸造形状复杂的高强度零件,但由于铍的价格较贵,同时其热处理温度要求控制较严、热处理时间较长等原因,应用受到一定限制

1) 铝硅系合金

⑭ ZL115——加有少量锑的铝硅镁锌多元合金；加入锑的目的，是用其作为共晶硅的长效变质剂，以提高合金在热处理后的力学性能；成分中的锌也可以起到辅助强化作用。特性：在具有铝硅镁系合金的优良铸造性能和耐蚀性的同时，兼有高的强度和塑性，也是铝硅系合金中高强度品种之一；在熔炼中不需经变质处理。用途：主要用于铸造形状复杂的高强度零件和耐腐蚀的零件

⑮ ZL116——铝硅镁铍多元合金。特性：含有少量的铍和允许杂质中有较多的铁含量，铍的作用是与铁形成化合物，使粗大针状的含铁相变成团状，同时铍还有促进时效强化的作用，显著地提高了合金的力学性能，使其成为铝硅系合金中高强度品种之一；加铍还可以提高其耐蚀性；此外，由于含硅量较高，有利于获得致密的铸件。用途：适用于铸造承受高液压的油泵壳体等发动机附件，以及其他外形复杂而要求高强度、高耐蚀性的零件；由于铍的价格较贵，也使其的应用受到一定限制

2) 铝铜系合金

⑯ ZL201——加有少量锰、钛的铝铜合金。特性：铸造性能不好，流动性差，形成热裂和缩孔的倾向大，线收缩大，气密性低，但吸气性倾向小；可热处理强化，热处理后的合金，具有高的强度和良好的塑性，而且耐热性高，是铸造铝合金中强度和耐热性最好的一种；焊接性能和可切削加工性良好，耐蚀性差。用途：是用途较广的一种铸造铝合金，适用于铸造工作温度为175～300℃或室温下承受高载荷、形状不太复杂的零件；也可用于铸造低温（-70℃）下承受高载荷的零件

2) 铝铜系合金

⑰ ZL201A——成分和性能与 ZL201 基本相同，但其杂质含量控制较严，属于优质合金，故其力学性能高于 ZL201。用途：同 ZL201，主要用于铸造要求高强度的零件

⑱ ZL203——典型的铝铜合金。特性：铸造性能差，流动性低，形成热裂和缩松倾向大，线收缩大，气密性一般，但吸气倾向小；经淬火处理后有较高的强度和好的塑性，铸件经淬火后有自然时效倾向；不需进行变质处理；焊接性能和可切削加工性良好，耐蚀性差（特别是在人工时效状态下的铸件），耐热性不高。用途：适用于铸造形状简单、承受中等静载荷或冲击载荷、工作温度≤200℃、并要求可切削加工性良好的零件，如曲轴箱、支架、飞轮盖等

⑲ ZL204A——加入少量镉、钛的铝铜合金。特性：加入少量镉，以加速合金的人工时效；加入少量钛，以细化晶粒，并降低合金中有害杂质的含量；选择合适的热处理工艺，可获得抗拉强度达 440MPa 的高强度耐热铸造铝合金；这种合金属固溶体型合金，结晶间隔较宽，铸造工艺较差，一般用于砂型铸造，不适宜金属型铸造。用途：用于铸造高强度和耐热性的铸件，其优质铸件可代替一般的铝合金锻件，广泛用于航空和航天工业中

⑳ ZL205A——在 ZL201 的基础上又加入镉、钒、锆、硼等微量元素的一种铝铜合金；钒、硼、锆等元素能进一步提高合金的热强性，镉能改善合金的人工时效效果，显著提高合金的力学性能；其耐热性高于 ZL204A，其余性能和用途，同 ZL204A

3) 铝稀土金属系合金

○21 ZL207A——合金中除含有较高的稀土金属（RE）外，还含有铜、硅、锰、镍、镁、锆等元素。特性：耐热性好，可在高温（工作温度达400℃）下长期使用，铸造性能良好，结晶温度范围只有30℃左右，充型能力良好，形成针孔的倾向小，气密性好，不易产生热裂和疏松；缺点是室温力学性能较低，成分复杂。用途：可用于铸造形状复杂、受力不大，并在高温下长期工作的零件

4) 铝镁系合金

○22 ZL301——典型的铝镁合金。特性：在海水、大气等介质中有很高的耐蚀性（是铸造铝合金中最好的一种）；铸造性能差，流动性、产生气孔，形成热裂的倾向一般，易产生显微疏松，气密性低，收缩率和吸气倾向大；可热处理强化，铸件在淬火状态下使用，具有高的强度和良好的塑性、韧性，但具有自然时效的倾向，在长期使用过程中，塑性明显下降；耐热性不高；可切削加工性良好，可以达到很小的表面粗糙度，表面经抛光后能长期保持原来的光泽；焊接性能较差；熔炼中易氧化，且熔铸工艺较复杂，废品率较高。用途：适用于铸造高静载荷和冲击载荷、暴露在大气或海水等腐蚀介质中、工作温度≤200℃、形状简单的大、中、小型零件，如雷达底座、水上飞机和船舶配件（如发动机机匣、起落架零件、船用舷窗等），以及其他装饰用零部件

○23 ZL303——加入1%硅、少量锰的铝镁硅多元合金。特性：耐蚀性高，并类似ZL301；铸造性能尚可，流动性一般，有氧化、吸气，形成缩孔的倾向（但比ZL301好些），收缩率大，气密性一般，形成热裂的倾向比ZL301低；在铸态下具有一定的力学性能，但不能经热处理明显强化；可切削性和抛光性与ZL301一样好，而焊接性则比ZL301有明显改善；生产工艺简单，但熔炼中容易氧化和吸气。用途：适用于铸造与腐蚀介质接触和在较高温度（≤220℃）下工作的承受中等载荷的船舶、飞机及内燃机车的零件，如海轮配件、各种壳体、发动机气缸头，以及其他装饰性零部件等

4) 铝镁系合金

㉔ ZL305——加入少量铍、钛的铝镁锌多元合金,是 ZL301 的改进型合金。加入锌和少量钛,可提高合金的自然时效稳定性和抗应力腐蚀能力;加入少量铍,可防止合金在熔炼和铸造过程中的氧化现象;其他性能均与 ZL301 相近。用途:与 ZL301 基本相同,但工作温度不宜超过 100℃,因为这种合金在人工时效温度超过 150℃时,大量强化相析出,虽然抗拉强度可能有所提高,但塑性显著下降,应力腐蚀现象也同时加剧

5) 铝锌系合金

㉕ ZL401——铝锌硅镁四元合金(俗称锌硅铝明)。特性:铸造性能好,流动性好,产生缩孔和热裂倾向小,线收缩小,但有较大的吸气倾向;在熔炼中需进行变质处理;在铸态下具有自然时效能力,因而既可获得高的强度,又不必进行热处理;耐热性低,耐蚀性一般,密度大,因而也限制了它的应用;焊接性能和可切削加工性良好;价格便宜。用途:适用于铸造大型、复杂、承受高的静载荷而又不便进行热处理的零件,但工作温度不得超过 200℃,如汽车零件、医疗器械、仪器零件、日用品等

㉖ ZL402——加入少量铬和钛的铝锌镁多元合金。特性:铸造性能尚好,流动性和气密性好,缩松和热裂倾向也不大;在铸态经时效后即可获得较高的力学性能,在 -70℃ 的低温下仍能保持良好的力学性能(在这方面超过铝铜合金,而接近铝硅合金);可切削加工性好,焊接性能一般;铸件经人工时效后尺寸稳定;密度较大,因而也限制了它的应用。用途:适用于铸造承受高的静载荷和冲击载荷,而又便于进行热处理的零件,亦可用于铸造要求与腐蚀介质接触和尺寸稳定性高的零件,如高旋转的整铸叶轮、飞行起落架、空气压缩机活塞、精密仪表零件等

(15) 压铸铝合金的化学成分及力学性能（GB/T15115－1994）

序号	合金牌号	合金代号	化学成分(%)（余量为铝）		
			硅	铜	镁
1	YZAlSi12	YL102	10.0～13.0	≤0.6	≤0.05
2	YZAlSi10Mg	YL104	8.0～10.5	≤0.3	0.17～0.30
3	YZAlSi12Cu2	YL108	11.0～13.0	1.0～2.0	0.4～1.0
4	YZAlSi9Cu4	YL112	7.5～9.5	3.0～4.0	≤0.3
5	YZAlSi11Cu3	YL113	9.6～12.0	1.5～3.5	≤0.3
6	YZAlSi17Cu5Mg	YL117	16.0～18.0	4.0～5.0	0.45～0.65
7	YZAlMg5Si1	YL302	0.8～1.3	≤0.1	4.5～5.5

合金代号	化学成分(%)（续)					力学性能≥		
	锰	铁	镍	锌	铅	锡	抗拉强度 (MPa)	伸长率 δ_5 (%)	布氏硬度 HB
	≤	≤	≤	≤	≤	≤			
YL102	≤0.6	1.2		0.3	—	—	220	2	60
YL104	0.2～0.5	1.0		0.3	0.05	0.01	220	2	70
YL108	0.3～0.9	1.0	0.05	1.0	0.05	0.01	240	1	90
YL112	≤0.5	1.2	0.5	1.2	0.1	0.1	240	1	85
YL113	≤0.5	1.2	0.3	1.2	0.1	0.1	230	1	80
YL117	≤0.5	1.2	0.1	1.2	钛≤0.1		220	<1	
YL302	0.1～0.4	1.2	—	0.2	钛≤0.2		220	2	70

注："YZ"分别为"压"、"铸"两字的汉语拼音的第一个字母；"YL"分别为"压"、"铝"两字的汉语拼音的第一个字母。

7. 锌及锌合金

(1) 锌锭的化学成分及用途(GB/T470—1997)

牌　　号	化学成分(%)				
	锌≥	杂　质 ≤			
		铅	镉	铁	铜
Zn99.995	99.995	0.003	0.002	0.001	0.001
Zn99.99	99.99	0.005	0.003	0.003	0.002
Zn99.95	99.95	0.020	0.02	0.010	0.002
Zn99.5	99.5	0.3	0.07	0.04	0.002
Zn98.7	98.7	1.0	0.2	0.05	0.005

牌号	化学成分－杂质(%)≤(续)				
	锡	铝	砷	锑	总和
Zn99.995	0.001	0.003	—	—	0.0050
Zn99.99	0.001	0.003	—	—	0.010
Zn99.95	0.001	0.003	—	—	0.050
Zn99.5	0.002	0.005	0.005	0.01	0.50
Zn98.7	0.002	0.005	0.01	0.02	1.3

牌　　号	用途举例
Zn99.995	高级合金和特殊用途
Zn99.99	压铸零件、电镀锌、高级氧化锌、医药和化学试剂
Zn99.95	电池锌片、黄铜、压铸零件和锌合金
Zn99.5	锌板、热镀锌、氧化锌和锌粉
Zn98.7	含锌铜铅合金、普通氧化锌和普通铸件

注：1. Zn99.995用于间接法制造氧化锌时，含铜量≤0.001%；除
　　　Zn98.7外，用于制造锌铜合金时，铜含量不作规定。

　　2. Zn99.99用于生产压铸合金，铅含量应≤0.003%。

　　3. Zn99.95用于制造锡合金时，锡含量允许≤0.05%。

　　4. 锌锭块重量为20～25kg，厚度为30～50mm。

（2）热镀用锌合金锭的化学成分（YS/T310－1995）

牌 号	代号	主要成分（%）			
		锌	铝	铅	镧＋铈
RZnAl0.36	R36	余量	0.34～0.38	0.06～0.09	—
RZnAl0.42	R42	余量	0.40～0.44	0.06～0.09	—
RZnAl5RE	RE5	余量	4.7～6.2	—	0.03～0.10

代号	杂质含量（%）≤								
	铁	镉	锡	铜	铅	硅	其他杂质元素		杂质总和
							单个	总和	
R36	0.006	0.01	0.01	0.01					0.04
R42	0.006	0.01	0.01	0.01					0.04
RE5	0.075	0.005	0.005		0.005	0.015	0.02	0.04	

注：锌合金锭按形状和规格分大锭和小锭。大锭呈短"T"字形，重量分1600kg±200kg和1000kg±200kg两种；小锭呈长方梯形，重量为20～25kg。锭上应有代号标志。

（3）锌及锌加工产品的化学成分及力学性能

序号	牌号	化学成分（%）（单个数值为杂质最大含量）				
		锌	镉	铅	铝	镁
		1）电池锌饼（GB/T3610－1997）				
1	XB1	余量	0.03～0.06	0.35～0.80	—	—
2	XB2	余量	0.05～0.10	0.10～0.20	—	—
3	XB3	余量	0.05～0.10	0.50～0.80	—	—
		2）照相制版用微晶锌板（YS/T225－1994）				
4	X12	余量	0.005	0.005	0.02～0.10	0.05～0.15

序号	牌号	化学成分（%）（续）				布氏硬度 HB
		铁	铜	锡	杂质总和	
1	XB1	0.015	0.002	0.003	0.025	
2	XB2	0.006	0.002	0.001	0.01	38.0～45.9
3	XB3	0.004	0.002	0.001	0.01	
4	X12	0.006	0.001		0.013	＞50

序号	牌号	化学成分（单个数值为杂质的最大含量）（%）							
		锌	铅	镉	铁	铜	锡	铝	杂质总和
		3）胶印锌板（YS/T504－2006）[1][2]							
3	XJ[1]	余量	0.3~0.5	0.09~0.14	0.008~0.02	0.005	0.001	0.03	0.05
		4）电池锌板（YS/T565－2006）[1][3]							
4	XD1	余量	0.30~0.50	0.20~0.35	0.011	0.002	0.002	—	0.02
5	XD2	余量	0.35~0.80	0.03~0.06	0.008~0.015	0.002	0.003	—	0.025
		5）锌阳极板（GB/T2056－2005）							
6	Zn1	应符合 Zn99.99 的规定,具体数值参见第 5.230 页							
7	Zn2	应符合 Zn99.95 的规定,具体数值参见第 5.230 页							
		6）嵌线锌板							
8	Zn5	应符合 Zn98.7 的规定,具体数值参见第 5.230 页							

序号	组别	牌号	主要成分（%）				力学性能（参考）[4]		
			铝	铜	镁	锌	σ_b	σ	HB
			7）加工锌合金						
9	锌铜合金	ZnCu1.5	—	1.2~1.7	—	余量	250~400	10~40	60~100
10		ZnCu1	—	0.8~1.2	—	余量	200~300	20~30	45~75

注：① 表中未列入的杂质包括在总和中。
　　② 胶印锌板（XJ）：$\sigma_b \geqslant 157$MPa,$\delta \geqslant 15\%$。

序号	组别	牌号	主要成分(%)				力学性能(参考)②		
			铝	铜	镁	锌	σ_b	δ	HB
7) 加工锌合金									
11	锌铝合金	ZnAl15	14.0~16.0	—	0.02~0.04	余量	250~400	10~40	60~100
12		ZnAl10-5	9~11	4.5~5.5	—	余量	350~450	12~18	90~110
13		ZnAl10-1	9~10	0.6~1.0	0.02~0.05	余量	400~460	8~12	90~110
14		ZnAl4-1	3.7~4.3	0.6~1.0	0.02~0.05	余量	370~440	8~12	90~105
15		ZnAl0.2-4	0.2~0.25	3.5~4.5	—	余量	300~360	20~30	75~90

ZnCu1.5、ZnCu1——适用于轧制和挤制，可作 H68、H70 等黄铜的代用品，如制造拉链、千层锁、日用五金等。

ZnAl15、ZnAl10-5、ZnAl10-1——适用于挤制，可作黄铜的代用品。

ZnAl4-1——适用于轧制和挤制，可作 H59 黄铜的代用品。

ZnAl0.2-4——适用于轧制和挤制，供制造尺寸要求稳定的零件

注：③ 经双方协议，可供应其他化学成分的锌板。

    ④ 力学性能栏中：σ_b——抗拉强度(MPa)；δ——伸长率(%)；

       HB——布氏硬度。

(4) 铸造锌合金的化学成分、力学性能及用途

(GB/T1175—1997)

序号	合金牌号	合金代号	合金元素(%)		
			锌	铝	铜
1	ZZnAl4Cu1Mg	ZA4-1	余量	3.5～4.5	0.75～1.25
2	ZZnAl4Cu3Mg	ZA4-3	余量	3.5～4.3	2.5～3.2
3	ZZnAl6Cu1	ZA6-1	余量	5.6～6.0	1.2～1.6
4	ZZnAl8Cu1Mg	ZA8-1	余量	8.0～8.8	0.8～1.3
5	ZZnAl9Cu2Mg	ZA9-2	余量	8.0～10.0	1.0～2.0
6	ZZnAl11Cu1Mg	ZA11-1	余量	10.0～11.5	0.5～1.2
7	ZZnAl11Cu5Mg	ZA11-5	余量	10.0～12.0	4.0～5.5
8	ZZnAl27Cu2Mg	ZA27-2	余量	25.0～28.0	2.0～2.5

序号	合金元素(续)	杂质含量(%)≤							
	镁	铁	锡	铅	镉	锰	铬	镍	总和
1	0.03～0.08	0.1	0.003	0.015	0.005	—			0.2
2	0.03～0.06	0.075	0.002	铅+镉 0.009			—		
3	—	0.075	0.002	铅+镉 0.009			镁 0.005		
4	0.015～0.030	0.075	0.003	0.006	0.006	0.01	0.01	0.01	
5	0.03～0.06	0.2	0.01	0.03	0.02	—	硅 0.1		0.35
6	0.015～0.030	0.075	0.003	0.006	0.006	0.01	0.01	0.01	
7	0.03～0.06	0.2	0.01	0.03	0.02	—	硅 0.05		0.35
8	0.010～0.020	0.075	0.003	0.006	0.006	0.01	0.01	0.01	

序号	合金代号	铸造方法及状态	抗拉强度 σ_b (MPa)≥	伸长率 δ_5 (%)≥	布氏硬度 HB≥
1	ZA4-1	JF	175	0.5	80
2	ZA4-3	SF	220	0.1	90
		JF	240	1	100
3	ZA6-1	SF	180	1	80
		JF	220	1.5	80

序号	合金代号	铸造方法及状态	抗拉强度 σ_b（MPa）≥	伸长率 δ_5（%）≥	布氏硬度 HBS≥
4	ZA8-1	SF	250	1	80
		JF	225	1	85
5	ZA9-2	SF	275	0.7	90
		JF	315	1.5	105
6	ZA11-1	SF	280	1	90
		JF	310	1	90
7	ZA11-5	SF	275	0.5	80
		JF	295	1.0	100
8	ZA27-2	SF	400	3	110
		ST3	310	8	90
		JF	420	1	110

注：1. 合金代号表示方法："ZA"分别是锌、铝两个化学元素符号的第一个字母，表示铸造锌合金；其右边的第一组数字，表示该合金中的铝的平均百分含量；第二组数字，表示该合金中的铜的平均百分含量。如某种铝的百分平均含量的合金，只有一种铜的百分平均含量（如 ZA27-2），其合金代号可简写成"ZA27"。

2. 合金代号的读法："ZA4-1"，读作"锌铝四一"，或"ZA 四一"（其中"ZA"各按其英语字母发音）；"ZA27"，读作"锌铝二七"，或"ZA 二七"。

3. 铸造方法及状态栏中：SF——砂型，铸态；JF——金属型，铸态；ST3——砂型，均匀化处理；T3 工艺为 320℃，3h，炉冷。

主要特性及用途
① ZA4-1——铸造性好,耐蚀性好,强度较高,但尺寸稳定性稍差;适用于汽车、拖拉机、电气等工业部门,铸造不要求高精度的装饰性零配件及壳体零件
② ZA4-3——铸造性好,强度较高;常用于制作模具,如注塑模、吹塑模和简易冲压模具等;也可用于铸造汽车及其他工业部门用的各种砂型和金属型铸件
③ ZA6-1——引进的德国合金代号,铸造性好;用于铸造技术难度要求高的砂型或金属型铸件,如军械零件、仪表零件
④ ZA8-1——引进的美国合金代号,铸造性好,特别适合于金属型铸造,也可用于热室压铸;可用于铸造管接头、阀、电气开关和变压器零件,工业用滑轮和带轮,客车和运输车辆零件,灌溉系统零件,各种器具、小五金
⑤ ZA9-2、(7) ZA11-5——铸造性好,强度较高,耐磨性较好;可用作锡青铜和低锡轴承合金的代用品,如铸造各种起重运输设备、机床、水泵、鼓风机等的轴承,但工作温度应在 80℃ 以下
⑥ ZA11-1——引进的美国合金代号,铸造性好,强度较高,耐磨性好,适合于砂型和金属型铸造,也可用于冷室压铸;可用于制作有润滑的轴承、轴套、抗擦伤的耐磨零件,气压及液压配件,工业设备及农机具零件,运输车辆和客车零件

主要特性及用途
⑧ ZA27-2——引进美国的合金代号，重量较轻、强度高、耐磨性好，工作温度可至150℃，可用于砂型或金属型铸造，也可用于冷室压铸；适用于铸造高强度薄壁零件、抗擦伤的薄壁零件、轴套、气压及液压配件、工业设备和农机具零件、运输车辆和客车零件

（5）压铸锌合金的化学成分及力学性能（GB/T13818－1992）

合金牌号	合金代号	化学成分——主要成分（%）			
		锌	铝	铜	镁
ZZnAl4Y	YX040	余量	3.5～4.3	—	0.02～0.06
ZZnAl4Cu1Y	YX041	余量	3.5～4.3	0.75～1.25	0.03～0.08
ZZnAl4Cu3Y	YX043	余量	3.5～4.3	2.5～3.0	0.02～0.06

合金代号	化学成分					力学性能			
	杂质含量（%）≤					抗拉强度 σ_b （MPa）	伸长率 δ_5 （%）	布氏硬度 HB	冲击韧性 α_K （J）
	铁	铅	锡	镉	铜				
YX040	0.1	0.05	0.003	0.004	0.25	250	1	80	35
YX041	0.1	0.05	0.003	0.004	—	270	2	90	39
YX043	0.1	0.05	0.003	0.004	—	320	2	95	42

注：1. 合金牌号中，第一个字母"Z"和最后一个字母"Y"，分别为"铸"字和"压"字的汉语拼音第一个字母。

2. 合金代号中，"YX"为"压"、"锌"两字的汉语拼音第一个字母；3位数字中，左前两位数字表示铝的名义百分含量，后一位数字表示铜的名义百分含量。

8. 铅、锡、铅合金及轴承合金

(1) 铅锭的化学成分及用途(GB/T469－1995)

牌　　号	铅 (%)≥	杂质(%)≤				
		银	铜	铋	砷	锑
Pb99.994	99.994	0.0005	0.001	0.003	0.0005	0.001
Pb99.99	99.99	0.001	0.0015	0.005	0.001	0.001
Pb99.96	99.96	0.0015	0.002	0.03	0.002	0.005
Pb99.90	99.90	0.002	0.01	0.03	0.01	0.05

牌　　号	杂质(%)≤(续)				铅锭上颜色标志
	锡	锌	铁	总和	
Pb99.994	0.001	0.0005	0.0005	0.006	不加颜色标志
Pb99.99	0.001	0.001	0.001	0.01	竖划 2 条黄色线
Pb99.96	0.002	0.001	0.002	0.03	竖划 3 条黄色线
Pb99.90	0.005	0.002	0.002	0.10	竖划 4 条黄色线

注：1. 铅锭重量：24、42、48kg(±2kg)。

　　2. 铅锭供蓄电池、电缆、油漆、压延品、合金材料和军工、化学等工业使用。

(2) 铅阳极板的化学成分及用途(GB/T1471－1988)

牌号：PbAg1；主要成分(%)：铅余量，银 0.8～1.2；杂质含量(%)：铜≤0.001，锑≤0.004，砷≤0.002，锡≤0.002，铋≤0.006，铁≤0.002，锌≤0.001，镁＋钙＋钠≤0.003，总和≤0.2；用途：供电解工业用

(3) 铅及铅锑合金棒、线的化学成分和用途

组别	牌 号	主要成分(%)		杂质含量(%)≤		
		铅≥	锑	银	铜	锑
纯铅	Pb1	99.994	—	0.0005	0.001	0.001
	Pb2	99.9	—	0.002	0.01	0.05
	Pb3	99.0	—	0.003	0.1	0.5
铅锑合金	PbSb0.5	余量	0.3～0.8	—	—	—
	PbSb2		1.5～2.5			
	PbSb4		3.5～4.5			
	PbSb6		5.5～6.5			
	PbSb8		7.5～8.5			

组别	牌 号	杂质含量(%)≤(续)					
		砷	铋	锡	锌	铁	总和
纯铅	Pb1	0.0005	0.003	0.001	0.0005	0.0005	0.006
	Pb2	0.01	0.03	0.01	0.002	0.002	0.1
	Pb3	0.2	0.2	0.2	0.01	0.01	1.0
铅锑合金	PbSb0.5	0.005	0.06	0.008	0.005	0.005	0.15
	PbSb2	0.010	0.06	0.01	0.005	0.005	0.2
	PbSb4	0.010	0.06	0.01	0.005	0.005	0.2
	PbSb6	0.015	0.06	0.01	0.01	0.01	0.3
	PbSb8	0.015	0.06	0.01	0.01	0.01	0.3

注:1. 标准号和名称:GB/T1473－1988 铅及铅锑合金棒;GB/T1474－1988 铅及铅锑合金线(无 PbSb8 牌号)。

2. 产品适用于化学、染料、制药和其他工业部门用作耐酸、耐蚀材料。

（4）铅及铅锑合金板、管的化学成分、硬度和用途

组别	牌号	主要成分（%）		杂质含量（%）≤		
		铅≥	锑	银	铜	锑
		铅及铅锑合金板、管				
纯铅	Pb1	99.994	—	0.0005	0.001	0.001
	Pb2	99.9	—	0.002	0.01	0.05
铅锑合金	PbSb0.5		0.3～0.8			
	PbSb1		0.8～1.3			
	PbSb2	余量	1.5～2.5	—	—	—
	PbSb4		3.5～4.5			
	PbSb6		5.5～6.5			
	PbSb8		7.5～8.5			

组别	牌号	杂质含量（%）≤（续）						板材硬度HV≥
		砷	铋	锡	锌	铁	杂质总和	
纯铅	Pb1	0.0005	0.003	0.001	0.0005	0.0005	0.006	—
	Pb2	0.01	0.03	0.005	0.002	0.002	0.10	—
铅锑合金	PbSb0.5	0.005	0.06	0.008	0.005	0.005	0.15	—
	PbSb1	0.005	0.06	0.008	0.005	0.005	0.15	—
	PbSb2	0.01	0.06	0.008	0.005	0.005	0.2	6.6
	PbSb4	0.01	0.06	0.008	0.005	0.005	0.2	7.2
	PbSb6	0.015	0.08	0.01	0.01	0.01	0.3	8.1
	PbSb8	0.015	0.08	0.01	0.01	0.01	0.3	9.5

注：1. 标准号和名称：GB/T1470－2005 铅及铅锑合金板；
GB/T1472－2005铅及铅锑合金管(无 PbSb1 牌号)。

2. 铅和铅锑合金板适用于放射性防护和各种工业部门使用；
铅和铅锑合金管适用于化工、制药及其他工业部门使用。

5.240

组别	牌　　号	主要成分(%)				
		铅	锑	银	铜	其他
		铅及铅锑合金板				
硬铅锑合金	PbSb4-0.2-0.5	余量	3.5～4.5	—	0.05～0.2	锡 0.05～0.5
	PbSb6-0.2-0.5		5.5～6.5	—	0.05～0.2	锡 0.05～0.5
	PbSb8-0.2-0.5		7.5～8.5	—	0.05～0.2	锡 0.05～0.5
特硬铅锑合金	PbSb1-0.1-0.05	余量	0.5～1.5	0.01～0.5	0.05～0.2	碲 0.04～0.1
	PbSb2-0.1-0.05		1.6～2.5	0.01～0.5	0.05～0.2	碲 0.04～0.1
	PbSb3-0.1-0.05		2.6～3.5	0.01～0.5	0.05～0.2	碲 0.04～0.1
	PbSb4-0.1-0.05		3.6～4.5	0.01～0.5	0.05～0.2	碲 0.04～0.1
	PbSb5-0.1-0.05		4.6～5.5	0.01～0.5	0.05～0.2	碲 0.04～0.1
	PbSb6-0.1-0.05		5.6～6.5	0.01～0.5	0.05～0.2	碲 0.04～0.1
	PbSb7-0.1-0.05		6.6～7.5	0.01～0.5	0.05～0.2	碲 0.04～0.1
	PbSb8-0.1-0.05		7.6～8.5	0.01～0.5	0.05～0.2	碲 0.04～0.1

牌　　号	杂质含量(%)≤							
	砷	锡	铋	铁	锌	镁＋钙	硒	杂质总和
PbSb4-0.2-0.5	0.015	—	0.08	0.01	0.01	0.05	—	0.3
PbSb6-0.2-0.5	0.015	—	0.08	0.01	0.01	0.05	—	0.3
PbSb8-0.2-0.5	0.015	—	0.08	0.01	0.01	0.05	—	0.3
PbSb1-0.1-0.05	0.015	0.01	0.08	0.01	0.01	0.01	0.05	0.3
PbSb2-0.1-0.05	0.015	0.01	0.08	0.01	0.01	0.01	0.05	0.3
PbSb3-0.1-0.05	0.015	0.01	0.08	0.01	0.01	0.01	0.05	0.3
PbSb4-0.1-0.05	0.015	0.01	0.08	0.01	0.01	0.01	0.05	0.3
PbSb5-0.1-0.05	0.015	0.01	0.08	0.01	0.01	0.01	0.05	0.3
PbSb6-0.1-0.05	0.015	0.01	0.08	0.01	0.01	0.01	0.05	0.3
PbSb7-0.1-0.05	0.015	0.01	0.08	0.01	0.01	0.01	0.05	0.3
PbSb8-0.1-0.05	0.015	0.01	0.08	0.01	0.01	0.01	0.05	0.3

（5）锡锭和高纯锡的化学成分及用途

<table>
<tr><td colspan="11" align="center">1）锡锭的化学成分及用途（GB/T728－1998）</td></tr>
<tr><td rowspan="2">牌　号</td><td rowspan="2">锡
（%）≥</td><td colspan="4" align="center">杂质（%）≤</td></tr>
<tr><td>砷</td><td>铁</td><td>铜</td><td>铅</td></tr>
<tr><td>Sn99.99</td><td>99.99</td><td>0.0005</td><td>0.0025</td><td>0.0005</td><td>0.0035</td></tr>
<tr><td>Sn99.95</td><td>99.95</td><td>0.003</td><td>0.004</td><td>0.004</td><td>0.010</td></tr>
<tr><td>Sn99.90</td><td>99.90</td><td>0.008</td><td>0.007</td><td>0.008</td><td>0.040</td></tr>
<tr><td rowspan="2">牌　号</td><td colspan="6" align="center">杂质（%）≤　（续）</td></tr>
<tr><td>铋</td><td>锑</td><td>镉</td><td>锌</td><td>铝</td><td>总和</td></tr>
<tr><td>Sn99.99</td><td>0.0025</td><td>0.002</td><td>0.0003</td><td>0.0005</td><td>0.0005</td><td>0.010</td></tr>
<tr><td>Sn99.95</td><td>0.006</td><td>0.014</td><td>0.0005</td><td>0.0008</td><td>0.0008</td><td>0.050</td></tr>
<tr><td>Sn99.90</td><td>0.015</td><td>0.020</td><td>0.0008</td><td>0.001</td><td>0.001</td><td>0.10</td></tr>
</table>

<table>
<tr><td colspan="8" align="center">2）高纯锡的化学成分及用途（YS/T44－1992）</td></tr>
<tr><td rowspan="2">牌　号</td><td rowspan="2">锡
（%）≥</td><td colspan="6" align="center">杂质含量（ppm，1ppm＝0.0001%）≤</td></tr>
<tr><td>银</td><td>铝</td><td>钙</td><td>铜</td><td>铁</td><td>镁</td></tr>
<tr><td>Sn-05</td><td>99.999</td><td>0.5</td><td>0.3</td><td>0.5</td><td>0.5</td><td>0.5</td><td>0.5</td></tr>
<tr><td>Sn-06</td><td>99.9999</td><td>0.01</td><td>0.05</td><td>0.05</td><td>0.05</td><td>0.05</td><td>0.05</td></tr>
<tr><td rowspan="2">牌　号</td><td colspan="9" align="center">杂质含量（ppm，1ppm＝0.0001%）≤　（续）</td></tr>
<tr><td>镍</td><td>锌</td><td>锑</td><td>铋</td><td>砷</td><td>铅</td><td>金</td><td>钴</td><td>铟</td></tr>
<tr><td>Sn-05</td><td>0.5</td><td>0.5</td><td>0.5</td><td>0.5</td><td>1.0</td><td>0.5</td><td>0.1</td><td>0.1</td><td>0.2</td></tr>
<tr><td>Sn-06</td><td>0.05</td><td>0.05</td><td>—</td><td>—</td><td>—</td><td>—</td><td>0.01</td><td>0.01</td><td>—</td></tr>
</table>

注：1. 锡锭的重量为 25kg±1.5kg。

2. 锡锭供制造镀锡产品、含锡合金（如锡青铜、轴承合金、锡焊料）及其他产品用。

3. 高纯锡以锭状或粒状供货。锭状产品用涤纶薄膜包裹，塑料袋封装，每袋净重≤5kg。粒装产品用瓶装，每瓶净重≤3kg。

4. 高纯锡供制造高纯合金、半导体化合物、超导材料和焊条等用。

(6) 铸造轴承合金的化学成分(GB/T1174—1992)

种类	合金牌号	锡	铅	铜	锑	镍
锡基	ZSnSb12Pb10Cu4	余量	9.0~11.0	2.5~5.0	11.0~13.0	—
	ZSnSb12Cu6Cd1	余量	—	4.5~6.8	10.0~13.0	0.3~0.6
		砷 0.4~0.7,镉 1.1~1.6				
	ZSnSb11Cu6	余量	—	5.5~6.5	10.0~12.0	—
	ZSnSb8Cu4	余量	—	3.0~4.0	7.0~8.0	—
	ZSnSb4Cu4	余量	—	4.0~5.0	4.0~5.0	—
铅基	ZPbSb16Sn16Cu2	15.0~17.0	余量	1.5~2.0	15.0~17.0	—
	ZPbSb15Sn5Cu3Cd2	5.0~6.0	余量	2.5~3.0	14.0~16.0	—
		砷 0.6~1.0,镉 1.75~2.25				
	ZPbSb15Sn10	9.0~11.0	余量	≤0.7*	14.0~16.0	—
	ZPbSb15Sn5	4.0~5.5	余量	0.5~1.0*	14.0~15.5	—
	ZPbSb10Sn6	5.0~7.0	余量	≤0.7*	9.0~11.0	—
铜基	ZCuSn5Pb5Zn5	4.0~6.0	4.0~6.0	余量	锌 4.0~6.0	≤2.5*
	ZCuSn10P1	9.0~11.5	—	余量	磷 0.5~1.0	—
	ZCuPb10Sn10	9.0~11.0	8.0~11.0	余量	锌 ≤2.0*	≤2.0*
	ZCuPb15Sn8	7.0~9.0	13.0~17.0	余量	锌 ≤2.0*	≤2.0*
	ZCuPb20Sn5	4.0~6.0	18.0~23.0	余量	锌 ≤2.5*	≤2.5*
	ZCuPb30	—	27.0~33.0	余量	—	≤3.0*
	ZCuAl10Fe3	铝 8.5~11.0	铁 2.0~4.0	余量	锰 ≤1.0*	—
铝基	ZAlSn6Cu1Ni1	5.5~7.0	余量为铝	0.7~1.3	—	0.7~1.3

注:带 * 符号的元素数值,不计入其他元素总和。

合金牌号	化学成分——其他元素最高含量（%）											
	铜	锌	铝	锑	锰	硅	铁	铋	砷	磷	硫	总和
ZSnSb12Pb10Cu4	—	0.01	0.01	—	—	—	0.1	0.08	0.1	—	—	0.55
ZSnSb12Cu6Cd1	0.15	0.05	0.05	—	—	—	0.1	—	铁＋铝＋锌 0.15	—	—	—
ZSnSb11Cu6	0.35	0.01	0.01	—	—	—	0.1	0.03	0.1	—	—	0.55
ZSnSb8Cu4	0.35	0.005	0.005	—	—	—	0.1	0.03	0.1	—	—	0.55
ZSnSb4Cu4	0.35	0.01	0.01	—	—	—	0.1	0.08	0.1	—	—	0.50
ZPbSb16Sn16Cu2	—	0.15	—	—	—	—	0.1	0.1	0.3	—	—	0.60
ZPbSb15Sn5Cu3Cd2	—	0.15	—	—	—	—	0.1	0.1	—	—	—	0.4
ZPbSb15Sn10	—	0.005	0.005	—	—	—	0.1	0.1	0.6	镉 0.05	—	0.45
ZPbSb15Sn5	—	0.15	0.01	—	—	—	0.1	0.1	0.2	—	—	0.75
ZPbSb10Sn6	—	0.005	0.005	—	—	—	0.1	0.1	0.25	镉 0.05	—	0.7
ZCuSn5Pb5Zn5	—	—	0.01	0.25	0.05	0.01	0.30	—	—	0.05	0.10	0.7
ZCuSn10P1	—	0.05	0.01	0.05	0.2	0.02	0.10	0.005	镍 0.10	0.10	0.05	0.7
ZCuPb10Sn10	—	—	0.01	0.5	0.2	0.01	0.25	0.005	—	0.05	0.10	1.0
ZCuPb15Sn8	—	—	0.01	0.5	0.2	0.01	0.25	—	—	—	0.10	1.0
ZCuPb20Sn5	—	—	0.01	0.75	0.2	0.02	0.25	0.005	—	0.10	0.10	1.0
ZCuPb30	锡 1.0	—	—	0.2	0.3	0.20	0.5	—	镍 0.005	0.08	—	1.0
ZCuAl10Fe3	—	0.4	锡 0.2	锑 0.3	—	0.20	—	—	—	—	—	1.0
ZAlSn5Cu1Ni1	—	0.2	—	—	—	0.7	0.7	—	铁＋硅＋锰 1.0	—	—	1.5

(7) 铸造轴承合金的力学性能(GB/T1174—1992)

种类	合金牌号	铸造方法	抗拉强度 σ_b (MPa)	伸长率 δ_5 (%)	布氏硬度 HB
锡基	ZSnSb12Pb10Cu4	J	—	—	29
	ZSnSb12Cu6Cd1	J	—	—	34
	ZSnSb11Cu6	J	—	—	27
	ZSnSb8Cu4	J	—	—	24
	ZSnSb4Cu4	J	—	—	20
铅基	ZPbSb16Sn16Cu2	J	—	—	30
	ZPbSb15Sn5Cu3Cd2	J	—	—	32
	ZPbSb15Sn10	J	—	—	24
	ZPbSb15Sn5	J	—	—	20
	ZPbSb10Sn6	J	—	—	18
铜基	ZCuSn5Pb5Zn5	S、J	200	13	60*
		Li	250	13	65*
	ZCuSn10P1	S	200	3	80*
		J	310	2	90*
		Li	330	4	90*
	ZCuPb10Sn10	S	180	7	65
		J	220	5	70
		Li	220	6	70
	ZCuPb15Sn8	S	170	5	60*
		J	200	6	65*
		Li	220	8	65*
	ZCuPb20Sn5	S	150	5	45*
		J	150	6	55*
	ZCuPb30	J	—	—	25*
	ZCuAl10Fe3	S	490	13	100*
		J、Li	540	15	110*
铝基	ZAlSn6Cu1Ni1	S	110	10	35*
		J	130	15	40*

注:1. 铸造方法栏中:S——砂型铸造;J——金属型铸造;Li——离心铸造。

2. 带 * 符号的硬度值为参考值。

(8) 铸造轴承合金的主要特性及用途

锡基轴承合金

ZSnSb12Pb10Cu4——含锡量最低的锡基轴承合金。特性:性软而韧,耐压,硬度较高;因含铅,浇注性能较其他锡基轴承合金差,热强性也较低,但价格便宜。用途:适用于浇注一般中速、中等载荷发动机的主轴承,但不适用于高温场合

ZnSnSb12Cu6Cd1——特性:综合性能优越。用途:适用于浇注大型汽轮发电机主轴轴瓦等

ZSnSb11Cu6——机械工业中应用较广的一种锡基轴承合金。特性:锡含量较低,锑、铜含量较高,有一定的韧性,硬度适中,抗压强度较高,可塑性好,所以其减摩性和耐磨性也较好,冲击韧性比ZSnSb8Cu4、ZSnSb4Cu4 差,但比铅基轴承合金高;此外,它还有优良的导热性和耐蚀性,流动性也好,膨胀系数低于其他轴承合金;但其疲劳强度较低,不能用于浇注铸层较薄和承受较大振动载荷的轴承,工作温度不能高于 110℃,使用寿命也较短。用途:适用于浇注重载、高速、工作温度≤110℃的重要轴承,如 1500kW 以上的高速蒸汽机、375kW 的涡轮压缩机和涡轮泵、900kW 以上的快速行程柴油机、750kW 以上的电动机、500kW 以上的发电机、高转速的机床主轴等的轴承和轴瓦

ZSnSb8Cu4——特性:与上述 ZSnSb11Cu6 相比较,除韧性较好、强度和硬度较低外,其他性能则近似,但因含锡量较高,价格也较贵。用途:适用于浇注工作温度在 100℃以下的一般载荷、压力大的大型机器轴承和轴瓦,高速、高载荷汽车发动机薄壁双金属轴承

ZSnSb4Cu4——特性:韧性是锡基轴承合金中最高的,与ZSnSb11Cu6 相比较,强度和硬度略低,其他性能与之近似,但价格最贵。用途:适用于浇注要求韧性大、浇注层厚度较薄的重要高速轴承,如内燃机、涡轮机、特别是飞机和汽车发动机的高速轴承和轴瓦

5.246

铅基轴承合金

ZPbSb16Sn16Cu2——特性：与 ZSnSb11Cu6 相比较，抗压强度较高，耐磨性不低，使用寿命也不短，且价格便宜；缺点是，塑性和冲击韧性较差，在室温下比较脆，经受冲击载荷时容易形成裂纹和剥落，如承受静载荷时，情况则比较好。用途：适用于浇注工作温度＜120℃、承受无显著冲击载荷的重载高速轴承，如汽车拖拉机的曲柄轴承，以及 800kW 以内的蒸汽涡轮机、750kW 以内的电动机、500kW 以内的发电机、375kW 以内的压缩机和轧钢机等的轴承

ZPbSb15Sn5Cu3Cd2——特性：与上述 ZPbSb16Sn16Cu2 相比较，含锡量约低 2/3，但因加入镉和砷，性能尚无多大差别，可作为 ZPbSb16Sn16Cu2 的代用材料。用途：适用于浇注汽车、拖拉机、船舶机械、250kW 以内的电动机、抽水机、球磨性和金属机床的轴承

ZPbSb15Sn10——特性：韧性比 ZPbSb16Sn16Cu2 高，摩擦系数较大，但因其具有良好的磨合性和可塑性，所以仍然得到广泛的应用；合金经热处理（退火）后，塑性、韧性、强度和减摩性均可以大大提高，而硬度则有所下降，故一般在其浇注后应进行热处理（退火），以改善其性能。用途：适用于浇注中等压力、中速和冲击载荷的轴承，如汽车、拖拉机发动机的曲轴轴承，也适用于浇注高温轴承

ZPbSb15Sn5——特性：一种性能尚好的低锡铅基轴承合金；与 ZSnSb11Cu6 相比较，耐压强度相同，塑性和导热性较差，但在工作温度 80～100℃ 和冲击载荷较低的条件下，使用寿命也不低于 ZSnSb11Cu6。用途：适用于浇注在低速、轻压力条件下工作的机械轴承，如矿山水泵轴承；也可用于浇注汽轮机、中等功率电动机、拖拉机发动机、空压机等的轴承和轴瓦

铅基轴承合金

ZPbSb10Sn6——为含铅量最高的铅基轴承合金。特性:强度与弹性模量的比值较大,抗疲劳能力较强;具有良好的嵌入性、摩擦顺应性和摩擦相容性;合金硬度较低,对轴颈的磨损较小,软硬适中,韧性好,装配时容易刮削加工;原材料价廉,制造工艺简单,浇注质量容易保证;缺点是合金本身的耐磨性和耐蚀性不如锡基轴承合金。用途:可代替 ZSnSb4Cu4 用于浇注工作温度≤120℃、承受中等载荷或高速低载荷的机械轴承,如汽车汽油发动机、高速转子发动机、空气压缩机、制冷机和高压油泵等的主机轴承;也可用于浇注金属切削机床、通风机、真空泵、离心泵、燃气泵、水力透平机和一般农机上的轴承

铜基轴承合金

ZCuSn5Pb5Zn5——特性:具有中等强度、良好的耐磨性和耐蚀性、较好的铸造性能和加工性能。用途:适用于浇注在较高载荷、中等滑动速度(≤2.5m/s)条件下工作的机械轴承

ZCuSn10P1——特性:具有较高的强度和硬度,良好的耐磨性、耐蚀性和耐压性,较好的铸造性能和加工性能,工作温度可达 260℃。用途:适用于浇注在高载荷、高滑动速度(≤8m/s)条件下工作的机械轴承,如电动机轴承

ZCuPb10Sn10——特性:具有较高的抗拉强度、疲劳强度和冲击韧性,减摩性好,耐蚀性高,切削性能和铸造性能也较好;适宜与淬硬的轴颈匹配;但摩擦顺应性较差。用途:适用于浇注在高载荷、中等滑动速度条件下工作的机械轴承,如压延辊轴承、连杆小头轴套等;也可用于浇注最高峰值达 100MPa 的内燃机双金属轴瓦

铜基轴承合金

ZCuPb15Sn8——特性:具有较高的力学性能,良好的耐磨性和减摩性;在暂时缺乏润滑和水润滑条件下具有良好的滑动性;铸造性能较差;对硫酸有良好的耐蚀性。用途:适用于浇注在中高速、中等载荷条件下工作的机械轴承,如冷轧机轴承、内燃机连杆轴承等

ZCuPb20Sn5——特性:具有优良的耐磨性和减摩性,较高的抗拉强度和疲劳强度;铸造性能比 ZCuPb15Sn8 差;用于轴瓦时通常带有表面电镀层,可与淬硬轴颈或软轴颈匹配;无表面电镀层时,对低质润滑油的腐蚀较敏感。用途:适用于浇注在高速、中等载荷条件下工作的机械轴承,如铣床、破碎机、水泵和冷轧机轴承

ZCuPb30——特性:具有很小的摩擦系数和很高的耐磨性,疲劳强度也很高,在冲击载荷下不易开裂,导热能力较高;缺点是铸造性能差,容易产生密度偏析,无表面镀层时耐蚀性较差。用途:适用于浇注在高速、高载荷条件下工作的机械轴承,如航空发动机、拖拉机发动机的曲颈轴承、连杆轴承和凸轮轴轴承

ZCuAl10Fe3——特性:具有高的力学性能和耐磨性,良好的耐蚀性。用途:适用于浇注要求强度高、耐磨、耐蚀的重要轴承(轴套)

铝基轴承合金

ZAlSn6Cu1Ni1——特性:耐磨性超过锡基和铅基轴承合金,抗疲劳性和承载能力较高,密度小,耐蚀性良好,在承受重载荷作用时,轴承工作表面的温度较低;缺点是嵌入性和摩擦顺应性不如锡基和铅基轴承合金;如用于铸造整体轴承,其力学性能较低。用途:若制成有钢壳的双金属轴瓦,可用于高速、重载荷轴承,如重载荷柴油机和压缩机曲轴轴承、齿轮箱和自动传动装置轴承;也可用于制作一般机床的轴套

9. 硬 质 合 金

(1) 切削工具用硬质合金(GB/T 18376.1—2001)

1) 切削工具用硬质合金牌号表示规则

切削工具用硬质合金牌号由分类代号和分组代号两部分组成。

分类代号有 P、M、K 三种。其中：

P，表示长切削加工用硬质合金，主要成分以碳化钛、碳化钨为基，以钴(镍＋钼、镍＋钴)作粘结剂的合金。

M，表示长切削或短切削加工用硬质合金，主要成分以碳化钨为基，以钴作粘结剂，添加少量碳化钛(碳化钽、碳化铌)的合金。

K，表示短切削加工用硬质合金，主要成分以碳化钨为基，以钴作粘结剂，或添加少量碳化钽、碳化铌的合金。

分组代号用两位数字(01、10、20、30、40)表示。根据需要，可在两个分组代号之间插入一个中间代号(15、25、35、…)；若需要再细分时，可在分组代号后加一位数字(1、2、…)或英文字母作细分号，并用小数点隔开，以资区别。

2) 切削工具用硬质合金的基本组成和力学性能

分类分组代号		基本组成(参考值)			力学性能[1]		
		碳化钨	碳化钛(碳化钽碳化铌)等	钴(镍-钼等)	硬度≥		抗弯强度(MPa)≥
					洛氏硬度 HRA	维氏硬度 HV	
P	01	61～81	15～35	4～6	92.0	1860	700
	10	59～80	15～35	5～9	90.5	1630	1200
	20	64～84	10～25	6～10	90.0	1500	1300
	30	70～84	8～20	7～11	89.5	1480	1450
	40	72～85	5～15	8～12	88.5	1320	1650
M	10	75～87	4～14	5～7	91.5	1780	1200
	20	77～85	4～10	6～9	90.0	1550	1400
	30	79～85	4～12	6～11	89.5	1480	1500
	40	80～92	1～3	8～15	89.0	1400	1600

注：① 两种硬度，可任选其中一种；抗弯强度不作为验收依据。

2）切削工具用硬质合金的基本组成和力学性能

分类分组代号		基本组成（参考值）			力学性能[①]		
		碳化钨	碳化钛碳化钽碳化铌等	钴（镍-钼等）	硬度≥		抗弯强度（MPa）≥
					洛氏硬度 HRA	维氏硬度 HV	
K	01	≥93	≤4	3～6	91.0	1710	1200
	10	≥88	≤4	5～10	90.5	1630	1350
	20	≥87	≤3	5～11	90.0	1550	1450
	30	≥85	≤3	6～12	89.0	1480	1650
	40	≥82	≤3	12～15	88.0	1200	1900

3）切削工具用硬质合金的作业条件

分类分组代号	作业条件		性能提高方向	
	被加工材料	适应的加工条件	切削性能	合金性能
P01	钢、铸钢	高切削速度、小切削速度、无震动条件下精车、精镗	↑ 切削速度	↑ 耐磨性
P10	钢、铸钢	高切削速度、中小切削截面条件下的车削、仿形车削、车螺纹和铣削		
P20	钢、铸钢、长切削可锻铸铁	中等切削速度、中等切削截面条件下的车削、仿形车削和铣削、小切削截面的刨削	进给量	韧性
P30	钢、铸钢、长切削可锻铸铁	中等或低等切削速度、中等或大切削截面条件下的车削、铣削、刨削和不利条件下的加工[②]		
P40	钢、含砂眼和气孔的铸钢件	低切削速度、大切削角、大切削截面以及不利条件下的车、钝削、切槽和自动机床上加工[②]	↓	↓

3）切削工具用硬质合金的作业条件				
分类分组代号	作　业　条　件		性能提高方　　向	
	被加工材料	适应的加工条件	切削性能	合金性能
M10	钢、铸钢、锰钢、灰铸铁和合金铸铁	中度和高度切削速度，中、小切削截面条件下的车削	↑ 切削速度　进给量 ↓	↑ 耐磨性　韧性 ↓
M20	钢、铸钢、奥氏体钢和锰钢、灰铸铁	中等切削速度，中等切削截面条件下的车削、铣削		
M30	钢、铸钢、奥氏体钢、灰铸铁、耐高温合金	中等切削速度，中、大切削截面条件下的车削、铣削、刨削		
M40	低碳易削钢、低强度钢、有色金属和轻合金	车削、切断、特别适于自动机床上加工		
K01	特硬灰铸铁、淬火钢、冷硬铸铁、高硅铝合金、高耐磨塑料、硬纸板、陶瓷	车削、精车、铣削、镗削、刮削	↑ 切削速度　进给量 ↓	↑ 耐磨性　韧性 ↓
K10	布氏硬度高于 220 的铸铁、短切削的可锻铸铁、硅铝合金、铜合金、塑料、玻璃、陶瓷、石料	车削、铣削、镗削、刮削、拉削		
K20	布氏硬度低于 220 的灰铸铁、有色金属——铜、黄铜、铝	用于要求硬质合金有高韧性的车削、铣削、镗削、刮削、拉削		
K30	低硬度灰铸铁、低强度钢、压缩材料	用于在不利条件下②可能采用大切削角的车削、铣削、创削、切槽加工		
K40	有色金属、软木、硬木			

注：② 不利条件系指原材料或铸造、锻造的零件表面硬度不均，
加工时的切削深度不匀，间断切削以及振动等情况。

4) 供方的切削工具用硬质合金牌号表示规则

供方不允许直接采用标准规定的切削工具用硬质合金牌号作为供方的(切削工具用)硬质合金牌号。供方的硬质合金牌号由供方特征号(不多于两个英文字母或数字)、供方分类代号、分组代号(10、20、30、…)组成。根据需要,也可以在分组代号之间插入中间代号(15、25、35、…);若需要再细分时,也可以在分组代号后加一位数字(1、2、…)或英文字母作细分号,并用小数点隔开,以资区别。

例:某供方的切削工具用硬质合金牌号:YC20.J。

说明:Y——某供方的特征号;C——供方产品分类代号;20——分组代号;J——细分号

(2) 地质、矿山工具用硬质合金牌号(GB/T18376.2—2001)

1) 地质矿山工具用硬质合金牌号表示规则

地质矿山工具用硬质合金牌号由分类代号和分组代号两部分组成。分类代号用"G"表示。分组代号用 10、20、30、…表示;根据需要在两个分类代号之间插入一个中间代号(15、25、35、…);若需要再细分时,可在分组代号后加一位数字(1、2、…)或英文字母作细分号,并用小数点隔开,以资区别

2) 地质、矿山工具用硬质合金的基本组成和力学性能

分类 分组 代号		基本组成(参考值)			力学性能		
		钴	碳化钨	其他	硬度① ≥		抗弯 强度 (MPa) ≥
					洛氏 硬度 HRA	维氏 硬度 HV	
G	05	3～6	余量	微量	88.0	1200	1600
	10	5～9			87.0	1100	1700
	20	6～11			86.5	1050	1800
	30	8～12			86.0	1050	1900
	40	10～15			85.5	1000	2000
	50	12～17			85.0	950	2100

3）地质、矿山工具用硬质合金的作业条件

分类分组代号	作业条件 （推荐适用于）	合金性能
G05	单轴抗压强度<60MPa 的软岩或中硬岩	↑ 耐 磨 性 韧 性 ↓
G10	单轴抗压强度 60～120MPa 的软岩或中硬岩	
G20	单轴抗压强度 120～200MPa 的中硬岩或硬岩	
G30	单轴抗压强度 120～200MPa 的中硬岩或硬岩	
G40	单轴抗压强度 120～200MPa 的中硬岩或坚硬岩	
G50	单轴抗压强度>200MPa 的坚硬岩或极坚硬岩	

4）供方的地质、矿山工具用硬质合金牌号表示规则

供方不允许直接采用标准规定的地质、矿山工具用硬质合金牌号作为供方的（地质矿山工用）硬质合金牌号。供方的硬质合金牌号由供方特征号（不多于两个英文字母或数字）、供方分类号、分组代号（10、20、30、……）组成。根据需要，也可以在分组代号之间插入中间代号（15、25、35、……）；若需要再细分时，也可在分组代号后加一位数字（1、2、……）或英文字母作细分号，并用小数点隔开，以资区别。

例：某供方的地质、矿山工具用地质、矿山工具用硬质合金牌号：YK20.J。

说明：Y——某供方的特征号；K——某供方产品分类号；20——分组代号；J——细分号

注：① 两种硬度可任选其中一种。

（3）耐磨零件用硬质合金（GB/T18376.3—2001）

1）耐磨零件用硬质合金牌号表示规则

耐磨零件用硬质合金牌号由分类代号和分组代号两部分组成
分类代号有 LS、LT、LQ、LV 四种。其中：
　LS——金属线、棒、管拉制用硬质合金；
　LT——冲压模具用硬质合金；
　LQ——高温高压构件用硬质合金；
　LV——线材轧制辊环用硬质合金。
　分组代号用两位数字（10、20、30、……）表示。根据需要，可在两个分组代号之间插入一个中间代号（15、25、35、……）；若需要再细分时，可在分组代号后加一位数字（1、2、……）或英文字母作细分号，并用小数点隔开，以资区别

2) 耐磨零件用硬质合金的基本组成和力学性能						
分类分组代号		基本组成(参考值)			力学性能	
		钴（镍、钼）	碳化钨	其他	硬度① ≥		抗弯强度(MPa) ≥
					洛氏硬度 HRA	维氏硬度 HV	
LS	10	3～6	余量	微量	90.0	1500	1300
	20	5～9			89.0	1400	1600
	30	7～12			88.0	1200	1800
	40	11～17			87.0	1100	2000
LT	10	13～18	余量	微量	85.0	950	2000
	20	17～25			82.5	850	2100
	30	23～30			79.0	650	2200
LQ	10	5～7	余量	微量	89.0	1300	1800
	20	6～9			88.0	1200	2000
	30	8～15			86.5	1050	2100
LV	10	14～18	余量	微量	85.0	950	2100
	20	17～22			82.5	850	2200
	30	20～26			81.0	750	2250
	40	25～30			79.0	650	2300

3) 耐磨零件用硬质合金的作业条件		
分类分组代号		作业条件（推荐适用于）
LS	10	金属线材直径＜6mm 的拉制用模具、密封环等。
	20	金属线材直径＜20mm，管材直径＜10mm 的拉制用模具、密封环等。
	30	金属线材直径＜50mm，管材直径＜35mm 的拉制用模具
	40	大应力、大压缩力的拉制用模具
LT	10	M9 以下小规格标准紧固件冲压用模具。
	20	M12 以下小规格标准紧固件冲压用模具。
	30	M20 以下大、中规格标准紧固件、钢球冲压用模具

分类分组 代　　号		3）耐磨零件用硬质合金的作业条件（续） 作业条件 （推荐适用于）
LQ	10	人工合成金钢石用顶锤
	20	人工合成金钢石用顶锤
	30	人工合成金钢石用顶锤、压缸
LV	10	高速线材高水平轧制精轧机组用辊环
	20	高速线材较高水平轧制精轧机组用辊环
	30	高速线材一般水平轧制精轧机组用辊环
	40	高速线材预精轧机组用辊环

4）供方的耐磨零件用硬质合金牌号表示规则

　　供方不允许直接采用标准规定的耐磨零件用硬质合金牌号作为供方的（耐磨零件用）硬质合金牌号。供方的硬质合金牌号由供方特征号（不多于两个英文字母或数字）、供方分类代号、分组代号（10、20、30、…）组成。根据需要，也可以在分组代号之间插入中间代号（15、25、35、…）；若需要再细分时，也可以分组代号后加一位数字（1、2、…）或英文字母，并用小数点隔开，以资区别。

　　例：某供方的耐磨零件用硬质合金牌号：YL20.J。

　　说明：Y——某供方的特征号；L——某供方产品分类代号；20——分组代号；J——细分号。

　　注：① 两种硬度可任选其中一种。

（4）旧标准规定的硬质合金牌号、化学成分及物理力学性能

　　旧标准（YS/T490—1994）规定的硬质合金牌号已被新标准（GB/T18376.1～18376.3—2001）规定的硬质合金牌号代替。由于旧标准规定的硬质合金牌号在我国的应用时间较长，而且新、旧标准规定的硬质合金牌号的表示规则也不相同。故将旧标准规定的硬质合金牌号及其化学成分（基本组成）及物理力学性能简介于下，供参考。

牌号	化 学 成 分 (%)				物 理 力 学 性 能 ≥		
	碳化钨	碳化钛	碳化钽(铌)	钴	抗弯强度 (MPa)	密 度 (g/cm³)	硬度 HRA
钨钴合金类							
YG3X	96.5	—	<0.5	3	1079	15～15.3	91.5
YG6X	93.5	—	<0.5	6	1373	14.6～15.0	91
YG6A	92	—	2	6	1373	14.6～15.0	91.5
YG6	94	—	—	6	1422	14.6～15.0	89.5
YG8N	91	—	1	8	1471	14.5～14.9	89.5
YG8	92	—	—	8	1471	14.5～14.9	89.0
YG4C	96	—	—	4	1422	14.9～15.2	89.5
YG8C	92	—	—	8	1716	14.5～14.9	88.0
YG11C	89	—	—	11	2059	14.0～14.4	86.5
YG15	85	—	—	15	2059	13.0～14.2	87.0
钨钛钽(铌)钴合金类							
YW1	84～85	6	3～4	6	1177	12.6～13.5	91.5
YW2	82～83	6	3～4	8	1324	12.4～13.5	90.5
钨钛钴合金类							
YT5	85	5	—	10	1373	12.5～13.2	89.5
YT14	78	14	—	8	1177	11.2～12.0	90.5
YT30	66	30	—	4	883	9.3～9.7	92.5
碳化钛镍钼合金类							
YN10	15	62	1	镍 12 钼 10	1079	≥6.3	92.0

注：牌号表示意义：Y——硬质合金；G——钴，其后数字表示钴含量（%）；T——钛，其后数字表示碳化钛含量（%）；W——通用合金；N——不含钴，以镍钼作为粘结金属的合金。牌号后附加字母：X——由细颗粒碳化钨组成的合金；C——由粗颗粒碳化钨组成的合金；A——含少量碳化钽的合金；N——含少量碳化铌的合金。

（5）旧标准规定的硬质合金的牌号、使用性能及用途

钨钴合金类

YG3X——属细颗粒钨钴合金，是钨钴合金中耐磨性最好的一种，但使用强度、耐冲击性、耐振动性和耐崩裂性较差；适用于铸铁、有色金属及其合金的精加工和半精加工，也可用于合金钢、淬火钢的精加工，以及钢材、有色金属及其合金线材的细丝拉伸；此外，还适用于制作在强烈磨粒磨损条件下工作的工具和耐磨零件，如喷砂机喷嘴和类似工具

YG6X——属细颗粒钨钴合金，与 YG6 相比较，其耐磨性较高，而使用强度、耐冲击性、耐振动性和耐崩裂性较差；适用于加工冷硬合金铸铁和耐热合金钢，也适用于普通铸铁的精加工，以及钢材、有色金属及其合金线材的细丝拉伸

YG6A——含少量碳化钽的细颗粒钨钴合金，耐磨性高，使用强度和其他强度也较 YG6X 有所提高，并具备一定的通用性，可以代替 YG6X 使用；适用于冷硬合金铸铁、球墨铸铁、有色金属及其合金的半精加工；也适用于高锰钢、淬火钢、不锈钢、耐热钢的半精加工和精加工

YG6——耐磨性较高，但低于 YG3X；耐冲击和振动没有 YG3X 那样敏感；使用的切削速度较 YG8 有所提高；适用于铸铁、有色金属及其合金、不锈钢与非金属材料连续切削时的粗加工，间断切削时的半精加工和精加工，小断面精加工，粗加工螺纹，旋风车丝，连续断面的精铣和半精铣，孔的粗扩和精扩

YG8N——含少量碳化铌的钨钴合金，使用性能和韧性较 YG8 有所改善；适用于铸铁、球墨铸铁、白口铸铁、有色金属及其合金的粗加工，亦适用于不锈钢的粗加工和半精加工

钨钴合金类（续）

YG8——使用强度较高,耐冲击性和耐振动性较 YG6 好,但耐磨性和容许的切削速度较 YG6 低;适用于铸铁、有色金属及其合金、非金属材料的不平整断面和间断切削时的粗加工,一般孔和深孔的钻孔和扩孔,亦可用于钢材、有色金属及其合金的棒材、管材的拉伸和校准模具

YG4C——属粗颗粒钨钴合金,耐磨性高于 YG8,使用强度近于 YG8;适用煤炭采掘工业中镶制电钻及风钻钻头,可在中硬砂岩（Ⅴ～Ⅵ级,部分Ⅶ级）、灰岩及软硬交互频繁的岩层中使用

YG8C——属粗颗粒钨钴合金,其使用性能近于 YG15,耐磨性能则高于 YG15;适用于凿中硬和坚硬岩石的凿岩机钎头,切煤机齿、油井钻头,坚硬石材加工钻头;压缩率大的钢棒、钢管的拉伸模具;以及耐热钢、奥氏体不锈钢的大载荷粗车,钢和铸钢件的刨削

YG11C——属粗颗粒钨钴合金,其使用强度比 YG15 稍好,耐磨性则优于 YG15;适用镶制重型凿岩机用的钻头

YG15——使用强度是钨钴合金中最高的,耐冲击性最好,但耐磨性较低;适用于制作冲击回转凿岩机凿坚硬和极坚硬岩层的钻头,压缩率大的钢棒、钢管的拉伸模具、冲压模具等

钨钛钽（铌）钴合金（通用合金）

YW1——红硬性较好,能承受一定的冲击,是一种通用性较好的硬质合金;适用于铸铁和普通钢的加工,亦适用于耐热钢、高锰钢、不锈钢等难加工钢材的加工

钨钛钽（铌）钴合金（通用合金）（续）

YW2——耐磨性稍低于 YW1，但其使用强度较高，并能承受较大的冲击载荷，允许采用较高的切削速度；适用于铸铁和普通钢的加工，亦适用于耐热钢、高锰钢、不锈钢等难加工钢材的粗加工和半精加工

钨钛钴合金

YT5——在钨钛钴合金中，使用强度最高，耐冲击和耐振性最好，不易崩刃，但耐磨性较差，允许的切削速度较低；适用于碳钢和合金钢（钢锻件、钢冲压件和钢铸件表皮）的不平整断面与间断切削时的粗车、粗刨、半精刨，非连续断面的粗铣和钻孔

YT14——使用强度、耐冲击和耐振性稍次于 YT5，但耐磨和允许的切削速度较高；适用于碳钢和合金钢的不平整断面和连续切削时的粗车，间断切削时的半精车和精车，连续断面的粗铣，铸孔的扩钻和粗扩

YT30——耐磨性和允许的切削速度高于 YG14，但使用强度、耐冲击、耐振性和耐崩刃性较差，对冲击和振动敏感，要求按正确的工艺进行焊接和刃磨；适用于碳钢和合金钢的精加工，如小断面的精车、精镗、精扩等

碳化钛镍钼合金

YN10——一种以碳化钛为基体，镍、钼为粘结金属的硬质合金，价格低于以钴为粘结金属的硬质合金，性能与 YT30 基本相同，其特点是耐磨性优良，焊接性能差，通常用作可换式机械夹固式刀具使用；可代替 YT30，适用于碳钢、合金钢、工具钢、淬火钢等连续切削时的精加工，对于尺寸较大的工件和要求表面粗糙度小的工件，精加工的效果尤为显著

（6）钢结硬质合金的牌号、化学成分、使用性能及用途

牌号	钢基体类型	主 要 化 学 成 分 （%）				
		硬质相	基体（余量为铁）			
		碳化钼	碳	铬	钼	其他
合金工具钢钢结合金						
GT35	铬钼中碳合金钢	35	0.5	2.0	2.0	—
R5	高碳高铬合金钢	30～40	0.6～0.8	6～13	0.5～3	钒 0.1～0.5
不锈钢钢结合金						
ST60	奥氏体不锈钢	50～70	—	5～9		镍 3～7 氧化镧 ≤0.5
R8	半铁素体不锈钢	30～40	<0.15	12～20	≤4	钛 ≈1
高速钢钢结合金						
T1	高速钢	25～40	0.6～0.9	2～5	2～5	钨 3～6 钒 1～2
D1	高速钢	25～40	0.4～0.8	2～4	—	钨 10～15 钒 0.5～1

牌 号		GT35	R5	ST60	R8	T1	D1
物理力学性能	密度(g/cm³)	6.5	6.5	5.8	6.25	6.7	7.0
	抗弯强度(MPa)	1270	1270	1500	1080	1370	1500
	硬度 HRA	85.5	86.5	86.5	82.5	88	86

牌号	使 用 性 能 及 用 途
GT35	在硬化状态下有很高的硬度,耐磨性与高钴含量的硬质合金相当,但韧性比硬质合金好,且可热处理,可机械加工,可锻性良好,抗氧化性和耐蚀性也很好,但耐热疲劳性不够高;适用于制作冷镦、冷冲、冷挤、冷拉模,镗杆、轧辊滚压工具,以及卡具、量具、机器零件、耐磨零件等
R5	使用性能与 GT35 相似;适用于制作中温热作模具,抗氧化、耐腐蚀、耐磨零件,如刮片、密封环等
ST60	在各种腐蚀介质中有良好的耐蚀性和高的耐磨性,耐热性尚好,可机械加工,但不能热处理强化;适用于制作要求耐蚀性高的零件,如热挤压模及在磁场中工作的工具和模具
R8	使用性能与 ST60 相似,但可淬火硬化;适用于制作在有腐蚀性环境中工作的零件,如泵的密封环、阀座、轴承套等
T1	热硬性好,可热处理,可机械加工,焊接性良好,但可锻性不好;适用于制作加工有色金属及其合金、耐热合金、不锈钢等材料用的多刃刀具,如麻花钻、铣刀、滚刀、丝锥和扩孔钻等
D1	使用性能和用途,与 T1 相似

第六章 有色金属材料的尺寸及重量

1. 有色金属棒材

(1) 纯铜及黄铜棒理论重量

1) 纯铜棒理论重量(按密度 8.9g/cm³ 计算)

规格 (mm)	理论重量(kg/m)			规格 (mm)	理论重量(kg/m)		
	圆棒	方棒	六角棒		圆棒	方棒	六角棒
5	0.175	0.223	0.193	32	7.16	9.11	7.89
5.5	0.211	0.269	0.233	34	8.08	10.29	8.91
6	0.252	0.320	0.277	35	8.56	10.90	9.44
6.5	0.295	0.376	0.326	36	9.06	11.53	9.99
7	0.343	0.436	0.378	38	10.10	12.85	11.13
7.5	0.393	0.501	0.434	40	11.18	14.24	12.33
8	0.447	0.570	0.493	42	12.33	15.70	13.60
8.5	0.505	0.643	0.557	44	13.53	17.23	14.92
9	0.566	0.720	0.624	45	14.15	18.02	15.61
9.5	0.631	0.803	0.696	46	14.79	18.83	16.30
10	0.699	0.890	0.771	48	16.11	20.51	17.76
11	0.846	1.08	0.933	50	17.48	22.25	19.27
12	1.01	1.28	1.11	52	18.90	24.07	20.84
13	1.18	1.50	1.30	54	20.38	25.95	22.48
14	1.37	1.74	1.51	55	21.14	26.92	23.32
15	1.57	2.00	1.73	56	21.92	27.91	24.17
16	1.79	2.28	1.97	58	23.51	29.94	25.93
17	2.02	2.57	2.23	60	25.16	32.04	27.75
18	2.26	2.88	2.50	65	29.53	37.60	32.56
19	2.52	3.21	2.78	70	34.25	43.61	37.77
20	2.80	3.56	3.08	75	39.32	50.06	43.36
21	3.08	3.92	3.40	80	44.74	56.96	49.33
22	3.38	4.31	3.73	85	50.50	64.30	55.69
23	3.70	4.71	4.08	90	56.62	72.09	64.43
24	4.03	5.13	4.44	95	63.08	80.32	69.56
25	4.37	5.56	4.82	100	69.90	89.00	77.08
26	4.73	6.02	5.21	105	77.07	98.12	84.98
27	5.10	6.49	5.62	110	84.58	107.69	93.26
28	5.48	6.98	6.04	115	92.44	117.70	101.93
29	5.88	7.48	6.48	120	100.66	128.16	110.99
30	6.29	8.01	6.94				

2）黄铜棒理论重量（按密度 8.5g/cm³ 计算）

规格	理论重量（kg/m）			规格	理论重量（kg/m）		
（mm）	圆棒	方棒	六角棒	（mm）	圆棒	方棒	六角棒
5	0.17	0.21	0.18	22	3.23	4.11	3.56
5.5	0.20	0.26	0.22	23	3.53	4.50	3.89
6	0.24	0.31	0.27	24	3.85	4.90	4.24
6.5	0.28	0.36	0.31	25	4.17	5.31	4.60
7	0.33	0.42	0.36	26	4.51	5.75	4.98
7.5	0.38	0.48	0.41	27	4.87	6.20	5.36
8	0.43	0.54	0.47	28	5.23	6.66	6.79
8.5	0.48	0.61	0.53	29	5.61	7.15	6.19
9	0.54	0.69	0.60	30	6.01	7.65	6.63
9.5	0.60	0.77	0.66	32	6.84	8.70	7.54
10	0.67	0.85	0.74	34	7.72	9.83	8.51
11	0.81	1.03	0.89	35	8.18	10.41	9.02
12	0.96	1.22	1.06	36	8.65	11.02	9.54
13	1.13	1.44	1.24	38	9.64	12.27	10.63
14	1.31	1.67	1.44	40	10.68	13.60	11.78
15	1.50	1.91	1.66	42	11.78	14.99	12.99
16	1.71	2.18	1.88	44	12.92	16.46	14.25
17	1.93	2.46	2.13	45	13.52	17.21	14.91
18	2.16	2.75	2.39	46	14.13	17.99	15.57
19	2.41	3.07	2.66	48	15.33	19.58	16.96
20	2.67	3.40	2.94	50	16.69	21.25	18.40
21	2.94	3.75	3.25	52	18.05	22.98	19.90

2) 黄铜棒理论重量（按密度 8.5g/cm³ 计算）

规格 (mm)	理论重量（kg/m）			规格 (mm)	理论重量（kg/m）		
	圆棒	方棒	六角棒		圆棒	方棒	六角棒
54	19.47	24.79	21.47	95	60.25	76.71	66.43
55	20.19	25.71	22.27	100	66.76	85.00	73.61
56	20.94	26.66	23.08	105	73.60	86.71	81.16
58	22.46	28.59	24.79	110	80.78	102.85	89.07
60	24.03	30.60	26.50	115	88.29	112.41	97.35
65	28.21	35.91	31.10	120	96.13	122.40	106.00
70	32.71	41.65	36.07	130	112.82	143.65	124.40
75	37.55	47.81	41.40	140	130.85	166.60	144.28
80	42.73	54.40	47.11	150	150.21	191.25	165.63
85	48.23	61.41	53.18	160	170.90	217.60	188.45
90	54.07	68.85	59.63				

注：1. 规格栏中：圆棒指直径，方棒和六角棒指内切圆直径或平行面之间距离。

2. 黄铜密度为 8.5g/cm³ 的棒材理论重量，可直接引用第6.3页"(2)黄铜棒理论重量"。黄铜牌号密度非 8.5g/cm³ 的棒材理论重量，需将该理论重量再乘上相应的理论重量换算系数。

6.4

3. 各黄铜牌号的密度(g/cm^3)和理论重量换算系数见下表：

黄铜牌号	密度 （g/cm^3）	理论重量 换算系数
H96、H90	8.8	1.0353
HSi80-3	8.6	1.011
H80、H68、H65、H63、H62 HPb63-3、HPb63-0.1 HSn62-1、HMn58-2 HMn55-3-1、HMn57-3-1 HFe59-1-1、HFe58-1-1 HAl60-1-1、HAl67-2.5 HAl66-6-3-2、HNi65-5	8.5	1.000

4. 青铜和白铜棒材的理论重量，可将第 6.2 页"(1)纯铜棒理论重量（按密度 8.9g/cm^3 计算）"，再乘上相应的理论重量换算系数。

5. 各青铜和白铜牌号的密度(g/cm^3)和理论重量换算系数见下表：

青铜和白铜牌号	密度 （g/cm^3）	理论重量 换算系数
QCr0.5、QMn40-1、BFe30-1-1	8.9	1.000
QSn4-3、QSn4-0.3、QSn6.5-0.4 QSn7-0.2、QCd1、QSi3.5-3-1.5	8.8	0.989
QSi1-3、BZn15-20、BZn15-24-1.5	8.6	0.966
QSi3-1	8.4	0.944
QBe2	8.3	0.933
QAl9-2、QBe1.9、QBe1.7	7.6	0.854
QAl9-4、QAl10-3-1.5 QAl10-4-4、QAl11-6-6	7.5	0.843

(2) 铜及铜合金拉制棒（GB/T4423－1992）

1）拉制棒的牌号、供应状态和规格

牌　　号	供应状态	规格(mm)	牌　　号	供应状态	规格(mm)
纯铜棒			青铜棒		
T2、T3	Y、M	5～80	QAl9-2	Y	5～40
TU1、TU2	Y、M	5～80	QAl9-4	Y	5～40
TP2	Y、M	5～80	QAl10-3-1.5	Y	5～40
黄铜棒			QSi3-1	Y	5～40
			QSn6.5-0.1	Y	5～40
H96	Y、M	5～80	QSn6.5-0.4	Y	5～40
H80、H65	Y、M	5～40	QSn7-0.2	Y、T	5～40
H68	Y₂	5～80	QSn4-0.3	Y	5～40
	M	13～35	QSn4-3	Y	5～40
H63	Y₂	5～40	QCd1	Y、M	5～60
H62、HPb59-1	Y₂	5～80	QCr0.5	Y、M	5～40
HPb63-0.1	Y₂	5～30	白铜棒		
HPb63-3	Y	5～30			
	Y₂	5～60	BZn15-20	Y、M	5～40
HSn62-1	Y	5～60	BZn15-24-1.5	T、Y	5～18
HMn58-2	Y	5～60		M	5～18
HFe58-1-1	Y	5～60	BFe30-1-1	Y、M	16～50
HFe59-1-1	Y	5～60	BMn40-1.5	Y	7～40

2）拉制棒的直径允许偏差及不定尺供应长度

直径(mm)		5～6	>6～10	>10～18	>18～30	>30～50	>50
允许偏差(mm)	高级	−0.05	−0.06	−0.07	−0.08	−0.16	−0.19
	较高级	−0.08	−0.09	−0.11	−0.13	−0.25	−0.30
	普通级	−0.12	−0.15	−0.18	−0.21	−0.39	−0.46
供应长度(m)		1.2～5			1～5		0.5～5

注：1. 规格：圆棒指直径；方棒和六角棒指内切圆直径或两平行
面之间距离。

2. 供应状态代号的意义，见第 2.50 页。

3. 棒的理论重量，见第 6.2 页"铜及铜合金棒理论重量"。

(3) 铜及铜合金挤制棒(GB/T13808－1992)

1) 挤制棒的牌号和规格(供应状态均为 R－挤制)

牌　号	规格(mm)	牌　号	规格(mm)
① 纯铜棒		② 黄铜棒(续)	
T2、T3	圆　棒 30～120	HSi80-3	圆　棒 10～160
	方　棒 30～120	HNi56-3	圆　棒 10～160
	六角棒 30～120	③ 青铜棒	
TU1、TU2 TP2	圆　棒 16～120	QAl9-2	
	方　棒 16～120	QAl9-4	
	六角棒 16～120	QAl10-3-1.5	圆　棒 10～160
② 黄铜棒		QAl10-4-4	
H96、H62	圆　棒 10～160	QAl11-6-6	
	方　棒 10～120	QSi1-3	圆　棒 20～120
	六角棒 10～120	QSi3-1	圆　棒 20～160
H80、H68 H59	圆　棒 16～120	QSi3.5-3-1.5	圆　棒 40～120
	方　棒 16～120	QCd1	圆　棒 20～120
	六角棒 16～120	QCr0.5	圆　棒 18～160
HPb59-1 HSn62-1 HSn70-1 HMn58-2 HMn55-3-1 HMn57-3-1 HFe59-1-1 HFe58-1-1 HAl60-1-1 HAl66-6-3-2 HAl67-2.5 HAl77-2	圆　棒 10～160 方　棒 10～120 六角棒 10～120	QSn7-0.2 QSn4-3	圆　棒 40～120
			方　棒 40～120
			六角棒 40～120
		QSn6.5-0.1 QSn6.5-0.4	圆　棒 30～120
			方　棒 30～120
			六角棒 30～120
		④ 白铜棒	
		BFe30-1-1 BAl13-3 BMn40-1.5	圆　棒 40～120
		BZn15-20	圆　棒 25～120

2）挤制棒的直径允许偏差（mm）								
直径	10	>10 ~18	>18 ~30	>30 ~50	>50 ~80	>80 ~120	>120 ~160	>160 ~180
① 普通黄铜棒、铅黄铜棒的直径允许偏差								
较高级	±0.29	±0.35	±0.42	±0.50	±0.60	±0.70	±0.80	—
普通级	±0.45	±0.55	±0.65	±0.80	±0.95	±1.10	±1.25	
② 纯铜棒、复杂黄铜棒①、锡青铜棒的直径允许偏差								
较高级	±0.29	±0.35	±0.42	±0.50	±0.60	±1.10	±1.50	—
普通级	±0.45	±0.55	±0.65	±0.80	±0.95	±1.75	±2.00	
③ 铝青铜棒、硅青铜棒、镉青铜棒、铬青铜棒的直径允许偏差								
较高级	±0.45	±0.55	±0.65	±0.80	±0.95	±1.10	±1.25	±2.00
普通级	±0.50	±0.65	±0.75	±1.10	±1.25	±1.60	±2.00	±3.00
④ 白铜棒的直径允许偏差								
较高级	—	—	±0.75	±1.00	±1.25	±1.75	—	—
普通级	—	—	±1.05	±1.25	±1.50	±2.00	—	—

3）挤制棒的不定尺供应长度		
直径（mm）	10~50	>50~75	>75
供应长度（m）	1~5	0.5~5	0.5~4

注：1. 规格：圆棒指直径；方棒、六角棒指内切圆直径或两平行面之间距离。

2. 棒的理论重量，见第 6.2 页"铜及铜合金棒理论重量"。

① 复杂黄铜包括锡黄铜、锰黄铜、铁黄铜、铝黄铜、硅黄铜、镍黄铜。

（4）铜及铜合金矩形棒（GB/T13809－1992）

1）矩形棒的宽厚比（b/a）（b——棒宽度；a——棒厚度）

a(mm)	≤10	>10～20	>20
b/a(mm)≤	2.0	3.0	3.5

2）矩形棒的牌号、制造方法、状态和规格

牌　号	规格（a×b）(mm)				
	状态	拉制	状态	挤制	
T2	M,Y	(3～75)×(4～80)	R	(20～80)×(30～120)	
H62	Y₂	(3～75)×(4～80)	R	(5～40)×(8～50)	
HPb59-1	Y₂	(3～75)×(4～80)	R	(5～40)×(8～50)	
HPb63-3	Y₂	(3～75)×(4～80)	—	—	

3）拉制棒的宽度或厚度允许偏差(mm)

宽度或厚度		3	>3～6	>6～10	>10～18	>18～30	>30～50	>50～80
允许偏差	较高级	±0.05	±0.07	±0.08	±0.10	±0.15	±0.20	±0.25
	普通级	±0.07	±0.09	±0.11	±0.14	±0.17	±0.31	±0.37

4）挤制棒的宽度或厚度允许偏差(mm)

宽度或厚度		≤6	>6～10	>10～18	>18～30	>30～50	>50～80	>80～120
允许偏差	较高级	±1.2%，但最小值为±0.30						
	普通级	±0.60	±0.75	±0.90	±1.05	±1.25	±1.50	±1.75

5）拉制棒的横截面棱角处的圆角半径 r(mm)

宽度 b	3～6	>6～10	>10～18	>18～30	>30～50	>50～80
圆角半径 r	0.5	0.8	1.2	1.8	2.8	4.0

6）拉制棒的直线度(mm)

长　度　（m）		1～2	2～3
直线度	普通级	每米为 10	每米为 6
	较高级	每 2m 为 20	每 2m 为 15

注：矩形棒的不定尺供应长度为1～5m。

(5) 黄铜磨光棒（GB/T13812－1992）

1）磨光棒的牌号、状态和规格

牌 号	状 态	直 径 （mm）
HPb59-1、HPb63-3、H62	Y（硬）、Y_2（半硬）	5～19

2）磨光棒的不定尺长度

直径(mm)	5～9	＞9～19
不定尺长度(m)	1.5～2	1.5～2.5

3）磨光棒的直径允许偏差和不圆度

直径 （mm）	直径允许偏差(mm)		不圆度(mm)≤	
	较高级	普通级	较高级	普通级
5～8	－0.01	－0.02	0.005	0.010
＞8～15	－0.02	－0.03	0.008	0.015
＞15～19	－0.03	－0.04	0.015	0.020

注：1. 经供需双方商定，也可供应其他牌号、状态和规格的磨光棒。

2. 磨光棒供收录机、电视机、照相机及其他仪器、仪表等工业部门在自动车床上车制零件使用。

3. 磨光棒的理论重量，见第 6.2 页"铜及铜合金棒理论重量"。

(6) 铍青铜棒（YS/T334—1995）

1）棒的牌号、制造方法、供货状态和规格（mm）

牌号	制造方法	供货状态	直　径	长　度
QBe2 QBe1.9 QBe1.9-0.1 QBe1.7 QBe0.6-2.5 QBe0.4-1.8 QBe0.3-1.5	拉制	M（软态） Y₂（半硬态） Y（硬态）	5～10 ＞10～15 ＞15～20 ＞20～30 ＞30～40	1500～4000 1000～4000 1000～4000 500～3000 500～3000
		TF00（软时效态） TH04（硬时效态）	5～40	300～2000
	挤制①	R（挤制）	20～30 ＞30～50 ＞50～80 ＞80～120	500～3000 500～3000 500～2500 500～2500
	锻造①	D（锻造）	≥35～100	＞300

2）拉制棒的直径允许偏差（mm）

直径		5～10	＞10～15	＞15～20	＞20～30	＞30～40
允许 偏差	较高级	−0.08	−0.10	−0.12	−0.14	−0.17
	普通级	−0.16	−0.20	−0.24	−0.28	−0.34

3）挤制和锻造棒的直径允许偏差（mm）

直径		20～30	＞30～50	＞50～80	＞80～120
允许 偏差	高级	−0.84	−1.0	—	—
	较高级	−1.3	−1.6	−1.9	−2.2
	普通级	—	—	−2.5	−3.2

注：1. 铍青铜棒的理论重量，见第 6.2 页"铜及铜合金棒理论重量。"

　　2. 铍青铜棒用于航天、航空和电工等工业。

① QBe0.6-2.5、QBe0.4-1.8、QBe0.3-1.5 未规定挤制、锻造产品的力学性能。

(7) 镍及镍铜合金棒（GB/T4435－1984）

1）棒的牌号、制造方法和状态、规格（直径）

牌　　号	制造方法和状态		直径（mm）
N6	拉制 挤制	Y（硬）、M（软） R（挤制）	5～40 32～60
NCu28-2.5-1.5	拉制 挤制	Y（硬）、Y₂（半硬）、M（软） R（挤制）	5～40 32～60
NCu40-2-1	拉制 挤制	Y（硬）、M（软） R（挤制）	5～30 32～50

2）棒的直径允许偏差及不定尺长度

直径（mm）			5～6	6.5～10	11～18	19～30	32～40	42～60
允许 偏差	拉制	较高级	－0.08	－0.09	－0.11	－0.13	－0.25	
		普通级	－0.12	－0.15	－0.18	－0.21	－0.39	
	挤　制						±1.25	±1.50
不定尺长度（m）			1～4			0.5～3	0.5～2	

注：1. 棒的密度按 8.85g/cm³ 计算。棒的理论重量可按第 6.2 页
"纯铜棒理论重量"，再乘以理论重量换算系数 0.994 求得。

2. 镍及镍铜合金棒用于机械、化工等工业制造重要的耐蚀结
构件和抗磁性零件。

(8) 铝及铝合金棒理论重量

规格 (mm)	理论重量 (kg/m)	规格 (mm)	理论重量 (kg/m)	规格 (mm)	理论重量 (kg/m)	规格 (mm)	理论重量 (kg/m)
			圆	形 棒			
5	0.0550	24	1.267	63	8.728	220	106.4
5.5	0.0665	25	1.374	65	9.291	230	116.3
6	0.0792	26	1.487	70	10.78	240	126.7
6.5	0.0929	27	1.603	75	12.37	250	137.4
7	0.1078	28	1.724	80	14.07	260	148.7
7.5	0.1237	30	1.979	85	15.89	270	160.3
8	0.1407	32	2.252	90	17.81	280	172.4
8.5	0.1589	34	2.542	95	19.85	290	184.9
9	0.1781	35	2.694	100	21.99	300	197.9
9.5	0.1985	36	2.850	105	24.25	320	225.2
10	0.2199	38	3.176	110	26.61	330	239.5
10.5	0.2425	40	3.519	115	29.08	340	254.2
11	0.2661	41	3.697	120	31.67	350	269.4
11.5	0.2908	42	3.879	125	34.36	360	285.0
12	0.3167	45	4.453	130	37.16	370	301.1
13	0.3716	46	4.653	135	40.08	380	317.6
14	0.4310	48	5.067	140	43.10	390	334.5
15	0.4948	50	5.498	145	46.24	400	351.9
16	0.5630	51	5.720	150	49.48	450	445.3
17	0.6355	52	5.946	160	56.30	480	506.7
18	0.7125	55	6.652	170	63.55	500	549.8
19	0.7939	58	7.398	180	71.25	520	594.6
20	0.8796	59	7.655	190	79.39	550	665.2
21	0.9698	60	7.917	200	87.96	600	791.7
22	1.064	62	8.453	210	96.98	630	872.8

规格 (mm)	理论重量 (kg/m)	规格 (mm)	理论重量 (kg/m)	规格 (mm)	理论重量 (kg/m)	规格 (mm)	理论重量 (kg/m)
方　形　棒							
5	0.0700	16	0.7168	40	4.480	95	25.27
5.5	0.0847	17	0.8092	41	4.707	100	28.00
6	0.1008	18	0.9072	42	4.939	105	30.87
6.5	0.1183	19	1.011	45	5.670	110	33.88
7	0.1372	20	1.120	46	5.925	115	37.03
7.5	0.1575	21	1.235	48	6.451	120	40.32
8	0.1792	22	1.355	50	7.000	125	43.75
8.5	0.2023	24	1.613	51	7.283	130	47.32
9	0.2268	25	1.750	52	7.571	135	51.03
9.5	0.2527	26	1.890	55	8.470	140	54.88
10	0.2800	27	2.041	58	9.419	145	58.87
10.5	0.3087	28	2.195	60	10.08	150	63.00
11	0.3388	30	2.520	65	11.83	160	71.68
11.5	0.3703	32	2.867	70	13.72	170	80.92
12	0.4032	34	3.237	75	15.75	180	90.72
13	0.4732	35	3.430	80	17.92	190	101.1
14	0.5488	36	3.629	85	20.23	200	112.0
15	0.6300	38	4.043	90	22.68		
六　角　形　棒							
5	0.0606	8	0.1552	11	0.2934	16	0.6207
5.5	0.0735	8.5	0.1752	11.5	0.3207	17	0.7008
6	0.0873	9	0.1964	12	0.3492	18	0.7856
6.5	0.1025	9.5	0.2188	13	0.4098	19	0.8754
7	0.1188	10	0.2425	14	0.4753	20	0.9699
7.5	0.1364	10.5	0.2673	15	0.5456	21	1.070

规格 (mm)	理论重量 (kg/m)	规格 (mm)	理论重量 (kg/m)	规格 (mm)	理论重量 (kg/m)	规格 (mm)	理论重量 (kg/m)
六 角 形 棒							
22	1.174	40	3.880	65	10.25	125	37.89
24	1.397	41	4.076	70	11.88	130	40.98
25	1.516	42	4.277	75	13.64	135	44.19
26	1.639	45	4.910	80	15.52	140	47.53
27	1.768	46	5.131	85	17.52	145	50.98
28	1.901	48	5.587	90	19.64	150	54.56
30	2.182	50	6.062	95	21.88	160	62.07
32	2.483	51	6.307	100	24.25	170	70.08
34	2.803	52	6.557	105	26.73	180	78.56
35	2.970	55	7.335	110	29.34	190	87.54
36	3.143	58	8.157	115	32.07	200	96.99
38	3.502	60	8.730	120	34.92		

注：1. 规格——圆棒指直径，方棒和六角棒指内切圆直径。

2. 理论重量是按 2A11、2A12、2A14、2A70、2A80、2A90 等牌
号铝合金的密度 2.8g/cm³ 计算的。其他密度非 2.8 牌号
铝合金的理论重量，需再乘上相应的"理论重量换算
系数"。其他密度非 2.8 牌号铝合金的密度(g/cm³)/理论重
量换算系数如下：

1070A、1060、1050A、1035、1200、8A06：2.71/0.968

5A03、5083：2.67/0.954   5A02：2.68/0.957

5A06：2.64/0.943   5A05：2.65/0.946

3A21：2.73/0.975   5A12：2.63/0.939

2A06：2.76/0.985   2A02：2.75/0.982

2A16：2.84/1.104   2A50、2B50：2.75/0.982

6A02、6061、6063：2.70/0.964   7A04、7A09：2.85/1.018

(9) 铝及铝合金挤压棒材(GB/T3191－1998)

1) 铝及铝合金挤压棒材的牌号和规格(mm)

牌　号	供应状态	圆棒直径		方棒、六角棒内切圆直径	
		普通棒材	高强度棒材	普通棒材	高强度棒材
1070A、1060、1050A、1035、1200、8A06、5A02、5A03、5A05、5A06、5A12、3A21、5052、5083、3003	H112 F O	5～600	—	5～200	—
2A70、2A80、2A90、4A11、2A02、2A06、2A16	H112 F	5～600		5～200	
	T6	5～150	—	5～120	—
7A04、7A09、6A02、2A50、2A14	H112、F	5～600	20～160	5～200	20～100
	T6	5～150	20～120	5～120	20～100
2A11、2A12	H112、F	5～600	20～160	5～200	20～100
	T4	5～150	20～120	5～120	20～100
2A13	H112、F	5～600		5～200	
	T4	5～150		5～120	
6063	T5、T6	5～25		5～25	
	F	5～600		5～200	
6061	H112、F	5～600		5～200	
	T6、T4	5～150		5～120	

2) 铝及铝合金挤压棒材的直径允许偏差(mm)

直　径		5～6	>6 ～10	>10 ～18	>18 ～28	>28 ～50	>50 ～>80	>80 ～120
允许偏差	A级	−0.30	−0.36	−0.43	−0.52	−0.62	−0.74	—
	B级	−0.48	−0.58	−0.70	−0.84	−1.00	−1.20	−1.40
	C级	—	—	−1.10	−1.30	−1.60	−1.90	−2.20
	D级	—	—	−1.30	−1.50	−2.00	−2.50	−3.20

2）铝及铝合金挤压棒材的直径允许偏差（mm）

直　径		>120 ～180	>180 ～250	>250 ～300	>300 ～400	>400 ～500	>500 ～600
允 许 偏 差	A 级	—	—	—	—	—	—
	B 级	—	—	—	—	—	—
	C 级	−2.50	−2.90	−3.30	—	—	—
	D 级	−3.00	−4.50	−5.50	−7.20	−8.00	−9.00

3）铝及铝合金挤压棒材的弯曲度

直　径 （mm）	普通级		高精级	
	1m 长度上	全长 L（m）	1m 长度上	全长 L（m）
	弯曲率（mm）≤			
>10～100	3.0	3.0×L（最大为 15）	2.0	2.0×L（最大为 10）
>100～120	6.0	6.0×L（最大为 25）	5.0	5.0×L（最大为 20）
>120～180	10.0	10.0×L（最大为 30）	7.0	7.0×L（最大为 30）
>180～200	14.0	14.0×L（最大为 50）	10.0	10.0×L（最大为 40）

注：1．表中弯曲度数值是将棒材置于平台上，靠自重平衡后仍存在的弯曲。

　　2．不足 1m 的棒材按 1m 计算弯曲度。

　　3．对于直径不大于 10mm 的棒材，允许有轻压后即可消除的弯曲

4）方棒、六角棒的扭拧度和最大圆角半径（mm）

内切圆直径		普通级		高精级		内切圆直径		最大 圆角 半径
		1m 长 度上	全长 L （m）	1m 长 度上	全长 L （m）			
大于	至	扭拧度 ≤				大于	至	
	14	60°	60°×L	40°	40°×L		25	2.0
14	30	45°	45°×L	30°	30°×L	25	50	3.0
30	50	30°	30°×L	20°	20°×L	50		5.0
50	120	25°	25°×L					

注：4．内切圆直径指方棒和六角棒断面的正方形和六角形的内切圆直径。

　　5．不足 1m 的棒材，扭拧度按 1m 计算

（10）铅及铅锑合金棒（GB/T1473－1988）

名义直径（mm）	允许偏差（mm）		理论重量$\left(\dfrac{kg}{m}\right)$	名义直径（mm）	允许偏差（mm）		理论重量$\left(\dfrac{kg}{m}\right)$
	普通精度	较高精度			普通精度	较高精度	
6	±0.45	±0.29	0.32	45	±0.80	±0.50	18.03
8			0.57	50			22.25
10			0.89	55	±0.95	±0.60	26.93
12	±0.55	±0.35	1.28	60			32.05
15			2.01	65			37.65
18			2.88	70			43.65
20	±0.65	±0.42	3.56	75			50.09
22			4.31	80			56.95
25			5.57	85	±1.10	±0.70	64.30
30			8.02	90			72.15
35	±0.80	±0.50	10.90	95			80.30
40			14.24	100			89.02

注：1. 棒材的牌号：纯铅棒有 Pb1、Pb2、Pb3；铅锑合金棒有 PbSb0.5、PbSb2、PbSb4、PbSb6、PbSb8。

2. 理论重量是按纯铅（牌号为 Pb1、Pb2、Pb3）的密度 11.34g/cm³ 计算的。铅锑合金棒的理论重量，需乘上相应的理论重量换算系数。各牌号铅锑合金的"密度(g/cm³)/换算系数"如下：

PbSb0.5：11.32/0.9982　　　PbSb2：11.25/0.9921
PbSb4：11.15/0.9832　　　　PbSb6：11.06/0.9753
PbSb8：10.97/0.9674

3. 不定尺长度：直径 6～20mm，长度≥2.5m（成卷或直条供应）；直径＞20mm，长度≥1m（直条供应）。

4. 铅及铅锑合金棒用作耐酸材料。

2. 有色金属板材、带材及箔材

（1）铜及黄铜板(带、箔)理论重量

厚度 （mm）	理论重量 （kg/m²）		厚度 （mm）	理论重量 （kg/m²）	
	铜板	黄铜板		铜板	黄铜板
0.005	0.0445	0.0425	0.45	4.01	3.83
0.008	0.0712	0.0680	0.50	4.45	4.25
0.010	0.0890	0.0850	0.52	—	4.42
0.012	0.107	0.102	0.55	4.90	4.68
0.015	0.134	0.128	0.57	—	4.85
0.02	0.178	0.170	0.60	5.34	5.10
0.03	0.267	0.255	0.65	5.79	5.53
0.04	0.356	0.340	0.70	6.23	5.95
0.05	0.445	0.425	0.72	—	6.12
0.06	0.534	0.510	0.75	6.68	6.38
0.07	0.623	0.595	0.80	7.12	6.80
0.08	0.712	0.680	0.85	7.57	7.23
0.09	0.801	0.765	0.90	8.01	7.65
0.10	0.890	0.850	0.93	—	7.91
0.12	1.07	1.02	1.00	8.90	8.50
0.15	1.34	1.28	1.10	9.79	9.35
0.18	1.60	1.53	1.13	—	9.61
0.20	1.78	1.70	1.20	10.68	10.20
0.22	1.96	1.87	1.22	—	10.37
0.25	2.23	2.13	1.30	11.57	11.05
0.30	2.67	2.55	1.35	12.02	11.48
0.32	—	2.72	1.40	12.46	11.90
0.34	—	2.89	1.45	—	12.33
0.35	3.12	2.98	1.50	13.35	12.75
0.40	3.56	3.40	1.60	14.24	13.60

厚　　度 （mm）	理论重量 （kg/m²）		厚　　度 （mm）	理论重量 （kg/m²）	
	铜　板	黄铜板		铜　　板	黄铜板
1.65	14.69	14.03	13	115.7	110.5
1.80	16.02	15.30	14	124.6	119.0
2.00	17.80	17.00	15	133.5	127.5
2.20	19.58	18.70	16	142.4	136.0
2.25	20.03	19.13	17	151.3	144.5
2.50	22.25	21.25	18	160.2	153.0
2.75	24.48	23.38	19	169.1	161.5
2.80	24.92	23.80	20	178.0	170.0
3.00	26.70	25.50	21	186.9	178.5
3.5	31.15	29.75	22	195.8	187.0
4.0	35.60	34.00	23	204.7	195.5
4.5	40.05	38.25	24	213.6	204.0
5.0	44.50	42.50	25	222.5	212.5
5.5	48.95	46.75	26	231.4	221.0
6.0	53.40	51.00	27	240.3	229.8
6.5	57.85	55.25	28	249.2	238.0
7.0	62.30	59.50	29	258.1	246.5
7.5	66.75	63.75	30	267.0	255.0
8.0	71.20	68.00	32	284.8	272.0
9.0	80.10	76.50	34	302.6	289.0
10	89.00	85.00	35	311.5	297.5
11	97.90	93.50	36	320.4	306.0
12	106.8	102.0	38	338.2	323.0

厚　度 （mm）	理论重量 （kg/m²）		厚　度 （mm）	理论重量 （kg/m²）	
	铜　板	黄铜板		铜　板	黄铜板
40	356.0	340.0	52	462.8	442.0
42	373.8	357.0	54	480.6	459.0
44	391.6	374.0	55	489.5	467.5
45	400.5	382.5	56	498.4	476.0
46	409.3	391.0	58	516.2	493.0
48	427.2	408.0	60	534.0	510.0
50	445.0	425.0			

注：1. 计算理论重量的密度（g/cm³）：铜板为 8.9；黄铜板为 8.5。
其他密度牌号黄铜板的理论重量，需将本表中的"黄铜板
理论重量"乘上相应的理论重量换算系数。

2. 各种牌号黄铜的密度和理论重量换算系数见下表：

黄　铜　牌　号	密度 （g/cm³）	理论重量 换算系数
H59、HAl60-1-1 HSn62-1	8.4 8.45	0.9882 0.9941
H68、H65、H62 HPb63-3、HPb59-1 HAl67-2.5、HAl66-6-3-2 HMn58-2、HMn57-3-1 HMn55-3-1、HNi65-5	8.5	1.0000
HAl77-2、HSi80-3 H96、H90	8.6 8.8	1.0118 1.0353

(2) 一般用途的加工铜及铜合金板带材(GB/T17793—1999)

牌　　号		规　格　(mm)		
		厚度	宽度	长度
① 纯铜板				
T2、T3、TP1、TP2、TU1、TU2	热轧	4～60	≤3000	≤6000
	冷轧	0.2～12	≤3000	≤6000
② 黄铜板				
H59、H62、H65、H68、H70、H80、H90、 H96、HPb59-1、HSn62-1、HMn58-2	热轧	4～60	≤3000	≤6000
	冷轧	0.2～10	≤3000	≤6000
HMn57-3-1、HMn55-3-1、HAl60-1-1、 HAl67-2.5、HAl66-6-3-2、HNi65-5	热轧	4～40	≤1000	≤2000
③ 青铜板				
QAl5、QAl7、QAl9-2、QAl9-4	冷轧	0.4～12	≤1000	≤2000
QSn6.5-0.1、QSn6.5-0.4、QSn4-3、 QSn4-0.3、QSn7-0.2	热轧	9～50	≤600	≤2000
	冷轧	0.2～12	≤600	≤2000
④ 白铜板				
BAl6-1.5、BAl13-3	冷轧	0.5～12	≤600	≤1500
BZn15-20	冷轧	0.5～10	≤600	≤1500
B5、B19、BFe10-1-1、BFe30-1-1	热轧	7～60	≤2000	≤4000
	冷轧	0.5～10	≤600	≤1500

1) 板材的牌号和规格

牌　　号	规　格　(mm)	
	厚度	宽度
① 纯铜带		
T1、T2、TP1、TP2、TU1、TU2	0.05～3.00	≤1000
② 黄铜带		
H59、H62、H65、H68、H70、H80、H90、H96、 HPb59-1、HSn62-1、HMn58-2	0.05～3.00	≤600

2) 带材的牌号和规格

2) 带材的牌号和规格		
牌　　号	规　格　(mm)	
	厚度	宽度
③ 青铜带		
QAl5、QAl7、QAl9-2、QAl9-4	0.05～1.20	≤300
QSn6.5-0.1、QSn6.5-0.4、QSn7-0.2、QSn4-3、QSn4-0.3	0.05～3.0	≤600
QCd1	0.05～1.20	≤300
QMn1.5、QMn5	0.10～1.20	≤300
QSi3-1	0.05～1.20	≤300
QSn4-4-2.5、QSn4-4-4	0.8～1.20	≤200
④ 白铜带		
BZn5-20	0.05～1.20	≤300
B5、B19、BFe10-1-1、BFe30-1-1、BMn3-12、BMn40-1.5	0.05～1.20	≤300

3) 热轧板材的厚度允许偏差(mm)[①]						
	宽　　　度					
厚　　度	≤500	>500 ～1000	>1000 ～1500	>1500 ～2000	>2000 ～2500	>2500 ～3000
	厚度允许偏差(±)					
4.0～6.0	0.20	0.22	0.28	0.40	—	—
>6.0～8.0	0.23	0.25	0.35	0.45	—	—
>8.0～12.0	0.30	0.35	0.45	0.60	1.00	1.30
>12.0～16.0	0.35	0.45	0.55	0.70	1.10	1.40
>16.0～20.0	0.40	0.50	0.70	0.80	1.20	1.50
>20.0～25.0	0.45	0.55	0.85	1.00	1.30	1.80
>25.0～30.0	0.55	0.65	1.00	1.10	1.60	2.00
>30.0～40.0	0.70	0.85	1.25	1.30	2.00	2.70
>40.0～50.0	0.90	1.10	1.50	1.60	2.50	3.50
>50.0～60.0	—	1.30	2.00	2.20	3.00	4.30

注：① 需方只要求单向偏差时，其数值为表中数值的 2 倍。

4）纯铜、黄铜冷轧板材的厚度允许偏差（mm）①

厚　度	宽　度					
	≤400		>400～700		>700～1000	
	厚度允许偏差（±）					
	普通级	较高级	普通级	较高级	普通级	较高级
0.2～0.3	0.025	0.020	0.030	0.025	—	—
>0.3～0.4	0.030	0.025	0.040	0.030	0.060	0.050
>0.4～0.5	0.035	0.030	0.050	0.040	0.070	0.060
>0.5～0.8	0.040	0.035	0.060	0.050	0.090	0.080
>0.8～1.2	0.050	0.040	0.080	0.060	0.100	0.090
>1.2～2.0	0.060	0.050	0.100	0.080	0.120	0.100
>2.0～3.2	0.080	0.060	0.120	0.100	0.150	0.120
>3.2～5.0	0.100	0.080	0.120	0.100	0.150	0.150
>5.0～8.0	0.130	0.110	0.180	0.160	0.230	0.200
>8.0～12.0	0.180	0.150	0.250	0.200	0.280	0.250

厚　度	宽　度					
	>1000～1250		>1250～1500		>1500～1750	
	厚度允许偏差（±）					
	普通级	较高级	普通级	较高级	普通级	较高级
0.2～0.3	—	—				
>0.3～0.4	—	—				
>0.4～0.5	—	—				
>0.5～0.8	0.100	0.080	—	—		
>0.8～1.2	0.120	0.100	0.150	0.120	—	—
>1.2～2.0	0.150	0.120	0.180	0.150	0.280	0.250
>2.0～3.2	0.180	0.150	0.220	0.200	0.330	0.300
>3.2～5.0	0.220	0.200	0.280	0.250	0.400	0.350
>5.0～8.0	0.260	0.230	0.340	0.300	0.450	0.400
>8.0～12.0	0.330	0.300	0.400	0.350	0.600	0.500

4) 纯铜、黄铜冷轧板材的厚度允许偏差(mm)①

厚 度	宽 度					
	>1750~2000		>2000~2500		>2500~3000	
	厚度允许偏差(±)					
	普通级	较高级	普通级	较高级	普通级	较高级
0.2~0.3	—	—	—	—	—	—
>0.3~0.4	—	—	—	—	—	—
>0.4~0.5	—	—	—	—	—	—
>0.5~0.8	—	—	—	—	—	—
>0.8~1.2	—	—	—	—	—	—
>1.2~2.0	0.350	0.300	—	—	—	—
>2.0~3.2	0.400	0.350	0.500	0.400	—	—
>3.2~5.0	0.450	0.400	0.600	0.500	0.700	0.600
>5.0~8.0	0.550	0.450	0.800	0.700	1.000	0.800
>8.0~12.0	0.700	0.600	1.000	0.800	1.300	1.000

5) 青铜、白铜冷轧板材厚度允许偏差(mm)①

厚 度	宽 度								
	≤400			>400~700			>700~1000		
	厚度允许偏差(±)								
	普通级	较高级	高级	普通级	较高级	高级	普通级	较高级	高级
0.2~0.3	0.030	0.025	0.015	—	—	—	—	—	—
>0.3~0.4	0.035	0.030	0.020	—	—	—	—	—	—
>0.4~0.5	0.040	0.035	0.025	0.060	0.050	0.045	—	—	—
>0.5~0.8	0.045	0.040	0.030	0.070	0.060	0.050	—	—	—
>0.8~1.2	0.060	0.050	0.040	0.080	0.070	0.060	0.150	0.120	0.080
>1.2~2.0	0.090	0.070	0.050	0.110	0.090	0.080	0.200	0.150	0.100
>2.0~3.2	0.110	0.090	0.060	0.140	0.120	0.100	0.250	0.200	0.150
>3.2~5.0	0.130	0.110	0.080	0.170	0.150	0.120	0.300	0.250	0.200
>5.0~8.0	0.150	0.120	0.100	0.200	0.180	0.150	0.350	0.300	0.250
>8.0~12.0	0.180	0.140	0.120	0.220	0.200	0.160	0.450	0.400	0.300

6）纯铜、黄铜带材厚度允许偏差（mm）①

厚 度	宽 度							
	≤200		>200～300		>300～600		>600～1000	
	普通级	较高级	普通级	较高级	普通级	较高级	普通级	较高级
	厚度允许偏差（±）							
0.06～0.1	0.007	0.005	0.010	0.007	—	—	—	—
>0.1～0.2	0.012	0.007	0.015	0.010	0.020	0.015	—	—
>0.2～0.3	0.015	0.010	0.020	0.015	0.025	0.020	—	—
>0.3～0.4	0.020	0.015	0.025	0.020	0.030	0.025	—	—
>0.4～0.5	0.025	0.020	0.030	0.025	0.035	0.030	0.050	0.040
>0.5～0.8	0.030	0.025	0.040	0.035	0.045	0.040	0.070	0.060
>0.8～1.0	0.040	0.030	0.045	0.040	0.050	0.045	0.080	0.070
>1.0～1.2	0.045	0.035	0.050	0.045	0.060	0.050	0.100	0.080
>1.2～2.0	0.050	0.045	0.060	0.050	0.080	0.070	0.120	0.100
>2.0～3.0	0.060	0.050	0.070	0.060	0.100	0.080	0.140	0.120

7）青铜、白铜带材厚度允许偏差（mm）①

厚 度	宽 度					
	≤200		>200～300		>300～600	
	普通级	较高级	普通级	较高级	普通级	较高级
	厚度允许偏差（±）					
0.05～0.1	0.005	—	0.010	—	—	—
>0.1～0.2	0.010	0.005	0.015	0.007	0.020	0.010
>0.2～0.3	0.015	0.008	0.020	0.010	0.035	0.015
>0.3～0.4	0.020	0.010	0.025	0.015	0.040	0.025
>0.4～0.5	0.025	0.015	0.035	0.020	0.050	0.035
>0.5～0.8	0.030	0.020	0.045	0.025	0.060	0.040
>0.8～1.0	0.040	0.025	0.050	0.030	0.070	0.050
>1.0～1.2	0.050	0.030	0.060	0.035	0.080	0.060
>1.2～2.0	0.065	0.040	0.070	0.040	0.090	0.070
>2.0～3.0	0.080	0.060	0.085	0.060	0.100	0.090

8) 板材宽度允许偏差(mm)①②					
	宽		度		
厚　　度	≤1000	>1000 ~3000	>2000 ~3000	≤1000	>1000 ~2000	>2000 ~3000
	剪切允许偏差(±)			锯切允许偏差(±)		
0.2~0.8	1.5	2.5	—			
>0.8~3.0	2.5	5	5			
>3.0~12.0	5	7.5	0.6%	—	—	—
>12.0~25.0	7.5	10	0.7%			
>25.0~60.0	—	—	—	2	3	5

9) 带材宽度允许偏差(mm)①				
	宽		度	
厚　　度	≤200	>200~300	>300~600	>600~1000
	宽度允许偏差			
≤0.5	0.2	0.3	0.5	0.8
>0.5~2.0	0.3	0.4	0.5	0.8
>2.0~3.0	0.5	0.5	0.6	0.8

10) 板材长度允许偏差(mm)③					
	(冷轧板)长度				热轧板
厚　　度	≤2000	>2000 ~3500	>3500 ~5000	>5000 ~6000	
≤0.8	+10	+10	—	—	—
>0.8~3.0	+10	+15	—	—	+25
>3.0~12.0	+15	+15	+20	+25	+25
>12.0~60.0					+30

11) 板材不平度		**12) 带材侧边弯曲度**	
厚度(mm)	不平度(mm/m)	宽度(mm)	侧边弯曲度(mm/m)
≤1.5	≤20	≤50	≤5
>1.5~5.0	≤15	>50~100	≤4
>5.0	≤10	>100~1000	≤3

注：② 厚度>15mm时,热轧板可不切边交货。
　　③ 厚度>15mm时,热轧板可不切头交货。

(3) 铜及铜合金板材（GB/T2040－2002）

牌　　号	状　　态[①]	规　格　（mm）[②]		
		厚度	宽度	长度
T2、T3、TP1 TP2、TU1、TU2	R	4～60	≤3000	≤6000
	M、Y₄、Y₂、Y	0.2～12	≤3000	≤6000
H96、H80	M、Y			
H90	M、Y₂、Y	0.2～10		
H70、H65	M、Y₄、Y₂、Y、T			
H68	R	4～60		
	M、Y₄、Y₂、Y、T	0.2～10		
H62	R	4～60	≤3000	≤6000
	M、Y₂、Y、T	0.2～10		
H59	R	4～60		
	M、Y	0.2～10		
HPb59-1	R	4～60		
	M、Y₂、Y	0.2～10		
HMn58-2	M、Y₂、Y	0.2～10		
HSn62-1	R	4～60		
	M、Y₂、Y	0.2～10		
HMn55-3-1、HMn57-3-1 HAl60-1-1、HAl67-2.5 HAl66-6-3-2、HNi65-5	R	4～40	≤1000	≤2000

注：① 状态：R——热加工；M——软；Y₄——1/4硬；Y₂——1/2
　　　硬；T——特硬；CS——淬火（人工时效）。
　　② 经供需双方协商，可以供应其他规格的板材。

牌　号	状　态①	规　格　(mm)②		
		厚度	宽度	长度
QSn6.5-0.1	R	9～50	≤600	≤2000
	M、Y₄、Y₂、Y、T	0.2～12		
QSn6.5-0.4、QSn4-3 QSn4-0.3、QSn7-0.2	M、Y、T	0.2～12		
QAl5	M、Y	0.4～12	≤1000	≤2000
QAl7	Y₂、Y			
QAl9-2	M、Y			
QAl9-4	Y			
B5、B9	R	7～60	≤2000	≤4000
BFe10-1-1、BFe30-1-1	M、Y	0.5～10	≤600	≤1500
BAl6-1.5、BAl13-3	Y、CS	0.5～12	≤600	≤1500
BZn15-20	M、Y₂、Y、T	0.5～10	≤600	≤1500
板材用途举例				

　　纯铜板、黄铜板广泛用于工业各部门；复杂黄铜板(锰黄铜板、铝黄铜板、镍黄铜板)用于工业制造热加工零件；锡青铜板适用于机器制造和仪表等工业制造弹性元件及其他制品；铝青铜板用于机器和仪表等工业制造弹簧零件；普通白铜板用于制造机密精机械、化学和医疗器械；铁白铜用于制造大吨位舰船上的大口径薄壁海水管道；铝白铜板用于制造各种高强度零件和重要用途的弹簧等；锌白铜板用于制造仪器、仪表上的弹性元件和其他工业制品

(4) 导电用铜板和条 (GB/T2529-2005)

1) 板材、条材的牌号、状态和规格[①]

品种	牌号	状态	规格 (mm)		
			厚度	宽度	长度
板材	T2	热轧(R)	4～100	50～650	≤8000
		软(M)、1/8硬(Y8)、1/2硬(Y2)、硬(Y)	4～20		
条材	T2	热轧(R)	10～60	10～400	≤8000
		软(M)、1/8硬(Y8)、1/2硬(Y2)、硬(Y)	3～30		

2) 热轧板的厚度允许偏差(mm)[②]

宽度	厚度					
	4.0～6.0	>6.0～8.0	>8.0～12.0	>12.0～16.0	>16.0～20.0	>20.0～25.0
	厚度允许偏差(±)					
≤100	0.18	0.20	0.25	0.30	0.35	0.40
>100～400	0.20	0.23	0.30	0.35	0.40	0.45
>400～500	0.20	0.25	0.35	0.40	0.45	0.50
>500～650	0.22	0.30	0.40	0.45	0.50	0.55

宽度	厚度					
	>25.0～30.0	>30.0～40.0	>40.0～50.0	>50.0～60.0	>60.0～80.0	>80.0～100.0
	厚度允许偏差(±)					
≤100	0.50	0.65	0.85	1.00	1.20	1.40
>100～400	0.55	0.70	0.85	1.05	1.25	1.45
>400～500	0.60	0.75	0.90	1.10	1.30	1.50
>500～600	0.65	0.85	1.10	1.30	1.50	1.70

3) 冷轧板的厚度允许偏差(mm)[②]

厚度	宽度							
	≤100		>100～200		>200～400		>400～650	
	(普通级、较高级)厚度允许偏差(±)							
	普通	较高	普通	较高	普通	较高	普通	较高
4.0～5.0	0.08	—	0.10	0.08	—	—	—	—
>5.0～8.0	0.10	0.08	0.12	0.10	0.13	0.10	—	—
>8.0～12.0	0.15	0.12	0.18	0.15	0.18	0.15	0.25	0.20
>12.0～16.0	0.22	0.28	0.25	0.20	0.30	0.25	0.40	0.30
>16.0～20.0	0.28	0.25	0.35	0.30	0.45	0.35	0.55	0.45

4）条材的厚度允许偏差（mm）②

厚　　　度	宽　　度				
	≤50	>50 ～100	>100 ～200	>200 ～300	>300 ～400
	厚度允许偏差（±）				
3.0～6.0	0.06	0.08	0.10	0.15	0.20
>6.0～10.0	0.08	0.10	0.15	0.20	0.30
>10.0～13.0	0.09	0.15	0.20	0.25	0.40
>13.0～19.0	0.15	0.20	0.25	0.30	0.45
>19.0～25.0	0.20	0.25	0.35	0.40	0.55
>25.0～38.0	0.30	0.40	0.45	0.60	0.75
>38.0～50.0	0.50	0.60	0.65	0.75	0.95
>50.0～60.0	0.60	0.75	0.80	1.00	1.20

5）板材和条材的宽度允许偏差（mm）③

板材 厚度	板材宽度 允许偏差（±）		条材 厚度	条材宽度			
	剪切	锯切		≤100	>100 ～200	>200 ～300	>300 ～400
				条材宽度允许偏差（±）			
≤20.0	5	2.0	≤13.0	0.20	0.30	0.40	0.50
>20.0	—	2.5	>13.0	0.50	1.00	1.50	2.00

6）板材和条材的长度允许偏差（mm）④

板材 厚度	冷轧板长度				热 轧 板	条材长度	长度 允许 偏差
	≤3500	>3500 ～5000	>5000 ～6000	>6000 ～8000			
	长度允许偏差（+）					≤2000	+7
4.0～20.0	15	20	25	30	25	>2000～4500	+10
>20.0	—	—	—	—	30	>4500～8000	+13

注：① 经供需双方协商，可供应其他牌号、状态和规格的板材、条材。
② 需方如要求单向偏差时，其偏差值为表中数值的2倍。
③ 厚度>20mm的热轧板可不经过立交货。
④ 板材和条材的纵边直度应符合下列规定：轧制板（条）材
≤4mm/m；硬拉条材≤3mm/m。
⑤ 导电用铜板和条用于冶炼、电力、化工、电镀等工业部门导电用。

6.31

（5）无氧铜板（GB/T14594－1993）

1）无氧铜板和带的牌号、状态和规格（mm）

牌　号	状　态	厚　　度	宽　　度	长　　度
TU1、TU2	软(M)、硬(Y)	0.40～10.0	200～600	800～1500

2）板材的尺寸允许偏差（mm）

厚　度	宽　度				宽　度		长度
	200～400		＞400～600		200～400	＞400～600	
	厚度允许偏差				允许偏差		允许偏差
	普通级	较高级	普通级	较高级			
0.4～0.5	±0.035	±0.030	±0.035	±0.030	±2	±4	-15
＞0.5～0.7	±0.040	±0.030	±0.040	±0.035			
＞0.7～1.0	±0.045	±0.040	±0.055	±0.050			
＞1.0～1.5	±0.050	±0.045	±0.070	±0.060			
＞1.5～2.0	±0.055	±0.050	±0.080	±0.070	±2.5	±4.5	-15
＞2.0～2.5	±0.060	±0.055	±0.090	±0.080			
＞2.5～3.0	±0.070	±0.060	±0.100	±0.090			
＞3.0～4.0	±0.085	±0.075	±0.115	±0.100			
＞4.0～5.0	±0.100	±0.080	±0.130	±0.110			
＞5.0～6.0	±0.120	±0.110	±0.150	±0.130	±3	±5	-15
＞6.0～8.0	±0.125	±0.110	±0.180	±0.170			
＞8.0～10.0	±0.150	±0.140	±0.200	±0.190			

3）软状态板材的弯曲试验（常温下沿轧制方向）

厚度≤5mm，弯到两面接触；厚度＞5mm，弯到两面平行，弯心直径等于板材厚度；弯曲处不应有裂纹等缺陷。弯曲试验须根据需方要求，并在合同中注明

注：1. 经双方协议，可供应热轧状态的板材。

　　2. 需方要求板（带）材的厚度允许偏差仅为正偏差或负偏差时，其数值为表中数值的2倍。

3. 板材宽度分定尺、倍尺和不定尺三种。倍尺板材宽度允许偏差为＋10mm，倍尺板材长度允许偏差为＋15mm。

4. 不定尺板材，许可交付重量不大于批重的15％、长度不小于600mm的短尺板材。

5. 板材的理论重量，见第6.19页"铜及黄铜板（带、箔）理论重量（铜板部分）"。

6. 板材用于制作电真空器件。

（6）照相制版用铜板（GB/T2530－1989）

1）板材的牌号、状态和规格（mm）

牌号	状态	厚度	宽度	（不定尺）长度
TAg0.1	硬（Y）	0.7～2.0	400～600	550～1200

2）板材的尺寸允许偏差（mm）

厚度	宽度			宽度		定尺长度允许偏差
	400	600		400	600	
	厚度允许偏差			宽度允许偏差		
	普通级	较高级	普通级	较高级		
0.7、0.8	−0.07		—		−4.0		−10
1.0、1.12、1.2	−0.08		—		−4.0		
1.4	−0.09	±0.03	—		−4.0		
1.5	−0.09		−0.15	±0.03	−4.0	−10	
2.0	−0.09		−0.15	±0.03	−5.0	−10	

3）板材的用途

板材用于印刷工业照相制版

(7) 电镀用铜、镍、锌、锡、镉阳极板(GB/T2056-2005)

1) 阳极板的牌号、状态和规格

牌　　号	状　　态	规　　格　（mm）		
		厚度	宽度	长度
T2、T3	热轧（R） 冷轧（Y）	6.0～20.0 2.0～15.0	100～1000	
NY1	热轧（R）	6～20		300～2000
NY2	热轧后淬火（C）			
NY3	软态（M）	4～20	100～500	
Zn1、Zn2	热轧（R）	6.0～20.0		
Sn2、Sn3 Cd2、Cd3	冷轧（Y）	0.5～15.0		

2) 阳极板的尺寸及其允许偏差（mm）

牌号、状态		厚度	允许偏差（±）		
			厚度	宽度	长度
qw	热轧（R）	6.0～10.0 >10.0～15.0 >15.0～20.0	0.3 0.4 0.5	8	15
	冷轧（Y）	2.0～5.0 >5.0～10.0 >10.0～15.0	0.2 0.25 0.3		
NY1 热轧（R） NY3 软态（M）		4.0～10.0 >10.0～14.0	0.4 0.5		
NY2 热轧后淬火[1][2]（C）		>14.0～20.0	0.7	—	—
Zn1 Zn2	热轧（R）	>6～10 >10～15 >15～20	0.2 0.35 0.4	5	8
Sn2、Sn3 Cd2、Cd3	冷轧（Y）	>0.5～2.0 >2.0～5.0 >5.0～10.0 >10.0～15.0	0.06 0.15 0.3 0.4		

注：① 不切边供应，NY2 宽度允许偏差为±10mm。

　　② 不切头供应，NY2 长度允许偏差为±30mm。

(8) 铜及铜合金带(GB/T2059－2000)

牌　号	状　态	规　格　(mm)	
		厚度	宽度
T2、T3、TU1、TU2、TP1、TP2	软(M)、1/4 硬(Y4)、半硬(Y2)、硬(Y)	0.05～<0.5	≤600
		0.5～3.0	≤1000
H96、H80、H59	软(M)、硬(Y)	0.05～<0.5	≤600
		0.5～3.0	≤1000
H90	软(M)、半硬(Y2)、硬(Y)	0.05～<0.5	≤600
		0.5～3.0	≤1000
H70、H68、H65	软(M)、1/4 硬(Y4)、半硬(Y2)、硬(Y)、特硬(T)	0.05～<0.5	≤600
		0.5～3.0	≤1000
H62	软(M)、半硬(Y2)、硬(Y)、特硬(T)	0.05～<0.5	≤600
		0.5～3.0	≤1000
HPb59-1 HMn58-2	软(M)、半硬(Y2)、硬(Y)	0.05～0.20	≤300
		>0.20～2.0	≤550
HSn62-1	硬(Y)	0.05～0.20	≤300
		>0.20～2.0	≤550
QAl5	软(M)、硬(Y)	0.05～1.20	≤300
QAl7	半硬(Y2)、硬(Y)		
QAl9-2	软(M)、硬(Y)、特硬(T)		
QAl9-4	硬(Y)		
QSn6.5-0.1	软(M)、1/4 硬(Y4)、半硬(Y2)、硬(Y)、特硬(T)	0.05～0.15	≤300
		>0.15～2.0	≤600
QSn7-0.2、QSn4-0.3 QSn6.5-0.4、QSn4-3	软(M)、硬(Y)、特硬(T)	0.05～0.15	≤300
		>0.15～2.0	≤600
QCd1	硬(Y)	0.05～1.20	≤300
QMn1.5	软(M)	0.10～1.20	
QMn5	软(M)、硬(Y)		

牌 号	状 态	规 格 （mm）	
		厚度	宽度
QSi3-1	软（M）、硬（Y）、特硬（T）	0.05～1.20	≤300
QSn4-4-2.5	软（M）、1/3 硬（Y3）	0.80～1.00	≤200
QSn4-4-4	半硬（Y2）、硬（Y）	1.00～1.20	
BZn15-20	软（M）、半硬（Y2）、硬（Y）、特硬（T）	0.05～1.20	≤300
B5、BFe10-1-1、B19、BFe30-1-1、BMn40-1.5、BMn3-12	软（M）、硬（Y）		

注：1. 经供需双方协商，也可供应其他规格的带材。
　　2. 带材的规格，应符合 GB/T17793 中的规定。

（9）热交换器固定板用黄铜板（GB/T2531－1981）

1) 板材的牌号、制造方法、状态和规格（mm）					
牌　号	制造方法	状态	厚度	宽度	长度
HSn62-1	热轧	R	9～60	300～3000	1000～6000

2) 板材的尺寸允许偏差（mm）									
	厚　　度		9	10	11	12	13	14	15
宽度	300～500	厚度允许偏差	−0.55	−0.55	−0.70	−0.70	−0.70	−0.70	−0.80
	600～1200		−0.55	−0.55	−0.70	−0.80	−0.90	−0.90	−1.0
	1300～1800		−0.80	−0.90	−0.90	−1.0	−1.1	−1.1	−1.2
	1900～2500		−1.0	−1.0	−1.0	−1.1	−1.2	−1.3	−1.4
	2600～3000		−1.0	−1.2	−1.2	−1.4	−1.4	−1.4	−1.6

	厚　　度		16	17	18	19	20	21	22
宽度	300～500	厚度允许偏差	−0.80	−0.80	−0.80	−0.80	−0.80	—	—
	600～1200		−1.0	−1.2	−1.3	−1.3	−1.4	−1.4	−1.5
	1300～1800		−1.3	−1.4	−1.5	−1.5	−1.6	−1.7	−1.8
	1900～2500		−1.5	−1.5	−1.6	−1.7	−1.8	−1.8	−1.9
	2600～3000		−1.6	−1.7	−1.8	−1.8	−2.0	−2.1	−2.2

2）板材的尺寸允许偏差（mm）

厚　　度		23	24	25	26	28	30	32
宽度	600～1200	厚度允许偏差	−1.6	−1.6	−1.7	−1.7	−1.8	−1.9	−2.0
	1300～1800		−1.9	−1.9	−2.0	−2.0	−2.1	−2.2	−2.3
	1900～2500		−2.0	−2.1	−2.2	−2.3	−2.4	−2.5	−2.6
	2600～3000		−2.4	−2.4	−2.5	−2.6	−2.8	−2.8	−3.0

厚　　度		34	35	36	38	40	42	44
宽度	600～1200	厚度允许偏差	−2.1	−2.2	−2.2	−2.3	−2.4	−2.5	−2.6
	1300～1800		−2.4	−2.5	−2.5	−2.6	−2.7	−2.8	−2.9
	1900～2500		−2.7	−2.8	−2.8	−2.9	−3.0	−3.1	−3.2
	2600～3000		−3.1	−3.1	−3.2	−3.3	−3.4	−3.5	−3.5

厚　　度		45	46	48	50	55	60
宽度	600～1200	厚度允许偏差	−2.7	−2.7	−2.8	−3.0	−3.5	−4.0
	1300～1800		−3.0	−3.0	−3.1	−3.2	−3.7	−4.2
	1900～2500		−3.3	−3.3	−3.4	−3.5	−4.0	−4.5
	2600～3000		−3.6	−3.6	−3.7	−3.8	−4.5	−5.0

长　　度		1000～2000	2100～3000	3100～4000	4100～5000	5100～6000
宽度	≤1000	宽度允许偏差	−15	−30	−40	−50	—
	>1000		−20	−40	−50	−60	−70
长度允许偏差				−30		

3）板材的用途

板材用于热交换器固定板

注：1. 板材的宽度按 100mm 进级。

　　2. 板材应经酸洗后供应。但长度＞3000mm 者，不经酸洗供应。

　　3. 厚度＞15mm 板材，可不切边、头供应。

　　4. 理论重量：见第 6.19 页"铜及黄铜板理论重量（黄铜板部分）"。

(10) 散热器散热片专用纯铜及黄铜带箔材（GB/T2061－2004）

1）带箔材的牌号、状态和规格

牌　　　号	T3		H90	H65，H62
状　　　态	硬（Y）	特硬（T）	硬（Y）	硬（Y）
规格 (mm) 厚度	0.07～0.15	0.035～0.06	0.035～0.06	0.07～0.15
宽度	20～200	12～150	12～150	20～200

2）带箔材的尺寸允许偏差（mm）

厚度	公称尺寸	0.035 ～0.060	>0.060 ～0.100	>0.100 ～0.150	宽度	公称尺寸	12～200
	允许偏差	±0.003	±0.005	±0.008		允许偏差	±0.08

3）带箔材的杯突试验

牌　　　号	状态	冲头半径 (mm)	厚　　　度　　(mm)	
			0.07～0.10	>0.10～0.15
			杯突深度(mm)	
H65 H62	Y	10	2.5～5.0 2.0～4.0	3.5～6.0 3.0～5.5

注：1. 经供需双方协商，可供应其他牌号、状态或规格的带箔材。
　　2. 需方要求允许偏差为正偏差或负偏差时，其偏差数值应为
　　　　表中的偏差数值 2 倍，并在合同中注明。
　　3. 用途：适用于制造农业机械或汽车制造等工业中用的管带
　　　　式或管片式的散热器散热片。

(11) 散热器冷却管专用黄铜带（GB/T11087－2001）

牌号：H90、H70、H70A、H68、H68A			状态：Y4、Y2、Y		
厚　　　度	允许偏差（±）		宽　　　度	允许偏差（±）	
	普通级	较高级		<44.5	≥44.5
0.08～0.10	0.005	0.003			
>0.10～0.15	0.008	0.005	20～100	0.08	0.13
>0.15～0.18	0.010	0.008			

注：1. 精度等级须在合同中注明，否则按普通级供货。

2. 经供需双方协议，可供应其他规格和允许偏差的带材。

3. 需方要求正偏差或负偏差时，其值为表中数值的2倍。

(12) 电容器专用黄铜带(YS/T29—1992)

1) 带材的牌号、状态和规格(mm)

牌 号	状 态	厚 度	宽 度	长 度
H62	半硬(Y₂)、硬(Y)	0.10～0.53 ＞0.53～1.00	100～130	≥20000 ≥10000

2) 带材的尺寸允许偏差(mm)

厚 度	0.10 ～0.24	＞0.24 ～0.38	＞0.38 ～0.53	＞0.53 ～0.82	＞0.82 ～1.00	宽 度 允许偏差
厚度允许偏差	±0.005	±0.007	±0.01	±0.015	±0.02	−0.6

3) 带材的杯突试验(mm)

状 态	冲头 半径	厚 度				
		0.1 ～0.19	＞0.19 ～0.29	＞0.29 ～0.40	＞0.40 ～0.60	＞0.60 ～1.00
		杯 突 深 度				
半硬(Y₂) 硬(Y)	10	4～6.5 2～5	5～7.5 3～6	7～9.5 5～7	8～9.5 6～8	8～10 6～8

注：1. 需方要求厚度允许偏差仅为正偏差或负偏差时，其数值为表中数值的2倍。

2. 每批允许交付重量不大于批重的15%、长度不小于4m的短带。

3. 带材应平直，但允许有轻微的波浪；带材的侧边弯曲度每米不大于4mm。

4. 带材用于制造可变电容器。

(13) 锡锌铅青铜板（GB/T2049－1980）

1）板材的牌号、状态和规格（mm）

牌号：QSn4-4-2.5、QSn4-4-4；

状态：软（M）、1/3硬（Y₃）、半硬（Y₂）、硬（Y）

   供应状态须在合同中注明，否则按硬状态供应；

规格：厚度 0.8～5.0，宽度 200～600，长度 800～2000

2）板材的尺寸允许偏差（mm）

厚 度			0.8 0.9 1.0	1.2 1.5	1.8 2.0	2.5 3.0	3.5 4.0	4.5 5.0
宽度	200～400	厚 度 允许偏差	±0.04	±0.05	±0.06	±0.07	±0.08	±0.09
	401～600		±0.05	±0.06	±0.07	±0.07	±0.09	±0.10
宽度	200～400	宽 度 允许偏差	−4.0			−5.0		
	401～600		−5.0			−6.0		
长度允许偏差			−15					

注：1. 板材的宽度分定尺、倍尺和不定尺三种。倍尺宽度允许偏差为＋10mm，长度允许偏差为＋15mm。

  2. 不定尺板材，每批许可交付重量不大于 15％、长（宽）度不小于最小长（宽）度的 2/3 短尺板材，但板材宽度不得小于宽度。

  3. 板材应平直。其长度方向的挠度：厚度＞1.5mm 的板材，每米不超过 20mm；厚度≤1.5mm 的板材，每米不超过 30mm。

  4. 软状态板材可经酸洗后供应。

  5. 板材用于汽车制造和航空工业。

(14) 硅青铜板(GB/T2047－1980)

1) 板材的牌号、状态和规格(mm)				
牌 号	状 态	厚 度	宽 度	长 度
QSi3-1	软(M)、硬(Y)、特硬(T)	0.50～10.0	100～1000	≥500

2) 板材的尺寸允许偏差(mm)

厚度	宽　　　度			厚度	宽　　　度		
	100～300	301～600	601～1000		100～300	301～600	601～1000
	厚度允许偏差				厚度允许偏差		
0.50	−0.06	−0.07	—	3.0			
0.60 0.70	−0.07	−0.08	—	3.5 4.0	−0.15	−0.22	−0.30
0.80 0.90 1.0	−0.08	−0.10	−0.15	4.5 5.0	−0.20	−0.28	−0.36
1.2 1.5	−0.10	−0.15	−0.17	5.5 6.0 7.0	−0.25	−0.35	−0.43
1.8 2.0	−0.11	−0.17	−0.20	9.0 10.0	−0.30	−0.40	−0.50
2.5	−0.12	−0.20	−0.24				

注：1. 板材供应状态须在合同中注明,否则按硬状态供应。

　　2. 板材应平直。其长度方向的挠度每米不大于50mm。

2）板材的尺寸允许偏差（mm）					
厚　　度			0.50～1.5	1.8～4.0	4.5～10.0
宽度	100～300	宽　　度允许偏差	−4.0	−5.0	−6.0
	301～600		−10		
	601～1000		−15		
长度允许偏差：定尺板材−15，倍尺板材＋15；板材长度应不小于宽度					

注：3. 如在合同中注明，可对厚度＞1mm、硬或特硬板进行弯曲
　　　试验。弯曲角度均为90°；弯心半径：硬板等于板材厚度，
　　　特硬板等于2倍板材厚度。
　　4. 理论重量：见第6.19页"铜及黄铜板理论重量（铜板部分）"。
　　5. 板材用于制造弹簧和其他制品。

（15）锰青铜板（GB/T2046−1980）

1）板材的牌号、状态和规格（mm）
牌号/状态：QMn1.5/软（M），QMn5/软（M）、硬（Y）；规格：厚度0.5～5.0，宽度100～600，长度600～1500

2）板材的尺寸允许偏差（mm）					
厚　　度			0.5、0.55	0.6、0.7	0.8、0.9、1.0	1.2、1.5
宽度	100～300	厚　　度允许偏差	−0.06	−0.07	−0.08	−0.10
	＞300～600		−0.07	−0.08	−0.10	−0.15
厚　　度			1.8、2.0	2.5、3.0	3.5、4.0	4.5、5.0
宽度	100～300	厚　　度允许偏差	−0.11	−0.12	−0.15	−0.20
	＞300～600		−0.17	−0.20	−0.22	−0.28

2) 板材的尺寸允许偏差(mm)			
厚 度		0.5～1.5	1.8～5.0
宽度	100～300 宽 度	−4	−5
	>300～600 允许偏差	−8	−9
厚度/长度	0.5～0.7/600～1000,0.8～5.0/800～1500		

注：1. QMn5 的状态须在合同中注明，否则按硬状态供应。

2. 板材的宽度分定尺、倍尺和不定尺三种。倍尺宽度允许偏差为 +10mm，长度允许偏差为 +15mm。

3. 不定尺板材，每批许可交付重量不大于 15%，长度不小于宽度的短尺板材。

4. QMn1.5 板材宽度仅供应 100～300mm。

5. 板材应平直。长度方向上的挠度：厚度>1mm 时为每米不超过 20mm，厚度≤1mm 时，每米不超过 30mm。

6. 理论重量：见第 6.19 页"铜及黄铜板理论重量(铜板部分)"。

7. 板材用于制造测定电力参数的磁电转速表零件和高温零件。

(16) 铬青铜板(GB/T2045−1980)

1) 板材的牌号、状态和规格(mm)
牌号/状态：QCr0.5、QCr0.5-0.2-0.1/硬(Y)；
规格：厚度 0.5～15.0，宽度 100～600，长度≥300(应不小于宽度)

2) 板材的尺寸允许偏差(mm)						
厚 度		0.5、0.6 0.7	0.8、0.9 1.0	1.2 1.5	1.8、2.0 2.5	3.0、3.5 4.0
宽度	100～300 厚 度	−0.07	−0.09	−0.10	−0.12	−0.15
	>300～600 允许偏差	—	−0.12	−0.16	−0.18	−0.20

2）板材的尺寸允许偏差（mm）					
厚　　度		4.5、5.0 5.5、6.0	6.5、7.0 7.5、8.0	8.5、9.0 10.0	11.0、12.0 13.0、14.0 15.0
宽度	100～300	厚　　度	−0.20	−0.25	−0.30	−0.40
	>300～600	允许偏差	−0.25	−0.30	−0.35	−0.45
厚　　度		0.5～1.5		1.8～4.0		4.5～15.0
宽度	100～300	宽　　度	−4.0		−5.0		−6.0
	>300～600	允许偏差			−10		

注：1. 板材应平直。其长度方向的挠度每米不超过 50mm。

2. 理论重量：见第 6.19 页"铜及黄铜板理论重量（铜板部分）"。

3. 板材用于制造集电环和缝焊机盘形电极。

（17）镉青铜板（GB/T2044－1980）

1）板材的牌号、状态和规格（mm）
牌号/状态：QCd1/硬（Y）；
规格：厚度 0.5～10.0，宽度 200～300，长度 800～1500

2）板材的尺寸允许偏差（mm）					
厚　　度	0.5 0.6 0.7	0.8 0.9 1.0	1.1 1.2	1.4 1.5	1.8 2.0	2.2 2.5
厚度允许偏差	−0.06	−0.08	−0.09	−0.10	−0.11	−0.12

注：1. 板材的宽度分定尺、倍尺和不定尺三种。倍尺宽度允许偏差为 +10mm，长度允许偏差为 +15mm。

2）板材的尺寸允许偏差（mm）					
厚　　　度	2.6 3.0	3.2 3.5	4.0 4.5 5.0	5.5 6.0	6.5 7.0 7.5 8.0	8.5 9.0 10.0
厚度允许偏差	−0.13	−0.15	−0.20	−0.25	−0.30	−0.35
宽度允许偏差	−6					

注：2. 不定尺板材，每批许可交付重量不大于 15%、长度不小于
宽度的短尺板材。
3. 板材应平直。厚度>1.0mm 板材，其长度方向的挠度每米
不超过 30mm。
4. 理论重量：见第 6.19 页"铜及黄铜板理论重量（铜板部分）"。
5. 板材用于电器、仪表等工业。

（18）铍青铜条和带（YS/T323−1994）

1）条材和带材的牌号、状态和规格（mm）					
牌号	类别	状　　态	厚度	宽度	长度
QBe2 QBe1.9 QBe1.7	条 材	软（淬火的）	0.10～6.0	30～300	200～600
		硬（淬火后冷轧的）	0.10～6.0	30～300	200～1500
	带 材	软（淬火的）	0.05～1.0	30～200	≥1000
		硬（淬火后冷轧的）	0.05～1.0	30～200	≥1500

2）条材的尺寸允许偏差（厚度为普通级）（mm）					
厚　　度	允许偏差	厚　　度	允许偏差	厚　　度	允许偏差
0.10～0.14	−0.02	0.70～0.80	−0.07	3.2～3.5	−0.15
0.15～0.22	−0.03	0.85～1.0	−0.08	4.0	−0.18
0.25～0.35	−0.04	1.1～1.2	−0.09	4.5～5.0	−0.20
0.40～0.45	−0.05	1.3～2.0	−0.10	5.5	−0.24
0.50～0.65	−0.06	2.2～3.0	−0.12	6.0	−0.25

2）条材的尺寸允许偏差（厚度为普通级）(mm)						
厚　　度		0.1～0.49	0.5～1.5	1.6～3.0	3.1～5.0	5.1～6.0
宽度	30～100	宽　度允许偏差	−3	−1	−2	−2	−5
	>100～200		−3	−2	−2	−3	−5
	>200～300		−	−2	−3	−3	−5

状　　态	厚　　度	长　　度	长度允许偏差
软（淬火的）	0.1～6.0	200～600	+5
硬（淬火后冷轧的）	0.1～1.5	200～600	+5
	1.6～6.0	400～1500	+10

3）带材的尺寸允许偏差(mm)							
厚　　度	0.05～0.09	0.10～0.14	0.15～0.30	0.31～0.45	0.50～0.55	0.60～0.80	0.85～1.0
厚度允许偏差 普通级	−0.015	−0.02	−0.03	−0.04	−0.05	−0.06	−0.07
较高级	−0.01	−0.015	−0.02	−0.03	−0.04	−0.05	−0.06
宽度允许偏差	−1						

注：条（带）材主要用于制造精密仪器、航空仪表的弹性元件等。

(19) 铝白铜带（GB/T2069－1980）

1）带材的牌号、状态和规格(mm)				
牌　　号	状　　态	厚　　度	宽　　度	长　　度
BAl6-1.5	硬（Y）	0.05～0.55	30～300	≥3000
BAl13-3	热处理（CYS）	0.60～1.20		≥2000

2）带材的尺寸允许偏差（mm）					
厚　　度	厚度允许偏差		厚　　度	厚度允许偏差	
	普通级	较高级		普通级	较高级
0.05、0.06、0.07 0.08、0.09	−0.01	—	0.50、0.55	−0.05	−0.04
0.10、0.12	−0.02	−0.015	0.60、0.65、0.70 0.75、0.80、0.85	−0.06	−0.05
0.15、0.18、0.20 0.25、0.30	−0.03	−0.02	0.90、0.95	−0.07	−0.06
0.35、0.40、0.45	−0.04	−0.03	1.00、1.10 1.20	−0.08	−0.07
厚　　度				0.05～0.95	1.00～1.20
宽度	30～150 >150～300		宽度允许偏差	−0.06 −1.0	−1.0 −1.5

注：1. 每批带材许可交付重量不大于15%、长度不小于1m的短带。
　　2. 带材应平直，但允许有轻微的波浪。带材的侧边弯曲度不大于4mm。
　　3. 带材用于制造高强度和重要用途的弹簧。

（20）镍及镍合金板（GB/T2054−1980）

1）板材的牌号、状态和规格（mm）				
牌　　号	状　　态	厚　度	宽　度	长　　度
N6、N7	热轧（R）	5.0～20.0	200～1000	
NSi0.19、NSi0.2 NMg0.1 NCu28-2.5-1.5 NCu40-2-1	软（M） 半硬（Y₂） 硬（Y）	0.5～10.0	100～1000	800～1500

2）热轧板的尺寸允许偏差（mm）							
	宽　度				宽　度		
厚　度	200 ～300	＞300 ～600	＞600 ～1000	厚　度	200 ～300	＞300 ～600	＞600 ～1000
	厚度允许偏差				厚度允许偏差		
5.0、5.5	－0.35	—	—	11.0、12.0	－0.60	－0.90	－1.10
6.0	－0.35	—	—	13.0、14.0	－0.75	－1.10	－1.20
6.5、7.0	－0.40	－0.65	－0.75	15.0、16.0	－0.90	－1.20	－1.40
7.5、8.0	－0.40	－0.65	－0.75	17.0、18.0	－1.10	－1.40	－1.60
9.0、10.0	－0.50	－0.75	－0.90	19.0、20.0	－1.30	－1.60	－1.80

厚　　度	5.0～14.0	15.0～20.0
宽度允许偏差	－15	不切边
长度允许偏差	－20	不切端头

3）冷轧板的尺寸允许偏差（mm）							
	宽　度				宽　度		
厚　度	100 ～300	＞300 ～600	＞600 ～1000	厚　度	100 ～300	＞300 ～600	＞600 ～1000
	宽度允许偏差				宽度允许偏差		
0.5、0.6	－0.06	—	—	3.5	－0.15	－0.24	－0.27
0.7	－0.06	—	—	4.0、4.5	－0.20	－0.27	－0.30
0.8、0.9	－0.08	－0.12	－0.12	5.0	－0.20	－0.27	－0.30
1.0	－0.08	－0.12	－0.12	5.5、6.0	－0.25	－0.30	－0.35
1.2	－0.09	－0.14	－0.18	6.5、7.0	－0.30	－0.35	－0.40
1.5	－0.10	－0.18	－0.18	7.5、8.0	－0.30	－0.35	－0.40
1.8、2.0	－0.11	－0.18	－0.22	8.5	－0.35	－0.40	－0.45
2.5	－0.12	－0.21	－0.24	9.0	－0.35	－0.40	－0.45
3.0	－0.13	－0.22	－0.27	10.0	－0.35	－0.40	－0.45

3）冷轧板的尺寸允许偏差（mm）			0.05～1.5	1.8～5.0	5.5～10.0
厚　　度			0.05～1.5	1.8～5.0	5.5～10.0
宽度	100～300 >300～600 >600～1000	宽　度 允许偏差	−4 −8 −10	−5 −9 −13	−6 −10 −15
	长度允许偏差		−15		

4）板材的用途
板材用于仪表、电信及其他工业

注：1. NCu40-2-1 无力学性能规定，NCu28-2.5-1.5 无硬态，其余
牌号无半硬态。

2. 板材的宽度分定尺、倍尺和不定尺三种。热轧板倍尺宽度
允许偏差为 +15mm，长度允许偏差为 +20mm。冷轧板倍
尺宽度允许偏差为 +10mm，长度允许偏差为 +15mm。

3. 不定尺板材，每批许可交付重量不大于 15%、长（宽）度不
小于最小长（宽）度 2/3 的短尺板材，但板材的长度不得小
于宽度。

4. 热轧板不经酸洗供应。软板可经酸洗供应。

5. 板材应平直，许可有轻微的波浪。其长度方向的挠度：厚
度 >1mm 的板材，每米不超过 20mm；厚度 ≤1mm 的板材，
每米不超过 30mm。

6. 各牌号的密度，均按 8.85g/cm³ 计算。理论重量：可按第
6.19 页"铜及黄铜板理论重量（铜板部分）"，再乘上相应的
理论重量换算系数：0.994。

(21) 镍及镍合金带（GB/T2072－1993）

1）带材的牌号、状态和规格（mm）				
牌　　号	状　态	厚　　度	宽　　度	长　　度
N6、NMg0.1 NSi0.19 NCu40-2-1 NCu28-2.5-1.5	软（M） 半硬（Y₂）	0.05～0.55	20～300	≥5000
	硬（Y）	>0.55～1.20	20～300	≥3000

2）带材的尺寸允许偏差（mm）					
厚　　度	厚度允许偏差		厚　　度	厚度允许偏差	
	普通级	较高级		普通级	较高级
0.05～0.09	±0.005	—	>0.45～0.55	±0.025	±0.020
>0.09～0.12	±0.010	±0.007	>0.55～0.85	±0.030	±0.025
>0.12～0.30	±0.015	±0.010	>0.85～0.95	±0.035	±0.030
>0.30～0.45	±0.020	±0.015	>0.95～1.20	±0.040	±0.035

	厚　　度		0.05～0.95	>0.95～1.20
宽度	20～150	宽度允许偏差	−0.6	−1.0
	>150～300		−1.0	−1.5

3）软带杯突试验（NCu28-2.5-1.5、NCu40-2-1 除外）（mm）			
带材厚度	0.10～0.25	>0.25～0.55	>0.55～1.20
杯突试验≥	7.5	8.0	8.5

注：1. 需方要求厚度允许偏差仅为正偏差或负偏差时，其数值为
　　　表中数值的 2 倍。

　　2. 厚度为 0.55～1.20mm 的带材，每批允许交付重量不大于
　　　批重的 15％、长度不小于 1m 的短带。

　　3. 带材应平直，允许有轻微的波浪。带材的侧边弯曲度，每
　　　米不大于 3mm。

　　4. 当用户需要，并在合同中注明，方可进行杯突试验（冲头半
　　　径为 10mm）。

　　5. 带材用于仪表、电信及其他工业。

(22) 电真空器件用镍及镍合金板和带(GB/T11088-1989)

1) 板材和带材的牌号、状态和规格(mm)

牌　号	状态	品种	厚　度	宽　度	长　度
N4、N6、DN NMg0.1、NSi0.19 NW4-0.15 NW4-0.1 NW4-0.07	软(M) 硬(Y)	带材	0.06～0.30	20～100	≥3000
			>0.30～0.95	20～200	≥1500
			>0.95～1.2	20～200	≥1000
		板材	>1.2～2.5	50～200	≥500

2) 板材和带材的尺寸允许偏差(mm)

品种	厚　度	厚度允许偏差		品种	厚　度	厚度允许偏差	
		普通级	较高级			普通级	较高级
带材	0.06～0.09	-0.01	-0.005	带材	>0.85～0.95	-0.07	-0.06
	>0.09～0.15	-0.02	-0.005		>0.95～1.2	-0.08	-0.07
	>0.15～0.30	-0.02	-0.02	板材	>1.2～1.5	-0.10	-0.09
	>0.30～0.45	-0.04	-0.03		>1.5～2.0	-0.12	-0.11
	>0.45～0.55	-0.05	-0.03		>2.0～2.5	-0.14	-0.13
	>0.55～0.85	-0.06	-0.05				

品　种		带　材		板　材
厚　度		0.06～0.95	>0.95～1.2	>1.2～2.5
宽度	20～100	宽度允许偏差	-0.6	-1.0	-4.0
	>100～200		-1.0	-1.5	-5.0

3) 软态带材的杯突试验(冲头半径10)(mm)

带材厚度	0.10～0.18	>0.18～0.25	>0.25～0.55	>0.55～1.2
杯突深度≥	7	7.5	8	8.5

注：1. 对厚度<0.95mm的带材，每批允许交付重量不大于批重的15%、长度不小于1m的短带。

2. 对板材，每批允许交付重量不大于15%、长度不小于300mm的短板。

3. 板材和带材的外形应平直，允许有轻微的波浪。板材在长度方向上的不平度，每米不大于30mm。带材侧边弯曲度，每米不大于3mm。

4. 需方要求杯突试验时，须在合同中注明。

5. 板(带)材用于电子工业部门制造电真空器件的零件。

(23) 一般工业用铝及铝合金板、带材

(GB/T3880.1、3880.3－2006)

1) 铝或铝合金类别

牌号系列	A 类	B 类
1×××	所有	—
2×××	—	所有
3×××	锰的最大规定值≤1.8%,镁的最大规定值≤1.8%,锰的最大规定值与镁的最大规定值之和≤2.3%	A 类外的其他合金
4×××	硅的最大规定值≤2%	A 类外的其他合金
5×××	镁的最大规定值≤1.8%,锰的最大规定值≤1.8%,镁的最大规定值与锰的最大规定值之和≤2.3%	A 类外的其他合金
6×××	—	所有
7×××	—	所有
8×××	不可热处理强化的合金	可热处理强的合金

2) 板(带)材的尺寸偏差等级

尺寸偏差	偏　　差　　等　　级	
	板　　材	带　　材
厚度偏差	冷轧板材:高精级、普通级 热轧板材:不分级	冷轧带材:高精级、普通级 热轧带材:不分级
宽度偏差	剪切板材:高精级、普通级 其他板材:不分级	高精级、普通级
长度偏差	不分级	不分级
不平度	高精级、普通级	不分级
侧边弯曲度	高精级、普通级	高精级、普通级
对角线	高精级、普通级	不分级

牌　号	类别	状　态	厚　度　（mm）	
			板材厚度	带材厚度
1A97、1A93、1A90、1A85	A	F	＞4.50～150	—
		H112	＞4.50～80.0	—
1235	A	H12、H22、H14、H24、H16、H26、H18	＞0.20～4.50 ＞0.20～3.00 ＞0.30～4.00 ＞0.20～3.00	＞0.20～4.50 ＞0.20～3.00 ＞0.20～4.00 ＞0.20～3.00
1070	A	F H112 O H12、H22、H14、H24 H16、H26 H18	＞4.50～150 ＞4.50～75.0 ＞0.20～50.0 ＞0.20～6.00 ＞0.20～4.00 ＞0.20～3.00	＞2.50～8.00 — ＞0.20～6.00 ＞0.20～6.00 ＞0.20～4.00 ＞0.20～3.00
1060	A	F H112 O H12、H22 H14、H24 H16、H26 H18	＞4.50～150 ＞4.50～80.0 ＞0.20～80.0 ＞0.20～6.00 ＞0.20～6.00 ＞0.20～4.00 ＞0.20～3.00	＞2.50～8.00 — ＞0.20～6.00 ＞0.20～6.00 ＞0.20～6.00 ＞0.20～4.00 ＞0.20～3.00
1050、1050A	A	F H112 O H12、H22、H14、H24 H16、H26 H18	＞4.50～150 ＞4.50～75.0 ＞0.20～50.0 ＞0.20～6.00 ＞0.20～4.00 ＞0.20～3.00	＞2.50～8.00 — ＞0.20～6.00 ＞0.20～6.00 ＞0.20～4.00 ＞0.20～3.00

3）板、带材的牌号、铝和铝合金类别、状态和厚度规格①

注：① 带材是否需要带套筒以及套筒材质，由供需双方商定后，在合同中注明。

牌　号	类别	状　态	厚　度　（mm）	
			板材厚度	带材厚度
1145	A	F H112 O	>4.50~150 >4.50~25.0 >0.20~10.0	>2.50~8.00 — >0.20~6.00
		H12、H22、H14、H24、H16、H26、H18	>0.20~4.50	>0.20~4.50
1100	A	F H112 O H12、H22 H14、H24、H16、H26 H18	>4.50~150 >6.00~80.0 >0.20~50.0 >0.20~6.00 >0.20~4.00 >0.20~3.00	>2.50~8.00 — >0.20~6.00 >0.20~6.00 >0.20~4.00 >0.20~3.00
1200	A	F H112 O H111 H12、H22、H14、H24 H16、H26 H18	>4.50~150 >6.00~80.0 >0.20~50.0 >0.20~50.0 >0.20~6.00 >0.20~4.00 >0.20~3.00	>2.50~8.00 — >0.20~6.00 — >0.20~6.00 >0.20~4.00 >0.20~3.00
2017	B	F H112 O T3、T4	>4.50~150 >4.50~80.0 >0.50~25.0 >0.50~6.0	— — — >0.50~6.00
2A11	B	F H112 O T3、T4	>4.50~150 >4.50~80.0 >0.50~10.0 >0.50~10.0	— — — >0.50~6.00
2014	B	F O T6、T4 T3	>4.50~150 >0.50~25.0 >0.50~12.5 >0.50~6.0	— — — —

3）板、带材的牌号、铝和铝合金类别、状态和厚度规格①

6.54

3) 板、带材的牌号、铝和铝合金类别、状态和厚度规格①

牌 号	类别	状 态	厚 度 （mm）	
			板材厚度	带材厚度
2024	B	F	>4.50～150	—
		O	>0.50～45.0	>0.50～6.00
		T3	>0.50～12.5	—
		T3(工艺包铝)	>4.00～12.5	—
		T4	>0.50～6.00	—
3003	A	F	>4.50～150	>2.50～8.00
		H112	>6.00～80.0	—
		O	>0.20～50.0	>0.20～6.00
		H12,H22,H14,H24	>0.20～6.00	>0.20～6.00
		H16,H26,H18	>0.20～4.00	>0.20～4.00
		H28	>0.20～3.00	>0.20～3.00
3004、3104	A	F	>6.30～80.0	>2.50～8.00
		H112	>6.00～80.0	—
		O	>0.20～50.0	>0.20～6.00
		H111	>0.20～50.0	—
		H12,H22,H32,H14	>0.20～6.00	>0.20～6.00
		H24,H34,H16,H26,H36,H18	>0.20～3.00	>0.20～3.00
		H28,H38	>0.20～1.50	>0.20～1.50
3005	A	O、H12、H22、H14	>0.20～6.00	>0.20～6.00
		H111	>0.20～6.00	—
		H16	>0.20～4.00	>0.20～4.00
		H24、H26、H18、H28	>0.20～3.00	>0.20～3.00
3105	A	O、H12、H22、H24、H16、H26、H18	>0.20～3.00	>0.20～3.00
		H111	>0.20～3.00	—
		H28	>0.20～1.50	>0.20～1.50
3102②	A	H18	>0.20～3.00	>0.20～3.00

注: ② 牌号 3102 的化学成分（%）:锰 0.05～0.40,硅≤0.40,铁
≤0.7,铜≤0.10,锌≤0.30,钛≤0.10,单个其他杂质≤
0.05,其他杂质合计≤0.15。

3) 板、带材的牌号、铝和铝合金类别、状态和厚度规格①

牌　号	类别	状　态	厚　度　（mm）	
			板材厚度	带材厚度
5182	B	O	>0.20~3.00	>0.20~3.00
		H111	>0.20~3.00	—
		H19	>0.20~1.50	>0.20~1.50
5A03	B	F	>4.50~150	—
		H112	>4.50~50.0	—
		O、H14、H24、H34	>0.50~4.50	>0.50~4.50
5A05、5A06	B	F	>4.50~15 0	—
		O	>0.50~4.50	>0.50~4.50
		H112	>4.50~50.0	—
5082	B	F	>4.50~150	—
		H18、H38、H19、H39	>0.20~0.50	>0.20~0.50
5005	A	F	>4.50~150	>2.50~8.00
		H112	>6.00~80.0	—
		O	>0.20~50.0	>0.20~6.00
		H111	>0.20~50.0	—
		H12、H22、H32、H14、H24、H34	>0.20~6.00	>0.20~6.00
		H16、H26、H36	>0.20~4.00	>0.20~4.00
		H18、H28、H38	>0.20~3.00	>0.20~3.00
5052	B	F	>4.50~150	>2.50~8.00
		H112	>6.00~80.0	—
		O	>0.20~50.0	>0.20~6.00
		H111	>0.20~50.0	—
		H12、H22、H32、H14、H24、H34	>0.20~6.00	>0.20~6.00
		H16、H26、H36	>0.20~4.00	>0.20~4.00
		H18、H38	>0.20~3.00	>0.20~3.00
5086	B	F	>4.50~150	—
		H112	>6.00~50.0	—
		O、H111	>0.20~80.0	—
		H12、H22、H32、H14、H24、H34	>0.20~6.00	—

3) 板、带材的牌号、铝和铝合金类别、状态和厚度规格①

牌　　号	类别	状　态	厚　　度　（mm）	
			板材厚度	带材厚度
5086(续)	B	H16、H26、H36	>0.20~4.00	—
		H18	>0.20~3.00	—
5083	B	F	>4.50~150	—
		H112	>6.00~50.0	—
		O	>0.20~80.0	>0.50~4.00
		H111	>0.20~80.0	—
		H12、H14、H24、H34	>0.20~6.00	—
		H22、H32	>0.20~6.00	>0.50~4.00
		H16、H26、H36	>0.20~4.00	—
6061	B	F	>4.50~150	>2.50~8.00
		O	>0.40~40.0	>0.40~6.00
		T4、T6	>0.40~12.5	—
6063	B	O	>0.50~20.0	—
		T4、T6	>0.50~10.0	—
6A02	B	F	>4.50~150	—
		H112	>4.50~80.0	—
		O、T4、T6	>0.50~10.0	—
6082	B	F	>4.50~150	—
		O	0.40~25.0	—
		T4、T6	0.40~12.5	—
7075	B	F	>6.00~100	—
		O(正常包铝)	>0.50~25.0	—
		O(不包铝或工艺包铝)	>0.50~50.0	—
		T6	>0.50~6.00	—
8A06	A	F	>4.50~150	>2.50~8.00
		H112	>4.50~80.0	—
		O	0.20~10.0	—
		H14、H24、H18	>0.20~4.50	—
8011A	A	O	>0.20~3.00	>0.20~3.00
		H111	>0.20~3.00	—
		H14、H24、H18	>0.20~3.00	>0.20~3.00

4）板、带材的宽度、长度和带材内径（mm）				
板、带材厚度	板　材		带　材	
	宽　度	长　度	宽　度	内　径
>0.20~0.50	500~1660	1000~4000	1660	75、150、200
>0.50~0.80	500~2000	1000~10000	2000	300、405、505
>0.80~1.20	500~2200	1000~10000	2200	610、650、750
>1.20~8.00	500~2400	1000~10000	2400	—
>8.00~150	500~2400	1000~10000	—	

5）板材的包覆层③					
包铝分类	基体合金牌号	包覆材料牌号	板材状态	板材厚度（mm）	每面包覆层厚度占板材厚度百分比
正常包铝	2A11、2017、2024	1A50	O、T3、T4	0.50~1.60 >1.60~10.0	≥4% ≥2%
	7075	7A01	O、T6	0.50~1.60 >1.60~10.0	≥4% ≥2%
工艺包铝	2A11、2014、2024、2017、5A06	1A50	所有	所有	≤1.5%
	7075	7A01	所有	所有	≤1.5%

6）板、带材的尺寸允许偏差
① 冷轧板、带材的厚度允许偏差分为普通级和高精级；厚度≥4.00mm的5A05、5A06等含镁量>3%的合金，其厚度允许偏差为名义厚度的±5%；其他冷轧板、带材的普通级厚度允许偏差，参见本节第(7)小节的规定；冷轧板、带材的高精级厚度允许偏差，参见本节第(8)小节的规定；热轧板、带材的厚度允许偏差，参见本节第(9)小节的规定。 ② 板材宽度允许偏差：剪切板材的宽度允许偏差分为普通级和高精级；经盐浴热处理、厚度≤4.5mm的板材或长度>4000mm的大规格板，普通级宽度允许偏差为+50mm；其他剪切板材的普通级宽度允许偏差，参见本节第(10)小节的规定；剪切板材的高精级宽度允许偏差，参见本节第(11)小节的规定；锯切板材的宽度允许偏差，参见本节第(12)小节的规定；不切边板材的宽度允许偏差：A类合金为+80mm，B类合金为+150mm。

注：③ 需方对包覆层有特殊要求时，需与供方商定后在合同中注明。

6) 板、带材的尺寸允许偏差

③ 带材宽度允许偏差分为普通级和高精级；非成品道次切边的带材，其普通级允许偏差由供需双方协商确定；其他带材的普通级宽度允许偏差，见本节第(13)小节的规定；带材的高精级宽度允许偏差，见本节第(14)小节的规定。

④ 剪切板材的长度允许偏差，见本节第(15)小节的规定；锯切板材长度允许偏差，见本节第(16)小节的规定。

⑤ 板材的不平度、侧边弯曲度和对角线允许偏差（略），参见 GB/T3880.3－2006《一般工业用铝及铝合金板、带材》——第 3 部分：尺寸偏差中的规定

7) 其他冷轧板、带材的普通级厚度允许偏差（mm）

厚度	规定的宽度									
	≤1000		>1000~1250		>1250~1600		>1600~2000		>2000~2500	
	厚度允许偏差（±）									
	A类	B类	A类	B类	A类	B类	A类	B类	A类	B类
>0.20~0.40	0.03	0.05	0.05	0.06	0.06	0.06	—	—	—	
>0.40~0.50	0.05	0.06	0.06	0.08	0.07	0.08	0.08	0.09	0.12	
>0.50~0.60	0.05	0.06	0.07	0.08	0.08	0.08	0.09	0.10	0.12	
>0.60~0.80	0.05	0.06	0.08	0.08	0.09	0.09	0.09	0.10	0.13	
>0.80~1.00	0.07	0.08	0.08	0.09	0.09	0.09	0.10	0.11	0.15	
>1.00~1.20	0.07	0.08	0.09	0.10	0.10	0.10	0.11	0.12	0.15	
>1.20~1.50	0.09	0.10	0.10	0.13	0.12	0.13	0.13	0.14	0.15	
>1.50~1.80	0.09	0.10	0.13	0.14	0.13	0.14	0.14	0.15	0.15	
>1.80~2.00	0.09	0.12	0.13	0.14	0.13	0.14	0.14	0.14	0.15	
>2.00~2.50	0.12	0.13	0.15	0.16	0.14	0.15	0.15	0.16	0.16	
>2.50~3.00	0.13	0.14	0.16	0.16	0.16	0.17	0.17	0.18	0.18	
>3.00~3.50	0.14	0.15	0.17	0.18	0.17	0.18	0.22	0.23	0.19	

7) 其他冷轧板、带材的普通级厚度允许偏差（mm）

厚 度	规定的宽度				
	≤1000	>1000~1250	>1250~1600	>1600~2000	>2000~2500
	厚度允许偏差（±）				
	A类　B类	A类　B类	A类　B类	A类　B类	A类　B类
>3.50~4.00	0.15	0.18	0.18	0.23	0.24
>4.00~5.00	0.23	0.24	0.24	0.26	0.28
>5.00~6.00	0.25	0.26	0.26	0.26	0.28
>6.00~8.00	0.28	0.29	0.29	0.30	0.35
>8.00~10.0	0.30	0.30	0.30	0.30	0.35
>10.0~12.0	0.48	0.50	0.50	0.62	0.70
>12.0~15.0	0.50	0.50	0.50	0.68	0.75
>15.0~20.0	0.57	0.66	0.68	0.72	0.81
>20.0~25.0	0.60	0.69	0.72	0.75	0.84
>25.0~30.0	0.68	0.75	0.80	0.83	0.90
>30.0~40.0	0.75	0.83	0.90	0.90	0.99
>40.0~50.0	0.83	0.90	0.95	0.98	1.05

8) 冷轧板、带材的高精级厚度允许偏差（mm）

厚 度	规定的宽度									
	≤1000		>1000~1250		>1250~1600		>1600~2000		>2000~2500	
	厚度允许偏差（±）									
	A类	B类	A类	B类	A类	B类	A类	B类	A类	B类
>0.20~0.40	0.02	0.03	0.03	0.04	0.03	0.04	—		—	
>0.40~0.50	0.03	0.04	0.04	0.05	0.04	0.05	0.04	0.05	0.09	
>0.50~0.60	0.03	0.04	0.04	0.04	0.04	0.05	0.04	0.05	0.09	
>0.60~0.80	0.03	0.04	0.05	0.05	0.05	0.06	0.07	0.08	0.10	
>0.80~1.00	0.04	0.05	0.06	0.08	0.07	0.08	0.08	0.08	0.11	
>1.00~1.20	0.04	0.05	0.07	0.08	0.07	0.08	0.09	0.10	0.14	
>1.20~1.50	0.05	0.07	0.08	0.09	0.08	0.09	0.11	0.13	0.15	
>1.50~1.80	0.06	0.08	0.09	0.10	0.09	0.10	0.12	0.14	0.15	

8) 冷轧板、带材的高精级厚度允许偏差（mm）

厚　度	规定的宽度								
	≤1000		>1000~1250		>1250~1600		>1600~2000		>2000~2500
	厚度允许偏差（±）								
	A类	B类	A类	B类	A类	B类	A类	B类	A类B类
>1.80~2.00	0.06	0.08	0.09	0.10	0.09	0.10	0.14	0.14	0.15
>2.00~2.50	0.07	0.08	0.09	0.10	0.09	0.10	0.15	0.15	0.16
>2.50~3.00	0.08	0.10	0.12	0.13	0.12	0.13	0.17	0.18	0.18
>3.00~3.50	0.10	0.12	0.15	0.17	0.16	0.17	0.18	0.19	0.19
>3.50~4.00	0.15		0.17		0.17		0.19		0.19
>4.00~5.00	0.18		0.22		0.22		0.25		0.28
>5.00~6.00	0.20		0.24		0.24		0.26		0.28
>6.00~8.00	0.24		0.28		0.28		0.30		0.35
>8.00~10.0	0.27		0.30		0.30		0.30		0.35
>10.0~12.0	0.32		0.38		0.40		0.41		0.47
>12.0~15.0	0.36		0.42		0.43		0.45		0.51
>15.0~20.0	0.38		0.44		0.46		0.48		0.54
>20.0~25.0	0.40		0.46		0.48		0.50		0.56
>25.0~30.0	0.40		0.50		0.53		0.55		0.60
>30.0~40.0	0.50		0.58		0.58		0.60		0.65
>40.0~50.0	0.55		0.60		0.63		0.65		0.70

9) 热轧板、带材的厚度允许偏差（mm）

厚　度	规定的宽度			
	≤1250	>1250~1600	>1600~2000	>2000~2500
	厚度允许偏差（±）			
>2.50~4.00	0.28	0.28	0.32	0.35
>4.00~5.00	0.30	0.30	0.35	0.40
>5.00~6.00	0.32	0.32	0.40	0.45
>6.00~8.00	0.35	0.40	0.40	0.50
>8.00~10.0	0.45	0.50	0.50	0.55

9) 热轧板、带材的厚度允许偏差(mm)

厚　　度	规定的宽度			
	≤1250	>1250 ～1600	>1600 ～2000	>2000 ～2500
	厚度允许偏差(±)			
>10.0～15.0	0.50	0.60	0.65	0.65
>15.0～20.0	0.60	0.70	0.75	0.80
>20.0～25.0	0.65	0.75	0.85	0.90
>25.0～30.0	0.75	0.85	1.0	1.1
>30.0～40.0	0.90	1.0	1.1	1.2
>40.0～50.0	1.1	1.2	1.4	1.5
>50.0～60.0	1.4	1.5	1.7	1.9
>60.0～80.0	1.7	1.8	1.9	2.1
>80.0～100	2.2	2.2	2.7	2.9
>100～150	2.8	2.8	3.3	3.3

10) 其他剪切板材的普通级宽度允许偏差(mm)[④]

厚　　度	规定的宽度			
	500	>500 ～1250	>1250 ～2000	>2000 ～2500
	宽度允许偏差(＋)			
>0.20～3.00	2	5	6	8
>3.00～6.00	4	6	8	12
>6.00～12.0	6	8	8	12

11) 剪切板材的高精级宽度允许偏差(mm)[④]

厚　　度	规定的宽度			
	500	>500 ～1250	>1250 ～2000	>2000 ～6000
	宽度允许偏差(＋)			
>0.20～3.00	1	3	4	5
>3.00～6.00	3	4	5	8
>6.00～12.0	4	5	5	8

注: ④ 当订购合同中要求宽度(长度)允许偏差采用正负偏差时,
　　其偏差值应为表中规定的数值一半。

12）锯切板材的宽度允许偏差（mm）			
厚　度	规定的宽度		
	≤1000	>1000～2000	>2000～2500
	宽度允许偏差		
>2.00～6.30	±3	±3	±4
>6.30～150	+6	+7	+8

13）其他带材的普通级宽度允许偏差（mm）						
厚　度	规定的宽度					
	≤100	>100 ～300	>300 ～500	>500 ～1250	>1250 ～1650	>1650 ～2000
	宽度允许偏差（+）					
>0.20～0.60	0.5	0.6	1	3	4	5
>0.60～1.00	0.5	0.8	1.5	3	4	5
>1.00～2.00	0.6	1	2	3	4	5

14）带材的高精级宽度允许偏差（mm）						
厚　度	规定的宽度					
	≤100	>100 ～300	>300 ～500	>500 ～1250	>1250 ～1650	>1650 ～2000
	宽度允许偏差（+）					
>0.20～0.60	0.3	0.4	0.6	1.5	2.5	3
>0.60～1.00	0.3	0.5	1	1.5	2.5	3
>1.00～2.00	0.4	0.7	1.2	2	2.5	3

15）剪切板材的长度允许偏差（mm）[④]						
厚　度	规定的长度					
	≤1000	>1000 ～2000	>2000 ～3000	>3000 ～5000	>5000 ～7500	>7500 ～10000
	长度允许偏差（+）					
>0.20～6.00	10	12	14	16	18	20
>6.00～10.0	30			40		
>10.0～40.0	40			50		

16) 锯切板材的长度允许偏差（mm）							
厚　度	规定的长度						
	≤1000	>1000 ~2000	>2000 ~3000	>3000 ~4000	>4000 ~5000	>5000 ~7500	>7500 ~10000
	长度允许偏差						
>2.00~6.30	±3	±3	±4	±4	±5	±6	±7
>6.30~150	+6	+7	+8	+9	+10	+12	+14

(24) 铝及铝合金板材理论重量（GB/T3194－1998）

公称厚度 （mm）	理论重量 （kg/m²）	公称厚度 （mm）	理论重量 （kg/m²）	公称厚度 （mm）	理论重量 （kg/m²）	公称厚度 （mm）	理论重量 （kg/m²）
0.2	0.570	2.0	5.700	10	28.50	50	142.5
0.3	0.855	2.3	6.555	12	34.20	60	171.0
0.4	1.140	2.5	7.125	14	39.90	70	199.5
0.5	1.425	2.8	7.980	15	42.75	80	228.0
0.6	1.710	3.0	8.550	16	45.60	90	256.5
0.7	1.995	3.5	9.975	18	51.30	100	285.0
0.8	2.280	4.0	11.40	20	57.00	110	313.5
0.9	2.565	5.0	14.25	22	62.70	120	342.0
1.0	2.850	6.0	17.10	25	71.25	130	370.5
1.2	3.420	7.0	19.95	30	85.50	140	399.0
1.5	4.275	8.0	22.80	35	99.75	150	427.5
1.8	5.130	9.0	25.65	40	114.0	160	456.0

注：板材理论重量按 7A04、7A09、7075 等牌号的密度 2.85g/cm³ 计算。密度非 2.85牌号的理论重量，应将表中的数值乘上相应的理论重量换算系数。其他密度非 2.85牌号的密度（g/cm³）/换算系数如下：
2A16：2.84/0.996；2A11、2A14：2.80/0.982；
2A12：2.78/0.975；2A06：2.76/0.969；
LQ1、LQ2：2.74/0.960；3A21、3003：2.73/0.958；
1×××系、8A06：2.71/0.951；6A02：2.70/0.947；
5A02、5A43：2.68/0.940；5A03、5083：2.67/0.937；
5A05：2.65/0.930；5A06、5A41：2.64/0.926。

（25）铝及铝合金带材理论重量

厚度 （mm）	理论重量 （kg/m²）	厚度 （mm）	理论重量 （kg/m²）	厚度 （mm）	理论重量 （kg/m²）	厚度 （mm）	理论重量 （kg/m²）
0.20	0.5420	0.60	1.626	1.2	3.252	2.5	6.775
0.25	0.6775	0.65	1.762	1.3	3.523	2.8	7.588
0.30	0.8130	0.70	1.897	1.4	3.794	3.0	8.130
0.35	0.9485	0.75	2.033	1.5	4.065	3.5	9.485
0.40	1.084	0.80	2.168	1.8	4.878	4.0	10.84
0.45	1.220	0.90	2.439	2.0	5.420	4.5	12.20
0.50	1.355	1.0	2.710	2.3	6.233		
0.55	1.491	1.1	2.981	2.4	6.504		

注：带材理论重量按纯铝（1×××系、8A06）的密度 2.71g/cm³ 计算。密度非 2.71 牌号的理论重量，应将表中的重量乘上相应的理论重量换算系数。其他密度非 2.71 牌号的换算系数/密度（g/cm³）如下：5A02:2.68/0.989;3A21:2.73/1.007

（26）表盘及装饰用纯铝板（YS/T242－2000）

1）板材的牌号、状态和规格[①②]

牌　号	状　态	规　格　　（mm）		
		厚　度	宽　度	长　度
1070A、1060 1050A、1035 1200、1100	O、H14、 H24、H18	0.3～4.0	1000	2000、2500
			1200	3000、3500
			1500	4000、4500

2）板材的尺寸允许偏差（mm）

名义厚度	0.3～0.6	＞0.6～1.2	＞1.2～2.0	＞2.0～4.0
厚度允许偏差	±0.05	±0.06	±0.10	±0.15

宽度允许偏差：±3；长度允许偏差：±4

3）板材的平面度③			
宽度(mm)	厚度(mm)	平　　　面　　　度　≤	
		端头部位(mm)	其他部位(mm)
1000～1500	0.3～1.5	13	7
	＞1.5～4.0	15	7

注：① 0.3～0.4mm厚度只供应宽度1000mm、长度2000mm板材。
　② 如对方对宽材宽度、长度有特殊要求时，可提供非标准规格板材，但应经供需双方协商并在合同中注明。
　③ 端头部位指板材长度方向上两端300mm范围内所包含的板面。

（27）瓶盖用铝及铝合金板、带材(YS/T91－1995)

1）板、带材的牌号、状态和规格(mm)						
牌　号	状　态	厚　度	宽　度		板材长度	带　材卷内径
			板　材	带　材		
1100、8011 3003、3105	H14(Y_2) H16(Y_1) H18(Y)	0.2～ 0.3	500～ 1000	50～ 1500	500～ 1000	75、152、200 205、300 350、405 500、510

2）板、带材的尺寸允许偏差(mm)

厚度允许偏差：±0.015；宽度允许偏差：＋3；
板材长度允许偏差：普通级为＋1，高精级为＋0.5；
板材对角线允许偏差：普通级≤4，高精级≤2

注：1. 表中的牌号和状态代号为新牌号和新代号，括号内为相应的旧代号。
　2. 卷外径尺寸(或重量)，由供需双方协商，并在合同中注明。
　3. 带材端部应卷整齐，错层不大于5mm，塔形不大于20mm(内10圈除外)。
　4. 板、带材冲杯制耳率≤5％，冲杯试验方法按GB/T5125《有色金属冲杯试验方法》。

（28）钎接用铝合金板材（YS/T69－1993）

1）板材的牌号、状态和规格（mm）

板材类别	牌号		状态	标准厚度	宽度	长度
	包覆合金	基体合金				
LQ1板	4A17	3A21	O H14	0.8、0.9、1.0、 1.2、1.5、1.6、 2.0、2.5、3.0、 3.5、4.0	1000～ 1600	2000～ 10000
LQ2板	4A13					

2）板材的包覆层厚度（双面包覆）（mm）

板材厚度		0.8、1.0	1.2	2.0
每面包覆层厚度范围	A级	0.08～0.12	0.08～0.13	0.08～0.14
	B级	0.07～0.15	0.08～0.16	0.08～0.16

3）板材的尺寸允许偏差（mm）

厚度			0.8 ～1.1	>1.1 ～2.4	>2.4 ～3.6	>3.6 ～4.0
宽度	1000～1200	厚度允许偏差	±0.08	±0.10	±0.13	±0.20
	>1200～1400		±0.10	±0.13	±0.15	±0.20
	>1400～1600		±0.13	±0.15	±0.18	±0.23

宽度允许偏差：±3
长度/长度允许偏差：≤3000/±4，>3000/±6

长度（宽度 $W \geqslant 1000$）	≤3700	>3700
对角线允许偏差≤	2.0×（W/300）	2.8×（W/300）

宽度	宽度方向不平度	长度方向任意2m之内不平度
1000～1200	≤12	≤10
>1200～1600	≤15	

注：1. 要求按 A 级包覆层供货时，符合 A 级包覆层厚度的板材，
应达到定货量的 75% 以上；包覆层厚度不能达到 A 级规定
的板材，其厚度也应在 B 级范围内；同时，应注明其重量或

张层及包覆层实际厚度。

2. 用户要求其他厚度板材时,其包覆层厚度须经供需双方商定,并在合同中注明。

3. 用户要求单面包覆时,应在合同中注明。

4. 要求厚度、宽度或长度的允许偏差仅为正偏差或负偏差时,其数值为表中数值的 2 倍。

5. 当宽度 W 不是 300 的整倍数时,用其整数倍数加 1 来确定其允许偏差。例:宽度(W)1220mm、长度 2000mm 板材,其对角线允许偏差为 2.0×5=10mm。

(29) 铝及铝合金花纹板(GB/T3618—2006)

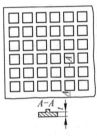

1 号花纹板(方格型)

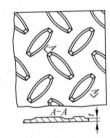

2 号花纹板(扁豆型)

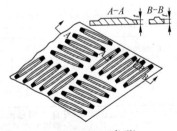

3 号花纹板(五条型)

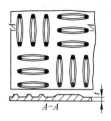

4号花纹板(三条型)

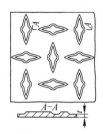

5号花纹板(指针型)

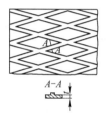

6号花纹板(菱型)

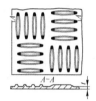

7号花纹板(条型)

8号花纹板(三条型)

9号花纹板(星月型)

1）花纹板的花纹代号、牌号、状态和主要尺寸①②						
花纹代号	牌　号	状　态	主要尺寸(mm)			
			底板厚度	筋高	宽度	长度
1 号	2A12	T4	1.0～3.0	1.0		
2 号	2A11、5A02、5052	H234	2.0～4.0	1.0		
	3105、3003	H194				
3 号	1×××、3003	H194	1.5～4.5	1.0		
	5A02、5052、3105、5A43、3003	O、H114				
4 号	1×××、3003	H194	1.5～4.5	1.0		
	2A11、5A02、5052	H234				
5 号	1×××	H194	1.5～4.5	1.0	1000 ～ 1600	2000 ～ 10000
	5A02、5052、5A43	O、H114				
6 号	2A11	H234	3.0～8.0	0.9		
7 号	6061	O	2.0～4.0	1.0		
	5A02、5052	O、H234				
8 号	1×××	H114、H234、H194	1.0～4.5	0.3		
	3003	H114、H194				
	5A02、5052	O、H114、H194				
9 号	1×××	H114、H234、H194	1.0～4.0	0.7		
	2A11	H194				
	2A12	T4	1.0～3.0			
	3003	H114、H234、H194	1.0～4.0			
	5A02、5052	H114、H234、H194				

注：① 要求其他牌号、状态和主要尺寸时，应由供需双方协商，并在合同中注明。

② 2A11、2A12 合金花纹板双面可带有 1A50 合金包覆层，其每面包覆层的厚度应不小于底板公称厚度的 4%。

6.70

2) 花纹板的状态代号说明

T4	花纹板淬火自然时效
O	花纹板成品完全退火
H114	用完全退火(O)状态的平板,经过一个道次的冷轧得到的花纹板
H234	用不完全退火(H22)状态的平板,经过一个道次的冷轧得到的花纹板
H194	用硬状态(H18)的平板,经过一个道次的冷轧得到的花纹板

3) 花纹板的主要尺寸允许偏差(mm)③④

底板厚度		1.00~1.20	>1.20~1.60	>1.60~2.00	>2.00~2.50	>2.50~3.20	>3.20~4.00	>4.00~5.00	>5.00~8.00
允许偏差	厚度	−0.18	−0.22	−0.25	−0.30	−0.36	−0.42	−0.47	−0.52
	宽度	±5						—	
	长度	±5							

花纹板代号	1号、2号、3号、4号、5号、6号	7号	8号、9号
筋高允许偏差(mm)	±0.4	±0.5	±0.1

4) 花纹板的不平度

状 态		O、H114、H234、H194	T4
不平度(mm)	长度方向	≤15	≤20
	宽度方向	≤20	≤25

5) 花纹板的两对角线长度差(mm)⑤

公称长度	≤4000	>4000~6000	>6000
两对角线长度差	≤10	≤11	≤12

注: ③ 要求底板厚度偏差为正值时,需供需双方协商并在合同中注明。

④ 厚度>4.5~8.0mm 的花纹板不切边供货。但经双方协商并在合同中注明,也可切边供货。

⑤ 当需方对切边供应的花纹板对角线有要求时,其对角线偏差应符合本表的规定。

6）牌号 2A11 花纹板的单位面积理论重量⑥

底板厚度	花 纹 代 号				
（mm）	2 号	3 号	4 号	6 号	7 号
	单位面积理论重量（kg/m²）				
1.80	6.740	5.719	5.500	—	5.668
2.00	6.900	6.279	6.060	—	6.228
2.50	8.300	7.679	7.460	—	7.628
3.00	9.700	9.079	8.860	—	9.028
3.50	11.100	10.479	10.260	—	10.428
4.00	12.500	11.879	11.660	12.343	11.828
4.50	—	—	—	13.743	—
5.00	—	—	—	15.143	—
6.00	—	—	—	17.943	—
7.00	—	—	—	20.743	—

⑥ 其他密度非"2.80"牌号花纹板的单位面积理论重量，可将该
理论重量数值，乘以该牌号的比密度换算系数：

牌 号	密度（kg/m²）	比密度换算系数
2A11	2.80	1.000
2A12	2.78	0.993
3A21	2.73	0.975
3105	2.72	0.971
纯铝	2.71	0.968
6061	2.70	0.964
5A02、5A43、5052	2.68	0.957

7）牌号 2A12 的 1 号花纹板单位面积理论重量

底板厚度（mm）	1.00	1.20	1.50	1.80	2.00	2.50	3.00
理论重量（kg/m²）	3.452	4.008	4.842	5.676	6.232	7.622	9.012

8）用 途

花纹板用于建筑、车辆、船舶、飞机等防滑结构上

(30) 铝及铝合金压型板(GB/T6891－2006)

型　　号	压型板形状和尺寸(mm)
	1) 压型板的型号、形状和尺寸
V25-150 I 型	
V25-150 II 型	
V25-150 III 型	
V25-150 IV 型	
V60-187.5 型	

1) 压型板的型号、形状和尺寸	
型　号	压型板形状和尺寸(mm)
V25-300 型	
V35-115 I 型	
V35-115 II 型	
V35-125 型	
V130-550 型	

6.74

1) 压型板的型号、形状和尺寸	
型　号	压型板形状和尺寸（mm）
V173 型 Z295 型	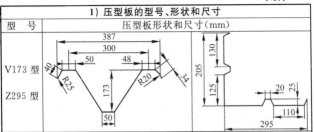

2) 压型板的型号、牌号、供应状态和规格							
型　号	牌号	供应状态	规　高　（mm）				
			波高	波距	坯料厚度	宽度	长　度
V25-150Ⅰ V25-150Ⅱ V25-150Ⅲ V25-150Ⅳ	1050A	H18	25	150	0.6～1.0	635 935 970 1170	1700～6200
V60-187.5	1050 1060	H16、 H18	60	187.5	0.9～1.2	826	1700～6200
V25-300	1070A	H16	25	300	0.6～1.0	985	1700～5000
V35-115Ⅰ	1100 1200 3003 5005	H16、 H18	35	115	0.7～1.2	720	≥1700
V35-115Ⅱ						710	
V35-125 V130-550 V173		H16、 H18	35 130 173	125 550 —	0.7～1.2 1.0～1.2 0.9～1.2	807 625 387	≥1700 ≥6000 ≥1700
Z295		H18	—	—	0.6～1.0	295	1200～2500

① 压型板的宽度允许偏差为+15mm；长度允许偏差为+25mm。
② 压型板的波高允许偏差为±3mm；波距允许偏差为±3mm。
③ 压型板的边部波浪高每米长度内≤5mm；纵向弯曲每米长度内≤5mm（距端部250mm内除外）；侧向弯曲每米长度内≤4mm，任意10m长度内的侧向弯曲≤20mm。
④ 压型板的对角线长度偏差≤20mm

注：压型板用途：用作工业及民用建筑设备维护结构材料。

(31) 铝及铝合金波纹板 (GB/T4438—2006)

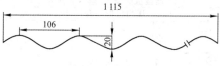

波 20-106 型波纹板

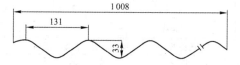

波 33-131 型波纹板

1) 波纹板的牌号、状态、波型代号和规格[①]							
牌　　号	状态	波型代号	规　格　(mm)				
			坯料厚度	长度	宽度	波高	波距
1050A、1050 1060、1070A、1100、1200、3003	H18	波 20-106	0.60 ～1.00	2000～ 10000	1115	20	106
		波 33-131			1008	33	131

2) 波纹板的尺寸允许偏差(mm)[②]							
波型代号	宽度		波高		波距		长度
	宽度	允许偏差	波高	允许偏差	波距	允许偏差	允许偏差
波 20-106	1115	+25 −10	20	±2	106	±2	+25 −10
波 33-131	1008	+25 −10	25	±2.5	131	±3	+25 −10

注：波纹板的用途：用作工程围护材料及建筑装饰材料。

① 需方需要其他波型时，可由供需双方协商并在合同中注明。

② 波高和波距的偏差为 5 个波的平均尺寸与其公称尺寸之差。

(32) 照相制版用微晶锌板（YS/T225－1994）

牌号	厚 度	厚度允许偏差	同 板厚度差	宽 度	宽度允许偏差	长 度	长度允许偏差
				(mm)			
XI2	0.8 1.0、1.2 1.5、1.6	±0.03 ±0.04 ±0.05	0.05	381～510	＋3	600～1200 550～1200 600～1200	＋5

注：1. 板材的不平度不超过 2mm/m。边部切斜不得使其长度和宽超出其允许偏差。

2. 经供需双方协议，可供应其他规格及尺寸允许偏差的板材。

3. 微晶锌板用于无粉腐蚀照相制版。

(33) 胶印锌板（GB/T3496－1983）

牌号	厚度	厚度允许偏差	同 板厚度差	宽度	宽度允许偏差	长度	长度允许偏差	理论重量（kg/张）	备注
				(mm)					
XJ	0.55	±0.04	0.04 0.04 0.04 0.05	640 762 765 1144	±3	680 915 975 1219	±3	1.72 2.76 2.95 5.52	四开 小对开 大对开 全开

注：1. 理论重量按牌号 XJ 的密度 7.2g/cm³ 计算。每 m² 锌板的理论重量为 3.96kg。

2. 板材应平整，不应有能用手摸出的波浪。板材平整度（板材最大弯曲挠度/板材长度）：全开 0.8%，对开、四开 0.7%。

3. 经供需双方协议，可供应其他规格及尺寸允许偏差的板材。

4. 胶印锌板用于印刷工业胶印。

(34) 电池锌板(GB/T1978-1988)

厚度(mm)	0.25	0.28、0.30、0.35	0.40、0.45、0.50、0.60
厚度允许偏差 (mm)	+0.02 -0.01	±0.02	+0.02 -0.03

宽度/宽度允许偏差(mm):100~160/+1,160~510/+3
长度/长度允许偏差(mm):750~1200/+55

注:1. 锌板牌号:XD1、XD2。

2. 板材不平度不超过 20mm/m,在卷成直径为 150mm 圆筒时,波浪必须消失。

3. 切斜不应使板材长度和宽度超出其允许偏差。侧边弯曲度不超过 2mm/m。

4. 厚度 0.25~0.35mm 锌板的杯突试验的杯突深度(mm):XD1 为 4.5~9,XD2 为≥5。

5. 电池锌板用于制造锌-锰干电池的负极。

(35) 铅阳极板(GB/T1471-1988)

1) 板材的牌号、制造方法和规格(mm)

牌　号	制造方法	厚　度	宽　度	长　度
PbAg1	轧制	2~15	1000~2500	≥1000

2) 板材的尺寸允许偏差(mm)

厚　度	厚度允许偏差		厚　度	厚度允许偏差	
	普通精度	较高精度		普通精度	较高精度
2.0	±0.15	±0.10	8.0、9.0	±0.35	±0.25
3.0、4.0	±0.20	±0.15	10.0、12.0	±0.38	±0.30
5.0、6.0、7.0	±0.27	±0.20	14.0、15.0	±0.38	±0.35

宽度允许偏差:+5;长度允许偏差:+25

3) 板材的理论重量(密度按 11.33g/cm³ 计算)

厚度 (mm)	理论重量 (kg/m²)	厚度 (mm)	理论重量 (kg/m²)	厚度 (mm)	理论重量 (kg/m²)
2.0	22.66	6.0	67.98	10.0	113.30
3.0	33.99	7.0	79.31	12.0	135.96
4.0	45.32	8.0	90.64	14.0	158.62
5.0	56.65	9.0	101.88	15.0	169.95

注:1. 合同中未注明精度等级时,按普通精度供货。

2. 铅阳极板用于电解工业。

(36) 铅及铅锑合金板(GB/T1470-2005)

1) 板材的牌号和规格①②③

牌　　号	规　格　(mm)		
	厚度	宽度	长度
Pb1、Pb2	0.5～110.0		
PbSb0.5、PbSb1、PbSb2、PbSb4、PbSb6、PbSb8、PbSb1-0.1-0.05、PbSb2-0.1-0.05、PbSb3-0.1-0.05、PbSb4-0.1-0.05、PbSb5-0.1-0.05、PbSb6-0.1-0.05、PbSb7-0.1-0.05、PbSb8-0.1-0.05、PbSb4-0.2-0.05、PbSb6-0.2-0.05、PbSb8-0.2-0.5	1.0～110.0	≤2500	≥1000

2) 板材的尺寸和允许偏差(mm)④⑤

厚　　度	厚度允许偏差		宽度允许偏差		长度允许偏差	
	普通级	较高级	≤1000	>1000～2500	≤2000	>2000
0.2～2.0	±0.15	±0.10	+10	+15	+30	+40
>2.0～5.0	±0.25	±0.15				
>5.0～10.0	±0.35	±0.25				
>10.0～15.0	±0.40	±0.30				
>15.0～30.0	±0.45	±0.40	+10	+15	+15	+20
>30.0～60.0	±0.60	±0.50				
>60.0～110.0	±0.80	±0.60				

注：板材用于放射性防护和工业部门。

① 板材的制造方法为轧制。

② 经供需双方协商，可供应其他牌号和规格板材。

③ 板材端部和边部应切齐、无裂纹。

④ 需方要求厚度单向偏差时，其数值为表中数值的2倍。

⑤ 如在合同中未注明精度等级，即按普通精度供应。

3) 板材的理论重量

厚度 (mm)	牌号和密度(g/cm³)					
	Pb1、Pb2 11.34	PbSb0.5 11.32	PbSb2 11.25	PbSb4 11.15	PbSb6 11.06	PbSb8 10.97
	理论重量(kg/m²)					
0.5	5.67	5.66	5.63	5.58	5.53	5.48
1.0	11.34	11.32	11.25	11.15	11.06	10.97
2.0	22.68	22.64	22.50	22.30	22.12	21.94
3.0	34.02	33.96	33.75	33.45	33.18	32.91
4.0	45.36	45.28	45.00	44.60	44.24	43.88
5.0	56.70	56.60	56.25	55.75	55.30	54.85
6.0	68.04	67.92	67.50	66.90	66.36	65.82
7.0	79.38	79.24	78.75	78.05	77.42	76.79
8.0	90.72	90.56	90.00	89.20	88.48	87.76
9.0	102.06	101.88	101.25	100.35	99.54	98.73
10.0	113.40	113.20	112.50	111.50	110.60	109.70
15.0	170.10	169.80	168.75	167.25	165.90	164.55
20.0	226.80	226.40	225.00	223.00	221.20	219.40
25.0	283.50	283.00	281.25	278.75	276.50	274.25
30.0	340.20	339.60	337.50	334.50	331.80	329.10
40.0	453.60	452.80	450.00	446.00	442.40	438.80
50.0	567.00	566.00	562.50	557.50	553.00	548.50
60.0	680.40	679.20	675.00	669.00	663.60	658.20
70.0	793.80	792.40	787.50	780.50	774.20	767.90
80.0	907.20	905.60	900.00	892.00	884.80	877.60
90.0	1020.60	1018.80	1012.50	1003.50	995.40	987.30
100.0	1134.00	1132.00	1125.00	1115.00	1106.00	1097.00
110.0	1247.40	1245.20	1237.50	1226.50	1216.60	1206.70

(37) 纯铜箔（GB/T5167－1985）

1) 箔材的牌号、供应状态和规格(mm)				
牌　号	供应状态	厚　度	宽　度	长　度
T1、T2、T3	Y Y、M	0.008～0.020 0.030～0.050	40～120 40～150	≥5000

2) 箔材的尺寸允许偏差(mm)					
厚　　度		0.008	0.010、0.012 0.015	0.020	0.030、0.040 0.050
厚度 允许 偏差	普通 精度	±0.001	±0.002	+0.002 -0.004	+0.003 -0.007
	较高 精度	—	—	+0.002 -0.003	+0.002 -0.006
宽度	宽度允 许偏差	40、50、60、80、100、120/±0.5			40、50、60、 80、100、120、 150/±0.5

注：1. 箔材密度按 8.9g/cm³ 计算，理论重量见第 6.19 页"铜板"
　　　部分的规定。
　　2. 纯铜箔用于制作导电及其他零件。

(38) 电解铜箔（GB/T5230－1995）

① 化学成分：未经表面处理铜箔的含铜量≥99.8%（包括含银量）。
② 等级：标准箔（代号 STD-E），规格为 44.6～1831g/m²；
　　　　　高延挠（代号 HD-E），规格为 153～916g/m²。
③ 供货方式分卷状和片卷；表面处理分经处理的和未经处理的。

④ 箔材的规格、名义厚度、宽度、长度、拼接及允许偏差:

规格(g/m²)/名义厚度(μm)①:44.6/5.0,80.3/9.0,107.0/12.0, 153.0/18.0,230.0/25.0,305.0/35.0,610.0/69.0,916.0/103.0, 1221.0/137.0,1526.0/172.0,1831.0/206.0

规格允许偏差:普通精度——规格 44.6～1831g/m² 为 ±10%
　　　　　　　较高精度——规格 153～1831g/m² 为 ±5%

(卷状)宽度/宽度允许偏差(mm):50～300/+0.4,>300～600/+ 0.8,>600～1200/+1.6,>1200～1300/+2.0
(片状)宽度的允许偏差按合同中规定执行,其允许偏差数值由供需双方商定

长度及拼接:① 卷状——长度按合同执行,最短应≥50m,允许偏差为 ±10%;卷重<100kg,拼接≤2 处;卷重≥100kg,拼接≤3 处;每个拼接位置应用清楚的、耐久的标志标明,标志应从卷筒的一端伸长 5mm 左右
　　　　　　② 片状——长度及其允许偏差,按供需双方协议

⑤ 用途:电解铜箔用于印刷电路

注:① 规格按单位面积重量供货,名义厚度只作规格的代称。

(39) 黄铜箔(GB/T5188－1985)

1) 箔材的牌号、供应状态和规格(mm)

牌　号	供应状态	厚　度	宽　度	长　度
H62、H68	Y	0.010	40～100	≥5000 (卷状)
	Y	0.012～0.020	40～120	
	Y、M	0.030～0.050	40～150	

2）箔材的尺寸及允许偏差（mm）				
厚　　度	0.010、0.012	0.015	0.020	0.030、0.040、0.050
厚度允许偏差 普通精度	±0.002	±0.002	+0.002 −0.004	+0.003 −0.007
厚度允许偏差 较高精度	—	—	+0.002 −0.003	+0.002 −0.006
宽　　度	40、50、60、80、100	40、50、60、80、100、120		40、50、60、80、100、120、150
宽度允许偏差	±0.5			

3）箔材的用途
黄铜箔适用于制造滤油箔片、电信、仪表及机械零件

注：理论重量按密度 8.5g/cm³ 计算，参见第 6.19 页"黄铜板"的
　　规定。

（40）青铜箔（GB/T5189−1985）

1）箔材的牌号、供应状态和规格（mm）				
牌　　号	供应状态	厚　　度	宽　　度	长　　度
QSn6.5-0.1 QSi3-1	Y	0.005～0.008 0.010～0.020 0.030～0.050	40～80 40～100 40～	≥5000 （卷状）

2）箔材的尺寸及允许偏差（mm）					
厚　　度	0.005	0.008	0.010、0.012 0.015、0.020	0.030	0.040 0.050
厚度允许偏差 普通精度	±0.001	+0.001 −0.002	+0.002 −0.004	+0.003 −0.004	+0.004 −0.005
厚度允许偏差 较高精度	—	—	+0.002 −0.003	±0.003	±0.004
宽　　度	40、50、60、80		40、50、60、80、100		40、50、60、80、100、120、150、200
宽度允许偏差	±0.5				

3）箔材的用途
黄铜箔用于制造仪表、手表、电信等工业零件

(41) 镍及白铜箔（GB/T5190－1985）

1）箔材的牌号、供应状态和规格（mm）				
牌　　号	供应状态	厚　　度	宽　　度	长　　度
N2、N4、N6 BZn15-20 BMn40-1.5	Y	0.005	40～80	≥5000 （卷状）
		0.008～0.020	40～100	
	Y、M	0.030～0.050	40～200	

2）箔材的尺寸及允许偏差（mm）						
厚　　度		0.005	0.008	0.010、0.012 0.015	0.020 0.030	0.040 0.050
厚度允许偏差	普通精度	±0.001	+0.001 −0.002	±0.002	+0.002 −0.004	+0.003 −0.005
	较高精度	—	—	—	+0.002 −0.03	+0.003 −0.004
宽　　度		40、50 60、80	40、50、60、80、100			40、50、60、 80、100、120、 150、200
宽度允许偏差		±0.5				

3）箔材的计算理论重量的密度
牌号 N2、N4、N6、BMn40-1.5 箔材的密度按 8.9g/cm³ 计算； BZn15-20 箔材的密度按 8.7g/cm³ 计算

4）箔材的用途
镍及白铜箔主要用于仪表、电子工业

(42) 一般用途的铝及铝合金箔(GB/T3198−2003)

<table>
<tr><th colspan="2" rowspan="2">牌　号</th><th rowspan="2">状　态</th><th colspan="2">规　格　(mm)</th></tr>
<tr><th>厚　度</th><th>宽　度</th></tr>
<tr><td rowspan="3">1×××
系列牌号</td><td>1100
1200</td><td>O、H22、
H14、H24、
H16、H26
H19、H29</td><td rowspan="2">0.006~0.200</td><td rowspan="2">40.0~2000</td></tr>
<tr><td rowspan="2">其他</td><td rowspan="2">O、H18</td></tr>
<tr></tr>
<tr><td colspan="2">2A11、2A12、2024</td><td>O、H18</td><td>0.030~0.200</td><td rowspan="7">50.0~1000</td></tr>
<tr><td colspan="2" rowspan="4">3003</td><td>O</td><td>0.030~0.200</td></tr>
<tr><td>H14、H24、</td><td>0.050~0.200</td></tr>
<tr><td>H16、H26、</td><td>0.100~0.200</td></tr>
<tr><td>H18</td><td>0.020~0.200</td></tr>
<tr><td colspan="2">4A13</td><td>O、H18</td><td>0.030~0.200</td></tr>
<tr><td colspan="2" rowspan="3">5A02</td><td>O</td><td>0.030~0.200</td></tr>
<tr><td>H16、H26</td><td>0.100~0.200</td></tr>
<tr><td>H18</td><td>0.020~0.200</td></tr>
<tr><td colspan="2" rowspan="4">5052</td><td>O</td><td>0.030~0.200</td><td rowspan="5">50.0~1000</td></tr>
<tr><td>H14、H24、</td><td>0.050~0.200</td></tr>
<tr><td>H16、H26</td><td>0.100~0.200</td></tr>
<tr><td>H18</td><td>0.050~0.200</td></tr>
<tr><td colspan="2">5082、5083</td><td>O、H18、H38</td><td>0.100~0.200</td></tr>
<tr><td colspan="2" rowspan="2">8011、8011A、8079</td><td>O、H22
H14、H24
H16、H26
H18、H19</td><td rowspan="2">0.006~0.200</td><td rowspan="2">40.0~2000</td></tr>
<tr></tr>
<tr><td colspan="2">8006</td><td>O、H18</td><td></td><td></td></tr>
<tr><td rowspan="2">典型卷径
(mm)[3]</td><td>管芯内径</td><td colspan="3">75.0、76.2、150、200、220、300、450</td></tr>
<tr><td>铝箔卷外径</td><td colspan="3">100~1500</td></tr>
</table>

注：① 经过供需双方协商，可供应其他牌号、状态、规格的铝箔。
　　② 要求定尺交货时，定尺长度由供需双方协商，并在合同中注明。
　　③ 卷径的内、外径要求其他规格时，由供需双方协商。

6.85

2）电缆用铝箔的牌号、状态和厚度		
牌　　号	状态	厚度（mm）
1145、1235、1060、1050A、1200、1100	O	＞0.100～0.200
8011	O	0.150～0.200

3）铝箔的尺寸允许偏差		
厚度（mm）	厚度允许偏差（mm）	
	单张轧制铝箔	双张轧制铝箔
0.006～0.010	名义厚度的±8%	名义厚度的±10%
＞0.010～0.100	名义厚度的±6%	名义厚度的±8%
＞0.100～0.200	名义厚度的±5%	名义厚度的±7%
卷批量（t）	平均厚度允许偏差（mm）	
	单张轧制铝箔	双张轧制铝箔
≤3	名义厚度的±6%	名义厚度的±8%
＞3～10	名义厚度的±5%	名义厚度的±6%
＞10	名义厚度的±4%	名义厚度的±4%
宽度（mm）④	≤1000	＞1000
宽度允许偏差（mm）	±1.0	±1.5

电缆用铝箔的长度允许偏差为＋50mm；

其他铝箔要求定尺长度交货时，长度允许偏差由供需双方协商，并在合同中注明。

铝箔管芯⑤（mm）	管芯内径	内径允许偏差	长度允许偏差
	≤200	+1.0 −0.5	+5.0 0
	＞200	+2.0 −0	

用途：适用于卷烟、食品、啤酒、饮料、装饰、医药、电容器、电声元件、电暖、电缆等方面

注：④ 如果合同规定为单向偏差时，其允许偏差为表中数值的2倍。

　　⑤ 管芯材质由供需双方协商确定。管芯应保证使用时不变形。

(43) 电解电容器用铝箔(GB/T3615－1999)

1) 铝箔的牌号、状态和规格①

用途	牌 号	状态	规格(mm)	
			厚 度	宽度
阳极	1A85、1A90、1A93、1A95、1A97、1A99	O②、H19	0.05～0.20	50～1080
阴极	1070A、3003		0.02～0.08	

2) 铝箔的尺寸允许偏差③④

厚度(mm)	厚度允许偏差(厚度的百分数)	宽度允许偏差(mm)	
		宽度≤500	宽度>500～1080
0.02～0.05	±8%	±0.5	±1.0
>0.05～0.20	±6%		

3) 每卷铝箔允许的接头数

厚度(mm)	断头次数(个/卷)≤	
	卷径≤300mm	卷径>300mm
0.02～0.05	1	2
>0.05～0.10	0	1
>0.10～0.20	0	0

用途:用于电解电容器的阴极、阳极

注: ① 需要其他牌号、状态和规格时,由供需双方协商决定,并在合同中注明。
② O状态为空气气氛退火,真空气氛退火应在合同中注明。
③ 箔材缠绕在内径为75(+1.0)mm的铝管上,铝管长度允许偏差为+5mm。特殊要求由供需双方商定。
④ 箔卷典型外径尺寸(mm)为:180＋10,230＋10,300＋10,400＋10,450＋10。箔卷外径尺寸应在合同中注明。

(44) 电力电容器用铝箔 (GB/T3616-1999)

1) 箔材的牌号、状态和规格			
牌　　号	状　　态	规　　格　　（mm）	
		厚　度	宽　度
1070A、1060、1050、1035、1145、1235	O、H18	0.006～0.016	40～1200

2) 箔材的尺寸允许偏差（mm）[①]					
厚度允许偏差		宽度允许偏差		芯子管尺寸允许偏差	
厚　度	允许偏差	宽　度	允许偏差	内　径允许偏差	长　度允许偏差
0.006～0.016	厚度的±8%	≤500	±0.5	+1.0	+5
		>500	±1.0		

3) 箔材的卷径（mm）[②]	
内　径	外　　　　径
75	推荐 180±10、230±10、320±10、400±10、500±20

4) 每卷铝箔允许的接头[③]		
厚　度　（mm）	接头数（个/卷）	
	卷径≤250mm	卷径>250mm
0.006～0.010	≤2	≤4
>0.010～0.016	≤1	≤2
用途：铝箔用于电力电容器上		

注：① 芯子管材质由供需双方协商决定。

② 内外径要求其他规格时，由供需双方协商决定。

③ 铝箔的接头必须牢固，并要在端面处作出明显标记，两接头间的长度不小于1000m，每卷铝箔允许的接头数应符合表中的规定。

（45）锡、铅及其合金箔和锌箔（GB/T5191－1985）

1）箔材的牌号、供应状态及规格（mm）

产品名称	牌　号	供应状态和规格
锡　　箔	Sn1、Sn2、Sn3	供应状态：轧制 厚度：0.010～0.050 宽度：100 长度：≥5000 衬筒：内径 65～69 或 75～79，长度比箔材宽度大 15～20 箔材轴直径应≥100，每卷张数应≥5 张
锡锑合金箔	SnSb1.5、SnSb2.5	
锡铅合金箔	SnPb12-1.5、 SnPb13.5-2.5	
铅　　箔	Pb2、Pb3、Pb4、Pb5	
铅锡合金箔	PbSn3.5、PbSn2-2 PbSn4.5-2.5、PbSn6.5	
锌　　箔	Zn2、Zn3	

2）箔材的尺寸允许偏差（mm）

锡、铅及其合金箔	厚　　度		0.010、0.015、0.020	0.030、0.040、0.050
	厚度允许偏差	普通精度	±0.002	±0.005
		较高精度	－	+0.004 -0.005

锌　箔	厚　　度		0.010、0.012、0.015	0.020、0.030	0.040、0.050
	厚度允许偏差	普通精度	±0.002	+0.003 -0.004	+0.003 -0.006
		较高精度	－	±0.003	+0.003 -0.005

宽度允许偏差			±1		

3）箔材的用途

箔材用于制造电气、仪表等工业零件

3. 有色金属管材

(1) 铜及铜合金拉制管(GB/T1527-2006、GB/T16866-1997)

1) 拉制管的牌号、状态和规格(mm)

牌　　号	状态	圆形管		矩(方)形管	
		外径	壁厚	对边距	壁厚
T2、T3、TU1、TU2、TP1、TP2	M、M₂、Y、T	3～360	0.5～15	3～100	1～10
	Y₂	3～100			
H96、H90、H85、H85A、H80	M、M₂、Y₂、Y	3～200	0.2～10	3～100	0.2～7
H70、H70A、H68、H68A、HSn62-1、HSn70-1、HPb59-1		3～100			
H65、H65A、H63、HPb66-0.5		3～200			
HPb63-0.1	Y₂	18～31	6.5～13	—	—
	Y₃	8～31	3.0～13		
BZn15-20	Y、Y₂、M	4～40	0.5～8		
BFe10-1-1	Y、Y₂、M	8～160			
BFe30-1-1	Y₂、M	8～80			

2) 拉制管(无缝圆管)的具体规格

公称外径(mm)	公称壁厚(mm)
3,4,5,6,7	0.5～1.5
8,9,10,11,12,13,14,15	0.5～3.5
16,17,18,19,20	0.5～4.5
21,22,23,24,25,26,27,28,(29),30	1.0～5.0
31,32,33,34,35,36,37,38,(39),40	1.0～5.0
(41),42,(43),(44),45	1.0,1.5～6.0
(46),(47),48,(49),50	1.0,1.5～6.0
(52),54,55,(56),58,60	1.0,1.5～6.0

2) 拉制管(无缝圆管)的具体规格	
公称外径(mm)	公称壁厚(mm)
(62),(64),65,(66),68,70	2.0～10
(72),(74),75,76,(78),80	2.0～10
(82),(84),85,86,(88),90	2.0～10
(92),(94),96,(98),100	2.0～10
105,110,115,120,125,130,135,140,145,150	2.0～10
155,160,165,170,175,180,185,190,195,200	3.0～10
210,220,230,240,250	3.0～7.0
260,270,280,290,300	3.5～5.0
310,320,330,340,350,360	3.5～5.0

壁厚系列(mm):0.5,0.75,1.0,(1.25),1.5,2.0,2.5,3.0,3.5,
4.0,4.5,5.0,6.0,7.0,8.0,(9.0),10

3) 黄铜薄壁管(无缝圆管)具体规格	
公称外径(mm)	公称壁厚(mm)
3,3.2	0.15～0.60
3.5	0.15～0.70
4,5,6,7,8,9,10,11.5	0.15～0.90
12,12.6	0.20～0.90
14,15.6,16,16.5	0.30～0.90
18,18.5	0.35～0.90
20	0.45～0.90
22	0.50～0.90
24,25.2,26,27.5	0.60～0.90
28	0.70～0.90
30	0.80,0.90

壁厚系列(mm):0.15,0.20,0.25,0.30,0.35,0.40,0.45,0.50,
0.60,0.70,0.80,0.90

4）拉制管供应长度

① 外径≤100mm 铜管和外径≤50mm 黄铜管为 1～7m。黄铜薄壁管为 1～4m。其他管材为 0.5～6m。

② 外径≤30mm、壁厚≤3mm 铜管,可供应长度≥6m 圆盘管。

③ 定尺或倍尺长度(在供货合同中议定)应在不定尺范围内,其长度允许偏差为+15mm;倍尺长度应加入锯切分段时的锯切量,每一锯切量为 5mm

5）拉制管平均外径允许偏差（mm）					
公称外径	平均外径允许偏差		公称外径	平均外径允许偏差	
	普通级	较高级		普通级	较高级
3～15	±0.09	±0.05	>100～125	±0.35	±0.15
>15～25	±0.10	±0.06	>125～150	±0.45	±0.18
>25～50	±0.15	±0.08	>150～200	±0.60	—
>50～75	±0.22	±0.10	>200～250	±0.70	—
>75～100	±0.28	±0.13	>250～360	±0.40%	—

注: 1. 状态代号:M—软;Y_2—半硬;Y—硬;T—特硬。

2. TU1、TU2 管材无力学性能要求。

3. 黄铜薄壁管须在合同中注明,否则按一般黄铜管供应。

4. 带括号的规格不推荐采用。

5. 壁厚 1.25mm 仅供应锌白铜拉制管。

6. 平均外径指在管材的任意截面上测得的最大外径和最小外径的平均值。

7. 当要求平均外径或壁厚的允许偏差全为正(+)或全为负(—)时,其允许偏差值应为表中对应数值的 2 倍。

6）拉制管壁厚（普通级）允许偏差（mm）								
公称外径		3～15	>15～25	>25～50	>50～100	>100～175	>175～250	>250～360
公称壁厚	0.5	±0.07	±0.08	—	—	—	—	供需双方协议
	0.75	±0.10	±0.10	—	—	—	—	
	1.0	±0.13	±0.15	±0.15	±0.18	—	—	
	1.25	±0.13	±0.15	±0.15	±0.18	—	—	
	1.5	±0.15	±0.18	±0.18	±0.22	—	—	
	2.0	±0.15	±0.18	±0.18	±0.22	±0.25	—	
	2.5	±0.20	±0.25	±0.25	±0.25	±0.30	±0.35	
	3.0	±0.25	±0.25	±0.25	±0.25	±0.30	±0.35	
	3.5	±0.25	±0.30	±0.30	±0.30	±0.35	±0.40	
	4.0	—	±0.30	±0.30	±0.30	±0.35	±0.40	
	4.5		±0.40	±0.40	±0.40	±0.42	±0.45	
	5.0		±0.40	±0.40	±0.40	±0.42	±0.50	
	6.0		—	±0.45	±0.45	±0.45	±0.55	
	7.0		—	—	±0.55	±0.60	±0.65	
	8.0		—	—	±8%	±9%	±10%	
	9.0		—	—	±8%	±9%	±10%	
	10		—	—	±8%	±9%	±10%	

注：壁厚允许偏差

7）拉制管壁厚（高精级）允许偏差（mm）					
公称外径		3～15	>15～25	>25～50	>50～100
公称壁厚	0.5	±0.05	±0.05	—	—
	0.75	±0.06	±0.06	—	—
	1.0	±0.08	±0.09	±0.09	±0.13
	1.25	±0.08	±0.09	±0.09	±0.13
	1.5	±0.09	±0.10	±0.10	±0.15
	2.0	±0.09	±0.10	±0.10	±0.15
	2.5	±0.10	±0.13	±0.13	±0.18
	3.0	±0.10	±0.13	±0.13	±0.18
	3.5	±0.13	±0.15	±0.18	±0.20
	4.0	—	±0.15	±0.18	±0.20

注：壁厚允许偏差

8）黄铜薄壁管外径及壁厚允许偏差（mm）

<table>
<tr><td rowspan="2">外
径</td><td>公称尺寸</td><td>3.2
~5</td><td>>5
~9</td><td>>9
12.6</td><td>>12.6
~15.6</td><td>>15.6
~18.5</td><td>>18.5
~20</td><td>>20
~30</td></tr>
<tr><td>允许偏差，±</td><td>0.020</td><td>0.025</td><td>0.030</td><td>0.040</td><td>0.045</td><td>0.050</td><td>0.070</td></tr>
<tr><td rowspan="2">壁
厚</td><td>公称尺寸</td><td>0.15
~0.25</td><td>>0.25
~0.35</td><td>>0.35
~0.45</td><td>>0.45
~0.60</td><td>>0.60
~0.80</td><td colspan="1">0.90</td><td>—</td></tr>
<tr><td>允许偏差，±</td><td>0.02</td><td>0.03</td><td>0.04</td><td>0.05</td><td>0.06</td><td>0.07</td><td>—</td></tr>
</table>

9）直条供应拉制硬管和半硬管弯曲度（mm）

<table>
<tr><td colspan="2">公称外径</td><td>≤80</td><td>>80~150</td><td>>150</td></tr>
<tr><td rowspan="2">每米弯曲度
≤</td><td>高精级</td><td>3</td><td>5</td><td>7</td></tr>
<tr><td>普通级</td><td>5</td><td>8</td><td>12</td></tr>
</table>

10）拉制管其他要求

① 拉制管不圆度和壁厚不均，不应超出外径和壁厚允许偏差；但属下列情况之一者，其短轴尺寸应≥公称外径的95％：(a)拉制软管的"外径/壁厚"≥15；(b)拉制硬管和半硬管的"外径/壁厚"≥25。

② 成盘供应的拉制铜管，其短轴尺寸应≥公称外径的90％。

③ 拉制管端部应锯切平整（检查断口的端面可保留），允许有不超出下列规定切口（切口不得超出长度允许偏差）。公称外径/端面切斜（mm）：≤20/2，>20~50/3，>50~100/4，>100~170/5。

④ 拉制管液压试验：

(a) 用于压力下工作的 T2、T3、TP1、TP2 管材应进行液压试验，试验压力按下列公式计算（除特殊指定压力外，最大试验压力为 6.86MPa），试验持续时间为 10~15s。

$$P = \frac{2S \cdot t}{D - 0.8t}$$

式中：P——试验水压力（MPa）；t——管材壁厚（mm）；D——管材外径（mm）；S——材料允许应力，纯铜为 41.2MPa

10）拉制管其他要求

（b）HSn62-1、HSn70-1 管材的液压试验压力为 4.9MPa，试验持续时间为 10～15s。

（c）BZn15-20 管材的液压试验，需方无特殊要求时最大试验压力为 6.86MPa，试验持续时间为 10s。

⑤ 拉制管扩口试验（根据需方要求，并在合同中注明方进行）应不产生裂纹；扩口率为 20%；顶心锥度：管材内径 5～15mm 者为 30°，管材内径＞15mm 者为 60°。

⑥ 拉制管压扁试验：

（a）T2、T3 管材于退火后作压扁试验，压扁后内壁距离等于壁厚，半硬管和硬管的退火温度为 550～650℃，时间为 1～2h。供方可不进行此项试验，但必须保证。

（b）TP1、TP2 的软管或硬管在氢气中退火后作压扁试验，压扁后内壁距离等于壁厚，退火温度为 750～800℃，时间为 40min。供方可不进行此项试验，但必须保证。

（c）壁厚≤2.5mm、HSn62-1、HSn70-1 管材进行压扁试验时的压扁后内壁距离：软管等于壁厚，硬管等于 3 倍壁厚。

⑦ 无氧铜管材的含氧量应符合 YS/T335《电真空器件用无氧铜含氧量金相检验方法》中图片 1、2、3 级的规定

注：8. 总弯曲度不应超过每米弯曲度与总长度（m）的乘积。

9. 成盘供应和直条供应的拉制软管的弯曲度不作规定。

10. 铜及铜合金拉制管供一般工业用。

(2) 拉制铜管理论重量

外径	壁厚	理论重量 $\left(\dfrac{kg}{m}\right)$	外径	壁厚	理论重量 $\left(\dfrac{kg}{m}\right)$	外径	壁厚	理论重量 $\left(\dfrac{kg}{m}\right)$
(mm)			(mm)			(mm)		
3	0.5	0.035	8	2.0	0.335	12	0.5	0.161
	0.75	0.047		2.5	0.384		0.75	0.236
	1.0	0.056		3.0	0.419		1.0	0.307
4	0.5	0.049		3.5	0.440		1.5	0.440
	0.75	0.068	9	0.5	0.119		2.0	0.559
	1.0	0.084		0.75	0.173		2.5	0.664
	1.5	0.105		1.0	0.224		3.0	0.755
5	0.5	0.063		1.5	0.314		3.5	0.831
	0.75	0.089		2.0	0.391	13	0.5	0.175
	1.0	0.112		2.5	0.454		0.75	0.257
	1.5	0.147		3.0	0.503		1.0	0.335
	2.0	0.168		3.5	0.538		1.5	0.482
6	0.5	0.077	10	0.5	0.133		2.0	0.615
	0.75	0.110		0.75	0.194		2.5	0.734
	1.0	0.140		1.0	0.252		3.0	0.838
	1.5	0.189		1.5	0.356		3.5	0.929
	2.0	0.224		2.0	0.447	14	0.5	0.189
7	0.5	0.091		2.5	0.524		0.75	0.278
	0.75	0.131		3.0	0.587		1.0	0.363
	1.0	0.168		3.5	0.636		1.5	0.524
	1.5	0.231	11	0.5	0.147		2.0	0.671
	2.0	0.280		0.75	0.215		2.5	0.803
8	0.5	0.105		1.0	0.280		3.0	0.922
	0.75	0.152		1.5	0.398		3.5	1.027
	1.0	0.196		2.0	0.503	15	0.5	0.203
	1.5	0.272		2.5	0.594		0.75	0.299
				3.0	0.671		1.0	0.391
				3.5	0.734		1.5	0.566

外径	壁厚	理论重量 $\left(\dfrac{kg}{m}\right)$	外径	壁厚	理论重量 $\left(\dfrac{kg}{m}\right)$	外径	壁厚	理论重量 $\left(\dfrac{kg}{m}\right)$
(mm)			(mm)			(mm)		
15	2.0	0.727	19	1.0	0.503	22	2.5	1.362
	2.5	0.873		1.5	0.734		3.0	1.593
	3.0	1.006		2.0	0.950		3.5	1.810
	3.5	1.125		2.5	1.153		4.0	2.012
16	1.0	0.419		3.0	1.341		4.5	2.201
	1.5	0.608		3.5	1.516		5.0	2.375
	2.0	0.782		4.0	1.677	23	1.0	0.615
	2.5	0.943		4.5	1.823		1.5	0.901
	3.0	1.090	20	1.0	0.531		2.0	1.174
	3.5	1.223		1.5	0.776		2.5	1.432
	4.0	1.341		2.0	1.006		3.0	1.677
	4.5	1.446		2.5	1.223		3.5	1.907
17	1.0	0.447		3.0	1.425		4.0	2.124
	1.5	0.650		3.5	1.614		4.5	2.327
	2.0	0.838		4.0	1.789		5.0	2.515
	2.5	1.013		4.5	1.949	24	1.0	0.643
	3.0	1.174	21	1.0	0.559		1.5	0.943
	3.5	1.320		1.5	0.817		2.0	1.230
	4.0	1.453		2.0	1.062		2.5	1.502
	4.5	1.572		2.5	1.293		3.0	1.761
18	1.0	0.475		3.0	1.509		3.5	2.005
	1.5	0.692		3.5	1.712		4.0	2.236
	2.0	0.894		4.0	1.900		4.5	2.452
	2.5	1.083		4.5	2.075		5.0	2.655
	3.0	1.258		5.0	2.236	25	1.0	0.671
	3.5	1.418	22	1.0	0.587		1.5	0.985
	4.0	1.565		1.5	0.859		2.0	1.286
	4.5	1.698		2.0	1.118		2.5	1.572

外径	壁厚	理论重量 $\left(\dfrac{kg}{m}\right)$	外径	壁厚	理论重量 $\left(\dfrac{kg}{m}\right)$	外径	壁厚	理论重量 $\left(\dfrac{kg}{m}\right)$
（mm）			（mm）			（mm）		
25	3.0	1.844	28	3.5	2.396	31	4.0	3.018
	3.5	2.103		4.0	2.683		4.5	3.333
	4.0	2.347		4.5	2.955		5.0	3.633
	4.5	2.578		5.0	3.214	32	1.0	0.866
	5.0	2.795	29	1.0	0.782		1.5	1.279
26	1.0	0.699		1.5	1.153		2.0	1.677
	1.5	1.027		2.0	1.509		2.5	2.061
	2.0	1.341		2.5	1.851		3.0	2.431
	2.5	1.642		3.0	2.180		3.5	2.788
	3.0	1.928		3.5	2.494		4.0	3.130
	3.5	2.201		4.0	2.795		4.5	3.458
	4.0	2.459		4.5	3.081		5.0	3.773
	4.5	2.704		5.0	3.354	33	1.0	0.894
	5.0	2.934	30	1.0	0.810		1.5	1.320
27	1.0	0.727		1.5	1.195		2.0	1.739
	1.5	1.069		2.0	1.565		2.5	2.131
	2.0	1.397		2.5	1.921		3.0	2.515
	2.5	1.712		3.0	2.264		3.5	2.885
	3.0	2.012		3.5	2.592		4.0	3.242
	3.5	2.299		4.0	2.906		4.5	3.584
	4.0	2.571		4.5	3.207		5.0	3.912
	4.5	2.830		5.0	3.493	34	1.0	0.922
	5.0	3.074	31	1.0	0.838		1.5	1.362
28	1.0	0.755		1.5	1.237		2.0	1.789
	1.5	1.111		2.0	1.621		2.5	2.201
	2.0	1.453		2.5	1.991		3.0	2.599
	2.5	1.782		3.0	2.347		3.5	2.983
	3.0	2.096		3.5	2.690		4.0	3.354

外径	壁厚	理论重量 $\left(\dfrac{kg}{m}\right)$	外径	壁厚	理论重量 $\left(\dfrac{kg}{m}\right)$	外径	壁厚	理论重量 $\left(\dfrac{kg}{m}\right)$
（mm）			（mm）			（mm）		
34	4.5	3.710	37	5.0	4.471	41	1.0	1.118
	5.0	4.052					1.5	1.656
35	1.0	0.950	38	1.0	1.034		2.0	2.180
	1.5	1.404		1.5	1.530		2.5	2.690
	2.0	1.844		2.0	2.012		3.0	3.186
	2.5	2.271		2.5	2.480		3.5	3.668
	3.0	2.683		3.0	2.934		4.0	4.136
	3.5	3.081		3.5	3.374		4.5	4.590
	4.0	3.465		4.0	3.801		5.0	5.030
	4.5	3.836		4.5	4.213		6.0	5.869
	5.0	4.192		5.0	4.611	42	1.0	1.146
36	1.0	0.978	39	1.0	1.062		1.5	1.698
	1.5	1.446		1.5	1.572		2.0	2.236
	2.0	1.900		2.0	2.068		2.5	2.760
	2.5	2.340		2.5	2.550		3.0	3.270
	3.0	2.767		3.0	3.018		3.5	3.766
	3.5	3.179		3.5	3.472		4.0	4.248
	4.0	3.577		4.0	3.912		4.5	4.716
	4.5	3.961		4.5	4.339		5.0	5.170
	5.0	4.332		5.0	4.751		6.0	6.036
37	1.0	1.006	40	1.0	1.090	43	1.0	1.174
	1.5	1.488		1.5	1.614		1.5	1.740
	2.0	1.956		2.0	2.124		2.0	2.292
	2.5	2.410		2.5	2.620		2.5	2.830
	3.0	2.850		3.0	3.102		3.0	3.354
	3.5	3.277		3.5	3.570		3.5	3.864
	4.0	3.689		4.0	4.024		4.0	4.360
	4.5	4.087		4.5	4.464		4.5	4.842
				5.0	4.891		5.0	5.310

外径	壁厚	理论重量 ($\frac{kg}{m}$)	外径	壁厚	理论重量 ($\frac{kg}{m}$)	外径	壁厚	理论重量 ($\frac{kg}{m}$)
(mm)			(mm)			(mm)		
43	6.0	6.204		4.5	5.219		3.5	4.450
	1.0	1.202	46	5.0	5.729		4.0	5.030
	1.5	1.782		6.0	6.707	49	4.5	5.596
	2.0	2.347		1.0	1.286		5.0	6.148
	2.5	2.899		1.5	1.907		6.0	7.210
44	3.0	3.437		2.0	2.515		1.0	1.369
	3.5	3.961		2.5	3.109		1.5	2.033
	4.0	4.471	47	3.0	3.689		2.0	2.683
	4.5	4.967		3.5	4.255		2.5	3.319
	5.0	5.449		4.0	4.807	50	3.0	3.940
	6.0	6.372		4.5	5.345		3.5	4.548
	1.0	1.230		5.0	5.869		4.0	5.142
	1.5	1.823		6.0	6.875		4.5	5.722
	2.0	2.403		1.0	1.313		5.0	6.288
	2.5	2.969		1.5	1.949		6.0	7.378
45	3.0	3.521		2.0	2.571		1.0	1.425
	3.5	4.059		2.5	3.179		1.5	2.117
	4.0	4.583		3.0	3.773		2.0	2.795
	4.5	5.093	48	3.5	4.353		2.5	3.458
	5.0	5.589		4.0	4.918		3.0	4.108
	6.0	6.539		4.5	5.470	52	3.5	4.744
	1.0	1.258		5.0	6.008		4.0	5.366
	1.5	1.865		6.0	7.042		4.5	5.973
	2.0	2.459		1.0	1.341		5.0	6.567
46	2.5	3.039		1.5	1.991		6.0	7.713
	3.0	3.605	49	2.0	2.627		1.0	1.481
	3.5	4.157		2.5	3.249	54	1.5	2.201
	4.0	4.695		3.0	3.857		2.0	2.906

外径	壁厚	理论重量 $\left(\dfrac{kg}{m}\right)$	外径	壁厚	理论重量 $\left(\dfrac{kg}{m}\right)$	外径	壁厚	理论重量 $\left(\dfrac{kg}{m}\right)$
（mm）			（mm）			（mm）		
54	2.5	3.598	58	1.5	2.368	62	8.0	12.073
	3.0	4.276		2.0	3.130		9.0	13.330
	3.5	4.939		2.5	3.878		10.0	14.532
	4.0	5.589		3.0	4.611	64	1.5	2.620
	4.5	6.225		3.5	5.331		2.0	3.465
	5.0	6.847		4.0	6.036		2.5	4.297
	6.0	8.048		4.5	6.728		3.0	5.114
（55）	1.0	1.509		5.0	7.406		3.5	5.918
	1.5	2.243		6.0	8.719		4.0	6.707
	2.0	2.962	60	1.0	1.649		4.5	7.483
	2.5	3.668		1.5	2.452		5.0	8.244
	3.0	4.360		2.0	3.242		6.0	9.725
	3.5	5.037		2.5	4.017		7.0	11.150
	4.0	5.701		3.0	4.779		8.0	12.520
	4.5	6.351		3.5	5.526		9.0	13.833
	5.0	6.987		4.0	6.260		10.0	15.091
	6.0	8.216		4.5	6.980	（65）	1.5	2.662
56	1.0	1.537		5.0	7.685		2.0	3.521
	1.5	2.285		6.0	9.055		2.5	4.367
	2.0	3.018	62	1.5	2.536		3.0	5.198
	2.5	3.738		2.0	3.354		3.5	6.015
	3.0	4.443		2.5	4.157		4.0	6.819
	3.5	5.135		3.0	4.946		4.5	7.608
	4.0	5.813		3.5	5.722		5.0	8.384
	4.5	6.476		4.0	6.483		6.0	9.893
	5.0	7.126		4.5	7.231		7.0	11.346
	6.0	8.384		5.0	7.965		8.0	12.743
58	1.0	1.593		6.0	9.390		9.0	14.085
				7.0	10.759		10.0	15.370

外径	壁厚	理论重量 $\left(\dfrac{kg}{m}\right)$	外径	壁厚	理论重量 $\left(\dfrac{kg}{m}\right)$	外径	壁厚	理论重量 $\left(\dfrac{kg}{m}\right)$
（mm）			（mm）			（mm）		
66	1.5	2.704	70	3.0	5.617	74	3.5	6.896
	2.0	3.577		3.5	6.504		4.0	7.825
	2.5	4.436		4.0	7.378		4.5	8.740
	3.0	5.282		4.5	8.237		5.0	9.641
	3.5	6.113		5.0	9.082		6.0	11.402
	4.0	6.931		6.0	10.731		7.0	13.107
	4.5	7.734		7.0	12.324		8.0	14.755
	5.0	8.524		8.0	13.861		9.0	16.348
	6.0	10.061		9.0	15.342		10.0	17.885
	7.0	11.542		10.0	16.768	（75）	(1.0)	2.068
	8.0	12.967	72	(1.0)	1.984		1.5	3.081
	9.0	14.336		1.5	2.955		2.0	4.080
	10.0	15.650		2.0	3.912		2.5	5.065
68	1.5	2.788		2.5	4.856		3.0	6.036
	2.0	3.689		3.0	5.785		3.5	6.993
	2.5	4.576		3.5	6.700		4.0	7.937
	3.0	5.449		4.0	7.601		4.5	8.866
	3.5	6.309		4.5	8.489		5.0	9.781
	4.0	7.154		5.0	9.362		6.0	11.570
	4.5	7.986		6.0	11.067		7.0	13.302
	5.0	8.803		7.0	12.715		8.0	14.979
	6.0	10.396		8.0	14.308		9.0	16.600
	7.0	11.933		9.0	15.845		10.0	18.165
	8.0	13.414		10.0	17.327	76	(1.0)	2.096
	9.0	14.839	74	(1.0)	2.040		1.5	3.123
	10.0	16.209		1.5	3.039		2.0	4.136
70	1.5	2.871		2.0	4.024		2.5	5.135
	2.0	3.801		2.5	4.995		3.0	6.120
	2.5	4.716		3.0	5.952		3.5	7.091

外径	壁厚	理论重量 $\left(\dfrac{kg}{m}\right)$	外径	壁厚	理论重量 $\left(\dfrac{kg}{m}\right)$	外径	壁厚	理论重量 $\left(\dfrac{kg}{m}\right)$
（mm）			（mm）			（mm）		
76	4.0	8.048	80	4.5	9.495	84	7.0	15.063
	4.5	8.992		5.0	10.480		8.0	16.991
	5.0	9.921		6.0	12.408		9.0	18.864
	6.0	11.737		7.0	14.280		10.0	20.680
	7.0	13.498		8.0	16.097	（85）	1.5	3.500
	8.0	15.203		9.0	17.857		2.0	4.639
	9.0	16.851		10.0	19.562		2.5	5.764
	10.0	18.444	82	1.5	3.374		3.0	6.875
78	（1.0）	2.152		2.0	4.471		3.5	7.972
	1.5	3.207		2.5	5.554		4.0	9.055
	2.0	4.248		3.0	6.623		4.5	10.123
	2.5	5.275		3.5	7.678		5.0	11.178
	3.0	6.288		4.0	8.719		6.0	13.246
	3.5	7.287		4.5	9.746		7.0	15.259
	4.0	8.272		5.0	10.759		8.0	17.215
	4.5	9.243		6.0	12.743		9.0	19.115
	5.0	10.200		7.0	14.672		10.0	20.960
	6.0	12.073		8.0	16.544	86	1.5	3.542
	7.0	13.889		9.0	18.361		2.0	4.695
	8.0	15.650		10.0	20.121		2.5	5.834
	9.0	17.354	84	1.5	3.458		3.0	6.959
	10.0	19.003		2.0	4.583		3.5	8.069
80	（1.0）	2.208		2.5	5.694		4.0	9.166
	1.5	3.291		3.0	6.791		4.5	10.249
	2.0	4.360		3.5	7.874		5.0	11.318
	2.5	5.415		4.0	8.943		6.0	13.414
	3.0	6.456		4.5	9.998		7.0	15.454
	3.5	7.483		5.0	11.039		8.0	17.438
	4.0	8.496		6.0	13.079		9.0	19.367

外径	壁厚	理论重量 $\left(\dfrac{kg}{m}\right)$	外径	壁厚	理论重量 $\left(\dfrac{kg}{m}\right)$	外径	壁厚	理论重量 $\left(\dfrac{kg}{m}\right)$
(mm)			(mm)			(mm)		
86	10.0	21.239		2.0	5.030		3.5	9.048
				2.5	6.253		4.0	10.284
88	1.5	3.626		3.0	7.462		4.5	11.507
	2.0	4.807		3.5	8.656		5.0	12.715
	2.5	5.973		4.0	9.837	96	6.0	15.091
	3.0	7.126	92	4.5	11.004		7.0	17.410
	3.5	8.265		5.0	12.157		8.0	19.674
	4.0	9.390		6.0	14.420		9.0	21.882
	4.5	10.501		7.0	16.628		10.0	24.034
	5.0	11.598		8.0	18.780		1.5	4.045
	6.0	13.749		9.0	20.876		2.0	5.366
	7.0	15.845		10.0	22.916		2.5	6.672
	8.0	17.885		1.5	3.878		3.0	7.965
	9.0	19.870		2.0	5.142		3.5	9.243
	10.0	21.798		2.5	6.393		4.0	10.508
	1.5	3.710		3.0	7.629	98	4.5	11.758
	2.0	4.918		3.5	8.852		5.0	12.995
	2.5	6.113		4.0	10.061		6.0	15.426
	3.0	7.294	94	4.5	11.255		7.0	17.802
	3.5	8.461		5.0	12.436		8.0	20.121
	4.0	9.613		6.0	14.755		9.0	22.385
90	4.5	10.752		7.0	17.019		10.0	24.592
	5.0	11.877		8.0	19.227		1.5	4.129
	6.0	14.085		9.0	21.379		2.0	5.477
	7.0	16.237		10.0	23.475		2.5	6.812
	8.0	18.333		1.5	3.961	100	3.0	8.132
	9.0	20.373	96	2.0	5.254		3.5	9.439
	10.0	22.357		2.5	6.532		4.0	10.731
92	1.5	3.794		3.0	7.797		4.5	12.010

外径 (mm)	壁厚 (mm)	理论重量 $\left(\dfrac{kg}{m}\right)$	外径 (mm)	壁厚 (mm)	理论重量 $\left(\dfrac{kg}{m}\right)$	外径 (mm)	壁厚 (mm)	理论重量 $\left(\dfrac{kg}{m}\right)$
100	5.0	13.274	110	10.0	27.946	125	3.5	11.884
	6.0	15.762					4.0	13.526
	7.0	18.193	115	2.0	6.316		4.5	15.154
	8.0	20.568		2.5	7.860		5.0	16.768
	9.0	22.888		3.0	9.390		6.0	19.953
	10.0	25.151		3.5	10.906		7.0	23.083
105	2.0	5.757		4.0	12.408		8.0	26.157
	2.5	7.161		4.5	13.896		9.0	29.176
	3.0	8.551		5.0	15.370		10.0	32.138
	3.5	9.928		6.0	18.277	130	2.0	7.154
	4.0	11.290		7.0	21.127		2.5	8.908
	4.5	12.639		8.0	23.922		3.0	10.647
	5.0	13.973		9.0	26.660		3.5	12.373
	6.0	16.600		10.0	29.343		4.0	14.085
	7.0	19.171	120	2.0	6.595		4.5	15.783
	8.0	21.686		2.5	8.209		5.0	17.466
	9.0	24.145		3.0	9.809		6.0	20.792
	10.0	26.549		3.5	11.395		7.0	24.062
110	2.0	6.036		4.0	12.967		8.0	27.275
	2.5	7.510		4.5	14.525		9.0	30.433
	3.0	8.971		5.0	16.069		10.0	33.535
	3.5	10.417		6.0	19.115	(132)	2.0	7.266
	4.0	11.849		7.0	22.105		2.5	9.048
	4.5	13.267		8.0	25.040		3.0	10.815
	5.0	14.672		9.0	27.918		3.5	12.569
	6.0	17.438		10.0	30.741		4.0	14.308
	7.0	20.149	125	2.0	6.875		4.5	16.034
	8.0	22.804		2.5	8.558		5.0	17.746
	9.0	25.403		3.0	10.228		6.0	21.127

外径	壁厚	理论重量	外径	壁厚	理论重量	外径	壁厚	理论重量
(mm)		$\left(\dfrac{kg}{m}\right)$	(mm)		$\left(\dfrac{kg}{m}\right)$	(mm)		$\left(\dfrac{kg}{m}\right)$
(132)	7.0	24.453	145	2.0	7.993	155	5.0	20.960
	8.0	27.722		2.5	9.956		6.0	24.984
	9.0	30.936		3.0	11.905		7.0	28.952
	10.0	34.094		3.5	13.840		8.0	32.864
135	2.0	7.434		4.0	15.762		9.0	36.721
	2.5	9.257		4.5	17.669		10.0	40.522
	3.0	11.067		5.0	19.562	160	2.5	11.004
	3.5	12.862		6.0	23.307		3.0	13.163
	4.0	14.644		7.0	26.996		3.5	15.307
	4.5	16.411		8.0	30.629		4.0	17.438
	5.0	18.165		9.0	34.206		4.5	19.555
	6.0	21.630		10.0	37.727		5.0	21.658
	7.0	25.040	150	2.0	8.272		6.0	25.822
	8.0	28.393		2.5	10.305		7.0	29.930
	9.0	31.691		3.0	12.324		8.0	33.982
	10.0	34.933		3.5	14.329		9.0	37.979
140	2.0	7.713		4.0	16.320		10.0	41.919
	2.5	9.606		4.5	18.298	165	2.5	11.353
	3.0	11.486		5.0	20.261		3.0	13.582
	3.5	13.351		6.0	24.145		3.5	15.796
	4.0	15.203		7.0	27.974		4.0	17.997
	4.5	17.040		8.0	31.747		4.5	20.184
	5.0	18.864		9.0	35.463		5.0	22.357
	6.0	22.469		10.0	39.124		6.0	26.660
	7.0	26.018	155	2.5	10.654		7.0	30.908
	8.0	29.511		3.0	12.743		8.0	35.100
	9.0	32.948		3.5	14.818		9.0	39.236
	10.0	36.330		4.0	16.879		10.0	43.316
				4.5	18.926			

外径	壁厚	理论重量	外径	壁厚	理论重量	外径	壁厚	理论重量
(mm)		($\frac{kg}{m}$)	(mm)		($\frac{kg}{m}$)	(mm)		($\frac{kg}{m}$)
170	2.5	11.702	180	9.0	43.009	195	6.0	31.691
	3.0	14.001		10.0	47.508		7.0	36.777
	3.5	16.286					8.0	41.807
	4.0	18.556	185	2.5	12.750		9.0	46.782
	4.5	20.813		3.0	15.259		10.0	51.700
	5.0	23.055		3.5	17.753			
	6.0	27.499		4.0	20.233	200	2.5	13.798
	7.0	31.886		4.5	22.699		3.0	16.516
	8.0	36.218		5.0	25.151		3.5	19.220
	9.0	40.494		6.0	30.014		4.0	21.910
	10.0	44.714		7.0	34.821		4.5	24.585
				8.0	39.572		5.0	27.247
175	2.5	12.052		9.0	44.266		6.0	32.529
	3.0	14.420		10.0	48.906		7.0	37.755
	3.5	16.775					8.0	42.925
	4.0	19.115	190	2.5	13.100		9.0	48.039
	4.5	21.442		3.0	15.678		10.0	53.097
	5.0	23.754		3.5	18.242			
	6.0	28.337		4.0	20.792	210	3.0	17.354
	7.0	32.864		4.5	23.328		3.5	20.198
	8.0	37.336		5.0	25.850		4.0	23.028
	9.0	41.751		6.0	30.852		4.5	25.843
	10.0	46.111		7.0	35.799		5.0	28.645
				8.0	40.689		6.0	34.206
180	2.5	12.401		9.0	45.524		7.0	39.711
	3.0	14.839		10.0	50.303			
	3.5	17.264				220	3.0	18.193
	4.0	19.674	195	2.5	13.449		3.5	21.176
	4.5	22.070		3.0	16.097		4.0	24.145
	5.0	24.453		3.5	18.731		4.5	27.101
	6.0	29.176		4.0	21.351		5.0	30.042
	7.0	33.843		4.5	23.957		6.0	35.883
	8.0	38.454		5.0	26.549		7.0	41.667

外径	壁厚	理论重量	外径	壁厚	理论重量	外径	壁厚	理论重量
(mm)		$\left(\dfrac{kg}{m}\right)$	(mm)		$\left(\dfrac{kg}{m}\right)$	(mm)		$\left(\dfrac{kg}{m}\right)$
230	3.0	19.031	260	4.5	32.131	310	5.0	42.618
	3.5	22.154		5.0	35.631	320	3.5	30.957
	4.0	25.263					4.0	35.324
	4.5	28.358	270	3.5	26.067		4.5	39.676
	5.0	31.439		4.0	29.735		5.0	44.015
	6.0	37.559		4.5	33.388	330	3.5	31.935
	7.0	43.624		5.0	37.028		4.0	36.442
240	3.0	19.870	280	3.5	27.045		4.5	40.934
	3.5	23.132		4.0	30.852		5.0	45.412
	4.0	26.381		4.5	34.646	340	3.5	32.913
	4.5	29.616		5.0	38.426		4.0	37.559
	5.0	32.837	290	3.5	28.023		4.5	42.191
	6.0	39.236		4.0	31.970		5.0	46.810
	7.0	45.580		4.5	35.904	350	3.5	33.892
250	3.0	20.708		5.0	39.823		4.0	38.677
	3.5	24.110	300	3.5	29.001		4.5	43.449
	4.0	27.499		4.0	33.088		5.0	48.207
	4.5	30.873		4.5	37.161	360	3.5	34.870
	5.0	34.234		5.0	41.220		4.0	39.795
	6.0	40.913	310	3.5	29.979		4.5	44.707
	7.0	47.536		4.0	34.206		5.0	49.604
260	3.5	25.089		4.5	38.419			
	4.0	28.617						

注：理论重量按密度 8.9g/cm³ 计算，供参考。

（3）拉制黄铜管理论重量

外径	壁厚	理论重量 $\left(\dfrac{kg}{m}\right)$	外径	壁厚	理论重量 $\left(\dfrac{kg}{m}\right)$	外径	壁厚	理论重量 $\left(\dfrac{kg}{m}\right)$
(mm)			(mm)			(mm)		
3	0.5	0.0334	9	1.0	0.214	12	3.0	0.721
	0.75	0.0450		1.5	0.300		3.5	0.794
	1.0	0.0534		2.0	0.374	14	0.5	0.180
4	0.5	0.0467		2.5	0.439		0.75	0.265
	0.75	0.0651		3.0	0.480		1.0	0.347
	1.0	0.0801		3.5	0.514		1.5	0.500
5	0.5	0.0601	10	0.5	0.127		2.0	0.641
	0.75	0.0851		0.75	0.185		2.5	0.767
	1.0	0.107		1.0	0.240		3.0	0.881
6	0.5	0.0734		1.5	0.340		3.5	0.981
	0.75	0.105		2.0	0.427	15	0.5	0.194
	1.0	0.133		2.5	0.500		0.75	0.285
7	0.5	0.0867		3.0	0.560		1.0	0.374
	0.75	0.125		3.5	0.607		1.5	0.540
	1.0	0.160	11	0.5	0.140		2.0	0.694
8	0.5	0.100		0.75	0.205		2.5	0.834
	0.75	0.145		1.0	0.267		3.0	0.961
	1.0	0.187		1.5	0.380		3.5	1.074
	1.5	0.260		2.0	0.480	16	0.5	0.207
	2.0	0.320		2.5	0.567		0.75	0.305
	2.5	0.367		3.0	0.641		1.0	0.400
	3.0	0.400		3.5	0.701		1.5	0.581
	3.5	0.420	12	0.5	0.153		2.0	0.747
9	0.5	0.113		0.75	0.225		2.5	0.901
	0.75	0.165		1.0	0.294		3.0	1.041
				1.5	0.420		3.5	1.168
				2.0	0.534	17	0.5	0.220
				2.5	0.634			

外径	壁厚	理论重量 $\left(\dfrac{kg}{m}\right)$	外径	壁厚	理论重量 $\left(\dfrac{kg}{m}\right)$	外径	壁厚	理论重量 $\left(\dfrac{kg}{m}\right)$
（mm）			（mm）			（mm）		
17	0.75	0.325	20	1.0	0.507	22	6.0	2.562
	1.0	0.427		1.5	0.741	23	1.0	0.587
	1.5	0.621		2.0	0.961		1.5	0.861
	2.0	0.801		2.5	1.168		2.0	1.121
	2.5	0.968		3.0	1.361		2.5	1.368
	3.0	1.121		3.5	1.541		3.0	1.601
	3.5	1.261		4.0	1.708		3.5	1.822
	4.0	1.388		4.5	1.862		4.0	2.028
	4.5	1.501		5.0	2.002		4.5	2.222
18	0.5	0.234		6.0	2.242		5.0	2.402
	0.75	0.345	21	1.0	0.534		6.0	2.722
	1.0	0.454		1.5	0.781	24	1.0	0.614
	1.5	0.661		2.0	1.014		1.5	0.901
	2.0	0.854		2.5	1.234		2.0	1.174
	2.5	1.034		3.0	1.441		2.5	1.435
	3.0	1.201		3.5	1.635		3.0	1.681
	3.5	1.355		4.0	1.815		3.5	1.915
	4.0	1.495		4.5	1.982		4.0	2.135
	4.5	1.621		5.0	2.135		5.0	2.536
19	0.5	0.247		6.0	2.402		6.0	2.883
	0.75	0.365	22	1.0	0.560		7.0	3.176
	1.0	0.480		1.5	0.821	25	1.0	0.641
	1.5	0.701		2.0	1.068		1.5	0.941
	2.0	0.907		2.5	1.301		2.0	1.228
	2.5	1.101		3.0	1.521		2.5	1.501
	3.0	1.281		3.5	1.728		3.0	1.762
	3.5	1.448		4.0	1.922		3.5	2.008
	4.0	1.601		4.5	2.102		4.0	2.242
	4.5	1.742		5.0	2.269			

外径	壁厚	理论重量 $\left(\dfrac{kg}{m}\right)$	外径	壁厚	理论重量 $\left(\dfrac{kg}{m}\right)$	外径	壁厚	理论重量 $\left(\dfrac{kg}{m}\right)$
（mm）			（mm）			（mm）		
25	5.0	2.669	28	3.5	2.289	31	2.5	1.902
	6.0	3.043		4.0	2.562		3.0	2.242
	7.0	3.363		5.0	3.069		4.0	2.883
26	1.0	0.667		6.0	3.523		4.5	3.183
	1.5	0.981		7.0	3.923		5.0	3.470
	2.0	1.281	29	1.0	0.747		6.0	4.004
	2.5	1.568		1.5	1.181		7.0	4.484
	3.0	1.842		2.0	1.441		10.0	5.605
	3.5	2.102		2.5	1.768	32	1.0	0.827
	4.0	2.349		3.0	2.082		1.5	1.221
	5.0	2.802		3.5	2.382		2.0	1.601
	6.0	3.203		4.0	2.669		2.5	1.968
	7.0	3.550		5.0	3.203		3.0	2.322
27	1.0	0.694		6.0	3.683		4.0	2.989
	1.5	1.021		7.0	4.110		4.5	3.303
	2.0	1.335	30	1.0	0.774		5.0	3.603
	2.5	1.635		1.5	1.141		6.0	4.164
	3.0	1.922		2.0	1.495		7.0	4.671
	3.5	2.195		2.5	1.835		10.0	5.872
	4.0	2.455		3.0	2.162	33	1.0	0.854
	5.0	2.936		3.5	2.475		1.5	1.261
	6.0	3.363		4.0	2.776		2.0	1.655
	7.0	3.737		5.0	3.336		2.5	2.035
28	1.0	0.721		6.0	3.843		3.0	2.402
	1.5	1.061		7.0	4.297		4.0	3.096
	2.0	1.388	31	1.0	0.801		4.5	3.423
	2.5	1.701		1.5	1.181		5.0	3.737
	3.0	2.002		2.0	1.548		6.0	4.324
							7.0	4.858

外径	壁厚	理论重量	外径	壁厚	理论重量	外径	壁厚	理论重量
(mm)		$\left(\dfrac{kg}{m}\right)$	(mm)		$\left(\dfrac{kg}{m}\right)$	(mm)		$\left(\dfrac{kg}{m}\right)$
33	10.0	6.139		4.0	3.416		1.0	1.014
				4.5	3.783		1.5	1.501
	1.0	0.881		5.0	4.137		2.0	1.975
	1.5	1.301	36	6.0	4.804		2.5	2.435
	2.0	1.708		7.0	5.418		3.0	2.883
	2.5	2.102		10.0	6.939	39	4.0	3.737
	3.0	2.482					4.5	4.144
34	4.0	3.203		1.0	0.961		5.0	4.537
	4.5	3.543		1.5	1.421		6.0	5.285
	5.0	3.870		2.0	1.868		7.0	5.979
	6.0	4.484		2.5	2.302		10.0	7.740
	7.0	5.044		3.0	2.722			
	10.0	6.406	37	4.0	3.523		1.0	1.041
				4.5	3.903		1.5	1.541
	1.0	0.907		5.0	4.270		2.0	2.028
	1.5	1.341		6.0	4.964		2.5	2.502
	2.0	1.762		7.0	5.605		3.0	2.963
	2.5	2.169		10.0	7.206	40	4.0	3.843
	3.0	2.562					4.5	4.264
35	4.0	3.310		1.0	0.988		5.0	4.671
	4.5	3.663		1.5	1.461		6.0	5.445
	5.0	4.004		2.0	1.922		7.0	6.165
	6.0	4.644		2.5	2.369		10.0	8.007
	7.0	5.231		3.0	2.802			
	10.0	6.673	38	4.0	3.630		1.0	1.094
				4.5	4.024		2.0	2.135
	1.0	0.934		5.0	4.404		2.5	2.636
	1.5	1.381		6.0	5.124	42	3.0	3.123
36	2.0	1.815		7.0	5.792		3.5	3.596
	2.5	2.235		10.0	7.473		4.0	4.057
	3.0	2.642					5.0	4.938

外径	壁厚	理论重量 $\left(\dfrac{kg}{m}\right)$	外径	壁厚	理论重量 $\left(\dfrac{kg}{m}\right)$	外径	壁厚	理论重量 $\left(\dfrac{kg}{m}\right)$
（mm）			（mm）			（mm）		
42	6.0	5.765	48	7.0	7.660	56	1.0	1.468
	7.0	6.539					2.0	2.833
44	1.0	1.148	50	1.0	1.308		2.5	3.570
	2.0	2.242		2.0	2.562		3.0	4.244
	2.5	2.769		2.5	3.169		3.5	4.904
	3.0	3.283		3.0	3.763		4.0	5.552
	3.5	3.783		3.5	4.344		4.5	6.185
	4.0	4.270		4.0	4.911		5.0	6.806
	5.0	5.205		5.0	6.005		6.0	8.007
	6.0	6.085		6.0	7.046	58	1.0	1.521
	7.0	6.913		7.0	8.034		2.0	2.989
46	1.0	1.201	52	1.0	1.361		2.5	3.703
	2.0	2.349		2.0	2.669		3.0	4.404
	2.5	2.903		2.5	3.303		3.5	5.091
	3.0	3.443		3.0	3.923		4.0	5.765
	3.5	3.970		3.5	4.531		4.5	6.426
	4.0	4.484		4.0	5.124		5.0	7.073
	5.0	5.471		4.5	5.705		6.0	8.327
	6.0	6.406		5.0	6.272	60	1.0	1.575
	7.0	7.286		6.0	7.366		2.0	3.096
48	1.0	1.254	54	1.0	1.415		2.5	3.837
	2.0	2.455		2.0	2.776		3.0	4.564
	2.5	3.036		2.5	3.436		3.5	5.278
	3.0	3.603		3.0	4.084		4.0	5.979
	3.5	4.157		3.5	4.717		4.5	6.666
	4.0	4.697		4.0	5.338		5.0	7.340
	5.0	5.738		4.5	5.945		6.0	8.648
	6.0	6.726		5.0	6.539	62	2.0	3.203
				6.0	7.687			

外径	壁厚	理论重量 $\left(\dfrac{kg}{m}\right)$	外径	壁厚	理论重量 $\left(\dfrac{kg}{m}\right)$	外径	壁厚	理论重量 $\left(\dfrac{kg}{m}\right)$
（mm）			（mm）			（mm）		
62	3.0	4.724	70	2.0	3.630	78	7.0	13.265
	3.5	5.465		3.0	5.365		10.0	18.149
	4.0	6.192		3.5	6.212	80	2.0	4.164
	7.0	10.276		4.0	7.046		2.5	5.171
64	2.0	3.310		7.0	11.770		3.0	6.165
	3.0	4.884	72	2.0	3.737		4.0	8.114
	3.5	5.652		2.5	4.637		7.0	13.639
	4.0	6.406		3.0	5.525		10.0	18.683
	7.0	10.649		4.0	7.260	82	2.0	4.270
（65）	3.5	5.745		7.0	12.144		2.5	5.305
	4.0	6.512		10.0	16.548		3.0	6.326
	4.5	7.266	74	2.0	3.843		4.0	8.327
	5.0	8.007		2.5	4.771		7.0	14.012
	6.0	9.448		3.0	5.685		10.0	19.217
	7.0	10.836		4.0	7.473	84	2.0	4.377
	8.0	12.171		7.0	12.518		2.5	5.438
	10.0	14.680		10.0	17.082		3.0	6.486
66	2.0	3.416	76	2.0	3.950		4.0	8.541
	3.0	5.044		2.5	4.904		7.0	14.386
	3.5	5.838		3.0	5.845		10.0	19.751
	4.0	6.619		4.0	7.687	86	2.0	4.484
	7.0	11.023		7.0	12.891		2.5	5.572
68	2.0	3.523		10.0	17.615		3.0	6.646
	3.0	5.205	78	2.0	4.057		4.0	8.754
	3.5	6.025		2.5	5.038		7.0	14.760
	4.0	6.833		3.0	6.005		10.0	20.284
	7.0	11.397		4.0	7.900			

外径	壁厚	理论重量 $\left(\dfrac{kg}{m}\right)$	外径	壁厚	理论重量 $\left(\dfrac{kg}{m}\right)$	外径	壁厚	理论重量 $\left(\dfrac{kg}{m}\right)$
（mm）			（mm）			（mm）		
88	2.0	4.591	(97)	2.0	5.071	104	7.0	18.123
	2.5	5.705					10.0	25.089
	3.0	6.806	98	2.0	5.124	106	2.0	5.552
	4.0	8.968		3.0	7.607		2.5	6.906
	7.0	15.133		3.5	8.828		3.0	8.247
	10.0	20.818		4.0	10.035		3.5	9.575
90	2.0	4.697		8.0	19.217		4.0	10.890
	2.5	5.838	100	2.0	5.231		5.0	13.478
	3.0	6.966		3.0	7.767		6.0	16.014
	4.0	9.181		3.5	9.015		7.0	18.496
	7.0	15.507		4.0	10.249		10.0	25.622
	10.0	21.352		8.0	19.644	108	2.0	5.658
92	2.0	4.804	102	2.0	5.338		2.5	7.039
	3.0	7.126		2.5	6.639		3.0	8.407
	3.5	8.267		3.0	7.927		3.5	9.762
	4.0	9.395		3.5	9.201		4.0	11.103
	8.0	17.936		4.0	10.462		5.0	13.745
94	2.0	4.911		5.0	12.945		6.0	16.334
	3.0	7.286		6.0	15.373		7.0	18.870
	3.5	8.454		7.0	17.749		10.0	26.156
	4.0	9.608		10.0	24.555	110	2.0	5.765
	8.0	18.363	104	2.0	5.445		2.5	7.173
96	2.0	5.018		2.5	6.773		3.0	8.567
	3.0	7.447		3.0	8.087		3.5	9.949
	3.5	8.641		3.5	9.388		4.0	11.317
	4.0	9.822		4.0	10.676		5.0	14.012
	8.0	18.790		5.0	13.212		6.0	16.655
				6.0	15.694		7.0	19.243

外径	壁厚	理论重量 $\left(\dfrac{kg}{m}\right)$	外径	壁厚	理论重量 $\left(\dfrac{kg}{m}\right)$	外径	壁厚	理论重量 $\left(\dfrac{kg}{m}\right)$
（mm）			（mm）			（mm）		
110	10.0	26.690		2.0	6.192		2.5	8.107
				2.5	7.707		3.0	9.688
	2.0	5.872		3.0	9.208		3.5	11.257
	2.5	7.306		3.5	10.696	124	4.0	12.811
	3.0	8.728	118	4.0	12.171		5.0	15.881
112	3.5	10.136		5.0	15.080		6.0	18.897
	4.0	11.530		6.0	17.936		7.0	21.859
	5.0	14.279		7.0	20.738		10.0	30.427
	6.0	16.975		10.0	28.825		2.0	6.619
	7.0	19.617					2.5	8.241
	10.0	27.224		2.0	6.299		3.0	9.849
				2.5	7.840		3.5	11.443
	2.0	5.979		3.0	9.368	126	4.0	13.025
	2.5	7.440		3.5	10.883		5.0	16.147
	3.0	8.888	120	4.0	12.384		6.0	19.217
	3.5	10.322		5.0	15.347		7.0	22.233
114	4.0	11.744		6.0	18.256		10.0	30.960
	5.0	14.546		7.0	21.112		2.0	6.726
	6.0	17.295		10.0	29.359		2.5	8.374
	7.0	19.991					3.0	10.009
	10.0	27.758		2.0	6.406		3.5	11.630
				2.5	7.974	128	4.0	13.238
	2.0	6.085		3.0	9.528		5.0	16.414
	2.5	7.573		3.5	11.070		6.0	19.537
	3.0	9.048	122	4.0	12.598		7.0	22.606
	3.5	10.509		5.0	15.614		10.0	31.494
116	4.0	11.957		6.0	18.576			
	5.0	14.813		7.0	21.485	130	2.0	6.833
	6.0	17.615		10.0	29.893		2.5	8.507
	7.0	20.364	124	2.0	6.512			
	10.0	28.291						

外径	壁厚	理论重量 $\left(\dfrac{kg}{m}\right)$	外径	壁厚	理论重量 $\left(\dfrac{kg}{m}\right)$	外径	壁厚	理论重量 $\left(\dfrac{kg}{m}\right)$
（mm）			（mm）			（mm）		
	3.0	10.169	136	10.0	33.629		5.0	18.550
	3.5	11.817		2.0	7.260	144	6.0	22.099
	4.0	13.452		2.5	9.041		7.0	25.596
130	5.0	16.681		3.0	10.809		10.0	35.765
	6.0	19.857	138	3.5	12.564		2.0	7.687
	7.0	22.980		5.0	17.749		2.5	9.575
	10.0	32.028		6.0	21.138		3.0	11.450
	2.0	6.939		7.0	24.475	146	3.5	13.312
	2.5	8.641		10.0	34.163		5.0	18.816
	3.0	10.329		2.0	7.366		6.0	22.420
132	3.5	12.004		2.5	9.175		7.0	25.969
	5.0	16.948		3.0	10.970		10.0	36.298
	6.0	20.178	140	3.5	12.751		2.0	7.793
	7.0	23.354		5.0	18.016		2.5	9.708
	10.0	32.562		6.0	21.459		3.0	11.610
	2.0	7.046		7.0	24.848	148	3.5	13.498
	2.5	8.774		10.0	34.697		5.0	19.083
	3.0	10.489		2.0	7.473		6.0	22.740
134	3.5	12.191		2.5	9.308		7.0	26.343
	5.0	17.215		3.0	11.130		10.0	36.832
	6.0	20.498	142	3.5	12.938		2.0	7.900
	7.0	23.727		5.0	18.283		2.5	9.842
	10.0	33.096		6.0	21.779		3.0	11.770
	2.0	7.153		7.0	25.222	150	3.5	13.685
	2.5	8.908		10.0	35.231		5.0	19.350
	3.0	10.649		2.0	7.580		6.0	23.060
136	3.5	12.377		2.5	9.942		7.0	26.717
	5.0	17.482	144	3.0	11.290		10.0	37.366
	6.0	20.818		3.5	13.125	152	3.0	11.930
	7.0	24.101						

外径	壁厚	理论重量	外径	壁厚	理论重量	外径	壁厚	理论重量
(mm)		$\left(\dfrac{kg}{m}\right)$	(mm)		$\left(\dfrac{kg}{m}\right)$	(mm)		$\left(\dfrac{kg}{m}\right)$
152	3.5	13.872	160	5.0	20.685	185	3.5	16.955
	4.0	15.800					4.0	19.324
	4.5	17.715	165	3.0	12.971		5.0	24.021
	5.0	19.617		3.5	15.087		7.0	33.256
154	3.0	12.091		4.0	17.188		10.0	46.708
	3.5	14.059		5.0	21.352	190	3.0	14.973
	4.0	16.014		10.0	41.370		3.5	17.422
	4.5	17.956	170	3.0	13.372		4.0	19.857
	5.0	19.884		3.5	15.554		5.0	24.688
156	3.0	12.251		4.0	17.722		7.0	34.190
	3.5	14.246		5.0	22.019		10.0	48.042
	4.0	16.228		10.0	42.704	195	3.0	15.373
	4.5	18.196	175	3.0	13.772		3.5	17.889
	5.0	20.151		3.5	16.021		4.0	20.391
158	3.0	12.411		4.0	18.256		5.0	25.356
	3.5	14.433		5.0	22.687		7.0	35.124
	4.0	16.441		10.0	44.039		10.0	49.377
	4.5	18.436	180	3.0	14.172	200	3.0	15.774
	5.0	20.418		3.5	16.488		3.5	18.356
160	3.0	12.571		4.0	18.790		4.0	20.925
	3.5	14.619		5.0	23.354		5.0	26.023
	4.0	16.655		10.0	45.373		7.0	36.058
	4.5	18.676	185	3.0	14.573		10.0	50.711

注：1. 理论重量按黄铜牌号的密度为 8.5g/cm³ 计算，供参考。

2. 牌号 H96 的密度为 8.8g/cm³，其理论重量需将表中的理论重量再乘以理论重量换算系数 1.035。

（4）黄铜薄壁管理论重量

外径（mm）	壁厚（mm）	理论重量 $\left(\dfrac{kg}{m}\right)$
3	0.15	0.011
	0.20	0.015
	0.25	0.018
	0.30	0.022
	0.35	0.025
	0.40	0.028
	0.45	0.031
	0.50	0.033
	0.60	0.038
	0.70	0.043
3.2	0.15	0.012
	0.20	0.016
	0.25	0.020
	0.30	0.023
	0.35	0.027
	0.40	0.030
	0.45	0.033
	0.50	0.036
	0.60	0.042
3.5	0.15	0.013
	0.20	0.018
	0.25	0.022
	0.30	0.026
	0.35	0.029
	0.40	0.033
	0.45	0.037
	0.50	0.040
	0.60	0.046
	0.70	0.052
	0.80	0.058
	0.90	0.062
4	0.15	0.015
	0.20	0.020

外径（mm）	壁厚（mm）	理论重量 $\left(\dfrac{kg}{m}\right)$
4	0.25	0.025
	0.30	0.030
	0.35	0.034
	0.40	0.038
	0.45	0.043
	0.50	0.047
	0.60	0.054
	0.70	0.062
	0.80	0.068
	0.90	0.074
5	0.15	0.019
	0.20	0.026
	0.25	0.032
	0.30	0.038
	0.35	0.043
	0.40	0.049
	0.45	0.055
	0.50	0.060
	0.60	0.070
	0.70	0.080
	0.80	0.090
	0.90	0.098
6	0.15	0.023
	0.20	0.031
	0.25	0.038
	0.30	0.046
	0.35	0.053
	0.40	0.060
	0.45	0.067
	0.50	0.073
	0.60	0.086
	0.70	0.099
	0.80	0.111
	0.90	0.123

外径（mm）	壁厚（mm）	理论重量 $\left(\dfrac{kg}{m}\right)$
7	0.15	0.027
	0.20	0.036
	0.25	0.045
	0.30	0.054
	0.35	0.062
	0.40	0.070
	0.45	0.079
	0.50	0.087
	0.60	0.102
	0.70	0.118
	0.80	0.132
	0.90	0.147
8	0.15	0.031
	0.20	0.042
	0.25	0.052
	0.30	0.062
	0.35	0.071
	0.40	0.081
	0.45	0.091
	0.50	0.100
	0.60	0.119
	0.70	0.136
	0.80	0.154
	0.90	0.171
9	0.15	0.035
	0.20	0.047
	0.25	0.058
	0.30	0.070
	0.35	0.081
	0.40	0.092
	0.45	0.103
	0.50	0.113
	0.60	0.135
	0.70	0.155

外径	壁厚	理论重量 $\left(\dfrac{kg}{m}\right)$	外径	壁厚	理论重量 $\left(\dfrac{kg}{m}\right)$	外径	壁厚	理论重量 $\left(\dfrac{kg}{m}\right)$
			（mm）			（mm）		
（mm）								
9	0.80	0.175	12	0.70	0.211	16	0.30	0.126
	0.90	0.195		0.80	0.239		0.35	0.146
10	0.15	0.039		0.90	0.267		0.40	0.167
	0.20	0.052	12.6	0.20	0.066		0.45	0.187
	0.25	0.065		0.25	0.082		0.50	0.207
	0.30	0.078		0.30	0.098		0.60	0.247
	0.35	0.090		0.35	0.114		0.70	0.286
	0.40	0.102		0.40	0.129		0.80	0.325
	0.45	0.115		0.45	0.146		0.90	0.363
	0.50	0.127		0.50	0.161	16.5	0.30	0.130
	0.60	0.151		0.60	0.192		0.35	0.151
	0.70	0.174		0.70	0.222		0.40	0.172
	0.80	0.196		0.80	0.252		0.45	0.193
	0.90	0.219		0.90	0.281		0.50	0.214
11.5	0.15	0.045	14	0.30	0.110		0.60	0.255
	0.20	0.060		0.35	0.128		0.70	0.295
	0.25	0.075		0.40	0.145		0.80	0.335
	0.30	0.090		0.45	0.163		0.90	0.375
	0.35	0.104		0.50	0.180	18	0.35	0.165
	0.40	0.119		0.60	0.215		0.40	0.188
	0.45	0.133		0.70	0.248		0.45	0.211
	0.50	0.147		0.80	0.282		0.50	0.234
	0.60	0.175		0.90	0.315		0.60	0.279
	0.70	0.202	15.6	0.30	0.123		0.70	0.323
	0.80	0.228		0.35	0.142		0.80	0.367
	0.90	0.255		0.40	0.162		0.90	0.411
12	0.20	0.063		0.45	0.182	18.5	0.35	0.170
	0.25	0.078		0.50	0.202		0.40	0.193
	0.30	0.094		0.60	0.240		0.45	0.217
	0.35	0.109		0.70	0.278		0.50	0.240
	0.40	0.124		0.80	0.316		0.60	0.287
	0.45	0.139		0.90	0.353		0.70	0.333
	0.50	0.153					0.80	0.378
	0.60	0.183					0.90	0.423

外径	壁厚	理论重量	外径	壁厚	理论重量	外径	壁厚	理论重量
（mm）		$\left(\dfrac{kg}{m}\right)$	（mm）		$\left(\dfrac{kg}{m}\right)$	（mm）		$\left(\dfrac{kg}{m}\right)$
20	0.45	0.235	24	0.60	0.375	26	0.90	0.603
	0.50	0.260		0.70	0.435	27.5	0.60	0.431
	0.60	0.311		0.80	0.495		0.70	0.501
	0.70	0.361		0.90	0.555		0.80	0.570
	0.80	0.410	25.2	0.60	0.394		0.90	0.639
	0.90	0.459		0.70	0.458	28	0.70	0.510
22	0.50	0.287		0.80	0.521		0.80	0.581
	0.60	0.343		0.90	0.584		0.90	0.651
	0.70	0.398	26	0.60	0.407	30	0.80	0.623
	0.80	0.453		0.70	0.473		0.90	0.699
	0.90	0.507		0.80	0.538			

注：1. 理论重量按黄铜牌号的密度为 8.5g/cm³ 计算，供参考。

2. 牌号 H96 的密度为 8.8g/cm³。其理论重量需将表中的理论重量再乘以理论重量换算系数 1.035。

（5）铜及铜合金挤制管（GB/T1528、16866－1997）

1）挤制管牌号、状态和规格范围			
牌　　　号	状　　态	外径（mm）	壁厚（mm）
T2、T3、TP2、TU1、TU2	挤制（R）	30～300	5～30
H96、H62、HPb59-1、HFe59-1-1		21～280	1.5～42.5
QAl9-2、QAl9-4		20～250	3～50
QAl10-3-1.3、QAl10-4-4		20～250	3～50

注：1. TU1、TU2 管材无力学性能要求。

2) 挤制管(无缝圆管)具体规格	
公称外径(mm)	公称壁厚(mm)
20,21,22	1.5～3.0,4.0
23,24,25,26	1.5～4.0
27,28,29,30,32	2.5～6.0
34,35,36	3.0～6.0
38,40,42,44,45,(46),(48)	3.0,4.0,5.0～10
50,(52),(54),55	3.0～4.0,5.0～17.5
(56),(58),60	4.0～5.0,7.5,10～17.5
(62),(64),65,68,70	4.0,5.0,7.5～20
(72),74,75,(78),80	4.0,5.0,7.5～25
85,90,95,100	7.5,10～30
105,110	10～30
115,120	10～37.5
125,130	10～35
135,140	10～37.5
145,150	10～35
155,160,165,170	10～42.5
175,180,185,190,195,200	10～45
(205),210,(215),220	10～42.5
(225),230,(235),240,(245),250	10～15,20,25～50
(255),260,(265),270,(275),280	10～15,20,25,30
290,300	20,25,30

壁厚系列(mm):1.5,2.0,2.5,3.0,3.5,4.0,4.5,5.0,6.0,7.5,
9.0,10,12.5,15,17.5,20,22.5,25,27.5,30,32.5,35,37.5,40,
42.5,45,50

注:2. 带括号的规格不推荐采用。

3. 供应长度:0.5～6m。定尺或倍尺长度(在供货合同中议
定)应在不定尺范围内,其长度允许偏差为+15mm;倍尺
长度应加入锯切分段时的锯切量,每一锯切量为5mm。

3）挤制管外径允许偏差（mm）

公称外径	外径允许偏差			公称外径	外径允许偏差		
	纯铜管	黄铜管	铝青铜管		纯铜管	黄铜管	铝青铜管
20～22	—	±0.22	±0.30	105～120	±1.2	±1.3	±1.2
23～26	—	±0.25	±0.30	125～130	±1.3	±1.5	±1.3
27～29	—	±0.30	±0.30	135～140	±1.4	±1.6	±1.4
30～32	±0.35	±0.35	±0.35	145～150	±1.5	±1.7	±1.5
34～36	±0.35	±0.40	±0.40	155～160	±1.6	±1.9	±1.6
38～44	±0.40	±0.45	±0.40	165～170	±1.7	±2.0	±1.7
45～48	±0.45	±0.50	±0.50	175～180	±1.8	±2.1	±1.9
50～55	±0.50	±0.55	±0.50	185～190	±1.9	±2.2	±1.9
56～60	±0.60	±0.62	±0.60	195～200	±2.0	±2.2	±2.0
62～70	±0.70	±0.72	±0.70	205～220	±2.2	±2.3	±2.2
72～80	±0.80	±0.82	±0.80	225～250	±2.5	±2.5	±2.5
85～90	±0.90	±0.92	±0.90	255～280	±2.8	±2.8	—
95～100	±1.0	±1.1	±1.0	290～300	±3.0	—	—

4）挤制管壁厚允许偏差（mm）

公称壁厚	壁厚允许偏差			公称壁厚	壁厚允许偏差		
	纯铜管	黄铜管	铝青铜管		纯铜管	黄铜管	铝青铜管
1.5	—	±0.25	—	17.5	±1.6	±1.8	±1.6
2.0	—	±0.30	—	20.0	±1.8	±2.0	±1.8
2.5	—	±0.40	—	22.5	±1.8	±2.3	±1.8
3.0	—	±0.45	±0.40	25.0	±2.0	±2.5	±2.0
3.5	—	±0.50	—	27.5	±2.2	±2.8	±2.2
4.0	—	±0.50	±0.50	30.0	±2.4	±3.0	±2.4
4.5	—	±0.60	—	32.5	—	±3.3	±2.5
5.0	±0.50	±0.60	±0.50	35.0	—	±3.5	±2.8
6.0	±0.60	±0.70	—	37.5	—	±3.8	±3.0
7.5	±0.75	±0.75	±0.75	40.0	—	±4.0	±3.2
9.0	±0.90	±0.90	—	42.5	—	±4.3	±3.4
10.0	±1.0	±1.0	±1.0	45.0	—	—	±3.6
12.5	±1.2	±1.3	±1.2	50.0	—	—	±4.0
15.0	±1.4	±1.5	±1.4				

5）挤制管弯曲度（mm）			
公称外径	≤40	>40～80	>80～150	>150
每米弯曲度≤	5	8	10	15

6）挤制管其他要求

① 当要求挤制管外径或壁厚的允许偏差全为正（＋）或全为负（－）时，其允许偏差值应为表中对应数值的 2 倍。

② 挤制管（黄铜管除外）不圆度和壁厚不均，不应超出外径和壁厚的允许偏差。如挤制管的"外径/壁厚"≥15 者，其短轴尺寸应≥公称外径的 95%。

③ 挤制黄铜管的不圆度和壁厚不均，不应超出外径和壁厚的允许偏差。如其"外径/壁厚"≥15 者，其短轴尺寸应≥公称外径的 90%。

④ 挤制管端部应锯切平整（检查断口的端面可保留），允许有不超出下列规定切斜（切口不得超出管材长度允许偏差）。公称外径/端面切斜（mm）：≤20/2，>20～50/3，>50～100/4，>100～170/5，>170/10。

⑤ 无氧铜管的含氧量应符合 YS/T335《电真空器件用无氧铜含氧量金相检验方法》中图片 1、2、3 级的规定。

⑥ H62、HPb59-1、HFe59-1-1、QAl9-2、QAl9-4、QAl10-3-1.5、QAl10-4-4 管材的断口应致密、无缩尾。不允许有超出 YS/T336《铜、镍及其合金管材和棒材断口检验方法》中规定的气孔、分层和夹杂等缺陷。外径>150mm 管材可不做断口检验，但必须切除挤压缩尾

注：4. 总弯曲度不应超过每米弯曲度与总长度（m）的乘积。

5. 铜及铜合金挤制管供一般工业用。

6.124

(6) 挤制铜管理论重量

外径	壁厚	理论重量 $\left(\dfrac{kg}{m}\right)$	外径	壁厚	理论重量 $\left(\dfrac{kg}{m}\right)$	外径	壁厚	理论重量 $\left(\dfrac{kg}{m}\right)$
(mm)			(mm)			(mm)		
30	5	3.493		5	5.170		10	11.178
	6	4.024		6	6.036	50	12.5	13.100
32	5	3.773		7	6.847		15	14.672
	6	4.360	42	7.5	7.231		17.5	15.902
34	5	4.052		8	7.601		5	6.987
	6	4.695		8.5	7.958		7.5	9.956
36	5	4.332		9	8.300	55	10	12.576
	6	5.030		10	8.943		12.5	14.846
38	5	4.611		5	5.449		15	16.768
	6	5.366		6	6.372		17.5	18.349
	7	6.064		7	7.238		5	7.685
	7.5	6.393	44	7.5	7.650		7.5	11.004
	8	6.707		8	8.048	60	10	13.973
	8.5	7.007		8.5	8.433		12.5	16.593
	9	7.294		9	8.803		15	18.864
	10	7.825		10	9.502		17.5	21.080
40	5	4.891		5	5.729		5	8.384
	6	5.701		6	6.707		7.5	12.052
	7	6.456		7	7.629		10	15.370
	7.5	6.812	46	7.5	8.069	65	12.5	18.340
	8	7.154		8	8.496		15	20.960
	8.5	7.483		8.5	8.908		17.5	23.242
	9	7.797		9	9.306		20	25.164
	10	8.384		10	10.061		5	9.082
			50	5	6.288	70	7.5	13.100
				7.5	8.908		10	16.768
							12.5	20.086

（续）

外径 （mm）	壁厚	理论重量 $\left(\dfrac{kg}{m}\right)$	外径 （mm）	壁厚	理论重量 $\left(\dfrac{kg}{m}\right)$	外径 （mm）	壁厚	理论重量 $\left(\dfrac{kg}{m}\right)$
70	15	23.055		20	36.330		15	35.631
	17.5	25.688		22.5	39.299		17.5	40.347
	20	27.960	85	25	41.940		20	44.714
75	7	13.302		27.5	44.212	100	22.5	48.731
	7.5	14.148		30	46.134		25	52.399
	9	16.600		7.5	17.292		27.5	57.717
	10	18.165		10	22.357		30	58.687
	12.5	21.833		12.5	27.073		7.5	20.436
	15	25.151		15	31.439		10	26.549
	17.5	28.121	90	17.5	35.456		12.5	32.313
	20	30.756		20	39.124		15	37.727
	22.5	33.028		22.5	42.443	105	17.5	42.792
	25	34.950		25	45.435		20	47.508
80	7	14.280		27.5	48.057		22.5	51.875
	7.5	15.196		30	50.328		25	55.892
	9	17.857		7.5	18.340		27.5	59.560
	10	19.562		10	23.754		30	62.879
	12.5	23.579		12.5	28.819		10	27.946
	15	27.247		15	33.535		12.5	34.059
	17.5	30.566	95	17.5	37.902		15	39.823
	20	33.552		20	41.919		17.5	45.238
	22.5	36.173		22.5	45.587	110	20	50.303
	25	38.445		25	48.906		22.5	55.019
85	7.5	16.244		27.5	51.875		25	59.385
	10	20.960		30	54.495		27.5	63.402
	12.5	25.326		7.5	19.388		30	67.070
	15	29.343	100	10	25.151	115	10	29.343
	17.5	33.011		12.5	30.566		12.5	35.806

外径	壁厚	理论重量 $\left(\dfrac{kg}{m}\right)$	外径	壁厚	理论重量 $\left(\dfrac{kg}{m}\right)$	外径	壁厚	理论重量 $\left(\dfrac{kg}{m}\right)$
（mm）			（mm）			（mm）		
115	15	41.919	130	17.5	55.019	145	17.5	62.355
	17.5	47.683		20	61.481		20	69.865
	20	53.097		22.5	67.594		22.5	77.026
	22.5	58.163		25	73.358		25	83.838
	25	62.879		27.5	78.773		27.5	90.301
	27.5	67.245		30	83.838		30	96.414
	30	71.262				150	10	39.124
120	10	30.741	135	10	34.933		12.5	48.032
	12.5	37.552		12.5	47.792		15	56.591
	15	44.015		15	50.303		17.5	64.800
	17.5	50.128		17.5	57.464		20	72.660
	20	55.892		20	64.276		22.5	80.170
	22.5	61.307		22.5	70.738		25	87.331
	25	66.372		25	76.852		27.5	94.143
	27.5	71.088		27.5	82.615		30	100.606
	30	75.454		30	88.030	155	10	40.522
125	10	32.138	140	10	36.330		12.5	49.799
	12.5	39.299		12.5	44.539		15	58.687
	15	46.111		15	52.399		17.5	67.245
	17.5	52.573		17.5	59.909		20	75.454
	20	58.687		20	67.070		22.5	83.314
	22.5	64.450		22.5	73.882		25	90.825
	25	69.865		25	80.345		27.5	97.986
	27.5	74.930		27.5	86.458		30	104.798
	30	79.646		30	92.222	160	10	41.919
130	10	33.535	145	10	37.727		12.5	51.525
	12.5	41.046		12.5	46.286		15	60.783
	15	48.207		15	54.495		17.5	69.690
							20	78.249

外径	壁厚	理论重量	外径	壁厚	理论重量	外径	壁厚	理论重量
(mm)		$\left(\dfrac{kg}{m}\right)$	(mm)		$\left(\dfrac{kg}{m}\right)$	(mm)		$\left(\dfrac{kg}{m}\right)$
160	22.5	86.458	175	25	104.798	190	27.5	124.884
	25	94.318		27.5	113.356		30	134.141
	27.5	101.828		30	121.565	195	10	51.700
	30	108.989	180	10	47.508		12.5	63.752
165	10	43.316		12.5	58.512		15	75.454
	12.5	53.272		15	69.166		17.5	86.807
	15	62.879		17.5	79.471		20	97.811
	17.5	72.136		20	89.427		22.5	108.465
	20	81.043		22.5	99.034		25	118.771
	22.5	89.602		25	108.291		27.5	128.726
	25	97.811		27.5	117.199		30	138.333
	27.5	105.671		30	125.757	200	10	53.097
	30	113.181	185	10	48.906		12.5	65.498
170	10	44.714		12.5	60.259		15	77.550
	12.5	55.019		15	71.262		17.5	89.253
	15	64.974		17.5	81.917		20	100.606
	17.5	74.581		20	92.222		22.5	111.609
	20	83.838		22.5	102.178		25	122.264
	22.5	92.746		25	111.784		27.5	132.569
	25	101.304		27.5	121.041		30	142.525
	27.5	109.513		30	129.949	210	10	55.892
	30	117.373	190	10	50.303		12.5	68.992
175	10	46.111		12.5	62.005		15	81.742
	12.5	56.765		15	73.358		17.5	94.143
	15	67.070		17.5	84.362		20	106.195
	17.5	77.026		20	95.016		22.5	117.897
	20	86.633		22.5	105.321		25	129.250
	22.5	95.890		25	115.277		27.5	140.254
							30	150.908

外径	壁厚	理论重量	外径	壁厚	理论重量	外径	壁厚	理论重量
(mm)		$\left(\dfrac{kg}{m}\right)$	(mm)		$\left(\dfrac{kg}{m}\right)$	(mm)		$\left(\dfrac{kg}{m}\right)$
	10	58.687		20	122.962		15	106.893
	12.5	72.485	240	25	150.210		20	139.730
	15	85.934		30	176.060	270	25	171.169
	17.5	99.034					30	201.211
220	20	111.784		10	67.070			
	22.5	124.185		12.5	82.965		10	75.454
	25	136.237	250	15	98.510		12.5	93.444
	27.5	147.939		20	128.552		15	111.085
	30	159.292		25	157.196	280	20	145.319
	10	61.481		30	184.444		25	178.156
	12.5	75.978					30	209.595
230	15	90.126		10	69.865			
	20	117.373		12.5	86.458		20	150.908
	25	143.223	260	15	102.702	290	25	185.142
	30	167.676		20	134.141		30	217.979
				25	164.183			
	10	64.276		30	192.827		20	156.498
240	12.5	79.471				300	25	192.129
	15	94.318	270	10	72.660		30	226.363
				12.5	89.951			

注：理论重量按密度 8.9g/cm³ 计算，供参考。

（7）挤制黄铜管理论重量

外径	壁厚	理论重量 $\left(\dfrac{kg}{m}\right)$	外径	壁厚	理论重量 $\left(\dfrac{kg}{m}\right)$	外径	壁厚	理论重量 $\left(\dfrac{kg}{m}\right)$
(mm)			(mm)			(mm)		
21	1.5	0.781	26	3.0	1.842	31	2.5	1.902
	2.0	1.014		3.5	2.102		3.0	2.242
	2.5	1.234		4.0	2.349		3.5	2.569
22	1.5	0.821	27	2.5	1.635		4.0	2.883
	2.0	1.068		3.0	1.922		4.5	3.183
	2.5	1.301		3.5	2.195		5.0	3.470
23	1.5	0.861		4.0	2.455		6.0	4.004
	2.0	1.121		4.5	2.762	32	2.5	1.968
	2.5	1.368		5.0	2.936		3.0	2.322
	3.0	1.601	28	2.5	1.701		3.5	2.662
	3.5	1.823		3.0	2.002		4.0	2.989
	4.0	2.029		3.5	2.289		4.5	3.303
24	1.5	0.901		4.0	2.562		5.0	3.603
	2.0	1.174		4.5	2.822		6.0	4.164
	2.5	1.435		5.0	3.069	33	2.5	2.035
	3.0	1.681	29	2.5	1.768		3.0	2.402
	3.5	1.916		3.0	2.082		3.5	2.756
	4.0	2.136		3.5	2.382		4.0	3.096
25	1.5	0.941		4.0	2.669		4.5	3.423
	2.0	1.228		4.5	2.943		5.0	3.737
	2.5	1.501		5.0	3.203		6.0	4.324
	3.0	1.762	30	2.5	1.835	34	3.0	2.482
	3.5	2.008		3.0	2.162		3.5	2.849
	4.0	2.242		3.5	2.475		4.0	3.203
26	1.5	0.981		4.0	2.776		4.5	3.543
	2.0	1.281		4.5	3.063		5.0	3.870
	2.5	1.568		5.0	3.336		6.0	4.484
				6.0	3.843		7.0	5.044
						35	3.0	2.562

6.130

（续）

外径	壁厚	理论重量 $\left(\dfrac{kg}{m}\right)$	外径	壁厚	理论重量 $\left(\dfrac{kg}{m}\right)$	外径	壁厚	理论重量 $\left(\dfrac{kg}{m}\right)$
（mm）			（mm）			（mm）		
35	3.5	2.943	40	3.0	2.964	48	3.0	3.603
	4.0	3.316		4.0	3.845		3.5	4.157
	4.5	3.663		5.0	4.671		4.0	4.697
	5.0	4.004		6.0	5.448		5.0	5.738
	6.0	4.644	42	3.0	3.124		6.0	6.726
	7.0	5.231		4.0	3.792		6.5	7.206
36	3.0	2.642		5.0	4.938		7.5	8.107
	3.5	3.036		6.0	5.768		9.0	9.368
	4.0	3.416	44	3.0	3.285	50	3.0	3.763
	4.5	3.783		4.0	4.270		3.5	4.344
	5.0	4.137		5.0	5.205		4.0	4.911
	6.0	4.804		6.0	6.088		5.0	6.005
	7.0	5.418					6.0	7.046
37	3.0	2.722	45	3.0	3.365		7.5	8.507
	3.5	3.129		3.5	3.877		10.0	10.681
	4.0	3.523		4.0	4.377		12.5	12.511
	4.5	3.903		5.0	5.338		15.0	14.012
	5.0	4.270		6.0	6.249	52	3.0	3.923
	6.0	4.964		6.5	6.683		3.5	4.531
	7.0	5.605		7.5	7.510		4.0	5.124
38	3.0	2.804		9.0	8.648		5.0	6.272
	4.0	3.631	46	3.0	3.443		6.0	7.366
	5.0	4.404		3.5	3.970		7.5	8.908
	6.0	5.127		4.0	4.484		10.0	11.215
39	3.0	2.884		5.0	5.471		12.5	13.178
	4.0	3.738		6.0	6.406		15.0	14.813
	5.0	4.537		6.5	6.853	54	3.0	4.084
	6.0	5.287		7.5	7.707		3.5	4.717
				9.0	8.888		4.0	5.338
							5.0	6.539

外径	壁厚	理论重量	外径	壁厚	理论重量	外径	壁厚	理论重量
（mm）		$\left(\dfrac{kg}{m}\right)$	（mm）		$\left(\dfrac{kg}{m}\right)$	（mm）		$\left(\dfrac{kg}{m}\right)$
54	6.0	7.687	60	4.0	5.979	65	9.0	13.459
	7.5	9.308		4.5	6.666		10.0	14.687
	10.0	11.750		5.0	7.340		11.5	16.429
	12.5	13.845		6.5	9.281		12.5	17.524
	15.0	15.614		7.5	10.509		15.0	20.028
55	3.0	4.164		10.0	13.345	68	4.0	6.833
	3.5	4.811		12.5	15.847		5.0	8.407
	4.0	5.445		15.0	18.016		6.5	10.669
	5.0	6.673	62	4.0	6.192		7.5	12.111
	6.0	7.847		5.0	7.607		9.0	14.172
	7.5	9.508		6.5	9.633		10.0	15.480
	10.0	12.017		7.5	10.910		11.5	17.342
	12.5	14.179		9.0	12.738		12.5	18.516
	15.0	16.014		10.0	13.879		15.0	21.219
56	4.0	5.552		11.5	15.500	70	4.0	7.046
	4.5	6.185		12.5	16.514		5.0	8.674
	5.0	6.806		15.0	18.816		6.5	11.016
	6.5	8.588	64	4.0	6.406		7.5	12.511
	7.5	9.708		5.0	7.874		9.0	14.653
	10.0	12.277		6.5	9.980		10.0	16.014
	12.5	14.513		7.5	11.310		11.5	17.956
	15.0	16.414		9.0	13.218		12.5	19.183
58	4.0	5.765		10.0	14.413		15.0	22.019
	4.5	6.426		11.5	16.114	72	4.0	7.260
	5.0	7.073		12.5	17.182		5.0	8.941
	6.5	8.934		15.0	19.617		6.5	11.716
	7.5	10.109	65	4.0	6.569		7.5	12.971
	10.0	12.811		5.0	8.011		9.0	15.141
	12.5	15.150		6.5	10.154		10.0	16.548
	15.0	17.215		7.5	11.516		11.5	18.570

(续)

外径 (mm)	壁厚 (mm)	理论重量 ($\frac{kg}{m}$)	外径 (mm)	壁厚 (mm)	理论重量 ($\frac{kg}{m}$)	外径 (mm)	壁厚 (mm)	理论重量 ($\frac{kg}{m}$)
72	12.5	19.851		5.0	9.747		7.5	16.514
	14.0	21.672		6.5	12.410		10.0	21.352
	15.0	22.820		7.0	13.111		12.5	25.856
	17.5	25.456		7.5	14.112	90	15.0	30.026
	20.0	27.772		9.0	16.583		17.5	33.863
			78	10.0	18.149		20.0	37.366
	4.0	7.473		11.5	20.422		22.5	40.535
	5.0	9.208		12.5	21.852		25.0	43.371
	6.5	11.716		15.0	25.222			
	7.5	13.312		17.5	28.258		7.5	17.515
	9.0	15.622		20.0	30.960		10.0	22.687
74	10.0	17.082					12.5	27.524
	11.5	19.183		4.0	8.118		15.0	32.028
	12.5	20.518		5.0	10.014		17.5	36.198
	14.0	22.420		6.5	12.758	95	20.0	40.035
	15.0	23.621		7.0	13.646		22.5	43.538
	17.5	26.390		7.5	14.513		25.0	46.708
	20.0	28.840	80	9.0	17.064		27.5	49.543
				10.0	18.683		30.0	52.046
	4.0	7.580		11.5	21.036			
	5.0	9.342		12.5	22.520		7.5	18.516
	6.5	11.884		15.0	26.023		10.0	24.021
	7.0	12.704		17.5	29.192		12.5	29.192
	7.5	13.512		20.0	32.028		15.0	34.030
75	9.0	15.854				100	17.5	38.534
	10.0	17.349		7.5	15.521		20.0	42.704
	11.5	19.480		10.0	20.028		22.5	46.541
	12.5	20.852		12.5	24.200		25.0	50.044
	15.0	24.033	85	15.0	28.039		27.5	53.213
	17.5	26.870		17.5	31.544		30.0	56.049
	20.0	29.374		20.0	34.715			
78	4.0	7.904		22.5	37.552	105	5.0	13.345
				25.0	40.055		7.5	19.517

外径	壁厚	理论重量	外径	壁厚	理论重量	外径	壁厚	理论重量
(mm)		$\left(\dfrac{kg}{m}\right)$	(mm)		$\left(\dfrac{kg}{m}\right)$	(mm)		$\left(\dfrac{kg}{m}\right)$
105	10.0	25.356	115	25.0	60.053	130	15.0	46.040
	12.5	30.860		27.5	64.223		17.5	52.546
	14.0	34.003		30.0	68.060		20.0	58.718
	15.0	36.032	120	5.0	15.347		22.5	64.556
	17.5	40.869		7.5	22.520		25.0	70.061
	20.0	45.343		10.0	29.359		27.5	75.232
	22.5	49.543		12.5	35.865		30.0	80.010
	25.0	53.380		14.0	39.608	135	7.5	25.522
	27.5	56.883		15.0	42.037		10.0	33.363
	30.0	60.053		17.5	47.875		12.5	40.869
110	5.0	14.012		20.0	53.380		14.0	45.213
	7.5	20.518		22.5	58.551		15.0	48.042
	10.0	26.690		25.0	63.389		17.5	54.881
	12.5	32.528		27.5	67.893		20.0	61.387
	14.0	35.871		30.0	72.063		22.5	67.559
	15.0	38.033	125	7.5	23.521		25.0	73.398
	17.5	43.204		10.0	30.694		27.5	78.902
	20.0	48.042		12.5	37.533		30.0	84.074
	22.5	52.546		14.0	41.476	140	7.5	26.523
	25.0	56.716		15.0	44.039		10.0	34.697
	27.5	60.553		17.5	50.211		12.5	42.537
	30.0	64.056		20.0	56.049		14.0	47.081
115	5.0	14.680		22.5	61.554		15.0	50.044
	7.5	21.519		25.0	66.725		17.5	57.217
	10.0	28.025		27.5	71.563		20.0	64.056
	12.5	34.197		30.0	76.067		22.5	70.562
	14.0	37.740	130	7.5	24.521		25.0	76.734
	15.0	40.035		10.0	32.028		27.5	82.572
	17.5	45.540		12.5	39.201		30.0	88.077
	20.0	50.711		14.0	43.345	145	10.0	36.032
	22.5	55.549						

外径	壁厚	理论重量	外径	壁厚	理论重量	外径	壁厚	理论重量
(mm)		$\left(\dfrac{kg}{m}\right)$	(mm)		$\left(\dfrac{kg}{m}\right)$	(mm)		$\left(\dfrac{kg}{m}\right)$
145	12.5	44.205	160	17.5	66.558	175	25.0	100.088
	15.0	52.046		20.0	74.732		27.5	108.261
	17.5	59.552		22.5	82.572		30.0	116.102
	20.0	66.725		25.0	90.079	180	12.5	58.882
	22.5	73.564		27.5	97.252		15.0	66.058
	25.0	80.070		30.0	104.091		17.5	75.900
	27.5	86.242		37.5	122.607		20.0	85.408
	30.0	92.081					22.5	94.583
150	10.0	37.366	165	10.0	41.370		25.0	103.424
	12.5	45.873		12.5	50.878		27.5	111.931
	15.0	54.047		15.0	60.053		30.0	120.105
	17.5	61.887		17.5	68.894	185	12.5	57.050
	20.0	69.394		20.0	77.401		15.0	68.060
	22.5	76.567		22.5	85.575		17.5	78.235
	25.0	83.406		25.0	93.415		20.0	88.077
	27.5	89.912		27.5	100.922		22.5	97.585
	30.0	96.084		30.0	108.095		25.0	106.760
155	10.0	38.701	170	10.0	42.704		27.5	115.601
	12.5	47.541		12.5	52.546		30.0	124.109
	15.0	56.049		15.0	62.054		32.5	132.282
	17.5	64.223		17.5	71.229		35.0	140.123
	20.0	72.063		20.0	80.070		37.5	147.629
	22.5	79.570		22.5	88.577		40.0	154.881
	25.0	86.743		25.0	96.751		42.5	161.641
	27.5	93.582		27.5	104.591	190	12.5	59.218
	30.0	100.088		30.0	112.098		15.0	70.061
	37.5	117.603	175	12.5	54.214		17.5	80.570
160	10.0	40.035		15.0	64.056		20.0	90.746
	12.5	49.210		17.5	73.564		22.5	100.588
	15.0	58.051		20.0	82.739		25.0	110.096
				22.5	91.580			

外径	壁厚	理论重量	外径	壁厚	理论重量	外径	壁厚	理论重量
（mm）		$\left(\dfrac{kg}{m}\right)$	（mm）		$\left(\dfrac{kg}{m}\right)$	（mm）		$\left(\dfrac{kg}{m}\right)$
190	27.5	119.271	200	40.0	170.903	215	17.5	92.247
	30.0	128.112		42.5	178.656		20.0	104.091
	32.5	136.619					22.5	115.601
	35.0	144.793	205	12.5	64.223		25.0	126.778
	37.5	152.633		15.0	76.067		27.5	137.620
	40.0	160.221		17.5	87.577		30.0	148.130
	42.5	167.313		20.0	98.753		32.5	158.305
				22.5	109.596		35.0	168.147
195	12.5	60.887		25.0	120.105		37.5	177.655
	15.0	72.063		27.5	130.281		40.0	186.925
	17.5	82.906		30.0	140.123		42.5	195.671
	20.0	93.415		32.5	149.631			
	22.5	103.591		35.0	158.806	220	12.5	69.227
	25.0	113.433		37.5	167.647		15.0	82.072
	27.5	122.941		40.0	176.243		17.5	94.583
	30.0	132.116		42.5	184.328		20.0	106.760
	32.5	140.957					22.5	118.604
	35.0	149.464					25.0	130.114
	37.5	157.638	210	12.5	65.891		27.5	141.290
	40.0	165.552		15.0	78.068		30.0	152.133
	42.5	172.985		17.5	89.912		32.5	162.642
				20.0	101.422		35.0	172.818
200	12.5	62.555		22.5	112.598		37.5	182.660
	15.0	74.065		25.0	123.441		40.0	192.265
	17.5	85.241		27.5	133.950		42.5	201.343
	20.0	96.084		30.0	144.126			
	22.5	106.593		32.5	153.968	225	15.0	84.074
	25.0	116.769		35.0	163.476		20.0	109.429
	27.5	126.611		37.5	172.651		25.0	133.450
	30.0	136.119		40.0	181.584		30.0	156.137
	32.5	145.294		42.5	190.000		35.0	177.489
	35.0	154.135	215	12.5	67.559		40.0	197.606
	37.5	162.642		15.0	80.070			

6.136

外径	壁厚	理论重量	外径	壁厚	理论重量	外径	壁厚	理论重量
(mm)		$\left(\dfrac{kg}{m}\right)$	(mm)		$\left(\dfrac{kg}{m}\right)$	(mm)		$\left(\dfrac{kg}{m}\right)$
230	15.0	86.075	245	35.0	196.172	265	25.0	160.140
	20.0	112.098		40.0	218.969		30.0	188.165
	25.0	136.786	250	15.0	94.082		35.0	214.855
	30.0	160.140		20.0	122.774		40.0	240.332
	35.0	182.159		25.0	150.131	270	15.0	102.089
	40.0	202.947		30.0	176.154		20.0	133.450
235	15.0	88.077		35.0	200.842		25.0	163.476
	20.0	114.767		40.0	224.310		30.0	192.168
	25.0	140.123	255	15.0	96.084		35.0	219.525
	30.0	164.144		20.0	125.443		40.0	245.673
	35.0	186.830		25.0	153.468	275	15.0	104.091
	40.0	208.288		30.0	180.158		20.0	136.119
240	15.0	90.079		35.0	205.513		25.0	166.813
	20.0	117.436		40.0	229.650		30.0	196.172
	25.0	143.459	260	15.0	98.086		35.0	224.196
	30.0	168.147		20.0	128.112		40.0	251.013
	35.0	191.501		25.0	156.804	280	15.0	106.093
	40.0	213.628		30.0	184.161		20.0	138.788
245	15.0	92.081		35.0	210.184		25.0	170.149
	20.0	120.105		40.0	234.991		30.0	200.175
	25.0	146.795	265	15.0	100.088		35.0	228.867
	30.0	172.151		20.0	130.781		40.0	261.695

注：1. 理论重量按黄铜牌号的密度为 8.5g/cm³ 计算，供参考。

2. 牌号 H96 的密度为 8.8g/cm³，其理论重量需将表中的理论重量再乘上理论重量换算系数 1.035。

（8）挤制铝青铜管理论重量

外径 (mm)	壁厚 (mm)	理论重量 (kg/m)	外径 (mm)	壁厚 (mm)	理论重量 (kg/m)	外径 (mm)	壁厚 (mm)	理论重量 (kg/m)
20	3 4	1.201 1.508	36	5	3.650	48	7.5 10	7.153 8.954
			38	5	3.886			
21	3 4	1.272 1.602	40	5	4.121	50	5 7.5 10	5.299 7.507 9.425
22	3 4	1.342 1.696	41	5 7.5 10	4.239 5.917 7.304	55	7.5 10 12.5 15	8.390 10.598 12.511 14.130
24	4 5	1.884 2.237	42	5 7.5 10	4.357 6.094 7.540			
26	4 5	2.072 2.473	43	5 7.5 10	4.475 6.270 7.775	60	7.5 10 12.5 15	9.273 11.775 13.983 15.896
28	4 5	2.261 2.708	44	5 7.5 10	4.592 6.447 8.011			
30	4 5	2.449 2.944	45	5 7.5 10	4.710 6.623 8.274	65	7.5 10 12.5 15 17.5 20	10.156 12.953 15.455 17.663 19.576 21.195
31	5	3.062						
32	5	3.179	46	5 7.5 10	4.828 6.800 8.482			
33	5	3.297				70	7.5 10 12.5 15 17.5 20	11.039 14.130 16.927 19.429 21.637 23.550
34	5	3.415	48	5	5.063			
35	5	3.533				75	7.5	11.922

外径	壁厚	理论重量	外径	壁厚	理论重量	外径	壁厚	理论重量
（mm）		$\left(\dfrac{kg}{m}\right)$	（mm）		$\left(\dfrac{kg}{m}\right)$	（mm）		$\left(\dfrac{kg}{m}\right)$
75	10	15.308		15	28.260		22.5	46.364
	12.5	18.398		17.5	31.940		25	50.044
	15	21.195	95	20	35.325	110	27.5	53.429
	17.5	23.697		22.5	38.416		30	56.520
	20	25.905		25	41.213		32.5	59.317
				27.5	43.715		35	61.819
	7.5	12.805		30	45.923		37.5	64.027
	10	16.485						
80	12.5	19.870		10	21.195		10	24.728
	15	22.961		12.5	25.758		12.5	30.173
	17.5	25.758		15	30.026		15	35.325
	20	28.260		17.5	34.000		17.5	40.182
			100	20	37.680		20	44.745
	7.5	13.688		22.5	41.065	115	22.5	49.013
	10	17.663		25	44.156		25	52.988
	12.5	21.342		27.5	46.953		27.5	56.667
	15	24.728		30	49.455		30	60.053
85	17.5	27.818					32.5	63.143
	20	30.615		10	22.373		35	65.940
	22.5	33.117		12.5	27.230		37.5	68.442
	25	35.325		15	31.793			
			105	17.5	36.061		10	25.905
	7.5	14.572		20	40.035		12.5	31.645
	10	18.840		22.5	43.715		15	37.091
	12.5	22.814		25	47.100		17.5	42.243
	15	26.494		30	50.191		20	47.100
90	17.5	29.879			52.988	120	22.5	51.663
	20	32.970		10	23.550		25	55.931
	22.5	35.767		12.5	28.702		27.5	59.905
	25	38.269	110	15	33.559		30	63.585
				17.5	38.122		32.5	66.970
95	10	20.018		20	42.390		35	70.061
	12.5	24.286					37.5	72.858

外径	壁厚	理论重量 $\left(\dfrac{kg}{m}\right)$	外径	壁厚	理论重量 $\left(\dfrac{kg}{m}\right)$	外径	壁厚	理论重量 $\left(\dfrac{kg}{m}\right)$
（mm）			（mm）			（mm）		
125	12.5	33.117	140	12.5	37.533	155	17.5	56.667
	15	38.858		15	44.156		20	63.585
	17.5	44.303		17.5	50.485		22.5	70.208
	20	49.455		20	56.520		25	76.538
	22.5	54.312		22.5	62.260		27.5	82.572
	25	58.875		25	67.706		30	88.313
	27.5	63.143		27.5	72.858		32.5	93.758
	30	67.118		30	77.715		35	98.910
	32.5	70.797		32.5	82.278		37.5	103.767
	35	74.183		35	86.546		40	108.330
				37.5	90.520		42.5	112.598
130	12.5	34.589	145	15	45.923	160	15	51.221
	15	40.624		17.5	52.546		17.5	58.728
	17.5	46.364		20	58.875		20	65.940
	20	51.810		22.5	64.910		22.5	72.858
	22.5	56.962		25	70.650		25	79.481
	25	61.819		27.5	76.096		27.5	85.810
	27.5	66.382		30	81.248		30	91.845
	30	70.650		32.5	86.105		32.5	97.585
	32.5	74.624		35	90.668		35	103.031
	35	78.304					37.5	108.183
							40	113.040
135	12.5	36.061	150	15	47.689		42.5	117.603
	15	42.390		17.5	54.607	165	15	52.988
	17.5	48.425		20	61.230		17.5	60.788
	20	54.165		22.5	67.559		20	68.295
	22.5	59.611		25	73.594		22.5	75.507
	25	64.763		27.5	79.334		25	82.425
	27.5	69.620		30	84.780		27.5	89.048
	30	74.183		32.5	89.932		30	95.378
	32.5	78.451		35	94.789		32.5	101.412
	35	82.425	155	15	49.455			
	37.5	86.105						

外径	壁厚	理论重量 $\left(\dfrac{kg}{m}\right)$	外径	壁厚	理论重量 $\left(\dfrac{kg}{m}\right)$	外径	壁厚	理论重量 $\left(\dfrac{kg}{m}\right)$
(mm)			(mm)			(mm)		
165	35	107.153	190	15	61.819	210	42.5	167.731
	37.5	112.598		17.5	71.092		45	174.859
	40	117.750		20	80.070		50	188.400
	42.5	122.607		22.5	88.754	220	30	134.235
170	15	54.754		25	97.144		32.5	143.580
	17.5	62.849		27.5	105.239		35	152.486
	20	70.650		30	113.040		37.5	161.252
	22.5	78.157		32.5	120.547		40	169.560
	25	85.369		35	127.759		42.5	177.745
	27.5	92.287		37.5	134.677		45	185.456
	30	98.910		40	141.300		50	200.175
	32.5	105.239		42.5	147.704	230	30	141.300
	35	111.274		45	153.742		32.5	151.238
	37.5	117.014	200	15	65.351		35	160.729
	40	122.460		17.5	75.213		37.5	170.088
	42.5	127.612		20	84.780		40	178.980
180	15	58.286		22.5	94.053		42.5	187.759
	17.5	66.970		25	103.031		45	196.054
	20	75.360		27.5	111.715		50	211.950
	22.5	83.455		30	120.105	240	30	148.365
	25	91.256		32.5	128.200		32.5	158.896
	27.5	98.763		35	136.001		35	168.971
	30	105.975		37.5	143.508		37.5	178.923
	32.5	112.893		40	150.720		40	188.400
	35	119.516	210	30	127.170	250	30	155.430
	37.5	125.845		32.5	133.802		32.5	166.553
	40	131.880		35	144.244		35	177.214
	42.5	137.669		37.5	152.416		37.5	187.759
	45	143.139		40	160.140		40	197.820

注：理论重量按牌号 QAl9-4、QAl10-3-1.5 和 QAl10-4-4 的密度
  7.5g/cm³ 计算，供参考。牌号 Al9-2 的密度为 7.6g/cm³，其理
  论重量需将表中理论重量再乘上理论重量换算系数 1.0133。

(9) 热交换器用铜合金无缝管(GB/T8890—1998)

1) 管材的牌号、状态和规格(mm)			
牌　　　号	状　态	外　径	壁　　厚
BFe30-1-1、BFe10-1-1	M、Y₂	10～35	0.75～3.0
HAl77-2、HSn70-1、H85A、H68A	M、Y₂	10～45	0.75～3.5

<table>
<tr><td colspan="6">2) 管材的外径、壁厚及允许偏差(mm)</td></tr>
<tr><td rowspan="2">外径</td><td rowspan="2">10、11
12</td><td rowspan="2">14</td><td rowspan="2">15①、16、18、
19、20、21、22、
23、24、25</td><td rowspan="2">26、28、30
32、35</td><td rowspan="2">38、40
42、45</td></tr>
<tr></tr>
<tr><td rowspan="2">壁厚</td><td rowspan="2">0.75
1.0</td><td rowspan="2">0.75、1.0、
1.25、1.5、
2.0、2.5</td><td rowspan="2">0.75②、1.0、
1.25、1.5、2.0、
2.5、3.0、3.5</td><td rowspan="2">1.0、1.25、
1.5、2.0、2.5、
3.0、3.5</td><td rowspan="2">1.5、2.0、2.5
3.0、3.5</td></tr>
<tr></tr>
</table>

外　　　径		10～12	>12 ～18	>18 ～25	>25 ～30	>35 ～45
外　　径 允许偏差	普通级	−0.18	−0.22	−0.30	−0.35	−0.40
	较高级	−0.14	−0.20	−0.24	−0.30	−0.36

厚度允许偏差	壁厚的±10%

注: 1. 管材的精度级别应在合同中注明，未注明时，即以普通级
　　　供货。

　　2. 管材适用于船舶、电力等工业制造热交换器及冷凝器用。

　　① 外径15mm，无壁厚35mm的管材。

　　② 壁厚为0.75mm的管材，仅生产到外径20mm。

3) 管材的其他尺寸要求(mm)

① 长度允许偏差

　　普通级：长度≤18000 为＋15；

　　较高级：长度≤9000 为＋5，长度＞9000～18000 为＋10。

② 管材的端部应锯切平整，允许有轻微的毛刺，切口在不使管材长度超出允许偏差的条件下，允许倾斜≤2。

③ 半硬管的最大直线度应符合下列规定：

长　　　　度		1000～2000	＞2000～2500	＞2500～3000	＞3000
直线度	Y_2	5	8	12	12/任意3000
≤	M	8	13	19	19/任意3000

④ 管材的不圆度不应超出外径的允许偏差，但属下列情况之一者，其管材任一断面上测量的最小直径应≥公称外径的 98％：(a)外径与壁厚之比≥15 的软管；(b)外径与壁厚之比≥20 的半硬管

4) 管材的其他技术要求

① 壁厚≤2.5mm管材的扩口试验应符合下列规定：

牌　　　　号	状态	扩口率	冲头锥度
BFe30-1-1、BFe10-1-1	M	25％	60°
	Y_2	15％	60°
HAl77-2、HSn70-1、H68A、H68	M、Y_2	25％	60°

② 壁厚≤2.5mm管材压扁试验：管材压扁后的内壁距离，软态管等于壁厚，半硬管等于 5 倍壁厚。

③ 黄铜管应消除内应力。

④ 管材的液压试验：试验压力——牌号 BFe30-1-1 和 HAl77-2 为6.86MPa，其余牌号为 4.96MPa；试验持续时间为 10s。

⑤ 管材还有平均晶粒度、涡流探伤、超声波等项要求，详见 GB/T8890－1998 中的规定

(10) 气门嘴用铅黄铜管(GB/T8010-1998)

1) 管材的牌号、状态和规格(mm)

牌 号	制造方法	状态	外 径	壁 厚	长 度
HPb63-0.1	拉制 拉制	Y_2 Y_3	18~31 8~31	6.5~13 3.0~13	1000~4000

2) 管材的外径、壁厚及允许偏差(mm)

外 径		壁 厚		外 径		壁 厚	
公称 尺寸	允许 偏差	公称 尺寸	允许 偏差	公称 尺寸	允许 偏差	公称 尺寸	允许 偏差
8.0	-0.15	3.0	±0.30	24	-0.30	9.5	±0.85
8.5	-0.15	3.0	±0.30	26	-0.30	10.0	±0.90
18	-0.24	6.5	±0.65	27	-0.30	10.8	±0.90
20	-0.26	7.5	±0.70	31	-0.35	13.0	±1.0

3) 管材的其他尺寸要求(mm)

① 管材的端部应锯切平整,允许有轻微的毛刺和凹心,切斜不应大于3。

② 管材的每米弯曲度:外径8.0~8.5,应≤6;外径18~1,应≤7。

③ 管材的不圆度和壁厚不均,应不超出外径和壁厚的允许偏差

4) 管材的用途

管材适用于橡胶机械工业制造各种轮胎套件的充气气门嘴

注:管材应进行消除内应力处理。

(11) 黄铜焊接管(GB/T11092—1989)

1) 管材的牌号、状态和规格(mm)

牌 号	状 态	外 径	壁 厚
H96、H68 H65	M、Y₂、Y	2.0～26	0.2～1.0

2) 管材的外径、壁厚及允许偏差(mm)

外径	2.0、2.8	3.0～4.4	5.0～6.2	7.0、8.0	9.0、10
壁厚	0.2～0.3	0.2～0.4	0.2～0.5	0.2～0.6	0.2～0.8

外径	11、12	13	14～18	19～22	23～26
壁厚	0.25～0.8	0.25～0.9	0.4～1.0	0.5～1.0	0.6～1.0

外径系列:2.0、2.8、3.0、3.2、3.6、4.0、4.4、5.0、5.2、6.0、6.2、7.0、8.0、9.0、10、11、12、13、14、15、16、17、18、19、20、21、22、23、24、25、26

壁厚系列:0.2、0.25、0.3、0.4、0.5、0.6、0.7、0.8、0.9、1.0

拉杆 天线 用管	外 径	2.8～6.2		7～11		12～13
	允许偏差	−0.01～0.045		−0.015～−0.055		−0.02～−0.08
	壁厚/允许偏差:0.2/−0.03、0.25/−0.04					

其他 用途 管	外 径	2.0～6	>6～12	>12～15	>15～25	>25～26
	允许偏差	±0.02	±0.03	±0.04	±0.06	±0.08
	壁 厚	0.2～3	>0.3～0.4	>0.4～0.6	>0.6～1.0	
	允许偏差	±0.02	±0.03	±0.05	±0.08	

3）管材的其他尺寸要求（mm）

① 长度

不定尺长度：直条管长度 600～4000，盘度长度≥6000；

定尺或倍尺长度：直条管长度应在不定尺长度范围内；长度允许偏差：长度≤1800 为＋3，长度＞1800 为＋5。

② 管材端部应锯切平整，如采用无齿锯允许切口圆滑收口；切口在不使长度超允许偏差的条件下，允许倾斜 2。

③ 外径＞5 的硬和半硬直条管的直线度应符合下列规定：

长　　度	600～2000	＞2000～2500	＞2500～4000
直线度≤	5	8	12

注：外径≤5 的硬和半硬直条管的直线度由供需双方商定。

④ 硬和半硬直条管的不圆度应不超出外径允许偏差；管材的壁厚不应超出壁厚允许偏差

4）管材的其他技术要求

① 管材应进行扩口试验（硬和半硬管试样应进行退火处理），顶芯锥度为 60°，扩口率为 60°。

② 管材应进行压扁试验（试样置于两块平板之间，焊缝放置位置应与压缩方向垂直，硬和半硬管试样应进行退火处理），压扁至平板间距为管材壁厚的 3 倍。

③ 管材放在水中进行气压试验，试验的空气压力为 393～785kPa（这项试验也可在退火前的状态下进行）。

④ 硬和半硬管应进行内应力试验

5）管材的用途

管材适于用无线电通信等工业一般用途

(12) 压力表用锡青铜管(GB/T8892－1988)

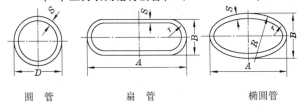

圆　管　　　　　　扁　管　　　　　　椭圆管

1) 管材的牌号、状态、品种和规格(mm)		
牌　号	状　态	品种和规格(mm)
QSn4-0.3 QSn6.5-0.1	Y、M	圆管(4～25)×(0.15～1.8) 扁管(7.5～20)×(5～7)×(0.15～1.0) 椭圆管(5～15)×(2.5～6)×(0.15～1.0)

2) 圆管的外径、壁厚及允许偏差(mm)			
外径 D	壁厚 S	外径 D	壁厚 S
4、(4.2)	0.15～1.00	12、(12.6)	0.15～1.80
4.5	0.15～1.30	13	0.15～1.80
5、(5.56)	0.15～1.80	14、(14.34)	0.15～1.80
6、(6.35)	0.15～1.80	15	0.15～1.80
7、(7.14)	0.15～1.80	16、(16.5)	>0.30～1.80
8	0.15～1.80	17	>0.50～1.80
9、(9.52)	0.15～1.80	18、(19.5)	>0.80～1.80
10、(10.5)	0.15～1.80	20	>0.80～1.80
11	0.15～1.80	>20～25	>1.30～1.80

注：外径带括号的圆管表示限制使用规格。

2）圆管的外径、壁厚及允许偏差（mm）

外径 D	4~5.56	>5.56~9.52	>9.52~12.6	>12.6~15	>15~19.5	>19.5~20	>20~25
外径允许偏差	−0.04	−0.05	−0.06	−0.08	−0.09	−0.10	−0.20
壁厚 S	0.15~0.30	>0.30~0.50	>0.50~0.80	>0.80~1.00	>1.00~1.30	>1.30~1.50	>1.50~1.80
壁厚允许偏差 普通级	±0.03	±0.04	±0.05	±0.06	±0.08	±0.10	±0.12
壁厚允许偏差 较高级	±0.02	±0.03	±0.04	±0.04	±0.05	±0.05	±0.05

3）扁管和椭圆管的长轴、短轴、壁厚及允许偏差（mm）

品种	长轴 A 公称尺寸	长轴 A 允许偏差	短轴 B 公称尺寸	短轴 B 允许偏差	壁厚 S 公称尺寸	壁厚 S 允许偏差 普通级	壁厚 S 允许偏差 较高级
扁管	7.5~20	±0.20	5~7	±0.20	0.15~0.25	±0.02	±0.015
					>0.25~0.40	±0.03	±0.02
					>0.40~0.60	±0.04	±0.03
椭圆管	5~15	±0.20	2.5~6	±0.20	>0.60~0.80	±0.05	±0.04
					>0.80~1.00	±0.06	±0.04

4）管材的其他尺寸要求（mm）

① 长度：
　　不定尺长度：10000~40000；
　　定尺或倍尺长度：应在不定尺长度范围内，其长度允许偏差为+5；倍尺长度应加入锯切分段的锯切量，每一锯切量为5。
② 管材端部应锯切平整，无毛刺，切斜应在长度允许偏差范围内。
③ 硬态管材的每米直线度，应≤5。
④ 硬态圆管的不圆度应不超出其外径允许偏差。
⑤ 管材的壁厚不均应不超出其壁厚允许偏差

5）管材的用途

管材用于压力表等仪表上

(13) 铜及铜合金毛细管(GB/T1531－1994)

1) 管材的牌号、状态和规格(mm)			
牌　　　号	状　　态	外　　径	内　　径
T2、TP1、TP2、H68、H62	Y、Y₂、M	0.5～3.0	0.3～2.5
H96、QSn4-0.3 QSn6.5-0.1、BZn15-20	Y、M		

2) 管材的按用途分级

① 高级:适用于家用电冰箱、电冰柜、高精度仪表等工业部门用的铜
及铜合金毛细管。

② 较高级:适用于较高精度的仪器、仪表和电子等工业部门用的铜
及铜合金毛细管。

③ 普通级:适用于一般精度的仪器、仪表和电子等工业部门用的铜
及铜合金毛细管

3) 高级管材的外径、内径及允许偏差(mm)

外　　径	1.70	1.80	1.85	1.90	2.00	2.05	2.20
壁　　厚	0.60～0.70	0.55～0.75	0.60～0.75	0.60～0.80	0.60～0.80	0.85～0.90	1.0
壁厚系列	0.55、0.60、0.65、0.70、0.75、0.80、0.85、0.90、1.0						

外径 1.70～2.20,允许偏差为±0.03;
内径 0.55～1.0,允许偏差为±0.02

4) 普通级和较高级管材的外径、内径及允许偏差(mm)

内 径		
公称尺寸	允许偏差 较高级	普通级
外径 0.5		
0.3	±0.03	±0.05
外径 0.6		
0.4	±0.03	±0.05
外径 0.7		
0.5	±0.03	±0.05
外径 0.8		
0.4 0.5	±0.03	±0.05
外径 1.0		
0.4	±0.04	±0.06
0.5 0.6 0.8	±0.03	±0.05
外径 1.2		
0.4	±0.05	±0.08
0.5 0.6	±0.04	±0.06
0.7 0.8 1.0	±0.03	±0.05

内 径		
公称尺寸	允许偏差 较高级	普通级
外径 1.4		
0.4 0.5 0.6	±0.05	±0.08
0.7 0.8	±0.04	±0.06
0.9 1.0 1.2	±0.03	±0.05
外径 1.5		
0.5 0.6 0.7	±0.05	±0.08
0.8 0.9 1.0	±0.04	±0.06
1.1 1.3	±0.03	±0.05
外径 1.6		
0.4	±0.06	±0.10
0.6 0.7 0.8	±0.05	±0.08
0.9 1.0	±0.04	±0.06

内 径		
公称尺寸	允许偏差 较高级	普通级
外径 1.6		
1.1 1.2 1.4	±0.03	±0.05
外径 1.7		
0.5	±0.06	±0.10
0.7 0.8 0.9	±0.05	±0.08
1.0 1.1	±0.04	±0.06
1.2 1.3 1.5	±0.03	±0.05
外径 1.8		
0.4 0.6	±0.06	±0.10
0.8 0.9 1.0	±0.05	±0.08
1.1 1.2	±0.04	±0.06
1.3 1.4 1.6	±0.03	±0.05

4) 普通级和较高级管材的外径、内径及允许偏差（mm）

内 径			内 径			内 径		
公称尺寸	允许偏差		公称尺寸	允许偏差		公称尺寸	允许偏差	
	较高级	普通级		较高级	普通级		较高级	普通级
外径 2.0			外径 2.4			外径 2.6		
0.4 0.6 0.8	±0.06	±0.10	1.4 1.5 1.6	±0.05	±0.08	1.9 2.0	±0.04	±0.06
1.0 1.1 1.2	±0.05	±0.08	1.7 1.8	±0.04	±0.06	2.1	±0.03	±0.05
1.3 1.4	±0.04	±0.06	1.9 2.0	±0.03	±0.05	外径 2.8		
1.5 1.6 1.8	±0.03	±0.05	外径 2.5			1.0 1.2 1.4 1.6	±0.06	±0.10
外径 2.2			0.7 0.9 1.1 1.3	±0.06	±0.10	1.8 1.9 2.0	±0.05	±0.08
0.4 0.6 0.8 1.0	±0.06	±0.10	1.5 1.6 1.7	±0.05	±0.08	2.1 2.2	±0.04	±0.06
1.2 1.3 1.4	±0.05	±0.08	1.8 1.9	±0.04	±0.06	2.3	±0.03	±0.05
1.5 1.6	±0.04	±0.06	2.0 2.1	±0.03	±0.05	外径 3.0		
1.7 1.8	±0.03	±0.05	外径 2.6			1.2 1.4 1.6 1.8	±0.06	±0.10
外径 2.5			0.8 1.0 1.2 1.4	±0.06	±0.10	2.0 2.1 2.2	±0.05	±0.08
0.6 0.8 1.0 1.2	±0.06	±0.10	1.6 1.7 1.8	±0.05	±0.08	2.3 2.4	±0.04	±0.06
						2.5	±0.03	±0.05
						外径 0.5～3.0，外径允许偏差±0.03		

5) 管材的其他尺寸要求(mm)

① 长度:

成卷供应管材:其长度应≥3000,但长度在1000～3000的短管,每批允许交付不超过整批重量的10%,管材长度由供需双方商定。

直条供应管材:其长度为150～3500,长度允许偏差按下列规定:

长　　度	150～600	>600～1800	>1800～3500
允许偏差	+2.0	+3.5	+7.0

② 软态管材的不圆度不作规定,其他管材的不圆度不超出外径允许偏差

6) 管材的其他技术要求

① 普通级和较高级管材应进行下通气性试验,试验在6.9～7.8MPa的气体压力吹刷下进行,内孔应畅通,允许有微量氧化粉末。

② 高级管材应进行出口压力试验或流量试验,压力差值或流量值由供需双方协商。

③ 管材应进行气密性试验,在下表规定的压力下,管材应不变形、不漏气。

外径与内径之差	气体压力(MPa)			持续时间
(2倍壁厚)(mm)	高　级	较高级	普通级	(s)
0.20～0.50	—	2.9	2.0	
>0.50～0.70	—	3.9	2.9	
>0.70～1.00	6.9	5.9	4.9	30～60
>1.00～1.80	7.8	7.8	6.9	

④ 高级管材的内壁应足够清洁,用一种适当的溶剂冲洗管材内部,冲洗出的管内残留物每平方米内表面面积≤0.310g

（14）镍及镍铜合金管（GB/T2882-1981）

1) 管材的牌号、状态和规格（mm）

牌号	制造方法	状态	外径	壁厚
N6、NCu28-2.5-1.6 NCu40-2-1	拉制、轧制	M,Y	6.0～40	1.0～4.0

2) 管材的外径、壁厚及允许偏差（mm）

外径	壁厚	外径	壁厚
6.0、6.5、7.0、7.5	1.0～1.5	14、15、16、17、18、19	1.0～3.5
8.0、8.5、9.0、9.5	1.0～2.0	20、21、22、23、24、26	1.0～4.0
10、10.5、11、11.5	1.0～2.5	28、30	1.0～4.0
12、12.5、13、13.5	1.0～3.0	32、34、36、38、40	2.0～4.0

壁厚系列：1.0、1.25、1.5、2.0、2.5、3.0、3.5、4.0

外径	6.0～7.5	8.0～13.5	14～19	20～30	32～40
外径允许偏差	−0.15	−0.20	−0.24	−0.30	−0.35

壁厚	1.0	1.25	1.5	2.0	2.5、3.0	3.5	4.0
壁厚允许偏差	±0.10	±0.12	±0.15	±0.20	±0.25	±0.30	±0.35

3) 管材的其他尺寸要求（mm）

① 长度：

不定尺长度：外径≤30 者为 500～4000；外径>30 者为 500～3000。

定尺或倍尺长度：应在不定尺长度范围内，其长度允许偏差为+15；倍尺长度应加入锯切分段时的锯切量，每一锯切量为5。

② 管材端部应锯切平整，允许有轻微的毛刺；切口在不使管材长度超出允许偏差的条件下，允许有≤2的倾斜。

③ 硬态管材的每米不直度：外径≤30 者应≤4，外径>30 者应≤5。

④ 硬态管材的不圆度和壁厚不均，应分别不超出外径和壁厚允许偏差

4) 管材的用途

管材用于化工、仪表等工业制造耐腐蚀或其他重要零部件

(15) 镍及镍合金无缝薄壁管（GB/T8011-1987）

1) 管材的牌号、状态和规格（mm）

牌　　号	状　态	外　径	壁　厚
N2、N4、N6、DN	M、Y	0.35～18	0.05～0.90
NCu28-2.5-1.5、NCu40-2-1 NSi0.19、NMg0.1	M、Y2、Y		

2) 管材的壁厚、外径及允许偏差（mm）

壁厚公称尺寸		0.05 ～0.06	>0.06 ～0.09	>0.09 ～0.12	>0.12 ～0.15	>0.15 ～0.20	>0.20 ～0.25
壁厚允许偏差	较高级	±0.006	±0.007	±0.01	±0.015	±0.02	±0.025
	普通级	±0.01	±0.01	±0.015	±0.02	±0.025	±0.03
外径范围		0.35 ～1.75	>0.40 ～3.5	>0.50 ～4.2	>0.60 ～8.5	>0.70 ～8.5	>0.80 ～10
壁厚公称尺寸		>0.25 ～0.30	>0.30 ～0.40	>0.40 ～0.50	>0.50 ～0.60	>0.60 ～0.70	>0.70 ～0.90
壁厚允许偏差	较高级	±0.03	±0.035	±0.04	±0.05	±0.06	±0.07
	普通级	±0.035	±0.04	±0.045	±0.055	±0.07	±0.08
外径范围		>0.80 ～12	>0.90 ～15	>1.5 ～18	>2.0 ～18	>2.25 ～18	>2.5 ～18

外径公称尺寸	外径允许偏差		外径公称尺寸	外径允许偏差	
	较高级	普通级		较高级	普通级
0.35～0.90	−0.01	−0.015	>5.5～7.0	−0.05	−0.06
>0.90～2.0	−0.015	−0.02	>7.0～8.5	−0.06	−0.07
>2.0～3.0	−0.02	−0.025	>8.5～12	−0.07	−0.08
>3.0～4.0	−0.03	−0.035	>12～18	−0.10	−0.09
>4.0～5.5	−0.04	−0.045			

3) 管材的其他尺寸要求(mm)

① 长度：

不定尺长度：100~2500；外径≥3.0者，每批允许有长度100~150的短管；外径<3.0者，每批允许有长度200~300的短管；短管的重量不得超过该批重量的10%。

定尺或倍尺长度：应在不定尺长度范围内，其长度允许偏差为+15；倍尺长度应加入锯切分段时的锯切量，每一锯切量为5。

② 管材端部应锯切平整，允许有轻微的毛刺；切口在不使管材长度超出允许偏差的条件下，允许有倾斜量2。

③ 硬和半硬状管材的每米弯曲度应符合下列规定，其总弯曲度应不超出每米弯曲度与总长度(m)的乘积：

外径≤3为4，外径>3为5。

④ 硬和半硬状管材的不圆度应不超出外径的允许偏差。

⑤ 内径<1的管材，其壁厚应用重量法测量。重量法测量壁厚的公式如下：

$$S=R-\sqrt{R^2-\frac{P}{\pi\rho}}$$

式中：S——壁厚(mm)；

R——管材外半径(mm)；

P——1m管材实测重量(g)；

ρ——密度(g/cm³)。

各牌号的密度(g/cm³)如下：

N2、N4、N6、DN 均为8.9；

NSi0.19、NMg0.1、NCu28-2.5-1.5 均为8.8；

NCu40-2-1 为8.7

4) 管材的用途

管材用于制造电真空器件

(16) 铝及铝合金管材外形尺寸和允许偏差(GB/T4436-1995)

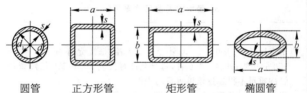

圆管　　　正方形管　　　矩形管　　　椭圆管

1) 冷拉(轧)圆管规格和允许偏差(mm)					
外径	壁厚	外径	壁厚	外径	壁厚
6	0.5~1.0	20	0.5~40	100~110	2.5~5.0
8	0.5~2.0	22~25	0.5~5.0	115	3.0~5.0
10	0.5~2.5	26~60	0.75~5.0	120	3.5~5.0
12~15	0.5~3.0	65~75	1.5~5.0		
16,8	0.5~3.5	80~85	2.0~5.0		

外径系列:6,8,10,12,14,15,16,18,20,22,24,25,26,28,30,32,34,35,36,38,40,42,45,48,50,52,55,58,60,65,70,75,80,85,90,95,100,105,110,115,120

壁厚系列:0.5,0.75,1.0,1.5,2.0,2.5,3.0,3.5,4.0,4.5,5.0

注:1. 外径 A:指任一外径与公称外径的允许偏差;外径 B:指平均外径与公称外径的允许偏差;其中:任一外径指在管材断面上任一点测得的外径;平均外径指在管材断面上任意测量两个互为垂直的外径所得到的平均值。

2. 高镁管指管材的牌号为平均含镁量≥3%的铝镁合金管(如 5A03、5A05、5A06、5056 等牌号)。

1) 冷拉(轧)圆管规格和允许偏差(mm)

公称外径	外径允许偏差：普通级(±)					外径允许偏差：高精级(±)			
	外径 A				外径 B	外径 A			外径 B
	退火	高镁	淬火	其他	所有管	退火	淬火	其他	所有管
6~12	0.72	0.20	0.23	0.12	0.12	0.48	0.15	0.08	0.08
>12~25	0.90	0.20	0.30	0.15	0.15	0.60	0.20	0.10	0.10
>25~50	1.20	0.30	0.38	0.20	0.20	0.75	0.25	0.13	0.13
>50~75	1.38	0.35	0.45	0.23	0.23	0.90	0.30	0.15	0.15
>75~120	1.80	0.50	0.62	0.30	0.30	1.20	0.41	0.20	0.20

公称壁厚	壁厚允许偏差：普通级(±)				壁厚允许偏差：高精级(±)			
	壁厚 A	壁厚 B			壁厚 A	壁厚 B		
		高镁管	其他管			高镁管	其他管	
			不淬火管	淬火管			不淬火管	淬火管
≤0.8	0.10	—	0.14	≤公称壁厚的15%，最小值为0.12	0.05	0.05	0.05	≤公称壁厚的10%，最小值为0.12
>0.8~1.2	0.12	0.20	0.19		0.08	0.08	0.08	
>1.2~2.0	0.20	0.20	0.22		0.10	0.10	0.10	
>2.0~3.0	0.23	0.30	0.27		0.13	0.15	0.15	
>3.0~4.0	0.30	0.40	0.40		0.15	0.20	0.20	
>4.0~5.0	0.40	0.50	0.50		0.15	0.20	0.20	

注：3. 当管材既是退火管，又是高镁管时，其外径允许偏差按退火管的规定。

    4. 当产品标准或合同中要求外径或壁厚允许偏差全为正(＋)或全为负(－)时，其偏差值为表中数值的2倍。

    5. 壁厚A：指平均壁厚与公称壁厚的允许偏差；壁厚B：指任一壁厚与公称壁厚的允许偏差。其中：任一壁厚指在管材断面上任一点测得的壁厚；平均壁厚指在管材断面的任一外径两端测得壁厚的平均值。

1) 冷拉(轧)圆管规格和允许偏差(mm)					
弯曲度	公称外径	普通级		高精级	
		每米长	全长 L(m)	每米长	全长 L(m)
	≤10	≤60	≤60×L	≤42	≤42×L
	>10~120	≤2	≤2×L	≤1	≤1×L

2) 冷拉正方形管、矩形管规格和允许偏差(mm)							
正方形管	公称边长	10 12	14 16	18 20	22 25	28,32 36,40	42,45 50	55,60 65,70
	壁厚	1.0 1.5	1.0~ 2.0	1.0~ 2.5	1.5~ 3.0	1.5~ 4.5	1.5~ 5.0	2.0~ 5.0
矩形管	公称边长 宽度 × 高度	14×10 16×12 18×10	18×14 20×12 22×14	25×15 28×16	28×22 32×18	32×25 36×20 36×28	40×25 40×30 45×30 50×30 55×40	60×40 70×50
	壁厚	1.0~ 2.0	1.0~ 2.5	1.0~ 3.0	1.0~ 4.0	1.0~ 5.0	1.5~ 5.0	2.0~ 5.0

壁厚系列:1.0,1.5,2.0,2.5,3.0,4.0(无正方形管),4.5(无矩形管),5.0

注：6. 当规定的管材尺寸为外径和内径而不是壁厚本身时，不检查表中规定的壁厚项目，而是检查任一壁厚与平均壁厚之间的偏差值，其高精级为公称壁厚的±10%，普通级为公称壁厚的±15%。

7. 表中规定的弯曲度不适用于退火管，对退火管的弯曲度有要求时应在合同中注明。

2）冷拉正方形管、矩形管规格和允许偏差（mm）

公称边长 （宽度或高度）	边缘处边长与公称 边长的允许偏差		非边缘边长与公称 边长的允许偏差	
	普通级（±）	高精级（±）	普通级（±）	高精级（±）
≤12.5	0.50	0.08	1.00	0.16
>12.5～25	0.50	0.10	1.00	0.20
>25～50	0.50	0.13	1.00	0.25
>50～60	0.55	0.13	1.10	0.30
>60～70	0.65	0.15	1.30	0.30

公称壁厚	平均壁厚与公称 壁厚的允许偏差		任一壁厚与公称 壁厚的允许偏差	
	普通级（±）	高精级（±）	普通级（±）	高精级（±）
1.0～1.2	0.12	0.08		
>1.2～2.0	0.20	0.08	≤公称 壁厚的 15%	≤公称 壁厚的 10%
>2.0～3.0	0.23	0.13		
>3.0～4.0	0.30	0.15		
>4.0～5.0	0.40	0.15		

弯曲度	公称边长 （宽度）	普通级		高精级	
		每米长度	全长 L(m)	每米长度	全长 L(m)
	≤10	≤60	≤60×L	≤42	≤42×L
	>10～70	≤2	≤2×L	≤1	≤1×L

扭拧度	公称边长 （宽度）	普通级		高精级	
		每米长度	全长 L(m)	每米长度	全长 L(m)
	≤40	≤3°	≤3°×L	≤2°	≤2°×L，≤7°
	>40～70	≤1.5°	≤1.5°×L	≤1°	≤1°×L，≤5°

2) 冷拉正方形管、矩形管规格和允许偏差（mm）					
公称边长（宽度或高度）		≤12.5	>12.5～25	>25～50	>50～70
平面间隙	普通级	≤0.5	≤0.5	≤0.5	≤0.75
	高精级	≤0.08	≤0.10	≤0.13	≤0.15

3) 冷拉椭圆管规格和允许偏差（mm）								
长轴 a	短轴 b	壁厚 s	长轴 a	短轴 b	壁厚 s	长轴 a	短轴 b	壁厚 s
27	11.5	1	60.5	25.5	1.5、2	87.5	40	2.5
33.5	14.5	1	67.5	28.5	1.5、2	94.5	40	2.5
40.5	17	1、1.5	74	31.5	1.5、2	101	43	2.5
47	20	1、1.5	81	34	2、2.5	108	45.5	2.5
54	23	1.5、2	87.5	37	2	114.5	48.5	2.5

尺寸项目		长轴 a				短轴 b		
公称尺寸		27.0～40.5	>40.5～60.5	>60.5～81.0	>81.0～114.5	11.5～17.0	>17.0～25.5	>25.5～48.5
允许偏差	普通级	±1.0	±1.5	±2.0	±2.5	±0.5	±0.8	±1.0
	高精级	+1.00 −0.64		+1.25 −0.90		+0.64 −0.38		+0.90 −0.64

注：8. 非边缘处边长（宽度或高度）指管材表面中部的边长（宽度或高度），为包含空间在内的尺寸；而边缘处边长（宽度或高度），则为金属实体尺寸。

9. 矩形管的非边缘处宽度的偏差值，应取该管非边缘处高度的偏差值；如此值小于该管边缘处宽度的偏差值时，则应取边缘处宽度的偏差值。

10. 平均壁厚是在管材的任一边长（宽度或高度）两端测得壁厚的平均值。

11. 退火管材不适用于表中规定的弯曲度和扭拧度，如有要求时应在合同中注明。

6.160

公称壁厚	平均壁厚与公称壁厚的允许偏差		任一壁厚与公称壁厚的允许偏差	
	普通级（±）	高精级（±）	普通级（±）	高精级（±）
≤1.0	0.12	0.05	≤公称壁厚的 15%，最小值 0.10	≤公称壁厚的 10%，最小值 0.08
>1.0～1.5	0.18	0.08		
>1.5～2.0	0.22	0.10		
>2.0～2.5	0.25	0.13		

3) 冷拉椭圆管规格和允许偏差（mm）

弯曲度	长轴 a 公称尺寸	普通级		高精级	
		每米长度	全长 L（m）	每米长度	全长 L（m）
	≤10	≤60	≤60×L	≤42	≤42×L
	>10～115	≤2	≤2×L	≤1	≤1×L

4) 挤压圆管规格和允许偏差（mm）

外径	壁厚	外径	壁厚	外径	壁厚
25	5	60、62	5～17.5	105～115	5～32.5
28	5、6	65、70	5～20	120～130	7.5～32.5
30、32	5～8	75、80	5～22.5	135～145	10～32.5
34～38	5～10	85、90	5～25	150、155	10～35
40、42	5～12.5	95	5～27.5	160～200	10～40
45～58	5～15	100	5～30	205～400	15～50

注：12. 平均壁厚指在管材断面上的长轴或短轴两端测得壁厚的平均值。

13. 退火管材不适用于表中规定的弯曲度，如有要求时应在合同中注明。

4) 挤压圆管规格和允许偏差（mm）

外径系列：25,28,30,32,34,36,38,40,42,45,48,50,52,55,58,60,62,65,70,75,80,85,90,95,100,105,110,115,120,125,130,135,140,145,150,155,160,165,170,175,180,185,190,195,200,205,210,215,220,225,230,235,240,245,250,260,270,280,290,300,310,320,330,340,350,360,370,380,390,400

壁厚系列：5,6,7,7.5,8,9,10,12.5,15,17.5,20,22.5,25,27.5,30,32.5,35,37.5,40,42.5,45,47.5,50

| 公称外径 | 普通级（±） | | 高精级（±） | | | |
| | 任一外径与公称外径的允许偏差 | | 任一外径与公称外径的允许偏差 | | 平均外径与公称外径的允许偏差 | |
	高镁合金	其他合金	高镁合金	其他合金	高镁合金	其他合金
25	0.99	0.66	0.76	0.54	0.38	0.25
>25～50	1.30	0.83	0.96	0.64	0.46	0.30
>50～100	1.50	0.99	1.14	0.76	0.58	0.38
>100～150	2.50	1.70	1.90	1.25	0.96	0.61
>150～200	3.70	2.50	2.85	1.90	1.35	0.88
>200～250	5.00	3.30	3.80	2.54	1.73	1.14
>250～300	6.20	4.10	4.78	3.18	2.10	1.40
>300～350	7.40	5.00	5.70	3.80	2.49	1.65
>350～400	8.70	5.80	6.68	4.45	2.85	1.90

4) 挤压圆管规格和允许偏差（mm）									
公称壁厚	任一壁厚与平均壁厚的允许偏差	普通级（±）							
		平均壁厚与公称壁厚的允许偏差							
		公称外径							
		≤30		>30~75		>75~125		>125	
		高镁合金	其他合金	高镁合金	其他合金	高镁合金	其他合金	高镁合金	其他合金
5.0~6.0	平均壁厚的15%，最大值为2.30	0.54	0.35	0.54	0.35	0.77	0.50	1.10	0.77
>6.0~10		0.65	0.42	0.65	0.42	0.92	0.62	1.50	0.96
>10~12		—	—	0.87	0.57	1.20	0.80	2.00	1.30
>12~20		—	—	1.10	0.77	1.60	1.10	2.60	1.70
>20~25		—	—	—	—	2.00	1.30	3.20	2.10
>25~38		—	—	—	—	2.60	1.70	3.70	2.50
>38~50		—	—	—	—	—	—	4.30	2.90

注：14. 当要求的直径偏差为内径时，应根据该管材的外径值把表中规定的相应的外径偏差时作为内径偏差，并在合同中注明"直径偏差为内径"字样。

15. 当规定的尺寸是外径和内径而不是壁厚本身时，则壁厚偏差只检查任一壁厚与平均壁厚的允许偏差。

16. 表中的弯曲度不适用于退火管材。退火管材和外径>250mm管材，如有弯曲度要求时应在合同中注明。

4）挤压圆管规格和允许偏差（mm）

公称壁厚	任一壁厚与平均壁厚的允许偏差	高精级（±）							
		平均壁厚与公称壁厚的允许偏差							
		公称外径							
		≤30		>30~75		>75~125		>125	
		高镁合金	其他合金	高镁合金	其他合金	高镁合金	其他合金	高镁合金	其他合金
5.0~6.0	平均壁厚的10%，最大值为1.50	0.36	0.23	0.36	0.23	0.50	0.33	0.76	0.50
>6.0~10		0.43	0.28	0.43	0.28	0.60	0.41	0.96	0.64
>10~12		—	—	0.58	0.38	0.80	0.53	1.35	0.88
>12~20		—	—	0.78	0.51	1.05	0.71	1.73	1.14
>20~25		—	—	—	—	1.35	0.88	2.10	1.40
>25~38		—	—	—	—	1.73	1.14	2.49	1.65
>38~50		—	—	—	—	—	—	2.85	1.90

公称外径	弯曲度≤					
	普通级		高精级		超高精级	
	每米长度	全长 L(m)	每米长度	全长 L(m)	每米长度	全长 L(m)
25~150	3.0	3.0×L	2.0	2.0×L	1.0	1.0×L
>150~250	4.0	4.0×L	3.0	3.0×L	2.0	2.0×L

5）管材的长度（mm）

① 不定尺长度：冷拉（轧）圆管、正方形管和矩形管为1000~5000；挤压圆管为300~5800。

② 定尺长度的允许偏差为+15，倍尺供货管材，每口锯口还应留有锯切量为5。

（17）铝及铝合金热挤压无缝圆管（GB/T4437.1－2000）

1）管材的牌号和状态	
牌　　　号	状态
1070A、1060、1100、1200、2A11、2017、2A12、2024、3003、3A21、3A02、5052、5A03、5A05、5A06、5083、5086、5454、6A02、6061、6063、7A09、7075、7A15、8A06	H112 F
1070A、1060、1050A、1035、1100、1200、2A11、2017、2A12、2024、5A06、5083、5454、5086、6A02	O
2A11、2017、2A12、6A02、6061、6063	T4
6A02、6061、6063、7A04、7A09、7075、7A15	T6
2）管材的规格（mm）	
外径：25～400；壁厚：5～50。	
3）管材的用途	
管材适用于一般工业	

注：1. 用户如需要其他合金状态，可经供需双方商定。
　　2. 管材的具体规格和尺寸允许偏差，参见第 6.156 页"铝及
　　　 铝合金热挤压圆管规格和允许偏差"中的规定。

（18）铝及铝合金拉（轧）制无缝管（GB/T6893－2000）

1）管材的牌号和状态			
牌　　　号	状态	牌　　　号	状态
1035、1050、1050A、1060、1070、1070A、1100、1200、8A06	O、H14	5A03	O、H34
		5A05、5056、5083	O、H32
2017、2024、2A11、2A12	O、T4	5A06	O
		6061、6A02	O、T4、T6
3003、3A21 5052、5A05	O、H14	6063	O、T6
2）管材的规格（mm）和允许偏差			
管材的具体规格和尺寸允许偏差，参见第 6.156 页"铝及铝合金冷拉（轧）圆管、正方形管、矩形管、椭圆形管的规格和允许偏差"			
（3）管材的用途			
管材适用于一般工业			

注：用户如需要其他合金状态，可由供需双方商定。

(19) 铝及铝合金热挤压圆管理论重量(部分)

外径 d (mm)	壁厚 s (mm)	理论重量 ($\frac{kg}{m}$)	外径 d (mm)	壁厚 s (mm)	理论重量 ($\frac{kg}{m}$)	外径 d (mm)	壁厚 s (mm)	理论重量 ($\frac{kg}{m}$)
25	3	0.581	36	3	0.871	42	3	1.029
	4	0.739		4	1.126		4	1.337
	5	0.880		5	1.363		5	1.627
28	3	0.660		6	1.583		6	1.900
	4	0.844		7	1.786		7	2.155
	5	1.012		7.5	1.880		7.5	2.276
	6	1.161		8	1.970		8	2.393
30	3	0.713		9	2.138		9	2.613
	4	0.915		10	2.287		10	2.815
	5	1.100	38	3	0.924		12.5	3.244
	6	1.267		4	1.196	45	3	1.108
	7	1.416		5	1.451		4	1.442
	7.5	1.484		6	1.689		5	1.759
32	3	0.765		7	1.909		6	2.058
	4	0.985		7.5	2.012		7	2.340
	5	1.188		8	2.111		7.5	2.474
	6	1.372		9	2.296		8	2.604
	7	1.539		10	2.463		9	2.850
	7.5	1.616	40	3	0.976		10	3.079
34	3	0.818		4	1.267		12.5	3.574
	4	1.056		5	1.539		15	3.958
	5	1.275		6	1.794	48	3	1.188
	6	1.478		7	2.032		4	1.548
	7	1.663		7.5	2.144		5	1.891
	7.5	1.748		8	2.252		6	2.217
	8	1.830		9	2.454		7	2.525
	9	1.979		10	2.639		7.5	2.672
	10	2.111		12.5	3.024		8	2.815

外径 d	壁厚 s	理论重量 $\left(\dfrac{kg}{m}\right)$	外径 d	壁厚 s	理论重量 $\left(\dfrac{kg}{m}\right)$	外径 d	壁厚 s	理论重量 $\left(\dfrac{kg}{m}\right)$
（mm）			（mm）			（mm）		
48	9	3.088	55	8	3.307	62	8	3.800
	10	3.343		9	3.642		9	4.196
	12.5	3.903		10	3.958		10	4.574
	15	4.354		12.5	4.673		12.5	5.443
				15	5.278		15	6.202
							17.5	6.850
50	3	1.240						
	4	1.619	58	5	2.331	65	7.5	3.793
	5	1.979		6	2.744		8	4.011
	6	2.322		7	3.140		9	4.433
	7	2.648		7.5	3.332		10	4.838
	7.5	2.804		8	3.519		12.5	5.773
	8	2.956		9	3.879		15	6.597
	9	3.246		10	4.223		17.5	7.312
	10	3.519		12.5	5.003		20	7.917
	12.5	4.123		15	5.674			
	15	4.618				70	7.5	4.123
			60	5	2.419		8	4.363
52	5	2.067		6	2.850		9	4.829
	6	2.428		7	3.263		10	5.278
	7	2.771		7.5	3.464		12.5	6.322
	7.5	2.936		8	3.659		15	7.257
	8	3.096		9	4.038		17.5	8.082
	9	3.404		10	4.398		20	8.797
	10	3.695		12.5	5.223			
	12.5	4.343		15	5.938	75	7.5	4.453
	15	4.882		17.5	6.542		8	4.715
							9	5.225
55	5	2.199	62	5	2.507		10	5.718
	6	2.586		6	2.956		12.5	6.872
	7	2.956		7	3.387		15	7.917
	7.5	3.134		7.5	3.596			

外径 d	壁厚 s	理论重量 ($\frac{kg}{m}$)	外径 d	壁厚 s	理论重量 ($\frac{kg}{m}$)	外径 d	壁厚 s	理论重量 ($\frac{kg}{m}$)
(mm)			(mm)			(mm)		
75	17.5	8.851	90	17.5	11.16	105	8	6.826
	20	9.676		20	12.32		9	7.600
	22.5	10.39		22.5	13.36		10	8.357
				25	14.29		12.5	10.17
80	7.5	4.783					15	11.88
	8	5.067					17.5	13.47
	9	5.621	95	7.5	5.773		20	14.95
	10	6.158		8	5.946		22.5	16.33
	12.5	7.422		9	6.808		25	17.59
	15	8.577		10	7.477		27.5	18.75
	17.5	9.621		12.5	9.071		30	19.79
	20	10.56		15	10.56		32.5	20.73
	22.5	11.38		17.5	11.93			
				20	13.20			
85	7.5	5.113		22.5	14.35	110	10	8.796
	8	5.419		25	15.39		12.5	11.27
	9	6.017		27.5	16.33		15	12.54
	10	6.597					17.5	14.24
	12.5	7.972					20	15.83
	15	9.236	100	7.5	6.103		22.5	17.32
	17.5	10.39		8	6.474		25	18.69
	20	11.44		9	7.204		27.5	16.33
	22.5	12.37		10	7.917		30	21.11
	25	13.19		12.5	10.17		32.5	22.16
				15	11.22			
90	7.5	5.443		17.5	12.70			
	8	5.770		20	14.07	115	10	9.236
	9	6.413		22.5	15.34		12.5	11.27
	10	7.037		25	16.49		15	13.20
	12.5	9.017		27.5	17.54		17.5	15.01
	15	9.896		30	18.74		20	16.71
			105	7.5	6.432		22.5	18.31
							25	19.79

外径 d	壁厚 s	理论重量 ($\frac{kg}{m}$)	外径 d	壁厚 s	理论重量 ($\frac{kg}{m}$)	外径 d	壁厚 s	理论重量 ($\frac{kg}{m}$)
(mm)			(mm)			(mm)		
115	27.5	21.17		12.5	13.47		25	25.29
	30	22.43		15	15.17	140	27.5	27.21
	32.5	23.59		17.5	17.32		30	29.03
			130	20	19.35		32.5	30.73
120	10	9.676		22.5	21.28			
	12.5	12.37		25	23.39		10	11.88
	15	13.85		27.5	24.80		12.5	14.57
	17.5	15.78		30	26.39		15	17.15
	20	17.59		32.5	27.87	145	17.5	19.63
	22.5	19.30		10	11.00		20	21.99
	25	20.89		12.5	13.47		22.5	24.25
	27.5	22.38		15	15.83		25	26.39
	30	23.75		17.5	18.09		27.5	28.42
	32.5	25.01	135	20	20.23		30	30.35
125	10	10.12		22.5	22.27		32.5	32.16
	12.5	12.37		25	24.19			
	15	14.51		27.5	26.00		10	12.32
	17.5	16.55		30	27.71		12.5	15.12
	20	18.47		32.5	29.30		15	17.81
	22.5	20.29		10	11.44		17.5	20.40
	25	21.99		12.5	14.57	150	20	22.87
	27.5	23.59		15	16.49		22.5	26.22
	30	25.07	140	17.5	18.86		25	24.49
	32.5	26.44		20	21.11		27.5	30.84
130	10	10.56		22.5	23.26		30	31.67
							32.5	35.02

注：1. 理论重量（供参考）的密度计算方法，参见第 6.174 页"铝及铝合金冷拉圆管"的注。

2. 未列入表中的圆管规格的理论重量 m，可按下式计算：

$$m = 0.00879648(d-s) \cdot s \quad (kg/m)$$

式中：d——外径(mm)；s——壁厚(mm)；密度是按 2.8g/cm³ 计算的。密度非 2.8g/cm³ 的圆管理论重量，须再乘上相应的理论重量换算系数。

（20）铝及铝合金冷拉圆管理论重量

外径 d	壁厚 s	理论重量 $\left(\dfrac{kg}{m}\right)$	外径 d	壁厚 s	理论重量 $\left(\dfrac{kg}{m}\right)$	外径 d	壁厚 s	理论重量 $\left(\dfrac{kg}{m}\right)$
(mm)			(mm)			(mm)		
6	0.5	0.024		0.5	0.051		0.5	0.077
	0.75	0.035		0.75	0.074		0.75	0.114
	1.0	0.044		1.0	0.097		1.0	0.150
7 *	0.5	0.029	12	1.5	0.139	18	1.5	0.218
	0.75	0.041		2.0	0.176		2.0	0.281
	1.0	0.053		2.5	0.209		2.5	0.341
	1.5	0.073		3.0	0.238		3.0	0.396
							3.5	0.446
8	0.5	0.033		0.5	0.059			
	0.75	0.048		0.75	0.087		0.5	0.086
	1.0	0.062		1.0	0.114		0.75	0.127
	1.5	0.086	14	1.5	0.165		1.0	0.167
	2.0	0.106		2.0	0.211		1.5	0.244
				2.5	0.253	20	2.0	0.317
9 *	0.5	0.037		3.0	0.290		2.5	0.385
	0.75	0.054					3.0	0.449
	1.0	0.070					3.5	0.508
	1.5	0.909		0.5	0.064		4.0	0.563
	2.0	0.123		0.75	0.094			
				1.0	0.123		0.5	0.095
10	0.5	0.042	15	1.5	0.178		0.75	0.140
	0.75	0.061		2.0	0.229		1.0	0.185
	1.0	0.079		2.5	0.275		1.5	0.270
	1.5	0.112		3.0	0.317		2.0	0.352
	2.0	0.141				22	2.5	0.429
	2.5	0.165		0.5	0.068		3.0	0.501
				0.75	0.101		3.5	0.570
11 *	0.5	0.046		1.0	0.132		4.0	0.633
	0.75	0.068		1.5	0.191		4.5	0.693
	1.0	0.088	16	2.0	0.246		5.0	0.748
	1.5	0.125		2.5	0.297			
	2.0	0.158		3.0	0.343		0.5	0.103
	2.5	0.187		3.5	0.385	24	0.75	0.153
							1.0	0.202

外径 d	壁厚 s	理论重量 $\left(\dfrac{kg}{m}\right)$	外径 d	壁厚 s	理论重量 $\left(\dfrac{kg}{m}\right)$	外径 d	壁厚 s	理论重量 $\left(\dfrac{kg}{m}\right)$
(mm)			(mm)			(mm)		
24	1.5	0.297	27	2.5	0.539	32	3.0	0.765
	2.0	0.387		3.0	0.633		3.5	0.877
	2.5	0.473		3.5	0.724		4.0	0.985
	3.0	0.554		4.0	0.809		4.5	1.089
	3.5	0.631		4.5	0.891		5.0	1.188
	4.0	0.704		5.0	0.968			
	4.5	0.772	28	0.75	0.180	34	0.75	0.219
	5.0	0.836		1.0	0.238		1.0	0.290
25	0.5	0.108		1.5	0.350		1.5	0.429
	0.75	0.160		2.0	0.457		2.0	0.563
	1.0	0.211		2.5	0.561		2.5	0.693
	1.5	0.310		3.0	0.660		3.0	0.818
	2.0	0.405		3.5	0.754		3.5	0.939
	2.5	0.495		4.0	0.844		4.0	1.056
	3.0	0.581		4.5	0.930		4.5	1.168
	3.5	0.662		5.0	1.012		5.0	1.275
	4.0	0.739	30	0.75	0.193	36	0.75	0.233
	4.5	0.812		1.0	0.255		1.0	0.308
	5.0	0.880		1.5	0.376		1.5	0.455
26	0.75	0.167		2.0	0.493		2.0	0.598
	1.0	0.220		2.5	0.605		2.5	0.737
	1.5	0.323		3.0	0.713		3.0	0.871
	2.0	0.422		3.5	0.816		3.5	1.001
	2.5	0.517		4.0	0.915		4.0	1.126
	3.0	0.607		4.5	1.009		4.5	1.247
	3.5	0.693		5.0	1.100		5.0	1.363
	4.0	0.774	32	0.75	0.206	38	0.75	0.246
	4.5	0.851		1.0	0.273		1.0	0.325
	5.0	0.924		1.5	0.402		1.5	0.482
27*	0.75	0.173		2.0	0.528		2.0	0.633
	1.0	0.229		2.5	0.649			
	1.5	0.336						
	2.0	0.440						

6.171

外径 d	壁厚 s	理论重量 ($\frac{kg}{m}$)	外径 d	壁厚 s	理论重量 ($\frac{kg}{m}$)	外径 d	壁厚 s	理论重量 ($\frac{kg}{m}$)
(mm)			(mm)			(mm)		
38	2.5	0.780	42	3.5	1.185	48	4.5	1.722
	3.0	0.924		4.0	1.337		5.0	1.891
	3.5	1.062		4.5	1.484			
	4.0	1.196		5.0	1.627			
	4.5	1.326				50	0.75	0.325
	5.0	1.451					1.0	0.431
			45	0.75	0.292		1.5	0.640
				1.0	0.387		2.0	0.844
				1.5	0.574		2.5	1.045
				2.0	0.756		3.0	1.240
40	0.75	0.259		2.5	0.935		3.5	1.432
	1.0	0.343		3.0	1.108		4.0	1.619
	1.5	0.508		3.5	1.278		4.5	1.801
	2.0	0.669		4.0	1.442		5.0	1.979
	2.5	0.825		4.5	1.603			
	3.0	0.976		5.0	1.759			
	3.5	1.124				52	0.75	0.338
	4.0	1.267					1.0	0.449
	4.5	1.405					1.5	0.666
	5.0	1.539	48	0.75	0.312		2.0	0.880
				1.0	0.413		2.5	1.089
				1.5	0.614		3.0	1.293
42	0.75	0.272		2.0	0.809		3.5	1.493
	1.0	0.361		2.5	1.000		4.0	1.689
	1.5	0.534		3.0	1.188		4.5	1.880
	2.0	0.704		3.5	1.370		5.0	2.067
	2.5	0.869		4.0	1.548			
	3.0	1.029						

外径 d	壁厚 s	理论重量 $\left(\dfrac{\text{kg}}{\text{m}}\right)$	外径 d	壁厚 s	理论重量 $\left(\dfrac{\text{kg}}{\text{m}}\right)$	外径 d	壁厚 s	理论重量 $\left(\dfrac{\text{kg}}{\text{m}}\right)$
(mm)			(mm)			(mm)		
55	0.75	0.358	60	1.5	0.772	70	4.5	2.593
	1.0	0.475		2.0	1.020		5.0	2.859
	1.5	0.706		2.5	1.265	75	1.5	0.970
	2.0	0.932		3.0	1.504		2.0	1.284
	2.5	1.155		3.5	1.739		2.5	1.594
	3.0	1.372		4.0	1.970		3.0	1.900
	3.5	1.586		4.5	2.197		3.5	2.201
	4.0	1.794		5.0	2.419		4.0	2.498
	4.5	1.999	65	1.5	0.838		4.5	2.791
	5.0	2.199		2.0	1.108		5.0	3.079
58	0.75	0.378		2.5	1.374	80	2.0	1.372
	1.0	0.501		3.0	1.636		2.5	1.704
	1.5	0.746		3.5	1.893		3.0	2.032
	2.0	0.985		4.0	2.146		3.5	2.355
	2.5	1.221		4.5	2.395		4.0	2.674
	3.0	1.451		5.0	2.639		4.5	2.989
	3.5	1.678	70	1.5	0.904		5.0	3.299
	4.0	1.900		2.0	1.196	85	2.0	1.460
	4.5	2.118		2.5	1.484		2.5	1.814
	5.0	2.331		3.0	1.768		3.0	2.164
60	0.75	0.391		3.5	2.047		3.5	2.509
	1.0	0.519		4.0	2.322		4.0	2.850

外径 d	壁厚 s	理论重量 ($\frac{kg}{m}$)	外径 d	壁厚 s	理论重量 ($\frac{kg}{m}$)	外径 d	壁厚 s	理论重量 ($\frac{kg}{m}$)
(mm)			(mm)			(mm)		
85	4.5	3.187	95	5.0	3.958		3.0	2.824
	5.0	3.519					3.5	3.279
				2.5	2.144	110	4.0	3.730
	2.0	1.548		3.0	2.560		4.5	4.171
	2.5	1.924		3.5	2.971		5.0	4.618
90	3.0	2.296	100	4.0	3.378			
	3.5	2.663		4.5	3.780		3.0	2.956
	4.0	3.026		5.0	4.178		3.5	3.433
	4.5	3.384				115	4.0	3.906
	5.0	3.738		2.5	2.254		4.5	4.374
				3.0	2.692		5.0	4.838
	2.0	1.636		3.5	3.125			
	2.5	2.034	105	4.0	3.554		3.5	3.587
95	3.0	2.428		4.5	3.978		4.0	4.082
	3.5	2.817		5.0	4.398	120	4.5	4.572
	4.0	3.202					5.0	5.058
	4.5	3.582	110	2.5	2.364			

注：理论重量是按牌号 2A11 的密度 2.8g/cm³ 计算,供参考。其他密度非 2.8g/cm³ 的牌号的理论重量,应将表中理论重量再乘上相应的理论重量换算系数。

各牌号的"密度(g/cm³)/理论重量换算系数"如下：

1070A、1060、1050A、1035、1200、8A06：2.71/0.9679

5A02：2.68/0.9571　　　　　5A03：2.67/0.9536

5A05：2.65/0.9464　　　　　5A06：2.64/0.9429

3A21：2.73/0.9750　　　　　2A12：2.78/0.9929

6A02：2.70/0.9643　　　　　7A04、7A09：2.85/1.018

（21）铝及铝合金冷拉正方形管理论重量

边长 a (mm)	壁厚 s (mm)	理论重量 $\left(\dfrac{kg}{m}\right)$	边长 a (mm)	壁厚 s (mm)	理论重量 $\left(\dfrac{kg}{m}\right)$	边长 a (mm)	壁厚 s (mm)	理论重量 $\left(\dfrac{kg}{m}\right)$
10	1 1.5	0.094 0.127	28	2.5 3 4	0.669 0.775 0.960	45	4 5	1.721 2.060
12	1 1.5	0.116 0.160	32	1.5 2 2.5 3 4	0.496 0.643 0.781 0.910 1.139	50	1.5 2 2.5 3 4 5	0.799 1.046 1.285 1.514 1.945 2.340
14	1 1.5 2	0.138 0.194 0.240	36	1.5 2 2.5 3 4	0.563 0.733 0.893 1.044 1.318	55	2 2.5 3 4 5	1.158 1.425 1.682 2.169 2.620
16	1 1.5 2	0.161 0.227 0.285	40	1.5 2 2.5 3 4	0.631 0.822 1.005 1.178 1.497	60	2 2.5 3 4 5	1.270 1.565 1.850 2.393 2.900
18	1 1.5 2 2.5	0.183 0.261 0.330 0.389	42	1.5 2 2.5 3 4 5	0.665 0.867 1.061 1.246 1.587 1.892	65	2 2.5 3 4 5	1.382 1.705 2.018 2.617 3.180
20	1 1.5 2 2.5	0.206 0.295 0.374 0.445	45	1.5 2 2.5 3	0.715 0.934 1.145 1.346	70	2 2.5 3 4 5	1.494 1.845 2.186 2.841 3.460
22	1.5 2 2.5 3	0.328 0.419 0.501 0.574						
25	1.5 2 2.5 3	0.379 0.487 0.585 0.674						
28	1.5 2	0.429 0.554						

注：理论重量(供参考)的密度计算方法，参见第 6.174 页"铝及铝合金冷拉圆管理论重量"的注。

（22）铝及铝合金冷拉矩形管理论重量

边长 $a{\times}b$	壁厚 s	理论重量 $\left(\dfrac{kg}{m}\right)$	边长 $a{\times}b$	壁厚 s	理论重量 $\left(\dfrac{kg}{m}\right)$	边长 $a{\times}b$	壁厚 s	理论重量 $\left(\dfrac{kg}{m}\right)$
（mm）			（mm）			（mm）		
14×10	1	0.116	28×16	3	0.574		2.5	0.781
	1.5	0.160				36×28	3	0.910
	2	0.195		1	0.262		4	1.139
16×12	1	0.138		1.5	0.379		5	1.332
	1.5	0.194	28×22	2	0.487			
	2	0.240		2.5	0.585		1.5	0.505
18×10	1	0.138		3	0.674		2	0.64
	1.5	0.194		4	0.825	40×25	2.5	0.795
	2	0.240					3	0.926
18×14	1	0.161		1	0.262		4	1.162
	1.5	0.227		1.5	0.379		5	1.360
	2	0.285	32×18	2	0.487			
	2.5	0.333		2.5	0.585		1.5	0.547
20×12	1	0.161		3	0.674		2	0.710
	1.5	0.227		4	0.825	40×30	2.5	0.865
	2	0.285					3	1.010
	2.5	0.333		1	0.301		4	1.274
22×14	1	0.183		1.5	0.437		5	1.500
	1.5	0.261		2	0.565			
	2	0.330	32×25	2.5	0.683		1.5	0.589
	2.5	0.389		3	0.792		2	0.766
25×15	1	0.206		4	0.982	45×30	2.5	0.935
	1.5	0.295		5	1.138		3	1.094
	2	0.374					4	1.385
	2.5	0.445		1	0.295		5	1.640
	3	0.506		1.5	0.429			
28×16	1	0.228		2	0.554		1.5	0.631
	1.5	0.328	36×20	2.5	0.669		2	0.822
	2	0.419		3	0.775	50×30	2.5	1.005
	2.5	0.501		4	0.960		3	1.178
				5	1.108		4	1.498
							5	1.780
				1	0.340			
			36×28	1.5	0.496	55×40	1.5	0.757
				2	0.643		2	0.990

边长 a×b (mm)	壁厚 s	理论重量 ($\frac{kg}{m}$)	边长 a×b (mm)	壁厚 s	理论重量 ($\frac{kg}{m}$)	边长 a×b (mm)	壁厚 s	理论重量 ($\frac{kg}{m}$)
55×40	2.5	1.215	66×40	2.5	1.285	70×50	2.5	1.565
	3	1.430		3	1.514		3	1.850
	4	1.834		4	1.946		4	2.394
	5	2.200		5	2.340		5	2.900
60×40	2	1.046	70×50	2	1.270			

注：理论重量(供参考)的密度计算方法,参见第 6.174 页"铝及铝合金冷拉圆管理论重量"的注。

(23) 铝及铝合金冷拉椭圆管理论重量

长 轴 a	短 轴 b	壁 厚 s	理论重量 ($\frac{kg}{m}$)	长 轴 a	短 轴 b	壁 厚 s	理论重量 ($\frac{kg}{m}$)
(mm)				(mm)			
27	11.5	1	0.167	67.5	28.5	2	0.837
33.5	14.5	1	0.213	74	31.5	1.5	0.703
40.5	17	1	0.252	74	31.5	2	0.928
40.5	17	1.5	0.370	81	34	2	1.005
47	20	1	0.298	81	34	2.5	1.246
47	20	1.5	0.439	87.5	37	2	1.097
54	23	1.5	0.537	87.5	37	2.5	1.361
54	23	2	0.669	94.5	40	2.5	1.475
60.5	25.5	1.5	0.566	101	43	2.5	1.591
60.5	2.5	2	0.746	108	45.5	2.5	1.686
67.5	28.5	1.5	0.635	114.5	48.5	2.5	1.801

注：理论重量(供参考)的密度计算方法,参见第 6.174 页"铝及铝合金冷拉圆管理论重量"的注。

(24) 铝及铝合金焊接管(GB/T10571－1989)

1) 焊接管的牌号、状态和壁厚(mm)

牌 号	状 态	壁 厚
L1～L6、L5-1、LF21	M	1.0～3.0
	Y₂	0.8～3.0
	Y	0.5～3.0
LF2	M、Y₂、Y	0.8～3.0

2) 焊接圆管的标准规格及允许偏差(mm)

外径	9.5～20	22 22.5	25 25.4	28	30 31.8	32～40	50.8～90	100～120
壁厚	0.5～1.2	0.5～1.8	0.8～2.0	1.0～2.0	1.2～2.0	1.2～2.5	1.2～3.0	1.5～3.0

外径系列:9.5、12.7、15.9、16、19.1、20、22、22.2、25、25.4、28、30、31.8、32、33、36、40、50.8、65、75、76.2、80、85、90、100、105、120

壁厚系列:0.5、0.8、1.0、1.2、1.5、1.8、2.0、2.5、3.0

	公称外径		≤10	>10 ～25	>25 ～50.8	>50.8 ～76.2	>76.2 ～120
允许偏差	平均外径与公称外径之间	普通级	±0.16	±0.20	±0.20	±0.30	±0.35
		高精级	±0.08	±0.10	±0.13	±0.15	±0.15
	任一点外径与公称外径之间	普通级	±0.18	±0.40	±0.45	±0.50	±0.60
		高精级	±0.15	±0.20	±0.25	±0.30	±0.40

3) 焊接方管的标准规格及允许偏差(mm)

宽度×高度	16×16 20×15 20×20	22×10	22×20 25×15	30×16	32×30 36×20	40×20	40×25	40×40 50×30
壁厚	1.0～2.0	0.8～1.5	1.0～2.0	0.8～1.5	1.0～2.0	1.0～1.5	1.2～2.0	1.2～2.5

壁厚系列:0.5、0.8、1.0、1.2、1.5、1.8、2.0、2.5、3.0

注：1. 当要求偏差仅为正偏差或负偏差时,其数值为表中数值的2倍。

3) 焊接方管的标准规格及允许偏差(mm)

公称宽度或高度	角上宽度或高度允许偏差		非角上宽度或高度允许偏差	
	普通级	高精级	普通级	高精级
≤25	±0.20	±0.13	±0.40	±0.20
>25～50	±0.30	±0.15	±0.45	±0.25
公称壁厚	0.5～0.8	>0.8～1.2	>1.2～1.8	>1.8～2.0	>2.0～2.5	>2.5～3.0
壁厚允许偏差	±0.05	±0.06	±0.08	±0.09	±0.10	±0.12

4) 焊接管的其他尺寸要求和技术要求

① 焊接管的长度允许偏差为+6mm。

② 焊接管的直度应符合下列规定(mm)：

公称外径	9.5～25	>25～50	>50～120
任意每米长度上的最大弯曲	≤2.5	≤3.5	≤4.0

③ 焊接方管的扭拧度每米不大于3°，全长不大于7°。

④ 焊接管的端面应切齐，无毛刺，切斜度不大于1°。

⑤ 将焊接管压至0.75D(D——管外径)的高度时，焊缝不得出现裂纹(焊缝的位置如右图示)。

⑥ 焊接管应保证在不小于0.62MPa的液体压力下，保持15s不出现压力降低现象。

⑦ 经阳极氧化处理的焊接管，氧化膜厚度不小于10μm，颜色标样由供需双方协商

5) 焊接管的用途

焊接管适用于各工业部门

注：2．平均外径为任两相互垂直方向测得的外径平均值。
　　3．角上宽度或高度为靠近焊接管角部测得的实体部分宽度或高度；非角上宽度或高度为焊接管非完全实体部分的宽度或高度。
　　4．当要求允许偏差仅为正偏差或负偏差时，其数值为表中数值的2倍。
　　5．上述壁厚允许偏差数值，不适于焊接部位。

(25) 铅及铅锑合金管 (GB/T1472—2005)

1) 管材的牌号和规格 (mm)

牌　　号	状态	内　径	壁　厚
Pb1、Pb2	挤制	5～230	2～12
PbSb0.5、PbSb2、PbSb4、PbSb6、PbSb8	(R)	10～200	4～14

2) 管材的内径、壁厚及允许偏差 (mm)

内　　　径	壁　　　厚
纯 铅 管	
5、6、8、10、13、16、20	2、3、4、5、6、7、8、9、10、12
25、30、35、38、40、45、50	3、4、5、6、7、8、9、10、12
55、60、65、70、75、80、90、100	4、5、6、7、8、9、10、12
110	5、6、7、8、9、10、12
125、150	6、7、8、9、10、12
180、200、230	8、9、10、12
铅锑合金管	
10、15、17、20、25、30、35、40、45、50	3、4、5、6、7、8、9、10、12、14
55、60、65、70	4、5、6、7、8、9、10、12、14
75、80、90、100	5、6、7、8、9、10、12、14
110	6、7、8、9、10、12、14
125、150	7、8、9、10、12、14
180、200	8、9、10、12、14

内　径		5～10	13～20	25～30	35～40	45～55
内　径允许偏差	普通级	±0.50	±1.00	±1.50	±2.00	±3.00
	高精级	±0.30	±0.50	±0.50	±1.00	±1.00

内　径		60～110	125～150	180～200	230
内　径允许偏差	普通级	±4.00	±6.00	±8.00	±10.00
	高精级	±2.00	±2.00	±3.00	±4.00

注：1. 括号中的规格（内径或壁厚）不推荐使用。经供需双方商定，可供应其他牌号、规格的管材。

6.180

2）管材的内径、壁厚及允许偏差（mm）								
精度等级		内径	壁　　　厚					
			2	3	4	5	6	7
壁厚允许偏差	普通级	<100	±0.25	±0.25	±0.40	±0.40	±0.65	±0.65
		≥100	—	—	±0.60	±0.60	±0.85	±0.85
	高精级	5～230	±0.20	±0.20	±0.30	±0.30	±0.50	±0.50

精度等级		内径	壁　　　厚				
			8	9	10	12	14
壁厚允许偏差	普通级	<100	±0.65	±0.65	±1.20	±1.20	±1.20
		≥100	±0.85	±0.85	±1.50	±1.20	±1.50
	高精级	5～230	±0.50	±0.50	±1.00	±1.00	±1.00

3）管材的其他尺寸要求和技术要求

① 长度：
直管长度：≤4000mm；卷管长度：应≥2500mm；
定尺或倍尺管材长度：应在合同中议定，其允许偏差为＋20mm。
倍尺长度应加入锯切分段时锯切量，每一锯切量为5mm。
② 管材端部应锯切平整，内径≤100mm者，切斜应≤5mm；内径＞110mm者，切斜应≤10mm。
③ 管材的圆度和壁厚不均，应在内径及壁厚的允许偏差之内；但因管材自身重量引起的内径及圆度超差，不作判废依据。
④ 需方要求并在合同中注明时，可进行管材气压试验，最大试验压力为0.5MPa，试验持续时间为5min。管材应无裂、漏现象发生

4）管材的用途

管材供化工、制药、及其他工业部门用作防腐材料

注：2. 当要求内径偏差或壁厚偏差全为正或负时，其允许偏差应为表中对应数值的两倍。
　　3. 如在合同中未注明精度等级时，则按普通精度供货。

(26) 纯铅管理论重量（GB/T1472−2005）

内径 (mm)	壁　　　　厚(mm)									
	2	3	4	5	6	7	8	9	10	12
	理论重量(kg/m)（密度按 11.34g/cm³ 计算）									
5	0.5	0.9	1.3	1.8	2.3	3.0	3.7	4.5	5.3	7.3
6	0.6	1.0	1.4	1.9	2.6	3.2	4.1	4.8	5.7	7.7
8	0.7	1.2	1.7	2.3	3.0	3.7	4.5	5.4	6.4	8.5
10	0.8	1.4	2.0	2.7	3.4	4.2	5.1	6.3	7.1	9.4
13	1.1	1.7	2.4	3.2	4.1	5.0	6.0	7.0	8.2	10.7
16	1.3	2.0	2.8	3.7	4.7	5.7	6.8	8.0	9.3	12.0
20	1.6	2.5	3.4	4.4	5.5	6.7	8.0	9.3	10.7	13.7
25	—	3.0	4.1	5.4	6.6	8.0	9.3	10.9	12.5	15.8
30	—	3.5	4.9	6.4	7.7	9.2	10.8	12.5	14.2	17.9
35	—	4.1	5.6	7.1	8.8	10.5	12.3	14.1	16.0	20.1
38	—	4.4	6.0	7.6	9.4	11.2	13.1	15.1	17.1	21.4
40	—	4.6	6.3	8.0	9.8	11.7	13.7	15.7	17.8	22.2
45	—	5.1	6.9	8.9	10.9	13.0	15.1	17.3	19.6	24.3
50	—	5.7	7.7	9.8	12.0	14.2	16.5	18.9	21.4	26.5
55	—		8.4	10.7	13.1	15.5	18.0	20.5	23.1	28.6
60	—		9.1	11.6	14.1	16.7	19.4	22.1	24.9	30.8
65	—		9.8	12.4	15.2	18.0	20.8	24.6	26.9	32.9
70	—		10.5	13.3	16.2	19.1	22.2	25.3	28.5	35.0
75	—		11.3	14.2	17.3	20.4	23.6	27.1	30.3	37.2
80	—		12.0	15.1	18.3	21.7	26.0	28.5	32.0	39.3
90	—		13.4	16.9	20.5	24.2	27.9	31.8	35.6	43.6
100	—		14.8	18.7	22.6	26.7	30.8	35.0	39.2	47.9
110	—		—	20.5	24.8	29.2	33.6	38.2	42.7	52.1
125	—		—	—	28.0	32.9	37.9	42.9	48.1	58.6
150	—		—	—	33.3	39.1	45.0	50.9	57.1	69.3
180	—		—	—	—	—	53.6	60.5	67.7	82.2
200	—		—	—	—	—	59.3	67.0	74.8	90.7
230	—		—	—	—	—	67.8	76.5	85.5	103.5

注：铅锑合金管理论重量须将表中数值再乘上下列理论重量换算
系数：

牌　号	PbSb0.5	PbSb2	PbSb4	PbSb6	PbSb8
密度(g/cm³)	11.32	11.25	11.15	11.06	10.97
理论重量换算系数	0.9982	0.9921	0.9850	0.9753	0.9674

4. 有色金属线材

(1) 铜及铜合金圆线理论重量

直径 (mm)	密　　度(g/cm³)						
	8.2	8.3	8.4	8.5	8.6	8.8	8.9
	理论重量(g/10m)						
0.02	0.0258	0.0261	0.0264	0.0267	0.0270	0.0276	0.0280
0.03	0.0580	0.0587	0.0594	0.0601	0.0608	0.0622	0.0629
0.035	0.0789	0.0799	0.0808	0.0818	0.0827	0.0847	0.0856
0.04	0.1030	0.1043	0.1056	0.1068	0.1081	0.1106	0.1118
0.045	0.1304	0.1320	0.1336	0.1352	0.1368	0.1400	0.1415
0.05	0.1610	0.1630	0.1649	0.1669	0.1689	0.1728	0.1748
0.06	0.2318	0.2347	0.2375	0.2403	0.2432	0.2488	0.2516
0.07	0.3156	0.3194	0.3233	0.3271	0.3310	0.3387	0.3425
0.08	0.4122	0.4172	0.422	0.4273	0.4323	0.4424	0.4474
0.09	0.5217	0.5280	0.5344	0.5407	0.5471	0.5598	0.5662
0.10	0.6440	0.6519	0.6597	0.6676	0.6754	0.6912	0.6990
0.11	0.7793	0.7888	0.7983	0.8078	0.8173	0.8363	0.8458
0.12	0.9274	0.9387	0.9500	0.9613	0.9726	0.9953	1.007
0.13	1.088	1.102	1.115	1.128	1.141	1.168	1.181
0.14	1.262	1.278	1.293	1.308	1.324	1.355	1.370
0.15	1.449	1.467	1.484	1.500	1.520	1.555	1.573
0.16	1.649	1.669	1.689	1.709	1.729	1.769	1.789
0.17	1.861	1.884	1.907	1.929	1.952	1.997	1.020
0.18	2.087	2.112	2.138	2.163	2.188	2.239	2.265
0.19	2.325	2.353	2.382	2.410	2.438	2.495	2.523
0.20	2.576	2.608	2.639	2.670	2.702	2.765	2.796
0.21	2.840	2.875	2.909	2.944	2.979	3.048	3.083
0.22	3.117	3.155	3.193	3.231	3.269	3.345	3.383
0.23	3.407	3.448	3.490	3.532	3.573	3.656	3.698
0.24	3.710	3.755	3.800	3.845	3.891	3.981	4.026
0.25	4.025	4.074	4.123	4.172	4.221	4.320	4.369
0.26	4.354	4.407	4.460	4.513	4.566	4.672	4.725
0.27	4.695	4.752	4.810	4.867	4.924	5.039	5.096
0.28	5.049	5.111	5.172	5.234	5.295	5.419	5.480
0.29	5.416	5.482	5.548	5.614	5.680	5.813	5.879
0.30	5.796	5.867	5.938	6.008	6.079	6.220	6.291

直径 (mm)	密　度(g/cm³)						
	8.2	8.3	8.4	8.5	8.6	8.8	8.9
	理论重量(g/10m)						
0.32	6.595	6.675	6.756	6.836	6.917	7.077	7.158
0.34	7.445	7.536	7.627	7.717	7.808	7.890	8.080
0.35	7.889	7.986	8.082	8.178	8.274	8.467	8.563
0.36	8.347	8.449	8.550	8.652	8.754	8.958	9.059
0.38	9.300	9.413	9.526	9.640	9.753	9.980	10.09
	理论重量(kg/100m)						
0.40	0.1030	0.1043	0.1056	0.1068	0.1081	0.1106	0.1118
0.42	0.1136	0.1150	0.1164	0.1178	0.1191	0.1219	0.1233
0.45	0.1304	0.1320	0.1336	0.1352	0.1368	0.1400	0.1415
0.48	0.1484	0.1502	0.1520	0.1538	0.1556	0.1592	0.1611
0.50	0.1610	0.1630	0.1649	0.1669	0.1689	0.1728	0.1748
0.53	0.1809	0.1831	0.1853	0.1875	0.1897	0.1941	0.1964
0.55	0.1948	0.1972	0.1996	0.2019	0.2043	0.2091	0.2114
0.56	0.2020	0.2044	0.2069	0.2094	0.2118	0.2167	0.2192
0.60	0.2318	0.2347	0.2375	0.2403	0.2432	0.2488	0.2516
0.63	0.2556	0.2587	0.2618	0.2650	0.2681	0.2743	0.2774
0.65	0.2721	0.2754	0.2787	0.2821	0.2854	0.2920	0.2953
0.67	0.3137	0.3175	0.3214	0.3252	0.3290	0.3367	0.3405
0.70	0.3156	0.3194	0.3233	0.3271	0.3310	0.3387	0.3425
0.75	0.3623	0.3667	0.3711	0.3755	0.3799	0.3888	0.3932
0.80	0.4122	0.4172	0.4222	0.4273	0.4323	0.4423	0.4474
0.85	0.4653	0.4710	0.4767	0.4823	0.4880	0.4994	0.5050
0.90	0.5217	0.5280	0.5344	0.5407	0.5471	0.5598	0.5662
1.00	0.6440	0.6519	0.6597	0.6676	0.6754	0.6912	0.6990
1.05	0.7100	0.7187	0.7274	0.7360	0.7447	0.7620	0.7707
1.10	0.7793	0.7888	0.7983	0.8078	0.8173	0.8363	0.8458
1.15	0.8517	0.8621	0.8725	0.8829	0.8933	0.9140	0.9244
1.2	0.9274	0.9387	0.9500	0.9613	0.9726	0.9953	1.007
1.3	1.088	1.102	1.115	1.128	1.141	1.168	1.181
1.4	1.262	1.278	1.293	1.308	1.324	1.355	1.370
1.5	1.449	1.467	1.484	1.502	1.520	1.555	1.573
1.6	1.649	1.669	1.689	1.709	1.729	1.769	1.789
1.7	1.861	1.884	1.907	1.929	1.952	1.997	2.020

6.184

直径 (mm)	密　度(g/cm³)						
	8.2	8.3	8.4	8.5	8.6	8.8	8.9
	理论重量(kg/100m)(参考)						
1.8	2.087	2.112	2.138	2.163	2.188	2.239	2.265
1.9	2.325	2.353	2.382	2.410	2.438	2.495	2.523
2.0	2.576	2.608	2.639	2.670	2.702	2.765	2.796
2.1	2.840	2.875	2.909	2.944	2.979	3.048	3.083
2.2	3.117	3.155	3.193	3.231	3.269	3.345	3.383
2.3	3.407	3.448	3.490	3.532	3.573	3.656	3.698
2.4	3.710	3.755	3.800	3.845	3.891	3.981	4.026
2.5	4.025	4.074	4.123	4.172	4.221	4.320	4.369
2.6	4.354	4.407	4.460	4.513	4.566	4.672	4.725
2.7	4.695	4.752	4.810	4.867	4.924	5.039	5.096
2.8	5.049	5.111	5.172	5.234	5.295	5.419	5.480
2.9	5.416	5.482	5.548	5.614	5.680	5.813	5.879
3.0	5.796	5.867	5.938	6.008	6.079	8.220	6.291
3.2	6.595	6.675	6.756	6.836	6.917	7.077	7.158
3.5	7.889	7.986	8.082	8.178	8.274	8.467	8.563
3.8	9.300	9.413	9.526	9.640	9.753	9.980	10.09
4.0	10.30	10.43	10.56	10.68	10.81	11.06	11.18
4.2	11.36	11.50	11.64	11.78	11.91	12.19	12.33
4.5	13.04	13.20	13.36	13.52	13.68	14.00	14.15
4.8	14.84	15.02	15.20	15.38	15.56	15.92	16.11
5.0	16.10	16.30	16.49	16.69	16.89	17.28	17.48
5.3	18.09	18.31	18.53	18.75	18.97	19.41	19.64
5.5	19.48	19.72	19.96	20.19	20.43	20.91	21.14
5.6	20.20	20.44	20.69	20.94	21.18	21.67	21.92
6.0	23.18	23.47	23.75	24.03	24.32	24.88	25.16

注：各牌号铜及铜合金的密度(g/cm³)如下：

① 纯铜 T2、T3、TU1、TU2：8.9；

② 黄铜 H68、H65、H62、HPb63-3、HPb59-1、HPb62-0.8、
　　HSn62-1、HSn60-1：8.5；

③ 青铜 QSn4-3、QSn6.5-0.1、QSn6.5-0.4、QSn7-0.2、
　　QCd1：8.8；QSi3-1：8.3；QBe2：8.2；

④ 白铜 B19、BFe30-1-1、BMn40-1.5：8.9；BZn15-20：8.6；
　　BMn3-12：8.4。

（2）纯铜线（GB/T14953－1994）

1）线材的牌号、状态和规格（mm）

牌　　号	状　　态	直　　径
T2、T3	M、Y	0.02～6.0
TU1、TU2	M、Y	0.02～6.0

2）线材的直径允许偏差（mm）

直　　径		0.02 ～0.10	＞0.10 ～0.50	＞0.50 ～1.0	＞1.0 ～3.0	＞3.0 ～6.0
直　径 允许偏差	较高级	±0.003	±0.010	±0.015	±0.020	±0.025
	普通级	±0.005	±0.015	±0.020	±0.030	±0.040

3）线材的每卷（轴）重量

线材直径 （mm）		0.02 ～0.10	＞0.10 ～0.50	＞0.50 ～1.0	＞1.0 ～3.0	＞3.0 ～6.0
每卷（轴）重量 （kg）≥	标准卷	0.05	0.5	2.0	4.0	5.0
	较轻卷	0.01	0.3	1.0	2.0	3.0

4）线材的其他技术要求

① 直径≥0.3mm 的 TU1、TU2 线材，应在氢气退火后进行反复弯曲试验，弯曲次数≥10 次。

② TU1、TU2 线材，按"YB731 电真空器件用无氧铜含氧量金相检验法"的规定检验含氧量；按标准图片：1、2 级为合格，2 级以上为不合格。

③ 线材断口应致密，无缩尾、分层、气孔和夹杂

5）线材的用途

线材用于机械、化工、电子等工业

注：1. 需方要求直径单向偏差，其允许偏差为表中数值的 2 倍。
　　2. 线材的圆度：直径≤3.0mm 时，应不超出直径允许偏差之半；直径＞3.0mm 时，应不超出直径允许偏差。
　　3. 每批许可交付重量不大于 10% 的较轻卷（轴）。

(3) 黄铜线(GB/T14954－1994)

1) 线材的牌号、状态和规格(mm)

牌　号	状态	直　径	备　注
H65、H68	M、Y₂、Y₁、Y	0.05～6.0	制造各种零件
H62			作焊料、制造钟用零件及其他零件
HSn60-1 HSn62-1	M、Y	0.5～6.0	制造抗蚀零件及焊条
HPb63-3 HPb59-1	M、Y₂、Y、T	0.5～6.0	制造切削加工零件 制造钟用零件及锁的弹子

2) 线材的直径允许偏差(mm)

制锁、钟用圆形线	直　径		0.5～1.0	>1.0～3.0	>3.0～5.0
	允许偏差	较高级	±0.005	±0.010	±0.010
		普通级	±0.015	±0.020	±0.025

其他圆形线	直　径		0.05～0.10	>0.10～0.50	>0.50～1.0	>1.0～3.0	>3.0～6.0
	允许偏差	较高级	±0.003	±0.010	±0.015	±0.020	±0.025
		普通级	±0.005	±0.015	±0.020	±0.030	±0.040

方形、六角形线	直　径		≤3.0		>3.0～6.0
	允许偏差	较高级	±0.03		±0.04
		普通级	±0.06		±0.08

3) 线材的每卷(轴)重量						
线材直径 (mm)		0.05 ~0.10	＞0.10 ~0.50	＞0.50 ~1.0	＞1.0 ~3.0	＞3.0 ~6.0
每卷(轴)重量 (kg)≥	标准卷	0.05	0.5	2.0	4.0	5.0
	较轻卷	0.01	0.3	1.0	2.0	3.0

4) 线材的其他技术要求
① 直径 1.0~6.0mm 硬态线材的反复弯曲次数应符合下列规定： H68 应≥6 次，H65 应≥5 次，H62 应≥4 次。 ② 硬态、特硬态线材，应进行消除残余应力的热处理。 ③ 线材断口应致密，无缩尾、气孔、分层和夹杂

5) 线材的用途
H65、H68 线材用于制作各种零件；H62 线材用于制作焊料、钟用零件和其他零件；HSn60-1、HSn62-1 线材用于制作抗蚀零件、焊条；HPb63-3、HPb59-1 线材用于制作切削加工零件、钟用零件和锁的弹子

注：1. 方形、六角形线的直径，指内切圆直径，即两平行边间的距离。
　　2. 需方要求单向偏差，其允许偏差为表中数值的 2 倍。
　　3. 线材的不圆度：直径≤3.0，应不超出直径允许偏差之半
　　　　　　　　　　直径＞3.0 时，应不超出直径允许偏差
　　4. 每批许可交付重量不大于 10% 的较轻卷(轴)。

(4) 青铜线(GB/T 14955—1994)

1) 线材的牌号、状态和规格(mm)		
牌　　　号	状　态	直　　径
QSi3-1、QSn4-3	Y	
QSn6.5-0.1、QSn6.5-0.4 QSn7-0.2、QCd1	M、Y	0.1~6.0

2) 线材的直径允许偏差(mm)

直　　径		0.1~0.3	>0.3~0.6	>0.6~1.0	>1.0~3.0	>3.0~6.0
允许偏差	高级	±0.007	±0.008	±0.010	±0.015	±0.020
	较高级	±0.010	±0.013	±0.015	±0.020	±0.025
	普通级	±0.015	±0.020	±0.025	±0.030	±0.040

3) 线材的每卷(轴)重量

线材直径(mm)		0.1~0.5	>0.5~1.0	>1.0~3.0	>3.0~6.0
每卷(轴)重量(kg)≥	标准卷	0.5	2.0	4.0	6.0
	较轻卷	0.3	1.0	2.0	3.0

4) 线材的其他技术要求

① 直径 1.0~6.0mm 的硅青铜线和硬态锡青铜线,应进行反复弯曲试验,弯曲次数应≥3 次。

② 用做弹簧的锡青铜线和硅青铜线,应进行缠绕试验,于线材两倍直径的圆柱上缠绕 10 圈,不裂。

③ 硬态锡青铜线和硅青铜线,应进行消除残余应力的处理。

④ 线材断口应致密,无缩尾、气孔、分层和夹杂

5) 线材的用途

线材用于各工业部门

注：1. 需方要求单向偏差,其允许偏差数值为表中数值的 2 倍。
 　　2. 线材的圆度:直径≤3.0 时,应不超出直径允许偏差之半;
 　　　　　　　　　直径>3.0 时,应不超出直径允许偏差。
 　　3. 每批许可交付重量不大于 10% 的较轻卷(轴)。

(5) 铍青铜线（GB/T3134－1982）

1）线材的牌号、状态和规格(mm)

牌　　号	制造方法	状　　态	直　　径
QBe2	拉制	M、Y_2、Y	0.03～6.00

2）线材的直径允许偏差(mm)

直　　径	0.03～0.04	>0.04～0.06	>0.06～0.09	>0.09～0.25	>0.25～0.50	>0.50～0.75
允许偏差	－0.004	－0.006	－0.010	－0.020	－0.030	－0.035
直　　径	>0.75～1.10	>1.10～1.80	>1.80～2.50	>2.50～4.20	>4.20～6.00	
允许偏差	－0.040	－0.045	－0.050	－0.055	－0.060	

(3) 线材的每卷重量

线材直径(mm)	0.03～0.05	>0.05～0.10	>0.10～0.20	>0.20～0.30	>0.30～0.40
卷重(kg)≥	0.0005	0.002	0.010	0.025	0.050
线材直径(mm)	>0.40～0.60	>0.60～0.80	>0.80～2.00	>2.00～4.00	>4.00～6.00
卷重(kg)≥	0.100	0.150	0.300	1.000	2.000

4）线材的其他技术要求

① 线材断口应致密，无缩尾、气孔、分层和夹杂。

② 直径 1.0～6.0mm 的线材应进行缠绕试验，于直径为线材直径 2 倍的圆柱体上绕 10 圈；直径小于 1.0mm 的线材，供方可不进行缠绕试验，但必须保证。

③ 根据需方要求，供方可提供电阻系数实测数据

5）线材的用途

线材用于制作精密弹簧

注：1. 经双方协议可供应抗磁用的、含铁量较低的铍青铜线。

　　2. 线材的圆度，应不使直径超出允许偏差范围；如需方要求，可供应圆度不超过直径允许偏差之半的线材，但必须在合同中注明。

(6) 白铜线（GB/T3125—1994）

1）线材的牌号、状态和规格（mm）

牌　　号	状　　态	直　径
BMn40-1.5	M、Y	0.05～6.0
BMn3-12、BFe30-1-1、B19		0.1～6.0
BZn15-20	M、Y₂、Y	

（注：状态列中"M、Y"对应 BMn40-1.5 与 BMn3-12、BFe30-1-1、B19 两行；直径"0.1～6.0"对应下两行）

2）线材的直径允许偏差（mm）

直　　　径		0.05～0.1	>0.1～0.3	>0.3～0.6	>0.6～1.0	>1.0～3.0	>3.0～6.0
允许偏差	高　级	±0.003	±0.007	±0.008	±0.010	±0.015	±0.020
	较高级	±0.004	±0.010	±0.013	±0.015	±0.020	±0.025
	普通级	±0.005	±0.015	±0.020	±0.025	±0.030	±0.04

3）线材的每卷（轴）重量

线材直径（mm）		0.05～0.1	>0.1～0.5	>0.5～1.0	>1.0～3.0	>3.0～6.0
每卷（轴）重量（kg）≥	标准卷	0.05	0.5	2.0	4.0	6.0
	较轻卷	0.01	0.3	1.0	2.0	3.0

4）线材的其他技术要求

① 线材断口应致密，无缩尾、气孔、分层和夹杂。
② BMn3-12、BMn40-1.5线材的电性能要求，参见第5.81页"加工白铜产品的力学性能"的注6

5）线材的用途

线材用于制作弹性元件和电阻材料以及一般工业

注：1. 需方要求单向偏差时，其允许偏差数值为表中数值的2倍。
　　2. 线材的圆度：直径≤3.0时，其圆度应不超出直径允许偏差之半；直径>3.0时，其圆度应不超出直径允许偏差。
　　3. 每批许可交付重量不大于10%的较轻卷（轴）。

(7) 专用铜及铜合金线（GB/T14956－1994）

1) 线材的牌号、状态和规格（mm）

牌　　号	状　　态	直　　径	用　　途
T2、T3	Y_2	1.0～6.0	铆钉等用
H62	M、Y_2、Y_1	1.0～6.0	铆钉、气门芯等用
H68	Y_2	1.0～6.0	冷镦螺钉等紧固件用
HPb62-0.8	Y_2	3.8～6.0	自行车条母等用
HPb59-1	Y_2	2.0～6.0	圆珠笔芯、气门芯等用
	Y	2.0～3.0	
QSn6.5-0.1	M	0.03～0.07	织网及编织等用

2) 线材的直径允许偏差（mm）

直　　径	0.03～0.035	＞0.035～0.05	＞0.05～0.07	1.0～0.30	＞3.0～6.0
优选尺寸	0.03 0.035	0.04、0.045 0.05	0.06 0.07		
直　径 允许偏差 较高级 普通级	±0.0015 —	±0.002 —	±0.003 —	±0.01 ±0.015	±0.015 ±0.020

3) 线材的每卷（轴）重量

织网及编织用锡青铜线	直径（mm）	0.03～0.035	＞0.035～0.045	＞0.045～0.07
	线轴重量（g）	≥20	≥30	≥50

其他铜及铜合金线	线材直径（mm）		1.0～3.0	＞3.0～6.0
	每卷（轴）重量（kg）	标准卷 较轻卷	≥5.0 ≥2.0	≥8.0 ≥3.0

4）线材的其他技术要求
① 铆钉用线材应进行锻平试验。
② 冷镦螺钉用线材应进行反复弯曲试验，弯曲次数≥2 次，弯曲处不产生裂纹。
③ 自行车条用线材应进行扭转试验，正、反扭转次数应≥2 次，表面不产生裂纹。
④ 除铆钉用及织网用线材外，其他线材应进行残余应力处理。
⑤ 线材断口应致密，无缩尾、气孔、分层和夹杂

注：1. 需方要求单向偏差时，其允许偏差数值为表中数值的 2 倍。

2. 线材的圆度：直径≤3.0 时，应不超出直径允许偏差之半；直径＞3.0 时，应不超出直径允许偏差的 2/3。

3. 每批许可交付重量不大于 10%的较轻卷（轴）。

（8）铜及铜合金扁线（GB/T3114－1994）

1）线材的牌号、状态和规格（mm）		
牌　　号	状　　态	规格（厚度×宽度）
T2	M、Y	0.5～6.0×0.5～15.0
H62、H65、H68	M、Y₂、Y	
QSn6.5-0.1、QSn6.5-0.4	M、Y₂、Y	0.5～6.0×0.5～12.0
QSn4-3、QSi3-1	Y	

注：1. 扁线的厚度与宽度之比≤1.7；经供需双方协议，可供应其他规格扁线。

2）线材的尺寸允许偏差（mm）							
规格（平行对边距离）			0.5~1.0	>1.0~3.0	>3.0~6.0	>6.0~10.0	>10.0
允许偏差	黄铜线	普通级	±0.02	±0.04	±0.05	±0.07	±0.10
		较高级	±0.015	±0.03	±0.04	±0.05	±0.07
	纯铜及锡青铜线	普通级	±0.03	±0.06	±0.08	±0.10	±0.20
		较高级	±0.02	±0.04	±0.05	±0.07	±0.10

3）线材的每卷（轴）重量			
扁线宽度（mm）		0.5~5.0	>5.0
每卷（轴）重量（kg）≤	标准卷	3	5
	较轻卷	1.5	2.5

4）线材的其他技术要求
① 半硬线和硬线应进行反复弯曲试验：半硬线≥3次，硬线≥2次
② 线材断口应致密，无缩尾、气孔、分层和夹杂

5）线材的用途
线材用于一般工业

注：2. 扁线不应相拧，其厚度的单向公差不应超出允许偏差的数值。

3. 需方要求单向偏差时，其允许偏差数值为表中数值的2倍。

4. 线材的侧面弯曲度（从距线端2000处开始测量），应符合下列规定：宽度0.5~5.0，应≤10；宽度>5.0，应≤15。

5. 每批许可交付重量不大于10%的较轻卷（轴）。

6.194

(9) 镍线（GB/T3120－1982）

1) 线材的牌号、状态和规格(mm)		
牌　号	状　态	直　径
N4、N6、N8	M、Y₂、Y	0.03～6.0

2) 线材的直径允许偏差(mm)							
直　径	0.03	>0.03~0.10	>0.10~0.30	>0.30~0.60	>0.60~1.00	>1.00~3.00	>3.00~6.00
允许偏差 4级	−0.004	−0.008	−0.013	−0.015	−0.018	−0.02	−0.025
5级	−0.005	−0.01	−0.02	−0.025	−0.03	−0.04	−0.05
6级	—	—	−0.035	−0.04	−0.045	−0.06	−0.08

3) 线材的每卷(轴)重量和其他技术要求								
线材直径(mm)	自	0.03	0.10	0.28	0.50	1.05	1.60	3.60
	至	0.09	0.26	0.48	1.00	1.50	3.40	6.00
每卷(轴)重量 (kg)≥	标准卷	0.02	0.10	0.50	1.00	2.00	3.00	5.00
	较轻卷	0.01	0.05	0.15	0.30	1.00	1.50	2.00

4) 线材的用途
线材用于制作无线电、机械、化工及其他工业结构零件

注：1. 经供需双方协议，可供应 N2 和其他成分的镍线。

　　2. 在 GB/T3120－1982 中，尚列入牌号 N7，但在以后的 GB/T5235－1985 中（见第 5.92 页），该牌号被取消，故不再列入本表。

　　3. 线材的圆度应不超出直径允许偏差。

　　4. 线材的断口应致密，无缩尾、气孔、分层和夹杂。

　　5. 每批线材允许交付重量不大于 10% 的较轻卷(轴)。

(10) 镍铜合金线(GB/T3113—1982)

1) 线材的牌号、状态和规格(mm)

牌　号	状　态	直　径
NCu28-2.5-1.5、NCu40-2-1	M、Y	0.05～6.0

2) 线材的直径允许偏差(mm)

直　径		0.05～0.09	0.10～0.30	0.31～0.60	0.61～0.95	1.0～3.0	3.1～6.0
允许偏差	4 级	−0.006	−0.013	−0.015	−0.018	—	—
	5 级	−0.006	−0.020	−0.025	−0.030	−0.040	−0.048
	6 级	—	—	—	—	−0.06	−0.08

3) 线材的每卷(轴)重量和其他技术要求

线材直径(mm)	每卷(轴)重量(kg)≥		线材直径(mm)	每卷(轴)重量(kg)≥	
	标准卷	较轻卷		标准卷	较轻卷
0.05～0.09	0.03	0.015	＞0.6～1.0	0.60	0.25
0.10～0.16	0.05	0.02	＞1.0～1.6	1.20	0.30
＞0.16～0.25	0.10	0.05	＞1.6～3.0	2.00	0.50
＞0.25～0.4	0.30	0.15	＞3.0～6.0	3.00	1.00
＞0.4～0.6	0.40	0.20			

4) 线材的用途

线材用于电子、仪表等工业制作高耐蚀零件

注：1. 线材断口应致密，无缩尾、气孔、分层和夹杂。
　　2. 每批线材允许交付重量不大于 10%的较轻卷(轴)。

(11) 电真空器件用镍及镍合金线(GB/T3121—1982)

1) 线材的牌号、状态和规格(mm)		
牌　号	状　态	直　径
DN、NSi0.19、NMg0.1	M、Y_2、Y	0.03～6.0

2) 线材的直径允许偏差(mm)

直　径		0.03	>0.03 ～0.10	>0.10 ～0.30	>0.30 ～0.60	>0.60 ～1.00	>1.00 ～3.00	>3.00 ～6.00
允许 偏差	2 级	−0.002	−0.003	−0.005	−0.006	−0.007	−0.01	−0.013
	3 级	−0.004	−0.008	−0.013	−0.015	−0.018	−0.02	−0.025
	4 级	−0.005	−0.01	−0.02	−0.025	−0.03	−0.04	−0.05

3) 线材的每卷(轴)重量和其他技术要求

线材直径(mm)		自	0.03	0.10	0.28	0.50	1.05	1.60	3.60
		至	0.09	0.26	0.48	1.00	1.50	3.40	6.00
每卷(轴)重量 (kg)≥	标准卷		0.02	0.10	0.50	1.00	2.00	3.00	5.00
	较轻卷		0.01	0.05	0.15	0.30	1.00	1.50	2.00

4) 线材的用途

线材用于电子工业制作电真空器件

注：1. 在 GB/T3121—1982 中，尚列入牌号 DNMg0.06，但在以后的 GB/T5235—1985 中(见第 5.92 页)，该牌号未被列入，故不再列入本表。
　　2. 线材圆度应不超出直径允许偏差。
　　3. 线材断口应致密，无缩尾、气孔、分层和夹杂。
　　4. 每批线材允许交付重量不大于 10% 的较轻卷(轴)。

(12) 镍及镍合金线理论重量

前三节(见第 6.195～6.197 页)中的各种牌号镍及镍合金线的理论重量(参考)，可按密度 8.85g/cm³ 计算，并利用第 6.183 页中密度为 8.9g/cm³ 的铜及铜合金圆线的理论重量，再乘上相应的理论重量换算系数 0.9944 即得

(13) 导电用铝线(GB/T3195—1997)

1) 铝线的牌号、状态和规格(mm)

牌　号	状　态	直　径
1A50	H19、O	0.80～5.00

2) 铝线的尺寸允许偏差(mm)

直　径		0.80～1.00	>1.00～2.00	>2.00～3.00	>3.00～5.00
允许偏差	普通级	±0.02	±0.03	±0.04	±0.05
	高精级	±0.02	±0.02	±0.03	±0.04

3) 铝线的每盘重量(应≤40kg)

铝导线直径(mm)		0.80～1.00	1.01～1.50	1.51～2.50	2.51～4.00	4.01～5.00
盘重(kg)≥	规定的	3	6	10	15	20
	不合规定的	1	1.5	3	5	5

4) 铝线的其他技术要求

① 直径1.50～5.00mm硬度(H19)铝线的反复弯曲次数应符合下列规定:直径≤4.00mm应≥7次,直径≥4.01mm应≥6次。

② 铝线在温度+20℃、横截面为1mm^2、长度为1m时的有效电阻:普通级≤0.0295Ω;高精级≤0.0282Ω。

③ 铝线表面应光滑,不允许有折叠、气泡和腐蚀斑点,以及超过直径允许负偏差的划伤、碰伤、擦伤和压陷缺陷;但允许有退火后未烧尽的油斑。

④ 铝线允许焊接,但焊接处直径必须在线材直径允许正偏差2倍范围内,并保证机械性能

5) 铝线的用途

铝线用于导电

注:1. 铝线的椭圆度应不超过直径允许偏差。
    2. 每批铝线允许交付不超过重量15%的不够重量的线盘。

(14) 铆钉用铝及铝合金线材（GB/T3196－2001）

1）线材的牌号、状态和直径

牌　　　号	状　态	直　径(mm)
1035	H18 H14	1.60～3.00 3.41～10.0
2A01、2A04、2B11、2B12、 2A10、3A21、5A02、7A03	H14	1.60～10.0
5A06、5B05	H12	1.60～10.0

直径(mm)		1.60	2.00～3.98	4.00～6.00	6.50～10.00
允许偏差 (mm)	普通精度	−0.04	−0.05	−0.08	−0.12
	较高精度	−0.03	−0.04	−0.05	−0.06

2）线材的工艺性能要求

① 铆钉线材的硬化程度，不应使制的铆钉头及经淬火时效的热处理强化材料产生粗大晶粒。

② 铆钉线材按铆接试验的试样突出高度，经压力机或手锤镦粗后，使平头高度不超过线材直径的1/2，并不裂为合格；铆钉平头在平面图中应呈圆形或稍呈椭圆形，侧面应平整光滑。

③ 铆钉线材铆接试验的试样突出高度与直径之比，应符合下表规定：

直径 （mm）	试验时试样突出高度与直径之比							
	硬状态			淬火时效状态				
	7A03	2A04	其他 牌号	7A03	2A04	2A01 2B11	2B12	2A10
1.60～4.50	1.4	1.5	1.5	1.4	1.3	1.5	1.4	1.5
4.75～5.50	1.4	1.5	1.5	1.3	1.3	1.4	1.3	1.4
5.75～5.84	1.4	1.4	1.5	1.3	1.3	1.4	1.3	1.4
6.00～8.00	1.4	1.4	1.5	1.2	1.2	1.4	1.2	1.4
8.50～10.00	1.3	1.4	1.5	1.2	—	1.4	1.2	1.4

3) 线材的表面质量
① 线材表面不允许有划伤、碰伤、起皮、三角口、气泡、裂纹、金属压入及腐蚀斑点。 ② 线材表面允许有深度不超出直径允许偏差之半的擦伤、卷筒啃伤、凹痕及拉道；对特殊要求的，如作抽钉用的直径为 5.0mm 的 2A01、2B11 线材，不允许有拉道，但必须在合同中注明。 ③ 上述表面允许缺陷，允许检验性打磨，但必须保证线材最小直径

4) 线材的用途
线材用于制造各种铆钉和其他类似零件

注：1. 经供需双方协商，可供应其他规格的线材，其允许偏差按
　　表中相邻小规格的规定。
　　2. 较高精度的偏差，应在合同中注明。
　　3. 5A06 只供应直径≥2.0mm 的线材。
　　4. 线材的直径系列及理论重量，见第 6.201 页"(16)铆钉用与
　　焊条用及铝合金线材理论重量"。

(15) 焊条用铝及铝合金线材（GB/T3197－2001）

1) 线材的牌号、状态和直径		
牌　　号	状　　态	直径（mm）
1070A、1060、1050A、1035、 1200、8A06	H18、O	0.80～10.0
	H14、O	>3.00～10.0
2A14、2A16、3A21、 5A02、5A03	H18、O H14、O	0.80～10.0
	H12、O	>7.00～10.0
5A05、5B05、5A06、5B06、 5A33、5183	H18、O H14、O	0.80～10.0
	H12、O	>7.00～10.0

2）线材的直径及允许偏差（mm）					
直　径		0.80 ~1.50	>1.50 ~3.00	>3.00 ~4.50	>4.50 ~7.00	>7.00 ~10.0
允许 偏差	普通级	±0.03	±0.04	±0.05	±0.07	±0.09
	高精级	±0.02	±0.03	±0.04	±0.05	±0.07

3）线材的其他技术要求
① 焊条用线材表面应光滑,不允许有裂纹、气泡、腐蚀斑点及超出直径允许偏差的划伤、压陷、拉道和毛刺等缺陷;但允许有退火后未烧尽的油斑。
② 焊条用线材不得折弯和缠绕混乱。
③ 焊条用线材的每盘交货重量不得超过40kg

4）线材的用途
线材用于制作各种焊条

注：1. 经供需双方协商,可供应其他规格的线材,其允许偏差按相邻小规格的规定。

　　2. 焊条用线材的椭圆度,不应超出直径允许偏差。

(16) 铆钉用与焊条用铝及铝合金线材理论重量

直径 (mm)	理论 重量 (kg/km)	直径 (mm)	理论 重量 (kg/km)	直径 (mm)	理论 重量 (kg/km)	直径 (mm)	理论 重量 (kg/km)
1）铆钉用铝及铝合金线材（GB/T3196－2001）							
1.60	5.449	3.45	25.33	4.48	42.72	5.75	70.37
2.00	8.514	3.48	25.78	4.50	43.10	5.84	72.59
2.27	10.97	3.50	26.07	4.75	48.02	6.00	76.62
2.30	11.26	3.84	31.39	4.84	49.86	6.50	89.93
2.58	14.17	3.98	33.72	5.00	53.21	7.00	104.3
2.60	14.39	4.00	34.05	5.10	55.36	7.10	107.3
2.90	17.90	4.10	35.80	5.23	58.22	7.50	119.7
3.00	19.16	4.35	40.28	5.40	59.11	7.76	128.2
3.41	24.75	4.40	41.21	5.50	64.39	7.80	129.5

直径 (mm)	理论 重量 (kg/km)	直径 (mm)	理论 重量 (kg/km)	直径 (mm)	理论 重量 (kg/km)	直径 (mm)	理论 重量 (kg/km)
1）铆钉用铝及铝合金线材（GB/T3196－2001）							
8.00	136.2	8.94	170.1	9.50	192.1	9.94	210.3
8.50	153.8	9.00	172.4	9.76	202.7	10.00	212.8
2）焊条用铝及铝合金线材（GB/T3197－1982）							
0.8	1.362	2.5	13.30	5.0	53.21	9.0	172.4
1.0	2.128	3.0	19.16	5.5	64.39	10.0	212.8
1.2	3.065	3.5	26.07	6.0	76.62		
1.5	4.789	4.0	34.05	7.0	104.3		
2.0	8.514	4.5	43.10	8.0	136.2		

注：1. 这两种线材的理论重量均按 1070A、1060、1050A、1035、
　　　1200、8A06 纯铝的密度 2.71g/cm³ 计算，供参考。

　　2. 各种牌号铝合金的密度与之不同，须将该数值再乘以相应
　　　的"理论重量换算系数"。各牌号的"密度（g/cm³）/理论重
　　　量换算系数"如下：

　　　2A01：2.76/1.018　　　5A01：－/－

　　　2A04：2.76/1.018　　　5A02：2.68/0.9889

　　　2A10：2.8/1.033　　　 5A03：2.67/0.9852

　　　2B11：2.8/1.033　　　 5A05：2.65/0.9779

　　　2B12：2.8/1.033　　　 5B05：2.65/0.9779

　　　2A14：2.8/1.033　　　 5A06：2.64/0.9742

　　　2A16：2.84/1.048　　　7A03：2.85/1.052

　　　3A21：2.73/1.007

(17) 铅及铅锑合金线(GB/T1474—1988)

1) 线材的牌号、交货形式和规格(mm)

牌　　号	交货形式	直　　径
Pb1、Pb2、Pb3 PbSb0.5、PbSb2、PbSb4、PbSb6	成卷 成轴	0.5～5.0

2) 线材的直径和允许偏差及纯铅线理论重量

直径 (mm)	允许偏差 (mm)		理论 重量 ($\frac{kg}{km}$)	直径 (mm)	允许偏差 (mm)		理论 重量 ($\frac{kg}{km}$)
	普通 精度	较高 精度			普通 精度	较高 精度	
0.5 0.6	−0.06	−0.04	2.227 3.206	2.0 2.5	−0.12	−0.10	35.63 55.66
0.8 1.0	−0.07	−0.06	5.700 8.906	3.0			80.16
1.2 1.5	−0.12	−0.10	12.83 20.04	4.0 5.0	−0.16	−0.14	142.5 222.7

3) 线材的用途

线材用作耐酸、耐蚀材料

注：1. 表中的纯铅线理论重量按纯铅(Pb1～Pb3)的密度 11.34g/cm³ 计算。各牌号铅锑合金线由于密度不同，须将表中的理论重量数值再乘以相应的"理论重量换算系数"。各牌号铅锑合金的"密度(g/cm³)/理论重量换算系数"如下：
　　PbSb0.5：11.32/0.9982　　　　PbSb2：11.25/0.9921
　　PbSb4：11.15/0.9850　　　　PbSb6：11.06/0.9753
2. 线材的圆度不应超出直径允许偏差。
3. 每一卷(轴)线应由一根线材组成，重量应≥0.5kg。
4. 线材表面应光滑、清洁，不应有裂纹、起皮、气泡、粗拉道和夹杂；允许有轻微的、局部的、不使线材直径超出允许偏差的划伤、凹坑和压入物等缺陷；并允许有轻微的氧化色。

第七章　常见金属材料中外牌号对照

1. 简 介

1. 在本章中各材料牌号引用的标准有:

GB——中国国家标准;

ISO——国际标准;

ГОСТ——俄罗斯国家标准;

JIS——日本工业标准;

UNS——美国金属与合金统一数字代号体系;

ASTM——美国材料与试验协会标准;

AA——美国铝业协会标准;

EN——欧洲标准;

BS——英国国家标准;

DIN——德国国家标准;

NF——法国国家标准;

2. 表中所列的金属材料对照牌号,其化学成分和力学性能,不一定完全相同。具体应用时,尚应查阅有关标准,根据需要对各项指标进行研究。

3. 英国、德国和法国,现在均已参加欧洲联盟,实施欧洲标准。表中列出的英国、德国和法国的金属材料牌号,均为各国过去的金属材料牌号,供参考。

2. 常见黑色金属材料中外牌号对照

(1) 碳素结构钢

序号	中国牌号 牌号	统一数字代号	国际标准 ISO	俄罗斯 ГОСТ	日本 JIS
1	Q195	U11952	HR2	Ст1сп	
2	Q195F	U11950		Ст1кп	
3	Q215A	U12152	HR1	Ст2сп	SS330
4	Q215AF	U12150		Ст2кп	
5	Q215B	U12155		ВСт2сп	
6	Q215BF	U12153		ВСт2кп	
7	Q235A	U12352	E235A	Ст3сп	SS400
8	Q235AF	U12350		Ст3кп	

序号	美国 ASTM	欧洲标准 EN	英国 BS	德国 DIN	法国 NF
1	GradeB	S185	040A16	St33	A33
2				RSt34-2	
3	Grade58		040A12	USt34-2	A34-2
4				RSt34-2	
5	Grade58		040A12	USt34-2	A34-2
6				RSt37-2	
7	Grade65	S235JR	050A17	USt37-2	A37-2
8					

(续)

序号	中国 GB 牌号	统一数字代号	国际标准 ISO	俄罗斯 ГОСТ	日本 JIS
9	Q235B	U12355	E235B	BCт3сп	SS400
10	Q235BF	U12353		BCт3кп	
11	Q235C	U12358	E235C	Cт3сп	
12	Q235D	U12359	E235D	Cт3сп	
13	Q275A	U12752	E275A	Cт5сп	SS490
14	Q275AF	U12750		Cт5гкп	
15	Q275B	U12755	E275B	Cт5сп	
16	Q275C	U12758	E275C	Cт5сп	
17	Q275D	U12759	E275D	Cт5сп	

序号	美国 ASTM	欧洲标准 EN	英国 BS	德国 DIN	法国 NF
9	Grade 65	S235JR	050A17 USt37-2	RSt37-2	A37-2
10					
11	Grade 65	S235J0		RSt37-2	A37-2
12	Grade 65	S235J2			
13	Grade 70	S275JR	060A32	St50-2	A50-2
14					
15	Grade 70	S275JR			
16	Grade 70	S275J0			
17	Grade 70	S275JR			

7.4

(2) 优质碳素结构钢

序号	中国 GB 牌号	中国 GB 统一数字代号	国际标准 ISO	俄罗斯 ГОСТ	日本 JIS
1	08F	U20080		08кп	S09CK
2	10F	U20100		10кп	S09CK
3	15F	U20150		15кп	S15CK
4	08	U20082		08	S09CK
5	10	U20102	C10	10	S10C
6	15	U20152	C15E4	15	S15C
7	20	U20202	C20E4	20	S20C
8	25	U20252	C25E4	25	S25C
9	30	U20302	C30E4	30	S30C
10	35	U20352	C35E4	35	S35C

序号	美国 UNS	美国 ASTM	欧洲标准 EN	英国 BS	德国 DIN	法国 NF
1						
2						
3						
4	G10080	1008	C10E		CK10	XC10
5	G10100	1010	C10E	040A10	CK15	XC12
6	G10150	1015	C15E	050A15	CK20	XC18
7	G10200	1020	C20E	050A20	CK25	XC25
8	G10250	1025	C25E	060A25	CK30	XC32
9	G10300	1030	C30E	060A30	CK35	
10	G10350	1035	C35E	060A35		

(续)

序号	中国 GB 牌号	中国 GB 统一数字代号	国际标准 ISO	俄罗斯 ГОСТ	日本 JIS
11	40	U20402	C40E4	40	S40C
12	45	U20452	C45E4	45	S45C
13	50	U20502	C50E4	50	S50C
14	55	U20552	C55E4	55	S55C
15	60	U20602	C60E4	60	S58C
16	65	U20652	C60E4	65	S65C-CSP
17	70	U20702	DC	70	S70C-CSP
18	75	U20752	DC	75	S70C-CSP
19	80	U20802	DC	80	SKS-CSP
20	85	U20852	DC	85	SKS-CSP

序号	美国 UNS	美国 ASTM	欧洲标准 EN	英国 BS	德国 DIN	法国 NF
11	G10400	1040	C40E	060A40	CK40	XC38H1
12	G10450	1045	C45E	060A47	CK45	XC42H1
13	G10500	1050	C50E	060A52	CK50	XC48H1
14	G10550	1055	C55E	060A57	CK55	XC55H1
15	G10600	1060	C60E	060A62	CK60	
16	G10650	1065		060A67	CK67	
17	G10700	1070	C70D	060A72		XC68
18	G10750	1075	C76D	060A78	CK75	XC75
19	G10800	1080	C80D	060A83	CK80	XC80
20	G10850	1085	C86D	060A86		

7.6

序号	中国 GB 牌号	中国 GB 统一数字代号	国际标准 ISO	俄罗斯 ГОСТ	德国 DIN	日本 JIS	法国 NF	欧洲标准 EN	英国 BS	美国 ASTM	美国 UNS
21	15Mn	U21152	CC15K	15Г	14Mn4	SWRCH16K		C16E	080A15	1016	G10160
22	20Mn	U21202	C20E4	20Г	21Mn4	SWRCH22K		C22E	080A20	1019	G10190
23	25Mn	U21252	C25E4	25Г				C25E	080A25	1026	G10260
24	30Mn	U21302	C30E4	30Г	30Mn4	SWRCH30K		C30E	080A30	1033	G10330
25	35Mn	U21352	C35E4	35Г	35Mn4	SWRCH33K	XC38H2	C35E	080A35	1037	G10370
26	40Mn	U21402	C40E4	40Г	40Mn4	SWRCH40K	XC42H2	C40E	080A40	1039	G10390
27	45Mn	U21452	C45E4	45Г	46Mn5	SWRCH43K	XC48H2	C45E	080A47	1043	G10430
28	50Mn	U21502	C50E4	50Г		SWRCH50K	XC55H2	C50E	080A52	1053	G10530
29	60Mn	U21602	C60E4	60Г		S60C-CSP		C60E	080A62	1561	G15610
30	65Mn	U21652		65Г		S65C-CSP			080A67	1566	G15660
31	70Mn	U21702	DC	70Г		S70C-CSP		DC	080A72	1572	G15720

(3) 易切削结构钢

序号	中国 GB 牌号	统一数字代号	国际标准 ISO	俄罗斯 ГОСТ	日本 JIS
1	Y12		9S20	A12	SUM12
2	Y12Pb		10SMnPb28		SUM22L
3	Y15		12SMn35	AC14	SUM22
4	Y15Pb		12SMnPb35		SUM24L
5	Y20		17SMn20	A20	SUM32
6	Y30			A30	
7	Y35		35S20	A35	
8	Y40Mn		35SMn20	A40Г	SUM42
9	Y45Ca		44SMn28		

序号	美国 UNS	美国 ASTM	欧洲标准 EN	英国 BS	德国 DIN	法国 NF
1	G11090	1109	10S20	210M15	10S20	13MF4
2	G12134	12L13	10SPb20		10SPb20	10PbF2
3	G12130	1213	15SMn13	220M07	15S20	15F2
4	G12144	12L14	11SMnPb30		9SMnPb28	S250Pb
5	G11170	1117		IC22	22S20	18MF5
6	G12320	1132		IC30		
7	G12370	1137	35S20	IC35	35S20	35MF6
8	G11440	1144	46S20	IC45	40S20	45MF4
9						

(4) 非调质机械结构钢

序号	中国 GB	国际标准 ISO
1	YF35V	46MnVS3
2	YF40V	
3	YF45V	
4	YF35MnV	30MnV6
5	YF40MnV	35MnVS6
6	YF45MnV	46MnVS6
7	F45V	46MnVS3
8	F35MnVN	30MnVS6
9	F40MnY	38MnVS6

(5) 冷镦和冷挤压用钢

序号	中国 牌号	中国 统一数字代号	国际标准 ISO	欧洲标准 EN	俄罗斯 ГОСТ	日本 JIS	美国 UNS	美国 ASTM	英国 BS	德国 DIN	法国 NF
1	ML04Al	U40048	CC4A	C4C	08Ю	SWRCH6A	G10050	1005			
2	ML08Al	U40088	CC8A	C8C	08Ю	SWRCH8A	G10080	1008		QSt38-2	
3	ML10Al	U40108	CC11A	C10C	10Ю	SWRCH10A	G10100	1010			
4	ML15Al	U40158	CC15A	C15C	15Ю	SWRCH15A	G10150	1015			
5	ML15	U40152	CC15K	C15E2C	15	SWRCH15K	G10150	1015	0/3		XC18
6	ML20Al	U40208	CC21A	C20C	20Ю	SWRCH20A	G10200	1020			
7	ML20	U40202	CC21K	C20E2C	20	SWRCH20K	G10200	1020	0/4		CX18

（续）

7.10

序号	中国 GB		国际标准	俄罗斯	日本
	牌号	统一数字代号	ISO	ГОСТ	JIS
8	ML18Mn	U41188	CE16E4	20ЮА	SWRCH18A
9	ML22Mn	U41228	CE20E4	25пс	SWRCH22A
10	ML20Cr	U40204	20CrE4	20X	SCr20RCH
11	ML25	U40252	CE20E4	25	SWRCH25K
12	ML30	U40302	CE28E4	30	SWRCH30K
13	ML35	U40352	CE35E4	35	SWRCH35K
14	ML40	U40402	CE40E4	40	SWRCH40K
15	ML45	U40452	CE45E4	45	SWRCH45K
16	ML15Mn	U20158	CE16E4	15Г	SWRCH24K
17	ML25Mn	U41252	CE20E4	25Г	SWRCH27K
18	ML30Mn	U41302	CE28E4	30Г	SWRCH33K

序号	美国		欧洲标准	英国	德国	法国
	UNS	ASTM	EN	BS	DIN	NF
8	G15180	1518	C17C			
9	G15220	1522	C20C			
10	G51200	51200	17Cr3			
11	G10250	1025	C20E2C			XC25
12	G10300	1030	C35EC	1/1		XC32
13	G10350	1035	C35EC	1/2	Cq35	XC38
14	G10400	1040	C45EC	1/3		XC42
15	G10450	1045	C45EC		Cq45	XC45
16	G15130	1513	C16E			
17	G15250	1525	C25E			IC25
18	G15260	1526	C30E			IC30

序号	中国 GB 牌号	统一数字代号	国际标准 ISO	俄罗斯 ГОСТ	日本 JIS
19	ML35Mn	U41352	CE35E4	35Г	SWRCH38K
20	ML37Cr	A40374	37Cr4E	38XA	SCr435RCH
21	ML40Cr	A20404	41Cr4E	40X	SCr440RCH
22	ML30CrMo	A30304	25CrMo4E	30XMA	SCM430RCH
23	ML35CrMo	A30354	34CrMo4E	35XM	SCM435RCH
24	ML42CrMo	A30424	42CrMo4E	38XM	SCM440RCH
25	ML20B	A70204	CE20BG1		SWRCHB223
26	ML28B	A70284	CE28B	30XPA	
27	ML35B	A70354	CE35B	30XPA	SWRCHB237
28	ML15MnB	A71154	CE20BG2		SWRCHB620
29	ML20MnB	A71204	CE20BG2		SWRCHB420

序号	美国 UNS	ASTM	欧洲标准 EN	英国 BS	德国 DIN	法国 NF
19	G15360	1536	C35E	2/1	Cq35	IC35
20	G51350	5135	37Cr4	3/2	37C	42C4
21	G51400	5140	41Cr4			
22	G41300	4130	25CrMo4			34CD4
23	G41350	4135	34CrMo4	34CrMo4	34CrMo4	
24	G41420	4142	42CrMo4			
25	G94171	94B17	18B2			
26	G94301	94B30	28B2	9/0		
27	G94301	94B30	38B2			
28	G94171	94B17	20MnB5			
29	G94171	94B17	20MnB5			

（续）

序号	中国 牌号	中国 统一数字代号	国际标准 ISO	英国 BS	俄罗斯 ГОСТ	德国 DIN	日本 JIS	美国 UNS	美国 ASTM	欧洲标准 EN	法国 NF
30	ML35MnB	A71354	35MnB5E		30XPA		SWRCHB734	G94301	94B30	30MnB5	
31	ML37CrB	A20378	37CrB1E				SWRCHB237			36CrB4	
32	ML20MnTiB	A74204									
33	ML15MnVB	A73154									
34	ML20MnVB	A73204									

(6) 钢筋钢（部分）

序号	中国 牌号	中国 统一数字代号	国际标准 ISO	英国 BS	俄罗斯 ГОСТ	德国 DIN	日本 JIS	美国 UNS	美国 ASTM	欧洲标准 EN	法国 NF
1	Q235		PB240	Gr. 250	Cr3nc		SR235		Gr. 300		FeE235
2	20MnSi		RB400			BSt420s	SD390		A706M		
3	40Si2Mn								A615M		

7.12

（续）

序号	中国 GB 牌号	统一数字代号	国际标准 ISO	英国 BS	俄罗斯 ГОСТ	德国 DIN	日本 JIS
4	48Si2Mn						
5	45Si2Cr						

序号	美国 UNS	美国 ASTM	欧洲标准 EN	法国 NF
4				
5				

(7) 低合金高强度结构钢

序号	中国 GB 牌号	统一数字代号	国际标准 ISO	英国 BS	俄罗斯 ГОСТ	德国 DIN	日本 JIS
1	Q295A		PL315TN		16ГC		SEV295
2	Q295B		PL315TN		16ГC		SEV295
3	Q345A		E355-CC		17ГIC		SEV345
4	Q345B		E355-CC		17ГIC		SEV345
5	Q345C		E355-DD		14Г2АФ		SEV345
6	Q345D		E355-DD		14Г2АФ		SEV345

序号	美国 UNS	美国 ASTM	欧洲标准 EN	英国 BS	德国 DIN	法国 NF
1		GradeK	P295NH		15Mo3,PH295	A50
2		GradeK	P295NH		15Mo3,PH295	A50
3		GradeB	P355NH	Fe510C	Fe510C	Fe510C
4		GradeB	P355N			
5		GradeA	P355NH			
6		GradeA	P355NL1			

7.13

序号	中国 GB		国际标准 ISO	俄罗斯 ГОСТ	日本 JIS
	牌号	统一数字代号			
7	Q345E		E355E	14Г2АФ	SEV345
8	Q390A		E390-CC	15Т2СФ	E390-CC
9	Q390B		E390-CC	15Т2СФ	E390-CC
10	Q390C		E390-DD	15Т2СФ	
11	Q390D		E390-DD	15Т2СФ	
12	Q390E		E390-DD	15Т2СФ	
13	Q420A		E420-CC	16Г2АФ	
14	Q420B		E420-CC	16Г2АФ	
15	Q420C		E420-DD	16Г2АФ	
16	Q420D		E420-DD	16Г2АФ	
17	Q420E		E460-E	16Г2АФ	

序号	美国		欧洲标准 EN	国际标准 ISO	英国 BS	德国 DIN	法国 NF
	UNS	ASTM					
7		GradeA	P355NL				
8		GradeE					A550-1
9		GradeE					
10		GradeE	S420N				
11		GradeE	S420N				
12		GradeE	S420N				E420-1
13			S420NL				
14		HSLAS	S420NL				
15		钢 450 级					
16		1 等					
17							

序号	中国 GB		国际标准	英国	俄罗斯	日本
	牌号	统一数字代号	ISO	BS	ГОСТ	JIS
18	Q460C		E460-CC			
19	Q460D		E460-DD			
20	Q460E		E460-E			
	美国		欧洲标准		德国	法国
	UNS	ASTM	EN		DIN	NF
18		HSLAS	S460N			E460T-Ⅱ
19		钢480级	S460N			
20		1等	S460NL			

(8) 合金结构钢

序号	中国 GB		国际标准	英国	俄罗斯	日本
	牌号	统一数字代号	ISO	BS	ГОСТ	JIS
1	20Mn2	A00202	22Mn6		20Г2	SMn420
2	30Mn2	A00302	28Mn6		30Г2	SMn433
3	35Mn2	A00352	36Mn6		35Г2	SMn433
4	40Mn2	A00402	42Mn6		40Г2	SMn438
5	45Mn2	A00452			45Г2	SMn443
序号	美国		欧洲标准	英国	德国	法国
	UNS	ASTM	EN	BS	DIN	NF
1	G13200	1320	20Mn5	150M19	20Mn5	20M5
2	G13300	1330	28Mn6	150M28	28Mn6	32M5
3	G13350	1335		150M36	36Mn6	35M5
4	G13400	1340				40M5
5	G13450	1345			46Mn7	45M5

（续）

7.16

序号	中国 GB 牌号	中国 GB 统一数字代号	国际标准 ISO	俄罗斯 ГОСТ	日本 JIS
6	50Mn2	A00502		50Г2	
7	20MnV	A01202	19MnVS6		
8	27SiMn	A10272		27СГ	
9	35SiMn	A10352		35СГ	
10	42SiMn	A10422		42СГ	
11	20SiMn2MoV	A14202			
12	25SiMn2MoV	A14262			
13	37SiMn2MoV	A14372			
14	40B	A70402			
15	45B	A70452			SWRCHB237
16	50B	A70502			

序号	美国 UNS	美国 ASTM	欧洲标准 EN	英国 BS	德国 DIN	法国 NF
6	G13450	1345				
7			19MnVS6		50Mn7	55M5
8					20MnV6	
9			38Si7	En46	37MnSi5	38MS5
10			46Si7		46MnSi4	41S7
11						
12						
13						
14		1040B	38MnB5	170H41	35B2	
15		1045B			45B2	
16		1050B				

序号	中国 GB 牌号	GB 统一数字代号	美国 UNS	美国 ASTM	国际标准 ISO	欧洲标准 EN	英国 BS	俄罗斯 ГОСТ	德国 DIN	日本 JIS	法国 NF
17	40MnB	A71402		50B40		38MnB5			40MnB4	SWRCHB737	38MB5
18	45MnB	A71152		50B45							
19	20MnMoB	A72202		94B17							
20	15MnVB	A73152									
21	20MnVB	A73202									
22	40MnVB	A73402									
23	20MnTiB	A74202									
24	25MnTiBRE	A74252									
25	15Cr	A20152	G51150	5115		17Cr3	527A17	15X	15Cr3	SCr415	12C3
26	15CrA	A20153	G51150	5115		17Cr3		15XA			
27	20Cr	A20202	G51200	5120	20Cr4	20Cr4	527A19	20X	20Cr4	SCr420	18C3

(续)

序号	中国 GB 牌号	统一数字代号	国际标准 ISO	俄罗斯 ГОСТ	日本 JIS
28	30Cr	A20302	34Cr4	30X	SCr430
29	35Cr	A20352	37Cr4	35X	SCr435
30	40Cr	A20402	41Cr4	40X	SCr440
31	45Cr	A20452	41Cr4	45X	SCr445
32	50Cr	A20502		50X	
33	38CrSi	A21382		38XC	
34	12CrMo	A30122		12XM	SCM415
35	15CrMo	A30152		15XM	SCM418
36	20CrMo	A30202	18CrMo4	20XM	SCM430
37	30CrMo	A30302	25CrMo4	30XM	SCM430
38	30CrMoA	A30303	25CrMo4	30XMA	

序号	美国 UNS	ASTM	欧洲标准 EN	英国 BS	德国 DIN	法国 NF
28	G51300	5130	34Cr4	530A30	28Cr4	28C4
29	G51350	5135	37Cr4	530A36	34Cr4	34C4
30	G51400	5140	41Cr4	530A40	41Cr4	42C4
31	G51450	5145	41Cr4			45C4
32	G51500	5150	55Cr3			50C4
33						
34			13CrMo4-5		13CrMo44	12CD4
35			13CrMo4-5		15CrMo5	
36	G41190	4119	18CrMo4	CDS12	20CrMo4	18CD4
37	G41300	4130	25CrMo4	CDS13		30CD4
38			25CrMo4			

7.18

(续)

序号	牌号	统一数字代号	国际标准 ISO	俄罗斯 ГОСТ	日本 JIS
	中国 GB				
39	35CrMo	A30352	34CrMo4	35ХМ	SCM435
40	42CrMo	A30422	42CrMo4	38ХМ	SCM440
41	12CrMoV	A31122		12ХМФ	
42	35CrMoV	A31352		35ХМФ	
43	12Cr1MoV	A31132		12Х1МФ	
44	25Cr2MoVA	A31253		25Х2МФА	
45	25Cr2M1VA	A31263		25Х2М1ФА	
46	38CrMoAl	A33382	41CrAlMo74	38ХМЮА	SACM645
47	40CrV	A23402		40ХФА	
48	50CrVA	A23503	51CrV4	50ХФА	SUP10
49	15CrMn	A22152	16MnCr5	15ХТ	

序号	美国 UNS	美国 ASTM	欧洲标准 EN	英国 BS	德国 DIN	法国 NF
39	G41350	4135	34CrMo4	708A37	34CrMo4	34CD4
40	G41400	4140	42CrMo4	708A40	42CrMo4	42CD4
41			14MoV6-3			
42			31CrMoV9		35CrMoV5	
43					13CrMoV4.2	
44					24CrMoV5.5	
45						
46			41CrAlMo7	905M35	41CrAlMo7	40CAD6.12
47					42CrV6	
48	G61500	6150	51CrV4	735A50	50CrV4	50CV4
49	G51150	5115	16MnCr5		16MnCr5	16MC5

（续）

序号	中国 GB 牌号	中国 GB 统一数字代号	国际标准 ISO	俄罗斯 ГОСТ	日本 JIS
50	20CrMn	A22202	20CrMn5	20XГ	SMnC420
51	40CrMn	A22402	41Cr4	40XГ	SMnC443
52	20CrMnSi	A24202		20XГС	
53	25CrMnSi	A24252		25XГС	
54	30CrMnSi	A24303		30XГС	
55	30CrMnSiA	A24303		30XГСA	
56	35CrMnSiA	A24353		35XГСA	
57	20CrMnMo	A34202	25CrMo4	18XГM	SCM421
58	40CrMnMo	A34402	42CrMo4	40XГM	SCM440
59	20CrMnTi	A26202		18XГТ	
60	30CrMnTi	A26302		30XГТ	

序号	美国 UNS	美国 ASTM	欧洲标准 EN	英国 BS	德国 DIN	法国 NF
50	G51200	5120	20MnCr5		20MnCr5	20MC5
51		5140	41Cr4	41Cr4	41Cr4	41Cr4
52						
53						
54						
55						
56						
57		4121	25CrMo4	708M40	20CrMo5	42CD4
58		4140	42CrMo4			
59				637M17	30MnCrTi4	20NC6
60						

7.20

序号	中国 GB 牌号	统一数字代号	国际标准 ISO	英国 BS	俄罗斯 ГОСТ	日本 JIS
61	20CrNi	A40202	20NiCrMo2	637M17	20ХН	SNC415
62	40CrNi	A40402	36CrNiMo4	640M40	40ХН	SNC236
63	45CrNi	A40452			45ХН	SNC236
64	50CrNi	A40502			50ХН	
65	12CrNi2	A41122			12ХН2	SNC415
66	12CrNi3	A42122	15CrNi13	655M13	12ХН3А	SNC815
67	20CrNi3	A42202			20ХН3А	SNC815
68	30CrNi3	A42302		653M31	30ХН3А	SNC631
69	37CrNi3	A42372				SNC836
70	12Cr2Ni4	A43122			12Х2Н4А	SNC815
71	20Cr2Ni4	A43202		659M15	20Х2Н4А	

序号	美国 ASTM	美国 UNS	欧洲标准 EN	德国 DIN	法国 NF
61			18NiCr5-4	20NiCr6	20NC6
62	3140	G31400	36CrNiMo4	40NiCr6	35NC6
63	3145	G31450		45NiCr6	
64					
65			10NiCr5-4	14NiCr10	14NC11
66			15NiCr13	14NiCr14	14NC12
67			15NiCr13	20NiCr14	20NC11
68				28NiCr10	30NC12
69					
70					
71	3320		15NiCr13	14NiCr18	12NC15

序号	中国 牌号	统一数字代号	国际标准 ISO	英国 BS	俄罗斯 ГОСТ	德国 DIN	日本 JIS
72	20CrNiMo	A50202	20CrNiMo2	805M20	20XHM	21NiCrMo2	SNCM220
73	40CrNiMoA	A50403	36CrNiMo4	817M40	40XHMA	36NiCrMo4	SNCM439
74	18CrNiMnMoA	A50183	18CrNiMo7				SNCM420
75	45CrNiMoVA	A51453			45XMФА		SNCM447
76	18Cr2Ni4WA	A52183			18X2H4BA		
77	25Cr2Ni4WA	A52253			25X2H4BA		

序号	美 UNS	美 ASTM	欧洲标准 EN	法国 NF
72	G87200	8720	20NiCrMo2-2	20NCD2
73	G43400	4340	36CrNiMo4	40NCD3
74	G47200	4720	17NiCrMo6-4	
75			41NiCrMo67-3-2	
76				
77				

（9）弹 簧 钢

序号	中国 牌号	统一数字代号	国际标准 ISO	英国 BS	俄罗斯 ГОСТ	德国 DIN	日本 JIS
1	65		C60E4	060A67	65	CK67	S65-CSP
2	70		DC	070A72	70		S70-CSP

序号	美 UNS	美 ASTM	欧洲标准 EN	法国 NF
1	G10650	1065	C60E4	XC65
2	G10700	1070	C70D	XC70

序号	中国 GB 牌号	统一数字代号	国际标准 ISO	俄罗斯 ГОСТ	德国 DIN	英国 BS	日本 JIS	法国 NF
3	85		DC	85	CK85	080A86	SUP3	XC85
4	65Mn		C60E4	65Г	65Mn4	250A53	SUP6	56SC7
5	55Si2Mn		56SiC7	55С2Г	55Si7			
6	55Si2MnB							
7	55SiMnVB						SUP7	
8	60Si2Mn		61SiCr7	60С2Г	60Si7	250A58		60SC7
9	60Si2MnA		61SiCr7	60С2ТА				
10	60Si2CrA		58SiCr63	60С2ХА	60SiCr5	685A55		
11	60SiCrVA			60С2ХФА				
12	55CrMnA		55Cr3	50ХГА	55Cr3	527H60	SUP9	55C3
13	60CrMnA						SUP9A	

序号	美国 UNS	美国 ASTM	欧洲标准 EN
3	G10840	1084	C86D
4	G15660	1566	C60E
5	G92550	9255	56SiC7
6			
7			
8	G92600	9260	61SiCr7
9			61SiCr7
10			60SiCrV7
11			55Cr3
12	G51550	5155	60Cr3
13	G51600	5160	

序号	中国 牌号	统一数字代号	国际标准 ISO	英国 BS	俄罗斯 ГОСТ	日本 JIS
14	60CrMnMoA		60CrMo3-3			SUP13
15	50CrVA		51CrV4	805A60 735A50	50ХФА 55ХГФА	SUP10
16	60CrMnBA		60CrB3			SUP11A
17	30WCr2VA					

序号	欧洲标准 EN	美国 UNS	ASTM	法国 NF	德国 DIN
14		G41610	4161		
15		G61500	6150	50CV4	50CrV4
16		G51601	51B60		
17					30WCrV17.9

（10）轴 承 钢

序号	中国 牌号	统一数字代号	国际标准 ISO	英国 BS	俄罗斯 ГОСТ	日本 JIS
1	GCr4	B00040		535A99	ШХ4	SUJ1
2	GCr15	B00150	100Cr6		ШХ15	SUJ2
3	GCr15SiMn	B01150	100CrMnSi6-4		ШХ15СГ	SUJ3
4	GCr15SiMo	B03150	100CrMnMoSi8-4-6			SUJ4

序号	欧洲标准 EN	美国 UNS	ASTM	法国 NF	德国 DIN
1	100Cr6		52100	100C6	100C6
2				100Cr-Mn6	100CM6
3	100Cr-MnMoSi8-4-6				
4					

序号	中国 GB 牌号	中国 GB 统一数字代号	国际标准 ISO	俄罗斯 ГОСТ	日本 JIS
5	GCr18Mo	B02180			SUJ5
6	G20CrMo		20MnCrMo4-2	20XM	SCM420
7	G20CrNiMo		20NiCrMo2		
8	G20CrNi2Mo		20NiCrMo7	20XH2M	SNCM220
9	G20Cr2Ni4			20X2H4A	SNCM420
10	G10CrNi3Mo				
11	G20Cr2Mn2Mo				
12	9Cr18			95X18	SUS440C
13	9Cr18Mo		X108CrMo17		SUS440C

序号	美国 UNS	美国 ASTM	欧洲标准 EN	英国 BS	德国 DIN	法国 NF
5		100CrMo7	100CrMo7			15CD2
6		4118H		805A20	20MoCr4	20NCD2
7		8620H			21NiCrMo2.2	20NCD7
8		4320H			20NiCrMo6.5	
9		9310H		832H13		
10						10NCD12
11						
12						
13		440C			X102CrMo17	Z100CD17

(11) 碳素工具钢

序号	中国 GB 牌号	中国 GB 统一数字代号	国际标准 ISO	英国 BS	俄罗斯 ГОСТ	日本 JIS
1	T7		C70U		У7	SK6,SK7
2	T7A				У7А	
3	T8		C80U		У8	SK5,SK6
4	T8A				У8А	
5	T8Mn				У8Г	
6	T8MnA				У8ГА	
7	T9		C90U	BW1A	У9	SK4,SK5
8	T9A				У9А	
9	T10		C105U	BW1B	У10	SK3,SK4
10	T10A				У10А	
11	T11			BW1B	У11	SK3

序号	美国 UNS	美国 ASTM	欧洲标准 EN	德国 DIN	法国 NF
1			C70U	C70W2	
2	T72301	WIA-8		C70W1	Y_170
3	T72301	WIC-8	C80U	C80W2	Y_180
4				C80W1	Y_390
5	T72301		C90U	C85W	
6					
7	T72301	WIA-8$\frac{1}{2}$	C90U	C90W3	Y_290
8					Y_190
9	T72301	WIA-9$\frac{1}{2}$	C105U	C105W2	Y_2105
10				C105W1	Y_1105
11	T72301	WIA-10$\frac{1}{2}$	C105U	C110W	Y_2105

(续)

序号	中国 牌号	中国 统一数字代号	美国 UNS	美国 ASTM	国际标准 ISO	欧洲标准 EN	英国 BS	俄罗斯 ГОСТ	德国 DIN	日本 JIS	法国 NF
12	T11A							У11А			Y_1105
13	T12		T72301	W1A-11$\frac{1}{2}$	TC120	C120U	BW1C	У12	C125W	SK2	Y_2120
14	T12A							У12А			Y_1120
15	T13		T72301	W2-C13	TC140			У13		SK1	Y_2140
16	T13A							У13А			

(12) 合金工具钢

序号	中国 牌号	中国 统一数字代号	美国 UNS	美国 ASTM	国际标准 ISO	欧洲标准 EN	英国 BS	俄罗斯 ГОСТ	德国 DIN	日本 JIS	法国 NF
1	9SiCr	T30100						9ХС	90CrSi5		
2	8MnSi	T30000					BH21	13Х	C75W3		
3	C-06	T30060	T72305	W5					140Cr3	SKS8	130Cr3

7.27

（续）

序号	中国 GB 牌号	中国 GB 统一数字代号	国际标准 ISO	俄罗斯 ГОСТ	日本 JIS
4	Cr2	T30201	102Cr6	X	SUJ2
5	9Cr2	T30200		9X1	
6	W	T30001		B1	SKS21
7	4CrW2Si	T40124	45WCrV2	4XB2C	SKS41
8	5CrW2Si	T40125	50WCrV8	5XB2C	SKS4
9	6CrW2Si	T40126	60WCrV8	6XB2C	SKS4
10	6CrMnSi2Mo1V	T40100			
11	5Cr3Mn1SiMo1V	T40300			
12	Cr12	T21200	X210Cr12	X12	SKD1
13	Cr12Mo1V1	T21202	X153CrMoV12		SKD11
14	Cr12MoV	T21201		X12MΦ	SKD11

序号	美国 UNS	美国 ASTM	欧洲标准 EN	英国 BS	德国 DIN	法国 NF
4			102Cr6	BL1	100Cr6	Z200C12
5					85Cr7	
6	T60601	F1		BF1	120W4	100WCr10
7				BS1	35WCrV7	
8	T41901	S1	50WCrV8		45WCrV7	55WC20
9			60WCrV8		60WCrV7	55WC20
10						
11						
12	T30403	D3	X210Cr12	BD3	X210Cr12	Z200C12
13	T30402	D2	X153CrMoV12	BD2	X155CrVMo121	Z160CDV12.03
14				BD2A	X165CrMoV12	Z160CDV12

7.28

（续）

序号	中国 牌号	统一数字代号	美国 UNS	美国 ASTM	国际标准 ISO	欧洲标准 EN	英国 BS	德国 DIN	日本 JIS	俄罗斯 ГОСТ	法国 NF
15	Cr5Mo1V	T20503	T30102	A2	X100CrMoV51	X100CrMoV51	BA2	X100CrMoV51	SKD12		Z100CDV5
16	9Mn2V	T20000	T31502	O2			BO2	90MnCrV8		ХВГ	90MnV8
17	CrWMn	T20111	T31507	O7	95MnWCr5	95MnWCr5		105WCr6	SKS31	9ХВГ	105WC13
18	9CrWMn	T20110	T31501	O1	95MnWCr5	95MnWCr5	BO1		SKS3		90MCW5
19	Cr4W2MoV	T20421									
20	6Cr4W3Mo2VNb	T20432									
21	6W6Mo5Cr4V	T20465									
22	7CrSiMnMoV	T20104									
23	5CrMnMo	T20102		V1G						5ХГМ	
24	5CrNiMo	T20103	T61206	L6				55NiCrMoV6	SKT4	5ХНМ	55NCDV7
25	3Cr2W8V	T20280	T20821	H21	X30WCrV9-3	X30WCrV9-3	BH21	X30WCrV93	SKD5	3Х2В8Ф	230WCV9

序号	中国 GB 牌号	统一数字代号	国际标准 ISO	俄罗斯 ГОСТ	日本 JIS
26	5Cr4Mo3SiMnVAl	T20403			
27	3Cr3Mo3W2V	T20323			
28	5Cr4W5Mo2V	T20452			
29	8Cr3	T20300		8X3	
30	4CrMnSiMoV	T20101			
31	4Cr3Mo3SiV	T20303	32CrMoV12-28		
32	4Cr5MoSiV	T20501	X37CrMoV5-1	4X5MФC	SKD6
33	4Cr5MoSiV1	T20502	X40CrMoV5-1	4X5MФ1C	SKD61
34	4Cr5W2VSi	T20520		4X5B2ФC	SKD62
35	7Mn15Cr2Al3V2WMo	T23152			

序号	美国 UNS	美国 ASTM	欧洲标准 EN	英国 BS	德国 DIN	法国 NF
26						
27						
28						
29						
30						
31	T20810	H10	32CrMoV12-28	BH10	X38CrMoV5-1	Z38CDV5
32	T20811	H11	X37CrMoV5-1	BH11	X40CrMoV5-1	Z40CDV5
33	T20813	H13	X40CrMoV5-1		X37CrMoWV5-1	Z35CWVD5
34	T20812	H12				

(续)

序号	中国 牌号	中国 统一数字代号	国际标准 ISO	俄罗斯 ГОСТ	日本 JIS
36	3Cr2Mo	T22020	35CrMo7		
37	3Cr2MnNiMo	T22024	40CrMnNiMo8-6-4		

序号	美国 UNS	美国 ASTM	英国 BS	欧洲标准 EN	德国 DIN	法国 NF
36	T51620	P20		35CrMo7		
37				40CrMnNiMo8-6-4		

(13) 高速工具钢

序号	中国 牌号	中国 统一数字代号	国际标准 ISO	俄罗斯 ГОСТ	日本 JIS
1	W18Cr4V		HS18-0-1	P18	SKH2
2	W18Cr4VCo5		HS18-1-1-5	P18K5Ф2	SKH3
3	W18Cr4V2Co8		HS18-0-1-10	P18K5Ф5	SKH4
4	W12Cr4V5Co5		HS12-1-5	P10K5Ф5	SKH10
5	W6Mo5Cr4V2		HS6-5-2	P6M5	SKH51

序号	美国 UNS	美国 ASTM	英国 BS	欧洲标准 EN	德国 DIN	法国 NF
1	T12001	T1	BT1	HS18-0-1	S18-0-1	HS18-0-1
2	T12004	T4	BT4	HS18-1-1-5	S18-1-2-5	HS18-1-1-5
3	T12005	T5	BT5	HS18-0-1-10	S18-1-2-10	HS18-0-2-10
4	T12015	T15	BT15	HS12-1-5	S12-1-4-5	HS12-1-5-5
5	T11302	M2	BM2	HS6-5-2	S6-5-2	HS6-5-2

(续)

序号	中国 GB 牌号	统一数字代号	美国 UNS	美国 ASTM	国际标准 ISO	欧洲标准 EN	英国 BS	德国 DIN	俄罗斯 ГОСТ	日本 JIS	法国 NF
6	CW6Mo5Cr4V2					HS6-5-2C		SC6-5-2			HS6-5-2-HC
7	W6Mo5Cr4V3		T11313	M3-1	HS6-5-3	HS6-5-3		S6-5-3	Р6М5Ф3	SKH52	HS6-5-3
8	CW6Mo5Cr4V3		T11323	M3-2	HS6-5-3	HS6-5-3	BM1	S6-5-3		SKH53	HS6-5-3
9	W2Mo9Cr4V2		T11307	M7	HS2-9-2	HS2-9-2		S2-9-2		SKH58	HS2-9-2
10	W6Mo5Cr4V2Co5		T11335	M35	HS6-5-2-5	HS6-5-2-5		S6-5-2-5	Р6М5К5	SKH55	HS6-5-2-5
11	W7Mo4Cr4V2Co5		T11341	M41	HS7-4-2-5	HS7-4-2-5		S7-4-2-5			HS7-4-2-5
12	W2Mo9Cr4VCo8		T11342	M42	HS2-9-1-8	HS2-9-1-8	BM42	S2-10-1-8	Р2АМ9К5	SKH59	HS2-9-1-8
13	W9Mo3Cr4V										
14	W6Mo5Cr4V2Al										

注：法国栏中的牌号为简写代号，另有正式牌号，因其太长，本表从略。

7.32

(14) 不 锈 钢

序号	中国 GB 牌号	统一数字代号	国际标准 ISO	俄罗斯 ГОСТ	日本 JIS
1	1Cr17Mn6Ni5N		X12CrMnNiN17-7-5	12X17Г9AH4	SUS201
2	1Cr18Mn8Ni5N			12X17Г9AH4	SUS202
3	1Cr18Mn10Ni5Mo3N				
4	1Cr17Ni7		X10CrNi18-8	09X17H7Ю	SUS301
5	1Cr18Ni9		X10CrNi18-8	12X18H9	SUS302
6	Y1Cr18Ni9		X8CrNiS18-9		SUS303
7	Y1Cr18Ni9Se				SUS303Se
8	0Cr18Ni9		X5CrNi18-9	12X18H10E	SUS304
9	00Cr19Ni10		X2CrNi19-11	08X18H10	SUS304L
10	0Cr19Ni9N			03X18H11	
11	0Cr19Ni10NbN				SUS304N2

序号	美国 UNS	美国 ASTM	欧洲标准 EN	英国 BS	德国 DIN	法国 NF
1	S20100	201	X12CrMnNiN17-7-5		X8CrMnNi18.9	
2	S20200	202	X12CrMnNiN18-9-5	284S16		Z15CNMN19.08
3						
4	S30100	301	X10CrNi18-8	301S21	X12CrNi17.7	Z12CN10.07
5	S30200	302	X10CrNi18-8	302S25	X12CrNi18.8	Z10CN18.8
6	S30300	303	X8CrNiS18-9	303S21	X12CrNiS18.8	Z10CNF18.09
7	S30323	303Se		303S41		
8	S30400	304	X5CrNi18-10	304S15	X5CrNi18.9	Z6CN18.09
9	S30403	304L	X2CrNi19-11	304S12	X2CrNi18.9	Z2CN18.09
10	S30451	304N		304N		
11	S30452	XM21			X5CrNi18.9	

序号	中国 GB 牌号	统一数字代号	国际标准 ISO	俄罗斯 ГОСТ	日本 JIS
12	00Cr18Ni10N		X2CrNi18-9		SUS304LN
13	1Cr18Ni12		X6CrNi18-12	12X18H12T	SUS305
14	0Cr23Ni13		X6CrNi23-14	10X23H18	SUS309S
15	0Cr25Ni20		X6CrNi25-20	10X23H18	SUS310S
16	0Cr17Ni12Mo2		X5CrNiMo17-12-2	08X17H13M2T	SUS316
17	1Cr18Ni12Mo2Ti		X6CrNiMoTi17-12-2		
18	0Cr18Ni12Mo2Ti		X6CrNiMo17-12-2	08X17H13M2T	
19	00Cr17Ni14Mo2		X2CrNiMo17-12-2	03X17H14M2	SUS316L
20	0Cr17Ni12Mo2N				SUS316N
21	0Cr17Ni13Mo2N		X2CrNiMoN17-11-2		SUS316LN
22	00Cr18Ni12Mo2Cu2				SUS316J1

序号	美国 UNS	ASTM	欧洲标准 EN	英国 BS	德国 DIN	法国 NF
12	S30453	304LN	X2CrNi18-10	304S62	XCrNiNi18.10	Z2CN18.10N
13	S30500	305	X4CrNi18-12	305S19	X5CrNi19.11	Z8CN18.12
14	S30908	309S	X6CrNi23-14		X7CrNi23.14	
15	S31008	310S	X8CrNi25-21	310S31		Z8CN25.20
16	S31600	316	X5CrNiMo17-12-2	316S16	X5CrNiMo18.10	Z6CND17.12
17			X6CrNiMoTi17-12-2		X10CrNiMoTi18.10	Z8CNDT17.12
18			X6CrNiMo17-12-2			Z6CNDT17.12
19	S31603	316L		316S12	X2CrNiMo18.10	Z2CND17.12
20	S31651	316N				
21	S31653	316LN	X2CrNiMoN17-13-2	316S61	X2CrNiMo18.12	Z2CND17.12N
22						

序号	中国 GB 牌号	统一数字代号	国际标准 ISO	俄罗斯 ГОСТ	日本 JIS
23	00Cr18Ni12Mo2Cu2				SUS316J1L
24	0Cr19Ni13Mo3		X5CrNiMo17-12-2		SUS317
25	00Cr19Ni13Mo3		X2CrNiMo18-15-5		SUS317L
26	1Cr18Ni12Mo3Ti				
27	0Cr18Ni12Mo3Ti		X6CrNiMo17-12-2	10X17H13M3T	SUS317J1
28	0Cr18Ni16Mo5		X7CrNiMo19-14-4	08X17H15M3T	
29	1Cr18Ni9Ti				SUS321
30	0Cr18Ni10Ti		X6CrNiTi18-10	08X18H10T	SUS321
31	0Cr18Ni11Nb		X6CrNiNb18-10	08X18H12Б	SUS347
32	0Cr18Ni9Cu3		X3CrNiCu18-9-4		SUSXM7
33	0Cr18Ni13Si4				SUSXM15J1

序号	美国 UNS	美国 ASTM	欧洲标准 EN	英国 BS	德国 DIN	法国 NF
23			X3CrNiCuMo17-11-3-2			
24	S31700	317	X5CrNiMo17-12-2	317S16	X5CrNiMo17-12-2	
25	S31703	317L	X2CrNiMo18-14-3	317S12		Z2CND19.15
26					X10CrNiMoTi18-12	Z8CND17.13B
27			X6CrNiMoTi17-12-2		X6CrNiMoTi17-12-2	Z6CNDT17.13
28			X3CrNiMo17-13-3		X3CrNiMo17-13-3	
29	S32100	321	X6CrNi18-10	321S20	X12CrNiTi18.9	Z10CNT18.19
30			X6CrNiTi18-10	321S12	X10CrNiTi18.9	Z6CNT18.11
31	S34700	347	X6CrNiNb18-10	S347S17	X10CrNiNb18.9	Z6CNNb18.10
32	S30430	XM7	X3CrNiCu18-9-4			Z6CNU18.10
33	S38100	XM15	X1CrNiSi18-15-4			

（续）

序号	中国 GB 牌号	统一数字代号	国际标准 ISO	俄罗斯 ГОСТ	日本 JIS
34	0Cr26Ni5Mo2			15X18H12C4IO	SUS329J1
35	1Cr18Ni11Si4AlTi				
36	00Cr18Ni5Mo3Si2				
37	0Cr13Al		X6CrAl13		SUS405
38	00Cr12		X6Cr13	08X13	SUS410L
39	1Cr17		X6Cr17	12X7	SUS430
40	Y1Cr17		X14CrMoS17		SUS430F
41	1Cr17Mo		X6CrMo17-1		SUS434
42	00Cr30Mo2				SUS447J1
43	00Cr27Mo				SUSXM27
44	1Cr12		X12Cr13	12X13	SUS403

序号	美国 UNS	美国 ASTM	欧洲标准 EN	英国 BS	德国 DIN	法国 NF
34	S32900	329	X3Cr:NiMo27-5-2		X8Cr:NiMo27.5	
35						
36						
37	S40500	405	X6CrAl13	405S17	X7CrAl13	Z6CA13
38	S43000	430	X6Cr13	430S15	X8Cr17	Z3CT12
39	S43020	430F	X6Cr17		X12CrMoS17	Z8C17
40	S43400	434	X14CrMoS17	434S17	X16CrMo17	Z10CF17
41			X6CrMo17-1			Z8CD17.01
42						
43	S44625	XM27				Z01CD26.1
44	S40300	403	X12Cr13	403S17		Z10C13

7.36

(续)

序号	中国 GB 牌号	统一数字代号	国际标准 ISO	德国 DIN	俄罗斯 ГОСТ	日本 JIS	美国 UNS	美国 ASTM	欧洲标准 EN	英国 BS	法国 NF
45	1Cr13		X12Cr13	X10Cr13	12X13	SUS410	S41000	410	X12Cr13	410S27	Z12C13
46	0Cr13		X6Cr13		08X13	SUS405	S40500	405	X6Cr13	403S17	
47	Y1Cr13		X12CrS13	X12CrMo13		SUS416	S41600	416	X12CrS13		Z12CF13
48	1Cr13Mo		X12CrS13	X15CrMo13		SUS410J1			X12CrS13		
49	2Cr13		X20Cr13	X20Cr13	20X13	SUS420J1	S42000	420	X20Cr13	420S37	Z20C13
50	3Cr13		X30Cr13	X30Cr13	30X13	SUS420J2			X30Cr13	420S45	Z30C13
51	Y3Cr13					SUS420F	S42020	420F	X29CrS13		Z30CF13
52	3Cr13Mo										
53	4Cr13				40X13				X39Cr13		
54	1Cr17Ni2		X39Cr13	X22CrNi17	14X17H2	SUS431	S43100	431	X17CrNi16-2	431S29	Z15CN16.02
55	7Cr17		X17CrNi16-2			SUS440A	S44002	440A	X70CrMo15		

7.37

序号	中国 GB 牌号	统一数字代号	国际标准 ISO	俄罗斯 ГОСТ	日本 JIS
56	8Cr17			95X18	SUS440B
57	9Cr18				SUS440C
58	11Cr17				SUS440C
59	Y11Gr17				SUS440F
60	9Cr18Mo				SUS440C
61	9Cr18MoV				SUS440B
62	0Cr17Ni4Cu4Nb		X5CrNiCuNb16-4		SUS630
63	0Cr17Ni7Al		X7CrNiAl17-7	09X17H7IO	SUS631
64	0Cr15Ni7Mo2Al			09X15H8IO	

序号	美国 UNS	ASTM	欧洲标准 EN	英国 BS	德国 DIN	法国 NF
56	S44003	440B				Z100CD17
57	S44004	440C	X105CrMo17		X105CrMo17	Z100CD17
58	S44004	440C				
59	S44020	440F				
60	S44004	440C				
61	S44003	440B	X90CrMoV18		X90CrMoV18	Z6CND17.12
62	S17400	630	X5CrNiCuNb16-4			Z6CNU17.04
63	S17700	631	X7CrNiAl17-7		X7CrNiAl17.7	Z8CNA17.7
64	S15700	632				Z8CND15.7

注：表中仅列出与"GB/T1220—1992不锈钢棒"有关的对照外国牌号。

(15) 耐 热 钢

序号	中国 GB 牌号	统一数字代号	国际标准 ISO	德国 DIN	俄罗斯 ГОСТ	日本 JIS	美国 UNS	美国 ASTM	欧洲标准 EN	英国 BS	法国 NF
1	5Cr21Mn9Ni4N		X53CrMnNiN21-9	X25CrMnNiN21.09	55X20Г9АН4	SUH35			X53CrMnNiN21-9	349S52	Z52CMN21.09
2	2Cr21Ni12N		X15CrNiSi20-12			SUH37			X15CrNiSi20-12	381S34	C20CN21.12AZ
3	2Cr23Ni13		X12CrNi23-13	X15CrNiSi20.12	20X23H13	SUH309	S30900	309	X12CrNi23-13	309S24	Z15CN24.13
4	2Cr25Ni20		X15CrNiSi25-21	X12CrNi25.20	20X25H18	SUH310	S31000	310	X15CrNiSi25-21	310S24	Z12CN25.20
5	1Cr16Ni35			X12NiCrSi36.10		SUH330	N08330	330	X12NiCrSi35-16		Z15NCS35.16
6	0Cr15Ni25Ti2Mo2AlVB					SUH660	K64285	660	X6NiCrMoVB25-15-2		Z6NCTDV25.15B
7	0Cr18Ni9		X5CrNi18-9	X5CrNi18.9	08X18H10	SUS304	S30400	304	X5CrNi18-10	304S15	Z6CN18.09
8	0Cr23Ni13		X6CrNi23-13	X7CrNi23.14		SUS309S	S30908	309S	X12CrNi23-13		Z10CNS25.13
9	0Cr25Ni20		X6CrNi25-21	X12CrNi25.21	10X23H18	SUS310S	S31008	310S	X8CrNi25-21	310S31	Z12CN25.20
10	0Cr17Ni12Mo2		X5CrNiMo17-12-2		08X17H13M2T	SUS316	S31600	316		316S31	Z6CND17.12

(续)

序号	中国 GB 牌号	统一数字代号	国际标准 ISO	俄罗斯 ГОСТ	日本 JIS
11	4Cr14Ni14W2Mo			45X14H14B2M	SUH31
12	3Cr18Mn12Si2N				
13	2Cr20Mn9Ni2Si2N				
14	0Cr19Ni13Mo3		X5CrNiMo17-12-3	08X17H15M3T	SUS317
15	1Cr18Ni9Ti		X7CrNiTi18-10	12X18H9T	
16	0Cr18Ni10Ti		X6CrNiTi18-10		SUS321
17	0Cr18Ni11Nb		X6CrNiNb18-10	08X18H12Б	SUS347
18	0Cr18Ni13Si4				SUSXM15J1
19	1C20Ni14Si2			20X20H14C2	
20	1Cr25Ni20Si2			20X25H20C2	SUS310S

序号	美国 UNS	美国 ASTM	欧洲标准 EN	英国 BS	德国 DIN	法国 NF
11	K66009			331S42		Z35CNWS14.14
12			X12CrMnNiN18-9-5			
13						
14	S31700	317	X5CrNiMo17-13-3	317S16	X5CrNiMo17.13.5	
15			X8CrNiTi18-10	321S20		Z10CNT18.10
16	S32100	321	X6CrNiTi18-10	321S12	X6CrNiTi18.10	Z6CNT18.10
17	S34700	347	X6CrNiNb18-10	347S17	X10CrNiNb18.9	Z6CNNb18.10
18	S38100	XM15	X1CrNiSi18-15-4			
19			X15CrNiSi20-12		X15CrNiSi20.12	
20	S31400	314	X15CrNiSi25-21	310S24	X15CrNiSi25.20	Z12CNS25.20

序号	中国 GB 牌号	统一数字代号	国际标准 ISO	俄罗斯 ГОСТ	日本 JIS
21	2Cr25N		X15CrN26	15X25T	SUH446
22	0Cr13Al		X6CrAl13	10X13СЮ	SUS405
23	00Cr12		X6Cr13	08X13	SUS410L
24	1Cr17		X6Cr17	12X17	SUS430
25	1Cr5Mo			15X5M	
26	4Cr9Si2		X45CrSi9-3	40X9C2	SUH1
27	4Cr10Si2Mo			40X10C2M	SUH3
28	8Cr20Si2Ni				SUH4
29	1Cr11MoV			15X11МФ	
30	1Cr12Mo				SUS410J1

序号	美国 UNS	美国 ASTM	欧洲标准 EN	英国 BS	德国 DIN	法国 NF
21	S44600	446	X18CrN26			Z6CA13
22	S40500	405	X6CrAl13	405S17	X7CrAl13	Z6CA13
23			X6Cr13			Z8C17
24	S43000	430	X6Cr17	430S15	X8Cr17	
25	S50200	502				Z45CS9
26	K65007		X45CrSi9-3	410S45	X45CrSi9.3	Z40CSD10
27	K64005		X40CrSiMo10-2		X40CrSiMo10.2	Z80CSN20.02
28	K65006		X85CrMoV18-2	443S64		
29			X20CrNiMoV12-1			
30						

序号	中国 GB 牌号	统一数字代号	美国 UNS	美国 ASTM	欧洲标准 EN	国际标准 ISO	英国 BS	德国 DIN	俄罗斯 ГОСТ	法国 NF	日本 JIS
31	2Cr12MoVNNb							X19CrMoVNbN11 1			SUH600
32	1Cr12WMoV		S61600	616	X20CrMoWV12-1			X20CrMoWV12 1			SUH616
33	2Cr12NiMoWV				X20CrMoWV12-1			X10Cr13	20X12BHMΦ	Z20CDNbV11	SUS410
34	1Cr13		S41000	410	X12Cr13	X12Cr13	410S21	X15CrMo13	12X13	Z12C13	SUS410J1
35	1Cr13Mo				X12CrS13	X12CrS13					SUS420J1
36	2Cr13		S42000	420	X20Cr13	X20Cr13	420S37	X20Cr13	20X13	Z20C13	SUS431
37	1Cr17Ni2		S43100	431	X17CrNi16-12	X17CrNi16-12	431S29	X20CrNi17 2	14X17H2	Z15CN16.02	
38	1Cr11Ni2W2MoV								11X11H2B2MΦ		
39	0Cr17Ni4Cu4Nb		S17400	630	X5CrNiCuNb16-4	X5CrNiCuNb16-4		X5CrNiCuNb17 4		Z6CNU17.04	SUS630
40	0Cr17Ni7Al		S17700	631	X7CrNiAl17-7	X7CrNiAl17-7		X7CrNiAl17-7	09X17H7IO	Z8CNA17.07	SUS631

7.42

(16) 灰 铸 铁

序号	中国 GB 牌号	统一数字代号	国际标准 ISO	俄罗斯 ГОСТ	日本 JIS
1	HT100		100	СЧ10	FC100
2	HT150		150	СЧ15	FC150
3	HT200		200	СЧ20	FC200
4	HT250		250	СЧ25	FC250
5	HT300		300	СЧ30	FC300
6	HT350		350	СЧ35	FC350

序号	欧洲标准 EN	美国 UNS	美国 ASTM	英国 BS	德国 DIN	法国 NF
1	GJL-100	F11401	20A	100	GG10	
2	GJL-150	F11701	25A	150	GG15	FGL150
3	GJL-200	F12101	30A	200	GG20	FGL200
4	GJL-250	F12401	35A	250	GG25	FGL250
5	GJL-300	F13301	45A	300	GG30	FGL300
6	GJL-350	F13501	50A	350	GG35	FGL350

(17) 可 锻 铸 铁

序号	中国 GB 牌号	统一数字代号	国际标准 ISO	俄罗斯 ГОСТ	法国 NF	日本 JIS
1	KTH300-06		B30-06	КЧ30-6		FCM30-06

序号	欧洲标准 EN	美国 UNS	美国 ASTM	英国 BS	德国 DIN	法国 NF
1	GJMB300-6	F11401	20A	B290/06		EN-GJMB-300-6

序号	中国 GB 牌号	统一数字代号	国际标准 ISO	俄罗斯 ГОСТ	日本 JIS
2	KTH330-08			КЧ33-8	FCMB31-08
3	KTH350-10		B35-10	КЧ35-10	FCMB35-10
4	KTH370-12			КЧ37-12	
5	KTZ450-06		P45-06	КЧ45-7	FCMP45-06
6	KTZ550-04		P55-04	КЧ55-4	FCMP55-04
7	KTZ650-02		P65-02	КЧ65-3	FCMP65-02
8	KTZ700-02		P70-02	КЧ70-2	FCMP70-02
9	KTB350-04		W35-04		FCMW34-04
10	KTB380-12		W38-12		FCMW38-12
11	KTB400-05		W40-05		FCMW40-05
12	KTB450-07		W45-07		FCMW45-07

序号	美国 UNS	美国 ASTM	欧洲标准 EN	英国 BS	德国 DIN	法国 NF
2	F22200	22010	GJMB350-10	B32/10	GTS35-10	EN-GJMB-350-10
3	F22400	33510		B35/12		
4		35018				
5	F23131	45006		P45/06	GTS45-06	EN-GJMB-450-6
6	F24130	60004		P55/04	GTS55-04	EN-GJMB-550-4
7	F25530	80002		P65/02	GTS65-02	EN-GJMB-650-2
8	F26230	90001		P69/02	GTS70-02	EN-GJMB-700-2
9			GJMW350-4	W35/04	GTW35-04	EN-GJMW-350-4
10				W38/12	GTW38-12	EN-GJMW-360-12
11			GJMW400-5	W40/05	GTW40-05	EN-GJMW-400-5
12			GJMW450-7	W45/07	GTW45-07	EN-GJMW-450-7

(18) 球墨铸铁

序号	中国 GB 牌号	统一数字代号	国际标准 ISO	俄罗斯 ГОСТ	日本 JIS
1	QT400-18		400-18	ВЧ40	FCD400
2	QT400-15		400-15	ВЧ45	FCD450
3	QT450-10		450-10	ВЧ50	FCD500
4	QT500-7		500-7	ВЧ60	FCD600
5	QT600-3		600-3	ВЧ70	FCD700
6	QT700-2		700-2	ВЧ80	FCD800
7	QT800-2		800-2		
8	QT900-2		900-2		

序号	美国 UNS	美国 ASTM	欧洲标准 EN	英国 BS	德国 DIN	法国 NF
1	F32800	60-40-18	GJS400-18	400/17	GGG-40	FGS370-17
2		65-45-12	GJS400-15			FGS400-15
3	F33100	70-50-05	GJS450-10	450/10	GGG-50	FGS450-10
4		80-60-03	GJS500-7	500/7	GGG-60	FGS500-7
5	F34100	100-70-03	GJS600-3	600/3	GGG-70	FGS600-3
6	F34800	120-90-02	GJS700-2	700/2	GGG-80	FGS700-2
7			GJS800-2	800/2		FGS800-2
8	F36200		GJS900-2	900/2		

(19) 耐 热 铸 铁

序号	中国 GB	俄罗斯 ГОСТ	序号	中国 GB	俄罗斯 ГОСТ
1	RTCr	ЧХ1	6	RQTSi4Mo	ЧС5Ш
2	RTCr2	ЧХ2	7	RQTSi5	ЧЮ6С5
3	RTCr16	ЧХ16	8	RQTAl4Si4	ЧЮ6С5
4	RTSi5	ЧС5	9	RQTAl5Si5	ЧЮ22Ш
5	RQTSi4		10	RQTAl22	

注：国际、日本、美国、欧盟、英国、德国和法国标准的耐热铸铁牌号暂缺。

(20) 一般工程用铸造碳钢

序号	中国 GB 牌号	统一数字代号	国际标准 ISO	俄罗斯 ГОСТ	英国 BS	日本 JIS	欧洲标准 EN	美国 ASTM	美国 UNS	德国 DIN	法国 NF
1	ZG200-400(ZG15)		200-400W	15Л		200-400W	GP240GH	GradeU60-30	J03000	GS-20-38	E-20-40M
2	ZG230-450(ZG25)		230-450W	25Л	A1	230-450W	GP240GR	Grade65-35	J03001	GS-23-45	E-23-45M
3	ZG270-500(ZG35)		270-480W	35Л	A2	270-480W	GP280GH	Grade70-40	J02501	GS-26-52	E-26-52M
4	ZG310-570(ZG45)			45Л	A3					GS-30-60	E-30-57M
5	ZG340-640(ZG55)		340-550W	55Л	A4	340-550W		Grade80-50	D50500		

注：中国（GB）牌号栏中，带括号的牌号为旧牌号。

(21) 一般用途耐蚀铸钢

序号	中国 GB 牌号	统一数字代号	国际标准 ISO	俄罗斯 ГОСТ	日本 JIS
1	ZG15Cr12		GX12Cr12	15Х13Л	SCS1X
2	ZG20Cr13		C39CH	20Х13Л	SCS2
3	ZG10Cr12NiMo		GX8CrNiMo12-1	10Х12НДЛ	SCS3X
4	ZG06Cr12Ni4(QT1)		GX4CrNi12-4 (QT1)	08Х14Н7МЛ	SCS6X
	ZG06Cr12Ni4(QT2)		GX4CrNi12-4 (QT2)	08Х14Н7МЛ	SCS6X
5	ZG06Cr16Ni5Mo		GX4CrNiMo16-5-1	09Х17Н3СЛ	SCS31
6	ZG03Cr18Ni10		GX2CrNi18-10	07Х18Н9Л	SCS36
7	ZG03Cr18Ni10N		GX2CrNiN18-10	07Х18Н9Л	SCS36N
8	ZG07Cr19Ni9		GX5CrNi19-9	07Х18Н9Л	SCS13X
9	ZG08Cr19Ni10Nb		GX6CrNiNb19-10	10Х18Н11БЛ	SCS21X

序号	美国 ASTM	美国 UNS	欧洲标准 EN	英国 BS	德国 DIN	法国 NF
1	CA-15	J91150	GX12Cr12	410C21	G-X10Cr13	Z12C13M
2	CA-40	J92253		420C29	G-X20Cr14	Z20C13M
3	CA-15M	J91151	GX8CrNiMo12-1			
4	CA-6NM	J91540	GX4CrNi12-4			
5			GX4CrNiMo16-5-1			
6	CF-3	J92500	GX2CrNi18-10	304C12	G-X2CrNi18 9	Z2CN18.10M
7	CF-3	J92500	GX2CrNi19-11			
8	CF-8	J92600	GX5CrNi19-10	304C15	G-X6CrNi18 9	Z6CN18.10M
9	CF-8C	J92700	GX5CrNiNb19-11			

(续)

序号	中国 GB 牌号	统一数字代号	国际标准 ISO	俄罗斯 ГОСТ	日本 JIS
10	ZG03Cr19Ni11Mo2		GX2CrNiMo19-11-2	0X18H10Г2С2M2Л	SCS16AX
11	ZG03Cr19Ni11Mo2N		GX2CrNiMoN19-11-2	0X18H10Г2С2M2Л	SCS16AXN
12	ZG07Cr19Ni11Mo2		GX5CrNiMo19-11-2	0X18H10Г2С2M2Л	SCS14X
13	ZG08Cr19Ni11Mo2Nb		GX6CrNiMoNb19-11-2	0X18H10Г2С2M2Л	SCS14XNb
14	ZG03Cr19Ni11Mo3		GX2CrNiMo19-11-3		SCS35
15	ZG03Cr19Ni11Mo3N		GX2CrNiMoN19-11-3		SCS35N
16	ZG07Cr19Ni11Mo3		GX5CrNiMo19-11-3	07X18H10Г2С2M2Л	SCS34
17	ZG03Cr26Ni5Cu3Mo3N		GX2CrNiCuMoN26-5-3-3		SCS32
18	ZG03Cr26Ni5Mo3N		GX2CrNiMoN26-5-3		SCS33
19	ZG03Cr14Ni14Si4				

序号	美国 UNS	美国 ASTM	欧洲标准 EN	英国 BS	德国 DIN	法国 NF
10	J92800	CF-3M	GX2CrNiMo19-11-2			
11	J92804	CF-3MN	GX2CrNiMoN19-11-2			
12	J93000	CF-8M	GX5CrNiMo19-11-2			
13			GX6CrNiMoNb19-11-2			
14	J92800	CF-3M	GX2CrNiMo19-11-3			
15	J92804	CF-3MN	GX2CrNiMoN1-1-3			
16	J93000	CG-8M	GX5CrNiMo19-11-3			
17			GX2CrNiCuMoN26-5-3-3			
18			GX2CrNiMoN26-5-3			
19						

3. 常见有色金属材料中外牌号对照

(1) 铜冶炼产品及加工产品

序号	中国 名称	GB 牌号	国际标准 ISO	俄罗斯 ГОСТ	日本 JIS
1	高纯阴极铜	Cu-CATH-1	Cu-CATH	M0K	电解阴极铜
2	标准阴极铜	Cu-CATH-2	Cu-ETP	M1K	铜线锭
3	电工用铜线锭		Cu-OF	M0	C1020
4	纯铜	T1	Cu-ETP	M1	C1100
5	纯铜	T2	Cu-FRTP	M2	C1221
6	纯铜	T3		M00Б	C1011
7	无氧铜	TU0	Cu-OF	M0Б	C1020
8	无氧铜	TU1	Cu-OF	M1Б	C1020
9	无氧铜	TU2			C1020

序号	美国 UNS	美国 ASTM	欧洲标准 EN	英国 BS	德国 DIN	法国 NF
1		CATH(1 级)		Cu-CATH-2	KE-Cu	Cu-c2
2		CATH(2 级)		Cu-FRHC	E1-Cu58	Cu-a2
3					OF-Cu	Cu-c2
4	C10200	C10200	Cu-ETP	C103	SE-Cu	Cu-a1
5	C11000	C11000	Cu-DHP	C101		
6						
7	C10110	C10110	Cu-OF	C110	OF-Cu	Cu-c2
8	C10200	C10200	Cu-OF	C103	OF-Cu	Cu-c2
9	C10200	C10200		C103		

序号	中国 名称	中国 GB 牌号	美国 UNS	美国 ASTM	国际标准 ISO	英国 BS	俄罗斯 ГОСТ	德国 DIN	日本 JIS	法国 NF
10	磷脱氧铜	TP1	C12010		Cu-DLP		M1P	SW-Cu	C1201	Cu-b2
11	磷脱氧铜	TP2	C12200		Cu-DHP	C106	M1Ф	SF-Cu	C1220	Cu-b1
12	银铜	TAg0.1	C11600		CuAg0.1		БpCp0.1	CuAg0.1		

(2) 加工黄铜

序号	中国 GB	美国 UNS	美国 ASTM	国际标准 ISO	欧洲标准 EN	英国 BS	俄罗斯 ГОСТ	德国 DIN	日本 JIS	法国 NF
1	H96	C21000	C21000	CuZn5	CuZn5		Л96	CuZn5	C2100	CuZn5
2	H90	C22000	C22000	CuZn10	CuZn10	CZ101	Л90	CuZn10	C2200	CuZn10
3	H85	C23000	C23000	CuZn15		CZ102	Л85	CuZn15	C2300	CuZn15
4	H80	C24000	C24000	CuZn20	CuZn20	CZ103	Л80	CuZn20	C2400	CuZn20
5	H70	C26000	C26000	CuZn30	CuZn30	CZ106	Л70	CuZn30	C2600	CuZn30

（续）

序号	中国 GB	国际标准 ISO	俄罗斯 ГОСТ	日本 JIS
6	H68	CuZn33	Л68	C2600
7	H65	CuZn35		C2680
8	H63	CuZn37	Л63	C2700
9	H62			C2720
10	H59	CuZn40	Л60	C2800
11	HNi65-5		ЛН65-5	
12	HNi56-3			
13	HFe59-1-1		ЛЖМц59-1-1	
14	HFe58-1-1		ЛЖС58-1-1	
15	HPb89-2			
16	HPb66-0.5	CuZn32Pb1	ЛС63-2	

序号	美国 UNS	美国 ASTM	欧洲标准 EN	英国 BS	德国 DIN	法国 NF
6	C26000	C26000	CuZn30	CZ106	CuZn30	CuZn30
7	C27000	C27000	CuZn33	CZ107	CuZn33	CuZn33
8	C27200	C27200	CuZn37	CZ108	CuZn36	CuZn36
9	C27400	C27400	CuZn37	CZ109	CuZn37	CuZn40
10	C28000	C28000	CuZn40	CZ109	CuZn40	CuZn40
11						
12					CuZn35Ni2	CuZn36Ni2
13				CZ115		
14				CZ115		
15	C31400	C31400				
16	C33000	C33000		CZ118		

（续）

上半部

序号	中国 GB	国际标准 ISO	俄罗斯 ГОСТ	日本 JIS	法国 NF
17	HPb63-3	CuZn36Pb3	ЛС63-3	C3560	CuZn36Pb3
18	HPb63-0.1	CuZn37Pb1	ЛС63-2	C4622	CuZn37
19	HPb62-0.8	CuZn37Pb1	ЛС60-1	C3710	CuZn37
20	HPb62-3	CuZn36Pb3	ЛС63-3	C3601	CuZn36Pb3
21	HPb62-2	CuZn37Pb2	ЛС60-2	C3713	CuZn38Pb2
22	HPb61-1	CuZn39Pb1	ЛС59-1В	C3710	CuZn40Pb
23	HPb60-2	CuZn39Pb2	ЛС60-2	C3711	CuZn39Pb2
24	HPb59-3	CuZn39Pb3	ЛС53-С	C3561	CuZn40Pb3
25	HPb59-1	CuZn40Pb1	ЛС59-1	C3710	CuZn40Pb
26	HAl77-2	CuZn20Al2	ЛА77-2		CuZn22Al2
27	HAl67-2.5				

下半部

序号	美国 UNS	美国 ASTM	欧洲标准 EN	英国 BS	德国 DIN
17	C35600	C35600	CuZn36Pb3	CZ124	CuZn36Pb1.5
18		C37100	CuZn36Pb1	CZ123	CuZn37Pb0.5
19	C37100			CZ123	CuZn39Pb0.5
20	C36000	C36000		CZ124	CuZn36Pb3
21	C35300	C35300	CuZn38Pb2	CZ119	CuZn38Pb1.5
22	C37100	C37100		CZ119	CuZn39Pb0.5
23	C37700	C37700		CZ121	CuZn39Pb2
24	C37710	C37710		CZ121	CuZn39Pb3
25	C37000	C37000		CZ120	CuZn40Pb2
26	C68700	C68700		CZ110	CuZn20Al2
27					

序号	中国 GB	国际标准 ISO	俄罗斯 ГОСТ	日本 JIS
28	HAl66-6-3-2			
29	HAl61-4-3-1			
30	HAl60-1-1	CuZn39AlFeMn	ЛАЖ60-1-1	
31	HAl59-3-2	CuZn37Mn3Al2Si	ЛАН59-3-2	
32	HAl62-3-3-0.7			
33	HMn58-2		ЛМц58-2	
34	HMn57-3-1		ЛМцА57-3-1	
35	HMn55-3-1			
36	HSn90-1		ЛО90-1	
37	HSn70-1		ЛО70-1	
38	HSn62-1		ЛО62-1	C4621

序号	美国 UNS	美国 ASTM	欧洲标准 EN	英国 BS	德国 DIN	法国 NF
28						
29						
30					CuZn37Al1	
31					CuZn40Al2	
32						
33			CuZn40Mn2Fe1	CZ136	CuZn40Mn1Pb	
34					CuZn40Mn2	
35						
36	C41100	C41100				
37	C44300	C44300		CZ111	CuZn28Sn1	CuZn29Sn1
38	C46200	C46200		CZ112	CuZn38Sn1	CuZn38Sn1

（续）

序号	中国 GB	国际标准 ISO	俄罗斯 ГОСТ	德国 DIN	日本 JIS
39	HSn60-1		ЛО60-1		C4640
40	H85A	CuZn30As			
41	H70A	CuZn30As			
42	H68A				
43	HSi80-3		ЛК80-3		

序号	美国		欧洲标准 EN	英国 BS	德国 DIN	法国 NF
	UNS	ASTM				
39	C46400	C46400		CZ113	CuZn38Sn1	CuZn38Sn1
40						
41	C26130	C26130		CZ126		CuZn30
42	C26130	C26130		CZ126		CuZn30
43						

(3) 铸造黄铜

序号	中国 GB	国际标准 ISO	俄罗斯 ГОСТ
1	ZCuZn38		Лц40C
2	ZCuZn25Al6Fe3Mn3	CuZn25Al6Fe3Mn3	Лц23А6Ж3Мц2
3	ZCuZn26Al4Fe3Mn3	CuZn26Al4Fe3Mn3	Лц23А6Ж3Мц2

序号	美国		欧洲标准 EN	英国 BS	德国 DIN	日本 JIS	法国 NF
	UNS	ASTM					
1	C85500	C85500		DCB1	G-CuZn38Al	HBsC1	
2	C86300	C86300		HTB3	G-CuZn25Al5	HBsC4C	
3	C86300	C86300		HTB3	G-CuZn25Al5	HBsC4C	CuZn40

序号	中 国 GB	国际标准 ISO	俄 罗 斯 ГОСТ	日 本 JIS	法 国 NF
4	ZCuZn31Al2		ЛЦ30А3		
5	ZCuZn35Al2Mn2Fe1	CuZn35AlFeMn	ЛЦ40Мц3А	HBsC2	
6	ZCuZn38Mn2Pb2		ЛЦ38Мц2С2	HBsC1C	
7	ZCuZn40Mn2		ЛЦ40Мц1.5	HBsC2C	
8	ZCuZn40Mo3Fe1		ЛЦ40Мц3Ж	HBsC2	
9	ZCuZn33Pb2	CuZn33Pb2		HBsC1	
10	ZCuZn40Pb2	CuZn40Pb	ЛЦ40СД	HBsC1	
11	ZCuZn16Si4		ЛЦ16К4	SzBC3	

序号	美 国 UNS	美 国 ASTM	欧洲标准 EN	英 国 BS	德 国 DIN	法 国 NF
4			CuZn37Al1-B			
5	C86500	C86500	CuZn35Mn2AlFe1-B	HTB1	G-CuZn35Al2	
6			CuZn39Pb1Al-B			
7						
8			CuZn34Mn3Al2Fe1-B			
9			CuZn33Pb2-B	SCB3		
10	C85700	C85700	CuZn39Pb1Al-B	PCB1	G-CuZn37Pb	
11	C87400	C87400	CuZn16Si4-B		G-CuZn15Si4	

(4) 加工青铜

序号	中国 GB		国际标准 ISO	俄罗斯 ГОСТ	日本 JIS
1	QSn1.5-0.2			БрОФ2-0.5	C5010
2	QSn4-0.3			БрОФ4-0.25	C5010
3	QSn4-3		CuSn4Zn2	БрОЦ4-3	C5441
4	QSn4-4-2.5			БрОЦ4-4-2.5	C5441
5	QSn4-4-4			БрОЦ4-4-4	C5191
6	QSn6.5-0.1		CuSn6	БрОФ6.5-0.15	C5191
7	QSn6.5-0.4		CuSn6	БрОФ6.5-0.4	C5210
8	QSn7-0.2		CuSn8	БрОФ7-0.2	C5212
9	QSn8-0.3		CuSn8	БрОФ8-0.3	C5102
10	QAl5		CuAl5	БрА5	
11	QAl7		CuAl7	БрА7	

序号	美国		欧洲标准 EN	英国 BS	德国 DIN	法国 NF
	UNS	ASTM				
1	C54400	C54400				CuSn4P
2	C51900	C51900	CuSn4			CuSn5Zn4
3	C51900	C51900	CuSn4			CuSn4Zn4Pb4
4	C52100	C52100				CuSn4Zn4Pb4
5	C52100	C52100				
6		C54400	CuSn6	PB103	CuSn6	CuSn6P
7	C51900	C51900	CuSn6	PB103	CuSn6	CuSn6P
8	C51900	C51900	CuSn8	PB103	CuSn8	CuSn6P
9	C52100	C52100		PB104	CuSn8	CuSn8P
10	C52100	C52100		CA101	CuAl5	CuAl6
11	C60600	C60600		CA102	CuAl8	CuAl8
	C61000	C61000				

7.56

序号	中国 GB	美国 UNS	美国 ASTM	欧洲标准 EN	国际标准 ISO	英国 BS	德国 DIN	俄罗斯 ГОСТ	日本 JIS	法国 NF
12	QAl9-2	C62300	C62300		CuAl9Mn2		CuAl9Mn2	БрАМц9-2	C6161	
13	QAl9-4	C63200	C63200	CuAl8Fe3	CuAl10Fe3			БрАЖ9-4	C6280	
14	QAl9-5-1-1	C63000	C63000						C6161	
15	QAl10-3-1.5	C63280	C63280	CuAl10Fe3Mn2		CA104	CuAl10Fe3Mn2	БрАЖМц10-3-1.5	C6161	CuAl10Ni5Fe4
16	QAl10-4-4	C62730	C62730	CuAl10Ni5Fe4	CuAl10Ni5Fe5	CA105	CuAl10Ni5Fe4	БрАЖН10-4-4	C6301	
17	QAl10-5-5								C6301	
18	QAl11-6-6			CuAl11FeNi6			CuAl11Ni6Fe6	БрАНЦ10-4-1		
19	QBe2	C17200	C17200	CuBe2	CuBe2	CB101	CuBe2	БрБ2	C1720	CuBe1.9
20	QBe1.9					CB101	CuBe2	БрБНТ1.9	C1720	CuBe1.9
21	QBe1.9-0.1							БрБНТ1.9Мг	C1700	
22	QBe1.7	C17000	C17000		CuBe1.7	CB101	CuBe1.7	БрБНТ1.7		CuBe1.7

（续）

7.58

序号	中国 GB	国际标准 ISO	俄罗斯 ГОСТ	日本 JIS
23	QBe0.6-2.5			C6561
24	QBe0.4-1.8			
25	QSi3-1.5			
26	QSi3-1			
27	QSi1-3			
28	QSi3.5-3-1.5			
29	QMn1.5		БрКМц3-1 БрКМц1-3	
30	QMn2			
31	QMn5			
32	QZr0.2			
33	QZr0.4			

序号	美国 UNS	美国 ASTM	欧洲标准 EN	英国 BS	德国 DIN	法国 NF
23	C17500	C17500				
24	C17510	C17510				
25				SC101		
26			CuSi3Mn1 CuNi3Si1			
27						
28						
29						
30						
31						
32						
33						

（续）

序号	中国 GB	国际标准 ISO	俄罗斯 ГОСТ	日本 JIS
34	QCr0.5		БрХ1	
35	QCr0.5-0.2-0.1			
36	QCr0.6-0.4-0.05			
37	QCr1		БрХ1	
38	QCd1		БрКД1	
39	QMg0.8			
40	QFe2.5			
41	QTe0.5		磷青铜	

序号	美国		欧洲标准 EN	英国 BS	德国 DIN	法国 NF
	UNS	ASTM				
34	C18200	C18200	CuCr1	CC101		
35	C18100	C18100				
36	C18200	C18200		CC102		
37	C16200	C16200		CC101		
38					CuCd1	
39					CuMg0.7	
40						
41	C14500	C14500			CuTeP	

(5) 铸造青铜

序号	中国 GB	国际标准 ISO	俄罗斯 ГОСТ	日本 JIS	法国 NF
1	ZCuSn3Zn8Pb6Ni1		БрОЦСН3-7-5-1	BC1	
2	ZCuSn3Zn11Pb4		БрОЦС3-12-5	BC1	
3	ZCuSn5Pb5Zn5	CuPb5Sn5Zn5	БрОЦС5-5-5	BC6	CuPb5Sn5Zn5
4	ZCuSn10Pb1	CuSn10P	БрОФ10-1	PBC2	
5	ZCuSn10Pb5			LBC2	
6	ZCuSn10Zn2	CuSn10Zn2	БрОЦ10-2	BC3	CuSn12
7	ZCuPb10Sn10	CuPb10Sn10	БрОС10-10	LBC3	CuPb10Sn10
8	ZCuPb15Sn8	CuPb15Sn8		LBC4	
9	ZCuPb17Sn4Zn4		БрОЦС4-4-17		
10	ZCuPb20Sn5	CuPb20Sn5	БрОС5-25	LBC5	CuPb20Sn5
11	ZCuPb30		БрС30		

序号	美国 UNS	美国 ASTM	欧洲标准 EN	英国 BS	德国 DIN
1	C83800	C83800	CuSn3Zn8Pb5-B	LG1	
2	C83600	C83600	CuSn5Zn5Pb5-B	LG2	G-CuSn5ZnPb
3	C90710	C90710	CuSn11P-B	PB1	G-CuPb5Sn
4			CuSn11Pb2-B		
5	C90500	C90500	CuSn10-B	G1	G-CuSn10Zn
6	C93700	C93700	CuSn10P-B	LB2	G-CuPb10Sn
7	C93800	C93800	CuSn7Pb15-B	LB1	G-CuPb15Sn
8	C94100	C94100			
9	C94300	C94300			
10			CuSn5Pb20-B	LB5	G-CuPb20Sn
11					

序号	中国 GB	国际标准 ISO	俄罗斯 ГОСТ	日本 JIS
12	ZCuAl8Mn13Fe3			ABC4
13	ZCuAlMn13Fe3Ni2			
14	ZCuAl9Mn2		БрАМц9-2Л	ABC3
15	ZCuAl9Fe4Ni4Mn2	CuAl10FeNi5	БрАЖНМц9-4-4-1	A1BC1
16	ZCuAl10Fe3	CuAl10Fe3	БрАЖ9-4Л	A1BC2
17	ZCuAl10Fe3Mn2		БрАМц10-3-1.5	

序号	欧洲标准 EN	英国 BS	德国 DIN	法国 NF
12		CMA1		
13				
14	CuAl9-B			
15	CuAl10Fe5Ni5-B	AB2	G-CuAl10Ni	CuAl10Fe5Ni5
16	CuAl10Fe2-B	AB1	G-CuAl10Fe	CuAl10Fe3
17				

序号	美 UNS	ASTM
12	C95700	C95700
13		
14		
15	C95500	C95500
16	C95200	C95200
17		

(6) 加工白铜

序号	中国 GB	国际标准 ISO	俄罗斯 ГОСТ	日本 JIS
1	B0.6		МН0.6	
2	B5		МН5	

序号	欧洲标准 EN	英国 BS	德国 DIN	法国 NF
1				
2				CuNi5

序号	美 UNS	ASTM
1		
2		

序号	中国 GB	国际标准 ISO	俄罗斯 ГОСТ	日本 JIS
3	B19		МН19	C7100
4	B25		МН25	
5	B30	CuNi25	МНЖКМн30-1-1	
6	BFe5-1.5-0.5	CuNi30Mn1Fe	МАЖ5-1	C7060
7	BFe10-1-1	CuNi10Fe1Mn	МНЖКМц10-1-1	C7150
8	BFe30-1-1	CuNi30Mn1Fe	МНЖКМц30-1-1	
9	BMn3-12		МНЖК3-12	
10	BMn40-1.5	CuNi44Mn1	МНМц40-1.5	
11	BMn43-0.5	CuNi18Zn20	МНМц43-0.5	C7521
12	BZn18-18	CuNi18Zn27	МНЦ18-20	C7701
13	BZn18-26		МНЦ18-27	

序号	美国 UNS	美国 ASTM	欧洲标准 EN	英国 BS	德国 DIN	法国 NF
3	C71000	C71000		CN104		CuNi20
4	C71300	C71300	CuNi25	CN105	CuNi25	CuNi25
5	C71500	C71500		CN106	CuNi30Mn1Fe	CuNi30
6	C70400	C70400		CN101		CuNi5Fe
7	C70600	C70600	CuNi10Fe1Mn	CN102	CuNi10Fe1Mn	
8	C71630	C71630	CuNi30Mn1Fe	CN107	CuNi30Mn1Fe	CuNi30Mn1Fe
9						
10						
11				NS106	CuNi44Mn1	CuNi44Mn
12	C75200	C75200		NS107	CuNi18Zn20	CuNi18Zn20
13	C77000	C77000			CuNi18Zn27	

序号	中国 GB	国际标准 ISO	俄罗斯 ГОСТ	日本 JIS
14	BZn15-20	CuNi15Zn21	MHЦ15-20	C7541
15	BZn15-21-1.8	CuNi18Zn19Pb1	MHЦC16-29-1.8	C7941
16	BZn15-24-1.5	CuNi10Zn28Pb1	MHЦC16-29-1.8	
17	BAl13-3		MHA13-3	
18	BAl6-1.5		MHA6-1.5	

序号	美国 UNS	美国 ASTM	欧洲标准 EN	英国 BS	德国 DIN	法国 NF
14	C75400	C75400		NS105	CuNi12Zn24	CuNi12Zn24
15	C79000	C79000		NS112	CuNi18Zn19Pb1	CuNi13Zn23Pb1
16	C79200	C79200		NS112	CuNi12Zn30Pb1	CuNi13Zn23Pb1
17						
18						

(7) 电解镍

序号	中国 GB	国际标准 ISO	俄罗斯 ГОСТ	日本 JIS
1	Ni9999(99.99)		H-0	N0(99.98)
2	Ni9996(99.96)	NR9995	H-1(99.93)	N0(99.98)
3	Ni9990(99.9)	NR9990	H-2(99.80)	N1(99.80)

序号	美国 UNS	美国 ASTM	英国 BS	德国 DIN	法国 NF
1			R99.95	H-Ni99.96	
2		精炼镍(99.80)	R99.9	H-Ni99.90	
3					

（续）

序号	中国 GB	国际标准 ISO	俄罗斯 ГОСТ	日本 JIS
4	Ni9950(99.5)	NR9980	H-3(99.6)	
5	Ni9920(99.2)			

序号	美国 UNS	美国 ASTM	英国 BS	德国 DIN	法国 NF
4			R99.5	H-Ni99.5	Ni-02
5				H-Ni99	

（8）加工镍及镍合金

序号	中国 GB	国际标准 ISO	俄罗斯 ГОСТ	日本 JIS
1	N2(99.98)			
2	N4(99.9)			
3	N6(99.5)			
4	N8(99.0)		HII1	VCNiP3(99.8)
5	DN(99.35)		HII2	VCNiT3(99.7)
6	NY1(99.7)		HII4	VNiP(99.0)

序号	美国 UNS	美国 ASTM	俄罗斯 ГОСТ	英国 BS	德国 DIN	法国 NF	日本 JIS
1			HIIA1				VCNiT3
2							
3							
4	N02200	N02200			Ni99.6		
5					Ni99.2		
6					Ni99.7		

注：括号内为镍的最小含量（%）。

(续)

序号	中国 GB	国际标准 ISO	俄罗斯 ГОСТ	日本 JIS
7	NY2(99.4)		НПАН	
8	NY3(99.0)		НПА2	VNiR
9	NMn3		НМц2.5	
10	NMn5		НМц5	
11	NCu40-2-1			
12	NCu28-2.5-1.5		НМЖМц28-2.5-1.5	NCuB
13	NMg0.1		НМг0.1	VCNiP2C
14	NSi0.19		НК0.2	VCNiT1A
15	NW4-0.15			
16	NW4-0.1			
17	NW4-0.07		HBМг3-0.08B	VCNi4T

序号	美国 UNS	美国 ASTM	英国 BS	德国 DIN	法国 NF
7				Ni99.4NiO	
8				Ni99.0	
9					
10				NiMn5	
11	N04405	N04405			
12	N04400	N04400	NA13	NiCu30Fe	NiCu32Fe1.5Mn
13				Ni99.7Mg	
14	N02200	N02200		Ni99CSi	
15					
16					
17					

7.65

序号	中国 GB	国际标准 ISO	俄罗斯 ГОСТ	日本 JIS
18	NSi3			
19	NCr10		HX9.5	

序号	美国 UNS	美国 ASTM	英国 BS	德国 DIN	法国 NF
18					
19	N06010	N06010		NiCr10	

(9) 铝锭

序号	中国 GB 名称	中国 GB 牌号	国际标准 ISO	俄罗斯 ГОСТ	日本 JIS
1	高纯铝(锭)	Al-055(99.9995)			
2		Al-05(99.999)			
3	重熔用精铝锭	Al99.996		A999	
4		Al99.993		A995	(精制)特级
5		Al99.99		A99	(精制)1级
6		Al99.95		A95	(精制)2级

序号	美国 UNS	美国 ASTM	英国 BS	德国 DIN	法国 NF
1					
2					
3					
4					
5					
6					

序号	中国 GB 名称	中国 GB 牌号	国际标准 ISO	俄罗斯 ГОСТ	日本 JIS
7	重熔用铝锭	Al99.90	Al99.9	A85	特1级
8		Al99.85	Al99.8		特2级
9		Al99.70A	Al99.70A	A7E	1级
10		Al99.70	Al99.7	A7	1级
11		Al99.60		A6	
12		Al99.50	Al99.5	A5	2级
13		Al99.00		A0	3级
14	重熔用电工铝锭	Al99.70E			
15		Al99.65E			

序号	美国 AA	美国 ASTM	英国 BS	德国 DIN 欧洲标准 EN	法国 NF
7	P0507A	P0507A	EN	AB-Al99.90	
8	P1015A	P1015A	EN	AB-Al99.85	
9	P1020A	P1020A	EN	AB-Al99.70E	
10	P1020A	P1020A	EN	AB-Al99.70	
11	P1520A	P1520A	EN	AB-Al99.6E	
12	P1535A	P1535A	EN	AB-Al99.50	
13	990A	990A	EN	AB-Al99.00	
14					
15					

(10) 变形及铝合金

序号	中国 GB	国际标准 ISO	俄罗斯 ГОСТ	日本 JIS	法国 NF
1	1A99		АД0ч	1N99	
2	1A97				
3	1A95		АДч		
4	1A93				
5	1A90			1N90	
6	1A85			1085	
7	1A80	A199.80(A)	АД000	1080	
8	1A80A	A199.8(A)	АД000	1080	
9	1070	A199.7(A)	АД00	1070	
10	1070A	A199.7(A)	АД00	1070	
11	1370	E-A199.7	АД00E	1070	

序号	美国 UNS	美国 ASTM	英国 BS	欧洲标准 EN	德国 DIN EN
1	(AA)1199	1199	EN		AW-Al99.99
2	(AA)1198	1198	EN		AW-Al99.98
3			EN		AW-Al99.98(A)
4	(AA)1193	1193	EN		AW-Al99.90
5	(AA)1190	1190	EN		AW-Al99.85
6	(AA)1185	1185	EN		AW-Al99.8(A)
7			EN		AW-Al99.8(A)
8			EN		AW-Al99.7
9	(AA)1070	1070	EN		AW-Al99.7
10	(AA)1070A	1070A	EN		AW-Al99.7
11	(AA)1370	1370	EN		AW-EAl99.7

(续)

序号	中国 GB	国际标准 ISO	俄罗斯 ГОСТ	日本 JIS	法国 NF
12	1060	Al99.6	АД0	1050	
13	1050	Al99.5	АД0	1050	
14	1050A	Al99.5	АД0	1050	
15	1A50	Al99.5	АД0E	1050	
16	1350	E-Al99.5			
17	1145				
18	1035				
19	1A30	Al99.3	АД1	1N30	
20	1100	Al99.0Cu	АДС	1100	
21	1200	Al99.0			
22	1235				

序号	美国 ASTM	美国 UNS	英国 BS	德国 DIN EN	欧洲标准 EN
12	1060	A91060	EN		AW-Al99.6
13	1050	A91050	EN		AW-Al99.5
14	1050A		EN		AW-Al99.5
15	1450	A91450	EN		AW-Al99.5
16	1350	A91350	EN		AW-EAl99.5
17	1145	A91145			
18	1035	A91035	EN		AW-Al99.35
19					
20	1100	A91100	EN		AW-AAl99.0Cu
21	1200	A91200	EN		AW-AAl99.0(A)
22	1235	A91235	EN		AW-AAl99.35

（续）

序号	中国 GB	国际标准 ISO	俄罗斯 ГОСТ	日本 JIS
23	2A01	AlCu2.5Mg	Д18	2117
24	2A02			
25	2A04			
26	2A06	AlCu4Mg1		2024
27	2A10			
28	2A11	AlCu4SiMg	B65	2014
29	2B11	AlCu4MgSi	Д1п	2017
30	2A12	AlCu4Mg	Д16п	2024
31	2B12	AlCu4Mg1	Д16п	2024
32	2A13			
33	2A14	AlCu4SiMg	Д1	2014

序号	美国 UNS	美国 ASTM	英国 BS	德国 DIN EN（欧洲标准 EN）	法国 NF
23	A92117	2117	EN	AW-AlCu2.5Mg	
24					
25					
26	A92024	2024	EN	AW-AlCu4Mg1	
27					
28	A92014	2014	EN	AW-AlCu4SiMg	
29	A92017	2017	EN	AW-AlCu4MgSi	
30	A92024	2024	EN	AW-AlCu4MgSi(A)	
31	A92024	2024	EN	AW-AlCu4Mg1	
			EN	AW-AlCu4Mg1	
32					
33	A92014	2014	EN	AW-ACu4SiMg	

7.70

(续)

序号	中国 GB	国际标准 ISO	俄罗斯 ГОСТ	日本 JIS	法国 NF
34	2A16	AlCu6Mn	Д20	2219	
35	2B16	AlCu6Mn		2219	
36	2A17		Д21	2319	
37	2A20	AlCu6Mn		2219	
38	2A21				
39	2A25				
40	2A49				
41	2A50		AK6		
42	2B50		AK6-1		
43	2A70	AlCu2MgNi	AK4-1	2618	
44	2B70			2618	

序号	德国 DIN EN / 欧洲标准 EN	英国 BS EN	美国 ASTM	美国 UNS
34	AW-AlCu6Mn	EN	2219	A92219
35	AW-AlCu6Mn	EN	2219	A92219
36	AW-AlCu4Mn(A)	EN	2319	A92319
37	AW-AlCu6Mn	EN	2219	A92219
38				
39	AW-AlCu4Mg1(A)	EN	2124	A92124
40				
41	AW-AlCu2.5NiMg	EN	2031	A92031
42	AW-AlCu2.5NiMg	EN	2031	A92031
43	AW-AlCu2Mg1.5Ni	EN	2618	A92618
44	AW-AlCu2Mg1.5Ni	EN	2618	A92618

序号	中国 GB	国际标准 ISO	俄罗斯 ГОСТ	德国 DIN	法国 NF	日本 JIS
45	2A80					
46	2A90					
47	2004					
48	2011	AlCu6BePb				2011
49	2014	AlCu4SiMg				2014
50	2014A	AlCu4SiMg(A)				
51	2214					
52	2017	AlCu4MgSi	ДП			2017
53	2017A	AlCu4MgSi(A)				
54	2117	AlCu2.5Mg				2117
55	2218					2218

序号	美国		英国 BS	德国 DIN EN 欧洲标准
	UNS	ASTM		
45	A92031	2031	EN	AW-AlCu2.5NiMg
46				
47	A92004	2004	EN	AW-AlCu6Mn(A)
48	A92011	2011	EN	AW-AlCu6BePb
49	A92014	2014	EN	AW-AlCu4SiMg
50		2014A	EN	AW-AlCu4SiMg(A)
51	A92214	2214	EN	AW-AlCu4SiMg(B)
52	A92017	2017	EN	AW-AlCu4MgSi(A)
53		2017A	EN	AW-AlCu4MgSi(A)
54	A92117	2117	EN	AW-AlCu4MgSi(A)
55	A92218	2218	EN	AW-AlCu2.5Mg

序号	中国 GB	国际标准 ISO	俄罗斯 ГОСТ	日本 JIS
56	2618			2618
57	2219	AlCu6Mn		2219
58	2024	AlCu4Mg1	Д16П	2024
59	2124			
60	3 A21		AMц	3N03
61	3003	AlMn1Cu		3003
62	3103	AlMn1		
63	3004	AlMn1Mg1	Д12	3004
64	3005	AlMn1Mg0.5	AMцC	3005
65	3105	AlMn0.5Mg0.5		3105
66	4 A01			4043

序号	美国 UNS	美国 ASTM	英国 BS	德国 DIN EN 欧洲标准	法国 NF
56	A92618	2618	EN	AW-AlCu2Mg1.5Ni	
57	A92219	2219	EN	AW-AlCu6Mn	
58	A92024	2024	EN	AW-AlCu4Mg1	
59	A92124	2124	EN	AW-AlCu4Mg1(A)	
60			EN	AW-AlMn1Cu	
61	A93003	3003	EN	AW-AlMn1Cu	
62	A93103	3103	EN	AW-AlMn1	
63	A93004	3004	EN	AW-AlMn1Mg1	
64	A93005	3005	EN	AW-AlMn1Mg0.5	
65	A93105	3105	EN	AW-AlMn0.5Mg0.5	
66	A94043	4043	EN	AW-AlSi(A)	

序号	中国 GB	国际标准 ISO	俄罗斯 ГОСТ	日本 JIS
67	4Al1			4032
68	4A13			4N43
69	4A17			4047
70	4004			4004
71	4032			4032
72	4043	AlSi5		4043
73	4043A	AlSi5(A)		4043A
74	4047	AlSi12	AK12	4047
75	4047A	AlSi12(A)		4047(A)
76	5A01			
77	5A02	AlMg2.5		5052

序号	美国 UNS	美国 ASTM	英国 BS	欧洲标准 EN	德国 DIN	法国 NF
67	A94032	4032	EN	AW-AlSi12.5MgCuNi		
68	A94343	4343	EN	AW-AlSi7.5		
69	A94047	4047	EN	AW-AlSi12(A)		
70	A94004	4004	EN	AW-AlSi10Mg1.5		
71	A94032	4032	EN	AW-AlSi12.5MgCuNi		
72	A94043	4043	EN	AW-AlSi5(A)		
73		4043A	EN	AW-AlSi5(A)		
74	A94047	4047	EN	AW-AlSi12(A)		
75		4047A	EN	AW-AlSi12(A)		
76	A95025	5025				
77	A95052	5052	EN	AW-AlMg2.5		

序号	中国 GB	国际标准 ISO	俄罗斯 ГОСТ	日本 JIS
78	5A03	AlMg3.5		5154
79	5A05	AlMg5Mn		5556
80	5B05	AlMg5Mn1		5556
81	5A06			
82	5B06			
83	5A12			
84	5A13	AlMg5Mn1		5556
85	5A30			
86	5A33			
87	5A41			
88	5A43	AlMg1.5(C)		

序号	美国 UNS	美国 ASTM	英国 BS	欧洲标准 EN 德国 DIN EN	法国 NF
78	A95154	5154	EN	AW-AlMg3.5Mn0.3	
79	A95456	5456	EN	AW-AlMg5Mn	
80	A95456	5456	EN	AW-AlMg5Mn	
81	A95025	5025			
82	A95025	5025			
83					
84					
85	A95556	5556	EN	AW-AlMg5Mn	
86	A95025	5025			
87	A95025	5025			
88	A95050	5050	EN	AW-AlMg1.5(D)	

序号	中 国 GB	国际标准 ISO	俄罗斯 ГОСТ	日 本 JIS	法 国 NF
89	5A66				
90	5005	AlMg1(B)		5005	
91	5019				
92	5050	AlMg1.5C			
93	5251	AlMg2			
94	5052	AlMg2.5	AMr2	5052	
95	5154	AlMg3.5	AMr3	5154	
96	5154A	AlMg3.5(A)			
97	5454	AlMg3Mn	AMrA	5454	
98	5554	AlMg3Mn(A)		5554	
99	5754	AlMg3			

序号	美 国		英 国 BS	德 国 DIN
	UNS	ASTM		欧洲标准 EN
89				
90	A95005	5005	EN	AW-AlMg1(B)
91	A95019	5019	EN	AW-AlMg5
92	A95050	5050	EN	AW-AlMg1.5(C)
93			EN	AW-AlMg2
94	A95052	5052	EN	AW-AlMg2.5
95	A95154	5154	EN	AW-AlMg3.5
96		5154A	EN	AW-AlMg3.5A
97	A95454	5454	EN	AW-AlMg3Mn
98	A95554	5554	EN	AW-AlMg3Mn(A)
99	A95754	5754	EN	AW-AlMg3

序号	中国 GB	国际标准 ISO	俄罗斯 ГОСТ	德国 DIN EN / 欧洲标准 EN	英国 BS	日本 JIS	法国 NF
100	5056	AlMg5Cr	AMг5Cr	AW-AlMg5Cr(A)	EN	5056	
101	5356	AlMg5CrA		AW-AlMg5Mn	EN	5356	
102	5456	AlMg5Mn1	AMг6	AW-AlMg4.5	EN	5456	
103	5082	AlMg5Cr(A)		AW-AlMg4.5Mn0.4	EN	5082	
104	5182			AW-AlMg4.5Mn0.7	EN	5182	
105	5083	AlMg4.5Mn0.7	AMг4.5	AW-AlMg4.5Mn0.7	EN	5083	
106	5183	AlMg4.5Mn0.7(A)	AMг5	AW-AlMg4.5Mn0.7(A)	EN	5183	
107	5086	AlMg4	AMг4	AW-AlMg4	EN	5086	
108	6A02	AlSiMg0.8		AW-AlSiMg0.5	EN		
109	6B02			AW-	EN		
110	6A51			AW-	EN	6N01	

序号	美国 ASTM	UNS
100	5056	A95056
101	5356	A95356
102	5456	A95456
103	5082	A95082
104	5182	A95182
105	5083	A95083
106	5183	A95183
107	5086	A95086
108	6181	A96168
109	6081	A96081
110	6005	A96005

序号	中国 GB	国际标准 ISO	俄罗斯 ГОСТ	日本 JIS	法国 NF
111	6101	E-AlMgSi		6101	
112	6101A	E-AlMgSi			
113	6005	AlSiMg			
114	6005A	AlSiMg(A)			
115	6351	AlSiMg0.5Mn			
116	6060	AlMgSi			
117	6061	AlMg1SiCu	АД33	6061	
118	6063	AlMg0.7Si	АД31	6063	
119	6063A	AlMg0.7Si(A)			
120	6070				
121	6181	AlSiMg0.8			

序号	美国 UNS	美国 ASTM	英国 BS	德国 DIN 欧洲标准 EN	法国 NF
111	A96101	6101	EN	AW-AlMgSi	
112		6101A	EN	AW-AlMgSi(A)	
113	A96005	6005	EN	AW-AlSiMg	
114		6005A	EN	AW-AlSiMg(A)	
115	A96351	6351	EN	AW-AlSiMg0.5Mn	
116	A96060	6060	EN	AW-AlMgSi	
117	A96061	6061	EN	AW-AlMg1SiCu	
118	A96063	6063	EN	AW-AlMg0.7Si	
119		6063A	EN	AW-AlMg0.7Si(A)	
120	A96070	6070	EN	AW-AlSi1.5Mn	
121	A96181	6181	EN	AW-AlSiMg0.8	

(续)

序号	中国 GB	国际标准 ISO	俄罗斯 ГОСТ	日本 JIS	法国 NF
122	6082	AlSiMgMn			
123	7A01			7072	
124	7A03				
125	7A04				
126	7A05				
127	7A09	AlZn5.5MgCu(A)		7075	
128	7A10				
129	7A15		B95		
130	7A19			7N01	
131	7A31				
132	7A33				

序号	美国 ASTM	美国 UNS	英国 BS	德国 DIN EN / 欧洲标准
122	6082	A96082	EN	AW-AlSiMgMn
123	7072	A97072	EN	AW-AlZn1
124	7010	A97010	EN	AW-AlZn6MgCu
125	7010	A97010	EN	AW-AlZn6MgCu
126	7005	A97005	EN	AW-AlZn4.5Mg1.5Mn
127	7075	A97075	EN	AW-AlZn5.5MgCu
128	7022	A97022	EN	AW-AlZn5Mg3Cu
129	7014	A97014	EN	AW-AlZn5.5MgCuAg
130	7020	A97020	EN	AW-AlZn4.5Mg1
131	7039	A97039	EN	AW-AlZn4Mg3
132	7017	A97017	EN	

序号	中国 GB	国际标准 ISO	俄罗斯 ГОСТ	日本 JIS
133	7A52			
134	7003			7003
135	7005	AlZn4.5Mg1.5Mn		
136	7020	AlZn4.5Mg1		
137	7022			
138	7050	AlZn6CuMgZr	Д95П	7050
139	7075	AlZn5.5MgCu		7075
140	7475	AlZn5.5MgCu(A)		
141	8A06			
142	8011			
143	8090			

序号	美国		英国 BS　欧洲标准 EN	德国 DIN EN	法国 NF
	UNS	ASTM			
133	A97017	7017	EN	AW-AlZn4Mg3	
134		7003	EN	AW-AlZn6Mg0.8Zr	
135	A97005	7005	EN	AW-AlZn4.5Mg1.5Mn	
136		7020	EN	AW-AlZn4.5Mg1	
137		7022	EN	AW-AlZn5Mg3Cu	
138	A97050	7050	EN	AW-AlZn6CuMgZr	
139	A97075	7075	EN	AW-AlZn5.5MgCu	
140	A97475	7475	EN	AW-AlZn5.5MgCu(A)	
141		8011A	EN	AW-AlFeSi(A)	
142	A98011	8011	EN	AW-AlFeSi(A)	
143		8090	EN	AW-AlLi2.5Cu1.5Mg1	

(11) 铸造铝合金及压铸铝合金

序号	中国 GB 牌号	代号	国际标准 ISO	俄罗斯 ГОСТ	日本 JIS
1	ZAlSi7Mg	ZL101	Al-Si7Mg(Fe)	AЛ9	AC4C
2	ZAlSi7MgA	ZL101A	Al-Si7Mg(Fe)	AЛ9	AC4C
3	ZAlSi12	ZL102	Al-Si12	AЛ2	AC3C
4	ZAlSi9Mg	ZL104	Al-Si10Mg	AЛ4	AC4A
5	ZAlSi5Cu1Mg	ZL105	Al-Si5Cu1Mg	AЛ3	AC4D
6	ZAlSi5Cu1MgA	ZL105A	Al-Si5Cu1Mg	AЛ5-1	AC4D
7	ZAlSi8Cu1Mg	ZL106	Al-Si7Mg(Fe)	AЛ32	AC4B
8	ZAlSi7Cu4	ZL107	Al-Si6Cu4	AK7M2	AC2B
9	ZAlSi12Cu2Mg1	ZL108	Al-Si12Cu	AK9	AC3A
10	ZAlSi12Cu1Mg1Ni1	ZL109	Al-Si12Cu	AK9	AC3A
11	ZAlSi5Cu6Mg	ZL110	Al-Si6Cu4	AK5M7	

铸造铝合金

序号	美国 UNS	美国 ASTM	欧洲标准 EN	英国 BS	德国 DIN	法国 NF
1	A03560	356.0	ENAlSi7Mg	LM25	G-AlSi7Mg	A-SG7
2	A03562	356.2	ENAlSi7Mg0.3	LM25	G-AlSi7Mg	A-SG7
3	A04132	413.2	ENAlSi12(b)	LM20	G-AlSi12	A-S13
4	A03590	359.0	ENAlSi9Mg		G-AlSi9Mg	A-S9G
5	A03552	355.0	ENAlSi5Cu1Mg	LM16	G-AlSi5Mg	
6	A03552	355.2		LM16	G-AlSi5Mg	
7	A03281	328.1	ENAlSi7Cu2	LM27		A-S7G
8	A03192	319.2	ENAlSi6Cu4	LM21	G-AlSi6Cu4	
9	A03832	383.2	ENAlSi2Cu1(Fe)	LM13	G-AlSi12(Cu)	A-S13
10	A14131	A413.1	ENAlSi2CuNiMg	LM13	G-AlSi12(Cu)	A-S13
11	A03081	308.1	ENAlSi8Cu311	LM21	G-AlSi6Cu4	

铸造铝合金

序号	中国 GB 牌号	中国 GB 代号	国际标准 ISO	俄罗斯 ГОСТ	日本 JIS	美国 ASTM	美国 UNS	欧洲标准 EN	英国 BS	德国 DIN	法国 NF
12	ZAlSi9Cu2Mg	ZL111	Al-Si10Mg	АЛ32	AC4B	328.1	A03281	ENAlSi8Cu3	LM2	G-AlSi8Cu3	A-S9G
13	ZAlSi7Mg1A	ZL114A	Al-Si7Mg(Fe)	АЛ9	AC4C	357.0	A03570	ENAlSi7Mg0.6	LM25	G-AlSi7Mg	A-S7G-03
14	ZAlSi5Mg	ZL115	Al-Si5Mg		AC4D	443.1	A04431			G-AlSi5Mg	
15	ZAlSi8MgBe	ZL116	Al-Si7Mg(Fe)		AC4C	356.0	A03560	ENAlSi7Mg0.3	LM25	G-AlSi7Mg	A-S7G
16	ZAlCu5Mn	ZL201		АЛ34	AC1B	295.2	A02952			G-AlCu4Ti	
17	ZAlCu5MnA	ZL201A	Al-Cu4Ti	АЛ19	AC1B	295.2	A02952			G-AlCu4Ti	
18	ZAlCu4	ZL203		АЛ19	AC1A	295.2	A02952			G-AlCu4Ti	
19	ZAlCu5MnCdA	ZL204A		АЛ7							
20	ZAlCu5MnCdVA	ZL205A									
21	ZAlRE5Cu3Si2	ZL207									
22	ZAlMg10	ZL301	Al-Mg10	АЛ8		520.2	A05202			GD-AlMg9	A-G10Y4

序号	类别	中国 GB 牌号	中国 GB 代号	美国 UNS	美国 ASTM	国际标准 ISO	欧洲标准 EN	俄罗斯 ГОСТ	英国 BS	德国 DIN	法国 NF	日本 JIS
23	铸造铝合金	ZAlMg5Si1	ZL303			Al-Mg5Si	ENAlMg5(Si)	AЛ13	LM5	GK-AlMg5Si	A-G6	
24		ZAlMg8Zn1	ZL305					AЛ29			A-G6Y4	
25		ZAlZn11Si7	ZL401									
26		ZAlZn6Mg	ZL402		D712.0	Al-Zn5Mg	ENAlZn5Mg		LM31			
27	压铸铝合金	YZAlSi12	YL102	A14130	A14130	Al-Si12Fe	ENAlSi12(Fe)	AЛ2	LM6-M	AD-AlSi12	A-S13	ADC1
28		YZAlSi10Mg	YL104	A03600	A03600		ENAlSi10Mg(Fe)	AЛ4·AK9		AD-AlSi10Mg	AS-9G、AS-10G	ADC3
29		YZAlSi12Cu2	YL108				ENAlSi8Cu3					
30		YZAlSi9Cu4	YL112			Al-Si8Cu3Fe	ENAlSi11Cu2(Fe)					
31		YZAlSi11Cu3	YL113									
32		YZAlSi17Cu5Mg	YL117									
33		YZAlMg5Si1	YL302	A05140	A05140	AlMg5Si1	ENAlMg5	AЛ13	LM5-M	GD-AlMg5Si	A-G3T	ADC6

(12) 锌　锭

序号	中国 GB	国际标准 ISO	俄罗斯 ГОСТ	德国 DIN 欧洲标准 EN	日本 JIS	法国 NF
1	Zn99.995	Zn99.995	ЦВ0	(EN) Z1	高纯锌	
2	Zn99.99	Zn99.99	ЦВ	(EN) Z2	特级锌	
3	Zn99.95	Zn99.95	Ц1	(EN) Z3	普通级锌（99.97）	
4	Zn99.5	Zn99.5		(EN) Z4	特级蒸馏锌（99.96）	
5	Zn98.7	Zn98.7	Ц2	(EN) Z5		

序号	美 国 UNS	ASTM
1		
2	Z13001	Z13001
3	Z15001	Z15001
4		
5	Z19001	Z19001

(13) 加工锌及锌合金

序号	中国 GB 牌号	名称	俄罗斯 ГОСТ	日本 JIS	美国 UNS	ASTM
1	Zn1(99.99)	锌阳极板	Ц0			
2	Zn2(99.95)		Ц1			
3	Zn5(98.7)	嵌线锌板	Ц2			
4	XB1	电池锌饼				
5	XB2					
6	XB3					
7	X12	微晶锌板				
8	XD1	电池锌板		干电池用锌板	Z21540	Zn-0.3Pb-0.3Cd
9	XD2					

(14) 铸造锌合金及压铸锌合金

序号		中国 GB 牌号	代号	国际标准 ISO	俄罗斯 ГOCT	日本 JIS
1	铸造锌合金	ZZnAl4Cu1Mg	ZA4-1	ZnAl4Cu1	ЦA4M1	
2		ZZnAl4Cu3Mg	ZA4-3	ZnAl4Cu3	ЦA4M3	
3		ZZnAl6Cu1	ZA6-1			
4		ZZnAl8Cu1Mg	ZA8-1		ЦAM9-1.5	
5		ZZnAl9Cu2Mg	ZA9-2			
6		ZZnAl11Cu1Mg	ZA11-1	ZnAl11Cu1	ЦAM10-5	
7		ZZnAl11Cu5Mg	ZA11-5			
8		ZZnAl27Cu2Mg	ZA27-2			
9	压铸锌合金	ZZnAl4Y	YX040		ЦA4	2级
10		ZZnAl4Cu1Y	YX041		ЦAM4-1	1级
11		ZZnAl4Cu3Y	YX043		ЦAM4-3	

序号	美国 UNS	ASTM	英国 EN BS	德国 DIN	欧洲标准 EN	法国 NF
1	Z35530	Z35530		ZnAl4Cu1	(EN) ZnAl4Cu1	
2	Z35540	Z35540		ZnAl4Cu3	(EN) ZnAl4Cu3	
3				ZnAl6Cu1	(EN) ZnAl6Cu1	
4	Z35635	Z35635		ZnAl8Cu1	(EN) ZnAl8Cu1	
5						
6	Z35630	Z35630		ZnAl11Cu1	(EN) ZnAl11Cu1	
7						
8	Z35840	Z35840		ZnAl27Cu2	(EN) ZnAl27Cu2	
9	Z33521	Z33521	A 种	GD-ZnAl4		Z-A4G
10	Z35530	Z35530	B 种	GD-ZnAl4Cu		
11				GD-ZnAl4Cu3		Z-A4U1G

(15) 铅锭、加工铅及铅合金

序号	名称	中国 GB 牌号	国际标准 ISO	俄罗斯 ГОСТ	日本 JIS
1	铅锭	Pb99.994		C0(99.992)	特级(99.99)
2		Pb99.99		C1C(99.99)	1级(99.97)
				C2C(99.97)	
3		Pb99.96		C2(99.95)	2级(99.95)
4		Pb99.90		C3(99.90)	3级(99.90)
5	纯铅	Pb1(99.994)		C0(99.992)	
6		Pb2(99.9)		C3(99.90)	
7		Pb3(99.0)			
8	铅阳极板	PbAg1			
9	铅锑合金板	PbSb0.5			

序号	美国 ASTM	美国 UNS	英国 BS	德国 DIN	法国 NF
1	L50006	L50006	A型(99.99)		
2				Pb99.94	99.985
3	L51121	L51121		Pb99.9	99.97
4					99.90
5					
6					
7					
8					
9				Pb(Sb)0.25	

注：其余铅锑合金牌号(PbSb1,PbSb2,……,PbSb8 等)目前尚无对应的外国标准牌号。

7.86

(16) 高纯锡及锡锭

序号	中国 GB	国际标准 ISO	俄罗斯 ГОСТ	日本 JIS
		(1) 高 纯 锡		
1	Sn-06(99.9999)			
2	Sn-05(99.999)		OBII-000	
		(2) 锡 锭		
3	Sn99.99		O1ПЧ	特级 A
4	Sn99.95			特级 B
5	Sn99.90		O1	1级

序号	美国 UNS	美国 ASTM	英国 BS	德国 DIN	法国 NF
1					
2					
3		高纯级 A级(99.85)			
4			9985	Sn99.95	
5				Sn99.90	A(99.85)

(17) 铸造轴承合金

序号	中国 GB	国际标准 ISO	俄罗斯 ГОСТ	日本 JIS
		(1) 锡基轴承合金		
1	ZSnSb12Pb10Cu4			WJ4
2	ZSnSb12Cu6Cd1			WJ3
3	ZSnSb11Cu6		Б83	WJ3
4	ZSnSb8Cu4		Б83	WJ1
5	ZSnSb4Cu4		Б88	WJ1
		(2) 铅基轴承合金		
6	ZPbSb16Sn16Cu2		Б16	WJ7
7	ZPbSb15Sn5Cu3Cd2		БН	
8	ZPbSb15Sn10			WJ7
9	ZPbSb15Sn5			WJ8
10	ZPbSb10Sn6			WJ9

序号	美国		欧洲标准 EN	英国 BS	德国 DIN	法国 NF
	UNS	ASTM				
1						
2				C	LgSn80	113
3		L13890		C	LgSn80	103
4		L13910		A	LgSn89	102
5						
6		L53565				
7		L53585		E	LgPbSn10	202
8		L53565		G		
9		L53346		F		
10						

序号	中 国 GB	国际标准 ISO	俄罗斯 ГОСТ	日 本 JIS
		(3) 铜基轴承合金		
11	ZCuSn5Pb5Zn5	CuPb5Sn5Zn5	БрО5Ц5С5	BC6
12	ZCuSn10P1	CuSn10P1		BC3C
13	ZCuPb10Sn10	CuPb10Sn10	БрО10С10	LBC3C
14	ZCuPb15Sn8	CuPb15Sn5		LBC4
15	ZCuPb20Sn5	CuPb20Sn5	БрО5С25	LBC5
16	ZCuPb30		БрС30	
17	ZCuAl10Fe3	CuAl10Fe3		A1BC1
		(4) 铝基轴承合金		
18	ZAlSn6CuNi1		A06-1	

序号	欧洲标准 EN	英 国 BS	德 国 DIN	法 国 NF
11	CuSn5Zn5Pb5-B	LG2	G-CuSn5ZnPb	CuSn5Pb5Zn5
12	CuSn11P-B			
13	CuSn10Pb10-B	LB2	G-CuPb10Sn	CuSn10Pb10
14	CuSn7Pb15-B	LB1	G-CuPb15Sn	
15	CuSn5Pb20-B	LB5	G-CuPb20Sn	CuPb20Sn5
16				
17	CuAl10Fe2-B	AB1		CuAl10Fe3
18				

序号	美 国	
	ASTM	UNS
11	C83600	
12		
13	C93700	
14	C93800	
15	C94100	
16	C98400	
17	C95200	
18	(AA)850.0	

(18) 硬质合金—切削工具用硬质合金

序号	中　国 新牌号	中　国 旧牌号	国际标准 ISO	俄罗斯 ГОСТ	日　本 JIS
			(1) 长切削加工用硬质合金		
1	P01	YT30	P01	T30K4	P01
2	P10		P10	T15K6	P10
3	P20	YT14	P20	T14K8	P20
4	P30	YT5	P30	T5K10	P30
5	P40	YT5	P40	T5K12B	P40
			(2) 长切削或短切削加工用硬质合金		
6	M10	YW1	M10		M10
7	M20	YW2	M20		M20
8	M30		M30		M30
9	M40		M40		M40

序号	美　国 JIC	美　国 ASTM	英　国 BHMA	德　国 DIN	法　国 Tykram
1	C8		919		TS0
2	C7		722	S1	TS1
3	C6		444	S2	TS2,TSY
4	C5		353	S3	TS3,TSY
5	C5		263	S4	TS4
6			453	M1	TU1
7			363	M2	TU2
8			263		THX
9			273		

7.90

(续)

序号	中国 GB		国际标准 ISO	俄罗斯 ГОСТ	日本 JIS
	新牌号	旧牌号			
10	K01	YG3X	K01	BK3M	K01
11	K10	YG6A,YD10	K10	BK6M	K10
12	K20	YG6	K20	BK6	K20
13	K30	YG8	K30	BK8,BK10	K30
14	K40	YG15	K40	BK15	K40

(3) 短切削加工用硬质合金

序号	美国		英国 BHMA	德国 DIN	法国 Tykram
	JIC	ASTM			
10	C4		930	H3	TH2,TH3
11	C3		741	H1	TH1
12	C2		560	G1	TG1
13	C1		280		TG2
14	C1		290	G2	TG3

注：1. 英国的 BHMA 牌号和法国的 Tykram 牌号为厂商牌号。
2. 地质、矿山工具用硬质合金和耐磨用零件硬质合金目前尚无对应的外国标准牌号。

7.91

《实用紧固件手册》

《实用紧固件手册》初版于 1998 年,2004 年出版第二版。

该手册根据市场上常见的紧固件现行国家(行业)标准和有关资料编写而成。手册共四篇。第一篇介绍与紧固件知识有关的基本资料;第二篇介绍与紧固件基础有关的国家(行业)标准;第三篇按国家标准,分别介绍螺栓、螺柱、螺钉、螺母、自攻螺钉、木螺钉、垫圈、挡圈、销、铆钉、紧固件一组合件和连接副、焊钉等 12 类标准紧固件的具体品种、规格、尺寸、公差、重量,以及性能和用途等内容,另外,又介绍了市场上常见的紧固件新品种(其他紧固件)的规格、尺寸、重量以及性能和用途等内容;第四篇为附录,是本书引用的紧固件国家(行业)标准的索引,以及每个紧固件标准采用国际标准(ISO)程度。

该手册可供广大从事与紧固件有关的采购、经销、设计、生产和科研等工作的人员使用,也可供需要了解、学习紧固件知识的读者参考。

《实用工具手册》

《实用工具手册》初版于 2000 年。

该手册介绍了我国市场上常见的手工具、钳工工具、电动工具、气动工具及液压工具、切削工具、测量工具、焊接及喷涂工具、防爆工具、土木园艺工具和其他工具等 11 大类工具商品的品种、规格、性能及用途方面的实用知识，以及与工具产品有关的资料。

该手册内容取材于《实用五金手册》中相关章节，并增加了一些新资料和工具新品种，保留了《实用五金手册》"内容丰富、取材实用、资料新颖、文图对照和携带方便"的特点。可供从事与工具商品有关的采购、经销、设计、生产和科研等工作的人员和一般工具用户使用。

《实用滚动轴承手册》

　　《实用滚动轴承手册》初版于 2002 年。

　　为了便于读者选用滚动轴承时查询有关轴承的标准和资料,编者根据大量的现行轴承标准(截至 2000 年底)和有关资料,编写了该手册。手册内容共分三篇。第一篇介绍了与滚动轴承知识有关的基本资料;第二篇介绍了与轴承有关的基础标准,包括轴承分类、轴承代号、轴承外形尺寸总方案、轴承公差与游隙、轴承材料、轴承标志、包装与仓库管理、轴承通用技术规则等内容;第三篇介绍了与市场上常见的轴承产品有关的产品标准和资料,详细介绍了市场上常见的各类轴承产品的品种、性能、用途、规格、尺寸和重量等内容。书末附录为手册中引用的现行标准和名称的索引。手册曾于 2003 年 10 月荣获第十六届华东地区科技出版社优秀科技图书二等奖。

　　该手册可供广大与滚动轴承有关的采购、经销、设计、技术、科研等人员参考,也可供需要了解或学习滚动轴承知识的读者参考。